土木工程材料实用技术手册

陈宝璠　编著

中国建筑工业出版社

图书在版编目（CIP）数据

土木工程材料实用技术手册/陈宝璠编著．—北京：中国建筑工业出版社，2011.8

ISBN 978-7-112-13254-6

Ⅰ.①土…　Ⅱ.①陈…　Ⅲ.①土木工程-建筑材料-技术手册　Ⅳ.①TU5-62

中国版本图书馆 CIP 数据核字（2011）第 096902 号

本书是以土木工程材料现行国家最新标准、规范、工艺和新技术推广等内容为依据，以土木工程材料的组成、性能和性能检测为重点编写而成的。全书内容包括两大部分，共22章，旨在提高广大从事土木工程的工程技术人员解决工程实际问题的能力和高等院校土木工程专业各专业方向教师的教学科研能力。

本书内容翔实，实用性强，技术先进，使用方便，可作为质监部门、建设部门、监理部门以及从事土木工程行业的工程技术人员、管理人员和施工人员的工具书和自学读本，以及相关资格考试的理想参考书；也可作为高等院校土木工程专业各专业方向的教材和理想参考书；还可作为独立学院或有关土木工程培训部门培养应用型人才或培训应用型技术人员的教材和参考书。

* * *

责任编辑：张文胜　姚荣华
责任设计：张　虹
责任校对：肖　剑　王雪竹

土木工程材料实用技术手册

陈宝璠　编著

*

中国建筑工业出版社出版、发行（北京西郊百万庄）
各地新华书店、建筑书店经销
霸州市顺浩图文科技发展有限公司制版
北京画中画印刷有限公司印刷

*

开本：787×1092毫米　1/16　印张：38¼　字数：950千字
2011年8月第一版　2011年8月第一次印刷
定价：**115.00**元
ISBN 978-7-112-13254-6
（20687）

前　言

土木工程材料是土木工程的物质基础，其涉及面广，包括无机非金属材料、金属材料和有机高分子材料等，品种繁多，性能各异，检测要求严格，工程实践性强。编著者结合近几年土木工程中的“四新”技术和土木工程材料在具体工程项目的实际应用，依据国家已颁布的现行各项标准、规范和操作规程，围绕土木工程材料“组成→性能→检测”，编写了《土木工程材料实用技术手册》，旨在提高广大从事土木工程的工程技术人员和高等院校土木工程专业各专业方向的学生解决工程实际问题的能力。

本书共两大部分共22章，在编写过程中，力求体现土木工程的新技术、新标准和新规范，同时将理论与实践相联系，突出实用性，适用面广。可作为广大土木工程设计、施工、科研、工程管理、监理等单位的实用技术参考书；也可作为土木工程技术、工程监理、工程造价、工程管理等相关专业的教学用书和参考用书。

本书由陈宝璠编著。在编写过程中，承蒙教授、博士林松柏同志的大力支持和指导，也承蒙蔡振元、蔡小娟、陈璇祺、朱海平、陈玉庆、李志彬、戴汉良、陈乙江、陈金聪、庄碧蓉、李云龙、吴良友、陈卫华、连顺金、李晓耕、蔡益兴、陈青青、庄占龙、陈远宏、杨白菡、柯爱茹、郭华良和欧阳娜等同志的大力帮助，在此深表谢忱！

由于土木工程的新材料、新技术、新设备、新工艺的不断涌现，各行业的技术标准不统一，加之笔者水平有限，不妥与疏漏之处在所难免，敬请读者批评指正。

陈宝璠

2011年5月

目　录

第1部分　基础知识篇

第2部分 性能检测篇

第 1 部分　基础知识篇

第1章　绪　　论

1.1　土木工程材料的分类

土木工程材料是土木工程结构物所用材料的总称，它包括地基基础、梁、板、柱、墙体、屋面、道路、桥梁、水坝和码头等所用到的各种材料。土木二程材料种类繁多，性能差别悬殊，使用量很大，正确选择和使用工程材料，不仅与构筑物的坚固、耐久和适用性有密切关系，而且直接影响到工程造价（因为材料费用一般要占工程总造价的50%～60%）。因此，在选材时应充分考虑材料的技术性能和经济性，在使用中加强对材料的科学管理，无疑会对提高工程质量和降低工程造价起重要作用。

土木工程材料按一定的原则有各种不同的分类方法。根据材料来源，可分为天然材料和人工材料；根据材料在土木工程结构物中的使用部位，可分为饰面材料、承重材料、屋面材料、墙体材料和地面材料等；根据材料在土木工程中的功能又可分为承重结构材料和非承重结构材料、功能（防水、装饰、防火、声、光、电、热、磁等）材料等。

目前，土木工程材料最基本的分类方法是根据组成物质的种类和化学成分分类，可分为无机材料、有机材料和复合材料，各大类中又可细分，见表1-1。

土木工程材料分类　　　　**表1-1**

<table>
<tr><td rowspan="11">土木工程材料分类</td><td rowspan="6">无机材料</td><td rowspan="2">金属材料</td><td>黑色金属：钢、铁</td></tr>
<tr><td>有色金属：铝、铜等及其合金</td></tr>
<tr><td rowspan="4">非金属材料</td><td>天然石材：砂石及各种石材制品</td></tr>
<tr><td>烧土及熔融制品：陶瓷、玻璃等</td></tr>
<tr><td>胶凝材料：石膏、石灰、水泥、水玻璃等</td></tr>
<tr><td>混凝土及硅酸盐制品：水泥混凝土、砂浆及各种硅酸盐制品</td></tr>
<tr><td rowspan="3">有机材料</td><td>植物质材料</td><td>木材、竹材等</td></tr>
<tr><td>沥青材料</td><td>石油沥青、煤沥青、沥青制品</td></tr>
<tr><td>高分子材料</td><td>塑料、涂料、胶粘剂</td></tr>
<tr><td rowspan="2">复合材料</td><td>无机材料基复合材料</td><td>水泥刨花板、混凝土、砂浆、纤维混凝土</td></tr>
<tr><td>有机材料基复合材料</td><td>沥青混凝土、玻璃纤维增强塑料（玻璃钢）</td></tr>
</table>

1.2　土木工程材料的标准化

土木工程中使用的各种材料及其制品，应具有满足使用功能和所处环境要求的某些性能，而材料及其制品的性能或质量指标必须用科学方法所测得的确切数据来表示。为使测得的数据能在有关研究、设计、生产、应用等各部门得到承认，有关测试方法和条件、产品质量评价标准等均由专门机构制定并颁发“技术标准”，并对包括产品规格、分类、技术要求、验收规则、代号与标志、运输与储存及抽样等做出详尽明确的规定作为共同遵循的依据。土木工程材料的技术标准是产品质量的技术依据。

技术标准，按照其适用范围，可分为国家标准、行业标准、地方标准和企业标准等。

国家标准，是指对全国经济、技术发展有重大意义，必须在全国范围内统一的标准，简称“国标”。国家标准由国务院有关主管部门（或专业标准化技术委员会）提出草案、报国家标准化管理委员会审批和发布。

行业标准，也是专业产品的技术标准，主要是指全国性各专业范围内统一的标准，简称“行标”。这种标准由国务院所属各部和总局组织制定、审批和发布，并报送国家标准化管理委员会备案。

企业标准，凡没有制定国家标准、行业标准的产品或工程，都要制定企业标准。这种标准是指仅限于企业范围内适用的技术标准，简称“企标”。为了不断提高产品或工程质量，企业可以制订比国家标准或行业标准更先进的产品质量标准。现将国家及部分行业标准代号列于表1-2中。

国家及部分行业标准代号 **表1-2**

标准名称	代 号	标准名称	代 号
国家标准	GB	交通行业	JT
建材行业	JC	冶金行业	YB
建工行业	JG	石化行业	SH
铁道部	TB	林业行业	LY
中国工程建设标准化协会	CECS	中国土木协会	CCES

随着国家经济技术的迅速发展和对外技术交流的增加，我国还引入了不少国际和外国技术标准，现将常见的标准列于表1-3中，以供参考。

国际组织及几个主要国家标准 **表1-3**

标准名称	代 号	标准名称	代 号
国际标准	ISO	德国工业标准	DIN
国际材料与结构试验研究协会	RILEM	韩国国家标准	KS
美国材料试验协会标准	ASTM	日本工业标准	JIS
英国标准	BS	加拿大标准协会	CSA
法国标准	NF	瑞典标准	SIS

1.3 土木工程材料的发展趋势

1.3.1 土木工程材料的发展阶段

土木工程材料的生产和使用是随着社会生产力的发展和科学技术水平的提高而逐步发展起来的。根据建筑物或构筑物所用的结构材料，大致分为三个阶段：

1. 天然材料

远古时代人类只能依赖大自然的恩赐，“巢处穴居”。随着社会生产力的发展，人类进入石器、铁器时代，利用简单的生产工具能够挖土、凿石为洞，伐木搭竹为棚，从巢处穴居进入了稍经加工的土、石、木、竹构成的棚屋，为简单地利用材料迈出了可喜的一步。

2. 烧土制品

以后人类学会用黏土烧制砖、瓦，用岩石烧制石灰、石膏。与此同时，木材的加工技术和金属的冶炼与应用，也有了相应的发展。此时，材料的利用才由天然材料进入到人工生产阶段，居住条件有了新的改善，砖石、砖木混合结构成了这一时期的主要特征。以后，人类社会进入漫长的封建社会阶段，生产力发展缓慢，工程材料的发展也缓慢，长期停留在"秦砖汉瓦"的水平上。人类社会活动范围的扩大、工商业的发展和资本主义的兴起，城市规模的扩大和交通运输的日益发达，都需要建造更多、更大、更好以及具有某些特殊性能的建筑物和附属设施，以满足生产、生活和工业等方面的需要。例如，大型公共建筑、大跨度的工业厂房、海港码头、铁路、公路、桥梁以及给水排水、水库电站等工程。

3. 钢筋混凝土

显然，原有的工程材料在数量、质量和性能方面均不能满足上述的新要求。供求矛盾推动工程材料的发展进入了新的阶段。水泥、混凝土的出现，钢铁工业的发展，钢结构、钢筋混凝土结构也就应运而生。这是 18 世纪、19 世纪结构和材料的主要特征。进入 20 世纪以后，随着社会生产力的更大发展和科学技术水平的迅速提高，以及材料科学的形成和发展，工程材料的品种增加、性能改善、质量提高，一些具有特殊功能的材料也相继发展了。在工业建筑上，根据生产工艺、质量要求和耐久性的需要，研制和生产了各种耐热、耐磨、抗腐蚀、抗渗透、防爆或防辐射材料；在民用建筑上，为了室内温度的稳定并尽量节约能源，制造了多种有机和无机的保温绝热材料；为了减少室内噪声并改善建筑物的音质，也制成了相应的吸声、隔声材料。

随着社会的进步、环境保护和节能降耗的需要，对土木工程材料提出了更高、更多的要求。因而，今后一段时间内，土木工程材料将向以下几个方向发展。

1.3.2 土木工程材料的发展方向

1. 轻质高强

现今钢筋混凝土结构材料自重大，限制了建筑物向高层、大跨度方向进一步发展。通过减轻材料自重，以尽量减轻结构物自重，可提高经济效益。目前，世界各国都在大力发展高强混凝土、加气混凝土、轻集料混凝土、空心砖、石膏板等材料，以适应土木工程发展的需要。

2. 节约能源

土木工程材料的生产能耗和建筑物使用能耗，在国家总能耗中一般占 20%～35%。研制和生产低能耗的新型节能釉面工程材料，是构建节约型社会的需要。

3. 利用废渣

充分利用工业废渣、生活废渣、建筑垃圾生产土木工程材料，将各种废渣尽可能资源化，以保护环境、节约自然资源，使人类社会可持续发展。

4. 智能化

所谓智能化材料，是指材料本身具有自我诊断和预告破坏、自我修复的功能，以及可重复利用性。土木工程材料向智能化方向发展，是人类社会向智能化社会发展过程中降低成本的需要。

5. 多功能化

利用复合技术生产多功能材料、特殊性材料及高性能材料，这对提高建筑物的使用功能、经济性及加快施工速度等有着十分重要的作用。

6. 绿色化

产品的设计是以改善生产环境，提高生活质量为宗旨，产品具有多功能，不仅无损而且有益于人的健康；产品可循环或回收再利用，或形成无污染环境的废弃物。因此，生产材料所用的原料尽可能少用天然资源，大量使用废渣、垃圾、废液等废弃物；采用低能耗制造工艺和对环境无污染的生产技术；生产配制和生产过程中，不使用对人体和环境有害的污染物质。

第 2 章　土木工程材料的基本性质

一切土木工程都是由土木工程材料组成的，不同的土木工程材料在土木工程中起着不同的作用。例如，用于桥梁的材料主要受到各种外力的作用；结构材料除了承受结构物上部荷载的作用外，还可能受到地下水及冰冻的作用；道路工程材料经常受到风吹、日晒、雨淋、紫外线照射等大气因素的作用；地面、机场跑道和路面遭受磨损作用；有些土木工程项目还受到光、热的影响；某些土木工程如给水排水、管道工程等还可能受到酸、碱、盐等介质的侵蚀作用等。为了保证土木工程的使用功能、安全性和耐久性，土木工程材料应具有抵御上述各种作用的性质。这些性质是多种多样的，又是互相影响的，归纳起来包括材料的物理性质、力学性质、热工性质、声学性质、光学性质和耐久性质等。

掌握土木工程材料的基本性质是掌握土木工程材料知识、正确选择与合理使用土木工程材料的基础。

2.1　材料的组成和结构以及构造

土木工程材料的各种性质与其化学组成成分、组织结构和构造等内部因素有密切的关系。为了保证结构物的质量，必须正确选择和使用土木工程材料，为此就要了解和掌握土木工程材料的基本性质及其与材料组成、结构和构造的关系。

2.1.1　材料的组成

材料的组成分为化学组成与矿物组成。前者是通过化学分析获得的，表明组成材料的化学成分及其含量；后者是通过测试手段获得的，表明材料所含矿物的种类和含量。

1. 化学组成

材料的化学组成是决定化学性质（耐蚀、燃烧等）、物理性质（耐水、耐热等）和力学性质的重要因素。不同的化学成分构成了不同的材料，因而也表现出不同的性质。例如，木材轻质高强，但易于燃烧和腐朽；钢材密度较大，强度较高，但易于锈蚀；砖、石材料，抗压强度较高，但抗拉和抗弯强度较低，且容易遭受侵蚀等。所有这些特点说明材料的化学组成是决定材料化学性质、物理性质和力学性质的主要因素之一。

2. 矿物组成

化学组成不同，其材料性质不同；化学组成相同的材料，也可以表现出不同的性质，这是由于其矿物组成不同的缘故。这类材料矿物组成是影响性能的主要因素。如天然石料，由于其矿物组成不同，所以构成了不同的岩石品种。各种水泥也因其具有不同的熟料矿物组成而表现出不同的性能。

2.1.2　材料的结构和构造

材料的性能除与其组成成分有关外，还与其组织结构有着密切关系。因此，研究材料的结构和构造以及它们与性能的关系，无疑是材料科学的主要任务之一。

从广义上说，结构与构造是指从原子结构到肉眼能观察到的宏观结构各个层次的构造状态的通称。影响材料性能的结构层次及类别是十分丰富及多样的，大体上可以分为宏观结构、亚微观结构和微观结构三个层次。

1. 宏观结构

宏观结构又称粗通结构。材料的宏观结构通常是指用肉眼或低倍放大镜能够分辨的粗大组织，其尺寸在 10^{-3}m 以上，是比毫米级还大的尺寸范围内的结构状况。

土木工程材料的宏观结构，按其孔隙尺度可分为以下几种：

(1) 致密结构

致密结构是指在外观上和结构上都是致密而无孔隙存在（或孔隙极少）的结构，在使用时均为单一的板材、方料、棒材和其他各种形状的材料，如金属材料、致密岩石和玻璃等。

(2) 多孔结构

多孔结构是指在材料中存在均匀分布的孤立或适当连通的粗大孔隙，如加气混凝土、泡沫混凝土及泡沫塑料等。

(3) 微孔结构

微孔结构是指在材料中存在均匀分布的微孔隙。某些材料在生产时，由于掺入可燃性物质或增加拌合用水量，在生产过程中水分蒸发或可燃性物质燃烧后都可形成微孔结构。如石膏制品、黏土砖瓦等均为微孔结构。

土木工程材料的宏观结构，按构成形态可分为以下各种：

(1) 复合聚集结构

复合聚集结构是指由集料和胶凝材料结合而成的结构，按照需要还可以用纤维等材料加以补强。水泥混凝土、砂浆、沥青混凝土、石棉水泥制品以及烧土制品等均属此类。

(2) 纤维结构

纤维结构是指植物纤维、矿物棉和人工纤维（主要是玻璃纤维）等纤维材料所具有的结构。纤维结构的性质既受纤维的成分、性质（无机、有机、天然、人工）的影响，也根据纤维配置情况及密实度等而变化。如平行纤维方向与垂直纤维方向的强度与导热性就有明显的差异。使用时可以制成毯子、垫子、纺织品以及各种纤维板等。

(3) 层状结构

层状结构是将材料叠合成层状，以粘结或其他方法结合成为整体的结构，使具有层状结构的材料获得了单一材料不能得到的性质，如胶合板、纸面石膏板、层状填料塑料板等。

(4) 散粒结构

散粒结构是指松散颗粒状结构，如砂子、卵石、碎石和珍珠岩等。

2. 亚微观结构

亚微观结构又称显微结构，一般是指用光学显微镜所能观察到的结构，其尺寸范围为 10^{-3}～10^{-6}m。在此结构范围内可以充分显示出天然岩石的矿物组织、金属材料的晶粒大小与金相组织、木材的纤维、导管、髓线等显微组织，也可显示出水泥混凝土的孔隙与裂缝等。

3. 微观结构

微观结构又称微细结构，是指材料的原子和分子结构，其尺寸范围为 10^{-6} ～ 10^{-10}m。微观结构是由原子的种类及其排列状态决定的。近年来，由于电子显微镜、扫描电子显微镜以及 X 射线衍射仪的出现和使用，对材料的微观结构已能进行观察与研究。

通常所谓材料的内部结构是指亚微观和微观两级结构。不同层次的结构在不同深度和不同方面影响着材料的宏观物理、力学性质，如强度、硬度、熔点、导热性等都受到材料内部结构的制约。

在微观结构中，材料可分为晶体、玻璃体和胶体。

（1）晶体

质点（离子、原子、分子）在空间上按特定的规则呈周期性排列所形成的结构称为晶体结构，如图 2-1 所示。晶体具有如下特点：

1）特定的几何外形。这是晶体内部质点按特定规则排列的外部表现。

2）各向异性。这是晶体的结构特征在性能上的反映。

3）固定的熔点和化学稳定性。这是由晶体键能和质点所处最低的能量状态所决定的。

4）结晶接触点和晶面是晶体破坏或变形的薄弱部分。

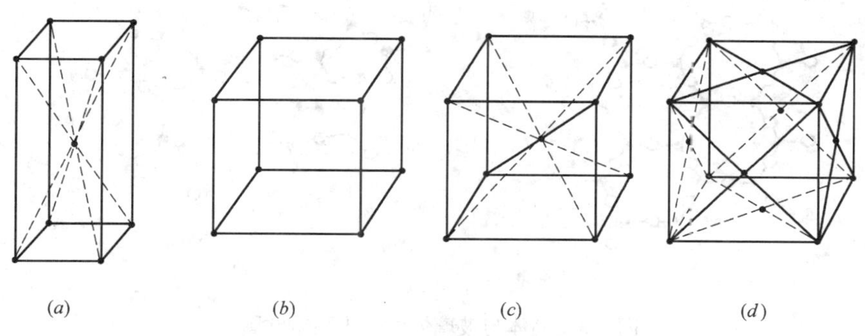

图 2-1 晶体几何外形示意图

(*a*) 体心四方；(*b*) 简单立方；(*c*) 体心立方；(*d*) 面心立方

根据组成晶体的质点及化学键的不同，晶体可分为：

① 原子晶体，中性原子以共价键而结合成的晶体，如 SiO_2 等；

② 离子晶体，正、负离子以离子键而结合成的晶体，如 $CaCl_2$ 等；

③ 分子晶体，以分子间的范德华力即分子键结合而成的晶体，如有机化合物；

④ 金属晶体，以金属阳离子为晶格，由自由电子与金属阳离子间的金属键结合而成的晶体，如钢铁材料。

由于各种材料在微观结构上的差异，它们的强度、变形、硬度、熔点、导热性等各不相同。可见，微观结构对材料的物理、力学性质影响巨大。

在复杂的晶体结构中，其键结合的情况也是相当复杂的。在土木工程材料中占有重要地位的硅酸盐类材料，其结构是由硅氧四面体单元 SiO_4（见图 2-2）与其他金属离子结合而成，其结构就是由共价键与离子键交互构成的。SiO_4 四面体可以形成链状结构，如石棉。石棉中纤维与纤维之间的键合力要比链状结构方向上的共价键弱得多，所以容易分散成纤维状。黏土、云母、滑石等则是由 SiO_4 四面体单元互相连接成片状结构，许多片状结构再叠合成层状结构。层与层之间是由范德华力结合的，故其键合力很弱，此种结构容

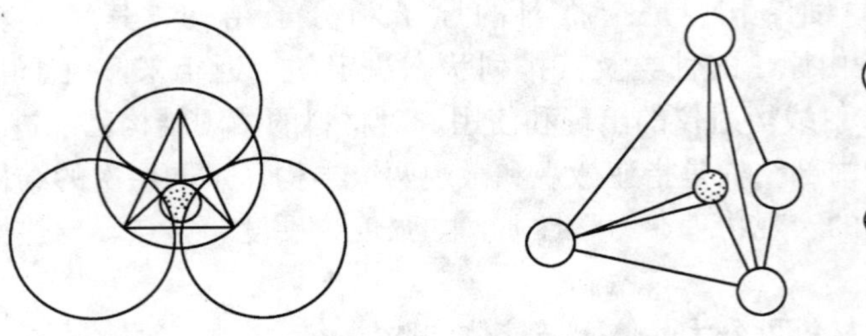

图 2-2 硅氧四面体示意图

易剥成薄片。石英是由 SiO_4 四面体形成的立体网状结构，所以具有坚硬的质地。

(2) 玻璃体

玻璃体也称无定形体或非晶体，如无机玻璃。玻璃体的结合键为共价键与离子键，其结构特征为构成玻璃体的质点在空间上呈非周期性排列，如图 2-3 所示。

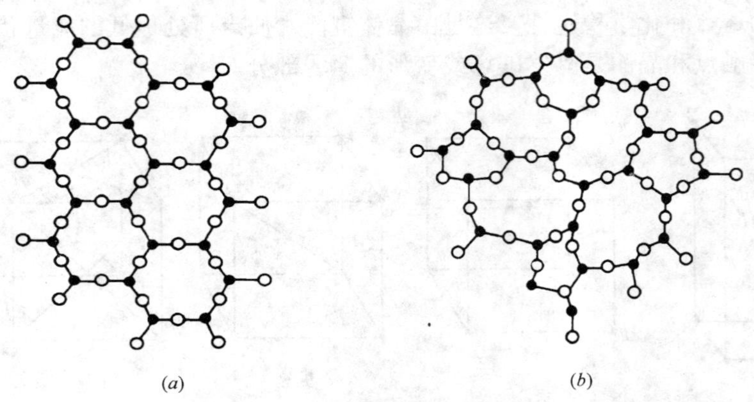

图 2-3 晶体与玻璃体原子排列示意图

(*a*) 晶体；(*b*) 玻璃体

具有一定的熔融物质，在急冷过程中，由于质点来不及按一定规则排列便凝固成为固体，此时物质的微观结构为玻璃体结构。

对玻璃体结构的认识，目前存在如下三种观点：

1) 构成玻璃体的质点呈无规则空间网络结构，此为无规则网络结构学说。

2) 构成玻璃体的微观组织为微晶子，微晶子之间通过变形和扭曲的界面彼此相连，此为微晶子学说。

3) 构成玻璃体的微观结构为近程有序、远程无序，此为近程有序、远程无序学说。

玻璃体是化学不稳定的结构，容易与其他物质起化学作用，如火山灰。炉渣、粒化高炉矿渣能与石灰在有水的条件下发生化学反应而变成具有一定强度的土木工程材料。玻璃体在烧土制品或某些天然岩石中，起着胶粘剂的作用。

(3) 胶体

以结构粒径为 $10^{-7}\sim10^{-9}$m 的固体颗粒（胶粒）作为分散相，分散在连续相介质中形成分散体系的物质称为胶体。

在胶体结构中，若胶粒较少，液体性质对胶体结构的强度及变形性质影响较大，这种胶体结构称为溶胶结构。若胶粒数量较多，胶粒在表面能的作用下发生凝聚作用，或者由于物理化学作用而使胶粒产生彼此相连，形成空间网络结构，从而使胶体结构的强度增大，变形性减小，形成固体状态或半固体状态，此胶体结构称为凝胶结构。

凝胶结构具有固体的性质，在长期外力作用下，又具有黏性液体流动的性质，如水泥水化物中的凝胶体。

与晶体和玻璃体结构相比，胶体结构强度较低，变形较大。

4. 构造

材料的构造是指具有特定性质的材料结构单元间的相互组合搭配情况。构造概念与结构概念相比，更强调了相同材料或不同材料间的搭配组合关系。如木材的宏观构造和微观构造，就是指具有相同材料结构单元——木纤维管状细胞按不同的形态和方式在宏观和微观层次上的组合搭配情况。它决定了木材的各向异性等一系列物理、力学性质。又如具有特定构造的节能墙板，就是具有不同性质的材料经特定组合搭配而成的一种复合材料。这种构造赋予了墙板良好的隔热保温、隔声吸声、防火抗震、坚固耐久等整体功能和综合性质。

随着材料科学理论和技术的日益发展，深入研究探索材料的组成、结构、构造与材料性能之间的关系，不仅有利于为工程正确选用材料，而且会加速人类自由设计和生产工程所需要的特殊性能新型土木工程材料的进程。

2.2 土木工程材料的物理性质

表征材料的质量与其体积之间相互关系的主要参数——密度、表观密度、体积密度、堆积密度以及孔隙率、密实度、空隙率及填充率等，是土木工程材料最基本的物理性质。

2.2.1 土木工程材料的密度、表观密度、体积密度与堆积密度

1. 密度

土木工程材料在绝对密实状态下，单位体积的质量称为密度，即

$$\rho=\frac{m}{V}$$

式中 ρ——土木工程材料的密度，g/cm^3；

m——土木工程材料在干燥状态下的质量，g；

V——土木工程材料在绝对密实状态下的体积，cm^3。

绝对密实状态下的体积是指不包括土木工程材料内部孔隙在内的体积。除钢材和玻璃等少数材料外，绝大多数土木工程材料都含有一定的孔隙。在密度测定中，应把含有孔隙的材料破碎并磨成细粉，烘干后用李氏比重瓶测定其密实体积。材料粉磨得越细，测得的密度值越精确。对砖、石等材料常采用此种方法测定其密度。

2. 表观密度

土木工程材料单位表观体积所具有的质量称为表观密度。表观体积包括两个部分：一部分是绝对密实的固体体积；另一部分则是指封闭孔隙体积。表观密度用下式表示：

$$\rho'=\frac{m}{V'}=\frac{m}{V+V_C}$$

式中 ρ'——土木工程材料的表观密度，g/cm^3 或 kg/m^3；

m——土木工程材料的质量，g 或 kg；

V'——土木工程材料的表观体积（包括固体物质所占体积 V 和封闭孔隙体积 V_C），cm^3 或 m^3；

V_C——土木工程材料体积内封闭孔隙体积，cm^3 或 m^3。

3. 体积密度

土木工程材料在自然状态下，单位体积的质量称为体积密度，即

$$\rho_0=\frac{m}{V_0}=\frac{m}{V+V_C+V_B}$$

式中 ρ_0——土木工程材料的体积密度，g/cm^3 或 kg/m^3；

V_B——土木工程材料的开口孔隙体积，cm^3 或 m^3；

V_0——土木工程材料的自然体积，土木工程材料在自然状态下的体积（包括固体物质所占体积 V、开口孔隙体积 V_B 和封闭孔隙体积 V_C），cm^3 或 m^3。

土木工程材料的自然状态体积包括孔隙在内，当开口孔隙内含有水分时，材料的质量将发生变化，因而会影响材料的体积密度。材料在烘干至恒量状态下测定的表观密度称为干体积密度。一般测定体积密度时，以干体积密度为准，而对含水状态下测定的体积密度，必须注明含水情况。

4. 堆积密度

散粒状土木工程材料（指粉料和粒料）在自然堆积状态下，单位体积的质量称为堆积密度，即

$$\rho'_0=\frac{m}{V'_0}$$

式中 ρ'_0——散粒状土木工程材料堆积密度，kg/m^3；

m——散粒状土木工程材料的质量，kg；

V'_0——散粒状土木工程材料的堆积体积，m^3。

测定散粒状土木工程材料的堆积密度时，散粒状土木工程材料的质量是指填充在一定容器内的材料质量，而堆积体积则是指堆积容器的容积而言。所以，散粒状材料的堆积体积既包含颗粒的体积，又包含颗粒之间的孔隙体积。在土木工程中，计算材料和构件的自重、材料的用量，以及计算配料、运输台班和堆放场地时，经常要用到材料的密度、表观密度以及堆积密度等数据。现将常用土木工程材料的密度、表观密度以及堆积密度列于表 2-1 中。

常用土木工程材料的密度、表观密度及堆积密度 表 2-1

材料名称	密度 $\rho(g/cm^3)$	体积密度 $\rho_0(kg/m^3)$	堆积密度 $\rho'_0(kg/m^3)$	孔隙率 $P(\%)$
石灰岩	2.60	1800～2600	—	—
花岗岩	2.80	2500～2900	—	0.50～3.00
碎石	2.60	—	1400～1700	—
砂	2.60	—	1450～1650	—
水泥	3.10	—	1200～1300	—
水泥混凝土	—	2100～2600	—	5～20
轻集料混凝土	—	800～1900	—	—
木材	1.55	400～800	—	55～75
钢材	7.85	7850	—	0
泡沫塑料	—	20～50	—	—
沥青(石油)	约1.0	约1000	—	—

2.2.2 土木工程材料的密实度与孔隙率

1. 密实度

土木工程材料体积内被固体物质所充实的程度称为密实度 D，即

$$D=\frac{V}{V_0}\times100\% \quad 或 \quad D=\frac{\rho_0}{\rho}\times100\%$$

2. 孔隙率

土木工程材料的孔隙率是指材料内部孔隙体积占材料在自然状态下体积的百分率，又称真气孔率，即

$$P=\frac{V_0-V}{V_0}\times100\%=\left(1-\frac{V}{V_0}\right)\times100\%=\left(1-\frac{\rho_0}{\rho}\right)\times100\%$$

$$D+P=1$$

式中 P——土木工程材料的孔隙率，%。

孔隙率的大小反映了材料的致密程度。材料的许多性能，如强度、吸水性、耐久性、导热性等均与其孔隙率有关。此外，还与材料内部孔隙的结构有关。孔隙结构包括孔隙的数量、形状、大小、分布以及连通与封闭等情况。

土木工程材料内部孔隙有连通与封闭之分，连通孔隙不仅彼此连通且与外界相通，而封闭孔隙则不仅彼此互不连通，且与外界隔绝。孔隙本身有粗细之分，粗大孔隙、细小孔隙和极细微孔隙。粗大孔隙虽然易吸水，但不易保持。极细微开口孔隙吸入的水分不易流动，而封闭的不连通孔隙，水分及其他介质不易侵入。因此，孔隙结构及孔隙率对材料的表观密度、强度、吸水率、抗渗性、抗冻性及声、热、绝缘等性能都有很大影响。

2.2.3 散粒状土木工程材料的空隙率

散粒状土木工程材料的空隙率是指散粒状材料在堆积状态下，颗粒间的空隙体积占堆积体积的百分率，即

$$P'=\left(\frac{V'_0-V_0}{V'_0}\right)\times100\%=\left(1-\frac{V_0}{V'_0}\right)\times100\%=\left(1-\frac{\rho'_0}{\rho_C}\right)\times100\%$$

$$D'+P'=1$$

式中 P'——散粒状土木工程材料的空隙率，%。

空隙率的大小表征着散粒材料颗粒间相互填充的致密程度。空隙率可作为控制混凝土集料级配与计算砂率的依据。

2.3 土木工程材料与水有关的性质

在土木工程中，绝大多数建筑物和构筑物在不同程度上都要与水接触，有的建筑物本身就是用来装水的，如水池、水塔等。一些构筑物是建在水中的，像桥梁的墩台、拦水大坝等。水与土木工程材料接触后，将会出现不同的物理化学变化，所以要研究在水的作用下土木工程材料所表现出的各种特性及其变化。

2.3.1 亲水性与憎水性

建筑物和构筑物经常与水或大气中的水汽接触，固体材料与水接触后，出现如图 2-4

所示的两种情况。当液滴与固体在空气中接触且达到平衡时，从固、液、气三相界面的交点处，沿着液滴表面作切线，此切线与材料和水接触面的夹角 θ 称为湿润边角（或接触角）。由图 2-4 可知：$\sigma_{固-气}$、$\sigma_{液-气}$ 和 $\sigma_{固-液}$ 分别表示固-气、液-气和固-液各界面间的界面张力。当三力达到平衡时具有下列关系：

$$\sigma_{固-气}=\sigma_{固-液}+\sigma_{液-气}\times\cos\theta$$

或

$$\cos\theta=\frac{\sigma_{固-气}-\sigma_{固-液}}{\sigma_{液-气}}$$

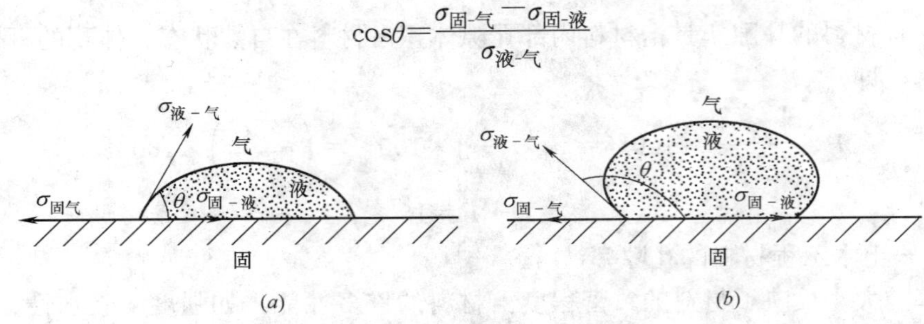

图 2-4 材料的润湿示意图

（*a*）亲水性材料；（*b*）憎水性材料

显然，液体能否润湿固体与接触角 θ 大小有关。当 $\sigma_{固-气}-\sigma_{固-液}=\sigma_{液-气}$，$\cos\theta=1$，$\theta=0°$时，则液体完全润湿固体。当液体与固体界面上的张力小于固体与气体的表面张力，即 $\sigma_{固-气}-\sigma_{固-液}>0$ 时，固体能被润湿。当 $\sigma_{固-气}-\sigma_{固-液}<0$ 时，$\cos\theta<0$，$\theta>90°$，则液体不能润湿固体。或者说，液体与固体接触面上的界面张力大于固体的表面张力时，则固体不能被润湿。

一般认为：当 $\theta\leqslant90°$时，水分子之间的内聚力小于水分子与材料分子间的相互吸引力，这种材料具有亲水性；当 $\theta>90°$时，水分子之间的内聚力大于水分子与材料分子间的吸引力，这种材料具有憎水性。这一概念可以推广到其他液体对固体的润湿情况，并分别称其为亲液性材料或憎液性材料。

亲水性材料能通过毛细管作用，将水分吸入材料内部。憎水性材料一般能阻止水分渗入毛细管中，从而降低材料的吸水作用。所以，憎水性材料不仅可用作防水材料，而且还可以用于亲水性材料的表面处理，以降低其吸水性。

大多数土木工程材料都是亲水性材料，如石料、砖瓦、水泥混凝土和木材等，而沥青、建筑塑料、多数有机涂料等则为憎水性材料。

需指出的是孔隙率较小的亲水性材料同样也具有较好的防水性或防潮性，如水泥砂浆、水泥混凝土等。

2.3.2 土木工程材料的含水状态

亲水性材料的含水状态可分为四种基本状态（见图 2-5）：

干燥状态——材料的孔隙中不含水或含水极微；

气干状态——材料的孔隙中含水时其相对湿度与大气湿度相平衡；

饱和面干状态——材料表面干燥，而孔隙中充满水达到饱和；

表面湿润状态——材料不仅孔隙中含水饱和，而且表面上被水润湿附有一层水膜。

除上述四种基本含水状态外，材料还可以处于两种基本状态之间的过渡状态中。

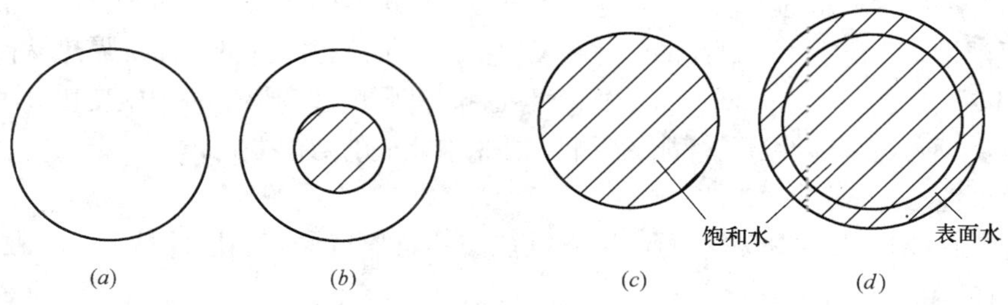

图 2-5 材料的含水状态

(a) 干燥状态；(b) 气干状态；(c) 饱和面干状态；(d) 表面润湿状态

2.3.3 吸水性与吸湿性

1. 吸水性

土木工程材料在水中吸收水分的性质称为吸水性。土木工程材料吸水能力的大小用吸水率表示，即

$$W=\frac{m_1-m}{m}\times100\%$$

式中 W——土木工程材料的质量吸水率，%；

m——土木工程材料在干燥状态下的质量，g；

m_1——土木工程材料吸水饱和状态下的质量，g。

W 称为质量吸水率，有时也用体积吸水率来表示土木工程材料的吸水性。材料吸入水分的体积占干燥材料自然状态下体积的百分率称为体积吸水率。

由于土木工程材料的亲水性以及开口孔隙的存在，大多数土木工程材料都具有吸水性，所以土木工程材料中通常均含有水分。

土木工程材料的吸水性不仅与其亲水性及憎水性有关，也与其孔隙率的大小及孔隙特征有关。一般孔隙率越高，其吸水性越强。封闭孔隙水分不易进入；粗大开口孔隙，不易吸满水分；具有细微开口孔隙的材料，其吸水能力特别强。

各种土木工程材料因其化学成分和结构构造不同，其吸水能力差异极大，如致密岩石的吸水率只有 0.50%～0.70%，水泥混凝土为 2.00%～3.00%；木材及其他多孔轻质材料的吸水率则常超过 100%。

2. 吸湿性

土木工程材料在湿空气中吸收水分的性质称为吸湿性。土木工程材料的吸湿性用含水率表示，即

$$W_{湿}=\frac{m_{含}-m}{m}\times100\%$$

式中 $W_{含}$——土木工程材料的含水率，%；

m——土木工程材料在干燥状态下的质量，g；

$m_{含}$——土木工程材料含水时的质量，g。

土木工程材料的吸湿性随空气湿度的大小而变化。干燥材料在潮湿环境中能吸收水分，而潮湿材料在干燥的环境中也能放出（又称蒸发）水分，这种性质称为还水性，最终与一定温度

下的空气湿度达到平衡。多数材料在常温常压下均含有一部分水分，这部分水的质量占材料干燥质量的百分率称为材料的含水率。与空气湿度达到平衡时的含水率称为平衡含水率。木材具有较大的吸湿性，吸湿后木材制品的尺寸将发生变化，强度也将降低；保温隔热材料吸入水分后，其保温隔热性能将大大降低；承重材料吸湿后，其强度和变形也将发生变化。因此，在选用材料时，必须考虑吸湿性对其性能的影响，并采取相应的防护措施。

2.3.4 耐水性

土木工程材料长期在饱和水的作用下抵抗破坏，保持原有功能的性质称为耐水性。土木工程材料的耐水性常用软化系数 K_R 表示：

$$K_R=\frac{f_{饱}}{f_{干}}$$

式中 K_R——土木工程材料的软化系数；

$f_{饱}$——土木工程材料在吸水饱和状态下的极限抗压强度，MPa；

$f_{干}$——土木工程材料在绝干状态下的极限抗压强度，MPa。

由上式可知，K_R 值的大小表明材料浸水后强度降低的程度。一般材料在水的作用下，其强度均有所下降。这是由于水分进入材料内部后，削弱了材料微粒间的结合力所致。如果材料中含有某些易于被软化的物质如黏土等，这将更为严重。因此，在某些工程中，软化系数 K_R 的大小成为选择土木工程材料的重要依据。一般次要结构物或受潮较轻的结构所用的材料 K_R 值应不低于 0.75；受水浸泡或处于潮湿环境的重要结构物的材料，其 K_R 值应不低于 0.85；特殊情况下，K_R 值应当更高。

2.3.5 抗渗性

土木工程材料在压力水作用下，抵抗渗透的性质称为抗渗性。土木工程材料的抗渗性一般用渗透系数 K 表示：

$$K=\frac{Qd}{AtH}$$

式中 K——渗透系数，cm/h；

Q——渗水总量，cm^3；

d——试件厚度，cm；

A——渗水面积，cm^2；

t——渗水时间，h；

H——静水压力水头，cm。

抗渗性也可用抗渗等级（记为 P）表示，即以规定的试件在标准试验条件下所能承受的最大水压（MPa）来确定，即

$$P=10H-1$$

式中 P——抗渗等级；

H——试件开始渗水时的水压，MPa。

对于高抗渗混凝土材料，水压法难以表征抗渗性，目前采用氯离子扩散系数等来表征其抗渗性。

渗透系数越小的材料其抗渗性越好。材料抗渗性的高低与材料的孔隙率和孔隙特征有关。绝对密实的材料或具有封闭孔隙的材料，水分难以透过。对于地下建筑及桥涵等结构

物，由于经常受到压力水的作用，要求材料应具有一定的抗渗性。对用于防水的材料，其抗渗性的要求更高。

2.3.6 抗冻性

土木工程材料在吸水饱和状态下，抵抗多次冻融循环的性质称为抗冻性。土木工程材料的抗冻性用抗冻等级（记为 F）表示。抗冻等级用材料在吸水饱和状态下，经冻融循环作用，强度下降不超过 25%（慢冻法）或动弹性模量下降不超过 40%（快冻法），而且质量损失不超过 5%时所能抵抗的最多冻融循环次数来表示。目前多数标准规定采用快冻法来测试。

冰冻的破坏作用是由于材料中含有水，水在结冰时体积膨胀约 9%，从而对孔隙产生压力而使孔壁开裂。冻融循环的次数越多，对材料的破坏作用越严重。

影响土木工程材料抗冻性的因素很多，主要有材料的孔隙率、孔隙特征、吸水率及降温速度等。一般说，孔隙率小的材料抗冻性高；封闭孔隙含量多，抗冻性更高。

在路桥工程中，处于水位变化范围内的材料，在冬季时材料将反复受到冻融循环作用，此时材料的抗冻性将关系到结构物的耐久性。

2.4 土木工程材料的热工性质

土木工程功能除了实用、安全、经济外，还要为人们创造舒适的生产、工作、学习和生活环境。因此，在选用土木工程材料时，还需要考虑其热工性质。

2.4.1 导热性

热量在土木工程材料中传导的性质称为导热性。导热性能是土木工程材料的一个非常重要的热物理指标，它说明材料传递热量的一种能力。土木工程材料的导热能力用导热系数 λ 表示，即

$$\lambda=\frac{Qd}{(t_1-t_2)FZ}$$

式中 λ——导热系数，W/(m·K)；

Q——传导热量，J；

d——土木工程材料厚度，m；

(t_1-t_2)——土木工程材料两侧温度差，K；

F——土木工程材料传热面积，m^2；

Z——传热时间，s。

导热系数的物理意义是：在一块面积为 $1m^2$、厚度为 1m 的壁板上，板的两侧表面温度差为 1K 时，在单位时间内通过板面的热量。因此，λ 值越小，材料的绝热性能越好。

各种土木工程材料的导热系数差别很大，大致在 0.03～3.30W/(m·K) 之间，如泡沫塑料 λ=0.03W/(m·K) 而大理石 λ=3.30W/(m·K)，如表 2-2 所示。习惯上，把导热系数不大于 0.175W/(m·K) 的材料称为绝热材料。

影响土木工程材料导热系数的主要因素有材料的化学成分及其分子结构、表观密度(包括材料的孔隙率、孔隙的性质及大小等)、材料的湿度和温度状况等。由于密闭空气的导热系数很小[λ=0.025W/(m·K)]，所以，一般材料的孔隙率越大，其导热系数就越小(粗大而贯通孔隙除外)。

几种典型材料的热工性质指标 表 2-2

材 料	导热系数[W/(m·K)]	比热容[J/(g·K)]
铜	370	0.38
钢	55	0.46
花岗岩	2.9	0.80
水泥混凝土	1.8	0.88
松木(横纹)	0.15	1.63
泡沫塑料	0.03	1.30
冰	2.20	2.05
水	0.60	4.19
密闭空气	0.025	1.00

土木工程材料受潮或冻结后，其导热系数将有所增加。这是因为水的导热系数 $\lambda=0.60$W/(m·K)，而冰的导热系数 $\lambda=2.20$W/(m·K)，它们都远大于空气的导热系数。因此，在设计和施工中，应采取有效措施，使保温材料经常处于干燥状态，以发挥其保温效果。

2.4.2 比热容及热容量

土木工程材料在受热时要吸收热量，在冷却时要放出热量，吸收或放出的热量按下式计算：

$$Q=cm(t_2-t_1)$$

式中 Q——土木工程材料吸收或放出的热量，J；

c——土木工程材料的比热容，J/(g·K)；

m——土木工程材料的质量，g；

(t_2-t_1)——土木工程材料受热或冷却前后的温度差，K。

比热容的物理意义表示 1g 的材料温度升高或降低 1K 时所吸收或放出的热量。材料的比热容主要取决于矿物成分和有机质的含量，无机材料的比热容比有机材料的比热容小。

湿度对材料的比热容也有影响，随着材料湿度的增加比热容也提高。

比热容 c 与材料质量 m 的乘积称为材料的热容量。采用热容量大的材料作围护结构，对维持建筑物内部温度的相对稳定十分重要。夏季高温时，室内外温差较大，热容量较大的材料温度升高所吸收的热量就多，室内温度上升较慢；冬季采暖后，热容量大的建筑物吸收的热量较多，短时间停止采暖，室内温度下降缓慢。所以，热容量较大、导热系数较小的材料，才是良好的绝热材料。

2.4.3 耐燃性

建筑物失火时，材料能经受高温与火的作用不破坏，强度不严重下降的性能，称为材料的耐燃性。根据耐燃性可分为以下三大类材料。

1. 不燃烧类（A 级）

材料遇火遇高温不易起火、不阴燃、不炭化，如普通石材、混凝土、砖、石棉等。

2. 难燃烧类（B1 级）

材料遇火遇高温不易起火、不阴燃或不炭化，只有在火源存在时能继续燃烧或阴燃，火焰熄灭后，即停止燃烧或阴燃，如沥青混凝土、经防火处理的木材等。

3. 燃烧类（B2 或 B3 级）

材料遇火遇高温即起火或阴燃，在火源移去后，能继续燃烧或阴燃，如木材、沥青等。

2.4.4 耐火性

材料在长期高温作用下，保持不熔性并能工作的性能称为材料的耐火性，如砌筑窑炉、锅炉、烟道等的材料。按耐火性高低可将材料分为以下三类：

1. 耐火材料

耐火度不低于1580℃的材料，如耐火砖中的硅砖、镁砖、铝砖和铬砖等。

2. 难熔材料

耐火度为1350～1580℃的材料，如耐火混凝土等。

3. 易熔材料

耐火度低于1350℃，如烧结砖等。

2.5 土木工程材料的声学和光学性质

2.5.1 声学性质

1. 吸声性

声音起源于物体的振动，如说话时声带的振动和打鼓时鼓皮的振动，声带和鼓皮称为声源。声源的振动迫使邻近的空气跟着振动而形成声波，并在空气介质中向四周传播。声音在传播过程中，一部分由于声能随着距离的增大而扩散，另一部分则因空气分子的吸收而减弱，当声波传播到材料的表面时，一部分声波被反射，另一部分穿透材料，其余部分则传给材料。对于含有大量连通孔隙的材料，传递给材料的声能在材料的孔隙中引起空气分子与孔壁的摩擦和黏滞阻力，使相当一部分声能转化为热能而被材料吸收或消耗。声能穿透材料和被材料消耗的性质称为材料的吸声性，被吸收声能（E）与入射声能（E_0）之比称为吸声系数α，即

$$\alpha=\frac{E}{E_0}$$

吸声系数α值越大，表示材料吸声效果越好。

影响材料吸声效果的因素有材料的体积密度、材料的孔隙构造、材料的厚度等。

2. 隔声性

隔声与吸声不同，不能简单地把吸声材料作为隔声材料使用。

声波在建筑结构中的传播主要通过空气和固体物质来实现，因而隔声可分为隔空气声和隔固体声两种，两者隔声原理是不同的。

隔声量（R），又称传声损失，是表示材料隔绝空气声的能力，是在标准隔声试验室内测出的，其单位为分贝（dB）。R越大，隔声效果越好。

2.5.2 光学性质

光是以电磁波形式传播的辐射能。电磁波辐射的波长范围很广，只有波长在380～760nm的这部分辐射能才能引起光视觉，称为“可见光”。波长短于380nm的光是紫外线、X射线、γ射线；长于760nm的光是红外线和无线电波等。

光的波长不同，人眼对其产生的颜色感觉也不同，各种颜色的波长之间并没有明显的

界限，即一种颜色逐渐减弱，另一种颜色则逐渐增强，慢慢变到另一种颜色，另外还关系到光通量、发光强度、照度等。

根据光学原理，颜色不是材料本身固有的，而是取决于材料的光谱反射、光线的光谱组成、观看者对光谱敏感性，其中光线尤为重要。

材料的光泽是材料表面的特征。光线照到物体上，一部分被反射，另一部分被吸收。如果物体是透明的，则有一部分透过物体。当光线入射角和反射角对称时，为镜面反射；当反射光线分散在各个方向时称为漫反射，漫反射与颜色和亮度有关。镜面反射是产生光泽的主要因素，对物体成像的清晰程度和反射光的强弱起决定性作用。另外，材料与光的性质还关系到材料的透明度、表面组织、形状尺寸和立体造型等。

总之，一幢建筑物（或建筑群体），除了满足物理、力学等性能外，还要充分利用自然光线为室内采光，建筑的立面要充分运用自然光线形成凹凸的光影效果，强烈的明暗对比，使建筑物矗立在大地上栩栩如生，色泽鲜明、清晰，立体感强，美观耐久。

2.6 土木工程材料的力学性质

土木工程材料的力学性质通常是指材料在外力（荷载）作用下的变形性质及抵抗外力破坏的能力。

2.6.1 弹性与塑性

土木工程材料在外力作用下发生变形，当外力取消后，材料能够完全恢复原来形状和尺寸的性质称为弹性。这种可以完全恢复的变形称为弹性变形（或瞬时变形）。

土木工程材料在外力作用下发生变形，当外力取消后，材料不能恢复原来的形状和尺寸，但并不产生裂缝的性质称为塑性。这种不能恢复的变形称为塑性变形（或永久变形）。

实际上，材料受力后所产生的变形是比较复杂的。某些材料在受力不大的条件下，表现出弹性性质，但当外力达到一定值后，则失去其弹性而表现出塑性性质，建筑钢材就是这种材料。有的材料在外力作用下，弹性变形和塑性变形同时发生。当外力取消后，其弹性变形可以恢复，而塑性变形则不能恢复，水泥混凝土受力后的变形就是这种情况。

2.6.2 强度

1. 土木工程材料的理论强度

固体材料的强度来源于内部质点（原子、离子和分子）间相互的作用力。以共价键或离子键结合的晶体，其结合力较强，材料的弹性模量也较高；以分子键结合的晶体，其结合力较弱，弹性模量也较低。

材料的理论强度一般比较高。所谓理论强度就是根据理论分析得到材料所能承受的最大应力，或者说克服固体物质内部的结合力而形成两个新表面所需要的力就是理论强度。

材料的破坏主要是由拉应力使结合键断裂而造成的，或者由剪切使原子间滑动而造成的。从理论上说，当两质点被压缩而不断接近时，将遇到非常强大的排斥力，阻止质点相互接近。因此，材料是不可能被压坏的。材料的受压破坏本质上是由压应力引起内部拉应力或剪应力造成的。材料的理论抗拉强度用下式表示：

$$f_{\mathrm{t}}=\sqrt{\frac{E\gamma}{d}}$$

式中 f_t——土木工程材料的理论抗拉强度，Pa；

E——土木工程材料的纵向弹性模量，Pa；

γ——土木工程材料（固体）的单位表面能，J/m^2；

d——原子间的距离，m。

由以上公式可知，材料的弹性模量和表面能越大，原子间距离越小，其理论强度越高。

事实上，材料的真实破坏强度远低于理论强度，这是由于实际材料中存在各种各样缺陷的缘故，如晶格的错位、杂质的存在以及孔隙和微裂纹的产生等。当材料受力时，能引起晶格的滑移，且在微裂纹的尖端处引起应力集中，致使局部应力急剧增加。导致裂纹不断延伸、扩展直至相互贯通，最终导致材料的破坏。比如，钢的理论强度为 30000MPa，而普通碳素钢的实际强度只有 400MPa 左右，相差两个数量级。

2. 土木工程材料的强度、强度等级和比强度

(1) 强度

材料在外力作用下，内部就产生与外力方向相反、大小相等的内力，单位面积上的内力称为应力。当外力增加时，应力也随之增大，直到质点间的应力不能再承受时，材料即破坏，此时的极限应力称为材料的强度。因此，材料在外力（荷载）作用下抵抗破坏的能力称为强度，这里指的是实际强度，根据外力作用方式的不同，材料强度有抗压强度、抗拉强度、抗弯强度和抗剪强度（见图 2-6）等。

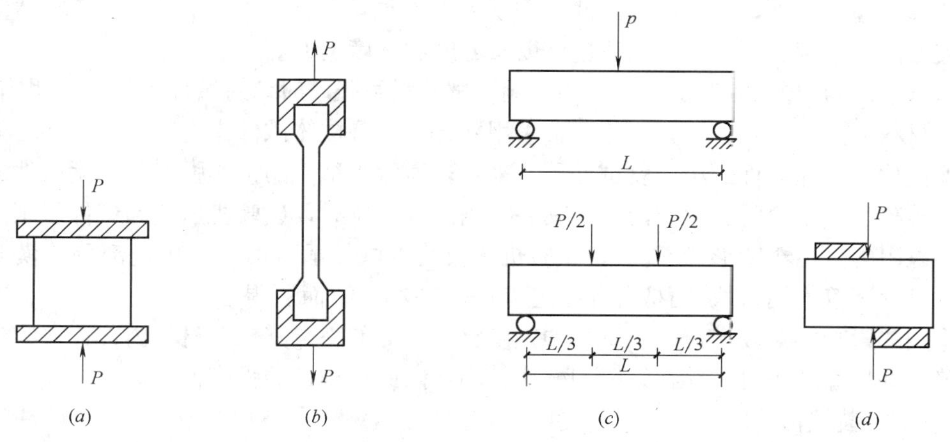

图 2-6 材料所受外力示意图

(a) 抗压强度；(b) 抗拉强度；(c) 抗弯曲度；(d) 抗剪强度

材料的拉伸、压缩及剪切为简单受力状态，其强度按下式计算：

$$f=\frac{P}{F}$$

式中 f——土木工程材料强度，MPa；

P——土木工程材料破坏时的最大荷载，N；

F——土木工程材料受力截面面积，mm^2。

材料受弯时其应力分布比较复杂，强度计算公式也不一致。一般是将条形试件放在两支点上，中间加一集中荷载。对矩形截面的试件，其抗弯强度按下式计算：

$$f_{弯}=\frac{3PL}{2bh^2}$$

有时可在跨度的三分点上加两个相等的集中荷载，此时其抗弯强度按下式计算：

$$f_{弯}=\frac{PL}{bh^2}$$

式中 $f_{弯}$——土木工程材料的抗弯强度，MPa；

P——土木工程材料弯曲破坏时的最大荷载，N；

L——两支点间的距离，mm；

b、h——试件横截面的宽及高，mm。

各种不同化学组成的材料具有不同的强度值。同一种类的材料，其强度随其孔隙率及构造特征的变化也有差异。一般孔隙率越大的材料其强度越低，其强度与孔隙率具有近似的线性关系。表2-3是几种常用材料的强度值。

几种常用材料的强度值 **表2-3**

材料种类	抗压强度(MPa)	抗拉强度(MPa)	抗弯强度(MPa)
花岗岩	100～250	5～8	10～14
水泥混凝土	5～60	1～9	4.8～6.1
松木(顺纹)	30～50	80～120	60～100
建筑钢材	240～1500	240～1500	—

材料的强度通常是用破坏性试验来测定的。由试验测得的材料强度除与其组分、结构及构造等内因有关外，还与试验条件有密切关系。如试件的形状与尺寸、试验装置情况、试件表面的平整度、试验时的加荷速度以及温度和湿度条件等。

1）试件形状与尺寸对试验结果的影响。试验材料强度时，对试件形状均有明确规定，对脆性材料（如砖、石、混凝土等）常采用立方体或圆柱体试件。一般来说，圆柱体试件的强度值比立方体试件的小。就试件尺寸来看，通常小试件的抗压强度大于大试件的抗压强度。出现这种现象的原因有两个：其一，当试件受压时，试验机压板和试件承压面产生横向摩擦阻力（由于变形量不同），试验机压板约束试件承压面及其毗连部分的横向膨胀变形（又称环箍作用），从而抑制和推迟了试件破坏，故而所得强度值较高。因小试件受环箍作用的影响相对较大，故小试件的强度比大试件的高。其二，材料内部存在有各种构造缺陷，并尺寸较小时，存在缺陷的概率较小，因此小试件的强度值较高。

2）试验装置情况对试验结果的影响。如上所述，脆性材料单轴受压时，试件的承压面受环箍作用影响较大，而远离承压面试件的中间部分，受环箍作用的影响较小，这种影响大约在距承压面$\frac{\sqrt{3}}{2}a$（其中a为试件横向尺寸）的范围以外消失。试件破坏以后形成两个顶角相接的截头角锥体，如图2-7所示，就是这种约束作用造成的结果。

若在试件承压面上涂以润滑剂，则环箍作用将大大减弱，试件将出现直裂破坏，测得强度也较低，如图2-8所示。

3）试件表面的平整度对试验结果的影响。试件受压面是否平整，对强度也有影响。如压面上有凹凸不平或缺棱掉角等缺陷时，将会出现应力集中现象而降低强度。

4）加荷速度对试验结果的影响。试验时的加荷速度对所测强度值也有影响。因为材料破坏是在变形达到一定程度时发生的，当加荷速度过快时，由于变形的增长滞后于荷增

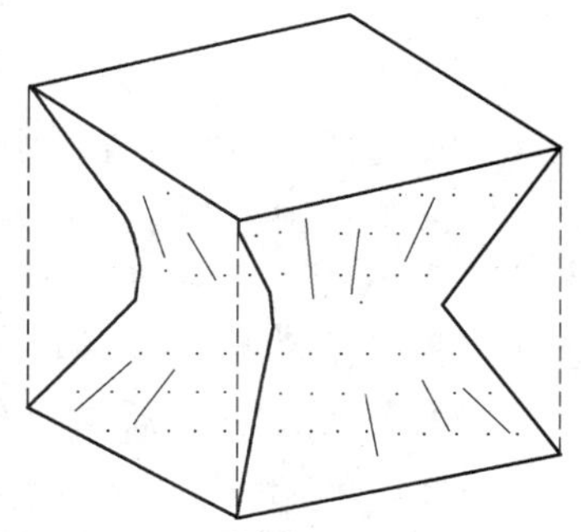

图 2-7 试块破坏后残存的棱柱体

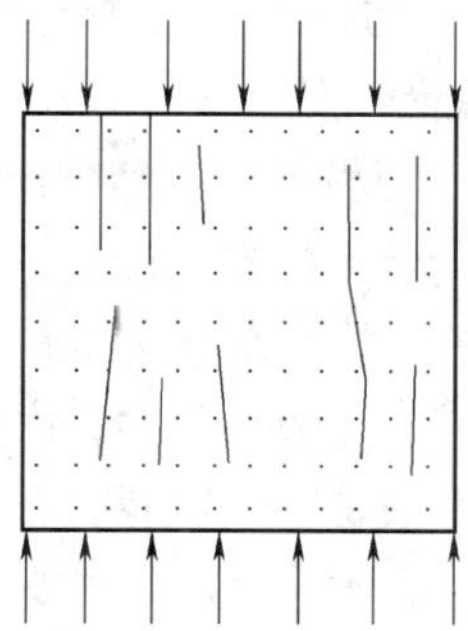

图 2-8 无摩擦阻力时试块的破坏情况

长，所以破坏时测得的强度值较高；反之，测得的强度值较低。

5）试验时的温、湿度对试验结果的影响。一般来说，温度升高时材料的强度将降低，沥青混合料受温度波动的影响尤其显著。材料的强度还与其含水状态有关，一般湿度材料比干燥材料的强度低。

除上述诸因素外，试验机的精度、操作人员的技术水平等都对试验强度值的准确性有影响。所以，材料的强度试验，只能提供一定条件下的强度指标。应当指出：不仅强度试验结果如此，材料其他性质的试验结果也带有条件性。为了得到具有可比性的试验结果，就必须严格遵照规定的标准试验方法进行试验。

（2）强度等级

土木工程材料常按其强度的大小被划分成若干个等级，称为强度等级。对脆性材料，如砖、石、混凝土等，主要根据其抗压强度划分强度等级，对建筑钢材则按其屈服强度划分强度等级。将土木工程材料划分为若干强度等级，对掌握材料的性质、合理选用材料、正确进行设计和施工以及控制工程质量都有重要的意义。

（3）比强度

承重的结构材料除了承受外力，尚需承受自身质量。因此，不同强度材料的比较，可采用比强度指标。比强度是指单位体积质量的材料强度，它等于材料的强度与其表观密度之比。它是衡量材料是否轻质、高强的指标。

2.6.3 脆性与韧性

土木工程材料在冲击荷载作用下发生破坏时出现两种情况：一种是在冲击荷载作用下，材料突然破坏，破坏时不产生明显的塑性变形，材料的这种性质称为脆性。脆性材料的变形曲线如图 2-9 所示。另一种是破坏时产生较大的塑性变形。一般来说，脆性材料的抗压强度远远高于其抗拉强度，它对承受振动和冲击作用是极为不利的。砖、石、陶瓷、玻璃和铸铁都是脆性材料。

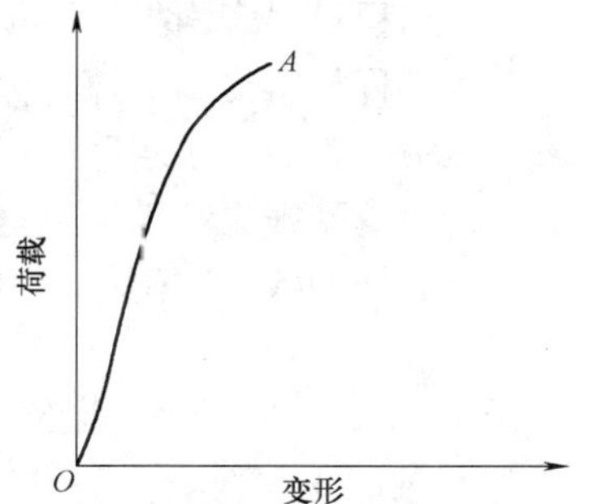

图 2-9 脆性材料的变形曲线

材料在冲击、振动荷载作用下，吸收能量、抵抗破坏的性质称为冲击韧性或冲击强度。材料冲击韧性的大小，以标准试件破坏时单位面积或体积所吸收的能量来表示。根据荷载作用的方式不同，有冲击抗压、冲击抗拉及冲击抗弯等。对于用作桥梁、路面、桩、吊车梁、设备基础等有抗震要求的结构，都要考虑材料的冲击韧性。

2.6.4 疲劳极限

土木工程材料在受到拉伸、压缩、弯曲、扭转以及这些外力的反复作用，当应力超过某一限度时即会导致材料的破坏，这个限度叫作疲劳极限，又称疲劳强度。当应力小于疲劳极限时，材料或结构在荷载多次重复作用下不会发生破坏。疲劳强度的大小与材料的性质、应力种类、疲劳应力比值、应力集中情况以及热影响等因素有关。土木工程材料的疲劳极限是由试验确定的。一般是在规定应力循环次数下，把它对应的极限应力作为疲劳极限。疲劳破坏与静力破坏不同，它不产生明显的塑性变形，破坏应力远低于强度，甚至低于屈服极限。

对于水泥混凝土，通常规定应力循环次数为$10^6 \sim 10^8$次。此时水泥混凝土的压缩疲劳极限为抗压强度的50%～60%。

2.6.5 硬度和耐磨性

硬度是土木工程材料表面抵抗较硬物质刻划或压入的能力。测定硬度的方法很多，常用刻划法和压入法。

刻划法常用于测定无机矿物材料的硬度，即按滑石、石膏、方解石、萤石、磷灰石、正长石、石英、黄玉、刚玉、金刚石的硬度递增顺序分为10级，通过它们对材料的划痕来确定所测材料的硬度，称为莫氏硬度。

压入法常用于测定金属材料的硬度，是以一定的压力将一定规格的钢球或金刚石制成的尖端压入试样表面，根据压痕的面积或深度来测定其硬度。常用的压入法有布氏法、洛氏法和维氏法，相应的硬度称为布氏硬度（HB）、洛氏硬度（HRC）和维氏硬度（HV）。

如布氏法的测定原理是利用直径为D的淬火钢球，以荷载P将其压入试件表面，经规定的持续时间后卸除荷载，即得直径为d的压痕；以压痕面积F除荷载P，所得应力值即为试件的布氏硬度HB，以数字表示，不带单位。硬度计算式如下：

$$HB=\frac{2P}{\pi D(D-\sqrt{D^2-d^2})}$$

高分子材料则常用绍氏硬度（HS）、巴氏硬度（BS）表示。

硬度大的材料耐磨性较强，但不易加工。所以，材料的硬度在一定程度上可以表明材料的耐磨性及加工难易程度。

土木工程材料表面抵抗磨损的能力，称为材料的耐磨性。

土木工程材料受到摩擦、剪切及撞击的综合作用而减小质量和体积的现象称为磨耗。道路工程中的路面、过水路面以及涵管墩台等，经常受到车轮摩擦、水流及其挟带泥砂的冲击作用而遭受报失和破坏，这些均需要考虑材料抵抗磨搅和磨耗的性能。

材料的结构致密、硬度较大、韧性较高时，其抵抗磨损及磨耗的能力较强。

2.7 土木工程材料的装饰性

用于建筑表面的土木工程材料要求具有一定的装饰性，起着装饰作用的土木工程材料称之为建筑装饰材料。对建筑装饰材料的基本要求有以下几个方面。

2.7.1 颜色、光泽、透明性

颜色是材料对光的反射效果。不同的颜色给人以不同的感觉，如红色给人一种温暖、热烈的感觉，绿色、蓝色给人一种宁静、清凉的感觉。

光泽是材料表面方向性反射光线的性质。材料表面越光滑，则光泽度越高。当为定向反射时，材料表面具有镜面特征，又称镜面反射。不同的光泽度可改变材料表面的明暗程度，并可扩大视野或造成不同的虚实对比。

透明性是光线透过材料的性质，分为透明体、半透明体、不透明体。利用不同的透明度可隔断或调整光线的明暗，造成特殊的光学效果，也可物象清晰或朦胧。

2.7.2 花纹图案、形状、尺寸

在生产或加工材料时，利用不同的工艺将材料表面做成各种不同的表面组织，如粗糙、平整、光滑、镜面、凹凸、麻点等；或将材料的表面制作成各种花纹图案，如山水风景画、人物画、仿木花纹、陶瓷壁画、拼镶陶瓷锦砖等。

建筑装饰材料的形状和尺寸对装饰效果有很大的影响。改变建筑装饰材料的形状和尺寸，并配合花纹、颜色、光泽等可拼镶出各种线形和图案，从而获得不同的装饰效果，以满足不同建筑型体和线形的需要，最大限度地发挥材料地装饰性。

2.7.3 质感

质感是材料的组织结构、花纹图案、颜色、光泽、透明性等给人的一种综合感觉，如钢材、陶瓷、木材等材料在人地感官中的软硬、轻重、细腻等感觉。组成相同的材料可以有不同的质感，如普通玻璃和压花玻璃。相同的表面处理形式往往具有相同的或类似的质感，但有时也并不完全相同，如人造花岗岩、仿木纹制品，一般均不如天然的花岗岩和木材亲切、真实，而显单调、呆板。

选择建筑装饰材料时应结合建筑物的造型、功能、用途、所处的环境、材料的使用部位等，充分考虑建筑装饰材料的上述三项性质及建筑装饰材料的其他性质，最大限度地表现出建筑装饰材料地装饰效果，并做到经济、耐久。

2.8 土木工程材料的耐久性

工程结构物在使用过程中，除受各种力的作用外，还受到各种自然因素长时间的破坏作用，为了保持结构物的功能，要求用于结构物中的各种材料具有良好的耐久性。土木工程材料的耐久性是指土木工程材料在各种因素作用下，抵抗破坏、保持原有性质的能力。自然界中各种破坏因素包括物理的、化学的以及生物的作用等。

物理作用包括干湿交替、热胀冷缩、机械摩擦、冻融循环等。这些作用会使材料发生形状和尺寸的改变而造成体积的胀缩，或者导致材料内部裂缝的引发和扩展，久而久之终将导致材料和结构物的完全破坏。

化学作用包括酸、碱、盐水溶液以及有害气体的侵蚀作用，光、氧、热和水蒸气作用等。这些作用会使材料逐渐变质而失去其原有性质或破坏。

生物作用多指虫、菌的蛀蚀作用，如木材在不良使用条件下会受到虫蛀、腐朽变质而破坏。

砖、石、混凝土等矿物性材料，受物理作用破坏的机会较多，同时也受到化学作用的破坏。金属材料主要受化学和电化学作用引起锈蚀而破坏。木、竹等有机材料常受生物作用而破坏。沥青、树脂、塑料等高分子有机物在阳光、空气和热的作用下，逐渐老化、变

脆或开裂而失去其使用价值。

综上所述，土木工程材料的耐久性是一项综合性能。对具体土木工程材料耐久性的要求，是随着该材料实际使用环境和条件的不同而确定的。一般情况下，特别是在气温较低的北方地区，常以材料的抗冻性代表耐久性。因为材料的抗冻性与在其他多种破坏因素作用下的耐久性具有密切关系。

在实际使用条件下，经过长期的观察和测试做出的耐久性判断是最为理想的，但这需要很长的时间，因而往往是根据使用要求，在试验室进行各种模拟快速试验，借以做出判断。例如，干湿循环、冻融循环、湿润与紫外线干燥、炭化、盐溶液浸渍与干燥、化学介质浸渍与快速磨报等试验。

应当指出，上述快速试验是在相当严格的条件下进行的，虽然也可得到定性或定量的试验结果，但这种试验结果与实际工程使用下的结果并不一定有明确的相关性或完全符合。因此，评定土木工程材料的耐久性仍需要根据材料的使用条件和所处的环境情况，做具体的分析和判断，才能得出正确的结论。

第3章　砂石材料

在公路与桥梁建设中，砂石材料是一种重要的土木工程材料，应用极为广泛。它可以直接（或经加工后）用作道路与桥梁建筑的圬工结构，亦可加工成各种尺寸的集料，作为水泥混凝土、沥青混合料的集料。

砂石材料包括天然岩石、天然或人工轧制的集料以及工业冶金矿渣等，下面就这些材料的技术性质予以分别论述。

3.1　岩石的组成与分类

地壳中的化学元素，除极少数呈单质存在外，绝大多数元素都以化合物的形态存在。这些存在于地壳中的具有一定化学成分和物理性质的自然元素和化合物叫作矿物。目前已发现的矿物有3300多种，大多是固态无机物。

组成地壳的岩石，都是在一定地质条件下由一种或几种矿物自然组成的集合体。简单地说，矿物的集合体就是岩石，而组成岩石的矿物称为造岩矿物，主要造岩矿物有30多种。矿物的成分、性质及其在各种因素影响下的变化，都会对岩石的性质产生直接的影响。所以，要认识岩石，分析岩石在各种条件作用下的变化，并对岩石的土木工程性质进行评价，就必须认识和了解矿物。

3.1.1　常见的主要造岩矿物

1. 石英

石英的化学成分是 SiO_2，为结晶体。晶形为两端突出的六方柱状，柱面上有横纹，颜色很多，常见者为白色、乳白色和浅灰色。其中无色透明者称为“水晶”，其莫氏硬度为7，密度为2.60～2.70g/cm^3；无解理，断口呈贝壳状。石英硬度大、强度高、化学稳定性好、耐久性高，但受热时（573℃）因晶型转变发生体积变形。

2. 长石

长石是长石族矿物的总称，包括正长石和斜长石等。正长石的化学成分是 $KAlSi_2O_8$。晶体呈短柱状和厚板状，常见的为粒状或块状；颜色呈肉红色、褐黄色。莫氏硬度为6，密度为2.50～2.60g/cm^3；有玻璃光泽和两组解理（矿物在外力等作用下，沿一定的结晶方向易裂成光滑平面的性质称为解理，裂成的平面称为解理面）。

斜长石有钠长石和钙长石之分，其化学成分为 $NaAlSi_3O_8$（钠长石）和 $CaAl_2Si_2O_3$（钙长石）。晶体呈柱状，常见的为粒状或柱状；颜色为灰白色及浅红色。莫氏硬度为6～6.5，密度为2.61～2.76g/cm^3；有玻璃光泽和两组解理。

3. 云母

云母晶体呈片状或板状集合体，其莫氏硬度为2～3，密度为2.76～3.20g/cm^3。有一组极完全解理，易裂成薄片，薄片有弹性，耐久性差。根据颜色有黑云母及白云母两种。

白云母[$KAl(Si_2AlO_{10})(OH)_2$]无色或白色，常见的是浅绿色、浅黄色等，呈玻璃光泽；黑云母[$K(Mg,Fe)_3(Si_3AlO_{10})(OH)_2$]，黑色或褐色，呈珍珠光泽。

4. 角闪石、辉石和橄榄石

普通角闪石晶体呈柱状、粒状，其颜色为深绿色或黑色，莫氏硬度为5～6，密度为3.20～3.30g/cm³。有两组解理，横切面上解理交角为124°，呈玻璃光泽。

普通辉石晶体呈短柱状、粒状、板状，其颜色为黑色、深黑棕色，莫氏硬度为5～6，密度为3.20～3.60g/cm³。有两组解理，横切面上解理交角为87°，呈玻璃光泽。

橄榄石晶体是粒状，其颜色为橄榄绿色、浅绿黄色，莫氏硬度为6.5～7.0，密度为3.30～3.50g/cm³，呈玻璃光泽。

角闪石、辉石和橄榄石强度高、韧性好、耐久性好。

5. 方解石

方解石（$CaCO_3$）晶体呈菱面体，常见的有粒状、块状，其颜色为无色或乳白色，莫氏硬度为3，密度为2.60～2.80g/cm³。呈玻璃光泽，具有性脆的特点，有三组解理。方解石强度较高，遇酸后分解，与盐酸作用时反应激烈，放出CO_2气体。无色透明无裂隙者叫冰洲石，是沉积岩中多见的矿物。

6. 白云石

白云石晶体呈菱面体，常是致密块状，其颜色为灰白色，有时带浅黄色。莫氏硬度为3.5～4.0，密度为2.80～2.90g/cm³。呈玻璃光泽，有菱面体解理，解理面大部分弯曲。它与稀冷盐酸作用极缓慢，以此作为与方解石的区别。强度、耐酸腐蚀性及耐久性略高于方解石，遇酸时分解。

7. 石膏

石膏（$CaSO_4 \cdot 2H_2O$）晶体呈板状，集合体为纤维状、块状，其颜色为无色或白色，莫氏硬度为2，密度为2.30～2.40g/cm³。呈玻璃光泽，有解理，解理面呈珍珠光泽。它是透明或半透明的，可直接用作土木工程材料，也可作为其他材料的原材料。

8. 磁铁矿、赤铁矿

磁铁矿（Fe_3O_4）晶体呈八面体和菱形十二面体，常呈粒状或块状，其颜色为铁黑色，莫氏硬度为6，密度为5.20g/cm³。呈半金属光泽，具有强磁性。

赤铁矿（Fe_2O_3）常见者为块状、肾状或土状，其颜色为钢灰色、铁黑色、红色或红褐色，莫氏硬度为5.5，密度为5.00～5.30g/cm³。呈半金属光泽。

3.1.2 岩石的分类

地壳是由各种不同的岩石组成的。岩石按其地质成因的不同可分为岩浆岩、沉积岩及变质岩三大类。

1. 岩浆岩（火成岩）

（1）岩浆岩的一般特征

岩浆岩是岩浆在活动过程中，经过冷却凝固而成的。岩浆是存在于地下深处的成分复杂的高温硅酸盐熔融体。绝大多数岩浆岩的主要矿物组成是石英、长石、云母、角闪石、辉石及橄榄石六种。

（2）岩浆岩的分类（据形成条件的不同）

1）侵入岩。包括深成岩和浅成岩。

① 深成岩。岩浆在地壳深处受上部覆盖层压力的作用，缓慢而均匀地冷却所形成的岩石称为深成岩。其特点是矿物全部结晶，晶粒较粗、块状构造、结构致密。因而具有体积密度大、强度高、抗冻性好等优点。土木工程中常用的深成岩有花岗岩、正长岩、闪长岩等。

② 浅成岩。岩浆在地表浅处冷却结晶成岩。结构致密，由于冷却较快，故晶粒较小，如辉绿岩。

侵入岩为全晶质结构（岩石全部由结晶的矿物颗粒组成），且没有解理。侵入岩的体积密度大、抗压强度高、吸水率低、抗冻性好。

2）喷出岩。岩浆冲破覆盖层喷出地表冷凝而成的岩石。

当喷出岩形成较厚的岩层时，其结构致密，性能接近于深成岩，但因冷却迅速，大部分结晶不完全，多呈隐晶质（矿物晶粒细小，肉眼不能识别）或玻璃质，如建筑上常用的玄武岩、安山岩等；当岩层形成较薄时，常呈多孔构造，近于火山岩。

当岩浆被喷到空气中，急速冷却而形成的岩石又称火山碎屑。因喷到空气中急速冷却而成，故内部含有大量的气孔，并多呈玻璃质，有较高的化学活性。常用作混凝土集料、水泥混合材料，如火山灰、火山渣、浮石等。

2. 沉积岩（水成岩）

在地表常温常压的条件下，原岩（岩浆岩、变质岩或已成沉积岩）经风化、剥蚀、搬运、沉积和压密胶结而形成的岩石称为沉积岩。

（1）沉积岩的一般特点

在沉积岩的形成过程中，由于物质是一层一层沉积下来的，所以其构造是层状的。这种层状构造称为沉积岩的层理，每一层都具有一个面，称为层面。层面与层面间的距离称为层的厚度。有的沉积岩可以形成一系列斜交的层称为交错层。因此，沉积岩的体积密度较小、孔隙率较大、强度较低、耐久性也较差。沉积岩的主要造岩矿物有石英、白云石及方解石等。

（2）沉积岩的分类

按沉积形成条件分为以下三类：

1）机械沉积岩。原岩经自然风化作用而破碎松散，再经风、水及冰川等的搬运、沉积，重新压实或胶结而成的岩石称为机械沉积岩，如页岩、砂岩等。

2）化学沉积岩。原岩中的矿物溶于水中，经聚积沉积而成的岩石称为化学沉积岩，如石膏、白云岩及菱镁石等。

3）有机沉积岩。各种有机体死亡后的残骸经沉积而成的岩石称为有机沉积岩，或称生物沉积岩。如石灰岩等。

工程上常用的沉积岩有石灰岩、砂岩和碎屑岩等。

3. 变质岩

地壳中原有的岩石（岩浆岩、沉积岩及已经生成的变质岩），由于岩浆活动及构造运动的影响（主要是温度和压力），在固体状态下发生再结晶作用，而使它们的矿物成分和结构构造以至化学成分发生部分或全部的改变所形成的新岩石称为变质岩。

（1）变质岩的一般特征

变质岩的矿物成分，除保留原来岩石的矿物成分如石英、长石、云母、角闪石、辉石、方解石和白云石外，还产生了新的变质矿物，如绿泥石、滑石、石榴子石和蛇纹石等。这些矿物一般称为高温矿物。根据变质岩的特有矿物，可以把变质岩与其他岩石区别开。

变质岩的结构和构造几乎和岩浆岩类似，一般均是晶体结构。变质岩的构造，主要是片状构造和块状构造。片状构造根据片状的成因特点及厚薄，又可分成板状构造（厚片）、层状构造（薄片）、片状构造（片很薄）及片麻状构造（片状不规则）等。

（2）变质岩的分类

一般由岩浆岩变质而成的称为正变质岩，如工程中常用的由花岗岩变质而成的片麻岩。而由沉积岩变质而成的则称为副变质岩，如工程中常用的副变质岩有大理岩、石英岩。按变质程度的不同，又分为深变质岩和浅变质岩。一般浅变质岩，由于受到高压重结晶作用，形成的变质岩比原岩更密实，其物理力学性质有所提高。如由砂岩变质而形成的石英岩就比原来的岩石坚实耐久；反之，原为深成岩的岩石，经过变质作用，产生了片状构造，其性能还不如原深成岩。就比原花岗岩易于分层剥落，耐久性降低。

3.2 岩石的主要技术性质

岩石由于其矿物成分、形成条件和环境的不同，因而产生了各种不同结构和构造，同时表现了各种各样的物理力学性能和土木工程特性。因此，必须了解岩石的结构和构造及它们与性能之间的关系。

3.2.1 岩石的结构与构造

岩石的结构是指岩石（矿石）中矿物的结晶程度、颗粒大小、形态及结合方式的特征。岩石的构造是指岩石（矿石）中不同矿物集合体之间的排列方式和填充方式，或者矿物集合体的形状、大小及空间的组合方式。它可通过肉眼或显微镜进行观察确定。

1. 块状构造

岩石中的矿物在空间比较均匀而无定向排列所组成的一种构造称为块状构造。岩浆岩中的深成岩即具有块状构造；变质岩中的一部分也呈块状构造，但变质岩的结晶一般都经过重结晶作用，所以在描述其结构构造时，一般加“变晶”二字以示与岩浆岩和沉积岩的晶体结构构造相区别。

块状构造的特点是成分均匀、结构致密、整体性好。具有块状构造的岩石的抗压强度高、体积密度大、吸水性小，抗冻性及耐久性好，具有良好的使用价值。花岗岩、正长岩、大理岩和石英岩均属于块状构造。

2. 层片状构造

岩石由于其组成矿物的成分、颜色和结构不同，沿垂直方向变化而形成的一层一层的构造称为层状构造。层理是沉积岩所具有的特殊构造。变质岩中的一部分，因受变质作用的影响而形成了厚薄不等的片状构造。

具有层片状构造的岩石，在水平和垂直方向表现了不同的物理力学性质。垂直于层理方向的抗压强度高于平行层理方向的抗压强度。各层之间的连接处易被水分和其他侵蚀性介质所进入，从而导致片层间的风化和破坏。因此，除片状较厚的板状构造岩石外，片状较薄的片状构造的岩石，如砂岩、页岩和片麻岩等只能用作人行道板和踏步等。

3. 气孔状构造

地层深处的岩浆压力很大，且含有一些气体，当岩浆活动喷出地表时，由于温度和压力急剧降低，岩浆在冷却凝固后便可形成气孔状构造。火山喷出岩具有典型的气孔构造。

具有气孔构造的岩石，因其孔隙率较大，所以吸水性较强而体积密度较低；当受到外力作用时，因其受力面较小且在孔隙周围形成应力集中而使强度大大降低。气孔状构造的岩石的耐久性与它的孔隙构造有关，封闭孔隙者比开口孔隙者耐久。此类岩石因质轻、多孔、保温隔热性良好，宜作墙体材料，也可作混凝土的轻集料。常见的气孔状构造岩石有浮石、火山凝灰岩等。

3.2.2 岩石的主要技术性质与要求

岩石是在各种地质作用下，按一定方式结合而成的矿物集合体。岩石的技术性质可分为物理性质、力学性质和化学性质三个方面。

1. 岩石的物理性质

岩石的物理性质包括：物理常数（密度、体积密度和孔隙率等）、吸水性（吸水率、饱和吸水率）和耐候性（抗冻性、坚固性等）。

（1）物理常数

在路桥工程用岩石中，常用的物理常数有密度、体积密度和孔隙率。

岩石的物理常数主要取决于岩石的矿物成分与组成结构，它与岩石的技术性质有着密切的关系。岩石内部的组成与结构，主要由矿质实体、闭口孔隙（不与外界连通的）和开口孔隙（与外界连通的）三部分组成，如图 3-1（*a*）所示，各部分所占的质量和体积如图 3-1（*b*）所示。

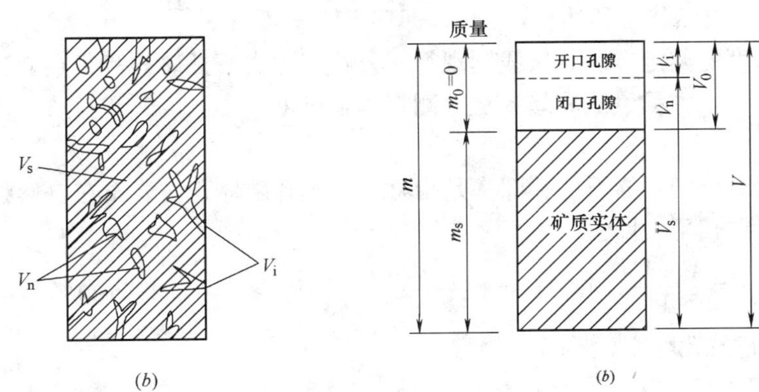

图 3-1 岩石组成结构示意图

（*a*）岩石组成结构外观示意图；（*b*）岩石的质量与体积关系图

1）密度

在规定条件［（105±5)℃烘干至恒重，温度 20℃］下，岩石矿质单位体积（不包括开口与闭口孔隙的体积）的质量。

由图 3-1（*b*）可知，岩石的密度可用下式表示：

$$\rho_t=\frac{m_s}{V_s}=\frac{M}{V_s}$$

式中 ρ_t——岩石的密度，g/cm³；

m_s——岩石矿质实体质量，g；

M——岩石试样的质量，g，由于在空气中称量，所以岩石中的空气质量 $m_0=0$，岩石的质量就等于矿质实体的质量，即 $M=m_0$；

V_s——岩石矿质实体体积，cm³。

岩石密度的测定方法，按我国现行《公路工程岩石试验规程》（JTG E41—2005）规定，用密度瓶法测定。将岩石样品粉碎磨细后，在（105±5)℃的条件下烘至恒重，称得其质量。然后在密度瓶中加水经沸煮后，使水充分进入闭口孔隙中，通过"置换法"测定其真实体积。已知真实体积和质量即可求得密度。

2）体积密度

在规定条件下，岩石单位体积（包括岩石矿质实体和孔隙体积）的质量。由图 3-1（*b*）可知，岩石的体积密度可用下式表示：

$$\rho_h=\frac{m_s}{V_s+V_n+V_i}=\frac{M}{V}$$

式中 ρ_h——岩石的体积密度，g/cm³；

m_s——岩石矿质实体质量，g；

M——岩石试样的质量，g，由于在空气中称量，所以岩石中的空气质量 $m_0=0$，岩石的质量就等于矿质实体的质量，即 $M=m_0$；

V_s——岩石矿质实体体积，cm³；

V_n——岩石闭口孔隙体积，cm³；

V_i——岩石开口孔隙体积，cm³；

V——岩石自然状态的体积，cm³，即 $V=V_s+V_n+V_i$。

岩石体积密度的测定方法，按我国现行《公路工程岩石试验规程》（JTG E41—2005）规定，用量积法、水中称量法和蜡封法来测定体积密度。

3）孔隙率

由图 3-1（*b*）可知，岩石的孔隙率是指材料内部孔隙体积占岩石在自然状态下体积的百分率，又称真气孔率，即

$$P=\frac{V-V_0}{V}\times100\%=\left(1-\frac{V_0}{V}\right)\times100\%=\left(1-\frac{\rho_h}{\rho_t}\right)\times100\%$$

式中 P——岩石的孔隙率，%；

V——岩石的总体积，cm³；

V_0——岩石的孔隙体积（包括闭口孔隙体积和开口孔隙体积），cm³。

孔隙率对岩石的性质影响很大，同一种岩石的强度，吸水率、耐冻性等大小，主要决定于岩石本身的孔隙率及孔隙特征。

（2）吸水性

岩石的吸水性是岩石在规定条件下的吸水能力。采用吸水率和饱和吸水率两项指标来表征。

1）吸水率

岩石的质量吸水率指在常温［（20±2)℃］常压（大气压）条件下，岩石试件最大的

吸水质量占烘干［(105±5)℃干燥至恒重］岩石试件质量的百分率。

岩石的质量吸水率按下式计算：

$$W=\frac{m_1-m}{m}\times100\%$$

式中 W——岩石的质量吸水率，%；

m——岩石在干燥状态下的质量，g；

m_1——岩石吸水饱和状态下的质量，g。

岩石吸水率主要取决于岩石孔隙率的大小及孔隙特征。一般说来，吸水率越大，吸水性越强；闭口孔隙，水分不易渗入；粗大孔隙，水分又不易存留。所以有些岩石，尽管孔隙率较大，而吸水率却仍然较小。当岩石具有很多微小而开口的孔隙时，其吸水率较大。

岩石吸水率测定的方法按我国现行《公路工程岩石试验规程》(JTG E41—2005) 规定采用自由吸水法测定。

2) 饱水率

饱水率指在强制条件下，岩石试件最大的吸水质量占烘干［(105±5)℃干燥至恒重］岩石试件质量的百分率。我国现行《公路工程岩石试验规程》(JTG E41—2005) 规定，采用煮沸法或真空抽气法测定，按下式计算：

$$W'=\frac{m_2-m}{m}\times100\%$$

式中 W'——岩石的饱和吸水率，%；

m——岩石在干燥状态下的质量，g；

m_2——岩石试件经强制吸水饱和后的质量，g。

当真空抽气后，占据岩石孔隙内部的空气被排出，在恢复常压时，水分很快进入空气稀薄的岩石孔隙，这时水分几乎充满开口孔隙的全部体积。因此，饱水率总比吸水率大。通常认为吸水率为水分充满岩石开口孔隙的部分体积，而饱水率则为水分充满开口孔隙的全部体积。

(3) 耐久性

用于道路与桥梁建筑的岩石抵抗大气自然因素作用的性能称为耐久性。目前已列入我国试验规程《公路工程岩石试验规程》(JTG E41—2005) 的方法有：抗冻性和坚固性。

1) 抗冻性

抗冻性指岩石在吸水饱和状态下，经受规定次数的冻融循环后抵抗破坏的能力。

岩石在自然环境中，往往是夏秋季节被水浸湿，岩石中与外界连通的开口孔隙大部分被水充满，当温度降低时水分体积缩小，直至4℃时体积达到最小，当温度再继续下降时，水的体积又逐渐胀大，达到0℃以后，随着温度的下降，冰的体积继续胀大，而对岩石孔壁周围施加张应力，如此多次冻融循环后，岩石逐渐产生裂缝、掉边、缺角或表面松散等破坏现象。

一般认为，水在结冰时，体积约增大9%，对孔壁可产生达100MPa的压力，在压力的反复作用下，使孔壁开裂。所以，当岩石吸收水分的体积占开口孔隙体积的90%以下，岩石不会因冻结而产生破坏。因此要求在寒冷地区，冬季月平均气温低于−15℃的重要工程，岩石的吸水率大于0.5%时，都需要对岩石进行抗冻性试验。

我国现行抗冻性的试验方法是采用“直接冻融法”，试件在饱水状态下，在−15℃时冻结4h后，放入（20±5)℃水中融解4h，为冻融循环1次，如此反复冻融至规定次数为止。经历规定的冻融循环次数（如10次、15次、25次等），详细检查各试件有无剥落、裂缝、分层及掉角等现象，并记录检查情况。将冻融试验后的试件烘至恒重，称其质量，然后测定其抗压强度，并计算岩石冻融后质量损失率和冻融系数。

① 岩石冻融后的质量损失率，按下式计算：

$$L=\frac{m_s-m_f}{m_s}\times 100\%$$

式中 L——冻融后的质量损失率，%；

m_s——试验前烘干试件的质量，g；

m_f——试验后烘干试件的质量，g。

② 岩石的冻融系数，按下式计算：

$$K_f=\frac{R_f}{R_s}$$

式中 K_f——冻融系数；

R_f——经若干次冻融试验后的试件饱水抗压强度，MPa；

R_s——未经冻融试验的试件饱水抗压强度，MPa。

2）坚固性

岩石的坚固性是岩石试样经饱和硫酸钠溶液多次浸泡与烘干循环后而不发生显著破坏或强度降低的性能，是测定岩石抗冻性的一种简易方法。

2. 岩石的力学性质

公路与桥梁用的岩石，除受到各种自然因素的影响外，还受到车辆荷载的作用。因此，岩石除应具备上述的物理性质外，还必须具备各种力学性质，如抗压、抗剪、抗弯等纯力学性质以及一些为路用性能特殊设计的力学指标，如抗磨光性、抗冲击、抗磨耗等。在此仅讨论确定岩石等级的抗压强度和磨耗性两项性质。

（1）单轴抗压强度

标准试件经吸水饱和后，在单轴受压并按规定的加载条件下，达到极限破坏时，单位承压面积的强度。

道路建筑用岩石的单轴抗压强度试件，按我国现行《公路工程岩石试验规程》（JTG E41—2005）规定，建筑地基用岩石（岩块）制备成（50±2）mm，高径比为2∶1的圆柱体试件；桥梁工程用岩石制备成（70±2）mm的立方体试件；路面工程用岩石制备成边长为（50±2）mm的立方体［或直径和高度均为（50±2）mm的圆柱体］试件。单轴抗压强度按下式计算：

$$R=\frac{P}{A}$$

式中 R——岩石的单轴极限抗压强度，MPa；

P——试件破坏时的荷载，N；

A——试件的截面积，cm^2。

（2）磨耗性

磨耗性是岩石抵抗摩擦、撞击、边缘剪切等综合作用的性能，通常以磨耗率来表示。

我国现行标准《公路工程岩石试验规程》(JTG E41—2005) 规定岩石磨耗试验方法与粗集料的磨耗试验方法相同，按《公路工程集料试验规程》(JTG E42—2005) 采用洛杉矶式磨耗试验。

试验是采用洛杉矶式磨耗试验机，其圆筒内径为 (710 ± 5) mm，内侧长 (510±5) mm，两端封闭。试验时将规定质量且有一定级配的试样和一定质量的钢球置于试验机中，以 30～33r/min 的转速转动至要求次数后停止，取出试样，用 1.7mm 的方孔筛筛去试样中的细屑，用水洗净留在筛上的试样，烘干至恒重并称其质量。岩石的磨耗率按下式计算：

$$Q=\frac{m_1-m_2}{m_1}\times 100\%$$

式中 Q——石料的磨耗率，%；

m_1——试验前岩石试样烘干质量，g；

m_2——试验后留在 1.7mm 筛上的岩石试样洗净烘干后的质量，g。

利用岩石的抗压强度和磨耗度可将路用岩石分级。

(3) 路用岩石的技术分级

在公路工程中对不同组成和不同结构的岩石，在不同的使用条件下对其技术性质的要求也不同。所以，在石料分级之前先按其矿物组成、含量以及结构构造确定岩石的名称，然后划分出岩石类别，再确定等级。按路用岩石的技术要求，分为四大岩类，各岩类均有代表性岩石：

1) 岩浆岩类，如花岗岩、正长岩、辉长岩、闪长岩、橄榄岩、辉绿岩、玄武岩、安山岩等；

2) 石灰岩类，如石灰岩、白云岩、泥灰岩、凝灰岩等；

3) 砂岩和片麻岩类，如石英岩、砂岩、片麻岩和花岗片麻岩等；

4) 砾石类，如各种天然卵石。

各岩类按其物理力学性质（主要是饱水抗压强度和磨耗率）划分为下列四个等级：

1 级——最坚强的岩石；

2 级——坚强的岩石；

3 级——中等强度的岩石；

4 级——软弱的岩石。

(4) 路用石料的技术标准

道路工程用石料按上述分类和分级方法，各岩类各等级石料的技术指标如表 3-1 所示。

3. 岩石的化学性质

在路桥工程中，各种矿质集料是与结合料（水泥或沥青）组成混合料而使用于结构物中。矿质集料在混合料中与结合料起着复杂的物理化学作用，矿质集料的化学性质很大程度地影响着混合料的物理、力学性质。特别是在沥青混合料中，在其他条件完全相同的情况下，岩石的酸碱性不同将直接影响其与沥青的粘附性。所以在沥青混合料中，选择与沥青结合的岩石时，因碱性岩石与沥青的粘附性较酸性岩石好，故应尽量选择碱性岩石，当地缺乏碱性岩石必须采用酸性岩石时，可掺加各种抗剥剂以提高沥青与岩石的粘附性。

道路工程用石料技术分级标准 **表 3-1**

岩石类别	主要岩石名称	石料等级	技术标准		
			极限抗压强度(饱水状态)(MPa)	磨耗率(％)	
				搁板式磨耗机试验法	双筒式磨耗机试验法
岩浆岩类	花岗岩、玄武岩、安山岩、辉绿岩等	1	＞120	＜25	＜4
		2	100～120	25～30	4～5
		3	80～100	30～45	5～7
		4	—	45～60	7～10
石灰岩类	石灰岩、白云岩	1	＞100	＜30	＜5
		2	80～100	30～35	5～6
		3	60～80	35～50	6～12
		4	30～60	50～80	12～20
砂岩和片麻岩类	石英岩、砂岩片麻岩和花岗岩、片麻岩等	1	＞100	＜30	＜5
		2	80～100	30～35	5～7
		3	50～80	35～45	7～10
		4	30～50	45～60	10～15
砾石类	各种卵石	1	—	＜20	＜5
		2	—	20～30	5～7
		3	—	30～50	7～12
		4	—	50～60	12～20

根据试验研究，按 SiO_2 质量分数将岩石分成酸性、中性及碱性。

SiO_2 质量分数＞65％ 酸性岩石

SiO_2 质量分数为 52％～65％ 中性岩石

SiO_2 质量分数＜52％ 碱性岩石

(1) 道路路面工程用岩石制品

道路路面工程用岩石制品，包括直接铺砌路面面层用的整齐块石、半整齐块石和不整齐块石3类。用作路面基层用的锥形块石、片石等。各种岩石制品的技术要求和规格简要介绍如下：

1) 高级铺砌用整齐块石

由高强、硬质、耐磨的岩石，经精凿加工而成。这种块石铺筑的路面，需以水泥混凝土为底层，并且用水泥砂浆灌缝找平。因其造价较高，只用于有特殊要求的路面，如特重交通以及履带车行驶的路面。

整齐块石的尺寸一般可按设计要求确定，大方块石为 300mm×300mm×(120～150)mm，小方块石为 120mm×120mm×250mm。抗压强度不低于 100MPa，洛杉矶磨耗率不大于 5％。

2) 路面铺砌用半整齐块石

经粗凿而成立方体的方块石或长方体的条石。顶面与底面平行，顶面积与底面积之比不小于 40％～75％。半整齐块石通常顶面不进行加工，因此顶面平整性较差。一般只在特殊地段，如土基尚未沉实稳定的桥头引道及干道、铁轮履带车经常通过的地段等使用。

3）铺砌用不整齐块石

铺砌用不整齐块石又称拳石，它是由粗打加工而得到的块石，要求顶面为一平面，底面与顶面基本平行，顶面积与底面积之比大于40%～60%。其优点是造价不高，经久耐用；缺点是不平整，行车震动大，故目前应用较少。

4）锥形块石

锥形块石又称“大块石”，用于路面底基层，是由片石进一步加工而得的粗打集料，要求上小下大，接近截锥形，其底面积不宜小于100cm^2，以便砌摆稳定。锥形块石的高度一般为（160±20）mm、（200±20）mm和（250±20）mm等，通常底基层厚度应为石块高的1.1～1.4倍。除特殊情况外，一般不采用大石块基层。

（2）桥梁工程用主要岩石制品

桥梁工程用主要岩石制品有：片石、块石、方块石、粗料石、细料石、镶面石等。

1）片石

由打眼放炮采得的岩石，其形状不受限制，但薄片者不得使用。片石中部最小尺寸应不小于15cm，体积不小于0.01m^3，每块质量一般在30kg以上。用于圬工工程主体的片石，其极限抗压强度应不小于30MPa；用于附属圬工工程的片石，其极限抗压强度应不小于20MPa。

2）块石

块石是由成层岩中打眼放炮开采而得，或用楔子打入成层岩的明缝或暗缝中劈出的岩石。块石形状大致方正，无尖角，有两个较大的平行面，边角可不加工。其厚度应不小于20cm，宽度为厚度的1.5～2.0倍，长度为厚度的1.5～3倍，砌缝宽度不大于20mm。极限抗压强度应符合设计文件规定。

3）方块石

在块石中选择形状比较整齐者稍加修整，使岩石大致方正，厚度应不小于20cm，宽度为厚度的1.5～2.0倍，长度为厚度的1.5～4倍，砌缝宽度不大于20mm。极限抗压强度应符合设计文件规定。

4）粗料石

形状尺寸和极限抗压强度应符合设计文件规定，其表面凹凸相差不大于10mm，砌缝宽度小于20mm。

5）细料石

形状尺寸和极限抗压强度应符合设计文件规定，表面凹凸相差不大于5mm，砌缝宽度小于15mm。

6）镶面石

镶面石受气候因素影响较大，损坏较快，一般应选用较好的、较硬的岩石。岩石的外露面可沿四周琢成2cm的边，中间部分仍保持原来的天然石面。岩石上下和两侧均加工粗琢成剁口，剁口的宽度不得小于10cm，琢面应垂直于外露面。

3.3 集料的技术性质和技术标准

集料是在混合料中起骨架或填充作用的粒料，它包括岩石天然风化而成的砾石（卵石）和砂等，以及岩石经机械和人工轧制的各种尺寸的碎石、机制砂、石屑等。在公路和桥梁工程中集料可作为水泥（或沥青）混合料的集料。

不同粒径的集料在水泥（或沥青）混合料中所起的作用不同，因此对它们的技术要求也不同。为此，工程上一般将集料分为粗集料和细集料两种。

3.3.1 细集料的技术性质

在沥青混合料中，细集料是指粒径小于 2.36mm 的天然砂、人工砂（包括机制砂）及石屑；在水泥混凝土中，细集料是指粒径小于 4.75mm 的天然砂、人工砂。在工程中应用较多的细集料是砂。

砂按来源分为两类：一类是天然砂，它是由自然风化、水流冲刷、堆积形成的、粒径小于 4.75mm 的岩石颗粒，按生存环境分为河砂、海砂、山砂。河砂颗粒表面圆滑、比较洁净、质地较好、产源广；山砂颗粒表面粗糙、有棱角、含泥量和含有机杂质多；海砂虽然具有河砂的特点，但因其在海中，常混有贝壳、碎片和盐分等有害杂质。一般工程上多使用河砂。在缺乏河砂的地区，可采用山砂或海砂，但在使用时必须按规定做技术检验。另一类为人工砂，它是经人工加工处理得到的符合规格要求的细集料，通常指岩石加工过程中采取真空抽吸等方法除去大部分土和细粉，或将石屑水洗得到的洁净的细集料。从广义上分类，机制砂、矿渣砂和煅烧砂都属于人工砂。人工砂颗粒表面多棱角、较洁净，但造价高，若无特殊情况，多不采用这种砂。

细集料的技术性质主要包括物理性质、颗粒级配和粗细程度。

1. 细集料的物理性质

细集料的物理性质主要取决于细集料的矿物成分与组成结构，它与细集料的技术性质有着密切的关系。细集料内部的组成与结构，主要由矿质实体、闭口孔隙（不与外界连通的）、开口孔隙（与外界连通的）和空隙 4 部分组成的，各部分所占的质量和体积如图 3-2 所示。

细集料的物理性质主要有表观密度、体积密度、堆积密度和孔隙率等，具体数值都可以通过试验来测定。

(1) 表观密度

细集料的表观密度是在规定条件［(105±5)℃烘干至恒重］下，单位体积（包括集料矿质实体和闭口孔隙体积）物质颗粒的干质量。

图 3-2 细集料体积与质量关系示意图

细集料的表观密度以 ρ' 表示，其计算式如下：

$$\rho' = \frac{m}{V'} = \frac{m}{V_s + V_n}$$

式中 ρ'——细集料的表观密度，g/cm^3 或 kg/m^3；

m——细集料矿质实体的质量，g 或 kg；

V'——细集料的表观体积，cm^3 或 m^3；

V_s——细集料矿质实体的体积，cm^3 或 m^3；

V_n——细集料实体中闭口孔隙的体积，cm^3 或 m^3。

细集料表观密度的测定方法按《公路工程集料试验规程》（JTG E42—2005）的规定采用容量瓶法。称取烘干试样的质量，然后将烘干试样装入盛有半瓶洁净水的容量瓶中至瓶颈刻度线处，称其总质量。倒出瓶中的水和试样，再向瓶内注入同样温度的洁净水至瓶颈刻度线，称其质量。通过“置换法”间接得到其真实体积。已知真实体积和质量按上式求得表观密度。

（2）体积密度

体积密度是指在规定条件下，集料单位体积（包括矿质实体、闭口孔隙和开口孔隙体积）的质量。集料的体积密度可用下式表示：

$$\rho_h=\frac{m}{V_s+V_n+V_i}=\frac{m}{V_s+V_0}=\frac{m}{V_h}$$

式中 ρ_h——细集料的体积密度，g/cm^3；

m——细集料的矿质实体质量，g；

V_s——细集料的矿质实体体积，cm^3；

V_n，V_i——细集料的闭口孔隙和开口孔隙的体积，cm^3；

V_0——细集料的孔隙体积，cm^3，即 $V_0=V_n+V_i$；

V_h——细集料的自然状态的体积，cm^3，即 $V_h=V_s+V_n+V_i$。

（3）堆积密度

细集料的堆积密度是单位体积（包括矿质实体、闭口孔隙、开口孔隙及颗粒间空隙的体积）物质颗粒的质量，有干堆积密度和湿堆积密度之分。堆积密度可按下式计算：

$$\rho=\frac{m}{V_s+V_n+V_i+V_v}=\frac{m}{V}$$

式中 ρ——细集料的堆积密度，g/cm^3；

m——细集料的矿质实体质量，g；

V_s——细集料的矿质实体体积，cm^3；

V_n，V_i——细集料的闭口孔隙和开口孔隙的体积，cm^3；

V_v——细集料空隙的体积，cm^3，即 $V_0=V_n+V_i$；

V——细集料的堆积体积，cm^3，即 $V_h=V_s+V_n+V_i+V_v$。

细集料的堆积密度还分为自然状态下堆积密度和紧装密度，计算如上式。

细集料的堆积密度是将干燥的试样装入规定容积的容量筒来测定的。自然状态下堆积密度是按自然下落方式装样而求得试样的单位体积的质量；紧密密度是用振摇方式装样而求得试样的单位体积的质量。

（4）空隙率

空隙率是指细集料的颗粒之间空隙体积占细集料总体积的百分比，可按下列计算：

$$P'=\left(1-\frac{\rho}{\rho'}\right)\times100\%$$

式中 P'——细集料的空隙率，%。

砂的空隙率与其级配和颗粒形状有关。砂的空隙率一般在35%～45%，特细砂可达50%左右。

2. 细集料的颗粒级配

砂的颗粒级配是指砂中大小颗粒相互搭配的比例情况。

一个良好集料的级配，要求空隙率最小，总表面积也不大。空隙率小，可以得到密实的混凝土骨架，而且也节省水泥浆，空隙率的大小取决于集料颗粒级配的好坏；总表面积小，包裹集料表面所用的水泥浆也少，可以节省水泥的用量，集料总表面积的大小取决于集料的粗细程度。当采用相同粒径的砂时，砂的空隙率最大，如图 3-3（*a*）所示；当两种不同粒径搭配时，空隙率减小，如图 3-3（*b*）所示；当两种以上粒径搭配时，空隙率就更小，如图 3-3（*c*）所示。这样一级一级不同粒径按一定比例互相搭配填充空隙，使砂的空隙率达到最小。

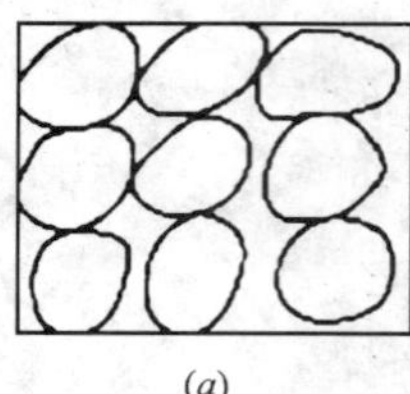
(*a*)

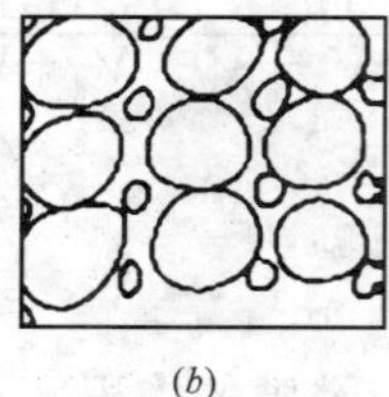
(*b*)

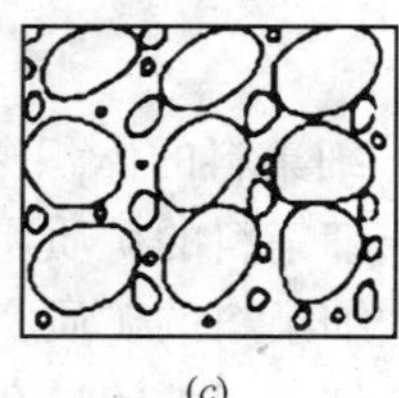
(*c*)

图 3-3　颗粒级配示意图

（*a*）采用相同粒径的砂时；（*b*）两种不同粒径搭配时；（*c*）两种以上粒径搭配时

砂的颗粒级配，可通过筛分试验来确定。对水泥混凝土用细集料可采用干筛法，如果需要也可采用水筛法筛分；对沥青混合料及基层用细集料必须用水洗法筛分。

筛分试验是将预先通过 9.5mm 筛（水泥混凝土用天然砂）或 4.75mm 筛（沥青路面及基层用天然砂、石屑、机制砂等）的试样，称取 500g，置于一套孔径为 4.75mm、2.36mm、1.18mm、0.60mm、0.30mm、0.15mm、0.075mm 的方孔筛上，分别求出试样存留在各筛上的质量，即筛余量，然后按下述方式计算其有关级配参数。

（1）分计筛余百分率

在某号筛上的筛余质量占试样总质量的百分率，可按下式求得：

$$a_i=\frac{m_i}{M}\times 100\%$$

式中　a_i——某号筛分计筛余百分率，%；

m_i——存留在某号筛上的质量，g；

M——试样总质量，g。

（2）累计筛余百分率

某号筛的分计筛余百分率和大于某号筛的各号筛的分计筛余百分率之总和，按下式求得：

$$A_i=a_1+a_2+\cdots+a_i$$

式中　A_i——某号筛的累计筛余百分率，%；

a_1，a_2，…，a_i——从 4.75mm、2.36mm……至计算的某号筛的分计筛余百分率，%。

（3）通过百分率

通过某筛的质量占试样总质量的百分率，亦即 100%与累计筛余百分率之差，按下式求得：

$$P_i=100\%-A_i$$

式中 P_i——通过百分率，%；

A_i——某号筛的累计筛余百分率，%。

综上所述，分计筛余、累计筛余及通过量三者的关系列于表 3-2。

分计筛余、累计筛余及通过量三者关系 **表 3-2**

筛孔尺寸(mm)	分计筛余率(%)	累计筛余率(%)	通过百分率(%)
4.75	a_1	$A_1=a_1$	$100\%-A_1$
2.36	a_2	$A_2=a_1+a_2$	$100\%-A_2$
1.18	a_3	$A_3=a_1+a_2+a_3$	$100\%-A_3$
0.60	a_4	$A_4=a_1+a_2+a_3+a_4$	$100\%-A_4$
0.30	a_5	$A_5=a_1+a_2+a_3+a_4+a_5$	$100\%-A_5$
0.15	a_6	$A_6=a_1+a_2+a_3+a_4+a_5+a_6$	$100\%-A_6$

3. 细集料的粗度

砂的粗度是评价砂粗细程度的一种指标，通过细度模数表示。粗细程度与总表面积有关，为了获得比较小的总表面积，应尽量采用较粗的颗粒，但不能过粗，过粗会使砂的空隙率增大而使混凝土拌合物产生泌水，影响和易性。因此，在拌制混凝土时，应同时考虑砂的颗粒级配和粗细程度。

天然砂的细度模数按下式计算：

$$M_x=\frac{A_2+A_3+A_4+A_5+A_6-A_1}{100-A_1}$$

式中 M_x——细度模数；

A_1，A_2，A_6——为 4.75mm，2.36mm，…，0.15mm 各筛的累计筛余百分率，%。

细度模数越大，表明砂子越粗。我国现行标准《建筑用砂》（GB/T 14684—2001）规定，砂的粗度按细度模数可分为粗砂、中砂、细砂 3 级：

粗砂 $M_x=3.7\sim3.1$

中砂 $M_x=3.0\sim2.3$

细砂 $M_x=2.2\sim1.6$

细度模数虽能表示砂的粗细程度，但不能完全反映出砂的颗粒级配情况，因为相同细度模数的砂可有不同的颗粒级配。因此，要全面表征砂的颗粒性质，必须同时使用细度模数和级配两个指标。

3.3.2 粗集料的技术性质

在沥青混合料中，粗集料是指粒径大于 2.36mm 的碎石、破碎砾石、筛选砾石和矿渣等；在水泥混凝土中，粗集料是指粒径大于 4.75mm 的碎石、砾石和破碎砾石等。

1. 粗集料的物理性质

(1) 粗集料的物理常数

粗集料的物理常数主要有表观密度、体积密度、堆积密度和空隙率等，其含义及计算方法与细集料完全相同，测定方法有所区别，粗集料的表观密度和体积密度的测定方法按《公路工程集料试验规程》（JTG E42—2005）规定采用网篮法。

1）表观密度的测定方法：将已知质量的干燥粗集料装在金属吊篮中浸水 24h，使开口孔隙吸饱水，然后在静水天平上称出饱水后粗集料在水中的质量，按排水法可计算出包括闭口孔隙在内的体积，根据粗集料的质量和表观体积即可求出表观密度。

2）体积密度的测定方法：将已知质量的干燥集料，经 24h 饱水后，用湿毛巾擦干而求得饱和面干质量。然后用排水法求得在水中的质量。按此测得的集料质量和饱和面干体积即可求得集料的体积密度。

（2）粗集料的级配

粗集料中各组成颗粒的分级和搭配称为级配，级配是通过筛分试验确定的。对水泥混凝土用粗集料可采用干筛法筛分试验，对沥青混合料及基层用粗集料必须采用水筛法筛分试验。筛分试验就是将粗集料经过一系列筛孔尺寸的标准筛（标准筛为方孔筛，筛孔尺寸依次为 70mm、63mm、53mm、37.5mm、31.5mm、26.5mm、19mm、16mm、13.2mm、9.5mm、4.75mm、2.36mm、1.18mm、0.6mm、0.3mm、0.15mm、0.075mm，测出各个筛上的筛余量，根据集料试样的质量与存留在各筛孔上的集料质量，就可求得一系列与集料级配有关的参数：

1）分计筛余百分率；

2）累计筛余百分率；

3）通过百分率。

粗集料的筛分试验中采用的标准套筛尺寸范围及试样质量与细集料筛分试验有所不同，但级配参数的计算方法与细集料相同，详见“细集料的技术性质”内容。

（3）坚固性

对已轧制成的碎石或天然卵石亦可采用规定级配的各粒级集料，按现行试验规程《公路工程集料试验规程》（JTG E42—2005）选取规定数量，分别装在金属网篮浸入饱和硫酸钠溶液中进行干湿循环试验。经 5 次循环后，观察其表面破坏情况，并用质量损失百分率来计算其坚固性（也称安定性）。

2. 粗集料的力学性质

粗集料的力学性质，主要采用磨耗率和压碎值来表示，其次是新近发展起来的抗滑表层用集料的 3 项试验，即磨光值、道瑞磨耗值和冲击值。

（1）粗集料的磨耗率

洛杉矶式磨耗试验，见“3.2.2 岩石的主要技术性质与要求”的内容。

（2）粗集料的压碎值

粗集料的压碎值是集料在逐渐增加的荷载下，抵抗压碎的能力。它是衡量集料力学性质的指标，以评定其在公路工程中的适用性。

粗集料压碎值的测定，按现行《公路工程集料试验规程》（JTG E42—2005）进行，该方法是将 9.5～13.2mm 集料试样 3kg，分 3 次（每次数量大体相同）均匀装入压碎值测定仪的金属筒内，每次均将试样表面整平，用金属棒均匀捣实，最后将试样表面仔细整平。放在压力机上，均匀加荷载，在 10min 左右的时间达到 400kN，并稳压 5s，然后卸载，称其通过 2.36mm 筛的筛余量，按下式计算：

$$Q'_{a}=\frac{m_1}{m_0}\times 100$$

式中 Q'_{a}——岩石压碎值，%；

m_0——试验前试样质量，g；

m_1——试验后通过 2.36mm 筛孔的细料质量，g。

（3）粗集料的磨光值（*PSV*）

路用集料在使用过程中不仅要表现出较高的承载能力，还要有较高的耐磨光性，以满足长期使用时高速行驶车辆对路面抗滑性的要求。这种抗滑性用磨光值来表示，集料的磨光值是利用加速磨光机磨光集料，用摆式摩擦系数仪测定集料磨光后的摩擦系数，以 *PSV* 表示。

岩石磨光值越高，路面抗滑性越好。路面抗滑表层用粗集料磨光值，对于高速公路、一级公路，磨光值不小于 42，其他公路不小于 35。

（4）粗集料的道瑞磨耗值（*AAV*）

粗集料磨耗值用于评定抗滑表层的粗集料抵抗车轮撞击及磨耗的能力。按我国现行试验规程《公路工程集料试验规程》（JTG E42—2005）规定，采用道瑞磨耗试验机来测定粗集料磨耗值（*AAV*）。

集料磨耗值越高，表示集料的耐磨性越差。高速公路、一级公路抗滑层用集料的磨耗值应不大于 14，其他公路不大于 16。

（5）粗集料的冲击值（*AIV*）

车辆高速行驶过程中急刹车或车辆产生颠簸时，都可能对路面产生冲击作用，集料抵抗多次连续重复冲击荷载作用的性能称为冲击韧性。集料的冲击韧性按我国现行试验规程《公路工程集料试验规程》（JTG E42—2005）规定，采用集料冲击值（*AIV*）表示。

冲击值越小，表示集料的抗冲击性能越好。道路抗滑表层用集料的冲击值，对于高速公路、一级公路，集料冲击值不大于 28，其他公路不大于 30。

3.4 工业废渣

工业废渣包括粉煤灰、煤渣、粒化高炉矿渣、钢渣、冶金矿渣等，目前在公路工程中最常用的是粉煤灰和冶金矿渣集料。

3.4.1 粉煤灰

粉煤灰是火力发电厂排放的废渣，呈灰色或浅灰色粉末，属于火山灰质活性材料。它含有较多的活性氧化硅、活性氧化铝，它们与氢氧化钙在常温下发生化学反应生成稳定的水化硅酸钙和水化铝酸钙，这些成分有助于混合料的硬化，增加强度。粉煤灰系球形熔粉，颗粒呈玻璃状，这些颗粒可以改善拌合物的和易性。

1. 粉煤灰的化学成分

粉煤灰是由煤粉经高温煅烧后生成的火山灰质材料，经化学分析可知其除含有少量的未燃尽的煤粉外，其主要化学成分为 SiO_2、Al_2O_3，及少量 Fe_2O_3、CaO、MgO 与 SO_3 等氧化物。

因粉煤灰的主要化学成分 SiO_2、Al_2O_3 及 Fe_2O_3 占总量的 70% 以上，其中活性 SiO_2、Al_2O_3 与水泥或石灰混合后，在有水的条件下与 $Ca(OH)_2$ 等发生水化反应，反应后生成水化硅酸钙和水化铝酸钙等水硬性水化产物，这些水化产物决定了混合料的抗压强度。所以粉煤灰的活性愈强，组成混合料的抗压强度愈大。

粉煤灰的化学成分见表 3-3。

粉煤灰的化学成分 **表 3-3**

化学成分	SiO_2	Al_2O_3	Fe_2O_3	CaO	MgO	Na_2O	K_2O	SO_3
平均值(%)	50.6	21.1	7.1	2.8	1.2	0.5	1.3	0.3

2. 粉煤灰的技术性质与技术要求

(1) 细度

粉煤灰的细度对强度的形成有一定的影响，颗粒越细，粉煤灰的表面积越大，活性越大，强度越高。

(2) 密度

粉煤灰的密度与它的颗粒形状、铁质含量有关，玻璃球含量多，粉煤灰密度大，氧化铁成分高，其密度也大（见表 3-4）。含碳量多的粉煤灰密度较小。密度越大粉煤灰质量越好。

粉煤灰的性能指标 **表 3-4**

性能		平均值	范围
密度(g/cm^3)		2.08	1.77～2.43
松装密度(kg/cm^3)		735	516～1073
密实度(%)		0.35	0.26～0.44
细度	大于 0.088mm 颗粒质量分数(%)	22.9	0～58.9
	0.045～0.088mm 颗粒质量分数(%)	23.9	9.1～48.6
	小于 0.045mm 颗粒质量分数(%)	49.2	10.7～90.9

(3) 烧失量

烧失量是指粉煤灰中未烧尽的炭粉含量。未烧尽的炭粉含量大，活性 SiO_2、Al_2O_3 含量少，所形成的混合料的强度较低。故烧失量越小越好。路面基层要求烧失量不应超过 20%。

(4) 含水量

粉煤灰的含水量不宜超过 35%（路面基层）。

粉煤灰的品质分为Ⅰ、Ⅱ、Ⅲ三个等级，见表 3-5。

粉煤灰的分级及品质标准 **表 3-5**

序号	指标		Ⅰ	Ⅱ	Ⅲ
1	细度(0.045mm 方孔筛筛余)(%),≤		12	20	45
2	需水量(%),≤		95	105	115
3	烧失量(%),≤		5	8	15
4	含水量(%),≤		1	1	1.5
5	三氧化硫(%),≤		3	3	3
6	Cl^-(%)		<0.02	<0.02	—
7	混合砂浆活性指数	7d	≥75	≥70	—
		28d	≥85(75)	≥80(62)	—

注：1. 45μm 气流筛的筛余量换算为 80μm 水泥筛的筛余量时换算系数约为 2.4；

2. 混合砂浆的活性指数为掺粉煤灰的砂浆与水泥砂浆的抗压强度比的百分数，适用于所配制混凝土强度等级大于等于 C40 的混凝土；当配制的混凝土强度等级小于 C40 时，混凝土砂浆的活性指数要求应满足 28d 括号中的数值。

3. 粉煤灰在道路工程中的应用

(1) 可以在硅酸盐水泥中加入适量的粉煤灰制成粉煤灰质硅酸盐水泥。

(2) 用作水泥混凝土路面掺合料，节省水泥用量。

(3) 用作沥青混凝土路面的掺合料。

(4) 用粉煤灰加水泥或石灰稳定砂砾作路面基层、底基层及垫层。

(5) 拌制建筑砂浆，代替部分石膏效果较好。

(6) 粉煤灰与黏土烧成粉煤灰砖用于建筑工程中。

(7) 适用于受化学侵蚀水泥混凝土及灌浆、泵送混凝土中。

3.4.2 冶金矿渣集料

冶金矿渣是指在高炉中熔炼生铁过程时矿石、燃料及助溶剂中易熔硅酸盐化合而成的副产品。这些冶金矿渣从熔炉排除后，在空气中自然冷却，形成坚硬材料，是一种很好的路面材料。它可作为基层材料，又可作为修筑水泥混凝土或沥青混合料路面用的集料。

1. 矿渣的化学成分

矿渣的化学成分随冶炼的矿物成分、燃料、助熔剂及熔化金属的化学成分而变化，其主要化学成分为 SiO_2、Al_2O_3、CaO 及少量 MgO、CaS、FeO、MnO、Fe_2O_3 等（见表 3-6），按以上化学成分采用碱度（或酸度）作为矿渣分类基础。

矿渣的化学成分 **表 3-6**

矿渣名称	化学成分							
	SiO_2	Al_2O_3	CaO	MgO	FeO	MnO	Fe_2O_3	P_2O_5
	质量分数(%)							
碱性矿渣	15.96	4.52	40.49	5.84	13.82	8.30	5.74	0.52
酸性矿渣	46.00	2.30	—	16.08	26.82	—	—	—

酸性氧化物：SiO_2、P_2O_5、TiO_2；

中性成分：FeS、MnS；

两面性氧化物：Al_2O_3。此氧化物遇碱时呈弱酸作用，而遇酸时则起弱碱作用。

矿渣的酸性和碱性通常以下列模数表示：

碱性矿渣：

$$M_{bc}=\frac{CaO+MgO}{SiO_2+Al_2O_3}>1$$

酸性矿渣：

$$M_{ac}=\frac{CaO+MgO+Al_2O_3}{SiO_2}<1$$

中性矿渣：

$$M_{bc}<1 \text{ 且 } M_{ac}>1$$

路用矿渣一般 Al_2O_3、CaO 含量较高，而 SiO_2 含量较低者活性较大，质量较高。

2. 矿渣的矿物成分

矿渣中常见的矿物成分有黄长石、辉石、橄榄石及少量的硫化物。

3. 矿渣的物理力学性质

矿渣的密度与矿物成分有关，为 2.97～3.32g/cm^3。矿物的堆积密度多数在

1900kg/m³以上，空隙率大多在35%以下，耐冻性（或坚固性）一般均能符合路用要求。

矿渣的力学强度均较高，其强度与空隙率有关，通常极限抗压强度在50MPa以上，高者达150MPa，相当于石灰岩、花岗岩的强度。其他性能如压碎值、冲击值、磨光值和磨耗率均能符合路用岩石的要求。所以工业冶金矿渣集料广泛用于水泥混凝土、沥青混凝土路面的基层。

3.5 矿质混合料

路桥用砂石材料，大多数情况下是以矿质混合料的形式与水泥或沥青胶结后形成混凝土或者沥青混合料加以利用。欲使水泥混凝土或沥青混合料具备良好的使用性能，除各种矿质集料的技术性质应符合要求外，矿质混合料还必须满足最小空隙率和最大摩擦力的基本要求。所谓最小空隙率就是不同粒径的各级矿质集料按一定比例搭配，使其组成一种具有最大密实度（或最小空隙率）的矿质混合料；所谓最大摩擦力就是各级矿质集料在进行比例搭配时，应使各级集料排列紧密，形成一个多级空间骨架结构且具有最大摩擦力的矿质混合料。为达到上述要求，就要对矿质混合料进行科学的组成设计。

3.5.1 矿质混合料的级配类型

矿质混合料的级配类型通常有以下两种形式。

1. 连续级配

连续级配是将某一矿质混合料在标准筛孔配成的套筛中进行筛分试验时，所得到的级配曲线平顺圆滑，且具有连续的（而不是间断的）性质。相邻粒级的颗粒之间，有一定的比例关系。这种由大到小，逐级粒径均有，并按比例互相搭配组成的矿质混合料，称为连续级配的矿质混合料。

2. 间断级配

间断级配是在连续级配的矿质混合料中剔除其中一个（或几个）粒级的颗粒，形成一种不连续的混合料。这种混合料称为间断级配的矿质混合料，如图3-4所示。

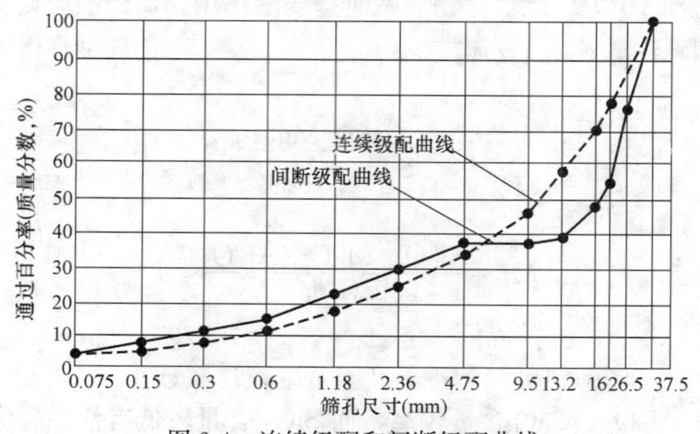

图3-4 连续级配和间断级配曲线

3.5.2 矿质混合料的级配理论

1. 富勒理论

富勒根据试验提出一种级配理论，他认为“集料的级配曲线越接近抛物线时，则其密度越大”，如图 3-5 所示。

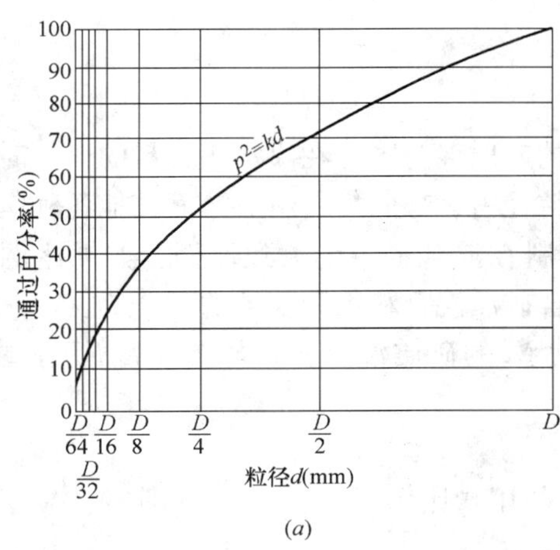

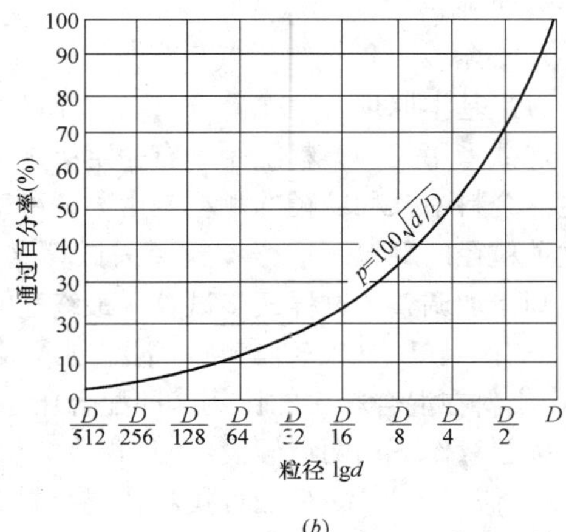

图 3-5 富勒理想级配曲线

(a) 常坐标：纵横坐标均为常数；(b) 半对数坐标：纵坐标为常数，横坐标为对数

最大密度曲线方程采用抛物线公式表示：$p^2=kd$

当粒径 d 等于最大粒径 D 时，矿质混合料的通过率等于 100%，将此关系代入 $p^2=kd$，则对任意粒级粒径 d 的通过百分率可按下式求得：

$$p=100\sqrt{\frac{d}{D}}$$

式中 p——集料某粒级粒径（d）的通过百分率，%；

D——矿质混合料的最大粒径，mm；

d——集料某粒级的粒径，mm。

2. 泰波理论

泰波认为富勒曲线是一种理想曲线，实际矿料的级配应允许有一定的波动范围，故将富勒最大密度曲线改为 n 次幂的通式，用下式表示：

$$p=100\left(\frac{d}{D}\right)^n$$

式中 p——集料某粒级粒径（d）的通过百分率，%；

D——矿质混合料的最大粒径，mm；

d——集料某粒级的粒径，mm；

n——实验指数。

当 $n=0.5$ 时，即为抛物线公式。试验认为 $n=0.3\sim0.6$ 时，矿质混合料具有较好的密实度，级配曲线范围如图 3-6 所示。

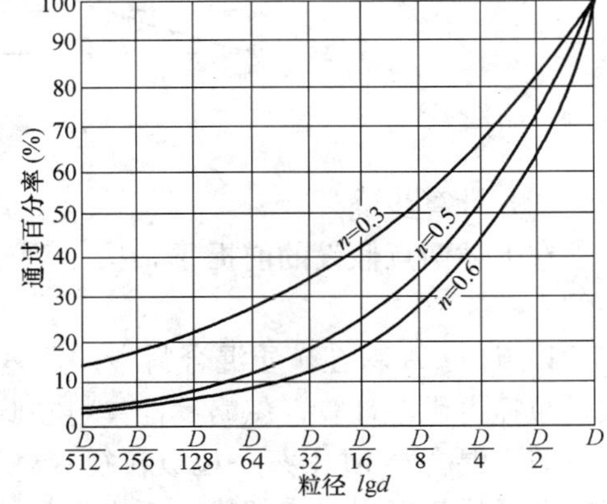

图 3-6 泰波级配曲线范围

3.5.3 矿质混合料配合比

矿质混合料配合比是指组成矿质混合料的各种集料的用量比例。采用人为设计的方法

来确定配合比的过程，就称为配合比设计。矿质混合料的配合比设计方法主要有试算法和图解法两种。

1. 试算法

（1）基本原理

现欲采用几种集料配制具有一定级配要求的矿质混合料。在决定各集料的比例时，先假定混合料中某种粒径的颗粒是由某一种对该粒径占优势的集料组成，而其他各种集料不含这种粒径的颗粒。根据该粒径去试算这种集料在混合料中的大致比例。如果比例不合适，则稍加调整，这样逐步试算，最终达到符合矿质混合料级配要求的配合比。

设有A、B、C三种集料，欲配制成级配为M的矿质混合料，如图3-7所示，求A、B、C集料在混合料中的比例，即配合比。

按题意作下列两点假设：

1）假设A、B、C三种集料在混合料M中的用量比例为X、Y、Z，则

$$X+Y+Z=100$$

2）假设混合料M中某一级粒径要求的含量为$a_{M,i}$，A、B、C三种集料在该粒径的含量为$a_{A,i}$、$a_{B,i}$、$a_{C,i}$，则

$$a_{A,i} \cdot X+a_{B,i} \cdot Y+a_{C,i} \cdot Z=a_{M,i}$$

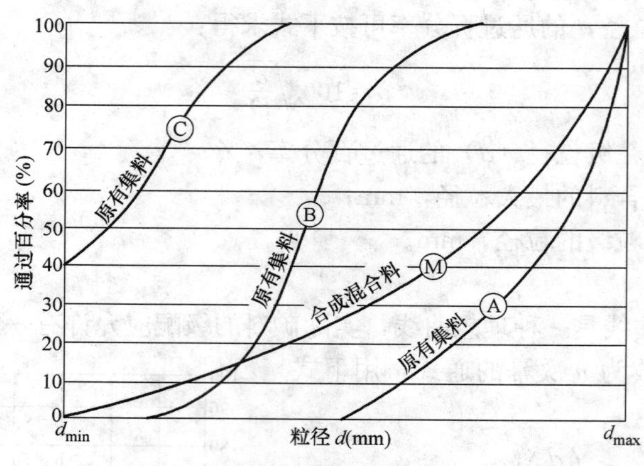

图3-7 原有集料与合成混合料的级配图

（2）计算步骤

在上述两点假设的前提下，按下列步骤求A、B、C三种集料在该混合料中的用量比例。

1）计算A料在矿质混合料中的用量。在计算A料在混合料中的用量时，按A料在某一粒径占优势计算，忽略其他集料在此粒径的含量。

假设混合料M中某一粒级粒径（i）的颗粒由A集料占优势，则B料和C料在该粒径的含量均等于零，将其代入上式得：

$$a_{A,i} \cdot X=a_{M,i}$$

整理得：

$$X=\frac{a_{\mathrm{M},i}}{a_{\mathrm{A},i}}\times 100$$

2）计算C料在矿质混合料中的用量。假设混合料M中某一粒级粒径（j）的颗粒由C集料占优势，同理可计算出C集料在混合料中的用量比例。应用公式可得到：

$$a_{\mathrm{C},j}\cdot Z=a_{\mathrm{M},j}$$

整理得：

$$Z=\frac{a_{\mathrm{M},j}}{a_{\mathrm{C},j}}\times 100$$

3）计算B料的用量。

$$Y=100-(X+Z)$$

4）校核。校核计算出的配合比，如不在要求的级配范围内，应调整相对比例，重新计算和复核，几次调整，逐步渐近，直到符合为止。如经计算不能满足要求时，可掺加某些单粒级集料，或调换其他原始集料。

【例 3-1】 现拟用碎石、石屑和矿粉三种矿质集料配合AC-20公路沥青混凝土路面用矿质混合料。表3-7列出各种集料的筛分结果以及所要求的矿质混合料的级配范围。试求碎石、砂和矿粉三种集料的用量比例。

各种集料的分计筛余率和所要求矿质混合料的级配范围 **表 3-7**

		筛孔尺寸(mm)												
		26.5	19	16	13.2	9.5	4.75	2.36	1.18	0.6	0.3	0.15	0.075	<0.075
各种集料的分计筛余率(%)	碎石	0	2.4	9.5	13.8	16.4	23.8	15.2	8.6	5.3	3.1	1.1	0.5	0.3
	砂	—	—	—	—	0	10.1	23.7	13.3	15.1	16.9	17.3	2.9	0.7
	矿粉	—	—	—	—	—	—	—	0	3.0	5.0	5.5	3.2	83.3
所要求的矿质混合料级配范围通过百分率 P_i(%)		100	90～100	78～92	62～80	50～72	26～56	16～44	12～33	8～24	5～17	4～13	3～7	—

【解】 （1）计算矿质混合料所要求级配范围的通过百分率中值、累计筛余率中值、分计筛余率中值，计算结果列于表3-8。

矿质混合料要求的级配范围 **表 3-8**

	筛孔尺寸(mm)												
	26.5	19	16	13.2	9.5	4.75	2.36	1.18	0.6	0.3	0.15	0.075	<0.075
通过百分率 P_i(%)	100	90～100	78～92	62～80	50～72	26～56	16～44	12～33	8～24	5～17	4～13	3～7	—
通过百分率中值(%)	100	95	85	71	61	41	30	22.5	16	11	8.5	5	0
累计筛余率中值(%)	0	5.0	15.0	29.0	39.0	59.0	70.0	77.5	84.0	89.0	91.5	95.0	100
分计筛余率中值(%)	0	5.0	10.0	14.0	10.0	20.0	11.0	7.5	6.5	5.0	2.5	3.5	5.0

（2）由表3-7中可知，碎石中4.75mm粒径颗粒含量占优势。假设矿质混合料中

4.75mm粒径的颗粒全部由碎石提供，其他集料均等于零。于是，碎石混合料中的含量为：

$$X=\frac{a_{M,i}}{a_{A,i}}\times 100=\frac{20}{23.8}\times 100=84.0\%$$

(3) 同理，表3-7中可知，矿粉中小于0.075mm颗粒含量占优势，忽略碎石和砂中此粒径的含量。于是，矿粉在混合料中的含量为：

$$X=\frac{a_{M,j}}{a_{C,j}}\times 100=\frac{5.0}{83.3}\times 100=6.0\%$$

(4) 砂在混合料中的含量为：

$$Y=100-(X+Z)=100-(84.0+6.0)=10.0\%$$

(5) 校核三种集料是否符合级配范围要求。

通过计算，碎石、石屑和矿粉三种集料用量比例为：$X=84.0\%$、$Y=10.0\%$、$Z=6.0\%$。对计算的结果进行校核，列表于3-9。

矿质混合料配合料配合组成计算校核表 **表3-9**

		筛孔尺寸(mm)												
		26.5	19	16	13.2	9.5	4.75	2.36	1.18	0.6	0.3	0.15	0.075	<0.075
各种集料的分计筛余率(%)	碎石	0	2.4	9.5	13.8	16.4	23.8	15.2	8.6	5.3	3.1	1.1	0.5	0.3
	砂	—	—	—	—	0	10.1	23.7	13.3	15.1	16.9	17.3	2.9	0.7
	矿粉	—	—	—	—	—	—	—	0	3.0	5.0	5.5	3.2	83.3
各集料在矿质混合料中的含量(%)	碎石 84.0	0	2.0	8.0	11.6	13.8	20.0	12.8	7.2	4.4	2.6	0.9	0.4	0.3
	砂 10.0	—	—	—	—	0	1.0	2.4	1.3	1.5	1.7	1.7	0.3	0.1
	矿粉 6.0	—	—	—	—	—	—	—	0	0.2	0.3	0.3	0.2	5.0
合成的矿质混合料级配(%)	a_i (%)	0	2.0	8.0	11.6	13.8	21.0	15.2	8.5	6.1	4.6	2.9	0.9	5.4
	A_i (%)	0	2.0	10.0	21.6	35.4	56.4	71.6	80.1	86.2	90.8	93.7	94.6	100
	P_i (%)	100	98	90	80.4	65.6	43.6	28.4	19.9	13.8	9.2	6.3	5.4	0
所要求的矿质混合料级配范围通过百分率 P_i (%)		100	90～100	78～92	62～80	50～72	26～56	16～44	12～33	8～24	5～17	4～13	3～7	—

分析表3-9中结果可知，按上述配合比，设计出的矿质混合料的级配在要求的矿质混合料级配范围内，符合要求。

2. 图解法

我国现行规范推荐采用的图解法为修正平衡面积法。当采用3种以上的多种集料配合矿质混合料时，采用此方法进行设计十分方便。图解法计算步骤如下：

(1) 绘制专用坐标。首先按规定尺寸绘制一方形图框，纵坐标为通过百分率，取10cm，按算术标尺，标出通过百分率（0～100%）。横坐标为筛孔尺寸（粒径），取15cm；连接对角线，该直线即为所要求矿质混合料的中值级配曲线，并以此推导出横坐标的位置。以细粒式沥青混凝土 AC-13 所要求矿质混合料（见表 3-10）为例，绘制专用坐标如图 3-8 所示。

细料式沥青混凝土 AC-13 所要求的矿质混合料的级配范围　　表 3-10

筛孔尺寸(mm)	16	13.2	9.5	4.75	2.36	1.18	0.6	0.3	0.15	0.075
级配范围(%)	100	90～100	68～85	38～68	24～50	15～38	10～28	7～20	5～15	4～8
级配中值(%)	100	95.0	76.5	53.0	37.0	26.5	19.0	13.5	10.0	6.0

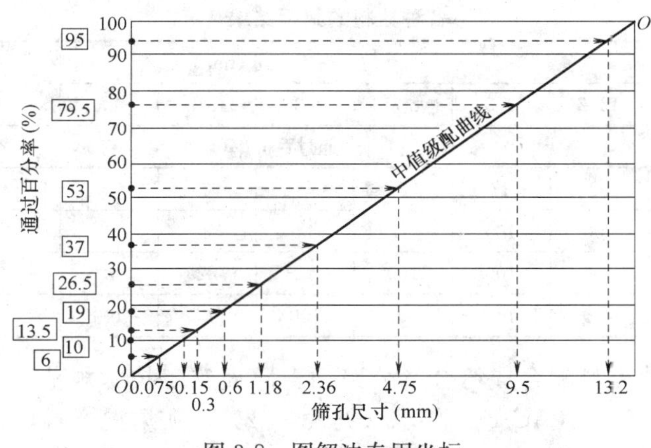

图 3-8　图解法专用坐标

(2) 在专用坐标上绘制各种集料的级配曲线，如图 3-9 所示。

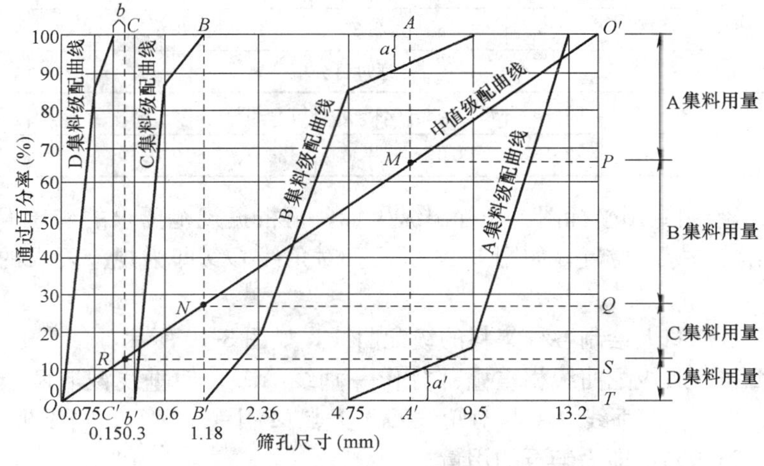

图 3-9　组成集料级配曲线和要求合成级配曲线图

(3) 确定矿质混合料的配合比。相邻两种集料的级配曲线可能有下列三种情况。根据各集料之间的关系，按下述方法即可确定各种集料用量。

1) 两相邻级配曲线重叠。如 A 集料级配曲线下部与 B 集料级配曲线上部搭接时，在两级配曲线之间引一根垂直于横坐标的直线 AA'（使 $a=a'$），与对角线 OO' 交于点 M，通过点 M 作一水平线与纵坐标交于 P 点。$O'P$ 即为A集料的用量。

2）两相邻级配曲线相接。如B集料级配曲线的下末端与C集料级配曲线首端正好在一条垂直线上时，将前一集料曲线末端与后一集料曲线首端作垂线相连，垂线 BB' 与对角线 OO' 交于点 N。通过点 N 作一水平线与纵坐标交于点 Q。PQ 即为B集料用量。

3）两相邻级配曲线相离。如C集料级配曲线末端与D集料级配曲线首端，在水平方向彼此离开一段距离时，作一垂直线平分相离开的距离（$b=b'$），垂线 CC' 与对角线 OO' 交于 R，通过点 R 作一水平线与纵坐标交于点 S，QS 即为C集料的用量。剩余 ST 即为D集料用量。

【例 3-2】 现有碎石、石屑、砂和矿粉四种集料，筛分试验结果列于表3-11。

各种集料的筛析结果 **表 3-11**

材料名称	筛孔尺寸(mm)									
	16	13.2	9.5	4.75	2.36	1.18	0.6	0.3	0.15	0.075
	通过百分率(%)									
碎石	100	93	17	0	0	0	0	0	0	0
石屑	100	100	100	84	14	8	4	0	0	0
砂	100	100	100	100	92	82	42	21	11	4
矿粉	100	100	100	100	100	100	100	100	96	89

要求将上述四种集料配合成符合《公路沥青路面施工技术规范》（JTG F40—2004）细粒式沥青混凝土混合料（AC-13）要求（见表3-12）的矿质混合料，试采用图解法确定各种集料的用量比例。

规范要求的矿质混合料级配 **表 3-12**

材料名称	筛孔尺寸(mm)									
	16	13.2	9.5	4.75	2.36	1.18	0.6	0.3	0.15	0.075
	通过百分率(%)									
级配范围(%)	100	90～100	68～85	38～68	24～50	15～38	10～28	7～20	5～15	4～8
级配中值(%)	100	95.0	76.5	53.0	37.0	26.5	19.0	13.5	10.0	6.0

【解】 （1）绘制专用坐标图。先标出纵坐标；再根据规范要求的矿质混合料级配范围中值，推导出横坐标的位置，如图3-10所示。对角线 OO' 即为规范要求的矿质混合料级配范围中值。

（2）在专用坐标图上绘制各种集料的级配曲线，如图3-10所示。

（3）在碎石和石屑级配曲线相重叠部分作一垂线 AA'，使垂线截取两级配曲线的纵坐标值相等（$a=a'$）。自垂线 AA' 与对角线 OO' 交点 M 引一水平线，与纵坐标交于 P 点，$O'P$ 的长度 $X=35.9\%$，即为碎石的用量。

同理，求出石屑用量 $Y=31.7\%$，砂的用量 $Z=24.3\%$，则矿粉用量 $W=8.1\%$。

（4）将图解法求得的各集料用量列于表3-13，并对计算结果进行校核。

从表3-13可以看出，按碎石：石屑：砂：矿粉＝35.9%：31.7%：24.3%：8.1%的计算结果，求得合成级配混合料中筛孔9.5mm的通过量偏低，筛孔0.075mm的通过量

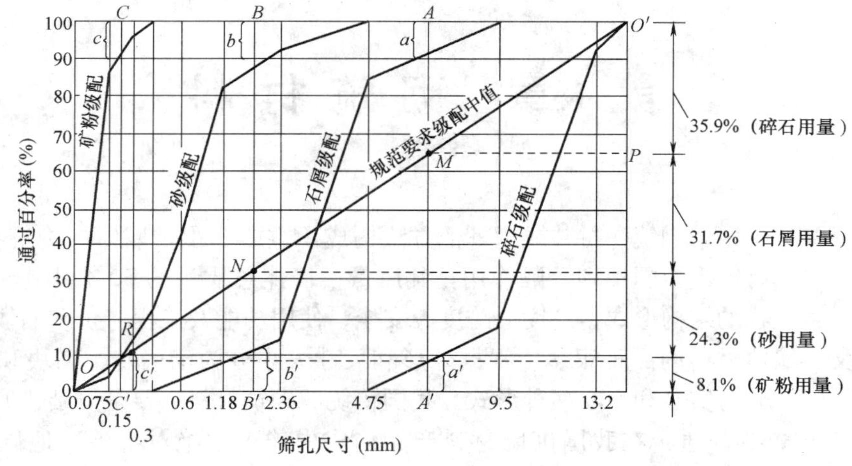

图 3-10 各组成材料和要求混合料级配图

偏高。

矿质混合料配合比校核表 **表 3-13**

材料名称	筛孔尺寸(mm)									
	16	13.2	9.5	4.75	2.36	1.18	0.6	0.3	0.15	0.075
	通过百分率(%)									
碎石	100	93	17	0	0	0	0	0	0	0
石屑	100	100	100	84	14	8	4	0	0	0
砂	100	100	100	100	92	82	42	21	11	4
矿粉	100	100	100	100	100	100	100	100	96	89
各集料在矿质混合料中的含量(%) 碎石 35.9 (30.0)	35.9 (30.0)	33.4 (30.0)	6.1 (27.9)	0 (5.1)	0 (0)	0 (0)	0 (0)	0 (0)	0 (0)	0 (0)
石屑 31.7 (36.0)	31.7 (36.0)	31.7 (36.0)	31.7 (36.0)	20.3 (23.0)	4.4(5.0)	2.5(2.9)	1.3(1.4)	0 (0)	0 (0)	0 (0)
砂 24.3 (28.0)	24.3 (28.0)	24.3 (28.0)	24.3 (28.0)	24.3 (28.0)	22.4 (25.8)	19.9 (23.0)	10.2 (11.8)	5.1 (5.9)	2.7 (3.1)	1.0 (1.1)
矿粉 8.1 (6.0)	8.1 (6.0)	8.1 (6.0)	8.1 (6.0)	8.1 (6.0)	8.1 (6.0)	8.1 (6.0)	8.1 (6.0)	8.1 (6.0)	7.8 (5.8)	7.2 (5.2)
合成矿质混合料级配	100(100)	97.5 (97.9)	70.2 (75.1)	52.7 (57.0)	34.9 (36.8)	30.5 (31.9)	19.6 (19.2)	13.2 (11.9)	10.5 (8.9)	8.2 (6.3)
规范要求级配范围	100	90～100	68～85	38～68	24～50	15～38	10～28	7～20	5～15	4～8

这是由于图解法的各种集料的用量比例是根据部分筛孔确定的，所以不能控制所有筛孔。需要调整修正，才能达到满意的结果。

（5）调整之后，所合成的矿质混合料的级配完全在规范要求的范围内，并接近中值，见表 3-13。最后确定的矿质混合料的各集料含量分别为：碎石 30.0%；石屑 36.0%；砂 28.0%；矿粉 6.0%。

第4章 砌筑材料

砌筑材料是指用来砌筑、拼装或用其他方法构成承重或非承重墙体或构筑物的材料。其中墙体材料具有承重、围护和分隔作用，其质量占墙体总质量的50%以上，合理选用墙体材料对建筑物的结构形式、高度、跨度、安全、使用功能及工程造价和墙体改革等均有重要意义。墙体材料的品种很多，根据外形和尺寸大小分为砌墙砖、砌块和板材三大类，每一类中又分为实心和空心两种形式。我国传统的砌筑材料主要是烧结普通砖（实心砖）和石块，烧结普通砖在我国砌墙材料产品构成中曾占"绝对统治"地位，是世界上烧结普通砖的"王国"。由于烧结普通砖不论从对土地的破坏、资源与能源的耗费以及对环境污染的任何一个角度来分析，都不符合可持续发展的要求。因此，近年来，我国大力开发了节土、节能、利渣、利废、多功能、有利于环保的各类砌块、蒸养砖等砌筑材料。

4.1 砌墙砖

砌墙砖是指以黏土、工业废料及其他地方资源为主要原料，按不同工艺制成的，在建筑上用来砌筑墙体的块状材料。按制作工艺分为烧结砖和蒸养砖。

4.1.1 烧结砖

烧结砖是以砂质黏土、页岩、煤矸石、粉煤灰为主要原料，经焙烧等工艺制成的矩形直角六面体块材。按使用的原料又分为烧结黏土砖（N）、烧结页岩砖（Y）、烧结粉煤灰砖（F）和烧结煤矸石砖（M），分别简称黏土砖、页岩砖、粉煤灰砖和煤矸石砖。按孔洞率的不同，分为烧结普通砖（又称实心砖，孔洞率＜25%）、烧结多孔砖（孔洞率≥25%）和烧结空心砖（孔洞率≥40%）三种。

1. 烧结砖的工艺流程

烧结砖的工艺流程为：原料开采和处理→成型→干燥→焙烧→成品。

（1）原料的开采和处理

原料的开采在原料矿进行，当原料矿整体的化学成分和物理性能基本相同，质量均匀时，可采用任意方式开采；当不均匀时，可沿断面均匀取土。为了破坏黏土的天然结构，开采的原料需要经风化、混合搅拌、陈化和原料的细碎处理过程。

（2）成型

烧结砖的成型方法依黏土的塑性不同，可采取不同的成型方法，其中有塑性挤出法或半硬挤出法。前者成型时坯体中含水大于18%；后者坯体中含水小于18%。

（3）干燥

砖坯成型后，含水量较高，若直接焙烧，会因坯体内产生的较大蒸汽压使砖坯爆裂，甚至造成砖垛倒塌等严重后果。因此，砖坯成型后需要进行干燥处理，干燥后的砖坯含水要降至6%以下。干燥有自然干燥和人工干燥两种。前者是将砖坯在阴凉处阴干后再经太阳晒干，这种方法受季节限制；后者是利用焙烧窑中的余热对砖坯进行干燥，不受季节限制。干燥中常出现的问题是干燥裂纹，在生产中应严格控制。

(4) 焙烧

焙烧是烧结砖最重要的工艺环节，焙烧时，坯体内发生了一系列的物理化学变化。当温度达110℃时，坯体内的水全部被排出，温度升至500～700℃，有机物燃尽，黏土矿物和其他化合物中的结晶水脱出。温度继续升高，黏土矿物发生分解，并在焙烧温度下重新化合生成合成矿物（如硅线石等）和易熔硅酸类新生物。原料不同，焙烧温度（最高烧结温度）有所不同，通常黏土砖为950℃左右；页岩砖、粉煤灰砖为1050℃左右；煤矸石砖为1100℃左右。当温度升高达到某些矿物的最低共熔点时，便出现液相，该液相包裹一些不熔固体颗粒，并填充颗粒的间隙中，在制品冷却时，这些液相凝固成玻璃相。从微观上观察烧结砖的内部结构是结晶的固体颗粒被玻璃相牢固地粘结在一起的，所以烧结砖的性质与生坯完全不同，既有耐水性，又有较高的强度和化学稳定性。

焙烧温度若控制不当，就会出现过火砖和欠火砖，过火砖变形较大，欠火砖耐水性和强度都较低，因此，焙烧时要严格控制焙烧温度。为节约能耗，在坯体制作过程中，加入粉煤灰、煤矸石、煤粉，经烧结制成的砖叫“内燃砖”，这种砖的质量较均匀。

焙烧砖坯的窑主要有轮窑、隧道窑和土窑，用轮窑或隧道窑烧砖的特点是生产量大、可以利用余热、可节省能源，烧出的砖的色彩为红色，也叫红砖。土窑的特点是窑中的焙烧“气氛”可以调节，到达焙烧温度后，可以采取措施使窑内形成还原气氛，使砖中呈红色的 Fe_2O_3 还原成呈青色的 FeO，从而得到青砖，青砖多用于仿古建筑的修复。

2. 烧结普通砖

烧结普通砖曾在我国使用得非常广泛，尽管我国在逐渐限制烧结砖的生产和使用，但由于烧结普通砖的使用历史悠久，其性能及特点已被人们所熟悉，质量检验技术已成熟，因此烧结普通砖的技术性质已成为发展其他墙体材料时的参考。

(1) 烧结普通砖的规格和质量等级

1) 烧结普通砖的规格。砖的外形为直角六面体，其公称尺寸为：长240mm、宽115mm、高53mm，如加上10mm的砌筑灰缝，则4块砖长，8块砖宽或16块砖厚均为1m，$1m^3$ 的砖砌砌体共需512块砖。在建筑上，墙厚的尺寸是以普通砖为基础，如“二四墙”、“三七墙”和“四九墙”，分别为一块砖长的厚度，一块半和两块的厚度。

2) 等级。普通砖按根据10块砖试样的抗压强度平均值 $\overline{f}$ 和抗压强度标准值 f_k 或单块最小抗压强度值 f_{min} 分为MU30、MU25、MU20、MU15、MU10五个强度等级；强度和抗风化性能合格的砖，根据尺寸偏差、外观质量、泛霜和石灰爆裂分为优等品（A）、一等品（B）、合格品（C）三个质量等级。其中，优等品可以用于清水墙和墙体装饰，一等品、合格品可以用于混水墙。中等泛霜的砖不能用于潮湿部位。

(2) 技术要求

《烧结普通砖》（GB 5101—2003）中规定的技术要求中，包括尺寸偏差、外观质量、强度、抗风化性能、泛霜和石灰爆裂。其中各指标要求如下：

1) 尺寸允许偏差。砖的尺寸允许偏差见表4-1。

2) 砖的外观质量。砖的外观质量应符合表4-2规定。

尺寸允许偏差（GB 5101—2003）（mm） **表 4-1**

公称尺寸	优等品		一等品		合格品	
	样本平均偏差	样本极差≤	样本平均偏差	样本极差≤	样本平均偏差	样本极差≤
240	±2.0	8	±2.5	8	±3.0	8
115	±1.5	4	±2.0	6	±2.5	7
53	±1.5	5	±1.6	5	±2.0	6

外观质量（GB 5101—2003）（mm） **表 4-2**

项 目	优等品	一等品	合格品
两条面高度差(≯)	2	3	5
弯曲(≯)	2	3	5
杂质突出高度(≯)	2	3	5
缺棱掉角的三个破坏尺寸 不得同时大于	15	20	30
裂纹长度(≯)			
(a)大面上宽度方向及其延伸至条面上水平裂纹的长度	30	60	80
(b)大面上长度方向及其延伸至顶面或条面上水平裂纹的长度	50	80	100
完整面(≮)	二条面和二顶面	一条面和一顶面	—
颜色	基本一致	—	—

3）砖的强度等级。普通砖的强度等级的评定方法如下：

第一步，分别测出10块砖的破坏荷载，并求出10块砖的强度个别值和平均值：

$$\overline{f}=\frac{1}{10}\sum_{i=1}^{10}f_i$$

第二步，根据$\overline{f}$及f_i再求出强度标准差S及变异系数δ：

强度标准差 $S=\sqrt{\frac{1}{9}\sum_{i=1}^{10}(\overline{f}-f_i)^2}$

变异系数 $\delta=\frac{S}{f}$

第三步，根据δ值确定评定方法：当$\delta\leqslant0.21$时，按平均值$\overline{f}$和强度标准值f_k评定（其中强度标准值$f_k=\overline{f}-1.80S$）；当$\delta>0.21$时，按平均值和单块最小抗压强度值评定。各强度等级具体指标见表4-3。

烧结普通砖强度等级（GB 5101—2003）（MPa） **表 4-3**

强度等级	抗压强度平均值$\overline{f}$≥	变异系数$\delta\leqslant0.21$	变异系数$\delta>0.21$
		强度标准值f_k≥	单块最小抗压强度值f_{min}≥
MU30	30.0	22.0	25.0
MU25	25.0	18.0	22.0
MU20	20.0	14.0	16.0
MU15	15.0	10.0	12.0
MU10	10.0	6.5	7.5

4）抗风化性能。砖的抗风化性能用抗冻融试验或吸水率试验来衡量。《烧结普通砖》（GB 5101—2003）规定，风化指数≥12700者为严重风化区，风化指数＜12700者为非严

重风化区。风化指数是指日气温从正温降到负温或从负温升到正温的平均天数，与每年从霜冻之日起到消失霜冻之日止这一期间降雨量的平均值的乘积。正温严重风化区中的1、2、3、4、5地区（见表4-4）的砖必须进行冻融试验，15次冻融循环试验后每块砖样不允许出现裂纹、分层、掉皮、缺棱、掉角等冻坏现象，而且干质量损失≯2%。其他地区的砖抗风化性能符合表4-5规定时可不做冻融试验；否则，必须进行冻融试验。

风化区划分 **表4-4**

严重风化区		非严重风化区		
1. 黑龙江省 2. 吉林省 3. 辽宁省 4. 内蒙古自治区 5. 新疆维吾尔自治区 6. 宁夏回族自治区 7. 甘肃省	8. 青海省 9. 陕西省 10. 山西省 11. 河北省 12. 北京市 13. 天津市	1. 山东省 2. 河南省 3. 安徽省 4. 江苏省 5. 湖北省 6. 江西省 7. 浙江省	8. 四川省 9. 贵州省 10. 湖南省 11. 福建省 12. 台湾省 13. 广东省 14. 广西壮族自治区	15. 海南省 16. 云南省 17. 西藏自治区 18. 上海市 19. 重庆市

抗风化性能（GB 5101—2003） **表4-5**

项目 砖种类	严重风化区				非严重风化区			
	5h沸煮吸水率(%)，(≤)		饱和系数≤		5h沸煮吸水率(%)，(≤)		饱和系数≤	
	平均值	单块最大值	平均值	单块最大值	平均值	单块最大值	平均值	单块最大值
黏土砖	21	23	0.85	0.87	23	25	0.88	0.90
粉煤灰砖	23	25	0.85	0.87	30	32	0.88	0.90
页岩砖	16	18	0.74	0.77	18	20	0.78	0.80
煤矸石砖	19	21	0.74	0.77	21	23	0.78	0.80

5）泛霜。泛霜是指可溶性盐类（如硫酸盐类）在砖或砌块表面的析出现象，一般是白色粉末、絮团或片状结晶。砖中出现泛霜不仅影响外观，而且因结晶膨胀引起砖表层酥松，甚至剥落。优等品不应有泛霜；一等品不允许出现中等泛霜；合格品不应出现严重泛霜。

6）石灰爆裂。当砂质黏土中含石灰石时，焙烧后将有生石灰生成，生石灰遇水膨胀导致砖块裂缝。因此，对于石灰爆裂产生的区域在标准中都做出了规定。

另外，产品不允许有欠火砖、酥砖和螺旋砖。

（3）烧结普通砖的应用

在土木工程中，烧结普通砖主要用作墙体材料，也可砌筑砖柱、砖拱、烟囱、沟渠、基础等，还可以与其他轻质材料构成复合墙体。

烧结普通砖有一定的强度和耐久性，并有较好的隔热性，是传统的墙体材料。但由于焙烧普通砖的过程中要大量占用耕地，消耗能源，污染环境，因此国家为促进墙体材料结构调整和技术进步，提高建筑工程质量和改善建筑功能，出台了一系列政策。根据我国墙体材料革新和墙体材料“十五”规划要求，全国已有170个大中城市于2003年6月30日以前禁止使用实心黏土砖。除此之外，所有省会城市在2005年底以前全面禁止使用实心黏土砖，在沿海地区和大中城市，禁用范围将逐步扩大到以黏土为主要原料的墙体材料。

3. 烧结多孔砖和烧结空心砖

与普通砖相比，多孔砖和空心砖具有以下优越性：在生产方面，节土、节煤和提高生产效率，如孔洞率为24%的多孔砖，可比实心砖节约24%左右的土及煤，用与实心砖相同的挤泥机，可相应提高成型效率，由于其质量低，还提高了装运与出窑效率。在施工方面，可提高工效约30%，节约砂浆20%，节约运输费约15%，由于可使建筑物自重下降，可减少基础荷重，降低造价。在使用方面，由于导热系数比普通砖低，故绝热效果优于普通砖。目前，多孔砖和空心砖已成为普通砖的替代产品。

（1）烧结多孔砖

1）孔洞。烧结多孔砖的孔洞率大于25%，对单个孔洞尺寸的规定是圆孔直径不大于22mm；非圆内切圆直径不大于15mm，手抓孔为（30～40）mm×（75～80）mm。若设矩形条孔，还应满足孔长不大于50mm，且孔长不小于孔宽的3倍。

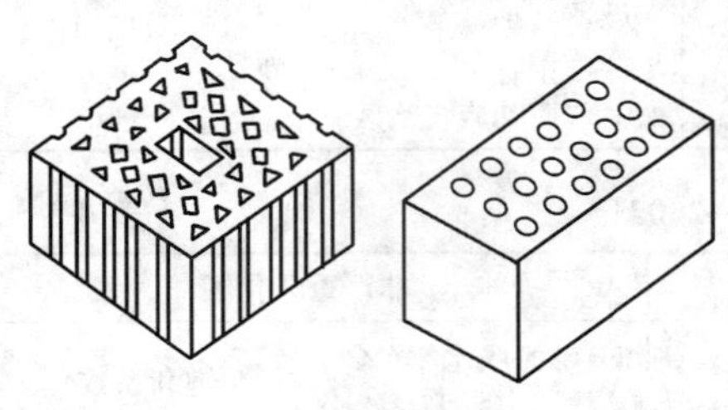

图4-1 烧结多孔砖外形示意图

2）规格尺寸。按照《烧结多孔砖》（GB 13544—2000）的规定：砖的外形为直角六面体，其外形如图4-1所示。

烧结多孔砖的长（L）、宽（B）、高（H）应分别符合下列尺寸要求：290mm，240mm；190mm，180mm，175mm，140mm、115mm；90mm。常见尺寸有240mm×115mm×90mm（P型砖）；190mm×190mm×90mm（M型砖）等。

3）烧结多孔砖的等级。多孔砖根据尺寸偏差、外观质量、泛霜和石灰爆裂，分为优等品（A）、一等品（B）、合格品（C）三个质量等级，按强度分为MU30、MU25、MU20、MU15、MU10五个强度等级。烧结多孔砖的强度等级、外观质量和尺寸允许偏差的要求分别见表4-6～表4-8。

烧结多孔砖强度等级（GB 13544—2000）（MPa） **表4-6**

强度等级	抗压强度平均值$\bar{f}$≥	变异系数δ≤0.21	变异系数δ>0.21
		强度标准值f_k≥	单块最小抗压强度值f_{min}≥
MU30	30.0	22.0	25.0
MU25	25.0	18.0	22.0
MU20	20.0	14.0	16.0
MU15	15.0	10.0	12.0
MU10	10.0	6.5	7.5

烧结多孔砖外观质量（GB 13544—2000）（mm） **表4-7**

项目		优等品	一等品	合格品
1. 颜色（一条面和一顶面）		一致	基本一致	—
2. 完整面	≮	一条面和一顶面	一条面和一顶面	—
3. 缺棱掉角的三个破坏尺寸	不得同时大于	15	20	30
4. 裂纹长度	≯			
(a)大面上深入孔壁15mm以上宽度方向及其延伸到条面的长度		60	80	100
(b)大面上深入孔壁15mm以上长度方向及其延伸到顶面的长度		60	100	120
(c)条面上的水平裂纹		80	100	120
5. 杂质在砖面上造成的凸出高度	≯	3	4	5

烧结多孔砖尺寸允许偏差（GB 13544—2000）（mm） **表 4-8**

尺寸	优等品		一等品		合格品	
	样本平均偏差	样本极差 ≤	样本平均偏差	样本极差 ≤	样本平均偏差	样本极差 ≤
290、240	±2.0	6	±2.5	7	±3.0	8
190、180、175、140、115	±1.5	5	±2.0	6	±2.5	7
90	±1.5	4	±1.7	5	±2.0	6

（2）烧结空心砖

烧结空心砖的孔洞率大于或等于40%，其孔的尺寸大而数量少，孔的方向平行于大面和条面，主要用于非承重墙体和填充墙，外形如图 4-2 所示。烧结空心砖尺寸应满足：长度（L）不大于 365mm，宽度（B）不大于 240mm。常见尺寸有 240mm×180mm×115mm；290mm×190mm×90mm 等。

《烧结空心砖和空心砌块》（GB 13545—2003）指出烧结空心砖根据其大面和条面的抗压强度分为 MU10、MU7.5、MU5.0、MU3.5 和 MU2.5 五个强度等级，根据其体积密度分为 800、900、1000、1100 四个密度级别。每个密度级别的产品根据其孔洞及孔排列数、尺寸偏差、外观质量、强度等级分为优等品（A）、一等品（B）、合格品（C）三个质量等级，其中强度等级指标、尺寸允许偏差和外观质量要求分别见表 4-9～表 4-11。

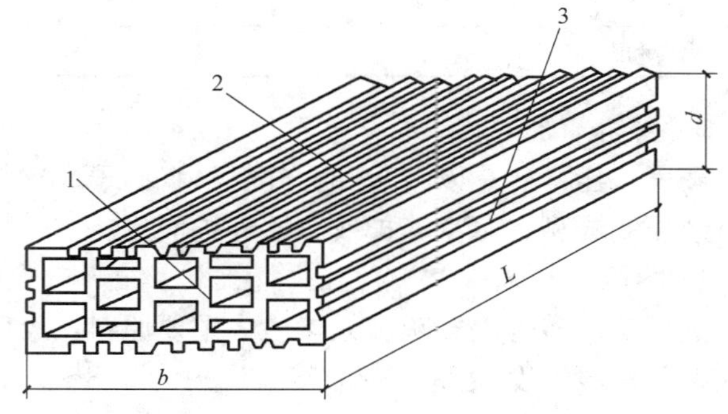

图 4-2 烧结空心砖的外形示意图
1—顶面；2—大面；3—条面
L—长度；b—宽度；d—高度

空心砖强度等级（GB 13545—2003）（MPa） **表 4-9**

强度等级	抗压强度平均值 $\overline{f}$ ≥	变异系数 δ≤0.21	变异系数 δ>0.21
		强度标准值 f_k ≥	单块最小抗压强度值 f_{min} ≥
MU10	10.0	7.0	8.0
MU7.5	7.5	5.0	5.8
MU5.0	5.0	3.5	4.0
MU3.0	3.5	2.5	2.8
MU2.0	2.5	1.6	1.8

烧结空心砖的尺寸允许偏差（GB 13545—2003）（mm） **表 4-10**

尺寸	优等品	一等品	合格品
>200	±4	±5	±7
200～100	±3	±4	±5
<100	±3	±4	±4

（3）烧结多孔砖和空心砖的应用

烧结多孔砖强度高，主要用于砌筑六层以下的承重墙体。空心砖自重轻、强度较低，多用作非承重墙，如多层建筑内隔墙或框架结构的填充墙等。

空心砖外观质量（GB 13545—2003）（mm） **表 4-11**

项目		优等品	一等品	合格品
1. 弯曲	≯	3	4	4
2. 缺棱掉角的三个破坏尺寸	不得同时大于	15	30	40
3. 未贯穿裂纹长度	≯			
(a)大面上宽度方向及其延伸到条面的长度		不允许	100	140
(b)大面上长度方向或条面上水平方向的长度		不允许	120	160
4. 贯穿裂纹长度	≯			
(a)大面上宽度方向及其延伸到条面的长度		不允许	60	80
(b)壁、肋沿长度方向、宽度方向及其水平方向长度		不允许	60	80
5. 肋、壁内残缺长度	≯	不允许	60	80
6. 完整面	不少于	一条面和一大面	一条面或一大面	—
7. 欠火砖和酥砖		不允许	不允许	不允许

4.1.2 蒸养（压）砖

蒸养（压）砖是以石灰和含硅材料（砂子、粉煤灰、煤矸石、炉渣和页岩等）加水拌合，经压制成型、蒸汽养护或蒸压养护而成。

1. 蒸压灰砂砖

蒸压灰砂砖是以石灰和天然砂为主要原料，经磨细、计量配料、搅拌混合、消化、压制成型（一般温度为175～203℃，压力为0.8～1.6MPa的饱和蒸汽）养护、成品包装等工序而制成的空心砖或实心砖。

(1) 灰砂砖的技术要求

灰砂砖的规格尺寸同烧结普通砖，为240mm×115mm×53mm，体积密度为1800～1900kg/m^3，导热系数为0.61W/(m·K)。根据产品的外观与尺寸偏差、强度和抗冻性分为优等品（A）、一等品（B）和合格品（C）三个质量等级，按抗压强度和抗折强度分为MU25、MU20、MU15、MU10四个强度等级。蒸压灰砂砖的尺寸偏差与外观质量见表4-12，强度等级和抗冻性指标见表4-13。

灰砂砖尺寸偏差和外观质量（GB 11945—1999） **表 4-12**

项目		优等品	一等品	合格品
尺寸偏差(mm)	长度	±2	±2	±3
	宽度	±2		
	高度	±1		
缺棱掉角	个数(个)不多于	1	1	2
	最大尺寸(mm),≯	10	15	20
	最小尺寸(mm),≯	5	10	10
对应高度差(mm),≯		1	2	3
裂纹(mm),≯	条数(条)	1	1	2
	大面上深入孔壁15mm以上,宽度方向及其延伸到条面的长度	20	50	70
	大面上深入孔壁15mm以上,长度方向及其延伸到顶面的长度	30	70	100

灰砂砖的强度等级和抗冻性指标（GB 11945—1999） 表 4-13

强度等级	强度指标				抗冻性指标	
	抗压强度(MPa)		抗折强度(MPa)		5块冻后抗压强度平均值(MPa),≥	单块砖干质量损失小于(%)
	平均值≥	单块值≥	平均值≥	单块值≥		
MU25	25.0	20.0	5.0	4.0	20.0	2.0
MU20	20.0	16.0	4.0	3.2	16.0	
MU15	15.0	12.0	3.3	2.6	12.0	
MU10	10.0	8.0	2.5	2.0	8.0	

（2）灰砂砖的性能与应用

1）耐热性、耐酸性差。灰砂砖中含有氢氧化钙等不耐热和不耐酸的组分，因此，不宜用于长期受热高于200℃、受急冷急热交替作用或有酸性介质的建筑部位。

2）耐水性良好，但抗流水冲刷能力差。在长期潮湿环境中，灰砂砖的强度变化不明显，但其抗流水冲刷能力较弱，因此，不能用于有流水冲刷的建筑部位，如落水管出水处和水龙头下面等。

3）与砂浆粘结力差。灰砂砖表面光滑平整，与砂浆粘结力差，当用于高层建筑、地震区或筒仓构筑物等，除应有相应结构措施外，还应有提高砖和砂浆粘结力的措施，如采用高黏度的专用砂浆，以防止渗雨、漏水和墙体开裂。

4）灰砂砖自生产之日起，应放置1个月以后，方可用于砌体的施工。砌筑灰砂砖砌体时，砖的含水率宜为8%～12%，严禁使用干砖或含水饱和砖，灰砂砖不宜与烧结砖或其他品种砖同层混砌。

5）MU15、MU20、MU25的砖可用于基础及其他建筑；MU10的砖仅用于防潮层以上的建筑。

2. 粉煤灰砖

粉煤灰砖是以粉煤灰、石灰、石膏以及集料为原料，经坯料制备、压制成型、常压或高压蒸汽养护等工艺过程制成的实心粉煤灰砖。常压蒸汽养护的称蒸养粉煤灰砖；高压蒸汽（温度在176℃，工作压力在0.8MPa以上）养护制成的称蒸压粉煤灰砖。

粉煤灰具有火山灰性，在水热环境中，在石灰碱性激发剂和石膏的硫酸盐激发剂共同作用下，形成水化硅酸钙、水化铝酸钙等多种水化产物。蒸压养护可使砖中的活性组分水热反应充分，砖的强度高，性能趋于稳定，而蒸养粉煤灰砖的性能较差，墙体更易出现开裂等弊端。

根据《粉煤灰砖》（JC 239—2001）规定，粉煤灰砖按抗压强度和抗折强度划分为MU30、MU25、MU20、MU15、MU10五个强度等级；按尺寸偏差、外观质量、强度和干缩分为优等品（A）、一等品（B）和合格品（C）三个质量等级。优等品强度应不低于MU15，优等品和一等品的干缩值应不大于0.65mm/m，合格品应不大于0.75mm/m。

蒸压粉煤灰砖的外观尺寸同烧结普通砖，性能上与灰砂砖相近，同样因砖中含有氢氧化钙，不得用于长期受热高于200℃、受急冷急热交替作用或有酸性介质的建筑部位。压制成型的粉煤灰砖表面光滑平整，并可能有少量“起粉”，与砂浆粘结力低，使用时，应尽可能采用专用砌筑砂浆。粉煤灰砖的初始吸水能力差，后期的吸水能力较强，施工时应提前湿水，保持砖的含水率在10%左右，以保证砌筑质量。由于粉煤灰砖出釜后收缩较大，因此，出釜1周后才能用于砌筑。

4.2 砌 块

砌块建筑在我国始于20世纪20年代，时至今日，小砌块的生产和使用才得以迅速发展。这主要是由于我国建筑业一直在使用我国"引以为豪"的传统的烧结普通砖，但烧结普通砖的生产和使用造成了土地资源和能源的消耗，不适合作可持续发展的材料。砌块使用灵活，适应性强，无论在严寒地区或温带地区、地震区或非地震区、各种类型的多层或低层建筑中都能适用并满足高质量的要求。因此，砌块在世界上发展很快，目前已有100多个国家生产小型砌块。近年来，我国建筑业一直在倡导使用新型墙体材料，并制定了有关墙体材料改革的政策。实际上，我国具有广泛的生产砌块的原材料，发展砌块使之成为新型墙体材料，非常适合我国国情。

砌块的造型、尺寸、颜色、纹理和断面可以多样化，能满足砌体建筑的需要，即可以用来作结构承重材料、特种结构材料，也可以用于墙面的装饰和功能材料。特别是高强砌块和配筋混凝土砌体已发展并用以建造高层建筑的承重结构。

4.2.1 砌块的特性

1. 减少土地资源的耗用

按每1万m^3混凝土砌块替代700万块烧结普通砖计算，可节土1.3万m^3，若平均采土深度达3m，则少毁农田4335m^2。

2. 减少能耗

生产砌块比生产烧结普通砖节约能耗70%～90%。

3. 减少环境污染

煤渣、粉煤灰、煤矸石等工业废渣占用场地、污染环境，将其用于制作砌块，是可持续发展的一项措施。

4. 应用面广泛

砌块可以承重、保温、防火、装饰，因此可以用于建筑物的许多部位。

5. 降低建筑物自重、降低成本

特别是空心砌块，可减轻墙体自重30%～50%，使地基处理费用降低，整体建筑结构成本下降。

4.2.2 砌块的分类

砌块的种类很多，主要分类方法如下。

1. 按砌块空心率

按砌块空心率可分为空心砌块和实心砌块两类。空心率小于25%或无孔洞的砌块为实心砌块；空心率等于或大于25%的砌块为空心砌块。

2. 按规格大小

砌块外形尺寸一般比烧结普通砖大，砌块中主规格的长度、宽度或高度有一项或一项以上应分别大于365mm、240mm或115mm，但高度不大于长度或宽度的6倍，长度不超过高度的3倍。在砌块系列中主规格的高度大于115mm而又小于380mm的砌块，简称为小砌块；系列中的主规格的高度为380～980mm的砌块，称为中砌块；系列中主规格的高度大于980mm的砌块，称为大砌块。目前，小型空心砌块在建筑工程中非常流行，是我国品种和产量增长都很快的新型墙体材料。

3. 按集料的品种

按集料的品种可分为普通砌块（集料采用的是普通砂、石）和轻集料砌块（集料采用的是天然轻集料、人造的轻集料或工业废渣）。

4. 按用途

按用途可分为结构型砌块、装饰型砌块和功能型砌块。结构型的包括承重和非承重砌块；装饰型的是带有装饰面的砌块，适合清水墙面；功能型是指具有吸声、隔热等的多功能砌块。

5. 按胶凝材料的种类

按胶凝材料的种类可分为硅酸盐砌块、水泥混凝土砌块。前者用煤渣、粉煤灰、煤矿石等硅质材料加石灰、石膏配制成胶凝材料，如煤矸石空心砌块；后者是用水泥作胶结材料制作而成的，如混凝土小型空心砌块和轻集料混凝土小型空心砌块。

4.2.3 常用的建筑砌块

1. 普通混凝土小型空心砌块

(1) 品种

普通混凝土空心砌块按原材料分有普通混凝土砌块、工业废渣集料混凝土砌块、天然轻集料混凝土和人造轻集料混凝土砌块；按性能分有承重砌块和非承重砌块。

(2) 规格形状

混凝土小型空心砌块的主规格尺寸为390mm×190mm×190mm，最小外壁厚应不小于30mm，最小肋厚应不小于25mm。其空心率应不小于25%。其他规格尺寸也可以根据供需双方协商。图4-3是砌块各部位名称。

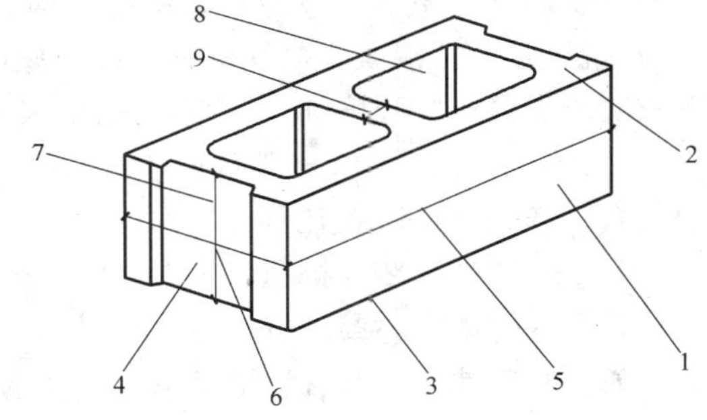

图4-3 砌块各部位名称

1—条面；2—坐浆面（肋厚较小的面）；3—铺浆面；4—顶面；5—长度；6—宽度；7—高度；8—壁；9—肋

(3) 产品等级

根据《普通混凝土小型空心砌块》(GB 8239—1997)的规定，砌块按尺寸允许偏差、外观质量（包括弯曲、掉角、缺棱、裂纹）分为优等品（A）、一等品（B）和合格品（C）三个质量级，见表4-14和表4-15。

尺寸允许偏差（GB 8239—1997）(mm) **表 4-14**

项目名称	优等品(A)	一等品(B)	合格品(C)
长度	±2	±3	±3
宽度	±2	±3	±3
高度	±2	±3	+3,−4

外观质量（GB 8239—1997） 表 4-15

项目名称	优等品(A)	一等品(B)	合格品(C)
弯曲(mm)，≯	2	2	3
缺棱掉角个数(个)，≯	0	2	2
三个方向投影尺寸的最小值(mm)，≯	0	20	30
裂纹延伸投影的尺寸累计(mm)，≯	0	20	30

按强度等级又分为 MU3.5、MU5.0、MU7.5、MU10.0、MU15.0、MU20.0 等六个强度等级，见表 4-16。

强度等级（GB 8239—1997） 表 4-16

强度等级	砌块抗压强度(MPa)		强度等级	砌块抗压强度(MPa)	
	平均值≮	单块最小值≮		平均值≮	单块最小值≮
MU3.5	3.5	2.8	MU10.0	10.0	8.0
MU5.0	5.0	4.0	MU15.0	15.0	12.0
MU7.5	7.5	6.0	MU20.0	20.0	16.0

（4）性能

1）体积密度、吸水率和软化系数。混凝土小砌块的体积密度与密度、空心率、半封底与通孔以及砌块的壁、肋厚度有关，一般砌块体积密度为 1300～1400kg/m³。

当采用卵石集料时，吸水率为 5%～7%，当集料为碎石时，吸水率为 6%～8%。

小砌块的软化系数一般为 0.9 左右，属于耐水性材料。

2）抗压强度。混凝土砌块的强度以试验的极限荷载除以砌块毛截面积计算。砌块的强度取决于混凝土的强度和空心率。这几项参数间有下列关系：

$$f_k=(0.9577-1.129K)\times f_H$$

式中 f_k——砌块 28d 抗压强度，MPa；

f_H——混凝土 28d 抗压强度，MPa；

K——砌块空心率（以小数表示）。

目前，我国建筑上常选用的强度等级为 MU3.5、MU5、MU7.5、MU10 四种。等级在 MU7.5 以上的砌块可用于五层砌块建筑的底层和六层砌块建筑的一、二两层；五层砌块建筑的二至五层和六层砌块建筑的四至六层都用 MU5 小砌块建筑，也用于四层砌块建筑；MU3.5 砌块，只限用于单层建筑；MU15.0、MU20.0 多用于中高层承重砌块墙体。

为保证小砌块抗压强度的稳定性，生产厂严格控制变异系数为 10%～15%。

3）抗折强度。小砌块的抗折强度随抗压强度的增加而提高，但并非是直线关系，抗折强度是抗压强度的 0.16～0.26 倍，如 MU5 的抗折强度为 1.3MPa，MU7.5 的是 1.5MPa，MU10 的是 1.7MPa。

4）干缩率。小砌块会产生干缩，干缩率一般为 0.23%～0.40%，干缩率的大小直接影响墙体的裂缝情况，因此应尽量提高强度减少干缩。

5）相对含水率。砌块因失水而产生的收缩会导致墙体开裂，为了控制砌块建筑的墙体开裂，《普通混凝土小型空心砌块》（GB 8239—1997）规定了砌块的相对含水率，见表 4-17。

相对含水率（GB 8239—1997） 表 4-17

使用地区	潮湿	中等	干燥
相对含水率(%),≯	45	40	35

注：1. 潮湿是指年平均相对湿度大于 75%的地区；
2. 中等是指年平均相对湿度 50%～75%的地区；
3. 干燥是指年平均相对湿度小于 50%的地区。

6）抗渗性。小砌块的抗渗与建筑物外墙体的渗漏关系十分密切，特别是对用于清水墙砌块的抗渗性要求更高，《普通混凝土小型空心砌块》（GB 8239—1997）中规定试块按规定方法测试时，其水面下降高度在三块试件中任一块应不大于 10mm。

7）抗冻性。砌块的抗冻性应符合表 4-18 的规定。

抗冻性（GB 8239—1997） 表 4-18

使用环境条件		抗冻等级	指标
非采暖地区		不规定	—
采暖地区	一般环境	F15	强度损失≤25% 质量损失≤5%
	干湿交替环境	F25	

注：1. 非采暖地区是指最冷月份平均气温高于－5℃的地区；
2. 采暖地区是指最冷月份平均气温低于或等于－5℃的地区。

（5）砌块应用时应注意的事项

1）保持砌块干燥。混凝土砌块在砌筑时一般不宜浇水，如果使用受潮的砌块来砌墙，随着水分的消失它们将会产生收缩，而当这种收缩受到约束时，则随着内部应力的产生将使砌体开裂。一般要求砌块干燥至平衡含水率以下。

2）砌块砂浆要保持良好的和易性。砂浆的性能会影响到砌块结构强度、耐久和不透水性。要求砂浆稠度应小于 50mm 为宜。

3）采取墙体防裂措施。砌块墙体会产生因碳化引起收缩和结构中其他部位的位移的影响，当收缩与位移受到约束时，墙体产生应力，如砌体的收缩受到遏制时，墙体会产生拉应力。当应力超过砌体的受拉强度和砂浆与砌体的黏结强度时，或者超过了水平灰缝的抗剪强度，则墙体就会产生裂缝。《混凝土小型空心砌块建筑技术规程》（JGJ/T 14—2004）中规定了墙体防裂的主要措施。

4）清洁砌块。为了保证砌筑外观质量及砌筑强度，砌块表面污物和芯柱所用砌块孔洞的底部毛边应清洁。

2. 轻集料混凝土小型空心砌块

（1）轻集料混凝土小型空心砌块的优势

目前，国内外使用轻集料混凝土小型空心砌块非常广泛。这是因为轻集料混凝土小型空心砌块与普通混凝土小型空心砌块相比具有许多优势：

1）轻质。体积密度最大不超过 1400kg/m^3。

2）保温性好。轻集料混凝土的导热系数较小，做成空心砌块因空洞使整块砌块的导热系数进一步减小，从而更有利于保温。

3）有利于综合治理与应用。轻集料的种类可以是人造轻集料，如页岩陶粒、黏土陶粒、粉煤灰陶粒，也可以有如煤矸石、煤渣、液态渣、钢渣等工业废料，将其利用起来，可净化环境，造福于人民。

4）强度较高。砌块的强度可达到10MPa，因此可作为承重材料，建造5～7层的砌块建筑。

（2）轻集料混凝土小型空心砌块的分类及等级

1）分类。轻集料混凝土小型空心砌块按其孔的排数分为：单排孔、双排孔、三排孔和四排孔等四类。

2）等级：

① 按孔的排数分为：实心（0）、单排孔（1）、双排孔（2）、三排孔（3）、四排孔（4）五类。

② 按密度等级分为：500、600、700、800、900、1000、1200、1400八个等级。

③ 按其强度等级分为：1.5、2.5、3.5、5.0、7.5、10.0六个等级。

④ 按尺寸允许偏差、外观质量分为（两个等级）：一等品（B）和合格品（C）。

（3）技术要求

1）砌块的主规格尺寸为390mm×190mm×90mm、390mm×90mm×190mm，其他尺寸可由供需双方商定。其尺寸允许偏差见表4-14。

2）外观质量要求见表4-19。

外观质量（GB 15229—2002） **表4-19**

项目名称	一等品	合格品
缺棱掉角(个)，≯	0	2
3个方向投影的最小尺寸(mm)，≯	0	30
裂缝延伸投影的累计尺寸(mm)，≯	0	30

3）密度等级要求见表4-20。

密度等级（GB 15229—2002） **表4-20**

密度等级	砌块干燥表观密度的范围(kg/m³)	密度等级	砌块干燥表观密度的范围(kg/m³)
500	≤500	900	810～900
600	510～600	1000	910～1000
700	610～700	1200	1010～1200
800	710～800	1400	1210～1400

4）抗冻性要求。对于非采暖地区，一般不规定；采暖地区的一般环境，抗冻等级要达到F15；干湿交替的环境，抗冻等级要达到F25。

5）碳化与软化系数要求。加入粉煤灰等火山灰质掺合料的小砌块，碳化系数≮0.80，软化系数≮0.75。

6）强度等级要求见表4-21。

7）吸水率要求：①吸水率不应大于20%；②干缩率和相对含水率的要求见表4-22。

（4）轻集料混凝土小型空心砌块的应用及应用要点

1）用作保温型墙体材料。强度等级小于MU5.0用在框架结构中的非承重隔墙和非承重墙。

2）用作结构承重型墙体材料。强度等级为MU7.5、MU10.0的主要用于砌筑多层建筑的承重墙体。

强度等级（GB 15229—2002） 表 4-21

强度等级	砌块抗压强度(MPa)		密度等级范围(kg/m³)
	平均值	最小值	
1.5	≥1.5	1.2	≤600
2.5	≥2.5	2.0	≤800
3.5	≥3.5	2.8	≤1200
5.0	≥5.0	4.0	
7.5	≥7.5	6.0	≤1400
10.0	≥10.0	8.0	

相对含水率（GB 15229—2002） 表 4-22

干缩率(%)	相对含水率(%),≯		
	潮 湿	中 等	干 燥
＜0.03	45	40	35
0.03～0.045	40	35	30
0.045～0.065	35	30	25

3）应用技术要点：设置钢筋混凝土带，墙体与柱、墙、框架采用柔性连接；隔墙门口处理采取相应措施；砌筑前一天，注意在与其接触的部位洒水湿润。

3. 蒸压加气混凝土砌块

蒸压加气混凝土砌块是蒸压加气混凝土的制品之一，它是由硅质材料（砂、粉煤灰、工业废渣等）、钙质材料（水泥、石灰等）、外加剂、发泡稳定剂等为原料，经配料、搅拌、浇注、发泡、成型、切割、压蒸养护而成。

加气混凝土砌块发展很快，世界上 40 多个国家都能生产加气砌块，我国加气砌块的生产和使用在 20 世纪 70 年代特别是 80 年代得到很大的发展，目前，全国有加气砌块厂 140 多个，总生产能力达 700 万 m³，应用技术规程等方面也已经成熟。

（1）加气混凝土砌块的组成材料

1）水泥。水泥的重要作用主要在于保证生产初期的浇注稳定性和坯体凝结硬化速度，对于后期蒸压过程中的反应也有着相当大的作用。由于矿渣、火山灰、粉煤灰硅酸盐水泥早期强度低，若要保证早期性能就要增加水泥用量，因此从经济技术考虑，一般使用普通硅酸盐水泥。

2）石灰。必须采用生石灰以使消解时放出的热量促进铝粉水化放出氢气，石灰的另外作用是参与水化反应，生成水化产物，促进料浆稠化，促进坯体硬化，提高砌块的强度。

3）粉煤灰和矿渣。均为活性混合材料，可以在激发剂作用下生成水硬性胶凝材料。

4）铝粉。主要作用是发气，产生气泡，使料浆形成多孔结构。

5）外加剂。有气泡稳定剂、铝粉脱脂剂、调节剂等，其中气泡稳定剂保证坯体形成细小而均匀的多孔结构。调节剂的品种较多，有起激发作用的、调节凝结时间作用的等。

（2）砌块的技术性能

1）规格尺寸如下（mm）：

长度（L）：600。

宽度（B）：100、120、125、150、180、200、240、250、30。

高度（H）：200、240、250、300。

2）等级。按尺寸偏差和外观、强度级别、干体积密度分为优等品（A）、一等品（B）、合格品（C）三级。根据《蒸压加气混凝土砌块》（GB/T 11968—2006）规定，砌块按强度分为 A1.0、A2.0、A2.5、A3.5、A5.0、A7.5、A10.0 七个等级，标记中 A 代表砌块强度等级，数字表示强度值（MPa），具体指标见表 4-23。按干密度（kg/m^3）分为 B03、B04、B05、B06、B07、B08，具体指标见表 4-24。

砌块的抗压强度（GB/T 11968—2006） **表 4-23**

<table>
<tr><th rowspan="2">强度等级</th><th colspan="2">立方体抗压强度(MPa)</th></tr>
<tr><th>平均值≮</th><th>单块最小值≮</th></tr>
<tr><td>A1.0</td><td>1.0</td><td>0.8</td></tr>
<tr><td>A2.0</td><td>2.0</td><td>1.6</td></tr>
<tr><td>A2.5</td><td>2.5</td><td>2.0</td></tr>
<tr><td>A3.5</td><td>3.5</td><td>2.8</td></tr>
<tr><td>A5.0</td><td>5.0</td><td>4.0</td></tr>
<tr><td>A7.5</td><td>7.5</td><td>6.0</td></tr>
<tr><td>A10.0</td><td>10.0</td><td>8.0</td></tr>
</table>

砌块的强度级别（GB/T 11968—2006） **表 4-24**

<table>
<tr><th colspan="2">干密度级别</th><th>B03</th><th>B04</th><th>B05</th><th>B06</th><th>B07</th><th>B08</th></tr>
<tr><td rowspan="2">强度级别</td><td>优等品(A)</td><td rowspan="2">A1.0</td><td rowspan="2">A2.0</td><td>A3.5</td><td>A5.0</td><td>A7.5</td><td>A10.0</td></tr>
<tr><td>合格品(B)</td><td>A2.5</td><td>A3.5</td><td>A5.0</td><td>A7.5</td></tr>
</table>

3）干缩值、抗冻性、导热系数。砌块孔隙率较高，抗冻性较差、保温性较好；出釜时含水率较高，干缩值较大。因此，《蒸压加气混凝土砌块》（GB/T 11968—2006）规定了干缩值、抗冻性和导热系数，见表 4-25。

砌块的干燥收缩、抗冻性和导热系数（GB/T 11968—2006） **表 4-25**

<table>
<tr><th colspan="4">干密度级别</th><th>B03</th><th>B04</th><th>B05</th><th>B06</th><th>B07</th><th>B08</th></tr>
<tr><td rowspan="2">干燥收缩值①</td><td colspan="2">标准法(mm/m)</td><td>≤</td><td colspan="6">0.5</td></tr>
<tr><td colspan="2">快速法(mm/m)</td><td>≤</td><td colspan="6">0.8</td></tr>
<tr><td rowspan="3">抗冻性</td><td colspan="2">质量损失(%)</td><td>≤</td><td colspan="6">5.0</td></tr>
<tr><td rowspan="2">冻后强度(MPa)≥</td><td colspan="2">优等品(A)</td><td rowspan="2">0.8</td><td rowspan="2">1.6</td><td>2.8</td><td>4.0</td><td>6.0</td><td>8.0</td></tr>
<tr><td colspan="2">合格品(B)</td><td>2.0</td><td>2.8</td><td>4.0</td><td>6.0</td></tr>
<tr><td colspan="3">导热系数(干态)[(W/cm·K)]</td><td>≤</td><td>0.10</td><td>0.12</td><td>0.14</td><td>0.16</td><td>0.18</td><td>0.20</td></tr>
</table>

① 规定采用标准法、快速法测定砌块干燥收缩值，若测定结果发生矛盾不能判定时，则以标准法测定的结果为准。

（3）蒸压加气混凝土砌块的特性和应用

蒸压力加气混凝土砌块表观密度小、质量轻（仅为烧结普通砖的1/3），工程应用可使建筑物自重减轻2/5～1/2，有利于提高建筑物的抗震性能，并降低建筑成本。多孔砌块使导热系数小［0.14～0.28W/(m·K)］，保温性能好。砌块加工性能好（可钉、可锯、可刨、可粘结），使施工便捷。制作砌块可利用工业废料，有利于保护环境。

砌块可用于一般建筑物墙体，可作为低层建筑的承重墙和框架结构、现浇混凝土结构建筑的外墙填充、内墙隔断，也可用于抗震圈梁构造柱多层建筑的外墙或保温隔热复合墙体。使用加气混凝土砌块不得用于建筑基础和处于浸水、高湿和有化学侵蚀的环境中，也不能用于承重制品表面温度高于 80℃的建筑部位。

第5章　无机胶凝材料

土木工程中，凡是经过一系列物理、化学作用，能将散粒材料或块状材料粘结成整体的材料称为胶凝材料。按物质的化学属性，胶凝材料分为有机和无机两大类。有机胶凝材料种类较多，在土木工程中常用的有沥青等。无机胶凝材料除水玻璃外一般为粉末状固体，在使用时用水或水溶液拌合成浆体。按照硬化条件分为水硬性胶凝材料和气硬性胶凝材料，气硬性胶凝材料是在空气中凝结、硬化并保持和增长强度的胶凝材料。在土木工程中使用较多的有石灰和石膏，其次是菱苦土和水玻璃。水硬性胶凝材料不仅能在空气中凝结和硬化，而且能在水中继续保持和增长强度的胶凝材料，如各种水泥。

5.1　石　　膏

石膏是以 $CaSO_4$ 为主要成分的传统气硬性胶凝材料之一。我国石膏资源丰富，兼之建筑性能优良、制作工艺简单，因此近年来石膏板、建筑饰面板等石膏制品已成为极有发展前途的新型建筑材料之一。

5.1.1　石膏的制备

1. 石膏胶凝材料的原料

生产石膏胶凝材料的原料有天然石膏（又称生石膏、软石膏）、含硫酸钙的化工副产品和工业副产石膏，其化学式为 $CaSO_4 \cdot 2H_2O$，也称二水石膏，常用天然二水石膏。

2. 石膏的制备方法及品种

（1）石膏的制备

石膏的生产工序主要是粉碎、加热与粉磨。由于原材料质量不同、煅烧时压力与温度不同，可得到不同品种的石膏。

（2）石膏的品种

1）建筑石膏。在常压下加热温度达到107～170℃时，二水石膏脱水变成β型半水石膏（即建筑石膏，又称熟石膏），其反应式为：

$$CaSO_4 \cdot 2H_2O \xrightarrow{107\sim107℃} \beta\text{-}CaSO_4 \cdot \frac{1}{2}H_2O + 1\frac{1}{2}H_2O$$

2）高强石膏。将二水石膏在压蒸条件下（0.13MPa、125℃）加热，则生成α型半水石膏（即高强石膏），其反应式为：

$$CaSO_4 \cdot 2H_2O \xrightarrow{125℃(0.13MPa)} \alpha\text{-}CaSO_4 \cdot \frac{1}{2}H_2O + 1\frac{1}{2}H_2O$$

α型和β型半水石膏，虽然化学成分相同，但宏观性能上相差很大，表5-1列出了α型与β型半水石膏两者的强度、密度及水化热等性能，进行比较后可见，由于α型半水石膏的标准稠度用水量比β型小很多，因此强度大得多。从表5-2中可知，α型半水石膏和

β型半水石膏的内比表面积和晶粒粒径相比后可见，两种石膏在宏观上的差别主要源于亚微观上，即晶粒的形态、大小以及聚集状态等方面的差别。

α型半水石膏和β型半水石膏性能比较 **表 5-1**

类　别	标准稠度用水量	抗压强度(MPa)	密度(g/cm^3)	水化热(J/mol)
α-半水石膏	0.40～0.45	24～40	2.73～2.75	17200±85
β-半水石膏	0.70～0.85	7～10	2.62～2.64	19300±85

α型半水石膏和β型半水石膏的内比表面积 **表 5-2**

类　别	内比表面积(m^2/kg)	晶粒平均粒径(nm)
α-半水石膏	19300	94
β-半水石膏	47000	38.8

α型半水石膏结晶完整，常是短柱状，晶粒较粗大，聚集体的内比表面积较小。β型半水石膏结晶较差，常为细小的纤维状或片状聚集体，内比表面积较大。因此，前者的水化速率慢，水化热低，需水量小，硬化体的强度高，而后者则与之相反。

石膏的品种虽很多，但在建筑上应用最多的是建筑石膏。

5.1.2 建筑石膏的凝结硬化机理

建筑石膏与适量的水拌合后，最初成为可塑的浆体，但很快失去可塑性和产生强度，并逐渐发展成为坚硬的固体，这种现象称为凝结硬化。长期以来，对半水石膏的水化硬化机理做过大量研究工作。归纳起来，主要有两种理论：一种是结晶理论（或称溶解-析晶理论）；一种是胶体理论（或称局部化学反应理论）。前者由法国学者雷·查德里提出，并得到大多数学者的赞同。基本要点如下：

（1）半水石膏加水后进行如下化学反应：

$$CaSO_4 \cdot \frac{1}{2}H_2O + 1\frac{1}{2}H_2O \longrightarrow CaSO_4 \cdot 2H_2O$$

半水石膏首先溶解形成不稳定的过饱和溶液。这是因为半水石膏在常温下（20℃）的溶解度较大，为 8.85g/L 左右，而这对于溶解度为 2.04g/L 左右的二水石膏来说，则处于过饱和溶液中，因此，二水石膏胶粒很快结晶析出（大约需 7～12min）。

（2）二水石膏结晶，促使半水石膏继续溶解，继续水化，如此循环，直到半水石膏全部耗尽。

（3）由于二水石膏粒子比半水石膏粒子小得多，其生成物总表面积大，所需吸附水量也多，加之水分的蒸发，浆体的稠度逐渐增大，颗粒之间的摩擦力和粘结力增加，因此浆体可塑性减少，表现为石膏的“凝结”。

（4）随着水化的不断进行，二水石膏胶体微粒凝聚并转变为晶体。晶体颗粒逐渐长大，且晶体颗粒间相互搭接、交错、共生，使浆体失去可塑性，产生强度，即浆体产生“硬化”。

5.1.3 建筑石膏的性质及用途

1. 建筑石膏的特性

与水泥和石灰等无机胶凝材料比，石膏具有以下特性：

（1）建筑石膏的装饰性好。建筑石膏为白色粉末，可制成白色的装饰板，也可加入彩色矿物颜料制成丰富多彩的彩色装饰板。

（2）凝结硬化快。建筑石膏一般在加水后的3～5min内便开始失去塑性，一般在30min左右即可完全凝结，为了满足施工操作的要求，可加入缓凝剂，以降低半水石膏的溶解度和溶解速度。常用的缓凝剂有硼砂、酒石酸钾钠、柠檬酸、聚乙烯醇、石灰活化膏胶和皮胶等。掺量为0.1%～0.5%。掺缓凝剂后，石膏制品的强度将有所降低。

（3）凝结硬化时体积微膨胀。石膏凝固时不像石灰和水泥那样出现体积收缩现象，反而略有膨胀，膨胀率约为0.5%～1%。这使得石膏制品表面光滑细腻，尺寸精确，轮廓清晰，形体饱满，容易浇注出纹理细致的浮雕花饰。因而特别适合制作建筑装饰制品。

（4）孔隙率大、体积密度小。建筑石膏水化反应的理论需水量只占半水石膏质量的18.6%，但在使用中，为满足施工要求的可塑性，往往要加60%～80%的水，由于多余水分蒸发，在内部形成大量孔隙，孔隙率可达50%～60%。因此，体积密度小，为800～1000kg/m³，属于轻质材料。

（5）强度低。建筑石膏的强度低，但其强度发展速度较快，2h的抗压强度可达3～6MPa，7d为8～12MPa。

（6）有较好的功能性。石膏制品孔隙率高，且均为微细的毛细孔，因此导热系数小，一般为0.121～0.205W/（m·K）；隔热保温性好；吸声性强；吸湿性大，使其具有一定的调温、调湿功能。当空气中水分含量过大即湿度过大时，石膏制品能通过毛细管很快地吸水；当空气湿度减小时，又很快地向周围扩散，直到水分平衡，形成一个室内“小气候的均衡状态”。

（7）具有良好的防火性。建筑石膏与水作用转变为$CaSO_4 \cdot 2H_2O$，硬化后的石膏制品含有占其总质量20.93%的结合水，遇火时，结合水吸收热量后大量蒸发，在制品表面形成水蒸气幕，隔绝空气，缓解石膏制品本身温度的升高，有效地阻止火的蔓延。

（8）耐水性和抗冻性差。建筑石膏硬化后有很强的吸湿性和吸水性，在潮湿条件下，晶粒间的结合力减弱，导致强度下降，其软化系数仅为0.2～0.3，是不耐水的材料。为了提高建筑石膏及其制品的耐水性，可以在石膏中掺入适当的防水剂（如有机硅防水剂），或掺入适量的水泥、粉煤灰、磨细粒化高炉矿渣等。另外，石膏浸泡在水中，由于二水石膏微溶于水，也会使其强度下降。若石膏制品吸水后受冻，会因水分结冰膨胀而破坏。

2. 建筑石膏的技术要求

建筑石膏为白色粉末，密度为2.60～2.75g/cm³，堆积密度为800～1000kg/m³。技术要求主要有强度、细度和凝结时间，并按2h强度（抗折强度）分为3.0、2.0和1.6三个等级。其基本技术要求见表5-3。

建筑石膏物理力学性能（GB/T 9776—2008） **表5-3**

等级		3.0	2.0	1.6
2h强度(MPa)	抗折强度,≥	3.0	2.0	1.6
	抗压强度,≥	6.0	4.0	3.0
细度(%)	0.2mm方孔筛筛余,≤	10		
凝结时间(min)	初凝时间,≥	3		
	终凝时间,≤	30		

3. 建筑石膏的用途

建筑石膏在建筑中应用十分广泛，可用于制作粉刷石膏、石膏砂浆和各类石膏墙体材料。

(1) 粉刷石膏

将建筑石膏加水调成石膏浆体，可用作室内粉刷涂料，其粉刷效果好，比石灰洁白、美观。目前，有一种新型粉刷石膏，是在石膏中掺入优化抹灰性能的辅助材料及外加剂配制而成的抹灰材料，按用途可分为：面层粉刷石膏、底层粉刷石膏和保温层粉刷石膏三类。不仅建筑功能性好，施工工效也高。

(2) 石膏砂浆

将建筑石膏加水、砂拌合成石膏砂浆，用于室内抹灰或作为油漆打底层。石膏砂浆具有隔热保温性能好，热容量大的特点，因此能够调节室内温度和湿度，给人以舒适感。用石膏砂浆抹灰后的墙面不仅光滑、细腻、洁白美观，而且还具有功能效果及施工效果好等特点，所以称其为室内高级抹灰材料。

(3) 墙体材料

建筑石膏还可以用作生产各类装饰制品和石膏墙体材料。

1) 石膏装饰制品。以建筑石膏为主要原料，掺加少量纤维增强材料，加水搅拌成石膏浆体，将浆体注入各种各样的金属（或玻璃）模具中，就可得到不同花样、形状的石膏装饰制品。主要品种有装饰板、装饰吸声板、装饰线角、花饰、装饰浮雕壁画、挂饰及建筑艺术造型等。它们是公用和住宅建筑物的墙面和顶棚常用的装饰制品，适用于中高档室内装饰。

2) 石膏墙体材料。石膏墙体材料主要有四类：纸面石膏板、纤维石膏板、空心石膏板和石膏砌块。

建筑石膏在储存中，需要防雨、防潮，储存期一般不宜超过三个月，如超过三个月，其强度降低30%左右。

5.2 石 灰

石灰是种古老的气硬性胶凝材料之一，至今仍被广泛应用于土木工程中。

5.2.1 石灰的制备

1. 石灰的原料

生产石灰的原料主要是以碳酸钙为主要成分的天然岩石，如石灰岩。除天然原料外，还可以利用化学工业副产品。

2. 石灰的生产

由石灰石在立窑中煅烧成生石灰，实际上是碳酸钙（$CaCO_3$）的分解过程，其反应式如下：

$$CaCO_3 \longrightarrow CaO + CO_2\uparrow - 178kJ/mol$$

$CaCO_3$ 在600℃左右已经开始分解，800～850℃时分解加快，通常把898℃作为 $CaCO_3$ 的分解温度。温度升高，分解速度将进一步加快。生产中石灰石的煅烧温度一般控制在1000～1200℃或更高。

生石灰的质量与氧化钙（或氧化镁）的含量有很大关系，还与煅烧条件（煅烧温度和煅烧时间）有直接关系。当温度过低或时间不足时，得到含有未分解的石灰核心，这种石灰称为欠火石灰。它使生石灰的有效利用率降低；当温度正常、时间合理时，得到的石灰是多孔结构，内比表面积大，晶粒较小，这种石灰称正火石灰，它与水反应的能力（活性）较强。当煅烧温度提高和时间延长时，晶粒变粗，内比表面积缩小，内部多孔结构变得致密，这种石灰为过火（过烧或死烧）石灰，其与水反应的速度极为缓慢，以致在使用之后才发生水化作用，产生膨胀而引起崩裂或隆起等现象。

3. 石灰种类

(1) 按石灰成品加工方法分类

1）块状石灰。由原料煅烧而得的产品，主要成分为CaO。

2）磨细石灰。由块状生石灰磨细而得的细粉，主要成分仍为CaO。

3）消石灰（熟石灰）。将石灰用适量的水消化而得的粉末，主要成分$Ca(OH)_2$。

4）石灰浆（石灰膏）。将生石灰用多量水（为石灰体积的3～4倍）消化而得的可塑性浆体，主要成分为$Ca(OH)_2$。

5）石灰乳。生石灰加较多的水消化而得的白色悬浮液，主要成分为$Ca(OH)_2$和水。

(2) 按MgO含量分类

1）钙质石灰。MgO含量不大于5%。

2）镁质石灰。MgO含量为5%～20%。

3）白云质石灰。MgO含量为20%～40%。

5.2.2 石灰的胶凝机理

石灰的凝结硬化机理可分为三个部分：一为水化过程；二为石灰浆体结构的形成；三为石灰的硬化过程。

1. 生石灰的水化（熟化、消解、消化或淋灰）

生石灰使用前一般都用水熟化，熟化是一种水化作用，其反应式如下：

$$CaO + H_2O \longrightarrow Ca(OH)_2 + 65kJ/mol$$

这一反应过程也称为石灰的消解（消化）过程。生石灰水化反应具有以下特点：

(1) 水化速度快，放热量大（1kg生石灰放热1160kJ）。

(2) 水化过程中体积增大。块状石灰消化成松散的消石灰粉，其外观体积可增大1～2.5倍，因为生石灰为多孔结构，内比表面积大，水化速度快，常常是水化速度大于水化产物的转移速度，大量的新生反应物将冲破原来的反应层，使粒子产生机械碰撞，甚至使石灰浆体散裂成质地疏松的粉末。

工程中熟化的方式有两种：第一种是制消石灰粉。工地调制消石灰粉时，常采用淋灰法。即每堆放0.5m高的生石灰块，淋60%～80%的水，直到数层，使之充分消解而又不过湿成团。第二种是制石灰浆。石灰在化灰池中熟化成石灰浆，通过筛网流入储灰坑，石灰浆在储灰坑中沉淀并除去上层水分后成石灰膏。为了消除过火石灰的危害，石灰浆应在储灰坑中“陈伏”2～3个星期。根据《建筑装饰装修工程质量验收规范》(GB 50210—2001）规定，抹面用的石灰膏应熟化15d以上。“陈伏”期间，石灰浆表面应保有一层水分，以免碳化。

2. 石灰的硬化

石灰浆体的硬化包括两个同时进行的过程：结晶作用和碳化作用。

（1）结晶作用

游离水分蒸发，氢氧化钙逐渐从饱和溶液中结晶析出，并产生强度，但因析出的晶体数量很少，所以强度不高。

（2）碳化作用

碳化作用是氢氧化钙与空气中的二氧化碳化合生成碳酸钙晶体，释放出水分并被蒸发，其反应如下：

$$Ca(OH)_2 + CO_2 + nH_2O \longrightarrow CaCO_3 + (n+1)H_2O$$

因为空气中 CO_2 的浓度很低，且石灰浆体的碳化过程从表层开始，生成的碳酸钙层结构致密，又阻碍了 CO_2 向内层的渗透，因此，石灰浆体的碳化过程极其缓慢。

由于石灰硬化的原因及过程可以得出石灰浆体硬化慢、强度低、不耐水的结论。

5.2.3 石灰的性质、主要技术要求及用途

1. 石灰的性质

（1）保水性和可塑性好

生石灰熟化为石灰浆时，生成了颗粒极细的（直径约 1μm）呈胶体分散状态的氢氧化钙，表面吸附一层较厚的水膜，因而保水性好，水分不易泌出，并且水膜使颗粒间的摩擦力减小，故可塑性也好。石灰的这一性质常被用来改善砂浆的保水性，以克服水泥砂浆保水性差的缺点。

（2）硬化慢，强度低

从石灰浆体的硬化过程可以看出，由于空气中 CO_2 稀薄，碳化极为缓慢。碳化后形成紧密的 $CaCO_3$ 硬壳，不仅不利于 CO_2 向内部扩散，同时也阻止水分向外蒸发，致使 $CaCO_3$ 和 $Ca(OH)_2$ 结晶体生成量减少且生成缓慢，硬化强度也不高，按 1∶3 配合比的石灰砂浆，其 28d 的抗压强度只有 0.2～0.5MPa，而受潮后，石灰溶解，强度更低。

（3）硬化时体积收缩大

石灰硬化时，$Ca(OH)_2$ 颗粒吸附的大量水分，在硬化过程中不断蒸发，并产生很大的毛细管压力，使石灰浆体产生很大的收缩，甚至造成开裂。所以除调成石灰乳作薄层外，通常施工时常掺入一定量的集料（如砂子等）或纤维材料（如麻刀、纸筋等）。

（4）耐水性差

在石灰硬化体中，大部分仍然是未碳化的 $Ca(OH)_2$，$Ca(OH)_2$ 微溶于水，当已硬化的石灰浆体受潮时，耐水性极差，甚至使已硬化的石灰溃散。因此，石灰不宜用于易受水浸泡的建筑部位。

2. 石灰的主要技术要求

根据我国建材行业标准《建筑生石灰》（JC/T 479—1992）的规定，按技术指标将钙质石灰和镁质石灰分为优等品、一等品和合格品三个等级（见表 5-4）。根据《建筑消石灰粉》（JC/T 481—1992）的规定，按技术指标将钙质消石灰粉（MgO＜4％）、镁质消石灰粉（4％≤MgO≤24％）和白云石消石灰粉（24％≤MgO＜30％）分为优等品、一等品和合格品三个等级（见表 5-5）。通常优等品、一等品适用于面层和中间涂层；合格品仅用于砌筑。

建筑生石灰各等级的技术指标（JC/T 479—1992） **表 5-4**

项目	钙质石灰			镁质石灰		
	优等品	一等品	合格品	优等品	一等品	合格品
(CaO+MgO)含量(%),≮	90	85	80	85	80	75
未消化残渣含量 5mm 圆孔筛余(%),≯	5	10	15	5	10	15
CO_2 含量(%),≯	5	7	9	6	8	10
产浆量(L/Kg),≮	2.8	2.3	2.0	2.8	2.3	2.0

建筑消石灰粉各等级的技术指标（JC/T 481—1992） **表 5-5**

项目		钙质石灰粉			镁质石灰粉			白云石消石灰粉		
		优等品	一等品	合格品	优等品	一等品	合格品	优等品	一等品	合格品
(CaO+MgO)含量(%),≮		70	65	60	65	60	55	65	60	55
游离水含量(%)		0.4～2	0.4～2	0.4～2	0.4～2	0.4～2	0.4～2	0.4～2	0.4～2	0.4～2
体积安定性		合格	合格	—	合格	合格	—	合格	合格	—
细度	0.9mm 筛筛余(%),≯	0	0	0.5	0	0	0.5	0	0	0.5
	0.125mm 筛筛余(%),≯	3	10	15	3	10	15	3	10	15

在道路工程中，石灰常用于稳定和处治土类工程材料，用于路基活底基层，根据《公路路面基层施工技术规范》（JTJ 034—2000）路用石灰分为Ⅰ、Ⅱ、Ⅲ级，道路生石灰具体要求见表 5-6。

道路生石灰各等级的技术指标（JTJ 034—2000） **表 5-6**

项目	钙质生石灰			镁质生石灰		
	Ⅰ	Ⅱ	Ⅲ	Ⅰ	Ⅱ	Ⅲ
(CaO+MgO)含量(%),≮	85	80	70	80	75	65
未消化残渣含量 5mm 圆孔筛余(%),≯	7	11	17	10	14	20
MgO 含量(%)	≤5			>5		

道路熟石灰的具体要求见表 5-7。

道路熟石灰各等级的技术指标（JTJ 034—2000） **表 5-7**

项目		钙质熟石灰			镁质熟石灰		
		Ⅰ	Ⅱ	Ⅲ	Ⅰ	Ⅱ	Ⅲ
含水量(%),≯		4	4	4	4	4	4
细度	0.71mm 筛筛余(%),≯	0	1	1	0	1	1
	0.125mm 筛筛余(%),≯	13	20	—	13	20	—
MgO 含量(%)		≤4			>4		

3. 石灰的用途

(1) 石灰乳涂料和砂浆

石灰膏加入多量的水可稀释成石灰乳，用石灰乳作粉刷涂料，其价格低廉、颜色洁白、施工方便，调入耐碱颜料还可使色彩丰富；调入聚乙烯醇、干酪素、氧化钙或明矾可减少涂层粉化现象。

用石灰膏或熟石灰配制的石灰砂浆或水泥石灰砂浆是建筑工程中用量最大的材料之一。

(2) 灰土和三合土

将消石灰粉与黏土拌合，称为石灰土（灰土），若再加入砂石或炉渣、碎砖等即成三合土。石灰常占灰土总重的10%～30%，即一九、二八及三七灰土。石灰量过高，往往导致强度和耐水性降低。施工时，将灰土或三合土混合均匀并夯实，可使彼此粘结为一体，同时黏土等成分中含有的少量活性 SiO_2 和活性 Al_2O_3 等酸性氧化物，在石灰的长期作用下反应，生成不溶性的水化硅酸钙和水化铝酸钙，使颗粒间的粘结力不断增强，灰土或三合土的强度及耐水性能也不断提高。因此，灰土和三合土在一些建筑物的基础和地面垫层及公路路面的基层被广泛应用。

(3) 无熟料水泥和硅酸盐制品

石灰与活性混合材料（如粉煤灰、煤矸石、高炉矿渣等）混合，并掺入适量石膏等，磨细后可制成无熟料水泥。石灰与硅质材料（含 SiO_2 的材料，如粉煤灰、煤矸石、浮石等）必要时加入少量石膏，经高压或常压蒸汽养护，生成以硅酸钙为主要产物的混凝土。硅酸盐混凝土中主要的水化反应如下：

$$Ca(OH)_2+SiO_2+H_2O \longrightarrow CaO \cdot SiO_2 \cdot 2H_2O$$

硅酸盐混凝土按密实程度可分为密实和多孔两类。前者可生产墙板、砌块及砌墙砖（如灰砂砖）；后者用于生产加气混凝土制品，如轻质墙板、砌块、各种隔热保温制品等。

(4) 碳化石灰板

碳化石灰板是将磨细石灰、纤维状填料（如玻璃纤维）或轻质集料搅拌成型，然后用二氧化碳进行人工碳化（12～24h）而制成的一种轻质板材。为了减小体积密度和提高碳化效果，多制成空心板。人工碳化的简易方法是用塑料布将坯体盖严，通以石灰窑的废气。

碳化石灰空心板体积密度为700～800kg/m³（当孔洞率为30%～39%时），抗弯强度为3～5MPa，抗压强度为5～15MPa，导热系数小于0.2W/(m·K)，能锯、能钉，所以适宜用作非承重内隔墙板、无芯板、天花板等。

值得注意的是，石灰在空气中存放时，会吸收空气中水分熟化成石灰粉，再碳化成碳酸钙而失去胶结能力，因此生灰石不易久存。另外，生石灰受潮熟化会放出大量的热，并且体积膨胀，所以储运石灰应注意安全。

5.2.4 石灰的储存

生石灰在空气中存放过久，会吸收空气中的水分自行消化成熟石灰。熟石灰粉又与空气中的 CO_2 结合而还原为 $CaCO_3$，碳化后的石灰失去了水化作用的能力，不宜在工程中使用。石灰在储存、运输中应注意以下事项：

(1) 新鲜块灰应设法防潮防水，运到工地后最好储存在密闭的仓库中，存期不宜过长，一般以1个月为限。

(2) 如必须长期储存时，最好将生石灰先在消化池内消化成石灰浆，然后用砂子、草席等覆盖，并且时常加水使灰浆表面有水与空气隔绝，这样可较长贮存而不变质。

(3) 块灰在运输时，应尽量用带盖的车船货帆布盖好，以防途中水分浸入自行消化或放热过多，造成火灾。

(4) 石灰会侵蚀呼吸器官及皮肤，所以在进行施工和装卸石灰时，应注意安全防护，佩戴必要的防护用品。

5.3 水 玻 璃

水玻璃俗称泡花碱，化学成分为 $R_2O \cdot nSiO_2$。固体水玻璃是一种无色、天蓝色或黄绿色的颗粒，高温高压溶解后是无色或略带色的透明或半透明黏稠液体。根据所含碱金属氧化物的不同，常有硅酸钠水玻璃（$Na_2O \cdot nSiO_2$）、硅酸钾水玻璃（$K_2O \cdot nSiO_2$）和硅酸锂水玻璃（$Li_2O \cdot nSiO_2$）之分，我国大量使用的是钠水玻璃，而钾水玻璃和锂水玻璃虽然性能上优于钠水玻璃，但由于价格贵，较少使用。水玻璃在工业中有较广泛的应用，如用于制造化工产品（硅胶、白炭黑、粘合材料、洗涤剂、造纸等）、冶金行业和建筑施工等。

5.3.1 水玻璃的制备与性质

1. 水玻璃的生产

生产水玻璃的方法有湿法和干法两种。湿法生产硅酸钠水玻璃时，将石英砂和苛性钠液体在压蒸锅（2～3atm）内用蒸汽加热，并加以搅拌，使其直接反应而成液体水玻璃。干法是将石英砂和碳酸钠磨细拌匀，在熔炉内于1300～1400℃温度下熔化，按下式反应生成固体水玻璃，然后在水中加热溶解而成液体水玻璃：

$$Na_2CO_3 + nSiO_2 \longrightarrow Na_2O \cdot nSiO_2 + CO_2 \uparrow$$

2. 水玻璃的化学性质

水玻璃是一种水溶性硅酸盐，其化学式是 $Na_2O \cdot nSiO_2$。水玻璃的模数 n 与浓度是水玻璃的主要化学性质。水玻璃中二氧化硅与碱金属氧化物之间的物质的量比 n 称为水玻璃模数，即 n＝SiO_2 物质的量/R_2O 物质的量。水玻璃模数一般为1.5～3.5，模数提高，水玻璃中的胶体组分增多，粘结能力大。但模数越大，水玻璃越难以在水中溶解。n 为1时，水玻璃在常温水中即可溶解，n 加大，则只能在热水中溶解；$n>3$ 时，要在4atm以上的蒸汽中才能溶解。模数相同的水玻璃溶液，密度越大，则浓度越稠，黏性越大，粘结力越好。常用模数为2.6～3.0，密度为1.3～1.5g/cm^3。在液体水玻璃中加入尿素，不改变黏度的情况下可提高粘结力25％左右。

5.3.2 水玻璃的胶凝机理

液体水玻璃在空气中能吸收二氧化碳，生成二氧化硅凝胶：

$$Na_2O \cdot nSiO_2 + CO_2 + mH_2O \longrightarrow Na_2CO_3 + nSiO_2 \cdot mH_2O$$

二氧化硅凝胶（$nSiO_2 \cdot mH_2O$）干燥脱水，析出固态二氧化硅，水玻璃硬化。由于空气中 CO_2 浓度低，这个过程进行得很慢，为了加速硬化，可将水玻璃加热或加入氟硅酸钠（Na_2SiF_6）作促硬剂，以加快硅胶的析出。反应如下：

$$2(Na_2O \cdot nSiO_2) + Na_2SiF_6 + mH_2O \longrightarrow 6NaF + (2n+1)SiO_2 \cdot mH_2O$$

$$(2n+1)SiO_2 \cdot mH_2O \longrightarrow (2n+1)SiO_2 + mH_2O$$

加入氟硅酸钠后，初凝时间可缩短到30～60min。

氟硅酸钠的适宜用量为水玻璃质量的12%～15%，如果用量小于12%，硬化速度慢，强度低，且未反应的水玻璃易溶于水，导致耐水性差；用量过多（超过15%），会引起凝结过快，造成施工困难。氟硅酸钠有一定的毒性，操作时应注意安全。

5.3.3 水玻璃的用途

水玻璃具有良好的胶结能力，硬化后抗拉和抗压强度高，不燃烧，耐热性好，耐酸性强，可耐除氢氟酸外的各种无机酸和有机酸的作用，但耐碱性和耐水性较差。水玻璃在建筑上的用途有以下几种：

1. 涂刷或浸渍材料表面，提高其抗风化能力

直接将密度为$1.5g/cm^3$液体水玻璃涂刷或浸渍多孔材料时，由于在材料表面形成SiO_2膜层，可提高抗水及抗风化能力，又因材料的密实度提高，还可提高强度和耐久性。但不能用以涂刷或浸渍石膏制品，因二者反应，在制品孔隙中生成硫酸钠结晶，体积膨胀，将制品胀裂。

2. 加固土壤

用模数为2.5～3.0的液体水玻璃和氯化钙溶液加固土壤，两种溶液发生化学反应，生成的硅胶能吸水肿胀，能将土粒包裹起来填实土壤空隙，从而起防止水分渗透和加固土壤作用。

3. 配制防水剂

在水玻璃中加入两种、三种或四种矾的溶液，搅拌均匀，即可得二矾、三矾或四矾防水剂。如四矾防水剂是以蓝矾（硫酸铜）、白矾（硫酸铝钾）、绿矾（硫酸亚铁）、红矾（重铬酸钾）各取一份溶于60份沸水中，再降至50℃，投入400分水玻璃，搅拌均匀而成。这类防水剂与水泥水化过程中析出的氢氧化钙反应生成不溶性硅酸盐，堵塞毛细管道和孔隙，从而提高砂浆的防水性，这种防水剂因为凝结迅速，宜调配水泥防水砂浆，适用于堵塞漏洞、缝隙等局部抢修。

4. 配制耐酸砂浆、耐酸混凝土

水玻璃具有较高的耐酸性，用水玻璃和耐酸粉料，粗细集料配合，可制成防腐工程的耐酸胶泥、耐酸砂浆和耐酸混凝土。

5. 配制耐火材料

水玻璃硬化后形成SiO_2非晶态空间网状结构，具有良好的耐火性，因此可与耐热集料一起配制成耐热砂浆及耐热混凝土。

5.4 菱 苦 土

菱苦土是一种白色或浅黄色的粉末，其主要成分是氧化镁（MgO），镁质胶凝材料就是用菱苦土与氯化镁溶液配制而成，镁质胶凝材料又称氯氧镁水泥。由于该胶凝材料制成的产品易发生返卤、变形等，近十几年来，人们一直在不断对其进行改性，并取得了良好的效果。

5.4.1 菱苦土的制备

1. 菱苦土的原料

生产菱苦土的原料主要有天然菱镁矿（$MgCO_3$）、蛇纹石（$3MgO \cdot 2SiO_2 \cdot 2H_2O$）和白云岩（$MgCO_3 \cdot CaCO_3$），也可利用冶炼轻质镁合金的熔渣或以海水为原料来提制菱苦土。

2. 菱苦土的生产

菱苦土的生产与石灰相近，主要工艺是煅烧，实际上是碳酸镁（$MgCO_3$）的分解过程，其反应式为：

$$MgCO_3 \longrightarrow MgO + CO_2 \uparrow - 12kJ/mol$$

$MgCO_3$ 一般在 400℃开始分解，到 600～650℃时分解反应剧烈进行，实际生产中煅烧温度为 700～850℃。煅烧温度对 MgO 的结构及水化反应活性影响很大。例如，在 450～700℃煅烧并磨细到一定细度的 MgO，在常温下数分钟内就可完全水化。若在 1300℃以上煅烧所得的 MgO，实际上成为死烧 MgO，几乎丧失胶凝性质。

5.4.2 菱苦土的胶凝机理

MgO 与水拌合，立即发生下列化学反应：

$$MgO_2 + H_2O \longrightarrow Mg(OH)_2$$

在常温下，水化生成物 $Mg(OH)_2$ 的最大浓度可达 0.8～1.0g/L，而 $Mg(OH)_2$ 在常温下的平衡溶解度为 0.01g/L，所以溶液中 $Mg(OH)_2$ 的相对过饱和度很大，过大的过饱和度会产生结晶压力使硬化过程中形成的结晶结构网破坏。因此，菱苦土不能用水调和。

菱苦土常用氯化镁（$MgCl_2 \cdot 6H_2O$）、硫酸镁（$MgSO_4 \cdot 7H_2O$）、铁矾［$KFe(SO_4)_2 \cdot 12H_2O$］等盐类的溶液来调拌，以降低体系的过饱和度，加速 MgO 溶解。最常用的是氯化镁溶液，其硬化后的主要产物为氯氧化镁 $xMgO \cdot yMgCl_2 \cdot zH_2O$ 与 $Mg(OH)_2$，其反应式为：

$$xMgO + yMgCl_2 + zH_2O \longrightarrow xMgO \cdot yMgCl_2 \cdot zH_2O$$

$$MgO + H_2O \longrightarrow Mg(OH)_2$$

它们从溶液中析出，呈针状晶体，彼此机械啮合，凝聚和结晶，使浆体凝结硬化，若提高温度，可使硬化加快。

MgO 与 $MgCl_2$ 的摩尔比为 4～6 时，生成的水化产物相对稳定。因而氯化镁（$MgCl_2 \cdot 6H_2O$）的掺量为 55%～60%，采用氯化镁水溶液拌制的浆体，其初凝时间为 30～60min，1d 强度可达最高强度的 50%以上，7d 可达最高强度 40～70MPa，体积密度为 1000～1100kg/m^3。

用 $MgCl_2$ 溶液作调和剂，硬化浆体的强度高，但吸湿性大，易返潮和翘曲变形，水分蒸发后表面泛"白霜"，抗水性差。改用硫酸镁、铁矾作调和剂，可降低吸湿性，但强度较低。

5.4.3 菱苦土的性质

菱苦土具有碱性较低、胶凝性较高、强度较高和对植物类纤维不腐蚀的性质。按《镁质胶凝材料用原料》（JC/T 449—2000），将菱苦土分为优等品（A）、一等品（B）和合格品（C），其化学成分分别见表 5-8。

菱苦土化学成分（JC/T 449—2000） **表 5-8**

级　　别	优等品(A)	一等品(B)	合格品(C)
氧化镁(MgO)(%),≮	80	75	70
游离氧化钙(CaO)(%),≯	2	2	2
烧失量(%),≯	8	10	12

按《镁质胶凝材料用原料》（JC/T 449—2000），优等品（A）、一等品（B）和合格品（C）的菱苦土的物理性能分别见表 5-9。

菱苦土物理性能（JC/T 449—2000） **表 5-9**

等级	凝结时间		细度	抗折强度 (MPa),≮		抗压强度 (MPa),≮		安定性
	初凝 (min),≮	终凝 (h),≯	0.08mm 方孔筛余(%),≯	1d	3d	1d	3d	
优等品	40	7	15	5.0	7.0	25.0	30.0	合格
一等品	40	7	15	4.0	6.0	20.0	25.0	合格
合格品	40	7	20	3.0	5.0	15.0	20.0	合格

5.4.4 菱苦土的用途

由于菱苦土具有碱性较低、胶凝性较高、强度较高和对植物类纤维不腐蚀的性质，建筑工程中常用于以下几个方面：

1. 地面材料

用菱苦土、木屑、滑石粉和石英砂等制作的地面，具有隔热、防火、无噪声、防爆（碰撞时不发出火星）及一定弹性的特性。

2. 制作平瓦、波瓦和背瓦

以玻璃纤维为加筋材料，可制成抗折强度高的玻纤波形瓦。掺入适量的粉煤灰、沸石粉等改性材料，并经过防水处理，可制成氯氧镁水泥平瓦、波瓦和脊瓦。

3. 刨花板

将刨花、亚麻或其他木质纤维材料与菱苦土混合后，压制成平板，主要用于墙的复合板、隔板、屋面板等。

4. 空心隔板

以轻细集料为填料，制成空心隔板，可用于建筑内墙的分隔。

菱苦土运输和储存时应避光和免于受潮，并不可久存，以防菱苦土吸收空气中的水分成为氢氧化镁，再碳化成为碳酸镁，失去化学活性。

5.5 水　　泥

水泥呈粉末状，与水混合后，经过物理化学反应过程能由塑性浆体变成坚硬的石状体，并能将散粒状材料胶结成为整体，是一种良好的胶凝材料。水泥属于水硬性胶凝材料。

水泥自问世以来，就一直是土木工程材料中的主体材料，目前世界上水泥的品种众多，已达 200 余种，按其化学组成可分为硅酸盐系水泥、铝酸盐系水泥、硫铝酸盐系水泥、铁铝酸盐系水泥、磷酸盐系水泥、氟铝酸盐系水泥等系列。国家标准《水泥的命名、定义和术语》(GB/T 4131—1997)规定，按水泥的性能及用途可分为三大类，即用于一般土木工程的通用水泥——六大硅酸盐系列水泥；具有专门用途的专用水泥；具有某种比较突出性能的特性水泥。

水泥的品种繁多，但最基本的水泥是硅酸盐水泥。水泥的制品也很多。水泥具有早强、快硬、坚固、、防潮、防水、不褪色、耐老化、容易达到颜色鲜艳均匀、可塑性好等特点。因此，它是土木工程必不可少的材料。

5.5.1 硅酸盐水泥

1. 硅酸盐水泥的生产及其矿物组成以及水化、凝结硬化

国家标准《通用硅酸盐水泥》(GB 175—2007)规定，凡由硅酸盐水泥熟料、0～5%石灰石或粒化高炉矿渣、适量石膏磨细制成的水硬性胶凝材料，称为硅酸盐水泥。硅酸盐水泥分为两类：不掺加混合材料的称Ⅰ型硅酸盐水泥，其代号为P·Ⅰ；在硅酸盐水泥熟料粉磨时掺加不超过水泥质量5%石灰石或粒化高炉矿渣混合材料的称Ⅱ型硅酸盐水泥，其代号为P·Ⅱ。

(1) 硅酸盐水泥的生产

硅酸盐水泥的生产分为三个阶段：石灰质原料、黏土质原料及少量校正原料破碎后，按一定比例配合、磨细，并调配成成分合适、质量均匀的生料，称为生料制备；生料在水泥窑内煅烧至部分熔融所得到的以硅酸钙为主要成分的硅酸盐水泥熟料，称为熟料煅烧；熟料加适量石膏和其他混合材料共同磨细为水泥，称为水泥粉磨。硅酸盐水泥生产的工艺流程如图5-1所示。

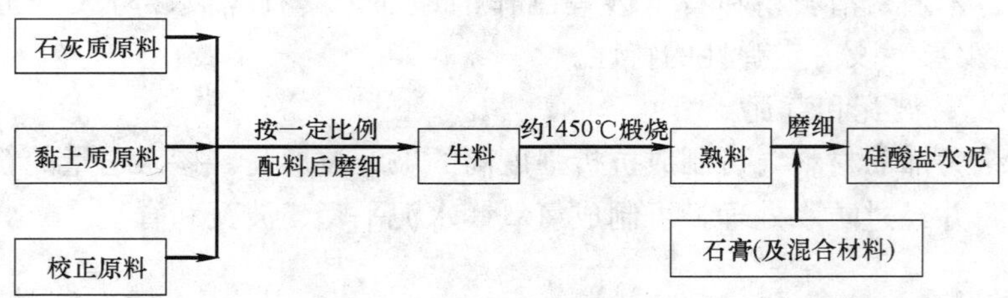

图5-1 硅酸盐水泥生产的工艺流程

(2) 水泥熟料的矿物组成

在以上的主要熟料矿物中，硅酸三钙和硅酸二钙的总含量在70%以上，铝酸三钙和铁铝酸四钙的含量在25%左右，故称为硅酸盐水泥。除主要熟料矿物外，水泥中还含有少量游离CaO、游离MgO和碱，但其总含量一般不超过水泥总量的10%。

(3) 硅酸盐水泥熟料矿物的水化特性

硅酸盐水泥的性能是由其组成矿物的性能决定的。水泥具有许多优良的技术性能，主要是由于水泥熟料中几种主要矿物水化作用的结果。因此，要了解水泥的性质必须了解每种矿物的水化特性。

熟料矿物与水发生的水解或水化作用通称为水化，水泥单矿物与水发生水化反应，生成水化物，并放出一定的热量。

1) 硅酸三钙

C_3S在常温下水化反应，大致可用下式表示：

$$2(3CaO \cdot SiO_2)+6H_2O = 3CaO \cdot 2SiO_2 \cdot 3H_2O+3Ca(OH)_2$$

简写为

$$2C_3S+6H = C-S-H+3CH$$

2）硅酸二钙

C_2S 的水化反应很慢，但其水化产物中的水化硅酸钙与 C_3S 的水化生成物是同一种形态，其反应式大致可表示为：

$$2(2CaO \cdot SiO_2)+4H_2O = 3CaO \cdot 2SiO_2 \cdot 3H_2O+Ca(OH)_2$$

简写为

$$2C_2S+4H = C-S-H+CH$$

硅酸二钙和硅酸三钙比较，其差别在于水化速度特别慢，并且生成的 $Ca(OH)_2$ 较少。

3）铝酸三钙

C_3A 与水的反应非常迅速，水化放热量较大，水化产物的组成结构受水化条件影响较大。

在常温下 C_3A 依下式水化：

$$3CaO \cdot Al_2O_3+6H_2O = 3CaO \cdot Al_2O_3 \cdot 6H_2O$$

简写为

$$C_3A+6H = C_3AH_6$$

在液相中的 $Ca(OH)_2$ 浓度达到饱和状态时，水化铝酸三钙会转变为：

$$3CaO \cdot Al_2O_3 \cdot 6H_2O+Ca(OH)_2+6H_2O = 4CaO \cdot Al_2O_3 \cdot 13H_2O$$

生成水化铝酸四钙。

在有石膏存在时，C_3A 开始水化生成的水化铝酸四钙还会立即与石膏反应：

$$4CaO \cdot Al_2O_3 \cdot 13H_2O+3(CaSO_4 \cdot 2H_2O)+13H_2O$$
$$= 3CaO \cdot Al_2O_3 \cdot 3CaSO_4 \cdot 31H_2O+Ca(OH)_2$$

简写为

$$C_4AH_{13}+3\overline{S}H_2+13H = C_3A\overline{S}_3H_{31}$$

生成的高硫型水化硫铝酸钙（$3CaO \cdot Al_2O_3 \cdot 3CaSO_4 \cdot 31H_2O$），又称钙矾石（AFt），是难溶于水的针状晶体，它包围在熟料颗粒周围，形成“保护膜”，延缓水化。

4）铁铝酸四钙：

C_4AF 的水化与 C_3A 极为相似，只是水化反应速度较慢，水化热较低，其反应式大致可表示为：

$$4CaO \cdot Al_2O_3 \cdot Fe_2O_3+7H_2O = 3CaO \cdot Al_2O_3 \cdot 6H_2O+CaO \cdot Fe_2O_3 \cdot H_2O$$

简写为

$$C_4AF+7H = C_3AH_6+C-F-H$$

反应生成 C_3AH_6 晶体和 C－F－H 凝胶体。

综上所述，如果忽略一些次要和少量成分，硅酸盐水泥水化后的主要水化产物有水化硅酸钙（C－S－H）凝胶、水化铁酸钙（C－F－H）凝胶、氢氧化钙（OH）板状晶体、水化铝酸钙（C_3AH_6）立方晶体和水化硫铝酸钙（AFt）针状晶体。

在充分水化的水泥石中，水化硅酸钙凝胶约占70%，$Ca(OH)_2$约占20%，水化硫铝酸钙约占7%，未水化的熟料残余物和其他微量组分大约占3%。各种水泥熟料矿物水化所表现的特性如表5-10所示。

硅酸盐水泥熟料主要矿物单独与水作用时的特性 **表5-10**

名称		C_3S	C_2S	C_3A	C_4AF
水化反应速度		快	慢	最快	快
凝结硬化速度		快	慢	最快	快
28d水化热		大	小	最大	中
强度	早期	高	低	低	低
	后期		高		
干缩性		中	小	大	小
耐化学侵蚀性		中	良	差	优

水泥是几种熟料矿物的混合料，改变熟料矿物成分间的比例时，水泥的性质即发生相应的变化。例如提高C_3S的含量，可以制得高强度水泥；又如降低C_3A和C_3S含量，提高C_2S含量，可以制得水化热低的水泥，如大坝水泥。

(4) 硅酸盐水泥的凝结硬化

水泥加水拌合后，成为可塑的水泥浆，水泥浆逐渐变稠失去塑性，但尚不具有强度的过程，称为水泥的"凝结"。随后产生明显的强度并逐渐发展而成为坚硬的人造石，即水泥石，这一过程称为水泥的"硬化"。凝结和硬化是人为划分的，实际上是一个连续的复杂的物理化学变化过程。

硅酸盐水泥凝结硬化的过程非常复杂，自从1882年雷·查特里（Le Chatelier）首次提出水泥凝结硬化理论以来，学者们至今还在不断地研究，目前一般的看法如下：

首先，水泥加水后，未水化的水泥颗粒分散在水中，形成水泥浆。

水泥在水泥浆中立即发生快速反应，在几分钟内便生成过饱和溶液，然后反应急剧减慢，这是由于水泥颗粒表面生成了硫铝酸钙微晶膜或凝胶状膜层。

接着，水泥产物的量随时间而增加，新生胶粒不断增加，水化物膜层增厚，游离水分不断减少，颗粒间空隙也不断缩小，而分散相中最细的颗粒通过分散介质薄层，相互无序连接而生成三维空间网，形成凝聚结构，这种结构在振动的作用下可以破坏，但又可逆地恢复，因此具有凝胶的触变性。在形成凝聚结构的同时，水泥浆发生"凝结"。

随着以上过程的不断进行，固态的水化物不断增多，颗粒间的接触点数目增加；结晶体（CH、C_3AH_6和AFt）和凝胶体（C—S—H凝胶）互相贯穿，形成了凝聚结构，随着水化继续进行，C—S—H凝胶增多，填充硬化的水泥石毛细孔中，使孔隙率下降，强度逐渐增长，从而进入了硬化阶段。

水泥的水化与凝结硬化是从水泥颗粒表面开始，逐渐往水泥颗粒的内核深入进行的，它是一个连续的过程。水化是水泥产生凝结硬化的前提，而凝结硬化是水泥水化的结果。开始时，由于水化速度快，水泥强度增长也快；但由于水化不断进行，堆积在未水化的水泥颗粒周围水化产物不断增多，便阻碍了水和水泥颗粒未水化部分的继续接触，水化减慢，强度增长也减慢。无论时间多久，水泥内核很难达到完全水化。因此，在硬化的水泥石中，同时包含有水泥熟料矿物水化的凝胶体和结晶体、未水化的水泥颗粒、水（自由水和吸附水）和孔隙（毛细孔和凝胶孔），它们在不同时期相当数量的变化，使水泥石的性质随之改变。

2. 硅酸盐水泥的技术性质

国家标准《通用硅酸盐水泥》（GB 175—2007）对其物理、化学性能指标等均做了明确规定。

（1）物理性质

1）细度——选择性指标

水泥颗粒的粗细程度称为细度。一般认为，水泥粒径在 40μm 以下的颗粒才具有较高的活性，粒径大于 100μm 活性就很小了。细度与水泥的水化速度、凝结硬化速度、早期强度和空气硬化收缩量等成正比，与成本及储存期成反比。

比表面积法与筛析法相比，能较好地反映水泥粗细颗粒的分布情况，是检测硅酸盐水泥细度较为合理的方法，所谓的比表面积就是指单位质量的水泥粉末所具有的总面积，用 m^2/kg 表示。国家标准《通用硅酸盐水泥》（GB 175—2007）规定：硅酸盐水泥比表面积应大于 $300m^2/kg$。

2）标准稠度用水量

水泥的物理性质中有体积安定性和凝结时间，为了使检验的这两种性质有可比性，国家标准规定了水泥浆的稠度，获得这一稠度时所需的水量称为标准稠度用水量，以水与水泥质量的比值来表示。

3）凝结时间

水泥的凝结时间分初凝和终凝。初凝是指从水泥加水拌合起至标准稠度的水泥净浆开始失去可塑性所需的时间。终凝是指从水泥加水拌合起至标准稠度的水泥净浆完全失去可塑性所需的时间。

国家标准《通用硅酸盐水泥》（GB 175—2007）规定：初凝时间不早于 45min，终凝时间不得迟于 390min。实际上国产硅酸盐水泥的初凝时间一般在 1～3h，终凝时间一般在4～6h。

4）强度及强度等级

水泥强度检验是按《水泥胶砂强度检验方法（ISO 法）》（GB/T 17671—1999）的规定进行的。它是将水泥、标准砂和水按 1：3：0.5 的比例配制成胶砂，并制成 40mm×40mm×160mm 的试件，脱模后在标准条件下［1d 内为温度（20±1）℃、相对湿度在90％以上的空气中，1d 后为温度（20±1）℃的水中］养护一定龄期（3d、28d）后测得其强度。

国家标准《通用硅酸盐水泥》（GB 175—2007）规定：硅酸盐水泥的强度等级分为 42.5、42.5R、52.5、52.5R、62.5、62.5R 六个级别，并具体规定各等级所对应的抗压强度和抗折强度在 3d、28d 时的数值，见表 5-11。

5）体积安定性

水泥的体积安定性是指水泥在凝结硬化过程中体积变化的均匀性。如果在已经硬化后，水泥石内部产生不均匀的体积变化，即所谓体积安定性不良，就会使构件产生破坏应力，使结构物及构件产生裂缝、弯曲，甚至崩坍等现象，降低建筑物质量，甚至引起严重的工程事故。

通用硅酸盐水泥各龄期的强度要求（GB 175—2007） 表 5-11

品 种	强度等级	抗压强度(MPa)		抗折强度(MPa)	
		3d	28d	3d	28d
硅酸盐水泥	42.5	≥17.0	≥42.5	≥3.5	≥6.5
	42.5R	≥22.0		≥4.0	
	52.5	≥23.0	≥52.5	≥4.0	≥7.0
	52.5R	≥27.0		≥5.0	
	62.5	≥28.0	≥62.5	≥5.0	≥8.0
	62.5R	≥32.0		≥5.5	
普通硅酸盐水泥	42.5	≥17.0	≥42.5	≥3.5	≥6.5
	42.5R	≥22.0		≥4.0	
	52.5	≥23.0	≥52.5	≥4.0	≥7.0
	52.5R	≥27.0		≥5.0	
矿渣硅酸盐水泥 火山灰质硅酸盐水泥 粉煤灰硅酸盐水泥 复合硅酸盐水泥	32.5	≥10.0	≥32.5	≥2.5	≥5.5
	32.5R	≥15.0		≥3.5	
	42.5	≥15.0	≥42.5	≥3.5	≥6.5
	42.5R	≥19.0		≥4.0	
	52.5	≥21.0	≥52.5	≥4.0	≥7.0
	52.5R	≥23.0		≥4.5	

造成安定性不良的原因，一般是由于熟料中所含的游离氧化钙过多，也可能是由于水泥中所含的游离氧化镁或生产水泥时掺入石膏过多所造成的。

国家标准《通用硅酸盐水泥》（GB 175—2007）规定，用沸煮（沸煮 3h）法检测水泥的体积安定性必须合格。测试方法可以用饼法和雷氏法，有争议时以雷氏法为准。饼法是指观察水泥净浆试饼沸煮后的外形变化，如试饼无裂纹、无翘曲，则水泥的体积安定性合格；雷氏法则是测定水泥净浆试件在雷氏夹中沸煮前后的尺寸变化，即膨胀值，如雷氏膨胀值大约 5.0mm，则体积安定性不合格。

沸煮只能加速 CaO 的熟化作用，所以只能检测游离 CaO 引起的水泥体积安定性不良。由于游离 MgO 只在压蒸下加速熟化，石膏的危害则需长期在常温水中才能发现，两者均不便于快速检验。所以，国家标准规定水泥中游离 MgO 含量不得超过 5.0%，水泥中 SO_3 含量不超过 3.5%，以控制水泥的体积安定性。

体积安定性不良的水泥不能用于工程中。某些体积安定性不合格的水泥（如游离 CaO 含量高造成体积安定性不合格的水泥）在空气中存放一段时间后，由于游离 CaO 吸收空气中的水蒸气而熟化，体积安定性可能会变得合格，此时可以使用。

（2）化学性质

水泥的化学性质指标主要控制水泥中有害的化学成分，要求其不超过一定的限量，否则可能对水泥的性质和质量带来危害。

1）氧化镁

水泥中氧化镁含量应不超过 5.0%。如果水泥压蒸安定性试验合格，则水泥中氧化镁含量允许放宽到6.0%。氧化镁是指存在于水泥中的游离氧化镁，它与水反应后生成氢氧化镁，这一反应生成物将产生体积膨胀1.5倍，如果过多将造成水泥石结构产生裂缝，甚至破坏。

2）三氧化硫

水泥中 SO_3 的含量不得超过3.5%。三氧化硫是添加石膏时带入的成分，其量过多会与铝酸钙矿物生成较多的AFt，产生较大的体积膨胀，同样会造成水泥石体积膨胀。

3）烧失量

烧失量是指水泥在一定温度、一定时间内加热后烧失的数量。水泥煅烧不佳或受潮后，均会导致烧失量增加。用烧失量来限制石膏和混合材料中杂质含量，以保证水泥的质量。国家标准《通用硅酸盐水泥》（GB 175—2007）规定，Ⅰ型硅酸盐水泥中烧失量≤3.0%，Ⅱ型硅酸盐水泥烧失量≤3.5%。

4）不溶物

不溶物是指水泥在浓盐酸中溶解保留下来的不溶性残留物，再以NaOH溶液处理，经HCl中和、过滤后所得的残渣，再经高温灼烧所剩的物质。不溶物越多，对水泥质量的影响越大。国家标准《通用硅酸盐水泥》（GB 175—2007）规定，Ⅰ型硅酸盐水泥不溶物≤0.75%，Ⅱ型硅酸盐水泥不溶物≤1.50%。

5）碱

水泥中碱含量按水泥中 $Na_2O+0.658K_2O$ 的计算值来表示。当水泥中的碱与某些碱活性集料发生化学反应会引起混凝土膨胀破坏，这种现象称为“碱-集料反应”。它是影响混凝土耐久性的一个重要因素。使用活性集料或用户要求提供低碱水泥时，水泥中碱含量≯0.60%，或者由供需双方商定。

（3）其他性质

1）水化热

水泥在水化过程中放出的热称为水化热。水化热的大小与放热速度主要取决于水泥的矿物组成和细度，还与水灰比、混合材料及外加剂的品种、数量等因素有关。

鲍格（Bogue）研究得出，对于硅酸盐水泥，1～3d龄期内水化放热量为总放热量的50%，7d为75%，6个月为83%～91%。由此可见，水泥水化热量大部分在早期3～7d放出，以后逐渐减少。

2）抗冻性

抗冻性是指水泥石抵抗冻融循环的能力。在严寒地区使用水泥时，抗冻性是水泥石的重要性质之一。影响抗冻性的因素主要是水泥各成分的含量和水灰比。当 C_3S 含量高时，水泥的抗冻性好，适当提高石膏掺量也可提高抗冻性；水灰比控制在0.40以下，抗冻性好；水灰比大于0.55时，抗冻性将显著降低。

3）抗渗性

抗渗性是指水泥石抵抗液体渗透作用的能力。水泥石的抗渗性与它的孔隙率和孔径大小有关，也与水灰比、水化程度、所掺混合材料的性能、养护条件等有关。水灰比小，水化程度高，水泥中凝胶含量高，抗渗性高。

3. 硅酸盐水泥的腐蚀与防止

硅酸盐水泥硬化后，在通常的使用条件下，有较好的耐久性。但在某些腐蚀性液体或气体介质的长期作用下，水泥石将会发生一系列物理、化学变化，使水泥石的结构逐渐遭到破坏，强度逐渐降低，甚至全部溃裂破坏，这种现象称为水泥石的腐蚀。

实际上水泥石的腐蚀是一个极为复杂的物理化学作用过程，往往是几种腐蚀作用同时存在，互相影响的结果。从物理和化学角度归纳分析，其主要原因有以下几种：

(1) 水泥石有易被腐蚀的成分，主要的成分是氢氧化钙和水化铝酸钙；

(2) 水泥石本身不密实，有很多毛细孔通道，腐蚀介质容易侵入；

(3) 腐蚀与通道相互作用。

根据以上腐蚀原因的分析，使用水泥时可以采取下列防止腐蚀的措施：

(1) 合理选择与环境条件相适宜的水泥品种。例如，硫铝酸盐、矿渣、火山灰、粉煤灰、复合硅酸盐及高铝水泥等，尽量减少水泥石中 $Ca(OH)_2$ 和水化铝酸钙的含量。

(2) 提高水泥石的密实度，降低孔隙率。例如，降低水灰比、掺加外加剂、采取机械施工等方法。

(3) 在水泥石表面加做保护层，以隔离侵蚀介质与水泥石的接触。例如，采用耐腐蚀的涂料（沥青质、环氧树脂等）或贴板材（花岗岩板、耐酸瓷砖等）。

4. 硅酸盐水泥的性能与应用

(1) 凝结硬化快、早期强度高和强度等级高

硅酸盐水泥具有凝结硬化快、早期强度高以及强度等级高的特性，故可用于地上、地下和水中重要结构的高强及高性能混凝土工程中，也可用于有早强要求的混凝土工程中。

(2) 抗冻性好

硅酸盐水泥水化放热量高，早期强度也高，因此可用于冬期施工及严寒地区遭受反复冻融的工程。

(3) 抗碳化性能好

硅酸盐水泥水化后生成物中有20%～25%的 $Ca(OH)_2$，因此水泥石中碱度不易降低，对钢筋有保护作用，抗碳化性能好。

(4) 水化热高

因为硅酸盐水泥的水化热高，所以不宜用于大体积混凝土工程。

(5) 耐腐蚀性差

由于硅酸盐水泥石中含有较多的易受腐蚀的氢氧化钙和水化铝酸钙，因此其耐腐蚀性能差，不宜用于水利工程、海水作用和矿物水作用的工程。

(6) 不耐高温

当水泥石受热温度到250～300℃时，水泥石中的水化物开始脱水，水泥石收缩，强度开始下降；当温度达700～800℃时，强度降低更多，甚至破坏。水泥石中的氢氧化钙在547℃以上开始脱水分解成氧化钙，当氧化钙遇水，则因熟化而发生膨胀导致水泥石破坏。因此，硅酸盐水泥不宜用于有耐热要求的混凝土工程以及高温环境。

(7) 干缩小

硅酸盐水泥在硬化过程中形成大量的水化硅酸钙胶体，使水泥石密实，游离水分少，不易产生干缩裂纹，可用于干燥环境的混凝土工程。

(8) 耐磨性好

硅酸盐水泥强度高、耐磨性好，而且干缩小，可用于路面与地面工程。

5.5.2 普通硅酸盐水泥、矿渣硅酸盐水泥、火山灰质硅酸盐水泥、粉煤灰硅酸盐水泥和复合硅酸盐水泥

这些硅酸盐系列水泥是指由硅酸盐水泥熟料、适量混合材料及石膏共同磨细所制成的水硬性胶凝材料，与硅酸盐水泥同属硅酸盐系列水泥。与硅酸盐水泥相比，这些硅酸盐水泥由于利用了工业废料和地方材料，因此，节省了硅酸盐水泥熟料，降低了成本，扩大水泥强度等级范围，改善了硅酸盐水泥的性能。

1. 水泥混合材料

在生产水泥时，为了改善水泥的性能，调节水泥的强度等级而加到水泥中去的人工或天然的矿物材料，称为水泥混合材料。水泥混合材料通常分为活性混合材料和非活性混合材料两大类。

(1) 活性混合材料

混合材料磨成细粉，与石灰或与石灰和石膏拌合在一起，加水后，在常温下能生成具有胶凝性的水化产物，既能在水中也能在空气中硬化的混合材料，称为活性混合材料。属于这类性质的混合材料有粒化高炉矿渣、火山灰质混合材料和粉煤灰等。

(2) 非活性混合材料

非活性混合材料是指不具有活性或活性很低的人工或天然的矿物材料。常用的非活性混合材料有磨细石英砂、黏土、石灰石、慢冷矿渣和各种废渣等。它们与水泥成分不起化学作用或化学作用很小，因此，这类混合材料也称为惰性混合材料。将它们掺入到硅酸盐水泥中，主要是起提高产量、调节水泥强度等级、减少水化热等作用。

2. 普通硅酸盐水泥、矿渣硅酸盐水泥、火山灰硅酸盐水泥、粉煤灰硅酸盐水泥和复合硅酸盐水泥硅酸盐水泥

这些硅酸盐水泥的组分应符合表 5-12 的规定。

硅酸盐系列水泥的组分 **表 5-12**

品种	代号	组分(%)			
		熟料+石膏	粒化高炉矿渣	火山灰质混合材料	粉煤灰
普通硅酸盐水泥	P·O	≥85 且<95	>5 且≤15		
矿渣硅酸盐水泥	P·S·A	≥50 且<80	>20 且≤50		
	P·S·B	≥30 且<50	>50 且≤70		
火山灰硅酸盐水泥	P·P	≥60 且<80		>20 且≤40	
粉煤灰硅酸盐水泥	P·F	≥60 且<80			>20 且≤40
复合硅酸盐水泥	P·C	≥50 且<80	>20 且≤50		

(1) 普通硅酸盐水泥

1) 代号

根据《通用硅酸盐水泥》(GB 175—2007)，普通硅酸盐水泥（简称普通水泥）的代号用 P·O 表示。

2) 技术要求

① 凝结时间。普通硅酸盐水泥初凝时间不得早于 45min，终凝时间不得迟于 600min。

② 强度等级。普通硅酸盐水泥强度等级分为 42.5、42.5R、52.5、52.5R。各强度等级水泥的各龄期强度不得低于表 5-11 中的值。

普通硅酸盐水泥的细度、体积安定性、氧化镁含量、三氧化硫含量、碱含量等其他技

术要求与硅酸盐水泥相同。

3）普通硅酸盐水泥的主要性能及应用

普通硅酸盐水泥与硅酸盐水泥的区别在于其混合材料的掺量，普通硅酸盐水泥为＞6%～≤15%，硅酸盐水泥仅为0～5%，由于混合材料的掺量变化幅度不大，在性质上差别也不大，但普通硅酸盐水泥在早强、强度等级、水化热、抗冻性、抗碳化能力上略有降低，而耐热性、耐腐蚀性略有提高。普通硅酸盐水泥与硅酸盐水泥的应用范围大致相同。但由于性能上有一点差异，一些硅酸盐水泥不能用的地方，普通硅酸盐水泥可以用，使得普通硅酸盐水泥成为建筑行业应用面最广、使用量最大的水泥品种。

（2）矿渣硅酸盐水泥、火山灰质硅酸盐水泥、粉煤灰硅酸盐水泥

1）矿渣硅酸盐水泥、火山灰质硅酸盐水泥、粉煤灰硅酸盐水泥的代号

① 矿渣硅酸盐水泥。根据《通用硅酸盐水泥》（GB 175—2007），矿渣硅酸盐水泥（简称矿渣水泥）的代号用P·S表示。水泥中粒化高炉矿渣的掺量按质量百分比计为＞20%～≤70%。

② 火山灰质硅酸盐水泥。根据《通用硅酸盐水泥》（GB 175—2007），火山灰质硅酸盐水泥（简称火山灰水泥）的代号用P·P表示。水泥中火山灰质混合材料的掺量按质量百分比计为＞20%～≤40%。

③ 粉煤灰硅酸盐水泥。根据《通用硅酸盐水泥》（GB 175—2007），粉煤灰硅酸盐水泥（简称粉煤灰水泥）的代号用P·F表示。水泥中粉煤灰的掺量按质量百分比计为＞20%～≤40%。

2）矿渣硅酸盐水泥、火山灰质硅酸盐水泥、粉煤灰硅酸盐水泥的技术要求

这三种水泥的技术要求如下：

① 细度、凝结时间和体积安定性。这三种水泥的细度要求是：0.08mm方孔筛筛余不大于10%，或0.45mm方孔筛筛余不大于30%；而凝结时间和体积安定性要求与普通硅酸盐水泥要求相同。

② 氧化镁含量。规定水泥中氧化镁的含量同硅酸盐水泥（P·S·B不要求），但是，当水泥中氧化镁含量为5.0%～6.0%时，如矿渣硅酸盐水泥中混合材料总量大于40%或火山灰硅酸盐水泥和粉煤灰硅酸盐水泥中混合材料掺加量大于30%，制成的水泥可不做压蒸试验。

③ 三氧化硫含量。矿渣硅酸盐水泥中三氧化硫的含量不得超过4.0%；火山灰硅酸盐水泥和粉煤灰硅酸盐水泥中三氧化硫的含量不得超过3.5%。

④ 强度等级。这三种水泥根据3d和28d的抗压强度和抗折强度划分强度等级，分别为32.5、32.5R、42.5、42.5R、52.5、52.5R。三种水泥的各龄期强度不得低于表5-11中的值。

3）矿渣硅酸盐水泥、火山灰硅酸盐水泥、粉煤灰硅酸盐水泥的水化特性

矿渣硅酸盐水泥、火山灰硅酸盐水泥、粉煤灰硅酸盐水泥水化时有一个共同点就是二次水化，即水化反应分两步进行：首先，熟料矿物水化析出氢氧化钙、水化硅酸钙、水化铝酸钙、水化铁酸钙等水化产物；然后，活性混合材料开始水化，熟料矿物析出的氢氧化钙作为碱性激发剂，掺入水泥中的石膏作为硫酸盐激发剂，促进三种混合材料中活性氧化硅和活性氧化铝的活性发挥，生成水化硅酸钙、水化铝酸钙、水化硫铝酸钙。

4）矿渣硅酸盐水泥、火山灰质硅酸盐水泥、粉煤灰硅酸盐水泥的共同特性

① 凝结硬化速度慢，早期强度低，但后期强度较高。

② 抗腐蚀能力强。

③ 水化热低。

④ 硬化时对湿热敏感性强，适合高温养护。

⑤ 抗碳化能力差。

⑥ 抗冻性差。

5）矿渣硅酸盐水泥、火山灰质硅酸盐水泥、粉煤灰硅酸盐水泥的不同特性

① 矿渣硅酸盐水泥的耐热性好。由于硬化后，矿渣硅酸盐水泥石中的氢氧化钙含量减少，而矿渣本身又耐热，因此矿渣硅酸盐水泥适宜用于高温环境（温度不高于200℃的混凝土工程中，如热工窑炉基础等）。由于矿渣硅酸盐水泥中的矿渣不容易磨细，其颗粒平均粒径大于硅酸盐水泥的粒径，磨细后又是多棱角形状，因此矿渣硅酸盐水泥保水性差、易泌水、抗渗性差。故不宜用于有抗渗性要求的混凝土工程。

② 火山灰质硅酸盐水泥具有较高的抗渗性和耐水性。原因是：不仅火山灰质混合材料含有大量的微细孔隙，使其具有良好的保水性，而且火山灰颗粒较细，比表面积大，可使水泥石结构密实，又因在水化过程中产生较多的水化硅酸钙，可增加结构致密程度。因此适用于有抗渗要求的混凝土工程。火山灰质硅酸盐水泥在干燥环境下易产生干缩裂缝，二氧化碳使水化硅酸钙分解成碳酸钙和氧化硅的粉状物，即发生“起粉”现象，所以，火山灰质硅酸盐水泥不宜用于干燥地区的混凝土工程。

③ 粉煤灰硅酸盐水泥具有抗裂性好的特性。原因是：其独特的球形玻璃态结构，比表面小，吸水力弱，干缩小，裂缝也少，抗裂性好。但由于它的泌水速度快，若施工处理不当，易产生失水裂缝，因而不宜用于干燥环境。此外，泌水会造成较多的连通孔隙，故粉煤灰硅酸盐水泥的抗渗性较差，不宜用于抗渗要求高的混凝土工程。

（3）复合硅酸盐水泥

1）复合硅酸盐水泥的代号

根据《通用硅酸盐水泥》（GB 175—2007），复合硅酸盐水泥（简称复合水泥）的代号用P·C表示。水泥中混合材料总掺量按质量百分比计应大于20%，但不超过50%。

2）复合硅酸盐水泥的技术要求

① 细度、安定性、凝结时间的要求和氧化镁、三氧化硫的含量要求均同矿渣硅酸盐水泥、火山灰质硅酸盐水泥和粉煤灰硅酸盐水泥。

② 复合硅酸盐水泥强度等级的要求如表5-11所示。

3）复合硅酸盐水泥的特点及应用

复合硅酸盐水泥是一种新型的通用水泥，是掺有两种或两种以上混合材料，可以相互取长补短，克服单一混合材料的一些弊端。其早期强度接近于普通硅酸盐水泥，而其他性能均优于矿渣硅酸盐水泥、火山灰质硅酸盐水泥和粉煤灰硅酸盐水泥，因而适用范围广。

5.5.3 其他品种水泥

随着现代建设工程项目的增多，通用水泥的性能已不能完全满足各类工程的要求，因此，一些具有特殊性能（如快硬性、膨胀性、装饰性等）的水泥被采用。这里主要介绍快硬硫铝酸盐水泥、膨胀水泥、自应力水泥、道路硅酸盐水泥、砌筑水泥及铝酸盐水泥等。

1. 快硬硫铝酸盐水泥和快硬铁铝酸盐水泥

以适当成分的生料，经煅烧所得以无水硫铝酸钙和硅酸二钙为主要矿物成分的熟料，加入适量石膏和0～10%的石灰石、适量石膏磨细制成的早期强度高的水硬性胶凝材料，称为快硬硫铝酸盐水泥，其代号为R·SAC。

以适当成分的生料，经煅烧所得以无水硫铝酸钙、铁相（$4CaO \cdot Al_2O_3 \cdot Fe_2O_3$、$6CaO \cdot Al_2O_3 \cdot 2Fe_2O_3$ 等）和硅酸二钙为主要矿物成分的熟料，加入适量石膏和0～15%的石灰石、适量石膏磨细制成的早期强度高的水硬性胶凝材料，称为快硬铁铝酸盐水泥，其代号为R·FAC。

快硬硫铝酸盐水泥的水化及硬化特点是：水泥加水后，熟料中的无水硫铝酸钙会与石膏发生反应，生成高硫型水化硫铝酸钙（AFt）晶体和铝胶，AFt在较短时间里形成坚强骨架，而铝胶不断填补孔隙，使水泥石结构很快致密，从而使早期强度发展很快。熟料中的C_2S水化生成水化硅酸钙凝胶，则可使后期强度进一步增长。

快硬硫铝酸盐水泥和快硬铁铝酸盐水泥，要求细度为比表面积不小于350m^2/kg。初凝时间不早于25min，终凝时间不迟于180min。快硬硫铝酸盐水泥和快硬铁铝酸盐水泥均以3d抗压强度分为42.5、52.5、62.5、72.5四个强度等级。各龄期强度不得低于表5-13中规定。

快硬硫铝酸盐、快硬铁铝酸盐水泥强度要求（JC 933—2003） 表5-13

强度等级	抗压强度(MPa)			抗折强度(MPa)		
	1d	3d	28d	1d	3d	28d
42.5	34.5	42.5	48.0	6.5	7.0	7.5
52.5	44.0	52.5	58.0	7.0	7.5	8.0
62.5	52.5	62.5	68.0	7.5	8.0	8.5
72.5	59.0	72.5	78.0	8.0	8.5	9.0

快硬硫铝酸盐水泥和快硬铁铝酸盐水泥均具有早期强度高、抗硫酸盐腐蚀的能力强、抗渗性好、抗冻性好、微膨胀、水化热大、耐热性差的特点，因此适用于冬期施工、抢修、修补及有硫酸盐腐蚀的工程，也可用于浆锚、喷锚、拼装、节点、地质固井、堵漏等混凝土工程。

2. 膨胀水泥和自应力水泥

使水泥产生膨胀的反应主要有三种：CaO水化生成$Ca(OH)_2$，MgO水化生成$Mg(OH)_2$以及形成AFt，因为前两种反应产生的膨胀不易控制，目前广泛使用的是AFt为膨胀成分的各种膨胀水泥。

水泥在无限制状态下，水化硬化过程中的条件膨胀称为自由膨胀；水泥在限制状态下，水化硬化过程中的条件膨胀称为限制膨胀。水泥水化后条件膨胀能使砂浆或混凝土在限制条件下产生可自应用的化学预应力。通过测定的水泥砂浆的限制膨胀率，计算可得自应力值。自应力水泥按自应力值分为不同的级别。

以适当比例的硅酸盐水泥或普通硅酸盐水泥、高铝水泥熟料和天然二水石膏粉磨而成的膨胀性的水硬性胶凝材料称为自应力硅酸盐水泥。自应力硅酸盐水泥根据28d自应力值大小分为S_1、S_2、S_3、S_4四个等级。

明矾石膨胀水泥适用于补偿收缩混凝土、防渗混凝土、防渗抹面、预制构件梁、柱的接头和构件拼装接头等。

自应力铝酸盐水泥是以一定量的高铝水泥熟料和二水石膏粉磨而成的大膨胀率胶凝材料。按 1∶2 标准砂浆 28d 自应力值分为 3.0，4.5 和 6.0 三个级别。

以适当成分的生料，经煅烧所得以无水硫酸钙和硅酸二钙为主要矿物成分的熟料，加入适量石膏磨细制成的可调膨胀性能的水硬性胶凝材料，称为膨胀硫铝酸盐水泥。

3. 道路硅酸盐水泥

(1) 道路硅酸盐水泥的定义

以适当成分的生料烧至部分熔融，所得以硅酸钙为主要成分和较多量铁铝酸钙的硅酸盐水泥熟料称为道路硅酸盐水泥熟料。由道路硅酸盐水泥熟料、0～10%活性混合材料和适量石膏磨细制成的水硬性胶凝材料，称为道路硅酸盐水泥（简称道路水泥），其代号为 P·R。

(2) 道路硅酸盐水泥的技术要求

1) 细度：0.08mm 筛的筛余不得超过 10%。

2) 凝结时间：初凝时间不得早于 1.5h，终凝时间不得迟于 1Ch。

3) 体积安定性：沸煮法检验合格。

4) 干缩率和耐磨性：28d 干缩率不得大于 0.10%，耐磨性以磨耗量表示，不得大于 3.00kg/m^2。

5) 道路硅酸盐水泥分 32.5、42.5 和 52.5 三个强度等级，各强度等级各龄期强度不得低于表 5-14 中规定。

道路硅酸盐水泥强度要求（GB 13693—2005）　　表 5-14

强度等级	抗压强度(MPa)		抗折强度(MPa)	
	3d	28d	3d	28d
32.5	16.0	32.5	3.5	7.0
42.5	21.0	42.5	4.0	6.5
52.5	26.0	52.5	5.0	7.0

(3) 道路硅酸盐水泥的性质与应用

与硅酸盐水泥相比，道路硅酸盐水泥增加了 C_4AF 的含量，降低了 C_3A 的含量，因此道路硅酸盐水泥具有较高的抗折强度，良好的耐磨性，较长的初凝时间和较小的干缩率，以及抗冲击、抗冻和抗硫酸盐侵蚀的能力。它特别适用于公路路面、机场跑道、车站及公共广场等工程的面层混凝工程。

4. 砌筑水泥

(1) 砌筑水泥的定义

国家标准《砌筑水泥》(GB/T 3183—2003) 规定，凡由一种或一种以上的水泥混合材料，加入适量硅酸盐水泥熟料和石膏，经磨细制成的和易性较好的水硬性胶凝材料，称为砌筑水泥，其代号为 M。

水泥中混合材料掺加量按质量百分比计大于 50%，允许掺入适量的石灰石或窑灰。水泥中混合材料掺加量不得与矿渣硅酸盐水泥重复。

(2) 砌筑水泥的技术要求

按照国家标准《砌筑水泥》(GB/T 3183—2003) 规定，砌筑水泥的细度为 80mm 方孔筛筛余≯10%；初凝时间不早于1h，终凝时间不得迟于12h；沸煮安定性合格，SO_3 含量不大于4.0%；流动性指标为流动度，采用灰砂比为1∶2.5，水灰比为0.46的砂浆测定的流动度值应大于125mm。泌水率少于12%。砌筑水泥分为12.5、22.5两个强度等级，各强度等级水泥各龄期强度不低于表5-15中规定。

砌筑水泥强度要求（GB/T 3183—2003） **表5-15**

强度等级	抗压强度(MPa)		抗折强度(MPa)	
	3d	28d	3d	28d
12.5	7.0	12.5	1.5	3.0
22.5	10.0	22.5	2.0	4.0

（3）砌筑水泥的性质与应用

砌筑水泥是低强度水泥，硬化慢，但和易性好，特别适合配制砂浆，也可用于基础混凝土垫层或蒸养混凝土砌块等。

5. 抗硫酸盐硅酸盐水泥

按抗硫酸盐侵蚀程度分为中抗硫酸盐硅酸盐水泥和高抗硫酸盐硅酸盐水泥两类。以适当成分的硅酸盐水泥熟料，加入适量石膏磨制而成的具有抵抗中等浓度硫酸根离子侵蚀的水硬性胶凝材料，称为中抗硫酸盐硅酸盐水泥，简称中抗硫水泥，其代号为P·MSR。以适当成分的硅酸盐水泥熟料，加入适量石膏磨制而成的具有抵抗较高浓度硫酸根离子侵蚀的水硬性胶凝材料，称为高抗硫酸盐硅酸盐水泥，简称高抗硫水泥，其代号为P·HSR。

在中抗硫水泥中，C_3S 和 C_3A 的含量分别不应超过55.0%和5.0%。在高抗硫水泥中，C_3S 和 C_3A 的含量分别不应超过50.0%和3.0%。烧失量应小于3.0%，水泥中的 SO_3 含量小于2.5%。水泥比表面积不得小于280m^2/kg。初凝时间不早于45min，终凝时间不得迟于10h。抗硫酸盐硅酸盐水泥分为32.5、42.5两个强度等级，各强度等级水泥各龄期强度不低于表5-16中规定。

抗硫酸盐硅酸盐水泥强度要求（GB 748—2005） **表5-16**

强度等级	抗压强度(MPa)		抗折强度(MPa)	
	3d	28d	3d	28d
32.5	10.0	32.5	2.5	6.0
42.5	15.0	42.5	3.0	6.5

6. 中热硅酸盐水泥和低热矿渣硅酸盐水泥（大坝水泥）

中热硅酸盐水泥和低热矿渣硅酸盐水泥的主要特点为水化热低，适用于大坝和大体积混凝土工程。

中热硅酸盐水泥是由适当成分的硅酸盐水泥熟料加入适量石膏磨细而成的具有中等水化热的水硬性胶凝材料，简称中热水泥，其代号为P·MH。低热硅酸盐水泥是指具有低水化热的水硬性胶凝材料，简称低热水泥，其代号为P·LH。

低热矿渣硅酸盐水泥是由适当成分的硅酸盐水泥熟料加入矿渣和适量石膏磨细而成的具有低水化热的水硬性胶凝材料，简称低热矿渣水泥。其矿渣掺量为水泥质量的20%～

60%，允许用不超过混合材料总量的50%的磷渣或粉煤灰代替矿渣。其代号P·SLH。

《中热硅酸盐水泥、低热硅酸盐水泥和低热矿渣硅酸盐水泥》（GB 200—2003）规定，这三种水泥的初凝时间不早于60min，终凝时间不得迟于12h；比表面积不得小于250m^2/kg；水泥中SO_3含量小于3.5%。中热硅酸盐水泥、低热硅酸盐水泥和低热矿渣水泥的强度等级分别为42.5、42.5和32.5，各龄期强度值须大于表5-17中的数值。此外，体积安定性必须合格。

中热硅酸盐水泥、低热硅酸盐水泥、低热矿渣硅酸盐水泥强度要求（GB 200—2003）

表5-17

水泥品种	强度等级	抗压强度(MPa)			抗折强度(MPa)		
		3d	7d	28d	3d	7d	28d
中热硅酸盐水泥	42.5	12.0	22.0	42.5	3.0	4.5	6.5
低热硅酸盐水泥	42.5	—	13.0	42.5	—	3.5	6.5
低热矿渣硅酸盐水泥	32.5	—	12.0	32.5	—	3.0	5.5

7. 铝酸盐水泥

铝酸盐水泥是以石灰石和矾土为主要原料，配制成适当成分的生料，烧至全部或部分熔融所得以铝酸钙为主要矿物的熟料，经磨细制成的水硬性胶凝材料，代号为CA。由于熟料中氧化铝含量大于50%，因此又称高铝水泥。它是一种快硬、高强、耐腐蚀、耐热的水泥。根据需要也可在磨制Al_2O_3含量大于68%的水泥时掺加适量α-Al_2O_3粉。

（1）铝酸盐水泥的组成

1）铝酸盐水泥的化学组成

铝酸盐水泥熟料的主要化学成分为氧化钙、三氧化二铝、二氧化硅，还有少量的氧化铁及氧化镁、氧化钛等。它们含量是：$CaO \geqslant 32\%$；$Al_2O_3 \geqslant 50\%$；$SiO_2 \leqslant 8.0\%$；$Fe_2O_3 \leqslant 2.5\%$。

三氧化二铝和氧化钙是保证熟料中形成铝酸钙的基本成分。若三氧化二铝含量过低，熟料中会出现高碱性铝酸钙（$C_{12}A_7 \cdot C_3A$）使水泥速凝，强度下降。二氧化硅可以使生料均匀烧结，加速矿物生成，但含量过多，会使早强性能下降。氧化铁含量过多将使熟料水化凝结加快而强度降低。铝酸盐水泥按Al_2O_3含量分为四类，见表5-18。

铝酸盐水泥的分类（GB 201—2000） **表5-18**

类　型	Al_2O_3(%)	SiO_2(%)	Fe_2O_3(%)	$R_2O(Na_2O+0.658K_2O)$(%)	S(%)	Cl(%)
CA-50	≥50,<60	≤8.0	≤2.5	≤0.4	≤0.1	≤0.1
CA-60	≥60,<68	≤5.0	≤2.0			
CA-70	≥68,<77	≤1.0	≤0.7			
CA-80	≥77	≤0.5	≤0.5			

2）铝酸盐水泥的矿物组成

铝酸盐水泥的矿物组成主要有铝酸一钙（CA）、二铝酸一钙（CA_2），还有少量的硅铝酸二钙或称铝方柱石（C_2AS）、七铝酸十二钙（$C_{12}A_7$）和硅酸二钙（C_2S）。其各自与水作用时的特点如表5-19所示。质量优良的铝酸盐水泥，其矿物组成一般是以铝酸一钙和二铝酸一钙为主。

铝酸盐水泥矿物水化反应特点 表 5-19

矿物名称	化学成分	简 式	特 性
铝酸一钙	$CaO \cdot Al_2O_3$	CA	水硬活性很高,凝结慢,硬化快,是强度主要来源,早期强度高,后期增进率不高
二铝酸一钙	$CaO \cdot 2Al_2O_3$	CA_2	硬化慢,早期强度低,后期强度高
硅铝酸二钙	$2CaO \cdot Al_2O_3 \cdot SiO_2$	C_2AS	活性很差,惰性矿物
七铝酸十二钙	$12CaO \cdot 7Al_2O_3$	$C_{12}A_7$	凝结迅速,强度不高

(2) 铝酸盐水泥的水化和硬化

1) 铝酸盐水泥的水化

铝酸一钙是铝酸盐水泥的主要矿物组成。一般认为，铝酸盐水泥的水化产物结晶情况随温度有所不同。

当温度<20℃时，其反应为：

$$\underset{\text{铝酸一钙（CA）}}{CaO \cdot Al_2O_3} + 10H_2O = \underset{\text{水化铝酸一钙（}CAH_{10}\text{）}}{CaO \cdot Al_2O_3 \cdot 10H_2O}$$

当温度在 20～30℃时，其反应为：

$$2(CaO \cdot Al_2O_3) + 11H_2O = \underset{\text{水化铝酸二钙（}C_2AH_8\text{）}}{2CaO \cdot Al_2O_3 \cdot 8H_2O} + \underset{\text{铝胶（}AH_3\text{）}}{Al_2O_3 \cdot 3H_2O}$$

当温度大于 30℃时，其反应为：

$$3(CaO \cdot Al_2O_3) + 12H_2O = \underset{(C_3AH_6)}{3CaO \cdot Al_2O_3 \cdot 6H_2O} + 2(Al_2O_3 \cdot 3H_2O)$$

因此，一般情况下（<30℃），水化产物中有 CAH_{10}、C_2AH_8 和铝胶。但在较高温度下，水化产物主要为 C_3AH_6 和铝胶。

二铝酸一钙的水化与铝酸一钙基本相似，但水化速率极慢。七铝酸十二钙水化很快，水化产物也为 C_2AH_8。结晶的 C_2AS 与水反应则极微弱。硅铝酸二钙也会生成水化硅酸钙类的凝胶。

2) 铝酸盐水泥的硬化

水化产物 CAH_{10} 或 C_2AH_8 都属六方晶系，亚稳相，具有细长的针状和板状结构，能互相结成坚固的结晶连生体，形成晶体骨架。析出的铝胶难溶于水，填充于晶体骨架的空隙中，形成致密的结构。因此，铝酸盐水泥在早期便能获得很高的机械强度。但 CAH_{10} 或 C_2AH_8 将会自发地逐渐转化为比较稳定的 C_3AH_6，晶型转化的结果使水泥石内析出游离水，使孔隙大大增加，导致强度下降。温度越高，下降的也越明显。因此，铝酸盐水泥水化产物的品种及硬化后的水泥石结构，在温度影响下有很大的差异。

(3) 铝酸盐水泥的技术要求

1) 细度。比表面积不小于 $300m^2/kg$ 或 0.045mm 筛余量不大于 20%。

2) 凝结时间要求（见表 5-20）。

3) 强度等级。各类型铝酸盐水泥的不同龄期强度值不得低于表 5-21 中规定。

(4) 铝酸盐水泥的性质及应用

1) 快硬、早强、高温下后期强度下降。由于铝酸盐水泥硬化快、早期强度高，其 1d 强度一般可达到极限强度的 60%～80%左右。适用于紧急抢修工程、冬期施工及早强要

铝酸盐水泥凝结时间 **表 5-20**

水泥类型	凝结时间	
	初凝时间(min)	终凝时间(h)
CA-50	不早于 30	不迟于 6
CA-60	不早于 30	不迟于 18
CA-70	不早于 30	不迟于 6
CA-80	不早于 30	不迟于 6

铝酸盐水泥的强度要求 **表 5-21**

类型	抗压强度(MPa)				抗折强度(MPa)			
	6h	1d	3d	28d	6h	1d	3d	28d
CA-50	20	40	50	—	3.0	5.5	6.5	—
CA-60	—	30	45	85	—	2.5	5.0	10.0
CA-70	—	20	40	—	—	5.0	6.0	—
CA-80	—	25	30	—	—	4.0	5.0	—

求的特殊工程。但是铝酸盐水泥硬化后产生的密实度较大的 CAH_{10} 和 C_2AH_8 在较高温度下（大于 25℃）晶型会转变，形成水化铝酸三钙 C_3AH_6，碱度很高，孔隙很多，在湿热条件下更为剧烈，使强度下降，甚至引起结构破坏。因此，铝酸盐水泥不宜在高温、高湿环境及长期承载的结构工程中使用，使用时应按最低稳定强度设计。对于 CA-50 铝酸盐水泥应按（50±2)℃水中养护 7d、14d 强度值之低者来确定。

2）水化热高，放热快。铝酸盐水泥 1d 可放出水化热总量的 70%～80%，而硅酸盐水泥放出同样热量则需要 7d，如此集中的水化放热作用使铝酸盐水泥适合低温季节，特别是寒冷地区的冬期施工混凝土工程，不适于大体积混凝土工程。

3）耐热性强。从铝酸盐水泥的水化特性上看，铝酸盐水泥不宜在温度高于 30℃的环境下施工和长期使用，但高于 900℃的环境下可用于配制耐热混凝土。这是由于温度在 700℃时，铝酸盐水泥与集料之间便发生固相反应，烧结结合代替了水化结合，即瓷性胶结代替了水硬胶结，这种烧结结合作用随温度的升高而更加明显。因此，铝酸盐水泥可作为耐热混凝土的胶结材料，配制 900～1300℃的耐热混凝土（能长期承受 1580℃以上高温作用的混凝土称为耐火混凝土）和砂浆，用于窑炉衬砖等。

4）耐腐蚀性强。铝酸盐水泥水化时不放出 $Ca(OH)_2$，而水泥石结构又很致密，因此高铝水泥适宜用于耐酸和抗硫酸盐腐蚀要求的工程。

5）耐碱性强。水化铝酸钙遇碱即发生化学反应，使水泥石结构疏松，强度大幅度下降。因此，铝酸盐水泥不宜用于与碱接触的混凝土工程。

除了特殊情况外，在施工过程中，铝酸盐水泥不得与硅酸盐水泥、石灰等能够析出 $Ca(OH)_2$ 的材料混合使用，否则会引起“瞬凝”现象，使施工无法进行，强度大大降低。同时铝酸盐水泥也不得与未硬化的硅酸盐水泥混凝土接触使用。

此外，铝酸盐水泥还不得用于高温高湿环境，也不能在高温季节施工或采用蒸汽养护（如需蒸汽养护须低于 50℃）。铝酸盐水泥的碱度低，当用于钢筋混凝土时，钢筋保护层厚度不得小于 60mm。

铝酸盐水泥可配制一系列的膨胀水泥和自应力水泥。

5.5.4 水泥在土木工程中的应用

水泥是土木工程建设中最重要的材料之一，是决定混凝土性能和价格的重要原料。在土木工程中，合理选用、使用、储运和妥善保管以及严格的验收，是保证工程质量、杜绝质量事故的重要措施。

1. 水泥的选用原则

不同的水泥品种，有各自突出的特性，深入理解其特性，是正确选择水泥品种的基础。

(1) 按环境条件选择水泥品种

环境条件包括温度、湿度、周围介质、压力等工程外部条件，如在寒冷地区水位升降的环境应选用抗冻性好的硅酸盐水泥和普通硅酸盐水泥；有水压作用和流动水及有腐蚀作用的介质中应选矿渣硅酸盐水泥、火山灰质硅酸盐水泥和粉煤灰硅酸盐水泥等的水泥；腐蚀介质强烈时，应选用专门抗侵蚀的特种水泥。

(2) 按工程特点选择水泥品种

选用水泥品种时应考虑工程项目的特点，大体积工程应选用放热量低的水泥（如矿渣硅酸盐水泥、火山灰质硅酸盐水泥和粉煤灰硅酸盐水泥等的水泥）；在高温窑炉工程应选用耐热性好的水泥（如矿渣硅酸盐水泥、铝酸盐水泥等）；抢修工程应选用凝结硬化快的水泥（如快硬型水泥）；路面工程应选用耐磨性好、强度高的水泥（如道路硅酸盐水泥）。在混凝土结构工程中，常用水泥的使用可参照表5-22选择。

通用水泥的选用 **表5-22**

混凝土工程特点及所处环境条件			优先选用	可以选用	不宜选用
水泥混凝土	1	在一般环境中的混凝土	普通硅酸盐水泥	矿渣水泥、火山灰水泥粉煤灰水泥、复合水泥	
	2	在干燥环境中的混凝土	普通硅酸盐水泥	矿渣硅酸盐水泥	火山灰质硅酸盐水泥、粉煤灰硅酸盐水泥
	3	在高湿环境中或长期处于水中的混凝土	矿渣硅酸盐水泥、火山灰质硅酸盐水泥粉煤灰硅酸盐水泥、复合硅酸盐水泥	普通硅酸盐水泥	
	4	厚大体积的混凝土	矿渣硅酸盐水泥、火山灰质硅酸盐水泥粉煤灰硅酸盐水泥、复合硅酸盐水泥		硅酸盐水泥
有特殊要求的混凝土	1	要求快硬、高强（＞C40）的混凝土	硅酸盐水泥	普通硅酸盐水泥	矿渣硅酸盐水泥、火山灰质硅酸盐水泥、粉煤灰硅酸盐水泥、复合硅酸盐水泥
	2	严寒地区的露天混凝土，寒冷地区处于水位升降范围内的混凝土	普通硅酸盐水泥	矿渣硅酸盐水泥（强度等级＞32.5）	火山灰质硅酸盐水泥粉煤灰硅酸盐水泥
	3	严寒地区处于水位升降范围内的混凝土	普通硅酸盐水泥（强度等级＞42.5）		矿渣硅酸盐水泥、火山灰质硅酸盐水泥、粉煤灰硅酸盐水泥、复合硅酸盐水泥
	4	有抗渗要求的混凝土	普通硅酸盐水泥、火山灰质硅酸盐水泥		矿渣硅酸盐水泥
	5	有耐磨性要求的混凝土	硅酸盐水泥、普通硅酸盐水泥	矿渣硅酸盐水泥（强度等级＞32.5）	火山灰质硅酸盐水泥粉煤灰硅酸盐水泥
	6	受侵蚀介质作用的混凝土	矿渣硅酸盐水泥、火山灰质硅酸盐水泥粉煤灰硅酸盐水泥、复合硅酸盐水泥		硅酸盐水泥

2. 水泥的运输和储存

水泥在运输和储存过程中不得混入杂物，应按不同品种、强度等级或标号和出厂日期分别加以标明，水泥储存时应先存先用，对散装水泥分库存放，而袋装水泥一般堆放高度不超过 10 袋。水泥存放不可受潮，受潮的水泥表现为结块，凝结速度减慢，烧失量增加，强度降低。对于结块水泥的处理方法为：有结块但无硬块时，可压碎粉块后按实测强度等级使用；对部分结成硬块的，可筛除或压碎硬块后，按实测强度等级用于非重要的部位，对于大部分结块的，不能作水泥用，可作混合材料掺入到水泥中，掺量不超过 25%。水泥的储存期不宜太久，常用水泥一般不超过 3 个月，因为 3 个月后水泥强度将降低10%～20%；6 个月后降低 15%～30%，1 年后降低 25%～40%，铝酸盐水泥一般不超过 2 个月。过期水泥应重新检测，按实测强度使用。

第 6 章　水泥混凝土和砂浆

6.1　概　　述

6.1.1　混凝土的发展史

混凝土是现代土木工程中用途最广、用量最大的土木工程材料之一。目前全世界每年生产的混凝土材料超过 100 亿吨。广义上来讲，混凝土是由胶凝材料、集料按适当比例配合，与水（或不加水）拌合制成具有一定可塑性的浆体，经硬化而成的具有一定强度的人造石。

混凝土作为土木工程材料的历史其实很久远，用石灰、砂和卵石制成的砂浆和混凝土在公元前 500 年就已经在东欧使用，但最早使用水硬性胶凝材料制备混凝土的还是罗马人。这种用火山灰、石灰、砂、石制备的“天然混凝土”具有凝结力强、坚固耐久、不透水等特点，在古罗马得到广泛应用，万神殿和罗马圆形剧场就是其中杰出的代表。因此，可以说混凝土是古罗马最伟大的建筑遗产。

混凝土发展史中最重要的里程碑是约瑟夫·阿斯普丁发明了波特兰水泥，从此，水泥逐渐代替了火山灰、石灰用于制造混凝土，但主要用于墙体、屋瓦、铺地、栏杆等部位。直到 1875 年，威廉·拉塞尔斯（Willian·Lascelles）采用改良后的钢筋强化的混凝土技术获得专利，混凝土才真正成为最重要的现代土木工程材料。1895～1900 年间用混凝土成功地建造了第一批桥墩，至此，混凝土开始作为最主要的结构材料，影响和塑造现代建筑。

6.1.2　混凝土的分类

混凝土的种类很多，从不同的角度考虑，有以下几种分类方法：

1. 按表观密度或体积密度分类

(1) 重混凝土。其体积密度大于 2600kg/m^3，表观密度大于 2800kg/m^3，常用重混凝土的体积密度大于 3200kg/m^3，是用特别密实和特别重的集料制成的，常采用重晶石、铁矿石、钢屑等作集料和锶水泥、钡水泥共同配制防辐射混凝土，它们具有不透 X-射线和 γ-射线的性能，可作为核工程的屏蔽结构材料。

(2) 普通混凝土。其体积密度为 1950～2600kg/m^3，表观密度为 2300～2800kg/m^3，常用普通混凝土的体积密度为 2300～2500kg/m^3，是土木工程中最常用的混凝土，主要用作各种土木工程的承重结构材料。

(3) 轻混凝土。其体积密度＜1950kg/m^3，表观密度＜2300kg/m^3。它又分为三类：

1) 轻集料混凝土，其体积密度为 800～1950kg/m^3。它是采用陶粒、页岩等轻质多孔集料配制而成的。

2) 多孔混凝土（加气混凝土、泡沫混凝土），其体积密度为 300～1000kg/m^3。加气混凝土是由水泥、水与发气剂配制而成的。泡沫混凝土是水泥浆或水泥砂浆与稳定的泡沫配制而成的。

3）大孔混凝土（轻集料大孔混凝土、普通大孔混凝土），其组成中无细集料。轻集料大孔混凝土的体积密度为500～1500kg/m^3，是用碎砖、陶粒或煤渣作集料配制而成的。普通大孔混凝土的体积密度为1500～1900kg/m^3，是用碎石、卵石或重矿渣作集料配制成的。轻混凝土具有保温隔热性能好、质量轻等优点，多用于保温材料或高层、大跨度建筑的结构材料。

2. 按所用胶凝材料分类

按照所用胶凝材料的种类，混凝土可以分为水泥混凝土、石膏混凝土、水玻璃混凝土、沥青混凝土、聚合物水泥混凝土、树脂混凝土等。

3. 按流动性分类

按照新拌混凝土流动性大小，可分为干硬性混凝土（坍落度＜10mm且需用维勃稠度表示）、塑性混凝土（坍落度为10～90mm）、流动性混凝土（坍落度为100～150mm）及大流动性混凝土（坍落度≥160mm）。

4. 按用途分类

按照用途可分为结构混凝土、大体积混凝土、防水混凝土、耐热混凝土、膨胀混凝土、防辐射混凝土、道路混凝土等。

5. 按生产和施工方法分类

按照生产方式，混凝土可分为预拌混凝土和现场搅拌混凝土；按照施工方法可分为泵送混凝土、喷射混凝土、碾压混凝土、挤压混凝土、离心混凝土、压力灌浆混凝土等。

6. 按强度等级分类

(1) 低强度混凝土。抗压强度小于20MPa，主要用于一些承受荷载较小的场合，如地面。

(2) 中强度混凝土。抗压强度为20～60MPa，是现今土木工程中的主要混凝土类型，应用于各种工程中，如房屋、桥梁、路面等。

(3) 高强度混凝土。抗压强度大于60MPa，主要用于大荷载、抗震及对混凝土性能要求较高的场合，如高层建筑、大型桥梁等。

(4) 超高强混凝土。其抗压强度在100MPa以上，主要用于各种重要的大型工程，如高层建筑的桩基、军事防爆工程、大型桥梁等。

混凝土的品种虽然繁多，但在实际工程中还是以普通的水泥混凝土应用最为广泛，如果没有特殊说明，狭义上通常称其为混凝土。

6.1.3 混凝土的性能特点和基本要求

1. 混凝土的性能特点

混凝土是土木工程材料中使用最为广泛的一种，必然有其独特之处。它的优点主要体现在以下几个方面：

(1) 易塑性。现代混凝土可以具备很好的和易性，几乎可以随心所欲地通过设计和模板形成形态各异的建筑物及构件，可塑性强。

(2) 经济性。同其他材料相比，混凝土价格较低，容易就地取材，结构建成后的维护费用也较低。

(3) 安全性。硬化混凝土具有较高的力学强度，目前工程构件最高抗压强度可达135MPa，与钢筋有牢固的粘结力，使结构安全性得到充分保证。

(4) 耐火性。混凝土一般而言可有1～2h的防火时效，比起钢铁来说，安全多了，不会像钢结构建筑物那样在高温下很快软化而造成坍塌。

(5) 多用性。混凝土在土木工程中适用于多种结构形式，满足多种施工要求。可以根据不同要求配制不同的混凝土加以满足，所以称之为“万用之石”。

(6) 耐久性。混凝土本来就是一种耐久性很好的材料，古罗马建筑经过几千年的风雨仍然屹立不倒，这本身就昭示着混凝土应该“历久弥坚”。

由于混凝土具有以上许多优点，因此它是一种主要的土木工程材料，广泛应用于工业与民用建筑、给水与排水工程、水利工程及地下工程、国防建设等，它在国家基本建设中占有重要地位。

当然它也有相应不容忽视的缺点，主要表现如下：

(1) 抗拉强度低。是混凝土抗压强度的1/10～1/15，是钢筋抗拉强度的1/100左右。

(2) 延展性不高。是一种脆性材料，变形能力差，只能承受少量的张力变形（约0.003)，否则就会因无法承受而开裂；抗冲击能力差，在冲击荷载作用下容易产生脆断。在很多情况下，必须配制钢筋才能使用。

(3) 自重大，比强度低。高层、大跨度建筑物要求材料在保证力学性质的前提下，以轻为宜。

(4) 体积不稳定性。尤其是当水泥浆量过大时，这一缺陷表现得更加突出，随着温度、湿度、环境介质的变化，容易引发体积变化，产生裂纹等内部缺陷，直接影响建筑物的使用寿命。

(5) 需要较长时间的养护，从而延长了施工进度。

2. 混凝土的基本要求

混凝土在建筑工程中使用，必须满足以下五项基本要求或准则：

(1) 满足施工规定所需的和易性要求；

(2) 满足设计的强度要求；

(3) 满足与使用环境相适应的耐久性要求；

(4) 满足业主或施工单位渴望的经济性要求；

(5) 满足可持续发展所必需的生态性要求。

6.1.4 混凝土的组成及其应用

水泥混凝土的基本组成材料是水泥、粗细集料和水。其中，水泥浆体占混凝土质量的25％～35％，砂石集料约占65％～75％。水泥浆在硬化前起润滑作用，使混凝土拌合物具有可塑性，在混凝土拌合物中，水泥浆填充砂子孔隙，包裹砂粒，形成砂浆，砂浆又填充石子孔隙，包裹石子颗粒，形成混凝土浆体；在混凝土硬化后，水泥浆则起胶结和填充作用。水泥浆多，混凝土拌合物流动性大，反之干稠；混凝土中水泥浆过多则混凝土水化温度升高，收缩大，抗侵蚀性不好，容易引起耐久性不良。粗细集料主要起骨架作用，传递应力，给混凝土带来很大的技术优点，它比水泥浆具有更高的体积稳定性和更好的耐久性，可以有效减少收缩裂缝的产生和发展，降低水化热。

现代混凝土中除了以上组分外，还多加入化学外加剂与矿物细粉掺合料。化学外加剂的品种很多，可以改善、调节混凝土的各种性能，而矿物细粉掺合料则可以有效提高新拌混凝土的工作性和硬化混凝土的耐久性，同时降低成本。

6.1.5 现代混凝土的发展方向

进入21世纪，混凝土研究和实践将主要围绕两个焦点展开：一是解决好混凝土耐久性问题；二是混凝土走上可持续发展的健康轨道。水泥混凝土在过去的170多年中，几乎覆盖了所有的土木工程领域，可以说，没有混凝土就没有今天的世界。但是在应用过程中，传统水泥混凝土的缺陷也越来越多地暴露出来，集中体现在耐久性方面。我们寄予厚望的胶凝材料——水泥在混凝土中的表现，远没有想象得那么完美。经过近10年的研究，越来越多的学者认识到传统混凝土过分依赖水泥是导致混凝土耐久性不良的首要因素。给水泥重新定位，合理地控制水泥浆用量势在必行。混凝土实现性能优化的主要技术途径如下：

(1) 降低水泥用量，由水泥、粉煤灰或磨细矿粉等共同组成合理的胶凝材料体系。

(2) 依靠减水剂实现混凝土的低水胶比。

(3) 使用引气剂减少混凝土内部的应力集中现象。

(4) 通过改变加工工艺，改善集料的粒形和级配。

(5) 减少单方混凝土用水量和水泥浆量。

由于多年来大规模的建设，优质资源的消耗量惊人，我国许多地区的优质集料趋于枯竭；水泥工业带来的能耗巨大，生产水泥放出的CO_2导致的“温室效应”日益明显，国家的资源和环境已经不堪重负，混凝土工业必须走可持续发展之路，可采取下列措施：

(1) 大量使用工业废弃资源，如用尾矿资源作集料；用粉煤灰和磨细矿粉替代水泥。

(2) 扶植再生混凝土产业，使越来越多的建筑垃圾作为集料循环使用。

(3) 不要一味追求高强度等级混凝土，应大力发展中、低强度等级耐久性好的混凝土。

6.2 水泥混凝土的组成材料

在土木工程中，应用最广的是以水泥为胶凝材料，普通砂、石为集料，加水拌成拌合物，经凝结硬化而成的水泥混凝土，又称普通混凝土。实际上，随着混凝土技术的发展，现在混凝土中经常加入外加剂和矿物掺合料以改善混凝土的性能。因此，组成水泥混凝土的基本材料主要有六种：水泥、细集料、粗集料、水、外加剂和矿物掺合料。

混凝土的技术性质是由原材料的性质、配合比、施工工艺（搅拌、成型、养护）等因素决定的。因此，了解原材料的性质、作用及其质量要求，合理选择和正确使用原材料，才能保证混凝土的质量。

6.2.1 水泥

水泥是水泥混凝土的胶凝材料，其性能对混凝土的性质影响很大，在确定混凝土组成材料时，应正确选择水泥品种和水泥强度等级。

1. 水泥品种的选择

水泥品种应该根据混凝土工程特点、所处的环境条件和施工条件等进行选择，常用水泥品种的选择见表5-22。必要时也可以采用膨胀水泥、自应力水泥或其他水泥。所用水泥的性能必须符合现行国家有关标准的规定。在满足工程要求的前提下，应选用价格较低的水泥品种，以节约造价。

2. 水泥强度等级的选择

水泥强度等级应与混凝土的设计强度等级相适应。原则上配制高强度等级的混凝土应选用强度等级高的水泥；配制低强度等级的混凝土，选用强度等级低的水泥。通常，对于混凝土强度等级为C30及以下时，水泥强度等级为混凝土的设计强度等级的1.5～2.5倍；对于混凝土强度等级为C30～C50时，水泥强度等级为混凝土的设计强度等级的1.1～1.5倍；对于混凝土强度等级为C60及以上时，水泥强度等级与混凝土的设计强度等级的比值小于1，但一般不宜低于0.70。表6-1是各水泥强度等级的水泥宜配制的混凝土。因为采用强度等级高的水泥配制低强度等级混凝土时，会使水泥用量偏少，影响和易性和耐久性，必须掺入一定数量的矿物掺合料。采用强度等级低的水泥配制高强度等级混凝土时，会使水泥用量过多，不经济，而且会影响混凝土的其他技术性质，如干缩等。

水泥强度等级可配制的混凝土强度等级 **表6-1**

水泥强度等级	宜配制的混凝土强度等级	水泥强度等级	宜配制的混凝土强度等级
32.5	C15、C20、C25	52.5	C40、C45、C50、C60、≥C60
42.5	C30、C35、C40、C45	62.5	≥C60

6.2.2 细集料

水泥混凝土所用的集料按粒径分为细集料和粗集料。集料在水泥混凝土中所占的体积为65%～75%。由于集料不参与水泥复杂的水化反应，因此，过去通常将它视为一种惰性填充料。随着混凝土技术的不断发展，混凝土材料与工程界越来越意识到集料对混凝土的重要性能，如和易性、强度、体积稳定性及耐久性等都会产生很大的影响。

粒径为0.15～4.75mm（方孔筛）的集料为细集料，它包括天然砂和人工砂。天然砂是由自然风化、水流搬运和分选、堆积形成且粒径小于4.75mm的岩石颗粒，包括河砂、淡化海砂、湖砂、山砂，但不包括软质岩、风化岩石的颗粒。人工砂是经除土处理的机制砂和混合砂的统称。机制砂是经除土处理，由机械破碎、筛分制成且粒径小于4.75mm的岩石颗粒，但不包括软质岩、风化岩石的颗粒；混合砂是由机制砂和天然砂混合制成的砂。

1. 砂中有害物质的含量、坚固性

为保证混凝土的质量，混凝土用砂不应混有草根、树叶、树枝、塑料品、煤块、炉渣等杂物。砂中常含有如云母、有机物、硫化物及硫酸盐、氯盐、黏土、淤泥等杂质。云母呈薄片状，表面光滑，容易沿解里面裂开，与水泥粘结不牢，会降低混凝土强度；黏土、淤泥多覆盖在砂的表面妨碍水泥与砂的粘结，降低混凝土的强度和耐久性。硫酸盐、硫化物将对硬化的水泥凝胶体产生腐蚀；有机物通常是植物的腐烂产物，妨碍、延缓水泥的正常水化，降低混凝土强度；氯盐引起混凝土中钢筋锈蚀，破坏钢筋与混凝土的粘结，使保护层混凝土开裂。

砂子的坚固性是指砂在自然风化和其他外界物理化学作用下抵抗破裂的能力。通常天然砂以硫酸钠溶液干湿循环5次后的质量损失来表示；人工砂采用压碎指标法进行试验。各指标应符合表6-2的《普通混凝土用砂、石质量及检验方法标准》（JGJ 52—2006）规定。

有害物质含量、坚固性指标、压碎指标（JGJ 52—2006） **表 6-2**

项　　目	Ⅰ类	Ⅱ类	Ⅲ类
云母(按质量计)(%)，＜	1.0	2.0	2.0
轻物质(按质量计)(%)，＜	1.0	1.0	1.0
有机物(比色法)	合格	合格	合格
硫化物及硫酸盐(按 SO_3 质量计)(%)，＜	0.5	0.5	0.5
氯化物(以氯离子质量计)(%)，＜	0.01	0.02	0.06
质量损失(%)，＜	8	8	10
单级最大压碎指标(%)，＜	20	25	30

注：Ⅰ类宜用于强度等级大于 C60 的混凝土；Ⅱ类宜用于强度等级 C30～C60 及抗冻、抗渗或其他要求的混凝土；Ⅲ类宜用于强度等级小于 C30 的混凝土。

2. 含泥量、泥块含量和石粉含量

砂中的粒径小于 75μm 的尘屑、淤泥等颗粒的质量占砂子质量的百分率称为含泥量。砂中原粒径大于 1.18mm，经水浸洗、手捏后小于 600μm 的颗粒含量称为泥块含量。砂中的泥土包裹在颗粒表面，阻碍水泥凝胶体与砂粒之间的粘结，降低界面强度，降低混凝土强度，并增加混凝土的干缩，易产生开裂，影响混凝土耐久性。石粉不是一般碎石生产企业所称的“石粉”、“石末”，而是在生产人工砂的过程中，在加工前经除土处理，加工后形成粒径小于 75μm，其矿物组成和化学成分与母岩相同的物质，与天然砂中的黏土成分在混凝土中所起的负面影响不同，它的掺入对完善混凝土细集料级配、提高混凝土密实性有很大的益处，进而起到提高混凝土综合性能的作用。许多用户和企业将人工砂中的石粉用水冲掉的做法是错误的。亚甲蓝试验 MB 值用于判定人工砂中粒径小于 75μm 颗粒含量主要是泥土还是与母岩化学成分相同的石粉的指标。天然砂的含泥量和泥块含量应符合表 6-3 的规定。人工砂的石粉含量和泥块含量则应符合表 6-4 的规定。

天然砂的含泥量和泥块含量 **表 6-3**

项　　目	Ⅰ类	Ⅱ类	Ⅲ类
含泥量(按质量计)(%)	＜1.0	＜3.0	＜5.0
泥块含量(按质量计)(%)	0	＜1.0	＜2.0

人工砂的石粉含量和泥块含量 **表 6-4**

项　　目				Ⅰ类	Ⅱ类	Ⅲ类
1	亚甲蓝试验	MB 值＜40 或合格	石粉含量(按质量计)(%)	＜3.0	＜5.0	＜7.0①
2			泥块含量(按质量计)(%)	0	＜1.0	＜2.0
3		MB 值≥1.40 或不合格	石粉含量(按质量计)(%)	＜1.0	＜3.0	＜5.0
4			泥块含量(按质量计)(%)	0	＜1.0	＜2.0

① 根据使用地区和用途，在试验验证的基础上，可由供需双方协商确定。

3. 颗粒形状及表面特征

细集料的颗粒形状及表面特征会影响其与水泥的粘结及混凝土拌合物的流动性。山砂的颗粒大多具有棱角，表面粗糙，与水泥的粘结较好，用它拌制混凝土的强度较高，但拌合物的流动性较差；河砂、海砂其颗粒多呈圆形，表面光滑，与水泥的粘结较差，用于拌制的混凝土的强度较低，但拌合物的流动性较好。

4. 砂的粗细程度和颗粒级配

砂的粗细程度是指不同粒径的砂混合在一起后的总体平均粗细程度。通常有粗砂、中砂、细砂之分。国家标准《建筑用砂》(GB/T 14684—2001)规定，砂的颗粒级配和粗细程度用筛分析的方法进行测定。用级配区表示砂的颗粒级配，用细度模数表示砂的粗细。砂的筛分析方法是用一套孔径为 9.50mm、4.75mm、2.36mm、1.18mm 及 0.60mm、0.30mm、0.15mm 的标准方孔筛，将质量为500g 的干砂试样由粗到细依次过筛，然后称得余留在各个筛上的砂子质量(g)，计算分计筛余百分率小(即各号筛的筛余量与试样总量之比)、累计筛余百分率 a_i(即该号筛的筛余百分率加上该号筛以上各筛余百分率之和)。分计筛余与累计筛余的关系见表 6-5。

分计筛余与累计筛余的关系 **表 6-5**

筛孔尺寸(mm)	分计筛余量(g)	分计筛余(%)	累计筛余(%)
4.75	M_1	a_1	$A_1=a_1$
2.36	M_2	a_2	$A_2=a_1+a_2$
1.18	M_3	a_3	$A_3=a_1+a_2+a_3$
0.60	M_4	a_4	$A_4=a_1+a_2+a_3+a_4$
0.30	M_5	a_5	$A_5=a_1+a_2+a_3+a_4+a_5$
0.15	M_6	a_6	$A_6=a_1+a_2+a_3+a_4+a_5+a_6$
<0.15	M_7	+	

根据下列公式计算砂的细度模数(M_x):

$$M_x=\frac{(A_2+A_3+A_4+A_5+A_6)-5A_1}{100-A_1}$$

按照细度模数把砂分为粗砂、中砂、细砂。其中 $M_x=3.7\sim3.1$ 为粗砂，$M_x=3.0\sim2.3$ 为中砂，$M_x=2.2\sim1.6$ 为细砂；$M_x=1.5\sim0.6$ 为特细砂。

颗粒级配是指不同粒径砂相互间搭配情况。良好的级配能使集料的孔隙率和总表面积均较小，从而使所需的水泥浆量较少，并且能够提高混凝土的密实度，并进一步改善混凝土的其他性能。在混凝土中砂粒之间的空隙是由水泥浆所填充，为达到节约水泥的目的，就应尽量减少砂粒之间的空隙，因此就必须有大小不同的颗粒搭配。从图 6-1 可以看出，如果是单一粒径的砂堆积，空隙最大[见图 6-1 (*a*)]；两种不同粒径的砂搭配起来，空隙就减少了[见图 6-1 (*b*)]；如果三种不同粒径的砂搭配起来，空隙就更小了[见图 6-1 (*c*)]。

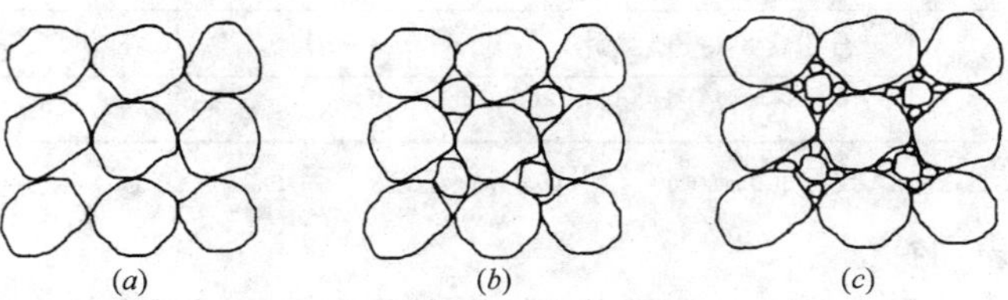

图 6-1 集料的颗粒级配

颗粒级配常以级配区和级配曲线表示，国家标准根据 0.60mm 方孔筛的累积筛余量分成三个级配区，如表 6-6 及图 6-2 所示。

砂的颗粒级配（GB/T 14684—2001、JTG F30—2003）　　表 6-6

方筛孔径(mm) \ 累计筛余(%)	级配区		
	1	2	3
9.50	0	0	0
4.75	10～0	10～0	10～0
2.36	35～5	25～0	15～0
1.18	65～35	50～10	20～0
0.60	85～71	70～41	40～16
0.30	95～80	92～70	85～55
0.15	100～90	100～90	100～90

注：1. 砂的实际颗粒级配与表中所列数字相比，除 4.75mm 和 600μm 筛档外，可以略有超出，但超出总量应小于 5%。

2. 1 区人工砂中 150μm 筛孔的累计筛余可以放宽到 100～85，2 区人工砂中 150μm 筛孔的累计筛余可以放宽到 100～80，3 区人工砂中 150μm 筛孔的累计筛余可以放宽到 100～75。

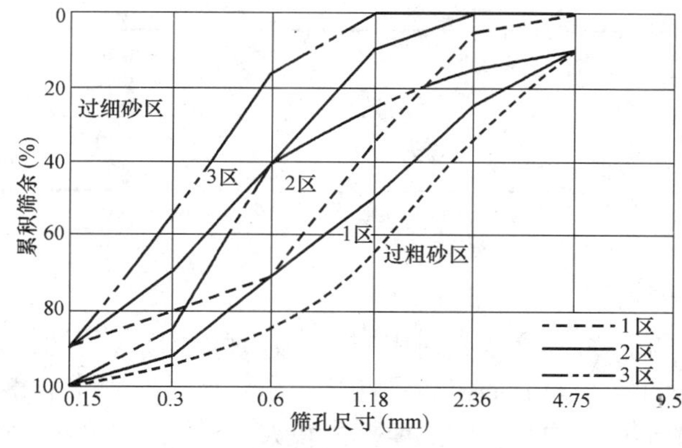

图 6-2　砂的级配曲线

判断砂的级配是否合格的方法如下：

(1) 各筛上的累计筛余率原则上应完全处于表 6-6 或图 6-2 所规定的任何一个级配区内；

(2) 允许有少量超出，但超出总量应小于 5%；

(3) 4.75mm 和 0.60mm 筛号上不允许有任何的超出。

筛分曲线超过 3 区往左上偏时，表示砂过细，拌制混凝土时需要的水泥浆量多，而且混凝土强度显著降低；超过 1 区往右下偏时，表示砂过粗，配制的混凝土，其拌合物的和易性不易控制，而且内摩擦大，不易振捣成型。一般认为，处于 2 区级配的砂，其粗细适中，级配较好，是配制混凝土最理想的级配区。当采用 1 区时，应提高砂率，并保持足够的水泥用量，以满足混凝土的和易性。当采用 3 区时，应适宜降低砂率，以保证混凝土的强度。

6.2.3　粗集料

根据国家标准《建筑用卵石、碎石》（GB/T 14685—2001）的规定，粒径在 4.75～90mm 的集料称为粗集料，混凝土常用的粗集料有碎石和卵石。卵石是由自然风化、水流搬运和分选、堆积形成的且粒径大于 4.75mm 的岩石颗粒；碎石是天然岩石或卵石经机械破碎、筛分制成的且粒径大于 4.75mm 的岩石颗粒。

为了保证混凝土质量，国家标准《建筑用卵石、碎石》(GB/T 14685—2001) 按各项技术指标对混凝土用粗集料划分为Ⅰ、Ⅱ、Ⅲ类集料。其中Ⅰ类适用于C60以上的混凝土；Ⅱ类适用于C30～C60的混凝土；Ⅲ类适用于C30以下的混凝土，并且提出了具体的质量要求，主要有以下几个方面。

1. 有害杂质

粗集料中的有害杂质主要有黏土、淤泥及细屑、硫酸盐及硫化物、有机物质、蛋白石及其他含有活性氧化硅的岩石颗粒等。它们的危害作用与细集料相同。对各种有害杂质的含量都不应超出《建筑用卵石、碎石》(GB/T 14685—2001) 和《普通混凝土用砂、石质量及检验方法标准》(JGJ 52—2006) 的规定，其技术要求及其有害物质含量见表6-7。

粗集料的有害物质含量及技术要求 (GB/T 14685—2001，JGJ 52—2006)　　表6-7

项　目	Ⅰ类	Ⅱ类	Ⅲ类
有机物(比色法)	合格	合格	合格
硫化物及硫酸盐(按 SO_3 质量计)(%)	<0.5	<1.0	<1.0
含泥量(按质量计)(%)	<0.5	<1.0	<1.5
泥块含量(按质量计)(%)	0	<0.5	<0.7
针片状颗粒(按质量计)(%)	<5	<15	<25

注：Ⅰ类宜用于强度等级大于C60的混凝土；Ⅱ类宜用于强度等级为C30～C60及抗冻、抗渗或其他要求的混凝土；Ⅲ类宜用于强度等级小于C30的混凝土。

2. 颗粒形状与表面特征

卵石表面光滑少棱角，空隙率和表面积均较小，拌制混凝土时所需的水泥浆量较少，混凝土拌合物和易性较好。碎石表面粗糙，富有棱角，集料的空隙率和总表面积较大；与卵石混凝土比较，混凝土拌合物集料间的摩擦力较大，对混凝土的流动阻滞性较强，因此所需包裹集料表面和填充空隙的水泥浆较多。如果要求流动性相同，用卵石时用水量可少一些，所配制混凝土的强度不一定低。

碎石或卵石的针状骨粒（即颗粒的长度大于该颗粒的平均粒径2.4倍）和片状颗粒（即颗粒的厚度小于该颗粒的平均粒径0.4倍）的含量应符合表6-7的要求。其含量不能过多，如过多既降低混凝土的泵送性能和强度，又影响其耐久性。

3. 最大粒径与颗粒级配

(1) 最大粒径

粗集料中公称粒级的上限称为该粒级的最大粒径。当集料粒径增大时，其表面积随之减小，包裹集料表面水泥浆或砂浆的数量也相应减少，就可以节约水泥。因此，最大粒径应在条件许可下，尽量选用得大一些。试验研究证明，在普通配合比的结构混凝土中，集料粒径大于37.5mm后，由于减少用水量获得的强度提高被较少的粘结面积及大粒径集料造成的不均匀性的不利影响所抵消，因此并没有什么好处。

对于道路混凝土，混凝土的抗折强度随最大粒径的增加而减小，因而碎石的最大粒径不宜大于31.5mm，碎卵石不宜大于26.5mm，卵石不宜大于19mm。而对于水工混凝土，为降低混凝土的温升，粗集料的最大粒径可达150mm。集料最大粒径还受结构形式和配筋疏密限制，石子粒径过大，对运输和搅拌都不方便，因此，要综合考虑集料最大粒径。根据《混凝土结构工程施工质量检验规范》(GB 50204—2002) 的规定，混凝土用粗集料的最大粒径不得超过结构截面最小尺寸的 1/4，同时不得超过钢筋间最小净距的 3/4。对于混凝土实心板，最大粒径不要超过板厚 1/2，而且不得超过 50mm。

对于泵送混凝土，为防止混凝土泵送时管道堵塞，保证泵送顺利进行，粗集料的最大粒径与输送管的管径之比应符合表 6-8 要求。

粗集料的最大粒径与输送管的管径之比 **表 6-8**

石子品种	泵送高度(m)	粗集料的最大粒径与输送管的管径之比
碎石	50	≤1∶3
	50～100	≤1∶4
	100	≤1∶5
卵石	50	≤1∶2.5
	50～100	≤1∶3
	100	≤1∶4

（2）颗粒级配

粗集料的级配试验采用筛分法测定，其原理与砂基本相同，见表 6-9。石子的级配按粒径尺寸分为连续粒级和单粒粒级。连续粒级是石子颗粒由小到大连续分级，每级石子占一定比例。用连续粒级配制的混凝土混合料和易性较好，不易发生离析现象，易于保证混凝土的质量，便于大型混凝土搅拌站使用，适合泵送混凝土。单粒粒级是人为地剔除集料中某些粒级颗粒，大集料空隙由小许多的小粒径颗粒填充，降低石子的空隙率，密实度增加，节约水泥，但是拌合物容易产生分层离析，施工困难，一般在工程中较少使用。如果混凝土拌合物为低流动性或干硬性的，同时采用机械强力振捣时，采用单粒级配是合适的。

碎石和卵石的颗粒级配（GB/T 14685—2001） **表 6-9**

公称粒级(mm)		累计筛余(%)											
		方筛孔(mm)											
		2.36	4.75	9.50	16.0	19.0	26.5	31.5	37.5	53.0	63.0	75.0	90.0
连续粒级	5～10	95～100	80～100	0～15	0	—	—	—	—	—	—	—	—
	5～16	95～100	85～100	30～60	0～10	0	—	—	—	—	—	—	—
	5～20	95～100	90～100	40～80	—	0～10	0	—	—	—	—	—	—
	5～25	95～100	90～100	—	30～70	—	0～5	0	—	—	—	—	—
	5～31.5	95～100	90～100	70～90	—	15～45	—	0～5	0	—	—	—	—
	5～40	—	95～100	70～90	—	30～65	—	—	0～5	0	—	—	—
单粒粒级	10～20	—	95～100	85～100	—	0～15	0	—	—	—	—	—	—
	16～31.5	—	95～100	—	85～100	—	—	0～10	0	—	—	—	—
	20～40	—	—	95～100	—	80～100	—	—	0～10	0	—	—	—
	31.5～63	—	—	—	95～100	—	—	75～100	45～75	—	0～10	0	—
	40～80	—	—	—	—	95～100	—	—	70～100	—	30～60	0～10	0

路面混凝土对粗集料的级配要求高于其他混凝土，这主要是为了增强粗集料的骨架作用和在混凝土中的嵌锁力，减少混凝土的干缩，提高混凝土的耐磨性、抗渗性、抗冻性。路面混凝土对粗集料的级配应满足表 6-10 的要求。

碎石和卵石的颗粒级配（JTG F30—2003） 表 6-10

级配情况	公称粒级(mm)	累计筛余(%) 方筛孔(mm)							
		2.36	4.75	9.50	16.0	19.0	26.5	31.5	37.5
连续粒级	5～16	95～100	85～100	40～60	0～10	0			
	5～19	95～100	85～95	60～75	30～45	0～5	0		
	5～26.5	95～100	90～100	70～90	50～70	25～40	0～5	0	
	5～31.5	95～100	90～100	75～90	60～75	40～60	20～35	0～5	0
单粒粒级	5～10	95～100	80～100	0～15	0				
	10～16		95～100	80～100	0～15	0			
	10～19		95～100	85～100	40～60	0～15	0		
	16～26.5			95～100	55～75	25～40	0～10	0	
	16～31.5			95～100	85～100	55～70	25～40	0～10	0

4. 强度

强度可用岩石抗压强度和压碎指标表示。岩石抗压强度是将岩石制成 50mm×50mm×50mm 的立方体（或 ϕ50mm×50mm 的圆柱体）试件，在吸水饱和状态下测定的抗压强度值。根据《普通混凝土用砂、石质量及检验方法标准》（JGJ 52—2006）的规定，在一般情况下，火成岩抗压强度应不小于 80MPa，变质岩应不小于 60MPa，水成岩应不小于 30MPa。压碎指标是将一定量风干后筛除大于 19.0mm 及小于 9.50mm 的颗粒，并去除针片状颗粒的石子后装入一定规格的圆筒内，在压力机上经 3～5min 均匀加荷载到 200kN 并稳定 5s，卸荷后称取试样质量（G_1），再用孔径为 2.36mm 的筛筛除被压碎的细粒，称取出留在筛上的试样质量（G_2），计算公式如下：

$$Q_e = \frac{G_1 - G_2}{G_1} \times 100\%$$

式中 Q_e——压碎指标值，%；

G_1——试样的质量，g；

G_2——压碎试验后筛余的试样质量，g。

压碎指标值越小，表明石子的强度越高。对不同强度等级的混凝土，所用石子的压碎指标应符合表 6-11 的规定。

坚固性指标和压碎指标 表 6-11

项 目	Ⅰ类	Ⅱ类	Ⅲ类
质量损失(%)，<	5	8	12
碎石压碎指标(%)，<	10	20	30
卵石压碎指标(%)，<	12	16	16

5. 坚固性

混凝土中，粗集料起骨架作用，必须具有足够的坚固性和强度。坚固性是指卵石、碎石在自然风化和其他外界物理化学因素作用下抵抗破裂的能力。采用硫酸钠溶液法进行试验，卵石和碎石经 5 次循环后，其质量损失应符合表 6-11 的规定。

6. 碱活性

集料中若含有活性二氧化硅或含有活性碳酸盐，在一定条件下会与水泥的碱发生碱-集料反应（碱-硅酸反应或碱-碳酸反应），生成凝胶，吸水产生膨胀，导致混凝土开裂。若集料中含有活性二氧化硅时，采用化学法和砂浆棒法进行检验：若含有活性碳酸盐集料时，采用岩石柱法进行检验。

6.2.4 拌合与养护用水

饮用水、地下水、地表水、海水及经过处理达到要求的工业废水均可以用作混凝土拌合用水。混凝土拌合及养护用水的质量要求具体有：不得影响混凝土的和易性及凝结；不得有损于混凝土强度发展；不得降低混凝土的耐久性；不得加快钢筋腐蚀及导致预应力钢筋脆断；不得污染混凝土表面；各物质含量限量值应符合表 6-12 的要求。

水中物质含量限量值（JGJ 63—2006） **表 6-12**

项　目	预应力混凝土	钢筋混凝土	素混凝土
pH	≥5.0	≥4.5	≥4.5
不溶物(mg/L)	≤2000	≤2000	≤5000
可溶物(mg/L)	≤2000	≤5000	≤10000
Cl^-(mg/L)	≤500	≤1000	≤3500
SO_4^{2-}(mg/L)	≤600	≤2000	≤2700
碱含量(mg/L)	≤1500	≤1500	≤1500

注：使用钢丝或经热处理钢筋的预应力混凝土 Cl^- 含量不得超过 350mg/L；对于使用年限为 100 年的结构混凝土，Cl^- 含量不得超过 500mg/L。

当对水质有怀疑时，应将该水与蒸馏水或饮用水进行水泥凝结时间、砂浆或混凝土强度对比试验。测得的初凝时间差及终凝时间差均不得大于 30min，其初凝时间和终凝时间还应符合《通用硅酸盐水泥》（GB 175—2007）的规定。用该水制成的砂浆或混凝土 28d 抗压强度应不低于蒸馏水或饮用水制成的砂浆或混凝土抗压强度的 90%。另外，海水中含有硫酸盐、镁盐和氯化物，对水泥石有侵蚀作用，也会造成钢筋锈蚀，因此不得用于拌制钢筋混凝土和预应力混凝土。

6.2.5 混凝土外加剂

混凝土外加剂是一种在混凝土搅拌之前或拌制过程中加入的、用以改善新拌混凝土或硬化混凝土性能的材料。它赋予新拌混凝土和硬化混凝土以优良的性能，如提高抗冻性、调节凝结时间和硬化时间、改善工作性、提高强度等，是生产各种高性能混凝土和特种混凝土必不可少的第五种组成材料。

1. 外加剂的分类

根据《混凝土外加剂定义、分类、命名与术语》（GB/T 8075—2005）的规定，混凝土外加剂按其主要功能分为四类：

（1）改善混凝土拌合物流变性能的外加剂：包括各种减水剂和泵送剂等。

（2）调节混凝土凝结时间、硬化性能的外加剂：包括缓凝剂、促凝剂和速凝剂等。

（3）改善混凝土耐久性的外加剂：包括引气剂、防水剂和阻锈剂等。

（4）改善混凝土其他性能的外加剂：包括加气剂、膨胀剂、防冻剂、着色剂、防水剂等。

2. 常用的混凝土外加剂

(1) 减水剂

减水剂是一种在混凝土拌合料坍落度相同条件下能减少拌合水量的外加剂。

1) 减水剂的分类

减水剂按其减水的程度分为普通减水剂和高效减水剂。减水率为5%~10%的减水剂为普通减水剂，减水率大于12%（JT/T 523—2004、DL/T 5100—1999等的规定是大于15%）的减水剂为高效减水剂。减水剂按其主要化学成分可分为：木质素系、多环芳香族磺酸盐系、水溶性树脂磺酸盐系、糖钙以及腐殖酸盐等。

① 普通减水剂

普通减水剂是一种在混凝土拌合料坍落度相同的条件下能减少拌合用水量的外加剂。普通减水剂分为早强型、标准型、缓凝型。在不复合其他外加剂时，减水剂本身有一定的缓凝作用。

A. 木质素磺酸盐系减水剂。木质素磺酸盐系减水剂根据其所带的阳离子不同，分为木质素磺酸钙（木钙，掺量一般为0.2%~0.3%）、木质素磺酸钠（木钠）、木质素磺酸镁（木镁）。木钙是由亚硫酸法生产纸浆的废液，用石灰中和后浓缩的溶液经干燥所得产品，是以苯丙基为主体结构的复杂高分子，相对分子质量为2000~100000。木钠是由碱法造纸的废液经浓缩、加硫将其中的碱木素磺化后，用苛性钠和石灰中和，滤去沉淀的溶液干燥所得的干粉。

木质素磺酸盐系减水剂的减水效果和对混凝土性能的影响与很多因素有关：含固量、固体中木质素磺酸盐含量、相对分子质量、阳离子种类、木浆的树种、含糖量等。低相对分子质量的木钙引气量较大，高相对分子质量的木钙缓凝作用强。木质素磺酸钠的减水作用比木质素磺酸钙明显。

B. 腐殖酸盐减水剂。腐殖酸盐减水剂又称胡敏酸钠，原料是泥煤和褐煤。该类减水剂有较大的引气性，性能逊于木质素磺酸盐类减水剂。其掺量一般为0.2%~0.35%，减水率为6%~8%。

一般正常型和早强型减水剂除含减水组分外还加入一定量的促凝剂或早强剂，以抵消减水组分的缓凝作用。国外掺入的促凝剂或早强剂组分一般为氯化钙、甲酸钙、三乙醇胺等，其典型配方为氯化钙或甲酸钙0.3%加三乙醇胺0.01%（占水泥用量的百分数）。我国一般是加入Na_2SO_4。

② 高效减水剂

在混凝土坍落度基本相同的条件下，能大幅度减少拌合用水量的外加剂称为高效减水剂。高效减水剂是在20世纪60年代初开发出来的，由于其性能较普通减水剂有明显的提高，因而又称高效塑化剂或超塑化剂。

高效减水剂的掺量比普通减水剂大得多，大致为普通减水剂的3倍以上。理论上，如果把普通减水剂的掺量提高到高效减水剂同样的水平，减水率也能达到10%~15%，但普通减水剂都有缓凝作用，木钙还能引入大量的气泡，因此限制了普通减水剂的掺量，除非采取特殊措施，如木钙的脱糖和消泡。高效减水剂没有明显的缓凝和引气作用。

A. 多环芳香族磺酸盐系减水剂。这类减水剂通常是由工业萘或煤焦油的萘、蒽、甲基萘等馏分，经磺化、水解、缩合、中和、过滤、干燥而制成。由于其主要成分为萘的同系物的磺酸盐与甲醛的缩合物，故又称萘系减水剂。多环芳香族磺酸盐系减水剂的适宜掺量为水泥质量的0.5%～1.0%，减水率为10%～25%，混凝土的强度提高20%以上，混凝土的其他力学性能及抗渗性、耐久性等均得到改善，对钢筋的锈蚀作用较小。

B. 水溶性树脂系减水剂。水溶性树脂系减水剂是以一些水溶性树脂为主要原料的减水剂，如三氯氰胺树脂、古玛隆树脂等。此类减水剂的掺量为水泥质量的0.5%～2.0%，其减水率为15%～30%，混凝土的强度提高20%～30%，混凝土的其他力学性能和抗渗性、抗冻性也得到提高，对混凝土的蒸养适应性也优于其他外加剂。

2）减水剂的作用机理

不掺减水剂的新拌混凝土之所以相比之下流动性不好，主要是因为水泥-水体系中由于界面能高、不稳定，水泥颗粒通过絮凝来降低界面能，达到体系稳定，把许多水包裹在絮凝结构中，不能发挥作用。减水剂是一种表面活性剂。表面活性剂分子由亲水基团和憎水基团两个部分组成，可以降低表面能。当水泥浆体中加入减水剂后，减水剂分子中的憎水基团定向吸附于水泥质点表面，亲水基团指向水溶液，在水泥颗粒表面形成单分子或多分子吸附膜，起到如下的作用：

① 降低了水泥-水的界面能，因而降低了水泥颗粒的粘结能力，使之易于分散；

② 使水泥颗粒表面带上相同的电荷，表现出斥力，将水泥加水后形成的絮凝结构打开并释放出被絮凝结构包裹的水；

③ 减水剂的亲水基又吸附大量的极性水分子，增加了水泥颗粒表面溶剂化水膜的厚度，润滑作用增强，使水泥颗粒间易于滑动；

④ 表面活性剂降低了水的表面张力和水与水泥间的界面张力，水泥颗粒更易于润湿。

上述综合作用起到了在不增加用水量的情况下，通过混凝土拌合物流动性的作用；或在不影响混凝土拌合物流动性的情况下，起到减少作用，如图6-3所示。

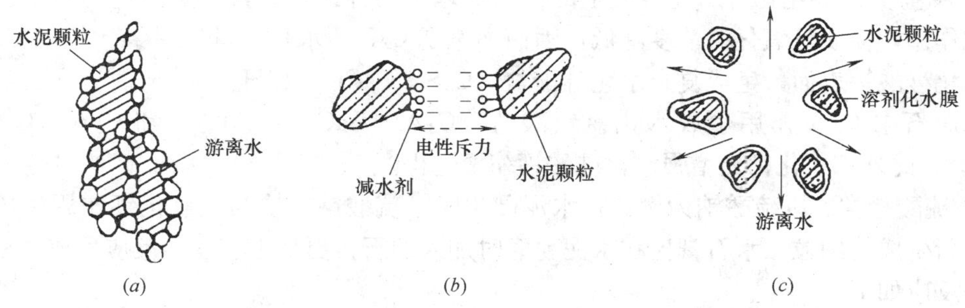

图6-3 减水剂作用机理

(a) 形成絮凝结构；(b) 加入减水剂后将水释放；(c) 形成溶剂化水膜并润滑

3）减水剂的主要经济技术效果

根据不同使用条件，混凝土中掺入减水剂后，可获得以下效果：

① 在不减少单位用水量的情况下，改善新拌混凝土的和易性，提高流动性，如坍落度可增加50～150mm；

② 在保持一定和易性时，减少用水量8%～30%，提高混凝土的强度10%～40%；

③ 在保持一定强度情况下，减少单位水泥用量8%～30%，节约水泥10%～20%；

④ 减少混凝土拌合物的分层、离析和泌水；

⑤ 减缓水泥水化放热速度和减小混凝土的温升；

⑥ 改善混凝土的耐久性；

⑦ 可配制特殊混凝土或高强混凝土。

(2) 早强剂

能促进凝结，加速混凝土早期强度并对后期强度无明显影响的外加剂，称为早强剂。早强剂的种类主要有无机物类（氯盐类、硫酸盐类、碳酸盐类等）、有机物类（有机胺类、羧酸盐类等）、矿物类（明矾石、氟铝酸钙、无水硫铝酸钙等）。

1) 常用早强剂

① 氯盐类早强剂。主要有氯化钙、氯化钠、氯化钾、氯化铵、氯化铁、氯化铝等，其中氯化钙早强效果好而成本低，应用最广。氯盐类早强剂均有良好的早强作用，它能加速水泥混凝土的凝结和硬化。氯化钙的用量为水泥用量的1%～2%时，能使水泥的初凝时间和终凝时间缩短，1d的强度可提高70%～140%，3d的强度可提高40%～70%，24h的水化热增加30%，混凝土的其他性能如泌水性、抗渗性等均提高。

《混凝土外加剂应用技术规范》(GB 50119—2003)及《混凝土结构工程施工质量检验规范》(GB 50204—2002)规定，在钢筋混凝土中，氯化钙掺量不超过1%，在无筋混凝土中，掺量不超过3%。

② 硫酸盐类早强剂。主要有硫酸钠、硫代硫酸钠、硫酸钙、硫酸铝、硫酸铝钾等，其中硫酸钠应用较多。一般掺量为水泥质量的0.5%～2.0%，硫酸钠对矿渣水泥混凝土的早强效果优于水泥混凝土。

③ 其他早强剂。甲酸钙已被公认为是较好的氯化钙替代物，但由于其价格较高，其用量还很少。

2) 早强剂的作用机理

① 氯盐类。氯化钙对水泥混凝土的作用机理有两种论点：其一是氯化钙对水泥水化起催化作用，促使氢氧化钙浓度降低，因而加速了C_3S的水化；其二是氯化钙的Ca^{2+}吸附在水化硅酸钙表面，生成复合水化硅酸盐（$C_3S\cdot CaCl_2\cdot 12H_2O$）。同时，在石膏存在下与水泥石中$C_3A$作用生成水化氯铝酸盐（$C_3A\cdot CaCl_2\cdot 10H_2O$和$C_3A\cdot CaCl_2\cdot 30H_2O$）。此外，氯化钙还增强水化硅酸钙缩聚过程。

② 硫酸盐类。以硫酸钠为例，在水泥硬化时，硫酸钠很快与氢氧化钙作用生成石膏和碱，新生成的细粒二水石膏比在水泥粉磨时加入的石膏更加迅速发生反应生成硫铝酸钙晶体，反应如下：

$$Na_2SO_4+Ca(OH)_2+2H_2O\longrightarrow CaSO_4\cdot 2H_2O+2NaOH$$

$$3(CaSO_4\cdot 2H_2O)+3CaO\cdot Al_2O_3+25H_2O\longrightarrow 3CaO\cdot Al_2O_3\cdot 3CaSO_4\cdot 31H_2O$$

同时上述反应的发生也能加快C_3S的水化。

(3) 缓凝剂

缓凝剂是一种能延缓水泥水化反应，从而延长混凝土的凝结时间，使新拌混凝土较长时间保持塑性，方便浇筑，提高施工效率，同时对混凝土后期各项性能不会造成不良影响的外加剂。缓凝剂按其缓凝时间可分为普通缓凝剂和超缓凝剂；按化学成分可分为无机缓凝剂和有机缓凝剂。无机缓凝剂包括磷酸盐、锌盐、硫酸铁、硫酸铜、氟硅酸盐等；有机缓凝剂包括羟基羧酸及其盐、多元醇及其衍生物、糖类等。

1）常用的缓凝剂。

① 无机缓凝剂。

A. 磷酸盐、偏磷酸盐类缓凝剂是近年来研究较多的无机缓凝剂。三聚磷酸钠为白色粒状粉末，无毒，不燃，易溶于水，一般掺量为水泥质量的0.1%～0.3%，能使混凝土的凝结时间延长50%～100%。磷酸钠为无色透明或白色结晶体，水溶液呈碱性，一般掺量为水泥质量的0.1%～1.0%，能使混凝土的凝结时间延长50%～100%。

B. 硼砂为白色粉末状结晶物质，吸湿性强，易溶于水和甘油，其水溶液呈弱碱性，常用掺量为水泥质量的0.1%～0.2%。

C. 氟硅酸钠为白色物质，有腐蚀性，常用掺量为水泥质量的0.1%～0.2%。

D. 其他无机缓凝剂如氯化锌、碳酸锌以及锌、铁、铜、镉的硫酸盐也具有一定的缓凝作用，但是由于其缓凝作用不稳定，故不常使用。

② 有机缓凝剂。

A. 羟基羧酸、氨基羧酸及其盐。这一类缓凝剂的分子结构含有羟基（—OH）、羧基（—COOH）或氨基（—NH_2），常见的有柠檬酸、酒石酸、葡萄糖酸、水杨酸及其盐。此类缓凝剂的缓凝效果较强，通常将凝结时间延长1倍，掺量一般在0.05%～0.2%。

B. 多元醇及其衍生物。多元醇及其衍生物的缓凝作用较稳定，特别是在使用温度变化时仍有较好的稳定性。此类缓凝剂的掺量一般为水泥质量的0.05%～0.2%。

C. 糖类。葡萄糖、蔗糖及其衍生物和糖蜜及其改性物，由于原料广泛，价格低廉，同时具有一定的缓凝功能，因此使用也较广泛，其掺量一般为水泥质量的0.1%～0.3%。

2）缓凝剂的作用机理。一般来讲，多数有机缓凝剂有表面活性，它们在固-液界面上产生吸附，改变固体粒子的表面性质，或是通过其分子中亲水基团吸附大量的水分子形成较厚的水膜层，使晶体间的相互接触受到屏蔽，改变了结构形成过程；或是通过其分子中的某些官能团与游离的Ca^{2+}生成难溶性的钙盐吸附于矿物颗粒表面，从而抑制水泥的水化过程，起到缓凝效果。大多数无机缓凝剂与水泥水化产物生成复盐，沉淀于水泥矿物颗粒表面，抑制水泥的水化。缓凝剂的机理较复杂，通常是以上多种缓凝机理综合作用的结果。

缓凝剂的掺量一般很小，使用时应严格控制，过量掺入会使混凝土强度下降。

缓凝剂可用于商品混凝土、泵送混凝土、夏季高温施工混凝土、大体积混凝土，不宜用于气温低于5℃施工的混凝土、有早强要求的混凝土、蒸养混凝土。缓凝剂一般具有减水的作用。

(4) 速凝剂

速凝剂是能使混凝土迅速硬化的外加剂。速凝剂的主要种类有无机盐类和有机盐类。我国常用的速凝剂是无机盐类，其适宜掺量为2.5%～4.0%。

1）常用速凝剂。

① 铝氧熟料加碳酸盐系速凝剂。其主要速凝成分是铝氧熟料、碳酸钠以及生石灰，这种速凝剂含碱量较高，混凝土的后期强度降低较大，但加入无水石膏可以在一定程度上降低碱度并提高后期强度。

② 铝酸盐系。它的主要成分是铝矾土、芒硝（$Na_2SO_4\cdot10H_2O$），此类产品含碱量

低，且由于加入了氧化锌而提高了混凝土的后期强度，但却延缓了早期强度的发展。

③ 水玻璃系。以水玻璃为主要成分。这种速凝剂凝结、硬化很快，早期强度高，抗渗性好，而且可在低温下施工。缺点是收缩较大，这类产品用量低于前两类，由于其抗渗性能好，常用于止水堵漏。

2）速凝剂的作用机理。

① 铝氧熟料加碳酸盐型速凝剂作用机理如下：

$$Na_2CO_3+CaSO_4 = CaCO_3\downarrow+Na_2SO_4$$

$$NaAlO_2+2H_2O = Al(OH)_3+NaOH$$

$$2NaAlO_2+3Ca(OH)_2+3CaSO_4+30H_2O = 3CaO\cdot Al_2O_3\cdot 3CaSO_4\cdot 32H_2O+2NaOH$$

碳酸钠与水泥浆中石膏反应，生成不溶的 $CaCO_3$ 沉淀，从而破坏了石膏的缓凝作用。铝酸钠在有 $Ca(OH)_2$ 存在的条件下与石膏反应生成水化硫铝酸钙和氢氧化钠，由于石膏消耗而使水泥中的 C_3A 成分迅速分解进入水化反应，C_3A 的水化又迅速生成钙矾石而加速了凝结硬化。另外，大量生成 NaOH、$Al(OH)_3$、Na_2SO_4，这些都具有促凝、早强作用。

② 硫铝酸盐型速凝剂作用机理为：$Al_2(SO_4)_3$ 和石膏的迅速溶解使水化初期溶液中硫酸根离子浓度骤增，它与溶液中的 Al_2O_3、$Ca(OH)_2$ 发生反应，迅速生成微细针柱状钙矾石和中间产物次生石膏，这些新晶体的增长和发展在水泥颗粒之间交叉生成网络状结构而呈现速凝。

③ 水玻璃型速凝剂作用机理为：水泥中的 C_3S、C_2S 等矿物在水化过程中生成 $Ca(OH)_2$，而水玻璃溶液能与 $Ca(OH)_2$ 发生强烈反应，生成硅酸钙和二氧化硅胶体。其反应如下：

$$Na_2O\cdot nSiO_2+Ca(OH)_2 = (n-1)SiO_2+CaSiO_3+2NaOH$$

反应中生成大量 NaOH，将进一步促进水泥熟料矿物水化，从而使水泥迅速凝结硬化。

掺有速凝剂的混凝土早期强度明显提高，但后期强度均有所降低。速凝剂广泛应用于喷射混凝土、灌浆止水混凝土及抢修补强混凝土工程中，在矿山井巷、隧道涵洞、地下工程等用量很大。

（5）膨胀剂

膨胀剂是能使混凝土产生一定体积膨胀的外加剂。按化学成分可分为：硫铝酸盐系膨胀剂、石灰系膨胀剂、铁粉系膨胀剂、复合型膨胀剂。其掺量（内掺，等量取代水泥）为10%～14%（低掺量的高效膨胀剂掺量为8%～10%）。

1）常用膨胀剂。

① 硫铝酸盐系膨胀剂。此类膨胀剂包括硫铝酸钙膨胀剂（代号 CSA）、U 型膨胀剂（代号 UEA）、铝酸钙膨胀剂（代号 AEA）、复合型膨胀剂（代号 CEA）、明矾石膨胀剂（代号 EA-L）。其膨胀源为钙矾石。

② 石灰系膨胀剂。此类膨胀剂是指与水泥、水拌合后经水化反应生成氢氧化钙的混凝土膨胀剂，其膨胀源为氢氧化钙。该膨胀剂比 CSA 膨胀剂的膨胀速率快，且原料丰富，成本低廉，膨胀稳定早，耐热性和对钢筋保护作用好。

③ 铁粉系膨胀剂。此类膨胀剂是利用机械加工产生的废料——铁屑作为主要原料，

外加某些氧化剂、氯盐和减水剂混合制成，其膨胀源为 $Fe(OH)_2$。

④ 复合型膨胀剂。复合型膨胀剂是指膨胀剂与其他外加剂复合具有除膨胀性能外还兼有其他性能的复合外加剂。

2）膨胀剂的作用机理。上述各种膨胀剂的成分不同，其膨胀机理也各不相同。硫铝酸盐系膨胀剂加入水泥混凝土后，自身组成中的无水硫铝酸钙或参与水泥矿物的水化或与水泥水化产物反应，形成高硫型硫铝酸钙（钙矾石），钙矾石相的生成使固相体积增加，而引起表观体积的膨胀。石灰系膨胀剂的膨胀作用主要由氧化钙晶体水化生成氢氧化钙晶体，引起体积增加所致。铁粉系膨胀剂则是由于铁粉中的金属铁与氧化剂发生氧化作用，形成氧化铁，并在水泥水化的碱性环境中还会生成胶状的氢氧化铁而产生膨胀效应。

掺硫铝酸钙膨胀剂的膨胀混凝土，不能用于长期处于环境温度为 80℃以上的工程中。掺硫铝酸钙类或石灰类膨胀剂的混凝土，不宜使用氯盐类外加剂。掺铁屑膨胀剂的填充用膨胀砂浆，不能用于有杂散电流的工程和与铝镁材料接触的部位。

（6）引气剂

在混凝土搅拌过程中引入大量均匀分布、稳定而封闭的微小气泡，起到改善混凝土和易性，提高混凝土抗冻性和耐久性的外加剂，称为引气剂。引气剂按化学成分可分为松香类引气剂、合成阴离子表面活性类引气剂、木质素磺酸盐类引气剂、石油磺酸盐类引气剂、蛋白质盐类引气剂、脂肪酸和树脂及其盐类引气剂、合成非离子表面活性引气剂。它属于憎水性表面活性剂。

1）常用引气剂。我国应用较多的引气剂有松香类引气剂、木质素磺酸盐类引气剂等。松香类引气剂包括松香热聚物、松香酸钠及松香皂等。松香热聚物是将松香与苯酚、硫酸按一定比例投入反应釜，在一定温度和合适条件下反应生成，其适宜掺量为水泥质量的 0.005%～0.02%，混凝土含气量为 3%～5%，减水率约为 8%。松香酸钠是松香加入煮沸的氢氧化钠溶液中经搅拌溶解，然后在膏状松香酸钠中加入水，即可配成松香酸钠溶液引气剂。松香皂由松香、无水碳酸钠和水三种物质按一定比例熬制而成，掺量约为水泥质量的 0.02%。

2）引气剂的作用机理。引气剂属于表面活性剂，其界面活性作用基本上与减水剂相似，区别在于减水剂的界面活性作用主要在液-固界面上，而引气剂的界面活性主要发生在气-液界面上。

3）引气剂对混凝土质量的影响。

① 混凝土中掺入引气剂可改善混凝土拌合物的和易性，可以显著降低混凝土黏性，使它们的可塑性增强，减少单位用水量。通常每提高含气量 1%，能减少单位用水量 3%。

② 减少集料离析和泌水量，提高抗渗性。

③ 提高抗腐蚀性和耐久性。

④ 含气量每提高 1%，抗压强度下降 3%～5%，抗折强度下降 2%～3%。

⑤ 引入空气会使干缩增大，但若同时减少用水量，对干缩的影响不会太大。

⑥ 使混凝土对钢筋的粘结强度有所降低，一般含气量为 4%时，对垂直方向的钢筋粘结强度降低 10%～15%，对水平方向的钢筋粘结强度稍有下降。

（7）防水剂

防水剂是一种能降低砂浆、混凝土在静水压力下透水性的外加剂。防水剂按化学成分可分为无机质防水剂（氯化钙、水玻璃系、氯化铁、锆化合物、硅质粉末系等）、有机质防水剂（反应型高分子物质、憎水性的表面活性剂、天然或合成的聚合物乳液以及水溶性树脂等）。

1）无机质防水剂。

① 氯化钙。它可以促进水泥水化反应，获得早期的防水效果，但后期抗渗性会降低。另外，氯化钙对钢筋有锈蚀作用，可以与阻锈剂复合使用，但不适用于海洋混凝土。

② 水玻璃系。硅酸钠与水泥水化反应生成的 $Ca(OH)_2$ 反应生成不溶性硅酸钙，可以提高水泥石的密实性，但效果不太明显。

③ 氯化铁。氯化铁防水剂的掺量为3%，在混凝土中与 $Ca(OH)_2$ 反应生成氢氧化铁凝胶，使混凝土具有较高密实性和抗渗性，抗渗压力可达 2.5～4.6MPa，适用于水下、深层防水工程或修补堵漏工程。

④ 氯化铝。它与水泥水化生成的 $Ca(OH)_2$ 作用，生成活性很高的氢氧化铝，然后进一步反应生成水化氯铝酸盐，使凝胶体数量增加，同时水化氯铝酸盐有一定的膨胀性，因此提高水泥石的密实性和抗渗性。三氯化铝还具有很强的促凝作用，因此用它配制的水泥浆主要用于防水堵漏。

⑤ 锆化合物。锆的化合性很强，不以金属离子状态存在，能与电负性强的元素化合，因此锆容易与胺和乙二醇等物质化合。利用这种性质可用于纤维类的防水剂，作为混凝土防水剂也有市售品，锆与水泥中的钙结合生成不溶性物，具有憎水效果。

无机质防水剂都是通过水泥凝结硬化过程中与水发生化学反应，生成物填充在混凝土与砂浆的空隙中，提高混凝土的密实性，从而起到防水抗渗作用。

2）有机质防水剂。此类防水剂分为憎水性表面活性剂和天然或合成聚合物乳液水溶性树脂。

① 憎水性表面活性剂。金属皂类防水剂、环烷酸皂防水剂、有机硅憎水剂。这类防水剂是在建筑防水中占重要地位的一族，可以直接掺入混凝土和砂浆作防水剂，也可喷涂在表面作隔潮剂。

② 天然或合成聚合物乳液水溶性树脂。包括聚合物乳液、橡胶乳液、热固性树脂乳液、乳化沥青等。

3. 外加剂与水泥的适应性问题及改善措施

外加剂除了自身的良好性能外，在使用过程中还存在一个普遍且非常重要的问题，就是外加剂与水泥的适应性问题。外加剂与水泥的适应性不好，不但会降低外加剂的有效作用，增加外加剂的掺量从而增加混凝土成本，而且还可能使混凝土无法施工或引发工程事故。外加剂在检验时，实验应使用《混凝土外加剂》（GB 8076—2008）规定的“基准水泥”，其组成和细度有严格的规定，而在实际工程使用中，由于选用水泥的组成与基准水泥不相同，外加剂在实际工程中的作用效果可能与使用基准水泥的检验结果有差异。

外加剂与水泥的适应性可描述为：按照《混凝土外加剂应用技术规范》（GB 50119—2003），将经检验符合有关标准要求的某种外加剂，掺入到按规定可以使用该外加剂且符合有关标准的水泥中，外加剂在所配制的混凝土中若能产生应有的作用效果，则称该外加剂与该水泥相适应；若外加剂作用效果明显低于使用基准水泥的检验结果，或者掺入水泥中出现异常现象，则称外加剂与该水泥适应性不良或不适应。通常的外加剂与水泥的适应性问题指的是减水剂与水泥的适应性。对于使用复合外加剂和矿物掺合料的混凝土或砂浆，除了外加剂与水泥存在适应性问题以外，还存在着外加剂与矿物掺合料以及复合外加剂中各组分之间的适应性问题。

一般来说，影响外加剂与水泥适应性问题的因素包括三个因素：(1) 水泥方面，如水泥的矿物组成、含碱量、混合材料种类、细度等；(2) 化学外加剂方面，如减水剂分子结构、极性基团种类、非极性基团种类、平均相对分子质量及相对分子质量分布、聚合度、杂质含量等；(3) 环境条件方面，如温度、距离等。

长期以来，混凝土工作者在提高减水剂与水泥的适应性，从而控制混凝土坍落度损失方面进行了大量持久的研究工作，提出了各种改善外加剂与水泥适应性，控制混凝土坍落度损失的方法：(1) 新型高性能减水剂的开发应用；(2) 外加剂的复合使用；(3) 减水剂的掺入方法（先掺法、同掺法、后掺法）；(4) 适当“增硫法”；(5) 适当调整混凝土配合比方法。

总之，混凝土中应用外加剂时，需满足《混凝土外加剂应用技术规范》（GB 50119—2003）的规定。

6.2.6 混凝土矿物掺合料

矿物掺合料是指在混凝土拌合物中，为了节约水泥，改善混凝土性能（特别是提高耐久性）而加入的具有一定细度的天然或人造的矿物粉体材料，也称为矿物外加剂，是混凝土的第六基本组成材料。常用的矿物掺合料有粉煤灰、硅灰、粒化高炉矿渣粉、沸石粉、燃烧煤矸石等。矿物掺合料的比表面积一般应大于 $350m^2/kg$。比表面积大于 $500m^2/kg$ 的称为超细矿物掺合料。

1. 掺合料在混凝土中的作用

(1) 改善新拌混凝土的和易性。混凝土提高流动性后，很容易使混凝土产生离析和泌水，掺入矿物细掺料后，混凝土具有很好的黏聚性。像粉煤灰等需水量小的掺合料还可以降低混凝土的水胶比，提高混凝土的耐久性。

(2) 增大混凝土的后期强度。矿物细掺料中含有活性的 SiO_2 和 Al_2O_3，与水泥中的石膏及水泥水化生成的 $Ca(OH)_2$ 反应，生成 C—S—H 和 C—A—H、水化硫铝酸钙。提高了混凝土的后期强度。但是值得提出的是，除硅灰外的矿物细掺料，混凝土的早期强度随掺量的增加而降低。

(3) 降低混凝土温升。水泥水化产生热量，而混凝土又是热的不良导体，在大体积混凝土施工中，混凝土内部温度可达到 50～70℃，比外部温度高，产生温度应力，混凝土内部体积膨胀，而外部混凝土随着气温降低而收缩。内部膨胀和外部收缩使得混凝土中产生很大的拉应力，导致混凝土产生裂缝。掺合料的加入，减少了水泥的用量，就进一步降低了水泥的水化热，降低混凝土温升。

(4) 提高混凝土的耐久性。混凝土的耐久性与水泥水化产生的 $Ca(OH)_2$ 密切相关，矿物细掺料和 $Ca(OH)_2$ 发生化学反应，降低了混凝土中 $Ca(OH)_2$ 的含量；同时减少混凝土中大的毛细孔，优化混凝土孔结构，降低混凝土气孔孔径，使混凝土结构更加致密，提高了混凝土的抗冻性、抗渗性、抗硫酸盐侵蚀等耐久性能。

（5）抑制碱-集料反应。试验证明，矿物掺合料掺量较大时，可以有效地抑制碱-集料反应。内掺30%的低钙粉煤灰能有数地抑制碱硅反应的有害膨胀，利用矿渣抑制碱集料反应，其掺量宜超过40%。

（6）不同矿物细掺料复合使用的“超叠效应”。不同矿物细掺料在混凝土中的作用有各自的特点。例如矿渣火山灰活性较高，有利于提高混凝土强度，但自干燥收缩大；掺优质粉煤灰的混凝土需水量小，且自干燥收缩和干燥收缩都很小，在低水胶比下可以保证较好的抗碳化性能。硅灰可以提高混凝土的早期和后期强度，但自干燥收缩大，且不利于降低混凝土温升。因此，复掺时，可充分发挥它们的各自优点，取长补短。例如可复掺粉煤灰和硅灰，用硅灰提高混凝土的早期强度，用优质粉煤灰降低混凝土需水量和自干燥收缩。

（7）掺合料可以代替部分水泥，成本低廉，经济效益显著。

2. 常用的矿物掺合料

（1）粉煤灰

粉煤灰又称飞灰，是由燃烧煤粉的锅炉烟气中收集到的细粉末，其颗粒多呈球形，表面光滑，大部分由直径以μm计的实心和（或）中空玻璃微珠以及少量的莫来石、石英等结晶物质所组成。

1）粉煤灰质量要求和等级。根据国家标准《用于水泥和混凝土中的粉煤灰》（GB/T 1596—2005）的规定，粉煤灰分三个等级，其质量指标见表6-13。

粉煤灰等级与质量指标（GB/T 1596—2005） **表6-13**

序号	指 标	级 别		
		Ⅰ	Ⅱ	Ⅲ
1	细度（45μm方孔筛筛余）（%），≯	12	25	45
2	需水量比（%），≯	95	105	115
3	烧失量（%），≯	5	8	15
4	含水量（%），≯	1	1	不规定
5	三氧化硫（%），≯	3	3	3

注：表中需水量比是指掺30%粉煤灰的硅酸盐水泥与不掺粉煤灰的硅酸盐水泥，达到相同流动度（125～135mm）时所用的水量之比。

粉煤灰有高钙粉煤灰和低钙粉煤灰之分，由褐煤燃烧形成的粉煤灰，其氧化钙含量较高（一般大于10%），呈褐黄色，称为高钙粉煤灰，它具有一定的水硬性；由烟煤和无烟煤燃烧形成的粉煤灰，其氧化钙含量很低（一般小于10%），呈灰色或深灰色，称为低钙粉煤灰，一般具有火山灰活性。低钙粉煤灰来源比较广泛，是当前国内外用量最大、使用范围最广的混凝土掺合料。而高钙粉煤灰由于其游离氧化钙含量较高，使得可能造成混凝土开裂，使用受到限制。

2）粉煤灰掺合料在工程中的应用。国家标准《粉煤灰混凝土应用技术规范》（GBJ 146—90）规定，粉煤灰用于混凝土工程，可根据等级，按下列规定应用：①Ⅰ级粉煤灰适用于钢筋混凝土和跨度小于6m的预应力钢筋混凝土；②Ⅱ级粉煤灰适用于钢筋混凝土和无筋混凝土；③Ⅲ级粉煤灰主要用于无筋混凝土。对强度等级要求大于或等于C30的无筋粉煤灰混凝土，宜采用Ⅰ、Ⅱ级粉煤灰。

3）用于预应力钢筋混凝土、钢筋混凝土及强度等级要求大于或等于 C30 的无筋混凝土的粉煤灰等级，如经试验论证，可采用比上述规定低一级的粉煤灰。

粉煤灰加入混凝土的方法有等量取代法、超量取代法和外加法。

① 等量取代法是指以等质量粉煤灰取代混凝土中的水泥。可节约水泥并减少混凝土发热量，改善混凝土和易性，提高混凝土抗渗性，用于较高强度混凝土和大体积混凝土。

② 超量取代法是指掺入的粉煤灰量超过取代的水泥量，超出的粉煤灰取代同体积的砂，其超量系数按规定选用，见表 6-14。目的是保持混凝土 28d 强度及和易性不变。

粉煤灰的超量系数（GBJ 146—90） **表 6-14**

粉煤灰等级	超量系数	粉煤灰等级	超量系数
Ⅰ	1.1～1.4	Ⅲ	1.5～2.0
Ⅱ	1.3～1.7		

③ 外加法是指在保持混凝土中水泥用量不变的情况下，外掺一定数量的粉煤灰。其目的只是为了改善混凝土拌合物的和易性。

4）粉煤灰在混凝土中的作用。

① 活性行为和胶凝作用。粉煤灰的活性来源于它所含的玻璃体，它与水泥水化生成的 $Ca(OH)_2$ 发生二次水化反应，生成 C—S—H 和 C—A—H、水化硫铝酸钙，强化了混凝土界面过渡区，同时提高混凝土的后期强度。

② 填充行为和致密作用。粉煤灰是高温煅烧的产物，其颗粒本身很小，且强度很高。粉煤灰颗粒分布于水泥浆体中水泥颗粒之间时，提高混凝土胶凝体系的密实性。

③ 需水行为和减水作用。由于粉煤灰的颗粒大多是球形的玻璃珠，优质粉煤灰由于其“滚珠轴承”的作用，可以改善混凝土拌合物的和易性，减少混凝土单位体积用水量，硬化后水泥浆体干缩小，提高混凝土的抗裂性。

④ 降低混凝土早期温升，抑制开裂。大掺量粉煤灰混凝土特别适合大体积混凝土。

⑤ 二次水化和较低的水泥熟料量使最终混凝土中的 $Ca(OH)_2$ 大为减少，可以有效提高混凝土抵抗化学侵蚀的能力。

⑥ 当掺加量足够大时，可以明显抑制混凝土碱-集料反应的发生。

⑦ 降低氯离子渗透能力，提高混凝土的护筋性。

以上作用在水胶比低于 0.42 时，较突出。

（2）硅灰

硅灰又称硅粉或硅烟灰，是从生产硅铁合金或硅钢等所排放烟气中收集到的颗粒极细的烟尘，色呈浅灰到深灰。硅灰的颗粒是微细的玻璃球体，部分粒子凝聚成片或球状的粒子。其平均粒径为 0.1～0.2μm，是水泥颗粒粒径的 1/50～1/100，比表面积高达 2.0×10^4～$2.5\times10^4 m^2/kg$。其主要成分是 SiO_2（占 90%以上），它的活性要比水泥高 1～3 倍。以 10%硅灰等量取代水泥，混凝土强度可提高 25%以上。由于硅灰具有高比表面积，因而其需水量很大，将其作为混凝土掺合料，必须配以减水剂，方可保证混凝土的和易性。硅粉混凝土的特点是特别早强和耐磨，很容易获得早强，而且耐磨性优良。硅粉使用时掺量较少，一般为胶凝材料总重的 5%～10%，且不高于 15%，使用时必须同时掺加减水剂，通常也可与其他矿物掺合料复合使用。在我国，因其产量低，目前价格很高，出于价格考虑，混凝土强度低于80MPa时，一般都不考虑掺加硅粉。掺用硅灰和高效减水剂可配制100MPa的高强混凝土。

（3）磨细粒化高炉矿渣粉

粒化高炉矿渣粉是指将粒化高炉矿渣经干燥、磨细达到相当细度且符合相应活性指数的粉状材料，细度大于350m²/kg，一般为400～600m²/kg，其掺量为10%～70%。其活性比粉煤灰高，根据《用于水泥与混凝土中的粒化高炉矿渣粉》（GB/T 18046—2008）规定，矿渣粉技术要求要符合表6-15的规定。

矿渣粉技术要求（GB/T 18046—2008） **表6-15**

项目		级别		
		S105	S95	S75
密度(g/cm³)		≤2.8		
表面积(m²/kg)		≥500	≥400	≥300
活性指数(%)	7d	≥95	≥75	≥55
	28d	≥105	≥95	≥75
流动度比(%)		≥95		
含水量(%)		≤1.0		
三氧化硫(%)		≤4.0		
氯离子(%)		≤0.06		
烧失量(%)		≤3.0		

粒化高炉矿渣在水淬时形成的大量玻璃体具有微弱的自身水硬性。用于高性能混凝土的矿渣粉磨至比表面积超过400m²/kg，可以较充分地发挥其活性，减少泌水性。研究表明，矿渣磨得越细，其活性越高，掺入混凝土中后，早期产生的水化热越多，越不利于控制混凝土的温升，而且成本较高；当矿渣的比表面积超过400m²/kg后，用于很低水胶比的混凝土中时，混凝土早期的自收缩随掺量的增加而增大；矿渣粉磨得越细，掺量越大，则低水胶比的高性能混凝土拌合物越黏稠。因此，磨细矿渣的比表面积不宜过细。用于大体积混凝土时，矿渣的比表面积不宜超过420m²/kg；超过420m²/kg的，宜用于水胶比不很低的非大体积混凝土，而且矿渣颗粒多为棱形，会使混凝土拌合物的需水量随掺入矿渣微粉细度的提高而增加，同时生产成本也大幅度提高，综合经济技术效果并不好。

磨细矿渣粉和粉煤灰复合掺入时，矿渣粉弥补了粉煤灰的先天“缺钙”的不足，而粉煤灰又可以起到辅助减水作用，同时自干燥收缩和干燥收缩都很小，上述问题可以得到缓解，而且复掺可以改善颗粒级配和混凝土的孔结构及孔级配，进一步提高混凝土的耐久性，是商品混凝土发展的趋势。

（4）磨细沸石粉

沸石粉是天然的沸石岩磨细而成的，具有很大的内表面积。沸石岩是经天然煅烧后的火山灰质铝硅酸盐矿物，含有一定量活性 SiO_2 和 Al_2O_3，能与水泥水化析出的氢氧化钙作用，生成C—S—H和C—A—H。其掺量为10%～20%。

（5）超细微粒矿物质掺合料

超细微粒矿物质掺合料（又称超细粉掺合料），其比表面积一般应大于500m²/kg。将活性混合材料制成超细粉，超细化便具有新的特性和功能：表面能高、微观填充作用和化学活性增高。超细粉掺入混凝土中对混凝土有明显的流化和增强效应，并使结构致密化。采用超细粉的品种、细度与掺量的不同，其效果也不同。一般有以下几方面的效果：

1）改善混凝土的流变性。超细矿渣粉掺入后，可填充于水泥颗粒的间隙和絮凝结构中，占据了充分空间，原来絮凝结构中的水分被释放出来，使流动性增大。如果掺入超细沸石粉，除了有上述填充稀化效果外，由于其本身的多孔性及开放型，能吸入一部分的水，吸水性能带来的稠化作用占主要优势，会使流动性减小。无论何种超细粉均有表面能高的特点，自身或对水泥颗粒会产生吸附现象，在一定程度上形成凝聚结构，会使超细粉的填充稀化效应减小。但如将玻璃体的超细粉与高效减水剂共同掺用，这时超细粉可迅速吸附高效减水剂分子，从而降低其本身的表面能，使其不会对水泥颗粒产生吸附，起到分散作用，这样超细粉的微观填充稀化效应也得于正常发挥，混凝土的流动性显著增大。采用超细粉可配制大流动性且不离析的混凝土，如泵送混凝土等。

2）提高混凝土的强度。超细化一方面明显增加了混合掺量的化学反应活性，一方面由于微观填充作用产生的减少增密效应，对混凝土起到显著增强效果，后者正是超细粉与一般混合材料的不同之处。采用超细粉可配制高强与超高强混凝土。

3）显著改善混凝土的耐久性。超细粉能显著改善硬化混凝土的微观结构、使 $Ca(OH)_2$ 显著减小、C—S—H 增多，结构变得致密。从而显著提高混凝土的抗渗、抗冻等耐久性能，而且还能抑制碱-集料反应。

利用超细粉作混凝土掺合料是当今混凝土技术发展的趋势之一。

6.3 水泥混凝土主要技术性能

混凝土在未凝结硬化之前，称为混凝土拌合物。它必须具有良好的和易性，这样才便于施工，以保证能获得均匀密实的浇筑质量，但仅保证混凝土正确地浇筑还不够，还需混凝土浇筑后凝结前 6～10h 内，以及硬化最初几天里的特性与处理对其长期强度有显著影响，以保证建筑物能安全地承受设计荷载，并应具有必要的耐久性。

6.3.1 新拌混凝土性能

新拌混凝土性能主要包括混凝土拌合物的和易性和混凝土拌合物的凝结时间等性物。

1. 和易性的概念

和易性（又称工作性）是混凝土在凝结硬化前必须具备的性能，是指混凝土拌合物易于施工操作（拌合、运输、浇灌、捣实）并获得质量均匀、成型密实的混凝土性能。和易性是一项综合的技术性质，包括流动性、黏聚性和保水性等三个方面的含义。

(1) 流动性是指混凝土拌合物在本身自重或施工机械振捣的作用下，克服内部阻力和与模板、钢筋之间的阻力，产生流动，并均匀密实地填满模板的能力。

(2) 黏聚性是指混凝土拌合物具有一定的黏聚力，在施工、运输及浇筑过程中，不至于出现分层离析，使混凝土保持整体均匀性的能力。如黏聚性差，则施工中易发生分层（即混凝土拌合物各组分出现层状分离现象）、离析（即混凝土拌合物内某些组分分离、析出现象）等情况，致使混凝土硬化产生“蜂窝”、“麻面”等缺陷，影响混凝土强度和耐久性。

(3) 保水性是指混凝土拌合物具有一定的保水能力，在施工中不致产生严重的泌水现象。水分泌出会形成连通孔隙，影响混凝土的密实性；泌出的水还会聚集在混凝土的表面，引起表面疏松；泌出的水积集在集料或钢筋的下表面会形成孔隙，从而降低了集料或钢筋与水泥石的粘结力，影响混凝土的质量。

混凝土拌合物的流动性、黏聚性和保水性三者之间既互相联系，又互相矛盾。如黏聚性好则保水性一般也较好，但流动性可能较差；当增大流动性时，黏聚性和保水性往往变差。因此，拌合物的和易性是三个方面性能在一定工程条件下的统一，直接影响混凝土施工的难易程度，同时对硬化后混凝土的强度、耐久性、外观完好性及内部结构都具有重要影响，是混凝土的重要性能之一。

2. 和易性测定方法及评定

到目前为止，混凝土拌合物的和易性还没有一个综合的定量指标来衡量。通常采用坍落度或维勃稠度来定量地测量流动性，黏聚性和保水性主要通过目测观察来判定。

(1) 坍落度测定

目前世界各国普遍采用的是坍落度方法，它适用于测定最大集料粒径不大于 40mm、坍落度不小于 10mm 的混凝土拌合物的流动性。测定的具体方法为：将标准圆锥坍落度筒（无底）放在水平的、不吸水的刚性底板上并固定，混凝土拌合物按规定方法装入其中，装满刮平后，垂直向上将筒提起，移到一旁，筒内拌合物失去水平方向约束后，由于自重将会产生坍落现象。然后量出向下坍落的尺寸（mm）就叫作坍落度，作为流动性指标，如图 6-4 所示。坍落度越大表示混凝土拌合物的流动性越大。

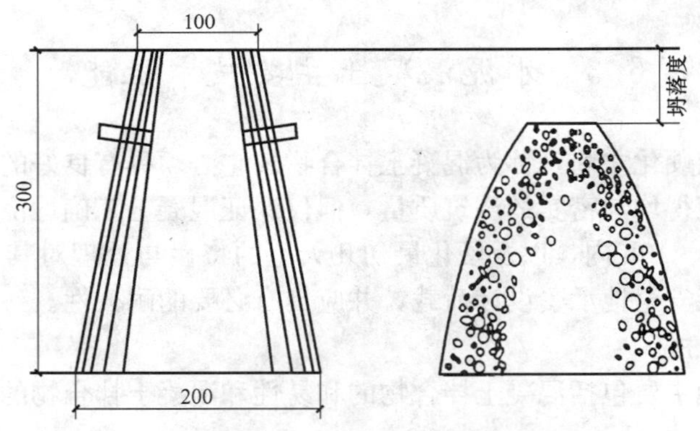

图 6-4 混凝土拌合物坍落度的测定

根据坍落度的不同，可将混凝土拌合物分为 4 级，如表 6-16 所示。坍落度试验只适用于粗集料的最大粒径不大于 40mm，坍落度不小于 10mm 的混凝土拌合物。

混凝土按坍落度的分级 **表 6-16**

级别	名 称	坍落度(mm)	级别	名 称	坍落度(mm)
T_1	干硬性混凝土	<10	T_3	流动性混凝土	100～150
T_2	塑性混凝土	10～90	T_4	大流动性混凝土	≥160

(2) 维勃稠度测定

坍落度值小于 10mm 的混凝土叫作干硬性混凝土，通常采用维勃稠度仪测定其稠度（维勃稠度）。测定的具体方法为：在筒内按坍落度实验方法装料，提起坍落度筒，在拌合物试体顶面放一透明盘，启动振动台，测量从开始振动至混凝土拌合物与压板全面接触时的时间即为维勃稠度值（单位：s）。

根据维勃稠度的不同，混凝土拌合物也分为4级，如表6-17所示。

混凝土按维勃稠度的分级 **表6-17**

级别	名　称	维勃稠度(s)	级别	名　称	维勃稠度(s)
V_0	超干硬性混凝土	≥31	V_2	干硬性混凝土	20～11
V_1	特干硬性混凝土	30～21	V_3	半干硬性混凝土	10～5

该方法适用于集料最大粒径不超过40mm，维勃稠度在5～30s之间的混凝土拌合物的稠度测定。

3. 坍落度的选择

混凝土拌合物坍落度指标的选择，应根据结构条件及施工条件来确定，参考表6-18。如考虑结构尺寸大小、钢筋的疏密、运输方法及捣实工具等因素。一般在便于施工操作和振捣密实的条件下，应尽可能采用较小的坍落度，以节约水泥并获得质量较高的混凝土。

混凝土浇筑时的坍落度 **表6-18**

项目	结构种类	坍落度(cm)
1	基础和地面等的垫层、无配筋的厚大结构(挡土墙、基础或厚大的块体等)或配筋稀疏的结构	1～3
2	板、梁和大型及中型截面的柱子等	3～5
3	配筋密列的结构(薄壁、斗仓、筒仓、细柱等)	5～7
4	配筋特密的结构	7～9

注：1. 本表系采用机械振捣的坍落度，采用人工捣实可适当增大；
2. 需要配制大坍落度混凝土时应掺用外加剂。

4. 影响和易性的主要因素

(1) 水泥浆的数量

水泥浆是由水泥和水拌合而成的浆体，具有流动性和可塑性，它是水泥混凝土拌合物和易性主要影响因素。混凝土拌合物中，除必须有足够的水泥浆填充集料空隙外，还需要有一定数量的水泥浆包裹在集料的表面，形成润滑层，以减小集料颗粒间的摩擦力，使混凝土具有一定的流动性。在水灰比不变的条件下，增加混凝土单位体积中的水泥浆量，则集料用量相对减少，增大了集料之间的润滑作用，从而使混凝土拌合物的流动性有所提高。

实际上，水泥浆的数量对混凝土拌合物的影响，可以用单位用水量来反映，当水灰比变化在一定范围（W/C在0.40～0.80）内以及其他体积不变时，在单位用水量与水泥混凝土拌合物的流动性之间，可以建立直接的数量关系。也就是在一定条件下，要使混凝土拌合物获得一定的坍落度，所需要的单位用水量基本上是一个定值，参考表6-19和表6-20。

干硬性混凝土的用水量（kg/m³） 表 6-19

拌合物稠度		卵石最大粒径(mm)			碎石最大粒径(mm)		
项 目	指标	10	20	40	16	20	40
维勃稠度(s)	16～20	175	160	145	180	170	155
	11～15	180	165	150	185	175	160
	5～10	185	170	155	190	180	165

塑性混凝土的用水量（kg/m³） 表 6-20

拌合物稠度		卵石最大粒径(mm)				碎石最大粒径(mm)			
项 目	指标	10	20	31.5	40	16	20	31.5	40
坍落度(mm)	10～30	190	170	160	150	200	185	175	165
	35～50	200	180	170	160	210	195	185	175
	55～70	210	190	180	172	220	205	195	185
	75～90	215	195	185	175	230	215	205	195

注：本表用水量是采用中砂时的平均值。采用细砂时，每立方米混凝土用水量可增加 5～10kg。采用粗砂时，则可减少 5～10kg。

水泥浆数量不宜过多或过少，水泥浆过多会产生流浆及泌水现象；水泥浆过少，则会产生崩塌现象，使黏聚性变差。

(2) 水泥浆的稠度

水泥浆的稀稠主要取决于水灰比的大小，水灰比较小时，水泥浆较稠，混凝土拌合物的流动性也较小，当水灰比小到某一极限值以下，会造成混凝土无法施工。反之，水灰比过大，水泥浆变稀，产生严重的离析和泌水现象。因此水灰比不宜过大也不宜过小，一般应根据混凝土的强度与耐久性要求合理选用。但是在常用水灰比范围（0.40～0.75）内，水灰比的变化对混凝土拌合物流动性影响不显著。

(3) 砂率

砂率是指混凝土拌合物砂用量与砂石总量比值的百分率。在混凝土拌合物中，是砂子填充石子（粗集料）的空隙，而水泥浆则填充砂子的空隙，同时有一定富余量去包裹集料的表面，润滑集料，使拌合物具有流动性和易密实的性能。但砂率过大，细集料含量相对增多，集料的总表面积明显增大，包裹砂子颗粒表面的水泥浆层显得不足，砂粒之间的内摩阻力增大成为降低混凝土拌合物流动性的主要因素。这时，随着砂率的增大，流动性将降低。所以，在用水量及水泥用量一定的条件下，存在着一个合理砂率值，使混凝土拌合物获得最大的流动性，且保持黏聚性及保水性良好，如图 6-5 所示。

在保持流动性一定的条件下，砂率还影响混凝土中水泥的用量，如图 6-6 所示。当砂率过小时，必须增大水泥用量，以保证有足够的砂浆量来包裹和润滑粗集料；当砂率过大时，也要加大水泥用量，以保证有足够的水泥浆包裹和润滑细集料。在合理砂率时，水泥用量最少。

合理砂率一般是通过试验确定的，也可以根据以砂填充石子空隙并稍有富余，能拨开石子的原则来确定。根据此原则，可列出砂率计算公式如下：

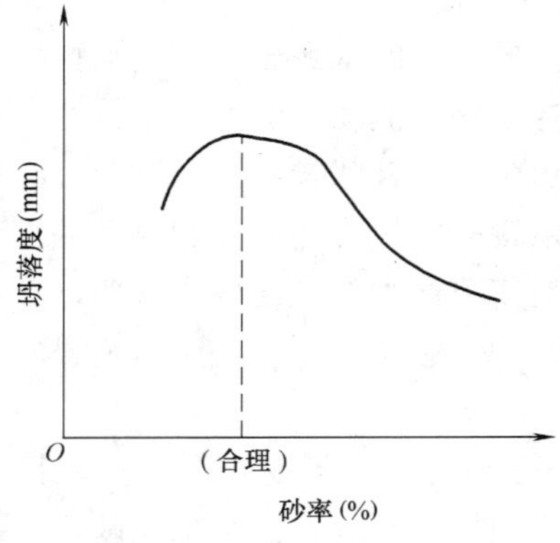

图 6-5 含砂率与坍落度的关系
（水与水泥用量一定）

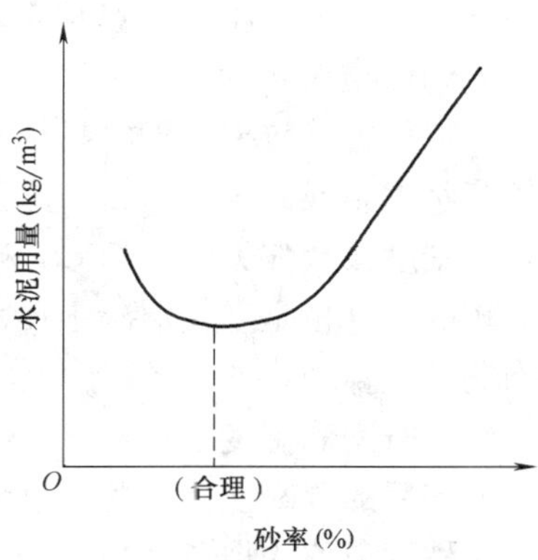

图 6-6 含砂率与水泥用量的关系
（达到相同坍落度）

$$\beta_s = \beta\frac{m_{so}}{m_{so}+m_{go}} = \beta\frac{\rho'_{so}V'_{so}}{\rho'_{so}V'_{so}+\rho'_{go}V'_{go}} = \beta\frac{\rho'_{so}V'_{go}P'}{\rho'_{so}V'_{go}P'+\rho'_{go}V'_{go}} = \beta\frac{\rho'_{so}P'}{\rho'_{so}P'+\rho'_{go}}$$

式中 β_s——砂率，%；

m_{so}，m_{go}——每立方米混凝土中砂及石子用量，kg；

V'_{so}，V'_{go}——每立方米混凝土中砂及石子松散体积，其中 $V'_{so}=V'_{go}P'$，m^3；

ρ'_{so}，ρ'_{go}——砂和石子堆积密度，kg/m^3；

P'——石子空隙率，%；

β——砂浆剩余系数（一般取 1.1～1.4）。

另外，合理砂率在不具备试验条件又无使用经验时，可参照《普通混凝土配合设计规程》(JGJ 55—2000) 提供的混凝土砂率选用表，如表 6-21 所示。

混凝土的砂率（%） **表 6-21**

水灰比(W/C)	卵石最大粒径(mm)			碎石最大粒径(mm)		
	10	20	40	10	20	40
0.40	26～32	25～31	24～30	30～35	29～34	27～32
0.50	30～35	29～34	28～33	33～38	32～37	30～35
0.60	33～38	32～37	31～36	36～41	35～40	33～38
0.70	36～41	35～40	34～39	39～44	38～43	36～41

注：1. 本表数值是中砂的选用砂率，对细砂或粗砂，可相应地减小或增大砂率；
2. 只用一个单粒级粗集料配制混凝土时，砂率应适当增大；
3. 对薄构件，砂率取偏大值。

(4) 水泥品种与外加剂

与普通硅酸盐水泥相比，采用矿渣硅酸盐水泥、火山灰质硅酸盐水泥的混凝土拌合物流动性较小。但是矿渣硅酸盐水泥的保水性差，尤其气温低时泌水较大。

在拌制混凝土拌合物时加入适量外加剂，如减水剂、引气剂等，使混凝土在较低水灰比、较小用水量的条件下仍能获得很高的流动性。

(5) 集料物理性质

碎石比河卵石粗糙、棱角多，内摩擦阻力大，因而在水泥浆量和水灰比相同的条件下，流动性与压实性要差一些；石子最大粒径较大时，需要包裹的水泥浆少，流动性要好一些，但稳定性较差，即容易离析；细砂的表面积大，拌制同样流动性的混凝土拌合物需要较多水泥浆或砂浆。所以，应采用最大粒径稍小、棱角少、片针状颗粒少、级配好的粗集料。细度模数偏大的中粗砂，砂率也稍高，水泥浆体量较多的拌合物，其和易性的综合指标较好，这也是现代混凝土技术改变了以往尽量增大粗集料最大粒径与减小砂率，配制高强混凝土拌合物的原因。

(6) 时间和温度

搅拌后的混凝土拌合物，随着时间的延长而逐渐变得干稠，坍落度降低，流动性下降，这种现象称为坍落度损失，从而使和易性变差。其原因是一部分水已与水泥硬化，一部分被水泥集料吸收，一部分水蒸发，以及混凝土凝聚结构的逐渐形成，致使混凝土拌合物的流动性变差。

混凝土拌合物的和易性也受温度的影响，因为环境温度升高，水分蒸发及水化反应加快，相应使流动性降低。因此，施工中为保证一定的和易性，必须注意环境温度的变化，采取相应的措施。

5. 和易性的调整与改善

针对以上影响混凝土和易性的因素，在实际施工中，可以采取如下措施来改善混凝土的和易性。

(1) 当混凝土拌合物流动性小于设计要求时，为了保证混凝土的强度和耐久性，不能单独加水，必须保持水灰比不变，增加水泥浆用量。

(2) 当混凝土拌合物流动性大于设计要求时，可在保持砂率不变的前提下，增加砂石用量。实际上是减少水泥浆数量，选择合理的浆骨比。

(3) 改善集料级配，既可增加混凝土拌合物流动性，也能改善拌合物黏聚性和保水性。

(4) 掺加化学外加剂与活性矿物掺合料，改善、调整拌合物的和易性，以满足施工要求。

(5) 尽可能选用最优砂率，当黏聚性不足时可适当增大砂率。

6. 新拌混凝土的凝结时间

凝结是混凝土拌合物固化的开始，水泥的水化反应是混凝土产生凝结的主要原因，但混凝土的凝结时间与配制混凝土所用水泥的凝结时间不一致，因为水泥浆体的凝结和硬化过程要受到水化产物在空间填充程度的影响。因此，水灰比的大小会明显影响混凝土凝结时间，水灰比越大，凝结时间越长。一般配制混凝土所用的水灰比与测定水泥凝结时间规定的水灰比是不同的，所以这两者的凝结时间是不同的。而且混凝土的凝结时间，还会受到其他各种因素的影响，如环境温度的变化、混凝土中掺入的外加剂等。

混凝土拌合物的凝结时间通常是用贯入阻力法进行测定的。所使用的仪器为贯入阻力仪。先用5mm筛孔的筛从拌合物中筛取砂浆，按一定方法装入规定的容器中，然后每隔一定时间测定砂浆贯入到一定深度时的贯入阻力，绘制贯入阻力与时间关系的曲线，以贯入阻力3.5MPa及28.0MPa划两条平行于时间坐标的直线，直线与曲线交点的时间即分别为混凝土的初凝时间和终凝时间。这是从实用角度人为确定用该初凝时间表示施工时间的极限，终凝时间表示混凝土力学强度的开始发展。通常情况下泿凝土的凝结时间为6～10h，但水泥组成、环境温度、外加剂等都会对混凝土凝结时间产生影响。当混凝土拌合物在10℃下养护时，其初凝时间和终凝时间要比23℃时分别延缓4h和7h。

6.3.2 混凝土硬化后的力学性能

混凝土硬化后的力学性能主要包括抗压强度、抗拉强度和抗折强度等性能。

1. 混凝土的受压破坏机理

硬化后的混凝土在未受外力作用之前，由于水泥水化造成的物理收缩和化学收缩引起砂浆体积的变化，或者因泌水在集料下部形成水囊，而导致集料界面可能出现界面裂缝，在施加外力时，微裂缝处出现应力集中，随着外力的增大，裂缝就会延伸和扩展，最后导致混凝土破坏。混凝土的受压破坏实际上是裂缝的失稳扩展到贯通的过程。混凝土裂缝的扩展可分为如图6-7所示的四个阶段，每个阶段的裂缝状态示意图如图6-8所示。

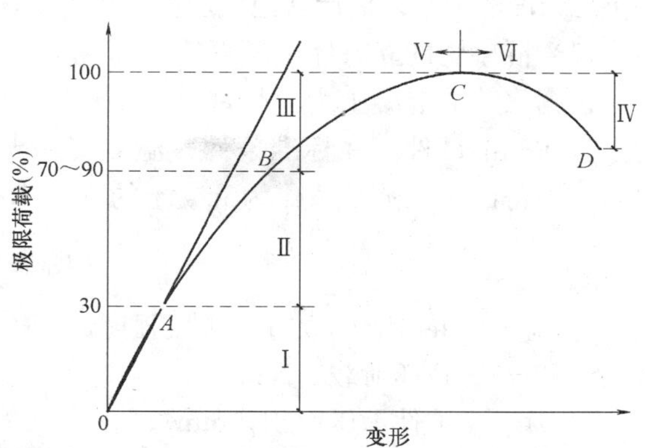

图6-7 混凝土受压变形曲线

Ⅰ—界面裂缝无明显变化；Ⅱ—界面裂缝增长；Ⅲ—出现砂浆裂缝和连续裂缝；Ⅳ—连续裂缝迅速发展；Ⅴ—裂缝缓慢发展；Ⅵ—裂缝迅速增长

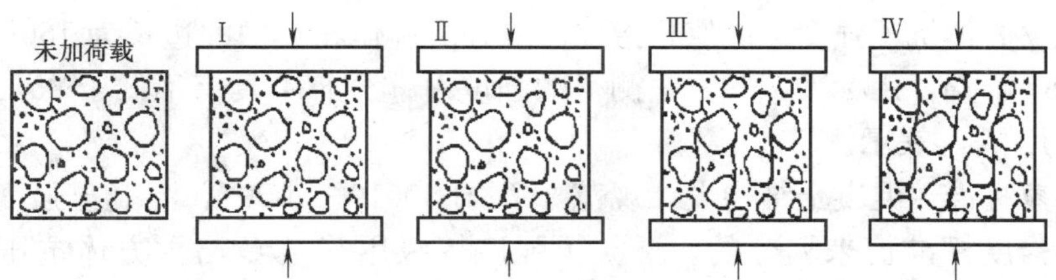

图6-8 不同受力阶段裂缝示意图

当荷载到达“比例极限”（约为极限荷载的30%）以前，界面裂缝无明显变化（图6-7第Ⅰ阶段，图6-8Ⅰ）。此时，荷载与变形接近直线关系（图6-7曲线的*OA*段）；荷载超过“比例极限”以后，界面裂缝的数量、长度、宽度都不断扩大，界面借摩擦阻力继续承担荷载，但尚无明显的砂浆裂缝（图6-8Ⅱ）。此时，变形增大的速度超过荷载的增大速度，荷载与变形之间不再接近直线关系（图6-7曲线的*AB*段）。荷载超过“临界荷载”（为极限荷载的70%～90%）以后，在界面裂缝继续发展的同时，开始出现砂浆裂缝，并将临近的界面裂缝连接起来成为连续裂缝（图6-8Ⅲ）。此时，变形增大的速度进一步加快，荷载-变形曲线明显地弯向变形轴方向（图6-7曲线*BC*段）。超过极限荷载后，连续裂缝急速地扩展（图6-8Ⅳ）。此时，混凝土的承载力下降，荷载减小而变形迅速增大，以致完全破坏，荷载-变形曲线逐渐下降而最后结束（图6-7曲线*CD*段）。因此，混凝土的受力破坏过程实际上是混凝土裂缝的发生和发展过程，也是混凝土内部结构由连续到不连续的演变过程。

2. 混凝土的强度

混凝土的强度包括抗压、抗拉、抗折、抗剪及握裹钢筋强度等，其中抗压强度最大，故工程上混凝土主要承受压力。而且混凝土的抗压强度与其他强度间有一定的相关性，可以根据抗压强度的大小来估计其他强度值，因此混凝土的抗压强度是最重要的一项性能指标。

(1) 混凝土的立方体抗压强度（f_{cu}）

根据《普通混凝土力学性能试验方法标准》（GB/T 50081—2002）制作边长150mm的立方体标准试件，在标准条件［温度（20±2)℃，相对湿度95%以上］下，养护28d龄期，测得的抗压强度值作为混凝土的立方体抗压强度值，用f_{cu}表示，即

$$f_{cu}=\frac{F}{A}$$

式中 f_{cu}——混凝土的立方体抗压强度，MPa；

F——破坏荷载，N；

A——试件承压面积，mm^2。

对于同一混凝土材料，采用不同的试验方法，如不同的养护温度、湿度，以及不同形状、尺寸的试件等其强度值将有所不同。

测定混凝土抗压强度时，也可以采用非标准试件，然后将测定结果乘以换算系数，换算成相当于标准试件的强度值，对于集料最大粒径为31.5mm的混凝土也可采用边长为100mm的立方体试件，但应乘以强度换算系数0.95；对于集料最大粒径为63mm的混凝土，也可采用边长为200mm的立方体试件，也应乘以强度换算系数1.05。

(2) 混凝土立方体抗压强度标准值（$f_{cu,k}$）与强度等级

混凝土立方体抗压强度标准值是指按标准方法制作和养护的边长为150mm的立方体试件，在28d龄期，用标准试验方法测得的强度总体分布中具有不低于95%保证率的抗压强度值，用$f_{cu,k}$表示。

根据国家标准《混凝土结构设计规范》（GB 50010—2002)，混凝土强度等级是按照立方体抗压强度标准值来划分的。混凝土强度等级用符号C与立方体抗压强度标准值（以MPa计）表示，普通混凝土划分为C15、C20、C25、C30、C35、C40、C45、C50、C55、C60、C65、C70、C75和C80十四个等级。混凝土的强度等级是混凝土结构设计、施工质量控制和工程检验的重要依据。

不同工程或用于不同部位的混凝土，其强度等级要求也不相同，一般是：

1) 钢筋混凝土结构的混凝土强度等级不应低于C15；当采用HRB335级钢筋时，混凝土强度等级不应低于C20；当采用HRB400和RRB400级钢筋以及承受重复荷载的构件时，混凝土强度等级不应低于C25。

2) 预应力混凝土结构的混凝土强度等级不应低于C30；当采用钢绞线、钢丝、热处理钢筋作预应力钢筋时，混凝土强度等级不应低于C40。

(3) 混凝土轴心抗压强度（f_{cp}）

混凝土的立方体抗压强度只是评定强度等级的一个标志，它不能直接用来作为结构设计的依据。为了符合工程实际，在结构设计中混凝土受压构件的计算采用混凝土轴心抗压强度。

《普通混凝土力学性能试验方法标准》（GB/T 50081—2002）规定采用150mm×

150mm×300mm 的标准棱柱体试件进行抗压强度试验，也可以采用非标准尺寸的棱柱体试件。当混凝土强度等级<C60 时，用非标准试件测得的强度值均应乘以尺寸换算系数，其值为：对 200mm×200mm×400mm 的试件，为 1.05；对 100mm×100mm×300mm 的试件，为：0.95。当混凝土强度等级>C60 时宜采用标准试件；使用非标准试件时，尺寸换算系数应由试验确定。通过多组棱柱体和立方体试件的强度试验表明：在立方体抗压强度为 10～55MPa 的范围内，轴心抗压强度（f_{cp}）和立方体抗压强度（f_{cu}）之比为 0.70～0.80。

（4）轴心抗拉强度（f_{ts}）

混凝土是种脆性材料，在受拉时产生很小的变形就要开裂，它在断裂前没有残余变形。

混凝土的抗拉强度只有抗压强度的 1/10～1/20，而且随着混凝土强度等级的提高，比值降低。

混凝土的抗拉强度对于抗开裂性有重要意义。在结构设计中抗拉强度是确定混凝土抗裂能力的重要指标，有时也用它来间接衡量混凝土与钢筋的粘结强度等。

《普通混凝土力学性能试验方法标准》（GB 50081—2002）规定，混凝土的抗拉强度采用立方体劈裂抗拉试验来测定，它是采用标准试件边长为 150mm 的立方体，按规定的劈裂抗拉装置检测劈拉强度，其计算公式为：

$$f_{ts}=\frac{2F}{\pi A}=0.637\frac{F}{A}$$

式中 f_{ts}——劈裂抗拉强度，MPa；

F——破坏荷载，N；

A——试件劈裂面面积，mm^2。

各强度等级的混凝土轴心抗压强度标准值 f_{ck}、轴心抗拉强度标准值 f_{tk}必须按表6-22采用。

混凝土强度标准值 **表 6-22**

强度(MPa)	混凝土强度等级													
	C15	C20	C25	C30	C35	C40	C45	C50	C55	C60	C65	C70	C75	C80
f_{ck}	10.0	13.4	16.7	20.1	23.4	26.8	29.6	32.4	35.5	38.5	41.5	44.5	47.4	50.2
f_{tk}	1.27	1.54	1.78	2.01	2.20	2.39	2.51	2.64	2.74	2.85	2.93	2.99	3.05	3.11

还需注意的是，相同强度等级的混凝土轴心抗压强度设计值 f_c、轴心抗拉强度设计值 f_t 低于混凝土轴心抗压强度标准值 f_{ck}、轴心抗拉强度标准值 f_{tk}。

（5）混凝土抗折强度（f_{cf}）

实际工程中常会出现混凝土的断裂破坏现象，如水泥混凝土路面和桥面主要破坏形态就是断裂。因此，在进行路面结构设计以及混凝土配合比设计时，是以抗折强度作为主要强度指标。根据《公路水泥混凝土路面设计规范》（JTG D40—2002）规定，按混凝土弯拉强度高低与路面等级分为四级，见表 6-23。

混凝土抗折强度试验采用边长为 150mm×150mm×550mm 的棱柱体试件作为标准试件，边长为 100mm×100mm×400mm 的棱柱体试件是非标准试件。经 28d 标准养护后，按三分点加荷方式加载测得其抗折强度，其计算公式为：

公路水泥混凝土弯拉强度与弯拉弹性模量（JTG D40—2002） **表 6-23**

交通量分级	特 重	重	中 等	轻
混凝土设计弯拉强度标准值(MPa)	5.0	5.0	4.5	4.0
钢纤维混凝土弯拉强度标准值(MPa)	6.0	6.0	5.5	5.0
设计弯拉弹性模量，$\times10^3$，(MPa)	31	30	29	27

$$f_{cf}=\frac{FL}{bh^2}$$

式中 f_{cf}——混凝土抗折强度，MPa；

F——破坏荷载，N；

L——支座间跨度，mm；

h——试件截面高度，mm；

b——试件截面宽度，mm。

当试件尺寸为100mm×100mm×400mm非标准试件时，需考虑换算系数0.85；当混凝土强度等级≥C60时，宜采用标准试件。

（6）影响混凝土强度的因素

在荷载作用下，混凝土破坏形式通常有三种：最常见的是集料与水泥石的界面破坏；其次是水泥石本身的破坏；第三种是集料的破坏。在水泥混凝土中，集料破坏的可能性较小，因为集料的强度通常大于水泥石的强度及其与集料表面的粘结强度。水泥石的强度及其与集料的粘结强度与水泥的强度等级、水灰比及集料的杂质有很大关系。另外，混凝土强度还受施工质量、养护条件及龄期的影响。

1）原材料的影响

① 水泥强度

水泥是混凝土中的活性组分，其强度大小直接影响混凝土强度。在水灰比不变的前提下，水泥强度越高，硬化后的水泥石强度和胶结能力越强，混凝土的强度也就越高。试验证明，混凝土的强度与水泥强度成正比关系。

② 集料的种类、质量和数量

水泥石与集料的粘结力除了受水泥石强度的影响外，还与粗集料表面特征有关。碎石表面粗糙，粘结力比较大，卵石表面光滑，粘结力比较小。因而在水泥强度等级和水灰比相同的条件下，碎石混凝土的强度往往高于卵石混凝土。

当粗集料级配良好，用量及砂率适当，能组成密集的骨架使水泥数量相对减少，集料的骨架作用充分，也会使混凝土的强度有所提高。

③ 水灰比

当采用同一品种、同一强度等级的水泥时，混凝土的强度取决于水灰比（混凝土的用水量与水泥质量之比）。水泥石的强度来源于水泥的水化反应，按照理论计算，水泥水化所需的结合水一般只占水泥质量的23%左右，即水灰比为0.23。但为了使混凝土获得一定的流动性以满足施工的要求，以及考虑在施工过程中水分蒸发等因素，常常需要较多的水，这样在混凝土硬化后将有部分多余的水分残留在混凝土中形成水泡或在蒸发后或泌水过程中，形成毛细管通道及在大颗粒集料下部形成水隙，大大减少了混凝土抵抗荷载的有效截面，受力时，在气泡周围产生应力集中，降低水泥石与集料的粘结强度。但是如果水灰比过小，混凝土拌合物流动性很小，很难保证浇灌、振实的质量，混凝土中将出现较多的蜂窝和孔洞，强度也将下降，如图 6-9 所示。

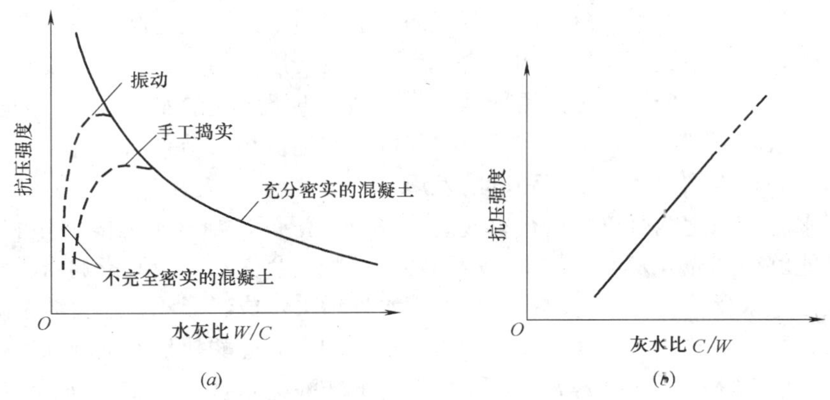

图 6-9 混凝土强度与水灰比及灰水比的关系

(a) 强度与水灰比的关系；(b) 强度与灰水比的关系

大量试验证明，混凝土的强度随着水灰比的增加而降低，呈曲线关系，而混凝土强度和灰水比则呈直线关系。根据工程经验建立起来的常用混凝土强度公式即鲍罗米公式为：

$$\frac{W}{C}=\frac{\alpha_a f_{ce}}{f_{cu,o}+\alpha_a\alpha_b f_{ce}}$$

$$f_{ce}=\gamma_c f_{ce,g}$$

式中 $f_{cu,o}$——混凝土 28d 抗压强度，MPa；

f_{ce}——水泥的 28d 实际强度测定值，MPa；

C——每立方米混凝土中水泥用量，kg；

W——每立方米混凝土中用水量，kg；

α_a，α_b——回归系数［与集料品种、水泥品种有关，《普通混凝土配合比设计规程》(JGJ 55—2000) 提供的数据如下：采用碎石 α_a＝0.46，α_b＝0.07；采用卵石 α_a＝0.48，α_b＝0.33］；

$f_{ce,g}$——水泥强度等级值，MPa；

γ_c——水泥强度等级富余系数（可按实际统计资料确定）。

上面的经验公式一般只适用于流动性混凝土和低流动性混凝土，对干硬性混凝土则不适用。利用混凝土强度经验公式，可进行下面两个方面的估算。

A. 根据所用水泥强度和水灰比来估算所配制混凝土的强度；

B. 根据水泥强度和要求的混凝土强度等级来计算应采用的水灰比。

④ 外加剂和掺合料

混凝土中加入外加剂可按要求改变混凝土的强度及强度发展规律，如掺入减水剂可减少拌合用水量，提高混凝土的强度；如掺入早强剂可提高混凝土早期强度，但对后期强度发展无明显影响。超细的掺合料可配制高性能、超高强度的混凝土。

2）生产工艺因素

生产工艺因素包括混凝土生产过程中涉及的养护条件、养护时间、施工等因素。

① 养护条件——养护温度和湿度的影响

养护温度和湿度是决定水泥水化速率的重要条件。混凝土养护温度越高，水泥的水化速率越快，达到相同龄期时混凝土的强度越高。但是，初期温度过高将导致混凝土的早期强度发展较快，引起水泥凝胶体结构发育不良，水泥凝胶不均匀分布，对混凝土的后期强度发展不利，有可能降低混凝土的后期强度。较高温度下水化的水泥凝胶更为多孔，水化产物来不及自水泥颗粒向外扩散和在间隙空间内均匀地沉积，结果水化产物在水化颗粒临近位置堆积，分布不均匀影响后期强度的发展。

湿度对水泥的水化能否正常进行有显著的影响。湿度适当，水泥能够顺利进行水化，混凝土强度能够得到充分发展。如果湿度不够，混凝土会失水干燥而影响水泥水化的顺利进行，甚至停止水化，使混凝土结构疏松，渗水性增大，或者形成干缩裂缝，降低混凝土的强度和耐久性。对硅酸盐水泥、普通硅酸盐水泥和矿渣硅酸盐水泥配制的混凝土浇水养护不得少于7d；对粉煤灰硅酸盐水泥和火山灰质硅酸盐水泥，或掺有缓凝剂、膨胀剂，或有防水抗渗要求的混凝土，浇水养护不得少于14d。

② 龄期

龄期是指混凝土在正常养护条件下所经历的时间。在正常养护条件下，混凝土的强度随龄期的增长而增加。发展趋势可以用下式的对数关系来描述：

$$\frac{f_{\mathrm{n}}}{f_{28}}=\frac{\lg n}{\lg 28}$$

式中 f_{n}——nd龄期混凝土的抗压强度，MPa；

f_{28}——28d龄期混凝土的抗压强度，MPa；

n——养护龄期（$n \geqslant 3$），d。

随龄期的延长，强度呈对数曲线趋势增长，开始增长速度快，以后逐渐减慢，28d以后强度基本趋于稳定。虽然28d以后的后期强度增长很少，但只要温度、湿度条件合适，混凝土的强度仍有所增长。

③ 施工条件——搅拌和振捣

在施工过程中，必须将混凝土拌合物搅拌均匀，浇筑后必须捣固密实，才能使混凝土有达到预期强度的可能。改进施工工艺可提高混凝土强度，如采用分次投料搅拌工艺；采用高速搅拌工艺；采用高频或多频振捣器；采用二次振捣工艺等都会有效地提高混凝土强度。

3）试验因素

在进行混凝土强度试验时，试件尺寸、形状、表面状态、含水率以及试验时加荷速度等试验因素都会影响混凝土强度试验的测试结果。

① 试件形状尺寸

混凝土试件在压力机上受压时，在沿加荷方向发生纵向变形的同时，也按泊松比效应横向膨胀。而钢制压板的横向膨胀起着约束作用，这种作用称为“环箍效应”。

“环箍效应”对混凝土强度有提高作用，离压板越远，“环箍效应”越小，在距离试件受压面约 0.866a（a 为试件边长）范围外这种效应消失，这种破坏后的试件上下部分各呈一完整的棱锥体。

在进行强度试验时，试件尺寸越大，测得强度值越小。这包括两方面的原因：一是“环箍效应”；二是由于大试件内存在的孔隙、裂缝和局部较差等缺陷的几率大，从而降低了材料的强度。

② 表面状态

当混凝土受压面非常光滑时，由于压板与试件表面的摩擦力减小，使“环箍效应”减小，试件将出现垂直裂纹而破坏，测得的混凝土强度值较低。

③ 含水程度

混凝土试件含水率越高，其强度越低。

④ 加荷速度

在进行混凝土抗压试验时，加荷速度过快，材料裂纹扩展的速度慢于荷载增加速度，故测得的强度值偏高。在进行混凝土立方体抗压强度试验时，应按规定的加荷速度进行。

(7) 提高混凝土强度的措施

1) 采用高强度等级水泥；

2) 采用低水灰比；

3) 采用有害杂质少、级配良好、颗粒适当的集料和合理的砂率；

4) 采用湿热处理（蒸汽养护或蒸压养护）；

5) 采用机械搅拌和振捣混凝土；

6) 掺用混凝土外加剂、掺合料。

6.3.3 混凝土的变形性能

水泥混凝土在凝结硬化过程中以及硬化后，受到外力及环境因素的作用，会相应发生整体的或局部的体积变化，产生变形。实际使用中的混凝土结构一般会受到基础、钢筋或相邻部件的牵制而处于不同程度的约束，即使单一的混凝土试块没有受到外部的约束，其内部各组成之间也还是互相制约的。混凝土的体积变化则会由于约束作用在混凝土内部产生拉应力，当此拉应力超过混凝土的抗拉强度，就会引起混凝土开裂，产生裂缝。裂缝不仅影响混凝土承受设计荷载的能力，还会严重损害混凝土的外观和耐久性。

1. 化学收缩

由于水泥水化产物的总体积小于水化前反应物的总体积而产生的混凝土收缩称为化学收缩。化学收缩是不可恢复的，其收缩量随混凝土龄期的延长而增加，大致与时间的对数成正比。一般在混凝土成型后 40d 内收缩量增加较快，以后逐渐趋向稳定。收缩值为 $(4\sim100)\times10^{-6}$mm/mm 时，可使混凝土内部产生细微裂缝。这些细微裂缝可能会影响混凝土的承载性能和耐久性能。

2. 温度变形

混凝土与其他材料一样，也会随着温度的变化产生热胀冷缩的变形。混凝土的温度线膨胀系数为 $(1\sim1.5)\times10^{-5}$ mm/(mm·℃)，即温度每升降 1℃，每 m 胀缩 0.01～0.015mm。

混凝土温度变形，除由于降温或升温影响外，还有混凝土内部与外部的温差影响。在混凝土硬化初期，水泥水化放出较多的热量，混凝土又是热的不良导体，散热较慢，因此在大体积混凝土内部的温度比外部高，有时可达50～70℃。这将使内部混凝土的体积产生较大的膨胀，而外部混凝土却随气温降低而收缩。内部膨胀和外部收缩互相制约，在外层混凝土中将产生很大拉应力，严重时使混凝土产生裂缝。

为防止温度变形带来的危害，一般纵长的钢筋混凝土结构物，应采取每隔一段长度设置伸缩缝以及在结构物中设置温度钢筋等措施。而对于大体积混凝土工程，必须尽量减少混凝土发热量。目前常用的方法如下：

(1) 最大限度地减少用水量和水泥用量。

(2) 采用低热水泥。

(3) 选用热膨胀系数低的集料，减小热变形。

(4) 预冷原材料，在混凝土中埋冷却水管，表面绝热，减小内外温差。

(5) 对混凝土合理分缝、分块、减轻约束等。

3. 干湿变形

混凝土在干燥过程中，则发生气孔水和毛细孔水的蒸发。气孔水的蒸发并不引起混凝土的收缩。毛细孔水的蒸发，使毛细孔中形成负压，随着空气湿度的降低，负压逐渐增大，产生收缩力，导致混凝土收缩。同时，水泥凝胶体颗粒的吸附水也发生部分蒸发，由于分子引力的作用，粒子间距离变小，使凝胶体产生紧缩。混凝土这种体积收缩，在重新吸水后大部分可以恢复，但仍有残余变形不能完全恢复。通常，残余收缩为收缩量的30%～60%。当混凝土在水中硬化时，体积不变，甚至轻微膨胀。这是由于胶凝体中胶体粒子间的距离增大所致。

混凝土的湿胀变形量很小，一般无损坏作用。但干缩变形对混凝土危害较大，在一般条件下，混凝土的极限收缩值达（50～90）$\times 10^{-5}$ mm/mm，会使混凝土表面出现拉应力而导致开裂，严重影响混凝土耐久性。工程设计中混凝土的线收缩取（15～20）$\times 10^{-5}$ mm/mm。干缩主要是水泥石产生的，故降低水泥用量、减小水灰比是减小干缩的关键。

4. 在荷载作用下的变形

(1) 在短期荷载作用下的变形

1) 混凝土的弹塑性变形

混凝土内部结构中含有砂石集料、水泥石、游离水分和气泡，说明混凝土本身的不均质性。它是一种弹塑性体。受力时，混凝土既产生可以恢复的弹性变形，又会产生不可恢复的塑性变形，其应力与应变关系不是直线而是曲线，如图6-10所示。

在静力试验的加荷过程中，若加荷至应力为σ、应变ϵ的A点，然后将荷载逐渐卸去，则卸载时的应力-应变曲线如AC所示。卸载后能恢复的应变是由混凝土的弹性作用引起的，称为弹性应变$\varepsilon_{弹}$；剩余不能恢复的应变，则是由于混凝土的塑性性质引起的，称为塑性应变$\varepsilon_{塑}$。

在工程应用中，采用反复加荷、卸荷的方法使塑性变形减小，从而测得弹性变形。在重复荷载作用下的应力-应变曲线形式因作用力的大小而不同。当应力小于（0.3～0.5）f_{cp}时，每次卸载都残留一部分塑性变形$\varepsilon_{塑}$，但随着重复次数的增加，$\varepsilon_{塑}$的增量逐渐减小，最后曲线稳定于$A'C'$线，它与初始切线大致平行，如图6-11所示。若所加应力σ在（0.5～0.7）f_{cp}以上重复时，随着重复次数的增加，塑性应变逐渐增加，导致混凝土疲劳破坏。

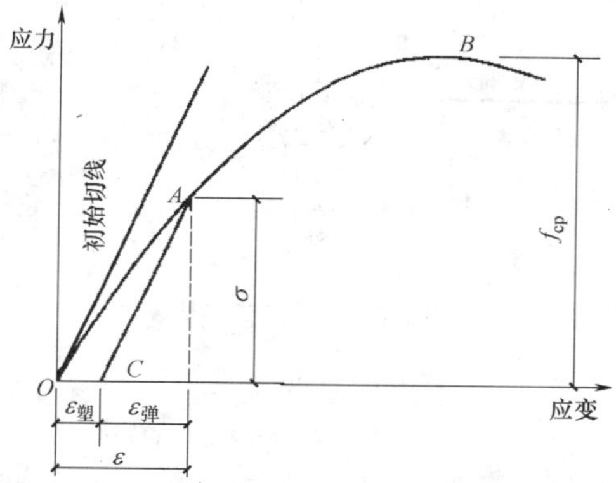

图 6-10 混凝土在压力作用下的应力-应变曲线

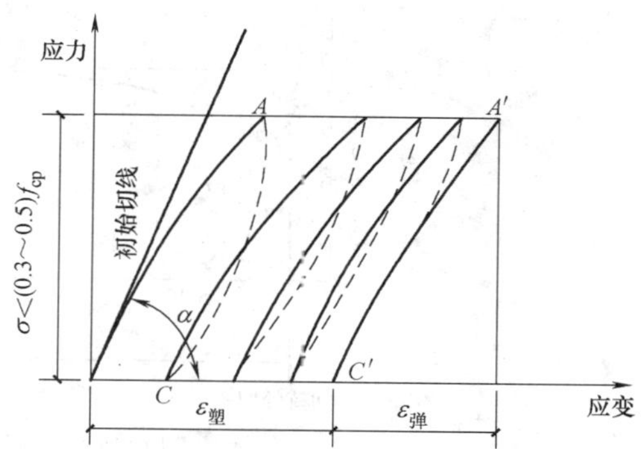

图 6-11 低应力重复荷载的应力-应变曲线

2）混凝土的变形模量

在应力-应变曲线上任一点的应力 σ 与应变 ε 的比值，叫作混凝土在该应力下的变形模量。它反映混凝土所受应力与所产生应变之间的关系。在计算钢筋混凝土变形、裂缝开展及大体积混凝土的温度应力时，均需要知道此时混凝土的变形模量。在混凝土结构或钢筋混凝土结构设计中，常采用一种按标准方法测得的静力受压弹性模量 E_c。

在静力受压弹性模量试验中，使混凝土的应力在 $0.4f_{cp}$ 水平下经过多次反复加荷和卸荷，最后所得应力-应变曲线与初始切线大致平行，这样测出的变形模量称为弹性模量 E_c，故 E_c 在数值上与 $\tan\alpha$ 相近，如图 6-11 所示。

混凝土弹性模量受其组成相及孔隙率影响，并与混凝土的强度有一定的相关性。混凝土的强度越高，弹性模量也越高，当混凝土的强度等级由 C15 增加到 C60 时，其弹性模量大致由 2.20×10^4MPa 增到 3.60×10^4MPa。

混凝土的弹性模量随其集料与水泥石的弹性模量而异。由于水泥石的弹性模量一般低于集料的弹性模量，所以混凝土的弹性模量一般略低于其集料的弹性模量。在材料质量不变的条件下，混凝土的集料含量越多、水灰比较小、养护较好及龄期较长时，混凝土的弹性模量较大。蒸汽养护的弹性模量比标准养护的低。

(2) 在长期荷载作用下的变形——徐变

混凝土在恒定荷载的长期作用下，沿着作用力方向的变形随时间的增加而产生的变形称为徐变。徐变一般要延续 2～3 年才逐渐趋于稳定（见图 6-12）。

当混凝土受荷载作用后，即时产生瞬时变形，瞬时变形以弹性变形为主。随着荷载持续时间的增长，徐变逐渐增长，且在荷载作用初期增长较快，以后逐渐减慢并稳定，一般可达 $(3\sim15)\times10^{-4}$mm/mm，即 0.3～1.5mm/m，为瞬时变形的 2～4 倍。混凝土在变形稳定后，如卸去荷载，则部分变形可以产生瞬时恢复，部分变形在一段时间内逐渐恢复，称为徐变恢复（见图 6-12），但仍会残余大部分不可恢复的永久变形，称为残余变形。

一般认为，混凝土的徐变是由于水泥石中凝胶体在长期荷载作用下的黏性流动，是凝胶孔水向毛细孔内迁移的结果。在混凝土较早龄期时，水泥尚未充分水化，水泥石中毛细孔较多，凝胶体易蠕动，所以徐变发展较快，在晚龄期时，由于水泥继续硬化，毛细孔逐

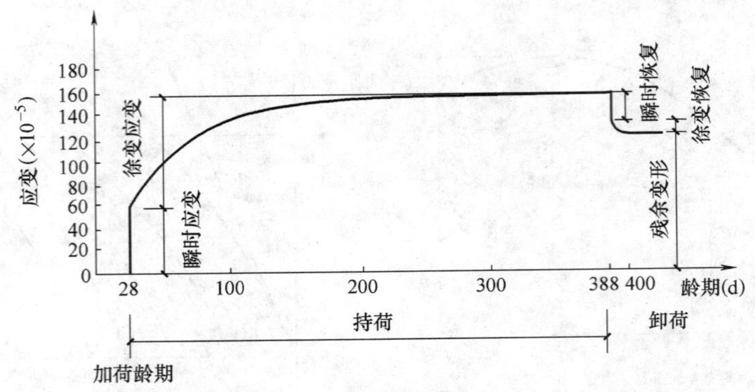

图 6-12 混凝土的徐变与恢复

渐减小，徐变发展渐慢。

混凝土徐变对结构物的作用：对普通钢筋混凝土构件，能消除钢筋混凝土内部的温度应力和收缩应力，减弱混凝土的开裂现象；对预应力构件，混凝土的徐变使预应力增加。

影响混凝土徐变的因素主要有：

1）水灰比一定时，水泥用量越大，徐变越大；

2）水灰比越小，徐变越小；

3）龄期长、结构致密、强度高则徐变小；

4）集料用量多，徐变小；

5）应力水平越高，徐变越大。

6.3.4 混凝土耐久性能

混凝土的耐久性是指混凝土在使用条件下抵抗周围环境中各种因素长期作用而不破坏的能力。根据混凝土所处的环境条件的不同，其耐久性应考虑的因素也不同。如承受压力水作用的混凝土，需要具有一定抗渗能力；遭受环境水侵蚀作用的混凝土，需要具有与之相适应的抗侵蚀性能等。

混凝土的耐久性是一个综合性概念，它主要包括抗渗性、抗冻性、抗侵蚀性、抗碳化性、抗碱-集料反应以及混凝土中的钢筋锈蚀等性能。这些性能决定着混凝土经久耐用的程度。

1. 混凝土的抗渗性

（1）抗渗性的定义

混凝土材料抵抗压力水渗透的能力称为抗渗性，它是决定混凝土耐久性最基本的因素。钢筋锈蚀、冻融循环、硫酸盐侵蚀和碱-集料反应这些导致混凝土品质劣化的原因中，水能够渗透到混凝土内部是破坏的前提。也就是说，水或者直接导致膨胀和开裂，或者作为侵蚀性介质扩散进入混凝土内部的载体。可见，渗透性对于混凝土耐久性的重要意义。

（2）抗渗性的衡量

混凝土的抗渗性用抗渗等级表示，共有P4、P6、P8、P10、P12五个等级。混凝土的抗渗实验采用185mm×175mm×150mm的圆台形试件，每组6个试件。按照标准实验方法成型并养护至28～60d进行抗渗性试验。试验时将圆台性试件周围密封并装入模具，从圆台试件底部施加水压力，初始压力为0.1MPa，每隔8h增加0.1MPa，当6个试件中有

4个试件未出现渗水时的最大水压力表示。《普通混凝土配合比设计规程》(JGJ 55—2000)中规定，具有抗渗要求的混凝土，试验要求的抗渗水压值应比设计值高0.2MPa，试验结果应符合下式要求：

$$P_t=\frac{P}{10}+0.2$$

式中 P_t——6个试件中4个未出现渗水的最大水压值，MPa；

P——设计要求的抗渗等级值。

(3) 影响抗渗性的因素

混凝土的抗渗性主要与其密实度及内部孔隙的大小和构造有关。混凝土内部的互相连通和毛细管道，以及由于混凝土施工成型时，振捣不实产生的蜂窝、孔洞，都会造成混凝土渗水。

1) 水灰比。混凝土水灰比大小对其抗渗性能起决定性作用。水灰比越大，其抗渗性越差。成型密实的混凝土，水泥石本身的抗渗性对混凝土的抗渗性影响很大。

2) 集料的最大粒径。在水灰比相同时，混凝土的最大粒径越大，其抗渗性越差。这是由于集料和水泥浆的界面处易产生裂纹和较大集料下方易形成空穴的缘故。

3) 养护方法。蒸汽养护的混凝土其抗渗性较潮湿养护的混凝土要差。在干燥条件下，混凝土早期失水过多，容易形成收缩裂隙，因而降低混凝土的抗渗性。

4) 水泥品种。水泥的品种、性质也影响混凝土的抗渗性能。

5) 外加剂。在混凝土中掺入某些外加剂，如减水剂等，可减少水灰比，改善混凝土的和易性，因而可改善混凝土的密实度，即提高了混凝土的抗渗性能。

6) 掺合料。在混凝土中加入掺合料，如掺入优质粉煤灰，可提高混凝土的密实度、细化孔隙，改善了孔结构和集料与水泥石界面的过渡区结构，提高了混凝土的抗渗性。

7) 龄期。混凝土龄期越长，其抗渗性越好。因为随着水泥水化的进行，混凝土的密实度逐渐提高。

2. 混凝土的抗冻性

(1) 抗冻性定义与冻融破坏机理

混凝土的抗冻性是指混凝土在水饱和状态下经受多次冻融循环作用，能保持强度和外观完整性的能力。在寒冷地区，特别是接触水又受冻的环境下的混凝土，要求具有较高的抗冻性能。

混凝土的密实度、孔隙构造和数量，以及孔隙的充水程度是决定抗冻性的重要因素。密实的混凝土和具有封闭孔隙的混凝土抗冻性较高。影响混凝土抗渗性的因素对混凝土的抗冻性也有类似的影响，最有效的方法是掺入引气剂、减少剂和防冻剂。

(2) 抗冻性的表征

混凝土抗冻性用抗冻等级表示。抗冻试验有两种方法，即慢冻法和快冻法。

1) 慢冻法

采用立方体试块，以龄期28d的试件在吸水饱和后承受反复冻融循环作用（冻4h，融化），以抗压强度下降不超过25%，质量损失不超过5%时所承受的最大冻融循环次数表示，如D50、D100。

2) 快冻法

采用100mm×100mm×400mm的棱柱体试件，以龄期28d后进行试验，试件饱和吸水后承受反复冻融循环，一个循环在2～4h内完成，以相对动弹性模量值不小于60%，而且质量损失率不超过5%时所承受的最大循环次数表示，如F50、F100、F150等。

根据快速冻融最大次数，按以下公式可以求出混凝土的抗冻耐久性系数：

$$K_n = P_n \times \frac{N}{300}$$

式中 K_n——混凝土耐久性系数；

N——满足快冻法控制指标要求的最大冻融循环次数，次；

P_n——经 n 次冻融循环后试件的相对动弹性模量，%。

(3) 提高混凝土抗冻性的措施

1) 降低混凝土水胶比，降低孔隙率。

2) 掺加引气剂，保持含气量在4%～5%。

3) 提高混凝土强度，在相同含气量的情况下，混凝土强度越高，抗冻性越好。

3. 混凝土的碳化与钢筋锈蚀

(1) 混凝土碳化的定义

混凝土的碳化是指空气中的二氧化碳与水泥石中的水化产物在有水的条件下发生化学反应，生成碳酸钙和水的过程。碳化过程是二氧化碳由表及里向混凝土内部逐渐扩散的过程。未经碳化的混凝土pH=12～13，碳化后pH=8.5～10，接近中性。混凝土碳化程度常用碳化深度表示。

(2) 混凝土保护钢筋不生锈的原因

混凝土保护钢筋不生锈是因为混凝土孔隙中的水溶液通常含有较大量的 Na^+、K^+、OH^- 及少量 Ca^{2+} 等离子存在，能保持离子电中性 OH^- 浓度较高，即pH较大的缘故。在这样的强碱环境中，钢筋表面生成一层厚20～60Å的致密钝化膜，使钢材难以进行电化学反应，即电化学腐蚀难以进行。一旦这层钝化膜遭到破坏，钢筋的周围又有一定的水分和氧气时，混凝土中的钢筋就会腐蚀。

(3) 混凝土碳化的影响

1) 使混凝土的碱度降低，减弱了对钢筋的保护作用。

2) 引起混凝土显著收缩，使混凝土表面产生拉应力，导致混凝土的表面产生微细裂纹，从而使混凝土的抗拉和抗折强度下降。

3) 水泥石中的水化产物分解。

以上三方面是不利的影响，当然也有有利的方面——碳化可使混凝土的抗压强度提高，这是因为碳化反应生成的水分有利于水泥的水化作用，而且反应生成的碳酸钙减少了水泥石内部的孔隙。但总体上弊大于利。

(4) 影响碳化的因素

1) 外部环境

① 二氧化碳的浓度。二氧化碳浓度越高将加速碳化的进行。近年来，工业排放二氧化碳量持续上升，城市建筑混凝土碳化速度在加快。

② 环境湿度。水分是碳化反应进行的必需条件。相对湿度为50%～75%时，碳化速度最快。

2）混凝土内部因素

① 水泥品种与掺合料用量。在混凝土中随着胶凝材料体系中硅酸盐水泥熟料成分减少，掺合料用量的增加，碳化加快。

② 混凝土的密实度。随着水胶比降低，孔隙率减少，二氧化碳气体和水不易扩散到混凝土内部，碳化速度减慢。

（5）钢筋锈蚀及对混凝土的影响

当钢筋表层保护膜破坏时，在氧气、水分存在的条件下，钢筋表面发生电化学腐蚀，阳极铁离子发生化学反应生成氧化亚铁、氢氧化铁等腐蚀物。钢筋锈蚀后，有效直径减小，直接危及混凝土结构的安全性；同时，钢筋锈蚀后，锈蚀生成物的体积膨胀，致使混凝土保护层顺筋开裂，混凝土自身免疫性大幅度降低，品质迅速劣化。

（6）氯离子对钢筋锈蚀的影响

氯离子是一种极强的钢筋腐蚀因子，扩散能力很强，混凝土中含有 0.6～1.2kg/m^3 氯离子时足以破坏钢筋钝化膜，腐蚀钢筋。北方某大学教学用大楼，因施工时使用了氯盐作防冻剂，10 年后，底层、柱子因钢筋锈蚀出现大面积开裂而无法正常使用。

4. 混凝土的抗侵蚀性

当混凝土所处使用环境中有侵蚀性介质时，混凝土很可能遭受侵蚀，通常有软水侵蚀、硫酸盐侵蚀、镁盐侵蚀、碳酸侵蚀、一般酸侵蚀与强碱腐蚀等，其机理在水泥章节中已经阐述。随着混凝土在海洋、盐渍、高寒等环境中的大量使用，对混凝土的抗侵蚀性提出了更严格的要求。

混凝土的抗侵蚀性受胶凝材料的组成、混凝土的密实度、孔隙特征与强度等因素影响。

5. 碱-集料反应

（1）碱-集料反应的定义

混凝土中的碱性氧化物（Na_2O、K_2O）与集料中的活性 SiO_2、活性碳酸盐发生化学反应生成碱-硅酸盐凝胶或碱-碳酸盐凝胶，沉积在集料与水泥胶体的界面上，吸水后体积膨胀 3 倍以上，导致混凝土开裂破坏。这种碱性氧化物和活性二氧化硅之间的化学作用通常称为碱-集料反应。

普遍认为发生碱-集料反应必须同时具备下列三个必要条件：一是碱含量；二是集料中存在活性二氧化硅；三是环境潮湿，水分渗入混凝土。

（2）碱-集料破坏的特征

1）开裂破坏一般发生在混凝土浇筑后两三年或者更长时间。

2）常呈现顺筋开裂和网状龟裂。

3）裂缝边缘出现凹凸不平现象。

4）越潮湿的部位反应越强烈，膨胀和开裂破坏越明显。

5）常有透明、淡黄色、褐色凝胶从裂缝处析出。

（3）预防或抑制混凝土碱-集料反应的措施

1）避免使用碱活性集料；

2）使用含碱量小于 6％的水泥，以降低混凝土中总的碱含量，一般≤3.5kg/m^3；

3）掺用矿物细粉掺合料，如粉煤灰、磨细矿渣，但至少要替代 25％以上的水泥；

4）使混凝土密实，防止水分进入混凝土内部。

6. 提高耐久性的措施

混凝土遭受各种侵蚀作用的破坏虽各不相同，但提高混凝土的耐久性措施又很多共同之处，即选择适当的原料；提高混凝土的密实度；改善混凝土的内部的孔结构。一般提高混凝土耐久性的具体措施有：

（1）合理选择水泥品种，使其与工程环境相适应，见表 5-22；

（2）采用合适的水灰比和保证水泥用量，见表 6-24；

（3）选择质量良好、级配合理的集料和合理砂率；

（4）掺用适量的引气剂或减水剂；

（5）加强混凝土的质量的生产控制。

混凝土的最大水灰比和最小水泥用量 **表 6-24**

<table>
<tr><th colspan="2" rowspan="2">环境条件</th><th rowspan="2">结构物类别</th><th colspan="3">最大水灰比</th><th colspan="3">最小水泥用量(kg)</th></tr>
<tr><th>素混凝土</th><th>钢筋混凝土</th><th>预应力混凝土</th><th>素混凝土</th><th>钢筋混凝土</th><th>预应力混凝土</th></tr>
<tr><td colspan="2">干燥环境</td><td>正常的居住或办公用房屋内部件</td><td>不做规定</td><td>0.65</td><td>0.60</td><td>200</td><td>260</td><td>300</td></tr>
<tr><td rowspan="2">潮湿环境</td><td>无冻害</td><td>高湿度的室内部件
室外部件
在非侵蚀性土和水中的部件</td><td>0.70</td><td>0.60</td><td>0.60</td><td>225</td><td>280</td><td>300</td></tr>
<tr><td>有冻害</td><td>经受冻害的室外部件
在非侵蚀性土和水中且经常受冻害的部件
高湿度且经受冻害的室内部件</td><td>0.55</td><td>0.55</td><td>0.55</td><td>250</td><td>280</td><td>300</td></tr>
<tr><td colspan="2">有冻害和除冰剂的潮湿环境</td><td>经受冻害和除冰剂作用的室内和室外部件</td><td>0.50</td><td>0.50</td><td>0.50</td><td>300</td><td>300</td><td>300</td></tr>
</table>

注：1. 当用活性掺合料取代部分水泥时，表中的最大水灰比及最小水泥用量即为替代前的水灰比和水泥用量。
2. 配制 C15 级等级的混凝土，可不受本表限制。

6.4 水泥混凝土的质量控制与强度评定

为了保证生产的混凝土按规定的保证率满足设计要求，应加强混凝土的质量控制。混凝土的质量控制有初步控制、生产控制和合格控制。

初步控制：混凝土生产前对人员配备、设备调试、组成材料的检验及混凝土配合比的确定与调整。

生产控制：包括控制计量、搅拌、运输、浇筑、振捣和养护等项内容。

合格控制：主要有批量划分、确定批量取样数、确定检测方法和检验界限等项内容。

混凝土的质量是由其性能检验结果来评定的。在施工中，虽然力求做到既要保证混凝土所要求的性能，又要保证其质量的稳定性。但实践中，由于原材料、施工条件及试验条件等许多复杂因素的影响，必然造成混凝土质量的波动。由于混凝土的质量波动将直接反映到其最终的强度上，而混凝土的抗压强度与其他性能有较好的相关性。因此，在混凝土生产质量管理中，常以混凝土的抗压强度作为评定和控制其质量的主要指标。

6.4.1 混凝土强度的质量控制

1. 混凝土强度的波动规律

对某种混凝土经随机取样测定其强度，其数据经过整理绘成强度概率分布曲线，一般均接近正态分布曲线（见图 6-13）。曲线高峰为混凝土平均强度的概率。以平均强度为对称轴，左右两边曲线是对称的。概率分布曲线窄而高，说明强度测定值比较集中，波动较小，混凝土的均匀性好，施工水平较高。如果曲线宽而矮，则说明强度值离散程度大，混凝土的均匀性差，施工水平较低。在数理统计方法中，常用强度平均值、标准差、变异系数和强度保证率等统计参数来评定混凝土质量。

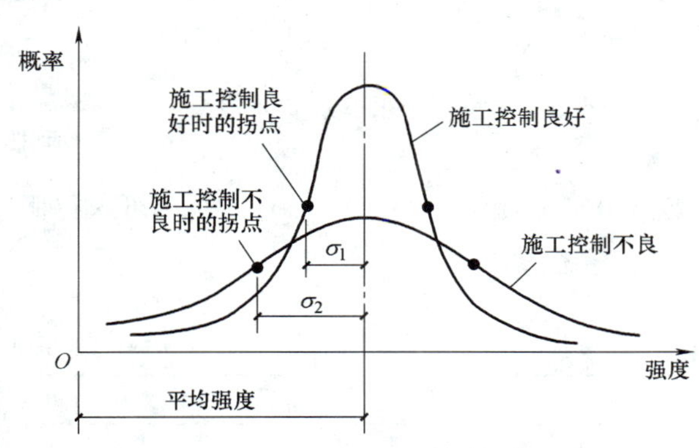

图 6-13 混凝土强度概率分布曲线

（1）强度平均值$\overline{f}_{cu}$

$$\overline{f}_{cu}=\frac{1}{n}\sum_{i=1}^{n}f_{cu,i}$$

式中 n——试件组数；

$f_{cu,i}$——第 i 组抗压强度，MPa。

强度平均值仅代表混凝土强度总体的平均水平，但并不反映混凝土强度的波动情况。

（2）标准差 σ

$$\sigma=\sqrt{\frac{\sum_{i=1}^{n}f_{cu,i}^{2}-n\overline{f}_{cu,i}^{2}}{n-1}}$$

标准差又称均方差，它表明分布曲线的拐点距强度平均值的距离。σ 越大，说明其强度离散程度越大，混凝土质量也越不稳定。

（3）变异系数 C_V

变异系数又称离散系数，是混凝土质量均匀性的指标。$C_V=\frac{\sigma}{\overline{f}_{cu}}$，$\sigma$ 越小，说明混凝土质量越稳定，混凝土生产的质量水平越高。

2. 混凝土强度保证率

在混凝土强度质量控制中，除了必须考虑到所生产的混凝土强度质量的稳定性之外，还必须考虑符合设计要求的强度等级的合格率。它是指在混凝土总体中，不小于设计要求的强度等级标准值（$f_{cu,k}$）的概率 P（%）。

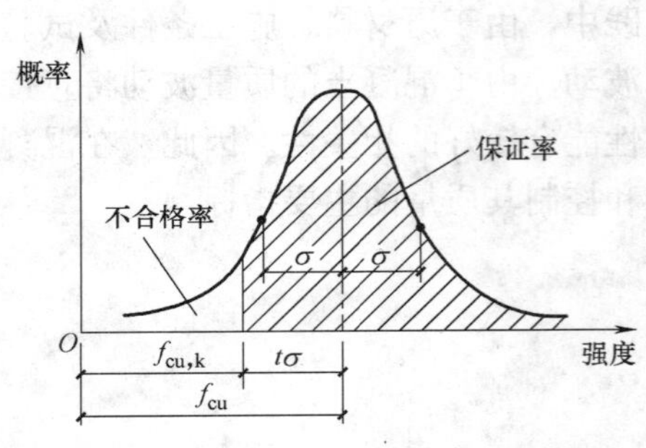

图 6-14 强度标准正态分布曲线

随机变量 $t=\frac{\bar{f}_{cu}-f_{cu,k}}{\sigma}$ 将强度概率分布曲线转换为标准正态分布曲线。如图 6-14 所示，曲线下的总面积为概率的总和，等于 100%，阴影部分即混凝土的强度保证率。所以，强度保证率的计算方法如下：

先计算概率度 t，即

$$t=\frac{\bar{f}_{cu}-f_{cu,k}}{\sigma}=\frac{\bar{f}_{cu}-f_{cu,k}}{C_V\bar{f}_{cu}}$$

由概率度 t，再根据标准正态分布曲线方程 $P(t)=\int_t^{+\infty}\Phi(t)\mathrm{d}t=\frac{1}{\sqrt{2\pi}}\int_t^{+\infty}e^{-\frac{t^2}{2}}\mathrm{d}t$，可求得概率度 t 与强度保证率 P（%）的关系，如表 6-25 所示。

不同 t 值的保证率 P **表 6-25**

t	0.00	−0.50	−0.84	−1.00	−1.20	−1.28	−1.40	−1.60
P(%)	50.0	69.2	80.0	84.1	88.5	90.0	91.9	94.5
t	−1.645	−1.70	−1.81	−1.88	−2.00	−2.05	−2.33	−3.00
P(%)	95.0	95.5	96.5	97.0	97.7	99.0	99.4	99.87

工程中 P（%）值可根据统计周期内混凝土试件强度不低于要求等级标准值的组数 N_0 与试件总数 N（$N\geqslant 25$）之比求得，即

$$P=\frac{N_0}{N}\times 100\%$$

我国在《混凝土强度检验评定标准》（GB/T 50107—2010）中规定，根据统计周期内混凝土强度标准差 σ 值和保证率 P（%），可将混凝土生产单位的生产管理水平划分为优良、一般及差三个等级，如表 6-26 所示。

混凝土生产管理水平 **表 6-26**

评定指标及生产单位 \ 生产管理水平及混凝土强度等级		优良		一般		差	
		<C20	≥C20	<C20	≥C20	<C20	≥C20
混凝土强度标准差 σ(MPa)	商品混凝土厂和预制混凝土构件厂	≤3.0	≤3.5	≤4.0	≤5.0	>5.0	>5.0
	集中搅拌混凝土的施工现场	≤3.5	≤4.0	≤4.5	≤5.5	>4.5	>5.5
强度等于和高于要求强度等级的百分率 P(%)	商品混凝土厂和预制混凝土构件厂及集中搅拌混凝土的施工现场	≥95		>85		≤85	

3. 混凝土配制强度

根据混凝土保证率的概念可知，如果按设计的强度等级（$f_{cu,k}$）配制混凝土，则其强度保证率只有50%。为使混凝土强度保证率满足规定的要求，在设计混凝土配合比时，必须使配制强度高于混凝土设计要求强度，则有

$$f_{cu,o}=f_{cu,k}-t\sigma$$

可见，设计要求的保证率越大，配制强度就要求越高；强度质量稳定性差，配制强度应越大。根据《普通混凝土配合比设计规程》（JGJ 55—2000）规定，工业与民用建筑及一般构筑物所采用的普通混凝土的强度保证率为95%，由表6-25知$t=-1.645$，即得

$$f_{cu,o}=f_{cu,k}+1.645\sigma$$

式中 $f_{cu,o}$——混凝土配制强度，MPa；

$f_{cu,k}$——混凝土立方体抗压强度标准值，MPa；

σ——混凝土强度标准差，MPa。

6.4.2 混凝土强度的评定

1. 统计方法评定

混凝土强度进行分批检验评定。一个检验批的混凝土应由强度等级相同、龄期相同以及生产工艺条件和配合比基本相同的混凝土组成。

当混凝土的生产条件在较长时间内能保持一致，且同一品种混凝土的强度变异性能保持稳定时，即标准差已知时，应由连续的三组试件组成一个检验批。其强度应同时满足下列要求：

$$mf_{cu}\geqslant f_{cu,k}+0.7\sigma_0$$

$$f_{cu,min}\geqslant f_{cu,k}-0.7\sigma_0$$

式中 mf_{cu}——统一检验批混凝土立方体抗压强度的平均值，MPa，精确到0.1MPa；

$f_{cu,k}$——混凝土立方体抗压强度标准值，MPa，精确到0.1MPa；

$f_{cu,min}$——统一检验批混凝土立方体抗压强度的最小值，MPa，精确到0.1MPa；

σ_0——检验批混凝土立方体抗压强度的标准差，MPa，精确到0.1MPa。

当混凝土强度等级不高于C20时，其强度的最小值还应满足下式要求：

$$f_{cu,min}\geqslant 0.85f_{cu,k}$$

当混凝土强度等级高于C20时，其强度的最小值还应满足下式要求：

$$f_{cu,min}\geqslant 0.90f_{cu,k}$$

当混凝土的生产条件在较长时间内不能保持一致且混凝土强度变异不能保持稳定时，或在前一个检验期内的同一品种混凝土没有足够的数据用以确定检验批混凝土立方体抗压强度的标准差时，应由不少于10组的试件组成一个检验批，其强度应同时满足下列公式的要求：

$$mf_{cu}\geqslant f_{cu,k}+\lambda_1\cdot S_{f_{cu}}$$

$$f_{cu,min}\geqslant\lambda_2\cdot f_{cu,k}$$

式中 $S_{f_{cu}}$——同一批检验混凝土立方体抗压强度的标准差（当$S_{f_{cu}}$的计算值小于2.5MPa，取$S_{f_{cu}}=2.5$MPa。）

λ_1，λ_2——合格评定系数（按表6-27取用）。

混凝土强度的合格评定系数　　表 6-27

试件组数	10～14	15～19	≥20
λ_1	1.15	1.05	0.95
λ_2	0.90	0.85	0.85

混凝土立方体抗压强度的标准差 $S_{f_{cu}}$，可按下列公式计算：

$$S_{f_{cu}}=\sqrt{\frac{\sum_{i=1}^{n}f_{cu,i}^{2}-nmf_{cu}^{2}}{n-1}}$$

式中 $f_{cu,i}$——前一检验期内同一品种、同一强度等级的第 i 组混凝土试件的立方体抗压强度代表值，MPa，精确到 0.1MPa；该检验期不应少于 60d，也不得大于 90d；

n——前一检验期内的样本容量，在该期间样本容量不应少于 45。

当用于评定的样本容量少于 10 组时，应采用非统计方法评定混凝土强度。

2. 非统计方法评定

以上为按统计方法评定混凝土强度。若按非统计法评定混凝土强度时，其强度应同时满足下列要求：

$$mf_{cu}\geqslant\lambda_3\cdot f_{cu,k}$$

$$f_{cu,min}\geqslant\lambda_4\cdot f_{cu,k}$$

式中 λ_3，λ_4——合格评定系数（按表 6-28 取用）。

混凝土强度非统计法的合格评定系数　　表 6-28

混凝土强度等级	＜C60	≥C60
λ_3	1.15	1.10
λ_4	0.95	0.95

若按上述方法检验，发现不满足合格条件时，则该批混凝土强度判为不合格。对不合格的混凝土，可按国家现行的有关标准进行处理。

6.5 水泥混凝土配合比设计

混凝土配合比设计就是根据工程要求、结构形式和施工条件来确定各组成材料数量之间的比例关系。一个完整的混凝土配合比设计应包括：初步配合比计算、试配、调整与确定等步骤。

6.5.1 混凝土配合比设计的基本要求

土木工程中所使用的混凝土须满足以下五项基本要求：

（1）满足施工规定所需的和易性要求；

（2）满足设计的强度要求；

（3）满足与使用环境相适应的耐久性要求；

（4）满足业主或施工单位渴望的经济性要求；

（5）满足可持续发展所必需的生态性要求。

6.5.2 混凝土配合比设计的三个参数

1. 混凝土配合比表示方法

常用的表示方法有两种：

一种是以 $1m^3$ 混凝土中各项材料的质量表示，如某配合比：水泥 300kg，水 180kg，砂 630kg，石子 1380kg，该混凝土 $1m^3$ 总质量为 2490kg；

另一种是以各项材料相互间的质量比来表示（以水泥质量为 1），将上例换算成质量比为：水泥：砂：石＝1：2.10：4.60，水灰比＝0.60。

进行混凝土配合比设计计算时，其计算公式和有关参数表格中的数据均系以干燥状态集料为基准。干燥状态集料是指含水率小于 0.5%的细集料或含水率小于 0.2%的粗集料，如需以饱和面干集料为基准进行计算时，则应作相应的修改。

2. 主要参数

混凝土配合比设计，实质上就是确定水泥、水、砂和石子这四种组成材料用量之间的三个比例关系：

（1）水与水泥之间的比例关系，常用水灰比表示；

（2）砂与石子之间的比例关系，常用砂率表示；

（3）水泥浆与集料之间的比例关系，常用单位用水量（$1m^3$ 混凝土的用水量）来表示。

水灰比、砂率、单位用水量是混凝土配合比的三个重要参数，因为这三个参数与混凝土的各项性能之间有着密切的关系，在配合比设计中正确地确定这三个参数，就能使混凝土满足设计的五项基本要求。

6.5.3 混凝土配合比设计步骤

混凝土配合比设计步骤包括配合比计算、试配和调整、施工配合比的确定等。

1. 初步混凝土配合比计算

混凝土初步配合比计算应按下列步骤进行计算：1）计算配制强度 $f_{cu,o}$，并求出相应的水灰比；2）选取每立方米混凝土的用水量，并计算出每立方米混凝土的水泥用量；3）选取砂率，计算粗集料和细集料的用量，并提出供试配用的初步配合比。

1）计算配制强度（$f_{cu,o}$）

根据《普通混凝土配合比设计规程》（JGJ 55—2000）的规定，试配强度按下式计算：

$$f_{cu,o} \geqslant f_{cu,k} + 1.645\sigma$$

式中 $f_{cu,o}$——混凝土配制强度，MPa；

$f_{cu,k}$——混凝土立方体抗压强度标准值，MPa；

σ——混凝土强度标准差，MPa。

注意，当现场条件与试验室条件有显著差异时，或者配制 C30 级及其以上强度等级的混凝土，采用非统计方法评定时，应提高混凝土的配制强度。

混凝土强度标准差 σ 应根据同类混凝土统计资料计算确定，其计算公式如下：

$$\sigma = \sqrt{\frac{\sum_{i=1}^{n} f_{cu,i}^2 - nmf_{cu}^2}{n-1}}$$

式中 $f_{cu,i}$——统计周期内同一品种混凝土第 i 组试件的抗压强度值代表值，MPa；

mf_{cu}——统计周期内同一品种混凝土立方体强度平均值，MPa；

n——统计周期内同品种混凝土试件的总组数。

计算混凝土强度标准差 σ 时，强度试件组数不应少于 25 组。当混凝土强度等级为 C20、C25 级，其强度标准差计算值小于 2.5MPa 时，计算配制强度用的标准差应取不小于 2.5MPa；当混凝土强度等级大于或等于 C30 级，其强度标准差小于 3.0MPa 时，计算配制强度用的标准差应取不小于 3.0MPa。

当无统计资料计算混凝土强度标准差时，其值应按现行国家标准《混凝土结构工程施工及检验规范》(GB 50204—2002) 取用（见表 6-29)。

混凝土强度标准差 σ 值 **表 6-29**

混凝土强度等级	低于 C20	C20～C35	高于 C35
σ(MPa)	4.0	5.0	6.0

2）计算水灰比（W/C）

混凝土强度等级小于 C60 时，混凝土水灰比应按下式计算：

$$\frac{W}{C}=\frac{\alpha_a f_{ce}}{f_{cu,o}+\alpha_a\alpha_b f_{ce}}$$

式中 α_a、α_b——回归系数；

f_{ce}——水泥 28d 抗压强度实测值，MPa。

在确定 f_{ce} 值时，f_{ce} 值可根据 3d 强度或快测强度推定 28d 强度关系式得出。当无水泥 28d 抗压强度实测值时，其值可按下式确定：

$$f_{ce}=\gamma_c f_{ce,g}$$

式中 γ_c——水泥强度等级值的富余系数（可按实际统计资料确定）；

$f_{ce,g}$——水泥强度等级值，MPa。

回归系数 α_a 和 α_b 应根据工程所使用的水泥、集料，通过试验由建立的水灰比与混凝土强度关系确定；当不具备上述试验统计资料时，其回归系数可由表 6-30 采用。

回归系数 α_a 和 α_b 选用表 **表 6-30**

回归系数	碎　石	卵　石
α_a	0.46	0.48
α_b	0.07	0.33

为保证混凝土的耐久性，需要控制水灰比及水泥用量，水灰比不得大于表 6-24 所规定的最大水灰比，如果计算所得的水灰比大于规定的最大水灰比时，应取规定的最大水灰比。

3）确定 $1m^3$ 混凝土用水量（m_{wo}）

① 干硬性和塑性混凝土单位用水量的确定。

水灰比在 0.40～0.80 范围内时，根据粗集料的品种、粒径及施工要求的混凝土拌合物稠度，其单位用水量可按表 6-19 和表 6-20 选取。

水灰比小于 0.40 的混凝土以及采用特殊成型工艺的混凝土用水量通过试验确定。

② 流动性和大流动性混凝土的用水量宜按下列步骤计算：

A. 以表 6-20 中坍落度 90mm 的用水量为基础，按坍落度每增大 20mm 用水量增加 5kg，计算出未掺外加剂时的混凝土用水量。

B. 掺外加剂时的混凝土用水量可按下式计算：

$$m_{wa}=m_{wo}(1-\beta)$$

式中 m_{wa}——掺外加剂混凝土每立方米混凝土的用水量，kg；

m_{wo}——未掺外加剂混凝土每立方米混凝土的用水量，kg；

β——外加剂的减水率，%。

C. 外加剂的减水率应经试验确定。

另外，单位用水量也可以按下式计算：

$$m_{wo}=\frac{10}{3}(T+K)$$

式中 m_{wo}——每立方米混凝土用水量，kg；

T——混凝土拌合物的坍落度，cm；

K——系数（取决于粗集料种类与最大粒径，可参考表 6-31 取用）。

混凝土用水量计算公式中的 *K* 值 **表 6-31**

系数	碎石				卵石			
	最大粒径(mm)							
	10	20	40	80	10	20	40	80
K	57.5	53.0	48.5	44.0	54.5	50.0	45.5	41.0

4）计算 $1m^3$ 混凝土水泥用量（m_{co}）

根据已选定的混凝土单位用水量 m_{wo} 和水灰比（W/C）可求出水泥用量 m_{co}。

$$m_{co}=\frac{m_{wo}}{W/C}$$

为保证混凝土的耐久性，由上式计算得出的水泥用量还要满足表 6-24 中规定的最小水泥用量的要求，如算得的水泥用量少于规定的最小水泥用量，则应取规定的最小水泥用量值。

5）选取砂率 S_p

合理的砂率值主要根据混凝土拌合物的坍落度、黏聚性及保水性等特征来确定。一般应通过试验来确定合理的砂率。当无历史资料可参考时，可通过计算或按下列规定来确定混凝土砂率。

① 坍落度小于 10mm 的混凝土，其砂率可经试验确定。对于混凝土用量大的工程也应经试验确定。

② 坍落度为 10～60mm 的混凝土，其砂率应以试验确定，也可以根据粗集料品种、粒径及水灰比按表 6-21 选取。

③ 坍落度大于 60mm 的混凝土砂率，可经试验确定，也可在表 6-21 的基础上，按坍落度每增大 20mm，砂率增大 1%的幅度予以调整。

6）计算粗集料和细集料用量（m_{go}、m_{so}）

粗、细集料的用量可用质量法和体积法求得。

① 当采用质量法时，应按下列公式计算：

$$\begin{cases} m_{co}+m_{go}+m_{so}+m_{wo}=m_{cp} \\ \beta_s=\dfrac{m_{so}}{m_{so}+m_{go}}\times 100\% \end{cases}$$

式中 m_{co}——每立方米混凝土的水泥用量，kg；

m_{go}——每立方米混凝土的粗集料用量，kg；

m_{so}——每立方米混凝土的细集料用量，kg；

m_{wo}——每立方米混凝土的用水量，kg；

m_{cp}——每立方米混凝土拌合物的假定质量（其值可取2350～2450kg），kg；

β_s ——砂率，%。

② 当采用体积法时，应按下列公式计算：

$$\begin{cases} \dfrac{m_{co}}{\rho_c}+\dfrac{m_{go}}{\rho'_g}+\dfrac{m_{so}}{\rho'_s}+\dfrac{m_{wo}}{\rho_w}+0.01\alpha=1 \\ \beta_s=\dfrac{m_{so}}{m_{so}+m_{go}}\times 100\% \end{cases}$$

式中 ρ_c——水泥密度（可取2900～3100kg/m^3），kg/m^3；

ρ'_g——粗集料的表观密度，kg/m^3；

ρ'_s——细集料的表观密度，kg/m^3；

ρ_w——水的密度（可取1000kg/m^3），kg/m^3；

α ——混凝土的含气量百分数（在不使用引气型外加剂时，α 可取1）。

粗集料和细集料的表观密度 ρ'_g 与 ρ'_s 应按现行行业标准《普通混凝土用砂、石质量及检验方法标准》(JGJ 52—2006) 规定的方法测定。

2. 配合比的试配、调整与确定

(1) 配合比的试配

以上求出的各材料用量，是借助于一些经验公式和数据计算出来的，或是利用经验资料查得的，因而不一定符合实际情况，必须通过试拌调整，直到混凝土拌合物的和易性符合要求为止，然后提出供检验混凝土强度用的基准配合比，以下介绍和易性调整方法。

按初步配合比称取材料进行试拌。混凝土拌合物搅拌均匀后应测定坍落度，并检查其黏聚性和保水性能好坏。如坍落度不满足要求或黏聚性不好时，则应在保持水灰比不变的条件下、相应调整用水量或砂率。当坍落度低于设计要求时，可保持水灰比不变，增加适量水泥浆。如坍落度太大，可以保持砂率不变条件下适当增加集料用量。如出现含砂不足，黏聚性和保水性不良时，可适当增大砂率；反之，应适当减小砂率。每次调整后再试拌，直到符合为止。当试拌调整工作完成后，应测出混凝土拌合物的表观密度（$\rho_{c,t}$）。

经过和易性调整试验得出的混凝土基准配合比，其水灰比值不一定选用恰当，其结果是强度不一定符合要求，所以应检验混凝土的强度。一般采用三个不同的配合比，其中一个为基准配合比，另外两个配合比的水灰比值，应比基准配合比分别增加及减少0.05，其用水量应该与基准配合比相同，砂率值可分别增加或减少1%。每种配合比制作一组（3个）试块，标准养护28d试压（在制作混凝土强度试块时，尚需检验混凝土拌合物的和易性及测定表观密度，并以此结果作为代表这一配合比的混凝土拌合物的性能）。

（2）配合比的调整、确定

由试验得出的各灰水比值时的混凝土强度，用作图法或计算求出与 $f_{cu,o}$ 相对应的灰水比值，并按下列原则确定每立方米混凝土的材料用量：

1）用水量（m_w）。取基准配合比中的用水量值，并根据制作强度试块时测得的坍落度（或维勃稠度）值，加以适当调整。

2）水泥用量（m_c）。取用水量乘以经试验定出的、为达到 $f_{cu,o}$ 所必需的灰水比值。

3）粗、细集料用量（m_g 及 m_s）。取基准配合比中的粗、细集料用量，并按定出的水灰比值进行调整后确定。

（3）混凝土表观密度的校正

配合比经试配、调整确定后，还需要根据实测的混凝土表观密度 $\rho_{c,t}$ 做必要的校正，其步骤如下：

1）计算出混凝土的计算表观密度值（$\rho_{c,c}$）：

$$\rho_{c,c}=m_c+m_g+m_s+m_w$$

2）将混凝土的实测表观密度值（$\rho_{c,t}$）除以 $\rho_{c,c}$ 得出校正系数 δ，即

$$\delta=\frac{\rho_{c,t}}{\rho_{c,c}}$$

3）当 $\rho_{c,t}$ 与 $\rho_{c,c}$ 之差的绝对值不超过 $\rho_{c,c}$ 的 2%时，由以上定出的配合比，即为确定的设计配合比；若二者之差超过 2%时，则要将已定出的混凝土配合比中每项材料用量均乘以校正系数 δ，即为最终定出的设计配合比。

另外，通常简易的做法是通过试压，选出既满足混凝土强度要求，水泥用量又较少的配合比为所需的配合比，再做混凝土表观密度的校正。

若对混凝土还有其他的技术性能要求，如抗渗等级不低于 P6 级、抗冻等级不低于 D50 级等要求，混凝土的配合比设计应按《普通混凝土配合比设计规程》（JGJ 55—2000）的有关规定进行。

3. 施工配合比

设计配合比是以干燥材料为基准的，而工地存放的砂、石材料都含有一定的水分。所以现场材料的实际称量应按工地砂、石的含水情况进行修正，修正后的配合比叫作施工配合比。工地存放的砂、石的含水情况常有变化，应按变化情况，随时进行修正。

现假定工地测出的砂的含水率为 $a\%$、石子的含水率为 $b\%$，则将上述设计配合比换算为施工配合比，其材料的称量应为：

$$m_c'=m_c(\text{kg})$$

$$m_s'=m_s(1+a\%)(\text{kg})$$

$$m_g'=m_g(1+b\%)(\text{kg})$$

$$m_w'=m_w-m_s\times a\%-m_g\times b\%(\text{kg})$$

6.5.4 水泥混凝土配合比设计的实例

【例 6-1】 某教学楼现浇钢筋混凝土“T”形梁，混凝土柱截面最小尺寸为 100mm，钢筋间距最小尺寸为 40mm。该柱在露天受雨雪影响。混凝土设计等级为 C25。采用 32.5 级矿渣硅酸盐水泥，实测强度为 37.0MPa，密度为 3.15g/cm³；砂子为中砂，含水率为

3%，表观密度为2.60g/cm³，堆积密度为1500kg/m³；石子为碎石，含水率为1%，表观密度为2.65g/cm³，堆积密度为1550kg/m³。混凝土要求坍落度为35～50mm，施工采用机械搅拌，机械振捣，施工单位无混凝土强度标准差的历史统计资料。试设计混凝土配合比。

【解】 1. 初步配合比的确定（$f_{cu,o}$）

(1) 配制强度的确定

$$f_{cu,o} \geqslant f_{cu,k} + 1.645\sigma$$

由于施工单位没有 σ 的统计资料，查表6-29可得，$\sigma = 5.0$MPa，同时 $f_{cu,k} = 25$MPa，代入上式，得

$$f_{cu,o} \geqslant 25 + 1.645 \times 5.0 = 33.23(\text{MPa})$$

(2) 确定水灰比（W/C）。由于混凝土强度低于C60，因此

$$\frac{W}{C} = \frac{\alpha_b f_{ce}}{f_{cu,o} + \alpha_a \alpha_b f_{ce}}$$

采用碎石，$\alpha_a = 0.46$；$\alpha_b = 0.07$。

实测 $f_{ce} = 37.0$MPa，代入上式，得

$$\frac{W}{C} = \frac{\alpha_b f_{ce}}{f_{cu,o} + \alpha_a \alpha_b f_{ce}} = \frac{0.46 \times 37}{33.23 + 0.46 \times 0.07 \times 37.0} = 0.49$$

根据表6-24，取 $W/C = 0.49$ 时，能满足混凝土耐久性要求。

(3) 确定单位用水量（W_{wo}）。确定粗集料最大粒径：根据《混凝土结构工程施工质量检验规范》(GB 50204—2002)，粗集料最大粒径不超过结构截面最小尺寸的1/4，并不得大于钢筋最小净距的3/4，即

$$D_{max} \leqslant (1/4) \times 100 = 25(\text{mm}) > 20\text{mm}$$

同时

$$D_{max} \leqslant (3/4) \times 40 = 30(\text{mm}) > 20\text{mm}$$

因此，粗集料最大粒径按公称粒级应选用 $D_{max} = 20$mm，即采用5～20mm的碎石集料。

查表6-20，选用单位用水量195kg/m³。

(4) 计算水泥用量

$$m_{co} = \frac{m_{wo}}{W/C} = \frac{195}{0.49} = 398\text{kg}$$

对照表6-24，本工程要求最小水泥用量为260kg/m³，故选水泥用量为398kg/m³。

(5) 确定砂率。查表6-21，砂率范围为32%～37%。

$$\text{碎石空隙率 } P' = \left(1 - \frac{\rho'_{go}}{\rho_g}\right) \times 100\% = \left(1 - \frac{1550}{2650}\right) \times 100\% = 0.42$$

采用砂率公式计算得

$$\beta_s = \beta \frac{\rho'_{so} P'}{\rho'_{so} P' + \rho'_{go}} = 1.2 \times \frac{1.50 \times 0.42}{1.5 \times 0.42 + 1.55} = 0.34$$

根据查表或计算取 $\beta_s = 34\%$。

(6) 计算砂石用量（采用体积法）

$$\frac{m_{co}}{\rho_c} + \frac{m_{go}}{\rho_g} + \frac{m_{so}}{\rho_s} + \frac{m_{wo}}{\rho_w} + 0.01\alpha = \frac{398}{3150} + \frac{m_{go}}{2650} + \frac{m_{so}}{2600} + \frac{195}{1000} + 0.01 \times 1 = 1$$

$$\beta_s=\frac{m_{so}}{m_{so}+m_{go}}\times100\%=0.34$$

解方程组得

$$m_s=599\text{kg/m}^3, m_g=1163\text{kg/m}^3$$

经初步计算，每立方米混凝土材料用量为：水泥 398kg；水 195kg；砂 599kg；碎石 1163kg。

2. 配合比的试配、调整和确定

(1) 和易性的调整。按初步配合比，称取 15L 混凝土的材料用量。

$$\text{水泥}: m_c=398\times0.015=5.79\text{kg}; \text{砂}: m_s=599\times0.015=8.99\text{kg}$$

$$\text{碎石}: m_g=1163\times0.015=17.45\text{kg}; \text{水}: m_w=195\times0.015=2.93\text{kg}$$

按规定方法拌合，测得坍落度为 60mm，不满足规定坍落度为 35～50mm 的要求，增加砂和石子各 5%，则砂用量为 9.44kg，石子为 18.32kg，经拌合测得坍落度为 50mm，混凝土黏聚性、保水性均良好。经调整后的各项材料用量：水泥 5.79kg，水 2.93kg，砂 9.44kg，碎石 18.32kg，材料总质量为 36.48kg。符合设计要求。然后测定混凝土拌合物表观密度为 2405kg/m³。

和易性合格后，确定基准配合比：

水泥：

$$m_c'=\frac{m_c}{m_c+m_s+m_g+m_w}\cdot\rho_{c,t}=\frac{5.79}{5.79+9.44+18.32+2.93}\times2405=382\text{kg}$$

砂：

$$m_s'=\frac{m_s}{m_c+m_s+m_g+m_w}\cdot\rho_{c,t}=\frac{9.44}{5.79+9.44+18.32+2.93}\times2405=622\text{kg}$$

碎石：

$$m_c'=\frac{m_c}{m_c+m_s+m_g+m_w}\cdot\rho_{c,t}=\frac{18.32}{5.79+9.44+18.32+2.93}\times2405=1208\text{kg}$$

水：

$$m_w'=\frac{m_w}{m_c+m_s+m_g+m_w}\cdot\rho_{c,t}=\frac{2.93}{5.79+9.44+18.32+2.93}\times2405=193\text{kg}$$

(2) 强度校核。采用水灰比为 0.44、0.49 和 0.54 三个不同的配合比，配制三组混凝土试件，并检验和易性（因 $W/C=0.49$ 的基准配合比已检验，可不再检验），测定混凝土拌合物表观密度，分别制作混凝土试块，标养 28d，然后测定强度，其结果如表 6-32 所示。

混凝土 28d 强度值 **表 6-32**

水灰比	材料用量(kg/m³)				坍落度(mm)	表观密度(kg/m³)	强度(MPa)
	水泥	砂	石	水			
0.46	420	622	1208	193	45	2415	34.6
0.51	382	622	1208	193	50	2405	31.9
0.56	345	622	1208	193	55	2400	29.6

由表 6-32 的三组数据，绘制 $f_{cu}-\frac{C}{W}$关系曲线，可找出与配制强度 33.23MPa 相对应的灰水比，得 2.06（水灰比为 0.49）。

符合强度要求的配合比为：

水泥：$m_c = 2.06 \times 193 = 398$kg；砂：$m_s = 622$kg；碎石：$m_g = 1208$kg；水：$m_w = 193$kg。

（3）表观密度的校正

$$\delta = \frac{\rho_{c,t}}{m_c + m_s + m_g + m_w} = \frac{2405}{398+622+1208+193} = 0.993$$

$$m_c = 398 \times 0.993 = 395\text{kg}$$

$$m_s = 622 \times 0.993 = 618\text{kg}$$

$$m_g = 1208 \times 0.993 = 1200\text{kg}$$

$$m_w = 193 \times 0.993 = 192\text{kg}$$

即确定的混凝土设计配合比（留整数）为：水泥 395kg、砂 618kg、碎石 1200kg、水 192kg。

3. 确定施工配合比

由于施工现场砂和碎石的含水率分别为3%和1%，则该混凝土的施工配合比为：

$$\text{水泥}: m_c = 395\text{kg}$$

$$\text{砂}: m_s = 618 \times (1+3\%) = 636\text{kg}$$

$$\text{碎石}: m_g = 1200 \times (1+1\%) = 1212\text{kg}$$

$$\text{水}: m_w = 192 - 618 \times 3\% - 1200 \times 1\% = 161\text{kg}$$

6.6 路面水泥混凝土

路面水泥混凝土是指满足路面摊铺工作性、弯拉强度、耐久性与经济性要求的水泥混凝土。

6.6.1 路面水泥混凝土对组成材料的技术要求

1. 水泥

水泥是路面混凝土的重要组成材料，直接影响混凝土的强度、早期干缩、温度变形和抗磨性。特重交通、重交通等级的水泥混凝土路面，可使用旋窑硅酸盐水泥或普通硅酸盐水泥，应优先采用旋窑道路硅酸盐水泥。中、轻交通的路面，也可采用矿渣硅酸盐水泥。冬期施工、有快凝要求的路段可采用R型早强水泥，一般情况宜采用普通型水泥。表6-33为《公路水泥混凝土路面施工技术规范》（JTG F30—2003）对各级交通等级路面混凝土用水泥的强度要求，水泥的化学成分、物理性能等品质要求应符合国家标准《通用硅酸盐水泥》（GB 175—2007）的规定。

各交通等级路面水泥各龄期的强度要求　　表6-33

交通等级	特重交通		重交通		中、轻交通	
龄期	3	28	3	28	3	28
抗压强度(MPa)，≥	25.5	57.5	22.0	52.5	16.0	42.5
抗折强度(MPa)，≥	4.5	7.5	4.0	7.0	3.5	6.5

2. 粉煤灰

混凝土路面在掺用粉煤灰时，应掺用质量指标符合表 3-5 规定的Ⅰ、Ⅱ级干排或磨细粉煤灰，不得使用Ⅲ级粉煤灰。贫混凝土、碾压混凝土基层或复合式路面下面层应掺用符合表 3-5 规定的Ⅲ级或Ⅱ级以上粉煤灰，不得使用等外粉煤灰。

3. 粗集料

(1) 技术要求

粗集料应使用质地坚硬、耐久、洁净的碎石、碎卵石或卵石，按《公路水泥混凝土路面施工技术规范》(JTG F30—2003)，粗集料应符合表 6-34 的规定。高速公路、一级公路、二级公路及有抗（盐）冻要求的三、四级公路混凝土路面使用的粗集料级别应不低于Ⅱ级，无抗（盐）冻要求的三、四级公路混凝土路面、碾压混凝土及贫混凝土基层可使用Ⅲ级粗集料。有抗（盐）冻要求时，Ⅰ级集料吸水率不应大于 1.0%；Ⅱ级集料吸水率不应大于 2.0%。

水泥混凝土路面用粗集料的技术要求 **表 6-34**

技术指标	技术要求		
	Ⅰ级	Ⅱ级	Ⅲ级
碎石压碎指标(%)	<10	<15	<20
卵石压碎指标(%)	<12	<14	<16
岩石抗压强度	火成岩不应小于 100MPa;变质岩不应小于 80MPa;水成岩不应小于 60MPa		
坚固性(按质量损失计)(%)	<5	<8	<12
泥的质量分数(按质量计)(%)	<0.5	<1.0	<1.5
泥块质量分数(按质量计)(%)	<0	<0.2	<0.5
有机物质量分数(比色法)	合格	合格	合格
硫化物和硫酸盐(按 SO_3,质量计)(%)	<0.5	<1.0	<1.0
针片状颗粒质量分数(按质量计)(%)	<5	<15	<20
表观密度(kg/cm^3)	>2500		
松散堆积密度(kg/cm^3)	>1350		
空隙率(%)	<47		
碱-集料反应	经碱-集料反应试验后，由砂配制的试件无裂缝、酥裂、胶体外溢等现象，在规定试验龄期的膨胀率应小于 0.10%		

注：1. Ⅲ级碎石的压碎指标，用作路面时，应小于 20%；用作下面层或基层时，可小于 25%；

2. Ⅲ级粗集料的针、片状颗粒质量分数，用作路面时，应小于 20%；用作下面层或基层时，可小于 25%；

3. Ⅰ级宜用于强度等级大于 C60 的混凝土；Ⅱ级宜用于强度等级 C30～C60 及抗冻、抗渗或有其他要求的混凝土；Ⅲ级宜用于强度等级小于 C30 的混凝土。

(2) 最大公称粒径和级配要求

用作路面和桥面混凝土的粗集料不得使用不分级的统料，应按最大公称粒径的不同，采用 2～4 个粒级的集料进行掺配，并应符合表 6-35 合成级配的要求。卵石最大公称粒径不宜大于 19.0mm；碎卵石最大公称粒径不宜大于 26.5mm；碎石最大公称粒径不应大于 31.5mm。贫混凝土基层粗集料最大公称粒径不应大于 31.5mm；钢纤维混凝土与碾压混凝土粗集料最大公称粒径不宜大于 19.0mm。碎卵石或碎石中粒径小于 75μm 的石粉质量分数不宜大于1%。

粗集料级配范围 表6-35

公称粒级（mm）		累计筛余（%）							
		方筛孔（mm）							
		2.36	4.75	9.50	16.0	19.0	26.5	31.5	37.5
合成粒级	4.75～16	95～100	85～100	40～60	0～10	—	—	—	—
	4.75～19	95～100	85～95	60～75	30～45	0～5	0	—	—
	4.75～26.5	95～100	90～100	70～90	50～70	25～40	0～5	0	—
	4.75～31.5	95～100	90～100	75～90	60～75	40～60	20～35	0～5	0
	4.75～9.5	95～100	80～100	0～15	0	—	—	—	—
粒级	9.5～16	—	95～100	80～100	0～15	0	—	—	—
	9.5～19	—	95～100	85～100	40～60	0～15	0	—	—
	16～26.5	—	—	95～100	55～70	25～40	0～10	0	—
	16～31.5	—	—	95～100	85～100	55～70	25～40	0～10	0

4. 细集料

（1）技术要求

细集料应采用质地坚硬、耐久、洁净的天然砂、机制砂或混合砂，按《公路水泥混凝土路面施工技术规范》（JTG F30—2003）应符合表6-36的规定。高速公路、一级公路、二级公路及有抗（盐）冻要求的三、四级公路混凝土路面使用的砂不低于Ⅱ级，无抗（盐）冻要求的三、四级公路混凝土路面、碾压混凝土及贫混凝土基层可使用Ⅲ级砂。特重、重交通混凝土路面宜使用河砂，砂的硅质质量分数不应低于25%。

（2）级配和细度要求

细集料的级配要求应符合表6-36的规定，路面和桥面用的天然砂宜为中砂，也可使用细度模数为2.0～3.5的砂。同一配合比用的砂的细度模数变化范围不应超过0.3，否则，应分别堆放，并调整配合比中的砂率后使用。

水泥混凝土路面用细集料的技术要求 表6-36

技术指标		技术要求		
		Ⅰ级	Ⅱ级	Ⅲ级
压碎值和坚固性	机制砂单粒级最大压碎指标（%）	<20	<25	<30
	坚固性（按质量损失计）（%）	<6	<8	<10
有害杂质含量	天然砂、机制砂中泥的质量分数（按质量计）（%）	<1.0	<2.0	<3.0
	天然砂、机制砂泥块质量分数（按质量计）（%）	<0	<1.0	<2.0
	机制砂亚甲蓝试验 *MB* 值<1.4或合格，石粉质量分数（按质量计）（%）	<3.0	<5.0	<7.0
	机制砂亚甲蓝试验 *MB* 值≥1.4或不合格，石粉质量分数（按质量计）（%）	<1.0	<3.0	<5.0
	云母（按质量计）（%）	<1.0	<2.0	<2.0

续表

技术指标		技术要求		
		Ⅰ级	Ⅱ级	Ⅲ级
有害杂质含量	氯化物(按质量计)(%)	＜0.01	＜0.02	＜0.06
	轻物质(按质量计)(%)	＜1.0	＜1.0	＜1.0
	硫化物和硫酸盐(按 SO_3,质量计)(%)	＜0.5	＜0.5	＜0.5
	有机质质量分数(比色法)	合格	合格	合格
密度	表观密度(kg/cm³)	＞2500		
	松散堆积密度(kg/cm³)	＞1350		
空隙率(%)		＜47		
碱-集料反应		经碱-集料反应试验后,由砂配制的试件无裂缝、酥裂、胶体外溢等现象,在规定试验龄期的膨胀率应小于0.10%		

注:1. 天然Ⅲ级砂用作路面时,含泥量应小于3%;用作贫混凝土基层时,可小于5%。

2. Ⅰ级宜用于强度等级大于C60的混凝土;Ⅱ级宜用于强度等级C30～C60及抗冻、抗渗或有其他要求的混凝土;Ⅲ级宜用于强度等级小于C30的混凝土。

5. 水

饮用水可以直接作为混凝土搅拌养护用水,水中不得含有油污、泥及其他有害杂质。对水质有疑问时,经检验应符合表6-37的指标,合格者方可使用。

路面混凝土用水的质量要求 **表6-37**

指　标	要　求
pH	≥4
硫酸盐质量分数(按 SO_3 计)(mg/mm³)	＜0.0027
盐质量分数(mg/mm³)	≤0.005

6. 外加剂

外加剂可以改善混凝土的性能,通常采用的外加剂有减水剂、引气剂,缓凝剂、抗冻剂等。在路面混凝土中所使用的高效减水剂,其减水率应达到15%,引气减水剂的减水率应达到12%。

6.6.2 路面水泥混凝土的技术性质

路面混凝土既要受到车辆荷载的反复作用,又要受到大自然、气候的直接影响,因而需要具备优良的技术性质。

1. 抗折强度

各种交通等级,对混凝土抗折强度,要求不低于表6-38的标准,条件许可时,尽量采用较高的设计强度,特别是特重交通的道路。

路面水泥混凝土抗弯拉强度标准值 **表6-38**

交通等级	特重	重	中等	轻
混凝土设计弯拉强度(MPa)	5.0	5.0	4.5	4.0

注:在特重交通的特殊路段,通过论证,可以使用设计抗折强度5.5MPa。

2. 和易性（工作性）

混凝土拌合物在施工拌合、运输浇筑、捣实和抹平等过程中不分层、不离析、不泌水，能均匀密实地填充在结构物模板内，即具有良好的和易性，符合施工要求。混凝土路面滑模最佳和易性、允许范围及最大单位用水量，可见表6-39。

混凝土路面滑模最佳和易性、允许范围及最大单位用水量　　表6-39

集料品种		卵石混凝土	碎石混凝土
坍落度(mm)	设前角的滑模摊铺机	20～40	25～50
	不设前角的滑模摊铺机	10～40	10～30
	允许波动范围(mm)	5～55	10～65
振动黏度系数(N·s/m²)		200～500	100～600
最大单位用水量(kg/m³)		155	160

不同路面施工方式的混凝土坍落度及最大单位用水量，可查表6-40。

不同路面施工方式混凝土坍落度及最大单位用水量　　表6-40

摊铺方式	三辊轴机组摊铺		轨道摊铺机摊铺		小型机具摊铺	
出机坍落度(mm)	30～50		40～60		10～40	
摊铺坍落度(mm)	10～30		20～40		0～20	
最大单位用水量(kg/m³)	碎石153	卵石148	碎石156	卵石153	碎石150	卵石145

3. 耐久性

混凝土与大自然接触，受到干湿、冷热、水流冲刷、行车磨耗和冲击、腐蚀等作用，要求混凝土路面必须具有良好的耐久性。在混凝土配合比设计时，采用限制最大水灰（胶）比和最小水泥用量来满足路面耐久性的要求，具体见表6-41。

混凝土满足耐久性要求的最大水灰（胶）比和最小单位水泥用量　　表6-41

公路技术等级		高速公路、一级公路	二级公路	三、四级公路
最大水灰(胶)比		0.44	0.46	0.48
抗冰冻要求最大水灰(胶)比		0.42	0.44	0.46
抗盐冻要求最大水灰(胶)比		0.40	0.42	0.44
最小单位水泥用量(kg/m³)	42.5级	300	300	290
	32.5级	310	310	305
抗冰(盐)冻时最小单位水泥用量(kg/m³)	42.5级	320	320	315
	32.5级	330	330	325
掺粉煤灰时最小单位水泥用量(kg/m³)	42.5级	260	260	255
	32.5级	280	270	265
抗冰(盐)冻掺粉煤灰最小单位水泥用量(42.5级水泥)(kg/m³)		280	270	265

注：1. 掺粉煤灰，并有抗冰（盐）冻性要求时，不得使用32.5级水泥。
2. 水灰（胶）比计算以砂石的自然风干状态计（砂中水的质量分数≤1.0%；石子中水的质量分数≤0.5%）；处在除冰盐、海风、酸雨或硫酸盐等腐蚀性环境中、在大纵坡等加减速车道上的混凝土，最大水灰（胶）比可比表中数值降低0.01～0.02。

6.6.3　路面混凝土配合比设计方法

水泥混凝土路面用混凝土配合比设计方法，按行业现行标准《公路水泥混凝土路面施工技术规范》(JTG F30—2003) 的规定，采用抗弯拉强度为指标。

路面水泥混凝土配合比设计，应满足工作性、抗弯拉强度、耐久性的要求。

路面水泥混凝土配合比设计按下列步骤进行：

1. 确定配制强度 (f_c)

$$f_c=\frac{f_r}{1-1.04c_v}+ts$$

式中　f_c——配制 28 d 弯拉强度的均值，MPa；

f_r——混凝土设计抗弯拉强度标准值，MPa，按表 6-38 确定；

s——弯拉强度试验样本的标准差，MPa；

t——保证率系数，应按表 6-42 确定。

c_v——混凝土弯拉强度变异系数，应按照统计数据在表 6-43 的规定范围中取值；当无统计数据时，应按照设计取值；如果施工配制弯拉强度超出设计给定的弯拉强度变异系数上限，则必须改变施工机械装备，提高施工控制水平。

保证率系数 t　　**表 6-42**

公路技术等级	判别概率 p	样本数 n(组)				
		3	6	9	15	20
高速公路	0.05	1.36	0.79	0.61	0.45	0.39
一级公路	0.10	0.95	0.59	0.46	0.35	0.30
二级公路	0.15	0.72	0.46	0.37	0.28	0.24
三、四级公路	0.20	0.56	0.37	0.29	0.22	0.19

各级公路混凝土路面弯拉强度变异系数　　**表 6-43**

公路技术等级	高速公路	一级公路		二级公路	三、四级公路	
变异水平等级	低	低	中	中	中	高
变异系数允许范围	0.05～0.10	0.05～0.10	0.10～0.15	0.10～0.15	0.10～0.15	0.15～0.20

2. 水灰比 (W/C) 的计算、校核及确定

(1) 按照混凝土弯拉强度计算水灰比

不同粗集料类型混凝土的水灰比 W/C 按下列经验公式计算。

碎石（或破碎卵石）混凝土：

$$\frac{W}{C}=\frac{1.5684}{f_c+1.0097-0.3595f_s}$$

卵石混凝土：

$$\frac{W}{C}=\frac{1.2618}{f_c+1.5492-0.4709f_s}$$

式中　f_c——混凝土配制弯拉强度，MPa；

f_s——水泥 28d 实测抗折强度，MPa。

(2) 水胶比 $W/(C+F)$ 的计算

水胶比中的“水胶”是指水泥与粉煤灰质量之和，如果将粉煤灰作为掺合料时，应计入超量取代法中代替水泥的那一部分粉煤灰用量 F，代替砂的超量部分不计入，此时，水灰比 W/C 用水胶比 $W/(C+F)$ 代替。

(3) 耐久性校核确定水灰（胶）比

按照路面混凝土的使用环境、道路等级查表 6-41，得到满足耐久性要求的最大水灰比（或水胶比）。在满足弯拉强度和耐久性要求的水灰比（或水胶比）中取小值作为路面混凝土的设计水灰比（或水胶比）。

3. 选取砂率（β_s）

根据砂的细度模数和粗集料品种，查表 6-44 选取砂率 β_s。

砂的细度模数与最优砂率的关系 **表 6-44**

砂的细度模数		2.2～2.5	2.5～2.8	2.8～3.1	3.1～3.4	3.4～3.7
砂率 β_s(%)	碎石	30～34	32～36	34～38	36～40	38～42
	卵石	28～32	30～34	32～36	34～38	36～40

4. 单位用水量（m_{wo}）

(1) 不掺外加剂和掺合料时，单位用水量的计算

单位用水量按照下列经验公式计算，其中砂石材料质量以自然风干状态计。

碎石：$m_{wo}=104.97+0.309S_L+11.27(C/W)+0.61\beta_s$

卵石：$m_{wo}=86.89+0.370S_L+11.24(C/W)+1.00\beta_s$

式中 S_L——坍落度，mm；

β_s——砂率，%；

C/W——灰水比。

(2) 掺外加剂的混凝土单位用水量

掺外加剂混凝土的单位用水量按下式计算：

$$m_{w,ad}=m_{wo}(1-\beta_{ad})$$

式中 $m_{w,ad}$——掺外加剂混凝土的单位用水量，kg/m³；

m_{wo}——未掺外加剂时混凝土的单位用水量，kg/m³；

β_{ad}——外加剂减水率的实测值，以小数计。

单位用水量应取计算值与表 6-39（或表 6-40）中规定值中的较小值。如果实际用水量在仅掺引气剂时的混凝土拌合物不能满足坍落度要求时，应掺用引气剂复合（高效）减水剂。对于三、四级公路，也可采用真空脱水工艺。

5. 单位水泥用量（m_{co}）的确定

单位水泥用量 m_{co} 按下式计算，然后根据道路等级和环境条件，查表 6-41 得到满足耐久性要求的最小水泥用量，取两者中的较大值。

$$m_{co}=m_{wo}\times(C/W)$$

式中 m_{co}——单位用水量，kg/m³；

C/W ——混凝土的灰水比。

6. 单位粉煤灰用量

路面混凝土中掺用粉煤灰时，其配合比应按照超量取代法进行。代替水泥的粉煤灰掺

量：Ⅰ型硅酸盐水泥≤30%；Ⅱ型硅酸盐水泥≤25%；道路硅酸盐水泥≤20%；普通硅酸盐水泥≤15%；矿渣硅酸盐水泥不得掺粉煤灰。粉煤灰的超量部分应代替砂，并折减用砂量。

7. 砂石材料用量（m_{so}）和（m_{go}）

一般道路混凝土中的砂石材料用量的计算采用体积法或质量法，将上述计算确定的单位水泥用量 m_{co}、单位用水量 m_{wo} 和砂率 β_s 代入，联立求解即可确定砂石材料用量。

（1）采用质量法时，应按下列公式计算：

$$\begin{cases} m_{co}+m_{go}+m_{so}+m_{wo}=m_{cp} \\ \beta_s=\dfrac{m_{so}}{m_{so}+m_{go}}\times 100\% \end{cases}$$

式中 m_{co}——每立方米混凝土的水泥用量，kg；

m_{go}——每立方米混凝土的粗集料用量，kg；

m_{so}——每立方米混凝土的细集料用量，kg；

m_{wo}——每立方米混凝土的用水量，kg；

m_{cp}——每立方米混凝土拌合物的假定质量（其值可取 2350～2450kg），kg；

β_s ——砂率，%。

（2）当采用体积法时，应按下列公式计算：

$$\begin{cases} \dfrac{m_{co}}{\rho_c}+\dfrac{m_{go}}{\rho_g'}+\dfrac{m_{so}}{\rho_s'}+\dfrac{m_{wo}}{\rho_w}+0.01\alpha=1 \\ \beta_s=\dfrac{m_{so}}{m_{so}+m_{go}}\times 100\% \end{cases}$$

式中 ρ_c——水泥密度（可取 2900～3100kg/m³），kg/m³；

ρ_g'——粗集料的表观密度，kg/m³；

ρ_s'——细集料的表观密度，kg/m³；

ρ_w——水的密度（可取 1000kg/m³），kg/m³；

α ——混凝土的含气量百分数（在不使用引气型外加剂时，α 可取 1）。

经计算得到的配合比应验算单位粗集料填充体积率，且不宜小于 70%。

混凝土的初步配合比确定后，应对该配合比进行试配、调整，确定其设计配合比，有关方法与本章水泥混凝土配合比设计方法相同。

6.6.4 路面用水泥混凝土配合比的实例

试设计某高速公路路面用水泥混凝土配合比（以弯拉强度为设计指标的设计方法）。

【例 6-2】

（1）某高速公路路面工程用混凝土（无抗冰冻性要求），要求混凝土设计弯拉强度标准值 f_r 为 5.0MPa，施工单位混凝土弯拉强度样本的标准差 s 为 0.4MPa（$n=9$）。混凝土由机械搅拌并振捣，采用滑模摊铺机摊铺，施工要求坍落度 30～50mm。

（2）组成材料：硅酸盐水泥 P·Ⅱ型 52.5 级，实测水泥 28d 抗折强度为 8.2MPa，水泥密度 $\rho_c=3100\text{kg/m}^3$；中砂：表观密度 $\rho_s=2630\text{kg/m}^3$，细度模数为 2.6；碎石：公称粒级为5～40mm，表观密度 $\rho_g=2700\text{kg/m}^3$；振实密度 $\rho_{gh}=1701\text{kg/m}^3$；水：自来水。

【解】 1. 确定初步配合比

(1) 计算配制弯拉强度（f_c）

由表 6-42，当高速公路路面混凝土样本数为 9 时，保证率系数 t 为 0.61。

按照表 6-43，高速公路路面混凝土变异水平等级为“低”，混凝土弯拉强度变异系数 $c_v=0.05\sim0.10$，取中值 0.075。

根据设计要求 $f_r=5.0$MPa，将以上参数带入混凝土配制弯拉强度计算公式计算混凝土配制弯拉强度：

$$f_c=\frac{f_r}{1-1.04c_v}+ts=\frac{5.0}{1-1.04\times0.075}+0.61\times0.4=5.67\text{MPa}$$

(2) 确定水灰比（W/C）

1）按弯拉强度计算水灰比。由所给资料：水泥实测抗折强度 $f_s=8.2$MPa。计算得到的混凝土配制弯拉强度 $f_c=5.67$MPa，粗集料为碎石，代入计算混凝土的水灰比（W/C）计算公式计算水灰比（W/C）：

$$\frac{W}{C}=\frac{1.5684}{f_c+1.0097-0.3595f_s}=\frac{1.5684}{5.67+1.0097-0.3595\times8.2}=0.42$$

2）耐久性校核。混凝土为高速公路路面所用，无抗冰冻性要求，查表 6-41，得最大水灰比为 0.44，故按照强度计算的水灰比结果符合耐久性要求，取水灰比 $W/C=0.42$，灰水比 $C/W=2.38$。

(3) 确定砂率（β_s）

由砂的细度模数为 2.6，粗集料采用的是碎石，查表 6-44，取混凝土砂率 $\beta_s=34\%$。

(4) 确定单位用水量（m_{wo}）

由于坍落度要求 30～50mm，取 40mm，灰水比 $C/W=2.38$，砂率 34%代入下式并计算单位用水量：

$$\begin{aligned}m_{wo}&=104.97+0.309S_L+11.27(C/W)+0.61\beta_s=\\&104.97+0.309\times40+11.27\times2.38+0.61\times34=143\text{kg}\end{aligned}$$

查表 6-39，得知最大单位用水量为 160kg，故取计算单位用水量 143kg。

(5) 确定单位水泥用量（m_{co}）

将单位用水量 143kg，灰水比 $C/W=2.38$ 代入下式并计算单位水泥用量：

$$m_{co}=m_{wo}\times(C/W)=143\times2.38\text{kg}=340\text{kg}$$

查表 6-41 得满足耐久性要求的最小水泥用量为 300kg，由此取计算水泥用量 340kg。

(6) 计算粗、细集料用量（m_{go}、m_{so}）。

采用体积法计算粗、细集料用量（m_{go}、m_{so}）：

$$\begin{cases}\dfrac{m_{so}}{2630}+\dfrac{m_{go}}{2700}=1-\dfrac{340}{3100}-\dfrac{143}{1000}-0.01\times1\\[2ex]\dfrac{m_{so}}{m_{so}+m_{go}}\times100\%=34\%\end{cases}$$

解得：砂用量 $m_{so}=671$kg；碎石用量 $m_{go}=1302$kg

验算：碎石的填充体积$=m_{go}/\rho_{gh}\times100\%=1302/1701\times100\%=74.2\%$，符合要求。

由此确定路面混凝土的“初步配合比”为：$m_{cb}:m_{wb}:m_{sb}:m_{gb}=345:145:671:302$。

2. 路面混凝土的基准配合比、设计配合比与施工配合比的设计内容与水泥混凝土相同。

6.7 其他功能混凝土

6.7.1 泵送混凝土

1. 泵送混凝土的定义及特点

(1) 定义

将搅拌好的混凝土，其坍落度不低于100mm，采用混凝土输送泵沿管道输送和浇注，称为泵送混凝土。由于施工工艺上的要求，所采用的施工设备和混凝土配合比都与普通施工方法不同。

(2) 特点

采用混凝土泵输送混凝土拌合物，可一次连续完成垂直和水平输送，而且可以进行浇注，因而生产率高，节约劳动力，特别适用于工地狭窄和有障碍的施工现场，以及大体积混凝土结构物和高层建筑。

2. 泵送混凝土的可泵性

(1) 可泵性

泵送混凝土是拌合料在压力下沿管道内进行垂直和水平的输送，它的输送条件与传统的输送有很大的不同。因此，对拌合料性能的要求与传统的要求相比，既有相同点也有不同的特点。按传统方法设计的有良好和易性（流动性和黏聚性）的新拌混凝土，在泵送时却不一定有良好的可泵性，有时发生泵压陡升和阻泵现象。阻泵和堵泵会造成施工困难。这就要求混凝土学者对新拌混凝土的可泵性做出较科学又较实用的阐述，如什么叫可泵性、如何评价可泵性、泵送拌合料应具有什么样的性能、如何设计等，并找出影响可泵性的主要因素和提高可泵性的材料设计措施，从而提高配制泵送混凝土的技术水平。在泵送过程中，拌合料与管壁产生摩擦，在拌合料经过管道弯头处遇到阻力，拌合料必须克服摩擦阻力和弯头阻力方能顺利地流动。因此，简而言之，可泵性就是拌合料在泵压下在管道中移动摩擦阻力和弯头阻力之和的倒数。阻力越小，则可泵性越好。

(2) 评价方法

基于目前的研究水平，新拌混凝土的可泵性可用坍落度和压力泌水值双指标来评价。压力泌水值是在一定的压力下，一定量的拌合料在一定的时间内泌出水的总量，以总泌水量（M_1）或单位混凝土泌水量（kg/m^3）表示。压力泌水值太大，泌水较多，阻力大，泵压不稳定，可能堵泵；但是如果压力泌水值太小，拌合物黏稠，结构黏度过大，阻力大，也不易泵送。因此，可以得出结论：压力泌水值有一个合适的范围。实际施工现场测试表明，对于高层建筑坍落度大于160mm的拌合料，压力泌水值在70～110mL（40～70kg/m^3混凝土）较合适。对于坍落度100～160mm的拌合料，合适的泌水量范围相应还小一些。

3. 坍落度损失

混凝土拌合料从加水搅拌到浇灌要经历一段时间，在这段时间内拌合料逐渐变稠，流动性（坍落度）逐渐降低，这就是所谓"坍落度损失"。如果这段时间过长，环境气温又过高，坍落度损失可能很大，则将会给泵送、振捣等施工过程带来很大困难，或者造成振捣不密实，甚至出现蜂窝状缺陷。坍落度损失的原因是：1）水分蒸发；2）水泥在形成混凝土的最早期开始水化，特别是C_3A水化形成水化硫铝酸钙需要消耗一部分水；3）新形成的少量水化生成物表面吸附一些水。这几个原因都使混凝土中游离水逐渐减少，致使混凝土流动性降低。

在正常情况下，从加水搅拌开始最初 0.5h 内水化物很少，坍落度降低也只有 2～3cm，随后坍落度以一定速率降低。如果从搅拌到浇筑或泵送时间间隔不长，环境气温不高（低于 30℃），坍落度的正常损失问题还不大，只需略提高预拌混凝土的初始坍落度以补偿运输过程中的坍落度损失。如果从搅拌到浇筑的时间间隔过长，气温又过高，或者出现混凝土早期不正常的稠化凝结，则必须采取措施解决过快的坍落度损失问题。

当坍落度损失成为施工中的问题时，可采取下列措施以减缓坍落度损失：

（1）在炎热季节采取措施降低集料温度和拌合水温；在干燥条件下，采取措施防止水分过快蒸发。

（2）在混凝土设计时，考虑掺加粉煤灰等矿物掺合料。

（3）在采用高效减水剂的同时，掺加缓凝剂或引气剂或两者都掺。两者都有延缓坍落度损失的作用，缓凝剂作用比引气剂更显著。

4. 泵送混凝土对原材料的要求

泵送混凝土对材料的要求较严格，对混凝土配合比要求较高，要求施工组织严密，以保证连续进行输送，避免有较长时间的间歇而造成堵塞。泵送混凝土除了根据工程设计所需的强度外，还需要根据泵送工艺所需的流动性、不离析、少泌水的要求配制可泵的混凝土混合料。其可泵性取决于混凝土拌合物的和易性。在实际应用中，混凝土的和易性通常根据混凝土的坍落度来判断。许多国家都对泵送混凝土的坍落度做了规定，一般认为 8～20cm 范围较合适，具体的坍落度值要根据泵送距离和气温对混凝土的要求而定。

（1）水泥

1）最小水泥用量

在泵送混凝土中，水泥砂浆起到润滑输送管道和传递压力的作用。用量过少，混凝土和易性差，泵送压力大，容易产生堵塞；用量过多，水泥水化热高，大体积混凝土由于温度应力作用容易产生温度裂缝，而且混凝土拌合物的黏性增加，也会增大泵送阻力，另外不利于混凝土结构物的耐久性。

为保证混凝土的可泵性，有最少水泥用量的限制。国外对此一般规定 250～300 kg/m^3，我国《混凝土结构工程施工质量验收规范》（GB 50204—2002）规定泵送混凝土的最少水泥用量为 $300kg/m^3$。实际工程中，许多泵送混凝土中水泥用量远低于此值，且耐久性良好。但是最佳水泥用量应根据混凝土的设计强度等级、泵压、输送距离等通过试配、调整确定。

2）水泥品种

《普通混凝土配合比设计规程》（JGJ 55—2000）规定，泵送混凝土要求混凝土具有一定的保水性，不同的水泥品种对混凝土的保水性有影响。一般情况下，矿渣硅酸盐水泥由于保水性差、泌水大，不宜配制泵送混凝土，但其可以通过降低坍落度、适当提高砂率，以及掺加优质粉煤灰等措施而被使用。普通硅酸盐水泥和硅酸盐水泥通常优先被选用配制泵送混凝土，但其水化热大，不宜用于大体积混凝土工程。可以通过加入缓凝型引气剂和矿物细掺料来减少水泥用量，进一步降低水泥水化热而用于大体积混凝土工程。

(2) 集料

集料的形状、种类、粒径和级配对泵送混凝土的性能有较大的影响。

1) 粗集料

① 最大粒径。由于三个石子在同一断面处相遇最容易引起管道阻塞，故碎石的最大粒径与输送管内径之比宜小于或等于1∶3，卵石则宜小于1∶2.5。

② 颗粒级配。对于泵送混凝土，其对颗粒级配尤其是粗集料的颗粒级配要求较高，以满足混凝土和易性的要求。

2) 细集料

实践证明，在集料级配中，细度模数为2.3～3.2，粒径在0.30mm以下的细集料所占比例非常重要，其比例不应小于15%，最好能达到20%，这对改善混凝土的泵送性非常重要。

(3) 矿物细掺料——粉煤灰

在混凝土中掺加粉煤灰是提高可泵性的一个重要措施，因为粉煤灰的多孔表面可吸附较多的水，因此，可减少混凝土的压力泌水。高质量的Ⅰ级粉煤灰的加入会显著降低混凝土拌合料的屈服剪切应力，从而提高混凝土的流动性，改善混凝土的可泵性，提高施工速度；但是低质量粉煤灰对流动性和黏聚性都不利，在泵送混凝土中掺加的粉煤灰必须满足Ⅱ级以上的质量标准。此外，加入粉煤灰，还有一定的缓凝作用，降低混凝土的水化热，提高混凝土的抗裂性，有利于大体积混凝土的施工。

5. 泵送混凝土配合比设计基本原则

除按水泥混凝土配合比设计的计算与试配规定外，还应符合以下规定：

(1) 混凝土的可泵性，10s时的相对压力泌水率不宜超过40%；

(2) 泵送混凝土的水灰比宜为0.4～0.6；

(3) 泵送混凝土的砂率宜为35%～45%；

(4) 泵送混凝土的最小水泥用量宜为300kg/m³；

(5) 泵送混凝土，应掺加泵送剂或减水剂，掺引气型外加剂时，混凝土含气量不宜超过4%；

(6) 泵送混凝土的试配，根据所用材料的质量、泵的种类、输送管的直径、压送距离、气候条件、浇注部位及浇注方法等具体进行试配，试配时要求的坍落度值应按下列计算：

$$T_t = T_p + \Delta T$$

式中 T_t——试配时要求的坍落度值；

T_p——入泵时要求的坍落度值，可按表6-45选用。

不同泵送高度入泵时坍落度选用值　　表6-45

泵送高度(m)	30以下	30～60	60～100	100以上
坍落度(mm)	100～140	140～160	160～180	180～200

6.7.2 高性能混凝土简述

1. 引言

(1) 初期的观点

高性能混凝土必须是高强度，或者说高强混凝土属于高性能混凝土范畴；高性能混凝土必须是流动性好的、可泵性好的混凝土，以保证施工的密实性；高性能混凝土一般要控制坍落度损失，以保证施工要求的和易性；耐久性是高性能混凝土的重要指标，但混凝土达到高强后，自然会有高的耐久性。

(2) 国外的观点

1）美、加学派认为：高性能混凝土不仅要求高强度，还应具有高耐久性，如高体积稳定性（高弹性模量、低干缩率、低徐变和低的温度应变）、高抗渗性和高和易性。

2）日本学者认为：高性能混凝土应具有高和易性、低温升、低干缩率、高抗渗性和足够的强度，属于水胶比很低的混凝土家族。

3）第一届国际高性能混凝土研讨会将其定义为：靠传统的组分和普通的拌合、浇注、养护方法不可能制备出的具有所要求性质和均匀性的混凝土。

(3) 国内学术观点

吴中伟、廉慧珍教授在1999年9月出版的《高性能混凝土》中提出：高性能混凝土是一种新型高技术混凝土，是在大幅度提高水泥混凝土性能的基础上采用现代混凝土技术制作的混凝土。它以耐久性作为设计的主要指标。针对不同用途要求，高性能混凝土对下列性能重点地予以保证：耐久性、和易性、适用性、强度、体积稳定性、经济性。为此，高性能混凝土在配置上的特点是低水胶比，选用优质原材料，必须掺加足够数量的矿物细粉和高效减水剂。强调高性能混凝土不一定是高强混凝土。

2. 高性能混凝土的组成和结构

(1) 水泥混凝土的组成和结构

1）硬化水泥浆体的微结构

充分水化的水泥浆体组成是：C—S—H凝胶约占70%，$Ca(OH)_2$约占20%，钙矾石和单硫型水化硫铝酸钙等约占7%，未水化熟料的残留物和其他杂质约占3%。此外，还有大量的凝胶孔及毛细孔。

2）混凝土中的界面

① 界面过渡层的特点：

A. W/C高。

B. 孔隙率大。

C. 硅酸钙水化物的钙硅比大。

D. $Ca(OH)_2$和钙矾石结晶颗粒多。

E. $Ca(OH)_2$取向生长。

② 影响界面过渡层厚度和性质的因素：

A. 集料的性质，集料表面积增大，过渡层厚度变小，粗糙的表面可以降低$Ca(OH)_2$取向的程度。

B. 胶凝材料［活性细掺料减少$Ca(OH)_2$的含量和取向生长］。

C. 混凝土水灰比。

D. 混凝土制作工艺。如用部分水泥以低水灰比（0.15～0.20）的净浆和石子进行第一次搅拌，然后再加入砂子，用其余的水泥和正常的水灰比进行第二次搅拌，这样，第一次搅拌在石子表面形成水灰比很低的水泥浆薄层，$Ca(OH)_2$在界面处含量低、取向程度低。

E. 其他。如各种外加剂。

③ 中心质假说：

A. 把不同尺寸的分散相称为中心质，把连续相称为介质。例如，钢筋、集料、纤维等称为大中心质；水化产物称为介质；少量空气和水称为负中心质。

B. 各级中心质和介质之间存在过渡层，中心质以外所存在的组成、结构和性能的变异范围都属于过渡层。

C. 各级中心质和介质都存在相互的效应，称为"中心质效应"。例如，混凝土中的集料就是大中心质，它对周围介质所产生的吸附、化合、机械咬合、粘结、稠化、强化、晶核作用、晶体取向、晶体连生等一切物理、化学、物理化学的效应均称为"大中心质效应"，效应所能达到的范围称为"效应圈"，过渡层是效应圈的一部分。

D. 有利的大中心质效应不仅可改善过渡层的大小和结构，而且效应圈中的大介质具有大中心质的某些性质，增加有利的效应，减少不利的效应，对改善混凝土的宏观行为能起重要的作用。

(2) 高性能混凝土的组成和结构

1) 高性能混凝土的水泥石微结构

按照中心质假说，属于次中心质的未水化水泥颗粒（H 粒子）、属于次介质的水泥凝胶（L 粒子）和属于负中心质的毛细孔组成水泥石。从强度的角度看，孔隙率一定时，H/L 值越大，水泥石强度越高；但有个最佳值，超过后随其提高而下降。在一定范围内，H/L 最佳值随孔隙率下降而提高。也就是说，在次中心质的尺度上，一定量的孔隙率需要一定量的次中心质以形成足够的效应圈，起到效应叠加的作用，改善次介质。在水灰比很低的高性能混凝土中，水泥石的孔隙率很低，在一定的 H/L 值下，强度随孔隙率的减少而提高。因此，尽管水泥的水化程度很低，水泥石中保留了很大的 H/L 值，但与很低的孔隙率和良好的孔结构相配合，可得到高强度。

2) 高性能混凝土的界面结构和性能

高性能混凝土的界面特点主要也是由低水灰比和掺入外加剂与矿物细粉带来的。由于低水灰比提高了水泥石强度和弹性模量，使水泥石和集料弹性模量的差距变小，因而使界面处水膜层厚度减少，晶体生长的自由空间减少；掺入的活性矿物细粉与 $Ca(OH)_2$ 反应后，会增加 C—S—H 和 AFt，减少 $Ca(OH)_2$ 含量，并且干扰水化物的结晶，因此水化物结晶颗粒尺寸变小，富集程度和取向程度下降，硬化后的界面孔隙率也下降。

3) 高性能混凝土结构的模型

① 孔隙率很低，而且基本上不存在大于 100nm 的大孔。

② 水化物中 $Ca(OH)_2$ 减少，C—S—H 和 AFt 增多。

③ 未水化颗粒多，未水化颗粒和矿物细粉等各级中心质增多（H/L 增大），各中心质间的距离缩短，有利的中心质效应增多，中心质网络骨架得到强化。

④ 界面过渡层厚度小，并且孔隙率低、$Ca(OH)_2$ 数量减少，取向程度下降，水化物结晶颗粒尺寸减小，更接近于水泥石本体水化物的分布，因而过渡区得到加强，减小了过渡区的厚度，增加了水泥石的密实度。

3. 高性能混凝土的原材料

(1) 水泥

高性能混凝土所用的水泥最好是强度高且同时具有良好的流变性能，并与所用的混凝土外加剂相容性好。但在我国目前技术水平下，为避免水泥水化热大、需水量大、与外加剂相容性差、不易保存等问题，建议使用强度等级为52.5的普通硅酸盐水泥或中热硅酸盐水泥。

(2) 矿物细掺料

矿物细掺料在高性能混凝土中的作用：

1) 改善新拌混凝土的和易性和抹面质量。

2) 降低混凝土的温升。

3) 调整实际构件中混凝土强度的发展。

4) 增进混凝土的后期强度。

5) 提高抗化学侵蚀的能力，提高混凝土耐久性。

6) 不同品质矿物细掺料复合使用的"超叠效应"。

另外，在高性能混凝土中加入膨胀剂可在约束条件下产生一定的自应力，以补偿水泥的干缩和由于低水胶比造成的"自生收缩"，并在限制条件下增长强度。但必须控制好计量和拌合两个环节，否则适得其反。

(3) 外加剂

外加剂主要有高效减水剂、引气剂、缓凝剂。

(4) 集料

1) 粗集料。强度高、清洁、颗粒尽量接近等径状、针片状颗粒尽量少、不含碱活性组分，最好不用卵石。

2) 细集料。高性能混凝土宜用粗中砂，最好的砂要求600μm筛的累计筛余大于70%，300μm筛的累计筛余大于85%～95%，而150μm筛的累计筛余大于98%。

4. 实例

日本明石海峡大桥水下浇注混凝土的配合比特点是：使用多组分胶凝材料、多组分外加剂；坍落度为250mm，并长期保持低水灰比、低水泥用量。$W/C=0.33$，砂率45%，水142kg，水泥172kg，矿渣172kg，粉煤灰86kg，海砂501kg，破碎砂270kg，碎石965kg，外加剂为高效减水剂、引气剂、塑化剂。其中石子的最大粒径为20 mm，破碎砂细度模数为3.06，28d强度为51.9MPa。

6.8 建筑砂浆

砂浆是由胶凝材料、细集料、水，有时也加入适量掺合料和外加剂混合，在工程中起粘结、铺垫、传递应力作用的土木工程材料，又称为无粗集料的混凝土。砂浆在土木结构工程中不直接承受荷载，而是传递荷载，它可以将块状、粒状的材料砌筑粘结为整体，修建各种建筑物，如桥涵、堤坝和房屋的墙体等；或者薄层涂抹在表面上，在装饰工程中，梁、柱、地面、墙面等在进行表面装饰之前要用砂浆找平抹面，来满足功能的需要，并保护结构的内部。在采用各种石材、面砖等贴面时，一般也用砂浆作粘结和镶缝。

砂浆按所用的胶凝材料可分为水泥砂浆、水泥混合砂浆、石灰砂浆、石膏砂浆和聚合物砂浆等。砂浆按用途又可分为砌筑砂浆、抹面砂浆和特种砂浆。

6.8.1 砌筑砂浆

能够将砖、石块、砌块粘结成砌体的砂浆称为砌筑砂浆。在土木工程中用量很大，起粘结、垫层及传递应力的作用。

1. 砌筑砂浆的材料组成

(1) 胶凝材料

砂浆中使用的胶凝材料有各种水泥、石灰、石膏和有机胶凝材料等，常用的是水泥和石灰。

1) 水泥。砂浆可采用普通硅酸盐水泥、矿渣硅酸盐水泥、复合硅酸盐水泥、火山灰质硅酸盐水泥等常用品种的水泥或砌筑水泥。一般选择等级较低的强度等级为 32.5 的水泥，但对于高强砂浆也可以选择强度等级为 42.5 的水泥。水泥的品种应根据砂浆的使用环境和用途选择。在配制某些专门用途的砂浆时，还可以采用某些专用水泥和特种水泥，如用于装饰砂浆的白水泥，用于粘贴砂浆的粘贴水泥等。

2) 石灰。为节约水泥、改善砂浆的和易性，砂浆中常掺入石灰膏配制成混合砂浆，当对砂浆的要求不高时，有时也单独用石灰配制成石灰砂浆。砂浆中使用的石灰应符合技术要求。为保证砂浆的质量，应将石灰预先消化，并经“陈伏”，消除过火石灰的膨胀破坏作用后在砂浆中使用。在满足工程要求的前提下，也可以使用工业废料，如电石灰膏等。

(2) 细集料

细集料在砂浆中起骨架和填充作用，对砂浆的流动性、黏聚性和强度等技术性能影响较大。性能良好的细集料可以提高砂浆的和易性和强度，尤其对砂浆的收缩开裂有较好的抑制作用。

砂浆中使用的细集料，原则上应采用符合混凝土用砂技术要求的优质河砂。由于砂浆层一般较薄，因此，对砂子的最大粒径有所限制。用于砌筑毛石砌体的砂浆，砂子的最大粒径应小于砂浆层厚度的 1/4～1/5；用于砖砌体的砂浆，砂子的最大粒径应不大于 2.5mm；用于光滑的抹面及勾缝的砂浆，应采用细砂，且最大粒径小于 1.2mm。用于装饰的砂浆，还可采用彩砂、石渣等。砂子中的含泥量对砂浆的和易性、强度、变形性和耐久性均有影响。由于砂子中含有少量泥，可改善砂浆的黏聚性和保水性，故砂浆用砂的含泥量可比混凝土略高。对强度等级为 M2.5 以上的砌筑砂浆，含泥量应小于 5%，对强度等级为 M2.5 的砂浆，含泥量应小于 10%。

砂浆用砂还可根据原材料情况，采用人工砂、山砂、特细砂等，但应根据经验并经试验后，确定其技术要求，在保温砂浆、吸声砂浆和装饰砂浆中，还采用轻砂（如膨胀珍珠岩）、白色或彩色砂等。

(3) 掺合料和外加剂

在砂浆中，掺合料是为改善砂浆和易性而加入的无机材料，如石灰膏、粉煤灰、沸石粉等，砂浆中使用的粉煤灰和沸石粉应符合国家现行标准《粉煤灰在混凝土和砂浆中应用技术规程》(JGJ 28—1986) 和《天然沸石粉在混凝土与砂浆中的应用技术规程》(JGJ/T 112—1997) 的要求。为改善砂浆的和易性及其他性能，还可以在砂浆中掺入外加剂，如增塑剂、早强剂、防水剂等。砂浆中掺用外加剂时，不但要考虑外加剂对砂浆本身性能的影响，还要根据砂浆的用途，考虑外加剂对砂浆的使用功能有哪些影响，并通过试验确定外加剂的品种和掺量。为了提高砂浆的和易性，改善硬化后砂浆的性质，节约水泥，可在水泥砂浆或混合砂浆中掺入外加剂，最常用的是微沫剂，它是一种松香热聚物，掺量一般为水泥质量的 0.005%～0.010%，以通过试验的调配掺量为准。

(4) 拌合水

砂浆拌合用水的技术要求与混凝土拌合用水相同，应采用洁净、无油污和硫酸盐等杂质的可饮用水，为节约用水，经化验分析或试拌验证合格的工业废水也可以用于拌制砂浆。

2. 砌筑砂浆的枝术性质

砌筑砂浆的技术性质主要包括新拌砂浆的和易性、硬化后砂浆的强度和粘结强度，以及抗冻性、收缩值等指标。

(1) 新拌砂浆的和易性

和易性是指新拌制的砂浆拌合物的工作性，砂浆在硬化前应具有良好的和易性，即砂浆在搅拌、运输、摊铺时易于流动并不易失水的性质，和易性包括流动性和保水性两个方面。

1) 流动性。砂浆的流动性是指砂浆在重力或外力的作用下流动的性能。砂浆的流动性用“稠度”来表示。砂浆稠度的大小用沉入度表示，沉入度是指标准试锥在砂浆内自由沉入 10s 时沉入的深度，单位用 mm 表示，沉入量大的砂浆流动性好。

砂浆稠度的选择：沉入量的大小与砌体基材、施工气候有关。可根据施工经验来拌制，并应符合《砌体工程施工质量验收规范》(GB 50203—2002) 规定，如表 6-46 所示。

砌筑砂浆沉入量的选择 **表 6-46**

砌体种类	砂浆稠度(mm)
烧结普通砖	70～90
轻集料混凝土小型空心砌块	60～90
烧结多孔砖、空心砖	60～80
烧结普通砖平拱式过梁	50～70
空斗墙、筒拱	
普通混凝土小型空心砌块	
加气混凝土砌块	
石砌体	30～50

2) 保水性。保水性是指新拌砂浆保持内部水分不流出的能力。它反映了砂浆中各组分材料不易分离的性质，保水性好的砂浆在运输、存放和施工过程中，水分不易从砂浆中离析，砂浆能保持一定的稠度，使砂浆在施工中能均匀地摊铺在砌体中间，形成均匀密实的连接层。保水性不好的砂浆在砌筑时，水分容易被吸收，从而影响砂浆的正常硬化，最终降低砌体的质量。

影响砂浆保水性的主要因素有：胶凝材料的种类及用量、掺合料的种类及用量、砂的质量及外加剂的品种和掺量等。

在拌制砂浆时，有时为了提高砂浆的流动性、保水性，常加入一定的掺合料（石灰膏、粉煤灰、石膏等）和外加剂。加入的外加剂，不仅可以改善砂浆的流动性、保水性，而且有些外加剂能提高硬化后砂浆的粘结力和强度，改善砂浆的抗渗性和干缩等。

砂浆的保水性是用分层度来表示的，单位 mm。保水性好的砂浆，分层度不应大于 30mm；否则，砂浆易产生离析、分层，不便于施工；但分层度过小，接近于零时，水泥浆量多，砂浆易产生干缩裂缝，因此，砂浆的分层度一般控制在 10～30mm。

（2）硬化后砂浆的强度及强度等级

砂浆抗压强度是以标准立方体试件（70.7mm×70.7mm×70.7mm），每组 3 块，在标准养护条件下，测定其 28d 的抗压强度值而定的。根据砂浆的平均抗压强度，将砂浆分为 M20、M15、M10、M7.5、M5.0、M2.5、M1.0 等 7 个强度等级。

影响砂浆抗压强度的因素很多，很难用简单的公式表达砂浆的抗压强度与其组成材料之间的关系。因此，在实际工程中，对于具体的组成材料，大多根据经验和通过试配，经试验确定砂浆的配合比。

用于不吸水底面（如密实的石材）砂浆的抗压强度，与混凝土相似，主要取决于水泥强度和水灰比，关系式如下：

$$f_{m,o}=A\times f_{ce}\times\left(\frac{C}{W}-B\right)$$

式中 $f_{m,o}$——砂浆 28d 抗压强度，MPa；

f_{ce}——水泥 28d 实测抗压强度，MPa；

A、B ——与集料种类有关的系数（可根据试验资料统计确定）；

C/W——灰水比。

用于吸水底面（如砖或其他多孔材料）的砂浆，即使用水量不同，但因底面吸水且砂浆具有一定的保水性，经底面吸水后，所保留在砂浆中的水分几乎是相同的，因此砂浆的抗压强度主要取决于水泥强度及水泥用量，而与砌筑前砂浆中的水灰比基本无关，其关系如下：

$$f_{m,o}=A\cdot f_{ce}\cdot\frac{Q_c}{1000}+B$$

式中 Q_c——水泥用量，kg。

砌筑砂浆的配合比可以根据上述两式并结合经验估算，再经试拌后检测各项性能后确定。

3. 砌筑砂浆的其他性能

（1）粘结力

砂浆的粘结力是影响砌体结构抗剪强度、抗震性、抗裂性等的重要因素。为了提高砌体的整体性，保证砌体的强度，要求砂浆要和基体材料有足够的粘结力，随着砂浆抗压强度的提高，砂浆与基层的粘结力提高。在充分润湿、干净、粗糙的基面，砂浆的粘结力较好。

（2）变形性能

砂浆在硬化过程中、承受荷载或在温度条件变化时均容易变形，变形过大会降低砌体的整体性，引起沉降和裂缝。在拌制砂浆时，如果砂过细、胶凝材料过多及用轻集料拌制砂浆，会引起砂浆的较大收缩变形而开裂。有时，为了减少收缩，可以在砂浆中加入适量的膨胀剂。

(3) 凝结时间

砂浆凝结时间，以贯入阻力达到0.5MPa为评定的依据。水泥砂浆不宜超过8h，水泥混合砂浆不宜超过10h，掺入外加剂应满足工程设计和施工的要求。

(4) 耐久性

砂浆应具有良好的耐久性，为此，砂浆应与基底材料有良好的粘结力、较小的收缩变形。受冻融影响的砌体结构，对砂浆还有抗冻性的要求。对冻融循环次数有要求的砂浆，经冻融试验后，质量损失率不得大于5%，抗压强度损失率不得大于25%。

4. 砌筑砂浆的配合比设计

(1) 设计原则

对于砌筑砂浆，一般是根据结构的部位确定强度等级，查阅有关资料和表格选定配合比，如表6-47所示。

砌筑砂浆参考配合比（质量比） **表6-47**

砂浆强度等级	水泥砂浆(水泥：砂)	水泥混合砂浆	
		水泥：石灰膏：砂	水泥：粉煤灰：砂
M1.0	—	1：3.70：20.9	—
M2.5	—	1：2.10：13.19	—
M5.0	1：5	1：0.97：8.85	1：0.63：9.10
M7.5	1：4.4	1：0.63：7.30	1：0.45：7.25
M10	1：3.8	1：0.40：5.85	1：0.30：4.60

但有时在工程量较大时，为了保证质量和降低造价，应进行配合比设计，并经试验调整确定。

(2) 配合比设计步骤

1) 砂浆配制强度的确定。砌筑砂浆应具有95%的保证率，其配制强度按下式计算：

$$f_{m,o}=f_{m,k}-t\sigma_0=f_2+0.645\sigma_0$$

式中 $f_{m,o}$——砂浆的配制强度，MPa；

$f_{m,k}$——保证率为95%时的砂浆设计强度标准值，MPa；

f_2——砂浆的抗压强度平均值（即砂浆设计强度等级）($f_2=f_{m,k}+\sigma_0$)，MPa；

t——概率度（当保证率为95%时，$t=-0.645$）

σ_0——砂浆现场强度标准差，MPa。

砂浆现场强度的标准差应通过有关资料统计得出，如无统计资料，可按表6-48取用。

不同施工水平的砂浆强度标准差（JGJ 98—2000） **表6-48**

施工水平	砂浆强度等级(MPa)					
	M2.5	M5	M7.5	M10	M15	M20
优良	0.50	1.00	1.50	2.00	3.00	4.00
一般	0.62	1.25	1.88	2.50	3.75	5.00
较差	0.75	1.50	2.25	3.00	4.50	6.00

2) 计算水泥用量。砂浆中的水泥用量按下式计算确定：

$$Q_C=\frac{1000(f_{m,o}-B)}{A\times f_{ce}}$$

在无水泥的实测强度等级时，可按下式计算 f_{ce}：

$$f_{ce}=\gamma_c \cdot f_{ce,k}$$

式中 $f_{ce,k}$——水泥强度等级对应的强度值，MPa；

γ_c——水泥强度等级值的富裕系数（该值应按实际资料统计确定，无统计资料时，取 1.13～1.15）。

3）掺合料的确定。为了保证砂浆有良好的和易性、粘结力和较小的变形，在配制砌筑砂浆时，一般要求水泥和掺合料总量为 300～400kg，一般取 350kg。水泥砂浆中水泥的最小用量不能低于 200kg。

$$Q_D=Q_A-Q_C$$

式中 Q_D——每立方米砂浆的掺合料用量，kg；

Q_A——每立方米砂浆中水泥和掺合料总量，kg；

Q_C——每立方米水泥用量，kg。

但石灰膏的稠度不是 12cm 时，其用量应乘以换算系数，换算系数见表 6-49。

石灰膏稠度的换算系数 **表 6-49**

石灰膏的稠度(cm)	12	11	10	9	8
换算系数	1.00	0.99	0.97	0.95	0.93
石灰膏的稠度(cm)	7	6	5	4	3
换算系数	0.92	0.90	0.88	0.86	0.85

4）确定砂用量和水用量。砂浆中砂的用量取干燥状态下砂的堆积密度值（单位为 kg）。用水量根据砂浆稠度的要求，在 240～310kg 选用，如表 6-50 所示。

砂浆用水量选用表 **表 6-50**

砂浆类别	混合砂浆	水泥砂浆
用水量(kg)	250～300	280～333

5）当砂浆的初步配合比确定以后，应进行砂浆的试配，试配时以满足和易性和强度要求为准，进行必要的调整，最后将所确定的各种材料用量换算成以水泥为 1 的质量比或体积比，即得到最后的配合比。

5. 砂浆配合比设计计算实例

某工程要求砖墙用的砌筑砂浆，采用水泥石灰混合砂浆。砂浆强度等级为 M7.5，稠度为 70～80mm。原材料性能如下：水泥为 32.5 级复合硅酸盐水泥；砂子为中砂，干砂的堆积密度为 1450kg/m³，砂的实际含水率为 3%；石灰膏稠度为 90mm；施工水平一般。

（1）计算配制强度：

$$f_{m,o}=f_2+0.645\sigma_0=7.5+0.645\times1.88=8.7\text{MPa}$$

（2）计算水泥用量：

$$Q_C=\frac{1000(f_{m,o}-B)}{\alpha f_{ce}}=\frac{1000\times(8.7+15.09)}{3.03\times32.5}=242\text{kg}$$

（3）计算石灰膏用量：

$$Q_D=Q_A-Q_C=330-242=88\text{kg}$$

将石灰膏稠度 90mm 换算成 120mm，查表 6-49 得：

$$88\times0.95=84\text{kg}。$$

(4) 根据砂的堆积密度和含水率，计算用砂量：

$$Q_s=1450\times(1+0.03)=1494\text{kg}$$

砂浆试配时的配合比（质量比）为：

水泥：石灰膏：砂＝242：84：1494＝1：0.35：6.17

6.8.2 抹面砂浆

凡粉刷于土木工程的建筑物或构筑物表面的砂浆，统称为抹面砂浆。抹面砂浆有保护基层、增加美观的功能。抹面砂浆的强度要求不高，但要求保水性好，与基底的粘结力好，容易磨成均匀平整的薄层，长期使用不会开裂或脱落。

抹面砂浆按其功能不同可分为普通抹面砂浆、防水砂浆和装饰砂浆等。

1. 普通抹面砂浆

普通抹面砂浆用于室外、易撞击或潮湿的环境中，如外墙、水池、墙裙等，一般应采用水泥砂浆。普通抹面砂浆的功能是保护结构主体，提高耐久性，改善外观。常用的抹面砂浆的配合比和应用范围可参考表 6-51。普通抹面砂浆的流动性和砂子的最大粒径可以参考表 6-52。

常用抹面砂浆的配合比和应用范围　　表 6-51

材　料	体积配合比	应用范围
石灰：砂	1：3	用于干燥环境中的砖石墙面打底或找平
石灰：黏土：砂	1：1：6	干燥环境墙面
石灰：石膏：砂	1：0.6：3	不潮湿的墙及天花板
石灰：石膏：砂	1：2：3	不潮湿的线脚及装饰
石灰：水泥：砂	1：0.5：4.5	勒角、女儿墙及较潮湿的部位
水泥：砂	1：2.5	用于潮湿的房间墙裙、地面基层
水泥：砂	1：1.5	地面、墙面、天棚
水泥：砂	1：1	混凝土地面压光
水泥：石膏：砂：锯末	1：1：3.5	吸声粉刷
水泥：白石子	1：1.5	水磨石
石灰膏：麻刀	1：2.5	木板条顶棚底层
石灰膏：纸筋	$1m^3$ 灰膏掺 3.6kg 纸筋	较高级的墙面及顶棚
石灰膏：纸筋	100：3.8(质量比)	木板条顶棚面层
石灰膏：麻刀	1：1.4(质量比)	木板条顶棚面层

抹面砂浆的流动性及砂子的最大粒径　　表 6-52

抹面层	沉入度(人工抹面)(mm)	砂的最大粒径(mm)
底层	100～120	2.5
中层	70～90	2.5
面层	70～80	1.2

2. 防水砂浆

用作防水层的砂浆称为防水砂浆。砂浆防水层又称刚性防水层，适用于不受振动和具有一定刚度的混凝土和砖石砌体工程。

防水砂浆主要有普通水泥防水砂浆、掺加防水剂的防水砂浆、膨胀水泥和无收缩水泥防水砂浆三种。普通水泥防水砂浆是由水泥、细集料、掺合料和水拌制成的砂浆。掺加防水剂的水泥砂浆是在普通水泥中掺入一定量的防水剂而制得的防水砂浆，是目前应用广泛的一种防水砂浆。常用的防水剂有硅酸钠类、金属皂类、氯化物金属盐及有机硅类等。膨胀水泥和无收缩水泥防水砂浆是采用膨胀水泥和无收缩水泥制作的砂浆，利用这两种水泥制作的砂浆有微膨胀或补偿收缩性能，从而提高砂浆的密实性和抗渗性。

防水砂浆的配合比一般采用水泥：砂＝1：(2.5～3)，水灰比为0.5～0.55。水泥应采用42.5强度等级的普通硅酸盐水泥，砂子应采用级配良好的中砂。

防水砂浆对施工操作技术要求很高。制备防水砂浆应先将水泥和砂干拌均匀，再加入水和防水剂溶液搅拌均匀。粉刷前，先在润湿清洁的底面上抹一层低水灰比的纯水泥浆(有时也用聚合物水泥浆)，然后抹一层防水砂浆，在初凝前，用木抹子压实一遍，第二、三、四层都是以同样的方法进行操作，最后一层要压光。粉刷时，每层厚度约为5mm，共粉刷4～5层，共20～30mm厚。粉刷完后，必须加强养护。

3. 装饰砂浆

装饰砂浆是指粉刷在建筑物内外墙表面，具有美化装饰、改善功能、保护建筑物的抹面砂浆。装饰砂浆所采用的胶凝材料除普通硅酸盐水泥、矿渣硅酸盐水泥等外，还可以应用白水泥、彩色水泥，或在常用水泥中掺加耐碱矿物颜料，配制成彩色水泥砂浆；装饰砂浆采用的集料除普通河砂外，还可以使用色彩鲜艳的花岗岩、大理石等色石及细石渣，有时也采用玻璃或陶瓷碎粒。有时也可以加入少量云母碎片、玻璃碎料、长石、贝壳等使表面获得发光效果。掺颜料的砂浆在室外抹灰工程中使用，总会受到风吹、日晒、雨淋及大气中有害气体的腐蚀。因此，装饰砂浆中的颜料，应采用耐碱和耐光晒的矿物颜料。

外墙面的装饰砂浆有如下工艺做法：

(1) 拉毛。先用水泥砂浆做底层，再用水泥石灰砂浆做面层。在砂浆尚未凝结之前，用抹刀将表面拍拉成凹凸不平的形状。

(2) 水刷石。用颗粒细小（约5mm）的石渣拌成的砂浆做面层，在水泥终凝前，喷水冲刷表面，冲洗掉石渣表面的水泥浆，使石渣表面外露。水刷石用于建筑物的外墙面，具有一定的质感，且经久耐用，不需要维护。

(3) 干粘石。在水泥砂浆面层的表面，粘结粒径为5mm以下的白色或彩色石渣、小石子、彩色玻璃、陶瓷碎粒等。要求石渣粘结均匀、牢固。干粘石的装饰效果与水刷石相近，且石子表面更洁净、艳丽；避免了喷水冲洗的湿作业，施工效率高，而且节约材料和水。干粘石在预制外墙板的生产中，有较多的应用。

(4) 斩假石。又称为剁假石、斧剁石。砂浆的配制与水刷石基本一致。砂浆抹面硬化后，用斧刃将表面剁毛并露出石渣。斩假石的装饰效果与粗面花岗岩相似。

(5) 假面砖。将硬化的普通砂浆表面用刀斧锤凿刻划出线条；或者在初凝后的普通砂浆表面用木条、钢片压划出线条；也可用涂料画出线条，将墙面装饰成仿砖砌体、仿瓷砖贴面、仿石材贴面等艺术效果。

(6) 水磨石。用普通硅酸盐水泥、白水泥、彩色水泥或普通硅酸盐水泥加耐碱颜料拌合各种色彩的大理石石渣作面层，硬化后用机械反复磨平抛光表面而成。水磨石多用于地面、水池等工程部位。可事先设计图案色彩，磨平抛光后更具艺术效果。水磨石还可以制成预制件或预制块，作楼梯踏步、窗台板、柱面、台面、踢脚板、地面板等构件。

室内外的地面、墙面、台面、柱面等，也可以用水磨石进行装饰。

装饰砂浆还可以采用喷涂、弹涂、辊压等工艺方法，做成丰富多彩、形式多样的装饰面层。装饰砂浆操作方便，施工效率高。与其他墙面、地面装饰相比，成本低，耐久性好。

第7章　钢　　材

7.1　概　　述

7.1.1　土木工程用钢材

土木工程中所使用的钢材主要包括钢结构中使用的各种型钢、钢板、钢管、钢筋混凝土和预应力钢筋混凝土结构所用的各种钢筋和钢丝。

钢材是在严格的技术控制下生产的材料，其质量均匀、强度高、有一定的塑性和韧性，且能承受冲击荷载和振动荷载的作用；既可以冷、热加工，又能焊接或铆接，便于预制和装配。因此，在土木工程中大量使用钢材作为结构材料。用型钢制作钢结构，具有质量轻、安全度高的特点，尤其适用于大跨度及多层结构。由于钢材是国民经济各部门用量很大的材料，所以土木工程中应节约钢材。钢筋混凝土结构的自重虽然大，但能大量节省钢材，还克服了钢结构易于锈蚀的特点。今后，随着混凝土和钢材强度的提高，钢筋混凝土结构自重大的缺点将得以改善。所以，钢筋混凝土将是今后的主要结构材料，钢筋和钢丝也成为重要的土木工程材料。

7.1.2　钢的冶炼和加工对钢材质量的影响

钢铁的主要化学成分是铁和碳（又称铁碳合金），此外还有少量的硅、锰、磷、硫、氧和氮等。含碳量大于2%的铁碳合金称为生铁或铸铁；含碳量小于2%的铁碳合金称为钢。生铁是把铁矿石中的氧化铁还原成铁而得到的。钢则是将熔融的铁水进行氧化，使碳的含量降低到预定的范围，磷、硫等杂质降低到允许的范围而得到的。

在钢的冶炼过程中，碳被氧化成一氧化碳气体而逸出；硅、锰等氧化成二氧化硅和氧化锰随钢渣被排出；磷、硫则在石灰的作用下，也进入渣中被排出。由于炼钢过程中必须供给足够的氧以保证碳、硅、锰的氧化以及其他杂质的去除，因此，钢液中尚有一定数量的氧化铁。为了消除氧化铁对钢质量的影响，常在精炼的最后阶段，向钢液中加入硅铁、锰铁等脱氧剂以去除钢液中的氧，这种操作工艺称为脱氧。

7.1.3　钢的分类

1. 按化学成分分类

（1）碳素钢

含碳量为0.02%～2.06%的铁碳合金称为碳素钢，也称碳钢，其主要成分是铁和碳，还有少量的硅、锰、磷、硫、氧、氮等。碳素钢中的含碳量较多，且对钢的性质影响较大，故又称碳素钢。根据含碳量的不同，碳素钢又分为三种：

1）低碳钢：含碳量小于0.25%。

2）中碳钢：含碳量为0.25%～0.6%。

3）高碳钢：含碳量大于0.6%。

（2）合金钢

合金钢是碳素钢中加入一定的合金元素的钢。钢中除含有铁、碳和少量不可避免的硅、锰、磷、硫外，还含有一定量（有意加入的）硅、锰、钛、矾、铬、镍、硼等一种或多种合金元素。其目的是改善钢的性能或使其获得某些特殊性能。合金钢按合金元素总含量分为三种：

1）低合金钢：合金元素总含量小于5%。

2）中合金钢：合金元素总含量为5%～10%。

3）高合金钢：合金元素总含量大于10%。

2. 按冶炼方法分类

（1）氧气转炉钢

氧气转炉钢是向转炉中烧融的铁水中吹入氧气而制成的钢。向转炉中吹入氧气能有效地除去磷、硫等杂质，而且可避免由空气带入钢中杂质，故质量较好。目前我国多采用此法生产的碳素钢和合金钢。

（2）平炉钢

以固态或液态铁、铁矿石或废钢铁为原料，煤气或重油为燃料，在平炉中炼制的钢称为平炉钢。平炉钢的冶炼时间长，有足够的时间调整和控制其成分，杂质和气体的去除较彻底，因此钢的质量较好。但因其设备投资大，燃料热效率不高，冶炼时间又长，故成本较高。

（3）电炉钢

电炉钢是利用电流效应产生的高温炼制的钢。热效率高，除杂质充分，适合冶炼优质钢和特种钢。

3. 按脱氧程度分类

（1）沸腾钢

沸腾钢是脱氧不充分的钢。脱氧后钢液中还剩余一定数量的氧化铁（FeO），氧化铁和碳继续作用放出一氧化碳气体，因此钢液在钢锭模内呈沸腾状态，故称沸腾钢，其代号为“F”。这种钢的优点是钢锭无缩孔、轧成的钢材表面质量和加工性能好，成品率高，成本较低。缺点是化学成分不均匀、易偏析、钢的致密程度较差，故其抗蚀性、冲击韧性和可焊性较差，尤其在低温时冲击韧性降低更显著。

（2）镇静钢

镇静钢是脱氧充分的钢。由于钢液中氧已经很少，当钢液浇铸后在锭模内呈静止状态，故称镇静钢，其代号为“Z”。其优点是化学成分均匀，机械性能稳定，焊接性能和塑性较好，抗蚀性也较强。其缺点是钢锭中有缩孔、成材率低。它多用于承受冲击荷载及其他重要的结构上。

（3）特殊镇静钢

特殊镇静钢的脱氧程度比镇静钢还要充分彻底，其质量最好。

土木工程用钢材主要是经热轧（热变形压力加工）制成并按热轧状态供应的。热轧工艺可使钢坯中大部分气孔焊合，晶粒破碎细化，钢材的质量提高。轧制的压缩比和停轧温度对质量提高有影响。厚度和直径较大的钢材，与用同样钢坯轧制的薄钢材比较，因其轧制次数较少，停轧温度较高，故其强度稍差。

上述冶炼、轧制加工对钢材质量的影响，必然要反映到钢材标准和有关规范中去。例如，由于热轧加工的影响，在普通碳素结构钢标准中对不同尺寸的钢材，分别规定了不同的强度要求。

土木工程用钢材的主要钢种是普通碳素钢和合金钢中的普通低合金钢。

7.2 土木工程用钢材的主要技术性能

土木工程用钢材的技术性能主要有力学性能和工艺性能，其中力学性能是钢材最重要的使用性能，包括强度、弹性、塑性和耐疲劳性能等，工艺性能表示钢材在各种加工过程中的行为，包括冷变形性能和可焊接性等。

7.2.1 力学性能

1. 抗拉性能

钢材有较高的抗拉性能，抗拉性能是土木工程用钢材的重要性能。由拉力试验测得的屈服点、抗拉强度和伸长率是钢材的重要技术指标。

土木工程用钢材的抗拉性能，可由低碳钢（也称软钢）受拉的应力-应变图来说明(见图 7-1)。图 7-1 中 *OABCD* 曲线上的任一点都表示在一定荷载作用下，钢材的应力(σ) 和应变 (ε) 的关系。由图 7-1 可知，低碳钢的受拉过程明显地划分为四个阶段。

(1) 弹性阶段。应力-应变曲线在 *OA* 段为一直线。在 *OA* 范围内应力和应变保持正比例关系，卸去外力，试件恢复原状，无残余变形，这一阶段称为弹性阶段。曲线上和 *A* 点对应的应力称为弹性极限，常用 σ_p 表示。弹性阶段所产生的变形称为弹性变形。在 *OA* 线上任一点的应力与应变的比值为一常数，称为弹性模量，用 *E* 表示，即 $E=\sigma/\varepsilon$。弹性模量说明产生单位应变时所需应力的大小，弹性模量反映钢材的刚度，是钢材计算结构受力变形的重要指标。工程中常用的 Q235 钢的弹性极限 σ_p 为 180～200MPa，弹性模量 *E* 为$(2.0\sim2.1)\times10^5$MPa。

(2) 屈服阶段。当应力超过 *A* 点以后，应力和应变失去线性关系，*AB* 是一条复杂的曲线，由图 7-1 看到，当应力达到 $B_上$ 点时，钢材暂时失去对外力的抵抗作用，在应力不增长（在不大的范围内波动）的情况下，应变迅速增加，钢材内部发生“屈服”现象，直到 *B* 点为止。曲线上的 $B_上$ 点称为屈服上限，$B_下$ 点称为屈服下限。由于 $B_下$ 点比较稳定，且较易测定，故一般以 $B_下$ 点对应的应力作为屈服点（又称屈服极限），用 σ_s 表示。Q235 钢的 σ_s 为 210～240MPa。

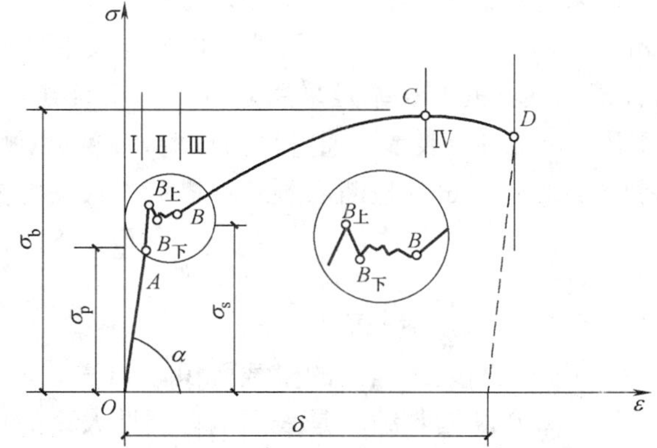

图 7-1 低碳钢受拉的应力-应变图

屈服阶段表示钢材的性质由弹性转变为以塑性为主，这在实际应用上有重要意义。因为钢材受力达到屈服点以后，塑性变形即迅速增长，尽管钢材尚未破坏，但因变形过大已不能满足使用要求，所以 σ_s 是钢材在工作状态下允许达到的应力值，即应力不超过 σ_s，钢材不会发生较大的塑性变形，故结构设计中一般以 σ_s 作为强度取值的依据。

（3）强化阶段。应力超过 B 点后，由于钢材内部组织的变化，经过应力重分布以后，其抵抗塑性变形的能力又加强了，BC 曲线呈上升趋势，故称为强化阶段。对应于最高点 C 的应力称为抗拉强度（又称极限强度），用 σ_b 表示，它是钢材所承受的最大拉应力。Q235 钢的 $\sigma_b=380\sim470$MPa。

抗拉强度在设计中虽然不像屈服点那样作为强度取值的依据，但屈服点与抗拉强度的比值（即屈强比 σ_s/σ_b）却能反映钢材的利用率和安全可靠程度。屈强比小，反映钢材在受力超过屈服点工作时的可靠程度大，因而结构的安全度高。但屈强比太小，钢材可利用的应力值小，钢材利用率低，造成钢材浪费；反之，若屈强比过大，虽然提高了钢材的利用率，但其安全度却降低了。实际工程中选用钢材时，应在保证结构安全可靠的情况下，尽量选用大的屈强比，以提高钢材的利用率。一般情况下，合理的屈强比 σ_s/σ_b 为 0.60～0.75。Q235 钢的屈强比为 0.58～0.63；普通低合金钢的屈强比为 0.65～0.75。用于抗震结构的普通钢筋实测的屈强比应不低于 0.80。

（4）颈缩阶段。应力超过 C 点以后，钢材抵抗塑性变形的能力大大降低，塑性变形急剧增加，在薄弱处断面显著减小，出现“颈缩现象”而断裂。

试件拉断后，将其拼合，测出标距内的长度 L_1，即可按下式计算其伸长率 δ_n：

$$\delta_n=\frac{L_1-L_0}{L_0}\times100\%$$

式中 L_0——试件原标准长度，mm；

L_1——试件拉断后标距间的长度，mm；

n——试件原标距长度与其直径之比。

应当指出，由于出现颈缩，塑性变形在试件标距内的分布是不均匀的，而且颈缩处的伸长较大。因而原标距与直径之比越大，则颈缩处伸长值在整个伸长值中的所占的份量越小，结果计算出的伸长率则小一些。通常以 δ_5 表示 $L_0=5d_0$（称为短试件）时的伸长率；以 δ_{10} 表示 $L_0=10d_0$（称为长试件）的伸长率。d_0 为试件的原直径。对于同一钢材，$\delta_5>\delta_{10}$。某些钢材的伸长率是采用定标距试件测定的，如标距 $L_0=100$mm 或 200mm，则伸长率用 δ_{100} 或 δ_{200} 表示。通过拉力试验，还可以测定另一表明试件塑性的指标——断面收缩率（ψ）。它是试件拉断后颈缩处横截面最大缩减量与原始横截面积的百分比，即

$$\psi=\frac{F_0-F}{F_0}\times100\%$$

式中 F_0——原始横截面积，mm^2；

F——断裂颈缩处的横截面积，mm^2。

伸长率和断面收缩率是表示钢材塑性大小的指标，在工程中具有重要意义。伸长率过大，断面收缩率过小，钢质软，在荷载作用下结构易产生较大的塑性变形，影响实际使用；伸长率过小，断面收缩率过大，钢质硬脆，当结构受到超载作用时，钢材易断裂；塑性良好（伸长率或断面收缩率在一定范围内）的钢材，即使在承受偶然超载时，钢材通过产生塑性变形而使其内部应力重新分布，从而克服了因应力集中而造成的危害。此外，对塑性良好的钢材，可以在常温下进行加工，从而得到不同形状的制品，并使其强度和塑性

得到一定程度的改善。因此，在实际使用中，尤其受动荷载作用的结构，对钢材的塑性有较高的要求。

高碳钢（包括高强度钢筋和钢丝，也称硬钢）受拉时的应力-应变曲线与低碳钢的完全不同，见图 7-2。其特点是没有明显的屈服阶段，抗拉强度高，伸长率小，拉断时呈脆性破坏。这类钢因无明显的屈服阶段，故不能测定其屈服点，一般以条件屈服点代替。条件屈服点是钢材产生 0.2%塑性变形所对应的应力值，以 $\sigma_{0.2}$ 表示，单位 MPa。

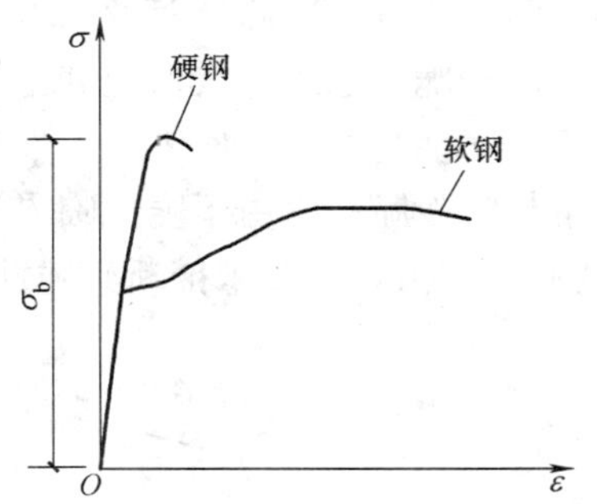

图 7-2 硬钢与软钢的应力-应变曲线比较

2. 冲击韧性

钢材在瞬间动载作用下，抵抗破坏的能力称为冲击韧性。冲击韧性的大小是用带有 V 形刻槽的标准试件的弯曲冲击韧性试验确定的（见图 7-3）。以摆锤打击试件时，于刻槽处试件被打断，试件单位截面积（cm^2）上所消耗的功，即为钢材的冲击韧性指标，以冲击功（也称冲击值）a_k 表示。a_k 值越大，表示冲断试件时消耗的功越多，钢材的冲击韧性越好。钢材的冲击韧性受其化学成分、组织状态、轧制与焊接质量、环境温度以及时间等因素的影响。

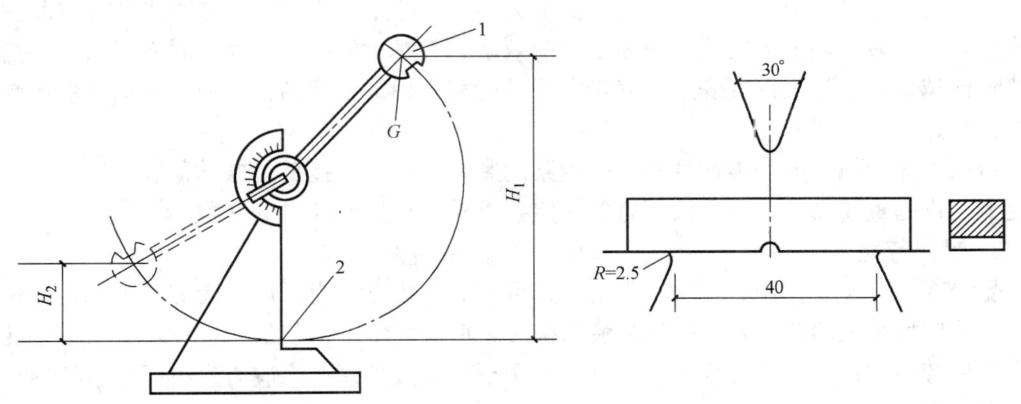

图 7-3 冲击韧性试验示意图

1—摆锤；2—试件

（1）化学成分与组织状态对冲击韧性的影响

当钢中的硫、磷含量较高，且存在偏析及非金属夹杂物时，a_k 值下降。细晶结构的 a_k 值比粗晶结构的高。

（2）轧制与焊接质量对冲击韧性的影响

试验时沿轧制方向取样比沿垂直于轧制方向取样的 a_k 值高。焊接件中形成的热裂纹及晶体组织的不均匀分布，将使 a_k 值显著降低。

（3）环境温度对冲击韧性的影响

试验表明，钢材的冲击韧性受环境温度的影响很大。为了找出这种影响的变化规律，可在不同温度下测定其冲击值，将试验结果绘成曲线，如图 7-4 所示。由图 7-4 可见，冲击韧性随温度的下降而降低；温度较高时，a_k 值下降较少，破坏时呈韧性断裂。当温度降至某一温度范围时，a_k 值突然大幅度下降，钢材开始呈脆性断裂，这种性质称为钢材的冷脆性。发生冷脆性时的温度范围，称为脆性转变温度范围。脆性转变温度越低，表明钢材的冷脆性越小，其低温冲击性能越好。

冷脆性是冬季一些钢结构发生事故的主要原因。因此，在负温下使用钢结构时，应评定钢材的冷脆性。由于脆性临界温度的测定较复杂，通常根据气温条件在－20℃或－40℃时测定 a_k 值，以此来推断其脆性临界温度范围。

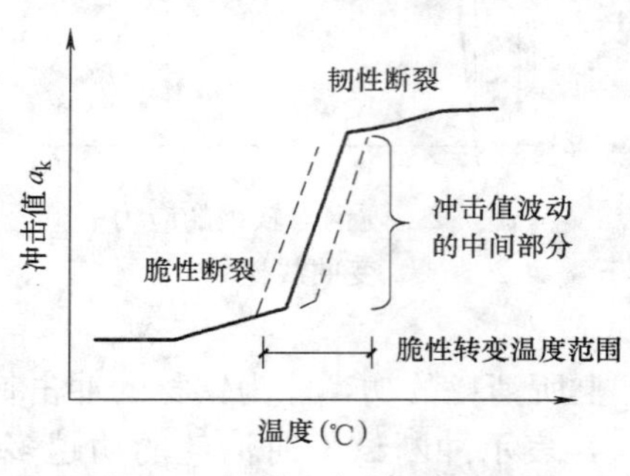

图 7-4 温度对冲击韧性的影响
（在 20℃以下）

(4) 时间对冲击韧性的影响

随着时间的进展，钢材的强度提高，而塑性和冲击韧性降低的现象称为时效。钢中的氮原子和氧原子是产生时效的主要原因，它们及其化合物在温度变化或受机械作用时将加快向缺陷中的富集过程，从而阻碍了钢材受力后的变形，使钢材的塑性和冲击韧性降低。完成时效变化过程可达数十年。钢材如受冷加工而变形，或者使用中经受振动和反复荷载的影响，其时效可迅速发展。因时效而导致性能改变的程度称为时效敏感性，时效敏感性的大小可以用时效前后冲击值降低的程度（时效前后冲击值之差与时效前冲击值之比）来表示。时效敏感性越大的钢材，经过时效以后其冲击韧性的降低越显著。为了保证安全，对于承受动荷载作用的重要结构，应当选用时效敏感性小的钢材。

由上可知，钢材的冲击韧性受诸多因素的影响。对于直接承受振动荷载作用或可能在负温下工作的重要结构，必须按照有关规定要求对钢材进行冲击韧性检验。

3. 耐疲劳性

受交变荷载反复作用时，钢材常常在远低于其屈服点应力作用下而突然破坏，这种破坏称疲劳破坏。试验证明，一般钢的疲劳破坏是由应力集中引起的。首先在应力集中的地方出现疲劳裂纹；然后在交变荷载的反复作用下，裂纹尖端产生应力集中而使裂纹逐渐扩大，直至突然发生瞬时疲劳断裂。疲劳破坏是在低应力状态下突然发生的，所以危害极大，往往造成灾难性的事故。

若发生破坏时的危险应力是在规定周期（交变荷载反复作用次数）内的最大应力，则称其为疲劳极限或疲劳强度。此时规定的周期 N 称为钢材的疲劳寿命。测定疲劳极限时，应根据结构的受力特点确定应力循环类型（拉-拉型、拉-压型等）、应力特征值 ρ（为最小和最大应力之比）和周期基数。例如，测定钢筋的疲劳极限时，常用改变大小的拉应力循环来确定 ρ 值，对非预应力筋 ρ 一般为 0.1～0.8；预应力筋则为 0.7～0.85；周期基数一般为 2×10^6 或 4×10^6 次以上，实际测量时常以 2×10^6 次应力循环为基准。钢材的疲劳极限不仅与其化学成分、组织结构有关，而且与其截面变化、表面质量以及内应力大小等可能造成应力集中的各种因素有关。所以，在设计承受反复荷载作用且必须进行疲劳验算的钢结构时，应当了解所用钢材的疲劳极限。

7.2.2 工艺性能

土木工程用钢材不仅应有优良的力学性能，而且应有良好的工艺性能，以满足施工工艺的要求。其中冷弯性能和焊接性能是钢材的重要工艺性能。

1. 冷弯性能

钢材在常温下承受弯曲变形的能力称为冷弯性能。钢材冷弯性能指标是用试件在常温下所承受的弯曲程度表示。弯曲程度可以通过试件被弯曲的角度和弯心直径对试件厚度（或直径）的比值来表示，见图 7-5。试验时，采用的弯曲角度越大，弯心直径对试件厚度的比值越小，表明冷弯性能越好。按规定的弯曲角度和弯心直径进行试验，试件的弯曲处不产生裂缝、起层或断裂，即为冷弯性能合格。

钢材的冷弯是通过试件受弯处的塑性变形实现的，如图 7-5 所示。它和伸长率一样，都反映钢材在静载下的塑性。但冷弯是钢材局部发生的不均匀变形下的塑性，而伸长率则反映钢材在均匀变形下的塑性，故冷弯试验是一种比较严格的检验，它比伸长率更能很好地揭示钢材是否存在内部组织不均匀、内应力和夹杂物等缺陷。这些缺陷在拉伸试验中，常因塑性变形导致应力重分布而得不到反映。

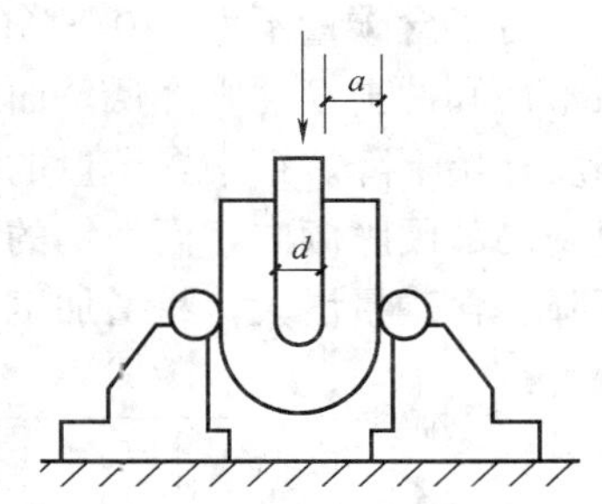

图 7-5 碳素钢冷弯试验示意图

冷弯试验对焊接质量也是一种严格的检验，它能揭示焊件在受弯表面存在的未熔合、微裂纹和夹杂物等缺陷。

2. 焊接性能

在工业与民用建筑中焊接联结是钢结构的主要联结方式；在钢筋混凝土工程中，焊接则广泛应用于钢筋接头、钢筋网、钢筋骨架和预埋件的焊接，以及装配式构件的安装。在建筑工程的钢结构中，焊接结构占 90%以上，因此，要求钢材应有良好的可焊性。

钢材的焊接方法主要有两种：钢结构焊接用的电弧焊和钢筋连接用的接触对焊。焊接过程的特点是：在很短的时间内达到很高的温度；钢件熔化的体积小；由于钢件传热快，冷却的速度也快，所以存在剧烈的膨胀和收缩。因此，在焊件中常发生复杂的、不均匀的反应和变化，使焊件易产生变形、内应力组织的变化和局部硬脆倾向等缺陷。对可焊性良好的钢材，焊接后焊缝处的性质应尽可能与母材一致，这样才能获得焊接牢固可靠、硬脆倾向小的效果。

钢的可焊性能主要受其化学成分及含量的影响。当含碳量超过 0.25%后，钢的可焊性变差。锰、硅、钒等对钢的可焊性能也都有影响。其他杂质含量增多，也会使可焊性降低。特别是硫能使焊缝处产生热裂纹并硬脆，这种现象称为热脆性。

由于焊接件在使用过程中要求的主要力学性能是强度、塑性、韧性和耐疲劳性，因此，对性能影响最大的焊接缺陷是焊件中的裂纹、缺口和因硬化而引起的塑性和冲击韧性的降低。

采取焊前预热和焊后热处理的方法，可以使可焊性较差的钢材的焊接质量得以提高。此外，正确地选用焊接材料和焊接工艺，也是提高焊接质量的重要措施。

7.3 钢材的化学成分对钢材性能的影响

化学成分对钢材性能的影响主要是通过固溶于铁素体、形成化合物及改变晶粒大小等来实现的。如合金元素中除了锰之外，各合金元素均有细化晶粒的作用，特别是铌、钛、钒等。现对经冶炼后存在于钢中的各种化学元素，对钢的性质产生不同的影响分述如下。

7.3.1 碳

碳是铁碳合金的主要元素之一，对钢的性能有重要影响，如图 7-6 所示。由图 7-6 可知，对于含碳量不大于 0.8%的碳素钢，随着含碳量的增加，钢的抗拉强度和硬度提高，而塑性和冲击韧性则降低。而强度以含碳量为 0.8%左右为最高。但当含碳量大于 1%时，强度开始下降。钢中含碳量的增加，焊接时焊缝附近的热影响区组织和性能变化大，容易出现局部硬脆倾向，而使钢的可焊性降低。当含碳量超过 0.25%时，钢的可焊性将显著下降。含碳量增大，将增加钢的冷脆性和时效倾向，而且降低抵抗大气腐蚀的能力。

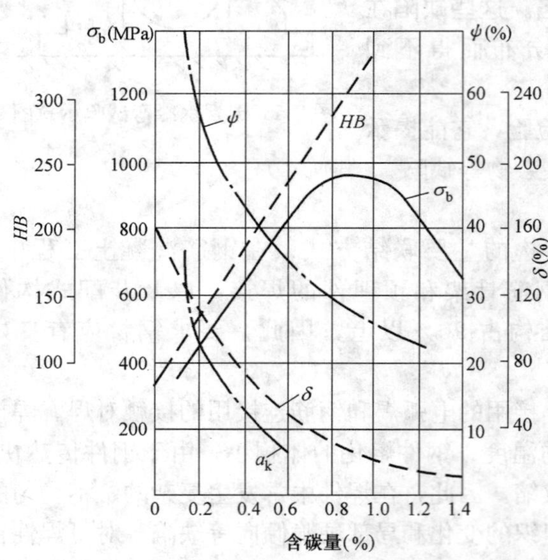

图 7-6 含碳量对钢的机械性能的影响

σ_b—抗拉强度；a_k—冲击韧性；

HB—硬度；δ—伸长率；ψ—断面缩减率

7.3.2 磷

磷是碳素钢的有害杂质，主要来源于炼钢用的原料。钢的含磷量提高时，钢的强度提高，塑性和韧性显著下降。温度越低，对塑性和韧性的影响越大。此外，磷在钢中的分布不均匀，偏析严重，使钢的冷脆性显著增大，焊接时容易产生冷裂纹，使钢的可焊性显著降低。因此，在碳素钢中对磷的含量有严格要求。

磷可以提高钢的耐磨性和耐蚀性，在普通低合金钢中，可配合其他元素加以利用。

7.3.3 硫

硫也是钢的有害杂质，来源于炼钢原料，以硫化铁夹杂物的形式存在于钢中，能降低钢的各种力学性能。由于硫化铁的熔点低，当钢在红热状态下进行热加工或焊接时，易使钢材内部产生裂纹，引起钢材断裂，这种现象称为热脆性。热脆性将大大降低钢的热加工性能与可焊性能。硫还能降低钢的冲击韧性、疲劳强度和抗腐蚀性。因此，碳素钢中对硫的含量有严格限制。

7.3.4 氮、氧、氢

这三种气体元素也是钢中的有害杂质，它们在固态钢中溶解度极小，偏析严重，使钢的塑性、韧性显著降低，甚至会造成微裂纹事故。钢的强度越高，其危害性越大，所以应严格限制氮、氧、氢的含量。

7.3.5 硅

硅是在钢的精炼过程中为了脱氧而有意加入的元素。由于硅与氧的结合力强，所以能夺取氧化铁中的氧形成二氧化硅进入钢渣中被排除，使钢的质量提高。当硅含量小于1%时，可提高钢的强度，但对塑性和韧性无明显影响，且可提高其抗腐蚀能力。硅是我国钢筋用钢的主加合金元素，其主要作用是改善其机械性能。

7.3.6 锰

锰也是在钢的精炼过程中为了脱氧和去硫而加入的。锰对氧和硫的结合力大于铁对氧和硫的结合力，故可使有害的氧化铁和硫化铁分别形成氧化锰和硫化锰而进入钢渣被排除，削弱了硫所引起的热脆性，改善钢材的热加工性。同时，锰还能提高钢的强度和硬度，但含量较高时，将显著降低钢的焊接性能。因此，碳素钢的含锰量控制在0.9%以下。锰是我国低合金结构钢和钢筋用钢的主加合金元素，一般其含量控制为1%～2%，其主要作用是提高钢的强度。

7.3.7 钛

钛是强脱氧剂，且能使晶粒细化，故可以显著提高钢的强度，而塑性略有降低。同时，因晶粒细化，可改善钢的韧性，还能提高可焊性和抗大气腐蚀性。因此，钛是常用的合金元素。

7.3.8 钒

钒是弱脱氧剂，它加入钢中能削弱碳和氮的不利影响。钒能细化晶粒，提高强度和改善韧性，并能减少时效倾向，但钒将增大焊接时的硬脆倾向而使可焊性降低。

7.4 钢材的冷加工及热加工

在建筑工地和混凝土预制厂，经常对强度偏低的钢筋和塑性偏大的钢筋或低碳盘条钢筋进行冷拉或冷拔并时效处理，以提高屈服强度和利用率。

经过冷加工的钢材，可适当减少钢筋混凝土结构设计截面，或减少混凝土中的配筋数量，从而达到节约钢材的目的。钢筋冷拉还有利于简化施工工序。冷拉盘条钢筋可省去开盘和调直工序；冷拉直条钢筋则可与矫直、除锈等工序一并完成。但冷拉钢丝的屈强比较大，相应的安全储备较小。

建筑工程中大量使用的钢筋采用冷加工强化具有明显的经济效益，而且冷加工所用机械比较简单，容易操作，效果明显，因而建筑工程中常用此方法。

7.4.1 冷加工强化

1. 冷加工强化的机理

将钢材在常温下进行冷拉、冷拔或冷轧，使之产生塑性变形，从而提高其机械强度，相应降低塑性和韧性的过程，称为冷加工强化或冷加工硬化处理。

冷加工强化的机理是：钢材经冷加工变形后，钢材内部分晶粒沿某些滑移面产生滑移，晶格扭曲，晶粒的形状也相应改变即受拉晶粒被拉长或受压晶粒被压扁，滑移面上的晶粒甚至破碎；当继续加大荷载或重新加载时，已经变形的晶粒对继续进行的滑移将产生巨大阻力，使已经滑移过的区域增加了对塑性变形的抗力，因而硬度与强度提高。原来已经滑移的晶粒也不再进行滑移，新的滑移将在其他区域内发生。换言之，要使钢材重新产生变形（即滑移）就必须增加外力，所以显示出屈服点的提高。钢的塑性、韧性则由于塑性变形后滑移减少而降低，脆性增大。由于塑性变形中产生内应力，故钢材的弹性模量降低。

2. 冷加工强化的方法

(1) 冷拉

冷拉是将钢筋拉至其 σ—ε 曲线的强化阶段内任一点 K 处，然后缓慢卸去荷载，则当再度加荷时，其屈服强度将有所提高，而其塑性变形能力将有所降低。冷拉一般可控制冷拉率。钢筋经冷拉后，一般屈服点可提高 20%～25%。

(2) 冷拔

冷拔是将光圆钢筋通过硬质合金拔丝模孔强行拉拔。冷拔作用比纯拉伸作用强烈，钢筋不仅受拉，而且同时受到挤压作用。经过一次或多次的冷拉后得到的冷拔低碳钢丝，其屈服点可提高 40%～60%，但失去软钢的塑性和韧性而具有硬钢的特点。

(3) 冷轧

冷轧是将圆钢在冷轧机上轧成断面形状截面的钢筋，可提高其强度及与混凝土的粘结力。钢筋在冷轧时，纵向与横向同时产生变形，因而能较好地保持其塑性和内部结构的均匀性。

7.4.2 时效处理

将经过冷拉的钢筋在常温下存放 15～20d 或加热到 100～200℃保持 2～3h，其屈服点将进一步提高，抗拉强度稍有增长，塑性和韧性继续降低，这个过程称为时效处理。前者为自然时效；后者则为人工时效。由于时效过程中内应力的消减，故其弹性模量可基本恢复。

冷拉及时效处理后钢筋性能的变化规律，可由拉力试验的应力-应变图得到反映，如图 7-7 所示。

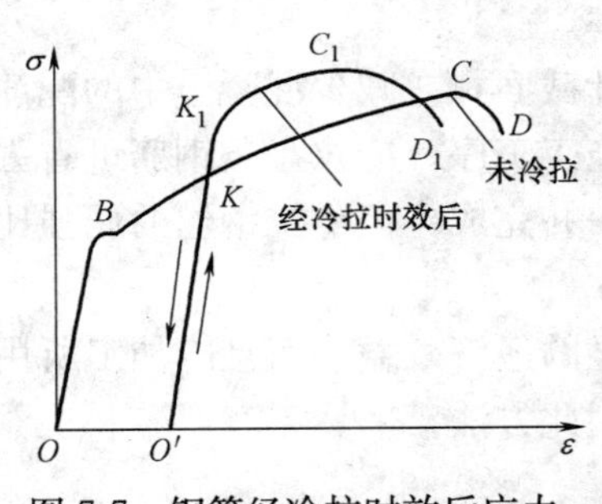

图 7-7 钢筋经冷拉时效后应力-应变图的变化

图 7-7 中 $OBCD$ 为未经冷拉和时效处理试件的应力-应变曲线。若将试件拉伸至超过屈服点后的任意一点 K，然后卸载，由于试件已产生塑性变形，故卸载曲线就将沿着 KO'下降，KO'大致与 BO 平行。若卸载后立即再拉伸，则新的屈服点将高达 K 点。以后的应力-应变关系将与原曲线 KCD 相似。这表明钢筋经冷拉后，其屈服点将提高。若在 K 点卸载后，不立即拉伸，而是对试件进行时效处理，然后再拉伸，则其屈服点将升高至 K_1 点。继续拉伸，曲线将沿 $K_1C_1D_1$ 发展。这说明钢筋经冷拉时效处理以后，屈服点和抗拉强度都得到提高，塑性和韧性则相应降低。

钢材产生时效的根本原因是其晶体组织中的碳原子、氮原子有向缺陷处移动、集中的倾向，甚至呈碳化物或氮化物微粒析出。钢材受冷加工变形以后或在使用中受到反复振动，则碳原子、氮原子的移动、集中会大大加快。这将使缺陷处碳原子、氮原子富集，阻碍晶粒发生滑移，增加了对塑性变形的抗力，因而强度提高，塑性和韧性降低。

钢筋冷拉后，不仅可以提高屈服点和抗拉强度 20%～25%，而且还可以简化施工工艺；圆盘钢筋可使开盘、矫直、冷拉三道工序一次完成；直条钢筋则可使矫直、冷拉一次完成，并使钢筋锈皮自行脱落。

一般土木工程中，应通过试验选择合理的冷拉应力和时效处理措施。强度较低的钢筋可采用自然时效，而强度较高的钢筋则应采用人工时效。

7.4.3 热处理

热处理是将钢材按规定的温度，进行加热、保温和冷却处理，以改变其组织，得到所需要性能的一种工艺。热处理包括淬火、回火、退火和正火。

1. 淬火

淬火是将钢材加热到显微组织转变温度（723℃）以上，保持一段时间，使钢材的显微组织发生转变，然后将钢材置于水或油中冷却。淬火可提高钢材的强度和硬度，但使塑性和韧性明显降低。

2. 回火

将比较硬脆、存在内应力的钢加热到基本组织改变温度以下（150～650℃），保温后按一定制度冷却到适温的热处理方法称回火。回火后的钢材，内应力消除，硬度降低，塑性和韧性得到改善。

3. 退火

将钢材加热到基本组织转变温度以下（低温退火）或以上（完全退火），适当保温后缓慢冷却，以消除内应力，减少缺陷和晶格畸变，使钢材的塑性和韧性得到改善。

4. 正火

将钢材加热到基本组织转变温度以上，然后在空气中冷却使晶格细化，钢材的强度提高而塑性有所降低。

7.5 钢材的标准和选用

土木工程用钢材主要分为钢结构用的钢和钢筋混凝土结构用的钢筋及钢丝两大类。

7.5.1 土木工程常用钢种

我国土木工程中常用钢种主要有碳素结构钢和合金钢两大类，其中合金钢中使用较多的是普通低合金结构钢。

1. 碳素结构钢

(1) 牌号及其表示方法

根据国家标准《碳素结构钢》(GB/T 700—2006) 中的规定，钢的牌号由代表屈服点的字母、屈服点数值、质量等级符号、脱氧方法符号等四个部分按顺序组成，其中，以“Q”代表屈服点；屈服点数值共分 195MPa、215MPa、235MPa 和 275MPa 四种；质量等级以硫、磷等杂质含量由多到少，分别由 A、B、C、D 符号表示；脱氧方法以 F 代表沸腾钢、Z 和 TZ 分别表示镇静钢和特殊镇静钢，Z 和 TZ 在钢的牌号中予以省略。例如，Q235-A · F 表示屈服点为 235MPa 的 A 级沸腾钢；Q215-B 表示屈服点为 215MPa 的 B 级镇静钢。

国家标准《碳素结构钢》(GB/T 700—2006) 将碳素结构钢分为四个牌号，每个牌号又分为不同的质量等级。牌号数值越大，含碳量越高，其强度、硬度也越高，但塑性、韧性降低，冷弯性能逐渐变差。同一钢材的质量等级越高，钢材的质量越好。平炉钢和氧气转炉钢质量均较好。特殊镇静钢质量优于镇静钢质量，更优于沸腾钢质量。碳素结构钢的质量等级主要取决于钢材内硫、磷的含量，硫、磷的含量越低，钢的质量越好，其焊接性能和低温冲击性能都能得到提高。

（2）技术性能

碳素结构钢的技术要求有化学成分、力学性能、冶炼方法、交货状态及表面质量等五方面。各牌号钢的化学成分、力学性质和工艺性质应分别符合表7-1～表7-3的规定。

碳素结构钢的化学成分 **表7-1**

牌 号	等级	厚度或直径(mm)	脱氧方法	化学成分(%)				
				C	Si	Mn	S	P
Q195	—	—	F、Z	0.12	0.30	0.50	0.040	0.035
Q215	A	—	F、Z	0.15	0.35	1.20	0.050	0.045
	B						0.045	
Q235	A	—	F、Z	0.22	0.35	1.40	0.050	0.045
	B			0.20			0.045	
	C		Z	0.17			0.040	0.040
	D		TZ				0.035	0.035
Q275	A	—	F、Z	0.24	0.35	1.50	0.050	0.045
	B	≤40	Z	0.21			0.045	0.045
		>40		0.22				
	C	—	Z	0.20			0.040	0.040
	D	—	TZ				0.035	0.035

碳素结构钢的力学性质 **表7-2**

牌号	等级	拉伸试验												冲击试验(V形缺口)	
		屈服点 σ_s(N/mm^2)						抗拉强度 σ_b(N/mm^2)	伸长率 δ(%)					温度(℃)	冲击吸收功(纵向)(J)
		钢材厚度(或直径)(mm)							钢材厚度(或直径)(mm)						
		≤16	>16～40	>40～60	>40～100	>100～150	>150～200		≤40	>40～60	>40～100	>100～150	>150～200		
		≥							≥						≥
Q195	—	195	185	—	—	—	—	315～430	33	—	—	—	—	—	—
Q215	A	215	205	195	185	175	165	335～450	31	30	29	27	26	—	—
	B													+20	27
Q235	A	235	225	215	215	195	185	375～500	26	25	24	22	21	—	27
	B													+20	
	C													—	
	D													−20	

续表

<table>
<tr><th rowspan="4">牌号</th><th rowspan="4">等级</th><th colspan="12">拉伸试验</th><th colspan="2">冲击试验（V形缺口）</th></tr>
<tr><th colspan="6">屈服点 σ_s（N/mm²）</th><th rowspan="3">抗拉强度 σ_b（N/mm²）</th><th colspan="5">伸长率 δ（%）</th><th rowspan="3">温度（℃）</th><th rowspan="2">冲击吸收功（纵向）（J）</th></tr>
<tr><th colspan="6">钢材厚度（或直径）（mm）</th><th colspan="5">钢材厚度（或直径）（mm）</th></tr>
<tr><th>≤16</th><th>>16～40</th><th>>40～60</th><th>>40～100</th><th>>100～150</th><th>>150～200</th><th>≤40</th><th>>40～60</th><th>>40～100</th><th>>100～150</th><th>>150～200</th><th>≥</th></tr>
<tr><td></td><td></td><td colspan="6">≥</td><td></td><td colspan="5">≥</td><td></td><td>≥</td></tr>
<tr><td rowspan="4">Q275</td><td>A</td><td rowspan="4">275</td><td rowspan="4">265</td><td rowspan="4">255</td><td rowspan="4">245</td><td rowspan="4">225</td><td rowspan="4">215</td><td rowspan="4">410～540</td><td rowspan="4">22</td><td rowspan="4">21</td><td rowspan="4">20</td><td rowspan="4">18</td><td rowspan="4">17</td><td>—</td><td>—</td></tr>
<tr><td>B</td><td>+20</td><td rowspan="3">27</td></tr>
<tr><td>C</td><td>—</td></tr>
<tr><td>D</td><td>−20</td></tr>
</table>

碳素结构钢的工艺性质　　表 7-3

<table>
<tr><th rowspan="4">牌　号</th><th rowspan="4">试样方向</th><th colspan="2">冷弯试验 180°，$B=2a$</th></tr>
<tr><th colspan="2">钢材厚度（直径）（mm）</th></tr>
<tr><th>≥60</th><th>>60～100</th></tr>
<tr><th colspan="2">弯心直径 d</th></tr>
<tr><td rowspan="2">Q195</td><td>纵</td><td>0</td><td rowspan="2">—</td></tr>
<tr><td>横</td><td>0.5a</td></tr>
<tr><td rowspan="2">Q215</td><td>纵</td><td>0.5a</td><td>1.5a</td></tr>
<tr><td>横</td><td>a</td><td>2a</td></tr>
<tr><td rowspan="2">Q235</td><td>纵</td><td>a</td><td>2a</td></tr>
<tr><td>横</td><td>1.5a</td><td>2.5a</td></tr>
<tr><td rowspan="2">Q275</td><td>纵</td><td>1.5a</td><td>2.5a</td></tr>
<tr><td>横</td><td>2a</td><td>3a</td></tr>
</table>

（3）碳素钢的选用

钢材的选用一方面要根据钢材的质量、性能及相应的标准；另一方面要根据工程使用条件对钢材性能的要求。

1）Q195——该牌号钢材强度不高，塑性、韧性、加工性能与焊接性能较好，主要用于轧制薄板和盘条等。

2）Q215——该牌号钢材与 Q195 钢基本相同，其强度稍高，大量用作管坯、螺栓等。

3）Q235——强度适中，有良好的承载性，又具有较好的塑性和韧性，可焊性和可加工性也较好，是钢结构常用的牌号，大量制作成钢筋、型钢和钢板用于建造房屋和桥梁等。Q235 是建筑工程中最常用的碳素结构钢牌号，其既具有较高强度，又具有较好的塑性、韧性，同时还具有较好的可焊性。Q235 良好的塑性可保证钢结构在超载、冲击、焊接、温度应力等不利因素作用下的安全性，故 Q235 能满足一般钢结构用钢的要求。Q235-A 一般用于只承受静荷载作用的钢结构。Q235-B 适用于承受动荷载焊接的普通钢结构，Q235-C 适用于承受动荷载焊接的重要钢结构，Q235-D 适用于低温环境使用的承受动荷载焊接的重要钢结构。

沸腾钢不得用于直接承受重级动荷载的焊接结构，不得用于计算温度等于和低于−20℃的承受中级或轻级动荷载的焊接结构和承受重级动荷载的非焊接结构，也不得用于计算温度等于和低于−30℃的承受静荷载或间接承受动荷载的焊接结构。

4）Q275——强度更高，硬而脆，适于制作耐磨构件、机械零件和工具，也可用于钢结构构件。

工程结构的荷载类型、焊接情况及环境温度等条件对钢材性能有不同的要求，选用钢材时必须满足。一般情况下，沸腾钢在下述情况下是限制使用的：1）在直接承受动荷载的焊接结构；2）非焊接结构而计算温度低于或等于−20℃时；3）受静荷载及间接动荷载作用，而计算温度低于或等于−30℃时的焊接结构。

2. 低合金高强度结构钢

低合金高强度结构钢是一种在碳素钢的基础上添加总量小于5%的一种或多种合金元素的钢材。所加的合金元素主要有锰、硅、钒、钛、铌、铬、镍及稀土元素等。

（1）牌号的表示方法

根据国家标准《低合金高强度结构钢》（GB/T 1591—2008）规定，低合金高强度结构钢共有八个牌号：Q345、Q390、Q420、Q460、Q500、Q550、Q620和Q690。其牌号的表示方法是由屈服点字母Q、屈服点数值、质量等级（分A、B、C、D、E五级）三个部分组成。

（2）标准与性能

低合金高强度结构钢的化学成分见表7-4。

低合金高强度钢的含碳量一般都较低，以便于钢材的加工和焊接要求。其强度的提高主要是靠加入的合金元素结晶强化和固溶强化来达到。采用低合金高强度钢的主要目的是减轻结构质量，延长使用寿命。这类钢具有较高的屈服点和抗拉强度、良好的塑性和冲击韧性，具有耐锈蚀、耐低温性能，综合性能好。

低合金高强度结构钢的拉伸性能、夏比（V形）冲击试验的试验温度和冲击吸收能量分别见表7-5和表7-6。

对于大跨度、大柱网结构，采用较高强度的低合金结构钢，技术经济效果更显著。

Q235钢与Q345钢是土木工程常用的钢，而这两种钢在哪种情况下使用更合适呢？当结构截面需按强度控制，且在有条件的情况下，宜采用Q345钢。当跨度较大时，一般是以变形控制，但是有重荷载时又有区别。Q345比Q235屈服强度提高45%左右，理论上用Q345可节约用钢量15%～25%。从技术角度，凡是以强度控制的宜用Q345，以变形控制的宜用Q235。从经济角度看，目前两种价差很小，而Q345强度提高较多，Q345性价比较高，故多用Q345。

Q235钢与Q345钢两种钢材在常温静载下的韧性差不多，在低温时，Q345钢材的韧性要好一些，在动载下，随着加载速度的增加，脆性都增加，但是Q345脆性增加得更快。所以，在温度比较低、承受动载时，适合用Q345钢材。从经济上讲，如果采用Q345比Q235用钢量降低10%以上，就采用Q345。

另外，两者采用焊接材料是不同的，Q345宜用E50型，Q245宜用E43型。Q345焊接用E50型焊条，焊接条件要求高些，对施焊人员技术要求也高些，所以设计时不但要考虑强度和变形，还应考虑施焊条件，尽可能避免现场焊接Q345钢材。当Q235与Q345焊接时，宜采用E43型焊条，即焊条宜与性能低的材料相匹配。

低合金高强度结构钢的化学成分（GB/T 1591—2008） 表 7-4

牌号	质量等级	元素化学成分(质量分数)(%)														
		C	Si	Mn	P	S	Nb	V	Ti	Cr	Ni	Cu	N	Mo	B	Als
					不大于											不小于
Q345	A	≤0.20	≤0.50	≤1.70	0.035	0.035	0.07	0.15	0.20	0.30	0.50	0.30	0.012	0.10	—	—
	B				0.035	0.035										0.015
	C				0.030	0.030										
	D	≤0.18			0.030	0.025										
	E				0.025	0.020										
Q390	A	≤0.20	≤0.50	≤1.70	0.035	0.035	0.07	0.20	0.20	0.30	0.50	0.30	0.015	0.10	—	—
	B				0.035	0.035										0.015
	C				0.030	0.030										
	D				0.030	0.025										
	E				0.025	0.020										
Q420	A	≤0.20	≤0.50	≤1.70	0.035	0.035	0.11	0.20	0.20	0.30	0.80	0.30	0.015	0.20	—	—
	B				0.035	0.035										0.015
	C				0.030	0.030										
	D				0.030	0.025										
	E				0.025	0.020										
Q460	C	≤0.20	≤0.60	≤1.80	0.030	0.030	0.11	0.20	0.20	0.30	0.80	0.55	0.015	0.20	0.004	0.015
	D				0.030	0.025										
	E				0.025	0.020										
Q500	C	≤0.18	≤0.60	≤1.80	0.030	0.030	0.11	0.12	0.20	0.60	0.80	0.55	0.015	0.20	0.004	0.015
	D				0.030	0.025										
	E				0.025	0.020										
Q550	C	≤0.18	≤0.60	≤2.00	0.030	0.030	0.11	0.12	0.20	0.80	0.80	0.80	0.015	0.30	0.004	0.015
	D				0.030	0.025										
	E				0.025	0.020										
Q620	C	≤0.18	≤0.60	≤2.00	0.030	0.030	0.11	0.12	0.20	1.00	0.80	0.80	0.015	0.30	0.004	0.015
	D				0.030	0.025										
	E				0.025	0.020										
Q690	C	≤0.18	≤0.60	≤2.00	0.030	0.030	0.11	0.12	0.20	1.00	0.80	0.80	0.015	0.30	0.004	0.015
	D				0.030	0.025										
	E				0.025	0.020										

低合金高强度结构钢的拉伸性能（GB/T 1591—2008） 表 7-5

牌号	等级	拉伸试验																					
		屈服点 σ_s(N/mm^2)									抗拉强度 σ_b(N/mm^2)							伸长率 δ(%)					
		公称厚度(或直径，边长)(mm)									公称厚度(或直径，边长)(mm)							公称厚度(或直径，边长)(mm)					
		≤16	>16~40	>40~63	>63~80	>80~100	>100~150	>150~200	>200~250	>250~400	≤40	>40~63	>63~80	>80~100	>100~150	>150~250	>250~400	≤40	>40~63	>63~100	>100~150	>150~250	>250~400
Q345	A																	≥20	≥19	≥19	≥18	≥17	
	B									—							—						—
	C	≥345	≥335	≥325	≥315	≥305	≥285	≥275	≥265		470~630	470~630	470~630	470~630	450~600	450~600		≥21	≥20	≥20	≥19	≥18	
	D									≥265							450~600						≥17
	E																						
Q390	A																						
	B																						
	C	≥390	≥370	≥350	≥330	≥330	≥310	—	—	—	490~650	490~650	490~650	490~650	470~620	—	—	≥20	≥19	≥19	≥18	—	—
	D																						
	E																						
Q420	A																						
	B																						
	C	≥420	≥400	≥380	≥360	≥360	≥340	—	—	—	520~680	520~680	520~680	520~680	500~650	—	—	≥19	≥18	≥18	≥18	—	—
	D																						
	E																						
Q460	C																						
	D	≥460	≥440	≥420	≥400	≥400	≥380	—	—	—	550~720	550~720	550~720	550~720	530~700	—	—	≥17	≥16	≥16	≥16	—	—
	E																						

续表

牌号	等级	拉伸试验																					
		屈服点 σ_s(N/mm^2)									抗拉强度 σ_b(N/mm^2)							伸长率 δ(%)					
		公称厚度(或直径,边长)(mm)									公称厚度(或直径,边长)(mm)							公称厚度(或直径,边长)(mm)					
		≤16	>16~40	>40~63	>63~80	>80~100	>100~150	>150~200	>200~250	>250~400	≤40	>40~63	>63~80	>80~100	>100~150	>150~250	>250~400	≤40	>40~63	>63~100	>100~150	>150~250	>250~400
Q500	C	≥500	≥480	≥470	≥450	≥440	—	—	—	—	610~770	600~760	590~750	540~730	—	—	—	≥17	≥17	≥17	—	—	—
	D																						
	E																						
Q550	C	≥550	≥530	≥520	≥500	≥490	—	—	—	—	670~830	620~810	600~790	590~780	—	—	—	≥18	≥16	≥16	—	—	—
	D																						
	E																						
Q620	C	≥620	≥600	≥590	≥570	—	—	—	—	—	710~880	690~880	670~860	—	—	—	—	≥15	≥15	≥15	—	—	—
	D																						
	E																						
Q690	C	≥690	≥670	≥660	≥640	—	—	—	—	—	770~940	750~920	730~900	—	—	—	—	≥14	≥14	≥14	—	—	—
	D																						
	E																						

夏比（V形）冲击试验的试验温度和冲击吸收能量（GB/T 1591—2008） 表 7-6

牌号	质量等级	试验温度(℃)	冲击吸收能量(KV_2),(J)		
			公称厚度(或直径,边长)(mm)		
			12～150	>150～250	>250～400
Q345	B	20	≥34	≥27	—
	C	0			
	D	−20			27
	E	−40			
Q390	B	20	≥34	—	—
	C	0			
	D	−20			
	E	−40			
Q420	B	20	≥34	—	—
	C	0			
	D	−20			
	E	−40			
Q460	C	0	≥34	—	—
	D	−20		—	—
	E	−40		—	—
Q500、Q550、Q620、Q690	C	0	≥55	—	—
	D	−20	≥47	—	—
	E	−40	≥31	—	—

7.5.2 土木工程常用钢材

土木工程中常用的钢筋混凝土结构及预应力混凝土结构钢筋，根据生产工艺、性能和用途的不同，主要品种有热轧钢筋、冷拉热轧钢筋、冷轧带肋钢筋、热处理钢筋、冷拔低碳钢丝、预应力混凝土用钢丝及钢绞线等。钢结构构件一般直接选用型钢。

1. 钢筋与钢丝

直径为 5mm 以上的称为钢筋，直径为 5mm 及 5mm 以下的称为钢丝。

（1）热轧钢筋

热轧钢筋是钢筋混凝土和预应力钢筋混凝土的主要组成材料之一，不仅要求有较高的强度，而且应有良好的塑性、韧性和可焊性能。热轧钢筋分为热轧光圆钢筋及热轧带肋钢筋。其中 H、P、R、B 分别为热轧（Hot-rolled）、光圆（Plain）、带肋（Ribbed）、钢筋（Bars）四个词的英文首位字母。

1）热轧光圆钢筋

热轧光圆钢筋是经热轧成型，横截面通常为圆形，表面光滑的成品钢筋。国家标准《钢筋混凝土用钢　第 1 部分：热轧光圆钢筋》（GB 1499.1—2008）将碳素结构钢分为两个牌号，即 HPB235 和 HPB300，其中 H、P、B 分别为热轧（Hot-rolled）、光圆（Plain）、钢筋（Bars）三个词的英文首位字母。其强度较低，但具有塑性及焊接性能好、伸长率高、便于弯折成形和进行各种冷加工等特点，其技术要求包括牌号和化学成分、冶炼方法、力学性能和工艺性能、表面质量四个方面。其中，牌号和化学成分应符合表7-7的规定，力学性能和工艺性能应符合表7-8的规定。

热轧光圆钢筋的化学成分（GB 1499.1—2008） **表7-7**

牌号	化学成分(%)，不大于							
	C	Si	Mn	Cr	Ni	Cu	P	S
HPB235	0.22	0.30	0.65	0.30			0.045	0.050
HPB300	0.25	0.55	1.50					

热轧光圆钢筋力学、工艺性能（GB 1499.1—2008） **表7-8**

表面形状	牌号	公称直径(mm)	屈服点 σ_s (MPa)	抗拉强度 σ_b (MPa)	断后伸长率 δ(%)	冷弯180° d—弯芯直径 a—钢筋公称直径
			≥			
光圆	HPB235	6～22(推荐钢筋公称直径为6、8、10、12、16、20)	235	370	25	$d=a$
	HPB300		300	420		

热轧光圆钢筋广泛用于普通钢筋混凝土构件中，作为中小型钢筋混凝土结构的主要受力钢筋和各种钢筋混凝土结构的箍筋等。

2）热轧带肋钢筋

热轧带肋钢筋分为普通热轧带肋钢筋和细晶粒热轧带肋钢筋。普通热轧带肋钢筋的晶相组织主要是铁素体加珠光体，不得有影响使用性能的其他组织存在。

国家标准《钢筋混凝土用钢　第2部分：热轧带肋钢筋》（GB 1499.2—2007）将普通热轧带肋钢筋分为HRB335、HRB400和HRB500三个牌号，牌号由HRB和牌号的屈服点最小值构成。其中H、R、B分别为热轧（Hot-rolled）、带肋（Ribbed）、钢筋（Bars）三个词的英文首位字母。

细晶粒热轧带肋钢筋是在热轧过程中，通过控轧和控冷工艺形成的细晶粒钢筋，其晶相组织主要是铁素体加珠光体，不得有影响使用性能的其他组织存在，晶粒度不粗于9级。国家标准《钢筋混凝土用钢　第2部分：热轧带肋钢筋》（GB 1499.2—2007）将细晶粒热轧带肋钢筋分为HRBF335、HRBF400和HRBF500三个牌号。牌号由HRBF和牌号的屈服点最小值构成，牌号在热轧带肋钢筋的英文缩写后加“细”的英文（Fine）首位字母。

根据《钢筋混凝土用钢　第2部分：热轧带肋钢筋》（GB 1499.2—2007），热轧带肋钢筋的技术要求包括牌号和化学成分、交货形式、力学性能、工艺性能、疲劳性能、焊接性能、晶粒度及表面质量八个方面。其中，牌号和化学成分应符合表7-9的规定，力学性能应符合表7-10的规定。

根据《钢筋混凝土用钢　第2部分：热轧带肋钢筋》（GB 1499.2—2007），热轧带肋钢筋的工艺性能要求按表7-11规定的弯芯直径弯曲180°后，钢筋受弯曲部位表面不得产生裂纹。

热轧带肋钢筋的化学成分（GB 1499.2—2007） 表 7-9

牌号	化学成分(%)，不大于					
	C	Si	Mn	P	S	C_{eq}
HRB335 HRBF335	0.25	0.80	1.60	0.045	0.045	0.52
HRB400 HRBF400						0.54
HRB500 HRBF500						0.55

注：碳当量（C_{eq}）按 C_{eq}（百分比）$=C+Mn/6+(Cr+V+Mo)/5+(Cu+Ni)/15$ 计算。

热轧带肋钢筋力学性能（GB 1499.2—2007） 表 7-10

牌号	公称直径(mm)	屈服点 σ_s(MPa)	抗拉强度 σ_b(MPa)	断后伸长率 δ(%)
		≥		
HRB335 HRBF335	6～50(推荐钢筋公称直径为 6、8、10、12、16、20、25、32、40、50)	335	455	17
HRB400 HRBF400		400	540	16
HRB500 HRBF500		500	630	15

热轧带肋钢筋工艺性能（GB 1499.2—2007） 表 7-11

牌号	公称直径 d(mm)	弯芯直径(mm)
HRB335 HRBF335	6～25	$3d$
	28～40	$4d$
	>40～50	$5d$
HRB400 HRBF400	6～25	$4d$
	28～40	$5d$
	>40～50	$6d$
HRB500 HRBF500	6～25	$6d$
	28～40	$7d$
	>40～50	$8d$

HRB335、HRB400、HRBF335 和 HRBF400 热轧带肋钢筋强度较高，塑性和焊接性能也较好，因表面带肋，加强了钢筋与混凝土之间的粘结力，广泛用于大、中型钢筋混凝土结构的主筋，经冷拉处理后也可作为预应力筋。HRB500 用中碳低合金镇静钢轧制而成，除硅、锰主要合金元素外，还加入钒或钛作为固熔弥散强化元素，使之在提高强度的同时保证塑性和韧性，主要用于土木工程中的预应力钢筋。

(2) 冷拉热轧钢筋将热轧钢筋在常温下拉伸至超过屈服点小于抗拉强度的某一应力，然后卸荷，即成了冷拉钢筋。冷拉可使屈服点提高 17%～27%，材料变脆、屈服阶段缩短，伸长率降低，冷拉时效后强度略有提高。实际操作中可将冷拉、除锈、调直、切断合并为一道工序，这样简化了流程，提高了效率。冷拉既可以节约钢材，又可以制作预应力钢筋，是钢筋加工的常用方法之一。

(3) 冷轧带肋钢筋

冷轧带肋钢筋采用热轧圆盘条经冷轧而成，表面带有沿长度方向均匀分布的三面或两面的月牙肋。根据国家标准《冷轧带肋钢筋》(GB 13788—2008) 规定，冷轧带肋钢筋的牌号是由CRB和钢筋抗拉强度最小值构成的，其中C、R、B分别为热轧 (Cold-rolled)、带肋 (Ribbed)、钢筋 (Bars) 三个词的英文首位字母。冷轧带肋钢筋分为CRB550、CRB650、CRB800、CRB970四个牌号，分别表示抗拉强度不小于550MPa、650MPa、800MPa、970MPa的钢筋。CRB550钢筋的公称直径范围为4～12mm。其中CRB650及以上牌号的钢筋公称直径为4mm、5mm、6mm。冷轧带肋钢筋各等级的力学性能和工艺性能应符合表7-12的规定。

冷轧带肋钢筋的性能 (GB 13788—2008) **表7-12**

级别代号	规定非比例伸长应力 $\sigma_{0.2}$(MPa) 不小于	抗拉强度 σ_b (MPa) 不小于	伸长率(%)不小于		冷弯试验 180°	反复弯曲次数	应力松弛初始应力应相当于公称抗拉强度的70%
			δ_{10}	δ_{100}			1000h松弛率(%) 不大于
CRB550	5000	550	8.0	—	$D=3d$	—	—
CRB650	585	650	—	4.0	—	3	8
CRB800	720	800	—	4.0	—	3	8
CRB970	875	970	—	4.0	—	3	8

注：D—弯芯直径，mm；d—钢筋公称直径，mm。

冷轧带肋钢筋强度高，塑性、焊接性较好，握裹力强，广泛应用于中小预应力混凝土结构构件和普通钢筋混凝土结构构件中，也可以用冷轧带肋钢筋焊接成钢筋网使用于上述构件的生产。

(4) 冷拔低碳钢丝

冷拔低碳钢丝是用6.5～8mm的碳素结构钢Q235或Q215盘条，通过多次强力拔制而成的直径为3mm、4mm、5mm的钢丝。其屈服强度可提高40%～60%。但失去了低碳钢的性能，变得硬脆，属硬钢类钢丝。冷拔低碳钢丝按力学强度分为两级：甲级为预应力钢丝；乙级为非预应力钢丝。混凝土工厂自行冷拔时，应对钢丝的质量严格控制，对其外观要求分批抽样，表面不准有锈蚀、油污、伤痕、皂渍、裂纹等，逐炉检查其力学、工艺性质并要符合表7-13的规定，凡伸长率不合格者，不准用于预应力混凝土构件中。

冷拔低碳钢丝的力学性能 (JC/T 540—2006) **表7-13**

级别	公称直径 d(mm)	抗拉强度 σ_b(MPa)不小于	伸长率 δ_{100}(%)不小于	反复弯曲次数(次/180°)不小于
甲级	5.0	650	3.0	4
		600		
	4.0	700	2.5	
		650		
乙级	3.0,4.0,5.0,6.0	550	2.0	

注：甲级冷拔低碳钢丝作预应力筋时，如经机械调直则抗拉强度标准值应降低50MPa。

(5) 热处理钢筋

预应力混凝土用热处理钢筋是用热轧中碳低合金钢钢筋经淬火、回火调质处理的钢筋。通常有直径为6mm、8.2mm、10mm三种规格，抗拉强度 $\sigma_b \geqslant 1500$MPa，屈服点

$\sigma_{0.2}\geqslant$1350MPa，伸长率 $\delta_{10}\geqslant6\%$。为增加与混凝土的粘结力，钢筋表面常轧有通长的纵筋和均布的横肋。一般卷成直径为1.7～2.0m的弹性盘条供应，开盘后可自行伸直。使用时应按所需长度切割，不能用电焊或氧气切割，也不能焊接，以免引起强度下降或脆断。热处理钢筋的设计强度取标准强度的0.8，先张法和后张法预应力的张拉控制应力分别为标准强度的0.7和0.65。

（6）预应力混凝土用钢丝及钢绞线

按照《预应力混凝土用钢丝》（GB/T 5223—2002）的规定，钢丝按加工状态分为冷拉钢丝（代号为WCD）和消除应力钢丝两种。消除应力钢丝按松弛性能又分为低松弛级钢丝（代号为WLR）和普通松弛级钢丝（代号为WNR）。若钢丝表面沿着长度方向上具有规则间隔的压痕即成刻痕钢丝。

根据《预应力混凝土用钢丝》（GB/T 5223—2002），冷拉钢丝、消除应力的光圆及螺旋肋钢丝，消除应力的刻痕钢丝的力学性能应分别符合表7-14、表7-15和表7-16的规定。

冷拉钢丝的力学性能（GB/T 5223—2002） **表7-14**

<table>
<tr><th>公称直径
d(mm)</th><th>抗拉强度
σb(MPa)
不小于</th><th>规定非比例伸长应力σP0.2
(MPa)不小于</th><th>最大力下总伸长率(L0=200mm)δgh(%)
不小于</th><th>弯曲次数
(次/180°)
不小于</th><th>弯曲半径
R(mm)</th><th>断面收缩率ψ(%)
不小于</th><th>每210mm扭矩的扭转次数n
不小于</th><th>初始应力应相当于公称抗拉强度的70%时，1000h后应力松弛率(%)不大于</th></tr>
<tr><td>3.00</td><td rowspan="3">1470
1570
1670
1770</td><td rowspan="3">1100
1180
1250
1330</td><td rowspan="6">1.5</td><td>4</td><td>7.5</td><td>—</td><td>—</td><td rowspan="6">8</td></tr>
<tr><td>4.00</td><td>4</td><td>10</td><td rowspan="2">35</td><td>8</td></tr>
<tr><td>5.00</td><td>4</td><td>15</td><td>8</td></tr>
<tr><td>6.00</td><td rowspan="3">1470
1570
1670
1770</td><td rowspan="3">1100
1180
1250
1330</td><td>5</td><td>15</td><td rowspan="3">30</td><td>7</td></tr>
<tr><td>7.00</td><td>5</td><td>20</td><td>6</td></tr>
<tr><td>8.00</td><td>5</td><td>20</td><td>5</td></tr>
</table>

消除应力的光圆及螺旋肋钢丝的力学性能（GB/T 5223—2002） **表7-15**

<table>
<tr><th rowspan="3">公称直径
d(mm)</th><th rowspan="3">抗拉强度
σb(MPa)
不小于</th><th colspan="2">规定非比例伸长应力σP0.2
(MPa)不小于</th><th rowspan="3">最大力下总伸长率(L0=200mm)δgh
(%)不小于</th><th rowspan="3">弯曲次数
(次/180°)
不小于</th><th rowspan="3">弯曲半径
R(mm)</th><th colspan="3">应力松弛性能</th></tr>
<tr><th rowspan="2">WLR</th><th rowspan="2">WNR</th><th rowspan="2">初始应力应相当于公称抗拉强度的百分数(%)</th><th colspan="2">1000h后应力松弛率(%)不大于</th></tr>
<tr><th>WLR</th><th>WNR</th></tr>
<tr><td></td><td></td><td></td><td></td><td></td><td></td><td></td><td colspan="3">对所有规格</td></tr>
<tr><td>4.00</td><td rowspan="3">1470
1570
1670
1770
1860</td><td rowspan="3">1290
1380
1470
1560
1640</td><td rowspan="3">1250
1330
1410
1500
1580</td><td rowspan="9">3.5</td><td>3</td><td>10</td><td rowspan="9">60
70
80</td><td rowspan="9">1.0
2.0
4.5</td><td rowspan="9">4.5
8
12</td></tr>
<tr><td>4.80</td><td rowspan="2">4</td><td rowspan="2">15</td></tr>
<tr><td>5.00</td></tr>
<tr><td>6.00</td><td rowspan="3">1470
1570
1670
1770</td><td rowspan="3">1290
1380
1470
1560</td><td rowspan="3">1250
1330
1410
1500</td><td>4</td><td>15</td></tr>
<tr><td>6.25</td><td>4</td><td>20</td></tr>
<tr><td>7.00</td><td>4</td><td>20</td></tr>
<tr><td>8.00</td><td rowspan="2">1470
1570</td><td rowspan="2">1290
1380</td><td rowspan="2">1250
1330</td><td>4</td><td>20</td></tr>
<tr><td>9.00</td><td>4</td><td>25</td></tr>
<tr><td>10.00</td><td rowspan="2">1470</td><td rowspan="2">1290</td><td rowspan="2">1250</td><td>4</td><td>25</td></tr>
<tr><td>12.00</td><td>4</td><td>30</td></tr>
</table>

消除应力的刻痕钢丝的力学性能（GB/T 5223—2002） 表 7-16

<table>
<tr><th rowspan="3">公称直径 d(mm)</th><th rowspan="3">抗拉强度 σ_b(MPa) 不小于</th><th colspan="2">规定非比例伸长应力 $\sigma_{P0.2}$ (MPa)不小于</th><th rowspan="3">最大力下总伸长率(L_0=200mm)δ_{gh}(%)不小于</th><th rowspan="3">弯曲次数(次/180°)不小于</th><th rowspan="3">弯曲半径 R(mm)</th><th rowspan="2">初始应力应相当于公称抗拉强度的百分数(%)</th><th colspan="2">1000h 后应力松弛率(%)不大于</th></tr>
<tr><th>WLR</th><th>WNR</th></tr>
<tr><th>WLR</th><th>WNR</th><th colspan="3">对所有规格</th></tr>
<tr><td rowspan="5">≤5.0</td><td>1470</td><td>1290</td><td>1250</td><td rowspan="9">3.5</td><td rowspan="9">3</td><td rowspan="5">15</td><td rowspan="3">60</td><td rowspan="3">1.0</td><td rowspan="3">4.5</td></tr>
<tr><td>1570</td><td>1380</td><td>1330</td></tr>
<tr><td>1670</td><td>1470</td><td>1410</td></tr>
<tr><td>1770</td><td>1560</td><td>1500</td><td rowspan="3">70</td><td rowspan="3">2.0</td><td rowspan="3">8</td></tr>
<tr><td>1860</td><td>1640</td><td>1580</td></tr>
<tr><td rowspan="4">>5.0</td><td>1470</td><td>1290</td><td>1250</td><td rowspan="4">20</td></tr>
<tr><td>1570</td><td>1380</td><td>1330</td><td rowspan="3">80</td><td rowspan="3">4.5</td><td rowspan="3">12</td></tr>
<tr><td>1670</td><td>1470</td><td>1410</td></tr>
<tr><td>1770</td><td>1560</td><td>1500</td></tr>
</table>

钢丝、刻痕钢丝均属于冷加工强化的钢材，没有明显的屈服点，但抗拉强度远远超过热轧钢筋和冷轧钢筋，并具有较好的柔韧性，应力松弛率低。预应力钢丝、刻痕钢丝适用于大荷载、大跨度及曲线配筋的预应力混凝土。

2. 型钢

钢结构构件一般应直接选用各种型钢。型钢之间可直接连接或附加连接钢板进行连接。连接方式可铆接、螺栓连接或焊接。钢结构所用钢主要是型钢和钢板。型钢有热轧（常用的有角钢、工字钢、槽钢、T 形钢、H 形钢、Z 形钢等）及冷成（常用的有角钢、槽钢及空心薄壁型等）两种，钢板也有热轧和冷轧两种。

7.6 钢材的腐蚀与防护

钢结构具有许多优点，但也存在隐患，主要有失稳、腐蚀和火灾三个方面。

钢结构的失稳分两类：整体失稳和局部失稳。整体失稳大多数是由局部失稳造成的，当受扭部位或受弯部位的长细比超过允许值时，会失去稳定。它受很多客观因素影响，如荷载变化、钢材的初始缺陷等。如出现 1988 年加拿大一停车场的屋盖结构坍落等事故。

普通钢材的抗腐蚀性能较差，尤其是处于湿度较大、有腐蚀性介质的环境中，会较快地生锈腐蚀。钢结构的腐蚀问题正在给世界各国的国民经济带来巨大的损失。据一些工业发达国家统计，每年由于钢结构腐蚀而造成的经济损失约占国民经济生产总值的2%～4%。

钢材的许多性能随温度的升降而变化。当温度达到 430～540℃，钢材的屈服点、抗拉强度和弹性模量将急剧下降，失去承载能力。例如，“9·11”恐怖袭击中倒塌的纽约世贸大厦，在撞击事件发生后，大厦内部发生猛烈燃烧，高温导致金属结构发生变化，失去了支撑力，整座建筑物倒塌时是一层层往下坠，形成了一个非常令人震惊的现象。为此，钢结构防火十分重要。

7.6.1 钢材的腐蚀

钢材的腐蚀是指钢的表面与周围介质发生化学作用或电化学作用而遭到的破坏。腐蚀不仅使其截面减少，降低承载力，而且由于局部腐蚀造成应力集中，易导致结构破坏。若受到冲击荷载或反复荷载的作用，将产生锈蚀疲劳，使疲劳强度大大降低，甚至出现脆性断裂。

1. 化学腐蚀

化学腐蚀是钢与干燥气体及非电解质液体的反应而产生的腐蚀。这种腐蚀通常为氧化作用，使钢被氧化形成疏松的氧化物（如氧化铁等）。在干燥环境中腐蚀进行得很慢，但在温度高和湿度较大时腐蚀速度较快。

2. 电化学腐蚀

钢材与电解质溶液接触而产生电流，形成微电池从而引起腐蚀。钢材本身含有铁、碳等多种成分，由于它们的电极电位不同，形成许多微电池。当凝聚在钢材表面的水分中溶入 CO_2、SO_2 等气体后，就形成电解质溶液。铁比碳活泼，因而铁成为阳极，碳成为阴极，阴阳两极通过电解质溶液相连，使电子产生流动。在阳极，铁失去电子成为 Fe^{2+} 进入水膜；在阴极，溶于水的氧被还原为 OH^-。同时，Fe^{2+} 与 OH^- 结合成为 $Fe(OH)_2$，并进一步被氧化成为疏松的红色铁锈 $Fe(OH)_3$，使钢材受到腐蚀。电化学腐蚀是钢材在使用及存放过程中发生腐蚀的主要形式。

7.6.2 钢材的保护

1. 钢材的防腐

钢材的防腐主要通过以下措施来实施：

(1) 涂敷保护层

涂刷防锈涂料（防锈漆）；采用电镀或其他方式在钢材的表面镀锌、铬等；涂敷搪瓷或塑料层等。利用保护膜将钢材与周围介质隔离开，从而起到保护作用。

(2) 设置阳极或阴极保护

对于不易涂敷保护层的钢结构，如地下管道、港口结构等，可采取阳极保护或阴极保护。

阳极保护又称外加电流保护法，是在钢结构的附近埋设一些废钢铁，外加直流电源，将阴极接在被保护的钢结构上，阳极接在废钢上。通电后废钢铁成为阳极而被腐蚀，钢结构成为阴极而被保护。

阴极保护是在被保护的钢结构上连接一块比铁更为活泼的金属，如锌、镁，使锌、镁成为阳极而被腐蚀，钢结构成为阴极而被保护。

(3) 掺入阻锈剂

在土木工程中大量应用的钢筋混凝土中的钢筋，由于水泥水化后产生大量的氢氧化钙，即混凝土的碱度较高（pH 一般为 12 以上）。处于这种强碱性环境的钢筋，其表面产生一层钝化膜，对钢筋具有保护作用，因而实际上是不生锈的。但随着碳化的进行，混凝土的 pH 降低或氯离子侵蚀作用下把钢筋表面的钝化膜破坏，此时与腐蚀介质接触时将会受到腐蚀。可通过提高密实度和掺入阻锈剂提高混凝土中钢筋阻锈能力。常用的阻锈剂有亚硝酸盐、磷酸盐、铬盐、氧化锌、间苯二酚等。

2. 钢材的防火

钢结构与传统的混凝土结构相比较，具有自重轻、强度高、抗震性能好、施工快等优点。特别适合于大跨度空间结构、高耸构筑物，也符合环保与资源再利用的国策。钢是不燃性材料，但这并不表明钢材能够抵抗火灾。耐火试验与火灾案例表明：以失去支持能力为标准，无保护层时钢柱和钢屋架的耐火极限只有 0.25h，而裸露钢梁的耐火极限为 0.15h。温度在 200℃以内，可以认为钢材的性能基本不变；超过 300℃以后，弹性模量、屈服点和极限强度均开始显著下降，应变急剧增大；达到 600℃时已经失去承载能力。美国“9·11”事件后，钢结构的一大致命缺陷即抗高温软化能力很差的问题引起人们的普遍关注。

钢结构防火保护的基本原理是采用绝热或吸热材料，阻隔火焰和热量，推迟钢结构的升温速率。防火方法以包覆法为主，即以防火涂料、不燃性板材或混凝土和砂浆将钢构件包裹起来。防止钢结构在火灾中迅速升温发生形变塌落，其措施是多种多样的，关键是要根据不同情况采取不同方法，如采用绝热、耐火材料阻隔火焰直接灼烧钢结构，降低热量传递的速度推迟钢结构温升、强度变弱的时间等。以下是几种较为有效的钢结构防火保护措施。

(1) 外包层

就是在钢结构外表添加外包层，可以现浇成型，也可以采用喷涂法。现浇成型的实体混凝土外包层通常用钢丝网或钢筋来加强，以限制收缩裂缝，并保证外壳的强度。喷涂法可以在施工现场对钢结构表面涂抹砂浆以形成保护层。砂浆可以是石灰水泥或是石膏砂浆，也可以掺入珍珠岩或石棉。同时，外包层也可以用珍珠岩、石棉、石膏或石棉水泥、轻混凝土做成预制板，采用胶粘剂、钉子、螺栓固定在钢结构上。

(2) 结构内充水

空心型钢结构内充水是抵御火灾最有效的防护措施。这种方法能使钢结构在火灾中保持较低的温度，水在钢结构内循环，吸收材料本身受热的热量。受热的水经冷却后可以进行再循环，或由管道引入凉水来取代受热的水。

(3) 屏蔽

钢结构设置在耐火材料组成的墙体或顶棚内，或将构件包藏在两片墙之间的空隙里，只要增加少许耐火材料或不增加即能达到防火的目的，这是一种经济的防火方法。

(4) 膨胀材料

采用钢结构防火涂料保护构件，这种方法具有防火隔热性能好、施工不受钢结构几何形体限制等优点，一般不需要添加辅助设施，且涂层质量轻，还有一定的美观装饰作用。发泡漆的对火时间一般为 0.5h。

第 8 章　沥青材料

沥青是一种由许多高分子碳氢化合物及其非金属（氧、硫、氮等）衍生物所组成的在常温下呈褐色或黑褐色固体、半固体及液体状态的复杂的混合物，它能溶于二硫化碳等有机溶剂中。

沥青是一种憎水性的有机胶凝材料，它具有与矿质混合料良好的粘结力；同时，其结构致密，几乎完全不溶于水和不吸水；还具有较好的抗腐蚀能力，能抵抗一般的酸性、碱性及盐类等具有腐蚀性的液体或气体的腐蚀等特点。故沥青是土木工程中不可缺少的材料之一，广泛应用于房屋建筑、道路桥梁、水利工程以及其他防水防潮工程中。

沥青按产源不同分为地沥青与焦油沥青两大类。地沥青中有石油沥青与天然沥青；焦油沥青则有煤沥青、木沥青、页岩沥青及泥炭沥青等几种。土木工程中主要使用石油沥青和煤沥青，以及以沥青为原料通过加入表面活性物质而得到的乳化沥青和改性沥青等。

8.1　石油沥青

石油沥青是石油（原油）经蒸馏等工艺提炼出各种轻质油及润滑油以后得到的残留物，或者再经加工得到的残渣。当原油的品种不同、提炼加工的方式和程度不同时，可以得到组成、结构和性质不同的各种石油沥青产品。

8.1.1　石油沥青的品种

石油沥青的分类方法尚不统一，各种分类方法都有各自的特点和实用价值。

1. 按原油加工后所得沥青中含蜡量多少分类

石油沥青按原油基层不同分为石蜡基沥青、沥青基沥青和中间基沥青三种。

(1) 石蜡基沥青。它是由含大量烷属烃成分的石蜡基原油提炼制得的，其含蜡量一般均大于 5%。由于其含蜡量较高，其黏性和温度稳定性将受到影响，故这种沥青的软化点高，针入度小，延度低，但抗老化性能较好。

(2) 沥青基沥青（环烷基沥青）。它是由沥青基原油提炼制得的，其含蜡量一般少于 2%，含有较多的脂环烃，故其黏性高，延伸性好。

(3) 中间基沥青（混合基沥青）。它是由含蜡量介于石蜡基和沥青基石油之间的原油提炼制得的，其含蜡量在 2%～5%之间。

2. 按加工方法分类

按加工方法不同，石油可炼制成如图 8-1 所示的不同种类的沥青。

原油经过常压蒸馏后得到常压渣油，再经减压蒸馏后，得到减压渣油。这些渣油属于低牌号的慢凝液体沥青。

为提高沥青的稠度，以慢凝液体沥青为原料，可以采用不同的工艺方法得到黏稠沥青。渣油再经过减蒸工艺，进一步拔出各种重质油品，可得到不同稠度的直馏沥青；渣油经不同深度的氧化后，可以得到不同稠度的氧化沥青或半氧化沥青；渣油经不同程度地脱出沥青油，可得到不同稠度的溶剂沥青。除轻度蒸馏和轻度氧化的沥青属于高牌号慢凝沥青外，这些沥青都属于黏稠沥青。

有时为施工需要，希望在常温条件下具有较大的施工流动性，在施工完成后短时间内又能凝固而具有高的粘结性，为此在黏稠沥青中掺加煤油或汽油等挥发速度较快的溶剂，这种用快速挥发溶剂作稀释剂的沥青，称之为中凝液体沥青或快凝液体沥青。为得到不同稠度的沥青，也可以采用硬的沥青与软的沥青以适当比例调配，称之为调配沥青。按照比例不同所得成品可以是黏稠沥青，也可以是慢凝液体沥青。

快凝液体沥青需要耗费高价的有机稀释剂，同时要求石料必须是干燥的。为节约溶剂和扩大使用范围，可将沥青分散于有乳化剂的水中而形成沥青乳液，这种乳液也称为乳化沥青。

为更好地发挥石油沥青和煤沥青的优点，选择适当比例的煤沥青与石油沥青混合而成一种稳定的胶体，这种胶体称为混合沥青。

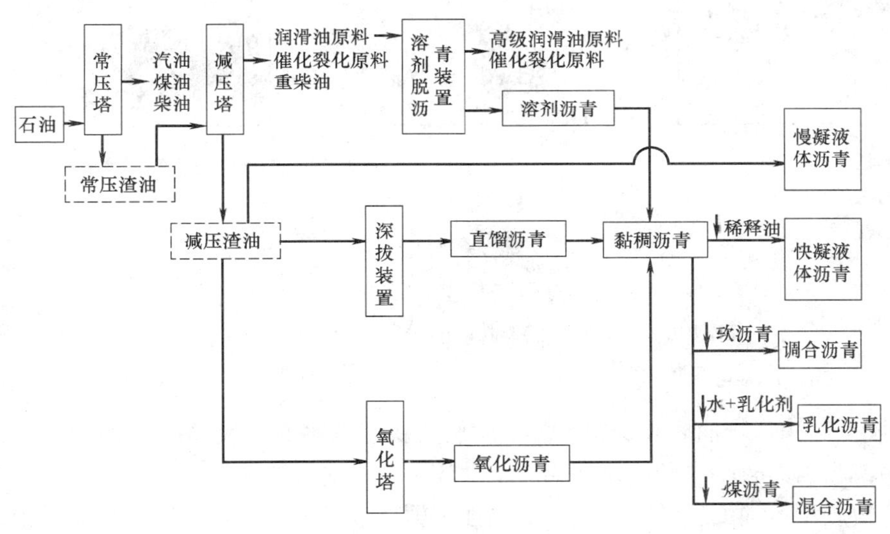

图 8-1 石油沥青生产工艺流程示意图

8.1.2 石油沥青的化学组成与结构

石油沥青是高分子碳氢化合物及其非金属衍生物的混合物，其主要化学成分是碳（80%～87%）和氢（10%～15%），还有少量的氧、硫、氮（约为 5%）及微量的铁、钙、铅、镍等金属元素。

由于沥青化学组成与结构的复杂性以及分析测试技术的限制，将沥青分离成纯化学单体较困难，而且化学元素含量的变化与沥青的技术性质间也没有较好的相关性，所以许多研究者都着眼于胶体理论、高分子理论和沥青组分理论的分析。

1. 石油沥青胶体结构理论分析

（1）胶体结构的形成

石油沥青的主要成分是油质、树脂和地沥青质。油质和树脂可以互溶，树脂能浸润地沥青质，在地沥青质的超细颗粒表面能形成树脂薄膜，所以石油沥青的胶体结构是以沥青质为核心，其周围吸附着高相对分子质量的树脂而形成胶团，无数胶团分散于溶有低相对分子质量树脂的油分中而形成胶体结构。在这个稳定的分散系统中，分散相为吸附部分树脂的沥青质，分散介质为溶有部分树脂的油质。分散相与分散介质表面能量相等，它们能形成稳定的亲液胶体。在这个胶体结构中，从地沥青质到油质是均匀地逐步递变的，并无明显界面。

（2）胶体结构的类型

石油沥青中各化学组分含量变化时，会形成不同类型的胶体结构。通常根据沥青的流变特性，其胶体结构可分为以下三类：溶胶型（沥青的针入度指数 $PI<-2$）、溶-凝胶型（沥青的针入度指数 PI 在 $-2\sim2$ 之间）及凝胶型（沥青的针入度指数 $PI>2$）结构的石油沥青，如图 8-2 所示。

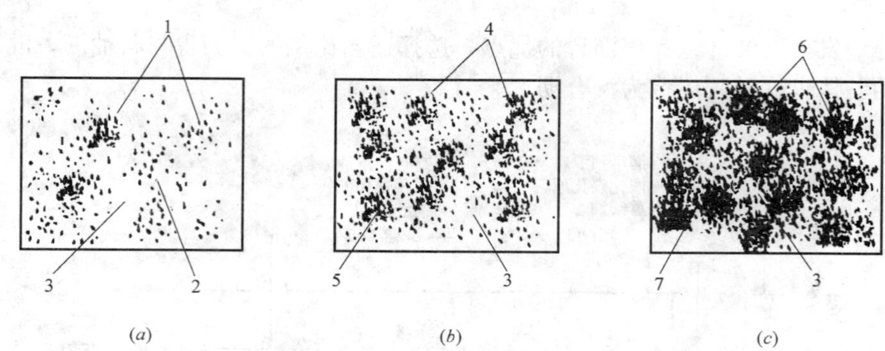

图 8-2 石油沥青的胶体结构类型示意图

（a）溶胶型；（b）溶-凝胶型；（c）凝胶型

1—溶胶中的胶粒；2—质点颗粒；3—分散介质油质；4—吸附层；5—地沥青质；6—凝胶颗粒；7—结合的分散介质油质

1）溶胶型结构。当油质和低相对分子质量树脂足够多时，胶团外膜层较厚，胶团间没有吸引力或吸引力较小，胶团之间相对运动较自由，这种胶体结构的沥青，称为溶胶型石油沥青。溶胶型石油沥青的特点是：流动性和塑性较好，开裂后自行愈合能力较强，但其温度稳定性较差。直馏沥青多属溶胶型结构。

2）凝胶型结构。当油质和低相对分子质量树脂较少时，胶团外膜层较薄，胶团间距离减小，相互吸引力增大，胶团间相互移动比较困难，具有明显的弹性效应，这种胶体结构的沥青称为凝胶型石油沥青。凝胶型石油沥青的特点是：弹性和黏性较高，温度稳定性好，但流动性和塑性较差，开裂后自行愈合能力较差。氧化沥青多属凝胶型结构。

3）溶-凝胶型结构。当沥青各组分的比例适当，而胶团间又靠得较近时，相互间有一定的吸引力，在常温下受力较小时，呈现出一定的弹性效应；当变形增加到一定数值后，则变为有阻尼的黏性流动，形成一种介于溶胶型和凝胶型二者之间的结构，这种结构称为溶-凝胶型结构。具有这种结构的石油沥青的性质也介于溶胶型沥青和凝胶型沥青之间。它是道路工程用沥青较理想的结构，大部分优质道路石油沥青均配制成溶-凝胶型结构。

2. 高分子溶液理论分析

随着对石油沥青研究的深入发展，有些学者已开始摒弃石油沥青胶体结构观点，而认为它是一种高分子溶液。在石油沥青高分子溶液里，分散相沥青质与分散介质软沥青质具有很强的亲和力，而且在每个沥青质分子的表面上紧紧地保持着一层软沥青质的溶剂分子，而形成高分子溶液。高分子溶液具有可逆性，即随沥青质与软沥青质相对含量的变化，高分子溶液可以是较浓的或是较稀的。较浓的高分子溶液，沥青质含量就多，相当于凝胶型石油沥青；较稀的高分子溶液，沥青质含量就少，软沥青质含量多，相当于溶胶型石油沥青；稠度介于两者之间的为溶-凝胶型。这是一个新的研究发展方向，目前这种理论应用于沥青老化和再生机理的研究，已取得一些初步的成果。

3. 沥青的组分理论分析

我国现行《公路工程沥青及沥青混合料试验规程》(JTJ 052—2000) 中规定有三组分和四组分两种分析法。三组分分析法将石油沥青分为：油分、树脂和沥青质三个组分；四组分分析法将石油沥青分为：饱和分、芳香分、胶质和沥青质四个组分。除了上述组分外，石油沥青中还含有其他化学组分：石蜡及少量地沥青酸和地沥青酸酐。

(1) 三组分分析法

沥青的化学组分分析就是利用沥青在不同有机溶剂中的选择性溶解或在不同吸附剂上的选择性吸附，将沥青分离为几个化学性质比较接近，而又与其胶体结构性质、流变性质和技术性质有一定联系的化合物组。这些组就称为沥青的组分（也称组丛）。此法主要利用选择性溶解和选择性吸附的原理，所以又称“溶解-吸附”法。石油沥青主要组分如下：

1) 油分。它是沥青中最轻的组分。赋予沥青以流动性，油分含量的多少直接影响沥青的柔韧性、抗裂性和施工难度。油分在一定的条件下可以转变为树脂甚至沥青质。

2) 树脂。其相对分子质量比油质的大。树脂有酸性和中性之分。酸性树脂的含量较少，为表面活性物质，对沥青与矿质材料的结合起表面亲和作用，可提高胶结力；中性树脂可使沥青具有一定的塑性、可流动性和粘结力，其含量越高，沥青的粘结力和延伸性增加。

3) 沥青质。它是石油沥青中相对分子质量较大的固态组分，为高分子化合物。沥青质决定着沥青的粘结力、黏度、温度稳定性以及沥青的硬度和软化点等。其含量越高，沥青的黏度、粘结力、硬度和温度稳定性越高，但其塑性则越低。

4) 沥青碳和似碳物。它们是由于沥青受高温的影响脱氢而生成的，一般只在高温裂化或加热及深度氧化过程中产生。它们多为深黑色固态粉末状微粒，是石油沥青中相对分子质量最高的组分。沥青碳和似碳物在沥青中的含量不多，一般在2%～3%以下，它们能降低沥青的粘结力。

5) 蜡。蜡在常温下呈白色结晶状态存在于沥青中。当温度达45℃左右时，它就会由固态转变为液态，石蜡含量增加时，将使沥青的胶体结构遭到破坏，从而降低沥青的延度和粘结力，所以蜡是石油沥青的有害成分。国际上大多都规定沥青的含蜡量在2%～4%范围内。《公路沥青路面施工技术规范》(JTG F40—2004) 规定，蒸馏法测得的含蜡量应不大于3%。

三组分分析法的石油沥青各组分含量及性状列于表8-1中。

(2) 四组分分析法

四组分分析法的石油沥青各组分含量及性状列于表8-2中。

石油沥青三组分分析法各组分含量及性状 表 8-1

组分	颜色	体态	相对密度	相对分子质量	碳氢原子数比	在沥青中含量(%)	特征性能	作用	转化方向
油分	淡黄色至红褐色	黏稠透明液体	1.0～1.1	200～700,平均 500	0.5～0.7	45～60	几乎溶于所有溶剂,具有光学活性,在很多情况下发荧光	赋予沥青以流动性	↓
树脂	红褐色至黑褐色	有黏性半固体	0.7～1.0	800～3000,平均 1000	0.7～0.8	15～30	对温度敏感,熔点低于 100℃	赋予沥青以黏性和塑性	↓
沥青质	深褐色至黑色	固体脆性粉末状微粒	1.1～1.5	1000～5000	0.8～1.0	5～30	加热不熔化,分解为硬焦炭	增加沥青的黏性和热稳定性	↓
沥青碳	黑色	固体粉末	>1.0	约 10000	1.0～1.3	2～3	外形似沥青,不溶于四氯化碳,仅溶于二硫化碳	降低沥青的黏性和塑性	↓
似碳物	黑色	固体粉末	>1.0		约 1.3		是沥青质的最终产物,不溶于任何溶剂	降低沥青的粘结力	
蜡	白色(常温)	白色结晶(常温)		300～700		变化范围较大	能溶于多种溶剂中,对温度特别敏感	降低沥青的延度和粘结力	

石油沥青四组分分析法的各组分情况 表 8-2

	平均分子量	相对密度(g/cm^3)	外观特征	对沥青性质的影响
饱和分	625	0.89	无色液体	使沥青具有流动性,其含量的增加会使沥青的稠度降低
芳香分	730	0.99	黄色至红色液体	使沥青具有良好的塑性
胶质	970	1.09	棕色黏稠液体	具有胶溶作用,使沥青质胶团能分散在饱和分和芳香分组成的分散介质中,形成稳定的胶体结构
沥青质	3400	1.15	深棕色至黑色固体	在有饱和分存在的条件下,其含量的增加可使沥青获得较低的感温性

8.1.3 石油沥青的技术性质

石油沥青作为胶凝材料常用于建筑防水和道路工程。沥青是憎水性材料，几乎完全不溶于水，所以具有良好的防水性。为了保证工程质量，正确选择材料和指导施工，必须了解和掌握沥青的各种技术性质。

1. 黏性（黏滞性）

沥青作为胶结材料必须具有一定的粘结力，以便把矿质材料和其他材料胶结为具有一定强度的整体。粘结力的大小与沥青的黏滞性密切有关。黏滞性是指在外力作用下，沥青粒子相互位移时抵抗变形的能力。沥青的黏滞性以绝对黏度表示，它是沥青性质的重要指标之一。

绝对黏度的测定方法比较复杂。工程上常用相对（条件）黏度代替绝对黏度。测定相对黏度时用针入度仪和标准黏度计。前者用来测定黏稠石油沥青的相对黏度；后者则用于测定液体（或较稀的）石油沥青的相对黏度。黏稠石油沥青的相对黏度用针入度表示。针入度是指在规定的温度（25℃）条件下，以规定质量（100g）的标准针，经过规定时间（5s）贯入试样的深度（以 1/10mm 为 1 度)。针入度以 $P_{T,m,t}$表示，其中 P 为针入度，T

为试验温度，m 为标准针的质量，t 为贯入时间。现行国家标准《沥青针入度测定法》(GB/T 4509—2010) 规定，常用的试验条件为 $P_{25℃,100g,5s}$。它反映石油沥青抵抗剪切变形的能力。针入度值越小，沥青的黏滞度越大，抵抗变形的能力越强。

液体沥青的相对黏度可以用标准黏度计测定的标准黏度表示。标准黏度是在规定温度(20℃、25℃、30℃或60℃)、规定直径 (3mm、5mm 或 10mm) 的孔口流出 50mm^3 沥青所需的时间 (s)。常用符号 $C_t{}^dT$ 表示，其中 d 为流孔直径，t 为试样温度，T 为流出 50mm^3 沥青所需的时间。各种石油沥青黏滞性的变化范围很大，主要受其组分和温度的影响。一般沥青质含量较高时，其黏滞性较大。在一定温度范围内，温度升高时，黏滞性降低；反之，则随之增大。

2. 延展性

沥青在外力作用下，产生变形而不破坏，除去外力后，仍能保持变形后的形状的性质，称为延展性。它是反映石油沥青受力时所能承受的塑性变形的能力。

石油沥青的延展性以延度 (延伸度) 表示。根据《沥青延度测定法》(GB/T 4508—2010)，延度是在延度仪上测定的，即把沥青试样制成∞形标准试模 (中间最小截面积 1cm^2)，在规定的温度 (25℃) 下，以规定速度 (5cm/min) 拉伸试模，拉断时的长度 (以 cm 表示) 即为延度。延度越大，说明沥青的延展性越好。

沥青的延展性与其组分有关。当树脂含量较多，且其他组分含量又适当时，延展性较好。此外，周围介质的温度和沥青膜层厚度对延展性有影响。温度升高，则延展性增大；膜层越厚，则延展性越高；反之，膜层越薄，延伸性变差；当膜层薄至 1μm 时，塑性近于消失，即接近于弹性。

延展性高是沥青的一种良好性能，它反映了沥青开裂后的自行愈合能力。例如，履带车辆在通过沥青路面后，路面有变形发生但无局部破坏，而在通过水泥混凝土路面后，则可能发生局部脆性破坏。另外，沥青的延展性对冲击振动荷载也有一定吸收能力，并能减少摩擦时产生的噪声，故沥青是一种优良的道路路面材料。此外，沥青基柔性防水材料的柔性，在很大程度上来源于沥青的延展性。

3. 温度敏感性

温度敏感性是指石油沥青的黏滞性和塑性随温度升降而变化的性能。因沥青是一种高分子非晶态热塑性物质，故没有一定的熔点。当温度升高时，沥青由固态或半固态逐渐软化，使沥青分子之间发生相对滑动，此时沥青就像液体一样发生了黏性流动，称为黏流态。与此相反，当温度降低时又逐渐由黏流态凝固为固态 (或称高弹态)，甚至变硬变脆 (像玻璃一样硬脆称作玻璃态)。在此过程中，反映了沥青随温度升降其黏滞性和塑性的变化。在相同的温度变化间隔里，各种沥青黏滞性及塑性变化幅度不会相同，工程要求沥青随温度变化而产生的黏滞性及塑性变化幅度应较小，即温度敏感性较小。建筑工程宜选用温度敏感性较小的沥青。所以，温度敏感性是沥青性质的重要指标之一。

通常石油沥青中地沥青质含量较多，在一定程度上能够减小其温度敏感性。在工程使用时往往加入滑石粉、石灰石粉或其他矿物填料来减小其温度敏感性。沥青中含蜡量较多时，则会增大温度敏感性。多蜡沥青不能用于建筑工程就是因为该沥青温度敏感性大，当温度不太高 (60℃左右) 时就发生流淌；在温度较低时又易变硬开裂。

沥青软化点是反映沥青温度敏感性的重要指标。由于沥青材料从固态至液态有一定的变态间隔，故取液化点与固化点之间温度间隔的 87.21%作为软化点。

沥青软化点测定方法很多，国内外一般采用环球法软化点仪测定。我国现行国家标准

《沥青软化点测定法（环球法）》（GB/T 4507—1999）和国家行业标准《公路工程沥青及沥青混合料试验规程》（JTJ 052—2000）规定，它是把沥青试样装入规定尺寸内径为19.8mm的铜环内，试样上放置一标准钢球（直径为9.5mm，重3.5g），浸入水或甘油中，以规定的升温速度（5℃/min）加热，使沥青软化下垂，当下垂到规定距离25.4mm时的温度，以℃单位表示。软化点高，则沥青的温度敏感性低。

石油沥青的针入度、延度和软化点是评定黏稠石油沥青牌号的三大指标。

4. 大气稳定性

石油沥青是有机材料，它在热、阳光、氧气及潮湿等大气因素的长期综合作用下，其组分和性质将发生一系列变化，即油质和树脂减少，地沥青质逐渐增多。因此，沥青随时间的进展而流动性和塑性减小，硬脆性逐渐增大，直至脆裂，此过程称为沥青的“老化”。抵抗“老化”的性质，称为大气稳定性（耐久性）。

国家行业标准《公路工程沥青及沥青混合料试验规程》（JTJ 052—2000）中《沥青薄膜加热试验》（T 0609—1993）规定，石油沥青的大气稳定性常以加热后的蒸发损失和蒸发后针入度比来评定。其测定方法是：先测定沥青试样的质量及其针入度，然后将试样置于烘箱中，在163℃下加热蒸发5h，待冷却后再测定沥青试样的质量及其针入度，后者与前者的比值分别称为蒸发损失百分数和蒸发后针入度比。蒸发损失百分数越小，蒸发后针入度比越大，表示沥青的大气稳定性越高，老化越慢，耐久性越好。

5. 溶解度

溶解度是石油沥青在溶剂（苯、三氯甲烷、四氯化碳等）中溶解的百分率，以确定石油沥青中有效物质的含量。某些不溶物质（沥青碳或似碳物等）将降低沥青的性能，应将其视为有害物质加以限制。

实际工作中除特殊情况外，一般不进行沥青的化学组分分析而测定其溶解度，借以确定沥青中对工程有利的有效成分的含量，石油沥青的溶解度一般均在98%以上。

6. 施工安全性——闪点与燃点

沥青在使用时均需要加热，在加热过程中，沥青中挥发出的油分蒸气与周围空气组成油气混合物，此混合气体在规定条件下与火焰接触，初次发生有蓝色闪光时的沥青温度即为闪点（又称闪火点）。若继续加热，油气混合物的浓度增大，与火焰接触能持续燃烧5s以上时的沥青温度即为燃点（又称着火点）。通常燃点比闪点高约10℃。

闪点和燃点的高低，表明沥青引起火灾或爆炸的危险性的大小。因此，加热沥青时，其加热温度必须低于闪点，以免发生火灾。

8.1.4 道路石油沥青的技术标准与选用

1. 道路石油沥青的技术标准

黏稠石油沥青按针入度划分为160号、130号、110号、90号、70号、50号、30号7个牌号，根据当前的沥青使用和生产水平，按技术性能分为A、B、C三个等级。一般A级沥青适用于各个等级的公路的任何场合任何层次；B级沥青用于高速公路、一级公路沥青下面层，二级及二级以下公路的各个层次或用作改性沥青、乳化沥青、改性乳化沥青及稀释沥青的基质沥青；C级只用于三级及三级以下公路的各个层次。

道路石油沥青技术标准除针入度外，对不同牌号各等级沥青的针入度指数、软化点、延度、闪点、密度等指标提出了相应的要求，道路石油沥青的技术要求如表8-3所示。

由表8-3可知，沥青的牌号越大，沥青的黏滞性越小（针入度越大），塑性越好（延度越大），温度稳定性越差（软化点越低），使用寿命越长。

道路石油沥青的技术要求 **表 8-3**

指标	单位	等级	沥青牌号																
			160号	130号	110号			90号					70号②					50号	30号
针入度(25℃,5s,100g)			140～200③	120～140③	100～120			80～100					60～80					40～60	20～40
适用的气候分区④			注③	注③	2-1	2-2	3-2	1-1	1-2	1-3	2-2	2-3	1-3	1-4	2-2	2-3	2-4	1-4	注③
针入度指标 *PI*①		A	−1.5～+1.0																
		B	−1.8～+1.0																
软化点(*R* & *B*),不小于	℃	A	38	40	43			45			44		46		45			49	55
		B	36	39	42			43			42		44		43			46	53
		C	35	37	41			42					43					45	50
60℃动力黏度①,不小于	Pa・s	A	—	60	120			160			140		180		160			200	260
10℃延度①,不小于	cm	A	50	50	40			45	30	20	30	20	20	15	25	20	15	15	10
		B	30	30	30			30	20	15	20	15	15	10	20	15	10	10	8
15℃延度,不小于	cm	A、B	100															80	50
		C	80	80	60			50					40					30	20
蜡的质量分数(蒸馏法)不大于	%	A	2.2																
		B	3.0																
		C	4.5																
闪点,不小于	℃		230					245					260						

续表

指标	单位	等级	沥青牌号						
			160号	130号	110号	90号	70号②	50号	30号
溶解度,不小于	%		99.5						
密度(15℃)	g/cm³		实测记录						
TFOT(或RTFOT)后质量变化,不大于	%		±0.8						
残留针入度比,不小于	%	A	48	54	55	57	61	63	65
		B	45	50	52	54	58	60	62
		C	40	45	48	50	54	58	60
残留延度(10℃),不小于	cm	A	12	12	10	8	6	4	—
		B	10	10	8	6	4	2	—
残留延度(15℃),不小于	cm	C	40	35	30	20	15	10	—

注：①经建设单位同意，表中PI值、60℃动力黏度、10℃延度可作为选择性指标，也可不作为施工质量检验指标。

②70号沥青可根据需要要求供应商提供针入度为60～70或70～80的沥青，50号沥青可要求提供针入度为40～50或50～60的沥青。

③30号沥青仅适用于沥青稳定基层。130号和160号沥青除寒冷地区可在中低级公路上直接应用外，通常用作乳化沥青、稀释沥青、改性沥青的基质沥青。

④气候分区见《公路沥青路面施工技术规范》(JTG F40—2004)的附录A。

2. 黏稠石油沥青和液体石油沥青的技术标准

石油沥青按稠度大小可分为黏稠石油沥青和液体石油沥青。而黏稠石油沥青按道路的交通量，道路石油沥青又分为中、轻交通石油沥青和重交通石油沥青。其中，中、轻交通量道路石油沥青的技术要求见表 8-4。

中、轻交通量道路石油沥青的技术要求（JTJ 052—2000）　　表 8-4

质量指标		A-200	A-180	A-140	A-100		A-60	
					甲	乙	甲	乙
针入度(25℃,100g,5s),(1/10mm)		200～300	160～200	120～160	90～120	80～120	50～80	40～80
延度(15℃,15mm/min)(cm),≥		—	100	100	90	60	70	40
软化点(环球法)(℃)		30～45	35～45	38～48	42～52	42～52	45～55	45～55
溶解度(三氯乙烯)(%),≥		99.0						
薄膜烘箱加热试验(160℃,5h)	质量损失(%),≤	1.0	1.0	1.0	1.0	1.0	1.0	1.0
	针入度比(%),≥	50	60	60	65	65	70	70
闪点(开口)(℃),≥		180	200	230	230	230	230	230

表 8-4 中的中、轻交通石油沥青的技术标准相当于石油化工行业标准《道路石油沥青》（SH 0522—2000）中的技术标准，该标准是将道路石油沥青按针入度值划分为 A-60、A-100、A-140、A-180、A-200 五个牌号。其中 A-100 和 A-60 又按延度的不同分为甲、乙两个副牌号。

而重交通道路石油沥青按国家标准《重交通道路石油沥青》（GB/T 15180—2010），分为 AH-50、AH-70、AH-90、AH-110 和 AH-130 等五个牌号，各牌号的技术要求见表 8-5。

重交通量道路石油沥青的技术要求　　表 8-5

质量指标		重交通量道路石油沥青				
		AH-130	AH-110	AH-90	AH-70	AH-50
针入度(25℃,100g,5s),(1/10mm)		121～140	101～120	80～100	60～80	40～60
延度(15℃,15mm/min)(cm),≥		100	100	100	100	100
软化点(环球法)(℃)		40～50	41～51	42～52	44～54	45～55
溶解度(三氯乙烯)(%),≥		99.0				
含蜡量(蒸馏法)(%),≤		3				
薄膜烘箱加热试验(160℃,5h)	质量损失(%),≤	1.3	1.2	1.0	0.8	0.6
	针入度比(%),≥	45	48	50	55	58
	延度(25℃)(%),≥	75	75	75	50	40
	延度(15℃)(%),≥	实测记录				
闪点(开口)(℃),≥		230				

中、轻交通道路石油沥青主要用作一般道路路面、车间地面等工程。常配制沥青混凝土、沥青混合料和沥青砂浆使用。选用道路石油沥青时，要按照工程要求、施工方法以及气候条件等选用不同牌号的沥青。此外，还可用作密封材料、胶粘剂和沥青涂料等。重交通道路石油沥青主要用于高速公路、一级公路路面、机场道面以及重要的城市道路路面等工程。

道路用液体石油沥青按照液体沥青的凝固速度分为快凝、中凝和慢凝 3 个等级，快凝的液体沥青又划分为 3 个牌号，除黏度外，对蒸馏的馏分及残留物性质、闪点和含水量也提出相应的要求。道路用液体石油沥青的技术要求如表 8-6 所示。

道路液体石油沥青的技术要求 表 8-6

试验项目		快凝		中凝						慢凝					
		AL(R)-1	AL(R)-2	AL(M)-1	AL(M)-2	AL(M)-3	AL(M)-4	AL(M)-5	AL(M)-6	AL(S)-1	AL(S)-2	AL(S)-3	AL(S)-4	AL(S)-5	AL(S)-6
黏度(s)	$C_{25,5}$	<20	—	<20	—	—	—	—	—	<20	—	—	—	—	—
	$C_{60,5}$	—	5～15	—	5～15	16～25	26～40	41～100	101～200	—	5～15	16～25	26～40	41～100	101～180
蒸馏体积(%),≤	225℃前	>20	>15	<10	<7	<3	<2	0	0	—	—	—	—	—	—
	315℃前	>35	>30	<35	<25	<17	<14	<8	<5	—	—	—	—	—	—
	360℃前	>45	>34	<50	<35	<30	<25	<20	<15	<40	<35	<25	<20	<15	<5
蒸馏后残留物	针入度 $P_{(25℃,100g,5s)}$,(1/10mm)	60～200	60～200	100～300	100～300	100～300	100～300	100～300	100～300	—	—	—	—	—	—
	延度(25℃,5cm/min)	60	60	60	60	60	<60	60	60	—	—	—	—	—	—
	浮漂度(50℃),(s)	—	—	—	—	—	—	—	—	<50	>20	>30	>40	>45	>45
闪点(TOC法),≥		30	30	65	65	65	65	65	65	70	70	100	100	120	120
含水量(%),≤		0.2	0.2	0.2	0.2	0.2	0.2	0.2	0.2	0.2	0.2	0.2	0.2	0.2	0.2

3. 石油沥青的外观简易鉴别

石油沥青的质量外观简易鉴别方法和牌号的简易判断分别见表 8-7 和表 8-8。

石油沥青质量的外观简易鉴别 表 8-7

沥青形态	外观简易鉴别
固体	敲碎，检查新断口处，色黑而发亮的质量好，色暗淡的质量差
半固体	取少许，拉成细丝，越细长，质量越好
液体	黏性大，有光泽，没有沉淀和杂质的质量好；也可利用拉丝来判断

石油沥青牌号的简易判断 表 8-8

牌 号	简易鉴别方法
140～120	质软
60	用铁锤敲，不碎，只变形
30	用铁锤敲，变成较大的碎块
10	用铁锤敲，变成较小的碎块，表面呈黑色而有光泽

8.1.5 石油沥青在道路工程的选用

道路石油沥青的质量应符合表 8-3 规定的技术要求。各个沥青等级的使用范围应符合表 8-9 的规定。经建设单位同意，沥青的 PI 值、60℃动力黏度、10℃的延度可作为选择性指标。

道路石油沥青的适用范围 表 8-9

石油沥青等级	适用范围
A 级石油沥青	各个等级的公路，适用于任何场合和层次
B 级石油沥青	1. 高速公路、一级公路沥青下面层及以下的层次，二级及二级以下公路的各个层次； 2. 用作改性沥青、乳化沥青、改性乳化沥青、稀释沥青的基质沥青
C 级石油沥青	三级及三级以下公路的各个层次

在道路工程中选用沥青材料时，应根据工程的性质、当地的气候条件以及工作环境来选用沥青。道路石油沥青主要用于道路路面等工程，一般拌制成沥青混合料或沥青砂浆使用。在应用过程中需控制好加热温度和加热时间。沥青在使用过程中若加热温度过高或加热时间过长，都将使石油沥青的技术性能发生变化；若加热温度过低，则沥青的黏滞度就不会满足施工要求。沥青合适的加热温度和加热时间，应根据达到施工最小黏滞度的要求并保证沥青最小限度地改变原来性能的原则，并根据当地实际情况来加以确定。同时，在应用过程中还应进行严格的质量控制。其主要内容应包括：在施工现场随机抽样试样，按沥青材料的标准试验方法进行检验，并判断沥青的质量状况；若沥青中含有水分，则应在使用前脱水，脱水时应将含有水分的沥青徐徐倒入锅中，其数量以不超过油锅容积的一半为度，并保持沥青温度为 80～90℃。在脱水过程中应经常搅动，以加速脱水速度，并防止溢锅，待水分脱净后，方可继续加入含水沥青，沥青脱水后方可抽样试样进行试验。

8.1.6 石油沥青的存放和贮存

沥青必须按品种、标号分开存放。除长期不使用的沥青可放在自然温度下存储外，沥青在储罐中的贮存温度不宜低于130℃，并不得高于170℃。桶装沥青应直立堆放，加盖苫布。

道路石油沥青在贮运，使用及存放过程中应有良好的防水措施，避免雨水或加热管道蒸汽进入沥青中。

8.2 煤 沥 青

将高温煤焦油进行再蒸馏，蒸去水分和全部轻油及部分中油、重油和蒽油、萘油后所得的残渣即为煤沥青。

8.2.1 煤沥青的原料——煤焦油

煤沥青的原料是煤焦油，它是生产焦炭和煤气的副产物。将烟煤在隔绝空气的条件下加热干馏，干馏中的挥发物气化流出，冷却后仍为气体者即为煤气；冷凝下来的液体除去氨及苯后，即为煤焦油。

按照干馏温度的不同，煤焦油有高温煤焦油（700℃以上）和低温煤焦油（450～700℃）；按照工艺过程，有焦炭焦油和煤气焦油。高温煤焦油含碳较多，密度较大，含有多量的芳香族碳氢化合物，技术性质较好；低温煤焦油则与之相反，技术性质较差。因此，多用高温煤焦油制作煤沥青和建筑防水材料。

8.2.2 煤沥青的化学组分和结构

煤沥青也是一种复杂的高分子碳氢化合物及其非金属衍生物的混合物，其主要组分有以下几种。

1. 游离碳（又称自由碳）

游离碳是高分子有机化合物的固态碳质微粒，不溶于任何有机溶剂，加热不熔化，只在高温下才分解。游离碳能提高煤沥青的黏度和热稳定性，但随着游离碳的增多，沥青的低温脆性也随之增加，其作用相当于石油沥青中的沥青质。

2. 树脂

树脂属于环心含氧的环状碳氢化合物。树脂有固态树脂和可溶性树脂之分。

(1) 固态树脂（也称硬树脂）：为固态晶体结构，仅溶于吡啶，类似石油沥青中的沥青质，它能增加煤沥青的黏滞度。

(2) 可溶性树脂（又称软树脂）：为赤褐色黏塑状物质，溶于氯仿，类似石油沥青中树脂，它能使煤沥青的塑性增大。

3. 油分

油分为液态，由未饱和的芳香族碳氢化合物组成，类似于石油沥青中的油分，能提高煤沥青的流动性。

此外，煤沥青油分中还含有萘油、蒽油和酚等。当萘油含量＜15%时，可溶于油分中；当其含量超过15%，且温度低于10℃时，萘油呈固态晶体析出，影响煤沥青的低温变形能力。酚为苯环中含羟基的物质，呈酸性，有微毒，能溶于水，故煤沥青的防腐杀菌力强。但酚易与碱起反应而生成易溶于水的酚盐，降低沥青产品的水稳定性，故其含量不宜太多。

和石油沥青一样，煤沥青也具有复杂的分散系胶体结构，其中自由碳和固态树脂为分散相，油分是分散介质。可溶性树脂溶解于油分中，被吸附于固态分散微粒表面给予分散系以稳定性。

8.2.3 煤沥青的技术要求

煤沥青根据蒸馏程度不同分为低温煤沥青（软化点为 30～75℃）、中温煤沥青（软化点为 75～95℃）和高温煤沥青（软化点为 95～120℃）三种。建筑和道路工程中使用的煤沥青多为黏稠或半固体的低温沥青。

煤沥青按其稠度不同分为软煤沥青（液体、半固体的）和硬煤沥青（固体的）两类，道路工程中主要应用软煤沥青。软煤沥青又按其黏度和有关技术性质分为 9 个牌号，道路用煤沥青的技术要求如表 8-10。

道路用煤沥青的主要技术要求 **表 8-10**

项目		T-1	T-2	T-3	T-4	T-5	T-6	T-7	T-8	T-9
黏度(s)	$C_{30,5}$	5～25	26～70	—	—	—	—	—	—	—
	$C_{30,10}$	—	—	5～20	21～50	51～120	121～200	—	—	—
	$C_{50,10}$	—	—	—	—	—	—	10～75	76～200	—
	$C_{60,10}$	—	—	—	—	—	—	—	—	25～65
蒸馏体积(%),≤	170℃前	3.0	3.0	3.0	2.0	1.5	1.5	1.0	1.0	1.0
	270℃前	20	20	20	15	15	15	10	10	10
	300℃前	15～25	15～35	30	30	25	25	20	20	15
300℃蒸馏残渣软化点(环球法)(℃)		30～45	30～45	35～65	35～65	35～65	35～65	35～70	35～70	35～70
水分(%),<		3.0	3.0	1.0	1.0	1.0	0.5	0.5	0.5	0.5
甲苯不溶物,<		20	20	20	20	20	20	20	20	20
含萘量,<		5	5	5	4	4	3.5	3	2	2
焦油酸含量,<		4	4	3	3	1.5	2.5	1.5	1.5	1.5

8.2.4 煤沥青技术性质的特点

煤沥青与石油沥青相比，由于产源、组分和结构的不同，所以煤沥青技术性质有如下特点：

(1) 温度稳定性差。煤沥青是较粗的分散系（自由碳颗粒比沥青质粗），且树脂的可熔性较高，受热时由固态或半固态转变为黏流态（或液态）的温度间隔较窄，故夏天易软化流淌而冬天易脆裂。

(2) 塑性较差。煤沥青中含有较多的游离碳，故煤沥青的塑性较差，使用中易因变形而开裂。

(3) 大气稳定性较差。煤沥青中含挥发性成分和化学稳定性差的成分（如未饱和的芳香烃化合物）较多，它们在热、阳光、氧气等因素的长期综合作用下，将发生聚合、氧化等反应，使煤沥青的组分发生变化，从而黏度增加，塑性降低，加速老化。

(4) 与矿质材料的粘附性好。煤沥青中含有较多的酸、碱性物质，这些物质均属于表面活性物质，所以煤沥青的表面活性比石油沥青的高，故与酸、碱性石料的粘附性较好。

(5) 防腐力较强。煤沥青中含有蒽、萘、酚等有毒成分，并有一定臭味，故防腐能力较好，多用作木材的防腐处理。但蒽油的蒸气和微粒可引起各种器官的炎症，在阳光作用下危害更大，因此施工时应特别注意防护。

8.2.5 石油沥青和煤沥青的比较

煤沥青和石油沥青相比较，在技术性质上和外观上以及气味上存在着较大差异，主要差异见表8-11。

石油沥青和煤沥青的主要差异　　表8-11

项目		石油沥青	煤沥青
技术性质	密度	近于1.0	1.25～1.28
	塑性	较好	低温脆性较大
	温度稳定性	较好	较差
	大气稳定性	较好	较差
	抗腐蚀性	差	强
	与矿料颗粒表面的粘附性能	一般	较好
外观及气味	气味	加热后有松香味	加热后有臭味
	颜色	接近白色	呈黄色
	溶解	能全部溶解于汽油或煤油，溶液呈黑褐色	不能全部溶解，且溶液呈黄绿色
	外观	呈黑褐色	呈灰黑色，剖面看似有一层灰
	毒性	无毒	有刺激性的毒性

由于煤沥青的主要性质比石油沥青差，因此在道路工程中使用较少，一般根据等级不同，石油沥青可适用于不同公路等级沥青路面的各个等级；煤沥青则用于各级公路各种基层上的透层或三级及三级以下公路铺筑表面处治或贯入式沥青路面或与道路石油沥青、乳化沥青混合使用，以改善渗透性。

8.3 乳化沥青

乳化沥青是将沥青热融，经过机械的作用，使其以细小的微滴状态分散于含有乳化剂的水溶液之中，形成水包油状的沥青乳液。水和沥青是互不相溶的，但由于乳化剂吸附在沥青微滴上的定向排列作用，降低了水与沥青界面间的界面张力，使沥青微滴能均匀地分散在水中而不致沉析；同时，由于稳定剂的稳定作用，使沥青微滴能在水中形成均匀稳定的分散系。乳化沥青呈茶褐色，具有高流动度，可以冷态使用，在与基底材料和矿质材料结合时有良好的粘附性。

8.3.1 乳化沥青的组成材料

乳化沥青主要由沥青、水、乳化剂、稳定剂等材料组成。

1. 沥青

沥青是乳化沥青的主要组成材料，占乳化沥青的55%～70%。各种牌号的沥青均可配制乳化沥青，稠度较小的沥青（针入度在100～250之间）更易乳化。

2. 水

水质对乳化沥青的性能也有影响：一方面水能润湿、溶解、粘附其他物质，并起缓和化学反应的作用；另一方面，水中含有各种矿物质及其他影响乳化沥青形成的物质。所以，水质应相当纯净，不含杂质。一般来说，水质硬度不宜太大，尤其阴离子乳化沥青，对水质要求较严，每升水中氧化钙含量不得超过 80mg。

3. 乳化剂

乳化剂是乳化沥青形成和保持稳定的关键组成，它能使互不相溶的两相物质（沥青和水）形成均匀稳定的分散体系，它的性能在很大程度上影响着乳化沥青的性能。

沥青乳化剂是一种表面活性剂，按其在水中能否解离而分为离子型乳化剂和非离子型乳化剂两大类。离子型乳化剂按其解离后亲水端生成离子所带电荷的不同，又分为阴离子型乳化剂、阳离子型乳化剂和两性离子型乳化剂等三种。现将常用的沥青乳化剂列于表 8-12 中。

常用沥青乳化剂 **表 8-12**

乳化剂类型		乳化剂名称
按离子类型分类	阴离子乳化剂	羧酸盐类——肥皂等 磺酸盐类——洗衣粉等
	阳离子乳化剂	十八烷基三甲基氯化铵(代号 NOT 或 1831) 十六烷基三甲基溴化铵(代号 1631) 十八烷基二甲基羧乙基硝駿铵 烷基丙烯二胺(代号 ASF) 烷基酰基多胺(代号 JSA)
	两性离子乳化剂	氨基酸型两性乳化剂 甜菜碱型两性乳化剂
	非离子型乳化剂	聚氧乙烯醚型非离子型乳化剂
按分解破乳速度分类	快裂型	烷基二甲基羟乙基氯化铵(代号 1621)
	中裂型	牛脂烷基酰胺基多胺(代号 JSA-2)
	慢裂型	硬脂酸烷酰胺基多胺(代号 3SA-1) HY 型双胺类

4. 稳定剂

为使沥青乳液具有良好的储存稳定性，常常在乳化沥青生产时向水溶液中加入适量的稳定剂。常用的稳定剂有氯化钙、聚乙烯醇等。

8.3.2 乳化沥青形成机理

乳化沥青是油-水分散体系。在这个体系中，水是分散介质，沥青是分散相，两者只有在表面能较接近时才能形成稳定的结构。乳化沥青的结构是以沥青细微颗粒为固体核，乳化剂包覆沥青微粒表面形成吸附层（包覆膜），此膜具有一定的电荷，沥青微粒表面的膜层较紧密，向外则逐渐转为普通的分散介质；吸附层之外是带有相反电荷的扩散离子层水膜。由上可知，乳化沥青能够形成和稳定存在的原因主要如下：

（1）乳化剂在沥青-水系统界面上的吸附作用，降低了两相物质间的界面张力，这种作用可以抵制沥青微粒的合并。

(2) 沥青微粒表面均带有相同电荷，使微粒间相互排斥不靠拢，达到分散颗粒的目的。

(3) 微粒外水膜的形成，可以机械地阻碍颗粒的聚集。

8.3.3 乳化沥青的分解破乳

要使乳化沥青在路面中（或与其他材料接触时）发挥结合料的作用，就必须使沥青从水相中分离出来，产生分解与破乳。所谓分解破乳就是指沥青乳液的性质发生变化，沥青与乳液中的水相分离，使许多微小的沥青颗粒互相聚结，成为连续整体薄膜。这种分解破乳主要是乳液与其他材料接触后，由于离子电荷的吸附和水分的蒸发而产生的，其变化过程可从沥青乳液的颜色、粘结性及稠度等方面的变化进行观察和鉴别。乳液分解破乳的外观特征是其颜色由茶褐色变成黑色，此时乳液还含有水分，需待水分完全蒸发、分解破乳完成后，乳液中的沥青才能恢复到乳化前的性能。沥青乳液的分解破乳过程如图 8-3 所示。

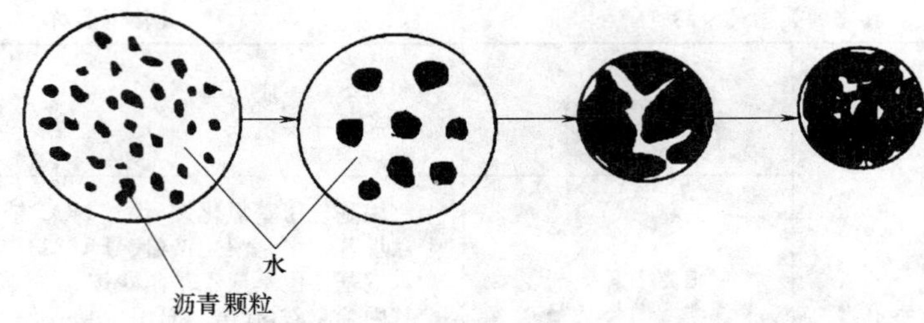

图 8-3 沥青乳液的分解破乳过程

沥青乳液分解破乳所需要的时间，即为沥青乳液的分解破乳速度。影响分解破乳速度的因素有以下几个。

1. 离子电荷的吸引作用

这种作用对阳离子乳化沥青尤为显著。目前我国筑路用石料多含碳酸盐或硅酸盐，在潮湿状态下它们一般带负电荷，所以阳离子沥青乳液很快与集料表面相结合。此外，阳离子沥青乳化剂具有较高的振动性能，与固体表面有自然的吸引力，它可以穿过集料表面的水膜，与集料表面紧密结合。电荷强度大，能加速破乳；反之则延缓破乳速度。

2. 集料的孔隙度、粗糙度与干湿度的影响

如果与乳液接触的集料或其他材料为多孔质表面粗糙或疏松的材料时，乳液中的水分将很快被材料所吸收，破坏了乳液的平衡，加快了破乳速度；反之，若材料表面致密光滑，吸水性很小时，将延缓乳液的破乳速度。材料本身的干湿度也将影响破乳速度。干燥材料将加快破乳速度，湿润与饱和水材料将延缓破乳速度。

3. 施工时气候条件的影响

沥青乳液施工时的气温、湿度、风速等都将影响分解破乳速度。气温高、湿度小、风速大将加速破乳；否则将延缓破乳。

4. 机械冲击与压力作用的影响

施工中压路机和行车的振动冲击和碾压作用，也能加快乳液的破乳速度。

5. 集料颗粒级配的影响

集料颗粒越细、表面积越大，乳液越分散，其破乳速度越快，否则破乳速度将延缓。

6. 乳化剂种类与用量的影响

乳化剂本身有快、中、慢型之分，因此用其所制备的沥青乳液也相应地分为快、中、慢型三种。这些分类本身就意味着与材料接触时的分解破乳速度不同。同种乳化剂其用量不同时，也影响破乳速度。乳化剂用量大，延缓破乳；用量小则加快破乳。

8.3.4 乳化沥青的技术要求

按《公路沥青路面施工技术规范》(JTG F40—2004)，道路用乳化沥青的技术要求见表 8-13。在高温条件下宜采用黏度较大的乳化沥青，寒冷条件下宜采用黏度较小的乳化沥青。

道路用乳化沥青的技术要求 **表 8-13**

试验项目		品种及代号									
		阳离子				阴离子				非离子	
		喷洒用			拌合用	喷洒用			拌合用	喷洒用	拌合用
		PC-1	PC-2	PC-3	BC-1	PA-1	PA-2	PA-3	BA-1	PN-2	BN-1
破乳速度		快裂	慢裂	快裂或中裂	慢裂或中裂	快裂	慢裂	快裂或中裂	慢裂或中裂	慢裂	慢裂
离子电荷		阳离子(+)				阴离子(一)				非离子	
筛上残留物(1.18mm)(%)，≤		0.1				0.1				0.1	
黏度(s)	恩格拉黏度计 E_{25}	2～6	1～6	1～6	2～30	2～6	1～6	1～6	2～30	1～6	2～30
	道路标准黏度计 $C_{25,3}$	10～25	8～20	8～20	10～60	10～25	8～20	8～20	10～60	8～20	10～60
蒸发残留物	残留分含量(%)，≥	50	50	50	55	50	50	50	55	50	55
	溶解度(%)，≥	97.5				97.5				97.5	
	针入度(25℃)(0.1mm)	50～200	50～300	45～150		50～200	50～300	45～150		50～200	60～300
	延度(15℃)(cm)，≥	40				40				40	
与粗集料的粘附性，裹附面积，≥		2/3			—	2/3			—	2/3	—
与粗、细粒式集料拌合试验		—			均匀	—			均匀	—	
水泥拌合试验的筛上剩余(%)，≤		—				—				—	
常温贮存稳定性(%) 1d，≤ 5d，≤		1 5				1 5				1 5	

注：1. P 为喷洒型，B 为拌合型，C、A、N 分别表示阳离子、阴离子、非离子乳化沥青。
2. 黏度可选用恩格拉黏度计或沥青标准黏度计之一测定。
3. 表中的破乳速度与集料的粘附性、拌合试验的要求、所使用的岩石品种有关，质量检验时应采用工程上实际的岩石进行试验，仅进行乳化沥青产品质量评定时可不要求此 3 项指标。
4. 贮存稳定性根据施工实际情况选用试验时间，通常采用 5d，乳液生产后能在当天使用时也可用 1d 的稳定性。
5. 当乳化沥青需要在低温冰冻条件下贮存或使用时，尚需按《乳化沥青贮存稳定度测定法》(SH/T 0099.5—2005) 的规定进行一5℃低温贮存稳定性试验，要求没有粗颗粒、不结块。
6. 如果乳化沥青是将高浓度产品运到现场经稀释后使用时，表中的蒸发残留物等各项指标指稀释前对乳化沥青的要求。

8.3.5 乳化沥青的优缺点

1. 乳化沥青的优点

(1) 节约能源。采用乳化沥青筑路时，只需要在沥青乳化时一次加热，且加热温度较低（一般为120～140℃）。若使用阳离子乳化沥青时，砂石料也不需要烘干和加热，甚至可以在湿润状态下使用，所以大大节约了能源。

(2) 节省资源。乳化沥青有良好的粘附性，可以在集料表面形成均匀的沥青膜，易于准确控制沥青用量，因而可以节约沥青。由于沥青也是一种能源，所以节省沥青既可以节省资源，又可以节省能源。

(3) 提高工程质量。由于乳化沥青与集料有良好的粘附性，而且沥青用量又少，施工中沥青的加热温度低，加热次数少，热老化损失小，因而增强了路面的稳定性、耐磨性与耐久性，提高了工程质量。

(4) 延长施工时间。阴雨与低温季节，正是沥青路发生病害较多的季节。采用阳离子乳化沥青筑路或修补，几乎不受阴湿或低温季节的影响，发现病害及时修补，能及时改善路况，提高好路率和运输效率。一年中延长施工的时间，随各地气候条件而不同，平均60d左右。

(5) 改善施工条件，减少环境污染。采用乳化沥青可以在常温下施工，现场不需要支锅熬油，施工人员不受烟熏火烤，减少了环境污染，改善了施工条件。

(6) 提高工作效率。沥青乳液的黏度低、喷洒与拌合容易，操作简便、省力、安全，故可以提高工效30%，深受交通部门和施工人员的欢迎。

2. 乳化沥青的缺点

(1) 储存期较短。乳化沥青由于稳定性较差，故其储存期较短，一般不宜超过0.5年，而且储存温度也不宜太低，一般保持在0℃以上。

(2) 乳化沥青修筑道路的成型期较长，最初要控制车辆的行驶速度。

8.3.6 乳化沥青的应用

自商品乳化沥青问世以来，已有几十年的历史。前期主要发展阴离子乳化沥青，其缺点是沥青与集料间的粘附力低，若遇阴湿或低温季节，沥青分解破乳的时间将更长。此外，石蜡基与中间基原油的沥青量增多，阴离子乳化剂对这些沥青也难以进行乳化，故其发展受到限制。

近年来，阳离子乳化沥青发展较快。这种沥青乳液与集料的粘附力强，即使在阴湿低温季节，其吸附作用仍然可以正常进行。因此，它既有阴离子乳化沥青的优点，又弥补了阴离子乳化沥青的缺点。于是，乳化沥青的发展又进入了一个新阶段。

道路用乳化沥青常用于沥青表面处治路面、沥青贯入式路面、冷拌沥青混合料路面以及修补裂缝、喷洒透层、粘层和封层等，就其施工方法来讲有两种：

(1) 洒布法：如沥青混合料路面、透层、粘层或封层等；

(2) 拌合法：如沥青混合料路面、沥青碎石路面。

具体应用时要根据用途选择乳化沥青的种类，乳化沥青的品种与适用范围见表8-14。

乳化沥青的品种与适用范围 表 8-14

分 类	品种及代号	适用范围
阳离子乳化沥青	PC-1	表处、贯入式路面及下封层
	PC-2	透层油及基层养生
	PC-3	粘层油
	BC-1	稀浆封层或冷拌沥青混合料
阴离子乳化沥青	PA-1	表处、贯入式路面及下封层
	PA-2	透层油及基层养生
	PA-3	粘层油
	BA-1	稀浆封层或冷拌沥青混合料
非离子乳化沥青	PN-2	透层油
	BN-1	与水泥稳定集料同时使用(基层路拌或再生)

8.4 改 性 沥 青

现代公路和道路发生许多变化：交通流量和行驶频度急剧增长，货运车的轴重不断增加，普遍实行分车道单向行驶，要求进一步提高路面抗流动性，即高温下抗车辙的能力；提高柔性和弹性，即低温下抗开裂的能力；提高耐磨耗能力和延长使用寿命。使用环境发生的这些变化对石油沥青的性能提出了严峻的挑战。对石油沥青改性，使其适应上述苛刻使用要求，引起了人们的重视。

改性沥青是指掺加橡胶、树脂、高分子聚合物、磨细的橡胶粉或其他填料等外掺剂，或采用对沥青轻度氧化等措施，使性能得到改善后的沥青。

改性沥青的改性剂种类繁多，主要有：高聚物类改性剂、微填料类改性剂、纤维类改性剂、硫磷类改性剂等。

8.4.1 改性沥青的分类及特性

目前道路改性沥青一般是指聚合物改性沥青，改性沥青按改性剂不同可分为以下种类：

1. 热塑橡胶类改性沥青

热塑橡胶类改性沥青中的改性剂主要是苯乙烯嵌段共聚物，如苯乙烯-聚乙烯（SE）、苯乙烯-丁二烯-苯乙烯（SBS）、苯乙烯-异戊二烯-苯乙烯（SIS）、丁基-聚乙烯（BS）。其中 SBS 常用于路面沥青混合料，SIS 常用于热熔粘结料，SE 和 BS 常用于有抗氧化、抗高温变形要求的道路。

目前使用最多的为 SBS 改性沥青，此类改性沥青最大的特点是高温稳定性和低温抗裂性好，且具有良好的弹性恢复性能和抗老化性能。

2. 橡胶类改性沥青

橡胶类改性沥青也称为橡胶沥青，其使用最多的是丁苯橡胶（SBR）和氯丁橡胶（CR）。这类改性沥青出现较早、应用比较广泛，尤其是胶乳形式的 SBR 使用越来越广泛，CR 具有极性，常掺入到煤沥青中使用。

SBR改性沥青最大的特点是低温稳定性较好，但老化试验后的延度严重降低，主要适宜于寒冷地区。

3. 热塑性树脂类改性沥青

常用的热塑性树脂类改性沥青有聚乙烯（PE）、乙烯-乙酸乙烯共聚物（EVA）、聚丙烯、聚氯乙烯以及聚苯乙烯。

这类热塑性树脂的共同特点是加热后软化，冷却时变硬，使沥青混合料在常温下黏度增大，高温稳定性提高，但不能提高混合料的弹性，并且加热后容易产生离析现象，再次冷却时产生弥散体。

4. 其他改性沥青

(1) 掺天然沥青的改性沥青

将一定的特立尼达湖沥青（TLA）掺入沥青中能提高沥青的高温稳定性、低温抗裂性及耐久性。掺加页岩的沥青耐久性好，具有抗剥离、耐老化、高温抗车辙等特点。

(2) 碳黑改性沥青

在改性好的SBS改性沥青中加入碳黑，可使改性沥青的黏度增大，回弹性能提高。

(3) 多价金属皂化物改性沥青

将由一元酸与多价金属所形成的金属皂溶解在沥青中形成改性沥青，可使沥青的塑性增加、脆点降低，明显提高沥青与集料的粘附性，增加混合料的强度，提高沥青路面的柔性和疲劳强度。

(4) 玻纤格栅

将一种自粘结型的玻璃纤维格栅，用专用机械铺于沥青混合料中，可以提高沥青的耐热性、粘结性、高温抗车辙、低温抗裂性，同时还可防止路面的反射裂缝。

8.4.2 改性剂的选择

改性剂的选用应根据工程所在地的地理位置、气候条件、道路等级、路面结构等综合比较考虑。我国使用的聚合物改性剂主要是热塑性橡胶类（如SBS）、橡胶类（如SBR）、热塑性树脂类（如EVA及PE）。

1. 根据不同气候条件选择改性剂

Ⅰ类SBS类热塑性橡胶类聚合物改性沥青。Ⅰ-A型、Ⅰ-B型适用于寒冷地区，Ⅰ-C型适用于较热地区，Ⅰ-D型适用于炎热地区及重交通量路段。

Ⅱ类SBR橡胶类聚合物改性沥青。Ⅱ-A型适用以寒冷地区，Ⅱ-B型、Ⅱ-C型适用于较热地区。

Ⅲ类热塑性树脂类聚合物改性沥青，适用于较热和炎热地区。通常要求软化点温度比最高月使用温度的最大日空气温度要高20℃左右。

2. 根据沥青改性目的和要求选择改性剂

(1) 为提高抗永久变形能力，宜使用热塑性橡胶类、热塑性树脂类改性剂。

(2) 为提高抗低温开裂能力，宜使用热塑性橡胶类、橡胶类改性剂。

(3) 为提高抗疲劳开裂能力，宜使用热塑性橡胶类、橡胶类、热塑性树脂类改性剂。

(4) 为提高抗水损害能力，宜使用各类抗剥剂等外加剂。

8.4.3 主要改性沥青

1. SBS改性沥青

SBS改性沥青的主要特点是：

(1) 温度高于160℃后，改性沥青的黏度与原沥青基本相近，可与普通沥青一样拌合使用。

(2) 温度低于90℃后，改性沥青的黏度是原沥青的数倍，高温稳定性好，因而改性沥青混合料路面的抗车辙能力大大提高。

(3) 改性沥青的低温延度、脆点较原沥青均有明显改善，因而改性沥青混合料的低温抗裂能力及疲劳寿命均明显提高。

2. PE改性沥青

这类改性沥青的高温稳定性与矿料粘附性、感温性、抗老化性能都有不同程度的改善，不过常温（25℃）时的延性有所降低。

3. SBR改性沥青

总体来说，SBR改性沥青的热稳定性、延性以及粘附性，均较原沥青有所改善，并且热老化性能也有所提高。

4. EVA改性沥青

EVA改性沥青的热稳定性有所提高，但耐久性改变不大。

8.4.4 改性沥青技术标准

改性沥青可单独或复合采用高分子聚合物、天然沥青及其他改性材料制作，各类聚合物改性沥青的质量应符合表8-15的要求，其中用针入度指数*PI*值作为选择性指标，当使用表列以外的聚合物及复合改性沥青时，可通过试验研究确定相应的技术标准。

目前道路改性沥青一般是指聚合物改性沥青，聚合物改性沥青的评价指标，除常规指标外，针对其不同特点，各自有几种重点评价指标。SBS改性沥青的高温和低温性能都好，且具有良好的弹性恢复性能，因此采用软化点、5℃低温延度、回弹率作为主要指标。SBR改性沥青的低温性能较好，所以以5℃低温延度及粘韧性作为主要评价指标。EVA及PE改性沥青高温性能改善明显，以软化点作为评价指标。

聚合物改性沥青技术要求 **表8-15**

指标	SBS类(Ⅰ类)				SBR类(Ⅱ类)			EVA、PE类(Ⅲ类)			
	Ⅰ-A	Ⅰ-B	Ⅰ-C	Ⅰ-D	Ⅱ-A	Ⅱ-B	Ⅱ-C	Ⅲ-A	Ⅲ-B	Ⅲ-C	Ⅲ-D
针入度(25℃,100g,5s)(0.1mm)	>100	80～100	60～80	40～60	>100	80～100	60～80	>80	60～80	40～60	30～40
针入度指数*PI*≥	−1.2	−0.8	−0.4	0	−1.0	−0.8	−0.6	−1.0	−0.8	−0.6	−0.4
延度(5℃,5cm/min)(cm),≥	50	40	30	20	60	50	40	—			
软化点$T_{R\&B}$(℃),≥	45	50	55	60	45	48	50	48	52	56	60
运动黏度(135℃)(Pa·s),≤	3										
闪点(℃),≥	230				230			230			
溶解度(%),≥	99				99			—			
弹性恢复(25℃)(%),≥	55	60	65	75	—			—			
黏韧性(N·m),≥	—				5			—			
韧性(N·m),≥	—				2.5			—			

续表

指标	SBS类(Ⅰ类)				SBR类(Ⅱ类)			EVA、PE类(Ⅲ类)			
	Ⅰ-A	Ⅰ-B	Ⅰ-C	Ⅰ-D	Ⅱ-A	Ⅱ-B	Ⅱ-C	Ⅲ-A	Ⅲ-B	Ⅲ-C	Ⅲ-D
贮存稳定性离析,48h软化点差(℃),≤					—			无改性剂明显析出、凝聚			
TFOT(或RTFOT)后残留物											
质量变化(%),≤	±1.0										
针入度比(25℃)(%),≥	50	55	60	65	50	55	60	50	55	58	60
延度(5℃)(cm),≥	30	25	20	15	30	20	10	—			

8.4.5 改性沥青的应用

目前，改性沥青常用于排水及防水层；为防止反射裂缝，在老路面上做应力吸收膜中间层；用于加铺沥青面层以提高路面的耐久性；在老路面上或新建一般公路上作表面处治等。

第 9 章　沥青混合料

沥青混合料是现代高速公路及城市道路的主要路面材料，这里主要介绍沥青混合料的技术性质及技术指标和沥青混合料的配合比设计方法等。

9.1 概　　述

由于沥青混合料路面平整性好、行车平稳舒适、噪声小，世界上许多国家在建设高速公路时都优先选择采用。半刚性基层具有强度高、稳定性好和刚度大等特点，被广泛用于修建高等级公路沥青路面的基层或底基层。在我国随着国民经济和现代化交通运输事业发展的需要，在建或已建的 90%以上的高速公路采用沥青材料作结合料粘结矿料成混合料修筑面层与各类基层和垫层所组成的路面结构，已成为高级路面结构的主要材料。

按照现代沥青路面的施工工艺，用沥青作为胶结材料修建的道路路面，因配料和施工方法的不同而有多种类型。经常采用的有沥青表面处治和沥青贯入式路面，以及沥青碎石和沥青混凝土路面等。表面处治和贯入式只需要按《沥青路面施工与验收规范》（GB 50092—1996）选用材料在现场投料施工即可；沥青碎石和沥青混凝土则需要事先在试验室中进行配合比设计，确定出各项性能指标完全符合《沥青路面施工与验收规范》（GB 50092—1996）要求的配合比后，才能交付施工。

9.1.1　定义

沥青混合料是将粗集料、细集料和填料经人工合理选择级配组成的矿质混合料与沥青拌合而成的混合料的总称，包括沥青混凝土混合料和沥青碎石混合料。

1. 沥青混凝土混合料

沥青混凝土混合料是由适当比例的粗集料、细集料及填料与沥青在严格控制条件下拌合的沥青混合料，以 AC 表示，采用圆孔筛时用 LH 表示。其压实后的剩余空隙率小于 10%。

2. 沥青碎石混合料

沥青碎石混合料是由适当比例的粗集料、细集料及少量填料（或不加填料）与沥青拌合而成的半开式沥青混合料，以 AM 表示，采用圆孔筛时用 LS 表示。其压实后的剩余空隙率大于 10%。

9.1.2　沥青混合料的分类

沥青混合料的种类很多，主要有以下六种分类方式。

1. 按沥青混合料路面成型特性分类

根据沥青路面成型时的技术特性可将沥青混合料分为：沥青表面处治、沥青贯入式碎石和热拌沥青混合料。

（1）沥青表面处治是指沥青与细粒矿料按层铺法（分层洒布沥青和集料，然后碾压成型）或拌合法（先由机械将沥青与集料拌合，再摊铺碾压成型）铺筑成的厚度不超过 3cm 的沥青路面。沥青表面处治的厚度一般为 1.5～3.0cm，适用于三级、四级公路的面层和旧沥青面层上的罩面或表面功能恢复。

（2）沥青贯入式碎石是指在初步碾压的集料层洒布沥青，再分层洒铺嵌挤料，并借行车压实而形成的路面。沥青贯入式碎石路面依靠颗粒间的锁结作用和沥青的粘结作用获得强度，是一种多空隙的结构。其厚度一般为 4～8cm，主要适用于二级或二级以下的路面。

（3）热拌沥青混合料是指把一定级配的集料烘干并加热到规定的温度，与加热到具有一定黏度的沥青按规定比例，在给定温度下拌合均匀而成的混合料。热拌沥青混合料适用于各等级路面，在道路和机场工程中，热拌热铺的沥青混凝土应用最广。

2. 按沥青胶结料分类

按沥青胶结料的不同，沥青混合料可分为：石油沥青混合料和煤沥青混合料。

（1）石油沥青混合料。以石油沥青为结合料的沥青混合料（包括黏稠石油沥青、乳化石油沥青及液体石油沥青）。

（2）煤沥青混合料。以煤沥青为结合料的沥青混合料。

3. 按沥青混合料施工温度分类

按沥青混合料拌制和摊铺温度分为：热拌热铺沥青混合料、温拌温铺沥青混合料和冷拌冷铺沥青混合料。

（1）热拌热铺沥青混合料（HMA），简称热拌沥青混合料。采用针入度为 40～100 的黏稠沥青与矿料在热态拌合、热态铺筑（温度约 170℃）的混合料。作面层时，混合料的摊铺温度为 120～160℃，经压实冷却后面层就基本形成。热拌沥青混合料适用于各种等级公路的沥青路面。其种类可按集料公称最大粒径、矿料级配、空隙率划分，分类见表 9-1。

热拌沥青混合料种类 **表 9-1**

混合料的类型	密级配			开级配		半开级配	公称最大粒径(mm)	最大粒径(mm)
	连续级配		间断级配	间断级配		沥青温度碎石		
	沥青混凝土	沥青稳定碎石	沥青玛蹄脂碎石	排水式沥青磨耗层	排水式沥青碎石基层			
特粗式	—	ATB-40	—	—	ATPB-40	—	37.5	53.0
粗粒式	—	ATB-30	—	—	ATPB-30	—	31.5	37.5
	AC-25	ATB-25	—	—	ATPB-25	—	26.5	31.5
中粒式	AC-20	—	SMA-20	—	—	AM-20	19.0	26.5
	AC-16	—	SMA-16	OGFC-16	—	AM-16	16.0	19.0
砂粒砂	AC-13	—	SMA-13	OGFC-13	—	AM-13	13.2	16.0
	AC-10	—	SMA-10	OGFC-10	—	AM-10	9.5	13.2
细粒式	AC-5	—	—	—	—	AM-5	4.75	9.5
设计空隙率(%)	3～5	3～6	3～4	＞18	＞18	6～12		

（2）温拌温铺沥青混合料。以乳化沥青或稀释沥青，如针入度 130～200、200～300 或中凝液体沥青与矿料在摊铺温度为 60～100℃状态下拌制、铺筑的混合料。

（3）冷拌冷铺沥青混合料。用慢凝或中凝用途沥青或乳化沥青，在常温下拌合，摊铺温度与气温相同，但不低于 10℃。混合料摊铺前可储存 4～8 个月。面层形成很慢，可能需要 30～90d。

4. 按矿质集料级配类型分类

沥青混合料按矿质集料级配类型可分为：连续级配沥青混合料和间断级配沥青混合料。

(1) 连续级配沥青混合料。沥青混合料中的矿料是按级配原则，从大到小各级粒径都有，按比例相互搭配组成的混合料，称为连续级配沥青混合料。

(2) 间断级配沥青混合料。连续级配沥青混合料矿料中缺少一个或两个档次粒径的沥青混合料称为间断级配沥青混合料。

5. 按集料公称最大粒径分类

根据《沥青路面施工与验收规范》(GB 50092—1996)，按沥青混凝土混合料的集料最大粒径可分为下列五类。

(1) 特粗式沥青混合料。集料最大粒径在 37.5mm（圆孔筛 45mm）以上。

(2) 粗粒式沥青混合料。集料最大粒径大于或等于 26.5mm（圆孔筛 30mm）或 31.5mm（圆孔筛 40mm 或 35mm）的沥青混合料。

(3) 中粒式沥青混合料。集料最大粒径为 16mm 或 19mm（圆孔筛 20mm 或 26mm）的沥青混合料。

(4) 细粒式沥青混合料。集料最大粒径为 9.5mm 或 13.2mm（圆孔筛 10mm 或 15mm）的沥青混合料。

(5) 砂粒式沥青混合料。集料最大粒径大于或等于 4.75mm（圆孔筛 5mm）的沥青混合料，也称为沥青石屑或沥青砂。

6. 按混合料密实度分类

沥青混合料按混合料密实度可分为：密级配沥青混凝土混合料、开级配沥青混凝土混合料和半开级配沥青混合料三种。

(1) 密级配沥青混凝土混合料。按密实级配原则设计的连续型密级配沥青混合料，但其粒径递减系数较小，剩余空隙率小于 10%的密实式沥青混凝土混合料（以 AC 表示）和密实式沥青稳定碎石混合料（ATB 表示）。密级配沥青混凝土混合料按其剩余空隙率又可分为：Ⅰ型沥青混凝土混合料（剩余空隙率为 2%～6%）和Ⅱ型沥青混凝土混合料（剩余空隙率为 4%～10%）。

(2) 开级配沥青混凝土混合料。按级配原则设计的连续型级配混合料，其粒径递减系数较大，剩余空隙率大于 18%。

(3) 半开级配沥青混合料。将剩余空隙率介于密级配和开级配之间的（即剩余空隙率 6%～12%）混合料称为半开级配沥青混合料。

9.1.3 沥青混合料的优缺点

1. 沥青混合料的优点

用沥青混合料修筑的沥青类路面与其他类型的路面相比，具有以下优点：

(1) 优良的力学性能。用沥青混合料修筑的沥青类路面，因矿料间有较强的粘结力，属于黏弹性材料，所以夏季高温时有一定的稳定性，冬季低温时有一定的柔韧性。用它修筑的路面平整无接缝，可以提高行车速度。做到客运快捷、舒适，货运损坏率低。

(2) 良好的抗滑性。各类沥青路面平整而粗糙，具有一定的纹理，即使在潮湿状态下仍保持有较高的抗滑性，能保证高速行车的安全。

(3) 噪声小。噪声对人体健康有一定的影响，是重要公害之一。沥青混合料路面具有柔韧性，能吸收部分车辆行驶时产生的噪声。

(4) 施工方便，断交时间短。采用沥青混合料修筑路面时，操作方便，进度快，施工完成后数小时即可开放交通，断交时间短。若采用工厂集中拌合，机械化施工，则质量更好。

(5) 提供良好的行车条件。沥青路面晴天无尘，雨天不泞；在夏季烈日照射下不反光耀眼，便于司机瞭望，为行车提供了良好条件。

(6) 经济耐久。采用现代工艺配制的沥青混合料修筑的路面，可以保证 15～20 年无大修，使用期可达 20 余年，而且比水泥混凝土路面的造价低。

(7) 便于分期建设。沥青混合料路面可随着交通密度的增加分期改建，可在旧路面上加厚，以充分发挥原有路面的作用。

2. 沥青混合料的缺点

当然，事物都并非尽善尽美，沥青混合料也有缺点或不足，主要表现在以下方面：

(1) 老化现象。沥青混合料中的结合料——沥青是一种有机物，它在大气因素的影响下，其组分和结构会发生一系列变化，导致沥青的老化。沥青的老化使沥青混合料在低温时发脆，引起路面松散剥落，甚至破坏。

(2) 感温性大。夏季高温时易软化，使路面产生车辙、纵向波浪、横向推移等现象。冬季低温时又易于变硬发脆，在车辆冲击和重复荷载作用下，易于发生裂缝而破坏。

优良的沥青混合料，夏季高温时应有较好的稳定性，冬季低温时应有较好的抗裂性。然而两者又是互相矛盾和互相制约的；要使两者兼顾，还需要做大量工作。

9.2 沥青混合料的组成材料

沥青混合料的性质与质量，与其组成材料的性质和质量有密切关系。为保证沥青混合料具有良好的性质和质量，必须正确选择符合质量要求的组成材料。

9.2.1 沥青

沥青材料是沥青混合料中的结合料，其品种和牌号的选择随交通性质、沥青混合料的类型、施工条件以及当地气候条件而不同。通常气温较高、交通量大时，采用细粒式或微粒式混合料；当矿粉较粗时，宜选用稠度较高的沥青。寒冷地区应选用稠度较小、延度大的沥青。在其他条件相同时，稠度较高的沥青配制的沥青混合料具有较高的力学强度和稳定性。但稠度过高，混合料的低温变形能力较差，沥青路面容易产生裂缝。使用稠度较低的沥青配制的沥青混合料，虽然有较好的低温变形能力，但在夏季高温时往往因稳定性不足而导致路面产生推挤现象。因此，在选用沥青时要考虑以上两个因素的影响，参照表 9-2 选用。

不同气候分区沥青混合料用沥青牌号的选择（GB 50092—1996）　　表 9-2

气候分区	沥青种类	沥青路面类型			
		沥青表面处治	沥青贯入式	沥青碎石	沥青混凝土
寒冷地区	石油沥青	A-140 A-180 A-200	A-140 A-180 A-200	AH-90,AH-110,AH-130, A-100,A-140	AH-90,AH-110,AH-130, A-100,A-140
	煤沥青	T-5,T-6	T-6,T-7	T-6,T-7	T-7,T-8

续表

气候分区	沥青种类	沥青路面类型			
		沥青表面处治	沥青贯入式	沥青碎石	沥青混凝土
温和地区	石油沥青	A-100 A-140 A-180	A-100 A-140 A-180	AH-90,AH-110, A-100,A-140	AH-70,AH-90, A-60,A-100
	煤沥青	T-6,T-7	T-6,T-7	T-7,T-8	T-7,T-8
较热地区	石油沥青	A-60 A-100 A-140	A-60 A-100 A-140	AH-50,AH-70,AH-90, A-100,A-60	AH-50,AH-70, A-60,A-100
	煤沥青	T-6,T-7	T-7	T-7,T-8	T-8,T-9

注：1. 坚固性试验根据需要进行。
2. 用于高速公路、一级公路、城市快速路、主干路时，多孔玄武岩的表观密度可放宽至 2.45g/cm^3，吸水率可放宽至 3%，但必须得到主管部门的批准。
3. 石料磨光值是为抗滑表层需要而试验的指标，道路磨耗损失及石料冲击值根据需要进行。
4. 钢渣浸水后的膨胀率应不大于 2%。

9.2.2 粗集料

沥青混合料用的粗集料，可以采用碎石、破碎砾石、筛选砾石、钢渣和矿渣等。但在高速公路和一级公路不得使用筛选砾石和矿渣。

沥青混合料用粗集料应该洁净、干燥、无风化、不含杂质。在力学性质方面，压碎值和洛杉矶磨耗率应符合相应道路等级的要求，如表 9-3 所示。

沥青混合料用粗集料质量技术要求 **表 9-3**

指标	高速公路、一级公路、城市快速路、主干路		其他公路与城市道路	指标	高速公路、一级公路、城市快速路、主干路		其他公路与城市道路
	表面层	其他层次			表面层	其他层次	
石料压碎值(%),≤	26	28	30	针片状颗粒含量(混合料)(%),≤ 其中粒径大于 9.5mm,≤ 其中粒径小于 9.5mm,≤	15 12 18	18 15 20	20
洛杉矶磨耗损失(%),≤	28	30	35	水洗法(<0.075mm 含量)(%),≤	1	1	1
表观密度(kg/cm^3),≥	2.60	2.50	2.45	软石含量(%),≤	3	5	5
吸水率(%),≤	2.0	3.0	3.0	石料磨光值(PSV)≥	42	42	实测
对沥青的粘附性≥	4 级	4 级	3 级	道瑞磨耗值(AAV)(%),≤	—	14	—
坚固性(%),≤	12	12	—	冲击值(LAV)(%),≤	—	28	实测

对用于抗滑表层沥青混合料用的粗集料，应该选用坚硬、耐磨、韧性好的碎石或碎砾石，而矿渣及软质集料不得用于防滑表层。用于高速公路、一级公路、城市快速道路、主干路沥青路面表面层及各类道路抗滑层用的粗集料，应符合表 9-3 中磨光值、道瑞磨耗值和冲击值的要求。在坚硬石料来源缺乏的情况下，允许掺入一定比例普通集料作为中等或小颗粒的粗集料，但掺入比例不应超过粗集料总质量的 40%。

破碎砾石的技术要求与碎石相同。但破碎砾石用于高速公路、一级公路、城市快速路、主干路沥青混合料时，5mm 以上的颗粒中有一个以上的破碎面的含量按质量计不得少于 50%。

钢渣作为粗集料时，仅限于一般道路，并应经过试验论证取得许可后使用。钢渣应有6个月以上的存放期，质量应符合表9-3的要求。

经检验属于酸性岩石的石料如花岗岩、石英岩等，用于高速公路、一级公路、城市快速路、主干路时，宜使用针入度较小的沥青，并采用下列抗剥离措施，使其对沥青的粘附性符合表9-3的要求。

1. 用干燥的生石灰或消石灰粉、水泥作为填料的一部分，其用量宜为矿料总量的1%～2%。

2. 在沥青中掺加剥离剂。

3. 将粗集料用石灰浆处理后使用。

粗集料的粒径规格应按《公路沥青路面施工技术规范》（JTG F40—2004）（见表9-4）的规定选用。如粗集料不符合表9-4，但确认与其他材料配合后的级配符合各类沥青混合料矿料级配要求（见表9-6）时，也可以使用。

沥青混合料用粗集料规格（JTG F40—2004） **表9-4**

规格	公称粒径(mm)	通过下列筛孔(方孔筛,mm)的质量百分率(%)												
		106	75	63	53	37.5	31.5	26.5	19.0	13.2	9.5	4.75	2.36	0.6
S1	40～75	100	90～100	—	—	0～15	—	0～5						
S2	40～60		100	90～100	—	0～15	—	0～5						
S3	30～60		100	90～100	—	—	0～15	—	0～5					
S4	25～50			100	90～100	—	—	0～15	—	0～5				
S5	20～40				100	90～100	—	—	0～15	—	0～5			
S6	15～30					100	90～100	—	—	0～15	—	0～5		
S7	10～30					100	90～100	—	—	—	0～15	0～5		
S8	10～25						100	90～100	—	0～15	—	0～5		
S9	10～20							100	90～100	—	0～15	0～5		
S10	10～15								100	90～100	0～15	0～5		
S11	5～15								100	90～100	40～70	0～15	0～5	
S12	5～10									100	90～100	0～15	0～5	
S13	3～10									100	90～100	40～70	0～20	0～5
S14	3～15										100	90～100	0～15	0～3

9.2.3 细集料

沥青混合料所需的细集料，可选用天然砂和轧制碎石时的石屑。砂质应坚硬、洁净、干燥，不含或少含杂质，无风化现象，其质量应符合表9-5的规定。并有适当级配，其级配的适用性，以及与粗集料和矿粉所配制的矿质混合料以能符合表9-6的要求为准。当使用一种细集料不能满足级配要求时，可用两种或两种以上的细集料掺配使用。而且还要求细集料必须应与沥青具有良好的粘结能力。

沥青混合料用细集料质量要求（JTG F40—2004） **表9-5**

项目	高速公路、一级公路、城市快速路、主干路	其他等级公路与城市道路
坚固性[>0.3mm部分(%)],≥	12	—
含泥量[<0.075mm含量(%)],≤	3	5
砂当量(%),≥	60	50
亚甲篮值(g/kg),≤	25	—
棱角性(流动时间 s),≥	30	—
表观密度(kg/m³),≥	2500	2450

沥青混合料矿料级配及沥青用量范围 　　　　**表 9-6**

级配类型			通过下列筛孔(方孔筛,mm)的质量百分率(%)															供参考的沥青用量(%)
			53.0	37.5	31.5	26.5	19.0	16.0	13.2	9.5	4.75	2.36	1.18	0.6	0.3	0.15	0.075	
沥青混凝土	粗粒	AC-30 Ⅰ		100	90～100	79～92	66～82	59～77	52～72	43～63	32～52	25～42	18～32	13～25	8～18	5～13	3～7	4.0～6.0
		Ⅱ		100	90～100	65～85	52～70	45～65	38～58	30～50	18～38	12～28	8～20	4～14	3～11	2～7	1～5	3.0～5.0
		AC-25 Ⅰ			100	95～100	75～90	62～80	53～73	43～63	32～52	25～42	18～32	13～25	8～18	5～13	3～7	4.0～6.0
		Ⅱ			100	90～100	65～85	52～70	42～62	32～52	20～40	13～30	9～23	6～16	4～12	3～8	2～5	3.0～5.0
	中粒	AC-20 Ⅰ				100	95～100	75～90	62～80	52～72	38～58	28～46	20～34	15～27	10～20	6～14	4～8	4.0～6.0
		Ⅱ				100	90～100	65～85	52～70	40～60	26～45	16～33	11～25	7～18	4～13	3～9	2～5	3.5～5.5
		AC-16 Ⅰ					100	95～100	75～90	58～78	42～63	32～50	22～37	16～28	11～21	7～15	4～8	4.0～6.0
		Ⅱ					100	90～100	65～85	50～70	30～50	18～35	12～26	7～19	4～14	3～9	2～5	3.5～5.5
	细粒	AC-13 Ⅰ						100	95～100	70～88	48～68	36～53	24～41	18～30	12～22	8～16	4～8	4.5～6.5
		Ⅱ						100	90～100	60～80	34～52	22～38	14～28	8～20	5～14	3～10	2～6	4.0～6.0
		AC-10 Ⅰ							100	95～100	55～70	38～58	26～43	17～33	10～24	6～16	4～9	5.0～7.0
		Ⅱ							100	90～100	40～60	24～42	15～30	9～22	6～15	4～10	2～6	4.5～6.5
	砂粒	AC-5 Ⅰ								100	95～100	55～75	35～55	20～40	12～28	7～18	5～10	6.0～8.0
沥青碎石	特粗	AM-40	100	90～100	50～80	40～65	30～54	25～30	20～45	13～38	5～25	2～15	0～10	0～8	0～6	0～5	0～4	2.5～3.5
	粗粒	AM-30		100	90～100	50～80	38～65	32～57	25～50	17～42	8～30	2～20	0～15	0～10	0～8	0～5	0～4	3.0～4.0
		AM-25			100	90～100	50～80	43～73	38～65	25～55	10～32	2～20	0～14	0～10	0～8	0～6	0～5	3.0～4.5
	中粒	AM-20				100	90～100	60～85	50～75	40～65	15～40	5～22	2～16	1～12	0～10	0～8	0～5	3.0～4.5
		AM-16					100	90～100	60～85	45～68	18～42	6～25	3～18	1～14	1～10	0～8	0～5	3.0～4.5
	细粒	AM-13						100	90～100	50～80	20～45	8～28	4～20	2～16	0～10	0～8	0～6	3.0～4.5
		AM-10							100	85～100	35～65	10～35	5～22	2～16	0～12	0～9	0～6	3.0～4.5
抗滑表层		AK-13A						100	90～100	60～80	30～53	20～40	15～30	10～23	7～18	5～12	4～8	3.5～5.5
		AK-13B						100	85～100	50～70	18～40	10～30	8～22	5～7	3～12	3～9	2～6	3.5～5.5
		AK-16					100	90～100	60～82	45～70	25～45	15～35	10～25	8～18	6～13	4～10	3～7	3.5～5.5

天然砂可采用河砂或海砂，通常宜采用粗、中砂，其规格应符合表9-7的规定。热拌密级配沥青混合料中天然砂的用量不宜超过集料总含量的20%，SMA和OGFC混合料不宜使用天然砂。

沥青混合料用天然砂规格（JTG F40—2004） **表9-7**

筛孔尺寸(mm)	通过各孔筛的质量百分率(%)		
	粗砂	中砂	细砂
9.50	100	100	100
4.75	90～100	90～100	90～100
2.36	65～95	75～90	85～100
1.18	35～65	50～90	75～100
0.60	15～30	30～60	60～84
0.30	5～20	8～30	15～45
0.15	0～10	0～10	0～10
0.075	0～5	0～5	0～5

石屑是采石场破碎石料时通过4.75mm或2.36mm的筛下部分，其规格应符合表9-8的规定。采石场在生产石屑的过程中应具备抽吸设备，高速公路和一级公路的沥青混合料，宜将S14与S16组合使用，S15可在沥青稳定碎石基层或其他等级公路中使用。

沥青混合料用机制砂或石屑规格（JTG F40—2004） **表9-8**

规格	公称粒径(mm)	水洗法通过各筛孔的质量百分率(%)							
		9.50	4.75	2.36	1.18	0.60	0.30	0.15	0.075
S15	0～5	100	90～100	60～90	40～75	20～55	7～40	2～20	0～10
S16	0～3	—	100	80～100	50～80	25～60	8～45	0～25	0～15

9.2.4 填料

沥青混合料的填料宜采用石灰岩或岩浆岩中的强基性岩石（憎水性石料），经磨细得到的矿粉。原石料中泥土含量应小于3%，并不得含有其他杂质。矿粉要求干燥、洁净，其质量应符合表9-9的技术要求，当采用水泥、石灰、粉煤灰作填料时，其用量不宜超过矿料总量的2%。

沥青混合料用矿粉质量技术要求 **表9-9**

指　　标	高速公路、一级公路、城市快速路、主干路	其他公路与城市道路
表观密度(kg/cm^3),≥	2.50	2.45
含水量(%),≤	1	1
粒度范围(%),<0.6mm <0.15mm <0.075mm	100 90～100 75～100	100 90～100 70～100
外观	无团粒结块	
亲水系数	<1	
塑性指数	<4	
加热安定性	实测记录	

粉煤灰作为填料使用时，烧失量应小于12%，与矿粉混合后的塑性指数应小于4%，其余质量要求与矿粉相同。粉煤灰的用量不宜超过填料总量的50%，并应经试验确认与沥青有良好的粘附性。高速公路、一级公路的沥青面层不宜采用粉煤灰作填料。

拌合机采用干法除尘，石粉尘可作为矿粉的一部分回收使用，湿法除尘、石粉尘回收使用时应经干燥粉尘处理且不得含有杂质。回收粉尘的用量不得超过填料总量的50%，掺有粉尘石料的塑性指数不得大于4%，其余质量要求与矿粉相同。

9.3 沥青混合料的结构与强度理论

9.3.1 沥青混合料组成结构的现代理论

由沥青、粗细集料和填料所组成的沥青混合料是一种复合材料。由于各组成材料质量和数量的差异，所组成的沥青混合料可形成不同的结构，故也表现出不同的物理力学性能。

通过对沥青混合料的结构和强度深入研究的结果，提出了各种不同的强度理论。目前比较有说服力的理论是“表面理论”和“胶浆理论”。

1. 表面理论

沥青混合料是由粗、细集料和填料组成的矿质混合料，经人工合理级配后形成密实的矿质骨架；热熔状态的沥青与矿料充分拌合的结果，是在矿料表面形成均匀的包裹层，经压实固结后，将松散的矿质颗粒胶结成具有一定强度的整体，从而使沥青混合料获得强度和稳定性。

2. 胶浆理论

沥青混合料是一种多级空间网状结构的分散系统。一级为粗分散系，以粗集料为分散相，分散在沥青砂浆介质中而形成；二级为细分散系，以细集料为分散相，分散在沥青胶浆（矿粉+沥青）介质中而形成；三级为微分散系，以填料为分散相，分散在高稠度的沥青介质中所形成。三级分散系以沥青胶浆为主体，它的组成结构决定着沥青混合料的高温稳定性和低温变形能力。

两种理论的主要差别在于：“表面理论”强调矿质集料的骨架作用，认为强度的关键首先是矿质集料的强度与密实度；“胶浆理论”则重视沥青胶浆在混合料中的作用，突出沥青与填料之间的交互作用和关系。两种理论的侧重点不同，实际上矿料和胶浆在混合料中起着不同的作用而又互为补充。

9.3.2 沥青混合料的结构

沥青混合料因其各组成材料间的比例不同、矿料的级配类型不同，可以形成三种不同类型的结构，如图9-1所示。

1. 密实-悬浮结构

当采用连续型密级配矿质混合料时，易形成此种结构。由于矿料颗粒由大到小连续存在，且各占一定比例，同一粒径的较大颗粒被次级较小颗粒拨开，犹如悬浮状态处于较小的颗粒中，这种结构通常按最佳级配原理设计，故密实度及强度较高。但因结构中粗颗粒含量较少，不能形成骨架，所以内摩阻力较小。混合料受沥青材料性质的影响较大，故稳定性较差。

(a)

(b)

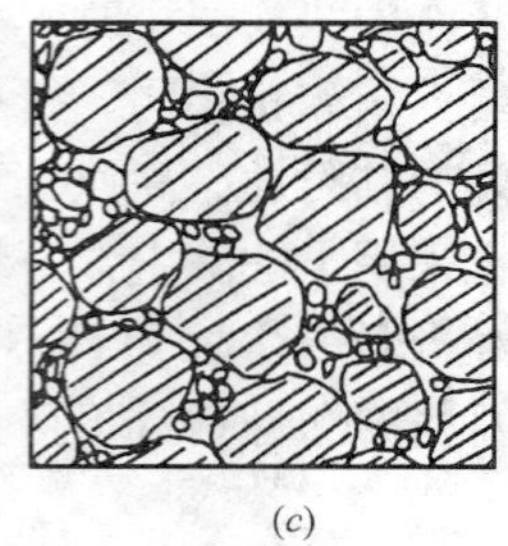
(c)

图 9-1 三种典型沥青混合料结构组成示意图
(a) 密实-悬浮结构；(b) 骨架-空隙结构；(c) 密实-骨架结构

2. 骨架-空隙结构

当采用连续型开级配矿质混合料时，粗集料较多，彼此紧密接触，石料能充分形成骨架；但细集料较少，不足以充分填充空隙，混合料的空隙率较大，因而成为一种骨架-空隙结构。在此结构中，粗集料间的嵌挤力和内摩阻力起重要作用，混合料受沥青性质的影响较小，所以热稳定性较好。但沥青与矿料的粘结力小，故表现较低的黏聚力，耐久性差。

3. 密实-骨架结构

当采用间断型密级配设计原则时，易于形成此种结构。此时粗集料较多，可以形成骨架，同时又有一定数量的细集料足以填满空隙，再加入适量沥青即可组成既密实又有较大黏聚力的整体结构。具有密实-骨架结构的沥青混合料综合了以上两种结构的优点：密实度最大，同时具有较高的强度和稳定性较好，是一种理想的结构类型。

9.3.3 沥青混合料的强度理论

沥青混合料强度的产生是矿质集料的骨架作用、沥青的胶结作用以及填料的填充和胶结作用的结果。混合料在路面结构中的强度除与其组成材料和结构类型有关外，还随外部温度条件而变化。温度升高时，沥青混合料逐渐软化，高温时处于塑性状态，其抗剪强度将大大降低，且因塑性变形过剩而产生推挤现象；温度降低时，混合料逐渐变硬，低温时结构物接近板状，此时因抗拉强度不足或变形能力不好而产生裂缝。

现代强度理论认为，沥青混合料的组成结构属于分散体系，主要考虑混合料在高温时必须具有一定的抗剪强度和抵抗变形的能力，称它们为高温时的强度和稳定性。大量的试验研究指出：沥青混合料的抗剪强度（τ）主要取决于沥青与矿料间因物理化学交互作用而产生的黏聚力（c），以及矿料颗粒在沥青混合料中分散程度不同而产生的内摩擦角（φ），即

$$\tau=f(c\varphi)$$

其中的 c，φ 值可通过三轴试验直接获得，也可以通过无侧限抗压强度和劈裂抗拉强度加以换算。

9.3.4 影响沥青混合料强度的因素

影响沥青混合料抗剪强度（黏聚力和内摩擦角）的因素很多，主要有沥青本身的性质、矿料（主要是填料）的组成和性质、沥青与矿料间的交互作用以及沥青与填料的用量等，现分述如下。

1. 沥青黏度对沥青混合料抗剪强度的影响

沥青混合料作为一个具有多级空间网络结构的分散系，从最细一级网络结构来看，它是各种矿质集料分散在沥青中的分散系，因此它的抗剪强度与分散相的浓度和分散介质的黏度有密切关系。在其他条件相同的情况下，沥青混合料的黏聚力随沥青黏度的提高而增大。因为沥青的黏度表示沥青内部胶团相互位移、分散介质（沥青也是一种胶体分散系统）抵抗剪切作用的能力。沥青的黏度提高，其抗剪能力增大。所以，沥青混合料受到剪切作用时，具有高黏度的沥青能使混合料的黏聚力增大，使其具有较高的抗剪强度。特别是沥青混合料受短暂的瞬时荷载作用时，黏聚力的作用更为显著。另有试验表明，沥青的黏度提高时，混合料的内摩擦角也稍有增加。

2. 沥青用量对沥青混合料抗剪强度的影响

沥青用量少时，混合料中的沥青不足以形成结构沥青薄膜来粘结矿料颗粒。随着沥青用量的增加，结构沥青层逐渐形成。当沥青用量足以形成薄膜并充分粘结矿粉颗粒表面时，沥青胶浆将具有最佳黏聚力，此时沥青混合料的抗剪强度最高。当沥青用量继续增加时，将逐渐把矿料颗粒推开，在矿料颗粒间形成未与矿粉交互作用的“自由沥青”。沥青胶浆的黏聚力将随着自由沥青的增加而降低。当沥青用量增加到某一用量后，沥青混合料的黏聚力将主要取决于自由沥青，因而其抗剪强度几乎不变。

沥青用量不仅影响沥青混合料的黏聚力，同时也影响其内摩擦力。随着沥青用量的增加，沥青不仅起粘结剂的作用，而且起润滑剂的作用，降低了粗集料的相互密排作用，因而降低了沥青混合料的内摩擦力。沥青用量变化时，沥青混合料黏聚力和内摩擦力的变化如图9-2所示。

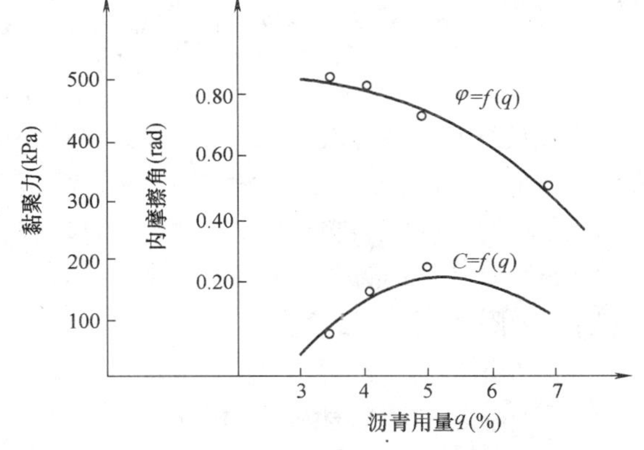

图 9-2 沥青用量对混合料黏聚力和内摩擦角的影响

3. 沥青与矿料间的相互作用对混合料抗剪强度的影响

沥青与矿料拌合均匀后，它们之间不单有包裹和粘结作用，还有较复杂的物理化学变化过程。根据前苏联 л. A. 列宾捷尔的研究：沥青与矿料（主要是矿粉）相互作用后，沥青在矿料表面产生化学组分的重新排列，在矿料表面形成一层厚度为 δ_0 的扩散结构膜层（见图 9-3）。此膜层以内的沥青称为结构沥青；此膜层厚度以外的沥青称为自由沥青。结构沥青与矿料之间发生相互作用，使沥青的性质有所改善。因此，当矿料颗粒处在结构沥青的联系中时，矿料和沥青间有较高的粘附性，沥青混合料将具有较高的黏聚力。自由沥青和矿料的距离较远，未能和矿料发生相互作用，沥青仍保持原有的性质，仅将分散的矿料粘结起来，不能提高混合料的黏聚力。

用现代物理化学观点对沥青混合料深入研究的结果认为，沥青与矿料间的相互作用过程是一种比较复杂和多样的吸附过程，主要有物理吸附、化学吸附和扩散吸附等。

(1) 沥青与矿料的物理吸附

根据物理化学知识，一切固态物质的相界面都具有吸引周围介质的分子或离子到其表

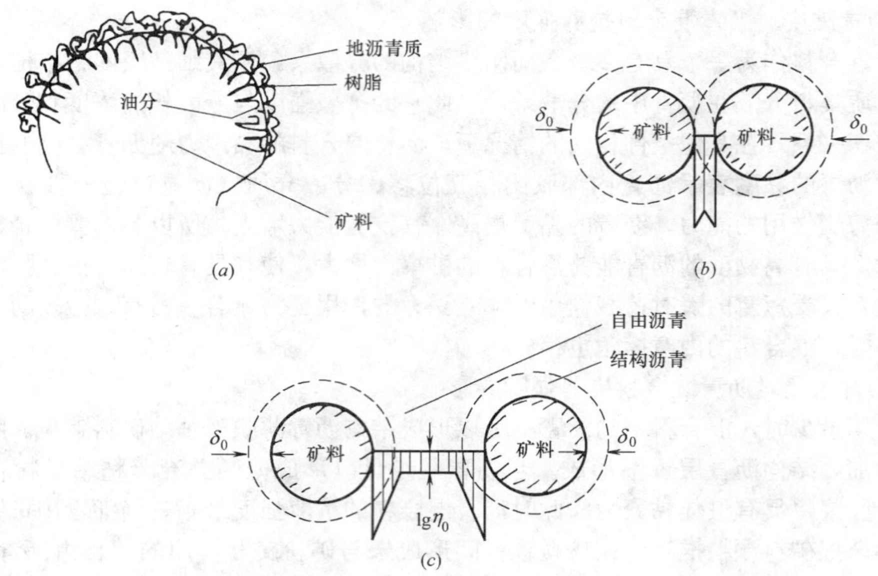

图 9-3 沥青与矿料相互作用示意图

(a) 沥青与矿粉交互作用形成结构沥青；(b) 矿粉颗粒之间为结构沥青联结；(c) 矿粉颗粒之间为自由沥青联结

面上来的能力。固体与液体的相互作用，主要是由分子间的引力作用而产生的，故称为物理吸附。在沥青混合料中所发生的吸附过程，就是当沥青与矿料之间仅有分子引力作用时，所形成的一种定向多层吸附过程。当矿料与沥青接触时如果仅产生物理吸附，则在水的作用下可以破坏沥青与矿料间的吸附粘结性，从而将沥青吸附层从矿料表面上排去。所以说物理吸附作用是一种可逆的作用。

(2) 沥青与矿料的化学吸附

化学吸附是指沥青材料中的活性物质（如沥青酸）与矿料中的金属（钙、镁、铁等）离子发生化学反应，在矿料表面形成单分子的化学吸附层。此时沥青与矿料间的粘结力大大提高，沥青混合料将获得较高的黏聚力，而且这种吸附是不可逆的。也就是说，只有当矿料与沥青之间产生化学吸附时，混合料的水稳定性才能得到保证。

(3) 沥青与矿料的选择性扩散吸附

所谓选择性扩散吸附，是指一相物质由于扩散作用沿着毛细管渗透到另一相物质内部的吸附。当矿料与沥青相互作用时，产生这种吸附的可能性及其作用的大小取决于矿料的表面性质、孔隙状况以及沥青的组分和活性等。

当使用具有微孔表面的矿料（如石灰岩、泥炭岩、矿渣等）时，矿料对沥青的吸附将比较活跃。此时沥青中较高活性的沥青质，首先吸附矿料表面，树脂次之，吸附作用可达到矿料表层的小孔中。油分则沿着毛细管渗透到矿料内部。结果矿料表面的沥青质相对增多，而树脂和油分则相对减少，从而使沥青的性质发生变化，稠度相对提高，粘结力增大，在一定程度上改善了沥青混合料的热稳定性和水稳定性。但沥青稠度的增加会促使混合料塑性的降低，这是值得注意的。

具有大孔结构的矿料（如砂岩、贝壳等）与沥青作用时，沥青的所有组分都将渗入矿料中，因此在使用时沥青的用量应稍有增加，此时沥青的性质没有改变。结构致密的矿料（如方解石、石英岩等），沥青仅能渗到缝隙和晶体的分裂面里，所以沥青的性质改变不大。

4. 矿料比表面积对沥青混合料抗剪强度的影响

由上述情况可知，结构沥青的形成是由于矿料与沥青交互作用引起沥青组分在矿料表面重分布的结果。所以，在沥青用量相同的条件下，矿料的表面积越大，则形成的沥青膜越薄，这样结构沥青在沥青中所占的比率就越大，因而沥青混合料的黏聚力就越高。

通常以集料单位质量所具有表面积——比表面积，来表示表面积的大小。例如，1kg粗集料的表面积为 0.5～3.0m^2，即它的比表面积为 0.5～3.0m^2/kg；填料的比表面积则达 300～2000m^2/kg。由此可见，矿料的比表面积主要取决于填料。在沥青混合料中填料用量虽然只占 7%左右，但其表面积却占矿料总表面积的 80%以上。因此，填料的性质、细度和用量对沥青混合料的抗剪强度影响很大。为增加沥青与矿料的接触面积，沥青混合料配料时，需要加入适量的填料。提高矿粉的细度也能增大比表面积，所以对矿粉细度应有一定要求。希望小于 0.075mm 粒径的含量不宜过少，而小于 0.005mm 粒径的含量又不宜过多，否则将使混合料过于干涩或结成团块影响施工。

5. 矿质集料形状、粒度、表面性质以及级配等对混合料抗剪强度的影响

沥青混合料中矿质集料的形状、粒度及表面粗糙度，在一定程度上决定着混合料压实后颗粒间嵌挤的程度、相互位置特性和接触面积的大小。通常各方向尺寸相差不大，近似正立方体、表面粗糙和棱面显著的矿质集料，在碾压后能相互嵌挤联锁紧密而具有很大的内摩擦力。当其他条件相同时，用这种矿料所配制的沥青混合料较比表面平滑的圆形颗粒具有较大的抗剪强度。

矿质集料在沥青混合料中的分布情况与矿料的级配（连续级配与间断级配、密级配与开级配等）类型有密切关系；不同级配类型的矿料可使沥青混合料形成不同的组成结构，因而也表现出不同的抗剪强度和其他物理力学性能。

所以我们说，矿料的形状、粒度、表面粗糙度以及级配类型等，也是影响混合料抗剪强度的因素之一。

6. 环境温度和变形速度对抗剪强度的影响

沥青混合料是一种黏-弹性材料，其抗剪强度和稳定性与环境温度、剪变形速率有密切关系。在其他条件相同时，温度和剪变形速率对沥青混合料的内摩擦角影响较小，而对黏聚力的影响则较显著，见图 9-4。

综上所述可以认为，高强度的沥青混合料的基本条件是：密实的矿物骨架，这可以通过适当地选择级配和使矿物颗粒最大限度地相互接近来取得；对所用的混合料、拌制和压实条件都适合的最佳沥青用量；能与沥青起化学吸附的活性矿料。

9.3.5 提高沥青混合料强度的措施

提高沥青混合料的强度包括两方面：一是提高矿质集料之间的嵌挤力；二是提高沥青与矿料之间的黏聚力。

为了提高沥青混合料的嵌挤力和摩擦力，要选用表面粗糙、形状方正、由棱角的矿料，并适当增加颗粒的粗度。此外，合理选择混合料的结构类型和组成设计，对提高沥青混合料的强度也具有重要的作用。当然，混合料的结构类型和组成设计还必须根据稳定性

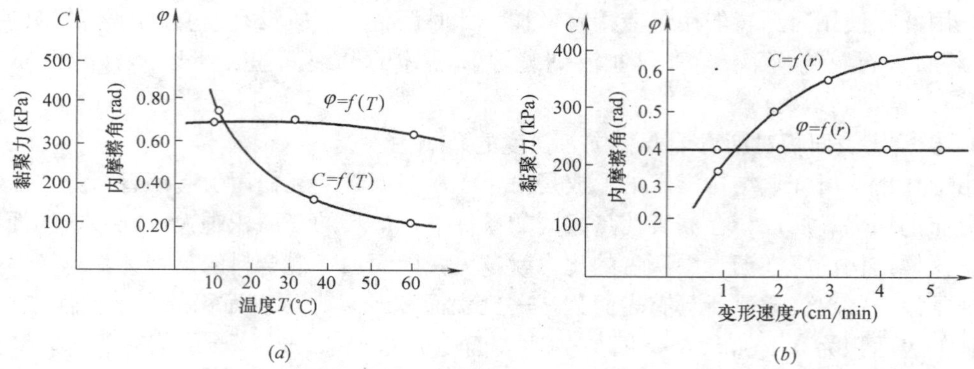

图 9-4 温度和变形速率对混合料黏聚力和内摩擦角的影响

(*a*) *C*、*φ* 值随温度的变化；(*b*) *C*、*φ* 值随变形速率的变化

方面的要求，结合沥青材料的性质和当地自然条件加以权衡确定。

提高沥青混合料的黏聚力可以采取下列措施：改善矿料的级配组成，以提高其压实后的密实度；增加矿粉含量；采取稠度较高的沥青；改善沥青与矿料的物理-化学性质及其相互作用的过程。

改善沥青与矿料的物理-化学性质及其相互作用的过程可以通过以下三个途径：

（1）采用调整沥青的组分，往沥青中掺加表面活性物质或其他添加剂等方法；

（2）采用表面活性添加剂使矿料表面憎水的方法；

（3）对沥青和矿料的物理-化学性质同时作用的方法。

9.4 沥青混合料的技术性质和技术要求

沥青混合料作为一种高级路面材料应用已久，随着交通事业的发展，车辆的载重量越来越大，行车速度越来越快，因此对路面的质量要求也日益提高。沥青混合料必须具有一系列工程技术性质，才能满足上述要求。

9.4.1 沥青混合料的技术性质

1. 沥青混合料的高温稳定性

沥青混合料的高温稳定性是指混合料在高温情况下，承受外力不断作用，抵抗永久变形的能力。沥青混合料路面在长期的行车荷载作用下，会出现车辙现象。车辙致使路表过量地变形，影响了路面的平整度；轮迹处沥青层厚度减薄。削弱了面层及路面结构的整体强度，从而易于诱发其他病害；雨天路表排水不畅，降低了路面的抗滑能力，甚至会由于车辙内积水导致车辆漂滑，影响了高速行车的安全；车辆在超车或更换车道时方向失控，影响了车辆操纵的稳定性。可见由于车辙的产生，严重影响了路面的使用寿命和服务安全。在经常加速或减速的路段还会出现推移变形。因此要求沥青路面具有良好的高温稳定性。

我国在 20 世纪 70 年代的时候，就开始采用马歇尔法来评定沥青混合料的高温稳定性，用马歇尔法所测得的稳定度、流值以及马歇尔模数来反映沥青混合料的稳定性和水稳性情况。但随着近年来高等级公路的兴起，对路面稳定性提出了更高的要求，对一级公路和高速公路，根据《公路沥青路面设计规范》(JTG D50—2006) 的规定："对于高速公路、一级公路的表面层和中间层的沥青混凝土作配合比设计时，应进行车辙试验，以检验沥青混凝土的高温稳定性。”车辙试验方法最初是英国道路研究所（TRRL）开发的，它是在试验温度 60℃条件下，用车辙试验机的试验轮对沥青混合料试件进行往返碾压至 1h（轮压 0.7MPa 的条件下）或最大变形达 25mm 为止，测定其在变形稳定期每增加变形 1mm 的碾压次数，即为动稳定度，对高速公路应不小于 800 次/mm，对一级公路应不少于 600 次/mm。

按《公路沥青路面施工技术规范》(JTG F40—2004)，沥青混合料车辙试验动稳定度技术要求见表 9-10。

沥青混合料车辙试验动稳定度技术要求　　表 9-10

气候条件与技术要求		相应于下列气候分区所要求的动稳定性(次/mm)								
七月平均最高气温(℃)及气候分区		＞30				20～30				＜20
		夏炎热区				夏热区				夏凉区
		1-1	1-2	1-3	1-4	2-1	2-2	2-3	2-4	3-2
普通沥青混合料,不小于		800		1000		600	800			600
改性沥青混合料,不小于		2400		2800		2000	2400			1800
SMA 混合料	非改性,不小于	1500								
	改性,不小于	3000								
OGFC 混合料		1500(一般交通路段)、3000(重交通量路段)								

影响沥青混合料车辙深度的主要因素有沥青的用量，沥青的黏度，矿料的级配，矿料的尺寸、形状等（见表 9-11）。沥青过量，不仅降低了沥青混合料的内摩擦力，而且在夏季容易产生泛油现象。因此，适当减少沥青的用量，可以使矿料颗粒更多地以结构沥青的形式相联结，增加混合料黏聚力和内摩擦力，提高沥青的黏度，增加沥青混合料抗剪变形的能力。由合理矿料级配组成的沥青混合料可以形成骨架-密实结构，这种混合料的黏聚力和内摩擦力都比较大。在矿料的选择上，应挑选粒径大的、有棱角的矿料颗粒，以提高混合料的内摩擦角。另外，还可以加入一些外加剂，来改善沥青混合料的性能。所有这些措施，都是为了提高沥青混合料的抗剪强度，减少塑性变形，从而增强沥青混合料的高温稳定性。

影响沥青混合料车辙深度的主要因素　　表 9-11

影响车辙深度主要因素	沥青混合料	内摩擦力	矿料的最大粒径，4.75mm 以上的碎石含量
			碎石纹理深度(表面粗糙度)和颗粒形状
			沥青用量
			沥青混合料的级配和密实度
		粘结力	沥青的黏度
			沥青的感温性
			沥青与矿料的粘结力
			沥青矿粉化和矿粉的种类
			沥青用量
			混合料的级配和密实度
	交通和气候条件	行车荷载(轴重、轮胎压力)	
		交通量和渠化程度	
		荷载作用时间和水平力(交叉口)	
		路面温度(气温、日照等)	
	沥青层和结构类型(柔性路面和半刚性路面)		

针对影响车辙的主要因素，可采取下列一些措施来减轻沥青路面的车辙：

(1) 选用黏度高的沥青，因为同一针入度的沥青会有不同的黏度。

(2) 选用针入度较小、软化点高和含蜡量低的沥青。

(3) 用外掺剂改性沥青。常用合成橡胶、聚合物或树脂改性沥青，例如用SBS改性的沥青软化点可达60℃以上。

(4) 确定沥青混合料的最佳用量时，采用略小于马歇尔试验最佳沥青用量的值。

(5) 采用粒径较大或碎石含量多的矿料，并控制碎石中的扁平、针状颗粒的含量不超过规定范围。

(6) 保持沥青混合料成型后具有足够的空隙率，一般认为沥青混合料的设计空隙率在3%～5%范围内是适宜的。

(7) 采用较高的压实度。

2. 沥青混合料的低温抗裂性

沥青混合料不仅应具备高温的稳定性，同时还要具有低温的抗裂性。所谓的沥青混合料低温抗裂性，就是指沥青混合料在低温下抵抗断裂破坏的能力。

冬季，随着温度的降低，沥青材料的劲度模量变得越来越大，材料变得越来越硬，并开始收缩。由于沥青路面在面层和基层之间存在着很好的约束，因而当温度大幅度降低时，沥青面层中会产生很大的收缩拉应力或者拉应变，一旦其超过材料的极限拉应力或极限拉应变，沥青面层就会开裂。另一种是温度疲劳裂缝。故要求沥青混合料具有低温的抗裂性，以保证在冬天路面低温时不产生裂缝。

对沥青混合料低温抗裂性的要求，许多研究者曾提出过不同的指标，但为多数人所采纳的方法是测定混合料在低温时的纯拉劲度模量和温度收缩系数，用上述两参数作为沥青混合料在低温时的特征参数，用收缩应力与抗拉强度对比的方法来预估沥青混合料的断裂温度。

有的研究认为，沥青路面在低温时的裂缝与沥青混合料的抗疲劳性能有关。建议采用沥青混合料在一定变形条件下，达到试件破坏时所需的荷载作用次数来表征沥青混合料的疲劳寿命。破坏时的作用次数称为柔度。根据研究认为，柔度与混合料纯拉试验时的延伸度有明显关系。

3. 沥青混合料的耐久性

沥青混合料在路面中长期受自然因素的作用，为保证路面具有较长的使用年限，必须具备较好的耐久性。

影响沥青混合料耐久性的因素很多，诸如沥青的化学性质、矿料的矿物成分、混合料的组成结构（残留空隙、沥青填隙率）等。

沥青的化学性质和矿料的矿物成分，对耐久性的影响已如前所述。就沥青混合料的组成结构而言，首先是沥青混合料的空隙率。空隙率的大小与矿质集料的级配、沥青材料的用量以及压实程度等有关。从耐久性角度出发，希望沥青混合料空隙率尽量减少，以防止水的渗入和日光紫外线对沥青的老化作用等，但是一般沥青混合料中均应残留3%～6%的空隙，以备夏季沥青材料膨胀之用。

沥青混合料空隙率与水稳定性有关。空隙率大，且沥青与矿料粘附性差的混合料，在饱水后石料与沥青粘附力降低，易发生剥落，同时颗粒相互推移产生体积膨胀以及出现力学强度显著降低等现象，引起路面早期破坏。

此外，沥青路面的使用寿命还与混合料中的沥青含量有很大的关系。当沥青用量比正常使用的用量减少时，则沥青膜变薄，混合料的延伸能力降低，脆性增加；同时沥青用量偏少，将使混合料的空隙率增大，沥青膜暴露较多，加速了老化作用。同时增加了渗水率，加强了水对沥青的剥落作用。有研究认为，沥青用量比最佳沥青用量少 0.5%的混合料能使路面使用寿命减少一半以上。

我国现规范采用空隙率、饱和度（即沥青填隙率）和残留稳定度等指标来评价沥青混合料的耐久性。

4. 沥青混合料的表面抗滑性

随着现代高速公路的发展，对沥青混合料路面的抗滑性提出了更高的要求。沥青混合料路面的抗滑性与矿质集料的微表面性质、混合料的级配组成以及沥青用量等因素有关。

为保证长期高速行车的安全，配料时要特别注意粗集料的耐磨光性，应选择硬质有棱角的集料。硬质集料往往属于酸性集料，与沥青的粘附性差。为此，在沥青混合料施工时，必须在采用当地产的软质集料中掺加外运来的硬质集料组成复合集料或掺加抗剥离剂。沥青用量对抗滑性的影响非常敏感，沥青用量超过最佳用量的 0.5%即可使抗滑系数明显降低。含蜡量对沥青混合料抗滑性有明显的影响，国家标准《重交通道路石油沥青》（GB/T 15180—2000）提出，含蜡量应不大于 3%，在沥青来源确有困难时对下层路面可放宽至 4%～5%。提高沥青路面抗滑性能的主要措施有：

（1）提高沥青混合料的抗滑性能

混合料中矿质集料的全部或一部分选用硬质粒料。若当地的天然石料达不到耐磨和抗滑要求时，可改用烧铝矾土、陶粒、矿渣等人造石料。矿料的级配组成宜采用开级配，并尽量选用对集料裹覆力较大的沥青，同时适当减少沥青用量，使集料露出路面表面。

（2）使用树脂系高分子材料对路面进行防滑处理

将粘结力强的人造树脂，如环氧树脂、聚氨基甲酸酯等，涂布在沥青路面上，然后铺撒硬质粒料，在树脂完全硬化之后，将未粘着的粒料扫掉，即可开放交通。但这种方法成本较高。

5. 沥青路面的水稳定性

沥青路面的水损害与两个过程有关，首先水能浸入沥青中使沥青粘附力减小，从而导致混合料的强度和劲度减小；其次水能进入沥青薄膜和集料之间，阻断沥青与集料表面的相互粘结，由于集料表面对水的吸附比对沥青强，从而使沥青与集料表面的接触角减小，结果沥青从集料表面剥落。

沥青混合料的水稳定性是通过马歇尔试验和冻融劈裂试验来检验的，并要求两项指标同时符合表 9-12 中的要求。达不到要求时必须采取抗剥落措施，调整最佳沥青用量后再次试验。

影响沥青路面水稳定性的主要因素包括以下四个方面：（1）沥青混合料的性质，包括沥青性质以及混合料类型；（2）施工期的气候条件；（3）施工后的环境条件；（4）路面排水。

提高沥青混合料抗水剥离的性能可以从防止水对沥青混合料的侵蚀及水侵入后减少沥青膜的剥离这两个途径来寻求对策。

沥青混合料水稳定性检验技术要求 **表 9-12**

气候条件与技术指标		相应于下列气候分区的技术要求(%)			
年降雨量(mm)及气候分区		>1000	500～1000	250～500	<250
		1. 潮湿区	2. 湿润区	3. 半干区	4. 干旱区
浸水马歇尔试验残留稳定度(%),不小于					
普通沥青混合料		80		75	
改性沥青混合料		85		80	
SMA 混合料	普通沥青	75			
	改性沥青	80			
冻融劈裂试验的残留强度比(%),不小于					
普通沥青混合料		75		70	
改性沥青混合料		80		75	
SMA 混合料	普通沥青	75			
	改性沥青	80			

6. 沥青混合料的施工和易性

要保证室内配料在现场施工条件下顺利实现，沥青混合料除了应具备前述的技术要求外，还应具备适宜的施工和易性。影响沥青混合料施工和易性的因素很多，诸如当地气温、施工条件及混合料性质等。

单纯从混合料性质而言，影响沥青混合料施工和易性的，首先是混合料的级配情况，如粗细集料的颗粒大小，相距过大，缺乏中间尺寸，混合料容易分层层积（粗粒集中表面，细粒骨中底部）；如细集料太少，沥青层就不容易均匀地分布在粗颗粒表面；细集料过多，则使拌合困难。此外，当沥青用量过少或矿粉用量过多时，混合料容易产生疏松而不易压实；反之，如沥青用量过多或矿粉质量不好，则容易使混合料粘结成团块，不易摊铺。

生产上对沥青混合料的工艺性能大都凭目力鉴定。有的研究者曾以流变学理论为基础提出过一些沥青混合料施工和易性的测定方法，但此仍多为试验研究阶段，并未在生产上普遍采纳。

9.4.2 热拌沥青混合料的技术指标

1. 稳定度

马歇尔稳定度是评价沥青混合料稳定性的指标。其测定方法是：先将沥青混合料按一定的比例混合拌匀，采用人工或机械击实的方法制成圆柱形试件［直径为（101.6±0.25）mm，高为（63.5±1.3）mm］，再将试件置于（60±1）℃的恒温水槽中保温 30～40mm（对黏稠石油沥青），然后把试件置于马歇尔试验仪上，以（50±5）mm/min 的速度加荷，至试验荷载达到最大值，此时的最大荷载即为稳定度（*MS*），以 kN 计。

2. 流值

流值是评价沥青混合料塑性变形能力的指标。在马歇尔稳定度试验时，当试件达到最大荷载时，其压缩变形值，也就是此时流值表上的读数，即为流值（*FL*），以 0.1mm 计。

3. 马歇尔模数

马歇尔模数是马歇尔稳定度试验中测得的稳定度与流值的比值，一般认为马歇尔模数与车辙深度有一定的相关性，马歇尔模数越大，车辙深度越小。但是对这一结论也有不同的看法。

4. 空隙率

空隙率是评价沥青混合料密实程度的指标。空隙率的大小直接影响沥青混合料的技术性质。空隙率大的沥青混合料，其抗滑性和高温稳定性都比较好，但其抗渗性和耐久性明显降低，而且对强度也有影响。因此，沥青混合料要有合理的空隙率。通常通过计算来确定空隙率的大小，并且根据所设计路面的等级、层次不同，给予空隙率一定的范围要求。

5. 饱和度

压实沥青混合料中，沥青部分体积占矿料骨架以外的空隙部分体积的百分率称为饱和度，也称沥青填隙率。饱和度过小，沥青难以充分包覆矿料，影响沥青混合料的黏聚性，降低沥青混凝土的耐久性；饱和度过大，减少了沥青混凝土的空隙率，妨碍夏季沥青体积膨胀，引起路面泛油，抗滑性能明显变差，同时降低沥青混凝土的高温稳定性。因此，沥青混合料要有适当的饱和度。

6. 残留稳定度

沥青混合料的残留稳定度定义为浸水 48h 的和按常规处理的两种沥青混合料试件的马歇尔稳定度的比值，即

$$MS_0=\frac{MS_1}{MS}\times 100\%$$

式中　MS_0——试件浸水 48h 后的残留稳定度，%；

MS_1——试件浸水 48h 后的稳定度，kN；

MS——常规处理的稳定度，kN。

残留稳定度是评价沥青混合料耐水性的指标，它在很大程度上反映了混合料的耐久性。矿料与沥青的粘结力以及混合料的其他性质都对残留稳定度有一定影响。

我国的现行标准《沥青路面施工与验收规范》（GB 50092—1996）中对热拌沥青混合料马歇尔试验技术指标的要求如表 9-13 所示。该标准对不同等级的马歇尔试验指标（包括稳定度、流值、空隙率、沥青饱和度和残留稳定度等）提出不同要求，对不同组成结构的混合料按类别也分别提出不同的要求。

热拌沥青混合料马歇尔试验技术标准（GB 50092—1996）　　**表 9-13**

项目		沥青混合料类型	高速公路、一级公路、城市快速路、主干路	其他等级公路及城市道路	行人道路
击实次数(次)		沥青混凝土 沥青碎石、抗滑表层	两面各 75 >50	两面各 50 两面各 50	两面各 35 两面各 35
技术指标	1. 稳定度 MS/(kN)	Ⅰ型沥青混凝土 Ⅱ型沥青混凝土、抗滑表层	>8.0 >5.0	>50 >40	>3.0 —
	2. 流值 FL(0.1mm)	Ⅰ型沥青混凝土 Ⅱ型沥青混凝土、抗滑表层	20～40 20～40	20～45 20～45	20～50 —
	3. 空隙率 VV(%)	Ⅰ型沥青混凝土 Ⅱ型沥青混凝土 Ⅲ型沥青混凝土、抗滑表层	3～6 4～10 >10	3～6 4～10 >10	2～5 — —
	4. 沥青饱和度 VFA(%)	Ⅰ型沥青混凝土 Ⅱ型沥青混凝土、抗滑表层	70～85 60～75	70～85 60～75	70～90 —
	5. 残留稳定度 MS_0(%)	Ⅰ型沥青混凝土 Ⅱ型沥青混凝土、抗滑表层	>75 >70	>75 >70	>75 —

注：1. 粗粒式沥青混凝土的稳定度可降低 1～1.5kN。

2. Ⅰ型细粒式及砂粒式混凝土的空隙率可放宽至 2%～6%。

3. 沥青混凝土混合料的矿料间隙率（VMA）宜符合表 9-14 的要求。

沥青混凝土混合料集料最大粒径与矿料间隙率的关系 **表 9-14**

集料最大粒径(mm)	37.5	31.5	26.5	19.0	16.0	13.2	9.5	4.75
VMA(%),≥	12	12.5	13	14	14.5	15	16	18

9.5 沥青混合料的配合比设计

沥青混合料的配合比设计和其他工程材料的设计一样，主要工作在于选择材料和配合材料。因此，沥青混合料配合比设计的目的在于确定一个良好的集料级配和经济掺配比例以及最佳沥青用量，以保证路面工程竣工后沥青混合料具有《沥青路面施工与验收规范》(GB 50092—1996) 所要求的技术性能。

路面中沥青混合料的质量与所用原材料质量、配合比例和施工质量关系密切。在原材料选定、施工条件一定的前提下，沥青混合料的技术性质在很大程度上取决于混合料的配合比例。如前所述，混合料组成材料的比例不同，可以形成不同的结构，而具有不同结构的沥青混合料则又表现出不同的技术性质。因此，正确设计沥青混合料的组成比例，是保证沥青混合料技术质量的重要环节。

沥青混合料配合比设计分三个阶段进行：目标配合比设计阶段、生产配合比设计阶段和生产配合比验证阶段。通过配合比设计决定沥青混合料的材料品种、矿料级配和沥青用量。

目标配合比设计包括两大部分：首先设计矿料的组成比例，即确定粗、细集料及矿粉的用量比例；然后设计矿料与沥青的用量比例，即确定沥青最佳用量。

9.5.1 目标配合比设计阶段

1. 矿质混合料配合比设计方法

矿质混合料配合比设计方法很多，归纳起来主要有数解法和图解法两大类。

(1) 数解法

数解法是指用数学方法求解矿质混合料组成的方法，常用的有“试算法”和“正规方程法”(也称“线性规划法”)。前者用于3～4种矿料的组成计算；后者可用于多种矿料的组成计算，所得的计算结果准确，但计算较繁杂。

试算法是数解法中较简单的方法，其基本原理是：设有几种矿质集料，欲将其配制成符合一定级配要求的矿质混合料。在决定各组成材料在混合料中所占的比例时，先假定混合料中某种粒径的颗粒，是由某一种对这一粒径占优势的集料所组成，其他各种集料不含这种粒径。用这种方法根据各个主要粒径去试探各种集料在混合料中的大致比例。如果比例不当，可加以调整，逐步渐近，最终可求得符合混合料级配要求的各种集料的配合比例。现将其具体设计计算方法介绍如下：

现有 A、B、C 三种矿质集料，欲配合成符合 M 级配的矿质混合料。

设 X、Y、Z 为 A、B、C 三种集料在矿质混合料中的比例，则有

$$X+Y+Z=100\%$$

又设：混合料 M 中某一级粒径要求的含量为 $M_{(i)}$，A、B、C 三种集料在此粒径上的含量分别为 $M_{A(i)}$、$M_{B(i)}$ 和 $M_{C(i)}$，有

$$M_{A(i)} \cdot X + M_{B(i)} \cdot Y + M_{C(i)} \cdot Z = M_{(i)}$$

1）计算A料在矿质混合料中的用量。在计算A料在混合料中的用量时，根据基本原理的假定，按A料中含量较多的某一粒径计算，而忽略其他集料在此粒径的含量。

现按粒径尺寸为 i（mm）时进行计算，由基本原理可知，此时 $M_{B(i)}$ 和 $M_{C(i)}$ 均等于零，于是

$$M_{A(i)} \cdot X = M_{(i)}$$

所以

$$X = \frac{M_{(i)}}{M_{A(i)}}$$

2）计算C料在矿质混合料中的用量。同理，计算C料在混合料中的用量时，按C料占优势的某一粒径计算，而忽略其他集料在此粒径的含量。设按粒径尺寸 j（mm）计算，令 $M_{A(i)}$、$M_{B(i)}$ 均为零，则有

$$M_{C(j)} \cdot Z = M_{(j)}$$

所以

$$Z = \frac{M_{(j)}}{M_{C(j)}}$$

3）计算B料在矿质混合料中的用量。由于 X 和 Z 均已求出，则 Y 值也已确定：

$$Y = 100\% - (X + Z)$$

【例】 试计算某大桥桥面铺装用细粒式沥青混凝土的矿质混合料配合比。已知现有碎石、石屑和矿粉三种矿质材料，筛分结果按分计筛余列于表9-15中，并把细粒式混凝土AC-13的要求级配范围按通过量列于表9-15中。

原有集料的分计筛余和混合料要求级配范围 **表9-15**

筛孔尺寸 d_i(mm)	碎石分计筛余 $M_{A(i)}$(%)	石屑分计筛余 $M_{B(i)}$(%)	矿粉分计筛余 $M_{C(i)}$(%)	矿质混合料要求级配范围通过百分率 $p(n_1 \sim n_2)$
16.0	—	—	—	100
13.2	5.2	—	—	95～100
9.5	41.7	—	—	70～88
4.75	50.5	1.6	—	48～68
2.36	2.6	24.0	—	36～53
1.18	—	22.5	—	24～41
0.6	—	16.0	—	18～30
0.3	—	12.4	—	12～22
0.15	—	11.5	—	8～16
0.075	—	10.8	13.2	4～8

请按试算法确定碎石、石屑和矿粉在混合料中所占的比例，并校核矿质混合料计算结果，确定其是否符合级配范围。

【解】 矿质混合料中各种集料用量配合组成可按下述步骤计算：

(1) 计算各筛孔分计筛余。先将表9-15中矿质混合料的要求级配范围的通过百分率换算为累计筛余百分率，然后再计算为各筛号的分计筛余百分率。计算结果列于表9-16中。

(2) 计算碎石在矿质混合料中的用量。由表9-16可知，碎石中占优势的粒径为

4.75mm 的含量，故计算碎石的配合组成时，假设混合料中 4.75mm 的粒径全部是由碎石组成的，$m_{B(4.75)}$ 和 $m_{C(4.75)}$ 均等于零。

由式

$$m_{A(i)} \cdot X = M_{(i)}$$

得

$$m_{A(4.75)} \cdot X = M_{(4.75)}$$

$$X = \frac{M_{(4.75)}}{M_{A(4.75)}} \times 100\%$$

由表 9-16 知，$M_{(4.75)} = 21.0\%$，$m_{A(4.75)} = 50.5\%$，代入上式，得

$$X = \frac{21.0}{50.5} \times 100\% = 41.6\%$$

原有集料的分计筛余和混合料通过量要求级配范围 **表 9-16**

筛孔尺寸 d_i(mm)	碎石分计筛余 $M_{A(i)}$(%)	石屑分计筛余 $M_{B(i)}$(%)	矿粉分计筛余 $M_{C(i)}$(%)	按累计筛余计级配范围 $A(n_1 \sim n_2)$(%)	按累计分计筛余计级配范围中值 $A_{M(i)}$(%)	按分计筛余计级配范围中值 $M_{(i)}$(%)
16.0	—	—	—	0	0	0
13.2	5.2	—	—	0～5	2.5	2.5
9.5	41.7	—	—	12～30	21.0	18.5
4.75	50.5	1.6	—	32～52	42.0	21.0
2.36	2.6	24.0	—	47～64	55.5	13.5
1.18	—	22.5	—	59～76	67.5	12.0
0.6	—	16.0	—	70～82	76.0	8.5
0.3	—	12.4	—	78～88	83.0	7.0
0.15	—	11.5	—	84～92	88.0	5.0
0.075	—	10.8	13.2	92～96	94.0	6.0
<0.075	—	1.2	86.8	—	100	6.0
合计	Σ=100	Σ=100	Σ=100			Σ=100

(3) 计算矿粉在矿质混合料中的用量。同理，计算矿粉在混合料中的配合比时，按矿粉占优势的<0.075mm 粒径计算，即假设 $m_{A(<0.075)}$ 和 $m_{B(<0.075)}$ 均为零，则得

$$m_{C(<0.075)} \cdot Z = M_{(<0.075)}$$

$$Z = \frac{M_{(<0.075)}}{m_{C(<0.075)}} \times 100\%$$

由表 9-16 可知，$M_{(<0.075)} = 6.0\%$，$m_{C(<0.075)} = 86.8\%$，代入上式，得

$$Z = \frac{6.0}{86.8} \times 100\% = 6.9\%$$

(4) 计算石屑在混合料中用量，即

$$Y = 100\% - (X + Z)$$

已求得 $X = 41.6\%$，$Z = 6.9\%$，故

$$Y = 100\% - (41.6\% + 6.9\%) = 51.5\%$$

(5) 校核。根据以上计算得到矿质混合料的组成配合比为

碎石：$X = 41.6\%$

石屑：$Y = 51.5\%$

矿粉：$Z = 6.9\%$

矿质混合料组成计算和校核表 **表 9-17**

筛孔尺寸 d_i(mm)	粗集料(碎石)			细集料(石屑)			填料(矿粉)			矿质混合料			规范要求级配范围通过量 $p(n_1 \sim n_2)$
	原来级配分计筛余 $m_{A(i)}$(%)	采用百分率 X(%)	占混合料百分率 $M_{A(i)}$(%)	原来级配分计筛余 $m_{B(i)}$(%)	采用百分率 Y(%)	占混合料百分率 $M_{B(i)}$(%)	原来级配分计筛余 $m_{C(i)}$(%)	采用百分率 Z(%)	占混合料百分率 $M_{C(i)}$(%)	分计筛余 $M_{(i)}$(%)	累计筛余 $A_{M(i)}$(%)	通过百分率 $P_{M(i)}$(%)	
(1)	(2)	(3)	(4)=(2)×(3)	(5)	(6)	(7)=(5)×(6)	(8)	(9)	(10)=(8)×(9)	(11)	(12)	(13)	(14)
16.8												100	100
3.2	5.2		2.2							2.2	2.2	97.8	95～100
9.5	41.7		17.4							17.4	19.6	80.4	70～88
4.75	50.5		21.0	1.6		0.8				21.8	41.4	58.6	48～68
2.30	2.6		1.0	24.0		12.4				13.4	54.0	46.0	36～53
1.18		×41.6=		22.5	×51.5=	11.6		×6.9=		11.6	66.4	33.6	24～41
0.6				16.0		8.2				8.2	74.6	25.4	18～30
0.3				12.4		6.4				6.4	81.0	19.0	12～22
0.15				11.5		5.9				5.9	86.9	13.1	8～16
0.075				10.8		5.6	13.2		0.9	6.5	93.4	6.6	4～8
<0.075				1.2		0.6	66.8		6.0	6.6	100	—	—
校核	Σ=100		Σ=41.6	Σ=100		Σ=51.5	Σ=100		Σ=6.9	Σ=100			

按表 9-17 进行计算并校核。按上列配合比校核结果，符合表 9-16 的级配范围。如不符合级配范围应调整配合比再进行试算、经过几次调整，逐步渐近，直到达到要求。如经计算确不能符合级配要求，应调整或增加集料品种。

（2）图解法

用图解法来确定矿质混合料组成的方法很多，本节仅介绍常用的“修正平衡面积法”（以下简称图解法）。

计算步骤如下：

1）绘制级配曲线坐标图。在设计说明书上按规定尺寸绘一方形图框，通常纵坐标通过量取 10cm，横坐标筛孔尺寸（或粒径）取 15cm，连对角线 OO'，如图 9-5 所示，作为要求级配曲线中值。纵坐标按算术标尺，标出通过量百分率（0%～100%）。根据要求级配中值（举例如表 9-18）的各筛孔通过百分率标于纵坐标上，则纵坐标引水平线与对角线相交，再从交点作垂线与横坐标相交，其交点即为各相应筛孔尺寸的位置。

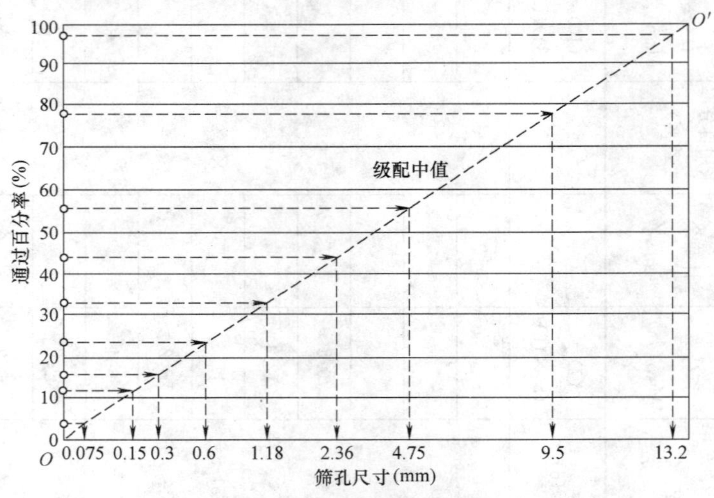

图 9-5 图解法用级配曲线坐标图

细粒式沥青混合料用矿料级配范围 **表 9-18**

筛孔尺寸(mm)	16.0	13.2	9.5	4.75	2.36	1.18	0.6	0.3	0.15	0.075
级配范围(%)	100	95～100	70～88	48～68	36～53	24～41	18～30	12～22	8～16	4～8
级配中值(%)	100	98	79	57	45	33	24	17	12	6

2）确定各种集料用量。将各种集料的通过量绘于曲线坐标图上，如图 9-6 所示，实际集料的相邻级配曲线可能有下列三种情况（见图 9-6），根据各集料之间的关系，按下述方法即可确定各种集料用量。

① 两相邻曲线重叠（如集料 A 级配曲线的下部与集料 B 级配曲线上部搭接时），在两级配曲线之间引一根垂直于横坐标的垂线 AA' 使（$a=a'$），与对角线 OO' 交于点 M，通过 M 作一水平线与右纵坐标交于 P 点。$O'P$ 长度即为集料 A 的用量。

② 两相邻级配曲线相接（如集料 B 的级配曲线末端与集料 C 的级配曲线首端正好在一垂直线上时），将前一集料曲线末端与后一集料曲线首端作垂线相连，垂线 BB' 与对角线 OO' 相交于点 N，通过 N 作一水平线与右纵坐标交于 Q 点。PQ 长度即为集料 B 的

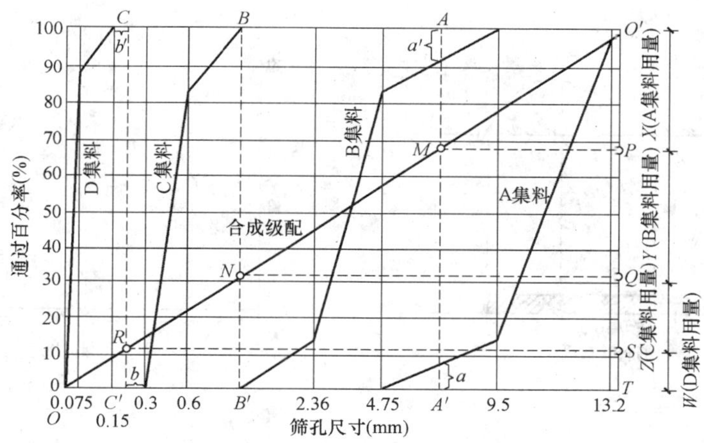

图 9-6 组成集料级配曲线和要求合成配曲线图

用量。

③ 两相邻级配曲线相离（如集料 C 的级配曲线末端与集料 D 的级配曲线首端在水平方向彼此离开一段距离时），作一垂直平分相离开距离（即 $b=b'$）的垂线 CC'，与对角线 OO'相交于点 R，通过 R 作一水平线与纵坐标交于 S 点，QS 长度即为集料 C 的用量。剩余 ST 即为集料 D 的用量。

3）校核。按图解所得的各种集料用量，校核计算所得合成级配是否符合要求。如不能符合要求（超出级配范围），应调整各集料的用量。

2. 确定沥青最佳用量

沥青混合料的最佳沥青用量（OAC）可以通过马歇尔试验法确定。

（1）制备试件

1）按确定的矿质混合料配合比，计算各种矿质材料的用量。

2）按表 9-6 推荐的沥青用量范围及实践经验，估计适宜的沥青用量（即沥青混合料中沥青质量与沥青混合料总质量的比例）或油石比（即沥青混合料中沥青质量与矿料质量的比例）。

3）以估计沥青用量为中值，按 0.5%间隔变化，取 5 个不同的沥青用量，用小型拌合机与矿料拌合，按表 9-13 规定的击实次数“成型”马歇尔试件，要求试件直径为 101.6mm、高为 63.5mm 的圆柱体试件。

（2）测定物理力学指标

为确定沥青混合料的沥青最佳用量，需要测定沥青混合料的马歇尔稳定度、流值、密度、空隙率、沥青饱和度等物理力学指标。

（3）马歇尔试验结果分析

1）绘制沥青用量与物理-力学指标关系图，如图 9-7 所示。

2）确定最佳沥青用量的初始值 1（OAC_1）。从图 9-7 中取相应于稳定度最大值的沥青用量为 a_1，相应于密度最大值的沥青用量为 a_2 及相应于规定空隙率范围的中值（或要求的目标空隙率）的沥青用量为 a_3，取三者的平均值作为最佳沥青月量的初始值 OAC_1，即

$$OAC_1=\frac{a_1+a_2+a_3}{3}$$

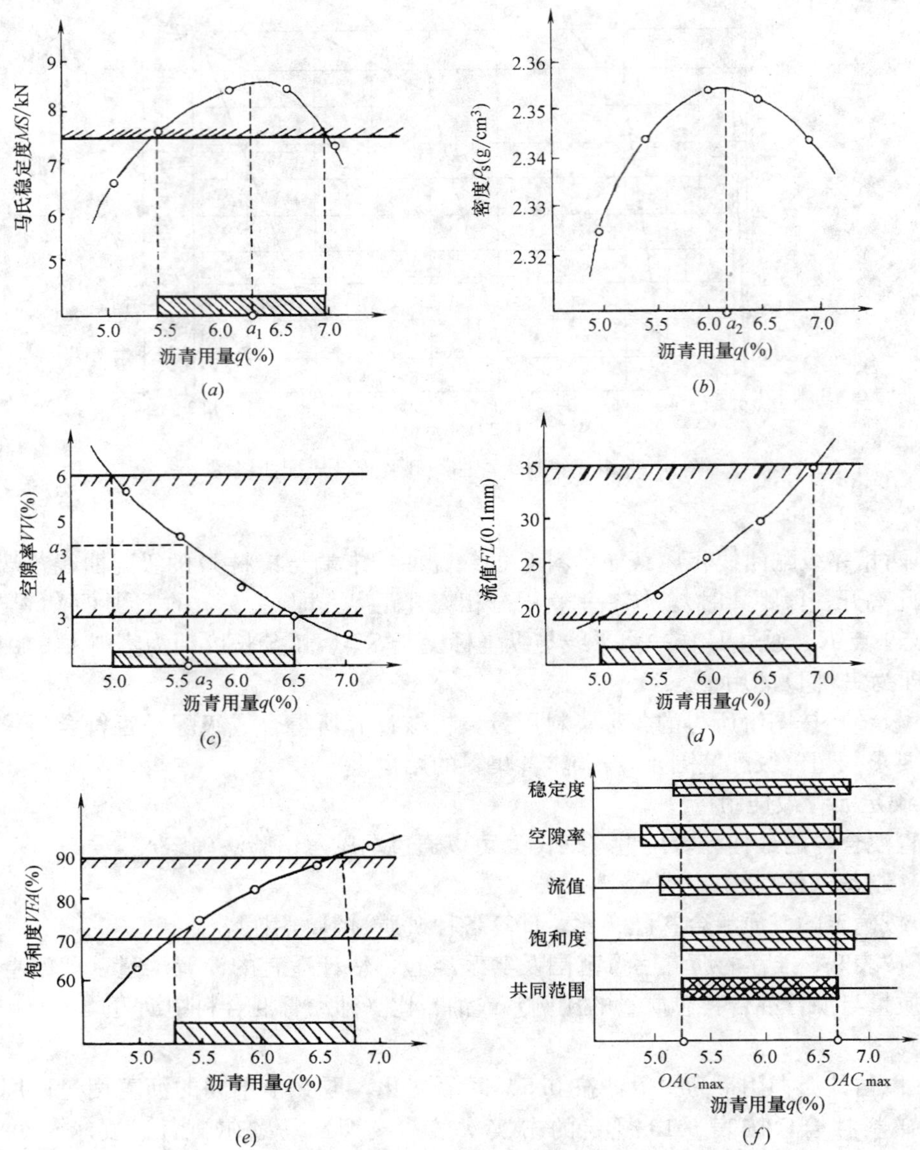

图 9-7 沥青用量与马歇尔稳定度试验物理-力学指标关系图

3）确定最佳沥青用量的初始值 2（OAC_2）。按图 9-7 求出各项指标均符合表 9-13 中沥青混合料技术标准的沥青用量范围 $OAC_{min} \sim OAC_{max}$，按下式求取中值 OAC_2：

$$OAC_2 = \frac{OAC_{min} + OAC_{max}}{2}$$

4）根据 OAC_1 和 OAC_2 综合确定最佳沥青用量（OAC），并检查其是否符合热拌沥青混合料马歇尔试验技术标准，由 OAC_1 及 OAC_2 综合确定最佳沥青用量 OAC。当不符合时，应调整级配，重新进行配合比设计，直至各项指标均能符合要求为止。

5）根据气候条件和交通量特性调整最佳沥青用量。由 OAC_1 及 OAC_2 综合决定最佳沥青用量 OAC 时，宜根据实践经验和道路等级、气候条件按下列步骤进行。

① 一般情况下，取 OAC_1 和 OAC_2 的中值作为最佳沥青用量。

② 对热区道路以及车辆渠化交通的高速公路、一级公路、城市快速路、主干路，预计有可能造成较大车辙的情况时，可在 OAC_2 与下限 OAC_{min} 范围内决定，但不宜小于 OAC_2 的 0.5%。

③ 对寒区道路以及一般道路，最佳沥青用量可以在 OAC_2 与上限值 OAC_{max} 范围内决定，但不宜大于 OAC_2 的 0.3%。

（4）水稳定性检验

按最佳沥青用量 OAC 制作马歇尔试件，进行浸水马歇尔试验或真空饱水后的浸水马歇尔试验。当残留稳定度不符合《沥青路面施工及验收规范》（GB 50092—1996）规定时，应重新进行配合比设计或采用抗剥离措施，重新试验。

当 OAC 与两个初始值 OAC_1、OAC_2 相差很大时，宜按 OAC 与 OAC_1 或 OAC_2 分别制作试件，进行残留稳定度试验，根据试验结果对 OAC 作适当调整。

（5）高温稳定性检验

按最佳沥青用量 OAC 制作车辙试验试件，在 60℃条件下用车辙试验机对设计的沥青用量检验高温抗车辙能力（即动稳定度）。当动稳定度不符合《沥青路面施工及验收规范》（GB 50092—1996）要求时，应重新进行配合比设计。当最佳沥青用量 OAC 与两个初始值 OAC_1、OAC_2 相差很大时，宜按 OAC 与 OAC_1 或 OAC_2 分别制作试件，进行车辙试验。根据试验结果对 OAC 作适当调整。

我国现行标准《沥青路面施工及验收规范》（GB 50092—1996）规定，用于上面层、中面层的沥青混凝土，在 60℃、轮压 0.7MPa 条件下进行车辙试验的动稳定度，对高速公路、城市快速路应不小于 800 次/mm，对一级公路及城市主干路应不小于 600 次/mm。

9.5.2 生产配合比设计阶段

以上决定的矿料级配及最佳沥青用量为目标配合比设计阶段，对间歇式拌合机，必须从二次筛分后进入各热料仓的材料取样进行筛分，以确定各热料仓的材料比例，供拌合机控制室使用。同时，反复调整冷料仓进料比例以达到供料均衡，并取目标配合比设计的最佳沥青用量及最佳沥青用量±0.3%的三个沥青用量进行马歇尔试验，确定生产配合比的最佳沥青用量。

第 10 章　合成高分子材料

合成高分子材料是由人工合成的高分子化合物组成的材料。在土木工程中所涉及的主要有塑料、橡胶、化学纤维、建筑胶和涂料。这些高分子材料的基本成分是人工合成的，简称高聚物。由高聚物加工或用高聚物对传统材料进行改性所制得的土木工程材料，习惯上称为化学建材。化学建材在土木工程中的应用日益广泛，在装饰、防水、胶粘、防腐等各个方面所起的重要作用是其他土木工程材料所不可替代的。

10.1　高分子材料的基本知识

以石油、煤、天然气、水、空气及食盐等为原料，制得的低分子材料单体（如乙烯、氯乙烯、甲醛等），经合成反应即得到合成高分子材料，这些材料的相对分子质量一般都在几千以上，甚至可达到数万、数十万或更大。从结构上看，高分子材料是由许多结构相同的小单元（称为链节）重复构成的长链材料。例如，乙烯（$CH_2—CH_2$）的相对分子质量为 28，而由乙烯为单体聚合而成的高分子材料聚乙烯（$—CH_2—CH_2—$）。相对分子质量则在 1000～35000 之间或更大。其中每一个“$—CH_2—CH_2—$”为一个链节，n 称为聚合度，表示一个高分子中的链节数目。

一种高分子材料是由许多结构和性质相类似而聚合度不完全相等，即相对分子质量不同的有机物形成的混合物，称为同系聚合物，故高分子材料的相对分子质量只能用平均相对分子质量表示。

10.1.1　高分子材料的分类

1. 按分子链的形状分类

根据分子链的形状不同，可将高分子材料分为线型的、支链型的和体型的三种。

(1) 线型高分子材料的主链原子排列成长链状，如聚乙烯、聚氯乙烯等属于这种结构。

(2) 支链型高分子材料的主链也是长链状，但带有大量的支链，如 ABS 树脂、聚苯乙烯树脂等属于支链型结构。

(3) 体型高分子材料的长链被许多横跨链交联成网状，或者在单体聚合过程中在二维或三维空间交联形成空间网络，分子彼此固定。如环氧、聚酯等树脂的最终产物属于体型结构。

2. 按受热时状态不同分类

按受热时状态不同，可分为热塑性树脂和热固性树脂两类。

(1) 热塑性树脂在加热时呈现出可塑性，甚至熔化，冷却后又凝固硬化。这种变化是可逆的，可以重复多次。这类的高分子材料其分子间的作用力较弱，为线型及带支链的树脂。

(2) 热固性树脂是一些支链型高分子材料，加热时转变成黏稠状态，发生化学变化，相邻的分子相互连接，转变成体型结构而逐渐固化，其相对分子质量也随之增大，最终成为不能熔化、不能溶解的物质。这种变化是不可逆的，大部分缩合树脂属于此类。

3. 按高分子材料的结晶分类

高分子材料按其结晶性能，分为晶态高分子材料和非晶态高分子材料，由于线型高分子难免没有弯曲，故高分子材料的结晶为部分结晶。结晶所占的百分比称为结晶度。一般来说，结晶度越高，高分子材料的密度、弹性模量、强度、硬度、耐热性、折光系数等越大，而冲击韧性、粘附力、断裂伸长率、溶解度等越小。晶态高分子材料一般为不透明或半透明的，非晶态高分子材料则一般为透明的。

体型高分子材料只有非晶态一种。

4. 按高分子材料的变形与温度分类

非晶态高分子材料的变形与温度的关系如图 10-1 所示。非晶态线型高分子材料在低于某一温度时，由于所有的分子链和大分子链均不能自由转动而成为硬脆的玻璃体，即处于玻璃态，高分子材料转变为玻璃态的温度称为玻璃化温度 T_g。当温度超过玻璃化温度 T_g 时，由于分子链可以发生运动（大分子不运动），使高分子材料产生大的变形，具有高弹性，即进入高弹态。温度继续升高至某一数值时，由于分子链和大分子链均可发生运动，使高分子材料产生塑性变形，即进入黏流态，将此温度称为高分子材料的黏流态温度 T_f。

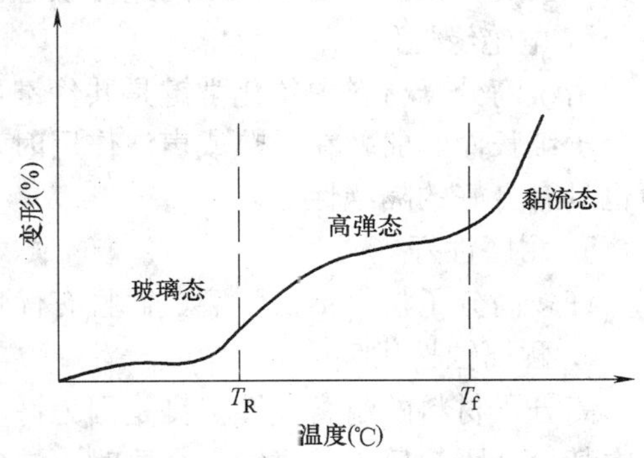

图 10-1 非晶态线型高分子材料的变形与温度的关系

热塑性树脂与热固性树脂在成型时均处于黏流态。

玻璃化温度 T_g 低于室温的称为橡胶，高于室温的称为塑料。玻璃化温度是塑料的最高使用温度，却是橡胶的最低使用温度。

10.1.2 高分子材料的合成方法及命名

将低分子单体经化学方法聚合成为高分子材料，常用的合成方法有加成聚合和缩合聚合两种。

1. 加成聚合

加成聚合又叫加聚反应，它是由许多相同或不相同的不饱和（具有双键或三键的碳原子）单体（通常为烯类）在加热或催化剂作用下，不饱和键被打开，各单体分子相互连接起来而成为高聚物，如乙烯、聚氯乙烯、聚乙烯。

加聚反应得到的高聚物一般为线型分子，其组成与单体的组成基本相同，反应过程中不产生副产物。

由加聚反应生成的树脂称为加聚树脂，其命名一般是在其原料名称前面冠以“聚”字，如聚乙烯、聚苯乙烯、聚氯乙烯等。

2. 缩合聚合

缩合聚合又叫缩聚反应，它是由一种或数种带有官能团（H—、—OH、Cl—、

$-NH_2$、$-COOH$等）的单体在加热或催化剂的作用下，逐步相互结合而成为高聚物。同时，单体中的官能团脱落并化合生成副产物（水、醇、氨等）。

缩聚反应生成物的组成与原始单体完全不同，得到的高聚物可以是线型的或体型的。

缩聚反应生成的树脂称为缩聚树脂，其命名一般是在原料名称后加上“树脂”两字，如酚醛树脂、环氧树脂、聚酯树脂等。

10.1.3 高分子材料的基本性质

1. 质轻

高分子材料的密度一般在0.90～2.20kg/cm^3之间，平均约为铝的1/2，钢的1/5，混凝土的1/3，与木材相近。

2. 比强度高

高分子材料的比强度高是由于长链型的高分子材料分子与分子之间的接触点很多，相互作用很强，而且其分子链是蜷曲的，相互纠缠在一起。

3. 弹性好

高分子材料的弹性好是因为高分子材料受力时，其蜷曲的分子可以被拉直而伸长，当外力除去后，又能恢复到原来的蜷曲状态。

4. 电绝缘性好

由于高分子材料中的化学键是共价键，不能电离出电子，因此不能传递电流；又因为其分子细长而蜷曲，在受热或声波作用时，分子不容易振动。所以，高分子材料对于热、声也具有良好的隔绝性能。

5. 耐磨性好

许多高分子材料不仅耐磨，而且有优良的润滑性，如尼龙、聚四氯乙烯等。

6. 耐腐蚀性优良

高分子材料的耐腐蚀性优良是因为许多分子链上的基团被包在里面，当接触到能与分子中某一基团起反应的腐蚀性介质时，被包在里面的基团不容易发生变化。因此，高分子材料具有耐酸、耐腐蚀的特性。

7. 耐水性、耐湿性好

多数高分子材料憎水性很强，有很好的防水和防潮性。

高分子材料的主要缺点是：耐热性与抗火性差、易老化、弹性模量低、价格较高。在土木工程中应用时，应尽量扬长避短，发挥其优良的基本性质。

10.2 常用建筑高分子材料

10.2.1 树脂和塑料

树脂在受热时通常有软化或熔融范围。软化时，在外力作用下有流动倾向，常温下有时是固态或半固态的聚合物，有时也可以是液态的聚合物。广义地讲，作为塑料基材的任何高分子材料都可称为树脂。

塑料是指以树脂为主要成分，含有各种添加剂（如增塑剂、填充剂、润滑剂、颜料等），而且在加工过程中能流动成型的高分子材料。

塑料按其用途可分为通用塑料和工程塑料两种。通用塑料产量大、用途广、成型性能好、价廉，如聚乙烯、聚丙烯、酚醛等。工程塑料能承受外力作用、有良好力学性能、尺寸稳定、在高温和低温下具有良好性能，可作为工程构件，如 ABS 塑料。作为水泥混凝土或沥青混合料改性的塑料属于通用塑料，直接作为桥梁或道路结构构件的塑料属于工程塑料。

1. 聚乙烯（PE）

聚乙烯是由乙烯加聚得到的高分子材料。聚乙烯塑料是以聚乙烯树脂为基材的塑料。

聚乙烯按其密度可分为：高密度聚乙烯（简称 HDPE，白色粉末状，或柱状，或半圆状颗粒，密度为 0.941～0.970g/cm^3）和低密度聚乙烯（简称 LDPE，白色或乳白色蜡状物，呈球形或圆柱形颗粒，密度为 0.910～0.940g/cm^3，其中 0.926～0.94g/cm^3 的又称为中密度聚乙烯）。

低密度聚乙烯比高密度聚乙烯强度低，但具有较大的伸长率和较好的耐寒性，故用于改性沥青的多选用低密度聚乙烯。

聚乙烯的特点是：具有良好的活性稳定性和耐寒性（玻璃化温度可达－120～－125℃）。拉伸强度较高、延伸率较大、吸水性和透水性很低、无毒、密度小、易加工；但耐热性较差，且易燃烧。聚乙烯树脂是较好的沥青改性剂，由于它具有较高的强度和较好的耐寒性，并且与沥青的相容性较好，在其他助剂的协同作用下，可制得优良的改性沥青。

聚乙烯塑料可制成半透明、柔韧、不透气的薄膜，也可加工成建筑用的板材或管材。

近几年生产的“超高相对分子质量聚乙烯”（UHNWPE），聚合度 n 为 100×10^4～600×10^4，密度为 0.936～0.964g/cm^3，抗冲击强度、抗拉强度、耐磨性和耐热性均大大提高。

2. 聚丙烯（PP）

聚丙烯是以丙烯为单体聚合制成的高分子材料，以聚丙烯树脂为基材的塑料称为聚丙烯塑料。

聚丙烯按其分子结构可分为：无规聚丙烯（APP）、等规聚丙烯（IPP）和间规聚丙烯三种。产量和用量最大的是等规聚丙烯，习惯上简称为聚丙烯。聚丙烯为白色蜡状物，耐热性好（使用温度可达 110～120℃）、抗拉强度与刚度较好，硬度大、耐磨性好，但耐低温性和耐候性差、易燃烧、离火后不能自熄。聚丙烯主要用于装饰板、管材、包装袋等。

用作沥青改性的主要为无规聚丙烯。

无规聚丙烯是生产等规聚丙烯的副产品，在常温下呈乳白色至浅棕色橡胶状物质，密度为 0.850g/cm^3，抗拉强度较低，但延伸率高，耐寒性尚好（玻璃化温度－20～－18℃）。无规聚丙烯常用作道路和防水沥青的改性剂。

聚丙烯树脂经塑化加工后，常用于制成塑料薄膜或建筑板材或管材，性能与聚乙烯塑料相近。

3. 聚氯乙烯（PVC）

聚氯乙烯是由氯乙烯单体加成聚合而得的热塑性线型树脂。在加入适宜的增塑剂及其他添加剂后，可以获得性质优良的硬质和软质聚氯乙烯塑料。其中硬质聚氯乙烯塑料是土木工程中应用最广的一种，主要用于天沟、水落管、外墙覆面板、天窗以及给排水管。

经塑化加工后制成聚氯乙烯塑料，具有较高的力学性能、良好的化学稳定性、耐风化性极高，主要缺点是变形能力低和耐热性差，使用温度一般不超过－15～55℃。聚氯乙烯中含有大量的氯，因而具有良好的阻燃性。

聚氯乙烯树脂与焦油沥青具有较好的相容性，常用作煤沥青的改性剂，对煤沥青的热稳定性有明显改善，但变形能力和耐寒性改善较少。

聚氯乙烯树脂经塑化加工后，可制成聚氯乙烯塑料薄膜、建筑用硬塑料管材和板材以及各种日用制品。

4. 聚苯乙烯（PS）

聚苯乙烯是以苯乙烯为单体制得的聚合物，聚苯乙烯塑料是以聚苯乙烯树脂为基材的塑料。PS是无色透明具有玻璃光泽的材料。由于不耐冲击、性脆、易裂，故目前是通过共聚、共混、添加助剂等方法生产改性聚苯乙烯，如HIPS等。

聚苯乙烯在建筑上的主要应用是泡沫塑料，其具有优良的隔热保温性。此外也用于透明装饰部件、灯罩、发光平顶板等。

5. 乙烯-乙酸乙烯酯共聚物（简称EVA）

EVA是由乙烯（E）和乙酸乙烯酯（VA）共聚而得的高分子材料，化学名为乙烯-乙酸乙烯酯共聚物。

EVA为半透明粒状物，具有优良的韧性、弹性和柔软性；同时又具有一定的刚性、耐磨性和抗冲击性等力学性能。EVA的力学性能，随乙酸乙烯酯（VA）的含量而变化，VA含量越低，其性能则接近低密度聚乙烯；VA含量越高，则越类似于橡胶。

EVA为较常采用的沥青改性剂。改性后沥青的性能与共聚物中VA含量有密切关系，在选用时应注意其品种与牌号。

6. 环氧树脂（EP）

环氧树脂是指在聚合物分子链中含有醚键，同时在分子两端仅有反应性环氧基的聚合物。习惯上把含有两个或两个以上环氧基团的能交联的聚合物统称为环氧树脂。

环氧树脂是线型的高分子材料，由于在它分子结构中含有活泼的环氧基、羟基、醚键等，可与多种类型的固化剂发生交联固化反应，而变为体型结构的材料，其性能也由热塑性变为热固性。以环氧树脂为主要成膜物质，添加固化剂、稀释剂、增韧剂、增强材料及其他助剂所制得的塑料称为环氧塑料。

环氧树脂常用于制备树脂混凝土和改性沥青混合料，也常用于桥面铺装防水层和桥梁混凝土的修补。

10.2.2 橡胶

橡胶是在外力作用下可发生较大形变，外力撤销后又迅速复原，在使用条件下具有高弹性的高分子材料。随着目前高分子材料合金的发展，实际上它与塑料（树脂）越来越重叠交叉。

1. 橡胶的硫化

橡胶的硫化又称交联。橡胶硫化的目的是为了提高其强度、变形性、耐久性、抗剪切能力，减少其塑性。硫化的实质是利用硫化剂（又称交联剂）使橡胶由线型分子结构交联成为网型分子结构弹性体的过程。硫化后的橡胶又称硫化橡胶，简称橡胶。常用的橡胶制品均为硫化橡胶。

2. 橡胶的再生处理

橡胶的再生处理主要是脱硫。脱硫是指将废旧橡胶经机械粉碎和加热处理等，使橡胶氧化解聚，即由大网型结构转变为小网型结构和少量的线型结构的过程。脱硫后的橡胶除具有一定的弹性外，还具有一定的塑性和黏性。

经再生处理的橡胶称为再生橡胶或再生胶。再生橡胶主要用于沥青的改性。

3. 常用橡胶

(1) 丁苯橡胶（简称 SBR）

丁苯橡胶是丁二烯与苯乙烯的共聚物，是合成橡胶中应用最广的一种通用橡胶。按苯乙烯占总量中的比例，分为丁苯-10、丁苯-30、丁苯-50 等牌号。随着苯乙烯含量增大，硬度、抗磨性增大，但弹性降低。丁苯橡胶综合性能较好，强度较高，延伸率大，抗磨性和耐寒性也较好。

丁苯橡胶是水泥混凝土和沥青混合料常用的改性剂。丁苯胶乳可直接用于拌制聚合物水泥混凝土；也可与乳化沥青共混制成改性沥青乳液，用于道路路面和桥面防水层。丁苯橡胶需要用溶剂法将其掺入沥青中。丁苯橡胶对水泥混凝土的强度、抗冲击和耐磨等性能均有改善；对沥青混合料的低温抗裂性有明显提高，对高温稳定性也有适当改善。

(2) 丁基橡胶（IIR）

丁基橡胶又称异丁橡胶，是由异丁烯与少量异戊二烯共聚而得的共聚物，是一种无色的弹性体，相对密度为 0.92g/cm^3 左右，相对分子质量介于 30000～85000 之间，能溶于 C_5 以上直链烷烃或芳香烃的溶剂中。丁基橡胶的生胶具有较好的抗拉强度和大的延伸率，耐老化性能好，玻璃化温度低且耐热性好。丁基橡胶作为沥青改性剂，可用溶剂法加入，掺量为 2%左右。

(3) 氯丁橡胶（CR）

氯丁橡胶是以 2 氯-1,3-丁二烯为主要原料通过均聚或共聚制得的一种弹性体。

氯丁橡胶呈米黄色或浅棕色，密度为 1.23g/cm^3。具有较高的抗拉强度和相对伸长率，耐磨性好，耐酸碱腐蚀能力强，粘结力较高。且耐热、耐寒，硫化后不易老化。由于它的性能较全面，是一种常用胶种。

氯丁橡胶在土木工程中主要用于防水卷材和防水密封材料。它用溶剂法可掺入沥青，或者氯丁胶乳与乳化沥青共混均可用于制备路面用沥青混合料，也可作为桥面或高架路面防水层涂料。

(4) 聚丁二烯橡胶（简称 PBR）

聚丁二烯橡胶是 1,3-丁二烯聚合制得的系列产品。按其结构有顺式或反式两种，聚丁二烯橡胶，简称顺丁橡胶。顺式中只有高顺式 1,4-聚丁二烯橡胶具有高弹性。

高顺丁橡胶呈白色直至黄色透明体，其性能除了具有高弹性外，耐磨性也较好，特别是具有优良的耐寒性。但抗拉强度较低，相对伸长率稍低。

顺丁橡胶与其他聚合物组成的混合物，可用于沥青改性，特别是对改善沥青的低温性能有明显的效果。

(5) 乙丙橡胶（简称 EPM）

乙丙橡胶是以乙烯和丙烯为基础单体合成的弹性体共聚物。

乙丙橡胶低分子链中单体单元组成不同，有二元乙丙橡胶（EPM）和三元乙丙橡胶（EPDM）。三元乙丙橡胶是乙烯、丙烯和二烯烃的三元共聚物。由于它具有较好的综合力学性能、耐热性能和耐老化性能，所以目前普遍用乙丙橡胶改性沥青。

10.2.3 高聚物合金

聚合物合金是指多组分和多相同时并存于某一共混体系中的高分子材料。

1. 丙烯腈-丁二烯-苯乙烯共聚物（ABS）

ABS树脂是丙烯腈（A）、丁二烯（B）和苯乙烯（S）的三元共聚物。

ABS塑料的性能特点是：具有优良的抗冲击性，特别是在低温下仍然较优；优良的抗蠕变性能，能在较高应力下使用；在有冲击荷载的情况下，能保持良好的抗拉强度、弯曲强度和硬度。

主要缺点是耐热性较差。为克服这一缺点，用氯乙烯与苯乙烯和丙烯腈接枝得ACS树脂。此外，为改善其透明度，还开发有MBS、XABS等合金产品。

ABS塑料具有综合机械性能，优级ABS抗拉强度可达40.00MPa，弯曲强度可达66.00MPa，可用于桥梁结构中替代钢材、木材等结构材料。

2. 高冲击聚苯乙烯（简称HIPS）

高冲击聚苯乙烯树脂是由顺丁橡胶（或丁苯橡胶）与苯乙烯接枝聚合而成，故也称接枝型抗冲击聚苯乙烯。呈乳白色半透明或不透明颗粒，密度约1.05g/cm^3。具有高的韧性，其冲击强度比普通聚苯乙烯高7倍以上。HIPS树脂再与其他高分子材料组成合金，用于改性沥青可得综合性能优良的沥青。

3. 苯乙烯-丁二烯-苯乙烯嵌段共聚物（SBS）

SBS是苯乙烯（S）和丁二烯（B）的嵌段共聚物。

SBS产品外观为白色（或微黄色），呈多孔小颗粒。它的性能兼有橡胶和塑料的特性。具有弹性好、抗拉强度高、低温变性性能好等优点。SBS是沥青优良的改性剂，可提高沥青的高温稳定性和低温抗裂性，被广泛应用于高级路面和屋面防水材料。

苯乙烯类嵌段共聚物仍在不断开发出具有更优性能的新品种。为提高粘结力，开发出苯乙烯-异戊丁烯-苯乙烯三嵌段共聚物（SBS）；为改善SBS的耐候性和耐老化性，开发了饱和型SBS（即SEBS）。

10.3 高分子材料在土木工程中的应用

在土木工程中，高分子材料不仅可以直接用作防水材料，还可以作为水泥混凝土或沥青混合料的一个组分，用以改善水泥混凝土或沥青混合料的性能。

10.3.1 合成高分子防水材料

合成高分子防水材料具有优良的技术性质、使用寿命长、施工方便、污染性低，在土木工程中已得到较为广泛的应用。合成高分子防水材料分为防水卷材、防水涂料和防水密封材料。

1. 合成高分子防水卷材

合成高分子防水卷材按主要原料高聚物可分为热塑性树脂基、橡胶基和橡胶-树脂共混基三类。

(1) 热塑性树脂基防水卷材

热塑性树脂基防水卷材主要有以下三种：

1) 聚氯乙烯防水卷材

聚氯乙烯防水卷材是由聚氯乙烯、软化剂、填料、抗氧化剂和紫外线吸收剂等经混练、压延等工序加工而成的弹塑性卷材。软化剂的掺入增大了聚氯乙烯分子间距，提高了卷材的变形能力；同时也起到了稀释作用，有利于卷材的生产。常用的软化剂是煤焦油。适量的增塑剂能降低聚氯乙烯的分子间力，使分子链的柔顺性提高。由于软化剂和增塑剂的掺入，使聚氯乙烯防水卷材的变形能力和低温柔性大大提高。卷材按有无复合层分为无复合层（N 类）、纤维单面复合（L 类）和织物内增强（W 类）三类。厚度分为 1.2mm、1.5mm、2.0mm。聚氯乙烯防水卷材的技术性能应满足表 10-1 的要求。

聚氯乙烯防水卷材（GB 12952—2003）与氯化聚乙烯防水卷材（GB 12953—2003）的主要技术指标

表 10-1

项目		聚氯乙烯防水卷材(PVC)				氯化聚乙烯防水卷材(CPE)			
		N类		L类、W类		N类		L类、W类	
		Ⅰ型	Ⅱ型	Ⅲ型	Ⅳ型	Ⅰ型	Ⅱ型	Ⅲ型	Ⅳ型
拉力(N/cm),≥		8.0	12.0	100	160	5.0	8.0	70	120
断裂伸长率(%),≥		200	250	150	200	200	300	125	250
热处理尺寸变化率(%),≤		3.0	2.0	1.5	1.0	3.0	纵向 2.5 横向 1.5	1.0	
低温弯折性		−20℃ 无裂纹	−25℃ 无裂纹	−20℃ 无裂纹	−25℃ 无裂纹	−20℃ 无裂纹	−25℃ 无裂纹	−20℃ 无裂纹	−25℃ 无裂纹
抗穿孔性		不渗水				不渗水			
不透水性(0.3MPa)		不透水				不透水			
剪切状态下的粘结性(N/mm),≥		3.0 或卷材破坏			6.0 或卷材破坏	3.0 或卷材破坏			6.0 或卷材破坏
热老化处理	外观	无气泡、裂纹、粘结和孔洞				无气泡、裂纹、粘结和孔洞			
	拉伸强度变化率(%)	±25	±20	±25	±20	+50 −20	±20	—	
	拉力(N/cm),≥	—				—		55	100
	断裂拉伸率变化率(%)	±25	±20	±25	±20	+50 −30	±20	—	
	断裂伸长率(%),≥	—				—		100	200
	低温弯折性	−15℃	−20℃	−15℃	−20℃	−15℃	−20℃	−15℃	−20℃
耐化性侵蚀	拉伸强度变化率(%)	±25	±20	±25	±20	±30	±20	—	
	拉力(N/cm),≥	—				—		55	100
	断裂拉伸率变化率(%)	±25	±20	±25	±20	±30	±20	—	
	断裂伸长率(%),≥	—				—		100	200
	低温弯折性	−15℃	−20℃	−15℃	−20℃	−15℃	−20℃	−15℃	−20℃

续表

项目		聚氯乙烯防水卷材(PVC)				氯化聚乙烯防水卷材(CPE)			
		N类		L类、W类		N类		L类、W类	
		Ⅰ型	Ⅱ型	Ⅲ型	Ⅳ型	Ⅰ型	Ⅱ型	Ⅲ型	Ⅳ型
人工气候加速老化	拉伸强度变化率(%)	±25	±20	±25	±20	+50 −20	±20	—	
	拉力(N/cm),≥	—				—		55	100
	断裂拉伸率变化率(%)	±25	±20	±25	±20	+50 −30	±20	—	
	断裂伸长率(%),≥	—				—		100	200
	低温弯折性	−15℃	−20℃	−15℃	−20℃	−15℃	−20℃	−15℃	−20℃

聚氯乙烯防水卷材的性能大大优于沥青防水卷材，其抗拉强度、断裂伸长率、撕裂强度高，低温柔性好、吸水率小、卷材的尺寸稳定、耐腐蚀性好，使用寿命为10～15年，属于中档防水卷材。聚氯乙烯防水卷材主要用于屋面防水以及其他防水要求高的工程。施工时一般采用全贴法，也可采用局部粘贴法。

2）氯化聚乙烯防水卷材

氯化聚乙烯防水卷材是以含氯量为30%～40%的氯化聚乙烯为主，加入适量的填料和其他活性添加剂经混炼、压延等工序加工而成。含氯量为30%～40%的氯化聚乙烯除具有热塑性树脂的性质外，还具有橡胶的弹性。卷材按有无复合层分为无复合层（N类)、纤维单面复合（L类）和织物内增强（W类）三类。厚度分为1.2mm、1.5mm、2.0mm。氯化聚乙烯防水卷材的技术指标见表10-1。

氯化聚乙烯防水卷材的拉伸强度和不透水性好，耐老化、耐酸碱、断裂伸长率高，低温柔性好，使用寿命为15年以上，属于中档防水卷材。

3）聚乙烯防水卷材

聚乙烯防水卷材又称丙纶无纺布覆面聚乙烯防水卷材，是由聚乙烯树脂、填料、增塑剂、抗氧化剂等经混炼、压延，并单面或双面覆丙纶无纺布而成的。

聚乙烯防水卷材的拉伸强度和不透水性好，耐老化、断裂伸长率较高（40%～150%)，低温柔性好，与基层材料的粘结力强，使用寿命为10～15年，属于中档防水卷材。可用于屋面、地下等防水工程，特别适合于严寒地区的防水工程。

(2）橡胶基防水卷材

橡胶基防水卷材主要有以下三种：

1）三元乙丙橡胶防水卷材

三元乙丙橡胶防水卷材是以三元乙丙橡胶为主，掺入适量的交联剂、硫化剂、促硬剂、软化剂和补强剂等，经过密炼、拉片、过滤、挤出（或压延）成型、硫化、检验和分卷等工序加工制成的高弹性防水卷材，其技术指标应符合《高分子防水材料　第1部分：片材》(GB 18173.1—2006）的要求。

三元乙丙橡胶防水卷材的拉伸强度高、耐高低温性好，断裂伸长率很高，能适应防水基层伸缩与开裂变形的需要，耐老化性很好，使用寿命长（20年以上)，属于高档防水卷材。三元乙丙橡胶防水卷材最适合于屋面防水工程作单层外露防水、严寒地区及有大变形的部位，也可用于其他防水工程。

2）氯磺化聚乙烯橡胶防水卷材

氯磺化聚乙烯橡胶防水卷材是以氯磺化聚乙烯橡胶为主，加入适量的软化剂、交联剂、填料、着色剂后，经过混炼、挤出（或压延）成型、硫化等工序加工制成的弹性防水卷材，其技术指标应符合《高分子防水材料 第1部分：片材》（GB 18173.1—2006）的要求。

氯磺化聚乙烯橡胶防水卷材的耐臭氧、耐老化、耐酸碱等性能突出，且拉伸强度高、耐高低温性好，断裂伸长率很高，对防水基层伸缩和开裂变形的适应性强，使用寿命长（15年以上），属于中高档防水卷材。氯磺化聚乙烯橡胶防水卷材可制成多种颜色，用这种彩色防水卷材做屋面外露防水层可起到美化环境的作用。氯磺化聚乙烯橡胶防水卷材特别适合于有腐蚀介质影响的部位做防水与防腐处理，也可用于其他防水工程。

3）氯丁橡胶防水卷材

氯丁橡胶防水卷材是以氯丁橡胶为主，加入适量交联剂和填料后，经过混炼、挤出（或压延）成型、硫化等工序加工制成的弹性防水卷材，其技术指标应符合《高分子防水材料 第1部分：片材》（GB 18173.1—2006）的要求。

氯丁橡胶防水卷材拉伸强度高、断裂伸长率很高，耐油、耐臭氧及耐候性很好，耐高低温性好。与三元乙丙橡胶防水卷材相比，除其耐低温性能稍差外，其他性能基本相同。使用寿命长（15年以上），属于中档防水卷材。

（3）树脂-橡胶共混防水卷材

为进一步改善防水卷材的性能，生产时将热塑性树脂与橡胶共混作为主要原料，由此生产出的卷材称为树脂-橡胶共混防水卷材。此类卷材既具有热塑性树脂的高强度和耐候性，又具有橡胶的良好的低温弹性、低温柔韧性和伸长率，属于中高档防水卷材。主要有以下两种：

1）氯化聚乙烯-橡胶共混防水卷材

以含氯量为30%～40%的热塑性弹性体氯化聚乙烯和合成橡胶为主体，加入适量交联剂、稳定剂，填充料后，经过混炼、挤出（或压延）成型、硫化等工序加工制成的高弹性防水卷材。

表10-2为无织物增强的硫化型氯化聚乙烯-橡胶共混防水卷材的主要技术要求。产品厚度分为1.0mm、1.2mm、1.5mm和2.0mm。按物理力学性能分为S型和N型两类。

氯化聚乙烯-橡胶共混防水沥青（JC/T 684—1997） **表10-2**

项目		S型	N型
拉伸强度(MPa)，≥		7.0	5.0
断裂伸长率(%)，≥		400	250
直角形撕裂强度(kN/m)，≥		24.5	20.0
不透水性，30min		0.3MPa不透水	0.2MPa不透水
热老化保持率(80℃×168h)(%)，≥	拉伸强度	80	
	断裂伸长率	70	
脆性温度(℃)，≤		−40	−20

续表

项目		S型	N型
臭氧老化(5μg/g,40℃×168h,静态)		伸长率40%无裂纹	伸长率20%无裂纹
粘结剥离强度（卷材与卷材），≥	kN/m	2.0	
	浸水168h保持率(%)	70	
热处理尺寸变化率(%),≤		+1,−2	+2,−4

氯化聚乙烯-橡胶共混防水卷材具有断裂伸长率高、耐候性及低温柔性好，使用寿命长（20年以上），特别适合于屋面作单层外露防水、严寒地区及有大变形的部位，也适用于有保护层的屋面或地下室、贮水池等防水工程。

2）聚乙烯-三元乙丙橡胶共混防水卷材

以聚乙烯和三元乙丙橡胶为主，加入适量的稳定剂和填充料后，经过混炼、挤出（或压延）成型、硫化等工序加工制成的热塑性弹性防水卷材，具有优异的综合性能，而且价格适中。聚乙烯-三元乙丙橡胶共混防水卷材适合于屋面作单层外露防水，也适用于有保护层的屋面或地下室、贮水池等防水工程。

2. 防水涂料

防水涂料大多是以液态高分子材料为主体的防水材料，有溶剂性和水乳性两种。通常用涂布的方法将防水涂料涂刮在防水基层上，在常温下固化，形成具有一定弹性的涂膜防水层。

防水层可以由几层防水涂层的涂膜组成，也可以在几层防水涂层之间放置玻璃纤维网格布或聚酯纤维无纺布，形成增强的涂膜防水层。涂膜防水层的特点是施工操作简便、无污染、冷操作、无接缝，能适应复杂基层，防水性能好，因此其发展较快。这种新型防水涂料一般具有这样的特点：第一，防水性能好。防水涂料在施工固化前多为无定形黏稠状液态物质，适合任何形状复杂的基层施工，尤其在管根、阴阳角处更便于封闭严密，能保证工程的防水防渗质量。第二，温度适应性强。防水涂层在－30℃低温下无裂缝，在30℃高温下不流淌。水乳性涂料在0℃以上，溶剂型涂料在－10℃以上均可进行施工。第三，操作简便，施工速度快。防水涂料既可刷涂，也可以喷涂，基层不必十分干燥。节点做法简单，操作人员易于掌握。第四，安全性好。防水涂料均采用冷施工方法，不必加热熬制，不会发生火灾、烫伤等事故，并能减少对环境的污染。

（1）聚氨酯防水涂料

聚氨酯防水涂料属单组分和双组分反应型涂料。甲组分是含有异氰酸基的预聚体，乙组分含有多羟基的固化剂与增塑剂、稀释剂等，甲、乙两组分混合后，经固化反应，形成均匀富有弹性的防水涂膜。聚氨酯防水涂料是反应型防水涂料，固化的体积收缩很小，可形成较厚的防水涂膜，并具有弹性高、延伸率大、耐高低温性好、耐油、耐化学药品腐蚀等优异性能，其主要技术性能应满足表10-3的要求。

聚氨酯涂料具有较大的弹性和延伸能力，耐高低温性能好，耐油及耐腐蚀性强，涂膜没有接缝，能适应任何复杂形状的基层，使用寿命为10～15年。对在一定范围内的基层裂缝有较强的适应性，并且采用冷施工法作业。它用于一般工业与民用建筑中的屋面、地下室、浴室、卫生间地面等防水工程，也可以用于水池的防水等。

聚氨酯防水涂料的主要技术性能（GB/T 19250—2003）　　　**表 10-3**

项　目		单组分		双组分	
		Ⅰ	Ⅱ	Ⅰ	Ⅱ
拉伸强度(MPa),≥		1.90	2.45	1.90	2.45
断裂伸长率(%),≥		550		450	
撕裂强度(N/mm),≥		12	14	12	14
低温弯折性(℃)		−40		−35	
不透水性(0.3MPa,30min)		不透水		不透水	
固体含量(%),≥		80		92	
表干时间(h),≤		12		8	
实干时间(h),≤		24			
加热伸缩率(%)	≤	+1.0			
	≥	−4.0			
潮湿基面粘结强度(MPa),≥		0.5		0.5	
定伸时老化	加热老化	无裂纹及变形			
	人工气候老化				
热处理	拉伸强度保持率(%),≥	80～150			
	断裂伸长率(%),≥	500	400		
	低温弯折性(℃),≤	−35		−30	
碱处理	拉伸强度保持率(%),≥	60～150			
	断裂伸长率(%),≥	500	400		
	低温弯折性(℃),≤	−35		−30	
酸处理	拉伸强度保持率(%),≥	80～150			
	断裂伸长率(%),≥	500	400		
	低温弯折性(℃),≤	−35		−30	
人工气候老化	拉伸强度保持率(%),≥				
	断裂伸长率(%),≥	500	400		
	低温弯折性(℃),≤	−35		−30	

(2) 丙烯酸酯防水涂料

丙烯酸酯防水涂料是以丙烯酸酯树脂乳液为主，加入适量的填充料、颜料等配制而成的水乳型的防水涂料。

丙烯酸酯防水涂料具有耐高低温性能好、无毒、操作简单等优点，可在各种复杂的基层表面施工，并具有白色、多种浅色、黑色等，使用寿命为 10～15 年。丙烯酸酯防水涂料的缺点是延伸率较小。丙烯酸酯防水涂料广泛应用于外墙防水装饰及各种彩色防水层。

丙烯酸酯防水涂料的主要技术性能应符合《聚合物乳液建筑防水涂料》(JC/T 864—2000）的要求，具体见表 10-4。

(3) 有机硅憎水剂

有机硅憎水剂是由甲基硅醇钠或乙基硅醇钠等为主要原料而制成的防水涂料。产品分为水溶性和溶剂型两种，其质量应满足《建筑表面用有机硅防水剂》（TC/T 902—2002）的要求。

聚合物乳液建筑防水涂料技术指标（JC/T 864—2000） 表10-4

项目		Ⅰ	Ⅱ
拉伸强度(MPa)，≥		1.0	1.5
断裂伸长率(%)，≥		300	
低温柔性(绕直径10mm圆棒)		−10℃无裂纹	−20℃无裂纹
不透水性(0.3MPa，30min)		不透水	
固体含量(%)，≥		65	
表干时间(h)，≤		4	
实干时间(h)，≤		8	
拉伸后的拉伸强度保持率(%)，≥	加热处理	80	
	紫外线处理		
	碱处理	60	
	酸处理	40	
老化后的断裂伸长率(%)，≥	加热处理	200	
	紫外线处理		
	碱处理		
	酸处理		
加热伸缩率(%)，≤	伸长	1.0	
	缩短		

有机硅憎水剂在固化后形成一层肉眼觉察不到的透明薄膜层，该薄膜层具有优良的憎水性和透水性，并对土木工程材料的表面起到防污染、防风化等作用。有机硅憎水剂主要用于混凝土、砖、石材等多孔无机材料的表面，常用于外墙或外墙装饰材料的罩面涂层，起到防水、防止沾污作用。使用年限为3～7年。

3. 建筑密封材料

密封对于建筑物来说就是防水、防尘和隔汽。建筑密封技术包括三个方面：合理的密封设计、优质的密封材料和正确的密封施工方法。密封材料是密封技术的基础。

随着建筑工程结构的多样化，特别是房屋建筑的大板、条板的装配化施工及框架轻板结构的进一步发展，将对嵌缝密封材料提出更高的要求。今后密封材料发展的主要方向是：逐步用人工合成高分子材料代替沥青类材料；以中、高档次密封材料作为开发对象；同时组织有关部门制定并完善各类密封材料的标准及试验方法。

(1) 树脂基建筑密封材料

目前生产的树脂基建筑密封材料主要为丙烯酸酯建筑密封胶，简称丙烯酸酯密封胶。丙烯酸酯建筑密封胶分为溶剂型和乳液型（又称为水性）。乳液型丙烯酸酯建筑密封胶是以丙烯酸酯乳液为主，再加入适量增塑剂、填充剂、颜料等制成的单组分密封材料，属于弹塑性体。丙烯酸酯建筑密封胶按变形能力分为25级、20级、12.5级和7.5级，见表10-5。按弹性恢复率分为弹性类（E）和塑性类（P）。丙烯酸酯建筑密封胶的技术要求见表10-6。

建筑密封胶变形级别 表10-5

级别	25	20	12.5	7.5
试验抗拉幅度(%)	±25	±20	±12.5	±7.5
位移能力(%)	25	20	12.5	7.5

丙烯酸酯建筑密封胶的技术要求（JC/T 484—2006） **表 10-6**

指　　标	丙烯酸酯建筑密封胶(JC/T 484—2006)		
	12.5E	12.5P	7.5P
下垂度(mm),≤	3		
表干时间(h),≤	1		
挤出性(mL/min),≥	100		
弹性恢复率(%),≥	40	实测值	
定伸粘结性	无破坏	—	
浸水后定伸粘结性	无破坏	—	
冷拉-热压后粘结性	无破坏	—	
断裂伸长率(%),≥	—	100	
浸水后断裂伸长率(%),≥	—	100	
同一温度下拉伸-压缩循环后的定伸粘结性	—	无破坏	
低温柔性(℃)	−20	−5	
体积变化率(%),≤	30		

丙烯酸酯建筑密封胶具有较好的粘结性和耐高温性，可在−20～80℃范围内使用。丙烯酸酯建筑密封胶的延伸率高，固化初期达200%～400%，经热老化试验后仍可达100%～350%。丙烯酸酯建筑密封胶还具有良好的施工性和耐候性，且不污染材料的表面。使用寿命为15年以上，属于中档密封材料。

丙烯酸酯建筑密封胶主要适合于屋面、墙板、门窗等的嵌缝。乳液型丙烯酸酯建筑密封胶可在潮湿的基层表面上施工。由于丙烯酸酯建筑密封胶的耐水性不是很好，故不宜用于长期浸泡在水中的工程，如水池等。此外，丙烯酸酯建筑密封胶的抗疲劳性较差，不宜用于频繁振动的工程，如广场、桥梁等。乳液型丙烯酸酯建筑密封胶不宜在−5℃以下施工，且存放时需注意防冻。

(2) 橡胶基建筑密封材料

1) 聚氨酯建筑密封胶（PUR）分为单组分和双组分两种。双组分的聚氨酯建筑密封胶由聚氨酯、增塑剂、填充料组成主体（甲组分），在现场与交联剂（乙组分）混合后使用。交联后成为弹性体。按变形能力分为25级和20级，按拉伸模量分为高模量（HM）和低模量（LM），按流变性分为下垂型（N）和自流平型（L）。聚氨酯建筑密封胶的技术要求应满足表10-7的要求。

聚氨酯建筑密封胶具有弹性高、延伸率大、粘结强度高，并具有优良的耐低温性、耐水性、耐酸碱性、耐油性及耐疲劳性，使用寿命在25～30年以上等优点，属于高档弹性密封材料。

聚氨酯建筑密封胶适合于屋面、墙板、卫生间、楼板、阳台、水池、桥梁、公路与机场跑道等的各种水平缝与垂直缝的密封防水，也适合于玻璃、金属材料等的防水密封等。

2) 聚硫橡胶建筑密封胶

聚硫橡胶建筑密封胶简称聚硫橡胶密封胶（PS），分为单组分和双组分两种。双组分的聚硫橡胶密封胶的主剂（甲组分）由液态聚硫橡胶和填充料等组成的，交联剂（乙组分）主要为金属氧化物。使用时在现场按比例混合均匀，交联后成为弹性体。聚硫橡胶密封胶按拉伸模量分为高模量低伸长率（A类）和低模量高伸长率（B类），按流变性分为下垂型（N）和自流平型（L）。聚氨酯建筑密封胶的技术要求应满足表10-7的规定。

聚氨酯建筑密封胶（JC/T 482—2003）与聚硫建筑密封胶（JC/T 483—2006）的主要技术要求

表 10-7

指　标			聚氨酯建筑密封胶			聚硫建筑密封胶		
			20HM	25LM	20LM	20HM	25LM	20LM
流变性	下垂度(N)(mm),≤		3			3		
	流平性(L)(mm)		光滑平整			光滑平整		
表干时间(h),≤			24			24		
适用期(h),≥			1			2		
挤出性(mL/min),≥			80			—		
弹性恢复率(%),≥			70			70		
拉伸模量(MPa)		23℃	0.4 或 0.6	0.4 或 0.6		0.4 或 0.6	0.4 或 0.6	
		−20℃						
定伸粘结性			无破坏			无破坏		
浸水后定伸粘结性			无破坏			无破坏		
冷拉-热压后粘结性			无破坏			无破坏		
质量损失(%),≤			7			5		

聚硫橡胶密封胶具有优良的耐候性、耐油性、耐湿热性、耐水性、耐低温性，使用温度为−40～90℃，并且抗裂性强，对各种土木工程材料具有良好的粘结性。此外，工艺性能好，无溶剂、无毒、使用安全可靠、使用寿命在30年以上等优点，属于高档弹性密封材料。

聚硫橡胶密封胶适合于各种土木工程材料的防水密封，特别适合于长期浸泡在水中的工程、严寒地区的工程或冷库、受疲劳荷载作用的工程（如桥梁、公路与机场跑道等）。

3）硅酮密封胶

硅酮密封胶又称有机硅密封胶（SR），分为单组分和双组分两种。

硅酮密封胶具有优良的耐热性、耐寒性、憎水性，使用温度为−50～250℃，并具有优良的抗伸缩疲劳性能和耐候性，使用寿命在30年以上，属于高档弹性密封材料。

① 硅酮建筑密封胶

单组分的硅酮建筑密封胶属于通用密封胶，由有机硅氧烷聚合物、交联剂、填充剂等组成。密封胶在施工后，吸收空气中的水分而产生交联成为弹性体。硅酮建筑密封胶按位移能力分为25、20两个级别，按固化机理分为脱酸型（A型，也称醋酸型）、脱醇型（B型，也称醇型），按用途分为接缝用（F类）和镶装玻璃用（G类）两类，按拉伸模量分为高模量（HM类）和低模量（LM类），其技术要求应满足表10-8的规定。

硅酮建筑密封胶除对玻璃、陶瓷等少数材料有较高的粘结性外，对大多数材料的粘结性较差，使用时需先用特定的涂底材料对材料的表面进行处理。硅酮建筑密封胶一次封灌不可超过10mm，不然内部交联速度很慢，当封灌大于10mm时需分层进行或添加适量氧化镁来解决。

高模量的硅酮建筑密封胶主要用于建筑物的结构型防水密封部位，如玻璃幕墙、门窗的密封等；低模量的硅酮建筑密封胶主要用于建筑物的非结构型密封部位，特别适合伸缩较大的部位，如混凝土墙板、大理石板、花岗石板、公路与机场跑道等。脱酸型硅酮建筑密封胶在交联时会放出醋酸，故不宜用于铜、铝、铁等金属材料，也不宜用于水泥混凝土、硅酸盐混凝土等碱性材料的防水密封。

硅酮建筑密封胶（GB/T 14683—2003）与混凝土建筑接缝用密封胶（JC/T 881—2001）技术要求

表 10-8

<table>
<tr><td colspan="3" rowspan="2">指　标</td><td colspan="4">硅酮建筑密封胶</td><td colspan="7">混凝土建筑接缝用密封胶</td></tr>
<tr><td>25 HM</td><td>20 HM</td><td>25 LM</td><td>20 LM</td><td>25 LM</td><td>25 HM</td><td>20 LM</td><td>20 HM</td><td>12.5E</td><td>12.5P</td><td>7.5P</td></tr>
<tr><td colspan="3">表干时间(h),≤</td><td colspan="4">3</td><td colspan="7">—</td></tr>
<tr><td rowspan="3">流变性</td><td rowspan="2">下垂度(mm),≤</td><td>垂直</td><td colspan="4">3</td><td colspan="7">N 型:3</td></tr>
<tr><td>水平</td><td colspan="4">无变形</td><td colspan="7">N 型:3</td></tr>
<tr><td colspan="2">流平性(L)(mm),</td><td colspan="4">—</td><td colspan="7">光滑平整</td></tr>
<tr><td colspan="3">挤出性(mL/min),≥</td><td colspan="4">80</td><td colspan="7">80</td></tr>
<tr><td rowspan="3">拉伸粘结性</td><td rowspan="2">拉伸模量(MPa)</td><td>23℃</td><td colspan="2" rowspan="2">>0.4 或 >0.6</td><td colspan="2" rowspan="2">≤0.4 或 ≤0.6</td><td rowspan="2">≤0.4 或 ≤0.6</td><td rowspan="2">>0.4 或 >0.6</td><td rowspan="2">≤0.4 或 ≤0.6</td><td rowspan="2">>0.4 或 >0.6</td><td colspan="3" rowspan="2">—</td></tr>
<tr><td>−20℃</td></tr>
<tr><td colspan="2">断裂伸长率(%),≥</td><td colspan="4">—</td><td colspan="5">—</td><td>100</td><td>20</td></tr>
<tr><td colspan="3">弹性恢复率(%)</td><td colspan="4">80</td><td colspan="2">≥80</td><td colspan="2">≥60</td><td>≥40</td><td colspan="2"><40</td></tr>
<tr><td colspan="3">定伸粘结性</td><td colspan="4">无破坏</td><td colspan="5">无破坏</td><td colspan="2" rowspan="4">—</td></tr>
<tr><td colspan="3">紫外线照射后粘结性</td><td colspan="4">无破坏</td><td colspan="5">—</td></tr>
<tr><td colspan="3">冷拉-热压后粘结性</td><td colspan="4">无破坏</td><td colspan="5">无破坏</td></tr>
<tr><td colspan="3">浸水后定伸粘结性</td><td colspan="4">无破坏</td><td colspan="5">无破坏</td></tr>
<tr><td colspan="3">浸水后断裂伸长率(%),≥</td><td colspan="4">—</td><td colspan="5">—</td><td>100</td><td>20</td></tr>
<tr><td colspan="3">质量损失(%),≤</td><td colspan="4">10</td><td colspan="5">10</td><td colspan="2">—</td></tr>
<tr><td colspan="3">体积收缩率(%),≤</td><td colspan="4">—</td><td colspan="5">25</td><td colspan="2">25</td></tr>
</table>

② 混凝土建筑接缝用密封胶

混凝土建筑接缝用密封胶按位移能力分为 25、20、12.5、7.5 四个级别，25 级和 20 级又分为高模量（HM 类）和低模量（LM 类）两个次级别，12.5 级按弹性恢复率是否大于 40%又分为弹性类（E）和塑性类（P）两个次级别。25 级、20 级、12.5E 级属于弹性密封胶，12.5P、7.5P 属于塑性密封胶。混凝土建筑接缝用密封胶的技术性能应满足表 10-8 的规定。

混凝土建筑接缝用密封胶可用于各类混凝土建筑的接缝密封。25 级、20 级、12.5E 级适合大变形接缝部位。

上述密封材料属于不定型密封材料。此外，还有定型密封材料又称止水带，是采用热塑性树脂或橡胶制成的定型产品，主要用于地下工程、隧道、水池、管道接头等土木工程的各种接缝、沉降缝、伸缩缝等。定型密封材料具有良好的弹塑性和强度，并具有优良的压缩变形性能和变形恢复性能，能适应构件的变形和振动，防水效果好、耐老化。

10.3.2 涂料

涂料是指涂敷于物体表面，并能形成牢固附着、完整保护膜的材料。早期的涂料是以天然的油脂（如桐油、亚麻油）和天然树脂（如松香、柯巴树脂）为主要原料制成的，通称为油漆。

随着科学技术的发展，各种高分子合成树脂广泛用作涂料原料，使油漆产品的面貌发生了根本的变化。现在通常将以合成树脂（包括无机高分子材料）为主要成膜物质的称为涂料，而将以天然油脂、树脂为主要成膜物质或经合成树脂改性的称为油漆。建筑涂料则是指使用于建筑物，起装饰作用、保护作用及其他特殊功能作用的一类涂料。

涂料的品种虽然很多，但就其组成而言，大体上可分为三个部分，即主要成膜物质、次要成膜物质和辅助成膜物质，如表 10-9 所示。

涂料的基本组成 **表 10-9**

<table>
<tr><td rowspan="12">涂料</td><td rowspan="5">主要成膜物质</td><td rowspan="3">油基漆</td><td>干性油</td></tr>
<tr><td>不干性油</td></tr>
<tr><td>半干性油</td></tr>
<tr><td rowspan="2">树脂基漆</td><td>天然树脂</td></tr>
<tr><td>合成树脂</td></tr>
<tr><td rowspan="3">次要成膜物质</td><td colspan="2">着色颜料</td></tr>
<tr><td colspan="2">防锈颜料</td></tr>
<tr><td colspan="2">体质颜料</td></tr>
<tr><td rowspan="4">辅助成膜物质</td><td rowspan="2">稀料</td><td>溶剂</td></tr>
<tr><td>稀释剂</td></tr>
<tr><td rowspan="2">辅助材料</td><td>催干剂，固化剂</td></tr>
<tr><td>增塑剂，触变剂</td></tr>
</table>

1. 主要成膜物质

（1）油料。油料是自然界的产物，来自于植物种子和动物的脂肪。油料的干燥固化反应主要是空气中的氧和油料中不饱和双键的聚合作用。

天然油料（油漆）的各方面性能，特别是耐腐蚀、耐老化性能不如许多合成树脂，目前很少用它单独作防腐蚀涂料，但它能与一些金属氧化物或金属皂化物在一起对金属起防锈作用，所以油料可用来改性各种合成树脂以制取配套防锈底漆。常用的油漆如表 10-10 所示。

常用油漆表 **表 10-10**

<table>
<tr><th colspan="2">名 称</th><th>组成配制</th><th>主要特性</th><th>适用范围</th></tr>
<tr><td rowspan="2">天然漆</td><td>生漆</td><td>由漆树取得的液汁，经部分脱水、过滤而得</td><td>漆膜坚硬、富有光泽、贴合力强、耐磨、耐久、耐油、耐水、耐腐蚀、绝缘、耐热（≤250℃）。可自行干燥结膜。
黏度大、不易施工、色深、性脆、不耐阳光直射、抗碱性较差、漆粉有毒对人体皮肤有刺激性</td><td rowspan="2">适用于高级木器家具、工艺美术品及古建筑零件等的涂饰</td></tr>
<tr><td>熟漆</td><td>由生漆熬炼而得或经改性制成各种精制漆</td><td>漆膜坚韧、光泽动人、装饰性好、耐水、耐热、耐候、耐腐蚀</td></tr>
<tr><td colspan="2">调和漆</td><td>在熟干油中加入颜料、溶剂、催干剂等调和而成</td><td>漆膜遮盖力强、耐晒、耐蚀、经久不裂。油漆质地均匀、稀稠适度、施工方便</td><td>适用于室内外钢材、木材等表面涂饰</td></tr>
</table>

续表

名称		组成配制	主要特性	适用范围
清漆	油质清漆（凡立水）	由合成树脂、干性油、溶剂、催干剂等配制而成，一般不掺颜料	漆膜具有琥珀色彩，装饰效果极佳。油料用量多时，漆膜柔韧、富有弹性、干燥慢；油料用量少时，漆膜坚硬、光亮、干燥快、易脆裂	多用于木制家具、室内门窗的表面涂饰，不宜用于室外
	醇质清漆（泡立水）	由天然树脂虫胶溶于乙醇而成	漆膜光亮透明，能显示出材料表面原有的纹理、易干、耐酸、耐油；施工时可刷、可喷、可烤。耐候性差，不耐烫	
光漆（硝基清漆）		硝化纤维素加入天然树脂及溶剂等配制而成	漆膜干燥迅速、无色透明、坚硬耐磨、光泽度高，可以擦蜡打光，耐烫、耐水、耐候性及耐久性好，属高级油漆	适用于涂饰高级木器及家具等
磁漆		由油质清漆加入无机颜料配制而成	漆膜坚硬、平滑、光亮，酷似瓷质，色泽丰富、附着力强、干燥快	适用于室内外木材及金属材料表面涂饰
喷漆		由硝化纤维、合成树脂、颜料、溶剂、增塑剂等配制而成	漆膜干燥快、光亮平滑、坚硬耐久、色泽鲜艳	适用于室内外木材及金属表面喷饰
防锈漆		采用精炼的桐油、亚麻仁油等加入颜料（红丹、黄丹等）配制而成	红丹漆对钢铁的防锈效果最好，是工程中使用最广泛的防锈底漆；黄丹漆能抵抗海水的侵蚀	适用于室内外金属材料表面涂饰

（2）树脂

既可以是天然树脂，也可以是合成树脂。

天然树脂是指沥青、生漆、天然橡胶等。合成树脂是指环氧树脂、酚醛树脂、呋喃树脂、聚酯树脂、聚氨酯树脂、乙烯类树脂、过氯乙烯树脂和含氟树脂等，它们都是常用的耐蚀涂料中的主要成膜物质。

2. 次要成膜物质（颜料）

颜料是涂料的主要成分之一，在涂料中加入颜料不仅使涂料具有装饰性，更重要的是能改善涂料的物理和化学性能，提高涂层的机械强度、附着力、抗渗性和防腐蚀性能等，还有滤除有害光波的作用，从而增进涂层的耐候性和保护性。

（1）防锈颜料主要用在底漆中起防锈作用。按照防锈机理的不同，可分化学防锈颜料，如红丹、锌铬黄、锌粉、磷酸锌和有机铬酸盐等，这类颜料在涂层中是借助化学或电化学的作用起防锈作用的；另一类为物理性防锈颜料，如铝粉、云母、氧化铁、氧化锌和石墨粉等，其主要功能是提高漆膜的致密度，降低漆膜的渗透性，阻止阳光和水分的透入，以增强涂层的防锈效果。

（2）体质颜料和着色颜料可以在不同程度上提高涂层的耐候性、抗渗性、耐磨性和物理机械强度等。常用的有滑石粉、碳酸钙、硫酸钡、云母粉和硅藻土等。着色颜料在涂料中主要起着色和遮盖膜面的作用。

3. 辅助成膜物质

（1）溶剂。溶剂在涂料中主要起溶解成膜物质、调整涂料黏度、控制涂料干燥速度等方面的作用。溶剂对涂料的一些特性，如涂刷阻力、流平性、戎膜速度、流淌性、干燥性、胶凝性、浸润性和低温使用性能等，都会产生影响。因此，要想得到一个好涂料，正确选择和使用溶剂同样重要。

(2) 其他辅助材料。为了提高涂层的性能和满足施工要求，在涂料中还常常添加增塑剂（用来提高漆膜的柔韧性、抗冲击性和克服漆膜硬脆性，易裂的缺点）、触变剂（使涂料在刷涂过程中有较低的黏度，以易于施工）。另外，还有催干剂（加速漆膜的干燥）、表面活性剂、防霉剂、紫外线吸收剂和防污剂等辅助材料。

(3) 水和溶剂。水和溶剂是分散介质，溶剂又称稀释剂，主要作用在于使各种原材料分散而形成均匀的黏稠液体，同时可调整涂料的黏度，使其便于涂布施工，有利于改善涂膜的某些性能。另外，涂料在成膜过程中，依靠水或溶剂的蒸发，使涂料逐渐干燥硬化，最后形成连续均匀的涂膜。常用的溶剂有松香水、乙醇、苯、二甲苯、丙酮等。

除了常用的建筑涂料外，还有一些具有特种功能的建筑涂料，如可以使墙面具有防止霉菌生长、能使被涂覆的建筑物具有防火特性、能够降低建筑物的能耗、防静电功能等的涂料。

10.3.3 建筑胶

建筑胶是一种能在两个物体的表面间形成薄膜，并能把它们紧密地粘结起来的材料，又称为粘结剂或粘合剂。建筑胶在土木工程中主要用于室内装修、预制构件组装、室内设备安装等。此外，混凝土裂缝和破损也常采用建筑胶进行修补。目前，建筑胶的用途越来越广，品种和用量日益增加，已成为土木工程材料中的一个不可缺少的组成部分。

1. 建筑胶的组成、要求及分类

建筑胶一般都是多组分材料，除基本成分为合成高分子材料（俗称粘料）外，为了满足使用要求，还需要加入各种助剂，如填料、稀释剂、固化剂、增塑剂、防老化剂等。

对建筑胶的基本要求是：具有足够的流动性，能充分浸润被粘物表面，粘结强度高，胀缩变形小，易于调节其粘结性和硬化速度，不易老化失效。

按所用粘料的不同，可将建筑胶分为热固型、热塑性、橡胶型和混合型四种。

人们从不同角度对建筑胶的粘结原理进行了研究，得出以下几种理论：

(1) 机械连接理论

机械连接理论认为，被粘物表面是粗糙、多孔的，建筑胶能够渗透到孔隙中，硬化后形成了许多微小的机械连接，粘结力来自机械力。

(2) 物理吸附理论

物理吸附理论认为，建筑胶与被粘物分子间的距离小于0.5mm时，分子间的范德华力发生作用而相吸附，粘结力来自分子间的引力。分子间的作用力虽然远小于化学键力，但由于分子（或原子）数目巨大，故吸附能力很强。

(3) 化学粘结理论

化学粘结理论认为，某些建筑胶与被粘物表面之间能形成化学键，这种化学键对粘结力及粘结界面抵抗老化的能力有较大的贡献。

(4) 扩散理论

扩散理论认为，建筑胶与被粘物之间存在分子（或原子）间的相互扩散作用，这种扩散作用是两种高分子材料的相互溶解，其结果使建筑胶与被粘物分子之间更加接近，物理吸附作用得到加强。

以上理论反映了粘结现象本质的各个方面，实际上建筑胶与被粘物之间的牢固粘结往往是多种作用的综合效果。在实际应用中，为了获得较高的粘结强度，应根据被粘物的种类、环境温度、耐水及耐腐蚀性等要求，采取相应的措施。如合理选用建筑胶品种，对被粘物表面进行处理，如加热、加压（加热可改善润湿程度，加压可增大吸附作用）等。

2. 土木工程中常用的建筑胶

建筑胶品种很多，常用建筑胶的性能及用途如下。

(1) 聚乙酸乙烯建筑胶（乳白胶）

聚乙酸乙烯建筑胶的粘结性好、无毒、无味、快干、耐油、施工简易、安全。但价格较贵、耐水性和耐热性较差、易蠕变。主要用于粘结墙纸、木质或塑料地板、陶瓷饰面材料、玻璃和混凝土等。

(2) 聚乙烯醇缩甲醛建筑胶（改性 107 胶，又称 801 胶）

聚乙烯醇缩甲醛建筑胶的粘结强度高、无毒、无味、耐油、耐水、耐磨、耐老化、价廉。主要用于粘贴墙纸、墙布、瓷砖、马赛克；加入水泥砂浆中可减少地板起尘，在装饰工程中用途最广。

(3) 丙烯酸酯类建筑胶（502）

丙烯酸酯类建筑胶的粘结强度高、固化速度快、用量少。用于金属和非金属材料的粘结。

(4) 环氧树脂建筑胶

环氧树脂建筑胶的粘结强度高、耐热、电绝缘性好、柔韧、耐化学腐蚀，适用于水中作业和耐酸碱场合。广泛用于粘结金属、非金属材料及建筑物的修补，有万能胶之称。

(5) 不饱和聚酯树脂建筑胶

不饱和聚酯树脂建筑胶的粘结强度高、耐水性和耐热性较好，可在室温或低压下固化，无挥发物产生，但固化时收缩率较大。主要用于制作玻璃钢，粘结陶瓷、玻璃、金属、木材和混凝土等。

(6) 聚氨酯建筑胶

聚氨酯建筑胶的粘结力强、胶膜柔软、耐溶剂、耐油、耐水、耐酸、耐震，能在室温下固化。粘结塑料、木材、皮革、玻璃、金属等，特别适合防水、耐酸、耐碱工程。

(7) 氯丁橡胶建筑胶

氯丁橡胶建筑胶的粘结力较强，对水、油、弱酸、弱碱及有机溶剂有良好的抵抗性，可在室温下固化。易蠕变，易老化。粘结多种金属和非金属材料，常用于水泥砂浆墙面或地面上粘贴橡胶和塑料制品。

10.3.4 高分子改性水泥混凝土

水泥混凝土具有许多优良的技术品质，所以广泛应用于高等级路面和大型桥梁以及建筑工程。但是它最主要的缺点是抗拉（或抗弯）强度与抗压强度比值较低，相对延伸率小，是一种典型的强而脆的材料。如能借助高分子材料的特性，采用高分子材料改性水泥混凝土，则可弥补上述缺点，使水泥混凝土成为强而韧的材料。

目前采用高分子材料改性水泥混凝土主要有以下三种方法。

1. 聚合物浸渍混凝土

聚合物浸渍混凝土是高分子材料浸渍已硬化的混凝土（基材）经干燥后，用加热或辐射等方法使混凝土孔隙内的单体聚合而成的一种混凝土。

(1) 基本工艺

高分子材料浸渍混凝土的主要工艺是：浸渍、干燥和聚合等流程。

1) 浸渍。是使配制好的浸渍液渗入混凝土孔隙中。浸渍的方法分为自然浸渍、真空浸渍和真空加压浸渍等，路面混凝土宜采用自然浸渍法。

浸渍常用的单体有甲基丙烯酸甲酯（MMA)、苯乙烯（S)、乙酸乙烯（VA)、乙烯(E)、丙烯腈（AN)、聚酯-苯乙烯等。目前最常采用的是前两种。此外，还应加入其他助剂，如引发剂、催化剂和交联剂等。

2) 干燥。是使聚合物能渗入混凝土的孔隙，必须使混凝土充分干燥，通常干燥温度为100～150℃。

3) 聚合。是使浸渍在混凝土孔隙中的单体聚合固化的过程。聚合的方法有：热聚合、辐射聚合和催化聚合等。目前采用较多的是掺加引发剂的热聚合法。常用的引发剂为过氧化苯酰、特丁基过苯甲酸盐、偶氮双异丁腈等。引发剂事先溶解在单体中，当加热时即能使单体聚合。加热的方法有电热器、热水、蒸汽、红外线等。

(2) 技术性能

聚合物浸渍混凝土由于聚合物充盈了混凝土的毛细管孔和微裂缝所组成孔隙系统，改变了混凝土的孔结构，因而使其物理、力学性能得到明显改善。一般情况下，聚合物浸渍混凝土的抗压强度为水泥混凝土的3～4倍；抗拉强度约提高3倍；抗弯强度提高2～3倍；弹性模量约提高1倍；抗冲击强度约提高0.7倍。此外，徐变大大减小，抗冻性、耐硫酸盐、耐酸和耐碱等性能也都有很大改善。其主要缺点是耐热性较差，高温时聚合物易分解。

2. 聚合物水泥混凝土

聚合物水泥混凝土是以聚合物（或单体）和水泥共同起胶结作用的一种混凝土。生产工艺与聚合物浸渍混凝土不同，它是在拌合混凝土混合料时将聚合物（或单体）掺进去的。因此，生产工艺简单，与水泥混凝土相似，便于施工现场使用。

(1) 材料组成

聚合物水泥混凝土的材料组成基本上与水泥混凝土相同，只是增加了聚合物组分。常用的聚合物有以下三类：1) 橡胶乳液类，如天然胶乳（NR)、丁苯胶乳（SBR）和氯丁胶乳（CR）等；2) 热塑性树脂类，如聚丙烯酸酯（PAE)、聚乙酸乙烯酯（PVAC）等；3) 热固性树脂类，如环氧树脂（EP）等。

此外，还要加入某些辅助稳定剂、抗水剂、促凝剂和消泡剂等外加剂。

(2) 配合比设计

聚合物水泥混凝土配合比设计与水泥混凝土基本相同，但是设计目标除了抗压强度的要求外，更重要的是抗弯强度和耐磨性这两项指标。在设计参数中，除了水灰比、用水量和砂率三项参数外，由于聚合物混凝土的力学性能还与聚合物的掺量有关，所以还要增加一项“聚灰比”的参数。通常聚灰比是按固态聚合物占水泥的百分率计算的，使用胶乳时应按其含胶量计算，并在单位用水量中扣除胶乳中的含水量。聚合物混凝土目前尚无成熟的配合比设计，主要是在水泥混凝土设计方法的基础上，参照已有的实践经验，在推荐范围（如聚灰比为0.05～0.20；水灰比为0.35～0.50）中，通过试拌来确定其配合比。

(3) 技术性能

硬化后的聚合物混凝土与水泥混凝土相比，在技术性能上有下列特点：

1) 抗弯、抗拉强度高。掺加聚合物后，混凝土的抗压、抗拉和抗弯强度均有提高，特别是作为路面混凝土强度指标的抗弯、抗拉强度，提高更为明显。

2) 抗冲击性好。由于掺加聚合物，混凝土的脆性降低，柔韧性增加，因而抗冲击能力也有明显的提高。这对作为承受动荷载的路面和桥梁用的混凝土是非常有利的。

3) 耐磨性好。聚合物对矿物集料具有优良的粘附性，因而可以采用硬质耐磨的岩石作为集料，这样可以提高路面混凝土的耐磨性和抗滑性。

4) 耐久性好。聚合物在混凝土中能起到阻水和填隙的作用，因而可以提高混凝土的抗水性、耐冻性和耐久性。

以上各项性能的改善程度与聚合物的性能、用量和制备工艺有关。

3. 聚合物胶结混凝土

聚合物胶结混凝土是完全以聚合物为胶结材料的混凝土，常用的聚合物为各种树脂或单体，所以也称“树脂混凝土”。

(1) 组成材料

聚合物混凝土由胶结材料、集料和填料所组成。

1) 胶结材料。它是用于拌制聚合物混凝土的树脂或单体。在选择时，除考虑与集料的粘附性外，同时还能满足施工和易性的要求，以及硬化后能达到预期的强度和耐磨性能等。

最常用的聚合物有环氧树脂（PE）、呋喃树脂（ER）、酚醛树脂（PF）、不饱和聚酯树脂（UP）等；单体有甲基丙烯酸甲酯（MMA）、苯乙烯（S）等。

另外，为满足树脂或单体能固化、聚合以及混凝土拌合物施工的和易性，还需要掺加固化剂、引发剂和稀释剂等。

2) 集料。首先要选择高强度和耐磨的岩石，同时要考虑岩石的矿物成分与聚合物的粘附性。破碎成的集料要有良好的级配，经组配后的集料应能达到最大的密实度，以减少填料和聚合物的用量。集料最大粒径通常不大于 20mm。

3) 填料。在聚合物混凝土中，除了填充集料的空隙以减少聚合物的用量外，更重要的是集料有较大的表面积与聚合物发生表面化学反应。因此，填料的细度、粒径级配和矿物成分等在很大程度上影响聚合物混凝土的物理-力学性能。一般填料粒径宜为1～30μm。常用的填料有碱性的碳酸钙（$CaCO_3$）系和酸性的二氧化硅（SiO_2）系，用时需要根据聚合物特性确定。

(2) 配合比设计

聚合物混凝土配合比设计的目标是：达到设计要求的混凝土强度（特别是抗折强度的要求）；满足施工和易性以及聚合物的最佳用量。其主要设计步骤如下：

1) 确定树脂与助剂的最佳比例。为保证在施工过程中混凝土拌合物的和易性和硬化后聚合物混凝土的强度，必须确定树脂（或单体）与固化剂（或引发剂）及稀释剂等的最佳比例。

2) 选择矿物集料的最优配比。由粗细集料和填料组成的矿物集料，应以最大密实度

（最小空隙率）为目标进行矿物集料配合比设计。

3）确定树脂（或单体）最佳用量。根据试拌，初步确定满足施工和易性要求的树脂用量，然后根据强度试验，确定既满足施工和易性又达到预期强度的最佳树脂用量。

（3）技术性能

聚合物混凝土是以聚合物为粘结料的混凝土，由于聚合物的特征，使混凝土具有以下技术性能：

1）体积密度小。由于聚合物的密度比水泥密度小，所以聚合物混凝土的体积密度也较小，通常为2000～3000kg/m^3，如采用轻集料配制混凝土，则能减少结构断面和增大跨度，达到轻质高强的要求。

2）强度高。聚合物混凝土与水泥混凝土相比较，不论抗压、抗拉或抗折强度都有显著的提高，特别是抗拉和抗折强度尤为突出。这对减薄路面厚度或减少桥梁结构断面都有显著的效果。

3）与集料的粘附性强。由于聚合物与集料的粘附性强，可以采用硬质石料作混凝土路面的抗滑层，以提高路面抗滑性。此外，还可以做成空隙式路以防滑层，以防止高速公路路面的飘滑及噪声现象。

4）结构密实。聚合物不仅可以填充集料间的空隙，而且可以浸入集料的孔隙，使混凝土结构密实，从而提高了混凝土的抗渗性、抗冻性和耐久性。

聚合物混凝土具有许多优良的技术性能，除了应用于特殊要求的道路与桥梁工程结构外，也经常用于路面和桥梁的修补工程。

10.3.5 高分子改性沥青

目前应用于改善沥青性能的高分子材料主要有树脂类、橡胶类和树脂-橡胶共聚物等三类。

1. 热塑性树脂改性沥青

用作改性沥青的树脂，主要是热塑性树脂，最常用的是聚乙烯（PE）和聚丙烯（PP）。由它们所组成的改性沥青，主要是提高了沥青的黏度、改善了高温稳定性，同时可以增大沥青的韧性，但是低温性能的改善有时并不明显。此外，无规聚丙烯（APP），由于它具有更为优越的经济性，所以也经常被用来改善沥青的性能，它与前述相似，改善抗高温流动性效果较好，低温改善效果不明显，并且抗疲劳性能较差。最新研究表明：单价低廉和耐寒性好的低密度聚乙烯与其他高分子材料组成合金，可以得到优良的改性沥青。

热固性树脂，如环氧树脂也曾被用来改性沥青，这种改性沥青配制的混合料具有优良的高温稳定性，并具有应力松弛特性。但是由于造价较高，所以较少采用。

2. 橡胶类改性沥青

橡胶类改性沥青的性能主要取决于沥青原材料的性能、橡胶的种类和制备工艺等因素。

（1）沥青的性能。橡胶沥青的性能取决于橡胶在沥青中的存在状态，亦即取决于两者的相容性。

（2）橡胶品种。采用相同油源和工艺的沥青，若橡胶用量相同而品种不同，则所得到橡胶改性沥青的性能不一定相同。

目前，合成橡胶类改性沥青中，通常认为改性效果较好的是丁苯橡胶（SBR）。丁苯橡胶改性沥青的性能主要表现为：1）在常规指标中，针入度值减小，软化点升高，常温（25℃）延度稍有增加，特别是低温（5℃）延度有较明显的增加；2）不同温度下的黏度均有增加，随着温度降低，黏度逐渐增大；3）热流动性降低，热稳定性明显提高；4）韧性明显提高；5）粘附性也有所提高。

3. 热塑性弹性体改性沥青

热塑性弹性体改性沥青的性能优于树脂和橡胶改性沥青，比如A-100沥青。掺入5%的SBS及助剂，其改性沥青比原始沥青性能上主要有下列改善：

（1）提高低温变形能力。若5℃时延度为3.8cm，脆点为－10.0℃的原始沥青，当掺加5%的SBS高聚物及助剂后，5℃时的延度可增加至36.0cm，脆点降低至－23℃，故改性沥青具有较好的低温变形能力。

（2）提高高温使用的黏度。掺加SBS高分子的改性沥青，60℃的黏度可由115Pa·s提高为224Pa·s；同时软化点也可以从48℃提高至51℃。

（3）提高温度敏感性。改性沥青在低温时的黏度比原始沥青降低，而高温（60℃）时的黏度则比原始沥青高。在更高温度（90℃以上）时，黏度与原始沥青相近。

（4）提高耐久性。由于高分子材料中掺入防老化剂，可提高耐久性。

第 11 章　建筑功能材料

建筑功能材料是指建筑上使用的特殊功能的材料的总标。主要包括建筑装饰材料、保温隔热材料和吸声材料等。

11.1　建筑装饰材料

建筑装饰材料是指用于建筑物表面（如墙面、柱面、地面及顶棚等）起装饰作用的材料，也称装饰材料或饰面材料。一般是在建筑主体工程（结构工程和管线安装等）完成后，最后铺设、粘贴或涂刷在建筑物表面。

建筑装饰材料除了起装饰作用，满足人们的美感需求外，通常还起着保护建筑物主体结构和改善建筑物使用功能的作用，是房屋建筑中不可缺少的一类材料。

11.1.1　建筑装饰材料的基本要求及选用

1. 建筑装饰材料的基本要求

（1）颜色

材料的颜色实质上是材料对光谱的反射，并非是材料本身固有的。它主要与光线的光谱组成有关，还与观看者的眼睛对光谱的敏感性有关。颜色选择合适、组合协调能创造出更加美好的工作、居住环境，因此，颜色对于建筑物的装饰效果就显得极为重要。

材料的颜色应按《彩色建筑材料色度测量方法》（GB 11942—1989）进行测定。

（2）光泽

光泽是材料表面的一种特性，是有方向性的光线反射性质，它对于物体形象的清晰度起着决定性的作用。在评定材料的外观时，其重要性仅次于颜色。镜面反射则是产生光泽的主要因素。

材料表面的光泽按《建筑饰面材料镜面光泽度测定方法》（GB/T 13891—2008）来评定。

（3）透明性

材料的透明性是与光线有关的一种性质。既能透光又能透视的物体，称为透明体；只能透光而不能透视的物体，称为半透明体；既不能透光又不能透视的物体，称为不透明体。如普通门窗玻璃大多是透明的；磨砂玻璃和压花玻璃是半透明的；釉面砖则是不透明的。

（4）质感

质感是材料质地的感觉，主要是通过线条的粗细、凹凸不平程度等对光线吸收、反射强弱不同产生感观上的区别。质感不仅取决于饰面材料的性质，而且取决于施工方法，同种材料不同的施工方法，也会产生不同的质地感觉。

（5）形状与尺寸

对于块材、板材和卷材等建筑装饰材料的形状和尺寸，以及表面的天然花纹（如天然石材）、纹理（如木材）及人造花纹或图案（如壁纸）等都有特定的要求，除卷材的尺寸和形状可在使用时按需要裁剪外，大多数装饰板材和块材都有一定的形状和规格（如长方、正方、多角等几何形状），以便拼装成各种图案或花纹。

2. 建筑装饰材料的选用

不同环境、不同部位，对建筑装饰材料的要求也不同，选用建筑装饰材料时，主要考虑的是装饰效果，颜色、光泽、透明性等应与环境相协调。除此以外，材料还应具有某些物理、化学和力学方面的基本性能，如一定的强度、耐水性和耐腐蚀性等，以提高建筑物的耐久性，降低维修费用。

对于室外装饰材料，也即外墙装饰材料，应兼顾建筑物的美观和对建筑物的保护作用。外墙除需要时承担荷载外，主要是根据生产、生活需要作为围护结构，达到遮挡风雨、保温隔热、隔声防水等目的。因所处环境较复杂，直接受到风吹、日晒、雨淋、冻害的袭击，以及空气中腐蚀气体和微生物的作用，应选用能耐大气侵蚀、不易褪色、不易沾污、不泛霜的材料。

对于室内装饰材料，要妥善处理装饰效果和使用安全的矛盾。优先选用环保型材料和不燃烧或难燃烧等消防安全型材料，尽量避免选用在使用过程中会挥发有毒成分和在燃烧时会产生大量浓烟或有毒气体的材料，努力创造一个美观、整洁、安全、适用的生活和工作环境。

11.1.2 常用建筑装饰材料

1. 石材

（1）天然石材

天然石材是指从天然岩体中开采出来的毛料经加工而成的板状或块状的饰面材料。用于建筑装饰的主要有大理石板和花岗岩板两大类。通常以其磨光加工后所显示的花色、特征及石材产地来命名。饰面板材一般有正方形及矩形两种，常用规格为厚 20mm，宽 150～915mm，长 300～1220mm，也可加工成 8～12mm 厚的薄板及异型板材。

1）大理石板。大理石板材是用大理石荒料（即由矿山开采出来的具有规则形状的天然大理石块）经锯切、研磨、抛光等加工而成的板材。

大理石一般均含有多种矿物，如氧化铁、二氧化硅、云母、石墨蛇纹石等杂质，使大理石呈现出红、黄、黑、绿、灰、褐等多种色彩组成的花纹，色彩斑斓，磨光后极为美丽典雅。纯净的大理石为白色，洁白如玉，晶莹生辉，故称汉白玉。纯白和纯黑的大理石属名贵品种，是重要建筑物的高级装饰材料。

天然大理石板材为高级饰面材料，主要用于装饰等级要求高的建筑物，用作室内高级饰面材料，也可用作室内地面或踏步（耐磨性次于花岗岩），但因其主要化学成分为 $CaCO_3$，易被酸性介质侵蚀，生成易溶于水的石膏，使表面很快失去光泽，变得粗糙多孔，从而降低装饰效果。因此，除少数质地纯正、杂质少、比较稳定耐久的品种如汉白玉、艾叶青等大理石可用于外墙饰面，一般大理石不宜用于室外装饰。

大理石板材的质量应符合《天然大理石建筑板材》（GB/T 19766—2005）的规定。

2）花岗岩板。花岗岩板材是以火成岩中的花岗岩、安山岩、辉长岩、片麻岩等荒料经锯片、磨光、修边等加工而成的板材。常根据其在建筑物中使用部位的不同，加工成剁斧板、机刨板、粗磨板、磨光板。

花岗岩板材的颜色取决于所含长石、云母及暗色矿物的种类和数量，常呈灰色、黄色、蔷薇色、淡红色及黑色等，质感丰富，磨光后色彩斑斓、华丽庄重，且材质坚硬、化学稳定性好、抗压强度高和耐久性很好，使用年限可达500～1000年之久。但因花岗岩中含大量石英，石英在573℃和870℃的高温下均会发生晶态转变，产生体积膨胀，故火灾时花岗岩会产生严重开裂破坏。

花岗岩是公认的高级建筑装饰材料，但由于其开采运输困难、修琢加工及铺贴施工耗工费时，因此造价较高，一般只用在重要的大型建筑中。花岗岩剁斧板多用于室外地面、台阶、基座等处；机刨板材一般用于地面、台阶、基座、踏步、檐口等处；粗磨板材常用于墙面、柱面、台阶、基座、纪念碑、墓碑等处；磨光板材因其具有色彩绚丽的花纹和光泽，故多用于室内外墙面、地面、柱面等的装饰，以及用作旱冰场地面、纪念碑、奠碑等。

花岗岩板材的质量应符合《天然花岗岩建筑板材》(GB/T 18601—2009)的规定。

(2) 人造石材

由于天然石材加工较困难，花色品种较少。因此，20世纪70年代以后，人造石材发展较快。人造石材是以天然石材碎料、石英砂、石渣等为集料，树脂、聚酯树脂或水泥等为胶结料，经拌和、成型、聚合或养护后，打磨抛光切割而成。

人造石材具有天然石材的质感，但质量轻、强度高、耐腐蚀、耐污染、可锯切、钻孔、施工方便。适用于墙面、门套或柱面装饰，也可用作工厂、学校等的工作台面及各种卫生洁具，还可以加工成浮雕、工艺品等。与天然石材相比，人造石材是一种比较经济的饰面材料。

根据人造石材使用的胶结材料可将其分为以下四类：

1) 树脂型人造石材。这种人造石材一般以不饱和树脂为胶结料，石英砂、大理石碎粒或粉等无机材料为集料，经搅拌混合、浇注、固化、脱模、烘干、抛光等工序制成。不饱和树脂的黏度低，易于成型，且可以在常温下固化。产品光泽好、基色浅，可调制成各种鲜明的颜色。

2) 水泥型人造石材。以各种水泥为胶结料，与砂和大理石或花岗岩碎粒等集料经配料、搅拌、成型、养护、磨光、抛光等工序制成。水泥胶结剂除硅酸盐水泥外，也有用铝酸盐水泥，如果采用铝酸盐水泥和表面光洁的模板，则制成的人造石材表面无需抛光即可有较高的光泽度，这是由于铝酸盐水泥的主要矿物CA($CaO \cdot Al_2O_3$)水化后生成大量的氢氧化铝凝胶，这些水化产物与光滑的模板相接触，形成致密结构而具有光泽。

这类人造石材的耐腐蚀性较差，且表面容易出现微小龟裂和泛霜，不宜用作卫生洁具，也不宜用于外墙装饰。

3) 复合型人造石材。这类人造石材所用的胶结料中，既有有机聚合物树脂，又有无机水泥，其制作工艺可以采用浸渍法，即将无机材料(如水泥砂浆)成型的坯体浸渍在有机单体中，然后使单体聚合。对于板材，基层一般用性能稳定的水泥砂浆，面层用树脂和大理石碎粒或粉末调制的浆体制成。

4) 烧结型人造石材。烧结型人造石材的生产工艺类似于陶瓷，是把高岭土、石英、斜长石等混合配料，制成泥浆，成型后经1000℃左右的高温焙烧而成。

以上种类的人造石材中，目前使用最广泛的是以不饱和聚酯树脂为胶结料而生产的树脂型人造石材。根据生产时所加颜料不同，采用的天然石料的种类、粒度和纯度不同，以及制作的工艺方法不同，则所制成的人造石材的花纹、图案、颜色和质感也就不同，通常制成仿天然大理石、天然花岗岩和天然玛瑙石的花纹和图案，分别称为人造大理石、人造花岗岩和人造玛瑙。

2. 建筑陶瓷

凡以黏土、长石、石英为基本原料，经配料、制坯、干燥、焙烧而制成的成品，称为陶瓷制品。用于建筑工程中的陶瓷制品，则称为建筑陶瓷。

陶瓷制品按其致密程度分为陶质、瓷质和炻质三大类。

陶质制品为多孔结构，通常吸水率较大，断面粗糙无光，敲击时声粗哑，有无釉和施釉两种制品。根据其原料土杂质含量的不同，又可分为粗陶和精陶两种。粗陶不施釉，建筑上常用的烧结黏土砖、瓦就是最普通的粗陶制品，精陶一般施有釉，建筑饰面用的釉面砖，以及卫生陶瓷和彩陶等均属此类。

瓷质制品结构致密，吸水率小，有一定透明性，表面通常均施有釉。根据其原料土的化学成分与制作工艺的不同，又分为粗瓷和细瓷两种。瓷质制品多为日用餐具、陈设瓷、电瓷及美术用品等。

炻质制品是介于陶质和瓷质之间的一类陶瓷制品，也称半瓷。其构造比陶质致密，一般吸水率较小，但又不如瓷质制品那么洁白，其坯体多带有颜色，且无半透明性。按其坯体的细密程度不同，又分为粗炻器和细炻器两种。建筑饰面用的外墙面砖、地砖和陶瓷锦砖等均属炻器。

建筑装饰工程所用的陶瓷制品，一般都为精陶至粗炻器范畴的产品。

(1) 建筑陶瓷制品的技术性质

1) 外观质量。外观质量是建筑陶瓷制品最主要的质量指标，往往根据外观质量对产品进行分类。

2) 吸水率。吸水率是控制产品质量的重要指标，吸水率大的陶瓷制品不宜用于室外。

3) 耐急冷、急热性。陶瓷制品的内部和表面釉层热膨胀系数不同，温度急剧变化可能会使釉层开裂。

4) 弯曲强度。陶瓷材料质脆易碎，因此对弯曲强度有一定的要求。

5) 耐磨性。用于铺地的彩釉砖应有较好的耐磨性。

6) 抗冻性。用于室外的陶瓷制品应有较好的抗冻性。

7) 抗化学腐蚀性。用于室外的陶瓷制品和化工陶瓷应有较好的抗化学腐蚀性。

(2) 常用建筑陶瓷制品

建筑陶瓷包括釉面砖、墙地砖、锦砖、建筑琉璃制品等。广泛用作建筑物内外墙、地面和屋面的装饰和保护，已成为极为重要的建筑装饰材料。

1) 釉面砖。釉面砖又称内墙砖，属于精陶类制品。它是以黏土、石英、长石、助熔剂、颜料以及其他矿物原料，经破碎、研磨、筛分、配料等工序加工成含一定水分的生料，再经模具压制成型、烘干、素烧、施釉和釉烧而成，或坯体施釉一次烧成。这里所谓的釉，是指附着于陶瓷坯体表面的连续玻璃质层，具有与玻璃相类似的某些物理化学性质。

釉面砖具有色泽柔和而典雅、美观耐用、朴实大方、防火耐酸、易清洁等特点。主要用作建筑物内部墙面，如厨房、卫生间、浴室、墙裙等的装饰和保护，其性能应符合《陶瓷砖》（GB/T 4100—2006）的规定。

2）墙地砖。其生产工艺类似于釉面砖，或不施釉一次烧成无釉墙地砖。产品包括内墙砖、外墙砖和地砖三类。

墙地砖具有强度高、耐磨、化学性能稳定、不燃、吸水率低、易清洁、经久不裂等优点。其性能应符合《彩色釉面陶瓷墙地砖》（GB 11947—1989）的规定。对于铺地砖还有耐磨性要求，并根据耐化学腐蚀性分为 AA、A、B、C、D 五个等级。

3）陶瓷锦砖。俗称马赛克，是以优质瓷土为主要原料，经压制烧成的片状小瓷砖，表面一般不上釉。通常将不同颜色和形状的小块瓷片铺贴在牛皮纸上形成色彩丰富、图案繁多的装饰砖成联使用。

陶瓷锦砖具有耐磨、耐火、吸水率小、抗压强度高、易清洗以及色泽稳定等特点。广泛适用于建筑物门厅、走廊、卫生间、厨房、化验室等内墙和地面，并可作建筑物的外墙饰面与保护。

4）陶瓷劈离砖。陶瓷劈离砖又称劈裂砖、劈开砖和双层砖，以黏土为主要原料，经配料、真空挤压成型、烘干、焙烧、劈离（将一块双联砖分为两块砖）等工序制成。产品具有均匀的粗糙表面、古朴高雅的风格、良好的耐久性。广泛用于地面和外墙装饰，其性能应符合《挤压陶瓷砖　第 4 部分：炻质砖吸水率（6%<E≤10%）》（JC 457.4—2002）的规定。

5）卫生陶瓷。卫生陶瓷是用于浴室、盥洗室、厕所等处的卫生洁具，如洗面器、坐便器、水槽等。卫生陶瓷多用耐火黏土或难熔黏土经配料制浆、灌浆成型、上釉焙烧而成。卫生陶瓷结构形式多样，颜色分为白色和彩色，表面光洁、不透水、易于清洗，并耐化学腐蚀。其性能应符合《卫生陶瓷》（GB 6952—2005）的规定。

6）建筑琉璃制品。建筑琉璃制品是我国陶瓷宝库中的古老珍品之一，是用难熔黏土制坯，经干燥、上釉后焙烧而成。颜色有绿、黄、蓝、青等。品种可分为三类：瓦类（板瓦、滴水瓦、筒瓦、沟头）、脊类和饰件类（吻、博古、兽）。

琉璃制品色彩绚丽、造型古朴、质坚耐久，所装饰的建筑物富有我国传统的民族特色，主要用于具有民族色彩的宫殿式房屋和园林中的亭、台、楼阁等，其性能应符合《建筑琉璃制品》（JC/T 765—2006）的规定。

3. 装饰涂料

建筑涂料品种很多，按其使用部位和作用可分为内墙涂料、外墙涂料、地面涂料及屋面防水涂料等。现将常用的内墙涂料、外墙涂料、地面涂料分别列于表 11-1～表 11-3 中。

常用内墙涂料 **表 11-1**

名　　称	主要特征	适用范围
聚乙烯醇水玻璃涂料（106 涂料）	干燥快、涂膜光滑、无毒、无味、不燃、施工方便、价廉，可配成多种色彩，有一定的装饰效果。不耐擦洗，属低档涂料	广泛应用于住宅和一般公共建筑的内墙饰面
聚乙烯醇缩甲醛涂料（107 涂料、803 涂料）	是 106 涂料的改进产品，耐水性和耐擦洗性略优。其他性能同上	广泛应用于住宅和一般公共建筑的内墙饰面
聚乙酸乙烯乳液内墙涂料（乳胶漆）	无毒、无味、不燃、易于施工、干燥快、透气性好、附着力强、无结露现象、耐水性好、耐碱性好、耐候性良好、色彩鲜艳、装饰效果好，属中档涂料	适用于装饰要求较高的内墙饰面

续表

名　称	主 要 特 征	适 用 范 围
乙-丙有光乳胶漆	涂膜外观细腻、耐水、耐碱、耐久性好，保色性优，并具有光泽，属中高档涂料	适用于高级建筑的内墙饰面
苯-丙乳胶漆	耐碱、耐水、耐擦洗、耐久性等各方面性能均优于上述各种涂料。加入云母粉等填料可配制乳胶涂料；加入彩砂可制成彩砂涂料，质感强，不褪色，属高档涂料	同上，厚涂料可用于室内外新旧墙面、天棚的装饰涂层。彩砂涂料内外墙饰面均可用
多彩内墙涂料	涂层色泽丰富，有立体感，装饰效果好。涂膜质地较厚，有弹性，类似壁纸，耐油、耐水、耐腐蚀、耐洗刷、透气性较好	适用于办公室、住宅、宾馆、商店、会议室等内墙和顶棚水泥混凝土、砂浆、石膏板、木材、钢、铝等多种基面的装饰
幻彩涂料	涂膜光彩夺目，色泽高雅，意境朦胧，具有梦幻般、写意般的装饰效果，耐水性、耐碱性、耐洗刷性优良	适用范围同上

常用外墙涂料 **表 11-2**

名　称	主 要 特 征	适 用 范 围
过氧乙烯外墙涂料	色彩丰富、干燥快、涂膜平滑、柔韧而富有弹性、不透水，能适应建筑物因温度变化而引起的伸缩变形，耐腐蚀性、耐水性及耐候性良好	适用于抹灰墙面、石膏板、纤维板、水泥混凝土及砖墙饰面
氯化橡胶外墙涂料	耐水、耐碱、耐酸及耐候性好，涂料的维修重涂性好。对水泥混凝土和钢铁表面有较好的附着力	适用于水泥混凝土外墙及抹灰墙面
聚氨酯系外墙涂料	涂膜柔软，弹性变形能力强，与基层粘结牢固，可以随基层变形而延伸，耐候性优良，表面光洁，呈瓷釉状，耐污性好，价格较贵	适用于水泥混凝土外墙，金属、木材等表面
丙烯酸酯外墙涂料	装饰效果好，施工方便，耐碱性好，耐候性优良，特别耐久，使用寿命可达 10 年以上，0℃以下的严寒季节也能干燥成膜	适用于各种外墙饰面
丙烯酸酯乳胶漆	涂膜主要性能较丙烯酸酯外墙涂料更好，但成本较高	适用于各种外墙饰面
JH80-2 无机外墙涂料	涂膜细腻、致密、坚硬，颜色均匀明快，装饰效果好，耐水，耐酸、碱，耐老化，耐擦洗，对基层附着力强	适用于水泥砂浆墙面、水泥石棉板、砖墙石膏板等多种基层饰面
坚固丽外墙涂料	装饰性能优良，耐水性、耐碱性、耐候性均好，耐沾污性强，施工性能优异，耐洗刷性可达 1 万次以上。可在稍潮湿的基层上施工	适用于高层、多层住宅、工业厂房及其他各类建筑物外墙面装饰

常用地面涂料 **表 11-3**

名　称	主 要 特 征	适 用 范 围
过氯乙烯地面涂料	干燥快，与水泥地面结合好。耐水、耐磨、耐化学腐蚀，重涂性好，施工方便。室内施工时注意通风、防火、防毒。要求基层含水不大于 8%	适用于室内地面
聚氨酯弹性地面涂料	涂层有弹性，步感舒适，与地面粘结力强，耐磨、耐油、耐水、耐酸、耐碱。色彩丰富，重涂性好。施工较复杂，施工中注意通风、防毒，价格较贵	适用于高级住宅室内地面，化工车间地面

续表

名　称	主要特征	适用范围
环氧树脂厚质地面涂料	涂层坚硬、耐磨,有韧性,有良好的耐化学腐蚀性,耐油、耐水。粘结力强,耐久性好。可涂刷成各种图案。施工较复杂,注意通风,防火,要求地面含水率不大于8%	适用于室内地面
聚合物-水泥地面涂料	由水溶性树脂或聚合物乳液与水泥组成的有机-无机复合涂料。涂层坚硬、耐磨、耐腐蚀、耐水	适用于室内地面

4. 建筑玻璃

玻璃是用石英砂、纯碱、长石和石灰石等原料于1550～1600℃的高温下烧至熔融，成型后急冷而制成的固体材料。

其成型方法有引上法和浮法。引上法成型是通过引上设备使熔融的玻璃液被垂直向上提拉，经急冷后切割而成。它的优点是工艺比较简单，缺点是玻璃厚度不易控制，并易产生玻筋、玻纹等，使透过的影像产生歪曲变形。浮法成型是将熔融的玻璃液流入盛有熔锡的锡槽炉，使其在干净的锡液表面自由摊平，逐渐降温、退火而成。该法生产的玻璃表面十分平整、光洁，且无玻筋、玻纹，光学性能优良。现在国内外普遍流行浮法生产玻璃。

（1）普通玻璃的技术性质

1）透明性好。普通清洁玻璃的透光率达82%以上。

2）热稳定性差。玻璃受急冷、急热时易破裂。

3）脆性大。玻璃为典型的脆性材料，在冲击力作用下易破碎。

4）化学稳定性好。其抗盐和酸侵蚀的能力强。

5）密度较大，为2450～2550kg/m^3。

6）导热系数较大，为0.75W/(m·K)。

（2）建筑玻璃制品

1）普通平板玻璃。普通平板玻璃是指由浮法或引上法熔制的，经热处理消除或减小其内部应力至允许值的平板玻璃。平板玻璃是建筑玻璃中用量最大的一种，厚度为2～12mm，其中以3mm厚的使用量最大。引上法生产的平板玻璃质量应符合《普通平板玻璃》（GB 4871—1995）的规定，浮法生产的平板玻璃的质量应符合《浮法玻璃》（GB 11614—2009）的规定。

平板玻璃的产量以标准箱计。以厚度为2mm的平板玻璃，每10m^{2}为一标准箱。对于其他厚度规格的平板玻璃，均需要进行标准箱换算。

普通平板玻璃大部分直接用于房屋建筑和维修，作为窗玻璃，一部分加工成钢化、夹层、镀膜、中空等玻璃，少量用作工艺玻璃。

2）安全玻璃。安全玻璃是指具有良好安全性能的玻璃。主要特性是力学强度较高，抗冲击能力较好。被击碎时，碎块不会飞溅伤人，并兼有防火的功能。《建筑玻璃应用技术规程》（JGJ 113—2009）规定，钢化玻璃和夹层玻璃为安全玻璃。另外，夹丝玻璃也具有一定的安全性。

① 钢化玻璃。钢化玻璃是平板玻璃经物理强化方法或化学强化方法处理后所得的玻

璃制品，它具有比普通玻璃好得多的机械强度和耐热、抗震性能，也称强化玻璃。

物理强化方法也称淬火法，它是将玻璃加热到接近玻璃软化温度（600～650℃）后迅速冷却的方法；化学法也称离子交换法，它是将待处理的玻璃浸入钾盐溶液中，使玻璃表面的钠离子扩散到溶液中，而溶液中的钾离子则填充进玻璃表面钠离子的位置。上述两种强化处理方法都可以使玻璃表面产生一个预压的应力，这个表面预压应力使玻璃的机械强度和抗冲击性能大大提高。一旦受损，整块玻璃呈现网状裂纹，破碎后，碎片小且无尖锐棱角，不易伤人。钢化玻璃在建筑上主要用作高层建筑的门窗、隔墙与幕墙。钢化玻璃的质量应符合《建筑用安全玻璃 第2部分：钢化玻璃》(GB 15763.2—2005）的规定。

② 夹层玻璃。夹层玻璃是两片或多片平板玻璃之间嵌夹透明塑料薄片，经加热、加压、粘合而成的复合玻璃制品。

夹层玻璃的原片可以采用普通平板玻璃、钢化玻璃、吸热玻璃或热反射玻璃等，常用的塑料胶片为聚乙烯酸缩丁醛。

夹层玻璃抗冲击性和抗穿透性好，玻璃破碎时，不裂成分离的碎片，只有辐射状的裂纹和少量玻璃碎屑，碎片仍粘贴在膜片上，不致伤人。

夹层玻璃在建筑上主要用于有特殊安全要求的门窗、隔墙、工业厂房的天窗和某些水下工程。夹层玻璃的质量应符合《夹层玻璃》(GB 9962—1999）的要求。

③ 夹丝玻璃。夹丝玻璃是将预先编织好的钢丝网压入已软化的红热玻璃中而制成。其抗折强度高、防火性能好，破碎时即使有许多裂缝，其碎片仍能附着在钢丝上，不致四处飞溅而伤人。

夹丝玻璃主要用于厂房天窗，各种采光屋顶和防火门窗等。夹丝玻璃的质量应符合《夹丝玻璃》(JC 433—1991）的规定。

3）保温绝热玻璃。保温绝热玻璃既具有特殊的保温绝热功能，又具有良好的装饰效果，包括吸热玻璃、热反射玻璃、中空玻璃等。除用于一般门窗外，常作为幕墙玻璃。普通平板玻璃对太阳光中红外线的透过率高，易引起温室效应，使室内空调能耗增大，一般不宜用于幕墙玻璃。

① 吸热玻璃。吸热玻璃是既能吸收大量红外线辐射能，又能保持良好的透光率的平板玻璃。吸热玻璃是在玻璃中引入有着色作用的氧化物，或在玻璃表面喷涂着色氧化物薄膜而成。吸热玻璃可呈灰色、茶色、蓝色、绿色等颜色。

吸热玻璃广泛应用于建筑工程的门窗或幕墙。它还可以作为原片加工成钢化玻璃、夹层玻璃或中空玻璃。吸热玻璃的质量应符合《着色玻璃》(GB/T 18701—2002）的规定。

② 热反射玻璃。热反射玻璃是既具有较高的热反射能力，又能保持良好透光性的玻璃，又称镀膜玻璃或镜面玻璃。热反射玻璃是在玻璃表面用热、蒸发、化学等方法喷涂金、银、铜、镍、铬、铁等金属或金属氧化物薄膜而成。

热反射玻璃反射率高（达30%以上），装饰性强，具有单向透视作用，越来越多地用作高层建筑的幕墙。应当注意的是，热反射玻璃使用不适当时，会给环境带来光污染。

③ 中空玻璃。中空玻璃由两片或多片平板玻璃构成，用边框隔开，四周边缘部分用密封胶密封，玻璃层间充有干燥气体。构成中空玻璃的原片玻璃除普通退火玻璃外，还可以用钢化玻璃、吸热玻璃、热反射玻璃等。

中空玻璃的特性是保温、绝热，节能性好，隔声性能优良，并能有效地防止结露，非常适合在住宅建筑中使用。

中空玻璃的质量应符合《中空玻璃》(GB 11944—2002) 的规定。

4) 压花玻璃。压花玻璃是将熔融的玻璃液在快冷时通过带图案花纹的辊轴滚压而成的制品，又称花纹玻璃或滚花玻璃。

压花玻璃具有透光不透视的特点，这是由于其表面凹凸不平，当光线通过时即产生漫反射，使物像模糊不清。另外，压花玻璃因其表面有各种图案花纹，所以具有一定的艺术装饰效果。压花玻璃多用于办公室、会议室、浴室、卫生间以及公共场所分离的门窗和隔断处。使用时应注意的是：如果花纹面安装在外侧，不仅很容易积灰弄脏，而且沾上水后，就能透视。因此，安装时应将花纹安装在内侧。

压花玻璃的质量应符合《压花玻璃》(JC/T 511—2002) 的要求。

5) 磨砂玻璃。磨砂玻璃又称毛玻璃，它是将平板玻璃的表面经机械喷砂、手工研磨或氢氟酸溶蚀等方法处理成均匀毛面。其特点是透光不透视，且光线不刺眼，用于需透光而不透视的卫生间、浴室等处。安装磨砂玻璃时，应注意将毛面向室内。

6) 玻璃空心砖。玻璃空心砖一般是由两块压铸成的凹形玻璃，经熔接或胶接成整块的空心砖。砖面可为平光，也可在内、外压铸各种花纹。砖内腔可为空气，也可填充玻璃棉等。砖形有方形、圆形等。玻璃砖具有一系列优良的性质，绝热、隔声，光线柔和。砌筑方法基本与普通砖相同。

7) 玻璃马赛克。玻璃马赛克也叫玻璃锦砖，它与陶瓷锦砖在外形和使用方法上有相似之处，但它是半透明的玻璃质材料，呈乳浊或半乳浊状，内含少量气泡和未熔颗粒。

玻璃马赛克具有色调柔和、朴实、典雅、美观大方、化学性能稳定、冷热稳定性好等优点。此外，还具有不变色、不积灰、历久常新、质量轻、与水泥粘结性能好等特点，常用于外墙装饰。

玻璃马赛克的质量应符合《玻璃马赛克》(GB/T 7697—1996) 的要求。

5. 建筑塑料装饰制品

建筑塑料装饰制品包括塑料壁纸、塑料地板、塑料装饰板及塑料地毯等。塑料装饰制品具有质轻、耐腐蚀、隔声、色彩丰富、外形美观等特点。

(1) 塑料壁纸

塑料壁纸是以一定材料为基材，表面进行涂塑后，再经过印花、压花或发泡处理等多种工艺而制成的一种墙面装饰材料。

塑料壁纸的装饰效果好，由于塑料表面加工技术的发展，通过印花、压花等工艺，模仿大理石、木材、砖墙、织物等天然材料，花纹图案非常逼真。此外，塑料壁纸防污染性较好，脏了可以清洗，对水和洗涤剂有较强的抵抗力。广泛用于室内墙面、顶棚和柱面的裱糊装饰。

(2) 塑料地板

塑料地板是指用于地面装饰的各种块板和铺地卷材。塑料地板的装饰性好，色彩及图案不受限制，耐磨性好，使用寿命长，便于清扫，脚感舒适且有多种功能，如隔声、隔热和隔潮等，能满足各种用途的需要，还可以仿制天然材料，十分逼真。地板施工铺设方便，可以粘贴在如水泥混凝土或木材等基层上，构成饰面层。

地板品种较多，有聚氯乙烯塑料地板、氯乙烯-乙酸乙烯塑料地板、聚乙烯塑料地板、聚丙烯塑料地板等。其中聚氯乙烯塑料地板产量最大。塑料地板按材质不同，有硬质、半硬质和弹性地板；按外形有块状地板和卷材地板。

（3）塑料地毯

地毯作为地面装饰材料，给人以温暖、舒适及华丽的感觉。具有绝热、保温作用，可降低空调费用；具有吸声性能，可使住所更加宁静；还具有缓冲作用，可防止滑倒。塑料地毯是从传统羊毛地毯发展而来的。由于羊毛地毯资源有限，价格高，而且易被虫蛀，易霉变，使其应用受到限制。塑料地毯以其原料来源丰富，成本较低，各项使用性能与羊毛地毯相近而成为普遍采用的地面装饰材料。地毯按其加工方法的不同，可分为簇绒地毯、针扎地毯、印染地毯和人造革皮等四种。其中簇绒地毯是目前使用最为普遍的一种塑料地毯。

（4）塑料装饰板

塑料装饰板主要用作护墙板和屋面板。其质量轻，能降低建筑物的自重。如塑料贴面装饰板，是以印有各种色彩、图案的纸为胎，浸渍三聚氰胺树脂和酚醛树脂，再经热压制成的可覆盖于各种基材上的一种装饰贴面材料，有镜面型和柔光型两种。产品具有图案和色调丰富多彩、耐湿、耐磨、耐烫、耐燃烧，耐一般酸、碱、油脂及乙醇等溶剂的侵蚀，表面平整，极易清洗的特点。适用于装饰室内和家具。此外，还有聚氯乙烯塑料装饰板、硬质聚氯乙烯透明板、覆塑装饰板、玻璃钢装饰板、钙塑泡沫装饰吸声板等。

11.2 保温隔热材料

建筑物在使用中常有保温、绝热等方面的要求，可采用绝热材料来满足这些建筑功能的要求。在土木工程中，习惯上把用于控制室内热量外流的材料叫作保温材料，把防止热量进入室内的材料叫作隔热材料。保温、隔热材料统称为绝热材料。

11.2.1 绝热材料的热工性质

表征绝热材料热工性质的两个主要的物理量是导热系数 λ 和比热容 c。材料的导热系数和比热容是设计建筑物围护结构（墙体、屋盖、地面）进行热工计算的重要参数。选用导热系数小而比热容大的材料，可提高围护结构的绝热性能并保持室内温度的稳定。

11.2.2 土木工程中常用绝热材料的技术性能

土木工程上常用的绝热材料的主要技术性能如表 11-4 所示。

常用绝热材料的技术性能 **表 11-4**

材料名称	体积密度（kg/m^3）	抗压强度（MPa）	导热系数［W/(m·K)］	最高使用温度(℃)	用途
超细玻璃棉毡	30～60		0.035	300～400	墙体、屋面、冷藏库
沥青纤维制品	100～150		0.041	250～300	
矿渣棉纤维	110～130		0.044	≤600	填充材料
岩棉纤维	80～150	＞0.012	0.044	250～600	填充墙、屋面、管道
岩棉制品	80～160		0.04～0.052	≤600	

续表

材料名称	体积密度 (kg/m³)	抗压强度 (MPa)	导热系数 [W/(m·K)]	最高使用温度(℃)	用途
膨胀珍珠岩	40～300		常温 0.02～0.044 常温 0.06～0.17 低温 0.02～0.038	≤800 −200	高效保温保冷填充材料
水泥膨胀珍珠岩	300～400	0.5～1.0	常温 0.05～0.081 低温 0.081～0.12	≤600	保温绝热用
水玻璃膨胀珍珠岩	200～300	0.6～1.7	0.056～0.093	≤650	保温绝热用
沥青膨胀珍珠岩	400～500	0.2～1.2	0.093～0.12		用于常温或负温
膨胀蛭石	80～200		0.046～0.070	1000～1100	填充材料
水泥膨胀膨胀蛭石	300～500	0.2～1.0	0.076～0.105	≤600	保温绝热用
微孔硅酸钙	250	>0.5	0.041～0.056	≤650	围护结构管道保温
轻质钙塑板	100～150	0.1～0.3	0.047	≤650	保温绝热兼防水性能，并具有装饰性能
泡沫玻璃	150～600	0.55～15	0.058～0.128	300～400	砌筑墙体及冷藏库绝热
泡沫混凝土	300～500	≥0.4	0.081～0.19		围护结构
加气混凝土	400～700	≥0.4	0.093～0.16		围护结构
木丝板	300～600	0.4～0.5	0.11～0.26		顶棚及隔、护墙板
软质纤维板	150～400		0.047～0.093		顶棚及隔、护墙板
软木板	105～437	0.15～2.5	0.044～0.079	≤130	绝热结构
芦苇板	250～400		0.093～0.13		顶棚、隔墙板
聚苯乙烯泡沫塑料	20～50	0.15	0.031～0.047		屋面、墙体保温绝热
硬质聚氨泡沫塑料	30～40	≥0.2	0.037～0.055	≤120(−60)	屋面、墙体保温绝热
聚氯乙烯泡沫塑料	12～72		0.45～0.031	≤70	屋面、墙体保温绝热

11.2.3 绝热材料的类型及基本要求

1. 多孔型

多孔型绝热材料的作用机理包括：当热量 Q 从高温面向低温面传递时，热量在固相中的传导，孔隙中高温固体表面对气体的辐射与对流，孔隙中气体自身的对流与传导，热气体对低温固体表面的辐射与对流，热固体表面与冷固体表面之间的辐射等。在常温下，以导热为主。密闭空气的导热系数仅为0.025W/(m·K)，故热量通过密闭孔隙传递的阻力较大，而且密闭孔隙的存在使热量在固相中的传热进程大大降低，从而传热速度大为减缓。这就是含有大量密闭孔隙的材料能起绝热作用的原因。

2. 纤维型

纤维型绝热材料的绝热机理基本上和多孔材料的情况相似。当传热方向和纤维方向垂直时其绝热性能比传热方向与纤维方向平行时要好。

3. 应射型

当外来的热辐射能 I_0 投射到物体上时，通常会将其中一部分能量 I_B 反射掉，另一部

分 I_A 被吸收（透射部分忽略不计）。根据能量守恒原理，则

$$I_A+I_B=I_0$$

而 I_A/I_0 说明材料对热辐射的吸收性能，用吸收率“A”表示，比值 I_B/I_0 说明材料对热辐射的反射性能，用反射率“B”表示，即

$$A+B=1$$

由此可以看出，可利用某些材料对热辐射的反射作用，在需要绝热的部位表面贴上这种材料，就可以将绝大部分外来热辐射（如太阳光）反射掉，从而起到绝热的作用。

土木工程中，常把导热系数不大于 0.23W/(m·K) 的材料称为绝热材料。选用绝热材料时，一般要求其导热系数不大于 0.23W/(m·K)，体积密度小于 600kg/m^3，抗压强度不小于 0.30MPa。

11.3 吸声材料

吸声材料是一种能在较大程度上吸收由空气传递的声波能量的土木工程材料。在音乐厅、影剧院、大会堂、播音室等室内的墙面、地面、顶棚等部位，采用适当的吸声材料，能改善声波在室内的传播质量，保持良好的音响效果。

11.3.1 吸声材料的作用原理

声音来源于物质的振动。声音（能）在传播过程中，一部分由于声能随着距离的增大而扩散；另一部分则因空气分子的吸收而减弱。这种减弱现象，在室外空旷处较明显，而在体积不大的室内，声能的减弱主要是靠房间四壁的材料表面对声能的吸收。

当声波遇到材料表面时，一部分被反射，一部分穿透材料，其余部分则传递给材料，引起材料孔隙中的空气分子与孔壁的摩擦及黏滞阻力的产生；相当一部分声能转化为热能被吸收掉。这些被吸收的能量（包括部分穿透材料的声能）E 与原来传递给材料的全部能量 E_0 之比称为吸声系数 a，它是评定材料吸声性能优劣的主要指标。a 用下式表示：

$$a=\frac{E}{E_0}$$

吸声系数 a 与声音的频率及声音的入射方向有关。因此，吸声系数是声音从各个方向入射的吸收平均值，同时必须指出是对哪一频率的吸收。通常采用 6 个频率，即 125Hz、250Hz、500Hz、1000Hz、2000Hz、4000Hz。

任何材料都能吸收声音，但吸收程度有很大差别。一般将对上述 6 个频率的平均吸声系数 a 大于 0.20 的材料列为吸声材料。

11.3.2 吸声材料的特征和要求

多孔吸声材料的主要特征是轻质、多孔，且以较细小的开口孔隙或连通孔隙为主。吸声材料大多为疏松多孔材料，如矿棉、毯子、玻璃棉等。多孔性吸声材料具有大量内外连通的微孔和连续的气泡，通气性良好。当声波入射到材料表面时，声波能很快沿微孔进入材料内部，引起孔隙或气泡内的空气振动。由于摩擦，空气的黏滞阻力和材料内部的热传导作用，使相当一部分声能转化为热能而被吸收。多孔材料吸声的先决条件是声波易于进入微孔，因此不论材料内部还是材料表面都应当是多孔的。

多孔材料的吸声性能与材料的体积密度和内部构造有关。在土木工程材料中，吸声材

料的厚度，材料背后是否有空气层，以及材料的表面状况，对吸声性能都有影响。多孔性吸声材料的吸声系数，一般从低频到高频逐渐增大，故对高、中频声音的吸收效果较好。影响多孔性吸声材料吸声效果的因素有以下几个方面：

1. 材料的体积密度

就同种多孔材料（如矿渣棉）来说，当其体积密度增大（即孔隙率减小）时，对低频声音的吸声效果有所提高，但对高频声音吸声效果则有所降低。

2. 材料的厚度

增加多孔材料的厚度，可以提高对低频声音的吸声效果，而对高频声音则没多大影响。

3. 孔隙特征

材料的孔隙越细越多，吸声效果越好。孔隙粗大，则效果较差。如果材料中的孔隙大多为单独的不连通的封闭气泡（如聚氯乙烯泡沫塑料），则因空气不能进入，从吸声机理上看，它已不属于多孔性吸声材料，故其吸声效果大大降低。当多孔材料表面涂刷油漆或受潮吸湿时，材料孔隙为水分或涂料所堵塞，则其吸声效果也将大大降低。

11.3.3 土木工程中常用吸声材料的技术性能

土木工程上常用的吸声材料及其设置情况如表11-5所示。

常用的吸声材料的主要性质 **表11-5**

品种	厚度(mm)	体积密度(kg/m^3)	不同频率(Hz)下的吸声材料						装置情况
			125	250	500	1000	2000	4000	粉刷在墙上
石膏砂浆（掺有水泥、玻璃纤维）	2.2		0.24	0.12	0.09	0.30	0.32	0.83	贴实
水泥膨胀珍珠岩	2	350	0.16	0.46	0.64	0.48	0.56	0.56	贴实
矿渣棉	3.13	210	0.10	0.21	0.60	0.95	0.85	0.72	贴实
	8.0	240	0.35	0.65	0.65	0.75	0.88	0.92	
玻璃棉	5.0	80	0.06	0.08	0.18	0.44	0.72	0.82	贴实
	5.0	130	0.10	0.12	0.31	0.76	0.85	0.99	
超细玻璃棉	5.0	20	0.10	0.35	0.85	0.85	0.86	0.86	贴实
	15.0	20	0.50	0.80	0.85	0.85	0.86	0.80	
脲醛泡沫塑料	5.0	20	0.22	0.29	0.40	0.68	0.95	0.94	贴实
软质聚氨酯泡沫塑料	2.0	30～40			0.11	0.17		0.72	贴实
	4.0	30～40			0.24	0.43		0.74	
	6.0	30～40			0.40	0.68		0.97	
	8.0	30～40			0.63	0.93		0.93	
吸声泡沫玻璃	4.0	120～180	0.11	0.32	0.52	0.44	0.52	0.33	贴实
地毯	厚		0.20		0.30		0.50		铺于木搁棚楼板上
帷幕	厚		0.10		0.50		0.60		有折叠、靠墙装置

续表

品种	厚度(mm)	体积密度(kg/m³)	不同频率(Hz)下的吸声材料						装置情况
			125	250	500	1000	2000	4000	粉刷在墙上
软木板	2.5	260	0.05	0.11	0.25	0.63	0.70	0.70	贴实
木丝板	3.0		0.10	0.36	0.62	0.53	0.71	0.90	钉在木龙骨上，后留10cm空气层
工业毛毡	3.0	370	0.10	0.28	0.55	0.60	0.60	0.59	张贴在墙上
铝合金穿孔板	0.1								后留5～10cm空气层
穿孔纤维板（穿孔率5%，孔径5mm）	1.6		0.13	0.38	0.72	0.89	0.82	0.66	钉在木龙骨上，后留5cm空气层
胶合板（三夹板）	0.30		0.21 0.60	0.73 0.38	0.21 0.18	0.19 0.05	0.08 0.05	0.12 0.08	钉在木龙骨上，后留5～10cm空气层
穿孔胶合板（五夹板）（孔径5mm，孔心距25mm）	0.5		0.01 0.23 0.20	0.25 0.69 0.95	0.55 0.86 0.61	0.30 0.47 0.32	0.16 0.26 0.23	0.19 0.27 0.55	钉在木龙骨上，后留5～10cm空气层，填充矿物棉

11.3.4 吸声材料的选用与安装

在建筑物内采用吸声材料，可以抑制噪声，保持良好的音质（声音清晰而不失真）。因此，在礼堂、影剧院和教室等地方，必须采用吸声材料。常用的吸声材料的主要组成、特征与应用见表11-5。在选用和安装吸声材料时，必须注意以下几点：

（1）为保证吸声材料的吸声效果，应将其安装在最易接触声波和反射次数最多的表面上，但不应把吸声材料都集中在墙壁或顶棚上，应均匀地分布在室内各表面上。

（2）大多数吸声材料的强度较低，应设置在较高处，以免碰撞而被破坏。

（3）多数吸声材料易吸湿，安装时要注意材料的胀缩问题。

（4）选用的吸声材料应不易虫蛀、腐朽且不易燃烧。

（5）应尽可能选用吸声系数较高的材料，以节省材料用量，运到经济目的。

（6）安装吸声材料时，应注意勿使材料的细孔被油漆的漆膜堵塞而降低吸声效果。

11.3.5 吸声材料与保温、隔声材料的异同

某些吸声材料和保温材料一样，都是多孔性材料，有的连名称都相同，但两者在孔隙特征上却有着完全不同的要求。吸声材料要求具有互相连通的开口孔隙，这种孔隙越多，其吸声性能越好；保温材料则要求具有互不连通的封闭孔隙，这种孔隙越多，其保温性能越好。至于如何使名称相同的材料具有不同的孔隙特征和性能，则主要取决于原料组分中的某些差别和生产过程中的热工制度、压力大小等。如泡沫塑料在生产过程中采用不同的加热、加压制度，可得到孔隙特征不同的制品。

吸声和隔声虽然都是把声音的传播限定在一定范围内，但其所用的材料却不尽相同。吸声性能好的材料，大都是疏松、多孔的轻质材料，但不能把它们简单地当作隔声材料使用。因为人们要隔绝的声音按其传播途径可分为空气声（由于空气的振动）和固体声（由

于固体的撞击或振动）两种。对空气声，根据声学中的“质量定律”墙或板传声的大小主要取决于其单位体积质量（kg/m^3），质量越大，越不易振动，隔声效果越高。因此，必须选用密实、质量大的材料作为隔声材料，如黏土砖、钢板、混凝土和钢筋混凝土等。对固体声最有效的隔绝措施，是采用不连续的结构处理，即在墙壁和承重梁之间、房屋的框架和隔墙及楼板之间加弹性衬垫，如毛毡、软木、橡皮等材料，或在楼板上加弹性地毯等。

第 2 部分　性能检测篇

第 12 章 土木工程材料性能检测基础

土木工程材料是建筑工程的物质基础，与建筑设计、建筑结构、建筑经济及建筑施工一样，是建筑工程极为重要的组成部分。土木工程材料的检测，在建设工程质量管理、建筑施工生产、科学研究及科技进步中占有重要的地位。土木工程材料科学知识和检测技术标准不仅是评定和控制土木工程材料质量、监控施工过程、保障工程质量的手段和依据，也是推动科技进步、合理使用土木工程材料、降低生产成本、增进企业效益的有效途径。

土木工程材料检测试验室应能够承担与其资质相适应的检测工作，保证检测数据准确可靠。其工作任务主要为下列诸项：

（1）按照《检测与校准检测实验室能力的通用要求》（GB/T 27025—2008）运转，完善技术条件，建立并有效运行质量管理体系。

（2）检测建筑工程中使用的各种原材料、半成品和构配件的质量。

（3）试验并提供建筑工程中所使用的混凝土、砂浆、防水材料等配合比。

（4）参与建筑工程的实体检测和鉴定。

（5）出具科学、真实的检测报告并承担相应的法律责任。

（6）研究、开发、推广运用新材料、新产品、新技术、新工艺，推动行业科技进步。

土木工程材料检测试验室，其检测条件是建筑业企业资质标准的组成部分，它应具备的基本检测项目包括：

（1）水泥、砂、石、掺合料、外加剂、轻骨料、砌墙砖和砌块、防水材料、建筑装饰材料的常规检测；

（2）钢筋、钢筋接头力学性能检测；

（3）混凝土的强度、抗渗、配合比设计、非破损检测和钢筋保护层厚度检测；

（4）砌筑砂浆的强度、配合比设计；

（5）混凝土预制构件的承载力、挠度、抗裂或裂缝宽度检测；

（6）回填土击实试验、密度、含水量检测；

（7）外饰面砖粘结强度检测。

其他检测项目，如建筑门窗、化学建材、电气设施的检测可根据需要来设置。

本章对有关土木工程材料检测基本技能、土木工程材料的技术标准、检测数据统计分析与处理、国家法定计量单位、检测试验室管理常识进行了较为全面、综合的介绍。

12.1 土木工程材料检测试验室的组成与设备布置

12.1.1 土木工程材料检测试验室的组成

土木工程材料检测试验室应由以下几部分组成：

（1）样品收发室：负责样品的接收、传递、保管。

（2）胶凝材料室：负责水泥、石灰、石膏、掺合料等材料的检测。

（3）混凝土和砂浆室：负责混凝土和砂浆的检测、试配，外加剂的检测。

（4）力学室：负责压、弯、拉、剪、冲击等各种力学性能检测。

（5）物理室：负责砂石、砖、砌块、回填土等检测。

（6）化学分析室：负责有关化学分析和精密天平的使用。

（7）防水材料室：负责防水材料检测。

（8）装饰材料室：负责装饰材料检测。

（9）结构室：负责混凝土强度非破损检测和钢筋保护层厚度检测，预制构件结构性能检测等。

（10）资料室：负责资料的归档保管。

12.1.2 土木工程材料检测试验室的设备布置

1. 试验室平面与设施布置

检测试验室建筑物、房间的面积以及平面布置，应根据检测试验室的编制、检测设备的数量和大小、需要的操作空间而定，同时也要考虑使用功能和各室之间的关系，以达到合理有效的目的。

（1）各室应有单独的工作区域并且互不干扰。

（2）各室要有足够的工作面积，可参考表12-1。

实验室各房间的参考面积 **表12-1**

房间名称	参考面积(m^2)	房间名称	参考面积(m^2)
样品室	15～30	配电房	6～10
胶凝材料室	30～40	化学分析室	30～40
混凝土和砂浆室	60～80	防水材料室	30～40
物理室	30～40	装饰材料室	30～40
力学室	80～120	结构室	20～30
混凝土砂浆养护室	15～30	资料室	20～30
水泥养护室	10～20	主任办公室	20～30
储藏室	10～20	办公室	30～40

（3）办公区和检测区应分开。

（4）力学室、混凝土和砂浆室有较明显的振动和噪声，宜将其设在离精密仪器室和办公室较远的地方。样品收发室宜设在大门入口附近。养护室设在地下较好，并作好防水设计。力学室要有足够的高度以满足大型设备的工作需要。

（5）检测试验室的平面布置可参考示意图（见图12-1）。

（6）检测试验室对环境温、湿度也有一定的要求，见表12-2。

检测试验室温湿度控制要求 **表12-2**

房间名称	温度要求(℃)	湿度要求(相对湿度)(%)
胶凝材料(水泥)室	20±2	＞50
水泥养护室	20±1	水中养护

续表

房间名称	温度要求(℃)	湿度要求(相对湿度)(%)
混凝土养护室	20±2	>95
(钢材)力学室	10～35	
防水材料室	23±2	
混凝土砂浆室	20±5	>50
化学分析室	20±2	

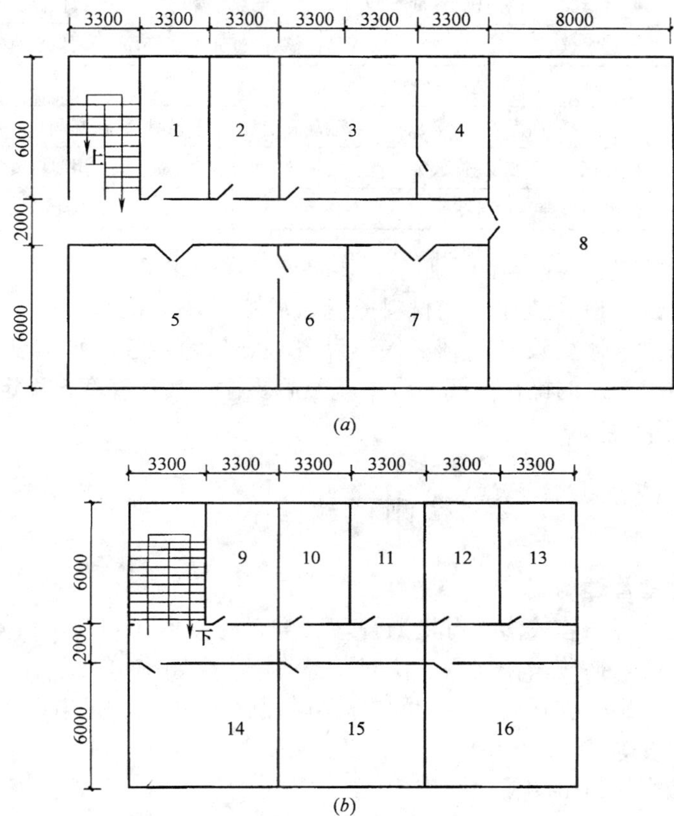

图 12-1 检测试验室平面布置示意图

(a) 一层平面示意图；(b) 二层平面示意图

1—样品收发室；2—样品室；3—水泥室；4—水泥养护室；5—混凝土与砂浆室；6—混凝土养护室；7—物理室；8—力学室；9—结构室；10—办公室；11—办公室；12—办公室；13—资料室；14—防水材料室；15—装饰材料室；16—化学分析室

2. 设备布置

(1) 检测试验室需配备的基本仪器设备见表 12-3。

(2) 仪器设备布置要根据室内空间状况，按照符合使用要求、整洁、美观、便于操作的原则布置。

(3) 水泥、混凝土振动台的就位要按照规范和说明书的要求作好基座，否则影响检测结果。

仪器设备配置情况 表 12-3

名　称	基本仪器设备配置
胶凝材料室	水泥胶砂搅拌机、水泥净浆搅拌机、水泥成型振动台、负压筛析仪、天平、量水器、水泥抗折试验机、水泥湿气养护箱、水泥标准稠度凝结时间测定仪、水泥雷氏夹测定仪、水泥试模、水泥抗压夹具、恒温控制设备
力学室	万能材料试验机、拉力试验机、压力试验机、钢筋标距机、弯曲试验机、空调
混凝土和砂浆室	混凝土振动台、混凝土搅拌机、混凝土坍落度仪、混凝土试模、台秤、贯入阻力仪、混凝土抗渗仪、低温冷冻试验箱、砂浆搅拌机、砂浆稠度仪、砂浆分层度仪、空调
物理室	砂石试验筛、摇筛机、容量筒、天平、案秤、电热干燥箱、土壤击实仪、砖切断机
防水材料室	不透水仪、卷材拉力试验机、沥青延伸仪、沥青针入度仪、沥青软化点测定仪、恒温水槽、空调
装饰材料室	面砖粘接力测定仪、面砖弯曲试验机
化学分析室	精密天平、高温炉、坩埚、干燥器、酸碱滴定管、玻璃量具器皿、空调
结构室	回弹仪、超声波发射仪、裂缝宽度测量仪、百分表、混凝土保护层厚度测定仪
养护室	恒温恒湿控制设备

(4) 精密天平的就位要避免阳光照射，要保证基座的水平。

(5) 大型力学试验设备，如万能材料检测试验机、压力检测试验机、拉力检测试验机，要按照说明书要求做好设备基础，保证设备基础的稳定性、平整度并与设备可靠锚接，设备布置要留出充足的操作空间，设备就位后要检查其垂直度、稳定性并经法定计量部门检定后方可使用。

12.2 检测试验室管理要求

12.2.1 检测试验室管理制度

检测试验室的管理内容较多，有检测管理制度，岗位责任制度，检测资料管理制度，检测试验室安全制度，检测操作规程，仪器设备使用、定期率定及定期保养制度，标准室定期检测检查制度，试验委托制度，检测事故分析制度，检测质量申诉的处理制度，危险品的保管、发放制度等。

12.2.2 检测试验室材料检测管理程序

检测试验室对材料检测的管理程序为：

(1) 委托单位送样并填写委托试验单。

(2) 检测试验室检查样品的数量、加工尺寸及委托单上项目填写是否符合要求与齐全；检查委托单上是否有见证人签字，检查见证人及见证人证书。对所送试件进行编号，并填写委托登记台账。

(3) 检测试验室按国家标准或行业标准进行检测，并填写检测记录，包括检测的环境温度、湿度，试件加工情况及检测过程中的特殊问题等。

(4) 将检测结果进行整理计算，做出评定。

(5) 检测全过程必须严格按分工执行，检测、记录、计算、复核、审核等都应有相关人员负责签名，审查无误后才能发放检测报告。

12.2.3 检测试验室仪器设备的定期检查

检测试验室所用的仪器、设备，应请有关部门进行定期检查，以保证这些仪器设备能有效使用。

12.2.4 检测资料的内容和作用

检测试验室应有完整的检测资料管理制度，检测报告单、原始记录、报表、登记表必须建立台账，并统一分类、标识、归档。

检测资料包括：

(1) 检测委托单：明确试验项目、内容、日期，是安排检测计划的依据之一。

(2) 原始检测记录：是评定、分析检测结果的重要依据和原始凭证。

(3) 检测报告单：是判断材料和工程质量的依据，是工程档案的重要组成部分，是竣工验收的主要依据。

(4) 检测台账：是对各种检测数量结果的归纳总结，是寻求规律、了解质量信息和核查工程项目检测资料的依据之一；同时，台账的建立，也是防止徇私舞弊的一种较好方法。

12.2.5 检测试验安全

(1) 进行粉尘材料检测时（如水泥、石灰等），应戴口罩，必要时应戴防风眼镜，以保护眼睛。

(2) 熟化石灰时，不得用手直接搅拌，以免烧伤皮肤。

(3) 进行沥青材料检测时，如沥青熬制等，除戴口罩外，必须戴帆布手套，以免烫伤。

(4) 当进行高强度脆性材料试块（如高强度混凝土、石材等）抗压强度检测时，特别应注意防止试块破坏时，碎渣飞溅伤人。

(5) 在万能检测试验机上进行材料拉力检测时，应防止在夹取试件时，夹头伤人。夹取试件操作最好两人配合进行。

12.3 土木工程材料的技术标准

土木工程材料技术标准或规范主要是对产品与工程建设的质量、规格及其检测方法等所作的技术规定，是从事生产、建设、科学研究工作与商品流通的一种共同的技术依据。

12.3.1 技术标准的分类

技术标准按通常分类可分为基础标准、产品标准、方法标准等。

基础标准：指在一定范围内作为其他标准的基础，并普遍使用的具有广泛指导意义的标准。如《水泥的命名、定义和术语》、《砖和砌块名词术语》等。

产品标准：是衡量产品质量好坏的技术依据。如《通用硅酸盐水泥》(GB 175—2007)、《钢筋混凝土用钢　第2部分：热轧带肋钢筋》(GB 1499.2—2007) 等。

方法标准：指以检测、检查、分析、抽样、统计、计算、测定作业等各种方法为对象制定的标准。如《水泥胶砂强度检验方法》(GB/T 17671—1999)、《水泥取样方法》(GB/T 12573—2008) 等。

12.3.2 技术标准的等级

土木工程材料的技术标准根据发布单位与适用范围，分为国家标准、行业标准（含协会标准）、地方标准和企业标准四级。各级标准分别由相应的标准管理部门批准并颁布。

我国国家质量监督检验检疫总局是国家标准化管理的最高机关。国家标准和部门行业标准都是全国通用标准。国家标准、行业标准分为强制性标准和推荐标准。省、自治区、直辖市有关部门制定的工业产品的安全、卫生要求等地方标准在本行政区域内是强制性标准。企业生产的产品没有国家标准、行业标准和地方标准的，企业应制定相应的企业标准作为组织生产的依据。企业标准由企业组织制定，并报请有关主管部门审查备案。鼓励企业制定各项技术指标均严于国家、行业、地方标准的企业标准在企业内使用。

12.3.3 技术标准的代号与编号

各级标准都有各自的部门代号，例如：

GB——中华人民共和国国家标准；

GBJ——国家工程建设标准；

GB/T——中华人民共和国推荐性国家标准；

ZB——中华人民共和国专业标准；

ZB/T——中华人民共和国推荐性专业标准；

JC——中华人民共和国建材行业标准；

JC/T——中华人民共和国建材行业推荐性标准；

JGJ——中华人民共和国建筑工程行业标准；

YB——中华人民共和国冶金行业标准；

SL——中华人民共和国水利行业标准；

JTJ——中华人民共和国交通行业标准；

CECS——中国工程建设标准化协会标准；

JJG——国家计量局计量检定规程；

DB——地方标准；

Q/××——××企业标准。

标准的表示方法，系由标准名称、部门代号、编号和批准年份等组成的。例如：国家推荐性标准《水泥比表面积测定方法（勃氏法）》（GB/T 8074—2008）的部门代号为GB/T，编号为8074，批准年份2008年。建材行业标准《粉煤灰小型空心砌块》(JC 862—2000）的部门代号为JC，编号为862，批准年份为2000年。

各个国家均有自己的国家标准，例如“ASTM”代表美国国家标准、“JIS”代表日本国家标准、“BS”代表英国国家标准、“STAS”代表罗马尼亚国家标准、“MSZ”代表匈牙利国家标准等。另外，在世界范围内统一执行的标准为国际标准，其代号为“ISO”。我国是国际标准化协会成员国，当前我国各项技术标准都正在向国际标准靠拢，以便于科学技术的交流与提高。

12.4 土木工程材料检测基本技能

12.4.1 土木工程材料检测目的

土木工程材料的品种繁多，其质量、性能的好坏将直接影响工程质量，所以有必要对土木工程材料进行检测。土木工程材料检测是根据现有最新的有关技术标准、规范的要求，采用科学合理的检测手段，对土木工程材料的性能参数进行检验和测定的过程。

土木工程材料大致可分为原材料和混合材料两大类。原材料有砂石材料如砂、碎石，胶结材料如水泥、石灰、沥青。混合材料有混凝土和砂浆、沥青混合料等。为了保证工程质量，必须从原材料开始，对其质量进行控制。因此，土木工程材料检测包括了对原材料的质量检测和对混合材料性能的检测。其目的是判定材料的各项性能是否符合质量等级的要求以及是否可以用于工程中。

12.4.2 土木工程材料检测的步骤

土木工程材料检测的步骤主要包括：见证取样和送样、检测试验室检测两个步骤。

见证取样和送样是指在建设单位或工程监理单位人员的见证下，由施工单位的现场检测人员对工程中涉及结构安全的试块、试件和材料进行现场取样，并送至经过省级以上建设行政主管部门对其资质认可和质量技术监督部门对其计量认证的质量检测单位进行检测。各种材料的抽样需按有关标准进行，所抽取的试样必须具有代表性。

检测试验室检测是由具有相应资质等级的质量检测机构进行检测。参与土木工程材料检测的人员必须持有相关的资质证书，必须具有科学的态度，不得修改试验原始数据，不得假设检测数据。检测报告必须进行审核，并有相关人员的签字和检测单位的盖章才有效。检测的依据为现行的有关技术标准和规范。

12.4.3 取样、送样见证人制度

1. 见证取样送样的范围

(1) 结构的混凝土试块；

(2) 承重块墙体的砌筑砂浆试块；

(3) 用于承重结构的钢筋及连接接头试件；

(4) 用于承重墙的砖和混凝土小型砌块；

(5) 用于拌制混凝土和砌筑砂浆的水泥；

(6) 用于承重结构的混凝土中使用的掺加剂；

(7) 地下、屋面、厕浴间使用的防水材料；

(8) 国家规定必须实行见证取样和送检的其他试块、试件和材料。

2. 见证取样送样的管理

(1) 建设单位应向工程质量安全监督部门和工程检测中心递交“见证单位和见证人员授权书”，授权书应写明本工程现场委托的见证人姓名，以便于工程安全监督站、检测单位检查核对。

(2) 施工企业取样人员在现场进行原材料取样和试块制作时，见证人员应在旁见证。

(3) 见证人员应对试样进行监护，并和施工企业取样人员一起将试样送到检测单位或采取有效封样措施送到检测单位。

(4) 检测单位接受委托检测任务时，送检单位需填写委托单，见证人在委托单上签名。各检测机构对无见证人签名委托单及无见证人伴送的试件一律拒收；凡无注明见证单位和见证人的报告，不得作为质量保证资料和竣工验收资料。并由质量安全监督站重新指定法定检测单位重新检测。

3. 见证人员的基本要求

见证人员必须具备以下资格：

(1) 见证人应是本工程建设单位的监理人员；

(2) 必须具备初级以上技术职称或具有建筑施工专业知识；

(3) 经培训考核合格，取得“见证人员证书”；

(4) 必须向质监站和检测单位递交见证人书面授权书；

(5) 见证人员的基本情况由检测部门备案，见证人员证书每隔五年换一次。

4. 见证人员职责

(1) 取样时，见证人员必须在场进行见证；

(2) 见证人员必须对试样进行监护；

(3) 见证人员必须和施工人员一起将试样送至检测单位；

(4) 见证人员必须在检验委托单上签字，并出示“见证人员证书”；

(5) 见证人员必须对试样的代表性和真实性负责。

12.4.4 检测人员的基本素质

在建筑工程中，对土木工程材料性能进行检测，不仅是评定和控制土木工程材料质量、施工质量的手段和依据，也是推进科技进步、合理选择使用土木工程材料、降低生产成本、提高企业经济效益的有效途径，更重要的在于它是保证建筑工程质量的基本前提。因此，对土木工程材料性能进行检测，必须本着严肃、认真、负责的原则，严格按照规章制度办事。

从事土木工程材料性能检测的人员必须具备的基本素质：

(1) 参与土木工程材料检测的人员必须有相关的资质证书才能上岗。

(2) 检测人员必须切实执行工程产品的有关标准、检测方法及有关规定。

(3) 检测人员必须具有科学的态度，不得私自修改检测原始数据，不得假设检测数据，尊重科学，尊重事实，对出具的检测报告的科学性、准确性负责。

(4) 坚决杜绝检测工作中不负责任、敷衍了事，不按有关标准、规程进行检测操作等行为。

12.4.5 检测技术

1. 取样

在进行检测之前首先要选取检测试样，检测试样必须具有代表性。取样原则为随机抽样，即在若干堆（捆、包）材料中，对任意堆放材料随机抽取试样。取样方法视材料而定。

样品抽取后应将检测试样从施工现场送至有检测资格的工程质量检测单位进行检验，从抽取样品到送至检测单位检测的过程是工作质量检测管理中的第一步，强化这个过程的监督管理是杜绝因试件弄虚作假而出现试件合格而工程实体质量不合格的现象的基本保证。实践表明，对建筑工程质量检测工作实行见证取样制度是解决工程质量“两层皮”现象的成功办法。

2. 检测设备仪器的选择

检测中有时需要称取检测试件或试样的质量，称量时要求具有一定的精确度，如检测试样称量精确度要求为0.1g，则应选用感量为0.1g的天平，一般称量精度大致为检测试样质量的0.1%。另外，检测试件的尺寸，同样有精度要求，一般对边长大于50mm的，精度可取1mm；对边长小于50mm的，精度可取0.1mm。对检测试验机吨位的选择，根据试件荷载吨位的大小，应使指针停在检测试验机度盘的第二、三象限内为好。

3. 检测

检测前一般应将取得的检测试样进行处理、加工或成型，以制备满足检测要求的检测试样或试件。制备方法随检测项目而异，应严格按照各个检测所规定的方法进行。

4. 检测结果计算与评定

对各次检测结果进行数据处理，一般取 n 次平行检测结果的算术平均值作为检测结果。检测结果应满足精确度与有效数字的要求。

检测结果经计算处理后，应给予评定是否满足标准要求，评定其等级，在某种情况下还应对检测结果进行分析，并得出结论。

12.4.6 检测条件

同一材料在不同的检测条件下，会得出不同的检测结果。如检测时的温度、湿度、加荷速度、试件制作情况等都会影响检测数据的准确性。

1. 温度

检测时的温度对某些检测结果影响很大，在常温下进行检测，对一般材料来说影响不大，但是如果材料对温度变化比较敏感，则必须严格控制检测温度。例如，石油沥青的针入度、延度检测，一定要控制在25℃的恒温水浴中进行。通常材料的强度也会随检测时的温度的升高而降低。

2. 湿度

检测时试件的湿度也明显影响检测数据，试件的湿度越大，检测的强度越低。在物理性能检测中，材料的干湿程度对检测结果的影响就更为明显了。因此，在检测时试件的湿度应控制在规定的范围内。

3. 试件尺寸与受荷面平整度

当试件受压时，同一材料小检测试件强度比大检测试件强度要高；相同受压面积之检测试件，高度大的比高度小的检测强度要小。因此，对不同材料的检测试件尺寸大小都有规定。

检测试件受荷面的平整度也大大影响着检测强度，如受荷面粗糙不平整，会引起应力集中而使强度大为降低。在混凝土强度检测中，不平整度达到0.25mm时，强度可降低1/3。上凸比下凹引起应力集中更甚，强度下降更大。所以受荷面必须平整，如成型面受压，必须用适当强度的材料找平。

4. 加荷速度

施加于检测试件的加荷速对强度检测结果有较大影响，加荷逗度越慢，检测的强度越低，这是由于应变有足够的时间发展，应力还不大时变形已达到极限应变，检测试件即被破坏。因此，对各种材料的力学性能检测，都有加荷速度的规定。

12.4.7 检测报告

检测的主要内容都应在检测报告中反映，检测报告的形式可以不尽相同。

1. 检测报告的内容

(1) 检测名称、内容；

(2) 目的与原理；

(3) 检测试样编号、检测数据与计算结果；

(4) 检测结果评定与分析；

(5) 检测条件与日期；

(6) 检测、校核、技术负责人。

2. 工程质量检测报告的内容

(1) 委托单位；

(2) 委托日期；

(3) 报告日期；

(4) 样品编号；

(5) 工程名称；

(6) 样品产地和名称；

(7) 规格及代表数量；

(8) 检测条件；

(9) 检测依据；

(10) 检测项目；

(11) 检测结果；

(12) 结论。

检测报告是经过数据整理、计算、编制的结果，而不是原始记录，也不是计算过程的罗列，经过整理计算后的数据可用图、表等表示，达到一目了然。为了编写出符合要求的检测报告，在整个检测过程中必须认真做好有关现象及原始数据的记录，以便于分析、评定检测结果。

12.5 检测数据统计分析与处理

建筑施工中，要对大量的原材料和半成品进行检测，取得大量数据，对这些数据进行科学的分析，能更好地评价原材料或工程质量，提出改进工程质量、节约原材料的意见。现简要介绍常用的数据统计方法。

12.5.1 平均值

1. 算术平均值

这是最常用的一种方法，用来了解一批数据的平均水平，度量这些数据的中间位置。

$$\overline{X}=\frac{X_1+X_2+\cdots+X_n}{n}=\frac{\sum X}{n}$$

式中 $\overline{X}$——算术平均值；

X_1，X_2，…，X_n——n 个检测数据值；

$\sum X$——各检测数据值的总和；

n——检测数据个数。

2. 均方根平均值

均方根平均值对数据大小跳动反映较为灵敏，计算公式如下：

$$S=\sqrt{\frac{X_1^2+X_2^2+\cdots+X_n^2}{n}}=\sqrt{\frac{\sum X^2}{n}}$$

式中 S——各检测数据的均方根平均值；

X_1，X_2，…，X_n——n 个检测数据值；

$\sum X^2$——各检测数据值平方的总和；

n——检测数据个数。

3. 加权平均值

加权平均值是各个检测数据和它的对应数的算术平均值，如计算水泥平均强度采用加权平均值，计算公式如下：

$$m=\frac{X_1g_1+X_2g_2+\cdots+X_ng_n}{g_1+g_2+\cdots+g_n}=\frac{\sum Xg}{\sum g}$$

式中 m——加权平均值；

X_1，X_2，…，X_n——n 个检测数据值；

g_1，g_2，…，g_n——检测数据的对应数；

$\sum Xg$——各检测数据值和它的对应数乘积的总和；

$\sum g$——各对应数的总和。

12.5.2 误差计算

1. 范围误差

范围误差也叫极差，是检测值中最大值和最小值之差。例如：3 块砂浆检测试件抗压强度分别为 5.21MPa、5.63MPa、5.72MPa，则这组检测试件的极差或范围误差为 5.72－5.21＝0.51MPa。

2. 算术平均误差

算术平均误差的计算公式为：

$$\delta=\frac{|X_1-\overline{X}|+|X_2-\overline{X}|+\cdots+|X_n-\overline{X}|}{n}=\frac{\sum|X-\overline{X}|}{n}$$

式中 δ——算术平均误差；

X_1，X_2，…，X_n——n 个检测数据值；

$\overline{X}$——检测数据值的算术平均值；

n——检测数据个数。

3. 标准差（均方根差）

只知检测试件的平均水平是不够的，要了解数据的波动情况及其带来的危险性，标准差（均方根差）是衡量波动性（离散性大小）的指标。标准差的计算公式为：

$$S=\sqrt{\frac{(X_1-\overline{X})^2+(X_2-\overline{X})^2+\cdots+(X_n-\overline{X})^2}{n-1}}=\sqrt{\frac{\sum(X-\overline{X})^2}{n-1}}$$

式中 S——标准差（均方根差）；

X_1，X_2，…，X_n——n 个检测数据值；

$\overline{X}$——检测数据值的算术平均值；

n——检测数据个数。

4. 极差估计法

极差是表示数据离散的范围，也可用来度量数据的离散性。极差是数据中最大值和最小值之差：

$$W=X_{max}-X_{min}$$

式中 W——极差；

X_{max}——检测数据最大值；

X_{min}——检测数据最小值。

当一批数据不多时（$n\leqslant10$），可用极差法估计总体标准离差：

$$\bar{\sigma}=\frac{1}{d_n}W$$

式中 $\bar{\sigma}$——标准差的估计值；

d_n——与 n 有关的系数，见表 12-4。

极差估计法 d_n 系数表 **表 12-4**

n	1	2	3	4	5	6	7	8	9	10
d_n $1/d_n$	— —	1.128 0.886	1.693 0.591	2.059 0.486	2.326 0.429	2.534 0.395	2.704 0.369	2.847 0.351	2.970 0.337	0.378 0.325

当一批数据很多时（$n>10$），要将数据随机分成若干个数量相等的组，对每组求极差，并计算平均值：

$$\overline{W}=\frac{\sum_{i=1}^{m}W_i}{m}$$

式中 $\overline{W}$——各组极差的平均值；

m——数据分组的组数。

则标准差的估计值近似地用可用下式计算：

$$\bar{\sigma}=\frac{1}{d_n}\overline{W}$$

极差估计法主要出于计算方便，但反映实际情况的精确度较差。

12.5.3 变异系数

标准差是表示绝对波动大小的指标，当检测较大的量值时，绝对误差一般较大；当检测较小的量值时，绝对误差一般较小。因此，要考虑相对波动的大小，即用平均值的百分率来表示标准差，即变异系数。计算式为：

$$C_V=\frac{S}{\overline{X}}\times100\%$$

式中 C_V——变异系数，%；

S——标准差；

$\overline{X}$——检测数据的算术平均值。

从变异系数可以看出标准偏差不能表示出数据的波动情况，如：

甲、乙两厂均生产 32.5 级矿渣硅胶盐水泥，甲厂某月生产的水泥 28d 抗压强度平均值为 39.8MPa，标准差为 1.68MPa。同月乙厂生产的水泥 28d 抗压强度平均值为 36.2MPa，标准差为 1.62MPa，求两厂的变异系数（C_V）。

甲厂：$$C_V=\frac{1.68}{39.8}\times100\%=4.22\%$$

乙厂： $C_V=\frac{1.62}{36.2}\times100\%=4.48\%$

从标准差看，甲厂大于乙厂。但从变异系数看，甲厂小于乙厂，说明乙厂生产的水泥强度相对跳动要比甲厂大，产品的稳定性较差。

12.5.4 可疑数据的取舍

在一组条件完全相同的重复检测中，当发现有某个过大或过小的可疑数据时，应按数理统计方法给以鉴别并决定取舍。常用方法有三倍标准差法和格拉布斯法。

1. 三倍标准差法

这是美国混凝土标准（ACT 214—65）的修改建议中所采用的方法。它的标准是 $|X_i-\overline{X}|>3\sigma$ 时不舍弃。另外还规定，$|X_i-\overline{X}|>2\sigma$ 时则保留，但需存疑，如发现试件制作、养护、检测过程中有可疑的变异时，该检测试件强度值应予舍弃。

2. 格拉布斯法

格拉布斯法假定检测结果服从正态分布，根据顺序统计量来确定可疑数据的取舍，确定步骤如下：

(1) 把检测所得数据从小到大排列：X_1，X_2，…，X_n。

(2) 选定显著性水平 a（一般 $a=0.05$），根据 n 及 a 从 T（n，a）（见表 12-5）中求得 T 值。

T（n，a）值 **表 12-5**

a(%)	当 n 为下列数值时的 T 值							
	3	4	5	6	7	8	9	10
5.0	1.15	1.46	1.67	1.82	1.94	2.03	2.11	2.18
2.5	1.15	1.48	1.71	1.89	2.02	2.13	2.21	2.29
1.0	1.15	1.49	1.75	1.94	2.10	2.22	2.32	2.41

(3) 计算统计量 T 值：

设 X_1 为可疑时，则 $T=\frac{|\overline{X}-X_1|}{S}$；

当最大值 X_n 为可疑时，则 $T=\frac{|X_n-\overline{X}|}{S}$。

式中 X——检测试件平均值，$\overline{X}=\frac{1}{n}\sum_{i=1}^{n}X_i^2$；

X_i——测定值；

n——检测试件个数；

S——检测试件标准差，$S=\sqrt{\frac{\sum(X_i-\overline{X})^2}{n-1}}$。

(4) 查表 12-5 中相应于 n 与 a 的 $T(n, a)$ 值。

(5) 当计算的统计量 $T\geqslant T(n, a)$ 时，则假设的可疑数据是对的，应予舍弃；当 $T<T(n, a)$ 时，则不能舍弃。

这样判断犯错误的概率为 $a=0.05$。相应于 n 及 $a=1.0\%$、2.5%、5.0%，$T(n, a)$ 值列于表 12-5。

以上两种方法中，三倍标准差法最简单，但要求较宽，几乎绝大部分数据可不舍弃。格拉布斯法适用于标准差不能掌握时的情况。

12.5.5 数字修约规则

《标准化工作导则 第1部分：标准的结构和编写规则》（GB/T 1.1—2000）中对数字修约规则做了具体规定。在制订、修订标准中，各种检测值、计算值需要修约时，应按下列规则进行：

（1）在拟舍弃的数字中，保留数后边（右边）第一个数小于5（不包括5）时，则舍去。保留数的末位数字不变。

例如，将修约到保留一位小数：修约前13.3442，修约后为13.3。

（2）在拟舍弃的数字中，保留数后边（右边）第一个数大于5（不包括5）时，则进一。保留数的末位数字加一。

例如，将16.5742修约到保留一位小数：修约前16.5742，修约后16.6。

（3）在拟舍弃的数字中，保留数后边（右边）第一个数等于5，5后边的数字并非全部为零时，则进一，即保留数的末位数字加一。

例如，将2.2502修约到保留一位小数：修约前2.2502，修约后2.3。

（4）在拟舍弃的数字中，保留数后边（右边）第一个数等于5，5后边的数字全部为零时，保留数的末位数字为奇数时则进一，保留数的末位数字为偶数（包括“0”）时则不进。

例如，将下列数字修约到保留一位小数：修约前1.4500，修约后1.4；修约前0.5500，修约后0.6；修约前2.3500，修约后2.4。

（5）所拟舍弃的数字，若为两位以上的数字，不得连续进行多次（包括二次）修约。应根据保留数后边（右边）第一个数字的大小，按上述规定一次修约出结果。

例如，将23.4546修约成整数：正确的修约是：修约前23.4546，修约后23；不正确的修约是：修约前，一次修约、二次修约、三次修约、四次修约（结果）：23.4546，23.455，23.46，23.5，24。

12.5.6 数据的表示方法

检测数据的表示方法通常有表格表示法、图形表示法和数学公式法三种。

1. 表格表示法

表格表示法简称表格法，是工程技术上用得最多的一种数据表示方法之一。通常有两种表格，一种是检测数据记录表；一种是检测结果差。

表格法反映的数据直接、明确，但也存在着一些缺点，如对检测数据不易进行数学解析，不易看出变量与对应函数间的关系以及变量之间的变化规律。

2. 图形表示法

工程领域中，常把数据绘制成图形，如表示混凝土龄期与抗压强度的关系时，把坐标系中的横坐标设为混凝土龄期，纵坐标设为混凝土的抗压强度，根据不同龄期下的混凝土抗压强度检测数据，可以得到一条曲线，由此可以了解混凝土龄期与抗压强度的变化规律。

但是图形法也有其缺点，如对图形进行解析也相当困难，同时根据图形得到某点所对应的函数值时，往往误差过大。

3. 数学公式法

在处理数据时，常遇到两个变量因素的检测值，可以利用检测数据，找出它们之间的规律，建立两个相关变量因果关系经验公式，作为数据处理的经验公式。

根据一系列检测数据建立经验公式，是这个方法中最基本的问题。建立公式的基本步骤大致为：

（1）以自变量为横坐标，函数量为纵坐标，把检测数据描绘在坐标纸上，再把数据点描绘成曲线。

（2）对绘成的曲线进行分析，确定公式的类型。

（3）将曲线方程变化为直线方程，然后按一元线性方程回归处理。

（4）确定一元线性回归方程中的常数。

（5）检验公式的准确性。将检测数据中的自变量代入公式中，计算其函数值，并与实际检测值比较，如误差较大，说明公式有误，需要重新建立其他形式的公式。

两个变量间最简单的关系是直线关系，其普遍式是：

$$Y=b+aX$$

式中 Y——因变量；

X——自变量；

a——系数或斜率；

b——常数或截距。

通常见到的两个变量间的经验相关公式，大多数是简单的直线关系式。例如，有关水泥规范中的经验公式：标准稠度用水量 P 与试锥下沉深度 S 之间是简单的直线关系式，即 $P=33.4-0.185S$。

12.6 国家法定计量单位

12.6.1 法定计量单位的构成

《中华人民共和国计量法》（以下简称《计量法》）明确规定，国家实行法定计量单位制度。国家法定计量单位是政府以法令的形式，明确规定要在全国范围内采用的计量单位。国务院于1984年2月27日发布了《关于在我国统一实行法定计量单位的命令》，同时要求逐步废除非国家法定计量单位，这是统一我国单位制和量值的依据。

《计量法》规定：“国家采用国际单位制。国际单位制计量单位和国家选定的其他计量单位，为国家法定计量单位。”国际单位制是我国计量单位的主体，国际单位制如有变化，我国国家法定计量单位也将随之变化。

实行法定计量单位，对我国国民经济和文化教育事业的发展，推动科学技术的进步和扩大国际交流都有重要意义。

1. 国际单位制计量单位

（1）国际单位制的产生

1960年第11届国际计量大会（CCPM）将一种科学实用的单位制命名为“国际单位制”，并用符号SI表示。经多次修订，现已形成了完整的体系。

SI是在科技发展中产生的，由于结构合理、科学简明、方便实用，适用于众多科技领域和各行各业，可实现世界范围内计量单位的统一，因而得到国际上广泛承认和接受，成为科技、经济、文教、卫生等各界的共同语言。

(2) 国际单位制的构成

国际单位制的构成如图12-2所示。

国际单位制（SI）
- SI单位
  - SI基本单位
  - SI导出单位
    - 包括SI辅助单位在内的具有专门名称的SI导出单位
    - 组合形式的SI导出单位
- SI单位的倍数单位

图12-2 国际单位制构成示意图

(3) SI基本单位

SI基本单位是SI的基础，其名称和符号见表12-6。

SI基本单位 **表12-6**

量的名称	单位名称	单位符号
长度	米	m
质量	千克(公斤)	kg
时间	秒	s
电流	安[培]	A
热力学温度	开[尔文]	K
物质的量	摩[尔]	mol
发光强度	坎[德拉]	cd

(4) SI导出单位

为了读写和实际应用的方便，便于区分某些具有相同量纲和表达式的单位，在历史上出现了一些具有专门名称的导出单位。但是，这样的单位不宜过多，SI仅选用了21个，其专门名称可以合法使用。没有选用的，如电能单位"度"（千瓦时），光亮度单位"尼特"（即坎德拉每平方米）等名称，就不能使用了。

包括SI辅助单位在内的具有专门名称的SI导出单位及由于人类健康安全防护上的需要而确定的具有专门名称的SI导出单位如表12-7和表12-8所示。

包括SI辅助单位在内的具有专门名称的SI导出单位 **表12-7**

量的名称	SI导出单位		
	名 称	符 号	用SI基本单位和SI导出单位表示
[平面]角	弧度	rad	$1rad=1m/m=1$
立体角	球面度	sr	$1sr=1m^2/m^2=1$
频率	赫[兹]	Hz	$1Hz=1s^{-1}$
力	牛[顿]	N	$1N=1kg\cdot m/s^2$
压力、压强、应力	帕[斯卡]	Pa	$1Pa=1N/m^2$
能[量]，功，热量	焦[耳]	J	$1J=1N\cdot m$
功率，辐[射能]通量	瓦[特]	W	$1W=1J/s$
电荷[量]	库[仑]	C	$1C=1A\cdot s$
电压，电动势，电位，(电势)	伏[特]	V	$1V=1W/A$
电容	法[拉]	F	$1F=1C/V$
电阻	欧[姆]	Ω	$1\Omega=1V/A$
电导	西[门子]	S	$1S=1\Omega^{-1}$
磁通[量]	韦[伯]	Wb	$1Wb=1V\cdot s$

续表

量的名称	SI 导出单位		
	名 称	符 号	用 SI 基本单位和 SI 导出单位表示
磁通[量]密度，磁感应强度	特[斯拉]	T	$1T=1Wb/m^2$
电感	亨[利]	H	1H=1Wb/A
摄氏温度	摄氏度	℃	1℃=1K
光通量	流[明]	lm	1lm=1cd·sr
[光]照度	勒[克斯]	lx	$1lx=1lm/m^2$

由于人类健康安全防护上的需要而确定的具有专门名称的 SI 导出单位　　表 12-8

量的名称	SI 导出单位		
	名 称	符 号	用 SI 基本单位和 SI 导出单位表示
[放射性]活度	贝可[勒尔]	Bq	$1Bq=1s^{-1}$
吸收剂量 比授[予]能 比释动能	戈[瑞]	Gy	1Gy=1J/kg
剂量当量	希[沃特]	Sv	1Sv=1J/kg

（5）SI 单位的倍数单位

基本单位、具有专门名称的导出单位以及直接由它们构成的组合形式的导出单位都称之为 SI 单位，它们有主单位的含义。在实际使用时，量值的变化范围很宽，仅用 SI 单位来表示量值是很不方便的。为此，SI 中规定了 20 个构成十进倍数和分数单位的词头和所表示的因数。这些词头不能单独使用，也不能重叠使用，它们仅用于与 SI 单位（kg 除外）构成 SI 单位的十进倍数单位和十进分数单位。需要注意的是：相应于因数 10^3（10^3）以下的词头符号必须用小写正体，大于或等于因数 10^6 的词头符号必须用大写正体。从 10^3 到 10^{-3} 是十进位，其余是千进位，详见表 12-9。

用于构成十进倍数和分数单位的词头　　表 12-9

因数	词头名称		符 号	因数	词头名称		符 号
	英文	中文			英文	中文	
10^{24}	yotta	尧[它]	Y	10^{-1}	deci	分	d
10^{21}	zetta	泽[它]	Z	10^{-2}	centi	厘	c
10^{18}	exa	艾[可萨]	E	10^{-3}	milli	毫	m
10^{15}	peta	拍[它]	P	10^{-6}	micro	微	μ
10^{12}	tera	太[拉]	T	10^{-9}	nano	纳[诺]	n
10^{9}	giga	吉[咖]	G	10^{-12}	pico	皮[可]	p
10^{6}	mega	兆	M	10^{-15}	femto	飞[母托]	f
10^{3}	kilo	千	k	10^{-18}	atto	阿[托]	a
10^{2}	hecto	百	h	10^{-21}	zepto	仄[普托]	z
10^{1}	deca	十	da	10^{-24}	yocto	幺[科托]	y

SI 单位加上 SI 词头后两者结合为一整体，就不再称为 SI 单位，而称为 SI 单位的倍数单位，或者叫 SI 单位的十进倍数或分数单位。

2. 国家选定的非 SI 单位

尽管 SI 有很大的优越性，但并非十全十美。在日常生活和一些特殊领域，还有一些广泛使用的、重要的非 SI 单位不能废除，尚需继续使用。因此，我国选定了若干非 SI 单位，作为国家法定计量单位，它们具有同等的地位，详见表 12-10。

SI 基本单位 表 12-10

量的名称	单位名称	单位符号	换算关系和说明
时间	分 [小]时 天(日)	min h d	1min=60s 1h=60min=3600s 1d=24h=86400s
平面角	[角]秒 [角]分 度	″ ′ °	1″=(π/64800)rad 1′=60″=(π/10800)rad 1°=60′=(π/180)rad
旋转速度	转每分	r/min	1r/min=(1/60)s^{-1}
长度	海里	n mile	1n mile=1852m(只用于航程)
速度	节	kn	1kn=1n mile/h=(1852/3600)m/s(只用于航程)
质量	吨 原子质量单位	t u	1t=10^3kg 1u≈1.660540×10^{-27}kg
体积	升	L,(l)	1L=1dm^3=$10^{-3}$$m^3$
能	电子伏	eV	1eV≈1.602177×10^{-19}J
级差	分贝	dB	
线密度	特[克斯]	tex	1tex=10^{-6}kg/m
面积	公顷	hm^2	1hm^2=$10^4$$m^2$

注：1. 周、月、年为一般常用时间单位。
2. [ ] 内的字是在不致混淆的情况下，可以省略的字。
3. ( ) 内的字为前者的同义语。
4. 角度单位度、分、秒的符号不处于数字后时，应加括弧。
5. 升的符号中，小写字母 l 为备用符号。
6. r 为“转”的符号。
7. 人们在生活和贸易中，质量习惯称为重量。
8. 公里为千米的俗称，符号为 km。
9. 10^4 称为万，10^8 称为亿，10^{12}称为万亿，这类数词的使用不受词头名称的影响，但不应与词头混淆。

我国选定的非 SI 单位包括 10 个由 CGPM 确定的允许与 SI 并用的单位，3 个暂时保留与 SI 并用的单位（海里、节、公顷）。此外，根据我国的实际需要，还选取了“转每分”、“分贝”和“特克斯”3 个单位，一共 16 个非 SI 单位，作为国家法定计量单位的组成部分。

12.6.2 法定计量单位的使用规则

1. 法定计量单位名称

(1) 计量单位的名称一般是指它的中文名称，用于叙述性文字和口述中，不得用于公式、数据表、图、刻度盘等处。

(2) 组合单位的名称与其符号表示的顺序一致，遇到除号时，读为“每”字，且“每”只能出现 1 次。例如 J/(mol·K) 的名称应为“焦耳每摩尔开尔文”。书写时亦应如此，不能加任何图形和符号，不要与单位的中文符号相混。

(3) 乘方形式的单位名称举例：m^4 的名称应为“四次方米”而不是“米四次方”。用长度单位米的二次方或三次方表示面积或体积时，其单位名称应为“平方米”或“立方米”，否则仍应为“二次方米”或“三次方米”。$℃^{-1}$的名称为“每摄氏度”，而不是“负一次方摄氏度”。s^{-1}的名称应为“每秒”。

2. 法定计量单位符号

(1) 计量单位的符号分为单位符号（即国际通用符号）和单位的中文符号（即单位名

称的简称)，后者便于在知识水平不高的场合下使用，一般推荐使用单位符号。十进制单位符号应置于数据之后。单位符号按其名称或简称读，不得按字母读音。

(2) 单位符号一般用正体小写字母书写，但是以人名命名的单位符号，第一个字母必须正体大写。单位符号后，不得附加任何标记，也没有复数形式。

组合单位符合书写方式举例及其说明，见表 12-11 所示。

组合单位符合书写方式举例 **表 12-11**

单位名称	符号的正确书写方式	错误或不适当的书写形式
牛顿米	N·m,Nm 牛·米	N—m,mN 牛—米,牛米
米每秒	m/s,m·s^{-1},米/秒,米·秒$^{-1}$,米/秒	ms^{-1}秒米,米·秒$^{-1}$
瓦每开尔文米	W/(K·m),瓦/(开·米)	W/(开·米),W/K/m,W/K·m
每米	m^{-1},米$^{-1}$	1/m,1/米

注：1. 分子为 1 的组合单位的符号，一般不用分子式，而用负数幂的形式。
2. 单位符号中，用斜线表示相除时，分子、分母的符号与斜线处于同一行内。分母中包含两个以上单位符号时，整个分母应加圆括号，斜线不得多于 1 条。
3. 单位符号与中文符号不得混合使用。但是非物理单位（如台、件、人等），可用汉字与符号构成组合形式单位；摄氏度的符号℃可作为中文符号使用，如 J/℃可作为焦/℃。

12.6.3 词头使用方法

(1) 词头的名称紧接单位的名称，作为一个整体，其间不得插入其他词。例如：面积单位 km^2 的名称和含义是“平方千米”，而不是“千平方米”。

(2) 仅通过相乘构成的组合单位在加词头时，词头应加在第一个单位之前。例如：力矩单位 kN·m，不宜写成 N·km。

(3) 摄氏度和非十进制法定计量单位，不得用 SI 词头构成倍数和分数单位。它们参与构成组合单位时，不应放在最前面。例如：光量单位 1m·h，不应写为 h·1m。

(4) 组合单位的符号中，某单位符号同时又是词头符号，则应尽量将它置于单位符号的右侧。例如：力矩单位 Nm，不宜写成 mN。温度单位 K 和时间单位 s 和 h，一般也在右侧。

(5) 词头 h、da、a、c（百、十、分、厘）一般只用于某些长度、面积、体积和早已习惯用的场合，例如：m、dB 等。

(6) 一般不在组合单位的分子分母中同时使用词头。例如：电场强度单位可用 MV/m，不宜用 kV/mm。词头加在分子的第一个单位符号前，例如：热容单位 J/K 的倍数单位 kJ/K，应写为 J/mK。同一单位中一般不使用两个以上的词头，但分母中长度、面积和体积单位可以有词头，k 也作为例外。

(7) 选用词头时，一般应使量的数值处于 0.1～1000 范围内。例如：1401Pa 可写成 1.401kPa。

(8) 万（10^4）和亿（10^8）可放在单位符号之前作为数值使用，但不是词头。十、百、千、十万、百万、千万、十亿、百亿、千亿等中文词，不得放在单位符号前作数值用。例如：“3 千秒$^{-1}$”应读作“三每千秒”，而不是“三千每秒”；对“三千每秒”，只能表示为“3000 秒$^{-1}$”。读音“一百瓦”，应写作“100 瓦”或“100W”。

(9) 计算时，为了方便，建议所有量均用 SI 单位表示，词头用 10 的幂代替。这样，所得结果的单位仍为 SI 单位。

第 13 章　土木工程材料基本性质检测

13.1　土木工程材料基本性质检测的基本规定

13.1.1　执行标准（以粗集料为例）

《建筑用卵石、碎石》(GB/T 14685—2001)；

《普通混凝土用砂、石质量及检验方法标准》(JGJ 52—2006)；

《公路工程岩石试验规程》(JTG E41—2005)；

《公路工程集料试验规程》(JTG E42—2005)。

13.1.2　土木工程材料基本性质检测项目

土木工程材料基本性质检测项目和抽样规定，见表 13-1。

土木工程材料检测项目、组批原则及抽样规定　　表 13-1

材料名称及标准规范	检测项目	抽样数量	抽样方法
粗集料 GB/T 14685—2001 JGJ 52—2006 JTG E41—2005 JTG E42—2005	相对密度 表观密度 体积密度 堆积密度 空隙率 吸水率	对每一单项检测，每组试样的取样数量宜不少于表 13-2 所规定的最少取样量。需做几项检测时，如确能保证试样经一项检测后不致影响另一项检测的结果时，可用同一组试样进行几项不同检测	1. 在材料场同批来料的料堆上取样时，应先铲除堆脚等处无代表性的部分，再在料堆的顶部、中部和底部，各自均匀分布的几个不同部位，取得大致相等的若干份(大致 15 份)组成一组试样，务必使所取试样能代表本批来料的情况和品质。 2. 通过皮带运输机的材料如采石场的生产线、沥青拌合物的冷料输送带、无机结合料稳定集料、级配碎石混合料等，应从皮带运输机上采集样品。取样时，可在皮带运输机骤停的状态下取其中一截的全部材料，或在皮带运输机的端部连续接一定时间的料得到，将间隔 3 次以上所取的试样组成一组试样，作为代表性试样。 3. 从火车、汽车、货船上取样时，应从各不同部位和深度处，抽取大致相等的试样若干份，组成一组试样。抽取的具体份数(大致 16 份)，应视能够组成本批来料代表样的需要而定。 4. 从沥青拌合物的热料仓取样时，应在放料口的全断面上取样，通常宜将一开始按正式生产的配比投料拌合的几锅(至少 5 锅以上)废弃，然后分别将每个热料仓放出至装载机上，倒在水泥地上，适当拌合，从 3 处以上的位置取样，拌合均匀，取要求数量的试样

各试验项目所需粗集料的最小取样质量　　表 13-2

检测项目	相对于下列公称最大粒径(mm)的最小取样量(kg)										
	4.75	9.5	13.2	16	19	26.5	31.5	37.5	53	63	75
表观密度	6	8	8	8	8	8	12	16	20	24	24
含水率	2	2	2	2	2	2	3	3	4	4	6
吸水率	2	2	2	2	4	4	4	6	6	6	8
堆积密度	40	40	40	40	40	40	80	80	100	120	120

13.1.3 试样的缩分

1. 分料器法

将试样拌匀后，通过分料器（见图13-1）分为大致相等的两份，再取其中的一份分成两份，缩分至需要的数量为止。

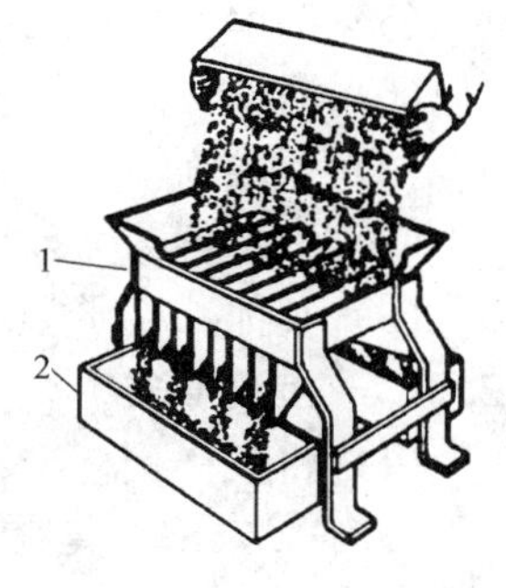

图13-1 分料器

1—分料漏斗；2—接料斗

2. 四分法

如图13-2所示。将所取试样置于平板上，在自然状态下拌合均匀，大致摊平，然后沿互相垂直的两个方向，把试样由中向边摊开，分成大致相等的四份，取其对角的两份重新拌匀，重复上述过程，直至缩分后的材料量略多于进行检测所必需的量。

3. 缩分后的试样数量

应符合各项检测规定数量的要求。

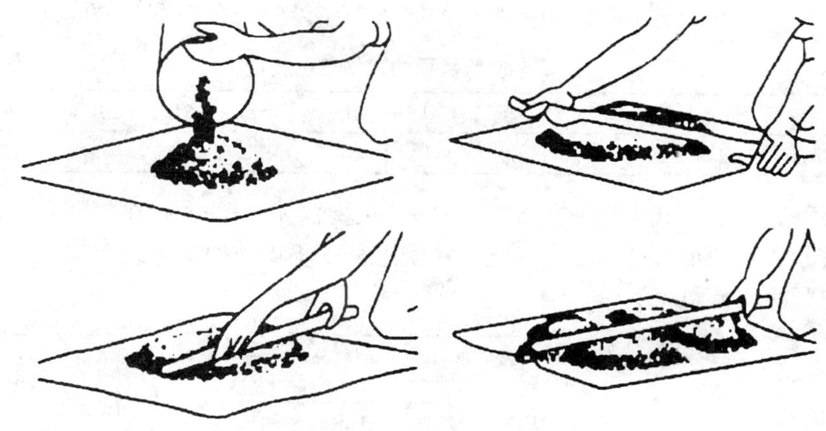

图13-2 四分法示意图

13.1.4 试样的包装

每组试样应采用能避免细料散失及防止污染的容器包装，并附卡片标明试样编号，取样时间、产地、规格、试样代表数量、试样品质、要求检验项目及取样方法等。

13.2 土木工程材料（粗集料）密度及吸水率检测（网篮法）

13.2.1 检测目的与适用范围

本方法适用于测定各种粗集料的表观相对密度、表干相对密度、体积相对密度、表观密度、表干密度、体积密度以及粗集料的吸水率。

13.2.2 主要检测仪器设备

（1）天平或浸水天平：可悬挂吊篮测定集料的水中质量，称量应满足试样数量称量要求，感量不大于最大称量的0.05%。

（2）吊篮：耐锈蚀材料制成，直径和高度为150mm左右，四周及底部用1～2mm的筛网编制或具有密集的孔眼。

（3）溢流水槽：在称量水中质量时能保持水面高度一定。

（4）烘箱：能控温在（105±5)℃。

（5）毛巾：纯棉制，洁净，也可用纯棉的汗衫布代替。

（6）温度计。

（7）标准筛。

（8）盛水容器（如搪瓷盘）。

（9）其他：刷子等。

13.2.3 检测准备

（1）将试样用标准筛过筛除去其中的细集料，对较粗的粗集料可用4.75mm筛过筛；对2.36～4.75mm集料，或者混在4.75mm以下石屑中的粗集料，则用2.36mm标准筛过筛，用四分法或分料器法缩分至要求的质量，分两份备用。对沥青路面用粗集料，应对不同规格的集料分别测定，不得混杂，所取的每一份集料试样应基本上保持原有的级配。在测定2.36～4.75mm的粗集料时，检测过程中应特别小心，不得丢失集料。

（2）经缩分后，供测定密度和吸水率的粗集料质量应符合表13-3的规定。

测定密度所需要的试样最小质量 表13-3

公称最大粒径(mm)	4.75	9.5	16	19	26.5	31.5	37.5	63	75
每一份试样的最小质量(kg)	0.8	1	1	1	1.5	1.5	2	3	3

（3）将每一份集料试样浸泡在水中，并适当搅动，仔细洗去附在集料表面的尘土和石粉，经多次漂洗干净至水完全清澈为止。清洗过程中不得散失集料颗粒。

13.2.4 主要检测流程

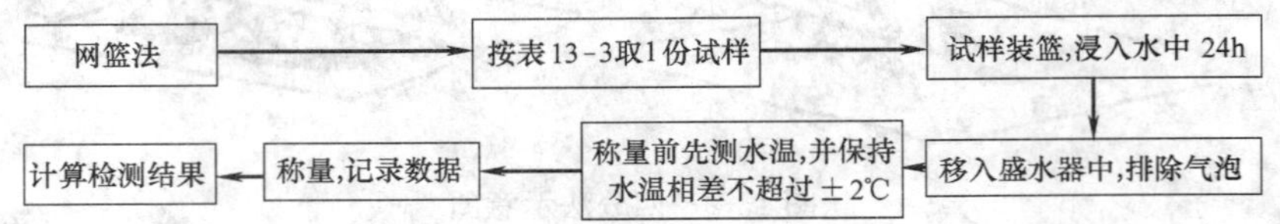

13.2.5 具体检测步骤

（1）取试样一份装入干净的搪瓷盘中，注入洁净的水，水面至少应高出试样20mm，轻轻搅动石料，使附着在石料上的气泡完全逸出。在室温下保持浸水24h。

（2）将吊篮挂在天平的吊钩上，浸入溢流水槽中，向溢流水槽中注水，水面高度至水槽的溢流孔；将天平调零，吊篮的筛网应保证集料不会通过筛孔流失，对2.36～4.75mm的粗集料应更换小孔筛网，或在网篮中加放入一个浅盘。

（3）调节水温在15～25℃范围内。将试样移入吊篮中。溢流水槽中的水面高度由水槽的溢流孔控制，维持不变称取集料的水中质量（m_w）。

（4）提起吊蓝，稍稍滴水后，较粗的粗集料可以直接倒在拧干的湿毛巾上。将较细的粗集料2.36～4.75mm连同浅盘一起取出，稍稍倾斜搪瓷盘，仔细倒出余水，将粗集料倒在拧干的湿毛巾上，用毛巾吸走从集料中漏出的自由水。此步骤需特别注意不得有颗粒丢失或有小颗粒附在吊篮上。再用拧干的湿毛巾轻轻擦干集料颗粒的表面水，至表面看不到发亮的水迹，即为饱和面干状态。当粗集料尺寸较大时，宜逐颗擦干，注意对较粗的粗集料，拧湿毛巾时不要太用劲，防止拧得太干，对较细的含水较多的粗集料，毛巾可拧得稍干些，擦颗粒的表面水时，既要将表面水擦掉，又千万不能将颗粒内部的水吸出，整个过程中不得有集料丢失，且已擦干的集料不得继续在空气中放置，以防止集料干燥。

注：对 2.36～4.75mm 集料，用毛巾擦拭时容易粘附细颗粒集料从而造成集料损失，此时宜改用洁净的纯棉汗衫布擦拭至表干状态。

（5）立即在保持表干状态下，称取集料的表干质量（m_f）。

（6）将集料置于浅盘中，放入（105±5)℃的烘箱中烘干至恒量。取出浅盘，放在带盖的容器中冷却至室温，称取集料的烘干质量（m_a）。

注：恒量是指相邻两次称量间隔时间大于 3h 的情况下，其前后两次称量之差小于该项检测要求的精密度，即 0.1%。一般在烘箱中烘烤的时间不得少于 4～6h。

（7）对同一规格的集料应平行检测两次，取平均值作为检测结果。

13.2.6 检测结果计算及评定

（1）表观相对密度 γ_a、表干相对密度 γ_s、体积相对密度 γ_b 按下列计算式进行计算，计算至小数点后 3 位。

$$\gamma_a=\frac{m_a}{m_a-m_w}$$

$$\gamma_s=\frac{m_f}{m_f-m_w}$$

$$\gamma_b=\frac{m_a}{m_f-m_w}$$

式中 γ_a——集料的表观相对密度，无量纲；

γ_s——集料的表干相对密度，无量纲；

γ_b——集料的体积相对密度，无量纲；

m_a——集料的烘干质量，g；

m_f——集料的表干质量，g；

m_w——集料的水中质量，g。

（2）集料的吸水率以烘干试样为基准，按下式计算，精确至 0.01%。

$$\omega_x=\frac{m_f-m_a}{m_a}\times 100\%$$

式中 ω_x——粗集料的吸水率，%。

（3）粗集料的表观密度 ρ_a、表干密度 ρ_s、体积密度 ρ_b，按下面计算式计算，准确至小数点后 3 位。不同水温条件下测量的粗集料表观密度需进行水温修正，不同试验温度下水的密度 ρ_T 及水的温度修正系数 α_T 按表 13-4 取用。

不同水温时水的密度 ρ_T 及水温修正系数 α_T **表 13-4**

水温(℃)	15	16	17	18	19	20
水的密度 ρ_T(g/cm^3)	0.99913	0.99897	0.99880	0.99862	0.99843	0.99822
水温修正系数 α_T	0.002	0.003	0.003	0.004	0.004	0.005
水温(℃)	21	22	23	24	25	
水的密度 ρ_T(g/cm^3)	0.99802	0.99779	0.99756	0.99733	0.99702	
水温修正系数 α_T	0.005	0.006	0.006	0.007	0.007	

$$\rho_a=\gamma_a\times\rho_T \quad 或 \quad \rho_a=(\gamma_a-\alpha_T)\times\rho_\Omega$$

$$\rho_s=\gamma_s\times\rho_T \quad 或 \quad \rho_s=(\gamma_s-\alpha_T)\times\rho_\Omega$$

$$\rho_b=\gamma_b\times\rho_T \quad 或 \quad \rho_b=(\gamma_b-\alpha_T)\times\rho_\Omega$$

式中 ρ_a——粗集料的表观密度，g/cm³；

ρ_s——粗集料的表干密度，g/cm³；

ρ_b——粗集料的体积密度，g/cm³；

γ_a——集料的表观相对密度，无量纲；

γ_s——集料的表干相对密度，无量纲；

γ_b——集料的体积相对密度，无量纲；

ρ_T——检测温度为 T 时水的密度，g/cm³，按表13-4取用；

α_T——检测温度为 T 时的水温修正系数；

ρ_Ω——水在4℃时的密度（1.000g/cm³）。

（4）精密度或允许差

重复检测的精密度，对表观相对密度、表干相对密度、体积相对密度，两次结果相差不得超过0.02，对吸水率不得超过0.2%。

注：1. 现在对粗集料的密度、相对密度的定义、测定、使用方法比较混乱，常常出现错误的理解。首先应特别注意各种相对密度和密度的不同用途，工程上常用相对密度而少用密度。例如在沥青混合料的配合比设计时，常用表观相对密度、体积相对密度，而对水泥混凝土材料则常用表干相对密度。

2. 在检测集料密度时应考虑检测时不同温度的水对密度的影响，计算检测温度下的密度。可是实际上沥青混合料配合比设计或施工质量检验计算最大理论相对密度时，使用的是室温条件下粗集料与水的相对密度（水在不同温度时的密度见表13-4），此温度差对混合料的孔隙率有影响。故应先测定粗集料相对密度，在需要时再计算密度。

必须注意，在沥青混合料配合比设计时，仅需要测定集料的相对密度，而不是经过温度换算后的密度。

3. 密度是在一定条件下测量的单位体积的质量，单位为kg/m³或g/cm³，通常以 ρ 表示。对于工程上用的粗细集料，由于材料状态及测定条件的不同，便衍生出各种各样的“密度”来。计算密度用的质量有干燥质量与潮湿质量的不同，计算用的体积也因所包含集料内部的孔隙情况而有所不同，因而计算结果就不一样，由此得出不同的密度定义。

（1）真实密度：矿粉的密度接近于真实密度，它是在规定条件下，材料单位体积（全部为矿质材料的体积，不计任何内部孔隙）的质量，也叫真密度。

（2）体积密度：其计算单位体积为表面轮廓线范围内的全部毛体积，包含了材料实体、开口及闭口孔隙。当质量以干质量（烘干）为准时，称绝干体积密度，即通常所称的体积密度。

（3）表干密度：其计算单位体积与体积密度相同，但计算质量以表干质量（饱和面干状态，包括了吸入开口孔隙中的水）为准时，称表干体积密度，即通常所称的表干密度。

（4）表观密度：材料单位体积中包含了材料实体及不吸水的闭口孔隙，但不包括能吸水的开口孔隙。

4. 集料的吸水率 ω_x 即吸入集料开口孔隙中的水的质量与集料固体部分质量之比。

5. 如以 γ_a 代表表观相对密度，γ_s 代表表干相对密度，γ_b 代表体积相对密度，ω_x 代表吸水率，则这几个测定值之间可互相换算：

$$\gamma_s=\left(1+\frac{w_x}{100}\right)\cdot\gamma_b$$

$$\gamma_a=\frac{1}{\dfrac{1}{\gamma_b}-\dfrac{w_x}{100}}$$

$$\gamma_a=\frac{1}{\dfrac{1+w_x/100}{\gamma_s}-\dfrac{w_x}{100}}$$

$$w_x=\left(\frac{1}{\gamma_b}-\frac{1}{\gamma_a}\right)\times100$$

6. 本方法适用于 2.36mm 以上粗集料。但是对 2.36～4.75mm 这一档料，毕竟比较困难，因其容易散失，或者粘附在网篮、毛巾上。为此容许在网篮中放一个浅盘，取出浅盘时其中肯定有水，在倒水时千万要注意不能将集料一起倒出。集料中的水倒得不干净，将会使毛巾太湿，所以毛巾可以拧得干一些，甚至换一块毛巾擦拭。如果用毛巾容易粘附细颗粒，也可以采用纯棉的汗衫布擦。总之，按此法检测时，不致集料散失和擦干到饱和面干状态要恰到好处是控制检测精度的关键。

13.2.7 土木工程材料（粗集料）密度和吸水率检测报告

土木工程材料（粗集料）密度和吸水率检测报告见表 13-5。

土木工程材料（粗集料）密度和吸水率检测报告 **表 13-5**

工程名称： 报告编号： 工程编号：

委托单位		委托编号		委托日期	
施工单位		样品编号		检验日期	
结构部位		出厂合格证编号		报告日期	
厂别		检验性质		代表数量	
发证单位		见证人		证书编号	

1. 材料的表观相对密度、表干相对密度、体积相对密度检测

试样名称			集料的表干质量 m_f(g)	1	
				2	
集料的烘干质量 m_a(g)	1		集料的水中质量 m_w(g)	1	
	2			2	

表观相对密度 γ_a(kg/m³)	表干相对密度 γ_s(kg/m³)	毛体积相对密度 γ_b(kg/m³)	吸水率 ω_x(%)
$\gamma_a=\frac{m_a}{m_a-m_w}$	$\gamma_s=\frac{m_f}{m_f-m_w}$	$\gamma_b=\frac{m_a}{m_f-m_w}$	$\omega_x=\frac{m_f-m_a}{m_a}$
$\gamma_{a1}=$	$\gamma_{s1}=$	$\gamma_{b1}=$	$\omega_{x1}=$
$\gamma_{a2}=$	$\gamma_{s2}=$	$\gamma_{b2}=$	$\omega_{x2}=$
$\gamma_a=(\gamma_{a1}+\gamma_{a2})/2=$	$\gamma_s=(\gamma_{s1}+\gamma_{s2})/2=$	$\gamma_b=(\gamma_{b1}+\gamma_{b2})/2=$	$\omega_x=(\omega_{x1}+\omega_{x2})/2=$

结　论：

执行标准：

2. 材料的表观密度 ρ_a、表干密度 ρ_s、体积密度 ρ_b 检测(试样名称：　　　)

检测温度 T(℃)	检测温度 T 时水的密度 ρ_T(g/cm³)	水在 4℃时的密度 ρ_Ω(1.000g/cm³)
材料的表观密度(视密度)ρ_a $\rho_a=\gamma_a\times\rho_T$ 或 $\rho_a=(\gamma_a-\alpha_T)\times\rho_\Omega$	表干密度 ρ_s $\rho_s=\gamma_s\times\rho_T$ 或 $\rho_s=(\gamma_s-\alpha_T)\times\rho_\Omega$	体积密度 ρ_b $\rho_b=\gamma_b\times\rho_T$ 或 $\rho_b=(\gamma_b-\alpha_T)\times\rho_\Omega$

结　论：

执行标准：

主要仪器设备	检测仪器		管理编号	
	型号规格		有效期	
	检测仪器		管理编号	
	型号规格		有效期	
备注				
声明				
地址	地址： 邮编： 电话：			

审批(签字)：________审核(签字)：________校核(签字)：________检测(签字)：________

检测单位(盖章)：________

报 告 日 期： 年 月 日

注：本表一式四份（建设单位、施工单位、检测试验室、城建档案馆存档各一份）

13.3 土木工程材料（粗集料）堆积密度及空隙率检测

13.3.1 检测目的与适用范围

测定粗集料的堆积密度，包括自然堆积状态、振实状态、捣实状态下的堆积密度，以及堆积状态下的空隙率。

13.3.2 主要仪器设备

（1）天平或台秤：感量不大于称量的0.1%。

（2）容量筒：适用于粗集料堆积密度测定的容量筒应符合表13-6的要求。

容量筒的规格要求 **表13-6**

粗集料公称最大粒径(mm)	容量筒容积(L)	容量筒规格(mm)			筒壁厚度(mm)
		内径	净高	底厚	
≤4.75	3	155±2	160±2	5.0	2.5
9.5～26.5	10	205±2	305±2	5.0	2.5
31.5～37.5	15	255±5	295±5	5.0	3.0
≥53	20	355±5	305±5	5.0	3.0

（3）平头铁锹。

（4）烘箱：能控温（105±5)℃。

（5）振动台：频率为（3000±200）次/min负荷下的振幅为0.35mm，空载时的振幅为0.5mm。

（6）捣棒：直径16mm、长600mm，一端为圆头的钢棒。

13.3.3 检测准备

按第13.1.2～13.1.3节的方法取样、缩分，质量应满足检测要求，在（105±5)℃的烘箱中烘干，也可以摊在清洁的地面上风干，拌匀后分成两份备用。

13.3.4 主要检测流程

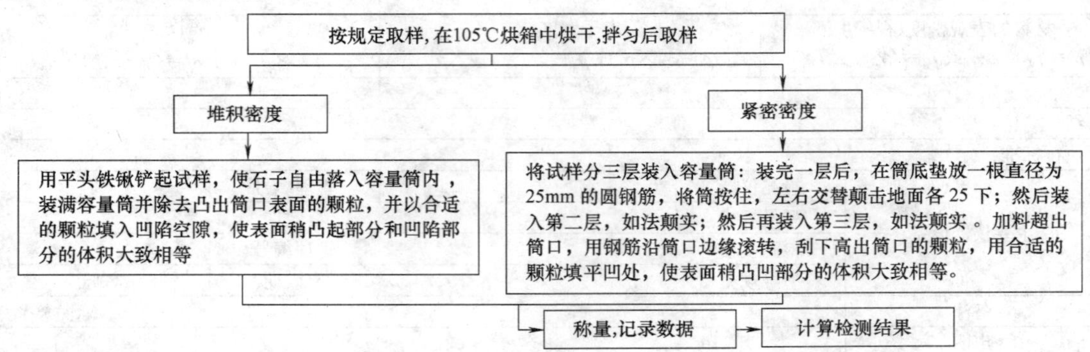

13.3.5 具体检测步骤

1. 自然堆积密度

取试样1份，置于平整干净的水泥地（或铁板）上，用平头铁锹铲起试样，使石子自由落入容量筒内。此时，从铁锹的齐口至容量筒上口的距离应保持为50mm左右，装满容量筒并除去凸出筒口表面的颗粒，并以合适的颗粒填入凹陷空隙，使表面稍凸起部分和凹陷部分的体积大致相等，称取试样和容量筒总质量（m_2）。

2. 振实密度

按堆积密度检测步骤，将装满试样的容量筒放在振动台上，振动 3min，或者将试样分三层装入容量筒：装完一层后，在筒底垫放一根直径为 25mm 的圆钢筋，将筒按住，左右交替颠击地面各 25 下；然后装入第二层，用同样的方法颠实（但筒底所垫钢筋的方向应与第一层放置方向垂直）；然后再装入第三层，如法颠实。待三层试样装填完毕后，加料填到试样超出容量筒口，用钢筋沿筒口边缘滚转，刮下高出筒口的颗粒，用合适的颗粒填平凹处，使表面稍凸起部分和凹陷部分的体积大致相等，称取试样和容量筒总质量（m_2）。

3. 捣实密度

根据沥青混合料的类型和公称最大粒径，确定起骨架作用的关键性筛孔（通常为 4.75mm 或 2.36mm 等）。将矿料混合料中此筛孔以上颗粒筛出，作为试样装入符合要求规格的容器中达 1/3 的高度，由边至中用捣棒均匀捣实 25 次。再向容器中装入 1/3 高度的试样，用捣棒均匀地捣实 25 次，捣实深度约至下层的表面。然后重复上一步骤，加最后一层，捣实 25 次，使集料与容器口齐平。用合适的集料填充表面的大空隙，用直尺大体刮平，目测估计表面凸起部分与凹陷部分的容积大致相等，称取容量筒与试样的总质量（m_2）。

4. 容量筒容积的标定

用水装满容量筒，测量水温，擦干筒外壁的水分，称取容量筒与水的总质量（m_w），并按水的密度对容量筒的容积作校正。

13.3.6 检测结果计算及评定

（1）容量筒的容积按下式计算。

$$V=\frac{m_w-m_1}{\rho_T}\times 100$$

式中 V——容量筒的容积，L；

m_1——容量筒的质量，kg；

m_w——容量筒与水的总质量，kg；

ρ_T——检测温度为 T 时水的密度，g/cm^3，按表 13-4 选用。

（2）堆积密度（包括自然堆积状态、振实状态、捣实状态下的堆积密度）按下式计算至小数点后 2 位。

$$\rho=\frac{m_2-m_1}{V}\times 100$$

式中 ρ——与各种状态相对应的堆积密度，kg/m^3；

m_1——容量筒的质量，kg；

m_2——容量筒与试样的总质量，kg；

V——容量筒的容积，L。

（3）水泥混凝土用粗集料振实状态下的空隙率按下式计算。

$$V_c=\left(1-\frac{\rho}{\rho_a}\right)\times 100$$

式中 V_c——水泥混凝土用粗集料的空隙率，%；

ρ_a——粗集料的表观密度，kg/m^3；

ρ——按振实法测定的粗集料的堆积密度，kg/m^3。

（4）沥青混合料用粗集料骨架捣实状态下的空隙率按下式计算。

$$VCA_{\mathrm{DRC}}=\left(1-\frac{\rho}{\rho_{\mathrm{b}}}\right)\times 100$$

式中 VCA_{DRC}——捣实状态下粗集料骨架空隙率，%；

ρ_{b}——按第13.2节确定的粗集料的体积密度，kg/m^3；

ρ——按捣实法测定的粗集料的自然堆积密度，kg/m^3。

（5）以两次平行检测结果的平均值作为测定值。

13.3.7 土木工程材料堆密度和空隙率检测报告

土木工程材料堆密度和空隙率检测报告见表13-7。

土木工程材料堆密度和空隙率检测报告 **表13-7**

工程名称： 报告编号： 工程编号：

委托单位		委托编号		委托日期	
施工单位		样品编号		检验日期	
结构部位		出厂合格证编号		报告日期	
厂别		检验性质		代表数量(kg)	
发证单位		见证人		证书编号	

材料堆积密度及空隙率检测

试样名称			容量筒与水的总质量 m_{w}(kg)	1	
				2	
容量筒的质量 m_1(kg)	1		容量筒与试样的总质量 m_2(kg)	1	
	2			2	

容量筒的容积 V(L) $V=\frac{m_{\mathrm{w}}-m_1}{\rho_{\mathrm{T}}}\times 100$	与各种状态相对应的堆积密度 ρ(kg/m^3) $\rho=\frac{m_2-m_1}{V}\times 100$	水泥混凝土用粗集料的空隙率 V_{c}(%) $V_{\mathrm{c}}=\left(1-\frac{\rho}{\rho_{\mathrm{a}}}\right)\times 100$	捣实状态下粗集料骨架空隙率 VCA_{DRC}(%) $VCA_{\mathrm{DRC}}=\left(1-\frac{\rho}{\rho_{\mathrm{b}}}\right)\times 100$
$V_1=$	$\rho_1=$	$V_{\mathrm{c1}}=$	VCA_{DRC1}
$V_2=$	$\rho_2=$	$V_{\mathrm{c2}}=$	VCA_{DRC2}
$V=(V_1+V_2)/2=$	$\rho=(\rho_1+\rho_2)/2=$	$V_{\mathrm{c}}=(V_{\mathrm{c1}}+V_{\mathrm{c2}})/2=$	$VCA_{\mathrm{DRC}}=(VCA_{\mathrm{DRC1}}+VCA_{\mathrm{DRC2}})/2=$

结论：				
执行标准：				
主要仪器设备	检测仪器		管理编号	
	型号规格		有效期	
	检测仪器		管理编号	
	型号规格		有效期	
	检测仪器		管理编号	
	型号规格		有效期	
	检测仪器		管理编号	
	型号规格		有效期	
备注				
声明				
地址	地址： 邮编： 电话：			

审批(签字)：________ 审核(签字)：________ 校核(签字)：________ 检测(签字)：________

检测单位(盖章)：________

报 告 日 期： 年 月 日

注：本表一式四份（建设单位、施工单位、检测试验室、城建档案馆存档各一份）。

第 14 章　砂石材料性能检测

14.1　砂石材料性能检测的基本规定

14.1.1　执行标准

《公路工程集料试验规程》(JTG E42—2005)；

《公路工程石料试验规程》(JTG E41—2005)；

《天然花岗石建筑板材》(GB/T 18601—2001)；

《天然饰面石材试验方法》(GB/T 9966—2001)；

《天然大理石建筑板材》(GB/T 19766—2005)；

《计数抽样检验程序：按接收质量限（AQL）检索的逐批检验抽样计划》(GB/T 2828.1—2003)；

《极限与配合　基础　第 2 部分　公差偏差和配合的基本规定》GB/T 1800.2—1998)；

《普通混凝土用砂、石质量及检验方法标准》(JGJ 52—2006)；

《建筑用砂》(GB/T 14684—2001)；

《建筑用卵石、碎石》(GB/T 14685—2001)。

14.1.2　砂石材料性能检测项目

砂石材料性能检测项目、组批原则及抽样规定，见表 14-1。

砂石材料性能检测项目、组批原则及抽样规定　　**表 14-1**

序号	材料名称及标准规范	检 测 项 目	组批原则及取样规定
1	石料 JTG E42—2005 JTG E41—2005	磨耗、单轴抗压强度	参照本书第 13.1.2 节内容
2	天然花岗石建筑板材 GB/T 18601—2001 GB/T 9966—2001 GB/T 19766—2005	规格尺寸偏差、平面度极限公差、角度极限公差、外观质量、镜面光泽度、体积密度、吸水率、干燥压缩强度、弯曲强度	1. 同一品种、等级、规格的板材以 200m 为一批；不足 200m 的单一工程部位的板材按一批计。 2. 规格尺寸、平面度、角度、外观质量检测从同一批板材中抽取 2%，数量不足 10 块的抽 10 块。镜面光泽度检测从以上扣取的板材中取 5 块进行
3	天然大理石建筑板材 GB/T 18601—2001 GB/T 9966—2001 GB/T 19766—2005 GB/T 2828.1—2003 GB/T 1800.2—1998	规格尺寸偏差、平面度公差、角度公差、外观质量、镜面光泽度、体积密度、吸水率、干燥压缩强度、弯曲强度	1. 同一品种、类别、等级的板材为一批。 2. 采用 GB/T2828.1－2003 一次抽样正常检测方式，检查水平为Ⅱ，合格质量水平(AQL 值)取为 6.5；根据抽样判定表抽取样本，见表 14-2

续表

序号	材料名称及标准规范	检 测 项 目	组批原则及取样规定
4	细集料——砂 JGJ 52—2006 GB/T 14684—2001 JTG E41—2005 JTG E42—2005	筛分析、相对密度、表观密度、含泥量、泥块	1. 对每一单项检测，每组检测试样的取样数量宜不少于表14-3所规定的最少取样量。需做几项检测时，如确能保证试样经一项检测后不致影响另一项检测的结果时，可用同一组试样进行几项不同检测。 2. 在料堆上取样时，取样部位应均匀分布。取样前先将取样部位表层铲除，然后从不同部位抽取大致等量的砂8份(天然砂每份11kg以上，人工砂每份26kg以上)，搅拌均匀后四分法缩分至22kg或52kg组成一组样品；从皮带运输机上取样时，应用接料器在皮带运输机机尾的出料处定时抽取大致相等的砂4份(天然砂每份22kg以上，人工砂每份52kg以上)，搅拌均匀后四分法缩分至22kg或52kg组成一组样品；从火车、汽车、货船上取样时，从不同部位和深度抽取大致相等的8份为一组样品。 3. 供货单位应提供产品合格证或质量检验报告。购货单位可按出厂检验的批量和抽样方法进行取样，即按同分类、规格，适用等级及日产量每600t或400m^{3}为一批，不足600t或400m^{3}的亦为一批，日产量超过2000t，按1000t为一批，不足1000t的亦为一批
5	粗集料——石子 GB/T 14685—2001 JGJ 52—2006 JTG E41—2005 JTG E42—2005	筛分析、表观密度、堆密度、含水率、吸水率、岩石抗压强度、针片状颗粒总含量	1. 对每一单项检测，每组检测试样的取样数量宜不少于表14-4所规定的最少取样量。需做几项检测时，如确能保证试样经一项检测后不致影响另一项检测的结果时，可用同一组试样进行几项不同检测。 2. 在材料场同批来料的料堆上取样时，应先铲除堆脚等处无代表性的部分，再在料堆的顶部、中部和底部，各由均匀分布的几个不同部位，取得大致相等的若干份(大致15份)组成一组检测试样，务必使所取检测试样能代表本批来料的情况和品质。 3. 通过皮带运输机的材料如采石场的生产线、沥青拌合料的冷料输送带、无机结合料稳定集料、级配碎石混合料等，应从皮带运输机上采集检测样品。取样时，可在皮带运输机骤停的状态下取其中一截的全部材料，或在皮带运输机的端部连续接一定时间的料得到，将间隔3次以上所取检测试样组成一组检测试样，作为代表性检测试样。 4. 从火车、汽车、货船上检测取样时，应从各不同部位和深度处，抽取大致相等的试样若干份，组成一组检测试样。抽取的具体份数(大致16份)，应视能够组成本批来料代表样的需要而定。 5. 从沥青拌合料的热料仓取样时，应在放料口的全断面上取样。通常宜将一开始按正式生产的配比投料拌合的几锅(至少5锅以上)废弃，然后分别将每个热料仓放出至装载机上，倒在水泥地上，适当拌合，从3处以上的位置取样，拌合均匀，取要求数量检测试样

抽样判定表（单位：块） 表 14-2

批量范围	样本数	合格判定数，*Ac*	不合格判定数，*Re*
≤25	5	0	1
26～50	8	1	2
51～90	13	2	3
91～150	20	3	4
151～280	32	5	6
281～500	50	7	8
501～1200	80	10	11
1201～3200	125	14	15
≥3201	200	21	22

各检测项目所需细集料的最小取样质量 表 14-3

序号	检测项目		最少取样数量（kg）
1	颗粒级配		4.4
2	含泥量		4.4
3	石粉含量		6.0
4	泥块含量		20.0
5	云母含量		0.6
6	轻物质含量		3.2
7	有机物含量		2.0
8	硫化物与硫酸盐含量		0.6
9	氯化物含量		4.4
10	坚固性	天然砂	8.0
		人工砂	20.0
11	表观密度		2.6
12	堆积密度与空隙率		5.0
13	碱-集料反应		20.0

各检测项目所需粗集料的最小取样质量 表 14-4

检测项目	相对于下列公称最大粒径（mm）的最小取样量（kg）										
	4.75	9.5	13.2	16	19	26.5	31.5	37.5	53	63	75
表观密度	6	8	8	8	8	8	12	16	20	24	24
含水率	2	2	2	2	2	2	3	3	4	4	6
吸水率	2	2	2	2	4	4	4	6	6	6	8
堆积密度	40	40	40	40	40	40	80	80	100	120	120

14.2 石料的磨耗和强度性能检测

14.2.1 石料的磨耗检测

1. 粗集料磨耗试验（洛杉矶法）

（1）检测目的与适用范围

1）检测标准条件下粗集料抵抗摩擦、撞击的能力，以磨耗损失（%）表示。

2）本方法适用于各种等级规格集料的磨耗试验。

（2）主要检测仪器设备与材料

1）洛杉矶磨耗检测试验机：圆筒内径（710±5）mm，内侧长（510±5）mm，两端封闭，投料口的钢盖通过紧固螺栓和橡胶垫与钢筒紧闭密封。钢筒的回转速率为30～33r/min。

2）钢球：直径约46.8mm，质量为390～445g，大小稍有不同，以便按要求组合成符合要求的总质量。

3）台秤：感量5g。

4）标准筛：符合要求的标准筛系列，以及筛孔为1.7mm的方孔筛一个。

5）烘箱：能使温度控制在（105±5)℃范围内。

6）容器：搪瓷盘等。

（3）主要检测流程

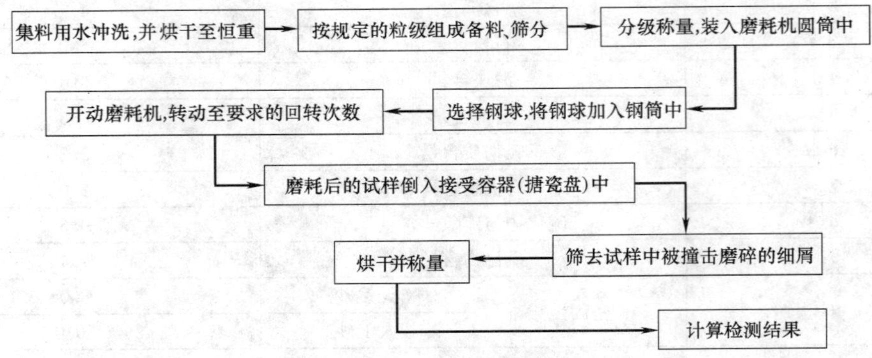

（4）具体检测步骤

1）将不同规格的集料用水冲洗干净，置烘箱中烘干至恒重。

2）对所使用的集料，根据实际情况按选择最接近的粒级类别，确定相应检测条件，按规定的粒级组成备料、筛分。其中水泥混凝土用集料宜采用A级粒度；沥青路面及各种基层、底基层的粗集料，表14-5中的16mm筛孔也可用13.2mm筛孔代替。对非规格材料，应根据材料的实际粒度，从表14-5中选择最接近的粒级类别及检测条件。

粗集料洛杉矶检测条件　　表14-5

粒度类别	粒级组成(mm)	检测试样质量(g)	检测试样总质量(g)	钢球数量(个)	钢球总质量(g)	转动次数(转)	适用的粗集料	
							规格	公称粒径(mm)
A	26.5～37.5 19.0～26.5 16.0～19.0 9.5～16.0	1250±25 1250±25 1250±10 1250±10	5000±10	12	5000±25	500		
B	19.0～26.5 16.0～19.0	2500±10 2500±10	5000±10	11	4850±25	500	S6 S7 S8	15～30 10～30 10～25

续表

粒度类别	粒级组成(mm)	检测试样质量(g)	检测试样总质量(g)	钢球数量(个)	钢球总质量(g)	转动次数(转)	适用的粗集料	
							规格	公称粒径(mm)
C	9.5～16.0 4.75～9.5	2500±10 2500±10	5000±10	8	3320±20	500	S9 S10 S11 S12	10～20 10～15 5～15 5～10
D	2.36～4.75	5000±10	5000±10	6	2500±15	500	S13 S14	3～10 3～5
E	63～75 53～63 37.5～53	2500±50 2500±50 5000±50	10000±100	12	5000±25	1000	S1 S2	40～75 40～60
F	37.5～53 26.5～37.5	5000±50 5000±25	10000±75	12	5000±25	1000	S3 S4	30～60 25～50
G	26.5～37.5 19～26.5	5000±25 5000±25	10000±50	12	5000±25	1000	S5	20～40

注：1. 表中16mm也可用13.2mm代替。
2. A级适用于未筛碎石混合料及水泥混凝土用集料。
3. C级中S12可全部采用4.75～9.5mm颗粒5000g；S9及S10可全部采用9.5～16mm颗粒5000g。
4. E级中S2中缺63～75mm颗粒可用53～63mm颗粒代替。

3）分级称量（准确至5g），称取总质量（m_1），装入磨耗机圆筒中。

4）选择钢球，使钢球的数量及总质量符合表14-5的规定，将钢球加入钢筒中，盖好筒盖，紧固密封。

5）将计数器调整到零位，设定要求的回转次数，对水泥混凝土集料，回转次数为500转，对沥青混合料集料，回转次数应符合表表14-5的要求。开动磨耗机，以30～33r/min的转速转动至要求的回转次数为止。

6）取出钢球，将经过磨耗后的试样从投料口倒入接受容器（搪瓷盘）中。

7）将试样用1.7mm的方孔筛过筛，筛去试样中被撞击磨碎的细屑。

8）用水冲干净留在筛上的碎石，置于（105±5)℃的烘箱中烘干至恒重（通常不少于4h)，准确称量（m_2）。

（5）检测结果评定

1）按下式计算粗集料洛杉矶磨耗损失，精确至0.1%。

$$Q=\frac{m_1-m_2}{m_1}\times 100$$

式中　Q——洛杉矶磨耗损失，%；

m_1——装入圆筒中检测试样质量，g；

m_2——检测后在1.7mm筛上洗净烘干检测试样质量，g。

2）粗集料的磨耗损失取两次平行检测结果的算术平均值为测定值，两次检测的差值应不大于2%，否则须重做检测。

2. 粗集料磨耗检测（道瑞检测）

（1）检测目的与适用范围

本检测用于评定公路路面表层所用粗集料抵抗车轮撞击及磨耗的能力。

（2）主要检测仪器与材料

1）道瑞磨耗检测试验机：主要由直径不小于600mm的经过加工的圆形铸铁或钢研磨平板组成，圆平板（或称转盘）能以28～30r/min的速度作水平旋转。检测试验机装有转数计器并配有下列附件：

① 至少2个经过机加工的金属模子，用于制备试件。试模的端板可拆卸，其内部尺寸为91.5mm×53.5mm×16.0mm，公差均为±0.1mm。

② 至少2个经过机加工的金属托盘，用于固定制备好的试件。盘子用5mm厚的低碳钢板制成，其内部尺寸为92.0mm×54.0mm×8.0mm，公差均为±0.1mm。

③ 至少2块用5mm厚低碳钢板通过机加工制成的平板（垫板），用于制备试件。其尺寸为115mm×75mm，公差均为±0.1mm。

④ 托盘固定装置：两个托盘支架径向相对且长边转盘转动的方向一致。托盘在支架中应能纵向自由活动而在水平面内不能移动。

⑤ 两只配重：圆底，用于保证试件对转盘表面的压力。可调整自重以使试件、托盘和配重的总质量满足2kg±10g。

⑥ 溜砂装置和砂的清除及收集装置：这些装置能以700～900g/min的速率将砂连续不断地撒布在试件前面的转盘上，在通过试件之后再将砂清除并重新收集起来。

2）标准筛：方孔筛13.2mm、9.5mm、1.18mm、0.9mm、0.6mm、0.45mm、0.3mm。

3）烘箱：要求能控温（105±5）℃。

4）天平：感量不大于0.1g。

5）磨料：石英砂，粒径为0.3～0.9mm，其中0.45～0.6mm的含量不少于75%；应干燥而且未使用过，每块检测试件约需用石英砂3kg。

6）胶结料：环氧树脂（6010）和固化剂（793）。在保证同等粘结性能的条件下可用其他型号代替。

7）作为脱模剂的肥皂水和作为清洁剂的丙酮。

8）细砂：0.1～0.3mm、0.1～0.45mm。

9）其他：医用洗耳球、调剂匙、镊子、油灰刀、小毛刷、量筒20mL、烧杯100mL、电炉、小号医用托盘或其他容器。

（3）检测准备

1）检测试样准备

① 按本书第13.1.2节的方法取样。

② 将检测试样筛分，取9.5～13.2mm的部分用于制作检测试件。

③ 检测试样在使用前应清洗除尘，并保持表面干燥状态。加热干燥时，加热时间不得超过4h，加热温度不得超过110℃，且必须在做检测试件前将其冷却至室温。

2）检测试件制作

① 试模准备。清洁试模，然后拧紧端板螺钉；在试模内表面用细毛刷涂刷少量肥皂水，将试模放在烘箱内烘干。

② 排料。用镊子夹起集料，单层排放在试模内，且较平的面放在模底；试模中应排放尽可能多的粒料，在任何情况下集料颗粒都不得少于24粒；集料颗粒须具有代

表性。

③ 吹砂。集料颗粒之间的空隙要用细砂 0.1～0.3mm 填充，填充高度约为集料颗粒高度的 3/4，填充时先用调剂匙均匀撒布，然后再用洗耳球吹实找平，并吹去多余的砂。

④ 拌制环氧树脂砂浆。先将环氧树脂和固化剂搅匀，然后加入 0.1～0.45mm 的干砂拌合均匀。砂浆按环氧树脂：固化剂：细砂＝1g：0.25mL：3.8g 的比例配制。2 块检测试件约需环氧树脂 30g，固化剂 7.5mL，干细砂 114g。

⑤ 填模成型。将拌制好的环氧树脂砂浆填入试模，尽量填充密实，但注意不可碰动排好的集料，然后用烧热的油灰刀在试模表面来回刮抹，使砂浆表面平整。

⑥ 养生。在垫板的一面涂上肥皂水，然后将填好砂浆的模子倒放在垫板上（以防砂浆渗到集料表面）。常温下的养生时间一般为 24h。

⑦ 拆模。拧松端板螺钉，卸下 2 个端板，用橡皮锤轻敲将检测试件取出，用刮刀或砂纸去除多余的砂浆，用细毛刷清除松散的砂。

（4）主要检测流程

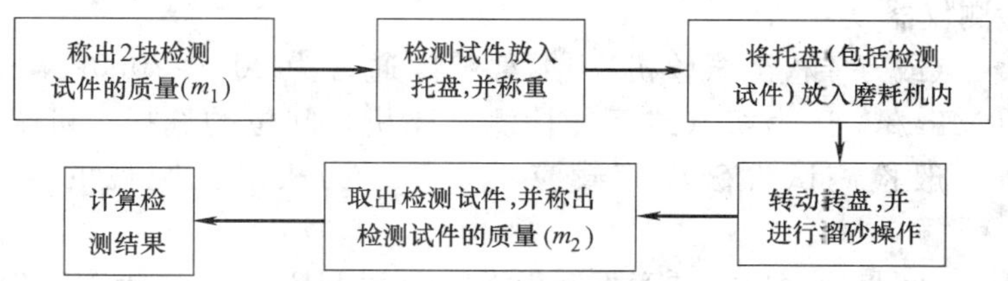

（5）具体检测步骤

1）分别称出 2 块检测试件的质量（m_1），准确至 0.1g。在操作之前应使机器在溜砂状态下空转一圈，以便在转盘上留有一层砂。

2）将 2 块检测试件分别放入 2 个托盘内，注意确保检测试件与托盘之间紧密配合。称出检测试件、托盘和配重的质量并将合计质量调整到 2kg±10g。

3）将检测试件连同托盘放入磨耗机内，使其径向相对，试件中心到研磨转盘中心的距离为 260mm，集料裸露面朝向转盘；然后将相应的配重放在检测试件上。

4）以 28～30r/min 的转速转动转盘 100 圈，同时将符合如上要求的研磨石英砂装入料斗，使其连续不断地溜在检测试件前面的转盘上。溜砂宽度要能覆盖整个检测试件的宽度，溜砂速率为 700～900g/min（料斗溜砂缝隙约为 1.3mm）。

用橡胶刮片将砂清除出转盘，刮片的安装要使得橡胶边轻轻地立在转盘上，刮片宽度应与研磨转盘的外缘环部宽度相等。

5）将集料斗中回收的砂过 1.18mm 的筛，重复使用数次，直至整个检测完成时废弃。

6）取出检测试件，检查有无异常情况。

7）重复上述步骤，再磨 400 圈，可分 4 个 100 圈重复 4 次磨完，也可连续 1 次磨完。在作连续磨时必须经常掀起磨耗机的盖子观察溜砂情况是否正常。

8）转完 500 转后，从磨耗机内取出检测试件，牵开托盘，用毛刷清除残留的砂，称出检测试件的质量（m_2），准确至 0.1g。

（6）检测结果评定

1）每块试件的集料磨耗值按下式计算：

$$AAV=\frac{3(m_1-m_2)}{\rho_s}\times 100$$

式中 AAV——集料的道瑞磨耗值，cm^3；

m_1——磨耗前检测试件的质量，g；

m_2——磨耗后检测试件的质量，g；

ρ_s——集料的表干密度，g/cm^3。

2）用两块检测试件检测平均值作为集料磨耗值，如果单块试件磨耗值与平均值之差大于后者的10%，则检测试验重做，并以4块试件的平均值作为集料磨耗值检测结果。

14.2.2 石料的单轴抗压强度检测

石料单轴抗压强度是石料标准检测试件吸水饱和后，在单向受压状态下，破坏时的极限强度。

1. 主要检测仪器设备

（1）压力机（或万能检测试验机）。加载范围通常为300～2000kN，加荷速度应可调至0.5～1.0MPa/s。压力机（或万能检测试验机）吨位的选择，可根据石料试件破坏荷载而定。一般检测试件破坏荷载应不小于压力机最大吨位的30%，且不大于其80%。

（2）承压板。圆盘形钢板，硬度不低于洛氏硬度HRC53，压板直径应大于试件直径2mm，压板厚度不小于15mm，圆盘表面应磨光，其平整度应优于0.005mm。两承压板之一应是球面座。

（3）石料加工全套设备。包括锯石机、钻石机、磨平机等。

（4）游标卡尺（分度值0.1mm）及角尺。

（5）石料吸水饱和使用的有关设备。

2. 主要检测流程

取样 → 检测试件尺寸,并计算面积 → 饱水处理 → 抗压检测 → 计算检测结果

3. 具体检测步骤

（1）用锯石机（或钻石机）从岩石检测试样（或岩芯）中制取边长为（50±0.5）mm的正立方体或直径与高均为（50±0.5）mm的圆柱形检测试件，每6个检测试件作为一组。

对有显著层理的岩石，应取两组检测试件（即12个）以分别检测其垂直和平行于层理的抗压强度值。

检测试件与压力机接触的两面，应用磨平机磨平，并保证两面互相平行。检测试件形状要用角尺及游标卡尺检查是否符合下述要求：检测试件端面平整度应为0.02mm，对于检测试件轴的垂直度不应超过0.25°。

（2）用游标卡尺量取检测试件尺寸（精确到0.1mm），对于立方体检测试件在顶面和底面上各量取其边长，以各个面上相互平行的两个边长的算术平均值作为宽或高，按此计算面积；对于圆柱体检测试件在顶面和底面上各量取相互垂直的两个直径，以其算术平均

值计算面积。取顶面和底面面积的算术平均值作为计算抗压强度所用的截面积。

(3) 按吸水率检测方法对检测试件进行饱水处理，最后一次加水深度应使水面高出检测试件至少 20mm。

(4) 检测试件自由浸水 48h 后取出，擦干表面，放在压力机上进行检测，将检测试件置于两承压板间，球面座应在检测试件上端面，并用矿物油稍加润滑，以致在滑块自重下仍能闭锁，检测试件、压板和球座要精确地彼此对中，并与加载机设备对中，球座曲率中心与检测试件端面中心相重合。检测时施加应力速率在 0.5～1MPa/s 的限度内。抗压检测试件的最大荷载记录用 N 为单位，精度为 1%。

4. 检测结果评定

(1) 石料的抗压强度按下式计算：

$$f_{sc}=\frac{F_{max}}{A_0}$$

式中 f_{sc}——石料抗压强度，MPa；

F_{max}——极限破坏荷载，N；

A_0——检测试件的截面积，mm^2。

石料抗压强度计算至 1MPa。

(2) 精确度。取 6 个试件的算术平均值作为检测结果。如果其中任意 2 个均值与其余 4 个的强度均值相差 3 倍以上时，则取检测结果相近的 4 个试件的算术平均值作为检测结果。

对具有显著层理的岩石，取垂直以及平行层理的试件强度的平均值作为检测结果。

14.2.3 石料的磨耗和强度性能检测报告

石料的磨耗和强度性能检测报告见表 14-6。

石料的磨耗和强度性能检测报告 **表 14-6**

工程名称： 报告编号： 工程编号：

委托单位		委托编号		委托日期	
施工单位		样品编号		检验日期	
结构部位		出厂合格证编号		报告日期	
厂别		检验性质		代表数量	
发证单位		见证人		证书编号	

1. 石料的磨耗检测

试样名称	装入圆筒时碎石的质量 m_1(g)		水及容量瓶总质量 m_2(g)		石料磨耗率(%) $Q=\frac{m_1-m_2}{m_1}\times100\%$	
	1		1		Q_1	
	2		2		Q_2	
石料磨耗率平均值(%)	$Q=(Q_1+Q_2)/2=$					
结 论：						
执行标准：						

续表

<table>
<tr><td colspan="8">2. 石料单轴抗压强度检测</td></tr>
<tr><td rowspan="2">石料单轴抗压强度
$f_{sc}=\frac{F_{max}}{A_0}$</td><td>1</td><td>2</td><td>3</td><td>4</td><td>5</td><td>6</td><td>平均</td></tr>
<tr><td></td><td></td><td></td><td></td><td></td><td></td><td></td></tr>
<tr><td colspan="8">结　论：</td></tr>
<tr><td colspan="8">执行标准：</td></tr>
</table>

<table>
<tr><td rowspan="7">主要仪器设备</td><td>型号规格</td><td></td><td>有效期</td><td></td></tr>
<tr><td>检测仪器</td><td></td><td>管理编号</td><td></td></tr>
<tr><td>型号规格</td><td></td><td>有效期</td><td></td></tr>
<tr><td>检测仪器</td><td></td><td>管理编号</td><td></td></tr>
<tr><td>型号规格</td><td></td><td>有效期</td><td></td></tr>
<tr><td>检测仪器</td><td></td><td>管理编号</td><td></td></tr>
<tr><td>型号规格</td><td></td><td>有效期</td><td></td></tr>
<tr><td>备注</td><td colspan="4"></td></tr>
<tr><td>声明</td><td colspan="4"></td></tr>
<tr><td>地址</td><td colspan="4">地址：
邮编：
电话：</td></tr>
</table>

审批(签字)：__________审核(签字)：__________校核(签字)：__________检测(签字)：__________

检测单位(盖章)：__________

报　告　日　期：　年　月　日

注：本表一式四份（建设单位、施工单位、检测试验室、城建档案馆存档各一份）。

14.3 天然饰面石材的外观性能检测

14.3.1 天然花岗石建筑板材

1. 主要检测仪器设备

(1) 刻度值为1mm的钢直尺。

(2) 游标卡尺（分度值0.1mm）及钢平尺（直线度公差为0.1mm）。

(3) 内角垂直度公差为0.13mm、内角边长为500mm×400mm的90°钢角尺。

2. 具体检测步骤

(1) 规格尺寸：用刻度值为1mm的钢直尺检测板材的长度和宽度；用刻度值为0.1mm的游标卡尺检测板材的厚度。

长度和宽度分别检测3条直线，见图14-1。厚度检测4条边的中点，见图14-2。分别

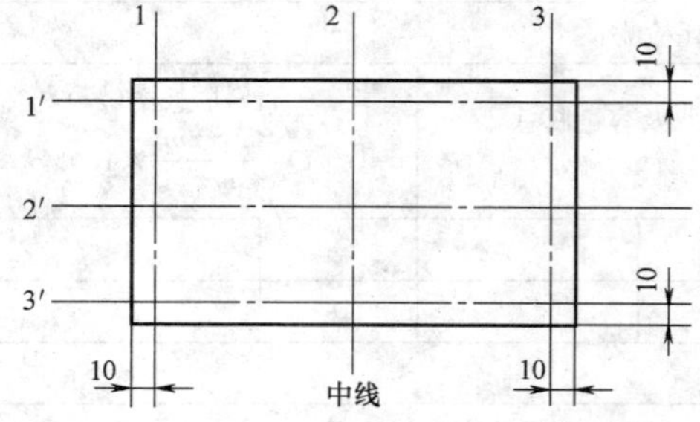

图14-1 花岗石建筑板材规格尺寸测量位置

1,2,3—宽度测量线；1′,2′,3′—长度测量线

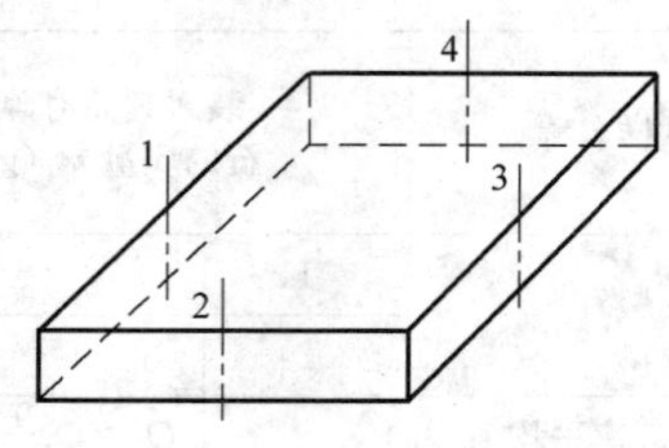

图14-2 花岗石建筑板材厚度测量位置

1,2,3,4—厚度测量线

用偏差的最大值和最小值表示长度、宽度和厚度的尺寸偏差。用同块板材上厚度偏差的最大值和最小值之间的差值表示同块板材上厚度极差，读数准确到 0.1mm。

（2）平面度：将直线度公差为 0.1mm 钢平尺分别自然贴放在离板边 10mm 处和被检平面的两条对角线上，用塞尺测量尺面与板面间的间隙。被检面对角线长度大于 2000mm 时，用长度为 2000mm 的钢平尺沿对角线分段检测。

以最大间隙的检测值表示板材的平面度极限公差，读数准确至 0.05mm。

（3）角度：用内角垂直度公差为 0.13mm、内角边长为 500mm×400mm 的 90°钢角尺，将角尺长边紧贴板材的长边，短边紧靠板材的短边，用塞尺检测板材与角尺短边之间的间隙。当板材的长边小于或等于 500mm 时，测量板材的任一对对角；当板材的长边大于 500mm 时，测量板材的四个角。

以最大间隙的检测值表示板材的角度公差，读数准确至 0.05mm。

（4）外观质量

1）花纹色调：将选定的协议板与被检板材同时平放在地上，距 1.5m 处目测。

2）缺陷：用游标卡尺检测缺陷的长度、宽度，检测值精确至 0.1mm。

3. 检测结果评定

单块板材的所有检测结果均符合技术要求中相应等级时，则判定该块板材符合该等级。

根据样品检查结果，若样本中发现的等级不合格数小于或等于合格判定数（A_c）（见表 14-2），则判定该批符合该等级；若样本中发现的等级不合格数大于不合格判定数（R_e）（见表 14-2），则判定该批不符合该等级。

14.3.2　天然大理石建筑板材

1. 主要检测仪器设备

（1）刻度值为 1mm 的钢直尺。

（2）游标卡尺（分度值 0.1mm）及钢平尺（直线度公差为 0.1mm）。

（3）内角垂直度公差为 0.13mm、内角边长为 500mm×400mm 的 90°钢角尺。

2. 具体检测步骤

（1）规格尺寸

1）普型板规格尺寸

用游标卡尺或能满足检测精度要求的量器具检测板材的长度、宽度和厚度。长度、宽度分别在板材的三个部位检测，见图 14-3；厚度检测 4 条边的中点部位，见图 14-4。分别

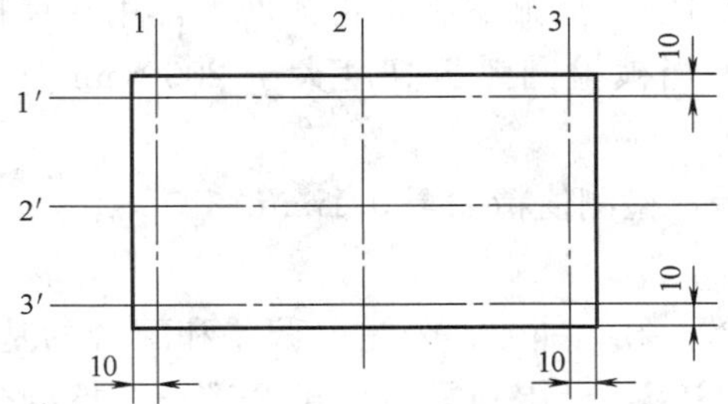

图 14-3　大理石建筑板材规格尺寸测量位置
1,2,3—宽度测量线；1′,2′,3′—长度测量线

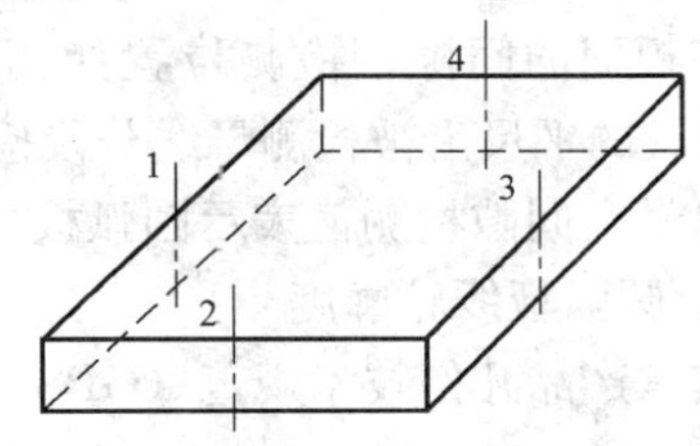

图 14-4　大理石建筑板材厚度测量位置
1,2,3,4—厚度测量线

用偏差的最大值和最小值表示长度、宽度、厚度的尺寸偏差，检测值精确至0.1mm。

2）圆弧板规格尺寸

用游标卡尺或能满足检测精度要求的量器具检测圆弧板的弦长、高度及最大与最小壁厚。在圆弧板的两端面处检测弦长，见图14-5；在圆弧板端面与侧面检测壁厚，见图14-6；圆弧板高度检测部位如图14-6所示。分别用偏差的最大值和最小值表示弦长、高度及壁厚的尺寸偏差，检测值精确至0.1mm。

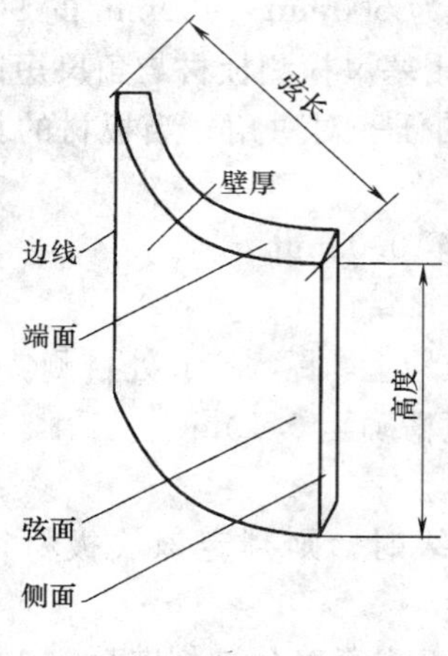

图14-5 圆弧板部位名称

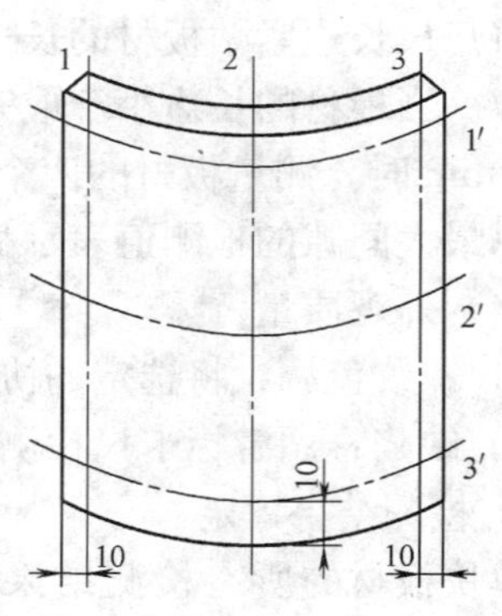

图14-6 圆弧板高度测量部位
1,2,3—高度和直线度测量线；
1′,2′,3′—线轮廓度测量线

（2）平面度

1）普型板平面度

将平面度公差为0.1mm的钢平尺分别贴放在离板边10mm处和被检平面的两条对角线上，用塞尺测量尺面与板面的间隙。钢平尺的长度应大于被检面周边和对角线的长度；当被检面周边和对角线长度大于2000mm时，用长度为2000mm的钢平尺沿周边和对角线分段检测。

以最大间隙检测值表示板材的平面度公差，检测值精确至0.1mm。

2）圆弧板直线角与线轮廓度

① 圆弧板直线度

将平面度公差为0.1mm的钢平尺沿圆弧板母线方向贴放在被检弧面上，用塞尺检测尺面与板面的间隙，检测位置如图14-6所示。当被检圆弧板高度大于2000mm时，用2000mm的平尺沿被检测母线分段检测。

以最大间隙检测值表示圆弧板的直线度公差，检测值精确至0.1mm。

② 圆弧板线轮廓度

按《产品几何技术规范（GPS）极限与配合 第1部分：公差、偏差和配合的基础》（GB/T 1800.1—2009）、《产品几何技术规范（GPS）极限与配合 第2部分：标准公差等级和孔、轴极限偏差表》（GB/T 1800.2—2009）和《产品几何技术规范（GPS）极限与配合公差带和配合的选择》（GB/T 1801—2009）的规定，采用尺寸精度为js7的圆弧靠模贴靠被检弧面，用塞尺检测靠模与圆弧面之间的间隙，检测位置如图 14-6 所示。

以最大间隙检测值表示圆弧板的线轮廓度公差，检测值精确至 0.1mm。

(3) 角度

1) 普型板角度

用内角垂直度公差为 0.13min、内角边长为 500mm×400mm 的 90°钢角尺检测。将角尺短边紧靠板材的短边，长边贴靠板材的长边，用塞尺测量板材长边与角尺长边之间的最大间隙。当板材的长边小于或等于 500mm 时，检测板材的任一对对角；当板材的长边大于 500mm 时，检测板材的四个角。

以最大间隙检测值表示板材的角度公差，检测值精确至 0.1mm。

2) 圆弧板端面角度

用内角垂直度公差为 0.13mm、内角边长为 500mm×400mm 的 90°钢角尺检测。将角尺短边紧靠圆弧板端面，用角尺长边贴靠圆弧板的边线，用塞尺检测圆弧板边线与角尺长边之间的最大间隙。用上述方法检测圆弧板的四个角。

以最大间隙检测值表示圆弧板的角度公差，检测值精确至 0.1mm。

3) 圆弧板侧面角度

将圆弧靠模贴靠圆弧板装饰面并使其上的径向刻度线延长线与圆弧板边线相交，将小平尺沿径向刻度线置于圆弧靠模上，检测圆弧板侧面与小平尺间的夹角，见图 14-7。

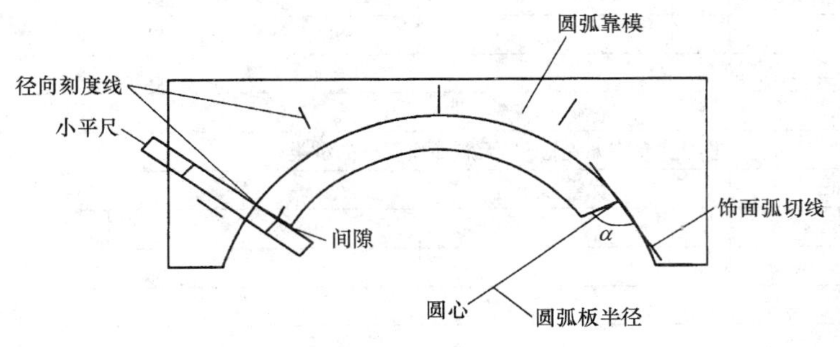

图 14-7 侧面角测量

(4) 外观质量

1) 花纹色调

将协议板与被检板材并列平放在地上，离板材 1.5m 处站立目测。

2) 缺陷

用游标卡尺检测缺陷的长度、宽度，检测值精确至 0.1mm。

3. 检测结果评定

单块板材的所有检测结果均符合技术要求中相应等级时，则判定该块板材符合该等级。

根据样本检测结果，若样本中发现的等级不合格品数小于或等于合格判定数 A_c，则判定该批符合该等级；若样本中发现的等级不合格品数大于不合格判定数 R_e，则判定该批不符合该等级。

14.3.3 天然饰面石材的外观性能检测报告

天然饰面石材的外观性能检测报告见表 14-7。

天然饰面石材的外观性能检测报告 表 14-7

工程名称： 报告编号： 工程编号：

委托单位		委托编号		委托日期	
施工单位		样品编号		检验日期	
结构部位		出厂合格证编号		报告日期	
厂　别		检验性质		代表数量	
发证单位		见证人		证书编号	

1. 普通板规格尺寸允许偏差检测(天然饰面石材的种类：)

项　目		等　级		
		优等品	一等品	合格品
长度、宽度(mm)				
厚度(mm)	≤15(或12)			
	>15(或12)			

结　论：

执行标准：

2. 平面度允许偏差检测(天然饰面石材的种类：)

板材长度(mm)	优等品	一等品	合格品
≤400			
>400～≤800(或1000)			
>800(或1000)			

结　论：

执行标准：

3. 平面度允许偏差检测(天然饰面石材的种类：)

板材长度(mm)	优等品	一等品	合格品
≤400			
>400			

结　论：

执行标准：

主要仪器设备	检测仪器		管理编号	
	型号规格		有效期	
	检测仪器		管理编号	
	型号规格		有效期	
	检测仪器		管理编号	
	型号规格		有效期	
	检测仪器		管理编号	
	型号规格		有效期	
备注				
声明				
地址	地址： 邮编： 电话：			

审批(签字)：________审核(签字)：________校核(签字)：________检测(签字)：________

检测单位(盖章)：________

报 告 日 期： 年 月 日

注：本表一式四份（建设单位、施工单位、检测试验室、城建档案馆存档各一份）。

14.4 天然饰面石材的物理、力学性能检测

14.4.1 天然饰面石材体积密度、真密度、真气孔率和吸水率检测

1. 主要检测仪器设备

(1) 电热干燥箱：由室温到200℃。

(2) 天平：

1) 最大称量1000g，感量10mg。

2) 最大称量100g，感量1mg。

(3) 游标卡尺：刻度为0.02mm。

(4) 比氏瓶：容积25～30mL。

(5) 标准筛：240目标准筛。

2. 检测试样及其制备

(1) 体积密度检测试样

检测试样尺寸为50mm，5块。

(2) 选择1000g左右检测试样，将表面清扫干净，并破碎到颗粒小于5mm，以四分法缩分到150g，再用瓷研钵研磨成粉末，并通过240目标准筛，将粉样装入称量瓶中，放入(105±2)℃烘箱内，干燥4h以上，取出，稍冷，放入干燥器内冷却到室温。

3. 具体检测步骤

(1) 体积密度

将检测试样用刷子清扫干净，放入(105±2)℃的烘箱中干燥24h，取出，冷却到室温，称其质量(m_0)，精确到0.02g。再将检测试样放入室温的蒸馏水中，浸泡48h，取出，用拧干的湿毛巾擦去表面水分，并立即称量质量(m_1)，精确到0.02g，接着把检测试样挂在网篮中，将网篮与检测试样浸入室温的蒸馏水中，称量其在水中的质量(m_2)，精确至0.02g。称量装置见图14-8。

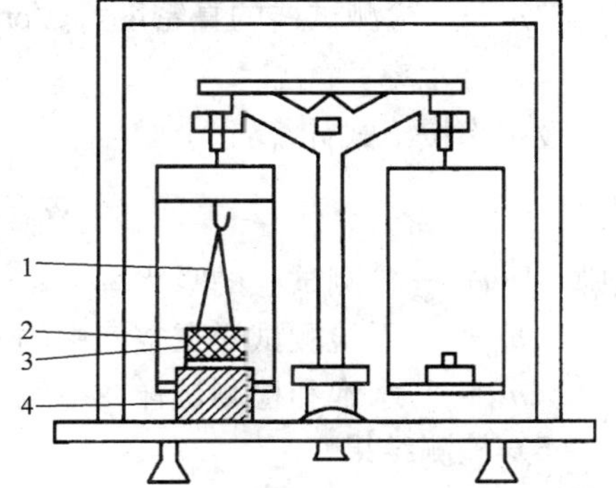

图14-8 称量m_0的示意图

1—稀疏的网篮；2—半截烧杯；3—试样；4—支架

(2) 真密度

称取检测试样三份，每份10g(m'_0)，每份检测试样分别装入洁净的比氏瓶内，并倒入蒸馏水，其量不超过比氏瓶体积的一半，将比氏瓶放入蒸馏水10～15min，使检测试样中气泡排除，或将比氏瓶放在真空干燥器内排除气泡，气泡排除后，擦干比氏瓶，冷却到室温，用蒸馏水装满至标志处，称其质量(m'_2)。再将比氏瓶冲洗干净，用蒸馏水装满至标记处，并称其质量(m'_1)，m'_0、m'_1、m'_2精确到0.02g。

4. 检测结果评定

(1) 体积密度

体积密度按下列公式计算：

$$\rho_0=\frac{m_0}{m_1-m_2}\cdot\rho_T$$

式中 ρ_0——试样的体积密度，g/cm³；

m_0——干燥检测试样在空气中的质量，g；

m_1——水饱和检测试样在空气中的质量，g；

m_2——水饱和检测试样在水中的质量，g；

ρ_T——温度为 T 时水的密度，g/cm³，按表13-4取用。

(2) 真密度

真密度按下式计算：

$$\rho_t=\frac{m_0'}{m_0'+m_1'-m_2'}\cdot\rho_T$$

式中 ρ_t——检测试样的真密度，g/cm³；

m_0'——干粉检测试样在空气中的质量，g；

m_1'——只装蒸馏水的比氏瓶加水质量，g；

m_2'——装粉样加水的比氏瓶质量，g；

ρ_T——温度为 T 时水的密度，g/cm³，按表13-4取用。

(3) 真气孔率

根据以上两式体积密度和真密度，真气孔率按下式计算：

$$\rho_a=\left(1-\frac{\rho_0}{\rho_t}\right)\times100\%$$

式中 ρ_a——检测试样的真气孔率，%；

ρ_0——检测试样的体积密度，g/cm³；

ρ_t——检测试样的真密度，g/cm³。

(4) 吸水率

吸水率按下式计算：

$$W_a=\frac{m_1-m_0}{m_0}\times100\%$$

式中 W_a——检测试样的吸水率，%；

m_0——干检测试样在空气中的质量，g；

m_1——水饱和检测试样在空气中的质量，g。

(5) 检测结果

计算体积密度、真密度、吸水率、真气孔率的平均值和最大值与最小值。

体积密度、真密度计算到三位有效数，真气孔率、吸水率计算到两位有效数。

14.4.2 天然饰面石材干燥、水饱和、冻融循环后压缩强度检测

1. 主要检测设备及量具

(1) 材料检测试验机：具有球形支座并应保证一定的加荷速率，示值相对误差不超过±1%，检测试样破坏的最大负荷在量程的20%～90%范围内。

(2) 游标卡尺：刻度为0.02mm。

2. 检测试样

(1) 检测试样尺寸为50mm的立方体，误差为±0.5mm。垂直和平行层理的检测试

样各两组，没有层理检测试样两组，每组 5 块。

(2) 检测试样应标出岩石层理方向。

(3) 检测试样两个受力面用500 号细砂纸抛光。平行度在 0.08mm 以内，相邻边垂直度误差不大于±0.5°。

(4) 检测试样不允许掉棱、掉角和有可见的裂纹。

3. 主要检测流程

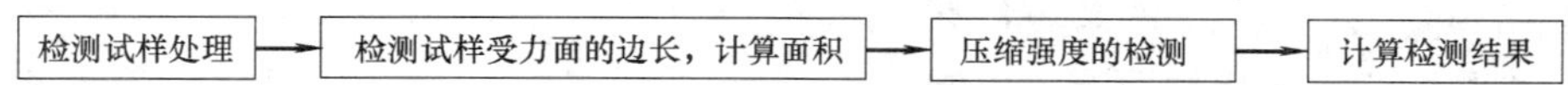

4. 具体检测步骤

(1) 干燥状态压缩强度

1) 检测试样处理：将试样在 (105±2)℃的烘箱内干燥 24h，再放入干燥器中冷却到室温。

2) 检测试样受力面的边长，计算面积。

3) 将检测试样放置在材料检测试验机下压板的中心部位，以每秒钟 (1500±100) N 的速率施加负荷，直至检测试样破坏，读出检测试样破坏时的最大负荷值。

(2) 水饱和状态压缩强度

1) 检测试样处理：将检测试样放在 (20±2)℃的水中浸泡 48h，从水中取出，用拧干后的湿毛巾将检测试样表面水分擦去。

2) 检测试样受力面的边长，计算面积。

3) 将检测试样放置在材料检测试验机下压板的中心部位，以每秒钟 (1500±100) N 的速率施加负荷，直至检测试样破坏，读出检测试样破坏时的最大负荷值。

(3) 冻融循环后压缩强度

1) 检测试样处理：检测试样用清水洗干净，然后在水中浸泡 24h。将检测试样置入调节到 (−20±2)℃的冷冻箱中，在冷冻箱内冻 4h，取出放在流动的水中，放置 4h，从水中取出，再将检测试样放入冷冻箱内，反复冻融 25 次。再放到流动的水中 4h，将检测试样取出，用拧干后的湿毛巾将检测试样表面水分擦去。

2) 检测检测试样受力面的边长，计算面积。

3) 将试样放置在材料检测试验机下压板的中心部位，以每秒钟 (1500±100) N 的速率施加负荷，直至检测试样破坏，读出检测试样破坏时的最大负荷值。

5. 检测结果评定

(1) 压缩强度按下式计算：

$$R_s = \frac{P}{S}$$

式中 R_s——压缩强度，MPa；

P——破坏荷载，N；

S——检测试样受力面面积，mm^2。

(2) 检测结果

计算检测试样不同层理的算术平均值及最大值和最小值。

14.4.3 天然饰面石材弯曲强度检测

1. 主要检测设备及量具

(1) 材料检测试验机：示值相对误差不超过±1%。检测试样破坏的最大负荷在材料检测试验机刻度的20%～90%范围内。

(2) 游标卡尺：刻度为0.01mm。

2. 检测试样

(1) 检测试样尺寸长160mm，宽（40±0.5）mm，高（20±0.5）mm，受力面的平行度在0.08mm以内，垂直和平行层理检测试样各两组，没有层理检测试样两组，每组5块。

(2) 检测试样应标出岩石层理方向。

(3) 检测试样两受力面用500号细砂纸抛光。不允许掉棱、掉角和有可见的裂纹。

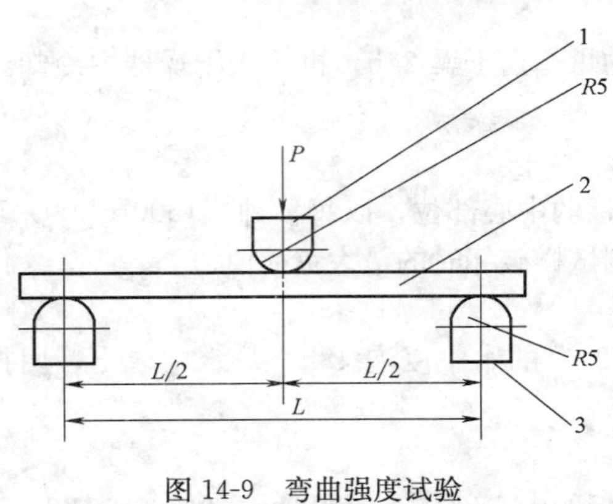

图14-9 弯曲强度试验
1—可动压头；2—试样；3—支架

(4) 标出两点与受力点的标记（尺寸见图14-9），检测试样两个支点和负荷点处的宽与高的尺寸，并取算术平均值。

3. 具体检测步骤

(1) 将检测试样放在（105±2)℃的烘箱内干燥24h，再放入干燥器内冷却至室温。

(2) 调节支座之间的距离为（140±0.5）mm，把检测试样放在支架上，施加负荷以2mm/min的速率直至试样断裂，读出断裂时的负荷值。

4. 检测结果评定

(1) 弯曲强度按下式计算：

$$R_t=\frac{3P\cdot L}{2B\cdot h^2}$$

式中 R_t——检测试样的弯曲强度，MPa；

P——检测试样断裂荷载，N；

L——支点间距离，mm；

B——检测试样宽度，mm；

h——检测试样高度，mm。

(2) 检测结果

计算检测试样不同层理的算术平均值及最大值和最小值。

14.4.4 天然饰面石材耐磨性检测

1. 主要检测设备和材料

(1) 检测试验机：道瑞式耐磨检测试验机。

(2) 标准砂：符合《水泥强度检测试验用标准砂》(GB 178—1997) 的标准砂。

(3) 天平：最大称量100g，感量0.01g

2. 检测试样及制备

检测试样尺寸直径为（25±0.5）mm，长60mm的圆柱体。有层理检测试样，垂直与平行层理各取4个，没有层理检测试样取4个。

3. 主要检测流程

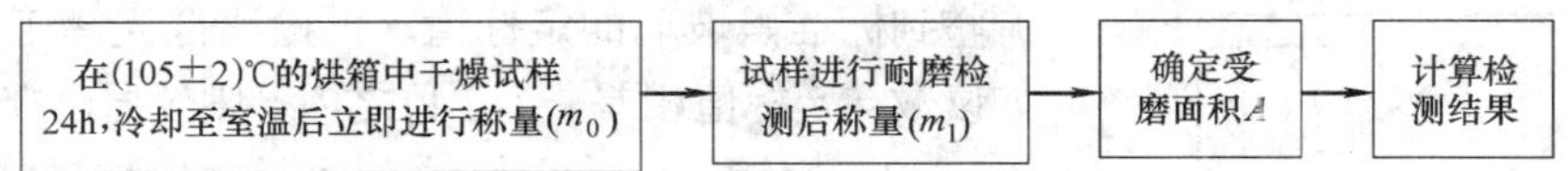

4. 具体检测步骤

(1) 将检测试样放入 (105±2)℃的烘箱中干燥 24h，取出，冷却至室温，立即进行称量 (m_0)，精确到 0.01g。

(2) 将称量过的检测试样装入耐磨机上，每个卡具质量为 1250g，圆盘转 1000 转完成一次检测，其余按仪器操作说明进行检测，检测完将检测试样取下，用刷子刷去粉末，称量磨后质量 (m_1)，精确到 0.01g。

(3) 用游标卡尺检测检测试样受磨端的直径 ϕ_1。再测垂直方向直径 ϕ_2，求平均值，用平均值求受磨面积 A。

5. 检测结果评定

(1) 耐磨率按下式计算：

$$M=\frac{m_0-m_1}{A}$$

式中 M——耐磨率，g/cm^2；

m_0——磨前质量，g；

m_1——磨后质量，g；

A——检测试样被磨端的面积，cm^2。

(2) 检测结果

计算检测试样不同层理耐磨率算术平均值，取两位有效数。

14.4.5 天然饰面石材镜面光泽度检测

1. 主要检测仪器

(1) 光电光泽计

1) 光学系统应满足 C 光源及视觉函数 $y(\lambda)$ 的要求。

2) 光泽计光束孔径为 $\phi30$，在 60°几何条件下，光学条件见表 14-8。

光学条件 **表 14-8**

孔 径	测量平面内(°)	垂直于测量平面(°)
光源	0.75±0.25	3.00
接收器	4.40±0.10	11.70±0.20

(2) 光泽度标准板

1) 高光泽标准板：表面应平整，经抛光的其折射率为 1.567 黑玻璃，规定 60°几何条件镜面光泽度为 100，经授权的计量单位定标。

2) 低光泽工作标准板：陶瓷板，光泽值经授权的计量单位定标。

2. 检测试样

检测试样尺寸为 300mm×300mm 表面抛光的板材，5 块。

3. 具体检测步骤

(1) 仪器校正：先打开光源预热，将仪器开口置于高光泽标准板中央，并将仪器的读数

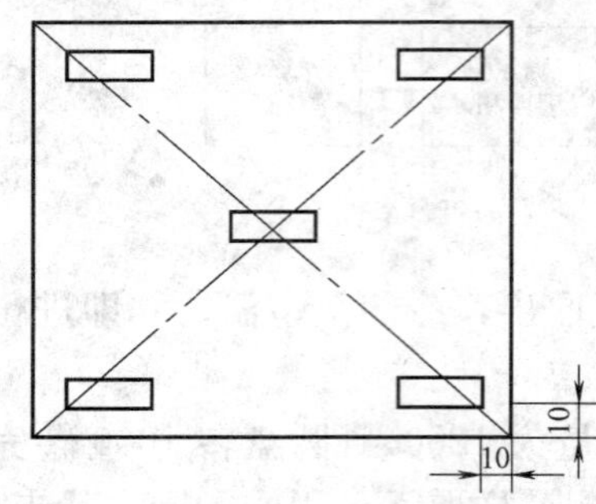

图 14-10 测试位置与点数

调整到标准黑玻璃的定标值。再检测低光泽工作标准板，如读数与定标值相差一个单位之内，则仪器已准备好。

（2）用镜头纸或无毛的布擦干净检测试样表面，按光泽计操作说明测每块板材的光泽度，测试位置与点数见图 14-10。

4. 检测结果评定

计算每块板材光泽度的算术平均值。

14.4.6 天然饰面石材的物理、力学性能检测报告

天然饰面石材的物理、力学性能检测报告见表 14-9。

天然饰面石材的物理、力学性能检测报告 **表 14-9**

工程名称： 报告编号： 工程编号：

委托单位		委托编号		委托日期	
施工单位		样品编号		检验日期	
结构部位		出厂合格证编号		报告日期	
厂 别		检验性质		代表数量	
发证单位		见证人		证书编号	

项 目		指 标
体积密度（g/cm³），≥ $\rho_0=\frac{m_0}{m_1-m_2}\cdot\rho_T$		
吸水率（%），≤ $W_a=\frac{m_1-m_0}{m_0}\times 100\%$		
干燥压缩强度（MPa），≥ $R_s=\frac{P}{S}$		
干燥	弯曲强度（MPa），≥ $R_t=\frac{3P\cdot L}{2B\cdot h^2}$	
水饱和		

结 论：

执行标准：

主要仪器设备	检测仪器		管理编号	
	型号规格		有效期	
	检测仪器		管理编号	
	型号规格		有效期	
	检测仪器		管理编号	
	型号规格		有效期	
	检测仪器		管理编号	
	型号规格		有效期	
备注				
声明				
地址	地址： 邮编： 电话：			

审批（签字）：______ 审核（签字）：______ 校核（签字）：______ 检测（签字）：______

检测单位（盖章）：______

报 告 日 期： 年 月 日

注：本表一式四份（建设单位、施工单位、检测试验室、城建档案馆存档各一份）。

14.5 水泥混凝土用砂的性能检测

14.5.1 砂的筛分析检测

1. 主要检测设备仪器

(1) 鼓风烘箱，能使温度控制在 (105±5)℃。

(2) 天平，称量 1000g，感量 1g。

(3) 方孔筛，孔径为 150μm、300μm、600μm、1.18mm、2.36mm、4.75mm 及 9.50mm 的筛各一只，并附有筛底和筛盖。

(4) 摇筛机。

(5) 搪瓷盘，毛刷等。

2. 主要检测流程

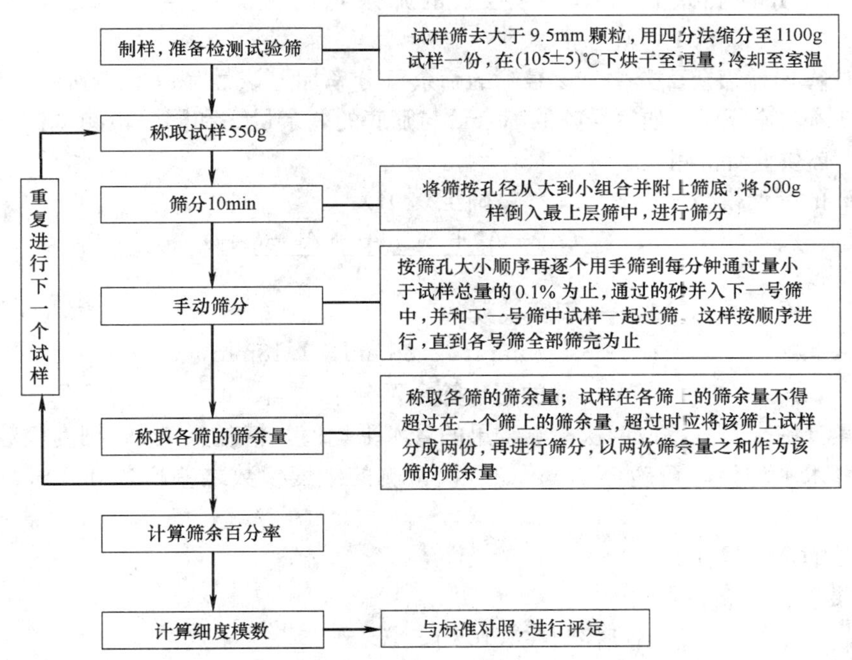

3. 具体检测步骤

(1) 按规定取样，并将试样缩分至约 1100g，放在烘箱中于 (105±5)℃下烘干至恒量，待冷却至室温后，筛除大于 9.50mm 的颗粒（并算出其筛余百分率），分为大致相等的两份备用。

(2) 称取检测试样 500g，精确至 1g。将试样倒入按孔径大小从上到下组合的套筛（附筛底）上，然后进行筛分。

(3) 将套筛置于摇筛机上，摇 10min；取下套筛，按筛孔大小顺序再逐个用手筛，筛至每分钟通过量小于试样总量 0.1%为止。通过的试样并入下一号筛中，并和下一号筛中的试样一起过筛，这样顺序进行，直至各号筛全部筛完为止。

(4) 称出各号筛的筛余量，精确至 1g，检测试样在各号筛上的筛余量不得超过按下式计算出的量：

$$G=\frac{A\times d^{\frac{1}{2}}}{200}$$

式中 G——在一个筛上的筛余量，g；

A——筛面面积，mm^2；

d——筛孔尺寸，mm。

如超过此量时应按下列方法之一处理：

1）将该粒级试样分成两份，分别筛分，并以筛余量之和作为该号筛的筛余量。

2）将该粒级及以下各粒级的筛余混合均匀，称出其质量，精确至1g。再用四分法缩分为大致相等的两份，取其中一份，称出其质量，精确至1g，继续筛分。计算该粒级及以下各粒级的分计筛余量时应根据缩分比例进行修正。

4. 检测结果计算与评定

(1) 计算分计筛余百分率。各号筛的筛余量与检测试样总量之比，计算精确至0.1%。

(2) 计算累计筛余百分率。该号筛的筛余百分率加上该号筛以上各筛余百分率之和，精确至0.1%。筛分后，如每号筛的筛余量与筛底的剩余量之和同原检测试样质量之差超过1%时，必须重新检测。

(3) 砂的细度模数按下式计算（精确至0.01）：

$$M_x=\frac{(A_2+A_3+A_4+A_5+A_6-5A_1)}{100-A_1}$$

式中 M_x——细度模数；

A_1，A_2，A_3，A_4，A_5，A_6——4.75mm，2.36mm，1.18mm，600μm，300μm，150μm筛的累计筛余百分率，%。

(4) 累计筛余百分率取两次检测结果的算术平均值，精确至1%。细度模数取两次检测结果的算术平均值，精确至0.1；如两次检测的细度模数之差超过0.2时，必须重新检测。

14.5.2 砂的含泥量检测

1. 主要检测设备仪器

(1) 鼓风烘箱：能使温度控制在（105±5)℃。

(2) 天平：称量1000g，感量0.1g。

(3) 方孔筛：孔径为75μm及1.18mm筛各一只，并附有筛底和筛盖。

(4) 容器：要求淘洗检测试样时，保持检测试样不溅出（深度大于250mm)。

(5) 搪瓷盘，毛刷等。

2. 主要检测流程

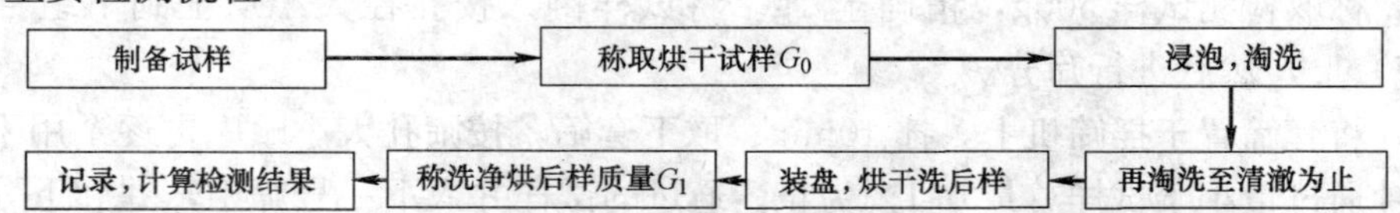

3. 具体检测步骤

(1) 按规定取样，并将检测试样缩分至约1100g，放在烘箱中于（105±5)℃下烘干至恒量，待冷却至室温后，筛除大于 9.50mm 的颗粒（并算出其筛余百分率），分为大致相等的两份备用。

（2）称取检测试样 500g，精确至 0.1g。将检测试样倒入淘洗容器中，注入清水，使水面高于检测试样面大约 150mm，充分搅拌均匀后，浸泡 2h，然后用手在水中淘洗检测试样，使尘屑、淤泥、黏土与砂粒分离，使浑水缓缓倒入 1.18mm 及 75μm 的套筛上，滤去小于 75μm 的颗粒。检测前筛子的两面应先用水润湿，在整个过程中应小心防止砂粒流失。

（3）再向容器中注入清水，重复上述操作，直到容器内的水目测清澈为止。

（4）用水淋洗剩余在筛上的细粒，并将 75μm 筛放在水中来回摇动，以充分洗掉小于 75μm 的颗粒，然后将两只筛的筛余颗粒和清洗容器中已经洗净的试样一并倒入搪瓷盘，放在烘箱中于（105±5)℃下烘干到恒量，待冷却到室温后，称出其质量，精确到 0.1g。

4. 检测结果计算与评定

（1）含泥量按下式计算，精确至 0.1%。

$$Q_a=\frac{G_0-G_1}{G_0}\times 100\%$$

式中 Q_a——含泥量，%；

G_0——检测前烘干检测试样的质量，g；

G_1——检测后烘干检测试样的质量，g。

（2）含泥量取两个检测试样检测结果算数的平均值作为测定值。

14.5.3 砂的泥块含量检测

1. 主要检测设备仪器

（1）鼓风烘箱：能使温度控制在（105±5)℃。

（2）天平：称量 1000g，感量 0.1g。

（3）方孔筛：孔径为 600μm 及 1.18mm 筛各一只，并附有筛底和筛盖。

（4）容器：要求淘洗试样时，保持试样不溅出（深度大于 250mm)。

（5）搪瓷盘，毛刷等。

2. 主要检测流程

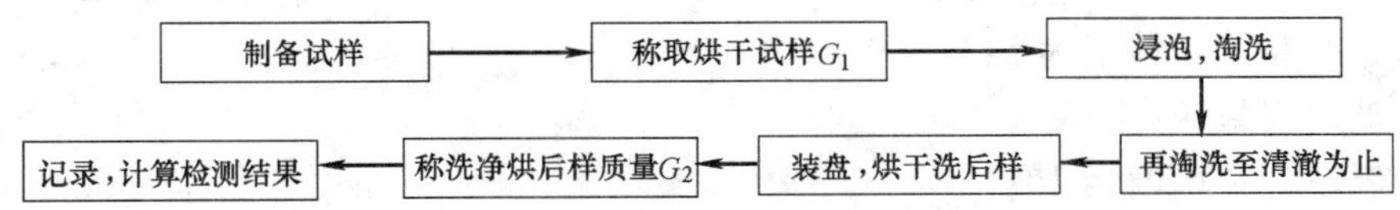

3. 具体检测步骤

（1）按规定取样，并将检测试样缩分至约 5000g，放在烘箱中于（105±5)℃下烘干至恒量，待冷却至室温后，筛除小于 1.18mm 的颗粒（并算出其筛余百分率），分为大致相等的两份备用。

（2）称取检测试样 200g，精确至 0.1g。将检测试样倒入淘洗容器中，注入清水，使水面高于检测试样面大约 150mm，充分搅拌均匀后，浸泡 24h，然后用手在水中碾碎泥块，再将检测试样放在 600μm 筛上，用水淘洗，直到容器内的水目测清澈为止。

（3）保留下来的试样小心地从筛中取出，装入浅盘后，放在烘箱中于（105±5)℃下烘干到恒量，待冷却到室温后，称出其质量，精确到 0.1g。

4. 检测结果计算与评定

(1) 泥块含量按下式计算，精确至0.1%。

$$Q_b = \frac{G_1 - G_2}{G_1} \times 100\%$$

式中：Q_b——泥块含量，%；

G_1——1.18mm筛检测筛余试样的质量，g；

G_2——检测后烘干检测试样的质量，g。

(2) 泥块含量取两个检测试样检测结果算数的平均值作为测定值。

14.5.4 砂中石粉含量检测

1. 试剂和材料

(1) 亚甲蓝（$C_{16}H_{18}ClN_3S \cdot 3H_2O$）：含量≥95%。

(2) 亚甲蓝溶液：将亚甲蓝粉末在（100±5）℃下烘干至恒量（若烘干温度超过105℃，亚甲蓝粉末会变质），称取烘干亚甲蓝粉末10g，精确至0.01g，倒入盛有约600mL蒸馏水（水温加热至35～40℃）的烧杯中，用玻璃棒持续搅拌40min，直至亚甲蓝粉末完全溶解，冷却至20℃。将溶液倒入1L容量瓶中，用蒸馏水淋洗烧杯，使所有亚甲蓝溶液全部移入容量瓶，容量瓶和溶液的温度应保持在（20±1)℃，加蒸馏水至容量瓶1L刻度。振荡容量瓶以保证亚甲蓝粉末完全溶解。将容量瓶中溶液移入深色储藏瓶中，标明制备日期、失效日期（亚甲蓝溶液保质期应不超过28d)，并置于阴暗处保存。

(3) 定量滤纸：快速。

2. 主要检测设备仪器

(1) 鼓风烘箱：能使温度控制在（105±5)℃。

(2) 天平：称量1000g，感量0.1g及称量100g，感量0.01g各一台。

(3) 方孔筛：孔径为75μm及1.18mm的筛各一只。

(4) 容器：要求淘洗试样时，保持试样不溅出（深度大于250mm)。

(5) 移液管：5mL，2mL移液管各一个。

(6) 三片或四片式叶轮搅拌器：转速可调［最高达（600±60）r/min］，直径为（75±10）mm。

(7) 定时装置：精度为1s。

(8) 玻璃容量瓶：1L。

(9) 温度计：精度为1℃。

(10) 玻璃棒：2支（直径为8mm，长300mm)。

(11) 搪瓷盘、毛刷、1000mL烧杯等。

3. 具体检测步骤

(1) 亚甲蓝*MB*值的测定

1）按规定取样，并将检测试样缩分至约400g，放在烘箱中于（105±5)℃下烘干至恒量，待冷却至室温后，筛除大于2.36mm的颗粒备用。

2）称取检测试样200g，精确至0.1g。将试样倒入盛有（500±5）mL蒸馏水的烧杯中，用叶轮搅拌机以（600±60）r/min的转速搅拌5min，使成悬浮液，然后持续以（400±40）r/min的转速搅拌，直至检测结束。

3）悬浮液中加入 5mL 亚甲蓝溶液，以（400±40）r/min 的转速搅拌至少 1min 后，用玻璃棒蘸取一滴悬浮液（所取悬浮液滴应使沉淀物直径在 8～12mm 内），滴于滤纸上（置于空烧杯或其他合适的支撑物上，以使滤纸表面不与任何固体或液体接触）。若沉淀物周围未出现色晕，再加入 5mL 亚甲蓝溶液，继续搅拌 1min，再用玻璃棒蘸取一滴悬浮液，滴于滤纸上，若沉淀物周围仍未出现色晕，重复上述步骤，直至沉淀物周围出现约 1mm 的稳定浅蓝色色晕。此时，应继续搅拌，不加亚甲蓝溶液，每 1min 进行一次沾染试验。若色晕在 4min 内消失，再加入 5mL 亚甲蓝溶液；若色晕在第 5min 消失，再加入 2mL 亚甲蓝溶液。两种情况下，均应继续进行搅拌和沾染检测，直至色晕可持续 5min。

4）记录色晕持续 5min 时所加入的亚甲蓝溶液总体积，精确至 1mL。

（2）亚甲蓝的快速检测。

1）按检测步骤（1）中的规定制样和搅拌。

2）一次性向烧杯中加入 30mL 亚甲蓝溶液，以（400±40）r/min 的转速持续搅拌 8min，然后用玻璃棒蘸取一滴悬浮液，滴于滤纸上，观察沉淀物周围是否出现明显色晕。

（3）测定人工砂中石粉含量检测步骤按照（1）3）所述进行。

4. 检测结果计算与评定

（1）亚甲蓝 *MB* 值结果计算。亚甲蓝值按下式计算（精确至 0.1）：

$$MB=\frac{V}{G}\times 10$$

式中 *MB*——亚甲蓝值（表示每千克 0～2.36mm 粒级试样所消耗的亚甲蓝克数），g/kg；

G——检测试样质量，g；

V——所加入的亚甲蓝溶液的总量，mL。

注：上式中的系数 10 为用于将每千克试样消耗的亚甲蓝溶液体积换算成亚甲蓝质量。

（2）亚甲蓝快速试验结果评定。若沉淀物周围出现明显色晕，则判定亚甲蓝快速试验为合格；若沉淀物周围未出现明显色晕，则判定亚甲蓝快速检测为不合格。

14.5.5 砂的表观密度检测

1. 主要检测设备仪器

（1）鼓风烘箱：能使温度控制在（105±5)℃。

（2）天平：称量 1000g，感量 1g。

（3）容量瓶：500mL。

（4）干燥器、搪瓷盘、滴管、毛刷等。

2. 主要检测流程

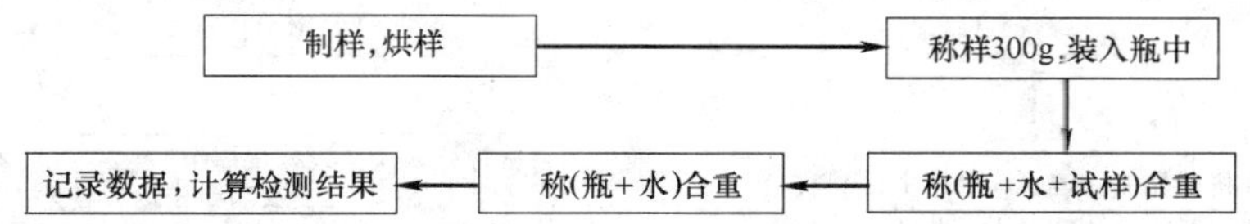

3. 具体检测步骤

（1）按规定取样，并将检测试样缩分至约 660g，放在烘箱中于（105±5)℃下烘干至恒量，待冷却至室温后，分为大致相等的两份备用。

(2) 称取检测试样 300g，精确至 1g。将检测试样装入容量瓶，注入冷开水至接近 500mL 的刻度处，用手旋转摇动容量瓶，使砂样充分摇动，排除气泡，塞紧瓶盖，静置 24h。然后用滴管小心加水至容量瓶 500mL 刻度处，塞紧瓶塞，擦干瓶外水分，称出其质量 G_1，精确至 1g。

(3) 倒出瓶内水和检测试样，洗净容量瓶，再向容量瓶内注冷开水（与上面冷开水温度不超过 2℃）至 500mL 刻度处，塞紧瓶塞，擦干瓶外水分，称出其质量 G_2，精确至 1g。

4. 检测结果计算与评定

(1) 砂的表观密度按下式计算（精确至 $10kg/m^3$）：

$$\rho_0=\left(\frac{G_0}{G_0+G_2-G_1}\right)\times\rho_{水}\times 1000$$

式中 ρ_0——表观密度，kg/m^3；

$\rho_{水}$——水的密度，$1000kg/m^3$，见表 13-4；

G_0——烘干检测试样的质量，g；

G_1——检测试样、水及容量瓶的总质量，g；

G_2——水及容量瓶的总质量，g。

(2) 表观密度取两次检测结果的算术平均值，精确至 $10kg/m^3$；如果两次检测结果之差大于 $20kg/m^3$，必须重新检测。

14.5.6 砂的堆积密度与空隙率检测

1. 主要检测设备仪器

(1) 鼓风烘箱：能使温度控制在 (105±5)℃。

(2) 台称：称量 5kg，感量 5g。

(3) 容量筒：圆柱形金属筒，内径为 108mm，净高 109mm，壁厚 2mm，筒底厚约 5mm，容积为 1L。

(4) 方孔筛：孔径为 4.75mm 的筛一只。

(5) 垫棒：直径 10mm，长 500mm 的圆钢。

(6) 直尺、漏斗或料勺、搪瓷盘、毛刷等。

2. 主要检测流程

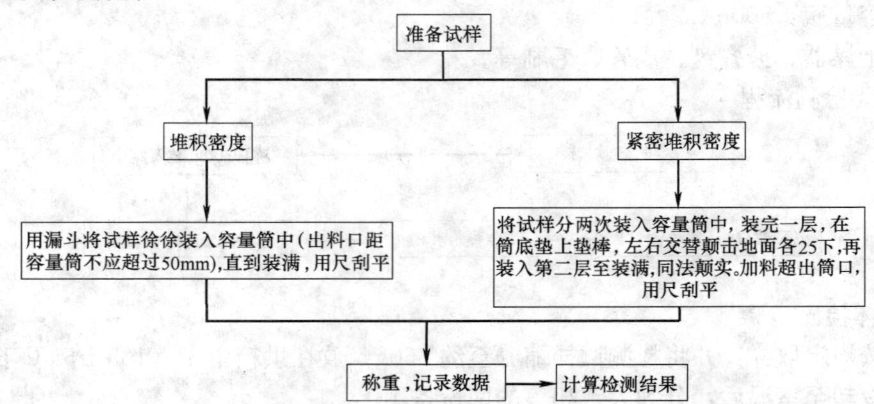

3. 具体检测步骤

(1) 按规定取样，用搪瓷盘装取试样约3L，放在烘箱中于（105±5)℃下烘干至恒量，待冷却至室温后，筛除大于4.75mm的颗粒，分为大致相等的两份备用。

(2) 松散堆积密度。取检测试样一份，用漏斗或料勺将试样从容量筒中心上方50mm处徐徐倒入，让检测试样以自由落体落下，当容量筒上部检测试样呈锥体，且容量筒四周溢满时，即停止加料。然后用直尺沿筒口中心线向两边刮平（检测过程应防止触动容量筒），称出检测试样和容量筒总质量G_1，精确至1g。

(3) 紧密堆积密度。取检测试样一份分两次装入容量筒。装完第一层后，在筒底垫放一根直径为10mm的圆钢，将筒按住，左右交替击地面各25次。然后装入第二层，第二层装满后用同样方法颠实（但筒底所垫钢筋的方向与第一层时的方向垂直）后，再加试样直至超过筒口，然后用直尺沿筒口中心线向两边刮平，称出检测试样和容量筒总质量G_1，精确至1g。

4. 检测结果计算与评定

(1) 松散或紧密堆积密度按下式计算（精确至10kg/m^3）

$$\rho_1=\left(\frac{G_1-G_2}{V}\right)$$

式中 ρ_1——松散堆积密度或紧密堆积密度，kg/m^3；

G_1——容量筒和检测试样总质量，g；

G_2——容量筒质量，g；

V——容量筒的容积，L。

(2) 空隙率按下式计算（精确至1%）：

$$V_0=\left(1-\frac{\rho_1}{\rho_2}\right)\times100$$

式中 V_0——空隙率，%；

ρ_1——检测试样的松散（或紧密）堆积密度，kg/m^3；

ρ_2——检测试样表观密度，kg/m^3。

(3) 堆积密度取两次检测结果的算术平均值，精确至10kg/m^3。空隙率取两次检测结果的算术平均值，精确至1%。

14.5.7 水泥混凝土用砂性能检测报告

水泥混凝土用砂性能检测报告见表14-10。

砂的筛分析检测报告 **表14-10**

工程名称： 报告编号： 工程编号：

委托单位		委托编号		委托日期	
施工单位		样品编号		检验日期	
结构部位		出厂合格证编号		报告日期	
厂别		检验性质		代表数量	
发证单位		见证人		证书编号	

续表

1. 砂的筛分析检测									
筛孔尺寸(mm)		4.75	2.36	1.18	0.60	0.30	0.15	<0.15	细度模数 M_x
第一次筛分	筛余量(g)								
	分计筛余率(%)								
	累计筛余率(%)								
第二次筛分	筛余量(g)								
	分计筛余率(%)								
	累计筛余率(%)								

细度模数 M_x 的平均值：

级配曲线图(标准图)
请将该砂级配曲线绘制在标准图中。

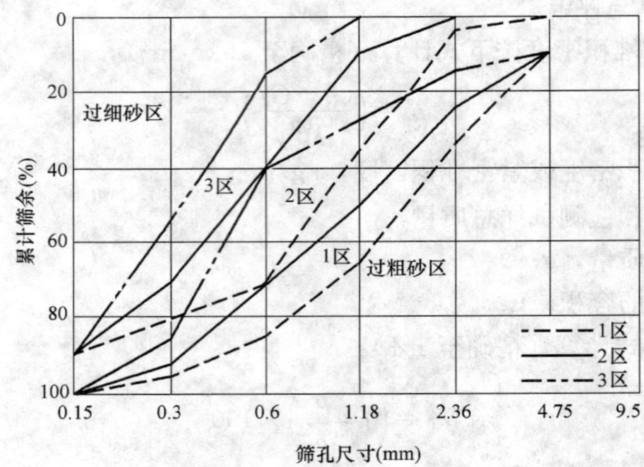

结　　论：该砂样属于________砂；级配情况：________________

执行标准：

2. 砂的含泥量检测

编号	试样原质量(g)	洗净烘干质量(g)	含泥量(g)	平均值(%)
1				
2				

结　　论：

执行标准：

3. 砂的泥块含量检测

编号	试样原质量(g)	洗净烘干质量(g)	泥块含量(%)	平均值(%)
1				
2				

结　　论：

执行标准：

续表

4. 砂的表观密度检测

编号	试样烘干质量 G_0(g)	水和容量瓶质量 G_2(g)	试样、水及容量瓶的总质量 G_1(g)	表观密度 ρ_0(kg/m³)
1				
2				

表观密度平均值 ρ_0(kg/m³)：

结　　论：

执行标准：

5. 砂的堆密度和空隙率检测

编号	容量筒的容积 V(L)	容量筒和试样总质量 G_1(g)	容量筒的质量 G_2(kg)	堆密度 ρ_1(kg/m³)
1				
2				

堆密度的平均值 ρ_1(kg/m³)

空隙率 V_0(%)

结　　论：

执行标准：

主要仪器设备	检测仪器		管理编号	
	型号规格		有效期	
	检测仪器		管理编号	
	型号规格		有效期	
	检测仪器		管理编号	
	型号规格		有效期	
	检测仪器		管理编号	
	型号规格		有效期	
备注				
声明				
地址	地址： 邮编： 电话：			

审批(签字)：＿＿＿＿＿审核(签字)：＿＿＿＿＿校核(签字)：＿＿＿＿＿检测(签字)：＿＿＿＿＿

检测单位(盖章)：＿＿＿＿＿

报　告　日　期：　年　月　日

注：本表一式四份（建设单位、施工单位、检测试验室、城建档案馆存档各一份）。

14.6 水泥混凝土用的碎（卵）石的性能检测

14.6.1 碎（卵）石的颗粒级配（筛分析）检测

1. 主要检测设备仪器

（1）鼓风烘箱：能使温度控制在（105±5)℃。

(2) 台秤：称量10kg，感量1g。

(3) 方孔筛：孔径为2.36mm、4.75mm、9.50mm、16.0mm、19.0mm、26.5mm、31.5mm、37.5mm、53.0mm、63.0mm、75.0mm及90mm的筛各一只，并附有筛底和筛盖（筛框内径为300mm）。

(4) 摇筛机。

(5) 搪瓷盘，毛刷等。

2. 主要检测流程

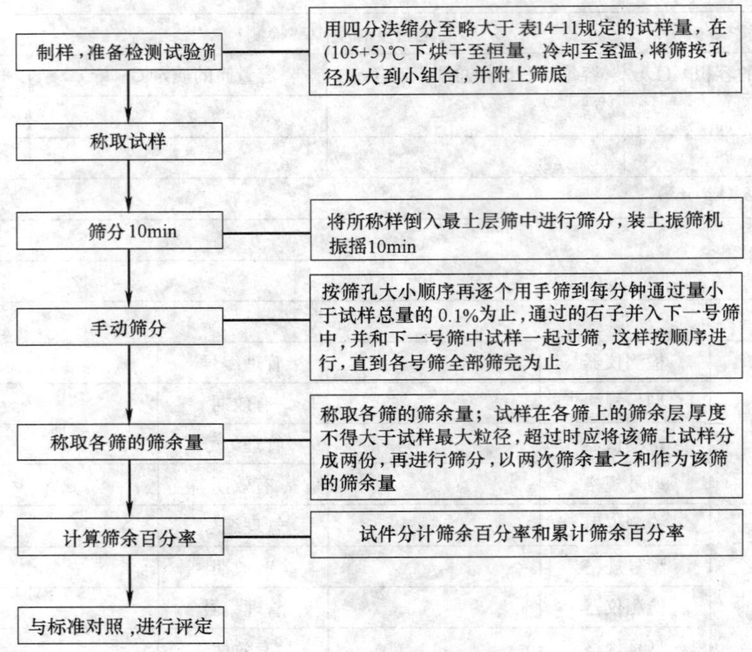

3. 具体检测步骤

(1) 按表14-1取样，并将检测试样缩分至略大于表14-11规定的数量，烘干或风干后备用（缩取后所余部分留作表观密度、堆密度检测之用）。

颗粒级配试验所需试样数量 **表14-11**

最大粒径(mm)	9.5	16.0	19.0	26.5	31.5	37.5	63.0	75.0
最少试样质量(kg)	2.0	3.2	4.0	5.0	6.3	8.0	12.6	16.0

(2) 称取按表14-11规定数量检测试样一份，精确到1g。将试样倒入按孔径大小从上到下组合的套筛上，然后进行筛分。

(3) 将套筛置于摇筛机上，摇5min；取下套筛，按筛孔大小顺序再逐个用手筛，筛至每分钟通过量小于检测试样总量0.1%为止。通过的颗粒并入下一号筛中，并和下一号筛中的试样一起过筛，这样顺序进行，直至各号筛全部筛完为止。当试样粒径大于19mm时，筛分中允许用手拨动检测试样颗粒，使其能通过筛孔。

(4) 称出各号筛的筛余量，精确至1g。

4. 检测结果计算与评定

（1）计算分计筛余百分率。各号筛的筛余量与试样总质量之比，计算精确至0.1%。

（2）计算累计筛余百分率。该号筛的筛余百分率加上该号筛以上各分计筛余百分率之和，精确至1%。筛分后，如每号筛的筛余量与筛底的筛余量之和同原试样质量之差超过1%时，必须重新检测。

（3）根据各号筛的累计筛余百分率，评定该检测试样的颗粒级配。

14.6.2 碎（卵）石的针片状颗粒含量检测

1. 主要检测设备仪器

（1）针状规准仪与片状规准仪或游标卡尺。

（2）天平：称量2kg，感量2g。

（3）台秤：称量20kg，感量20g。

（4）方孔筛。孔径为4.75mm、9.50mm、16.0mm、19.0mm、26.5mm、31.5mm及37.5mm的筛各一个。

2. 主要检测流程

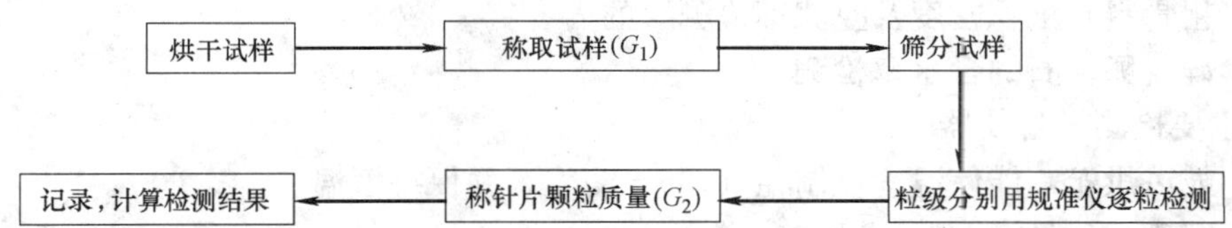

3. 具体检测步骤

（1）按规定取样，并将试样缩分至略大于表14-12规定的数量，烘干或风干后备用。

针、片状颗粒含量试验所需试样数量　　表14-12

最大粒径(mm)	9.5	16.0	19.0	26.5	31.5	37.5	63.0	75.0
最少试样质量(kg)	0.3	1.0	2.0	3.0	5.0	10.0	10.0	10.0

（2）称取按表14-12规定数量的试样一份，精确到1g，然后按“粗集料的颗粒级配”中的规定进行筛分。

（3）按表14-13规定的粒级分别用规准仪逐粒检验，凡颗粒长度大于针状规准仪上相应间距者，为针状颗粒；颗粒厚度小于片状规准仪上相应孔宽者，为片状颗粒。称出其总质量，精确至1g。

针、片状颗粒含量试验的粒级划分及其相应的规准仪孔宽或间距　　表14-13

石子粒级(mm)	47.5～95.0	95.0～16.0	16.0～19.0	19.0～26.5	26.5～31.5	31.5～37.5
片状规准仪相对应孔宽(mm)	2.8	5.1	7.0	9.1	11.6	13.8
针状规准仪相对应间距(mm)	17.1	30.6	42.0	54.6	69.6	82.8

（4）石子粒径大于37.5mm的碎石或卵石可用卡尺检测针片状颗粒，卡尺卡口的设定宽度应符合表14-14的规定。

大于37.5mm颗粒针、片状颗粒含量试验的粒级划分及其相应的卡尺卡口设定宽度

表14-14

石子粒级(mm)	37.5～53.0	53.0～63.0	63.0～75.0	31.5～37.5
检验片状颗粒的卡尺卡口设定宽度(mm)	18.1	23.2	27.6	33.0
检验针状颗粒的卡尺卡口设定宽度(mm)	108.6	139.2	165.6	198.0

4. 检测结果计算与评定

针片状颗粒含量按下式计算（精确至1%）：

$$Q_c=\frac{G_2}{G_1}\times100\%$$

式中 Q_c——针、片状颗粒含量，%；

G_1——检测试样的质量，g；

G_2——检测试样中所含针片状颗粒的总质量，g。

14.6.3 碎（卵）石的表观密度、吸水率和堆密度检测

详见“13.2土木工程材料（粗骨料）密度及吸水率检测（网篮法）”和“13.3土木工程材料（粗骨料）堆积密度及空隙率检测”的内容。

14.6.4 碎（卵）石的含水率检测

1. 主要检测设备仪器

(1) 鼓风烘箱：能使温度控制在(105±5)℃，并保持恒温。

(2) 台称：称量20kg，感量20g。

(3) 浅盘等。

2. 主要检测流程

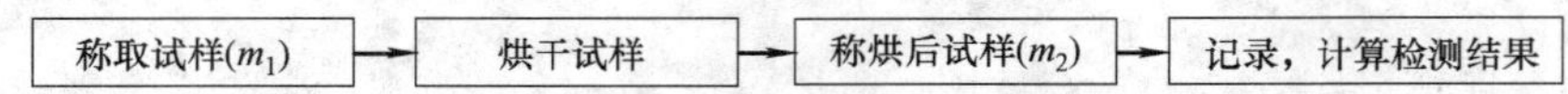

3. 具体检测步骤

(1) 按表14-1取样，并将检测试样缩分至不小于表14-4规定的数量，分成两份备用。

(2) 将检测试样置于干净的容器中，称取检测试样和容器的总质量(m_1)，放在烘箱中于(105±5)℃下烘干至恒量。

(3) 取出检测试样，冷却后称取检测试样与容器的总质量(m_2)，并称取容器的质量(m_3)。

4. 检测结果计算与评定

碎（卵）石的含水率按下式计算（精确至1%）：

$$w_{wc}=\frac{m_1-m_2}{m_2-m_3}\times100\%$$

式中 w_{wc}——碎（卵）石的含水率，%；

m_1——烘干前检测试样和容器总质量，g；

m_2——烘干后检测试样和容器总质量，g；

m_3——容器质量，g。

碎（卵）石的含水率检测应用两份试样检测两次，并以两次检测结果的算术平均值作为最终检测结果。

14.6.5 岩石抗压强度检测

1. 主要检测仪器设备

（1）压力检测试验机：量程为1000kN；示值相对误差为2%。

（2）钻石机或切割机。

（3）岩石磨光机。

（4）游标卡尺和角尺。

2. 检测试件

（1）立方体试件尺寸：50mm×50mm×50mm。

（2）圆柱体试件尺寸：ϕ50mm×50mm。

（3）试件与压力机压头接触的两个面要磨光并保持平行，6个试件为一组。对有明显层理的岩石，应制作两组，一组保持层理与受力方向平行，另一组保持层理与受力方向垂直，分别测试。

3. 主要检测流程

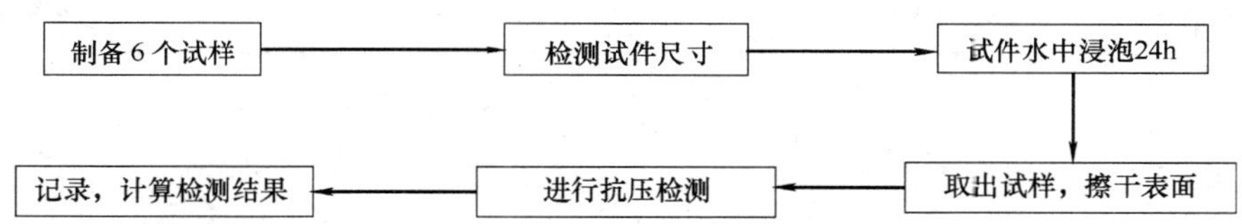

4. 具体检测步骤

（1）用游标卡尺测定试件尺寸，精确至0.1mm，并计算顶面和底面的面积。取顶面和底面的算术平均值作为计算抗压强度所用的截面积。将试件浸没于水中浸泡48h。

（2）从水中取出试件，擦干表面，放在压力机上进行强度检测，加荷速度为0.5～1MPa/s。

5. 检测结果计算与评定

（1）检测试件抗压强度按下式计算，精确至0.1MPa。

$$f=\frac{F}{A}$$

式中 f——抗压强度，MPa；

F——破坏荷载，N；

A——检测试件的截面积，mm^2。

（2）检测结果的评定

1）岩石抗压强度取6个检测试件检测结果的算术平均值，并给出最小值，精确至1MPa。如6个检测试件中，深红的两个与其他4个检测试件抗压强度算术平均值相差在3倍以上时，则取检测结果相接近的4个试件的抗压强度算术平均值作为抗压强度检测值。

2）对存在明显层理的岩石，应分别给出受力方向平行层理的岩石抗压强度与受力方向垂直层理的岩石抗压强度。

注：仲裁检测时，以ϕ50mm×50mm圆柱体试件的抗压强度为准。

14.6.6 碎（卵）石性能检测报告

碎（卵）石性能检测报告见表14-15。

碎（卵）石性能检测检测报告 表14-15

工程名称： 报告编号： 工程编号：

委托单位		委托编号		委托日期	
施工单位		样品编号		检验日期	
结构部位		出厂合格证编号		报告日期	
厂别		检验性质		代表数量	
发证单位		见证人		证书编号	

1. 碎(卵)石的筛分析检测

筛孔尺寸(mm)	筛余量(kg)	分计筛余百分率(%)	累计筛余百分率(%)
90.0			
75.0			
63.0			
53.0			
37.5			
31.5			
26.5			
19.0			
16.0			
9.50			
4.75			
2.36			

结　论：最大粒径 D_{max}：__________ mm；级配情况：__________

执行标准：

2. 碎(卵)石的含水率检测

编号	烘干前试样和容器总质量 m_1(g)	烘干后试样和容器总质量 m_2(g)	容器质量 m_3(g)	含水率(%)
1				
2				

结　论：

执行标准：

3. 碎(卵)石的吸水率检测

编号	烘干后试样和浅盘总质量 m_1(g)	烘干前试样和浅盘总质量 m_2(g)	浅盘的质量 m_3(g)	吸水率(%)
1				
2				

结　论：

执行标准：

续表

4. 碎(卵)石的表观密度检测

编号	试样烘干质量 m_0(g)	吊篮在水中质量 m_1(g)	吊篮和试样在水中的质量 m_2(g)	表观密度 ρ(kg/m^3)
1				
2				

表观密度平均值 ρ(kg/m^3)：

结　论：

执行标准：

5. 碎(卵)石的堆密度检测

编号	容量筒的容积 V(L)	容量筒质量 m_1(kg)	试件和容量筒的质量 m_2(kg)	堆密度 ρ_1(kg/m^3)
1				
2				

堆密度的平均值 ρ_1(kg/m^3)

结　论：

执行标准：

6. 碎(卵)石中针、片状颗粒的总含量检测

编号	试样总质量 m_0(g)	各粒级针、片状颗粒的总量 m_1(g)	针、片状颗粒的总含量 ω_p(%)
1			
2			

结　论：

执行标准：

7. 碎(卵)石抗压强度检测

编号	1	2	3	4	5	6
试件截面积(mm^2)						
破坏荷载(N)						
抗压强度(MPa)						

结　论：

执行标准：

主要仪器设备	检测仪器		管理编号	
	型号规格		有效期	
	检测仪器		管理编号	
	型号规格		有效期	
	检测仪器		管理编号	
	型号规格		有效期	
备注				
声明				
地址	地址： 邮编： 电话：			

审批(签字)：＿＿＿＿审核(签字)：＿＿＿＿校核(签字)：＿＿＿＿检测(签字)：＿＿＿＿

检测单位(盖章)：＿＿＿＿

报告日期：　年　月　日

注：本表一式四份（建设单位、施工单位、检测试验室、城建档案馆存档各一份）。

第 15 章　砌筑材料性能检测

15.1　砌筑材料检测的基本规定

15.1.1　执行标准

《砌墙砖试验方法》（GB/T 2542—2003）；

《烧结普通砖》（GB/T 5101—2003）；

《烧结多孔砖》（GB 13544—2000）；

《轻骨料混凝土小型空心砌块》（GB/T 15229—2002）；

《烧结空心砖和空心砌块》（GB 13545—2003）；

《粉煤灰砖》（JC 239—2001）；

《粉煤灰砌块》（JC 238—1996）；

《蒸压灰砂砖》（GB 11945—1999）；

《蒸压灰砂多孔砖》（JC/T 637—2009）；

《普通混凝土小型空心砌块》（GB 8239—1997）；

《蒸压加气混凝土砌块》（GB/T 11968—2006）。

15.1.2　砌筑材料检测项目、组批原则及取样规定

砌筑材料必检项目、组批原则及取样规定，见表 15-1。

砌筑材料检测项目、组批原则及取样规定　　表 15-1

序号	材料名称及标准规范	检测项目	组批原则及取样规定
1	烧结普通砖 GB/T 5101—2003	必检:抗压强度 其他:抗风化、泛霜、石灰爆裂、抗冻性	1. 每 15 万块为一验收批,不足 15 万块也按一批计。 2. 每一验收批随机抽取试样一组(10 块)
2	烧结多孔砖 GB 13544—2000	必检:抗压强度 其他:冻融、泛霜、石灰爆裂、吸水率	1. 每 15 万块为一验收批,不足 15 万块也按一批计。 2. 每一验收批随机抽取试样一组(10 块)
3	烧结空心砖和空心砌块 GB 13545—2003	必检:抗压强度(大条面) 其他:密度、冻融、泛霜、石灰爆裂、吸水率	1. 每 3.5 万～15 万块为一验收批,不足 3.5 万块也按一批计。 2. 每批从尺寸偏差和外观质量检测合格的砖中,随机抽取抗压强度检测试样一组(5 块)
4	粉煤灰砖 JC 239—2001	必检:抗压强度、抗折强度 其他:抗冻性、干燥收缩	1. 每 10 万块为一验收批,不足 10 万块也按一批计。 2. 每一验收批随机抽取试样一组(20 块)

续表

序号	材料名称及标准规范	检测项目	组批原则及取样规定
5	粉煤灰砌块 JC 238—1996	必检：抗压强度、抗折强度 其他：密度、碳化、抗冻性、干燥收缩	1. 每 200m^3 为一验收批，不足 200m^3 也按一批计。 2. 每批从尺寸偏差和外观质量检测合格的砌块中，随机抽取试样一组（3 块），将其切割成边长为 200mm 的立方体试件进行检测
6	蒸压灰砂砖 GB 11945—1999	必检：抗压强度 其他：密度、抗冻性	1. 每 10 万块为一验收批，不足 10 万块也按一批计。 2. 每一验收批随机抽取试样一组（120 块）
7	蒸压灰砂多孔砖 JC/T 637—2009	必检：抗压强度 其他：抗冻性	1. 每 10 万块为一验收批，不足 10 万块也按一批计。 2. 从外观合格的砖样中，随机抽取 2 组 10 块（NF 砖 2 组 20 块）进行抗压强度检测和抗冻性检测。 注：NF 为规格代号，尺寸为 240mm×115mm×53mm
8	普通混凝土小型空心砌块 GB 8239—1997	必检：抗压强度（大条面） 其他：抗折强度、密度、空心率、含水率、吸水率、干燥收缩软化系数、抗冻性	1. 每 1 万块为一验收批，不足 1 万块也按一批计。 2. 每批从尺寸偏差和外观质量检测合格的砖中，随机抽取抗压强度检测试样一组（5 块）
9	轻集料混凝土小型空心砌块 GB/T 15229—2002	必检：抗压强度 其他：同上	
10	蒸压加气混凝土砌块 GB/T 11968—2006	必检：抗压强度、干体积密度 其他：干燥收缩、抗冻性、导热性	1. 每 1 万块为一验收批，不足 1 万块也按一批计。 2. 每批从尺寸偏差和外观质量检测合格的砌块中，制作 3 组计试件进行抗压强度检测，制作 3 组试件做干体积密度检测

15.2 砌墙砖性能检测

15.2.1 尺寸检测

1. 主要检测仪器设备

砖用卡尺：分度值为 0.5mm，如图 15-1 所示。

2. 具体检测方法

砖样的长度和宽度应在砖的两个大面的中间处分别检测两个尺寸，高度应在砖的两个条面的中间处分别检测两个尺寸，如图 15-2 所示，当被测处缺损或凸出时，可在其旁边检测，但应选择不利的一侧进行检测。

3. 检测结果评定

检测结果分别以长度、宽度和高度的最大偏差值表示，不足 1mm 者按 1mm 计。

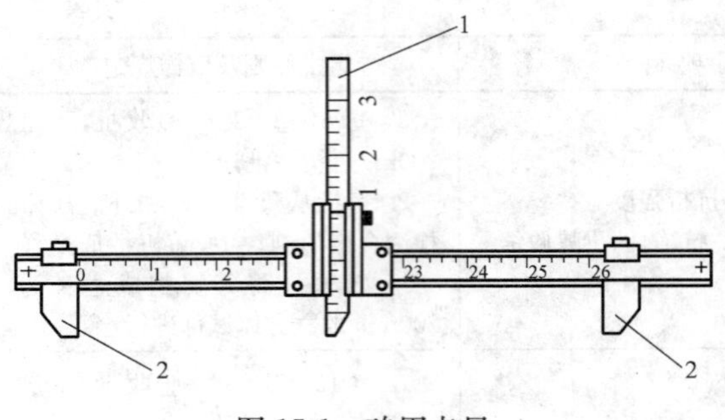

图 15-1 砖用卡尺
1—垂直尺；2—支脚

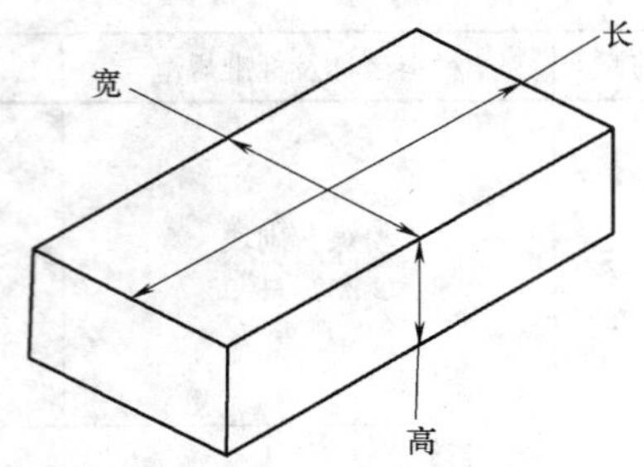

图 15-2 砖的尺寸量法

15.2.2 外观质量检测

1. 主要检测仪器设备

砖用卡尺：分度值 0.5mm，如图 15-1 所示。

钢直尺：分度值 1mm。

2. 具体检测方法

(1) 缺损

缺棱掉角在砖上造成的破损程度，以破损部分对长、宽、高三个棱边的投影尺寸来度量，称为破坏尺寸，如图 15-3 所示。缺损造成的破坏面，系指缺损部分对条、顶面（空心砖为条、大面）的投影面积，如图 15-4 所示。空心砖内壁残缺及肋残缺尺寸，以长度方向的投影尺寸来度量。

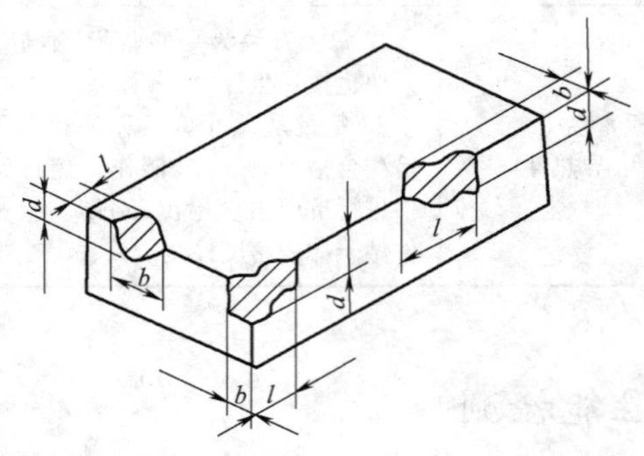

图 15-3 缺棱掉角砖的破坏尺寸量法
l—长度方向的投影量；b—宽度方向的投影量；
d—高度方向的投影量

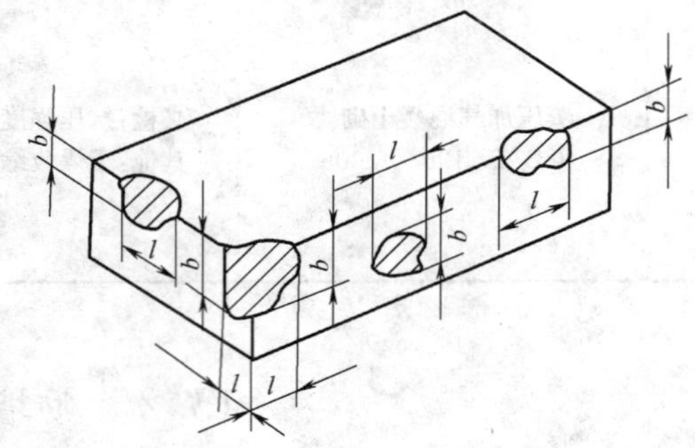

图 15-4 缺损在条、顶面上造成破坏的尺寸量法
l—长度方向的投影量；b—宽度方向的投影量；
d—高度方向的投影量

(2) 裂纹

裂纹分为长度方向、宽度方向和水平方向三种，以被检测方向上的投影长度表示。如果裂纹从一个面延伸至其他面上时，则累计其延伸的投影长度，如图 15-5 所示。多孔砖的孔洞与裂纹相通时，则将孔洞包括在裂纹内一并检测，如图 15-6 所示。裂纹长度以在三个方向上分别测得的最长裂纹作为检测结果。

(3) 弯曲

弯曲分别在大面和条面上检测，检测时将砖用卡尺的两只脚沿棱边两端放置，择其弯

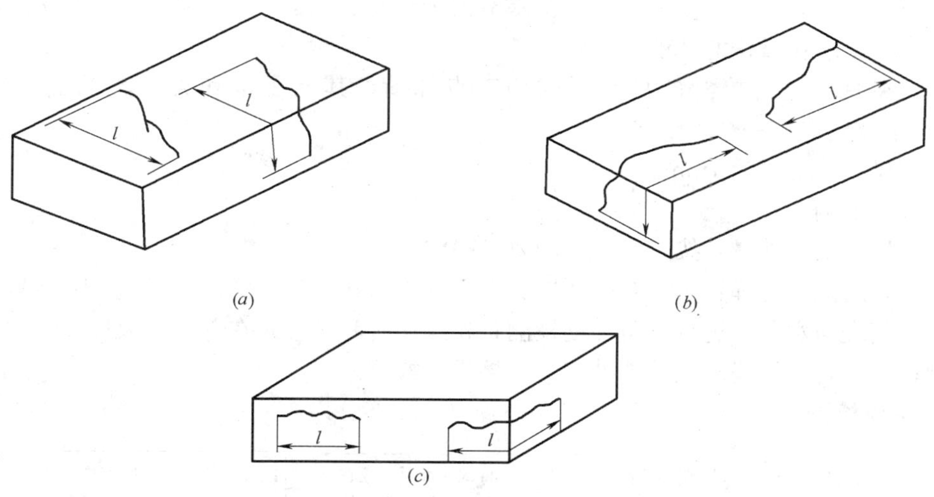

图 15-5 砖裂纹长度量法

(a) 宽度方向裂纹长度量法；(b) 长度方向裂纹长度量法；(c) 水平方向裂纹长度量法

曲最大处将垂直尺推至砖面，如图 15-7 所示。但不应将因杂质或碰伤造成的凹陷计算在内。以弯曲检测中测得的较大者作为检测结果。

(4) 砖杂质凸出高度量法

杂质在砖面上造成的凸出高度，以杂质离砖面的最大距离表示。

检测时将砖用卡尺的两只脚置于杂质凸出部分两侧的砖平面上，以垂直尺检测，如图 15-8 所示。

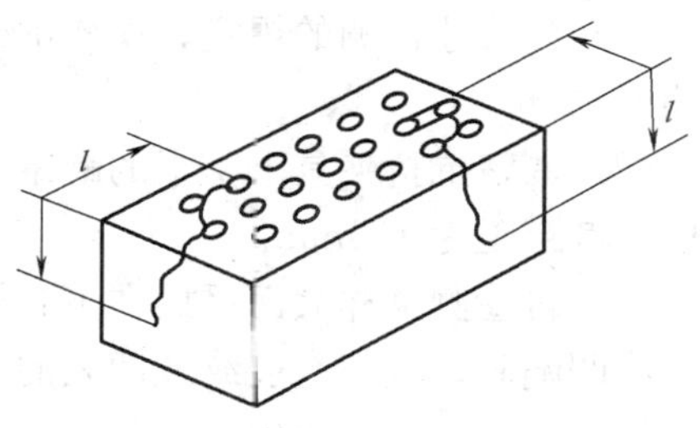

图 15-6 多孔砖裂纹通过孔洞时的尺寸量法

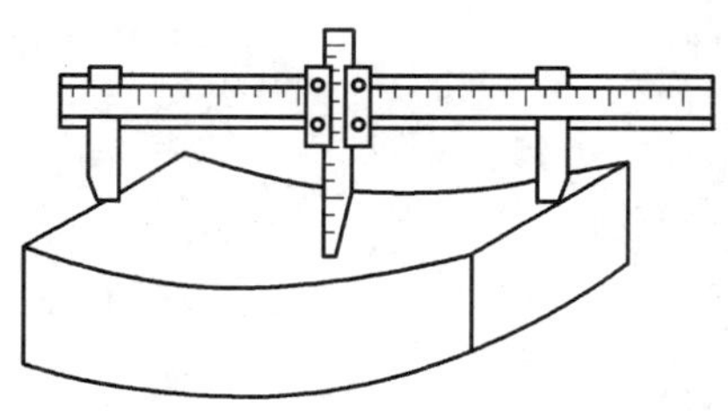

图 15-7 砖的弯曲量法

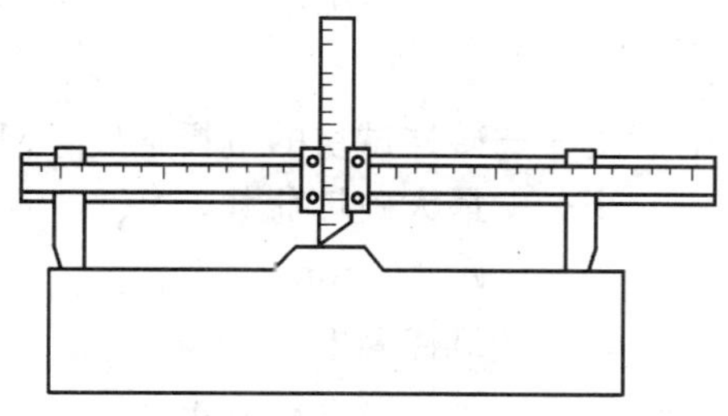

图 15-8 砖的杂质凸出量法

(5) 色差

装饰面朝上随机分成两排并列，在自然光下距离砖样 2m 处目测。

3. 检测结果评定

外观检测以 mm 为单位，不足 1mm 者按 1mm 计。

15.2.3 抗折强度检测

1. 主要检测仪器设备

材料检测试验机：示值相对相对误差不大于±1%，其下压板应为球形铰支座，预期最大破坏荷载应在量程的20%～80%。

抗折夹具：抗折检测的加荷形式为三点加荷，其上压辊和直支辊的曲率半径为15mm，下支辊应有一个为铰接固定。

钢直尺：分度值为1mm。

2. 检测试样

（1）检测试样数量：按产品标准的要求确定。

（2）检测试样处理：蒸压灰砂砖应放在温度为（20±5)℃的水中浸泡24h后取出，用湿布拭去其表面水分，进行抗折强度检测；粉煤灰砖和矿渣砖在养护结束后24～36h内进行检测；烧结砖不需浸水及其他处理，直接进行检测。

3. 主要检测流程

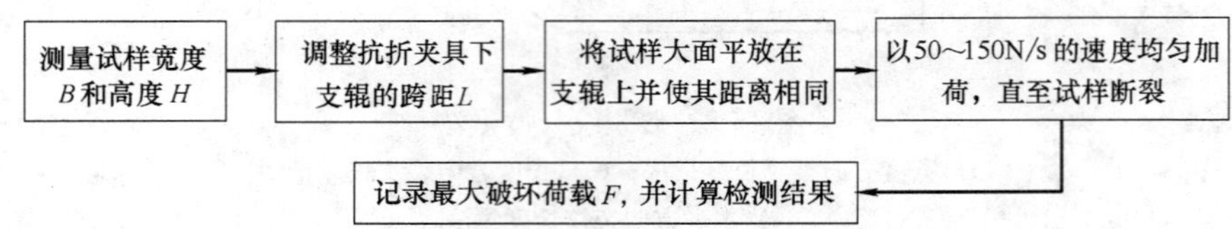

4. 具体检测步骤

（1）按尺寸检测的规定，检测试样的宽度和高度尺寸各2个，分别取其算术平均值，精确至1mm。

（2）调整抗折夹具下支辊的跨距为砖规格长度减去40mm，但规格长度为190mm的砖样，其跨距为160mm。

（3）将检测试样大面平放在下支辊上，试样两端面与下支辊的距离应相同。当试样有裂纹或凹陷时，应使有裂纹或凹陷的大面朝下放置，以50～150N/s的速度均匀加荷，直至试样断裂，记录最大破坏荷载F。

5. 检测结果计算与评定

每块检测试样的抗折强度R_c按下式计算，精确至0.01MPa：

$$R_c=\frac{3FL}{2BH^2}$$

式中 R_c——砖样试块的抗折强度，MPa；

F——最大破坏荷载，N；

L——跨距，mm；

H——试样高度，mm；

B——试样宽度，mm。

检测结果以检测试样抗折强度的算术平均值和单块最小值表示，精确至0.01MPa或0.01kN。

15.2.4 抗压强度检测

1. 主要检测仪器设备

材料检测试验机：示值相对相对误差不大于±1%，其下压板应为球形铰支座，预期最大破坏荷载应在量程的20%～80%。

抗压检测试件制备平台：检测试件制备平台必须平整水平，可用金属或其他材料制作。

水平尺：规格为 250～350mm。

钢直尺：分度值为 1mm。

振动台：分度值为 1mm。

制样模具、砂浆搅拌机和切割设备。

2. 检测试样制备

(1) 烧结普通砖

1) 将检测试样切断或锯成两个半截砖，断开后的半截砖长不得小于 100mm。如果不足 100mm，应另取备用试样补足。

2) 在检测试样制备平台上，将已断开的半截砖放入室温的净水中浸 10～20min 后取出，并以断口相反方向叠放，两者中间抹以厚度不超过 5mm 的水泥净浆（水泥浆用 42.5 级的普通硅酸盐水泥调制、稠度要适宜）粘结，上下两面用厚度不超过 3mm 的同种水泥浆抹平。制成检测试件上下两面需相互平行，并垂直于侧面，如图 15-9 所示。

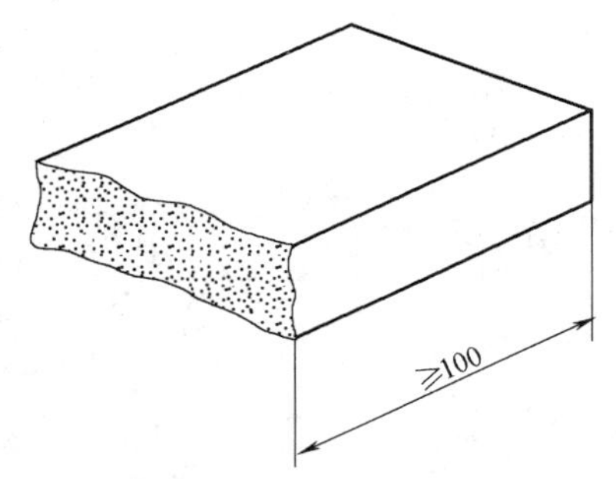

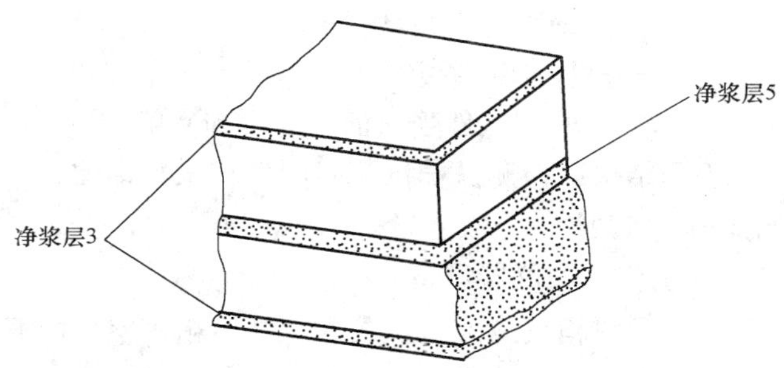

图 15-9 抗压试件

(2) 非烧结砖

将同一块检测试样的两半截砖断口相反叠放，叠合部分不得小于 100mm，如图 15-10 所示，即为抗压强度检测试件。如果不足 100mm 时则应剔除，另取备用检测试样补足。

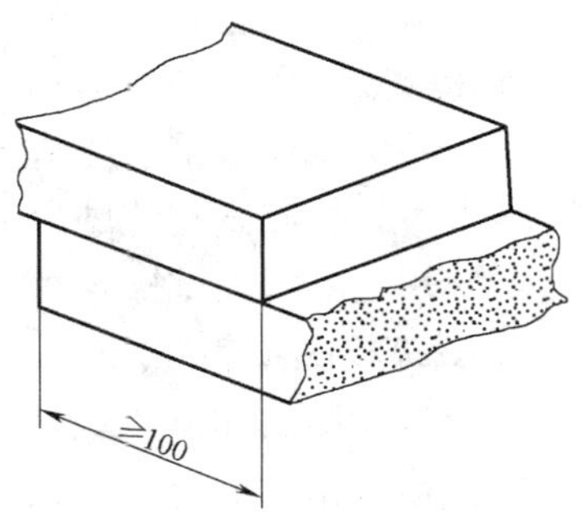

图 15-10 抗压试件

(3) 多孔砖、空心砖

检测试件制作采用坐浆法操作，即用玻璃板罩于检测试件制备平台上，其上铺一张湿的垫纸，纸上铺一层厚度不超过 5mm 的用 42.5 级的普通硅酸盐水泥制成的稠度适宜的水泥净浆，再将经水中浸泡 10～20min 的试样平稳地将受压面放在水泥浆上，在另一受压面上稍加压力，使整个水泥层与砖的受压面相互粘结，砖的侧面应垂直于玻璃板。待水泥浆适当凝固后，连同玻璃板翻放在另一铺纸放浆的玻璃板上，再进行坐浆，并用水平尺校正好玻璃板的水平。

3. 检测试件养护

(1) 制成的抹面检测试件置于不低于 10℃的不通风室内养护 3d。

(2) 非烧结砖检测试件，不需养护，直接进行检测。

4. 主要检测流程

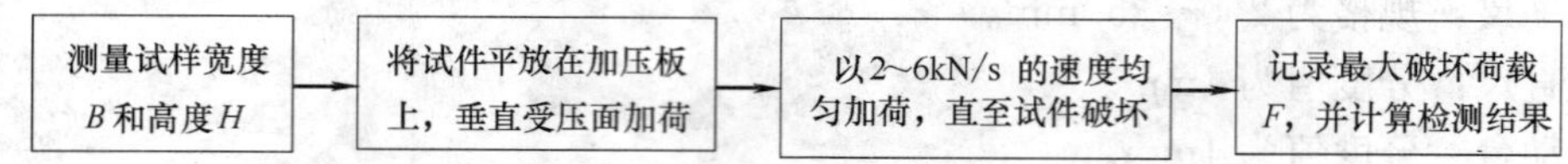

5. 具体检测步骤

(1) 检测每个试件连接面或受压面的长、宽尺寸各2个，分别取其平均值，精确至1mm。

(2) 将检测试件平放在加压板的中央，垂直于受压面加荷，应均匀平稳，不得发生冲击或振动，加荷速度以2～6kN/s为宜，直至试件破坏为止，记录最大破坏荷载 F。

6. 检测结果计算与评定

每块检测试样的抗压强度 R_p 按下式计算（精确至0.1MPa）：

$$R_p = \frac{F}{LB}$$

式中 R_P——砖样检测试块的抗压强度，MPa；

F——最大破坏荷载，N；

L——检测试件受压面（连接面）的长度，mm；

B——检测试件受压面（连接面）的宽度，mm。

检测结果以检测试样抗压强度的算术平均值和单块最小值表示，精确至0.1MPa。

15.2.5 冻融检测

1. 主要检测仪器设备

(1) 低温箱或冷冻室：放入试样后箱（室）内温度可调到－20℃或－20℃以下。

(2) 水槽：保持槽中水温10～20℃为宜。

(3) 台秤：分度值5g。

(4) 鼓风干燥箱。

2. 检测试样数量与处理

(1) 检测试样数量：烧结砖和蒸压灰砂砖为5块，其他砖为10块。检测结果以抗压强度表示时，检测试样数量为10块。

(2) 用毛刷清理试样表面，并顺序编号。

3. 具体检测步骤

(1) 将检测试样放入鼓风干燥箱中，在100～110℃下干燥至恒量（在干燥过程中，前后两次称量相差不超过0.2%，前后两次称量时间间隔为2h），称其质量 G_0，并检查外观，将缺棱掉角和裂纹作标记。

(2) 将检测试样浸在10～20℃的水中，24h后取出，用湿布拭去表面水分，以大于20mm的间距大面侧向立放于预先降温至－15℃以下的冷冻箱中。

(3) 当箱内温度再次降至－15℃时开始计时，在－15～－20℃下冰冻：烧结砖冻3h；非烧结砖冻5h。然后取出放入10～20℃的水中融化：烧结砖不少于2h；非烧结砖不少于3h。如此为一次冻融循环。

(4) 每5次冻融循环，检测一次冻融过程中出现的破坏情况，如冻裂、缺棱、掉角、剥落等。

（5）冻融过程中，发现检测试样的冻坏超过外观规定时，应继续检测至15次冻融循环结束为止。

（6）15次冻融循环后，检查并记录试样在冻融过程中的冻裂长度、缺棱掉角和剥落等破坏情况。

（7）经15次冻融循环后的试样，放入鼓风干燥箱中，在100～110℃下干燥至恒量（在干燥过程中，前后两次称量相差不超过0.2%，前后两次称量时间间隔为2h），称其质量G_1。烧结砖若未发现冻坏现象，则可不进行干燥称量。

（8）将干燥后的试样按第15.2.4节抗压强度检测的规定进行抗压强度检测。

（9）各砌墙砖可根据其产品标准要求进行其中部分检测。

4. 检测结果计算与评定

（1）质量损失率G_m按下式计算，精确至0.1%：

$$G_m=\frac{G_0-G_1}{G_0}\times 100\%$$

式中 G_m——质量损失率，%；

G_0——检测试样冻融前干质量，g；

G_1——检测试样冻融后干质量，g。

（2）检测结果以检测试样抗压强度、外观质量和质量损失率表示。

15.2.6 体积密度检测

1. 主要检测仪器设备

（1）鼓风干燥箱。

（2）台秤：分度值为5g。

（3）钢直尺或砖用卡尺，分度值为1mm。

2. 检测试样

每次检测用砖为5块，所取试样应外观完整。

3. 具体检测步骤

（1）清理试样表面，并注写编号，然后将试样置于100～110℃的鼓风干燥箱中干燥至恒量，称其质量G_0，并检查外观情况，不得有缺棱、掉角等破损。如有破损者，须重新换取备用检测试样。

（2）将干燥后的试样按规定，测量其长、宽、高尺寸各两个，分别取其平均值。

4. 检测结果计算与评定

（1）体积密度ρ可按下式计算，精确至0.1kg/m³：

$$\rho=\frac{G_0}{L\cdot B\cdot H}\times 10^9$$

式中 ρ——体积密度，kg/m³；

G_0——检测试样干质量，kg；

L——检测试样长度，mm；

B——检测试样宽度，mm；

H——检测试样高度，mm。

（2）检测结果以检测试样密度的算术平均值表示，精确至1kg/m³。

15.2.7 石灰爆裂检测

1. 主要检测仪器设备

(1) 蒸煮箱。

(2) 钢直尺：分度值为1mm。

2. 检测试样

(1) 检测试样为未经雨淋或浸水、且近期生产的砖样，数量为5块。

(2) 普通砖用整砖，多孔砖可用1/4块，空心砖用1/4块试验。多孔砖、空心砖试样可以用孔洞率检测或体积密度检测后的试样锯取。

(3) 检测前检查每块检测试样，将不属于石灰爆裂的外观缺陷作标记。

3. 具体检测步骤

(1) 将试样平行侧立于蒸煮箱内的篦子板上，试样间隔不得小于50mm，箱内水面应低于篦子板40mm。

(2) 加盖蒸6h后取出。

(3) 检测每块检测试样上因石灰爆裂而造成的外观缺陷，记录其尺寸（mm）。

4. 检测结果评定

以每块检测试样石灰爆裂区域的尺寸表示。

15.2.8 泛霜检测

1. 主要检测仪器设备

(1) 鼓风干燥箱。

(2) 耐腐蚀的浅盘5个，容水深度为25～35mm。

(3) 能盖住浅盘的透明材料5张，在其中间部位开有大于检测试样宽度、高度或长度尺寸5～10mm的矩形孔。

(4) 干、湿球温度计或其他温、湿度计。

2. 检测试样

(1) 检测试样数量为5块。

(2) 普通砖、多孔砖用整砖，空心砖用1/2块，可以用体积密度检测后检测试样从长度方向的中间处锯取。

3. 具体检测步骤

(1) 将粘附在检测试样表面的粉尘刷掉并编号，然后放入100～110℃的鼓风干燥箱中干燥24h，取出冷却至常温。

(2) 将检测试样顶面或有孔洞的面朝上分别置于5个浅盘中，往浅盘中注入蒸馏水，水面高度不低于20mm，用透明材料覆盖在浅盘上，并将检测试样暴露在外面，记录时间。

(3) 检测试样浸在盘中的时间为7d，开始2d内经常加水以保持盘内水面高度，以后则保持浸在水中即可。检测过程中要求环境温度为16～32℃，相对湿度为30%～70%。

(4) 7d后取出检测试样，在同样的环境条件下放置4d。然后在100～110℃的鼓风干燥箱中连续干燥24h。取出冷却至常温。记录干燥后的泛霜程度。

(5) 7d后开始记录泛霜情况，每天一次。

4. 检测结果评定

(1) 泛霜程度根据记录以最严重者表示。

(2) 泛霜程度划分如下:

无泛霜:检测试样表面的盐析几乎看不到。

轻微泛霜:检测试样表面出现一层细小明显的霜膜,但试样表面仍清晰。

中等泛霜:检测试样部分表面或棱角出现明显霜层。

严重泛霜:检测试样表面出现起砖粉、掉屑及脱皮现象。

15.2.9 吸水率检测

1. 主要检测仪器设备

(1) 鼓风干燥箱。

(2) 台秤:分度值为 5g。

(3) 蒸煮箱。

2. 检测试样

(1) 检测试样数量为 5 块。

(2) 普通砖用整块,多孔砖可用 1/2 块,空心砖用 1/4 块检测。空心砖试样可从体积密度检测后检测试样上锯取。

3. 主要检测流程

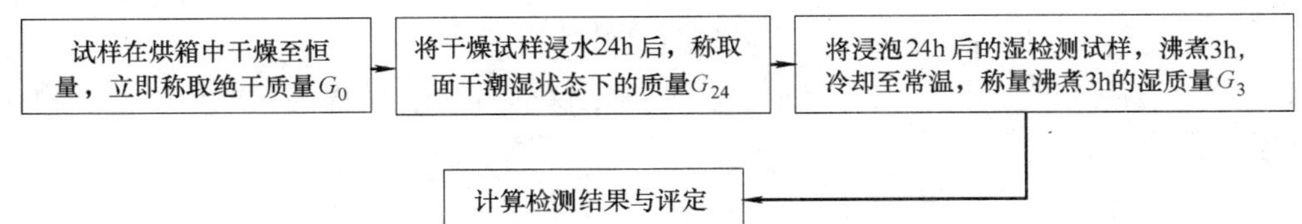

4. 具体检测步骤

(1) 清理检测试样表面,并注写编号,然后置于 100~110℃的鼓风干燥箱中干燥至恒量,除去粉尘后,称其干质量 G_0。

(2) 将干燥试样浸水 24h,水温为 10~30℃。

(3) 取出检测试样,用湿毛巾拭去表面水分,立即称量,称量时检测试样毛细孔渗出于秤盘中水的质量亦应计入吸水质量中,所得质量为浸泡 24h 的湿质量 G_{24}。

(4) 将浸泡 24h 后的湿检测试样侧立放入蒸煮箱的篦子板上,检测试样间距不得小于 10mm,注入清水,箱内水面应高于试样表面 50mm,加热至沸腾,沸煮 3h,停止加热,冷却至常温。

(5) 取出检测试样,用湿毛巾拭去表面水分,立即称量沸煮 3h 的湿质量 G_3。

5. 检测结果计算与评定

(1) 常温水浸泡 24h 试样吸水率 W_{24} 按下式计算,精确至 0.1%:

$$W_{24}=\frac{G_{24}-G_0}{G_0}\times 100\%$$

式中 W_{24}——常温水浸泡 24h 检测试样吸水率,%;

G_0——检测试样干质量,g;

G_{24}——试样浸水 24h 的湿质量,g。

(2) 检测试样沸煮 3h 吸水率 W_3 按下式计算,精确至 0.1%:

$$W_3=\frac{G_3-G_0}{G_0}\times 100\%$$

式中 W_3——检测试样沸煮 3h 的吸水率，%；

G_3——检测试样沸煮 3h 的湿质量，g；

G_0——检测试样干质量，g。

（3）吸水率以 5 块检测试样的算术平均值表示，精确至 1%。

15.2.10 干燥收缩检测

1. 主要检测仪器设备

（1）收缩头：如图 15-11 所示，用不锈钢或黄铜制成。

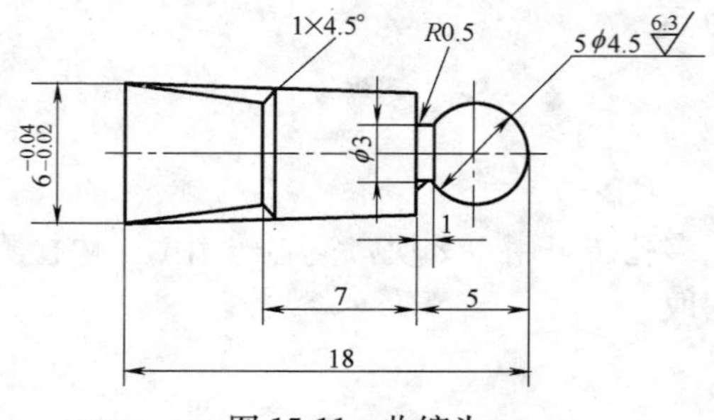

图 15-11 收缩头

（2）收缩测定仪：如图 15-12 所示，收缩测定仪的百分表量程为 10mm，上下测点采用 90°锥形凹座。

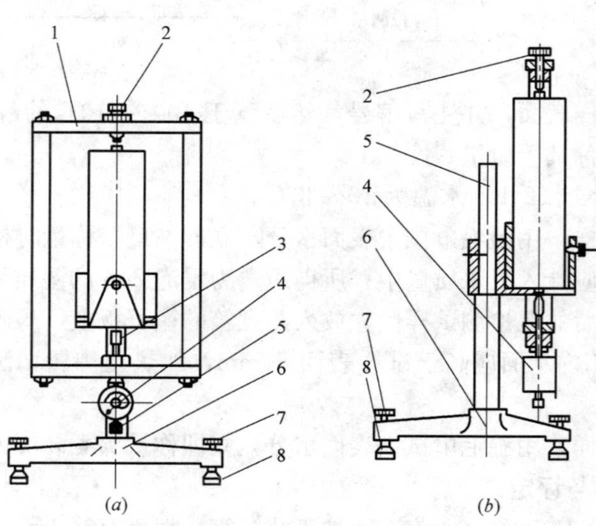

图 15-12 收缩测定仪示意图

（*a*）正主面图；（*b*）侧立面图

1—测量框架；2—上支点螺栓；3—下支点；4—百分表；5—立柱；6—底座；7—调平螺栓；8—调平座

（3）鼓风干燥箱或调温调湿箱：鼓风干燥箱或调温调湿箱的箱体容积不小于 0.05m^3 或大于试件总体积的 5 倍。箱体湿度以饱和氯化钙控制，1m^3 箱体应给予不低于 0.3m^2 的暴露面积，且含有充分固体的氯化钙饱和溶液。

(4) 搪瓷样盘。

(5) 冷却箱：冷却箱可用金属板加工，且备有温度观测装置及具有良好的密封性。

2. 检测条件

试验应在 (20±1)℃的温度下进行。

3. 检测试样

(1) 检测试样尺寸与数量：3 块 240mm×115mm×53mm 的试样为一组。

(2) 检测试件制备：

1) 在检测试样两个顶面的中心，各钻一个直径为 6～8mm、深 13mm 的孔，编号并注明上下测点。

2) 将检测试样浸水 4～6h 后取出，在孔内灌入水泥净浆或其他胶粘剂，然后埋置收缩头，收缩头中心线应与试样中心线重合，检测试样顶面应保持平整，待收缩头固定后，清除其表面残留胶粘剂。

4. 具体检测步骤

(1) 制成的试件放置 1d 后，于 (20±1)℃的水中浸泡 4d，浸泡时，检测试件间的距离及水面至试件距离不小于 20mm。

(2) 将试件从水中取出，用湿布拭去表面水分并将收缩头擦干净。

(3) 以标准杆确定仪器百分表原点 (一般取 5.00mm)，然后按标明的上下点测定检测试件的初始长度，记录初始百分表读数。

(4) 将检测试件放入温度为 (50±1)℃，湿度按第 15.2.10 节，在鼓风干燥箱或调温调湿箱中进行干燥至少 44h，在干燥过程中，不得再放入其他湿试件。

(5) 取出检测试件，置于冷却箱中冷却至 (20±1)℃ (一般需 4h) 后，在 (20±1)℃的温度下进行检测，检测前应校准仪器百分表原点。

(6) 每 2d 按步骤 (4) 和 (5) 重复进行干燥、冷却和检测；直至两次测长读数差在 0.01mm 范围内时为止，以最后两次的平均值作为干燥后读数。

(7) 每次检测时，同组试件应在 10min 内完成。

5. 检测结果计算与评定

(1) 干燥收缩值 S 按下式计算：

$$S=\frac{L_1-L_2}{L_0+L_1-2L-M_0}\times 1000$$

式中 S——干燥收缩值，mm/m；

L_0——标准杆长度，mm；

L_1——检测试件初始读数 (百分表读数)，mm；

L_2——检测试件干燥后读数 (百分表读数)，mm；

L——收缩头长度，mm；

M_0——百分表原点，mm；

1000——系数，mm/m。

(2) 检测结果以 3 块试件干燥收缩值的算术平均值表示，精确至 0.01mm/m。

15.2.11 砌墙砖性能检测报告

砌墙砖性能检测报告见表 15-2。

砌墙砖性能检测报告 **表 15-2**

工程名称： 报告编号： 工程编号：

委托单位		委托编号		委托日期	
施工单位		样品编号		检验日期	
结构部位		出厂合格证编号		报告日期	
厂别		检验性质		代表数量（万块）	
设计强度等级	种类			规格（mm×mm×mm）	
发证单位		见证人		证书编号	
强度指标	指标项目	平均值	平均值	最小值	
	技术指标(MPa),≥				
	抗压强度(MPa)				
	变异系数				
耐久性	抗冻(融)循环				
	泛霜				
	石灰爆裂				
物理性质	吸水率	常温水浸泡 24h 试样吸水率(%)			
		试样沸煮 3h 吸水率(%)			
尺寸偏差					
外观质量					
结　论					
执行标准					
主要仪器设备	检测仪器		管理编号		
	型号规格		有效期		
	检测仪器		管理编号		
	型号规格		有效期		
备注					
声明					
地址	地址： 邮编： 电话：				

审批(签字)：＿＿＿＿＿审核(签字)：＿＿＿＿＿校核(签字)：＿＿＿＿＿检测(签字)：＿＿＿＿＿

检测单位(盖章)：＿＿＿＿＿＿

报 告 日 期： 年 月 日

注：本表一式四份（建设单位、施工单位、检测试验室、城建档案馆存档各一份）。

15.3 混凝土小型空心砌块性能检测

15.3.1 尺寸检测和外观质量检测

1. 量具

钢直尺或钢卷尺，分度值为1mm。

2. 尺寸检测

(1) 长度在条面的中间检测，宽度在顶面的中间检测，高度在顶面的中间检测。每项在对应两面各测一次，精确至1mm。

(2) 壁、肋厚在最小单位检测，每选两处各测一次，精确至1mm。

3. 外观质量具体检测步骤

(1) 弯曲测量：将直尺贴靠坐浆面、铺浆面的条面，检测直尺与检测试件之间的最大间距，精确至1mm。

(2) 缺棱掉角检测：将直尺贴靠棱边，检测缺棱掉角在长、宽、高三个方向的投影尺寸，精确至1mm。

(3) 裂纹检查：用钢直尺测量裂纹在所在面上的最大投影尺寸，如裂纹由一个面延伸到另一个面时，则累计其延伸的投影尺寸，精确至1mm。

4. 检测结果评定

(1) 检测试件的尺寸偏差以实际检测的长度、宽度和高度与规定尺寸的差值表示。

(2) 弯曲、缺棱掉角和裂纹长度检测结果以最大检测值表示。

15.3.2 抗压强度检测

1. 主要检测仪器设备

材料检测试验机：示值相对相对误差不大于±1%，其下压板应为球形铰支座，预期最大破坏荷载应在量程的20%～80%。

钢板：厚度不小于10mm，平面尺寸应大于440mm×240mm。钢板的一面需平整，精度要求在长度方向范围内的平面度不大于0.1mm。

玻璃平板：厚度不小于6mm，平面尺寸要求与钢板相同。

水平尺。

2. 检测试样制备

(1) 取样：检测试件数量为5个砌块。

(2) 检测试样制备：处理坐浆面和铺浆面，使之成为互相平行的平面。将钢板置于稳固的底座上，平整面向上，用水平尺调至水平。在钢板上先薄薄地涂一层机油或铺一层湿纸，然后铺一层1份等级为42.5MPa以上的普通硅酸盐水泥和2份细砂，加入适量的水调成的砂浆，将试件的坐浆面湿润后平稳地压入砂浆层内，使砂浆层尽可能均匀，厚度为3～5mm。将多余的砂浆沿试件棱边刮掉，静置24h后，再按上述方法处理试件的坐浆面。为使两面能彼此平行，在处理铺浆面时，应将水平尺置于现已向上的坐浆面上，调至水平。在温度为10℃以上不通风的室内养护3d后做抗压强度检测。

(3) 为缩短时间，也可在坐浆面砂浆层处理后，不经静置立即在向上的铺浆面上铺一层砂浆，压上事先涂油的玻璃平板，边压边观察砂浆层，将气泡全部排出，并用水平尺调至水平，使砂浆层尽可能均匀，厚度为 3～5mm。

3. 具体检测步骤

(1) 按尺寸测量方法测定每个试件的长度和宽度，分别求出各个方向的平均值，精确至 1mm。

(2) 将试件置于检测试验机承压板上，将试件的轴线与检测试验机压板的压力中心重合，以 10～30N/s 的速度加荷，直至试件破坏，记录最大荷载 F。若检测试验机压板不足以覆盖检测试件受压面时，可在试件的上、下承压面加辅助钢制压板。辅助钢制压板的背面光洁度应与检测试验机原压板相同，其厚度至少为原压板边至辅助钢制压板最远角距离的 1/3。

4. 抗压强度计算

单个检测试件抗压强度按下式计算，精确至 0.1MPa：

$$R=\frac{F}{LB}$$

式中 R——检测试件的抗压强度，MPa；

F——破坏荷载，N；

L、B——分别为受压面的长度和宽度，mm。

检测结果以 5 个检测试件抗压强度的算术平均值和单块最小值表示，精确至 0.1MPa。

15.3.3 抗折强度检测

1. 主要检测仪器设备

材料检测试验机：同 15.3.2-1。

钢棒：直径为 35～40mm，长度为 210mm，数量为 3 根。

抗折支座：由安放在底板上的两根钢棒组成，其中至少有一根是可以自由滚动的。

2. 检测试样制备

(1) 取样：检测试件数量为 5 个砌块。

(2) 检测试样制备：按检测规定检测每个试件的高度和宽度，分别求出各个方向的平均值。

(3) 检测试件表面处理：按规定进行表面处理后，将检测试件孔洞中的砂浆层打掉。

3. 具体检测步骤

(1) 将抗折支座置于材料检测试验机承压板上，调整钢棒轴线间的距离，使其等于检测试件长度减一个坐浆面处的肋厚，再使抗折支座的中线与检测试验机压板的压力中心重合。

(2) 将检测试件的坐浆面置于抗折支座上。

(3) 在检测试件的上部 1/2 长度处放置一根钢棒。

(4) 以 250N/s 的速度加荷直至试件破坏，记录最大破坏荷载 F。

4. 结果计算与评定

每个检测试件的抗压强度 R_z 按下式计算，精确至 0.1MPa：

$$R_z=\frac{3FL}{2BH^2}$$

式中 R_z——检测试件的抗折强度，MPa；

F——最大破坏荷载，N；

L——跨距，mm；

H——检测试样高度，mm；

B——检测试样宽度，mm。

检测结果以 5 个检测试样抗折强度的算术平均值和单块最小值表示，精确至 0.1MPa。

15.3.4 混凝土小型空心砌块性能检测报告

混凝土小型空心砌块性能检测报告见表 15-3。

混凝土小型空心砌块性能检测报告 **表 15-3**

工程名称： 报告编号： 工程编号：

<table>
<tr><td>委托单位</td><td colspan="3"></td><td>委托编号</td><td></td><td>委托日期</td><td></td></tr>
<tr><td>施工单位</td><td colspan="3"></td><td>样品编号</td><td></td><td>检验日期</td><td></td></tr>
<tr><td>结构部位</td><td colspan="3"></td><td>出厂合格证编号</td><td></td><td>报告日期</td><td></td></tr>
<tr><td>厂别</td><td colspan="3"></td><td>检验性质</td><td></td><td>代表数量（万块）</td><td></td></tr>
<tr><td>设计强度等级</td><td></td><td>种类</td><td></td><td></td><td></td><td>规格（mm×mm×mm）</td><td></td></tr>
<tr><td>发证单位</td><td colspan="3"></td><td>见证人</td><td></td><td>证书编号</td><td></td></tr>
<tr><td rowspan="4">强度指标</td><td colspan="3">指标项目</td><td colspan="2">平均值</td><td>平均值</td><td>最小值</td></tr>
<tr><td colspan="3">技术指标(MPa),≥</td><td colspan="2"></td><td></td><td></td></tr>
<tr><td colspan="3">抗压强度(MPa)</td><td colspan="2"></td><td></td><td></td></tr>
<tr><td colspan="3">抗折强度(MPa)</td><td colspan="2"></td><td></td><td></td></tr>
<tr><td>尺寸偏差</td><td colspan="7"></td></tr>
<tr><td>外观质量</td><td colspan="7"></td></tr>
<tr><td>结　论</td><td colspan="7"></td></tr>
<tr><td>执行标准</td><td colspan="7"></td></tr>
<tr><td rowspan="4">主要仪器设备</td><td colspan="3">检测仪器</td><td colspan="2"></td><td>管理编号</td><td></td></tr>
<tr><td colspan="3">型号规格</td><td colspan="2"></td><td>有效期</td><td></td></tr>
<tr><td colspan="3">检测仪器</td><td colspan="2"></td><td>管理编号</td><td></td></tr>
<tr><td colspan="3">型号规格</td><td colspan="2"></td><td>有效期</td><td></td></tr>
<tr><td>备注</td><td colspan="7"></td></tr>
<tr><td>声明</td><td colspan="7"></td></tr>
<tr><td>地址</td><td colspan="7">地址：
邮编：
电话：</td></tr>
</table>

审批(签字)：________审核(签字)：________校核(签字)：________检测(签字)：________

检测单位(盖章)：________

报 告 日 期： 年 月 日

注：本表一式四份（建设单位、施工单位、检测试验室、城建档案馆存档各一份）。

15.4 加气混凝土砌块性能检测

15.4.1 加气混凝土砌块尺寸检测和外观质量检测

1. 量具

钢直尺或钢卷尺，最小刻度为1mm。

2. 尺寸检测

长度、宽度和高度分别在两个对应面的端部检测，各量两个尺寸，精确至1mm。

3. 外观质量具体检测步骤

(1) 平面弯曲：检测弯曲面的最大缝隙尺寸。

(2) 缺棱、掉角检查：检查缺棱或掉角个数，目测；检测砌块破坏部分对砌块的长、宽、高三个方向的投影尺寸，精确至1mm。

(3) 裂纹：裂纹条数，目测；长度以所在面最大的投影尺寸为准，若裂纹从一面延伸至另一面，则以两个面上的投影尺寸之和为准。

(4) 爆裂和损坏深度：将钢尺平放在砌块表面，用钢卷尺垂直于钢尺，检测其最大深度。

(5) 砌块表面油污、表面疏松、层裂：目测。

15.4.2 加气混凝土砌块力学性能检测

1. 主要检测仪器设备

(1) 材料检测试验机：精度（示值的相对误差）不应低于±2%，其量程的选择应能使检测试件的预期最大破坏荷载处在全量程的20%～80%的范围内。

(2) 托盘天平或磅秤：称量2000g，感量1g。

(3) 电热鼓风干燥箱：最高温度为200℃。

(4) 钢板直尺：规格为300mm，分度值为0.5mm。

2. 检测试件

(1) 检测试件制备：按《蒸压加气混凝土砌块》(GB/T 11968—2006) 的有关规定进行，受力面必须锉平或磨平。

(2) 检测试件尺寸和数量

1) 抗压强度：100mm×100mm×100mm立方体检测试件一组3块；

2) 抗折强度：100mm×100mm×400mm棱柱体检测试件一组3块。

(3) 检测试件含水状态

1) 抗压强度检测试件在质量含水率为25%～45%下进行检测。

2) 抗折强度检测试件在质量含水率为8%～12%下进行检测。

3. 具体检测步骤

(1) 抗压强度

1) 检测试件外观。

2) 检测试件的尺寸，精确至1mm，并计算试件的受压面积(A_1)。

3）将检测试件放在材料检测试验机的下压板的中心位置，检测试件的受压方向应垂直于制品的膨胀方向。

4）开动检测试验机，当上压板与检测试件接近时，调整球座，使接触均衡。

5）以（2.0±0.5）kN/s 的速度连续而均匀地加荷，直到试件破坏，记录破坏荷载(P_1)。

6）将检测后检测试件全部或部分立即称质量，然后在（105±5)℃下烘至恒量，计算其含水率。

（2）抗折强度

1）检测试件外观。

2）在检测试件中部检测其宽度和高度，精确至 1mm。

3）将检测试件放在抗弯支座辊轮上，支点间距为 300mm，开动检测试验机，当加压辊轮与试件快接触时，调整加压辊轮及支座辊轮，使接触均衡，其所有间距的尺寸偏差不应大于±1mm。

4）检测试验机与检测试件接触的两个支座辊轮和两个加压辊轮应具有直径为 30mm 的弧形顶面，并应至少比检测试件的宽度长 10mm。其中 3 个（一个支座辊轮和两个加压辊轮）尽量做到能滚动并前后倾斜。

5）以（0.2±0.05)kN/s 的速度连续而均匀地加荷，直到检测试件破坏，记录破坏荷载（P）及破坏位置。

6）将检测后的短半段试件，立即称质量，然后在（105±5)℃下烘至恒量，计算其含水率。

4. 检测结果计算与评定

（1）抗压强度按按下式计算：

$$f_{cc}=\frac{P_1}{A_1}$$

式中 f_{cc}——检测试件的抗压强度，MPa；

P_1——破坏荷载，N；

A_1——检测试件受压面积，mm^2。

（2）抗压强度按按下式计算：

$$f_f=\frac{P \cdot L}{b \cdot h^2}$$

式中 f_f——检测试件的抗折强度，MPa；

P——破坏荷载，N；

b——检测试件宽度，mm；

h——检测试件高度，mm。

（3）抗压强度的计算精确至 0.1MPa；抗折强度的计算精确至 0.01MPa。

15.4.3 加气混凝土砌块性能检测报告

加气混凝土砌块性能检测报告见表 15-4。

加气混凝土砌块性能检测报告 **表 15-4**

工程名称： 报告编号： 工程编号：

<table>
<tr><td>委托单位</td><td colspan="3"></td><td>委托编号</td><td></td><td>委托日期</td><td colspan="2"></td></tr>
<tr><td>施工单位</td><td colspan="3"></td><td>样品编号</td><td></td><td>检验日期</td><td colspan="2"></td></tr>
<tr><td>结构部位</td><td colspan="3"></td><td>出厂合
格证编号</td><td></td><td>报告日期</td><td colspan="2"></td></tr>
<tr><td>厂别</td><td colspan="3"></td><td>检验性质</td><td></td><td>代表数量
（万块）</td><td colspan="2"></td></tr>
<tr><td>设计强
度等级</td><td></td><td>种类</td><td></td><td></td><td></td><td>规格
（mm×mm×mm）</td><td colspan="2"></td></tr>
<tr><td>发证单位</td><td colspan="3"></td><td>见证人</td><td></td><td>证书编号</td><td colspan="2"></td></tr>
<tr><td rowspan="4">强度指标</td><td colspan="3">指标项目</td><td colspan="2">平均值</td><td colspan="2">平均值</td><td>最小值</td></tr>
<tr><td colspan="3">技术指标（MPa），≥</td><td colspan="2"></td><td colspan="2"></td><td></td></tr>
<tr><td colspan="3">抗压强度（MPa）</td><td colspan="2"></td><td colspan="2"></td><td></td></tr>
<tr><td colspan="3">抗折强度（MPa）</td><td colspan="2"></td><td colspan="2"></td><td></td></tr>
<tr><td>尺寸偏差</td><td colspan="8"></td></tr>
<tr><td>外观质量</td><td colspan="8"></td></tr>
<tr><td>结　　论</td><td colspan="8"></td></tr>
<tr><td>执行标准</td><td colspan="8"></td></tr>
<tr><td rowspan="4">主要仪
器设备</td><td colspan="2">检测仪器</td><td colspan="3"></td><td colspan="2">管理编号</td><td></td></tr>
<tr><td colspan="2">型号规格</td><td colspan="3"></td><td colspan="2">有效期</td><td></td></tr>
<tr><td colspan="2">检测仪器</td><td colspan="3"></td><td colspan="2">管理编号</td><td></td></tr>
<tr><td colspan="2">型号规格</td><td colspan="3"></td><td colspan="2">有效期</td><td></td></tr>
<tr><td>备注</td><td colspan="8"></td></tr>
<tr><td>声明</td><td colspan="8"></td></tr>
<tr><td>地址</td><td colspan="8">地址：
邮编：
电话：</td></tr>
</table>

审批（签字）：＿＿＿＿＿＿审核（签字）：＿＿＿＿＿＿校核（签字）：＿＿＿＿＿＿检测（签字）：＿＿＿＿＿＿

检测单位（盖章）：＿＿＿＿＿＿＿＿

报 告 日 期：　　年　月　日

注：本表一式四份（建设单位、施工单位、检测试验室、城建档案馆存档各一份）。

第 16 章　无机胶凝材料性能检测

16.1　无机胶凝材料性能检测的基本规定

16.1.1　执行标准

《通用硅酸盐水泥》(GB 175—2007)；

《水泥细度检验方法　筛析法》(GB/T 1345—2005)；

《水泥比表面积测定方法　勃氏法》(GB/T 8074—2008)；

《水泥标准稠度用水量、凝结时间、安定性检验方法》(GB/T 1346—2001)；

《水泥胶砂强度检验方法（ISO 法）》(GB/T 17671—1999)；

《水泥胶砂流动度测定方法》(GB/T 2419—2005)。

16.1.2　无机胶凝材料性能检测项目

无机胶凝材料性能检测项目、组批原则及抽样规定，见表 16-1。

无机胶凝材料性能检测项目、组批原则及抽样规定　　表 16-1

材料名称及标准规范	检测项目	组批原则及取样规定
水泥 GB 175—2007 GB/T 1345—2005 GB/T 8074—2008 GB/T 1346—2001 GB/T 2419—2005 GB/T 17671—1999	必检：胶砂强度、水泥安定性、凝结时间 其他：细度、比表面积、标准稠度用水量、胶砂流动度	1. 袋装水泥以同品种、同强度等级、同出厂编号的水泥 200t 为一批，不足 200t 仍作一批。散装水泥以同一出厂编号的 500t 为一批；每批抽样不少于一次。 2. 随机在 20 个以上不同部位抽取等量样品并拌匀。取样应有代表性，可连续取。取样工具可采用自动连续取样器（见图 16-1）和人工取样器——袋装水泥取样采用“袋装水泥取样器”，散装水泥采用“散装水泥槽形管状取样器”（分别见图 16-2 和图 16-3）。样品总量至少 12kg，拌合均匀后分成两份，一份由检测试验室按标准进行检测，一份密封保管 3 个月，以备有疑问时复验。 3. 当在使用中对水泥质量有怀疑或水泥出厂超过 3 个月时，应进行复检，并按复检结果使用。 4. 对水泥质量发生疑问需要作仲裁时，应按仲裁的方法进行。 5. 交货与验收。交货时水泥的质量验收可抽取实物检测试样，以其检测结果为依据，也可以水泥厂同编号水泥检测报告为依据。采取何种方法验收由买卖双方商定，并在合同协议中注明

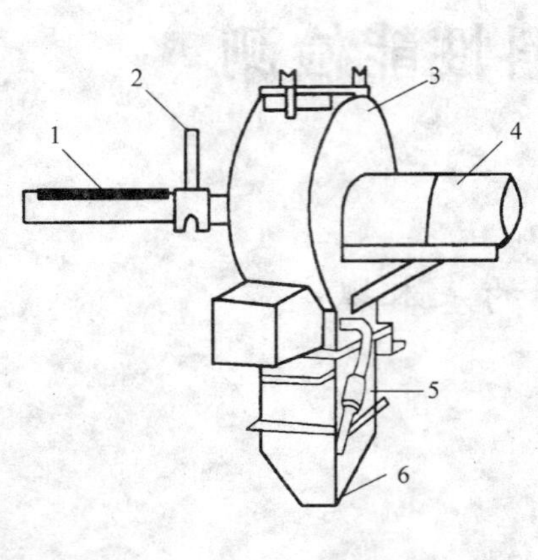

图 16-1 自动连续取样器

1—入料处；2—调节手柄；3—混料筒；4—电机；5—配重锤；6—出料口

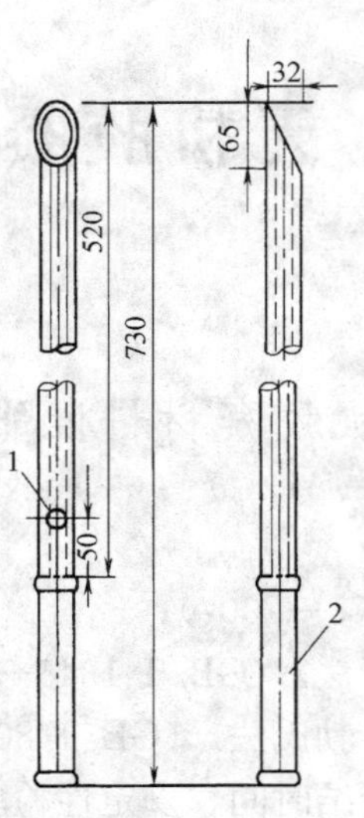

图 16-2 袋装水泥取样器

1—气孔；2—手柄材质：黄铜、壁厚自定

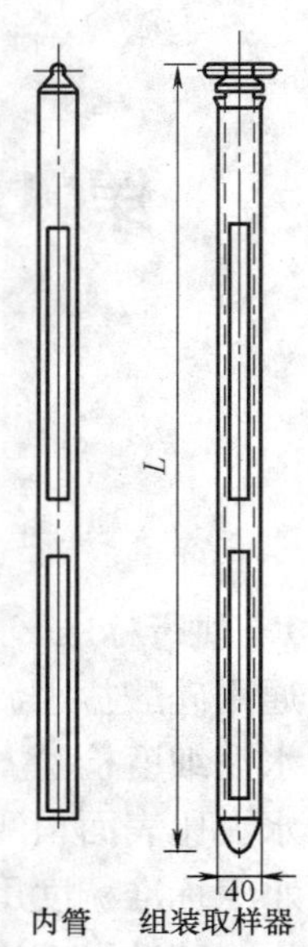

16-3 散装水泥取样器

L—1000～2000mm

16.2 石灰性能检测

16.2.1 检测目的

检测石灰中有效氧化钙、氧化镁含量的一般方法是俗称的蔗糖法。

石灰中有效氧化钙是指活性游离的氧化钙，它不同于总钙量，因为有效氧化钙不包括碳酸钙、硅酸钙以及其他钙盐中的钙。石灰中有效氧化钙含量，是指能溶解于蔗糖溶液中，并能与蔗糖作用而生成蔗糖钙的氧化钙含量占原检测试样的质量百分率。原理是活性游离氧化钙与蔗糖化合成在水中溶解度较大的蔗糖钙，而其他钙盐则不与蔗糖作用，故利用不同的反应条件，用已知浓度的盐酸进行滴定（用酚酞指示剂），根据盐酸达到终点时的耗量，可以计算出有效 CaO 的含量。氧化镁的滴定方法是用 EDTA 络合滴定法。先测定钙、镁含量，然后测定出钙含量与钙镁含量的差值，通过计算检测氧化镁的含量。石灰的质量主要取决于有效氧化钙和氧化镁含量，它们的含量越高，则石灰粘结性越好。

16.2.2 主要检测仪器与试剂

1. 主要检测仪器

(1) 筛子：0.15mm，1个。

(2) 烘箱：50～250℃，1台。

(3) 干燥器：ϕ25cm 干燥器，1个。

(4) 称量瓶：ϕ30mm×50mm，10个。

(5) 瓷研钵：ϕ12～13cm，1个。

(6) 分析天平：万分之一，1台。

(7) 架盘天平：感量0.1g，1台。

(8) 电炉：1500W，1个。

(9) 石棉网：20cm×20cm，1块。

(10) 玻璃珠：ϕ3mm，一袋（0.25kg）。

(11) 木塞三角瓶：250mL，20个。

(12) 漏斗：短颈，3个。

(13) 塑料洗瓶：1个。

(14) 塑料桶：20L，1个。

(15) 下口蒸馏水瓶：5000mL，1个。

(16) 三角瓶：300mL，10个。

(17) 容量瓶：250mL、1000mL，各1个。

(18) 量筒：200mL、100mL、50mL、5mL，各1个。

(19) 试剂瓶：250mL，1000mL，各5个。

(20) 塑料试剂瓶：1L，1个。

(21) 烧杯：50mL，5个；250mL（或300mL），10个。

(22) 棕色广口瓶：60mL，4个；250mL，5个。

(23) 滴瓶：60mL，3个。

(24) 酸滴定管：50mL，2支。

(25) 滴定台及滴定管夹：各一套。

(26) 大肚移液管：25mL、50mL，各1支。

(27) 表面皿：7cm，10块。

(28) 玻璃棒：8mm×250mm及4mm×180mm各10支。

(29) 试剂勺：5个。

(30) 吸水管：8mm×150mm，5支。

(31) 洗耳球：大、小各1个。

2. 主要检测试剂

(1) 盐酸：分析纯。

(2) 蔗糖：分析纯。

(3) 酚酞：优级纯。

(4) 酒石酸钾钠：分析纯。

(5) 氯化氨：分析纯。

(6) 氢氧化氨：分析纯。

(7) 三乙醇胺：分析纯。

(8) 酸性络蓝K：优级纯。

(9) 萘酚绿B：优级纯。

(10) 钙指示剂（钙试剂羧酸钠盐）：分析纯。

(11) 氯化钠：分析纯。

(12) 氢氧化钠：分析纯。

(13) 乙二胺四乙酸二钠盐（Na_2EDTA）：分析纯。

(14) 无水碳酸钠：保证试剂（标定 HCl）用。

(15) 碳酸钙：优级纯（标定 EDTA）用，分析纯。

(16) 无水乙醇：分析纯。

(17) 精密试纸：pH=9.5～13.0。

16.2.3 试剂标定

1. 检测有效氧化钙用试剂的配制

(1) 酚酞指示剂：称取 0.5g 酚酞溶于 50mL95%的乙醇中。

(2) 0.1%甲基橙水溶液：称取 0.05g 甲基橙溶于 50mL 的蒸馏水中。

(3) 0.5mol/L 盐酸标准溶液：将 42mL 浓盐酸（相对密度 1.19）稀释至 1L。按下述方法标定其摩尔浓度后备用。

称取 0.800～1.000g（准确至 0.0002g）已在 180℃烘干 2h 的碳酸钠，置于 250mL 的锥形瓶中，加 100mL 水使其完全溶解；然后加入 2～3 滴 0.1%的甲基橙指示剂，用待标定的盐酸标准溶液滴定，至碳酸钠溶液由黄色变为橙红色；将溶液加热至沸，并保持微沸 3min，然后放在冷水中冷却至室温，如此时橙红色变为黄色，则再用盐酸标准溶液滴定，至溶液出现稳定橙红色时为止。

盐酸标准溶液的摩尔浓度按下式计算：

$$N=\frac{m}{V\times 0.053}$$

式中 N——盐酸标准溶液摩尔浓度；

m——称取碳酸钠的质量，g；

V——滴定时消耗盐酸标准溶液的体积，mL。

2. 检测氧化镁用试剂的配制

(1) 1∶10 盐酸：将 1 体积盐酸（相对密度 1.19）用 10 体积蒸馏水稀释。

(2) 氨水-氯化铵缓冲溶液（pH≈10）：将 67.5g 氯化铵溶于 300mL 新煮沸后冷却的蒸馏水中，加浓氨水（相对密度为 0.90）570mL，然后用水稀释至 1000mL。

(3) 酸性铬蓝 K-萘酚绿 B（1∶2.5）混合指示剂：称取 0.3g 酸性铬蓝 K 和 0.75g 萘酚绿 B 与 50g 已在 105℃烘干的硝酸钾混合研细，保存于棕色广口瓶中。

(4) EDTA 二钠标准溶液：将 10gEDTA 二钠溶于温热蒸馏水中，待全部溶解并冷却至室温后，用水稀释至 1000mL。

(5) 氧化钙标准溶液：精确称取 1.7848g 在 105℃烘干 2h 的碳酸钙（优级纯），置于 250mL 烧杯中，盖上表面皿，从杯嘴缓慢滴加 1∶10 盐酸 100mL，加热溶解，待溶液冷却后，移入 1000mL 的容量瓶中，用新煮沸冷却后的蒸馏水稀释至刻度摇匀，此溶液每毫升相当于 1mg 氧化钙。

(6) 20%氢氧化钠溶液：将 20g 氢氧化钠溶于 80mL 蒸馏水中。

(7) 钙指示剂：将 0.2g 钙试剂羟酸钠和 20g 已在 105℃烘干的硫酸钾混合研细，保存于棕色广口瓶中。

(8) 10%酒石酸钾钠溶液：将 10g 酒石酸钾钠溶于 90mL 蒸馏水中。

(9) 三乙醇胺（1∶2）溶液：将 1 体积三乙醇胺以 2 体积蒸馏水稀释摇匀。

3. EDTA标准溶液与氧化钙和氧化镁关系的标定

精确吸取50mL氧化钙标准溶液放于300mL锥形瓶中，用水稀释至100mL左右，然后加入钙指示剂约0.1g，以20%氢氧化钠溶液调整溶液碱度到出现酒红色，再过量加3～4mL。然后以EDTA二钠标准液滴定，至溶液由酒红色变成纯蓝色时为止。

EDTA二钠标准溶液对氧化钙滴定度按下式计算：

$$T_{CaO}=\frac{C \cdot V_1}{V_2}$$

式中 T_{CaO}——EDTA标准溶液对氧化钙的滴定度，即1mL的EDTA标准溶液相当于氧化钙的毫克数，mg；

C——1mL氧化钙标准溶液含有氧化钙的毫克数，本检测中每毫升相当于1mg；

V_1——吸取氧化钙标准溶液体积，mL；

V_2——消耗EDTA标准溶液体积，mL。

EDTA二钠标准溶液对氧化镁的滴定度（T_{MgO}），即1mL的EDTA二钠标准液相当于氧化镁的毫克数按下式计算：

$$T_{MgO}=\frac{40.31}{56.08}\times T_{CaO}=0.72T_{CaO}$$

16.2.4 具体检测方法

1. 有效钙含量检测（中和法）

（1）将石灰检测试样粉碎，通过1mm筛孔用四分法缩分为200g，再用研钵磨细通过0.1mm筛孔，用四分法缩分为10g左右。

（2）将检测试样在100～110℃的烘箱中烘干2～3h，然后移于干燥器冷却。

（3）用称量瓶按减量法称取试样约0.3g（准确至0.5mg）移于干燥的250mL锥形瓶中，迅速加入蔗糖约5g盖于检测试样表面（以减少试样与空气接触），司时加入玻璃珠15～20粒，随即加入新煮沸并已冷却的蒸馏水40～50mL，立即加盖瓶塞，并强烈摇荡15min（注意时间不宜过短）。如果检测试样结块或出规粘于瓶壁现象，则应重新取样重做。

（4）摇荡后开启瓶塞，用盛有新煮并已冷却蒸馏水洗瓶冲洗，将瓶塞和瓶内壁粘附物洗入溶液中。加入酚酞指示剂2～3滴，溶液即呈现粉红色，然后月盐酸标准化溶液滴定。在滴定时应读出滴定管初数，然后以2～3滴/s的速度滴定，直至粉红色消失。如果在30s内仍出现红色，应再补滴盐酸以中和，最后记录盐酸标准溶液耗用体积（V）。

2. 氧化镁含量检测（络合法）

（1）采用与有效钙测定相同的方法，用称量瓶称取石灰试样C.5g（准确至0.5mg），移于250mL的烧杯中，用蒸馏水湿润，并加30mL 1∶10的盐酸，用表面皿盖着烧杯，在煤气炉（或电炉）上加热接近沸腾并保持微沸8～10min，使其溶解、酸化。然后用吸管取蒸馏水冲洗表面皿，洗液冲入烧杯中。

（2）待冷却后，将烧杯内的溶液和沉淀物移入250mL的容量瓶中，加蒸馏水至刻度线，仔细摇匀静置。待容量瓶中沉淀物沉淀后，用移液管吸取25mL试液置于250mL的锥形瓶中，加50mL蒸馏水稀释。然后，顺序加入掩蔽助剂酒石酸钾钠溶液1mL；掩蔽剂三乙醇胺溶液5mL；调节剂氨性缓冲溶液10mL，使试液调节至pH等于10。再加入酸性络蓝K-萘酚绿B指示剂约0.1g，此时溶液呈酒红色。最后用已知浓度（通常用0.025mol/L）的EDTA标准溶液滴定，直至试液由酒红色变为纯蓝色即为滴定终点，记录EDTA溶液的耗用体积（V_1）。

（3）再从前述同一容量瓶中，用移液管吸取25mL试液置于另一250mL的锥形瓶中，加蒸馏水150mL稀释。然后，依次加入掩蔽剂三乙醇胺溶液5mL，调节剂20%氢氧化钠5mL，使试液调节至pH≥12。再加入钙指示剂约0.1g，此时试液呈酒红色。最后用已知浓度（通常用0.025mol/L）的EDTA标准溶液滴定，直至试液由酒红色转变为纯蓝色即为滴定终点，记录EDTA溶液的耗用体积（V_2）。

16.2.5 检测结果计算与评定

1. 石灰有效钙含量按下式计算：

$$w_{(CaO)_{ef}}=\frac{V\times N\times 0.028}{m}\times 100\%$$

式中 $w_{(CaO)_{ef}}$——石灰有效氧化钙含量，%；

V——滴定时消耗盐酸标准溶液体积，mL；

N——盐酸标准溶液摩尔浓度；

0.028——氧化钙毫克数；

m——石灰试样质量，g。

2. 石灰中氧化镁含量按下式计算：

$$w_{MgO}=\frac{T_{MgO}(V_1-V_2)}{m\times\frac{1}{10}\times 1000}\times 100\%=\frac{T_{MgO}(V_1-V_2)\times 10}{m\times 1000}\times 100\%$$

式中 w_{MgO}——石灰中氧化镁含量，%；

T_{MgO}——EDTA二钠标准溶液对氧化镁的滴定度（即1mL的EDTA二钠标准溶液相当于氧化镁毫克数）mg/mL；

V_1——滴定钙、镁含量消耗的EDTA二钠标准溶液体积，mL；

V_2——滴定钙含量消耗的EDTA二钠标准溶液体积，mL；

10——总溶液对分取溶液的体积倍数；

m——石灰试样质量，g。

16.2.6 石灰性能检测报告

石灰性能检测报告见表16-2。

石灰性能检测报告 **表16-2**

工程名称： 报告编号： 工程编号：

委托单位		委托编号		委托日期	
施工单位		样品编号		检验日期	
结构部位		出厂合格证编号		报告日期	
厂别		检验性质		代表数量	
发证单位		见证人		证书编号	

续表

1. 石灰有效钙检测		
滴定时消耗盐酸标准溶液体积 V(mL)	盐酸标准溶液摩尔浓度 N	石灰试样质量 m(g)
石灰有效氧化钙含量 $w_{(CaO)_{ef}}$(%)	$w_{(CaO)_{ef}}=\frac{V\times N\times 0.028}{m}\times 100\%=$	
结　论：		
执行标准：		

2. 石灰中氧化镁含量检测			
EDTA 二钠标准溶液对氧化镁的滴定度 T_{MgO}	滴定钙、镁含量消耗的 EDTA 二钠标准溶液体积 V_1(mL)	滴定钙含量消耗的 EDTA 二钠标准溶液体积 V_2(mL)	石灰试样质量 m(g)
石灰中氧化镁含量 w_{MgO}(%)	$w_{MgO}=\frac{T_{MgO}(V_1-V_2)}{m\times\frac{1}{10}\times 1000}\times 100\%=\frac{T_{MgO}(V_1-V_2)\times 10}{m\times 1000}\times 100\%=$		
结　论：			
执行标准：			

主要仪器设备	检测仪器		管理编号	
	型号规格		有效期	
	检测仪器		管理编号	
	型号规格		有效期	
	检测仪器		管理编号	
	型号规格		有效期	
	检测仪器		管理编号	
	型号规格		有效期	
备注				
声明				
地址	地址： 邮编： 电话：			

审批(签字)：________ 审核(签字)：________ 校核(签字)：________ 检测(签字)：________

检测单位(盖章)：________

报 告 日 期：　年　月　日

注：本表一式四份（建设单位、施工单位、检测试验室、城建档案馆存档各一份）。

16.3 水泥密度检测

水泥密度与其熟料的矿物组成和掺用的混合材料有关，若水泥受潮密度也会减小。因此本检测方法适用于测定水硬性水泥的密度和测定采用本方法的其他粉状物料的密度。

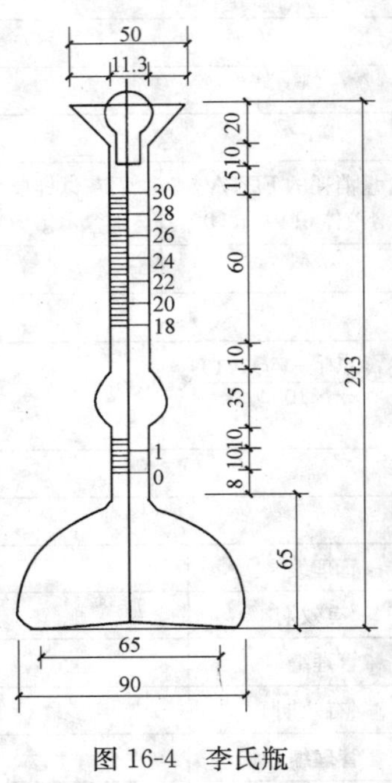

图16-4 李氏瓶

16.3.1 检测原理

将定量水泥装入盛有一定数量无水煤油（主要不使水泥水化）的李氏瓶中，根据阿基米德原理，水泥的体积等于它所排开液体的体积，因此计算出水泥单位体积的质量。

16.3.2 主要检测仪器

1. 李氏瓶

容积约为250mL，瓶颈刻度由0～24mL，且0～1mL和18～24mL应以0.1mL刻度，任何标明的容量误差都不大于0.05mL，见图16-4。

李氏瓶的结构材料是优质玻璃，透明无条纹，具有抗化学侵蚀性且热滞后性小，要有足够的强度，以确保较好的耐裂性。

2. 无水煤油

符合《煤油》(GB 253—2008) 的要求。

3. 恒温水槽

16.3.3 主要检测流程

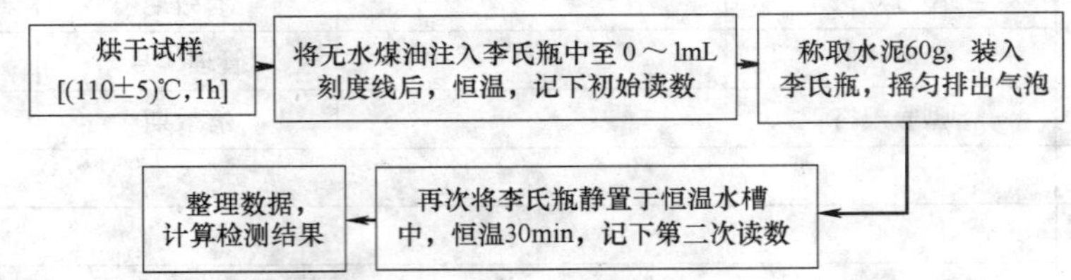

16.3.4 具体检测步骤

（1）将无水煤油注入李氏瓶中至0～1mL刻度线后（以弯月面下部为准），盖上瓶塞放入恒温水槽内，使刻度部分浸入水中（水温应控制在李氏瓶刻度时的温度），恒温30min，记下初始（第一次）读数。

（2）从恒温水槽中取出李氏瓶，用滤纸将李氏瓶细长颈内没有煤油的部分仔细擦干净。

（3）水泥检测试样应预先通过0.90mm方孔筛，在(110±5)℃温度下干燥1h，并在干燥器内冷却至室温，称取水泥60g，称准至0.01g。

（4）用小匙将水泥样品一点点的装入李氏瓶中，反复摇动（亦可用超声波振动），至没有气泡排出，再次将李氏瓶静置于恒温水槽中，恒温30min，记下第二次读数。

（5）第一次读数和第二次读数时，恒温水槽的温度差不大于0.2℃。

16.3.5 检测结果计算与评定

（1）水泥体积应为第二次读数减去初始（第一次）读数，即水泥所排开的无水煤油的体积（mL）。

（2）水泥密度 ρ（g/cm^3）按下式计算：

$$水泥密度\ \rho = 水泥质量(g)/排开的体积(cm^3)$$

结果计算到小数点后第三位，且取整数到 0.01g/cm^3，检测结果取两次检测结果的算术平均值，两次检测结果之差不得超过 0.02g/cm^3。

16.3.6 水泥密度性能检测报告

水泥密度性能检测报告见表 16-3。

水泥密度性能检测报告 **表 16-3**

工程名称： 报告编号： 工程编号：

委托单位		委托编号		委托日期	
施工单位		样品编号		检验日期	
结构部位		出厂合格证编号		报告日期	
厂别		检验性质		代表数量	
发证单位		见证人		证书编号	

试样名称	水泥的质量(g)	第一次读数 V_1(cm^3)	第二次读数 V_2(cm^3)	排开的体积(V_2-V_1)(cm^3)

水泥密度 ρ(g/cm^3)	水泥密度 ρ=水泥质量(g)/排开的体积(cm^3)=
结　论：	
执行标准：	

主要仪器设备	检测仪器		管理编号	
	型号规格		有效期	
	检测仪器		管理编号	
	型号规格		有效期	
	检测仪器		管理编号	
	型号规格		有效期	
	检测仪器		管理编号	
	型号规格		有效期	
备注				
声明				
地址	地址： 邮编： 电话：			

审批(签字)：＿＿＿＿＿ 审核(签字)：＿＿＿＿＿ 校核(签字)：＿＿＿＿＿ 检测(签字)：＿＿＿＿＿

检测单位(盖章)：＿＿＿＿＿＿

报 告 日 期： 年 月 日

注：本表一式四份（建设单位、施工单位、检测试验室、城建档案馆存档各一份）。

16.4 水泥比表面积检测

16.4.1 检测原理

用比表面积仪表测定水泥的比表面积能较为合理地检测水泥的细度，而且还能反映水泥颗粒级配的情况。单位质量的水泥所覆盖的面积（cm^2/g 或 m^2/kg）即为比表面积。

该方法主要根据一定量的空气通过具有一定空隙率和固定厚度的水泥层时，所受阻力不同而引起流速的变化，来检测水泥的比表面积。在一定空隙率的水泥层中，孔隙的大小和数量是颗粒尺寸的函数，同时也决定了通过料层的气流速度。

16.4.2 主要检测仪器与材料

（1）透气仪：如图16-5所示，由透气圆筒、压力计、抽气装置等三部分组成。

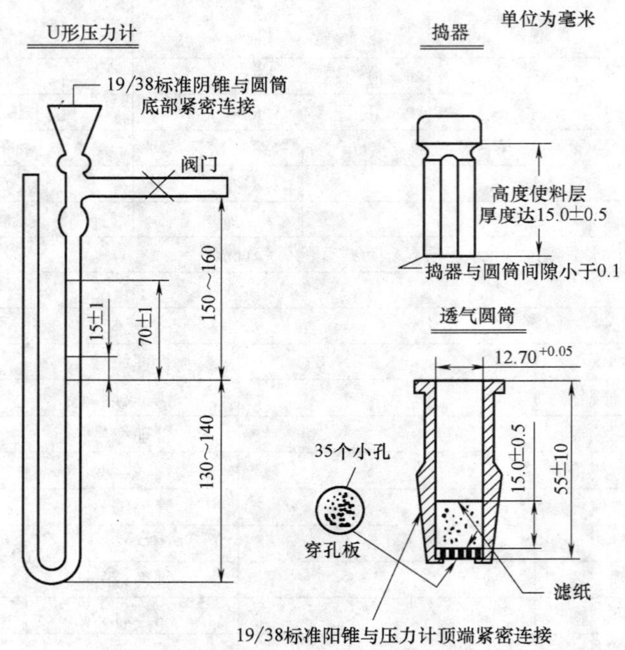

图16-5 透气仪结构及主要尺寸图

（2）透气圆筒：内径为（12.7＋0.05）mm，由不锈钢制成。圆筒内表面的光洁度为 $\overset{1.6}{\bigtriangledown}$，圆筒的上口边应与圆筒主轴垂直，圆筒下部锥度应与压力计上玻璃磨口锥度一致，二者应严密连接。在圆筒壁，距离圆筒上口边（55±10）mm处有一突出的宽度为0.5～1mm的边缘，以放置金属穿孔板。

（3）穿孔板：由不锈钢或其他不受腐蚀的金属制成，厚度为（1.04±0.1mm），在其面上，等距离地打有35个直径为1mm的小孔，穿孔板应与圆筒内壁密合，穿孔板两平面应平行。

（4）捣器：用不锈钢制成，插入圆筒时，其间隙不大于0.1mm。捣器的底面应与主轴垂直，侧面有一个扁平槽，宽度为（3.0±0.3）mm。捣器的顶部有一个支持环，当捣器放入圆筒时，支持环与圆筒上口边接触，这时捣器底面与穿孔板之间的距离为（15.0±0.5）mm。

（5）压力计：U形压力计尺寸如图16-5所示，由外径为9mm的具有标准厚度的玻璃管制成。压力计一个臂的顶端有一锥形磨口，与透气圆筒紧密连接，在连接透气圆筒的压力计臂上刻有环形线。从压力计底部往上280～300mm处有一个出口管，管上装有一个阀门，连接抽气装置。

（6）抽气装置：用小型电磁泵或抽气球均可。

（7）滤纸：采用符合国标的中速定量滤纸。

（8）分析天平：分度值为0.001g。

（9）计时秒表：精确到0.5s。

（10）烘干箱：控制温度灵敏度±1℃。

（11）压力计液体：采用带有颜色的蒸馏水或直接采用无色蒸馏水。

（12）基准材料：GSB 14—1511规定的或相同等级的标准物质，有争议时以GSB 14—1511的规定为准。

16.4.3 仪器标准

1. 漏气检查

将透气圆筒上口用橡皮塞塞紧，接到压力计上。用抽气装置从压力计一臂中抽出部分气体，然后关闭阀门，观察是否漏气。如发现漏气，用活塞油脂加以密封。

2. 试料层体积的测定

（1）用水银排代法：将两片滤纸沿圆筒壁放入透气圆筒内，用一直径比透气圆筒略小的细长棒往下按，直到滤纸平整放在金属穿孔板上。然后装满水银，用一小块薄玻璃板轻压水银表面，使水银面与圆筒口平齐，并必须保证在玻璃板与水银表面之间没有气泡或空洞存在。从圆筒中倒出水银，称量精确至0.05g。重复几次检测，到数值基本不变为止。然后从圆筒中取出一片滤纸，试用约3.3g的水泥，压实水泥层。再在圆筒上部空间注入水银，同上述方法除去气泡、压平、倒出水银称量，重复几次，直到水银称量值相差小于50mg为止。

（2）圆筒内试料层体积V按下式计算，精确到0.005cm³。

$$V=\frac{P_1-P_2}{\rho_s}$$

式中 V——试料层体积，cm³；

P_1——未装水泥时，充满圆筒的水银质量，g；

P_2——装水泥后，充满圆筒的水银质量，g；

ρ_s——检测温度下水银的密度，g/cm³。

（3）试料层体积的测定，至少应进行两次。每次单独压实，取两次数值相差不超过0.005cm³的平均值，并记录测定过程中圆筒附近的温度。每隔一季度至半年应重新校正试料层体积。

16.4.4 主要检测流程

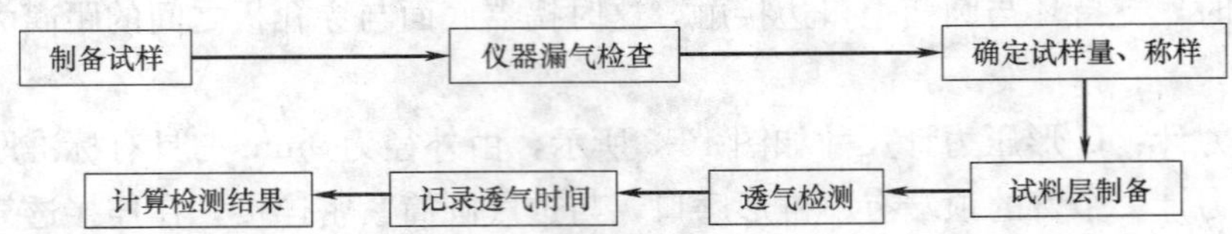

16.4.5 具体检测步骤

1. 检测试样准备

(1) 将在 (110±5)℃下烘干并在干燥器中冷却到室温的标准检测试样，倒入 100mL 的密闭瓶内，用力摇动 2min，将结块成团的试样压碎，使检测试样松散。静置 2min 后，打开瓶盖，轻轻搅拌，使在松散过程中落到表面的细粉，分布到整个试样中。

(2) 水泥检测试样应先通过 0.90mm 方孔筛，再在 (110±5)℃下烘干，并在干燥器中冷却至室温。

2. 确定检测试样量

校正检测用的标准检测试样量和被测定的水泥量，应达到在制备的试料层中空隙率为 0.500±0.005，计算式为：

$$m=\rho \cdot V(1-\varepsilon)$$

式中 m——需要的试样量，g；

ρ——试样密度，g/cm^3；

V——试料层体积，cm^3；

ε——试料层空隙率[注]。

注：空隙率是指试料层中孔的容积与试料层总的容积之比，PⅠ、PⅡ型水泥的空隙率采用 0.500±0.005。其他水泥或粉料的空隙率选用 0.530±0.005。如有些粉料按上式算出检测试样量在圆筒的有效体积中容纳不下或经捣实后未能充满圆筒的有效体积，则允许适当地改变空隙率，空隙率的调整以 2000g 砝码（5 等砝码）将试样压实至试料层制备规定的位置为准。

3. 试料层装备

将穿孔板放入透气圆筒的突缘上，用一根直径比圆筒略小的细棒把一片滤纸[❶]送到穿孔板上，边缘压紧。称取按步骤 2 确定的水泥量，精确到 0.001g，倒入圆筒内。轻敲圆筒的边，使水泥层表面平坦。再放入一片滤纸，用捣器均匀捣实试料直至捣器的支持环紧紧接触圆筒顶边并旋转两周，慢慢取出捣器。

4. 透气检测

(1) 把装有试料层的透气圆筒下锥面涂一层活塞油脂，然后把它插入压力计顶端锥型磨口处，旋转 1～2 圈。连接到压力计上，要保证紧密连接不致漏气，并不振动所制备的试料层。

(2) 打开微型电磁泵慢慢从压力计一臂中抽出空气，直到压力计内液面上升到扩大部下端时关闭阀门。当压力计内液体的凹月面下降到第一个刻线时开始计时，当液体的凹月面下降到第二个刻线时停止计时，记录液面从第一条刻度线到第二条刻度线所需的时间。

---

❶ 穿孔板上的滤纸，应是与圆筒内径相同、边缘光滑的圆片。穿孔板上滤纸片如比圆筒内径小时，会有部分试样粘于圆筒内壁高出圆板上部；当滤纸直径大于圆筒内径时，会引起滤纸片皱起，使结果不准，每次测定需用新的滤纸片。

以秒记录，并记下检测时的温度（℃）。每次透气检测，应重新制备试料层。

16.4.6 检测结果计算与评定

（1）当被测物料的密度、试料层中空隙率与标准试样相同，检测时温差≤3℃时，可按下式计算：

$$S=\frac{S_s\sqrt{T}}{\sqrt{T_s}}$$

当检测时温差＞3℃时，则按下式计算：

$$S=\frac{S_s\sqrt{T}\cdot\sqrt{\eta_s}}{\sqrt{T_s}\cdot\sqrt{\eta}}$$

式中 S——被测试样的比表面积，cm^2/g；

S_s——标准检测试样的比表面积，cm^2/g；

T——被测试样检测时，压力计中液面降落测得的时间，s；

T_s——标准检测试样检测时，压力计中液面降落测得的时间，s；

η——被测试样检测温度下的空气黏度，$\mu Pa\cdot s$；

η_s——标准检测试样检测温度下的空气黏度，$\mu Pa\cdot s$。

（2）当被测试样的试料层中空隙率与标准检测试样试料层中空隙率不同，检测时温差≤3℃时，可按下式计算：

$$S=\frac{S_s\sqrt{T}\cdot(1-\varepsilon_s)\cdot\sqrt{\varepsilon^3}}{\sqrt{T_s}\cdot(1-\varepsilon)\cdot\sqrt{\varepsilon_s^3}}$$

如检测时温差＞3℃时，则按下式计算：

$$S=\frac{S_s\sqrt{T}\cdot(1-\varepsilon_s)\cdot\sqrt{\varepsilon^3}\cdot\sqrt{\eta_s}}{\sqrt{T_s}\cdot(1-\varepsilon)\cdot\sqrt{\varepsilon_s^3}\cdot\sqrt{\eta}}$$

式中 ε——被测试样试料层中的空隙率，%；

ε_s——标准检测试样试料层中的空隙率，%。

（3）当被测试样的密度和空隙率均与标准检测试样不同，检测时温差≤3℃时，可按下式计算：

$$S=\frac{S_s\sqrt{T}\cdot(1-\varepsilon_s)\cdot\sqrt{\varepsilon^3}\cdot\rho_s}{\sqrt{T_s}\cdot(1-\varepsilon)\cdot\sqrt{\varepsilon_s^3}\cdot\rho}$$

当检测时温差＞3℃时，则按下式计算：

$$S=\frac{S_s\sqrt{T}\cdot(1-\varepsilon_s)\cdot\sqrt{\varepsilon^3}\cdot\rho_s\cdot\sqrt{\eta_s}}{\sqrt{T_s}\cdot(1-\varepsilon)\cdot\sqrt{\varepsilon_s^3}\cdot\rho\cdot\sqrt{\eta}}$$

式中 ρ——被测试样的密度，g/cm^3；

ρ_s——标准检测试样的密度，g/cm^3。

（4）水泥比表面积应由两次透气检测结果的平均值确定。如两次检测结果相差2%以上时，应重新检测。计算应精确至$10cm^2/g$，$10cm^2/g$以下的数值按四舍五入计。

（5）以cm^2/g为单位算得的比表面积值换算为cm^2/kg单位时，需乘以系数0.1。

16.4.7 水泥比表面积检测报告

水泥比表面积检测报告见表16-4。

水泥比表面积检测报告 表16-4

工程名称： 报告编号： 工程编号：

委托单位		委托编号		委托日期	
施工单位		样品编号		检验日期	
结构部位		出厂合格证编号		报告日期	
厂别		检验性质		代表数量	
发证单位		见证人		证书编号	

试样名称	检测次数	被测试样检测时，压力计中液面降落测得的时间 T(s)	被测试样检测温度下的空气黏度 η(μPa·s)	被测试样的比表面积 S(cm²/g)
	第一次			
	第二次			

被测试样的比表面积 $S=(S_1+S_2)/2=$

结　　论：

执行标准：

主要仪器设备				
	检测仪器		管理编号	
	型号规格		有效期	
	检测仪器		管理编号	
	型号规格		有效期	
	检测仪器		管理编号	
	型号规格		有效期	
	检测仪器		管理编号	
	型号规格		有效期	
备注				
声明				
地址	地址： 邮编： 电话：			

审批(签字)：________审核(签字)：________校核(签字)：________检测(签字)：________

检测单位(盖章)：________

报 告 日 期： 年 月 日

注：本表一式四份（建设单位、施工单位、检测试验室、城建档案馆存档各一份）。

16.5 水泥细度检测

16.5.1 检测原理

水泥细度是指水泥颗粒粗细程度。一般同样成分的水泥，颗粒越细，与水接触的表面积越大，水化反应越快，早期强度发展越快。但颗粒过细，凝结硬化时收缩较大，易产生裂缝，也容易吸收水分和二氧化碳使水泥风化而失去活性，同时粉磨过程中耗能大，提高了水泥的成本，所以细度应控制在适当范围。

1. 水泥细度检测方法

水泥细度的检验按《水泥细度检验方法　筛析法》（GB/T 1345-2005）的规定进行，筛析法即以存留在 80μm（即 0.080mm）或 45μm（即 0.045mm）方孔筛上的筛余百分率表示，筛析法又分为负压筛法、水筛法和手工干筛法三种。

2. 检测目的

本检测的目的是评定水泥细度是否达到标准要求。

16.5.2 主要检测仪器设备

1. 检测筛

（1）检测筛由圆形筛框和框网组成的，分负压筛、水筛和手工筛三种，负压筛和水筛结构尺寸见图 16-6 和图 16-7。负压筛应附有透明筛盖，筛盖与盖上口应有良好的密封性。手工筛结构应符合《金属丝编织网试验筛》（GB/T 6003.1—1997）的规定，其中筛框高度为 50mm，筛子的直径为 150mm。

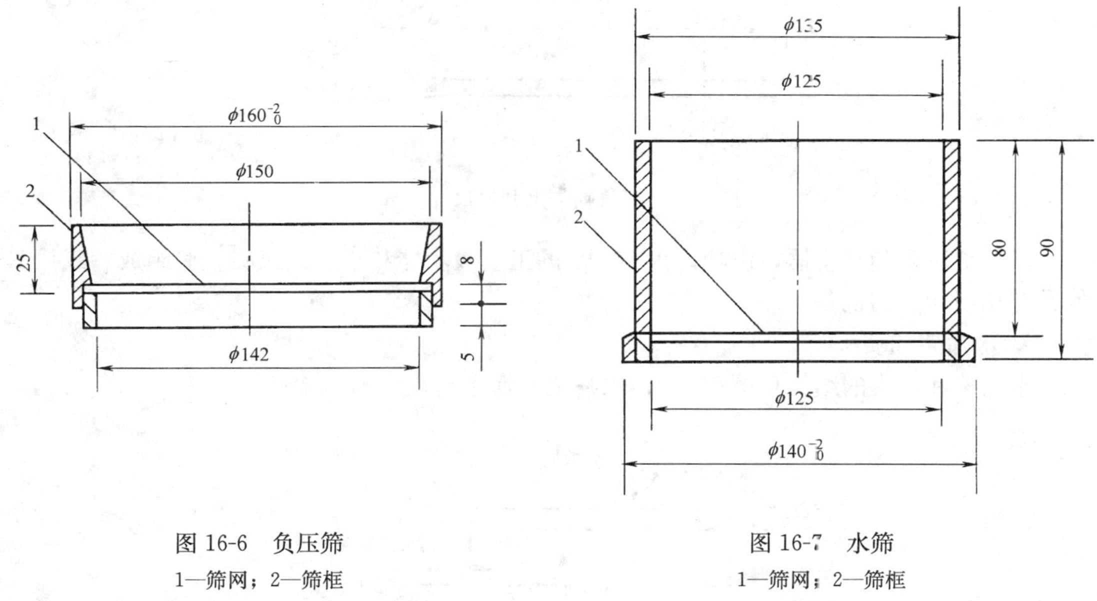

图 16-6　负压筛

1—筛网；2—筛框

图 16-7　水筛

1—筛网；2—筛框

（2）筛网应紧绷在筛框上，筛网和筛框接触处，应用防水胶密封，防止水泥嵌入。

（3）筛孔尺寸的检验方法按《金属丝编织网试验筛》（GB 6003.1—1997）的规定进行。

2. 负压筛析仪

（1）负压筛析仪由筛座、负压筛、负压源及吸尘器组成，其中筛座由转速为（30±2）r/min 的喷气嘴、负压表、控制板、微电机及壳体等构成，见图 16-8。

（2）筛析仪负压可调范围为 4000～6000Pa。

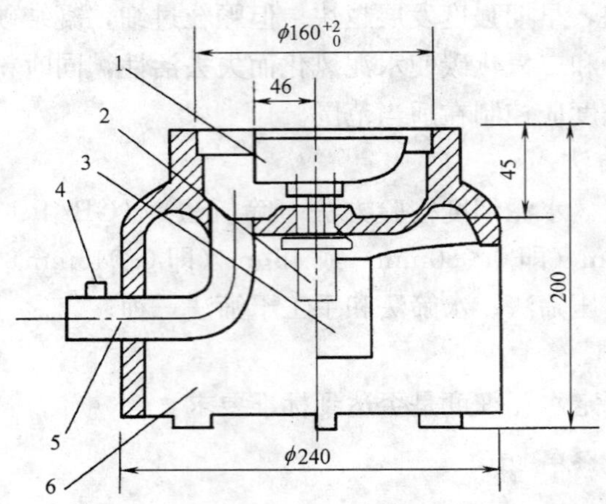

图16-8 筛座

1—喷气嘴；2—微电机；3—控制板开口；4—负压表接口；5—负压源及吸尘器接口；6—壳体

(3) 喷气嘴上口平面与筛网之间距离为2～8mm。

(4) 喷气嘴的上开口尺寸见图16-9。

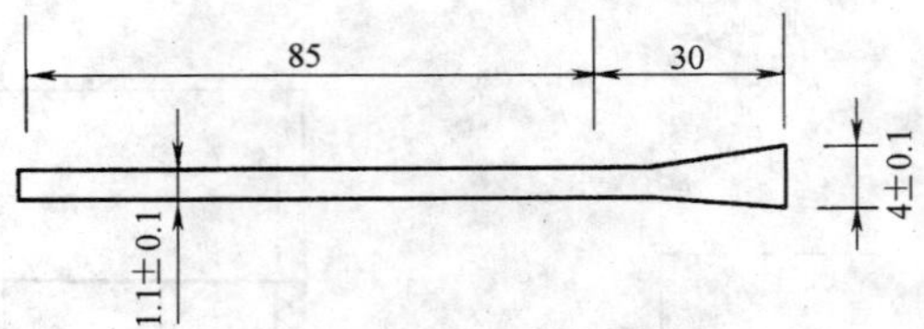

图16-9 喷气嘴的上开口尺寸（mm）

(5) 负压源和吸尘器，由功率为600W的工业吸尘器和小型旋风吸尘筒组成，或用其他具有相当功能的设备。

3. 水筛架和喷头

水筛架和喷头的结构见图16-10，水筛架上筛座内径为125_{0}^{+2}mm。

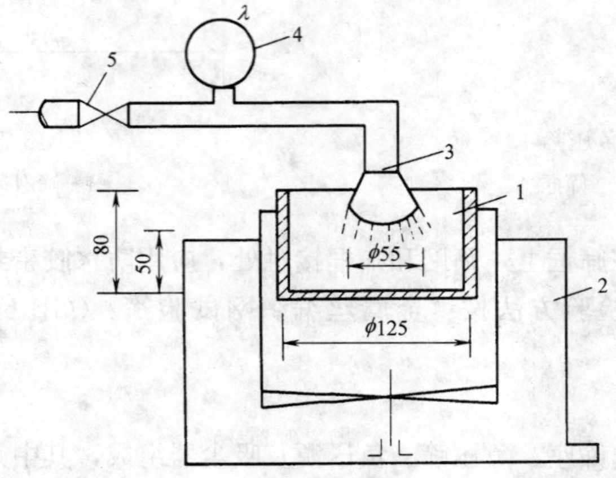

图16-10 水筛架和喷头

1—标准筛；2—筛座；3—喷头；4—水压表；5—开关

4. 天平

最大称量为 100g，分度值不大于 0.05g。

16.5.3 主要检测流程

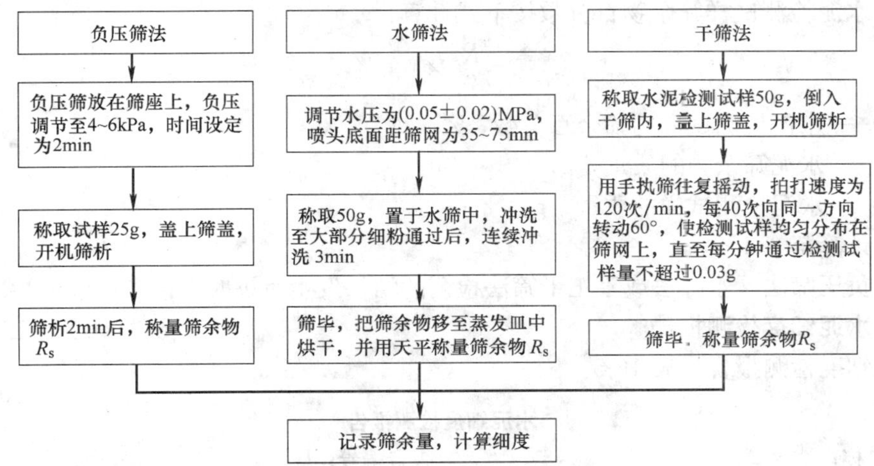

16.5.4 具体检测步骤

1. 负压筛法

（1）筛析检测前，应把负压筛放在筛座上，盖上筛盖，接通电源，检查控制系统，调节负压至 4000～6000Pa。

（2）称取检测试样 25g，置于洁净的负压筛中，盖上筛盖，放在筛座上，并开动筛析仪连续筛析 2min，在此期间如有检测试样附着在筛盖上，可轻轻地敲击，使检测试样落下。筛毕，用天平称量筛余物。

（3）当工作负压小于 4000Pa 时，应清理吸尘器内的水泥，使负压恢复正常。

2. 水筛法

（1）筛析检测前，应检查水中无泥、砂。调整好水压及水筛架的位置，使其能正常运转。喷头底面和筛网之间的距离为 35～75mm。

（2）称取检测试样 50g，置于洁净的水筛中，立即用淡水冲洗至大部分细粉通过后，放在水筛架上，用水压为（0.05±0.02）MPa 的喷头连续冲洗 3min。筛毕，用少量水把筛余物冲至蒸发皿中，等水泥颗粒全部沉淀后。小心倒出清水，烘干并用天平称量筛余物，称量精确至 0.1g。

（3）筛子应保持清洁，定期检查校正。喷头应防止孔眼堵塞。常用的筛子可浸于净水中保存，一般在使用 20～30 次后，必须用 0.3～0.5mol/L 的乙酸或食醋进行清洗。

3. 干筛法

在没有负压筛析仪和水筛的情况下，允许用手工干筛法检测。

（1）检测筛必须经常保持清洁，筛孔通畅。如其筛孔被水泥堵塞影响筛余量时，可用弱酸浸泡，用毛刷轻轻刷洗，用淡水冲净、晾干。

（2）称取水泥检测试样 50g，倒入干筛内。

（3）用一只手执筛往复摇动，另一只手轻轻拍打，拍打速度约 120 次/min，每 40 次向同一方向转动 60°，使检测试样均匀分布在筛网上，直至每分钟通过检测试样量不超过

0.03g为止。

（4）称量筛余物，称量精确至0.1g。

16.5.5 检测结果计算与评定

（1）水泥检测试样筛余物百分数按下式计算：

$$F=\frac{R_s}{W}\times 100\%$$

式中 F——水泥检测试样的筛余百分数，%；

R_s——水泥筛余物的质量，g；

W——水泥检测试样的质量，g。

结果计算至0.1%。

（2）负压筛法、水筛法或手工干筛法检测的结果发生争议时，以负压筛法为准。

16.5.6 水泥细度检测报告

水泥细度检测报告见表16-5。

水泥细度检测报告 **表16-5**

工程名称： 报告编号： 工程编号：

委托单位		委托编号		委托日期	
施工单位		样品编号		检验日期	
结构部位		出厂合格证编号		报告日期	
厂　　别		检验性质		代表数量	
发证单位		见证人		证书编号	

试样名称	水泥试样的质量 W(g)	水泥筛余物的质量 R_s(g)	水泥试样的筛余百分数 F(%)

结　　论：				
执行标准：				
主要仪器设备	检测仪器		管理编号	
	型号规格		有效期	
	检测仪器		管理编号	
	型号规格		有效期	
备注				
声明				
地址	地址： 邮编： 电话：			

审批(签字)：________ 审核(签字)：________ 校核(签字)：________ 检测(签字)：________

检测单位(盖章)：________

报 告 日 期： 年 月 日

注：本表一式四份（建设单位、施工单位、检测试验室、城建档案馆存档各一份）。

16.6 水泥标准稠度用水量、凝结时间和安定性检测

16.6.1 检测原理

(1) 水泥标准稠度净浆对标准检测试杆（或试锥）的沉入具有一定阻力。通过检测不同含水量水泥净浆的穿透性，以确定水泥标准稠度净浆中所需加水的水量。

(2) 凝结时间以试针沉入水泥标准稠度净浆至一定深度所需的时间表示。

(3) 安定性：

1) 雷氏法是观测由两个试针的相对位移所指示的水泥标准稠度净浆体积膨胀的程度。

2) 试饼法是观测水泥标准程度净浆试饼的外形变化程度。

16.6.2 主要检测仪器设备

(1) 水泥净浆搅拌机：符合《水泥净浆搅拌机》(JC/T 729—2005) 的要求。

(2) 标准法维卡仪：如图 16-11 所示，标准稠度检测用试杆由有效长度为 (50±1)mm、

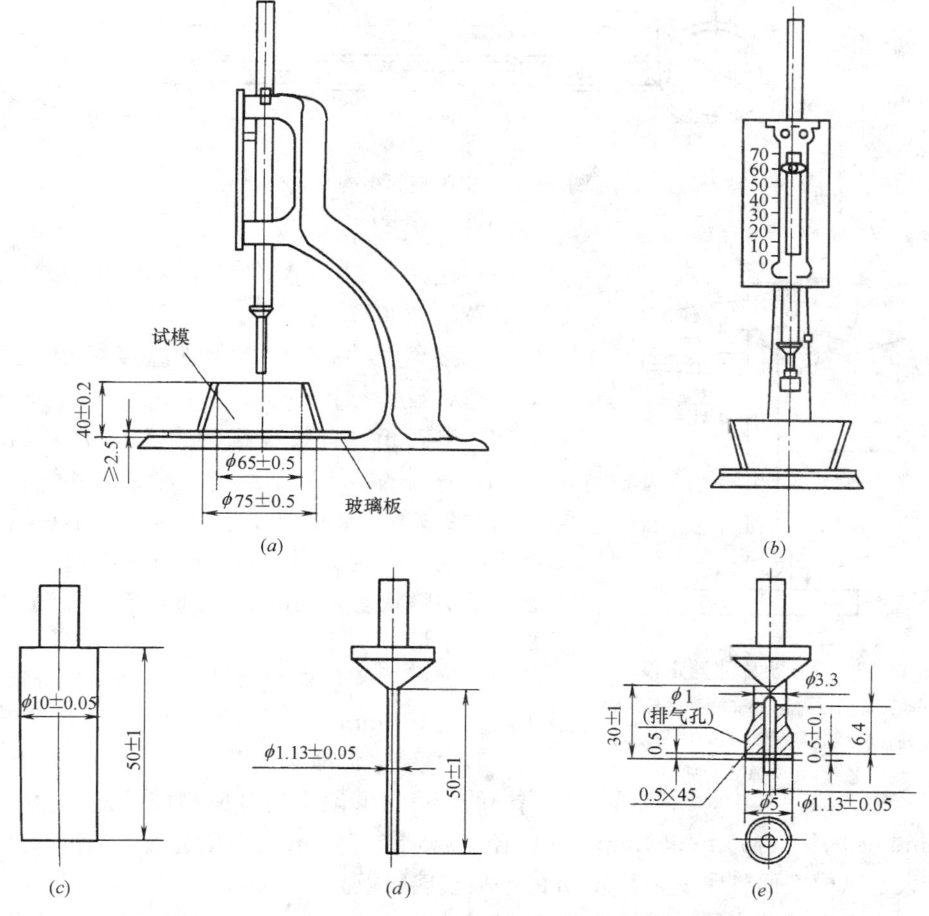

图 16-11 检测水泥标准稠度和凝结时间用的维卡仪

(a) 初凝时间测定用立式试模的侧视图；(b) 终凝时间测定用反转试模的前视图；
(c) 标准稠度试杆；(d) 初凝用试杆；(e) 终凝用试杆

直径为（ϕ10±0.05)mm的圆柱形耐腐蚀金属制成。检测初凝时间的试针和终凝时间的试针由钢制成，其有效长度初凝针为（50±1)mm、终凝针为（30±1)mm、直径为（ϕ1.13±0.05)mm的圆柱体。滑动部分的总质量为（300±1)g。与试杆、试针连接的滑动杆表面应光滑，能靠重力自由落下，不得有紧涩和晃动现象。

（3）量水器：最小刻度为0.1mL，精度为1%。

（4）天平：最大称量不小于1000g，分度值不大于1g。

（5）雷氏夹：由铜质材料制成，其结构如图16-12所示。当一根指针的根部先悬挂在一根金属丝或尼龙丝上，另一根指针的根部再挂上300g砝码时，两根指针针尖的距离增加应在（17.5±2.5)mm范围内，当去掉砝码后针尖的距离能恢复至挂砝码前的状态。

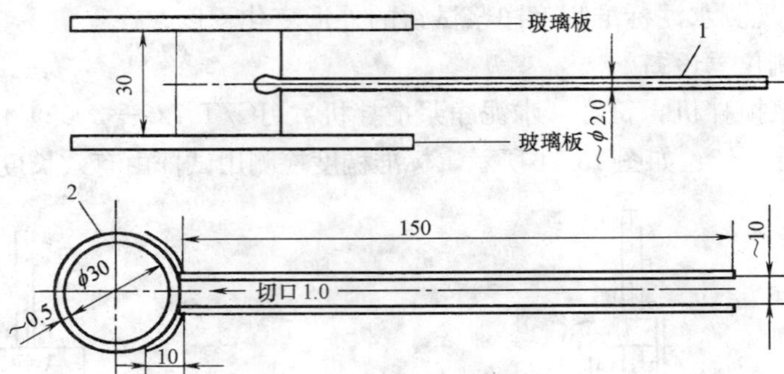

图16-12 雷氏夹的结构

1—指针；2—环模

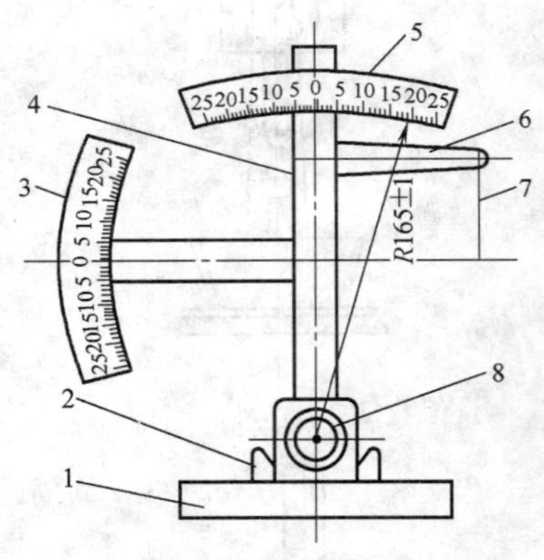

图16-13 雷氏夹膨胀测定仪

1—底座；2—模子座；3—测弹性标尺；4—立柱；5—测膨胀值标尺；6—悬臂；7—悬丝；8—弹簧顶扭

（6）代用法维卡仪：符合《水泥净浆搅拌机》(JC/T 729—2005）的要求。

（7）湿气养护箱：应能使温度控制在（20±1)℃，相对湿度大于90%。

（8）沸煮箱：有效容积约为410mm×240mm×310mm，篦板的结构应不影响检测结果，篦板与加热器之间的距离大于50mm。箱的内层由不易锈蚀的金属材料制成，能在（30±5)min内将箱内检测用水由室温升至沸腾状态并保持3h以上，整个检测过程中不需要补充水量。

（9）雷氏夹膨胀测定仪：如图16-13所示，标尺最小刻度为0.5mm。

（10）盛装水泥净浆的试模：如图16-14所示。由耐腐蚀的、有足够硬度的金属制成。试模为深（40±0.2)mm、顶内径（ϕ65±0.5)mm、底内径（ϕ75±0.5)mm的截顶圆锥体，每只试模应配备一个大于试模底面、厚度≥2.5mm的平板玻璃底板。

16.6.3 水泥标准稠度用水量检测（标准法）

1. 标准法

（1）检测前必须做到以下几点。

1）维卡仪的金属棒能自由滑动。

2）调整至试杆接触玻璃板时指针对准零点。

3）搅拌机运行正常。

（2）水泥净浆的拌制

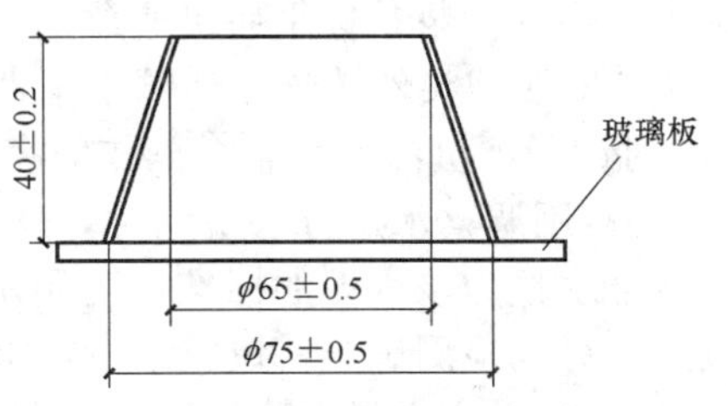

图 16-14　标准稠度测定用试模

用水泥净浆搅拌机搅拌，搅拌锅和搅拌叶片先用湿布擦过，将拌合水倒入搅拌锅内，然后在 5～10s 内小心地将称好的 500g 水泥加入水中，防止水和水泥溅出；拌合时，先将锅放在搅拌机的锅座上，升至搅拌位置，启动搅拌机，低速搅拌 120s，停 15s，同时将叶片和锅壁上的水泥浆刮入锅中间，接着高速搅拌 120s 后停机。

（3）标准稠度用水量的具体检测步骤

拌合结束后，立即将拌制好的水泥净浆装入已置于玻璃板上的试模中，用小刀插捣，轻轻振动数次，刮去多余的净浆；抹平后迅速将试模和底板移到维卡仪上，并将其中心定在试杆下，降低试杆直至与水泥净浆表面接触，拧紧螺丝 1～2s 后，突然放松，使试杆垂直自由地沉入水泥净浆中。在试杆停止沉入或释放试杆 30s 时记录试杆距底板之间的距离，升起试杆后，立即擦净；整个操作应在搅拌后 1.5min 内完成，以试杆沉入净浆并距底板（6±1)mm 的水泥净浆为标准稠度净浆。其拌合水量为该水泥的标准稠度用水量（P)，按水泥质量的百分比计，即

$$P=\frac{\text{拌合用水量}}{\text{水泥用量}}\times 100\%$$

2. 代用法

（1）检测前必须做到：维卡仪的金属棒能自由滑动；调整试锥降至试锥接触锥模顶面时指针对准零点；搅拌机运行正常。

（2）水泥净浆的拌制同标准法。

（3）主要检测流程：

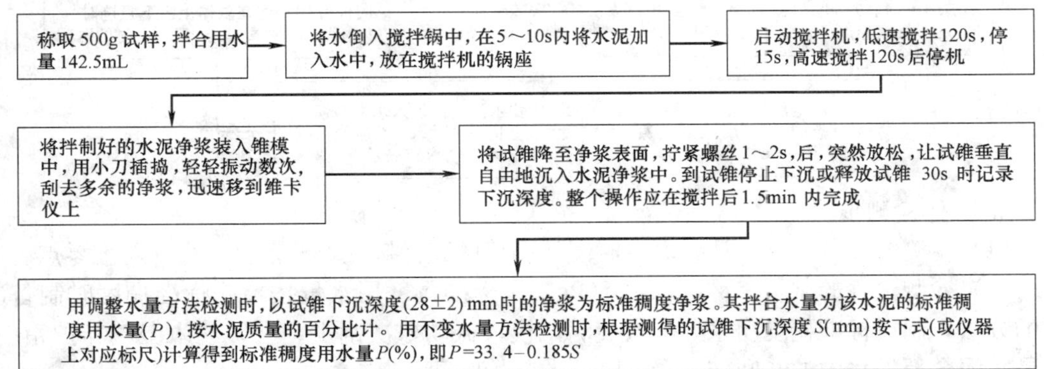

（4）标准稠度的具体检测步骤：

1）采用代用法检测水泥标准稠度用水量可用调整水量和不变水量两种方法中的任一种检测。采用调整水量方法时拌合水量按经验找水，采用不变水量方法时拌合水量用 142.5mL。

2）拌合结束后，立即将拌制好的水泥净浆装入锥模中，用小刀插捣，轻轻振动数次，

刮去多余的净浆；抹平后迅速放到试锥下面固定的位置上，将试锥降至净浆表面，拧紧螺丝1～2s后，突然放松，让试锥垂直自由地沉入水泥净浆中。到试锥停止下沉或释放试锥30s时记录下沉深度。整个操作应在搅拌后1.5min内完成。

3）用调整水量方法检测时，以试锥下沉深度（28±2）mm时的净浆为标准稠度净浆。其拌合水量为该水泥的标准稠度用水量（P），按水泥质量的百分比计。如下沉深度超过范围需另称检测试样，调整水量，重新检测，直至达到（28±2）mm为止。

4）用不变水量方法检测时，根据测得的试锥下沉深度S（mm）按下式（或仪器上对应标尺）计算得到标准稠度用水量P（%）即

$$P=33.4-0.185S$$

当试锥下沉深度小于13mm时，应改用调整水量法测定。

当试锥下沉深度正好符合26～30mm时，水泥净浆可以做检测；不符合26～30mm时，要重新称样，按测得的标准稠度计算拌合水量。

16.6.4 水泥凝结时间检测

1. 检测目的

凝结时间对施工有重要的意义，该试验的目的是检测初凝时间和终凝时间是否符合标准规定的要求。

2. 主要检测流程

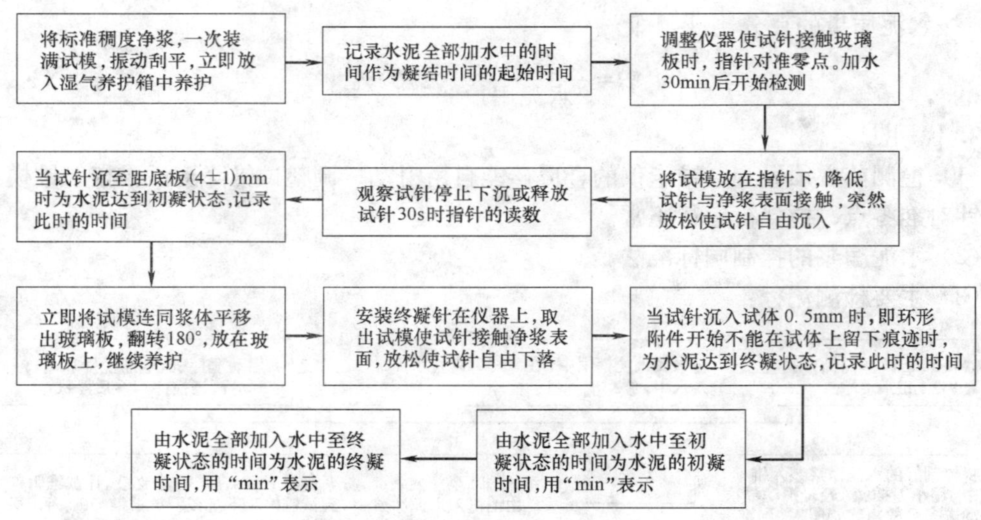

3. 具体检测步骤

（1）检测前准备工作。调整凝结时间检测仪的试针接触玻璃板时，指针对准零点。

（2）检测试件的制备。称取水泥500g，以标准稠度用水量按检测标准稠度时制备净浆的方法，制成标准稠度净浆，一次装满试模，振动数次刮平，立即放入湿气养护箱中。记录水泥全部加水中的时间作为凝结时间的起始时间。

（3）初凝时间检测。试件在湿气养护箱中养护至加水后30min时进行第一次检测。检测时，从湿气养护箱中取出试模放到试针下，降低试针与水泥净浆表面接触，拧紧螺丝1～2s后，突然放松，试针垂直自由地沉入水泥净浆。观察试针停止下沉或释放试针30s时指针的读数。当试针沉至距底板（4±1）mm时为水泥达到初凝状态；由水泥全部加入水中至初凝状态的时间为水泥的初凝时间，用“min”表示。

（4）终凝时间检测。为了准确观测试针沉入的状况，在终凝针上安装一个环形附件，在完成初凝时间测定后，立即将试模连同浆体以平移的方式从玻璃板取下，翻转 180°，直径大端向上，小端向下放在玻璃板上，再放入湿气养护箱中继续养护，临近终凝时间时每隔 15min 检测一次，当试针沉入试体 0.5mm 时，即环形附件开始不能在试体上留下痕迹时，为水泥达到终凝状态，由水泥全部加入水中至终凝状态的时间为水泥的终凝时间，用“min”表示。

4. 检测时应注意的事项

检测时应注意，在最初测定的操作时应轻轻扶持金属柱，使其徐徐下降，以防试针撞弯，但结果以自由下落为准；在整个检测过程中试针沉入的位置至少要距试模内壁 10mm。临近初凝时每隔 5min 检测一次，临近终凝时每隔 5min 测定一次，到达初凝或终凝时应立即重复检测一次，当两次结论相同时才能定为到达初凝或终凝状态。每次检测不能让试针落入原针孔，每次检测完毕必须将试针擦净并将试模放回湿气养护箱内，在整个检测过程中要防止试模受振。

16.6.5 水泥安定性检测

1. 检测方法

安定性检测方法有标准法（雷氏法）——它是观测由两个试针的相对位移所指示的水泥标准稠度净浆体积膨胀的程度和代用法（试饼法）——它是观测水泥标准稠度净浆试饼的外形变化程度等。当发生争议时，一般以雷氏法为准。

2. 检测目的

通过检测沸煮后标准稠度的水泥净浆检测试样的体积和外形的变化程度，评定水泥体积安定性是否合格。

3. 材料和检测条件

（1）材料。检测用水必须是洁净的饮用水，如有争议时应以蒸馏水为准。

（2）检测条件。检测试验室温度为（20±2）℃，相对湿度应不低于 50%；水泥检测试样、拌合水、仪器和用具的温度应与检测试验室一致。

4. 主要检测流程

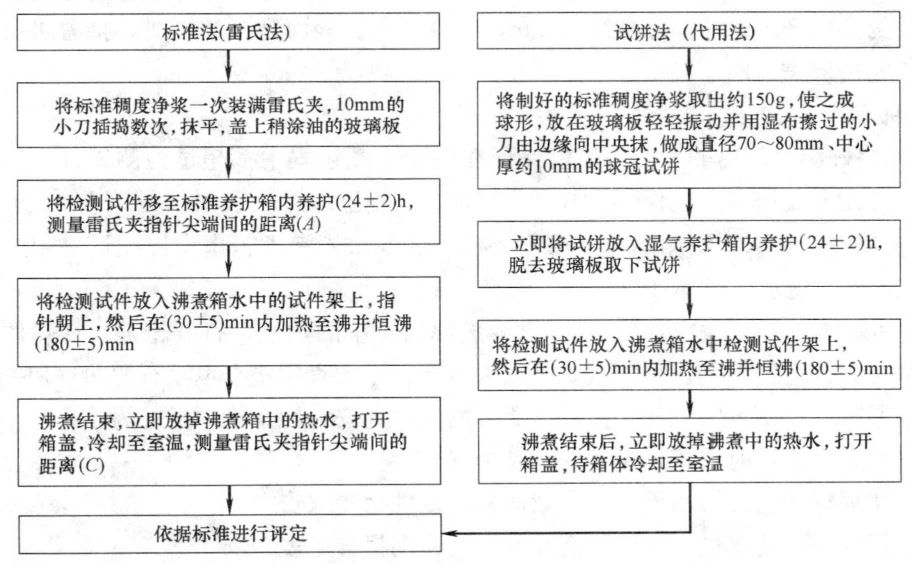

5. 具体检测步骤

(1) 标准法（雷氏法）

1) 检测前的准备工作。每个检测试样需要成型两个检测试件，每个雷氏夹需要配备质量为75～85g的玻璃板2块，凡与水泥净浆接触的玻璃板和雷氏夹内表面都要稍稍涂上一层油。

2) 雷氏夹检测试件的成型。将预先准备好的雷氏夹放在已稍擦油的玻璃板上，并立即将已制好的标准稠度净浆一次装满雷氏夹，装浆时一只手轻轻扶持雷氏夹，另一只手用宽约10mm的小刀插捣数次，然后抹平，盖上稍涂油的玻璃板，接着立即将检测试件移至湿气养护箱内养护（24±2)h。

3) 沸煮。

① 调整好沸煮箱内的水位，使其能保证在整个沸煮过程中都超过检测试件，不需要中途添补检测用水，同时又能保证在（30±5)min内升至沸腾。

② 脱去玻璃板取下检测试件，先测量雷氏夹指针尖端间的距离（A)，精确到0.5mm，接着将检测试件放入沸煮箱水中的试件架上，指针朝上，然后在（30±5)min内加热至沸并恒沸（180±5)min。

4) 检测结果判别。沸煮结束后，立即放掉沸煮箱中的热水，打开箱盖，待箱体冷却至室温，取出检测试件进行判别。当两个检测试件的$C-A$值相差不大于4.0mm时，即认为该水泥安定性合格。当两个检测试件的$C-A$值相差超过4.0mm时，应用同一样品立即重做一次检测。再如此，则认为该水泥为安定性不合格。

(2) 试饼法（代用法）

1) 检测前的准备工作。每个样品需要准备两块约100mm×100mm的玻璃板，凡与水泥净浆接触的玻璃板都要稍稍涂上一层油。

2) 试饼的成型方法。将制好的标准稠度净浆取出约150g，分成两等份，使之成球形，放在预先准备好的玻璃板上，轻轻振动玻璃板并用湿布擦过的小刀由边缘向中央抹，做成直径为70～80mm、中心厚约10mm、边缘渐薄、表面光滑的试饼，接着将试饼放入湿气养护箱内养护（24±2)h。

3) 沸煮。

① 调整好沸煮箱内的水位，使能保证在整个沸煮过程中都超过检测试件，不需要中途添补检测用水，同时又能保证在（30±5)min内升至沸腾。

② 脱去玻璃板取下检测试件，接着将检测试件放入沸煮箱水中检测试件架上，然后在（30±5)min内加热至沸并恒沸（180±5)min。

4) 检测结果判别。沸煮结束后，立即放掉沸煮中的热水，打开箱盖，待箱体冷却至室温，取出试件进行判别。目测试饼未发现裂缝，用钢直尺检查也没有弯曲（使钢直尺和试饼底部紧靠，以两者间不透光为不弯曲）的试饼为安定性合格，反之为不合格。当两个试饼判别结果有矛盾时，该水泥的安定性为不合格。

16.6.6 水泥标准稠度用水量、凝结时间和安定性检测报告

水泥标准稠度用水量、凝结时间和安定性检测报告见表16-6。

水泥标准稠度用水量、凝结时间和安定性检测报告 **表 16-6**

工程名称： 报告编号： 工程编号：

委托单位		委托编号		委托日期	
施工单位		样品编号		检验日期	
委托单位		委托编号		委托日期	
施工单位		样品编号		检验日期	
结构部位		出厂合格证编号		报告日期	
厂别		检验性质		代表数量	
发证单位		见证人		证书编号	

1. 水泥标准稠度用水量检测

试样名称	试样质量(g)	加水量(mL)	指针下沉深度 S(mm)	标准稠度 P(%)

结　论：

执行标准：

2. 水泥凝结时间检测

试样名称	试样质量(g)	加水时间(min)	指针距底板(4±1)mm时间(min)	指针沉入净浆0.5mm时间(min)	凝结时间(min)	
					初凝时间	终凝时间

结　论：

执行标准：

3. 水泥安定性检测

试样名称	试样质量(g)	加水量(mL)	指针下沉深度 S(mm)	雷氏法			试饼法
				C值(mm)	A值(mm)	(C-A)值(mm)	煮沸后试饼

结　论：

执行标准：

主要仪器设备	检测仪器		管理编号	
	型号规格		有效期	
	检测仪器		管理编号	
	型号规格		有效期	
	检测仪器		管理编号	
	型号规格		有效期	
备注				
声明				
地址	地址： 邮编： 电话：			

审批(签字)：________ 审核(签字)：________ 校核(签字)：________ 检测(签字)：________

检测单位(盖章)：________

报　告　日　期：　年　月　日

注：本表一式四份（建设单位、施工单位、检测试验室、城建档案馆存档各一份）。

16.7 水泥胶砂强度检测（ISO法）

16.7.1 检测目的

通过检测不同龄期的抗折强度、抗压强度，确定水泥的强度等级或评定水泥强度是否符合标准规定。

16.7.2 主要检测仪器设备

（1）行星式水泥胶砂搅拌机：它由搅拌锅、搅拌叶、电动机等组成，如图16-15所示。应符合《行星式水泥胶砂搅拌机》（JC/T 681—2005）的要求。

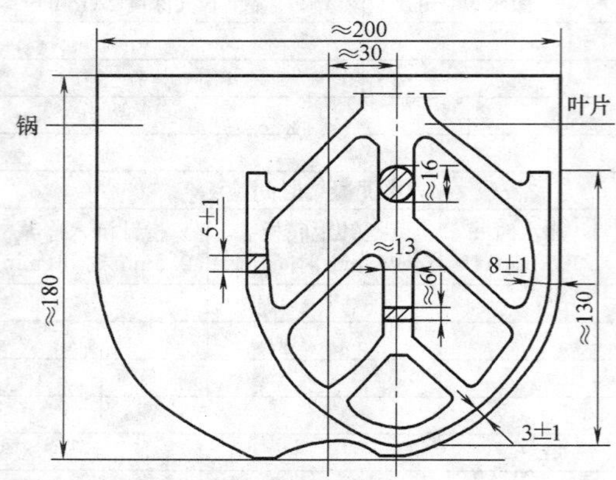

图16-15 行星式水泥胶砂搅拌机

搅拌叶片高速和低速时的自转和公转速度应符合表16-7的要求。

行星式水泥胶砂搅拌机主要参数 **表16-7**

速度	搅拌叶自转(r/min)	搅拌叶公转(r/min)
底	140±5	62±5
高	285±10	125±10

注：叶片与锅底、锅壁的工作间隙为（3±1）mm

搅拌锅可以任意挪动，但可以很方便地固定在锅底上，而且搅拌时也不会明显晃动和转动。搅拌叶片呈扇形，搅拌时除顺时针自转外，还沿锅边逆时针公转，并且有高低两种速度。

（2）水泥胶砂试模：它由3个水平槽模组成，可同时成型3条截面为40mm×40mm，长160mm的棱形试体，其材质和制造尺寸符合《水泥胶砂试模》（JC/T 726—2005）的要求，如图16-16所示。成型操作时，应在试模上面加有一个壁高20mm的金属模套，当从上往下看时，模套壁与模型内应该重叠，超出内壁应大于1mm。为了控制料层厚度和刮平胶砂，应备有两个播料器和一金属刮平直尺。

（3）振实台：其性能应符合《水泥胶砂检测试体成型振实台》（JC/T 682—2005）的要求，如图16-17所示。振实台振幅为（15.0±0.3）mm，振动频率为60次/(60±2)s。振实成型方法用伸臂式振实台。振实台应安装在高度约400mm的混凝土基座上。混凝土体积约为0.25m^3，重约600kg。需要防外部振动影响振实效果时，可在整个混凝土基座

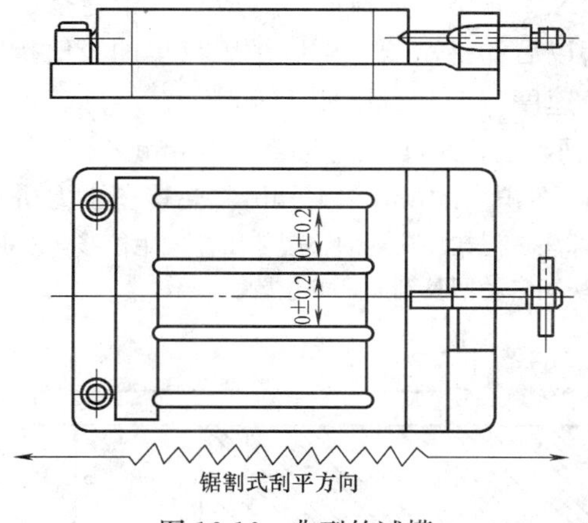

图 16-16 典型的试模

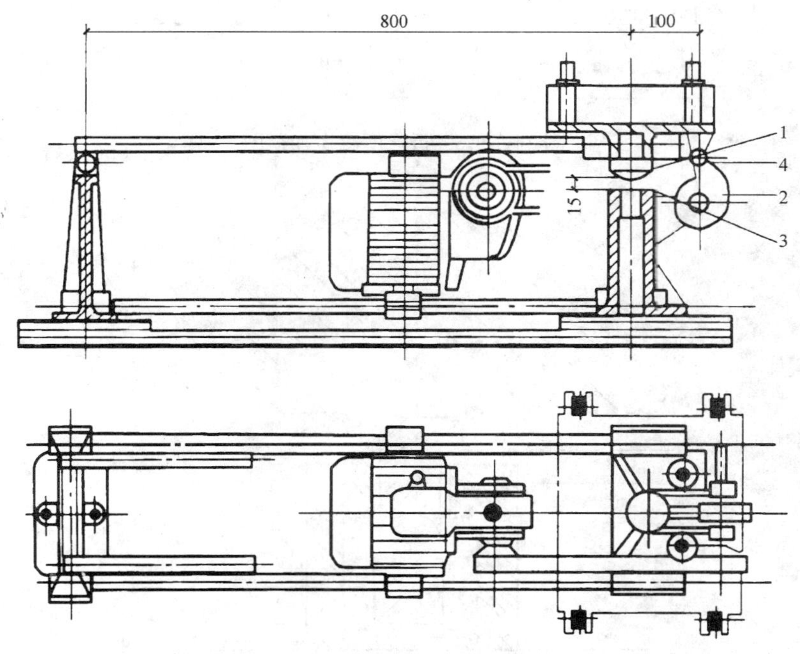

图 16-17 典型的振实台（mm）

1—突头；2—凸轮；3—止动器；4—滑动轮

下放一层厚约 5mm 的天然橡胶弹性衬垫。将仪器用地脚螺栓固定在基座上，安装后设备成水平状态，仪器底座与基座之间要铺一层砂浆以保证它们的完全接触。

（4）抗折强度检测试验机：符合《水泥胶砂电动抗折试验机》（JC/T 724—2005）的要求。一般采用杠杆比值为 1∶50 的电动抗折检测试验机。抗折夹具的加荷与支撑圆柱直径应为（10±0.1）mm，两个支撑圆柱中心距为（100±0.2）mm。检测试件在夹具中受力状态如图 16-18 所示。

抗折强度也可以用抗压强度检测试验机来测定，此时应使用符合上述规定的夹具。

（5）抗压强度检测试验机：在较大的 4/5 量程范围内使用时记录的荷载应有±1%精

度，具有按（2400±200)N/s速率的加荷能力，应有一个能指示检测试件破坏时荷载并把它保持到检测试验机卸荷以后的指示器，可以用表盘里的峰值指针或显示器来达到。人工操纵检测试验机配有一个速度动态装置以便于控制荷载增加。

（6）抗压强度检测试验机用夹具：应符合《40mm×40mm水泥抗压夹具》（JC/T 683—2005）的要求，受压面积为40mm×40mm。夹具在压力机上位置如图16-19所示。

注：1. 可以润滑夹具的球座，但在加荷期间不会使压板发生位移，不能用高压下有效的润滑剂。

2. 试件破坏后，滑块能自动回复到原来的位置。

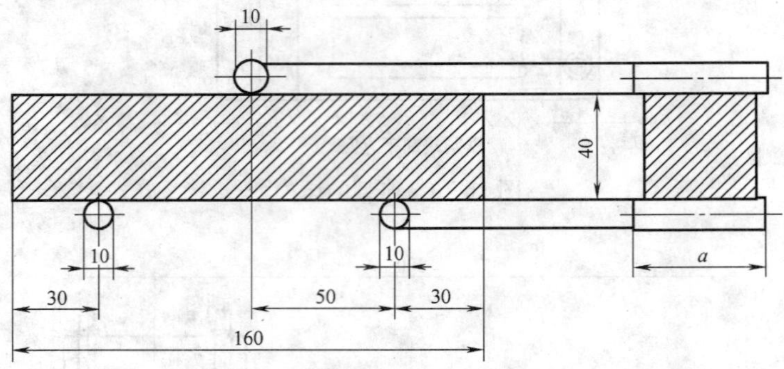

图16-18 抗折强度测定加荷图

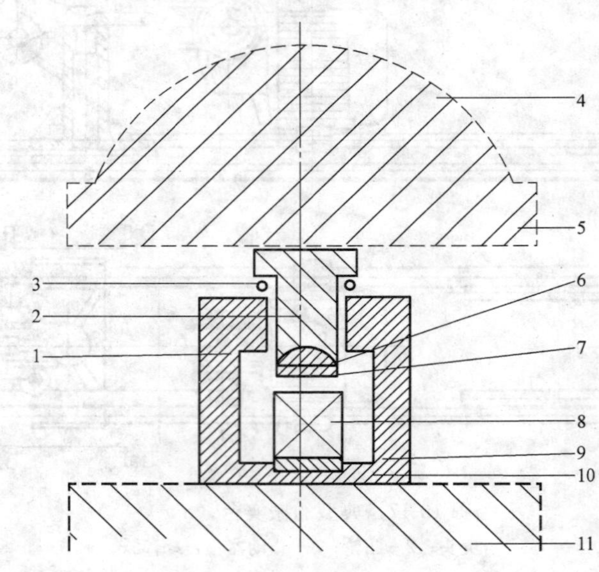

图16-19 典型的抗压强度试验

1—滚珠承轴；2—滑块；3—复位弹簧；4—压力机球座；5—压力机上压板；6—夹具球座；7—夹具上压板；8—试体；9—底板；10—夹具下垫板；11—压力机下压板

（7）天平（精度为±1g）、量水器（精度为±1mL）。

16.7.3 胶砂检测试体成型

1. 胶砂组成

（1）砂。检测采用中国ISO标准砂，中国ISO标准砂可以单级分包装，也可以各级预配合以（1350±5)g量的塑料袋混合包装，但所用塑料袋材料不得影响强度检测结果。

（2）水泥。当检测水泥从取样至检测要保持24h以上时，应把它储存在基本装满和气密的容器里，这个容器应不与水泥起反应。

（3）水。仲裁检测或其他重要检测用蒸馏水，其他检测可用饮用水。

2. 胶砂的制备

（1）制备原则。按《水泥胶砂强度检验方法（ISO法）》（GB/T 17671—1999）进行检测。但火山灰硅胶盐水泥、粉煤灰硅胶盐水泥、复合硅胶盐水泥和掺火山灰混合材料的普通硅酸盐水泥在进行胶砂强度检测时，其用水量按0.50水灰比和胶砂流动度不小于180mm来确定。当流动度小于180mm时，须以0.01的整倍数递增的方法将水灰比调整至胶砂流动度不小于180mm。

（2）配合比。胶砂的质量配合比应为一份水泥、三份标准砂和半份水（水泥：标准砂：水＝1：3：0.5）。一锅胶砂成型3条试块，每锅材料需要量为水泥（450±2)g、中国lSO标准砂（1350±5)g，水（225±1)mL。

（3）搅拌。每锅胶砂用搅拌机进行机械搅拌。先使搅拌机处于待工作状态，然后按以下的程序进行操作：

把水加入锅里，再加入水泥，把锅放在固定架上，上升至固定位置。然后立即开动机器，低速搅拌30s后，在第二个30s开始的同时均匀地将砂子加入，当各级砂是分装时，从最粗粒级开始，依次将所需的每级砂量加完。把机器转至高速再拌30s。停拌90s，在第一个15s内用一胶皮刮具将叶片和锅壁上的胶砂，刮入锅中间。在高速下继续搅拌60s。各个搅拌阶段，时间误差应在±1s以内。

3. 检测试件的制备

（1）用振实台成型。胶砂制备后立即进行成型。将空试模和模套固定在振实台上，用一个合适的勺子直接从搅拌锅里将胶砂分两层装入试模，装第一层时，每个槽里约放300g胶砂，用大播料器垂直架在模套顶部沿每个模槽来回一次将料层播平，接着振实60次。再装入第二层胶砂，用小播料器播平，再振实60次。移走模套，从振实台上取下试模，用一金属直尺以近似90°的角度架在试模模顶的一端，然后沿试模长度方向以横向锯割动作慢慢向另一端移动，一次将超过试模部分的胶砂刮去，并用同一直尺以近乎水平的情况下将检测试体表面抹平。

（2）用振动台成型。当使用代用的振动台成型时，操作如下：在搅拌胶砂的同时将试模和下料漏斗卡紧在振动台的中心。将搅拌好的全部胶砂均匀地装入下料漏斗中，开动振动台，胶砂通过漏斗流入试模。振动（120±5)s停车。振动完毕，取下试模，用刮平尺以规定的刮平手法刮去其高出试模的胶砂并抹平。

（3）在试模上做标记或加字条标明检测试件编号和检测试件相对于振实台的位置。

4. 试件的脱模和养护

（1）脱模前的处理和养护。去掉留在模子四周的胶砂。立即将做好标记的试模放入养护箱［温度为（20±1)℃，相对湿度在90%以上］养护，养护时不应将试模放在其他试模上。一直养护到规定的脱模时间时取出脱模。脱模前，用防水墨汁或颜料笔对试体进行编号和做其他标记。两个龄期以上检测试体，在编号时应将同一试模中的3条检测试体分在两个以上龄期内。

（2）脱模。脱模应非常小心。对于24h龄期的，应在破型检测前20min内脱模；对于24h以上龄期的，应在成型后20～24h之间脱模。

注：如经24h养护，会因脱模对强度造成损害时，可以延迟至24h以后脱模，但在检测报告中应予说明。

已确定作为24h龄期检测（或其他不下水直接做检测）的已脱模试体，应用湿布覆盖至做检测时为止。

(3) 水中养护。将做好标记检测试件立即水平或竖直放在(20±1)℃的水中养护，水平放置时刮平面应朝上。试件放在不易腐烂的篦子上，并彼此间保持一定间距，以让水与检测试件的6个面接触。养护期间试件之间间隔或检测试体上表面的水深不得小于5mm。除24h龄期或延迟至48h脱模检测试体外，任何到龄期检测试体应在试验（破型）前15min从水中取出。揩去试体表面沉积物，并用湿布覆盖至检测为止。

16.7.4 强度的具体检测

检测试体龄期是从水泥加水搅拌开始检测时算起。不同龄期强度检测按表16-8时间进行。

不同龄期强度检测的时间 **表16-8**

龄期	时间	龄期	时间
1	1d±15min	7	7d±2h
2	2d±30min	28	>28d±8h
3	3d±45min		

1. 抗折强度检测

将检测试体一个侧面放在检测试验机支撑圆柱上，试体长轴垂直于支撑圆柱，通过加荷圆柱以(50±10)N/s的速率均匀地将荷载垂直加在棱柱体相对侧面上，直至折断。保持两个半截棱柱体处于潮湿状态直至抗压检测。

抗折强度 f_t 以MPa为单位，按下式进行计算（精确至0.01MPa）：

$$f_t=\frac{1.5F_tL}{b^3}$$

式中 f_t——抗折强度，MPa；

F_t——折断时施加于棱柱体中部的荷载，N；

L——支撑圆柱之间的距离，mm；

b——棱柱体正方形截面的边长，mm。

2. 抗压强度检测

抗压强度检测用规定的抗压强度检测试验机和抗压强度检测试验机用夹具，在半截棱柱体的侧面上进行半截棱柱体中心与压力机压板受压中心差应在±0.5mm内，棱柱体露在压板外的部分约有10mm。在整个加荷过程中以(2400±200) N/s速率均匀地加荷直至破坏。

抗压强度 f_c 以MPa为单位，按下式进行计算（精确至0.1MPa）：

$$f_c=\frac{F_c}{A}$$

式中 f_c——抗压强度，MPa；

F_c——破坏时的最大荷载，N；

A——受压部分面积，mm^2。

16.7.5 检测结果计算与评定

1. 抗折强度

以一组 3 个棱柱体抗折结果的平均值作为检测结果。当三个强度值中有超出平均值 ±10%时，应剔除后再取平均值作为抗折强度检测结果。

2. 抗压强度

以一组 3 个棱柱体上得到的 6 个抗压强度检测测定值的算术平均值为检测结果。如果 6 个测定值中有一个超出 6 个平均值的±10%，就应剔除这个结果，而以剩下 5 个的平均数为结果。如果 5 个检测值中再有超过它们平均数±10%的，则此组结果作废。

3. 检测结果的评定

各试体的抗折强度记录至 0.01MPa，按规定计算平均值，计算精确至 0.01MPa。各个半棱柱体得到的单个抗压强度结果计算至 0.1MPa，按规定计算平均值，计算精确至 0.1MPa。

16.7.6 水泥胶砂强度检测（ISO 法）报告

水泥胶砂强度检测（ISO 法）报告见表 16-9。

水泥胶砂强度检测（ISO 法）报告 **表 16-9**

工程名称： 报告编号： 工程编号：

委托单位		委托编号		委托日期	
施工单位		样品编号		检验日期	
结构部位		出厂合格证编号		报告日期	
厂别		检验性质		代表数量	
发证单位		见证人		证书编号	

试样编号	龄期	抗折破坏荷载(N)	抗折强度(MPa)	抗折强度平均值(MPa)	抗压破坏荷载(MPa)		抗压强度(MPa)	抗压强度平均值(MPa)
1	3d							
2								
3								
1	28d							
2								
3								

结　论：

执行标准：

主要仪器设备	检测仪器		管理编号	
	型号规格		有效期	
	检测仪器		管理编号	
	型号规格		有效期	
	检测仪器		管理编号	
	型号规格		有效期	

备注	
声明	
地址	地址： 邮编： 电话：

审批(签字)：______ 审核(签字)：______ 校核(签字)：______ 检测(签字)：______

检测单位(盖章)：______

报 告 日 期： 年 月 日

注：本表一式四份（建设单位、施工单位、检测试验室、城建档案馆存档各一份）。

16.8 水泥强度的快速检测

在水泥胶砂强度检验方法的基础上，用55℃湿热养护24h，获得水泥快速强度来预测水泥28d抗压强度，用于水泥生产和使用的质量控制。

16.8.1 主要检测设备仪器与材料

(1) 胶砂搅拌机、振动台、试模、抗压检测试验机及抗压夹具应符合《水泥胶砂强度检验方法（ISO法）》(GB/T 17671—1999) 的规定。

(2) 湿热养护箱：箱体内径尺寸为650mm×350mm×260mm，试件架距箱底高度为150mm；加热功率1kW以上；控制在(55±2)℃范围内的控温装置。

(3) 采用水泥胶砂强度试验所用的标准砂和水。

16.8.2 主要检测流程

试件成型和抗压强度检测与水泥胶砂强度检测相同，差异在养护方法。

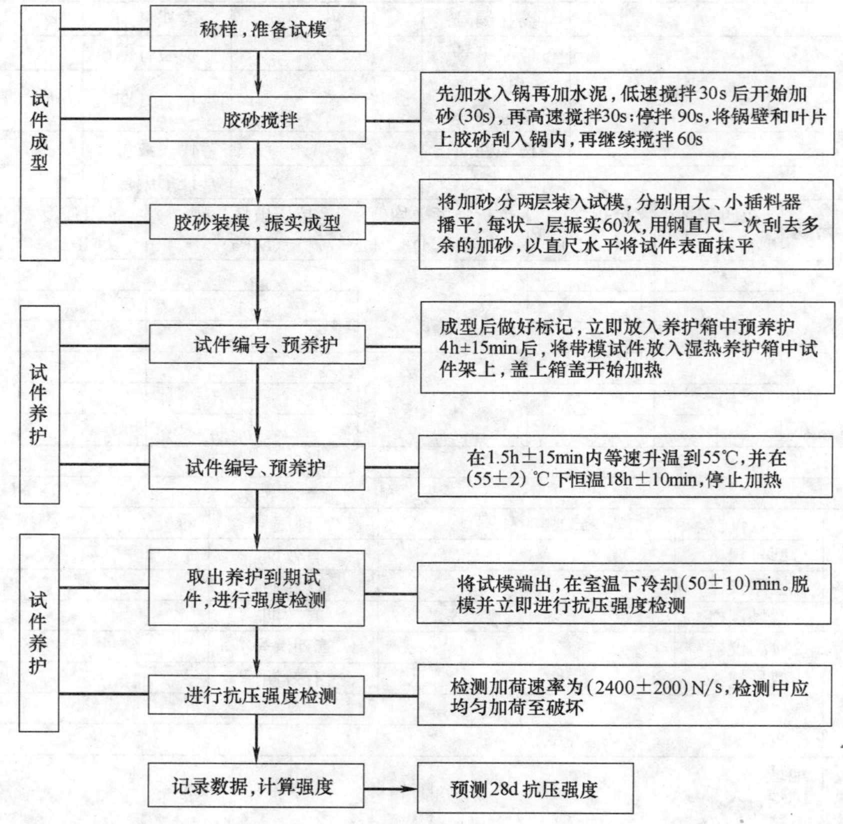

16.8.3 检测结果与评定

水泥28d抗压强度按下式进行计算：

$$R_{28}=A\cdot R_{\mathrm{k}}+B$$

式中 R_{28}——预测的水泥28d抗压强度，MPa；

R_k——快速测定的水泥抗压强度，MPa；

A，B——常数。经积累较多数据后通过回归方程确定，其相关系数应不小于 0.75，并要求剩余标准偏差 S 不大于所用全部水泥样品 28d 实测抗压强度平均值的 7.0%。

16.8.4 水泥 28d 抗压强度预测公式的建立

为提高预测水泥 28d 抗压强度的准确性，其检测组数 n 应不小于 30 组。常数 A、B 按下列公式进行计算：

$$A=\frac{\sum_{i=1}^{n}R_{28i}\cdot R_{ki}-\frac{1}{n}\left(\sum_{i=1}^{n}R_{28i}\right)\left(\sum_{i=1}^{n}R_{ki}\right)}{\sum_{i=1}^{n}X_{ki}^{2}-\frac{1}{n}\left(\sum_{i=1}^{n}R_{ki}\right)}$$

$$B=\overline{R}_{28}-A\cdot\overline{R}_{k}$$

$$\overline{R}_{28}=\frac{1}{n}\sum_{i=1}^{n}R_{28i}$$

$$\overline{R}_{k}=\frac{1}{n}\sum_{i=1}^{n}R_{ki}$$

式中 $\overline{R}_{28}$——n 组水泥 28d 抗压强度平均值，MPa；

R_{28i}——第 i 组水泥 28d 抗压强度测定值，MPa；

$\overline{R_{k}}$——n 组水泥快速测定 28d 抗压强度平均值，MPa；

R_{ki}——第 i 组水泥快速测定 28d 抗压强度测定值，MPa；

n——检测组数。

将确定的常数 A、B 值代入水泥 28d 强度预测式中，即可得到本单位使用的专用式，根据使用情况，必要时修正 A、B 值（约一年修正一次）。

为确定所建立的水泥 28d 强度预测公式的可靠性，应计算检测数据的相关系数 r 和剩余标准偏差 s，要求相关系数 $r\geqslant0.75$，剩余标准偏差$\frac{s}{\overline{R}_{28}}\leqslant0.07$。此时建立的水泥 28d 强度预测公式是可以使用的，其预测结果是可靠的。相关系数 r 按下式计算：

$$r=\frac{\sum_{i=1}^{n}R_{28i}\cdot R_{ki}-\frac{1}{n}\left(\sum_{i=1}^{n}R_{28i}\right)\left(\sum_{i=1}^{n}R_{ki}\right)}{\sqrt{\left[\sum_{i=1}^{n}R_{28i}^{2}-\frac{1}{n}\left(\sum_{i=1}^{n}R_{28i}\right)^{2}\right]\left[\sum_{i=1}^{n}R_{ki}^{2}-\frac{1}{n}\left(\sum_{i=1}^{n}R_{ki}\right)^{2}\right]}}$$

$$s=\frac{\sqrt{(1-r^{2})\left[\sum_{i=1}^{n}R_{28i}^{2}-\frac{1}{n}\left(\sum_{i=1}^{n}R_{28i}\right)^{2}\right]}}{n-2}$$

注：当单位确定 A、B 值有难度时，对于五大硅酸盐水泥的可按 A 取 1.22、B 取 18.3，则参考预测公式为：

$$\overline{R}_{28}=1.22R_{k}+18.3$$

初期按参考预测公式进行，当检测组数超过 30 组后，可按照上述程序建立本单位水泥 28d 强度预测公式或修正预测公式。最好划分不同水泥品种，以提高换算准确度。

16.9 水泥胶砂流动度检测

16.9.1 主要检测仪器设备

(1) 水泥胶砂搅拌机。应符合《行星式水泥胶砂搅拌机》(TC/T 681—2005) 的性能要求。

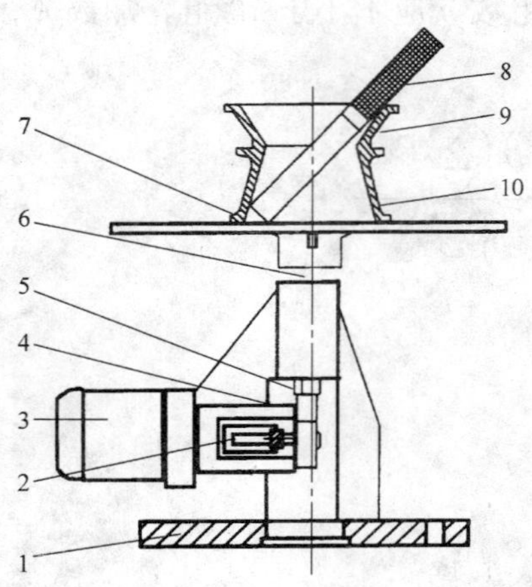

图 16-20 跳桌结构示意图

1—机架；2—接近开关；3—电机；4—凸轮；5—滑轮；6—推杆；7—圆盘桌面；8—捣棒；9—模套；10—截锥圆模

(2) 跳桌及其附件。

1) 跳桌主要由铸铁机架和跳动部分组成，如图 16-20 所示。

2) 转动轴与转速为 60r/min 的同步电机，其转动机构能保证胶砂流动度测定仪在 (25±1)s 内跳动 25 次。跳桌底座有 3 个直径为 12mm 的孔，以便与混凝土基座连接，3 个孔均匀分布在直径 200mm 的圆上。

(3) 试模。由截锥圆模和模套组成，金属材料制成的，内表面加工光滑。圆模直径为 (60±0.5) mm，上口内径为 (70±0.5)mm，下口内径为 (100±0.5)mm，下口外径为 120mm，模壁厚大于 5mm。

(4) 圆柱捣棒。由金属材料制成，直径为 (20±0.5)mm，长约 200mm。捣棒底面与侧面成直角，其下部光滑，上部手柄滚花。

(5) 卡尺。量程不小于 300mm，分度值不大于 0.5mm。

(6) 小刀。刀口平直，长度大于 80mm。

(7) 天平。量程不小于 100g，分度值不大于 1g。

16.9.2 具体检测步骤

1. 制备胶砂

由《水泥胶砂流动度测定方法》(GB/T 2419—2005) 规定一次检测用的材料数量为：水泥 540g，标准砂 1350g，水按预定的水灰比进行计算。

按《水泥胶砂强度检验方法 (ISO) 法》(GB/T 17671—1999) 的规定进行搅拌。

2. 湿润仪器

在拌合胶砂的同时，用湿布抹擦跳桌台面、捣棒、截锥圆模和模套内壁，并把它们置于玻璃板中心，盖上湿布。

3. 装模

将拌合好的水泥胶砂迅速地分两层装入模内。第一层装到截锥圆模高的 2/3 处，用小刀在相互垂直的两个方向上各划 5 次，再用圆柱捣棒自边缘至中心均匀捣压 15 次 (见图 16-21)。接着装第二层胶砂，装至高出圆模约 20mm，同样用小刀在相互垂直两个方向各划 5 次，再用圆柱捣棒自边缘至中心均匀捣压 15 次 (见图 16-22)。捣压深度，第一层捣至胶砂高度 1/2，第二层捣至不超过已捣实的底层表面。

装胶砂与捣实时用手将截锥圆模扶持，不要移动。

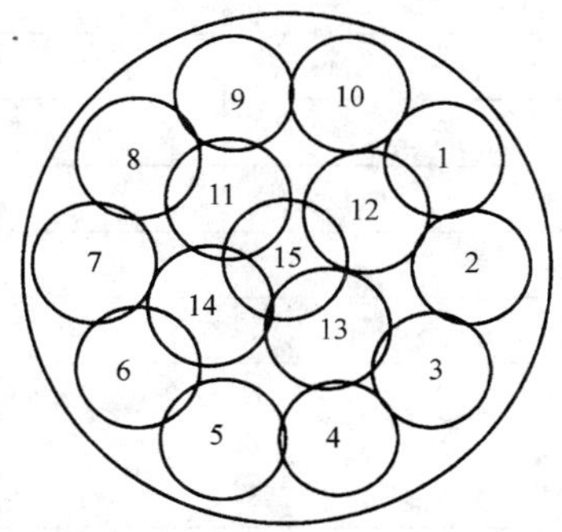

图 16-21 第一次捣压位置示意图

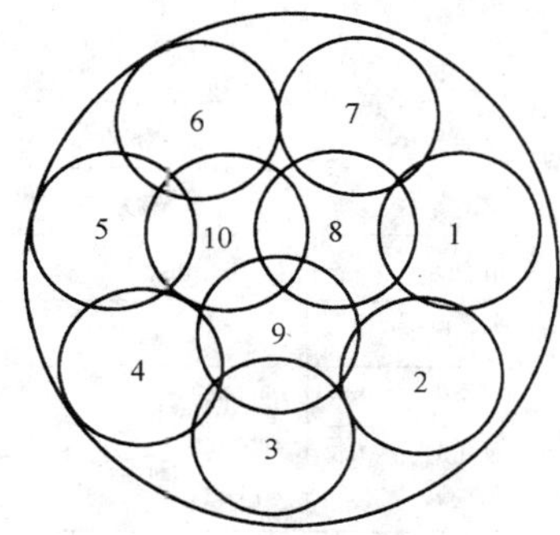

图 16-22 第二次捣压位置示意图

4. 卸模

捣压完毕后，取下模套，用小刀由中间向边缘分两次将高出截锥圆模的胶砂刮去并抹平，擦去落在桌面上的胶砂，将截锥圆模垂直向上轻轻提起，立刻开动跳桌，约每秒钟一次，在 (25±1)s 内完成 25 次跳动。

16.9.3 检测结果评定

跳动完毕，用卡尺检测胶砂底面互相垂直的两个方向直径，计算平均值，取整数，以 mm 为单位。该平均值即为该用水量的水泥胶砂流动度。

胶砂流动度检测，从胶砂加水开始到检测扩散直径结束，应在 6min 内完成。

16.9.4 水泥胶砂流动度检测报告

水泥胶砂流动度检测报告见表 16-10。

水泥胶砂流动度检测报告 **表 16-10**

工程名称： 报告编号： 工程编号：

<table>
<tr><td>委托单位</td><td colspan="2"></td><td>委托编号</td><td colspan="2"></td><td>委托日期</td><td></td></tr>
<tr><td>施工单位</td><td colspan="2"></td><td>样品编号</td><td colspan="2"></td><td>检验日期</td><td></td></tr>
<tr><td>结构部位</td><td colspan="2"></td><td>出厂合
格证编号</td><td colspan="2"></td><td>报告日期</td><td></td></tr>
<tr><td>厂别</td><td colspan="2"></td><td>检验性质</td><td colspan="2"></td><td>代表数量</td><td></td></tr>
<tr><td>发证单位</td><td colspan="2"></td><td>见证人</td><td colspan="2"></td><td>证书编号</td><td></td></tr>
<tr><td rowspan="2">试样编号</td><td rowspan="2">试样质量
(g)</td><td rowspan="2">标准砂质量
(g)</td><td rowspan="2">加水量
(mL)</td><td rowspan="2">预定水灰比
(W/C)</td><td colspan="3">扩散直径(mm)</td></tr>
<tr><td>直径 1(mm)</td><td>直径 2(mm)</td><td>平均直径(mm)</td></tr>
<tr><td></td><td></td><td></td><td></td><td></td><td></td><td></td><td></td></tr>
<tr><td></td><td></td><td></td><td></td><td></td><td></td><td></td><td></td></tr>
<tr><td colspan="8">结　论：</td></tr>
<tr><td colspan="8">执行标准：</td></tr>
<tr><td colspan="2" rowspan="4">主要仪器设备</td><td>检测仪器</td><td colspan="2"></td><td>管理编号</td><td colspan="2"></td></tr>
<tr><td>型号规格</td><td colspan="2"></td><td>有效期</td><td colspan="2"></td></tr>
<tr><td>检测仪器</td><td colspan="2"></td><td>管理编号</td><td colspan="2"></td></tr>
<tr><td>型号规格</td><td colspan="2"></td><td>有效期</td><td colspan="2"></td></tr>
</table>

续表

<table>
<tr><td rowspan="4">主要仪器设备</td><td>检测仪器</td><td></td><td>管理编号</td><td></td></tr>
<tr><td>型号规格</td><td></td><td>有效期</td><td></td></tr>
<tr><td>检测仪器</td><td></td><td>管理编号</td><td></td></tr>
<tr><td>型号规格</td><td></td><td>有效期</td><td></td></tr>
<tr><td>备注</td><td colspan="4"></td></tr>
<tr><td>声明</td><td colspan="4"></td></tr>
<tr><td>地址</td><td colspan="4">地址：
邮编：
电话：</td></tr>
</table>

审批(签字)：＿＿＿＿＿审核(签字)：＿＿＿＿＿校核(签字)：＿＿＿＿＿检测(签字)：＿＿＿＿＿

检测单位(盖章)：＿＿＿＿＿＿

报 告 日 期： 年 月 日

注：本表一式四份（建设单位、施工单位、检测试验室、城建档案馆存档各一份）。

第 17 章　水泥混凝土及砂浆性能检测

17.1　水泥混凝土及砂浆性能检测的基本规定

17.1.1　执行标准

《混凝土结构工程施工质量验收规范》(GB 50204—2002)；

《普通混凝土配合比设计规范》(JGJ 55—2000)；

《混凝土质量控制标准》(GB 50164—1992)；

《混凝土强度检验评定标准》(GB/T 50107—2010)；

《普通混凝土力学性能试验方法标准》(GB/T 50081—2002)；

《普通混凝土拌合物性能试验方法标准》(GB/T 50080—2002)；

《砌体工程施工质量验收规范》(GB 50203—2011)；

《建筑砂浆基本性能试验方法》(JGJ/T 70—2009)；

《砌筑砂浆配合比设计规程》(JGJ 98—2010)。

17.1.2　水泥混凝土及砂浆性能检测项目、组批原则及抽样规定

水泥混凝土及砂浆性能检测项目、组批原则及抽样规定，见表 17-1。

水泥混凝土及砂浆性能检测项目、组批原则及抽样规定　　表 17-1

序号	材料名称及标准规范	检测项目	组批原则及取样规定
1	混凝土拌合物性能检测 GB 50204－2002 JGJ 55－2000 GB/T 50081－2002 GB/T 50107－2010 GB 50164－1992 GB/T 50080－2002	稠度、凝结时间、泌水与压力泌水、表观密度等	1. 同一组混凝土拌合物的取样应从同一盘搅拌或同一车运送的混凝土中取样；取样数量应多于检测所需量的 1.5 倍，且宜不少于 20L。 2. 混凝土工程施工中取样进行混凝土拌合物性能试验时，其取样方法和原则应按《混凝土结构工程施工质量验收规范》(GB 50204—2002)及其有关规定执行。 3. 混凝土拌合物的取样应具有代表性，宜采用多次采样的方法。一般在同一盘混凝土或同一车混凝土中的约 1/4 处、1/2 车和 3/4 车之间分别取样，从第一次取样到最后一次取样不宜超过 15min，然后人工搅拌均匀。 从取样完毕到开始做各项性能检测不宜超过 5min
2	混凝土力学检测 GB 50204－2002 JGJ 55－2000 GB/T 50081－2002 GB/T 50107－2010 GB 50164－1992	抗压、抗折强度、劈裂抗拉强度等	1. 每拌制 100 盘不超过 100m³ 的同配合比的混凝土，其取样不得少于一次。 2. 每工作班拌制的同配合比的混凝土不足 100 盘时，其取样不得少于一次。 3. 连续浇筑超过 1000m³ 时，同一配合比的混凝土，每 200m³ 取样不得少于一次。 4. 每一楼层、同一配合比的混凝土，其取样不得少于一次。 5. 每次取样至少留一组标准养护试件，同条件养护试件的留置组数根据需要定。 6. 从混凝土浇灌地点随机取样；即混凝土料堆上随机至少抽取 3 处，并搅拌均匀后入模

续表

序号	材料名称及标准规范	检测项目	组批原则及取样规定
3	混凝土耐久性检测	抗渗性、抗冻性、收缩性、抗碳化能力等	1. 进行混凝土抗渗性检测时，同一工程、同一配合比的混凝土，取样不应少于一次，留置组数可根据实际需要确定；从混凝土浇灌地点随机取样；即混凝土料堆上随机至少抽取 3 处，并搅拌均匀后入模；试件应在浇筑地点制作，每次制作 1 组，每组试块 6 块。 2. 进行混凝土收缩检测时，根据混凝土工程量及质量控制要求确定批量；每次成型 1 组共 3 个试件；试件成型时，如用机油作隔离剂则采用的机油的黏度不应过大，以免阻碍以后试件的湿度交换，影响测值。 3. 水泥混凝土配合比设计应提供以下材料：水泥 50kg、砂 80kg、石 130kg、外加剂 5kg
4	砂浆性能检测 GB 50203—2011 JGJ 98—2010 JGJ/T 70—2009	稠度、分层度、抗压强度等	1. 建筑砂浆试验用料应从同一盘砂浆或同一车砂浆中取样；取样量应不少于试验所需量的 4 倍。 2. 施工中取样进行砂浆试验时，其取样方法和原则按相应的施工验收规范执行。一般在使用地点的砂浆槽、砂浆运送车或搅拌机出料口，至少从三个不同部位取样。现场取来的试样，试验前应人工搅拌均匀。 3. 从取样完毕到开始进行各项性能试验不宜超过 15min

17.1.3 水泥混凝土性能检测的试件制作和养护

(1) 检测试验室拌制的混凝土制作试件时，其材料用量以质量计，称量的精度为：水泥、水和外加剂均为±0.5%；集料为±1.0%。拌合用的集料应提前送入室内，拌合时检测试验室的温度应保持（20±5)℃。施工单位拌制的混凝土，其称量用量也应以质量计，各组成称量计算结果的偏差：水泥、水和外加剂均为±2.0%；集料为±3.0%。

(2) 所有检测试件应在取样后立即制作，试件的成型方法应根据混凝土的稠度而定。坍落度≤70mm 的混凝土，宜用振动台振实；坍落度>70mm 的宜用捣棒人工捣实。

(3) 制作试件的试模由铸铁或钢制成，应具有足够的刚度并卸装方便。试模的内表面应机械加工，其不平度应为每 100mm 不超过 0.05mm。组装后各相邻面的不垂直度不应超过±0.5°。制作试件前应将试模擦干净并在前内壁涂上一层矿物油脂或其他脱模剂。

(4) 采用振动台成型时，应将水泥混凝土拌合物一次装入试模，装料时应用抹刀沿试模内壁略加插捣并使水泥混凝土拌合物高出试模上口。振动时应防止试模在振动台上自由跳动，振动应持续到混凝土表面出浆为止，刮除多余的水泥混凝土，并用抹刀抹平。

(5) 人工插捣时，水泥混凝土拌合物应分两层装入试模，每层的装料厚度大致相同，插捣用的钢制捣棒长为 650mm，直径为 16mm，端部应磨圆。插捣应按螺旋方向从边缘向中心均匀进行，插捣底层时，捣棒应达到试模表面，插捣上层时，捣棒应穿入下层深度为 20～30mm，插捣时捣棒应保持垂直，同时，还应用抹刀沿试模内壁插入数次。每层的插捣次数应根据试件的截面而定，一般每 100cm^2 截面积不应少于 12 次。插捣完后，刮除多余的水泥混凝土，并用抹刀抹平。

(6) 标准养护的试件成型后应覆盖表面，以防止水分蒸发，并应在（20±5)℃下静置 24～48h，然后编号拆模。

拆模后的试件应立即放在温度为（20±2)℃，相对湿度为 95%以上的标准养护室内养护。在标准养护室内，试件应放在架上，彼此间隔为 10～20mm，并应避免用水直接冲淋试件。

当无标准养护室时，水泥混凝土试件可在（20±2）℃的不流动的氢氧化钙饱和溶液中养护。

（7）混凝土试件一般标准养护到 28d（由成型算起）进行检测。但也可按工程要求（如需确定拆模、起吊、施工预应力或承受施工荷载等时的力学性能）养护到所需的龄期。

17.1.4 水泥混凝土的拌合方法

1. 人工拌合法

将称好的砂料、水泥放在铁板上，用铁铲将水泥和砂料翻拌均匀，然后加入称好的粗集料（石子），再将全部拌合均匀。将拌合均匀的拌合物堆成圆锥形，在中心作一凹坑，将称量好的水（约一半）倒入凹坑中，勿使水溢出，小心拌合均匀。再将材料堆成圆锥形作一凹坑，倒入剩余的水，继续拌合。每翻一次，用铁铲在全部拌合物面上压切一次，翻拌一般不少于 6 次。拌合时间（从加水算起）随拌合物体积不同，宜按如下规定控制：拌合物体积在 30L 以下时，拌合 4～5min；体积在 30～50L 时，拌合 5～9min；体积超过 50L 时，拌合 9～12min。水泥混凝土拌合物体积超过 50L 时，应特别注意拌合物的均匀性。从开始加水时算起，全部操作必须 30min 内完成。

2. 机械拌合法

按照所需数量，称取各种材料，分别按石、水泥、砂依次装入料斗，开动机器徐徐将定量的水加入，继续搅拌 2～3min（或根据不同情况，按规定进行搅拌），将水泥混凝土拌合物倾倒在铁板上，再经人工翻拌 1～2min，使拌合物均匀一致后用做检测。从开始加水时算起，全部操作必须 30min 内完成。

17.2 水泥混凝土拌合物性能检测

17.2.1 水泥混凝土拌合物和易性检测

水泥混凝土拌合物和易性的评定，通常采用检测混凝土拌合物的流动性，辅以直观经验评定黏聚性和保水性，来确定和易性。测定水泥混凝土拌合物的流动性，应按《普通混凝土拌合物性能试验方法标准》（GB/T 50080—2002）进行。流动性大小用“坍落度”或“维勃稠度”指标表示。

1. 水泥混凝土拌合物坍落度与坍落扩展度测定

本测定用以判断水泥混凝土拌合物的流动性，主要适用于坍落度值不小于 10mm 的混凝土拌合物的稠度测定，集料最大粒径不大于 40mm。

（1）主要检测设备仪器

1）坍落度筒：为薄钢板制成的截头圆锥筒，其内壁应光滑、无凸凹部位。底面和顶面应互相平行并与锥体的轴线垂直。在坍落度筒外 2/3 高度处安两个手把，下端应焊脚踏板。筒的内部尺寸为：底部直径为（200±2）mm；顶部直径为（100±2）mm；高度为（300±2）mm；筒壁厚度不小于 1.5mm，如图 17-1 所示。

2）金属捣棒：直径为 16mm，长为 650mm，端部为弹头形。

3）铁板：尺寸为 600mm×600mm，厚度为 3～5mm，表面平整。

4）钢尺和直尺：300～500mm，最小刻度为 1mm。

5）小铁铲、抹刀等。

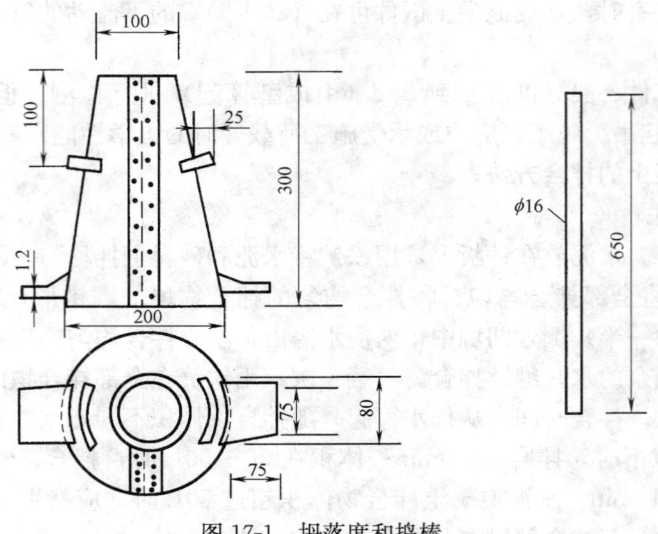

图 17-1 坍落度和捣棒

(2) 主要检测流程

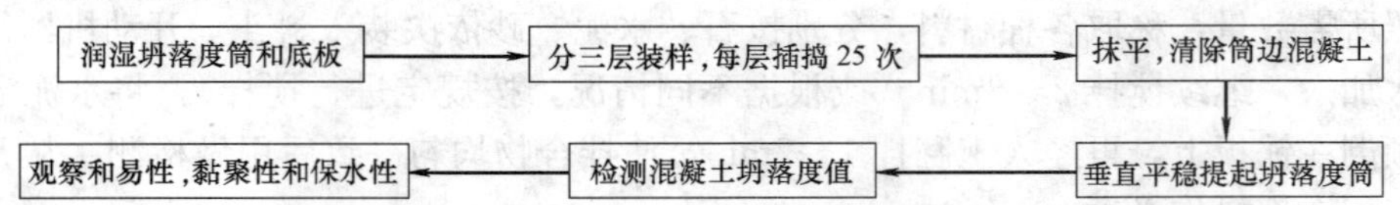

(3) 具体检测步骤

1) 用水湿润坍落度筒及其他用具，并把坍落度筒放在已准备好的刚性水平 600mm×600mm 的铁板上，用脚踩住两边的脚踏板，使坍落度筒在装料时保持在固定位置。

2) 把按要求取得的混凝土试样用小铲分三层均匀地装入筒内，使捣实后每层高度为筒高的 1/3 左右。每层用捣棒沿螺旋方向由外向中心插捣 25 次，每次插捣应在截面上均匀分布。插捣筒边混凝土时，捣棒可以稍稍倾斜。插捣底层时，捣棒应贯穿整个深度，插捣第二层和顶层时，捣棒应插透本层至下层的表面。浇灌顶层时，混凝土应灌到高出筒口。插捣顶层过程中，如混凝土沉落到低于筒口，则应随时添加。顶层插捣完后，刮去多余的混凝土，并用抹刀抹平。

3) 清除筒边底板上的水泥混凝土后，垂直平稳地在 5～10s 内提起坍落度筒。从开始装料到提坍落度筒的整个过程应不间断地进行，并应在 150s 内完成。

4) 提起坍落度筒后，测量筒高与坍落后混凝土试体最高点之间的高度差，即为该混凝土拌合物的坍落度值；坍落度筒提离后，如混凝土发生崩坍成一边剪坏现象，则应重新取样另行检测；如第二次检测仍出现上述现象，则表示该混凝土和易性不好，应予记录备查。

5) 观察坍落后的混凝土拌合物试体的黏聚性与保水性：黏聚性的检查方法是用捣棒在已坍落的混凝土截锥体侧面轻轻敲打，此时如果截锥试体逐渐下沉（或保持原状），则表示黏聚性良好，如果锥体倒塌、部分崩裂或出现离析现象，则表示黏聚性不好。保水性以混凝土拌合物中稀浆析出的程度来评定，坍落度筒提起后如有较多稀浆从底部析出，锥体部分的混凝土也因失浆而集料外露，则表明其保水性能不好。如坍落度筒提起后无稀浆或仅有少量稀浆自底部析出，则表示其保水性能良好。

6）当混凝土拌合物的坍落度大于 220mm 时，用钢尺测量混凝土扩展后最终的最大直径和最小直径，在这两个直径之差小于 50mm 的条件下，用其算术平均值作为坍落扩展度值；否则，此次检测无效。

如果发现粗集料在中央集堆或边缘有水泥浆析出，表示此混凝土拌合物抗离析性不好，应予记录。

7）混凝土拌合物坍落度和坍落扩展度值以毫米为单位，测量精确至 1mm，结果表达修约至 5mm。

2. 维勃稠度测定

本方法适用于集料最大粒径不大于 40mm，维勃稠度在 5～30s 之间的混凝土拌合物稠度测定。坍落度不大于 50mm 或干硬性混凝土和维勃稠度大于 30s 的特干硬性混凝土拌合物的稠度可采用增实因数法来测定。

（1）主要检测设备仪器

1）维勃稠度仪：维勃稠度仪（见图 17-2）；由以下部分组成：

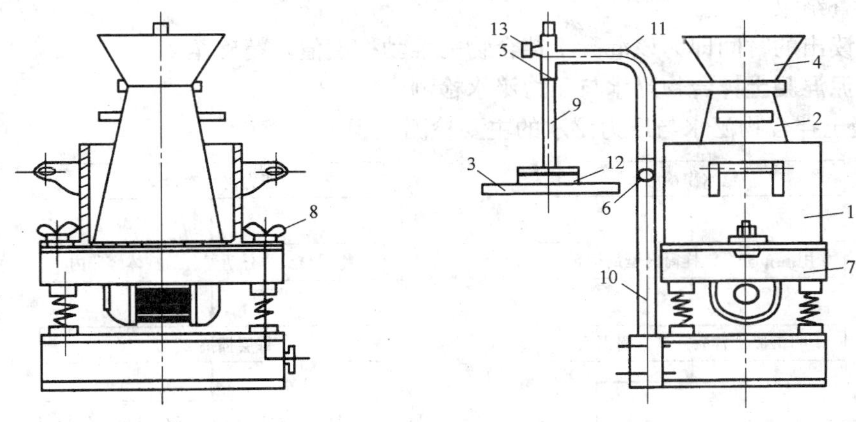

图 17-2 维勃稠度仪

1—容器；2—坍落度筒；3—透明圆盘；4—喂料斗；5—套管；6—定位螺丝；7—振动台；8—固定螺丝；9—测杆；10—支柱；11—旋转架；12—荷重块；13—测杆螺丝

① 振动台：台面长 380mm，宽 260mm，支承在四个减振器上。台面底部安有频率为（50±3）Hz 的振动器。装有空容器时台面的振幅为（0.5±0.1）mm；

② 容器：由钢板制成，内径为（240±5）mm，高为（200±2）mm，筒壁厚 3mm，筒底厚为 7.5mm；

③ 坍落度筒：其内部尺寸，底部直径为（200±2）mm，顶部直径为（100±2）mm，高度为（300±2）mm；

④ 旋转架：旋转架与测杆及喂料斗相连。测杆下部安装有透明且水平的圆盘，并用测杆螺丝把测杆固定在套管中。旋转架安装在支柱上，通过十字凹槽来固定方向，并用定位螺丝来固定其位置。就位后测杆或喂料斗的轴线均应与容器的轴线重合。透明圆盘直径为（230±2）mm，厚度为（10±2）mm。荷重块直接固定在圆盘上。由测杆、圆盘和荷

重块组成的滑动部分总质量为（2750±50）g。

2）金属捣棒：直径为16mm，长为650mm，端部为弹头形。

（2）具体检测步骤

1）把维勃稠度仪放置在坚实水平的地面上，用湿布把容器、坍落度筒、喂料斗内壁及其他用具湿润。

2）将喂料斗提到坍落度筒上方扣紧，校正容器位置，使其中心与喂料斗中心重合，然后拧紧固定螺丝。

3）把按要求取样或制作的混凝土拌合物试样用小铲分三层经喂料斗均匀地装入筒内，装料及插捣方法应符合要求（与坍落度测定装料及插捣方法相同）。

4）把喂料斗转离，垂直地提起坍落度筒，此时应注意不使混凝土试体产生横向扭动。

5）把透明圆盘转到混凝土圆台体顶面，放松测杆螺丝，降下圆盘，使其轻轻接触到混凝土顶面。

6）拧紧定位螺丝，并检查测杆螺丝是不是已经完全放松。

7）在开启振动台的同时用秒表计时，当振动到透明圆盘的底面被水泥浆布满的瞬间停止计时，并关闭振动台。

（3）检查结果

由秒表读出的时间即为该混凝土拌合物的维勃稠度值，精确至1s。

17.2.2 水泥混凝土拌合物泌水与压力泌水检测

1. 混凝土拌合物泌水与压力泌水的主要检测流程

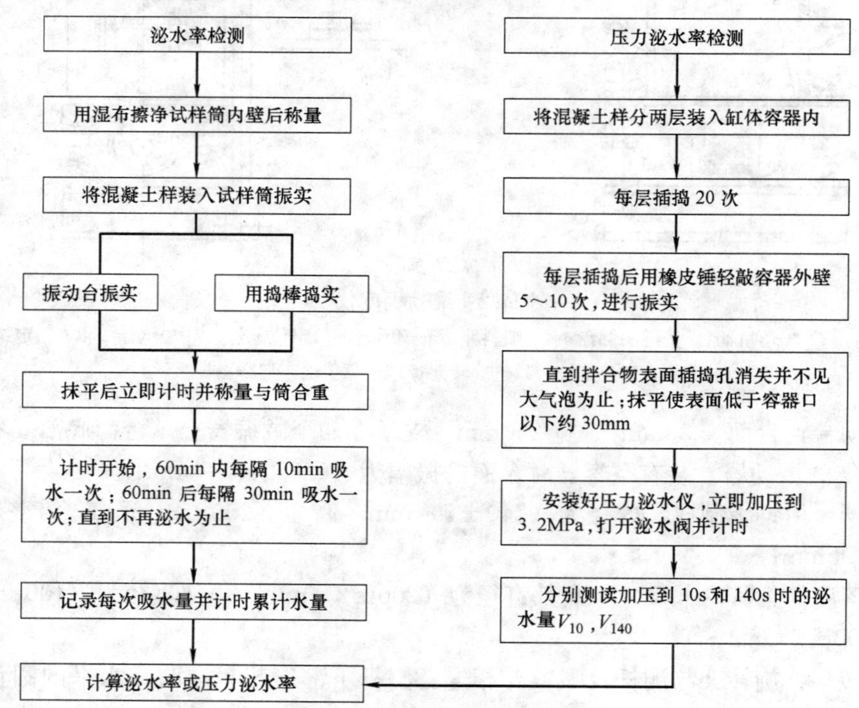

2. 混凝土拌合物泌水检测

混凝土拌合物泌水检测是为了检查混凝土拌合物在固体组分沉降过程中水分离析的趋

势，也适用于评定外加剂的品质和混凝土配合比的适用性。本检测方法适用于集料最大粒径不大于 40mm 的混凝土拌合物泌水检测。

(1) 主要检测设备仪器

1) 检测试验筒：内径和高为（186±2）mm、壁厚 3mm、容积为 5L 的带盖金属圆筒。当集料的最大粒径大于 40mm 时，容量筒的内径与高均应大于集料最大粒径 4 倍。

2) 振实设备可选用下列三种之一：

① 振动台：频率为（3000±200）次/min，空载振幅为（0.5±0.1）mm；

② 振动棒：直径为 30～50mm；

③ 钢制捣棒：直径为 16mm，长为 650mm，一端为弹头形。

3) 磅秤：称量 50kg，感量 50g。

4) 带盖量筒：容积 100mL、50mL，最小刻度为 1mL。

5) 小铁铲、抹刀和吸液管等。

(2) 具体检测步骤

1) 应用湿布湿润检测试样筒内壁后立即称量，记录检测试样筒的质量。再将混凝土试样装入检测试样筒，混凝土的装料及捣实方法有两种：

方法一：用振动台振实。将检测试样一次装入检测试样筒内，开启振动台，振动应持续到表面出浆为止，且应避免过振；并使混凝土拌合物表面低于检测试样筒筒口(30±3)mm，用抹刀抹平。抹平后立即计时并称量，记录检测试样筒与检测试样的总质量。

方法二：用捣棒捣实。采用捣棒捣实时，混凝土拌合物应分两层装入，每层的插捣次数应为 25 次；捣棒由边缘向中心均匀地插捣，插捣底层时捣棒应贯穿整个深度，插捣第二层时，捣棒应插透本层至下一层的表面；每一层捣完后用橡皮锤轻轻沿容量外壁敲打 5～10 次，进行振实，直至拌合物表面插捣孔消失并不见大气泡为止；并使混凝土拌合物表面低于检测试样筒筒口（30±3）mm，用抹刀抹平。抹平后立即计时并称量，记录检测试样筒与检测试样的总质量。

2) 在以下吸取混凝土拌合物表面泌水的整个过程中，应使试样筒保持水平、不受振动；除了吸水操作外，应始终盖好盖子；室温应保持在（20±2)℃。

3) 从计时开始后 60min 内，每隔 10min 吸取 1 次试件表面渗出的水。60min 后，每隔 30min 吸 1 次水，直至认为不再泌水为止。为了便于吸水，每次吸水前 2min，将一片 35mm 厚的垫块垫入筒底一侧使其倾斜，吸水后平稳地复原。吸出的水放入量筒中，记录每次吸水的水量并计算累计水量，精确至 1mL。

(3) 泌水量和泌水率检测结果与评定

泌水量和泌水率的结果计算及其确定应按下列方法进行：

1) 泌水量应按下式计算：

$$B_a=\frac{V}{A}$$

式中 B_a——泌水量，mL/mm²；

V——最后一次吸水后累计的泌水量，mL；

A——检测试样外露的表面面积，mm²。

计算应精确至 0.01mL/mm²。泌水量取三个检测试样测值的平均值。三个测值中的最大值或最小值，如果有一个与中间值之差超过中间值的15%，则以中间值为检测结果；如果最大值和最小值与中间值之差均超过中间值的15%，则此次检测无效。

2）泌水率应按下式计算：

$$B=\frac{V_{\mathrm{w}}}{(W/C)\cdot G_{\mathrm{w}}}\times 100\%$$

$$G_{\mathrm{w}}=G_1-G_0$$

式中 B——泌水率，%；

V_{w}——泌水总量，mL；

G_{w}——检测试样质量，g；

W——混凝土拌合物总用水量，mL；

C——混凝土拌合物总质量，g；

G_1——试样筒及检测试样总质量，g；

G_0——检测试样筒质量，g。

计算应精确至1%。泌水率取三个检测试样测值的平均值。三个测值中的最大值或最小值，如果有一个与中间值之差超过中间值的15%，则以中间值为检测结果；如果最大值和最小值与中间值之差均超过中间值的15%时，则此次检测无效。

3. 混凝土拌合物压力泌水检测

本方法适用于集料最大粒径不大于40mm的混凝土拌合物压力泌水检测。

（1）主要检测设备仪器

1）压力泌水仪：其主要部件包括压力表、缸体、工作活塞、筛网等（见图17-3）。压力表最大量程为6MPa，最小分度值不大于0.1MPa；缸体内径为（125±0.02）mm，内高（200±0.2）mm；工作活塞压强为3.2MPa，公称直径为125mm；筛网孔径为0.315mm。

2）钢制捣棒：直径为16mm，长为650mm，一端为弹头形。

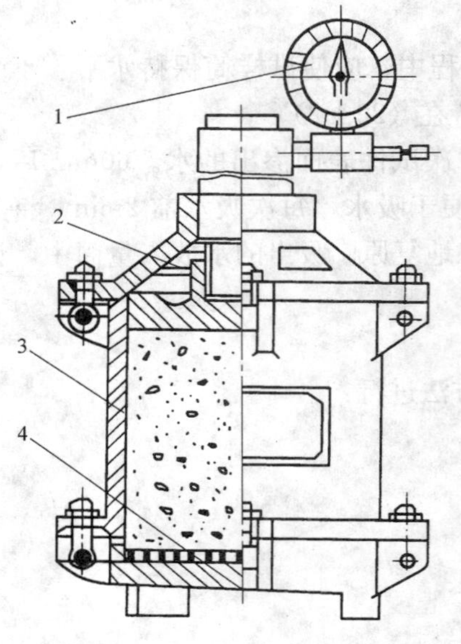

图17-3 压力泌水仪

1—压力表；2—工作活塞；3—缸体；4—筛网

3）量筒：200mL量筒。

（2）具体检测步骤

1）混凝土拌合物应分两层装入压力泌水仪的缸体容器内，每层的插捣次数应为20次。捣棒由边缘向中心均匀地插捣，插捣底层时捣棒应贯穿整个深度，插捣第二层时，捣棒应插透本层至下一层的表面；每一层捣完后用橡皮锤轻轻沿容器外壁敲打5～10次，进行振实，直至拌合物表面插捣孔消失并不见大气泡为止；并使拌合物表面低于容器口以下约30mm处，用抹刀将表面抹平。

2）将容器外表擦干净，压力泌水仪按规定安装完毕后应立即给混凝土试样施加压力至3.2MPa，并打开泌水阀门的同时开始计时，保持恒压，泌出的水接入200mL量筒里；加压至10s时读取泌水量 V_{10}，加压至140s时读取泌

水量 V_{140}。

(3) 压力泌水率检测结果与评定

压力泌水率应按下式计算：

$$B_v=\frac{V_{10}}{V_{140}}\times 100\%$$

式中 B_v——压力泌水率，%；

V_{10}——加压至 10s 时的泌水量，mL；

V_{140}——加压至 140s 的泌水量，mL。

压力泌水率的计算应精确至 1%。

17.2.3 水泥混凝土凝结时间检测

检测不同水泥品种、不同外加剂、不同混凝土配合比以及不同气温环境下混凝土拌合物的凝结时间，可以控制现场施工流程。本检测方法适用于从混凝土拌合物中筛出的砂浆用贯入阻力法来确定坍落度值不为零的混凝土拌合物凝结时间检测。

1. 主要检测设备仪器

贯入阻力仪应由加荷装置、测针、砂浆试样筒和标准筛组成，可以是手动的，也可以是自动的。贯入阻力仪应符合下列要求：

(1) 加荷装置：最大测量值应不小于 1000N，精度为±10N；

(2) 测针：长为 100mm，承压面积为 $100mm^2$、$50mm^2$ 和 $20mm^2$ 三种测针；在距贯入端 25mm 处刻有一圈标记；

(3) 砂浆试样筒：上口径为 160mm，下口径为 150mm，净高为 150mm 刚性不透水的金属圆筒，并配有盖子；

(4) 标准筛：筛孔为 5mm 的符合现行国家标准《试验筛　金属丝编织网、穿孔板和电线型薄板　筛孔的基本尺寸》(GB/T 6005—2008) 规定的金属圆孔筛。

2. 具体检测步骤

(1) 应从按第 17.1.3 节制备或现场取样的混凝土拌合物试样中，用 4.75mm 标准筛筛出砂浆，每次应筛净，然后将其拌合均匀。将砂浆一次分别装入三个检测试样筒中，做三次检测。取样混凝土坍落度不大于 70mm 的混凝土宜用振动台振实砂浆；取样混凝土坍落度大于 70mm 的宜用捣棒人工捣实。用振动台振实砂浆时，振动应持续到表面出浆为止，不得过振；用捣棒人工捣实时，应沿螺旋方向由外向中心均匀插捣 25 次，然后用橡皮锤轻轻敲打筒壁，直至插捣孔消失为止。振实或插捣后，砂浆表面应低于砂浆试样筒口约 10mm；砂浆试样筒应立即加盖。

(2) 砂浆试样制备完毕，编号后应置于温度为 (20±2)℃的环境中或现场同条件下待试，并在以后的整个测试过程中，环境温度应始终保持 (20±2)℃。现场同条件测试时，应与现场条件保持一致。在整个测试过程中，除在吸取泌水或进行贯入检测外，试样筒应始终加盖。

(3) 凝结时间测定从水泥与水接触瞬间开始计时。根据混凝土拌合物的性能，确定测针检测时间，以后每隔 0.5h 测试一次，在临近初、终凝时可增加测定次数。

(4) 在每次测试前 2min，将一片 20mm 厚的垫块垫入筒底一侧使其倾斜，用吸管吸去表面的泌水，吸水后平稳地复原。

（5）测试时将砂浆试样筒置于贯入阻力仪上，测针端部与砂浆表面接触，然后在(10±2)s内均匀地使测针贯入砂浆（25±2）mm深度，记录贯入压力，精确至10N；记录测试时间，精确至1min；记录环境温度，精确至0.5℃。

（6）各测点的间距应大于测针直径的两倍且不小于15mm，测点与试样筒壁的距离应不小于25mm。

（7）贯入阻力测试在0.2～28MPa之间应至少进行6次，直至贯入阻力大于28MPa为止。

（8）在测试过程中应根据砂浆凝结状况，适时更换测针，更换测针宜按表17-2选用。

测针选用规定表 **表17-2**

贯入阻力(MPa)	0.2～3.5	3.5～20	20～28
测针面积(mm^2)	100	50	20

3. 检测结果与评定

（1）贯入阻力应按下式计算：

$$f_{PR}=\frac{P}{A}$$

式中 f_{PR}——贯入阻力，MPa；

P——贯入压力，N；

A——测针面积，mm^2。

计算应精确至0.1MPa。

（2）凝结时间宜通过线性回归方法确定，是将贯入阻力f_{PR}和时间t分别取自然对数$\mathrm{Ln}(f_{PR})$和$\mathrm{Ln}(t)$，然后把$\mathrm{Ln}(f_{PR})$当作自变量，$\mathrm{Ln}(t)$当作因变量作线性回归得到回归方程式：

$$\mathrm{Ln}(t)=A+B\mathrm{Ln}(f_{PR})$$

式中 t——时间，min，

f_{PR}——贯入阻力，MPa；

A、B——线性回归系数。

根据上式求得当贯入阻力为3.5MPa时为初凝时间t_s，贯入阻力为28MPa时为终凝时间t_e：

$$t_s=e^{[A+B\mathrm{Ln}(3.5)]}$$

$$t_e=e^{[A+B\mathrm{Ln}(28)]}$$

式中 t_s——初凝时间，min；

t_e——终凝时间，min；

A、B——线性回归系数。

凝结时间也可用绘图拟合方法确定，是以贯入阻力为纵坐标，经过的时间为横坐标(精确至1min)，绘制出贯入阻力与时间之间的关系曲线，以3.5MPa和28MPa画两条平行于横坐标的直线，分别与曲线相交的两个交点的横坐标即为混凝土拌合物的初凝时间和终凝时间。

（3）用三个检测结果的初凝和终凝时间的算术平均值作为此次检测的初凝时间和终凝

时间。如果三个测值的最大值或最小值中有一个与中间值之差超过中间值的 10%，则以中间值为检测结果；如果三个测值的最大值和最小值与中间值之差均超过中间值的 10%，则此次检测无效。

凝结时间用 h 或 min 表示，并修约至 5min。

17.2.4 水泥混凝土拌合物表观密度检测

混凝土拌合物表观密度检测方法适用于测定混凝土拌合物捣实后的单位体积质量（即表观密度）。

1. 主要检测设备仪器

(1) 容量筒：金属制成的圆筒，两旁装有提手。对集料最大粒径不大于 40mm 的拌合物采用容积为 5L 的容量筒，其内径与内高均为（186±2）mm，筒壁厚为 3mm。集料最大粒径大于 40mm 时，容最筒的内径与内高均应大于集料最大粒径的 4 倍。容量筒上缘及内壁应光滑平整，顶面与底面应平行并与圆柱体的轴垂直。

容量筒容积应予以标定，标定方法可采用一块能覆盖住容量筒顶面的玻璃板，先称出玻璃板和空桶的质量，然后向容量筒中灌入清水，当水接近上口时，一边不断加水，一边把玻璃板沿筒口徐徐推入盖严，应注意使玻璃板下不带入任何气泡；然后擦净玻璃板面及筒壁外的水分，将容量筒连同玻璃板放在台秤上称其质量；两次质量之差（kg）即为容量筒的容积（L）。

(2) 台秤：称量 50kg，感量 50g。

(3) 振动台：应符合《混凝土试验室用振动台》（JG/T 3020—1994）中技术要求的规定。

(4) 捣棒：应符合《混凝土坍落度仪》（JG 3021—1994）的规定。

2. 主要检测流程

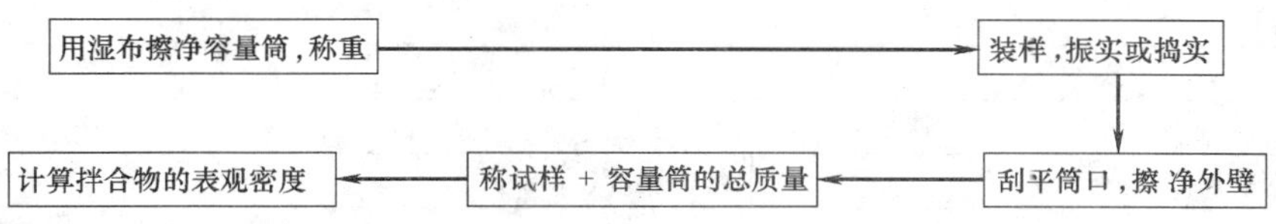

3. 具体检测步骤

(1) 用湿布把容量筒内外擦干净，称出容量筒质量，精确至 50g。

(2) 混凝土的装料及捣实方法应根据拌合物的稠度而定。坍落度不大于 70mm 的混凝土，用振动台振实为宜；大于 70mm 的用捣棒捣实为宜。采用捣棒捣实时，应根据容量筒的大小决定分层与插捣次数：用 5L 容量筒时，混凝土拌合物应分两层装入，每层的插捣次数应为 25 次；用大于 5L 的容量筒时，每层混凝土的高度不应大于 100mm，每层插捣次数应按每 10000mm^2 截面不小于 12 次计算。各次插捣应由边缘向中心均匀地插捣，插捣底层时捣棒应贯穿整个深度，插捣第二层时，捣棒应插透本层至下一层的表面；每一层捣完后用橡皮锤轻轻沿容器外壁敲打 5～10 次，进行振实，直至拌合物表面插捣孔消失并不见大气泡为止。

采用振动台振实时，应一次将混凝土拌合物灌到高出容量筒口。装料时可用捣棒稍加插捣，振动过程中如混凝土低于筒口，应随时添加混凝土，振动直至表面出浆为止。

(3) 用刮尺将筒口多余的混凝土拌合物刮去，表面如有凹陷应填平；将容量筒外壁擦净，称出混凝土检测试样与容量筒总质量精确至 50g。

4. 检测结果与评定

$$\gamma_h = \frac{W_2 - W_1}{V} \times 1000$$

式中 γ_h——表观密度，kg/m^3；

W_1——容量筒质量，kg；

W_2——容量筒和检测试样总质量，kg；

V——容量筒容积，L。

检测结果的计算精确至 10kg/m^3。

17.2.5 水泥混凝土拌合物性能检测报告

水泥混凝土拌合物性能检测报告见表 17-3。

水泥混凝土拌合物性能检测报告 **表 17-3**

工程名称： 报告编号： 工程编号：

委托单位		委托编号		委托日期	
施工单位		样品编号		检验日期	
结构部位		出厂合格证编号		报告日期	
厂　别		检验性质		代表数量	
发证单位		见证人		证书编号	

1. 水泥混凝土拌合物稠度检测与分层度检测

材料名称	产　地	品　种	1m^3 拌合物材料用量(kg)	每盘材料用量(kg)
水泥				
砂				
碎(卵石)				
水				
外加剂				

坍落度(或坍落扩展度值)(mm)		维勃稠度(s)	
结　论			
执行标准			

2. 水泥混凝土拌合物泌水检测

混凝土拌合物总用水量 W(mL)	混凝土拌合物总质量 G(g)	试样筒及试样总质量 G_1(g)	试样筒质量 G_0(g)	试样质量 G_w(g)	泌水总量 V_w(mL)	泌水率 B(%)

结　论：泌水率(三次检测的平均值)B(%)：$B=\frac{B_1+B_2+B_3}{3}=$

执行标准：

3. 水泥混凝土拌合物压力泌水检测

加压至 10s 时的泌水量 V_{10}(mL)	加压至 140s 的泌水量 V_{140}(mL)	压力泌水率 B_v(%)

续表

结　　论：

执行标准：

4. 水泥混凝土拌合物凝结时间检测

检测次数	环境温度(℃)	时间(min)	贯入压力(N)	测针面积(mm³)	贯入阻力值(MPa)
1					
2					
3					

贯入阻力与时间的关系曲线：

初凝时间 t_s(min)为：	终凝时间 t_e(min)为：

结　　论：

执行标准：

5. 水泥混凝土拌合物表观密度检测

容量筒质量 W_1(kg)	容量筒容积 V(L)	容量筒和试样总质量 W_2(kg)	表观密度 γ_h(kg/m³)

结　　论：

执行标准：

主要仪器设备	检测仪器		管理编号	
	型号规格		有效期	
	检测仪器		管理编号	
	型号规格		有效期	
	检测仪器		管理编号	
	型号规格		有效期	
备注				
声明				
地址	地址： 邮编： 电话：			

审批(签字)：________ 审核(签字)：________ 校核(签字)：________ 检测(签字)：________

检测单位(盖章)：________

报 告 日 期：　年　月　日

注：本表一式四份（建设单位、施工单位、检测试验室、城建档案馆存档各一份）。

17.3 水泥混凝土物理力学性能检测

17.3.1 水泥混凝土立方体抗压强度检测

检测水泥混凝土立方体的抗压强度，可用以检验材料的质量，确定、校核混凝土配合比，并为控制施工质量提供依据。水泥混凝土立方体抗压强度检测所用立方体试件是以同一龄期者为一组，每组至少三个同时制作并共同养护的混凝土试件。混凝土试件的尺寸按集料的最大粒径规定，见表17-4。

插捣次数及尺寸换算系数　　表17-4

试件尺寸(mm×mm×mm)	集料最大粒径(mm)	每层插捣次数(次)	抗压强度换算系数
100×100×100	31.5	12	0.95
150×150×150	40	25	1
200×200×200	63	50	1.05

1. 主要检测设备仪器

压力检测试验机：测量精度为±1%，试件破坏荷载应大于压力机全量程的20%且小于压力机全量程的80%。应具有加荷速度指示装置或加荷速度控制装置，并应能均匀、连续加荷。

混凝土强度等级≥C60时，试件周围应设防崩裂网罩。检测试验机上、下压板的平面度公差为0.04mm；表面硬度不小于55HRC；硬化层厚度约为5mm。如不符合时则应垫厚度不小于25mm，平面度和硬度与检测试验机相同的钢垫板。

2. 主要检测流程（同样适合于轴心抗压强度检测）

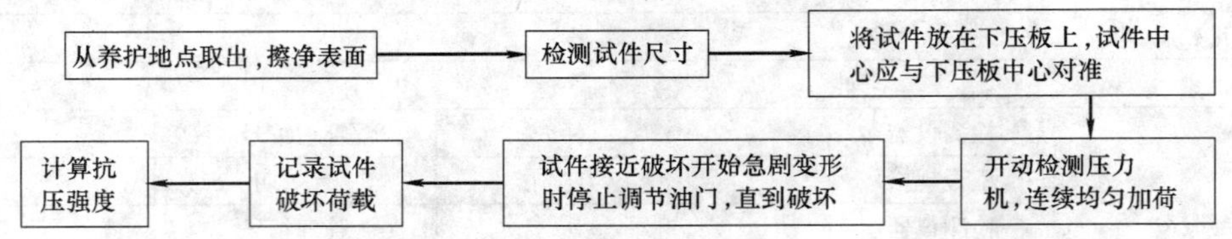

3. 具体检测步骤

(1) 检测试件从养护地点取出后应及时进行检测，将试件表面与上下承压板面擦干净。

(2) 将检测试件安放在检测试验机的下压板或垫板上，检测试件的承压面应与成型时的顶面垂直。检测试件的中心应与检测试验机下压板中心对准，开动检测试验机，当上压板与试件或钢垫板接近时，调整球座，使接触均衡。

(3) 在检测过程中应连续均匀地加荷，当混凝土强度等级<C30时，加荷速度取每秒钟0.3～0.5MPa；当混凝土强度等级≥C30且<C60时，取每秒钟0.5～0.8MPa；当混凝土强度等级≥C60时，取每秒钟0.8～1.0MPa。

(4) 当检测试件接近破坏开始急剧变形时，应停止调整检测试验机油门，直至破坏。然后记录破坏荷载。

4. 检测结果计算与评定

立方体抗压强度检测结果计算及确定按下列方法进行：

(1) 混凝土立方体抗压强度应按下式计算：

$$f_{cc}=\frac{F}{A}$$

式中 f_{cc}——混凝土立方体试件抗压强度，MPa；

F——检测试件破坏荷载，N；

A——检测试件承压面积，mm^2。

混凝土立方体抗压强度计算应精确至0.1MPa。

(2) 强度值的确定应符合下列规定：

1) 三个检测试件测值的算术平均值作为该组检测试件的强度值（精确至0.1MPa）；

2) 三个测值中的最大值或最小值中如有一个与中间值的差值超过中间值的15%时，则把最大及最小值一并舍除，取中间值作为该组检测试件的抗压弭度值；

3) 如最大值和最小值与中间值的差均超过中间值的15%，则该组检测试件检测结果无效。

(3) 当混凝土强度等级<C60时，用非标准检测试件测得的强度值均应乘以尺寸换算系数；当混凝土强度等级≥C60时，宜采用标准检测试件；使用非标准检测试件时，尺寸换算系数应由检测试验确定。

17.3.2 水泥混凝土轴心抗压强度检测

该检测方法适用于检测棱柱体混凝土试件的轴心抗压强度，检验其是不是符合结构设计要求。混凝土轴心抗压强度检测试件尺寸应符合下列条件：

(1) 边长为150mm×150mm×300mm的棱柱体试件是标准检测试件。

(2) 边长为100mm×100mm×300mm和200mm×200mm×400mm的棱柱体检测试件是非标准检测试件。

(3) 在特殊情况下，可采用ϕ150mm×300mm的圆柱体标准检测试件或ϕ100mm×200mm和ϕ200mm×400mm的圆柱体非标准检测试件。

1. 主要检测设备仪器

压力检测试验机：测量精度为±1%，试件破坏荷载应大于压力机全量程的20%且小于压力机全量程的80%。应具有加荷速度指示装置或加荷速度控制装置，并应能均匀、连续加荷。

混凝土强度等级≥C60时，检测试件周围应设防崩裂网置。检测试验机上、下压板的平面度公差为0.04mm；表面硬度不小于55HRC；硬化层厚度约为5mm。如不符合时则应垫厚度不小于25mm，平面度和硬度与检测试验机相同的钢垫板。

2. 具体检测步骤

(1) 检测试件从养护地点取出后应及时进行检测，用干毛巾将检测试件表面与上下承压板面擦干净。

(2) 将试件直立放置在试验机的下压板或钢垫板上，并使试件轴心与下压板中心对准。

(3) 开动检测试验机，当上压板与试件或钢垫板接近时，调整球座，使接触均衡。

(4) 应连续均匀地加荷，不得有冲击。当混凝土强度等级<C30时，加荷速度取每秒钟0.3～0.5MPa；当混凝土强度等级≥C30且<C60时，取每秒钟0.5～0.8MPa；当混凝土强度等级≥C60时，取每秒钟0.8～1.0MPa。

(5) 检测试件接近破坏而开始急剧变形时，应停止调整检测试验机油门，直至破坏。

然后记录破坏荷载。

3. 检测结果计算与评定

(1) 混凝土试件轴心抗压强度应按下式计算:

$$f_{cp}=\frac{F}{A}$$

式中 f_{cp}——混凝土轴心检测试件抗压强度,MPa;

F——检测试件破坏荷载,N;

A——检测试件承压面积,mm^2。

混凝土轴心抗压强度计算应精确至0.1MPa。

(2) 混凝土轴心抗压强度值的确定应符合:三个测值中的最大值或最小值中如有一个与中间值的差值超过中间值的15%时,则把最大值及最小值一并舍除,取中间值作为该组检测试件的抗压强度值。

(3) 混凝土强度等级<C60时,用非标准检测试件测得的强度值均应乘以尺寸换算系数,其值为对200mm×200mm×400mm检测试件为1.05;对100mm×100mm×300mm检测试件为0.95。当混凝土强度等级≥C60时,宜采用标准检测试件;使用非标准检测试件时,尺寸换算系数应由检测试验确定。

17.3.3 水泥混凝土劈裂抗拉强度检测

1. 主要检测设备仪器

(1) 检测试验机:测量精度为±1%,检测试件破坏荷载应大于压力机全量程的20%且小于压力机全量程的80%。应具有加荷速度指示装置或加荷速度控制装置,并应能均匀、连续加荷。

混凝土强度等级≥C60时,检测试件周围应设防崩裂网罩。检测试验机上、下压板的平面度公差为0.04mm;表面硬度不小于55HRC;硬化层厚度约为5mm。如不符合时则应垫厚度不小于25mm,平面度和硬度与检测试验机相同的钢垫板。

(2) 垫块:采用半径为75mm的钢制弧形长度与检测试件相同的垫块,其横截面尺寸见图17-4所示。

(3) 垫条:三层胶合板制成,宽度为20mm,厚度为3~4mm,长度不小于检测试件长度,垫条不得重复使用。

(4) 支架、钢支架:如图17-5所示。

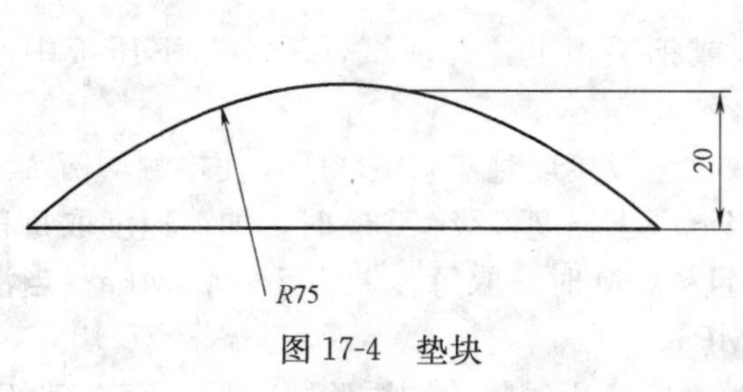

图17-4 垫块

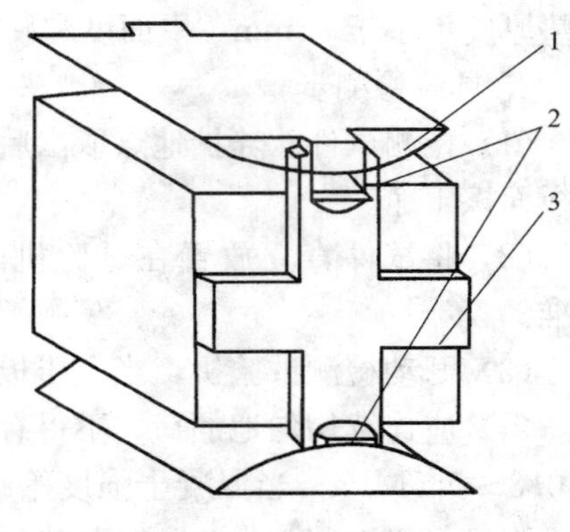

图17-5 支架示意

1—垫块;2—垫条;3—支架

(5) 检测试件：劈裂抗拉强度试件应符合下列规定：

1) 边长为150mm的立方体检测试件是标准检测试件；

2) 边长为100mm和200mm的立方体检测试件是非标准检测试件；

3) 在特殊情况下，可采用ϕ150mm×300mm的圆柱体标准检测试件或ϕ100mm×200mm和ϕ200mm×400mm的圆柱体非标准检测试件。

2. 主要检测流程

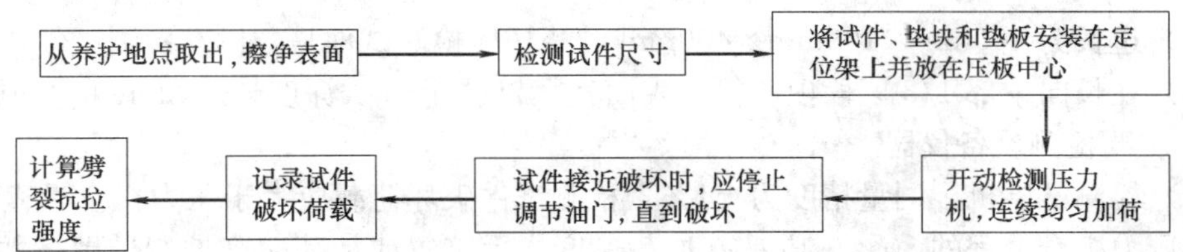

3. 具体检测步骤

(1) 检测试件从养护地点取出后应及时进行检测，将检测试件表面与上下承压板面擦干净。

(2) 将检测试件放在检测试验机下压板的中心位置，劈裂承压面和劈裂面应与检测试件成型时的顶面垂直；在上、下压板与试件之间垫以圆弧形垫块及垫条各一条，垫块与垫条应与试件上、下面的中心线对准并与成型时的顶面垂直。宜把垫条及试件安装在定位架上使用，如图17-5所示。

(3) 开动检测试验机，当上压板与圆弧形垫块接近时，调整球座，使接触均衡。加荷应连续均匀，当混凝土强度等级＜C30时，加荷速度取每秒钟0.02～0.05MPa；当混凝土强度等级≥C30且＜C60时，取每秒钟0.05～0.08MPa；当混凝土强度等级≥C60时，取每秒钟0.08～0.10MPa，至检测试件接近破坏时，应停止调整检测试验机油门，直至检测试件破坏，然后记录破坏荷载。

4. 检测结果计算与评定

(1) 混凝土劈裂抗拉强度应按下式计算：

$$f_{ts}=\frac{2F}{\pi A}=0.637\frac{F}{A}$$

式中 f_{ts}——混凝土劈裂抗拉强度，MPa；

F——检测试件破坏荷载，N；

A——检测试件劈裂面面积，mm^2。

劈裂抗拉强度计算精确到0.01MPa。

(2) 强度值的确定应符合下列规定：

1) 三个试件测值的算术平均值作为该组检测试件的强度值（精确至0.01MPa）；

2) 三个测值中的最大值或最小值中如有一个与中间值的差值超过中间值的15%时，则把最大值及最小值一并舍除，取中间值作为该组检测试件的抗压强度值；

3) 如最大值与最小值与中间值的差均超过中间值的15%，则该组试件的试验结果无效。

(3) 采用100mm×100mm×100mm非标准检测试件测得的劈裂抗拉强度值，应乘以尺寸换算系数0.85；当混凝土强度等级≥C60时，宜采用标准检测试件；使用非标准检测试件时，尺寸换算系数应由检测试验确定。

17.3.4 水泥混凝土抗折强度检测

抗折强度是指材料或构件在承受弯曲时达到破裂前单位面积上的最大应力。

测定混凝土的抗折（即弯曲抗拉）强度，检验其是否符合结构设计要求。抗折强度试件应符合下列规定：

(1) 边长为150mm×150mm×600mm（或550mm）的棱柱体检测试件是标准检测试件。

(2) 边长为100mm×100mm×400mm的棱柱体检测试件是非标准检测试件。

(3) 在长向中部1/3区段内不得有表面直径超过5mm、深度超过2mm的孔洞。

1. 主要检测设备仪器

(1) 检测试验机：测量精度为±1%，检测试件破坏荷载应大于压力机全量程的20%且小于压力机全量程的80%。应具有加荷速度指示装置或加荷速度控制装置，并应能均匀、连续加荷。

混凝土强度等级≥C60时，检测试件周围应设防崩裂网罩。检测试验机上、下压板的平面度公差为0.04mm；表面硬度不小于55HRC；硬化层厚度约为5mm。如不符合时则应垫厚度不小于25mm，平面度和硬度与检测试验机相同的钢垫板。

(2) 检测试验机应能施加均匀、连续、速度可控的荷载，并带有能使两个相等荷载同时作用在检测试件跨度3分点处的抗折检测试验装置，如图17-6所示。

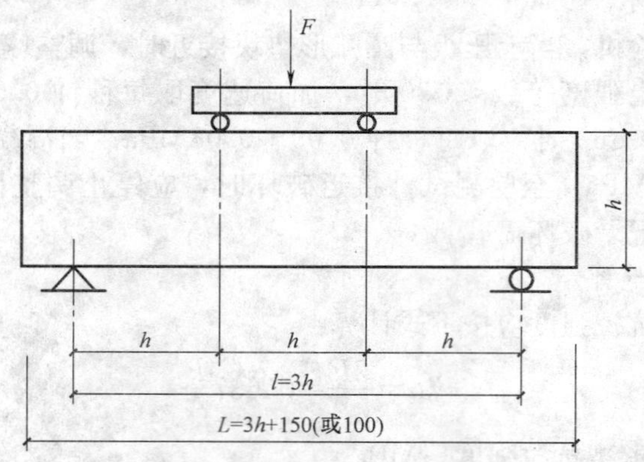

图17-6 抗折检测试验装置

(3) 检测试件的支座和加荷头应采用直径为20～40mm、长度不小于b+10mm的硬钢圆柱，支座立脚点固定铰支，其他应为滚动支点。

2. 主要检测流程

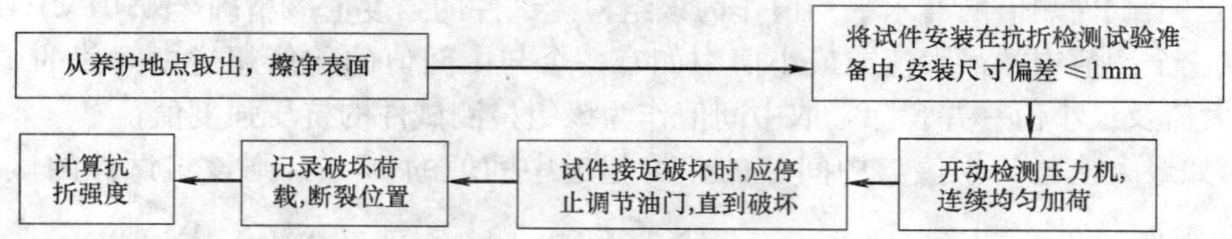

3. 具体检测步骤

(1) 检测试件从养护地取出后应及时进行检测，将检测试件表面擦干净。

(2) 按图17-6所示装置试件，安装尺寸偏差不得大于1mm。试件的承压面应为试件成型时的侧面。支座及承压面与圆柱的接触面应平稳、均匀，否则应垫平。

(3) 施加荷载应保持均匀、连续。当混凝土强度等级＜C30 时，加荷速度取每秒 0.02～0.05MPa；当混凝土强度等级≥C30 且＜C60 时，取每秒钟 0.05～0.08MPa；当混凝土强度等级≥C60 时，取每秒钟 0.08～0.10MPa，至检测试件接近破坏时，应停止调整检测试验机油门，直至检测试件破坏，然后记录破坏荷载。

(4) 记录检测试件破坏荷载检测试验机示值及检测试件下边缘断裂位置。

4. 检测结果计算与评定

(1) 若检测试件下边缘断裂位置处于两个集中荷载作用线之间，则检测试件的抗折强度 f_f（MPa）按下式计算：

$$f_f=\frac{Fl}{bh^2}$$

式中 f_f——混凝土抗折强度，MPa；

F——检测试件破坏荷载，N；

l——支座间跨度，mm；

h——检测试件截面高度，mm；

b——检测试件截面宽度，mm。

抗折强度计算应精确至 0.1MPa。

(2) 抗折强度值的确定应符合下列规定：

1) 三个试件测值的算术平均值作为该组检测试件的强度值（精确至 0.1MPa）；

2) 三个测值中的最大值或最小值中如有一个与中间值的差值超过中间值的 15%时，则把最大值及最小值一并舍除，取中间值作为该组检测试件的抗压强度值；

3) 如最大值和最小值与中间值的差均超过中间值的 15%，则该组检测试件检测结果无效。

(3) 三个检测试件中若有一个折断面位于两个集中荷载之外，则混凝土抗折强度值按另两个检测试件检测结果计算。若这两个测值的差值不大于这两个测值的较小值的 15%时，则该组检测试件的抗折强度值按这两个测值的平均值计算，否则该组检测试件检测无效。若有两个检测试件的下边缘断裂位置位于两个集中荷载作用线之外，则该组检测试件检测无效。

(4) 当检测试件尺寸为 100mm×100mm×400mm 非标准检测试件时，应乘以尺寸换算系数 0.85；当混凝土强度等级≥C60 时，宜采用标准检测试件；使用非标准检测试件时，尺寸换算系数应由检测试验确定。

17.3.5 水泥混凝土无损检测——回弹法检测混凝土抗压强度

采用混凝土回弹仪检测结构或构件的混凝土抗压强度具有仪器简单、操作方便、经济迅速，在测试中不破坏被测构件，且有相当的测试精度等特点，被广泛地应用于混凝土结构或构件检测中。

1. 回弹法的基本原理

回弹值 R 的大小主要取决于与冲击能量有关的回弹能量，而回弹能量取决于被测混凝土的弹塑形性能。混凝土的强度越低，则塑性变形越大，消耗于产生塑性变形的功也越大，弹击锤所获得的回弹功能就越小，回弹距离相应也越小，从而回弹值就越小，反之亦然。

2. 主要检测设备仪器

中型回弹仪（见图17-7）：标称功能为2.207J。

钢砧：洛氏硬度HRC为（60±2）。

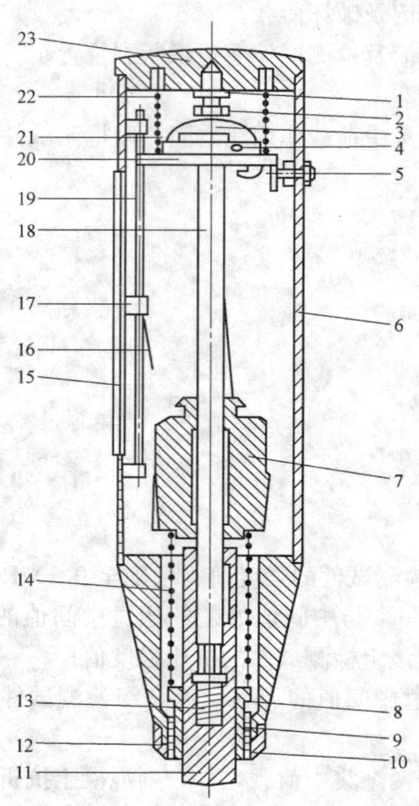

图17-7 回弹仪构造和主要零件名称

1—紧固螺母；2—调零螺钉；3—挂钩；4—挂钩销子；5—按钮；6—机壳；7—弹击锤；8—拉簧座；9—卡环；10—密封毡圈；11—弹击杆；12—盖帽；13—缓冲压簧；14—弹击拉簧；15—刻度尺；16—指针片；17—指针块；18—中心导杆；19—指针轴；20—导向法兰；21—挂钩压簧；22—压簧；23—尾盖

3. 具体检测步骤

(1) 回弹仪率定：将回弹仪垂直向下在钢砧上弹击，取三次的稳定回弹值进行平均计算。弹击杆应分四次旋转，每次旋转90°，弹击杆每旋转一次的率定平均值应符合（80±2）的要求，否则不能使用。

(2) 混凝土构件测区预测面布置：对长度不小于3m的构件，其测区数应不少于10个；长度小于3m且高度低于0.6m的构件，其测区数量可以适当减少，但不少于5个，相邻两测区间距不超过2m。测区应均匀分布，并具有代表性，宜选择在侧面为好。每个测区宜有两个相对的测面，每个测面约200mm×200mm。

(3) 测面应平整光滑，必要时可以用砂轮作表面加工，测面应自然干燥。每个测面上布置8个测点。若一个测区只有一个测面，应选择16个测点。测点应均匀分布。

(4) 回弹仪垂直对准混凝土表面，轻压回弹仪，使弹击杆伸出，挂钩挂上弹击锤，将回弹仪弹击杆垂直对准检测点，缓慢均匀施压。待弹击锤脱钩后冲击弹击杆，弹击锤带动指针向后移动直至到达一定的位置时，读出回弹值 R_i（精确至1mm）。

(5) 碳化深度值的测量：回弹值测量完毕后，应在有代表性的位置上测量碳化深度，测点不应少于构件测区数的30%，取其平均值为该构件每一测区的碳化深度值。当碳化深度值极差大于2.0mm时，应在每一测区测量碳化深度。

可采用适当的工具在测区表面形成直径约15mm的孔洞，其深度应大于混凝土的碳化深度。孔洞中的粉末和碎屑应除净，并不得用水擦洗。同时，应采用浓度为1%的酚酞酒精溶液滴在孔洞内壁的边缘处，当已碳化与未碳化混凝土交界线清楚时，再用深度测量工具测量已碳化与未碳化混凝土交界面到混凝土表面的垂直距离，测量不应少于3次取其

平均值 d_m。每次读数精确到 0.5mm。

4. 检测结果计算与评定

（1）回弹值的计算

从测区的 16 个回弹值中分别剔除 3 个最大值和 3 个最小值，取其余 10 个回弹值的算术平均值。计算至 0.1mm，作为该测区水平方向检测的混凝土平均回弹值，计算式如下：

$$R_m = \frac{\sum_{i=1}^{10} R_i}{10}$$

式中　R_m——测区平均回弹值，精确至 0.1mm；

R_i——第 i 个测点的回弹值，mm；

（2）回弹值检测角度及浇筑面修正

若检测方向为非水平方向的浇筑面或底面时，按有关规定先进行角度修正，计算式如下：

$$R_m = R_{ma} + R_{\partial a}$$

式中　R_{ma}——非水平状态检测时测区的平均回弹值，精确至 0.1mm；

$R_{\partial a}$——非水平状态检测时回弹值修正值，可按本章附录 A 采用。

然后再进行浇筑面修正，计算式如下：

$$R_m = R_m^t + R^t_\partial$$

$$R_m = R_m^b + R^b_\partial$$

式中　R_m^t、R^t_∂——水平方向检测混凝土浇筑表面、底面时，测区的平均回弹值，精确至 0.1mm；

R_m^b、R^b_∂——混凝土浇筑表面、底面回弹值的修正值，应按本章附录 B 采用。

（3）求测区混凝土强度值

根据室内检测试验建立的强度与回弹值关系曲线，查得构件测区混凝土强度换算值。

在无专用测强曲线和地区测强曲线时，可按《回弹法检测混凝土抗压强度技术规程》（JGJ/T 23—2001）中统一测强曲线，由回弹值与碳化深度求得测区混凝土求得换算值，可由本章附录 C 查表得出。当碳化深度不大于 2.0mm 时，每一测区混凝土求得换算值应按本章附录 D 修正。

（4）测定值的评定

结构或构件的测区混凝土强度平均值可根据各测区的混凝土强度换算值计算。当测区数为 10 个及以上时，应计算强度标准差。平均值及标准差应按下面公式进行计算：

$$m_{f_{cu}^c} = \frac{\sum_{i=1}^{n} f_{cu,i}^c}{n}$$

$$s_{f_{cu}^c} = \sqrt{\frac{\sum_{i=1}^{n} (f_{cu,i}^c)^2 - n(m_{f_{cu}^c})^2}{n-1}}$$

式中　$m_{f_{cu}^c}$——结构或构件的测区混凝土强度平均值，MPa，精确至 0.1MPa；

$f_{cu,i}^c$——结构或构件的测区混凝土强度换算值，MPa；

n——对于单个检测的构件，取一个构件的测区数；对批量检测的构件，取被抽检构件测区数之和；

$s_{f_{cu}^c}$——结构或构件测区混凝土强度换算值的标准差，MPa。

结构或构件的混凝土推定值是指相应于强度换算值总体分布中保证率不低于95%的结构或构件中的混凝土抗压强度值。混凝土强度推定值 $f_{cu,e}$（精确至0.1MPa）按如下确定：

1）当该结构或构件测区数少于10个时，计算式为：

$$f_{cu,e}=f_{cu,min}^c$$

式中 $f_{cu,min}^c$——结构或构件中最小的测区混凝土强度换算值，MPa。

2）当该结构或构件测区强度值中出现小于10.0MPa时，计算式为：

$$f_{cu,e}<10.0MPa$$

3）当该结构或构件测区数不少于10个或按批量检测时，计算式为：

$$f_{cu,e}=m_{f_{cu}^c}-1.645s_{f_{cu}^c}$$

（5）对按批量检测的构件，当该批构件混凝土强度标准差出现下列情况之一时，则该批构件应全部按单个构件检测：

1）当该批构件混凝土强度平均值小于25MPa时，其强度标准差按下式进行计算：

$$s_{f_{cu}^c}>4.5MPa$$

2）当该批构件混凝土强度平均值不小于25MPa时，其强度标准差按下式进行计算：

$$s_{f_{cu}^c}>5.5MPa$$

5. 回弹法检测混凝土抗压强度实例

【例】 某会议室大梁长6m，混凝土强度等级为C25，使用的原材料均符合国家标准，自然养护，龄期为5个月，因试块缺乏代表性现采用回弹法检测混凝土强度。

（1）测试：按要求布置10个测区，回弹仪水平方向测试构件侧面，然后测量其碳化深度值；

（2）记录：见表17-5；

回弹法测试原始记录表 **表17-5**

单位工程名称：会议室 第1页共1页

编号		回弹值(N)																	碳化深度(mm)
构件	测区	1	2	3	4	5	6	7	8	9	10	11	12	13	14	15	16	R_m	
大梁 A-B ②	1	36	35	29	34	35	35	34	34	29	31	35	34	36	34	35	35	34.5	3.0
	2	37	39	43	38	36	39	37	41	35	35	43	43	37	36	40	35	38.0	3.5
	3	36	29	35	35	37	36	37	35	36	37	35	36	35	36	30	30	35.5	4.0
	4	40	38	35	34	35	38	39	39	38	37	33	33	39	34	41	35	36.8	3.0
	5	39	38	39	40	33	37	42	33	40	38	42	35	39	39	36	35	38.0	3.0
	6	32	38	35	36	33	34	37	39	39	36	37	39	40	40	33	41	37.0	3.0
	7	44	41	44	45	44	41	45	41	42	43	44	39	39	43	43	41	42.6	3.0
	8	38	41	42	41	44	35	45	45	43	39	45	42	43	37	40	41	41.6	3.0
	9	38	36	40	41	44	45	41	39	40	43	42	41	42	37	44	41	41.0	1.5
	10	37	41	45	37	38	39	41	40	41	43	41	42	44	41	41	43	41.0	3.5
测面状态	侧面，表面，底面，风干，潮湿，光洁，粗糙									回弹值仪		型号		ZC3-A					备注
												编号							
测试角度	水平、向上、向下											率定值		80					

测试： 记录： 计算： 测试日期：

（3）计算：

1）计算每一测区的平均回弹值 R_m，计算至 0.1，计算结果见表 17-6。

构件混凝土强度计算表 **表 17-6**

项目 ＼ 测区号		1	2	3	4	5	6	7	8	9	10
回弹值	测区平均值	34.5	38.0	35.5	36.8	38.0	37.0	42.6	41.6	41.0	41.0
	角度修正值										
	角度修正后										
	浇筑面修正值										
	浇筑面修正后										
平均碳化深度值 d_m(mm)		3.0	3.5	4.0	3.0	3.0	3.0	3.0	3.0	1.5	3.5
测区强度值 f_{cu}^{c}(MPa)		24.2	28.1	23.8	27.5	29.2	27.2	35.9	34.2	38.0	32.3
强度计算(MPa) $n=10$		$m_{f_{cu}^{c}}=30.1$			$s_{f_{cu}^{c}}=4.83$			$f_{cu,e}=m_{f_{cu}^{c}}-1.645s_{f_{cu}^{c}}=22.2$(MPa)			
使用测区强度换算表名称： 规程 地区 专用							备注：				

测试： 计算： 复核： 计算日期：

2）根据每一测区平均回弹值 R_m 和平均碳化深度值 d_m，查本章附录 A，求出该测区混凝土强度换算值 $f_{cu,i}^{c}$。

3）计算平均值、备注值、最小强度值。计算结果见表 17-6。

4）该梁强度推定值为

$$f_{cu,e}=m_{f_{cu}^{c}}-1.645s_{f_{cu}^{c}}=30.1-1.645\times4.83=22.2\text{MPa}$$

17.3.6 水泥混凝土物理力学检测报告

水泥混凝土物理力学检测报告见表 17-7。

水泥混凝土物理力学检测报告 **表 17-7**

工程名称： 报告编号： 工程编号：

委托单位		委托编号		委托日期	
施工单位		样品编号		检验日期	
结构部位		出厂合格证编号		报告日期	
厂 别		检验性质		代表数量	
发证单位		见证人		证书编号	

1. 配合比设计要求及说明

强度等级	试配强度(MPa)	坍落度(mm)	维勃稠度(s)	其他要求

检测目的：

2. 原材料情况

(1)水泥

检测编号	厂别、牌号	品种、强度等级	实际强度	其他指标

续表

(2)砂				
检测编号	产地	细度模数	含泥量	泥块含量

(3)石子				
检测编号	产地、规格、品种	含泥量	泥块含量	针片状含量

(4)掺合料			
检测编号	名称	等级	技术指标

(5)外加剂			
检测编号	名称	厂别	技术指标

3. 水泥混凝土立方体抗压强度检测

编号	龄期(3d)					龄期(7d)					龄期(28d)				
	试压日期	强度(MPa)			15cm³强度	试压日期	强度(MPa)			15cm³强度	试压日期	强度(MPa)			15cm³强度
		1	2	3			1	2	3			1	2	3	
1															
2															
3															
4															
5															

说明：该检测报告表格同样适用于轴心抗压强度、劈裂抗拉强度和抗折强度检测。

结　论：

执行标准：

4. 回弹法检测水泥混凝土立方体抗压强度

编号		回弹值(N)																	碳化深度(mm)
构件	测区	1	2	3	4	5	6	7	8	9	10	11	12	13	14	15	16	R_m	
大梁A-B②	1																		
	2																		
	3																		
	4																		
	5																		
	6																		
	7																		
	8																		
	9																		
	10																		

测面状态	侧面，表面，底面，风干，潮湿，光洁，粗糙	回弹值仪	型号		备注	
			编号			
测试角度	水平、向上、向下		率定值			

续表

项　目 \ 测区号		1	2	3	4	5	6	7	8	9	10
回弹值	测区平均值										
	角度修正值										
	角度修正后										
	浇筑面修正值										
	浇筑面修正后										
平均碳化深度值 d_m(mm)											
测区强度值 f^c_{cu}(MPa)											
强度计算(MPa) $n=10$		$m_{f^c_{cu}}=$			$s_{f^c_{cu}}=$			$f_{cu,e}=m_{f^c_{cu}}-1.645s_{f^c_{cu}}=$			

使用测区强度换算表名称：　　　规程　　地区　　专用			备注：	
结　论：				
执行标准：				
主要仪器设备	检测仪器		管理编号	
	型号规格		有效期	
	检测仪器		管理编号	
	型号规格		有效期	
	检测仪器		管理编号	
	型号规格		有效期	
备注				
声明				
地址	地址： 邮编： 电话：			

审批(签字)：__________ 审核(签字)：__________ 校核(签字)：__________ 检测(签字)：__________

检测单位(盖章)：__________

报 告 日 期：　　年　月　日

注：本表一式四份（建设单位、施工单位、检测试验室、城建档案馆存档各一份）。

17.4 水泥混凝土耐久性能检测

17.4.1 水泥混凝土抗渗性能检测

混凝土的抗渗性是指抵抗压力水渗透的能力。混凝土渗透能力的形成，是由于混凝土中多余水分蒸发后留下了孔洞或孔道，同时新拌混凝土因泌水在粗集料颗粒与钢筋下缘形成的水膜，或泌水留下的孔道和水囊，在压力水的作用下会形成内部渗水的管道。再加之施工缝处理不好、捣固不密实等，都能引起混凝土渗水，甚至引起钢筋的锈蚀和保护层的开裂、剥落等破坏现象。

混凝土的抗渗能力用抗渗等级来表示，也可用渗水高度和渗透系数表示，抗渗等级的表示方法：它是以28d龄期按标准要求制作、养护的标准试件，按标准方法进行抗渗试验，以不出现渗水现象的最大水压（MPa），来确定抗渗等级。抗渗等级用P表示，可分为$P6$、$P8$、$P10$、$P12$等。混凝土抗渗能力的改善，主要措施是提高混凝土的密实度，切断其渗水通道，尽量采用较小的水灰比。

1. 混凝土抗渗等级

（1）主要检测设备仪器和材料

1）混凝土渗透仪：HS40或KS60型。

2）成型试模：上口直径175mm，下口直径185mm，高150mm。

3）螺旋加压器、烘箱、电炉、浅盘、铁锅、钢丝刷等。

4）密封材料：如石蜡，内掺松香约2%。

（2）主要检测流程

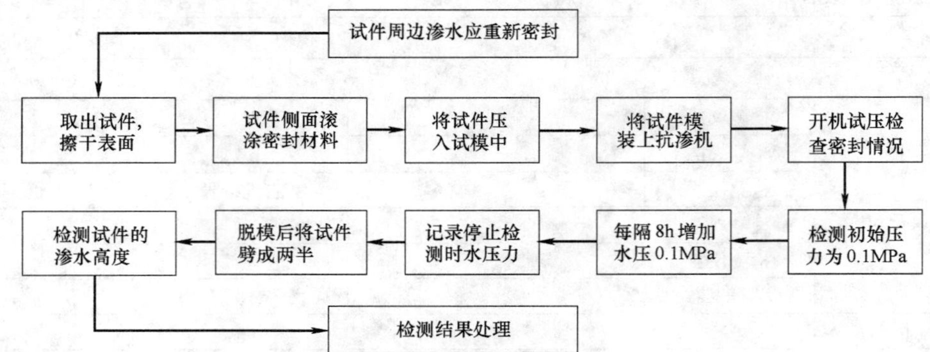

（3）具体检测步骤

1）检测试件的成型和养护应按标准有关规定执行，以6个检测试件为一组。

2）检测试件成型后24h拆模，用钢丝刷刷去两端面水泥浆膜，标准养护至28d，如有特殊要求，也可养护至其他龄期。

3）检测试件养护到期后提前一天取出，擦干表面，用钢丝刷刷净两端面。待表面干燥后，在检测试件侧面滚涂一层熔化的密封材料。然后立即在螺旋加压器上压入经过烘箱或电炉预热过的试模中，使检测试件底面和试模底平齐。待试模变冷后，即可解除压力，装至渗透仪上进行检测。

如在检测过程中，水从检测试件周边渗出，说明密封不好，要重新密封。

4）检测时，水压从0.1N/mm^{2}开始，每隔8h增加水压0.1N/mm^2，并随时注意观察试件端面情况，一直加至6个检测试件中有3个检测试件表面发现渗水，记下此时的水压力，即可停止检测。

注：当加压至设计抗渗等级，经8h后第三个检测试件仍不渗水，表明混凝土已满足设计要求，也可停止检测。

（4）检测结果计算与评定

混凝土的抗渗等级以每组6个检测试件中4个未发现有渗水现象时的最大水压力表示。抗渗等级按下式计算：

$$P=H-0.1$$

式中 P——混凝土抗渗等级；

H——发现第三个检测试件顶面开始有渗水现象时的水压力，MPa。

2. 混凝土渗水高度检测

通过混凝土渗水高度检测，比较混凝土的密实性，既防止钢筋锈蚀的性能，也可用于比较混凝土的抗渗性，适用于室内检验。其基本原理是：不同密实性的混凝土内部孔隙组织不同，压力水在一定时间内渗入的深度也不同。在给定的时间和压力下，比较渗水深度，即可相对比较混凝土的密实性。

（1）主要检测设备仪器

1）压力机。

2）玻璃板：梯形，尺寸如图 17-8 所示，画有 10 条等间距且垂直于上下两端的直线。亦可采用尺寸约为 200mm×200mm 的玻璃板，将图形画在上面。

3）钢尺：精度为 1mm。

（2）具体检测步骤

1）检测试件的成型、养护、端面处理、封蜡，应按抗渗检测的规定执行。

注：比较水泥品种不同的混凝土时，试件应养护至 28d；比较水泥品种相同的混凝土时，检测试件可养护至 14d。

2）检测时，水压控制恒定在抗渗等级要求值，24h 后停止检测，取出检测试件。

3）将检测试件放在检测压力机上，沿纵断面将检测试件劈成两半。待看清水痕后（约过 2～3min），用墨汁描出水痕，即为渗水轮廓。笔迹不宜太粗。

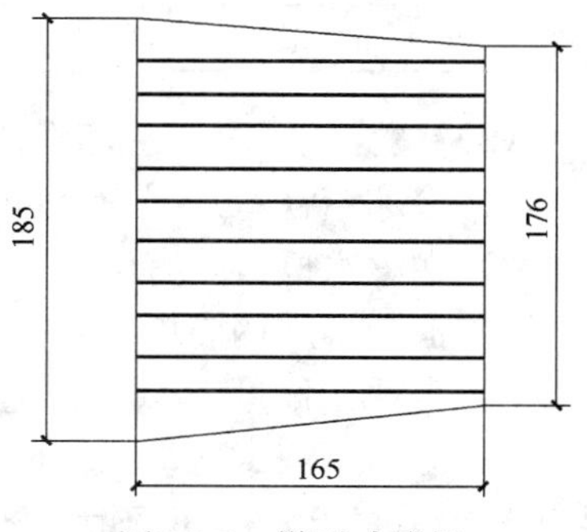

图 17-8 梯形玻璃板

4）将梯形玻璃板放在试件劈裂面上，用尺测量 10 条线上的渗水高度（准确至 0.1cm）。

（3）检测结果计算与评定

以 10 个测点处渗水高度的算术平均值作为该检测试件的渗水高度。然后再计算 6 个检测试件的渗水高度的算术平均值，作为该组检测试件的平均渗水高度。

注：如检测试件的渗水高度均匀（3 个检测试件渗水高度值中最大值与最小值之差不大于 3 个数的平均值的 30%）时，允许从 6 个检测试件中先取 3 个检测试件进行检测，其渗水高度取 3 个检测试件的算术平均值。

根据检测所得渗水高度的大小，相对比较混凝土的密实性。

17.4.2 水泥混凝土抗冻性能检测

混凝土的抗冻性是指其在饱和水状态下遭受冰冻时，抵抗冰冻破坏的能力。抗冻性是评定混凝土耐久性的重要指标。抗冻性以抗冻等级（F）表示。它是按标准方法将检测试件进行冻融循环，以强度降低不超过 25%或质量损失不大于 5%时所能承受的最多冻融循环次数来确定。抗冻等级可分为 F25、F50、F100、F150、F200、F250、F300 等。影响混凝土抗冻性的主要因素，除使用原材料本身的条件外，还与混凝土的孔隙率有关。因此，常常采用小水灰比以提高混凝土的密实度和采用加气混凝土等办法来提高混凝土的抗冻性能。

混凝土抗冻性能检测可采用慢冻法和快冻法进行测定。

1. 慢冻法

该检测方法适用于检验以混凝土试件所能经受的冻融循环次数为指标的抗冻等级。

(1) 慢冻法混凝土抗冻性能检测的试件

每次检测所需的试件组数应符合表17-8的规定，每组检测试件应为3块。

慢冻法试验所需的试件组数 **表17-8**

设计抗冻等级	D25	D50	D100	D150	D200	D250	D300
检查强度时的冻融循环次数	25	50	50及100	100及150	150及200	200及250	250及300
鉴定28d强度所需试件组数	1	1	1	1	1	1	1
冻融检测试件组数	1	1	2	2	2	2	2
对比检测试件组数	1	1	2	2	2	2	2
总计检测试件组数	3	3	5	5	5	5	5

(2) 慢冻法混凝土抗冻性能主要检测设备仪器

1) 冷冻箱（室）：装有试件后能使箱（室）内温度保持在－15～－20℃的范围以内。

2) 融解水槽：装有试件后能使水温保持在15～20℃的范围以内。

3) 框篮：用钢筋焊成，其尺寸应与所装检测试件相适应。

4) 台秤：称量10kg，感量5g。

5) 压力检测试验机：精度至少为±2%，其量程应能使检测试件的预期破坏荷载值不小于全量程的20%，也不大于全量程的80%。

检测试验机上、下压板及检测试件之间可各垫以钢垫板，钢垫板两承压面均应机械加工。

与检测试件接触的压板或垫板的尺寸应大于检测试件承压面，其不平度应为每100mm不超过0.02mm。

(3) 慢冻法混凝土抗冻性能具体检测步骤

1) 如无特殊要求，检测试件应在28d龄期时进行冻融检测。检测前4d应把冻融检测试件从养护地点取出，进行外观检查，随后放在15～20℃水中浸泡，浸泡时水面至少应高出检测试件顶面20mm，冻融检测试件浸泡4d后进行冻融检测。对比检测试件则应保留在标准养护室内，直到完成冻融循环后，与抗冻检测试件同时试压。

2) 浸泡完毕后，取出检测试件，用湿布擦除表面水分、称重，按编号置入框篮后即可放入冷冻箱（室）开始冻融检测。在箱（室）内，框篮应架空。检测试件与框篮接触处应垫以垫条，并保证至少留有20mm的空隙。框篮中各检测试件之间至少保持50mm的空隙。

3) 抗冻检测冻结时温度应保持在－15～－20℃。试件在箱内温度到达－20℃时放入，装完检测试件如温度有较大升高，则以温度重新降至－15℃时起算冻结时间。每次从装完检测试件到重新降至－15℃所需的时间不应超过2h。冷冻箱（室）内温度均以其中心处温度为准。

4) 每次循环中检测试件的冻结时间应按其尺寸而定，对100mm×100mm×100mm及150mm×150mm×150mm的检测试件，冻结时间不应小于4h，对200mm×200mm×

200mm 的检测试件，不应小于 6h。

如果在冷冻箱（室）内同时进行不同规格尺寸检测试件的冻结检测，其冻结时间应按最大尺寸检测试件计。

5）冻结检测结束后，检测试件即可取出并应立即放入能使水温保持在 15～20℃的水槽中进行融化。此时，槽中水面应至少高出检测试件表面 20mm，检测试件在水中融化的时间不应小于 4h。融化完毕即为该次冻融循环结束，取出检测试件送入冷冻箱（室）进行下一次循环检测。

6）应经常对冻融检测试件进行外观检查。发现有严重破坏时应进行称重，如检测试件的平均失重率超过 5%，即可停止其冻融循环检测。

7）混凝土试件达到规定的冻融循环次数后，即应进行抗压强度检测。

抗压检测前应称重并进行外观检查，详细记录试件表面破损、裂缝及边角缺损情况。

如果检测试件表面破损严重，则应用石膏找平后再进行试压。

8）在冻融过程中，如因故需中断检测，为避免失水和影响强度，应将冻融检测试件移入标准养护室保存，直至恢复冻融检测为止。此时应将故障原因及暂停时间在检测结果中注明。

（4）检测结果计算与评定

1）混凝土冻融检测后应按下式计算其强度损失率：

$$\Delta f_c=\frac{f_{co}-f_{cn}}{f_{co}}\times 100\%$$

式中 Δf_c——N 次冻融循环后的混凝土强度损失率，以 3 个检测试件的平均值计算，%；

f_{co}——对比检测试件的抗压强度平均值，MPa；

f_{cn}——经 N 次冻融循环后的 3 个检测试件抗压强度平均值，MPa。

2）混凝土试件冻融后的质量损失率可按下式计算：

$$\Delta\omega_n=\frac{G_o-G_n}{G_o}\times 100\%$$

式中 $\Delta\omega_n$——n 次冻融循环后的质量损失率，以 3 个检测试件的平均值计算，%；

G_o——冻融循环检测前的试件质量，kg；

G_n——n 次冻融循环后的试件质量，kg。

混凝土的抗冻标号，以同时满足强度损失率不超过 25%，质量损失率不超过 5%时的最大循环次数来表示。

2. 快冻法

该检测方法适用于在水中经快速冻融来测定混凝土的抗冻性能，特别适用于抗冻性要求高的混凝土。快冻法抗冻性能的指标可用能经受快速冻融循环的次数或耐久性系数来表示。

（1）检测试件

采用 100mm×100mm×400mm 的棱柱体检测试件。混凝土试件每组 3 块，在检测过程中可连续使用，除制作冻融检测试件外，尚应制备同样形状尺寸，中心埋有热电偶的测温检测试件，制作测温检测试件所用混凝土的抗冻性能应高于冻融检测试件。

（2）主要检测设备仪器

1）快速冻融装置：能使检测试件静置在水中不动，依靠热交换液体的温度变化而连续、自动地按照本方法第（3）条第5）款的要求进行冻融的装置。满载运转时冻融箱内各点温度的极差不得超过2℃。

2）试件盒：由1～2mm厚的钢板制成，其净截面尺寸应为110mm×110mm，高度应比检测试件高出50～100mm。检测试件底部垫起后盒内水面应至少能高出检测试件顶面5mm。

3）台秤：称量10kg，感量5g；或称量20kg，感量10g。

4）动弹性模量测定仪：共振法或敲击法动弹性模量测定仪。

5）热电偶、电位差计：能在20～－20℃范围内测定检测试件中心温度，测量精度不低于±0.5℃

（3）具体检测步骤

1）如无特殊规定，检测试件应在28d龄期时开始冻融检测。冻融检测前4d应把试件从养护地点取出，进行外观检查，然后在温度为15～20℃的水中浸泡（包括测温检测试件）。浸泡时水面至少应高出检测试件顶面20mm，检测试件浸泡4d后进行冻融检测。

2）浸泡完毕后，取出检测试件，用湿布擦除表面水分、称重，并按“普通混凝土动弹性模量试验”的规定测定其横向基频的初始值。

3）将检测试件放入检测试件盒内，为了使检测试件受温均衡，并消除试件周围因水分结冰引起的附加压力，检测试件的侧面与底部应垫放适当宽度与厚度的橡胶板，在整个检测过程中，盒内水位高度应始终保持高出检测试件顶面5mm左右。

4）把检测试件盒放入冻融箱内。其中装有测温检测试件检测试件盒应放在冻融箱的中心位置，此时即可开始冻融循环。

5）冻融循环过程应符合下列要求：

① 每次冻融循环应在2～4h内完成，其中用于融化时间不得小于整个冻融时间的1/4。

② 在冻结和融化终了时，检测试件中心温度应分别控制在（－17±2)℃和（8±2)℃。

③ 每块检测试件从6℃降至－15℃所用的时间不得少于冻结时间的1/2。每块检测试件从－15℃升至6℃所用的时间也不得少于整个融化时间的1/2，试件内外的温差不宜超过28℃。

④ 冻和融之间的转换时间不宜超过10min。

6）检测试件一般应每隔25次循环作一次横向基频测量，测量前应将检测试件表面浮渣清洗干净，擦去表面积水，并检查其外部损伤及质量损失。横向基频的测量方法及步骤应按“普通混凝土动弹性模量检测”的规定执行。测完后，应即把检测试件掉个头重新装入检测试件盒内。检测试件的测量、称量及外观检查应尽量迅速，以免水分损失。

7）为保证检测试件在冷液中冻结时温度稳定均衡，当有一部分检测试件停冻取出时，应另用检测试件填充空位。

如冻融循环因故中断，检测试件应保持在冻结状态下，并最好能将检测试件保存在原容器内用冰块围住。如无这一可能。则应将检测试件在潮湿状态下用防水材料包裹，加以密封，并存放在－17～2℃的冷冻室或冰箱中。

检测试件处在融解状态下的时间不宜超过两个循环。特殊情况下，超过两个循环周期的次数，在整个检测过程中只允许1～2次。

8）冻融到达以下三种情况之一即可停止检测：

① 已达到 300 次循环；

② 相对动弹性模量下降到 60%以下；

③ 质量损失率达 5%。

（4）检测结果计算与评定

1）混凝土试件的相对动弹性模量可按下式计算：

$$P=\frac{f_n^2}{f_o^2}\times 100\%$$

式中 P——经 n 次冻融循环后试件的相对动弹性模量，以 3 个检测试件的平均值计算，%；

f_n——n 次冻融循环后检测试件的横向基频，Hz；

f_o——冻融循环检测前测得检测试件横向基频初始值，Hz。

2）混凝土试件冻融后的质量损失率应按下式计算：

$$\Delta\omega_n=\frac{G_o''-G_n}{G_o}\times 100\%$$

式中 $\Delta\omega_n$——n 次冻融循环后的质量损失率，以 3 个检测试件的平均值计算，%；

G_o——冻融循环检测前的试件质量，kg；

G_n——n 次冻融循环后的试件质量，kg。

混凝土的抗冻等级，应以同时满足相对动弹性模量值不小于 60%和质量损失率不超过 5%时的最大循环次数来表示。

3）混凝土耐久性系数应按下式计算：

$$K_n=\frac{P\cdot N}{300}$$

式中 K_n——混凝土耐久性系数；

N ——达到本检测方法的第（3）条第 8）款要求时的冻融循环次数；

P ——经 N 次冻融循环后检测试件的相对动弹性模量。

17.4.3 水泥混凝土收缩检测

收缩是指因物理和化学作用而产生体积缩小的现象。水泥混凝土按收缩的原因分为干缩、冷缩（又称温度收缩）和碳化收缩等，主要与原材料性质、配合比、养护方法等有关。不均匀的收缩将在制品和构件中产生内应力，甚至发生裂缝，影响混凝土的质量和耐久性。

该收缩检测方法适用于测定混凝土试件在规定的温湿度条件下，不受外力作用所引起的长度变化，即收缩。该检测方法也可用以测定在其他条件下混凝土的收缩与膨胀。

1. 检测试件

测定混凝土收缩时以 100mm×100mm×515mm 的棱柱体检测试件为标准检测试件，它适用于集料最大粒径不超过 31.5mm 的混凝土。

混凝土集料最大粒径大于 31.5mm 时，可采用截面为 150mm×150mm（集料最大粒径不超过 40mm）或截面为 200mm×200mm（集料最大粒径不超过 60mm）的棱柱体检测试件。

采用混凝土收缩仪时，应用外形为 100mm×100mm×515mm 的棱柱体标准检测试件。试件两端应预埋测头或留有埋设测头的凹槽。测头应由不锈钢或其他不锈的材料制成，并应具有图 17-9 所示的外形。

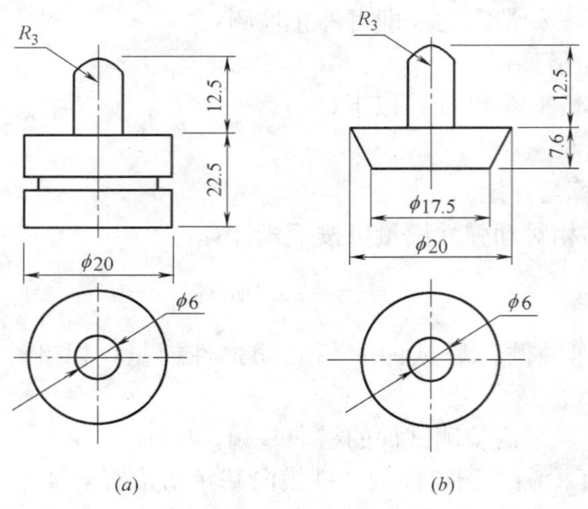

图 17-9 收缩测头

(a) 收缩测头；(b) 后埋测头

非标准检测试件采用接触式引伸仪时，所用检测试件的长度应至少比仪器的测量标距长出一个截面边长。测钉应粘贴在检测试件两侧面的轴线上。

使用混凝土收缩仪时，制作检测试件的试模应具有能固定测头或预留凹槽的端板。使用接触式引伸仪时，可用一般棱柱体试模制作检测试件。检测试件成型时如用机油作隔离剂，则所用机油的黏度不应过大，以免阻碍以后试件的湿度交换，影响测值。

如无特殊规定，检测试件应带模养护 1～2d（视当时混凝土实际强度而定）。拆模后应立即粘或埋好测头或测钉，送至温度为（20±3)℃、湿度在 90％以上的标准养护室养护。

2. 主要检测设备仪器

（1）变形测量装置可以有以下两种形式：

1）混凝土收缩仪：测量标距为 540mm，装有精度为 0.01mm 的百分表或测微器；

2）其他形式的变形测量仪表：其测量标距不应小于 100mm 及集料最大粒径的 3 倍，并至少能达到相对变形为 20×10^{-6} 的测量精度。

检测混凝土变形的装置应具有石英玻璃制作的标准杆，以便在检测前及检测过程中校核仪表的读数。

（2）恒温恒湿室：能使室温保持在（20±2)℃，相对湿度保持在 60％±5％。

3. 具体检测步骤

（1）检测代表某一混凝土收缩性能的特征值时，检测试件应在 3d 龄期（从搅拌混凝土加水时算起）从标准养护室取出，并立即移入恒温恒湿室测定其初始长度，此后至少应按以下规定的时间间隔测量其变形读数：

1d、3d、7d、14d、28d、45d、60d、90d、120d、150d、180d（从移入恒温恒湿室内算起）。

检测混凝土在某一具体条件下的相对收缩值时（包括在徐变检测时的混凝土收缩变形测定），应按要求的条件安排检测，对非标准养护检测试件如需移入恒温恒湿室进行检测，应先在该室内预置 4h，再测其初始值，以使它们具有同样的温度基准。检测时并应记下检测试件的初始干湿状态。

(2) 检测前应先用标准杆校正仪表的零点，并应在半天检测过程中至少再复核1～2次（其中一次在全部检测试件测读完后）。如复核时发现零点与原值的偏差超过±0.01mm，调零后应重新检测。

(3) 检测试件每次在收缩仪上放置的位置、方向均应保持一致。为此，检测试件上应标明相应的记号，检测试件在放置及取出时应轻稳仔细，勿使其碰撞表架及表杆，如发生碰撞，则应取下检测试件，重新以标准杆复核零点。

用接触式引伸仪检测时，也应注意使每次检测时检测试件与仪表保持同样的方向性。每次读数应重复3次。

(4) 检测试件在恒温恒湿室内应放置在不吸水的搁架上，底面架空，其总支承面积不应大于100乘以试件截面边长（mm），每个检测试件之间应至少留有30mm的间隙。

17.4.4 水泥混凝土碳化检测

碳化是碳酸化的简称。CO_2 参与反应，产生碳酸盐的过程。粉煤灰等硅酸盐混凝土中水化硅酸钙，受大气中 CO_2 的作用而分解，将发生碳化水缩，出现裂缝并降低强度。与此同时，其中游离的 $Ca(OH)_2$ 受碳化作用将发生膨胀，并提高强度。一般来说，硅酸盐混凝土中水化硅酸钙的碱度大、结晶度好，有适量的游离 $Ca(OH)_2$，混凝土的密实度大，耐碳化性能就高。硅酸盐混凝土的耐碳化性能常以其碳化系数表示。

水泥混凝土碳化检测按下列要求进行，该检测方法适用于检测在一定浓度的 CO_2 气体介质中混凝土试件的碳化程度，以评定该混凝土的抗碳化能力。

1. 主要检测设备仪器

(1) 碳化箱：带有密封盖的密闭容器，容器的容积至少应为预定进行检测的检测试件体积的两倍。箱内应有架空检测试件的铁架，CO_2 引入口，分析取样用的气体引出口，箱内气体对流循环装置，温湿度检测以及为保持箱内恒温恒湿所需的设施。必要时，可设玻璃观察口以对箱内的温湿度进行读数。

(2) 气体分析仪：能分析箱内气体中的 CO_2 浓度，精确到1%。

(3) CO_2 供气装置：包括气瓶、压力表及流量计。

2. 具体检测步骤

(1) 将经过处理检测试件放入碳化箱内的铁架上，各检测试件经受碳化的表面之间的间距至少应不少于50mm。

(2) 将碳化箱盖严密封。密封可采用机械办法或油封，但不得采用水封，以免影响箱内温湿度调节。开动箱内气体对流装置，徐徐充入 CO_2，并检测箱内的 CO_2 浓度，逐步调节 CO_2 的流量，使箱内的 CO_2 浓度保持在20%±3%。在整个试验期间可用去湿装置或放入硅胶，使箱内的相对湿度控制在70%±5%的范围内。碳化检测应在（20±5)℃的温度下进行。

(3) 每隔一定时期对箱内的 CO_2 浓度、温度及湿度作一次检测。一般在第一、第二天每隔2h检测一次，以后每隔4h检测一次。并根据所测得的 CO_2 浓度随时调节其流量。去湿用的硅胶应经常更换。

(4) 碳化到了3d、7d、14d及28d时，各取出检测试件，破型以检测其碳化浓度。棱柱体检测试件在压力检测试验机上用劈裂法从一端开始破型。每次切除的厚度约为检测试件宽度的一半，用石蜡将破型后检测试件的切断面封好，再放入箱内继续碳化，直到下一个检测试验期。如采用立方体检测试件，则在检测试件中部劈开。立方体检测试件只作一次检测，劈开后不再放回碳化箱重复使用。

(5) 将切除所得检测试件部分刮去断面上残存的粉末，随时喷上（或滴上）浓度为1%的酚酞酒精溶液（含20%的蒸馏水）。经30s后，按原先标划的每10mm一个测定点用钢板尺分别测出两侧面各点的碳化浓度。如果测点处的碳化分界线上刚好嵌有粗集料颗粒，则可取该颗粒两侧处碳化浓度的平均值作为该点的深度值。碳化深度检测精确至1mm。

3. 检测结果计算与评定

混凝土各检测龄期时的平均碳化深度应按下式计算，精确至0.1mm：

$$d_t = \frac{\sum_{d_i=1}^{n} d_i}{n}$$

式中 d_t——检测试件碳化 td 后的平均碳化浓度，mm；

d_i——两个侧面上各测点的碳化深度，mm；

n——两个侧面上的测点总数。

以在标准条件下〔即 CO_2 浓度为20%±3%，温度为(20±5)℃，相对湿度为70%±5%〕的三个试件碳化28d的碳化深度平均值作为供相对对比用的混凝土碳化值，以此值来对比各种混凝土的抗碳化能力及其对钢筋的保护作用。

以各龄期计算所得的碳化深度绘制碳化时间与碳化深度的关系曲线，以表示在该条件下的混凝土碳化发展规律。

17.4.5 水泥混凝土耐久性能检测报告

水泥混凝土耐久性能检测报告见表17-9。

水泥混凝土耐久性能检测报告 **表17-9**

工程名称： 报告编号： 工程编号：

委托单位		委托编号		委托日期	
施工单位		样品编号		检验日期	
结构部位		出厂合格证编号		报告日期	
厂别		检验性质		代表数量	
发证单位		见证人		证书编号	

1. 水泥混凝土的抗渗性能检测

编号	发现第三个试件顶面开始有渗水现象时的水压力 H(MPa)						混凝土抗渗等级 P
	1	2	3	4	5	6	
1							
2							
3							

结　论：

执行标准：

2. 慢冻法混凝土抗冻性能检测

试件	对比试件的抗压强度平均值 f_{co}(MPa)	冻融循环检测前的试件质量 G_o(kg)	N次冻融循环后的试件质量 G_n(kg)
试件1			
试件2			
试件3			

续表

经 N 次冻融循环后的抗压强度平均值 f_{cn}(MPa)	
N 次冻融循环后的混凝土强度损失率平均值 Δf_c(%)	
N 次冻融循环后的质量损失率的平均值 $\Delta\omega_n$(%)	
结　论：	
执行标准：	

3. 快冻法混凝土抗冻性能检测

试件	N 次冻融循环后试件的横向基频 f_n(Hz)	冻融循环检测前测得的试件横向基频初始值 f_o(Hz)	冻融循环检测前的试件质量 G_o(kg)	N 次冻融循环后的试件质量 G_n(kg)
试件 1				
试件 2				
试件 3				
经 N 次冻融循环后试件的相对动弹性模量的平均值 P(%)				
N 次冻融循环后的质量损失率的平均值 $\Delta\omega_n$(%)				
混凝土耐久性系数应按下式计算：$K_n=\frac{P \cdot N}{300}$				
结　论：				
执行标准：				

4. 水泥混凝土碳化检测

试件	两个侧面上各测点的碳化深度 d_i(mm)	两个侧面上的测点总数 n	试件碳化 td 后的碳化浓度平均值 d_t(mm)
试件 1			
试件 2			
试件 3			
结　论：			
执行标准：			

主要仪器设备	检测仪器		管理编号	
	型号规格		有效期	
	检测仪器		管理编号	
	型号规格		有效期	
	检测仪器		管理编号	
	型号规格		有效期	
	检测仪器		管理编号	
	型号规格		有效期	
备注				
声明				
地址	地址： 邮编： 电话：			

审批(签字)：________ 审核(签字)：________ 校核(签字)：________ 检测(签字)：________

检测单位(盖章)：________

报 告 日 期：　年　月　日

注：本表一式四份（建设单位、施工单位、检测试验室、城建档案馆存档各一份）。

17.5 建筑砂浆性能检测

17.5.1 建筑砂浆稠度检测

砂浆的稠度即砂浆在外力作用下的流动性，它反映了砂浆在实际施工应用中的可操作性。设计砂浆配合比时，可以通过稠度检测来确定能够满足施工要求的用水量。

1. 主要检测设备仪器

(1) 砂浆搅拌机。

(2) 拌合铁板：约 1.5m×2m，厚度为 3mm。

(3) 磅秤：称量 50kg，感量 50g。

(4) 台秤：称量 10kg，感量 5g。

(5) 砂浆稠度仪：由试锥、容器和支座三部分组成，如图 17-10 所示。试锥由钢材或铜材制成，试锥高度为 145mm，锥底直径为 75mm，试锥连同滑杆的质量为（300±2）g；盛载砂浆的容器由钢板制成，筒高为 180mm，锥底直径为 150mm；支座分底座、支架、刻度显示三个部分。由铸铁、钢及其他金属材料制成。

(6) 钢制捣棒，直径 10mm，长 350mm，端部磨圆。

(7) 铁铲、抹刀、量筒、秒表、盛器等。

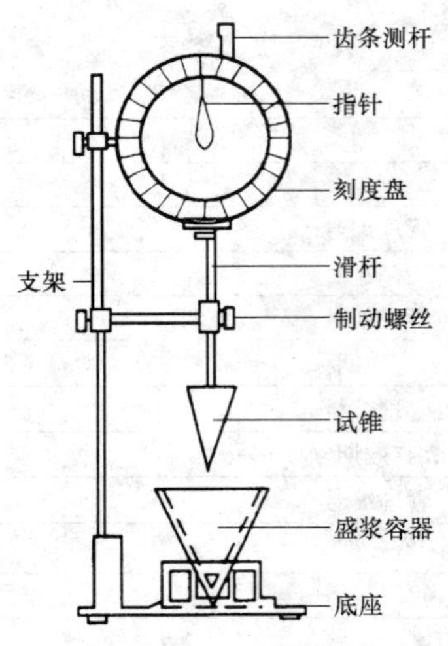

图 17-10 砂浆稠度测定仪

2. 拌合方法

(1) 人工拌合

1) 将称量好的砂子倒在拌板上，然后加入水泥，用拌铲拌合至混合物颜色均匀为止。

2) 将混合物堆成堆，在中间作凹槽。将称好的石灰膏倒入凹槽中（若为水泥砂浆，则将称好的水的一半倒入凹槽中），再加适量的水将石灰膏调稀，然后与水泥、砂共同拌合，用量筒逐次加水并拌合，直至拌合物色泽一致，和易性凭经验调整至符合要求为止。

3) 水泥砂浆每翻拌一次，需用拌铲将全部砂浆压切一次。一般每次拌合需 3～5min（从加水完毕时算起）。

(2) 机械拌合

1) 先拌适量砂浆（应与正式拌合时的砂浆配合比相同），使搅拌机内壁粘附一薄层水泥砂浆，使正式拌合时的砂浆配合比成分准确，保证拌制质量。

2) 称出各项材料用量，再将砂、水泥装入搅拌机内。

3) 开动搅拌机，将水徐徐加入（混合砂浆需将石灰膏用水调稀至浆状），搅拌约 3min（搅拌的用量不宜少于搅拌机容量的 20%，搅拌时间不宜小于 2min）。

4) 将砂浆搅拌物倒入拌合铁板上，用拌铲翻拌约两次，使之混合均匀。

3. 主要检测流程

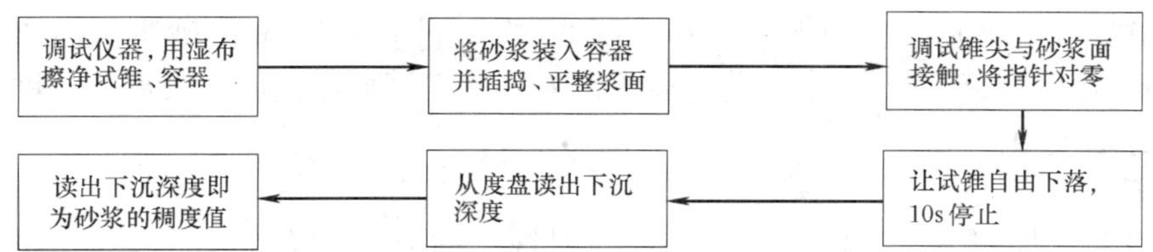

4. 具体检测步骤

(1) 用少量润滑油轻擦滑杆，再将滑杆上多余的油用吸油纸擦净，使滑杆能自由滑动。

(2) 用湿布擦净盛浆容器和试锤表面，将砂浆拌合物一次装入容器，使砂浆表面低于容器口约 10mm。用捣棒自容器中心开始向边缘插捣 25 次，然后轻轻地将容器摇动或敲击 5～6 次，使砂浆表面平整，然后将容器至于稠度测定仪底座上。

(3) 拧松制动螺丝，向下移动滑杆，当试锥尖端与砂浆表面刚接触时，拧紧制动螺丝，将齿条测杆下端刚接触滑杆上端，读出刻度盘上的读书（精确至 1mm)。

(4) 拧松制动螺丝，同时计时间，10s 时立即拧紧螺丝，将齿条测杆下端接触滑杆上端，从刻度盘上读出下沉深度（精确至 1mm)，两次读数的差值即为砂浆的稠度值（沉入度)。

(5) 盛装容器内的砂浆，只允许检测一次稠度，重复测定时，应重新取样测定。

5. 检测结果评定

取两次检测结果的算术平均值作为砂浆稠度检测结果（计算值精确至 1mm)。若两次检测值之差大于 10mm，则应重新取样测定。

17.5.2 建筑砂浆分层度检测

检测砂浆的分层度是评定砂浆保水性的一个重要指标。

1. 主要检测设备仪器

(1) 砂浆分层度筒：其内径为 150mm，上节高度为 200mm，下节带底净高 100mm，用金属板制成，如图 17-11 所示。上、下层连接处需加宽到 3～5mm，并设有橡胶垫圈。

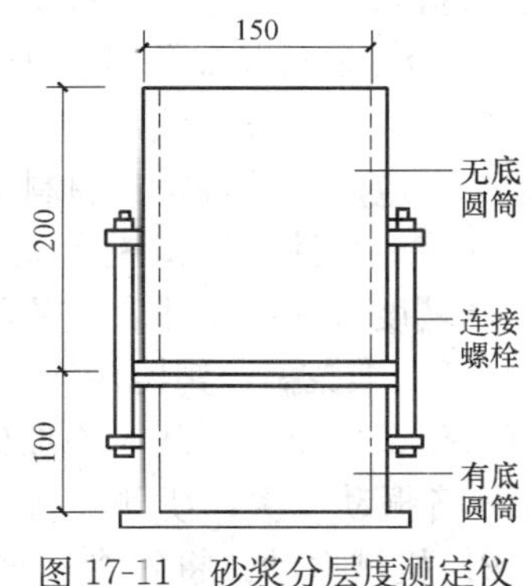

图 17-11 砂浆分层度测定仪

(2) 振动台：振幅为 (0.5±0.05) mm，频率为 (50±3) Hz。

(3) 稠度仪、木锤等。

2. 主要检测流程

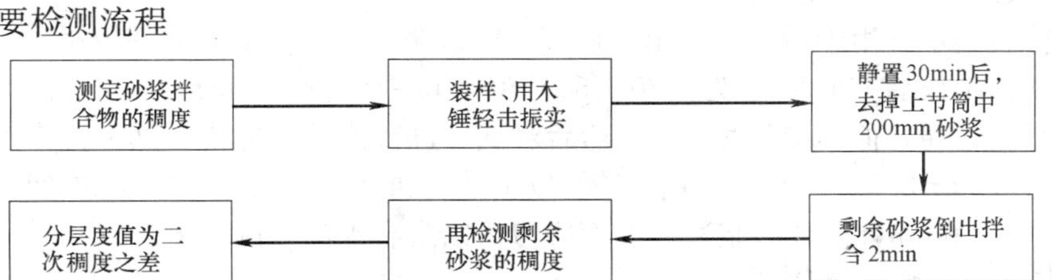

3. 检测步骤

(1) 先按第 17.5.1 节砂浆稠度检测方法评定拌合物的稠度。

(2) 将砂浆拌合物一次装入分层度筒内，待装满后，用木锤在容器周围距离大致相等的 4 个不同部位轻轻敲击 1～2 下，如砂浆沉落到低于筒口，则应随时添加，然后刮去多余的砂浆，并用抹刀抹平。

（3）静置30min后，去掉上节200mm的砂浆，剩余100mm的砂浆倒出放在搅拌锅内拌2min，然后按第17.5.1节砂浆稠度检测方法测定其稠度。前后测得的稠度之差即为该砂浆的分层度值。

4. 检测结果评定

（1）取两次检测结果的算术平均值作为该批砂浆的分层度值。

（2）两次分层度检测值之差若大于10mm，应重新再做取样检测。

17.5.3 建筑砂浆立方体抗压强度检测

砂浆立方体抗压强度是评定砂浆强度等级的依据，是砂浆质量评定的主要指标。

1. 主要检测设备仪器

（1）试模：尺寸为70.7mm×70.7mm×70.7mm的带底试模。由钢制成，应具有足够的刚度并拆装方便。试模的内表面应进行机械加工，其不平整度应为每100mm不超过0.05mm，组装后各相邻面的不垂直度不应超过±0.5°。

（2）钢制捣棒：直径10mm、长350mm的钢棒，端部应磨圆。

（3）压力试验机：精度为1%，试件破坏荷载值应不小于压力机量程的20%，且不大于全量程的80%。

（4）垫板：试验机上、下压板及试件之间可垫以钢垫板，垫板的尺寸应大于检测试件的承压面，其不平度应为每100mm不超过0.2mm。

（5）振动台：空载中台面的垂直振幅应为（0.5±0.05）mm，空载频率应为（50±3）Hz，空载台面振幅均匀度不大于10%，一次试验至少能固定（或用磁力吸盘）3个试模。

2. 检测试件的制作及养护

（1）采用立方体试件，每组试件3个。

（2）应用黄油等密封材料涂膜试模的外接缝，试模内涂刷薄层机油或脱模剂，将拌制好的砂浆一次性装满试模，成型方法根据稠度而定。当稠度≥50mm时采用人工振捣成型，当稠度＜50mm时采用振动台振实成型。

1）人工振捣：用捣棒均匀地由边缘向中心按螺旋方式插捣25次，插捣过程中如砂浆沉落低于试模口，应随时添加砂浆，可用油灰刀插捣数次，并用手将试模一边抬高5～10mm各振动5次，使砂浆高出试模顶面6～8mm。

2）机械振动：将砂浆一次装满试模，放置到振动台上，振动时试模不得跳动，振动5～10s或持续到表面出浆为止；不得过振。

（3）待表面水分稍干后，将高出试模部分的砂浆沿试模顶面刮去并抹平。

（4）试件制作后应在室温为（20±5）℃的环境中停置（24±2）h，当气温较低时，可以适当延长时间，但不应超过48h，然后对试件进行编号、拆模。试件拆模后，应立即放入温度为（20±2）℃，相对湿度在90%以上的标准养护室中养护，养护期间，试件彼此间隔不小于10mm，混合砂浆试件上面应覆盖以防有水滴在试件上。

3. 抗压强度主要检测流程

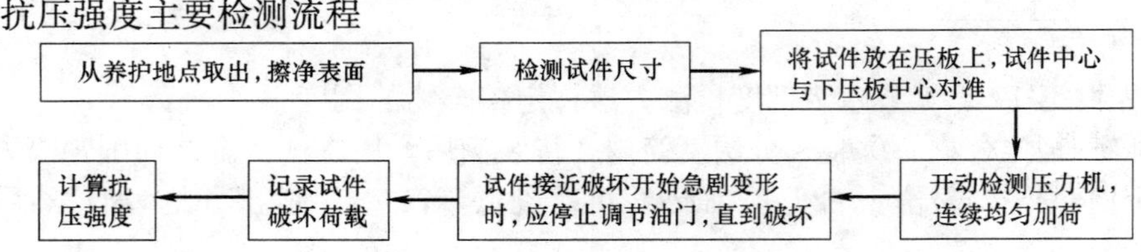

4. 抗压强度具体检测步骤

（1）试样从养护地点取出后应尽快进行试验，试验前先将试件表面擦拭干净，测量尺寸，并检查其外观。并据此计算检测试件的承压面积。若实测尺寸与公称尺寸之差不超过1mm，可按公称尺寸进行计算。

（2）将试件置于压力机的下压板上，试件的承压面应与成型时的顶面垂直，检测试件中心应与试验机下压板中心对准。开动检测压力机，当上压板与检测试件接近时，调整球座，使接触面均衡受压。承压试验应连续而均匀加荷。加荷速度应为 0.25～1.5kN/s（砂浆强度不大于 5MPa 时，应取下限；大于 5MPa 时，应取上限），当试件接近破坏而开始变形时，停止调整压力机油门，直至试件破坏，记录下破坏荷载 N_u。

5. 检测结果计算

砂浆立方体抗压强度应按下式计算（精确至 0.1MPa）：

$$f_{m,cu}=\frac{N_u}{A}$$

式中 $f_{m,cu}$——砂浆立方体抗压强度，MPa；

N_u——立方体破坏荷载，N；

A——检测试件承压面积，mm^2。

以三个试件测值的算术平均值的 1.3 倍，作为该组试件的砂浆立方体抗压强度的平均值（精确到 0.1MPa）。

当三个测值的最大值或最小值中如有一个与中间值的差值超过中间值的 15%时，则把最大值与最小值一并舍除，取中间值作为该组试件的抗压强度值；如有两个测值与中间值的差值均超过中间值的 15%时，则该组试件的试验结果无效。

17.5.4 砌筑砂浆检测报告

砌筑砂浆检测报告见表 17-10。

砌筑砂浆检测报告 **表 17-10**

工程名称： 报告编号： 工程编号：

委托单位		委托编号		委托日期	
施工单位		样品编号		检验日期	
结构部位		出厂合格证编号		报告日期	
厂别		检验性质		代表数量	
发证单位		见证人		证书编号	

1. 砌筑砂浆稠度检测与分层度检测

材料名称	产　地	品　种	$1m^3$ 砂浆材料用量(kg)	每盘材料用量(kg)
水泥				
砂				
石灰膏				
掺合料				
水				
稠度(mm)	分层度(mm)			
结　论			质量配合比为	
执行标准				

续表

2. 砌筑砂浆抗压强度检测

<table>
<tr><td>砂浆品种</td><td></td><td>使用部位</td><td colspan="2"></td><td>成型日期</td><td></td></tr>
<tr><td>强度等级</td><td></td><td>稠度(mm)</td><td colspan="2"></td><td>检测日期</td><td></td></tr>
<tr><td>质量配合比</td><td></td><td>执行标准</td><td colspan="2"></td><td>实际龄期(d)</td><td></td></tr>
<tr><td rowspan="2">编号</td><td rowspan="2">试件边长(mm)</td><td rowspan="2">承压面积(mm^2)</td><td colspan="2">破坏荷载(kN)</td><td rowspan="2">抗压强度(MPa)</td><td rowspan="2">达到设计强度等级百分比(%)</td></tr>
<tr><td>单块</td><td>平均</td></tr>
<tr><td>1</td><td></td><td></td><td></td><td rowspan="6"></td><td></td><td></td></tr>
<tr><td>2</td><td></td><td></td><td></td><td></td><td></td></tr>
<tr><td>3</td><td></td><td></td><td></td><td></td><td></td></tr>
<tr><td>4</td><td></td><td></td><td></td><td></td><td></td></tr>
<tr><td>5</td><td></td><td></td><td></td><td></td><td></td></tr>
<tr><td>6</td><td></td><td></td><td></td><td></td><td></td></tr>
</table>

结　论：

单块试件抗压强度最大值 $f_{mcu}=\frac{N_u}{A}=$

单块试件抗压强度最小值 $f_{mcu,min}=\frac{N_u}{A}=$

检测抗压强度平均值 $\bar{f}_{mcu}=$

砂浆强度等级为：

执行标准：

<table>
<tr><td rowspan="8">主要仪器设备</td><td>检测仪器</td><td></td><td>管理编号</td><td></td></tr>
<tr><td>型号规格</td><td></td><td>有效期</td><td></td></tr>
<tr><td>检测仪器</td><td></td><td>管理编号</td><td></td></tr>
<tr><td>型号规格</td><td></td><td>有效期</td><td></td></tr>
<tr><td>检测仪器</td><td></td><td>管理编号</td><td></td></tr>
<tr><td>型号规格</td><td></td><td>有效期</td><td></td></tr>
<tr><td>检测仪器</td><td></td><td>管理编号</td><td></td></tr>
<tr><td>型号规格</td><td></td><td>有效期</td><td></td></tr>
<tr><td>备注</td><td colspan="4"></td></tr>
<tr><td>声明</td><td colspan="4"></td></tr>
<tr><td>地址</td><td colspan="4">地址：
邮编：
电话：</td></tr>
</table>

审批(签字)：__________ 审核(签字)：__________ 校核(签字)：__________ 检测(签字)：__________

检测单位(盖章)：__________

报 告 日 期： 年 月 日

注：本表一式四份（建设单位、施工单位、检测试验室、城建档案馆存档各一份）。

附录 A 非水平状态检测时的回弹值修正值（mm）

R_{ma}	检测角度							
	向上				向下			
	90°	60°	45°	30°	−30°	−45°	−60°	−90°
20	−6.0	−5.0	−4.0	−3.0	+2.5	+3.0	+3.5	+4.0
21	−5.9	−4.9	−4.0	−3.0	+2.5	+3.0	+3.5	+4.0
22	−5.8	−4.8	−3.9	−2.9	+2.4	+2.9	+3.4	+3.9
23	−5.7	−4.7	−3.9	−2.9	+2.4	+2.9	+3.4	+3.9
24	−5.6	−4.6	−3.8	−2.8	+2.3	+2.8	+3.3	+3.8
25	−5.5	−4.5	−3.8	−2.8	+2.3	+2.8	+3.3	+3.8
26	−5.4	−4.4	−3.7	−2.7	+2.2	+2.7	+3.2	+3.7
27	−5.3	−4.3	−3.7	−2.7	+2.2	+2.7	+3.2	+3.7
28	−5.2	−4.2	−3.6	−2.6	+2.1	+2.6	+3.1	+3.6
29	−5.1	−4.1	−3.6	−2.6	+2.1	+2.6	+3.1	+3.6
30	−5.0	−4.0	−3.5	−2.5	+2.0	+2.5	+3.0	+3.5
31	−4.9	−4.0	−3.5	−2.5	+2.0	+2.5	+3.0	+3.5
32	−4.8	−3.9	−3.4	−2.4	+1.9	+2.4	+2.9	+3.4
33	−4.7	−3.9	−3.4	−2.4	+1.9	+2.4	+2.9	+3.4
34	−4.6	−3.8	−3.3	−2.3	+1.8	+2.3	+2.8	+3.3
35	−4.5	−3.8	−3.3	−2.3	+1.8	+2.3	+2.8	+3.3
36	−4.4	−3.7	−3.2	−2.2	+1.7	+2.2	+2.7	+3.2
37	−4.3	−3.7	−3.2	−2.2	+1.7	+2.2	+2.7	+3.2
38	−4.2	−3.6	−3.1	−2.1	+1.6	+2.1	+2.6	+3.1
39	−4.1	−3.6	−3.1	−2.1	+1.6	+2.1	+2.6	+3.1
40	−4.0	−3.5	−3.0	−2.0	+1.5	+2.0	+2.5	+3.0
41	−4.0	−3.5	−3.0	−2.0	+1.5	+2.0	+2.5	+3.0
42	−3.9	−3.4	−2.9	−1.9	+1.4	+1.9	+2.4	+2.9
43	−3.9	−3.4	−2.9	−1.9	+1.4	+1.9	+2.4	+2.9
44	−3.8	−3.3	−2.8	−1.8	+1.3	+1.8	+2.3	+2.8
45	−3.8	−3.3	−2.8	−1.8	+1.3	+1.8	+2.3	+2.8
46	−3.7	−3.2	−2.7	−1.7	+1.2	+1.7	+2.2	+2.7
47	−3.7	−3.2	−2.7	−1.7	+1.2	+1.7	+2.2	+2.7
48	−3.6	−3.1	−2.6	−1.6	+1.1	+1.6	+2.1	+2.6
49	−3.6	−3.1	−2.6	−1.6	+1.1	+1.6	+2.1	+2.6
50	−3.5	−3.0	−2.5	−1.5	+1.0	+1.5	+2.0	+2.5

注：1. R_{ma}小于 20 或 50 时，均分别按 20 或 50 查表。

2. 表中未列入的相应于R_{ma}的修正值R_{ma}，可用内插法求得，精确至 0.1mm。

附录 B 不同浇筑面的回弹值修正值（mm）

R_m^t或R_m^b	表面修正值R_a^t	底面修正值R_a^b	R_m^t或R_m^b	表面修正值R_a^t	底面修正值R_a^b
20	+2.5	−3.0	36	+0.9	−1.4
21	+2.4	−2.9	37	+0.8	−1.3
22	+2.3	−2.8	38	+0.7	−1.2
23	+2.2	−2.7	39	+0.6	−1.1
24	+2.1	−2.6	40	+0.5	−1.0
25	+2.0	−2.5	41	+0.4	−0.9
26	+1.9	−2.4	42	+0.3	−0.8
27	+1.8	−2.3	43	+0.2	−0.7
28	+1.7	−2.2	44	+0.1	−0.6
29	+1.6	−2.1	45	0	−0.5
30	+1.5	−2.0	46	0	−0.4
31	+1.4	−1.9	47	0	−0.3
32	+1.3	−1.8	48	0	−0.2
33	+1.2	−1.7	49	0	−0.1
34	+1.1	−1.6	50	0	0
35	+1.0	−1.5			

注：1. R_m^t或R_m^b小于 20 或 50 时，均分别按 20 或 50 查表。
2. 表中有关混凝土浇筑表面的修正系数，是指一般原浆抹面的修正值。
3. 表中有关混凝土浇筑底面的修正系数，是指构件底面与侧面采用同一类模板在正常浇筑情况下的修正值。
4. 表中未列入的相应于R_m^t或R_m^b的R_a^t或R_a^b值，可用内插法求得，精确至 0.1mm。

附录 C 测区强度换算表

平均回弹值R_m	测区混凝土求得换算表 $f_{cu,i}^c$(MPa)												
	平均碳化深度值 d_m(mm)												
	0.0	0.5	1.0	1.5	2.0	2.5	3.0	3.5	4.0	4.5	5.0	5.5	≥6.0
20.0	10.3	10.1	—	—	—	—	—	—	—	—	—	—	—
20.2	10.5	10.3	10.0	—	—	—	—	—	—	—	—	—	—
20.4	10.7	10.5	10.2	—	—	—	—	—	—	—	—	—	—
20.6	11.0	10.8	10.4	10.1	—	—	—	—	—	—	—	—	—
20.8	11.2	11.0	10.6	10.3	—	—	—	—	—	—	—	—	—
21.0	11.4	11.2	10.8	10.5	10.0	—	—	—	—	—	—	—	—
21.2	11.6	11.4	11.0	10.7	10.2	—	—	—	—	—	—	—	—
21.4	11.8	11.6	11.2	10.9	10.4	10.0	—	—	—	—	—	—	—
21.6	12.0	11.8	11.4	11.0	10.6	10.2	—	—	—	—	—	—	—
21.8	12.3	12.1	11.7	11.3	10.8	10.5	10.1	—	—	—	—	—	—
22.0	12.5	12.2	11.9	11.5	11.0	10.6	10.2	—	—	—	—	—	—
22.2	12.7	12.4	12.1	11.7	11.2	10.8	10.4	10.0	—	—	—	—	—

续表

平均回弹值 R_m	测区混凝土求得换算表 $f^c_{cu,i}$(MPa)												
	平均碳化深度值 d_m(mm)												
	0.0	0.5	1.0	1.5	2.0	2.5	3.0	3.5	4.0	4.5	5.0	5.5	≥6.0
22.4	13.0	12.7	12.4	12.0	11.4	11.0	10.7	10.3	10.0	—	—	—	—
22.6	13.2	12.9	12.5	12.1	11.6	11.2	10.8	10.4	10.2	—	—	—	—
22.8	13.4	13.1	12.7	12.3	11.8	11.4	11.0	10.6	10.3	—	—	—	—
23.0	13.7	13.4	13.0	12.6	12.1	11.6	11.2	10.8	10.5	10.1	—	—	—
23.2	13.9	13.6	13.2	12.8	12.2	11.8	11.4	11.0	10.7	10.3	10.0	—	—
23.4	14.1	13.8	13.4	13.0	12.4	12.0	11.6	11.2	10.9	10.4	10.2	—	—
23.6	14.4	14.1	13.7	13.2	12.7	12.2	11.8	11.4	11.1	10.7	10.4	10.1	—
23.8	14.6	14.3	13.9	13.4	12.8	12.4	12.0	11.5	11.2	10.8	10.6	10.2	—
24.0	14.9	14.6	14.2	13.7	13.1	12.7	12.2	11.8	11.5	11.0	10.8	10.4	10.1
24.2	15.1	14.8	14.3	13.9	13.3	12.8	12.4	11.9	11.6	11.2	11.0	10.6	10.3
24.4	15.4	15.1	14.6	14.2	13.6	13.1	12.6	12.2	11.9	11.4	11.2	10.8	10.4
24.6	15.6	15.3	14.8	14.4	13.7	13.3	12.8	12.3	12.0	11.5	11.2	10.9	10.6
24.8	15.9	15.6	15.1	14.6	14.0	13.5	13.0	12.6	12.2	11.8	11.4	11.1	10.7
25.0	16.2	15.9	15.4	14.9	14.3	13.8	13.3	12.8	12.5	12.0	11.7	11.3	10.9
25.2	16.4	16.1	15.6	15.1	14.4	13.9	13.4	13.0	12.6	12.1	11.8	11.5	11.0
25.4	16.7	16.4	15.9	15.4	14.7	14.2	13.7	13.2	12.9	12.4	12.0	11.7	11.2
25.6	16.9	16.6	16.1	15.7	14.9	14.4	13.9	13.4	13.0	12.5	12.2	11.8	11.3
25.8	17.2	16.9	16.3	15.8	15.1	14.6	14.1	13.6	13.2	12.7	12.4	12.0	11.5
26.0	17.5	17.2	16.6	16.1	15.4	14.9	14.4	13.8	13.5	13.0	12.6	12.2	11.6
26.2	17.8	17.4	16.9	16.4	15.7	15.1	14.6	14.0	13.7	13.2	12.8	12.4	11.8
26.4	18.0	17.6	17.1	16.6	15.8	15.3	14.8	14.2	13.9	13.3	13.0	12.6	12.0
26.6	18.3	17.9	17.4	16.8	16.1	15.6	15.0	14.4	14.1	13.5	13.2	12.8	12.1
26.8	18.6	18.2	17.7	17.1	16.4	15.8	15.3	14.6	14.3	13.8	13.4	12.9	12.3
27.0	18.9	18.5	18.0	17.4	16.6	16.1	15.5	14.8	14.6	14.0	13.6	13.1	12.4
27.2	19.1	18.7	18.1	17.6	16.8	16.2	15.7	15.0	14.7	14.1	13.8	13.3	12.6
27.4	19.4	19.9	18.4	17.8	17.0	16.4	15.9	15.2	14.9	14.3	14.0	13.4	12.7
27.6	19.7	19.3	18.7	18.0	17.2	16.6	16.1	15.4	15.1	14.5	14.1	13.6	12.9
27.8	20.0	19.6	19.0	18.2	17.4	16.8	16.3	15.6	15.3	14.7	14.2	13.7	13.0
28.0	20.3	19.7	19.2	18.4	17.6	17.0	16.5	15.8	15.4	14.8	14.4	13.9	13.2
28.2	20.6	20.0	19.5	18.6	17.8	17.2	16.7	16.0	15.6	15.0	14.6	14.0	13.3
28.4	20.9	20.3	19.7	18.8	18.0	17.4	16.9	16.2	15.8	15.2	14.8	14.2	13.5
28.6	21.2	20.6	20.0	19.1	18.2	17.6	17.1	16.4	16.0	15.4	15.0	14.3	13.6
28.8	21.5	20.9	20.2	19.4	18.5	17.8	17.3	16.6	16.2	15.6	15.2	14.5	13.8
29.0	21.8	21.1	20.5	19.6	18.7	18.1	17.5	16.8	16.4	15.8	15.4	14.6	13.9

续表

平均回弹值 R_m	测区混凝土求得换算表 $f^c_{cu,i}$(MPa)												
	平均碳化深度值 d_m(mm)												
	0.0	0.5	1.0	1.5	2.0	2.5	3.0	3.5	4.0	4.5	5.0	5.5	≥6.0
29.2	22.1	21.4	20.8	19.9	19.0	18.3	17.7	17.0	16.6	16.0	15.6	14.8	14.1
29.4	22.4	21.7	21.1	20.2	19.3	18.6	17.9	17.2	16.8	16.2	15.8	15.0	14.2
29.6	22.7	22.0	21.3	20.4	19.5	18.8	18.2	17.5	17.0	16.4	16.0	15.1	14.4
29.8	23.0	22.3	21.6	20.7	19.8	19.1	18.4	17.7	17.2	16.6	16.2	15.3	14.5
30.0	23.3	22.6	21.9	21.0	20.0	19.3	18.6	17.9	17.4	16.8	16.4	15.4	14.7
30.2	23.6	22.9	22.2	21.2	20.3	19.6	18.9	18.2	17.6	17.0	16.6	15.6	14.9
30.4	23.9	23.2	22.5	21.5	20.6	19.8	19.1	18.4	17.8	17.2	16.8	15.8	15.1
30.6	24.3	23.6	22.8	21.9	20.9	20.2	19.4	18.7	18.0	17.5	17.0	16.0	15.2
30.8	24.6	23.9	23.1	22.1	21.2	20.4	19.7	18.9	18.2	17.7	17.2	16.2	15.4
31.0	24.9	24.2	23.4	22.4	21.4	20.7	19.9	19.2	18.4	17.9	17.4	16.4	15.5
31.2	25.2	24.4	23.7	22.7	21.7	20.9	20.2	19.4	18.6	18.1	17.6	16.6	15.7
31.4	25.6	24.8	24.1	23.0	22.0	21.2	20.5	19.7	18.9	18.4	17.8	16.9	15.8
31.6	25.9	25.1	24.3	23.3	22.3	21.5	20.7	19.9	19.2	18.6	18.0	17.1	16.0
31.8	26.2	25.4	24.6	23.6	22.5	21.7	21.0	20.2	19.4	18.9	18.2	17.3	16.2
32.0	26.5	25.7	24.9	23.9	22.8	22.0	21.2	20.4	19.6	19.1	18.4	17.5	16.4
32.2	26.9	26.1	25.3	24.2	23.1	22.3	21.5	20.7	19.9	19.4	18.6	17.7	16.6
32.4	27.2	26.4	25.6	24.5	23.4	22.6	21.8	20.9	20.1	19.6	18.8	17.9	16.8
32.6	27.6	26.8	25.9	24.8	23.7	22.9	22.1	21.3	20.4	19.9	19.0	18.1	17.0
32.8	27.9	27.1	26.2	25.1	24.0	23.2	22.3	21.5	20.6	20.1	19.2	18.3	17.2
33.0	28.2	27.4	26.5	25.4	24.3	23.4	22.6	21.7	20.9	20.3	19.4	18.5	17.4
33.2	28.6	27.7	26.8	25.7	24.6	23.7	22.9	22.0	21.2	20.5	19.6	18.7	17.6
33.4	28.9	28.0	27.1	26.0	24.9	24.0	23.1	22.3	21.4	20.7	19.8	18.9	17.8
33.6	29.3	28.4	27.4	26.4	25.2	24.2	23.3	22.6	21.7	20.9	20.0	19.1	18.0
33.8	29.6	28.7	27.7	26.6	25.4	24.4	23.5	22.8	21.9	21.1	20.2	19.3	18.2
34.0	30.0	29.1	28.0	26.8	25.6	24.6	23.7	23.0	22.1	21.3	20.4	19.5	18.3
34.2	30.3	29.4	28.3	27.0	25.8	24.8	23.9	23.2	22.3	21.5	20.6	19.7	18.4
34.4	30.7	29.8	28.6	27.2	26.0	25.0	24.1	23.4	22.5	21.7	20.8	19.8	18.6
34.6	31.1	30.2	28.9	27.4	26.2	25.2	24.3	23.6	22.7	21.9	21.0	20.0	18.8
34.8	31.4	30.5	29.2	27.6	26.4	25.4	24.5	23.8	22.9	22.1	21.2	20.2	19.0
35.0	31.8	30.8	29.6	28.0	26.7	25.8	24.8	24.0	23.2	22.3	21.4	20.4	19.2
35.2	32.1	31.1	29.9	28.2	27.0	26.0	25.0	24.2	23.4	22.5	21.6	20.6	19.4
35.4	32.5	31.5	30.2	28.6	27.3	26.3	25.4	24.4	23.7	22.8	21.8	20.8	19.6
35.6	32.9	31.9	30.6	29.0	27.6	26.6	25.7	24.7	24.0	23.0	22.0	21.0	19.8
35.8	33.3	32.3	31.0	29.3	28.0	27.0	26.0	25.0	24.3	23.3	22.2	21.2	20.0

续表

平均回弹值 R_m	测区混凝土求得换算表 $f^c_{cu,i}$(MPa)												
	平均碳化深度值 d_m(mm)												
	0.0	0.5	1.0	1.5	2.0	2.5	3.0	3.5	4.0	4.5	5.0	5.5	≥6.0
36.0	33.6	32.6	31.2	29.6	28.2	27.2	26.2	25.2	24.5	23.5	22.4	21.4	20.2
36.2	34.0	33.0	31.6	29.9	28.6	27.5	26.5	25.5	24.8	23.8	22.6	21.6	20.4
36.4	34.4	33.4	32.0	30.3	28.9	27.9	26.8	25.8	25.1	24.1	22.8	21.8	20.6
36.6	34.8	33.8	32.4	30.6	29.2	28.2	27.1	26.1	25.4	24.4	23.0	22.0	20.8
36.8	35.2	34.1	32.7	31.0	29.6	28.5	27.5	26.4	25.7	24.6	23.2	22.2	21.1
37.0	35.5	34.4	33.0	31.2	29.8	28.8	27.7	26.6	25.9	24.8	23.4	22.4	21.3
37.2	35.9	34.8	33.4	31.6	30.2	29.1	28.0	26.9	26.2	25.1	23.7	22.6	21.5
37.4	36.3	35.2	33.8	31.9	30.5	29.4	28.3	27.2	26.5	25.4	24.0	22.9	21.8
37.6	36.7	35.6	34.1	32.3	30.8	29.7	28.6	27.5	26.8	25.7	24.2	23.1	22.0
37.8	37.1	36.0	34.5	32.6	31.2	30.0	28.9	27.8	27.1	26.0	24.5	23.4	22.3
38.0	37.5	36.4	34.9	33.0	31.5	30.3	29.2	28.1	27.4	26.2	24.8	23.6	22.5
38.2	37.9	36.8	35.2	33.4	31.8	30.6	29.5	28.4	27.7	26.5	25.0	23.9	22.7
38.4	38.3	37.2	35.6	33.7	32.1	30.9	29.8	28.7	28.0	26.8	25.3	24.1	23.0
38.6	38.7	37.5	36.0	34.1	32.4	31.2	30.1	29.0	28.3	27.0	25.5	24.4	23.2
38.8	39.1	37.9	36.4	34.4	32.7	31.5	30.4	29.3	28.5	27.2	25.8	24.6	23.5
39.0	39.5	38.2	36.7	34.7	33.0	31.8	30.6	29.6	28.8	27.4	26.0	24.8	23.7
39.2	39.9	38.5	37.0	35.0	33.3	32.1	30.8	29.8	29.0	27.6	26.2	25.0	24.0
39.4	40.3	38.8	37.3	35.3	33.6	32.4	31.0	30.0	29.2	27.8	26.4	25.2	24.2
39.6	40.7	39.1	37.6	35.6	33.9	32.7	31.2	30.2	29.4	28.0	26.6	25.4	24.4
39.8	41.2	39.6	38.0	35.9	34.2	33.0	31.4	30.5	29.7	28.2	26.8	25.6	24.7
40.0	41.6	39.9	38.3	36.2	34.5	33.3	31.7	30.8	30.0	28.4	27.0	25.8	25.0
40.2	42.0	40.3	38.6	36.5	34.8	33.6	32.0	31.1	30.2	28.6	27.3	26.0	25.2
40.4	42.4	40.7	39.0	36.9	35.1	33.9	32.3	31.4	30.5	28.8	27.6	26.2	25.4
40.6	42.8	41.1	39.4	37.2	35.4	34.2	32.6	31.7	30.8	29.1	27.8	26.5	25.7
40.8	43.3	41.6	39.8	37.7	35.7	34.5	32.9	32.0	31.2	29.4	28.1	26.8	26.0
41.0	43.7	42.0	40.2	38.0	36.0	34.8	33.2	32.3	31.5	29.7	28.4	27.1	26.2
41.2	44.1	42.3	40.6	38.4	36.3	35.1	33.5	32.6	31.8	30.0	28.7	27.3	26.5
41.4	44.5	42.7	40.9	38.7	36.6	35.4	33.8	32.9	32.0	30.3	28.9	27.6	26.7
41.6	45.0	43.2	41.4	39.2	36.9	35.7	34.2	33.3	32.4	30.6	29.2	27.9	27.0
41.8	45.4	43.6	41.8	39.5	37.2	36.0	34.5	33.6	32.7	30.9	29.5	28.1	27.2
42.0	45.9	44.1	42.2	39.9	37.6	36.3	34.9	34.0	33.0	31.2	29.8	28.5	27.5
42.2	46.3	44.4	42.6	40.3	38.0	36.6	35.2	34.3	33.3	31.5	30.1	28.7	27.8
42.4	46.7	44.8	43.0	40.6	38.3	36.9	35.5	34.6	33.6	31.8	30.4	29.0	28.0
42.6	47.2	45.3	43.4	41.1	38.7	37.3	35.9	34.9	34.0	32.1	30.7	29.3	28.3

续表

平均回弹值 R_m	测区混凝土求得换算表 $f^c_{cu,i}$(MPa)												
	平均碳化深度值 d_m(mm)												
	0.0	0.5	1.0	1.5	2.0	2.5	3.0	3.5	4.0	4.5	5.0	5.5	≥6.0
42.8	47.6	45.7	43.8	41.4	39.0	37.6	36.2	35.2	34.3	32.4	30.9	29.5	28.6
43.0	48.1	46.2	44.2	41.8	39.4	38.0	36.6	35.6	34.6	32.7	31.3	29.8	28.9
43.2	48.5	46.6	44.6	42.2	39.8	38.3	36.9	35.9	34.9	33.0	31.5	30.1	29.1
43.4	49.0	47.0	45.1	42.6	40.2	38.7	37.2	36.3	35.3	33.3	31.8	30.4	29.4
43.6	49.4	47.4	45.4	43.0	40.5	39.0	37.5	36.6	35.6	33.6	32.1	30.6	29.6
43.8	49.9	47.9	45.9	43.4	40.9	39.4	37.9	36.9	35.9	33.9	32.4	30.9	29.9
44.0	50.4	48.4	46.4	43.8	41.3	39.8	38.3	37.3	36.3	34.3	32.8	31.2	30.2
44.2	50.8	48.8	46.7	44.2	41.7	40.1	38.6	37.6	36.6	34.5	33.0	31.5	30.5
44.4	51.3	49.2	47.2	44.6	42.1	40.5	39.0	38.0	36.9	34.9	33.3	31.8	30.8
44.6	51.7	49.6	47.6	45.0	42.4	40.8	39.3	38.3	37.2	35.2	33.6	32.1	31.0
44.8	52.2	50.1	48.0	45.4	42.8	41.2	39.7	38.6	37.6	35.5	33.9	32.4	31.3
45.0	52.7	50.6	48.5	45.8	43.2	41.6	40.1	39.0	37.9	35.8	34.3	32.7	31.6
45.2	53.2	51.1	48.9	46.3	43.6	42.0	40.4	39.4	38.3	36.2	34.6	33.0	31.9
45.4	53.6	51.5	49.4	46.6	44.0	42.3	40.7	39.7	38.6	36.4	34.8	33.2	32.2
45.6	54.1	51.9	49.8	47.1	44.4	42.7	41.1	40.0	39.0	36.8	35.2	33.5	32.5
45.8	54.6	52.4	50.2	47.5	44.8	43.1	41.5	40.4	39.3	37.1	35.5	33.9	32.8
46.0	55.0	52.8	50.6	47.9	45.2	43.5	41.9	40.8	39.7	37.5	35.8	34.2	33.1
46.2	55.5	53.3	51.1	48.3	45.5	43.8	42.2	41.1	40.0	37.7	36.1	34.4	33.3
46.4	56.0	53.8	51.5	48.7	45.9	44.2	42.6	41.4	40.3	38.1	36.4	34.7	33.6
46.6	56.5	54.2	52.0	49.2	46.3	44.6	42.9	41.8	40.7	38.4	36.7	35.0	33.9
46.8	57.0	54.7	52.4	49.6	46.7	45.0	43.3	42.2	41.0	38.8	37.0	35.3	34.2
47.0	57.5	55.2	52.9	50.0	47.2	45.2	43.7	42.6	41.4	39.1	37.4	35.6	34.5
47.2	58.0	55.7	53.4	50.5	47.6	45.8	44.1	42.9	41.8	39.4	37.7	36.0	34.8
47.4	58.5	56.2	53.8	50.9	48.0	46.2	44.5	43.3	42.1	39.8	38.0	36.3	35.1
47.6	59.0	56.6	54.3	51.3	48.4	46.6	44.8	43.7	42.5	40.1	38.4	36.6	35.4
47.8	59.5	57.1	54.7	51.8	48.8	47.0	45.2	44.0	42.8	40.5	38.7	36.9	35.7
48.0	60.0	57.6	55.2	52.2	49.2	47.4	45.6	44.4	43.2	40.8	39.0	37.2	36.0
48.2	—	58.0	55.7	52.6	49.6	47.8	46.0	44.8	43.6	41.1	39.3	37.5	36.3
48.4	—	58.6	56.1	53.1	50.0	48.2	46.4	45.1	43.9	41.5	39.6	37.8	36.6
48.6	—	59.0	56.6	53.5	50.4	48.6	46.7	45.5	44.3	41.8	40.0	38.1	36.9
48.8	—	59.5	57.1	54.0	50.9	49.0	47.1	45.9	44.6	42.2	40.3	38.4	37.2
49.0	—	60.0	57.5	54.4	51.3	49.4	47.5	46.2	45.0	42.5	40.6	38.8	37.5
49.2	—	—	58.0	54.8	51.7	49.8	47.9	46.6	45.4	42.8	41.0	39.1	37.8
49.4	—	—	58.5	55.3	52.1	50.2	48.3	47.1	45.8	43.2	41.3	39.4	38.2

续表

平均回弹值 R_m	测区混凝土求得换算表 $f_{cu,i}^{c}$(MPa)												
	平均碳化深度值 d_m(mm)												
	0.0	0.5	1.0	1.5	2.0	2.5	3.0	3.5	4.0	4.5	5.0	5.5	≥6.0
49.6	—	—	58.9	55.7	52.5	50.6	48.7	47.4	46.2	43.6	41.7	39.7	38.5
49.8	—	—	59.4	56.2	53.0	51.0	49.1	47.8	46.5	43.9	42.0	40.1	38.8
50.0	—	—	59.9	56.7	53.4	51.4	49.5	48.2	46.9	44.3	42.3	40.4	39.1
50.2	—	—	—	57.1	53.8	51.9	49.9	48.5	47.2	44.6	42.6	40.7	39.4
50.4	—	—	—	57.6	54.3	52.3	50.3	49.0	47.7	45.0	43.0	41.0	39.7
50.6	—	—	—	58.0	54.7	52.7	50.7	49.4	48.0	45.4	43.4	41.4	40.0
50.8	—	—	—	58.5	55.1	53.1	51.1	49.8	48.4	45.7	43.7	41.7	40.3
51.0	—	—	—	59.0	55.6	53.5	51.5	50.1	48.8	46.1	44.1	42.0	40.7
51.2	—	—	—	59.4	56.0	54.0	51.9	50.5	49.2	46.4	44.4	42.3	41.0
51.4	—	—	—	59.9	56.4	54.4	52.3	50.9	49.6	46.8	44.7	42.7	41.3
51.6	—	—	—	—	56.9	54.8	52.7	51.3	50.0	47.2	45.1	43.0	41.6
51.8	—	—	—	—	57.3	55.2	53.1	51.7	50.3	47.5	45.4	43.3	41.8
52.0	—	—	—	—	57.8	55.7	53.6	52.1	50.7	47.9	45.8	43.7	42.3
52.2	—	—	—	—	58.2	56.1	54.0	52.5	51.1	48.3	46.2	44.0	42.6
52.4	—	—	—	—	58.7	56.5	54.4	53.0	51.5	48.7	46.5	44.4	43.0
52.6	—	—	—	—	59.1	57.0	54.8	53.4	51.9	49.0	46.9	44.7	43.3
52.8	—	—	—	—	59.6	57.4	55.2	53.8	52.3	49.4	47.3	45.1	43.6
53.0	—	—	—	—	60.0	57.8	55.6	54.2	52.7	49.8	47.6	45.4	43.9
53.2	—	—	—	—	—	58.3	56.1	54.6	53.1	50.2	48.0	45.8	44.3
53.4	—	—	—	—	—	58.7	56.5	55.0	53.5	50.5	48.3	46.1	44.6
53.6	—	—	—	—	—	59.2	56.9	55.4	53.9	50.9	48.7	46.4	44.9
53.8	—	—	—	—	—	59.6	57.3	55.8	54.3	51.3	49.0	46.8	45.3
54.0	—	—	—	—	—	—	57.8	56.3	54.7	51.7	49.4	47.1	45.6
54.2	—	—	—	—	—	—	58.2	56.7	55.1	52.1	49.8	47.5	46.0
54.4	—	—	—	—	—	—	58.6	57.1	55.6	52.5	50.2	47.9	46.3
54.6	—	—	—	—	—	—	59.1	57.5	56.0	52.9	50.5	48.2	46.6
54.8	—	—	—	—	—	—	59.5	57.9	56.4	53.2	50.9	48.5	47.0
55.0	—	—	—	—	—	—	59.9	58.4	56.8	53.6	51.3	48.9	47.3
55.2	—	—	—	—	—	—	—	58.8	57.2	54.0	51.6	49.3	47.7
55.4	—	—	—	—	—	—	—	59.2	57.6	54.4	52.0	49.6	48.0
55.6	—	—	—	—	—	—	—	59.7	58.0	54.8	52.4	50.0	48.4
55.8	—	—	—	—	—	—	—	—	58.5	55.2	52.8	50.3	48.7
56.0	—	—	—	—	—	—	—	—	58.9	55.6	53.2	50.7	49.1
56.2	—	—	—	—	—	—	—	—	59.3	56.0	53.5	51.1	49.4

续表

平均回弹值 R_m	测区混凝土求得换算表 $f_{cu,i}^c$(MPa)												
	平均碳化深度值 d_m(mm)												
	0.0	0.5	1.0	1.5	2.0	2.5	3.0	3.5	4.0	4.5	5.0	5.5	≥6.0
56.4	—	—	—	—	—	—	—	—	59.7	56.4	53.9	51.4	49.8
56.6	—	—	—	—	—	—	—	—	—	56.8	54.3	51.8	50.1
56.8	—	—	—	—	—	—	—	—	—	57.2	54.7	52.2	50.5
57.0	—	—	—	—	—	—	—	—	—	57.6	55.1	52.5	50.8
57.2	—	—	—	—	—	—	—	—	—	58.0	55.5	52.9	51.2
57.4	—	—	—	—	—	—	—	—	—	58.4	55.9	53.3	51.6
57.6	—	—	—	—	—	—	—	—	—	58.9	56.3	53.7	51.9
57.8	—	—	—	—	—	—	—	—	—	59.3	56.7	54.0	52.3
58.0	—	—	—	—	—	—	—	—	—	59.7	57.0	54.4	52.7
58.2	—	—	—	—	—	—	—	—	—	—	57.4	54.8	53.0
58.4	—	—	—	—	—	—	—	—	—	—	57.8	55.2	53.4
58.6	—	—	—	—	—	—	—	—	—	—	58.2	55.6	53.8
58.8	—	—	—	—	—	—	—	—	—	—	58.6	55.9	54.1
59.0	—	—	—	—	—	—	—	—	—	—	59.0	56.3	54.5
59.2	—	—	—	—	—	—	—	—	—	—	59.4	56.7	54.9
59.4	—	—	—	—	—	—	—	—	—	—	59.8	57.1	55.2
59.6	—	—	—	—	—	—	—	—	—	—	—	57.5	55.6
59.8	—	—	—	—	—	—	—	—	—	—	—	57.9	56.0
60.0	—	—	—	—	—	—	—	—	—	—	—	58.3	56.4

附录 D 泵送混凝土测区混凝土强度换算值的修正值

碳化深度值(mm)	抗压强度值(MPa)				
0;0.5;1.0	f_{cu}^c(MPa)	≤40.0	45.0	50.0	55.0~60.0
	K(MPa)	+4.5	+3.0	+1.5	0.0
1.5;2.0	f_{cu}^c(MPa)	≤30.0	35.0	40.0~60.0	
	K(MPa)	+3.0	+1.5	0.0	

注：表中未列入的 f_{cu}^c 值，可用内插法求得，精确至0.1MPa。

第 18 章　钢材性能检测

18.1　钢材性能检测的基本规定

18.1.1　执行标准

《金属材料 拉伸试验　第 1 部分：室温试验方法》(GB/T 228.1—2010)；

《金属材料 弯曲试验方法》(GB/T 232—2010)；

《碳素结构钢》(GB/T 700—2006)；

《低合金高强度结构钢》(GB/T 1591—2008)；

《钢筋混凝土用钢　第 2 部分：热轧带肋钢筋》(GB 1499.2—2007)；

《钢筋混凝土用钢　第 1 部分：热轧光圆钢筋》(GB 1499.1—2008)；

《冷轧带肋钢筋》(GB 13788—2008)；

《钢筋混凝土用余热处理钢筋》(GB/T 13014—1991)；

《预应力混凝土用钢丝》(GB/T 5223—2002)；

《低碳钢热轧圆盘条》(GB/T 701—2008)；

《钢筋焊接及验收规程》(JGJ 18—2003)；

《钢筋焊接接头试验方法》(JGJ/T 27—2001)；

《钢筋机械连接通用技术规程》(JGJ 107—2010)；

《带肋钢筋套筒挤压连接规程》(JGJ 108—1996)；

《钢筋锥螺纹接头技术规程》(JGJ 109—1996)。

18.1.2　钢材性能检测项目、组批原则及抽样规定

钢材性能检测项目、组批原则及抽样规定，见表 18-1。

钢材性能检测项目、组批原则及抽样规定　　**表 18-1**

序号	材料名称 及标准规范	检测 项目	批　量	抽样数量	抽样方法
1	热轧光圆钢筋 余热处理钢筋 热轧带肋钢筋 低碳钢热轧圆盘条 碳素结构钢 冷轧带肋钢筋 GB 1499.1—2008 GB/T 13014—1991 GB 1499.2—2007 GB/T 701—2008 GB 13788—2008 GB/T 228.1—2010 GB/T 700—2006 GB/T 232—2010	拉伸 弯曲	每批由同一牌号、同一炉罐号、同一规格的钢筋组成。每批质量不大于 60t。超过 60t 的部分，每增加 40t，增加一个拉伸试验试样和一个弯曲试验试样	1. 每批直条钢筋应做两个拉伸检测、两个弯曲检测。碳素结构钢每批应做 1 个拉伸检测、1 个弯曲检测。 2. 每批盘条钢筋应做 1 个拉伸检测、两个弯曲检测。 3. 逐盘或逐捆做 1 个拉伸检测，CRB550 级每批做两个弯曲检测，CRB650 级及以上每批做两个反复弯曲检测	每批任选两根钢筋切取拉伸试件，长度为 400 ～ 500mm，冷弯试件长度约 400mm；圆盘条需矫正

续表

序号	材料名称及标准规范	检测项目	批 量	抽 样 数 量	抽样方法
2	闪光对焊 JGJ/T 27—2001 JGJ 18—2003 GB/T 232—2010 GB/T 228.1—2010	拉伸 弯曲	在同一班内，由同一焊工完成的300个同级别、同直径钢筋焊接接头作为一批。当同一如班内焊接的接头数量较少，可在一周之内累计计算；累计仍不足300个接头，应按一批计算	钢筋闪光对焊接头的机械性能试验包括拉伸检测和弯曲检测，应从每批成品中切取6个试件，其中3个做拉伸检测，3个做弯曲检测	随机抽取，并检查接头外观，外观合格后方可进行力学检测
3	电弧焊 JGJ/T 27—2001 JGJ 18—2003 GB/T 228.1—2010	拉伸	在工厂焊接条件下，以300个接头（相同钢筋级别、相同接头形式）为一批[在现场安装条件下，对房屋结构不超过二层楼中的300个接头（相同之钢筋级别、相同接头形式）]；不足300个时，仍作为一批	每批随机切取3个接头进行拉伸检测，长度为450mm	随机抽取，在同一批中若有几种不同直径的接头，应在最大直径钢筋接头中切取
4	电渣压力焊 JGJ/T 27—2001 JGJ 18—2003 GB/T 228.1—2010	拉伸	在一般构筑物中，每300个同级别钢筋接头为一批；在现浇钢筋混凝土框架结构中，每一楼层中或施工区段以300个同级别钢筋接头作为一批，不足300个接头仍应作为一批。从每批成品中切取3个接头做拉伸检测	每批随机切取3个接头进行拉伸检测，长度为450mm	随机抽取，在同一批中若有几种不同直径的接头，应在最大直径钢筋接头中切取
5	钢筋气压焊 JGJ/T 27—2001 JGJ 18—2003 GB/T 232—2010 GB/T 228.1—2010	拉伸 弯曲	钢筋气压焊的机械性能检测时，在一构筑物中，以300个接头为一批；在现浇钢筋混凝土房屋结构中，在同一楼层中以300个接头为一批，不足300个接头仍为一批	机械性能检测时，从每批接头中随机切取3个接头做拉伸检测。在梁板的水平钢筋的水平连接中，应另切取3个接头做弯曲检测	随机抽取，并检查接头外观，外观合格后方可进行力学检测
6	钢筋机械连接 JGJ 107—2010 JGJ 109—1996 JGJ 108—1996 GB/T 228.1—2010	抗拉强度	同一施工条件下采用同一批材料的同等级、同形式、同规格接头，以500个为一验收批进行检测与验收，不足500个也作为一个验收批	对接头的每一验收批，必须在工程结构中随机截取3个接头试件作抗拉强度检测，按设计要求的接头等级进行评定	现场检测连接10个验收批抽样试件抗拉强度检测1次合格率为100%时，验收批接头数量可扩大1倍

注：1. 各类钢筋每组检测试件数量归纳列于表18-2。

2. 凡表18-2中规定取2个检测试件的（低碳钢热轧圆盘条冷弯试件除外）均应从任意两根（两盘）中分别切取，每根钢筋上切取一个拉力试件、一个冷弯试件。

(1) 低碳钢热轧圆盘条，检测冷弯试件应取自同盘的两端。

(2) 检测试件切取时，应在钢筋或盘条的任意一端截去500mm后切取。

3. 检测试件截取长度（用L表示）

(1) 拉力（伸）试件：

$$L \geqslant 5d+200\text{mm}(d\text{ 为钢筋直径})$$

(2) 冷弯试件：

$$L \geqslant 5d+150\text{mm}(d\text{ 为钢筋直径})$$

（直径小于或等于10mm的光圆钢筋，拉力（伸）试件长度为$L \geqslant 10d+200$mm）。

各类钢筋每组检测试件数量 表 18-2

钢筋种类	每组检测试件数量	
	拉伸检测	弯曲检测
热轧光圆钢筋	2 根	2 根
热轧带肋钢筋	2 根	2 根
低碳钢热轧圆盘条	1 根	2 根
余热处理钢筋	2 根	2 根
冷轧带肋钢筋	逐盘 1 个	每批 2 个
冷轧扭钢筋	3 个	3 个

18.2 钢筋的力学、机械性能检测

18.2.1 主要检测仪器设备

（1）检测试验机：根据相应的荷载能力选择合适的型号或量程，准确度为 1 级或优于 1 级；

（2）引伸计：其可夹持标距与示值范围应与检测试样要求相吻合，准确度不劣于 1 级；

（3）游标卡尺、钢直尺等。

18.2.2 钢筋拉伸性能检测

检测钢筋的屈服强度、抗拉强度及伸长率，注意观察拉力与变形之间的关系，为检测和评定钢材的力学性能提供依据。检测是用拉力拉伸试样，一般拉至断裂，检测钢筋的一项或几项力学性能。检测一般在室温 10～30℃范围进行，对温度有特殊要求检测，检测温度应为（23±5)℃。

1. 检测试样制备

（1）通常，检测试样进行机加工。平行长度和夹持头部之间应以过渡弧连接，过渡弧半径应不小于 0.75d。平行长度（L_c）的直径（d）一般不应小于 3mm。平行长度应不小于 $L_0+d/2$。机加工检测试样形状和尺寸如图 18-1 所示。

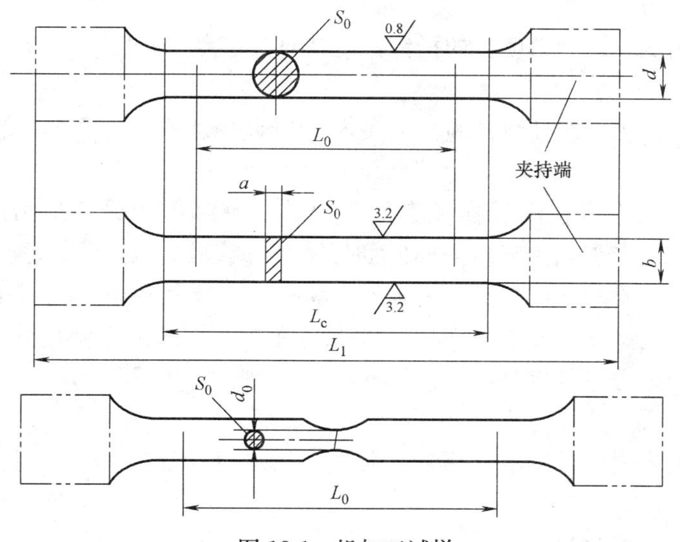

图 18-1 机加工试样

直径 $d \geqslant 4mm$ 检测钢筋试样可不进行机加工，根据钢筋直径（d）确定检测试样的原始标距（L_0），一般取 $L_0=5d$ 或 $L_0=10d$。检测试样原始标距（L_0）的标记与最接近夹头间的距离不小于 $1.5d$。可在平行长度方向标记一系列套叠的原始标距。不经机加工检测试样形状与尺寸如图 18-2 所示。

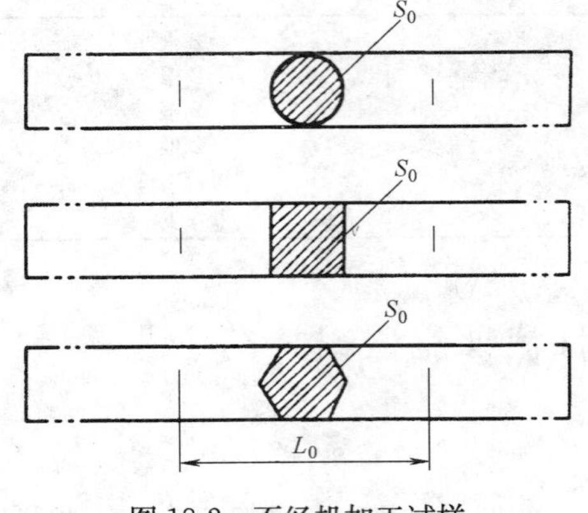

图 18-2 不经机加工试样

（2）检测原始标距长度（L_0），准确到 ±0.5%。

（3）原始横截面积 S_0 检测。应在标距的两端及中间三个相互垂直的方向检测直径（d），取其算术平均值，取用三处测得的最小横截面积，按下式计算：

$$S_0=\frac{1}{4}\pi d^2$$

式中 d——钢筋直径，mm。

计算检测结果至少保留四位有效数字，所需位数以后的数字按“四舍六入五单双法”处理。

注：四舍六入五单双法：四舍六入五考虑，五后非零应进一，五后皆零视奇偶，五前为偶应舍去，五前为奇则进一。

2. 主要检测流程

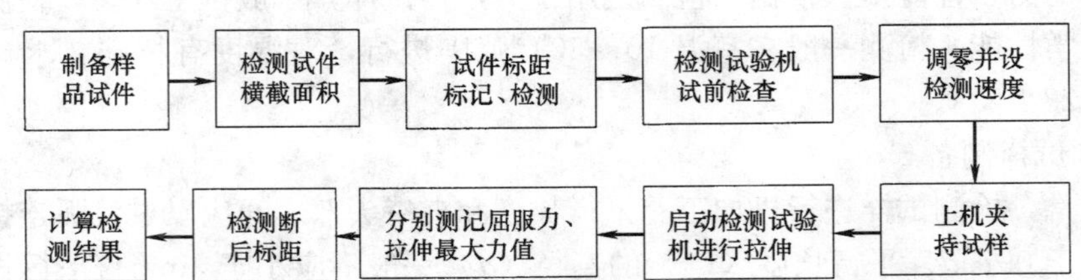

3. 具体检测步骤

（1）调整检测试验机测力度盘的指针，使其对准零点，并拨动副指针，使其与主指针重叠。

（2）将检测试样固定在检测试验机夹头内，开动检测试验机加荷，应变速率不应超过 0.008/s。

（3）加荷拉伸时，当检测试样发生屈服力首次下降前的最高应力就是上屈服强度（R_{eH}），当检测试验机刻度盘指针停止转动时的恒定荷载，就是下屈服强度（R_{eL}）。

（4）继续加荷至检测试样拉断，记录刻度盘指针的最大力（F_m）或抗拉强度（R_m）。

（5）将拉断检测试样在断裂处对齐，并保持在同一轴线上，使用分辨力优于 0.1mm 的游标卡尺、千分尺等量具检测断后标距（L_u），准确到 ±0.25mm。

4. 检测结果计算

（1）钢筋上屈服强度（R_{eH}）、下屈服强度（R_{eL}）与抗拉强度（R_m）

1）直接读数方法

使用自动装置检测钢筋上屈服强度（R_{eH}）、下屈服强度（R_{eL}）与抗拉强度（R_m），单位为 MPa。

2）指针方法

检测时，读取测力盘指针首次回转前指示的最大力和不计初始瞬时效应时屈服阶段中指示的最小力或首次停止转动指示的恒定力。将其分别除以检测试样原始横截面积（S_0）得到上屈服强度（R_{eH}）、下屈服强度（R_{eL}）。

读取测力盘上的最大力（F_m），按下式计算抗拉强度（R_m）：

$$R_m=\frac{F_m}{S_0}$$

式中 F_m——最大力，N；

S_0——检测试样原始横截面积，mm^2。

计算检测的结果至少保留四位有效数字，所需位数以后的数字按“四舍六入五单双法”处理。

（2）断后伸长率（A）

若检测试样断裂处与最接近的标距标记的距离不小于 $L_0/3$ 时，或断后检测的伸长率大于或等于规定值时，按下式计算：

$$A=\frac{L_u-L_0}{L_0}\times100\%$$

式中 L_0——检测试样原始标距，mm；

L_u——检测试样断后标距，mm。

如检测试样断裂处与最接近的标距标记的距离小于 $L_0/3$ 时，应按移位法测定断后伸长率（A），方法为：检测前将原始标距（L_0）细分为 N 等分。检测后，以符号 X 表示断裂后检测试样短段的标距标记，以符号 Y 表示断裂检测试样长段的等分标记，此标记与断裂处的距离最接近于断裂处至标距标记 X 的距离。

如 X 与 Y 之间的分格数为 n，按如下检测断后伸长率：

1）如 $N-n$ 为偶数，如图 18-3（a）所示，检测 X 与 Y 之间的距离和测量从 Y 至距离为$\frac{N-n}{2}$个分格的 Z 标记之间的距离。断后伸长率（A）按下式计算：

$$A=\frac{XY+2YZ-L_0}{L_0}\times100\%$$

2）如 $N-n$ 为奇数，如图 18-3（b）所示，检测 X 与 Y 之间的距离和测量从 Y 至距离分别为$\frac{N-n-1}{2}$和$\frac{N-n+1}{2}$个分格的 Z' 和 Z'' 标记之间的距离。断后伸长率（A）按下式计算：

$$A=\frac{XY+YZ'+YZ''-L_0}{L_0}\times100\%$$

5. 拉伸检测结果评定

（1）屈服点、抗拉强度、伸长率均应符合相应标准中规定的指标。

（2）做拉力检测的 2 根检测试件中，如有一根试件的屈服点、抗拉强度、伸长率三个

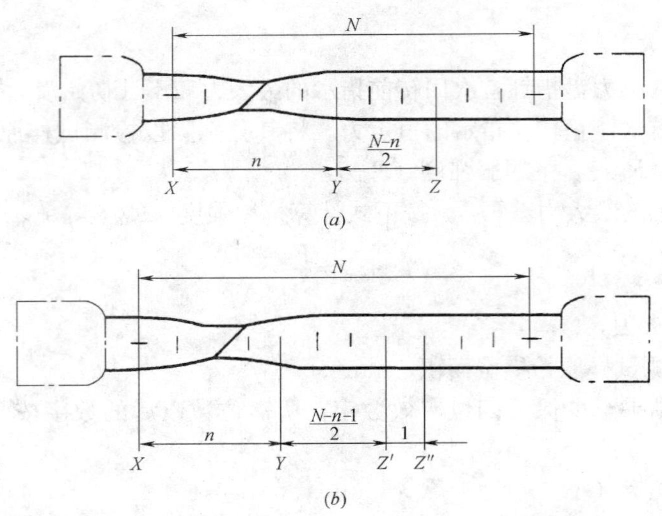

图 18-3 移位法的图示说明

指标中有一个指标不符合标准时，即为拉力检测不合格，应取双倍试件重新检测；在第二次拉力检测中，如仍有一个指标不符合规定，不论这个指标在第一次检测中是否合格，拉力检测项目定为不合格，表示该批钢筋为不合格品。

（3）检测出现下列情况之一者，检测结果无效，应重做同样数量检测试样检测。

1）检测试件断在标距外或断在机械刻划的标距标记上，而且断向伸长率小于规定最小值；

2）操作不当，影响检测结果；

3）检测记录有误或设备发生故障。

检测后检测试样出现两个或两个以上的缩颈以及显示出肉眼可见的冶金缺陷（如分层、气泡、夹渣、缩孔等），应在检测记录和报告中注明。

18.2.3 钢筋冷弯（弯曲）性能检测

检测钢筋承受规定弯曲程度的弯曲塑性变形能力，从而评定其工艺性能。钢筋在弯曲装置上经受弯曲塑性变形，不改变加力方向，直至达到规定的弯曲角度。检测时，检测试样两臂的轴线保持在垂直于弯曲轴的平面内。如为弯曲 180°角的弯曲检测，按照相关产品标准的要求，将检测试样弯曲至两臂相距规定距离且相互平行或两臂直接接触。

检测一般在室温 10～35℃范围内进行，如有特殊要求，检测温度应为（23±5)℃。

1. 检测试样准备

检测试样应尽可能是平直的，必要时应对检测试样进行矫直。同时检测试样应通过机加工去除由于剪切或火焰切割等影响了材料性能的部分。试样长度（L）按下式确定：

$$L=0.5\pi(d+a)+140$$

式中 π——圆周率，其值取 3.1；

d——弯心直径，mm；

a——检测试样直径，mm。

2. 主要检测流程

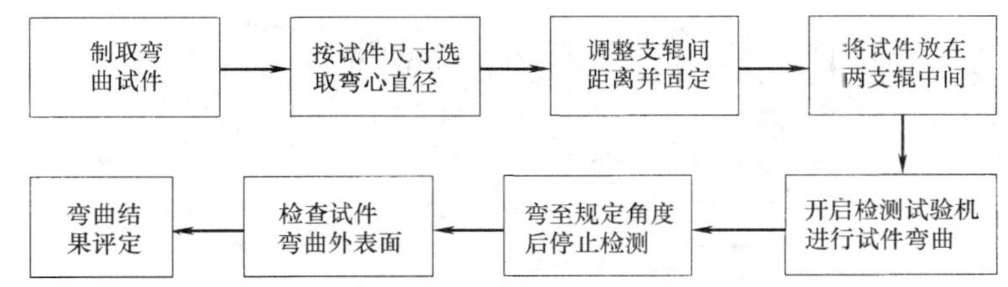

3. 具体检测步骤

(1) 规定角度弯曲检测

1) 根据检测试样直径选择压头和调整支辊间距，将检测试样放在检测试验机上，检测试样轴线应与弯曲压头轴线垂直，如图 18-4 (*a*) 所示。

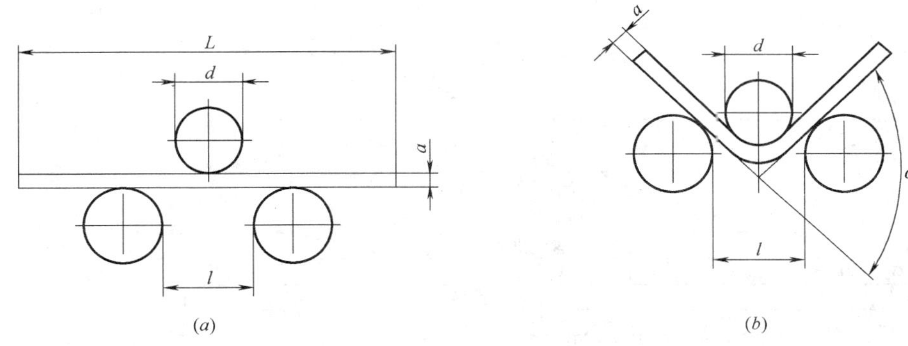

图 18-4 支辊式弯曲装置

2) 开动检测试验机加荷，弯曲压头在两支座之间的中点处对检测试样连续施加力使其弯曲，直至达到规定的弯曲角度，如图 18-4 (*b*) 所示。

(2) 检测试样弯曲至 180°角两臂相距规定距离且相互平行检测

1) 首先对检测试样进行初步弯曲（弯曲角度应尽可能大），如图 18-5 (*a*) 所示。

2) 然后将检测试样置于两平行压板之间，连续施加力压其两端，使进一步弯曲，直至两臂平行，如图 18-5 (*b*)、(*c*) 所示。检测时可以加或不加垫块，除非产品标准中另有规定，垫块厚度等于规定的弯曲压头直径。

(3) 检测试样弯曲至两臂直接接触检测

1) 首先将检测试样进行初步弯曲（弯曲角度应尽可能大），如图 18-5 (*a*) 所示。

2) 然后将其置于两平行压板之间，连续施加力压其两端，使进一步弯曲，直至两臂直接接触，如图 18-6 所示。

4. 弯曲检测结果评定

应按照相关产品规定标准的要求评定弯曲检测结果。弯曲检测评定冷弯检测后弯曲外侧表面，如无裂纹、断裂或起层，即判为合格。作冷弯的两根检测试件中，如有一根试件不合格，可取双倍数量试件重新作冷弯检测，第二次冷弯检测中，如仍有一根不合格，即判该批钢筋为不合格品。

18.2.4 钢筋的力学、机械性能检测报告

钢筋的力学、机械性能检测报告见表 18-3。

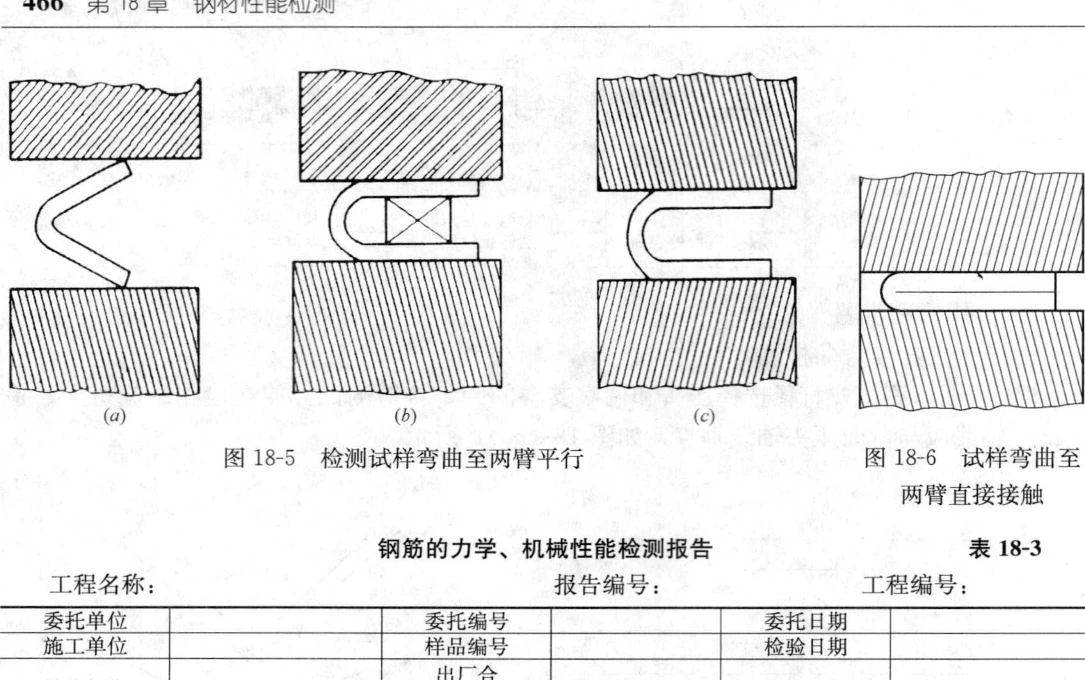

图 18-5 检测试样弯曲至两臂平行

图 18-6 试样弯曲至两臂直接接触

钢筋的力学、机械性能检测报告 **表 18-3**

工程名称： 报告编号： 工程编号：

委托单位		委托编号		委托日期	
施工单位		样品编号		检验日期	
结构部位		出厂合格证编号		报告日期	
厂别		检验性质		代表数量	
发证单位		见证人		证书编号	
钢材种类		规格或牌号		生产人	
公称直径(厚度)	mm			公称面积	mm^2

试验结果	力学性能					弯曲性能		
	屈服点(MPa)	抗拉强度(MPa)	伸长率(%)	屈服强度比值 $\sigma_{b实}/\sigma_{s实}$	试验强度比值 $\sigma_{s实}/\sigma_{s标}$	弯心直径(mm)	角 度	结 果
	化学分析						其他：	
	分析编号	化学成分(%)						
		C	Si	Mn	P	S	C_{eq}	

结 论：

执行标准：

主要仪器设备	检测仪器		管理编号	
	型号规格		有效期	
	检测仪器		管理编号	
	型号规格		有效期	

备注	
声明	
地址	地址： 邮编： 电话：

审批(签字)：________ 审核(签字)：________ 校核(签字)：________ 检测(签字)：________

检测单位(盖章)：________

报 告 日 期： 年 月 日

注：本表一式四份（建设单位、施工单位、检测试验室、城建档案馆存档各一份）。

18.3 钢筋连接件性能检测

钢筋连接件检测仪器与检测方法与18.2节相同，不同连接方式其检测结果评定如下。

18.3.1 钢筋焊接接头检测结果评定

1. 钢筋闪光对焊接头、电弧焊接头、电渣压力焊接头、气压焊接头拉伸检测

(1) 三个热轧钢筋接头检测试件的抗拉强度均不得小于该牌号钢筋规定的抗拉强度；HRB400钢筋接头检测试件的抗拉强度均不得小于570N/mm^2；至少应有2个检测试件断于焊缝之外，并应呈延性断裂；则判定该批接头合格。

(2) 当检测结果有2个检测试件抗拉强度小于钢筋规定抗拉强度，或3个试件均在焊缝或热影响区发生脆性断裂时，则一次判定该批接头为不合格品。

(3) 断裂时，其抗拉强度均小于钢筋规定抗拉强度的1.10倍时，应进行复验。

复验时，应再切取6个检测试件。复验结果，当仍有1个检测试件的抗拉强度小于规定值，或有3个检测试件在焊缝或热影响区发生脆性断裂，其抗拉强度均小于钢筋规定抗拉强度的1.10倍时，则判定该批接头为不合格品。

2. 闪光对焊接头、气压焊接头弯曲检测

(1) 当检测试件弯至90°时，有2个或3个检测试件外侧（焊缝或热影响区）未发生破裂，应评定该批接头弯曲性能合格。

(2) 当3个检测试件均发生破裂，则一次判定该批接头为不合格品。

(3) 当有2个检测试件发生破裂，应进行复验。

复验时，应再切取6个检测试件。复验结果，当有3个检测试件发生破裂时，则判定该批接头为不合格品。

3. 预埋件钢筋T形接头拉伸检测

(1) 不得小于470N/mm^2；HRB400钢筋接头不得小于550N/mm^2，则判定该批接头合格。

(2) 当3个检测试件中有小于规定值时，应进行复验。

复验时，应再取6个检测试件。复验结果，其抗拉强度均达到上述要求时，则判定该批接头为合格品。

18.3.2 钢筋机械连接接头拉伸检测结果评定

对接头的每一验收批，必须在工程结构中随机截取3个接头检测试件作抗拉强度检测，按设计要求的接头等级进行评定。

(1) 当3个检测接头试件的抗拉强度均符合规程中相应等级的要求时（见表18-4），该验收批为合格品。

接头的抗拉强度要求 **表18-4**

接头等级	Ⅰ级	Ⅱ级	Ⅲ级
抗拉强度	$f_{mst}^{0} \geqslant f_{st}^{0}$ 或 $f_{mst}^{0} \geqslant f_{uk}$	$f_{mst}^{0} \geqslant f_{uk}$	$f_{mst}^{0} \geqslant 1.35 f_{yk}$

注：f_{mst}^{0}——检测接头试件的实际抗拉强度；

f_{st}^{0}——检测接头试件中钢筋抗拉强度实测值；

f_{uk}——钢筋抗拉强度标准值；

f_{yk}——钢筋屈服强度标准值。

（2）若有 1 个检测试件的强度不符合要求，应再取 6 个检测试件进行复验，若复验中仍有 1 个检测试件的强度不符合要求，则该验收批为不合格品。

18.3.3 钢筋的力学、机械性能和连接件性能检测报告

钢筋的力学、机械性能和连接件性能检测报告见表 18-5。

钢筋的力学、机械性能和连接件性能检测报告 **表 18-5**

工程名称： 报告编号： 工程编号：

委托单位		委托编号		委托日期	
施工单位		样品编号		检验日期	
结构部位		出厂合格证编号		报告日期	
厂别		检验性质		代表数量	
发证单位		见证人		证书编号	

接头类型			检验形式	
设计要求接头性能等级			代表数量	
连接钢筋种类及牌号		公称直径		原材试验编号	

检测接头试件			检测母材试件			弯曲检测试件	
公称面积 (mm^2)	抗拉强度 (MPa)	断裂特征及位置	实测面积 (mm^2)	抗拉强度 (MPa)	弯心直径 (mm)	角 度(°)	结 果

执行标准：

主要仪器设备	检测仪器		管理编号	
	型号规格		有效期	
	检测仪器		管理编号	
	型号规格		有效期	
	检测仪器		管理编号	
	型号规格		有效期	
	检测仪器		管理编号	
	型号规格		有效期	
备注				
声明				
地址	地址： 邮编： 电话：			

审批(签字)：__________ 审核(签字)：__________ 校核(签字)：__________ 检测(签字)：__________

检测单位(盖章)：__________

报 告 日 期： 年 月 日

注：本表一式四份（建设单位、施工单位、检测试验室、城建档案馆存档各一份）。

第 19 章　沥青胶结料性能检测

19.1　沥青胶结料性能检测的基本规定

19.1.1　执行标准

《建筑石油沥青》（GB/T 494—2010）；

《沥青针入度测定法》（GB/T 4509—2010）；

《沥青延度测定法》（GB/T 4508—1999）；

《沥青软化点测定法》（GB/T 4507—1999）；

《弹性体改性沥青防水卷材》（GB 18242—2008）；

《塑性体改性沥青防水卷材》（GB 18243—2008）；

《建筑防水卷材试验方法》（GB/T 328—2007）；

《屋面工程技术规范》（GB 50207—2002）；

《地下防水工程质量验收规范》（GB 50208—2002）；

《建筑防水材料老化试验方法》（GB/T 18244—2000）。

19.1.2　沥青胶结料检测项目

沥青胶结料性能检测项目、组批原则及抽样规定，见表 19-1。

沥青胶结料检测项目、组批原则及抽样规定　　　　**表 19-1**

序号	材料名称及标准规范	检 测 项 目	组批原则及取样规定
1	沥 青 GB/T 494—2010 GB/T 4507—1999 GB/T 4508—1999 GB/T 4509—2010	软化点、针入度、延度等	1. 进行沥青性质常规检查的取样数量为黏稠或固体沥青不少于 1.5kg，液体沥青不少于 1L，沥青乳液不少于 4L。 2. 进行沥青性质常规检查的取样数量应根据实际需要确定。 3. 用沥青取样器分别按以下要求取样： (1)从储油罐中取样，应按液体上、中、下位置(液体高各为 1/3 等分，但距罐底不得低于总液体高度的 1/6)各取规定数量样品。对无搅拌设备的储罐，将取出的 3 各样品充分混合后取规定数量的样品作试样； (2)从槽、罐、撒布车中取样，对设有取样阀的，流出 4kg 后取样；对仅有放料阀的，放出全部沥青的一半时再取样；对从顶盖处取样的，可从中部取样； (3)从沥青储存池中取样，沥青经管道或沥青泵流到热锅后取样，分间隔每锅至少取 3 个样品，然后充分混匀后再取规定数量做样品； (4)从沥青桶中取样，应从同一批生产的产品中随机取样，或将沥青桶加热全熔成流体后按罐车取样方法取样； (5)从桶、袋、箱装固体沥青中取样，应从容器侧面以内至少 5cm 处采样

续表

序号	材料名称及标准规范	检测项目	组批原则及取样规定
2	弹性体改性沥青防水卷材 塑性体改性沥青防水卷材 聚氯乙烯防水卷材 氯化聚乙烯防水卷材 沥青防水卷材 GB 18242—2008 GB 18243—2008 GB 50208—2002 GB 50207—2002 GB/T 328—2007 GB/T 18244—2000	拉力、最大拉力时延伸率(玻纤胎卷材无此项)、不透水性、柔度、耐热度	大于1000卷,抽5卷;每500～1000卷,抽4卷;100～499卷,抽3卷;100以下卷抽2卷,进行规格尺寸和外观质量检验。在外观质量检验合格的卷材中,任取一卷作物理性能检测

19.2 沥青及沥青胶结料性能检测

19.2.1 沥青软化点检测（环球法）

该检测方法适用于环球法检测软化点范围在30～157℃的石油沥青和煤焦油沥青试样，对于软化点在30～80℃范围内用蒸馏水做加热介质，软化点在80～157℃范围内用甘油作加热介质。

1. 主要检测设备仪器与材料

(1) 主要检测设备仪器

1) 环：两只环铜肩或锥环，其尺寸规格如图19-1 (*a*) 所示。

2) 支撑板：扁平光滑的黄铜板，其尺寸约为50mm×75mm。

3) 球：两只直径为9.5mm的钢球，每只质量为（3.5±0.05）g。

4) 钢球定位器：两只钢球定位器用于使钢球定位于试样中央，其一般形状和尺寸如图19-1 (*b*) 所示。

5) 浴槽：可以加热的玻璃容器，其内径不小于85mm，离加热底部的深度不小于120mm。

6) 环支撑架和支架：一只铜支撑架用于支撑两个水平位置的环，其形状和尺寸如图19-1 (*c*) 所示，其安装图形如图19-1 (*d*) 所示。支撑架上的肩环的底部距离下支撑板的上表面为25mm，下支撑板的下表面距离浴槽底部为（16±3）mm。

7) 温度计：

① 应符合《石油产品试验用玻璃液体温度计技术条件》(GB/T 514—2005) 中沥青软化点专用温度计的规格技术要求，即测温范围为30～180℃，最小分度值为±0.5℃的全浸式温度计。

② 合适的温度计应按图19-1 (*d*) 所示悬于支架上，使得水银球底部与环底部水平，其距离在13mm以内，但不要接触环或支撑架，不允许使用其他温度计代替。

(2) 材料

1) 加热介质：

① 新煮沸过的蒸馏水；

② 甘油。

2）隔离剂：以质量计，两份甘油和一份滑石粉调制而成。

3）刀：切沥青用。

4）筛：筛孔为 0.3～0.5mm 的金属网。

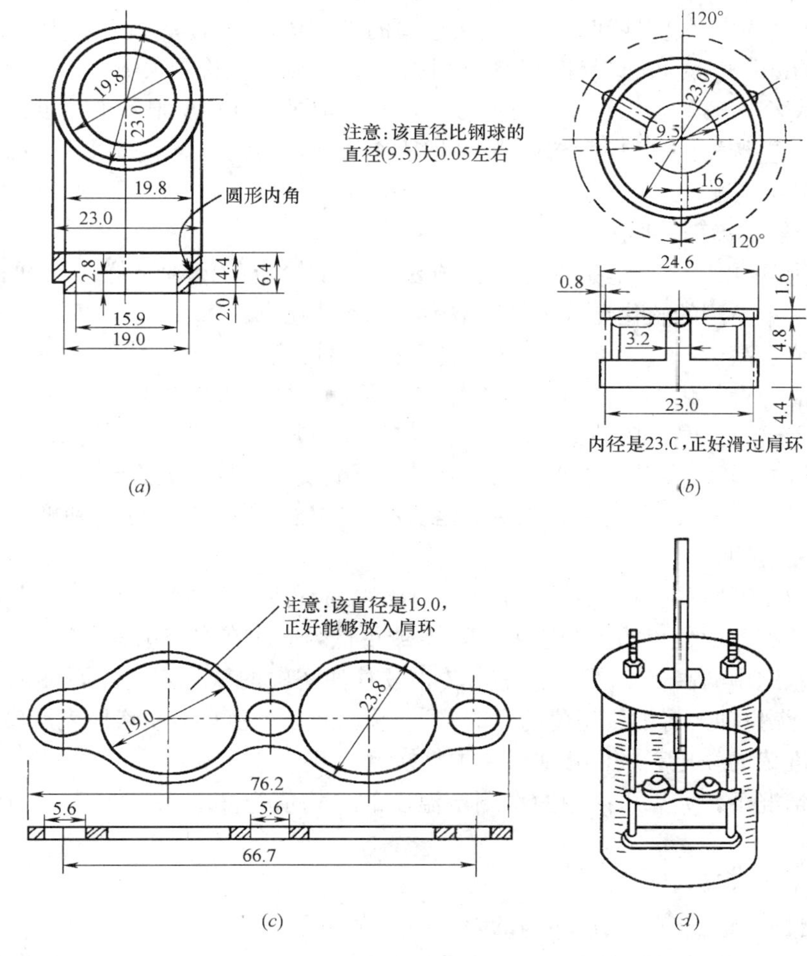

图 19-1 环、钢球定位器、支架、组合装置图

（*a*）肩环；（*b*）钢球定位器；（*c*）支架；（*d*）组合装置图

2. 具体检测步骤

（1）选择下列一种加热介质：

1）新煮沸过的蒸馏水适于软化点为 30～80℃的沥青，起始加热介质温度应为（5±1)℃。

2）甘油适于软化点为 80～157℃的沥青，起始加热介质的温度应为（30±1)℃。

3）为了进行比较，所有软化点低于 80℃的沥青应在水浴中进行检测，而高于 80℃的在甘油浴中进行检测。

（2）把仪器放在通风橱内并配置两个样品环、钢球定位器，并将温度计插入合适的位置，浴槽装满加热介质，并使各仪器处于适当位置。用镊子将钢球置于浴槽底部，使其同支架的其他部位达至相同的起始温度。

（3）如果有必要，将浴槽置于冰水中，或小心加热并维持适当的起始浴温达 15min，并使仪器处于适当位置，注意不要沾污溶液。

（4）再次用镊子从浴槽底部将钢球夹住并置于定位器中。

（5）从浴槽底部加热使温度以恒定的速率 5℃/min 上升。为防止通风的影响，有必要时可用保护装置。试验期间不能取加热速率的平均值，但在 3min 后，升温速度应达到 (5±0.5)℃/min，若温度上升速率超过此限定范围，则此次检测失败。

（6）当两个试环的球刚触及下支撑板时，分别记录温度计所显示的温度。无需对温度计的浸没部分进行校正。取两个温度的平均值作为沥青的软化点。如果两个温度的差值超过 1℃，则重新检测。

3. 检测结果计算与评定

（1）因为软化点检测是条件性检测方法，对于给定的沥青试样，当软化点略高于 80℃时，水浴中检测的软化点低于甘油浴中检测的软化点。

（2）软化点高于 80℃时，从水浴变成甘油浴时的变化是不连续的。在甘油浴中所报告的最低可能沥青软化点为 84.5℃，而煤焦油沥青的最低可能软化点为 82℃。当甘油浴中软化点低于这些值时，应转变为水浴中的软化点，并在检测报告中注明。

1）将甘油浴软化点转化为水浴软化点时，石油沥青的校正值为－4.5℃，对煤焦油沥青的为－2.0℃。采用此校正值只能粗略地表示出软化点的高低，欲得到准确的软化点应在水浴中重复检测。

2）无论在何种情况下，如果甘油浴中所测得的石油沥青软化点的平均值为 80.0℃或更低，煤焦油沥青软化点的平均值为 77.5℃或更低，则应在水浴中重复检测。

（3）将水浴中略高于 80℃的软化点转化成甘油浴中的软化点时，石油沥青的校正值为＋4.5℃，煤焦油沥青的校正值为＋2.0℃。采用此校正值只能粗略地表示出软化点的高低，欲得到准确的软化点应在甘油浴中重复检测。

在任何情况下，如果水浴中两次测定温度的平均值为 85.0℃或更高，则应在甘油浴中重复检测。

（4）精密度（95％置信度）

1）重复性：重复检测两次结果的差数不得大于 1.2℃。

2）再现性：同一试样由两个检测实验室各自提供检测结果之差不应超过 2.0℃。

19.2.2 沥青延度检测

该检测方法适于测定沥青产品技术规格要求的延度，并且能够测定沥青材料拉伸性能。

1. 主要检测设备仪器与材料

（1）水浴：水浴能保持试验温度变化不大于 0.1℃，容量至少为 10L，试件浸入水中深度不得小于 10cm，水浴中设置带孔搁架以支撑试件，搁架距底部不得小于 5cm。

（2）延度仪：对于测量沥青的延度来说，凡是能够满足注中规定的将试件持续浸没于水中，能按照一定的速度拉伸试件的仪器均可使用。该仪器在启动时应无明显的振动。

注：所有石油沥青试样的准备和测试必须在 6h 内完成，煤焦油沥青必须在 4.5h 内完成。小心加热

试样，并不断搅拌以防止局部过热，直到样品变得流动。小心搅拌以免气泡进入样品中。

1. 石油沥青样品加热至倾倒温度的时间不超过 2h，其加热温度不超过预计沥青软化点 110℃。

2. 煤焦油沥青样品加热至倾倒温度的时间不超过 30min，其加热温度不超过煤焦油沥青预计软化点 55℃。

3. 如果重复检测，不能重新加热样品，应在干净的容器中用新鲜样品制备试样。

(3) 温度计：0～50℃，分度为 0.1℃和 0.5℃各一支。

注：如果延度试样放在 25℃标准的针入度浴中，则可用上面的温度计来代替《沥青针入度测定法》(GB/T 4509—2010) 中所规定的温度计。

(4) 筛孔为 0.3～0.5mm 的金属网。

(5) 隔离剂：以质量计，由两份甘油和一份滑石粉调制而成。

(6) 模具：模具应按图 19-2 中所给样式进行设计。试件模具由黄铜制造，由两个弧形端模和两个侧模组成，组装模具的尺寸变化范围如图 19-2 所示。

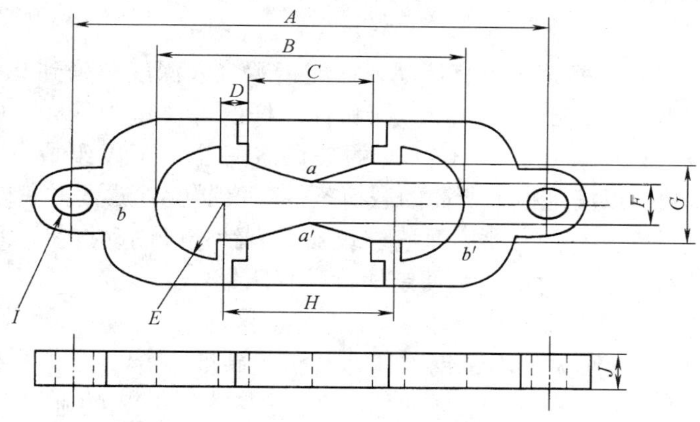

图 19-2　延度仪模具

A—两端模环中心点距离，111.5～113.5mm；B—试件总长，74.5～75.5mm；C—端模间距，29.7～30.3mm；D—肩长，6.8～7.2mm；E—半径，15.75～16.25mm；F—最小横断面宽，9.9～10.1mm；G—端模口宽，19.8～20.2mm；H—两半圆心间距离，42.9～43.1mm；I—端模孔直径，6.5～6.7mm；J—厚度，9.9～10.1mm

2. 具体检测步骤

(1) 将模具两端的孔分别套在检测仪器的柱上，然后以一定的速度拉伸，直到试件拉伸断裂。拉伸速度允许误差为±5%，测量试件从拉伸到断裂所经过的距离，以 cm 表示。检测时，试件距水面和水底的距离不小于 2.5cm，并且要使温度保持在规定温度的±0.5℃的范围内。

(2) 如果沥青浮于水面或沉入槽底时，则检测不正常。应使用乙醇或氯化钠调整水的密度。使沥青材料即不浮于水面，又不沉入槽底。

(3) 正常检测应将试样拉成锥形，直至在断裂时实际横断面面积接近于零。如果三次检测得不到正常结果，则应报告在该条件下延度无法检测。

3. 检测结果计算与评定

(1) 精密度

按下述规定判断检测结果的可靠性（置信度为 95%）。

1）重复性：同一样品，同一操作者重复检测两次结果不超过平均值的10%。

2）再现性：同一样品，在不同检测试验室测定的结果不超过平均值的20%。

（2）若三个试件检测值在其平均值的5%内，取平行检测三个结果的平均值作为检测结果。若三个试件检测值不在其平均值的5%以内，但其中两个较高值在平均值的5%之内，则弃去最低测定值，取两个较高值的平均值作为检测结果，否则重新检测。

19.2.3 沥青针入度检测

国家标准《沥青针入度测定法》（GB/T 4509—2010）适用于测定针入度小于350的固体和半固体沥青材料的针入度。

该标准也适用于测定针入度为350～500的沥青材料。对于这样的沥青，需采用深度为60mm，装样量不超过125mL的盛样皿测定针入度或采用50g载荷下测定的针入度乘以2的二次方根得到。

1. 主要检测设备仪器

（1）针入度仪

能使针连杆在无明显摩擦下垂直运动，并能指示穿入深度精确到0.1mm的仪器均可使用。针连杆质量为（47.5±0.05）g。针和针连杆的总质量为（50±0.05）g，另外仪器附有（50±0.05）g和（100±0.05）g的砝码各一个，可以组成（100±0.05）g和（200±0.05）g的载荷以满足检测所需的载荷条件。仪器设有放置平底玻璃皿的平台，并有可调水平的机构，针连杆应与平台垂直。仪器设有针连杆制动按钮，紧压按钮针连杆可以自由下落。针连杆要易于拆卸，以便定期检查其质量。

（2）标准针

1）标准针应由硬化回火的不锈钢制造，其洛氏硬度为54～60（见图19-3）。针长约50mm，直径为1.00～1.02mm。针的一端必须磨成8.7°～9.7°的锥形。锥形必须与针体同轴。圆锥表面和针体表面交界线的轴向最大偏差不大于0.2mm，切平的圆锥端直径应在0.14～0.16mm之间，与针轴所成角度不超过2°。刨平的圆锥面的周边应锋利没有毛刺。圆锥表面粗糙度的算术平均值应为0.2～0.3μm，针应装在一个黄铜或不锈钢的金属箍中，针露在外面的长度应在40～50mm。金属箍的直径为（3.20±0.05）mm，长度为（38±1）mm，针应牢固地装在箍里。针尖及针的任何其余部分均不得偏离箍轴1mm以上。针箍及其附件总重为（2.50±0.05）g。每个针箍上打印单独的标志号码。

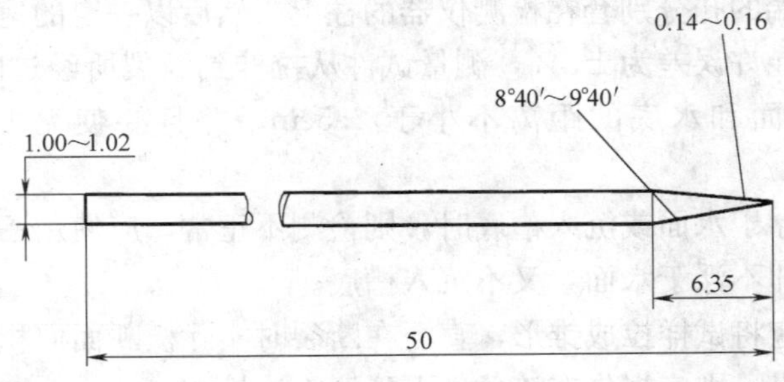

图19-3 沥青针入度试验用针

2）为了保证检测用针的统一性，国家计量部门对针的检验结果必须满足上述的要求，对每一根针应附有国家计量部门的检验单。

(3) 试样皿

金属或玻璃的圆柱形平底皿，尺寸见表19-2。

试样皿尺寸 表19-2

针入度	直径(mm)	深度(mm)
针入度小于200时	55	35
针入度为200～350时	55	70
针入度为350～500时	50	60

(4) 恒温水浴

容量不少于10L，能保持温度在检测温度下控制在0.1℃范围内。距水浴底部50mm处有一个带孔的支架。这一支架离水面至少有100mm。在低温下测定针入度时，水浴中装入盐水。

(5) 平底玻璃皿

平底玻璃皿的容量不小于350mL，深度要没过最大的样品皿。内设一个不锈钢三角支架，以保证试样皿稳定。

(6) 计时器

刻度为0.1s或小于0.1s，60s内的准确度达到±0.1s的任何计时装置均可。

(7) 温度计

液体玻璃温度计，符合以下标准：刻度范围为0～50℃，分度值为0.1℃

温度计应定期按液体玻璃温度计检验方法进行校正。

2. 检测样品的制备

(1) 小心加热样品，不断搅拌以防局部过热，加热到使样品能够流动。加热时焦油沥青的加热温度不超过软化点的60℃，石油沥青不超过软化点的90℃。加热时间不超过30min。加热、搅拌过程中避免试样中进入气泡。

(2) 将试样倒入预先选好的试样皿中。试样深度应大于预计穿入深度10mm。同时将试样倒入两个试样皿。

(3) 轻轻地盖住试样皿以防灰尘落入。在15～30℃的室温下冷却1～1.5h(小试样皿)或1.5～2.0h(大试样皿)，然后将两个试样皿和平底玻璃皿一起放入恒温水浴中，水面应没过试样表面10mm以上。在规定检测温度下冷却。小皿恒温1～1.5h，大皿恒温1.5～2.0h。

3. 具体检测步骤

(1) 调节针入度仪的水平，检查针连杆和导轨，确保上面没有水和其他物质。先用合适的溶剂将针擦干净，再用干净的布擦干，然后将针插入针连杆中固定。按检测条件放好砝码。

(2) 将已恒温到检测温度的试样皿和平底玻璃皿取出，放置在针入度仪的平台上。慢慢放下针连杆，使针尖刚刚接触到试样的表面，必要时用放置在合适位置的光源反射来观察。拉下活杆，使其与针连杆顶端相接触，调节针入度仪上的表盘读数指零。

(3) 用手紧压按钮，同时启动秒表，使标准针自由下落穿入沥青试样，到规定时间停压按钮，使标准针停止移动。

(4) 拉下活杆，再使其与针连杆顶端相接触，此时表盘指针的读数即为试样的针入度，用1/10mm表示。

(5) 同一试样至少重复检测三次。每一检测点的距离和检测点与试样皿边缘的距离都不得小于10mm。每次检测前都应将试样和平底玻璃皿放入恒温水浴中，每次测定都要用干净的针。当针入度超过200时，至少用三根针，每次检测用的针留在试样中，直到三根针扎完时再将针从试样中取出。针入度小于200时可将针取下用合适的溶剂擦净后继续使用。

4. 检测结果计算与评定

(1) 精密度

1) 三次测定针入度的平均值，取至整数，作为检测结果。三次测定的针入度值相差不应大于表19-3的数值。

针入度最大差值 **表19-3**

针入度	0～49	50～149	150～249	250～350
最大差值	2	4	6	8

2) 重复性：同一操作者同一样品利用同一台仪器测得的两次结果不超过平均值的4%。

3) 再现性：不同操作者同一样品利用同一类型仪器测得的两次结果不超过平均值的11%。

4) 如果误差超过了这一范围，采用第二个样品重复检测。

5) 如果结果再次超过允许值，则取消所有检测结果，重新进行检测。

(2) 报告三个针入度值的平均值，取至整数作为检测结果。

19.2.4 沥青玛蹄脂检测

1. 调制方法

(1) 将沥青放入锅中熔化，使其脱水至不再起沫为止。

如采用熔化的沥青配料时，可用体积比，如采用块状沥青配料时，应用质量比。

采用体积比配料时，熔化的沥青应用量勺配料，石油沥青的密度，可按1.00计。

(2) 调制沥青玛蹄脂时，应待沥青完全熔化和脱水后，再慢慢地加入填充料，同时不停地搅拌至均匀为止。填充料在掺入沥青前，应干燥并宜加热。

2. 具体检测方法

沥青玛蹄脂的各项试验，每项至少3个试件，检测结果均须合格。

(1) 沥青玛蹄脂耐热度检测

1) 主要检测设备仪器

① 烘干箱：自动控温200℃；

② 温度计：100～150℃；

③ 坡度板：坡度为1∶1。

2) 具体检测步骤

① 将已干燥的110mm×50mm的350号石油沥青油纸，由干燥器中取出，放在瓷板或金属板上。

② 将熔化的沥青胶结材料均匀涂布在油纸上，厚度为2mm，并不得有气泡，但在油纸的一端应留出10mm×50mm的空白面积以备固定。立好以另一块100mm×50mm的油

纸平行地置于其上，将两块油纸的三边对齐，同时用热刀将边上多余的沥青胶结材料刮下。试件置放于15～25℃的空气中，上置一木制薄板，并将2kg重的金属块放在木板中心，使均匀加压1h。

③ 然后卸掉试件上的负荷，将试件平置于预先已加热的电烘箱中（电烘箱的温度低于沥青胶结材料软化点30℃）停放30min，再将油纸未涂沥青胶结材料的一端向上，固定在45°角的坡度板上，在电烘箱中继续停放5h，然后取出试件，并仔细察看有无沥青胶结材料流淌和油纸下滑现象。

④ 如果未发生沥青胶结材料流淌或油纸下滑，则认为沥青胶结材料的耐热度在该温度下合格，然后将电烘箱温度提高5℃，另取一试件重复以上步骤．直至出现沥青胶结材料流淌或油纸下滑时为止，此时可认为在该温度下沥青胶结材料的耐热度不合格。

（2）沥青玛蹄脂柔韧性检测

1）主要检测设备仪器

① 温度计：50℃；

② 水槽或烧杯；

③ 瓷板或金属板；

④ 圆棒：直径为10mm、15mm、20mm、25mm、30mm、35mm。

2）主要检测步骤

在100mm×50mm的350号沥青油纸上，均匀地涂一层厚约2mm的沥青胶结材料（每一试件用10g沥青胶结材料），静置2h以上且冷却至温度为（18±2)℃后，将试件和规定直径的圆棒放在温度为（18±2)℃的水中15min，然后取出并用2s时间以均衡速度弯曲成半周。此时沥青胶结材料层上不应出现裂纹。

（3）沥青玛蹄脂粘结力检测

1）主要检测设备仪器

① 金属块：2kg重；

② 温度计：50℃；

③ 干燥器；

④ 瓷板或金属板。

2）具体检测步骤

① 将已干燥的100mm×50mm的350号石油沥青油纸由干燥器中取出，放在成型板上，将熔化的沥青胶结材料均匀涂布在油纸上，厚度约为2mm，面积为80mm×50mm，并不得有气泡，但在油纸的一端应留出20mm×50mm的空白面积，立即以另一块100mm×50mm的沥青油纸平行的置于其上，将两块油纸的四边对齐，同时用热刀把边上多余的沥青胶结材料刮下。

② 试件置于15～25℃的空气中，上置木制薄板，并将2kg重的金属块放在木板中心，使均匀加压1h，然后除掉试件上的负荷，再将试件置于（18±2)℃的电烘箱中30min取出，用两手的拇指与食指捏住试件未涂沥青胶结材料的部分一次慢慢地揭开，若油纸的任何一面被撕开的面积不超过原粘贴面积的1/2时，则认为合格，否则为不合格。

19.2.5 沥青及沥青胶结料性能检测报告

沥青及沥青胶结料性能检测报告见表19-4。

沥青及沥青胶结料性能检测报告 **表19-4**

工程名称： 报告编号： 工程编号：

委托单位		委托编号		委托日期	
施工单位		样品编号		检验日期	
结构部位		出厂合格证编号		报告日期	
厂别		检验性质		代表数量	
发证单位		见证人		证书编号	

1. 石油沥青性能检测

使用部位		沥青品种		牌号	
检测项目	检测结果	平均值	标准规定值	结论	
针入度(1/10mm)					
延度(cm)					
软化点(℃)					

执行标准：

2. 玛蹄脂性能检测

使用部位		牌号		
检测项目	标准规定	检测结果	结论	
耐热度				
柔韧性				
粘结力				

执行标准：

主要仪器设备	检测仪器		管理编号	
	型号规格		有效期	
	检测仪器		管理编号	
	型号规格		有效期	
	检测仪器		管理编号	
	型号规格		有效期	
	检测仪器		管理编号	
	型号规格		有效期	
备注				
声明				
地址	地址： 邮编： 电话：			

审批(签字)：______ 审核(签字)：______ 校核(签字)：______ 检测(签字)：______

检测单位(盖章)：______

报 告 日 期： 年 月 日

注：本表一式四份（建设单位、施工单位、检测试验室、城建档案馆存档各一份）。

19.3 防水卷材性能检测

19.3.1 弹性体改性沥青防水卷材检测

《弹性体改性沥青防水卷材》(GB 18242—2008) 标准适用于聚酯毡或玻纤毡为胎基、苯乙烯-丁二烯-苯乙烯（SBS）热塑性弹性体作改性剂，两面覆以隔离材料所制成的建筑防水卷材（简称“SBS”卷材）。

1. 试件要求

将取样卷材切除距外层卷头 2500mm 后，顺纵向切取长度为 800mm 的全幅卷材试样 2 块，一块作物理力学性能检测用，另一块备用。

按图 19-4 所示的部位及表 19-5 规定的尺寸和数量切取试件，试件边缘与卷材纵向边缘间的距离不小于 75mm。

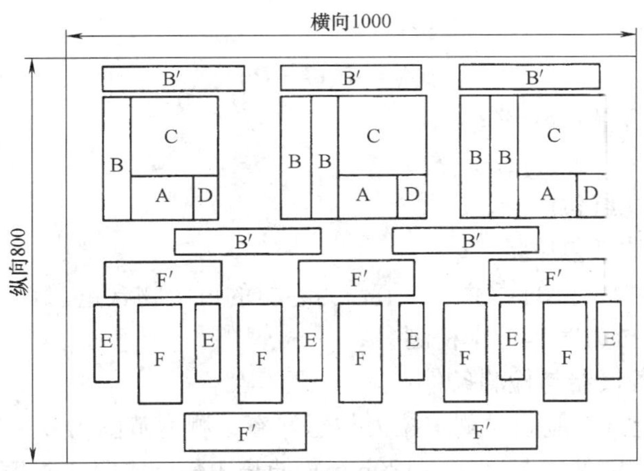

图 19-4 试件切取图

试件尺寸和数量 表 19-5

检测项目	试件代号	试件尺寸(mm)	数 量(个)
可溶物含量	*A*	100×100	3
拉力及延伸率	*B*、*B′*	250×50	纵横向各 5
不透水性	*C*	150×150	3
耐热度	*D*	100×50	3
低温柔度	*E*	150×25	6
撕裂强度	*F*、*F′*	200×75	纵横向各 5

人工气候加速老化性能试件按《建筑防水材料老化试验方法》(GB/T 18244—2000) 的规定切取。共取 2 组。一组进行老化检测；一组作为对比试件，在标准条件下进行性能测定。

2. 物理力学性能检测

(1) 可溶物含量检测

1）主要检测设备仪器：

分析天平：感量0.001g。

萃取器：500mL索氏萃取器。

电热干燥箱：温度范围为0～300℃，精度为±2℃。

滤纸：直径不小于150mm。

2）溶剂：

四氯化碳、三氯甲烷、或三氯乙烯，工业纯或化学纯。

3）具体检测步骤

按规定切取的试件分别用滤纸包好并用棉线捆扎后，分别称量。

将滤纸包置于萃取器中，溶剂量为烧瓶容量1/2～2/3进行加热萃取，直至回流的溶剂。呈浅色为止，取出滤纸包，使吸附的溶剂先挥发。加入预热至105～110℃的电热干燥箱中。干燥1h，再放入干燥器中冷却至室温，称量滤纸包。

4）检测结果计算

可熔物含量按下式计算：

$$A=K(G-P)$$

式中 A——可溶物含量，g/m²；

K——系数，$K=100$，1/m²；

G——萃取前滤纸包质量，g；

P——萃取后滤纸包质量，g。

以3个试件可溶物含量的算术平均值作为卷材的可溶物含量。

（2）拉力及最大拉力时延伸率检测

1）主要检测设备仪器与检测条件：

① 拉力检测试验机：能同时测定拉力与延伸率，测力范围为0～2000N，最小分度值不大于5N，伸长范围能使夹具间距（180mm）伸长1倍，夹具夹持宽度不小于50mm。

② 检测温度：(23±2)℃。

2）具体检测步骤：

将按规定切取的试件（B，B′）放置在试验温度下不少于24h。

校准检测试验机，拉伸速度50mm/min，将试件夹持在夹具中心，不得歪曲，上下夹具距离为180mm。

启动检测检测试验机，至试件拉断为止，记录最大拉力时伸长值。

3）检测结果计算

分别计算纵向或横向5个试件的算术平均值作为卷材纵向或横向拉力，单位为N/50mm。

延伸率按下式计算：

$$E=\frac{100(L_1-L_0)}{L}\times 100\%$$

式中 E——最大拉力时延伸率，%；

L_1——试件最大拉力时标距，mm；

L_0——试件初始标距，mm；

L——夹具间距离，180mm。

分别计算纵向或横向5个试件最大拉力时延伸率的算术平均值作为卷材纵向或横向延伸率。

（3）不透水性检测

不透水性按《建筑防水卷材试验方法 第10部分：沥青和高分子防水卷材 不透水性》（GB/T 328.10—2007）的规定进行，卷材上表面作为迎水面．上表面为砂面、矿物粒料时，下表面作为迎水面。下表面材料为细砂时，在细砂面沿密封圈一圈去除表面浮砂，然后涂一圈60～100号热沥青，涂平冷却1h后检测不透水性。

（4）耐热度检测

耐热度按《建筑防水卷材试验方法 第11部分：沥青防水卷材 耐热度》（GB/T 328.11—2007）的规定进行，加热2h后观察并记录试件涂盖层有无滑动、流淌、滴落。任一端涂盖层不应与胎基发生位移，试件下端应与胎基平齐，无流挂、滴落。

（5）低温柔度检测

1）主要检测设备仪器与材料：

低温制冷仪：范围为0～－30℃，控温精度为±2℃。

半导体温度计：量程为30～－40℃，精度为0.5℃。

柔度棒或弯板：半径（r）为15mm、25mm，弯板示意图如图19-5所示。

冷冻液：不与卷材反应的液体，如车辆防冻液，多元醇、多元醚类。

2）检测方法：

A法（仲裁法）：在不小于10L的容器中放入冷冻液（6L以上），将容器放入低温制冷仪，冷却至标准规定温度。然后将试件与柔度棒（板）同时放在液体中，待温度达到标准规定的温度后至少保持0.5h。在标准规定的温度下，将试件于液体中在3s内匀速绕柔度棒（板）弯曲180°。

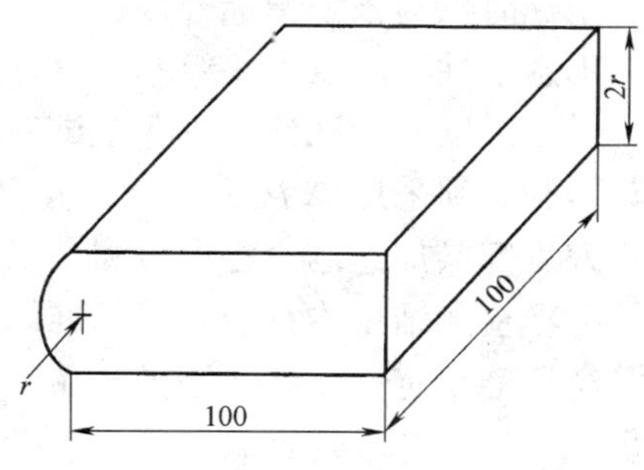

图19-5 弯板示意图

B法：将试件和柔度棒（板）同时放入冷却至标准规定的低温制冷仪中，待温度达到标准规定的温度后保持时间不少于2h，在标准规定的温度下，将试件于液体中在3s内匀速绕柔度棒（板）弯曲180°。

3）具体检测步骤：

2mm、3mm卷材采用半径（r）为15mm的柔度棒（板），4mm卷材采用半径（r）为25mm的柔度棒（板）。

6个试件中，3个试件的下表面及另外3个试件的上表面与柔度棒（板）接触。取出试件用肉眼观察。试件涂盖层有无裂纹。

（6）撕裂强度检测

1）主要检测设备仪器与检测条件：

① 拉力检测试验机：同上，夹具夹持宽度不小于75mm。

② 检测温度：(23±2)℃。

2）具体检测步骤：

将按规定切取的试件（F、F'）用切刀或模具裁成如图19-6所示形状，然后在检测温度下放置不少于24h。

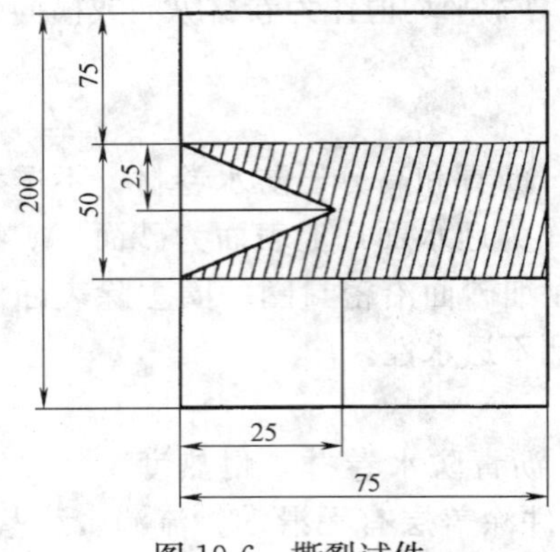

图19-6 撕裂试件

校准检测试验机，拉伸速度为50mm/min，将试件夹持在夹具中心，不得歪扭，上下夹具间距离为130mm。

启动检测试验机，至试件拉断为止，记录最大拉力。

3）检测结果计算

分别计算纵向或横向5个试件拉力的算术平均值作为卷材纵向或横向撕裂强度，单位为N。

（7）人工气候加速老化检测

按《建筑防水材料老化试验方法》（GB/T 18244—2000）的规定进行，采用氙弧光灯法，检测时间720h（累计辐射能量1500MJ/m²）。

3. 物理力学性能检测的评定

（1）判定

可溶物含量、拉力、最大拉力时延伸率、撕裂强度各项试验结果的平均值达到标准规定的指标时判为该项指标合格。

不透水性、耐热度每组3个试件分别达到标准规定指标时判为该项指标合格。

低温柔度6个试件至少5个试件达到标准规定指标时判为该项指标合格。型式检验和仲裁检验必须采用A法。

人工气候加速老化各项检测结果达到标准规定时判为该项指标合格。

各项检测结果均符合有关标准规定，判为该批产品物理力学性能合格。若有一项指标不符合标准规定，允许在该批产品中再随机抽取5卷，并从中任取1卷对不合格项进行单项复验。达到标准规定时，判为该批产品合格。

（2）总判定

卷重、面积、厚度、外观与物理力学性能均符合标准规定的全部技术要求时，且包装、标志符合规定时，则判该批产品合格。

4. 包装、贮存与运输

（1）包装

卷材可用纸包装或塑胶带成卷包装。纸包装时应以全柱面包装，柱面两端未包装长度总计不应超过100mm。

（2）标志

生产厂家、商标、产品标记、生产日期或批号、生产许可证号、储存与运输注意事项等。

（3）贮存与运输

贮存与运输时，不同类型、规格的产品应分别堆放，不应混杂。避免日晒雨淋，注意通风。贮存温度不应高于50℃，立即贮存，高度不超过两层。

当用轮船或火车运输时，卷材必须立放，堆放高度不超过两层。防止倾斜或横压，必要时加盖毡布。

在正常贮存、运输条件下，贮存期为一年。

19.3.2 塑性体改性沥青防水卷材检测

其检测方法与弹性体改性沥青防水卷材检测相同。

19.3.3 聚氯乙烯防水卷材检测

聚氯乙烯试样按图 19-7 所示的部位及表 19-6 规定的尺寸和数量切取试件。

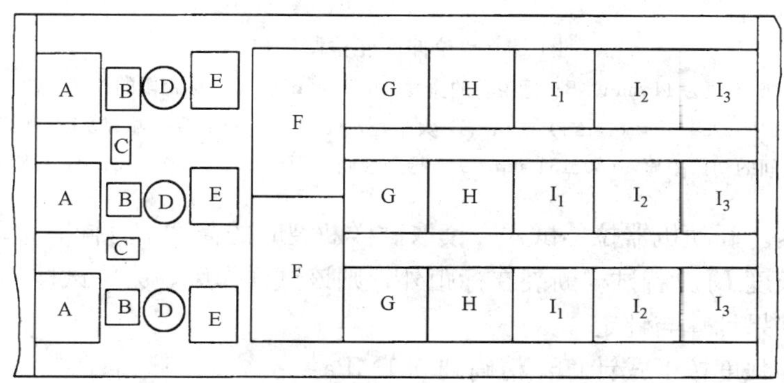

图 19-7 试样的裁取布置

试样的尺寸及数量 **表 19-6**

检测项目	符号	尺寸(纵向×横向,mm)	数量
拉伸强度	A	200×200	3
热处理尺寸变化率	B	100×100	3
低温弯折性	C	50×100/100×50	1/1
抗渗透性	D	ϕ100	3
抗穿孔性	E	150×150	3
剪切状态下的粘合性	F	300×400	2
热老化处理	G	300×200	3
人工候化处理	H	300×200	3
水溶液处理	I	300×200	9

1. 拉伸性能检测

(1) 主要检测设备仪器

1) 裁片机：由加载装置、裁刀及其装卸装置组成。裁刀形状与图 19-8 所示相同。

2) 拉力检测试验机：测量范围为 0～1000N，分度值为 2N，示值精度为±1%。检测试验机上夹具的移动速度为 80～500mm/min。

(2) 具体检测步骤

拉伸性能检测必须在标准环境下进行。在 3 块 A 样片上，用裁片机对每块样片沿卷材纵向和横向分别裁取图 19-7 所示形状的试样各两块，并按图 19-8 所示标注标距线和夹持线。在标距区内，用测厚仪测量标距中间和两端 3 点的厚度。取其算术平均值作为试样厚度 d，精确到 0.1mm。测量两标距线间初始长度 L。

将检测试验机的拉伸速度调到（250±50）mm/min，再将试样置于夹持器的中心，

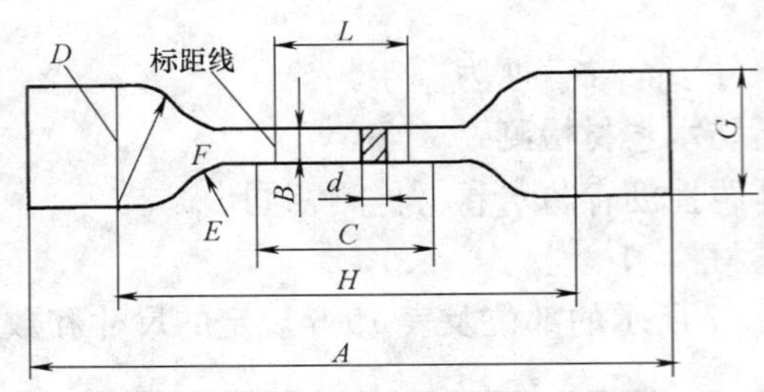

图 19-8 拉伸性能检测的试样

A—总长，最小值为 115mm；B—标距段的宽度，$6.0^{+0.4}_{-0}$mm；C—标距段的长度，(33±2) mm；D—夹持线；E—小平径，(14±1) mm；F—大半径，(25±2) mm；G—端部宽度，(25±1) mm；H—夹具间的初始距离，(80±5) mm；L—标距线间的距离，(25±1) mm；d—标距线的厚度

对准夹持线夹紧。开动机器拉伸试样。读取试样断裂时的荷载 P，同时量取试样断裂瞬间的标距线间的长度 L_1。若试样断裂在标距外，则该试样作废，另取试样补做。

(3) 检测结果计算与评定

试样的拉伸强度按下式计算，精确到 0.1MPa：

$$\sigma_t = \frac{P}{B \cdot d}$$

式中 σ_t——试样的拉伸强度，MPa；

P——试样断裂时的荷载，N；

B——试样标距段的宽度，mm；

d——试样标距段的厚度，mm。

试样的断裂伸长率按下式计算：

$$\varepsilon_t = \frac{L_1 - L}{L} \times 100\%$$

式中 ε_t——试样的断裂伸长率，%；

L——试样标距线间初始有效长度，mm；

L_1——试样断裂瞬间标距线间的长度，mm。

分别计算并报告 5 块试样纵向和横向的算术平均值，精确到 1%。

2. 热处理尺寸变化率检测

(1) 主要检测设备仪器

1) 鼓风恒温箱：自动控温范围为 50～240℃，误差为±2℃。

2) 直尺：量程为 150mm，分度值为 0.5mm。

3) 模板：100mm×100mm×0.4mm 的正方形金属板，边长误差不大于±0.5mm，直角误差不大于±1°。

4) 垫板：300mm×300mm×2mm 的硬纸板 3 块，表面应光滑平整。

(2) 具体检测步骤

用模板裁取 3 块 B 试样，标明卷材的纵横方向，并标明每边的中点，作为试样处理前后检测时的参考点。

在标准环境下，用直尺检测纵向或横向上两参考点间的初始长度 S_0。将试样平放在撒有少量滑石粉的垫板上，再将垫板水平地置于鼓风恒温箱中，3 块垫板不得叠放，在(80±2)℃的温度中恒温 6h。取出垫板置于标准环境中调节 24h，再检测纵向或横向上两参考点间的长度 S_1。

(3) 检测结果计算与评定

纵向或横向的尺寸变化率按下式分别计算：

$$L_h=\frac{|S_1-S_0|}{S_0}\times100\%$$

式中 L_h——试样热处理尺寸变化率,%；

S_0——试样同方向上两参考点间的初始长度，mm；

S_1——试样处理后同方向上两参考点间的长度，mm。

分别计算 3 块试样纵向和横向的尺寸变化率的平均值，检测结果以较大数值表示，精确至 0.1%。

3. 抗穿孔性检测

(1) 主要检测设备仪器

1）穿孔仪：由 1 个带刻度的金属导管、可在其中自由运动的活动重锤、锁紧螺栓和半球形钢珠冲头组成，其中导管刻度长为 0～500mm，分度值为 10mm，重锤质量为 500g，钢珠直径为 12.7mm。

2）铝板：厚度不小于 4mm。

3）玻璃管：内径 $\phi\geqslant$30mm，长 600mm。

(2) 具体检测步骤

将裁取的 E 试样自由地铺在铝板上，并一起放在密度为 25kg/m^3、厚度为 50mm 的泡沫聚苯乙烯垫块上。穿孔仪置于试样表面；将冲头下端的钢珠置于试样中心部位，把重锤调节到规定的落差高度 300mm 并定位。使重锤自由下落，撞击位于试样表面的冲头，然后将试样取出，检查试样是否穿孔。检测 3 块试样。

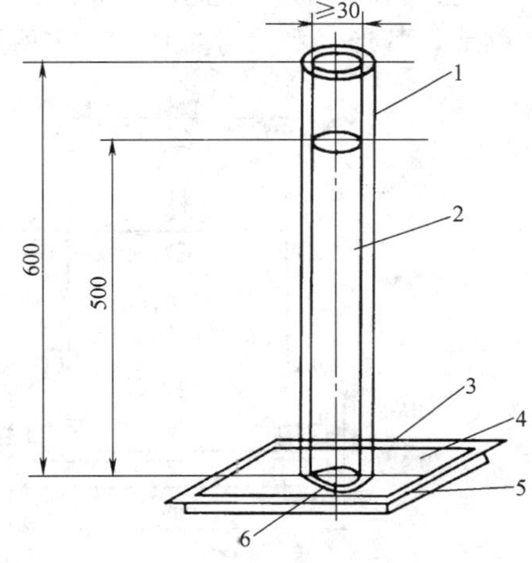

图 19-9 水密性试验装置

1—玻璃管；2—染色水；3—滤纸；4—试样；5—玻璃板；6—密封膏

无明显穿孔时，采用图 19-9 所示装置对试样进行水密性检测，将圆形玻璃管垂直放在试样穿孔检测点的中心，用密封膏密封玻璃管与试件间的缝隙。将试样置于滤纸（150mm×150mm）上。滤纸由玻璃板支承。用染色水溶液加入玻璃管中，静置 16h 后检查滤纸，如有渗透现象则表明试样已穿孔。

(3) 检测结果计算与评定

3 块试样均无穿孔时评定为不渗水。

4. 抗渗透性检测

(1) 主要检测设备仪器

采用《建筑防水卷材试验方法 第 10 部分：沥青和高分子防水卷材 不透水性》(GB/T 328.10—2007) 规定的不透水仪，但透水盘的压盖采用图 19-10 所示的金属槽盘。

(2) 具体检测步骤

检测必须在标准环境下进行，先按《建筑防水卷材试验方法 第10部分：沥青和高分子防水卷材 不透水性》(GB/T 328.10—2007) 的规定做好准备，将裁取的3块D试样分别置于3个透水盘中，盖紧槽盘，然后按《建筑防水卷材试验方法 第10部分：沥青和高分子防水卷材 不透水性》(GB/T 328.10—2007) 的规定操作不透水仪，以每小时提高1/6规定压力 2×10^5Pa 的速度升压，达到规定压力后保压24h，观察试样表面是否有渗水现象。

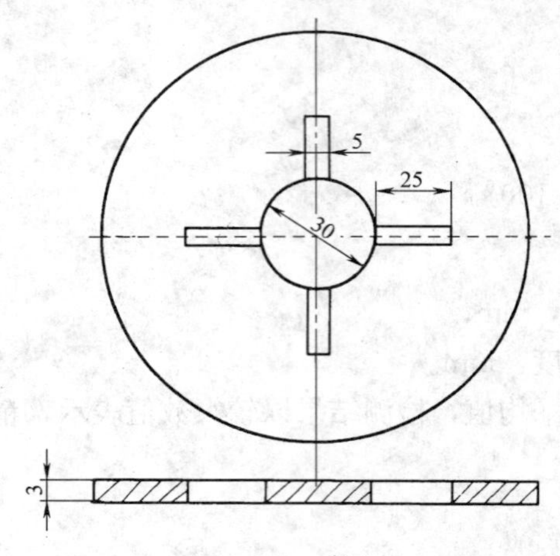

图19-10 槽盘

(3) 检测结果计算与评定

3块试样均无渗水现象时评定为不透水。

5. 低温弯折性检测

(1) 主要检测设备仪器

1) 低温箱：自动控温范围为0～－40℃，误差为±2℃。

2) 弯折仪：主要由金属材料制成的上下平板、转轴和调距螺丝组成的，平板间距可任意调节，其形状和尺寸如图19-11所示。

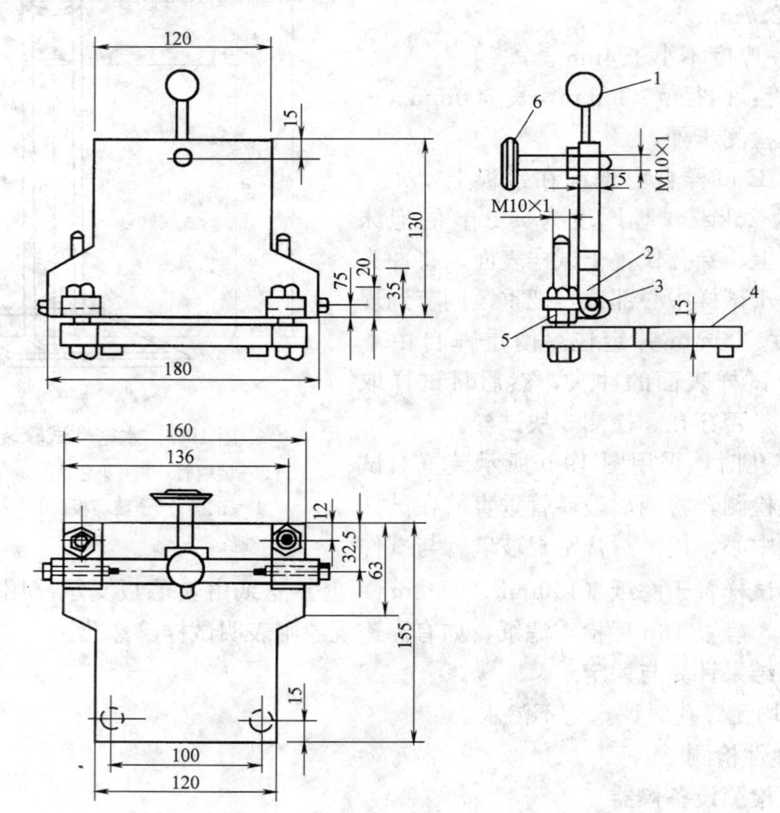

图19-11 弯折仪

1—手柄；2—上平板；3—转轴；4—下平板；5—调距螺丝

3）放大镜：放大倍数为 6 倍。

（2）具体检测步骤

在标准环境下，用测厚仪测量 C 试样的厚度。试样的耐候面立无明显缺陷。然后将试样的耐候面朝外，弯曲 180°，使 50mm 宽的边缘重合、齐平，并确保不发生错位（可用定位夹或 10mm 宽的胶布将边缘固定），将弯折仪的上下平板间距调到卷材厚度的 3 倍。检测两块试样。

将弯折仪上平板翻开，将两块试样平放在弯折仪下的平板上，重合的一边朝向转轴，且距离转轴 20mm，将弯折仪连同试样放入低温箱内，在规定温度下保持 1h，然后在 1s 之内将弯折仪的上下板压下，达到所调间距位置，保持 1s 后将试样取出。待恢复到室温后观察试样弯折处是否断裂，或用放大镜观察试样弯折处受拉面是否有裂纹。

（3）检测结果计算与评定

两块试样均不断裂或无裂纹时评定为无裂纹。

6. 热老化处理检测

（1）主要检测设备仪器

热老化检测试验箱：自动控温范围为 50～240℃，误差为±2℃。

（2）具体检测步骤

将裁取的 3 块 G 试样放置在撒有滑石粉的垫板上，然后一起放入热老化检测试验箱中。在（80±2）℃的温度下保持 7d。处理后的样片在标准环境下调节 24h，分别按外观质量检测、拉伸性能检测和低温弯折性检测的方法进行检查和检测。

（3）检测结果计算与评定

1）3 块 G 样片外观质量与低温弯折性的结果评定分别与外观质量检测和低温弯折性检测结果评定相同。

2）处理后试样拉伸强度相对变化率按下式计算，精确到 1%：

$$R_c=\left(\frac{\sigma_t'}{\sigma_t}-1\right)\times100\%$$

式中 R_c——试样处理后拉伸强度相对变化率，%；

σ_t'——未经处理时 5 块试样的平均拉伸强度，MPa，其数值与拉伸性能检测的结果评定的结果相同；

σ_t——处理后 5 块试样的平均拉伸强度，MPa。

3）处理后试样断裂伸长率相对变化率按下式计算，精确到 1%；

$$R_s=\left(\frac{\varepsilon_t'}{\varepsilon_t}-1\right)\times100\%$$

式中 R_s——试样处理后断裂伸长率相对变化率，%；

ε_t——未经处理时 5 块试样的平均断裂伸长率，其数值与拉伸性能检测的结果评定的结果相同，%；

ε_t'——处理后 5 块试样的平均断裂伸长率，%。

7. 剪切状态下的粘合性检测

（1）具体检测步骤

将两块裁取的F试样平放于60℃的恒温箱中15min。在样片中间部位按胶粘剂的使用说明用橡皮刮刀涂抹宽度100mm、厚度适当的胶粘剂，然后将该样片上部未涂抹胶粘剂的部分（Ⅰ）以及另一块试样下部未涂抹胶粘剂的部分（Ⅱ）裁去，在长度方向剪成宽度b为50mm的样条，得到50mm×100mm的胶粘表面［见图19-12（a）］每次将两片涂抹胶粘剂的样条相互搭接粘合成试样，两样条长边的边缘必须重合齐平［见图19-12（b）］。取5块试样在标准环境下放置24h，再进行拉伸剪切检测。

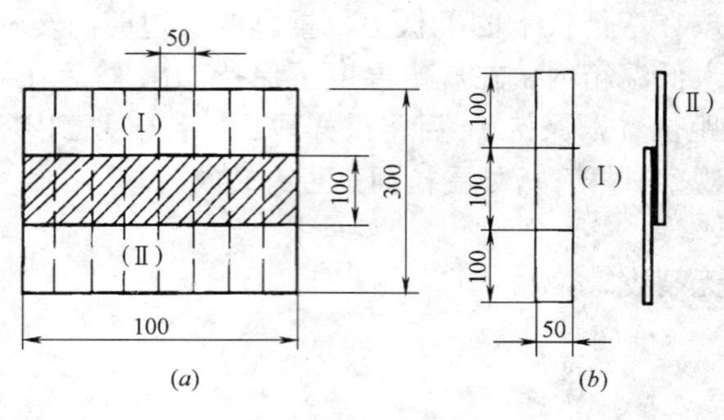

图19-12 粘合性试件的制作

（2）检测结果计算与评定

如果拉伸剪切时，试样的粘结面滑脱，则剪切状态下的粘合性以拉伸剪切强度σ_{sa}表示，按下式进行计算：

$$\sigma_{sa}=\frac{P_s}{b}$$

式中 σ_{sa}——拉伸剪切强度，N/mm；

P_s——最大拉伸剪切荷载，N；

b——试样粘合面宽度，mm。

结果以5块试样的算术平均值表示，精确到0.1N/mm。

如果在拉伸剪切时，试样在接缝外断裂，则评定为接缝外断裂。

8. 人工候化处理检测

（1）主要检测设备仪器

氙灯气候检测试验箱：可自动控温和降雨。

（2）具体检测步骤

将裁取的3块H试样放入氙灯气候检测试验箱的工作室内，室内条件为：温度为(45±2)℃，相对湿度为70%～80%，降雨持续时间与干燥持续时间之比为1/4～1/7。其处理时间按总射线量4500MJ/m²（非屋面用卷材的总射线量为1100MJ/m²）确定。然后，取出样片放在标准环境下调节24h，再分别按拉伸性能检测和低温弯折性检测进行检测。

（3）检测结果计算与评定

结果计算和热老化处理检测检测结果计算与评定相同。

9. 水溶液处理检测

（1）主要检测设备仪器

容器：要求能耐酸、碱、盐的腐蚀，可以密闭，其容积大小视样片数量而定。

（2）具体检测步骤

先按表19-7的规定，用蒸馏水和化学试剂（分析纯）配制均匀溶液，并分别装入各自贴有标签的容器中，温度为（23±2)℃。

在每种溶液中浸入3块裁取的I试样，密闭容器，保存28d后取出样片用自来水洗净、擦干。在标准环境下调节24h，分别按拉伸性能检测和低温弯折性检测进行检测。

（3）检测结果计算与评定

结果计算和热老化处理检测检测结果计算与评定相同。

试剂和水溶液浓度 表 19-7

试剂名称	水溶液浓度
NaCl	10%±2%
$Ca(OH)_2$	饱和溶液
H_2SO_4	5%±1%

19.3.4 氯化聚乙烯防水卷材检测

其检测方法与聚氯乙烯防水卷材相同。

19.3.5 沥青防水卷材检测

1. 检测条件

(1) 送到检测试验室的试样在检测前，应原封放在干燥处并保持在 15～30℃范围内一定时间，检测试验室温度应每日记录。

(2) 物理力学性能检测所用的水应为蒸馏水或洁净的淡水（饮用水）。所用的溶剂应为化学纯或分析纯，但生产厂一般日常检测可采用工业溶剂。

2. 试样

(1) 将取样的一卷卷材切除距外层卷头 2500mm 后，顺纵向截取长度为 500mm 的全幅卷材两块，一块作物理力学性能检测试件用，另一块备用。

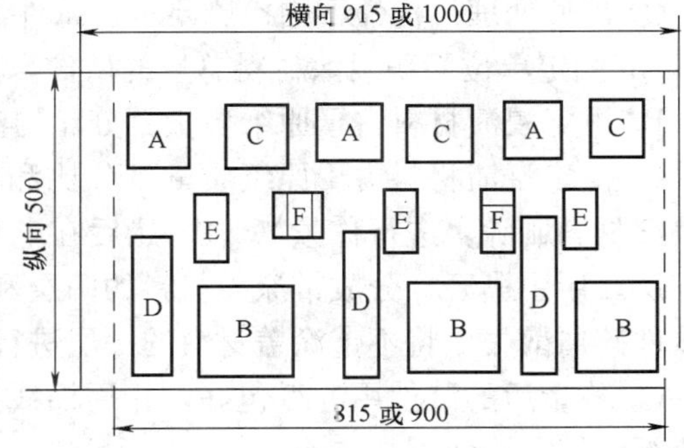

图 19-13 试样切取部位示意图

(2) 按图 19-13 所示的部位及表 19-8 规定的尺寸和数量切取试件。

试样的尺寸及数量 表 19-8

检测项目		符号	尺寸(纵向×横向，mm)	数量
浸涂材料含量		A	100×100	3
不透水性		B	150×150	3
吸水性		C	100×100	3
拉力		D	250×50	3
耐热度		E	100×50	3
柔度	纵向	F	60×30	3
	横向	F	60×30	3

3. 物理力学性能检测

(1) 浸涂材料含量检测

1) 主要检测设备仪器与溶剂和材料

① 分析天平：感量 0.001g 或 0.0001g；

② 萃取器：250～500mL 索氏萃取器；

③ 加热器：电炉或水浴（具有电热或蒸汽加热装置）；

④ 干燥器：具有恒温控制装置；

⑤ 标准筛：140目圆形网筛，具有筛盖和筛底；

⑥ 毛刷：细软毛刷或笔；

⑦ 称量瓶或表面皿；

⑧ 镀镍钳；

⑨ 干燥器：ϕ250～300mm；

⑩ 金属支架及夹子；

⑪ 软质胶管；

⑫ 溶剂：四氯化碳或苯；

⑬ 滤纸：直径不小于150mm；

2）具体检测步骤

① 试件处理：构件不同检测要求，试件做如下处理：

A. 测定单位面积浸涂材料总量的试件，将其表面隔离材料刷除，再进行称量（w）。

B. 测定浸渍材料占干原纸质量百分比的油纸试件，试件不需预处理即可称量（w_2）。

C. 测定浸渍材料占干原纸质量百分比和单位面积涂盖材料质量的油毡试件，将其表面隔离材料刷除，进行称量（w）。然后在电炉上缓慢加热试件，使其发软，用刀轻轻剖为三层，用手撕开，分成带涂盖材料的两层和不带涂盖材料的一层（中间一层）。注意不使试件碎屑散失，将不带涂盖材料的一层进行称量（G）。

D. 称量后的试件用滤纸包好，并用棉线捆扎。油毡试样撕分出带涂盖材料层者，也用滤纸包好并用线捆扎。

② 萃取：将滤纸包置入萃取器中，用四氯化碳或苯为溶剂，溶剂用量为烧瓶容量的1/2～2/3，然后加热萃取，直到回流的溶剂无色为止，取出滤纸包，使吸附的溶剂先行蒸发，放入预热至105～110℃的干燥箱中干燥1h，再放入干燥器内冷却到室温。

③ 称量：冷却到室温的干燥试件，按以下要求进行处理和称量：

A. 测定单位面积浸涂材料总量的油毡萃取后的试件或油毡的带涂盖材料层经萃取后的试件，放在圆形筛网中，迅速仔细地刷净试件表面的矿质材料，然后把试件移入称量瓶或表面皿内进行称量（P_1 和 P）。将留在网筛中的矿质材料进行筛分，并分别进行称量。筛余物为隔离材料（S），筛下物为填充料（F）。

B. 萃取后的油纸试件和油毡不带涂盖材料层的试件，将试件迅速移入称量瓶或表面皿内进行称量（G_1）。

3）检测结果计算与评定

① 单位面积浸涂材料总量 A（g/m^2）按下式计算：

$$A=(W-P_1-S)\times 100$$

式中　W——100mm×100mm试件萃取前的质量，g/m^2；

P_1——被测的干原纸质量，g/m^2；

S——被测面积的隔离材料质量，g/m^2。

② 浸渍材料占干原纸质量百分比 D（%）按下列三式计算：

$$\text{石油沥青油毡}\ D_1=\frac{G-G_1}{G_1}\times 100\%$$

$$石油沥青油纸\ D_2=\frac{W_1-G_1}{G_1}\times100\%$$

$$煤沥青油毡\ D_3=\frac{(G-G_1)K}{K_1G_1}\times100\%$$

式中 G——油毡的不带涂盖材料层试件在萃取前的质量，g；

G_1——油纸试件或油毡的不带涂盖材料层试件经萃取后干原纸的质量，g；

W_1——油纸试件的质量，g；

K——不溶于苯的沥青数量的修正系数（如煤沥青在苯中的溶解度为 80%时，则 K 为 1.20）；

K_1——不溶物留在原纸毛细孔中数量的修正系数（如煤沥青在苯中的溶解度为 80%时，K_1 为 0.80）。

③ 单位面积涂盖材料质量 C（g/m²）按下两式计算：

$$石油沥青油毡\ C_1=(W-G-P-P\cdot D_1-S)\times100$$

$$煤沥青油毡\ C_2=(W-G-K_1\cdot P-P\cdot D_3\cdot K_1-S)\times100$$

式中 P——油毡的带涂盖层试件经萃取后的质量，g。

④ 填充料占涂盖材料质量百分比 M（%）按下式计算：

$$M=\frac{100F}{C}\times100\%$$

式中 F——填充料质量，g。

⑤ 检测结果评定与处理

A. 各项技术指标检测值除另有注明者外，均以平均值作为检测结果。

B. 物理力学性能检测时如由于特殊原因造成失败，不能得出结果，应取备用样重做，但须注明原因。

（2）不透水性检测

1）主要检测设备仪器与材料

① 不透水仪：具有三个透水盘的不透水仪，它主要由液压系统、测试管路系统、夹紧装置和透水盘等部分组成，透水盘底座内径为 92mm，透水盘金属压盖上有 7 个均匀分布的直径 25mm 透水孔。压力表测量范围为 0～0.6MPa，精度为 2.5 级。其测试原理如图 19-14 所示。

② 定时钟（或带定时器的油毡不透水测试仪）。

2）具体检测步骤

① 检测准备

A. 水箱充水：将洁净水注满水箱。

B. 放松夹脚：启动油泵，在油压的作用下，夹脚活塞带动夹脚上升。

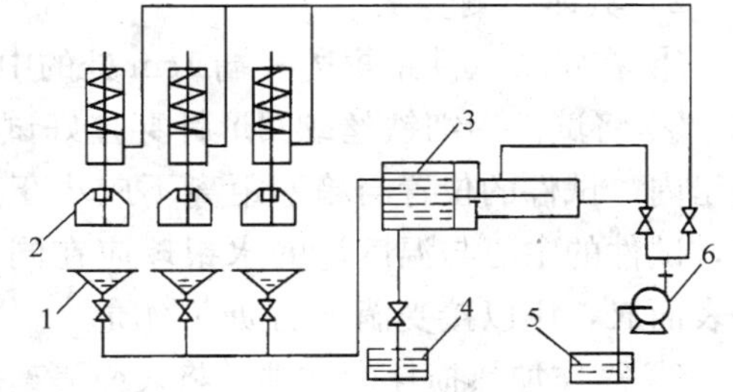

图 19-14 不透水仪测试原理图

1—试座；2—夹脚；3—水缸；4—水箱；5—油箱；6—油泵

C. 水缸充水：先将水缸内的空气排净，然后水缸活塞将水从水箱吸入水缸，完成水缸充水过程。

D. 试座充水：当水缸蓄满水后，由水缸同时向三个试座充水，三个试座充满水并已接近溢出状态时，关闭试座进入阀门。

E. 水缸二次充水：由于水缸容积有限，当完成向试座充水后，水缸内储存水已近断绝，需通过水箱向水缸再次充水，其操作方法与一次充水相同。

② 检测

A. 安装试件：将三块试件分别置于三个透水盘试座上，涂盖材料薄弱的一面接触水面，并注意"O"形密封圈应固定在试座槽内，试件上盖上金属压盖（或油毡透水测试仪的探头），然后通过夹脚将试件压紧在试座上。如产生压力影响结果，可向水箱泄水，达到减压目的。

B. 压力保持：打开试座进水阀，通过水缸向装好试件的透水盘底座继续充水，当压力表达到指定压力时，停止加压，关闭进水阀和油泵，同时开动定时钟或油毡透水测试仪定时器，随时观察试件有否渗水现象，并记录开始渗水时间。在规定测试时间出现其中一块或两块试件有渗漏时，必须立即关闭控制相应试座的进水阀，以保证其余试件能继续测试。

C. 卸压：当测试达到规定时间即可卸压取样，启动油泵，夹脚上升后即可取出试件，关闭油泵。

3）检测结果计算与评定

检查试件有无渗漏现象。

（3）耐热度检测

1）主要检测设备仪器与材料

① 电热恒温箱：带有热风循环装置；

② 温度计：0～150℃，最小刻度0.5℃；

③ 干燥器：ϕ250～300mm；

④ 表面皿：ϕ60～80mm；

⑤ 天平：感量0.001g；

⑥ 试件挂钩：洁净无锈的细铁丝或回形针。

2）具体检测步骤

① 在每块试件距短边一端1cm处的中心打一小孔。

② 将试件用细铁丝或回形针穿挂好试件小孔，放入已定温至标准规定温度的电热恒温箱内。试件的位置与箱壁距离不应小于50mm，试件间应留一定距离，不致粘结在一起，试件的中心与温度计的水银球应在同一水平位置上，距每块试件下端10mm处各放一表面皿，用以接受淌下的沥青物质。

③ 需作加热损耗的试件，将表面隔离材料尽量刷净，进行称量（G_1），存放一段时期的油毡其试件应在干燥器中干燥24h后称量。试件打孔带钩后，再将带钩试件进行称量（G_2）。加热后带钩试件放入干燥器内，冷却0.5～1h后进行称量（G_3）。

3）检测结果计算与评定

① 结果：在规定温度下加热 2h 后，取出试件及时观察并记录试件表面有无涂盖层滑动和集中性气泡。

集中性气泡系指破坏油毡涂盖层原形的密集气泡。

② 需作加热损耗时，以加热损耗百分比的平均值表示。

加热损耗百分比 L（%）按下式计算：

$$L=\frac{G_2-G_3}{G_1}\times 100\%$$

式中 G_1——试件原质量，g；

G_2——加热前带钩试件质量，g；

G_3——加热后带钩试件质量，g。

（4）拉力检测

1）主要检测设备仪器与材料

① 拉力机：测量范围为 0～1000N（或 0～2000N），最小读数为 5N，夹具夹持宽不小于 5cm。

② 量尺：精确度为 0.1cm。

2）具体检测步骤

① 将试件置于拉力试验相同温度的干燥处不小于 1h。

② 调整好拉力机后，将定温处理的试件夹持在夹具中心，并不得歪扭，上下夹具之间的距离为 180mm，开动拉力机使受拉试件被拉断为止。

读出拉断时指针所指数值即为试件的拉力。如试件断裂处距夹具小于 20mm 时，该试件检测结果无效，应在同一样品上另行切取试件，重作检测。

3）检测结果评定与处理

各项技术指标检测值除另有注明者外，均以平均值作为检测结果。

（5）柔度检测

1）主要检测设备仪器与材料

① 柔度弯曲器：ϕ25mm、ϕ20mm、ϕ10mm 金属圆棒或 R 为 12.5mm、10mm、5mm 的金属柔度弯板（见图 19-15）。

② 恒温水槽或保温瓶。

③ 温度计：0～50℃，精确度 0.5℃。

2）具体检测步骤

① 将呈平板状无卷曲试件和圆棒（或弯板）同时浸泡入已定温的水中，若试件有弯曲，则可微微加热，使其平整。

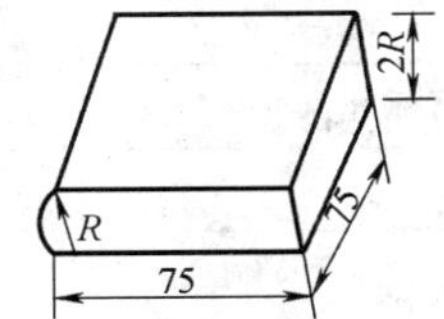

图 19-15 柔度弯板

② 试件经 30min 浸泡后，自水中取出，立即沿圆棒（或弯板）用手在约 2s 时间内按均衡速度弯曲成 180°。

3）检测结果评定

用肉眼观察试件表面有无裂纹。

19.3.6 防水卷材性能检测报告

防水卷材性能检测报告见表 19-9。

防水卷材性能检测报告 **表19-9**

工程名称： 报告编号： 工程编号：

委托单位		委托编号		委托日期	
施工单位		样品编号		检验日期	
结构部位		出厂合格证编号		报告日期	
厂别		检验性质		代表数量	
发证单位		见证人		证书编号	

1. 弹性体(或塑性体)改性沥青防水卷材检测

<table>
<tr><td rowspan="2">序号</td><td colspan="3">胎　基</td><td colspan="2">PY</td><td colspan="2">G</td></tr>
<tr><td colspan="3">型　号</td><td>Ⅰ</td><td>Ⅱ</td><td>Ⅰ</td><td>Ⅱ</td></tr>
<tr><td rowspan="3">1</td><td rowspan="3" colspan="2">可溶物含量(g/m²)</td><td>2mm</td><td colspan="2">—</td><td></td><td></td></tr>
<tr><td>3mm</td><td></td><td></td><td></td><td></td></tr>
<tr><td>4mm</td><td></td><td></td><td></td><td></td></tr>
<tr><td rowspan="2">2</td><td rowspan="2">不透水性</td><td colspan="2">压力(MPa),≥</td><td></td><td></td><td></td><td></td></tr>
<tr><td colspan="2">保持时间(min),≥</td><td></td><td></td><td></td><td></td></tr>
<tr><td>3</td><td colspan="3">耐热度(℃)</td><td></td><td></td><td></td><td></td></tr>
<tr><td rowspan="2">4</td><td rowspan="2" colspan="2">拉力(N/50mm),≥</td><td>纵向</td><td></td><td></td><td></td><td></td></tr>
<tr><td>横向</td><td></td><td></td><td></td><td></td></tr>
<tr><td rowspan="2">5</td><td rowspan="2" colspan="2">最大拉力时延伸率(%),≥</td><td>纵向</td><td></td><td></td><td></td><td></td></tr>
<tr><td>横向</td><td></td><td></td><td></td><td></td></tr>
<tr><td>6</td><td colspan="3">低温柔度(℃)</td><td></td><td></td><td></td><td></td></tr>
<tr><td rowspan="2">7</td><td rowspan="2" colspan="2">撕裂强度(N),≥</td><td>纵向</td><td></td><td></td><td></td><td></td></tr>
<tr><td>横向</td><td></td><td></td><td></td><td></td></tr>
<tr><td rowspan="3">8</td><td rowspan="3">人工气候加速老化</td><td colspan="2">外观</td><td></td><td></td><td></td><td></td></tr>
<tr><td>拉力保持率(%)</td><td>纵向</td><td></td><td></td><td></td><td></td></tr>
<tr><td colspan="2">低温柔度(℃)</td><td></td><td></td><td></td><td></td></tr>
</table>

结　论：

执行标准：

2. 聚氯乙烯防水卷材性能检测

<table>
<tr><td rowspan="2">序号</td><td rowspan="2">项　目</td><td rowspan="2">标准规定</td><td colspan="2">检测结果</td><td rowspan="2">结　论</td></tr>
<tr><td>P型</td><td>S型</td></tr>
<tr><td>1</td><td>拉伸强度(MPa),≮</td><td></td><td></td><td></td><td></td></tr>
<tr><td>2</td><td>断裂伸长率(%),≮</td><td></td><td></td><td></td><td></td></tr>
<tr><td>3</td><td>热处理尺寸变化率(%),≮</td><td></td><td></td><td></td><td></td></tr>
<tr><td>4</td><td>低温弯折性</td><td></td><td colspan="2"></td><td></td></tr>
<tr><td>5</td><td>抗渗透性</td><td></td><td colspan="2"></td><td></td></tr>
<tr><td>6</td><td>抗穿孔性</td><td></td><td colspan="2"></td><td></td></tr>
<tr><td>7</td><td>剪切状态下的粘合性</td><td></td><td colspan="2"></td><td></td></tr>
</table>

续表

序号	项目		标准规定	检测结果		结论
				P型	S型	
检测试验室处理后卷材相对于未处理时的允许变化						
8	热老化处理	外观质量				
		拉伸强度相对变化率(%)				
		断裂伸长率相对变化率(%)				
		低温弯折性				
9	人工候化处理	拉伸强度相对变化率(%)				
		断裂伸长率相对变化率(%)				
		低温弯折性				
10	水溶液处理	拉伸强度相对变化率(%)				
		断裂伸长率相对变化率(%)				
		低温弯折性				

执行标准：

3. 沥青防水卷材性能检测

使用部位				卷材品种				标号	
检测项目	检测结果		标准规定	结果评定	检测项目	检测结果		标准规定	结果评定
不透水性	1				拉　力	1			
	2					2			
	3					3			
耐热度	1				柔　度	1			
	2					2			
	3					3			

结　　论：

执行标准：

主要仪器设备	检测仪器		管理编号	
	型号规格		有效期	
	检测仪器		管理编号	
	型号规格		有效期	
	检测仪器		管理编号	
	型号规格		有效期	
	检测仪器		管理编号	
	型号规格		有效期	
备注				
声明				
地址	地址： 邮编： 电话：			

审批(签字)：＿＿＿＿＿＿审核(签字)：＿＿＿＿＿＿校核(签字)：＿＿＿＿＿＿检测(签字)：＿＿＿＿＿＿

检测单位(盖章)：＿＿＿＿＿＿

报 告 日 期：　　年　月　日

注：本表一式四份（建设单位、施工单位、检测试验室、城建档案馆存档各一份）。

第 20 章　沥青混合料性能检测

20.1　沥青混合料性能检测的基本规定

20.1.1　执行标准

《沥青混合料马歇尔试验仪》(GB/T 11823—1989)；

《公路工程沥青及沥青混合料试验规程》(JTJ 052—2000)；

《沥青路面施工及验收规范》(GB 50092—1996)；

《公路沥青路面施工技术规范》(JTG F40—2004)。

20.1.2　沥青混合料检测项目

沥青混合料性能检测项目、组批原则及抽样规定，见表 20-1。

沥青混合料性能检测项目、组批原则及抽样规定　　表 20-1

材料名称及标准规范	检 测 项 目	组批原则及取样规定
沥青混合料 GB/T 11823—1989 JTJ 052—2000 GB 50092—1996 JTG F40—2004	稳定度、流值、物理指标等	沥青混合料的取样应是随机的，并具有代表性。 1. 在沥青混合料拌合厂取样时宜用专用的容器(一次可装5～8kg)装在拌合机卸料斗下方，每放一次料取一次样，顺次装人试样容器中，每次倒在清洗干净的平板上，连续几次取样，混合均匀，按四分法取样至足够数量。 2. 在沥青混合料运料车上取样时，宜在汽车装料一半或在卸掉一半后开出去，分别用铁锹从不同方向高度处取样，然后混在一起用手铲适当编号均匀，取出规定数量。宜从 3 辆不同的车上不同方向的 3 个不同高度处取样，取样混合均匀后使用。 3. 在道路施工现场取样时，应在摊铺后未碾压前于摊铺高度的两侧 1/2～1/3 位置处取样，用铁锹将摊铺层的全部铲出，但不得将摊铺层下的其他层料铲入。每摊铺一车料取一车样，连续三车取样后，混合均匀按四分法取样至足够数量。 4. 取样数量规定： (1)试样砂粒根据检测目的决定，宜不小于检测用量的 2 倍。按现行规范规定进行冷却混合料检测的每一组代表性取样见表 20-2。 (2)根据冷却混合料集料公称最大粒级，取样应不少于下列数量： 细粒式冷却混合料，不少于 4kg； 中粒式冷却混合料，不少于 8kg； 粗粒式冷却混合料，不少于 12kg； 特粗粒式冷却混合料，不少于 18kg。 (3)取样用于仲裁检测时，取样数量除应满足本取样方法规定外，还应保留一份有代表性试样，直到仲裁结束。

常用冷却混合料检测项目的样品数量 表 20-2

检测项目	目 的	最少试样量(kg)	取样量(kg)
马歇尔检测、抽提、筛分	施工质量检验	12	20
车辙检测	高温稳定性检验	40	60
浸水马歇尔检测	水稳定性检验	12	20
冻融劈裂检测	水稳定性检验	12	20
弯曲检测	低温性能检验	15	25

20.2 沥青混合料性能检测

20.2.1 沥青混合料稳定度检测（环球法）

该检测方法适用于环球法检测软化点范围在30～157℃的石油沥青和煤焦油沥青试样，对于软化点在30～80℃范围内用蒸馏水作加热介质，软化点在80～157℃范围内用甘油作加热介质。

1. 检测目的

沥青混合料稳定度试验是将沥青混合料制成直径为101.6mm、高为63.5mm的圆柱形试件，在稳定度仪上测定其稳定度和流值这两项指标，以表征其高温时的稳定性和抗变形能力。

2. 主要检测设备仪器

（1）马歇尔稳定度仪（见图20-1）。

1）加荷设备：最大荷载为30kN，垂直变形速度为（50±5）mm/min。

2）应力环：安装在加荷设备的框架与加荷压头之间，是荷载的测力装置，容量约为30kN，精确度为100N；应力环上部固定在加荷设备的框架上，下部安装有圆柱形压头，将荷载传递给加荷压头；中间装有百分表。

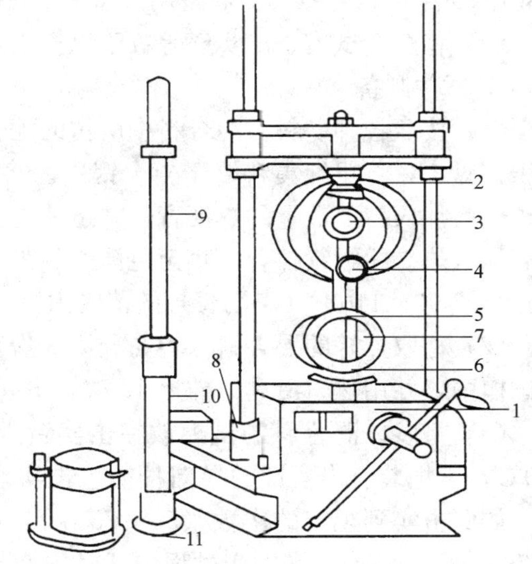

图20-1 马歇尔试验仪

1—底座；2—应力环；3—百分表；4—流值计；5—上压头；6—下压头；7—试件；8—电源开关；9—导杆；10—击实锤；11—试模

3）加荷压头：一副由上下两个圆弧形压头组成，压头的内侧需要经过精细的加工，内径为50.8mm，并淬火硬化；下弧形压头固定在一圆形钢板上，并附有两根导杆；上弧形压头附有球座和两个导孔；当上下两个压头扣在一起时，下压头导杆恰好穿入上压头的导孔内，并能使上压头圆滑地上下移动。

4）流值表：由导向套管和流值表组成，供测量试件在最大荷载时的变形用；试验时导向套管安装在下压头的导杆上，流值表的分度为0.1mm。

（2）试模：每组包括内径为101.6mm和高为87mm的圆钢筒、套环和底板各一个。

（3）击实锤：每副包括4.53kg锤，平圆形击实座、带扶手的导向杆各一个；金属锤必须能从457mm的高度沿着导向杆自由落下。

（4）击实台：用4根型钢把200mm×200mm×20mm的木柱固定在混凝土板上，木柱上面放置一个300mm×300mm×25mm的钢板，也可以用其他形式的击实台，但需要与上述装置产生同样的击实效果。

（5）脱模机：此为自动脱模装置，也可采用简易脱模器代替。

（6）电烘箱：大、中型各一台，装有温度调节器。

（7）拌合设备：人工拌合使用的拌盘、锅或盆和铁铲等，或者采用能保温的试验室用小型拌合设备。

（8）恒温水槽：附有温度调节器，容积最少能同时放置3个试件。

（9）其他：加热设备（电炉或煤气炉）沥青熔化锅、台秤（称量5kg、感量1g）、标准筛（按混合料级配尺寸而定）、温度计（200℃）、扁凿、水桶、铁漏斗等。

3. 检测方法

（1）将石料及砂和石粉分别过筛，洗净，分别装入浅盘中，置于105～110℃的烘箱中烘至恒量，并测定各种矿质集料和沥青材料的表观密度以及矿料颗粒组成。

（2）将沥青材料脱水加热至120～150℃（根据沥青的品种和标号确定），各种矿料置烘箱中加热至140～160℃后备用。需要时可将集料筛成不同粒径，按级配要求配料。

（3）将全套试模、击实座等置于烘箱中加热至130～150℃后备用。

4. 试件制备

（1）按照各种矿料在混合料中所占的配合比例，称出每一组或一个试件所需要的材料置于瓷盘中，将粗细集料置于拌合锅中。将拌合锅中的各种矿料继续加热，并拌匀、摊开，然后加入需要数量的热沥青，并迅速地拌合均匀。待沥青均匀包裹粗细集料表面后，最后加入热矿粉继续拌合，直至色泽均匀为止，并使混合料保持在温度130～150℃（石油沥青）或90～110℃（煤沥青）的范围内。

（2）称取拌好的混合料（均匀分为3份）约1200g，通过铁漏斗装入垫有一张滤纸的热试模中，并用热刀沿周边插捣15次，中间插捣10次。

（3）将装好混合料的试模放在击实台上，垫上一张滤纸，加盖预热的击实座130～150℃，再把装有击实锤的导向杆插入击实座内，然后将击实锤从457mm的高度自由落下，如此击实到规定的次数（50～75次），混合料的击实温度不低于110℃（石油沥青）或70℃（煤沥青）。在击实过程中，必须使导向杆垂直于模型的底板。击到击实次数后，将模型倒置，再以同样的次数击实另一面。

（4）卸去套模和底板，将装有试件的试模放置到冷水中3～5min后，置脱模器上脱出试件。

（5）压实后试件的高度应为（63.5±1.3）mm，如试件高度不符合要求时，可按下式调整沥青混合料的用量：

$$\text{调整后混合料的用量}=\frac{63.5\times\text{所用混合料地实际质量}}{\text{制备试件实际高度}}$$

（6）将试件仔细地放在平滑的台面上，在室温下静置12h。

5. 稳定度与流值的具体检测步骤

（1）将试件置于（60±1）℃（石油沥青）或（37.8±1）℃（煤沥青）的恒温水槽中保持最少 30min。

（2）将上下压头内面拭净，必要时在导杆上涂以少许机油，使上压头能自由滑动。从水槽中取出试样放在下压头上，再盖上上压头，然后挪到加荷设备上。

（3）将流值计安装在外侧导杆上，使导向套管轻轻地压着上压头，同时调整流值表对准零。

（4）在上压头的球座上放妥钢球，并对准应力环下的压头，然后调整压力环中的百分表对准零。

（5）开动加荷设备，使试件承受荷载，加荷速度为（50±5）mm/min，当达到最大荷载时，荷载开始减小的瞬息，读取应力环中百分表的读数；同时取下流值计，并读记流值表的数值。

（6）从恒温水槽取出试件，到测出最大荷载时间不超过 30s。

6. 检测结果计算与评定

（1）稳定度及流值。

1）由荷载测定装置读取的最大值即试样的稳定度。当用应力环百分表测定时，根据应力环标定曲线，将应力环中百分表的读数换算为荷载值即试件的稳定度，以 kN 计。

2）流值计中流值表读数，即为试件的流值，以 0.1mm 计。

（2）马歇尔模数。试件的马歇尔模数按下式计算：

$$T=\frac{MS}{FL}$$

式中 T ——试件的马歇尔模数，kN/mm；

MS——试件的稳定度，kN；

FL ——试件的流值，以 0.1mm 计。

（3）评定

当一组测定值中某个数据与平均值大于标准差的 k 倍时，该测定值应予舍弃，并以其余测定值的平均值作为试验结果。当试验数目 n 为 3、4、5、6 个时，k 值分别为 1.15、1.46、1.67、1.82。

20.2.2 沥青混合料物理指标检测

1. 检测目的

按击实法制成的沥青混合料圆柱体，经 12h 以后，用水中质量称量方法测定其表观密度，并按组成材料原始数据计算其空隙率、沥青体积百分率、矿料空隙率和沥青饱和度等物理指标。根据这些物理常数以及力学指标（稳定度和流值），借以确定沥青混合料的组成配合比。

2. 主要检测设备仪器

浸水天平或电子秤、网篮、溢流水箱、试件悬吊装置、秒表、电扇或烘箱。

3. 具体检测步骤

（1）选择适宜的浸水天平（或电子秤），最大称量应不小于试件质量的 1.25 倍，且不大于试件质量的 5 倍。

（2）除去试件表面的浮粒，称取干燥试件在空气中质量（m_a）（准确度根据选择的天平的感量决定，通常为5g）。

（3）挂上网篮浸入溢流水箱的水中，调节水位，将天平调平或复零，把试件置于网篮中（注意不要使水晃动），浸水约1min，称取水中质量（m_w），如图20-2所示。

注：若遇平读数持续变化，不能在数秒钟内达到稳定，说明试件吸水较严重，不适用于此法测定，应改用表干法或封蜡法测定。

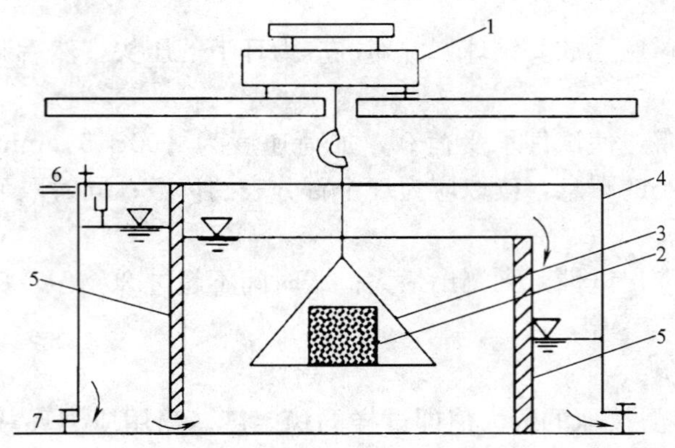

图20-2 溢流水箱及下挂法水中重称量方法示意图

1—浸水天平或电子秤；2—试件；3—网篮；4—溢流水箱；5—水位搁板；6—注入口；7—放水阀门

4. 检测结果计算与评定

（1）表观密度。密实沥青混合料试件的表观密度，按下式计算（取3位小数）：

$$\rho_s=\frac{m_a}{m_a-m_w}\times\rho_w$$

式中 ρ_s——试件的表观密度，g/cm³；

m_a——干燥试件在空气中的质量，g；

m_w——试件在水中的质量，g；

ρ_w——常温水的密度（约为1g/cm³）。

（2）理论密度。

1）当试件沥青按油石比 p_a 计算时，试件的理论密度 ρ_t 按下式计算（取3位小数）：

$$\rho_t=\frac{100+p_a}{\frac{p_1'}{\gamma_1}+\frac{p_2'}{\gamma_2}+\cdots+\frac{p_n'}{\gamma_n}+\frac{p_a'}{\gamma_a}}\times\rho_w$$

2）当试件沥青按沥青含量 p_b 计算时，试件的理论密度 ρ_t 按下式计算：

$$\rho_t=\frac{100}{\frac{p_1'}{\gamma_1}+\frac{p_2'}{\gamma_2}+\cdots+\frac{p_n'}{\gamma_n}+\frac{p_b'}{\gamma_a}}\times\rho_w$$

式中 ρ_t——理论密度，g/cm³；

p_1，…，p_n——各种矿料占矿料总质量的百分率（矿料总和为 $\sum_i^n p_i = 100\%$），%；

p'_1，…，p'_n——各种矿料占沥青混合料总质量的百分率（矿料与沥青之和为 $\sum_i^n p_i + p_b = 100\%$），%；

p_a——油石比（沥青与矿料的质量比），%；

p_b——沥青含量（沥青质量占沥青混合料总质量的百分率），%；

γ_1，…，γ_n——各种矿料的相对密度；

γ_a——沥青的相对密度；

ρ_w——常温水的密度，g/cm^3。

（3）试件空隙率（*VV*）。试件空隙率是压实沥青混合料内矿料及沥青以外的空隙（不包括自身内部的孔隙）的体积占试件总体积的百分率（%）按下式计算：

$$VV=\left(1-\frac{\rho_s}{\rho_t}\right)\times 100\%$$

式中 *VV*——试件的空隙率，%；

ρ_s——试件的表观密度，g/cm^3。

（4）沥青体积百分率（*VA*）。

沥青体积百分率是压实沥青混合料内沥青部分的体积占试件总体积的百分率（%），即

$$VA=\frac{p_b \cdot \rho_s}{\gamma_a \cdot \rho_w}\times 100\%$$

或

$$VA=\frac{100 \cdot p_a \cdot \rho_s}{(100+p_a)\gamma_b \cdot \rho_w}\times 100\%$$

式中 *VA*——沥青混合料试件的沥青体积百分率，%。

（5）矿料空隙率（*VMA*）。矿料空隙率是压实沥青混合料试件内矿料部分以外体积（沥青及空隙体积）占试件总体积的百分率，即试件空隙率与沥青体积百分率之和（%），即

$$VMA=VV+VA$$

式中 *VMA*——沥青混合料试件的矿料空隙率，%。

（6）沥青饱和度（*VFA*）。沥青饱和度是压实沥青混合料试件内沥青部分的体积占矿料骨架以外的空隙部分体积的百分率（%），即

$$VFA=\frac{VA}{VA+VV}\times 100\%=\frac{VA}{VMA}\times 100\%$$

式中 *VFA*——沥青混合料试件的沥青饱和度，%。

20.2.3 沥青混合料性能检测报告

沥青混合料性能检测报告见表 20-3。

沥青混合料性能检测报告 表 20-3

工程名称： 报告编号： 工程编号：

委托单位		委托编号		委托日期	
施工单位		样品编号		检验日期	
结构部位		出厂合格证编号		报告日期	
厂别		检验性质		代表数量	
发证单位		见证人		证书编号	

序号	技术指标	沥青混合料类型	高速公路、一级公路、城市快速路、主干路	其他等级公路及城市道路	行人道路
1	稳定度 MS(kN)				
2	流值 FL(0.1mm)				
3	空隙率 VV(%)				
4	沥青饱和度 VFA(%)				
5	残留稳定度 MS_0(%)				

结 论：

执行标准：

主要仪器设备	检测仪器		管理编号	
	型号规格		有效期	
	检测仪器		管理编号	
	型号规格		有效期	
	检测仪器		管理编号	
	型号规格		有效期	
	检测仪器		管理编号	
	型号规格		有效期	
备注				
声明				
地址	地址： 邮编： 电话：			

审批(签字)：__________ 审核(签字)：__________ 校核(签字)：__________ 检测(签字)：__________

检测单位(盖章)：__________

报 告 日 期： 年 月 日

注：本表一式四份（建设单位、施工单位、检测试验室、城建档案馆存档各一份）。

第 21 章　合成高分子材料性能检测

21.1　合成高分子材料性能检测的基本规定

21.1.1　执行标准

《建筑排水用硬聚氯乙烯（PVC-U）管材》(GB/T 5836.1—2006)；

《建筑排水用硬聚氯乙烯（PVC-U）管件》(GB/T 5836.2—2006)；

《给水用硬聚氯乙烯（PVC-U）管材》(GB/T 10002.1—2006)；

《给水用硬聚氯乙烯（PVC-U）管件》(GB/T 10002.2—2003)；

《硬聚氯乙烯（PVC-U）管件坠落试验方法》(GB/T 8801—2007)；

《热塑性塑料管材　纵向回缩率的测定》(GB/T 6671—2001)；

《热塑性塑料管材、管件　维卡软化温度的测定》(GB/T 8802—2001)；

《注射成型硬质聚氯乙烯（PVC-U）、氯化聚氯乙烯（PVC-C）、丙烯腈-丁二烯-苯乙烯三元共聚物（ABS）和丙烯腈-苯乙烯-丙烯酸盐三元共聚物（ASA）管件热烘箱试验方法》(GB/T 8803—2001)；

《热塑性塑料管材　拉伸性能测定》(GB/T 8804—2003)；

《硬质塑料管材弯曲度测定方法》(QB/T 2803—2006)；

《塑料管道系统　塑料部件尺寸的测定》(GB/T 8806—2008)；

《硬聚氯乙烯（PVC-U）管材　二氯甲烷浸渍试验方法》(GB/T 13526—2007)；

《热塑性塑料管材　耐外冲击性能试验方法　时针旋转法》(GB/T 14152—2001)；

《建筑密封材料试验方法　第 3 部分：使用标准器具测定密封材料挤出性的方法》(GB/T 13477.3—2002)；

《建筑密封材料试验方法　第 5 部分：表干时间的测定》(GB/T 13477.5—2002)；

《建筑密封材料试验方法　第 6 部分：流动性的测定》(GB/T 13477.6—2002)；

《建筑密封材料试验方法　第 7 部分：低温柔性的测定》(GB/T 13477.7—2002)；

《建筑密封材料试验方法　第 10 部分：定伸粘结性的测定》(GB/T 13477.10—2002)；

《建筑密封材料试验方法　第 11 部分：浸水后定伸粘结性的测定》(GB/T 13477.11—2002)；

《建筑密封材料试验方法　第 13 部分：冷拉—热压后粘结性的测定》(GB/T 13477.13—2002)；

《建筑密封材料试验方法　第 17 部分：弹性恢复率的测定》(GB/T 13477.17—2002)；

《建筑密封材料试验方法　第 19 部分：质量与体积变化的测定》(GB/T 13477.19—2002)；

《聚氨酯防水涂料》(GB/T 19253—2003);

《合成树脂乳液内墙涂料》(GB/T 9756—2001);

《合成树脂乳液外墙涂料》(GB/T 9755—2001)。

21.1.2 合成高分子材料检测项目

合成高分子材料性能检测项目、组批原则及抽样规定，见表21-1。

合成高分子材料性能检测项目、组批原则及抽样规定 表21-1

序号	材料名称及标准规范	检测项目	组批原则及取样规定
1	建筑排水用硬聚氯乙烯(PVC-U)管材、管件 建筑给水用硬聚氯乙烯(PVC-U)管材、管件 GB/T 5836.1—2006 GB/T 14152—2001 GB/T 8801—2007 GB/T 6671—2001 GB/T 8802—2001 GB/T 8804—2003 GB/T 8803—2001 QB/T 2803—2006 GB/T 8806—2008 GB/T 13526—2007 GB/T 5836.2—2006 GB/T 10002.1—2006 GB/T 10002.2—2003	颜色和外观检查、尺寸测量、密度、维卡软化温度、纵向回缩率、拉伸屈服强度、落锤冲击检测、烘箱检测、二氯甲烷浸渍检测和系统适用性检测等	1. 对于建筑排水用的硬聚氯乙烯(PVC-U)管材,同一原料配方、同一工艺和同一规格连续生产的管材作为一批。每批数量不超过50t,如果生产7d尚不足50t,则以7d产量为一批。 2. 对于建筑给水用的硬聚氯乙烯(PVC-U)管材,相同原料配方和工艺生产的同一规格的管材作为一批。当$d_n \leqslant 63$mm时,每批数量不超过50t;当$d_n > 63$mm时,每批数量不超过100t。如果生产7d尚不足50t,则以7d产量为一批。 3. 对于建筑排水用的硬聚氯乙烯(PVC-U)管件,同一原料配方和工艺生产的同一规格的管材作为一批。当$d_n < 75$mm时,每批数量不超过10000件;当$d_n \geqslant 75$mm时,每批数量不超过5000件。如果生产7d尚不足50t,则以7d产量为一批。一次交付可由一批或多批组成,交付时注明批号,同一个交付批号产品为交付检验批。 4. 对于建筑给水用的硬聚氯乙烯(PVC-U)管件,用相同原料配方和工艺生产的同一规格的管材作为一批。当$d_n \leqslant 32$mm时,每批数量不超过10000件;当$d_n > 32$mm时,每批数量不超过5000件。如果生产7d尚不足50t,则以7d产量为一批。一次交付可由一批或多批组成,交付时注明批号,同一个交付批号产品为交付检验批。 5. 对于外观、颜色。不透光性和管材管件尺寸按《计数抽样检验程序 第1部分:按接收质量限(AQL)检索的逐批检验抽样计划》(GB/T 2828.1—2003),采用正常检验一次抽样方案,取一般检验水平Ⅰ,按接受质量限(AQL)6.5,抽样方案见表21-2
2	防水涂料 GB/T 19253—2003	不透水性、加热伸缩、拉伸时老化、低温柔韧性、拉伸强度和断裂伸长率等	1. 甲组分以5t为1批,不足5t也按1批进行抽检。乙组分按产品质量比相应增加批量。 2. 取样数目见表21-3。按产品的配比取样,甲、乙组分样品的总量为2kg
3	密封材料 GBT 13477.3—2002 GBT 13477.5—2002 GBT 13477.19—2002 GBT 13477.10—2002 GBT 13477.11—2002 GBT 13477.13—2002 GBT 13477.17—2002 GBT 13477.7—2002 GBT 13477.6—2002	挤出性、表干时间、流动性、定伸粘结性、浸水后定伸粘结性、冷拉-热压后粘结性、弹性恢复率、质量与体积变化、低温柔性等	

续表

序号	材料名称及标准规范	检测项目	组批原则及取样规定
4	建筑涂料 GB/T 9756—2001 GB/T 9755—2001	对比率、施工性、涂膜外观、耐洗刷性、干燥时间、耐碱性等	产品按《色漆、清漆和色漆与清漆用原材料取样》(GB/T 3186—2006)的规定进行取样，取样量根据检验需要而定

建筑给排水用的硬聚氯乙烯管材、管件的抽样方案（单位：根或件）　　表 21-2

批量 N	样本大小 n	合格判定数 A_e	不合格判定数 R_e
≤150	8	1	2
151～280	13	2	3
281～500	20	3	4
501～1200	32	5	6
1201～3200	50	7	8
3201～10000	80	10	11
10001～35000	125	14	15

防水涂料的抽样方案（单位：根或件）　　表 21-3

交货产品的桶数	取样数	交货产品的桶数	取样数
2～10	2	71～90	7
11～20	3	91～125	8
21～35	4	126～160	9
36～50	5	161～200	10
51～70	6	此后每增加 50 桶取样数每增加 1	

21.2 建筑塑料管材、管件性能检测

21.2.1 热塑性塑料管材拉伸性能检测

1. 主要检测设备仪器

(1) 拉力试验机：应符合《橡胶塑料拉力、压力和弯曲试验机（恒速驱动）技术规范》(GB/T 17200—2008) 的规定。

(2) 夹具：用于夹持试样的夹具连在试验机上，使试样的长轴与通过夹具中心线的拉力方向重合。试样应夹紧，使它相对于夹具尽可能不发生位移。

夹具装置系统不得引起试样在夹具处过早断裂。

(3) 负载显示计：拉力显示仪应能显示被夹具固定的试样在试验的整个过程中所受拉力，它在一定速率下测定时不受惯性滞后的影响且其测定的准确度应控制在实际值的±1%范围内。注意事项应按照《橡胶塑料拉力、压力和弯曲试验机（恒速驱动）技术规范》(GB/T 17200—2008) 的要求。

(4) 引伸计：测定试样在试验过程中任一时刻的长度变化。

此仪表在一定试验速度时必须不受惯性滞后的影响且能测量误差范围在1%内的形

变。试验时，此仪表应安置在使试样经受最小的伤害和变形的位置，且它与试样之间不发生相对滑移。

夹具应避免滑移，以防影响伸长率测量的精确性。

注：推荐使用自动记录试样的长度变化或任何其他变化的仪表。

（5）测量仪器：用于测量试样厚度和宽度的仪器，精度为0.01mm。

（6）裁刀：应可裁出符合《热塑性塑料管材 拉伸性能测定 第2部分：硬聚氯乙烯（PVC-U）、氯化聚氯乙烯（PVC-C）和高抗冲聚氯乙烯（PVC-HI）管材》（GB/T 8804.2—2003）或《热塑性塑料管材 拉伸性能测定 第3部分：聚烯烃管材》（GB/T 8804.3—2003）中相应要求的试样。

（7）制样机和铣刀：应能制备符合《热塑性塑料管材 拉伸性能测定 第2部分：硬聚氯乙烯（PVC-U）、氯化聚氯乙烯（PVC-C）和高抗冲聚氯乙烯（PVC-HI）管材》（GB/T 8804.2—2003）或《热塑性塑料管材 拉伸性能测定 第3部分：聚烯烃管材》（GB/T 8804.3—2003）中相应要求的试样。

2. 具体检测步骤

检测应在温度为（23±2）℃的环境下按下列步骤进行：

（1）测量试样标距间中部的宽度和最小厚度，精确到0.01mm，计算最小截面积。

（2）将试样安装在拉力试验机上并使其轴线与拉伸应力的方向一致，使夹具松紧适宜以防止试样滑脱。

（3）使用引伸计，将其放置或调整在试样的标线上。

（4）选定检测速度进行检测。

（5）记录试样的应力-应变曲线直至试样断裂，并在此曲线上标出试样达到屈服点时的应力和断裂时标距间的长度；或直接记录屈服点处的应力值及断裂时标线间的长度。

如试样从夹具处滑脱或在平行部位之外渐宽处发生拉伸变形并断裂，应重新取相同数量的试样进行检测。

3. 检测结果计算与评定

（1）拉伸屈服应力：

对于每个试样，拉伸屈服应力以试样的初始截面积为基础，按下式计算：

$$\sigma=\frac{F}{A}$$

式中 σ——拉伸屈服应力，MPa；

F——屈服点的拉力，N；

A——试样的原始截面积，mm^2。

所得结果保留三位有效数字。

注：屈服应力实际上应按屈服时的截面积计算，但为了方便，通常取试样的原始截面积计算。

（2）断裂伸长率：

对于每个试样，断裂伸长率按下式计算。

$$\varepsilon=\frac{L-L_0}{L_0}\times100\%$$

式中 ε——断裂伸长率，%；

L——断裂时标线间的长度，mm；

L_0——标线间的原始长度，mm。

所得结果保留三位有效数字。

(3) 如果所测的一个或多个试样检测结果异常，应取双倍试样重做检测，例如 5 个试样中的两个试样结果异常，则应再取 4 个试样补做检测。

21.2.2 热塑性塑料管材、管件维卡软化温度检测

1. 主要检测设备仪器

检测装备如图 21-1 所示。

(1) 试样支架、负载杆：试样支架用于放置试样，并可方便地浸入到保温浴槽中，支架和施加负荷的负载杆都应选用热膨胀系数小的材料组成（如果负载杆与支架部分线性膨胀系数不同，则它们在长度上的不同变形会导致读数偏差），每台仪器都用一种低热膨胀系数的刚性材料进行校正，校正应包括整个的工作温度范围，并且测定出每一温度的校正值。如果校正值大于或等于 0.02mm 时，应对其进行标记，并且在其后的每次试验中均应考虑此校正值。

负载杆能自由垂直移动，支架底座用于放置试样，压针固定在负载杆的末端（见图 21-1）。

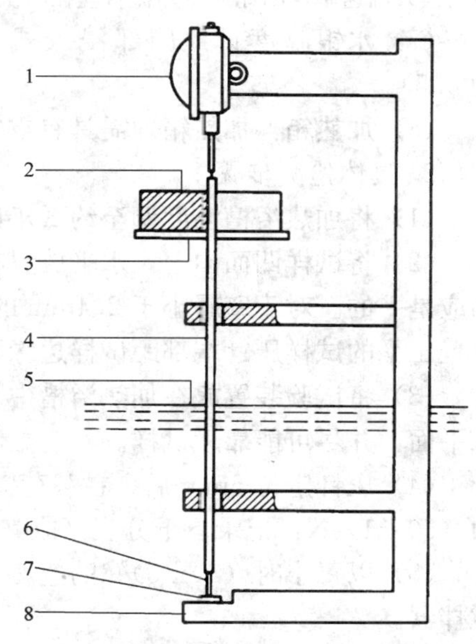

图 21-1 维卡软化温度测定原理图

1—千分表；2—砝码；3—载荷盘；4—负载杆；5—液面；6—压针；7—试样；8—试样支架

(2) 压针：材料最好选用硬质钢，压针长 3mm 且横截圆面积为 (1±0.015) mm^2，安装在负载杆底部。压针端应是平面并且与负载杆轴向成直角，压针不允许带有毛刺等缺陷。

(3) 千分表（或其他测量仪器）：用来测量压针压入试样的深度，精度应小于或等于 0.01mm。作用于试样表面的压力应是可知的。

(4) 载荷盘：安装在负载杆上。质量负载应在载荷盘的中心，以便使作用于试样上的总压力控制在 (50±1) N。由于向下的压力是由负载杆、压针及载荷盘综合作用的，因此千分表的弹力应不超过 1N。

(5) 砝码：试样承受的静负载 $G=W+R+T=50$N，则应加砝码的质量由下式计算：

$$W=50-R-T$$

式中 W——砝码质量，N；

R——压针、负载杆和载荷盘的质量，N；

T——千分表或其他测量仪器附加的压力，N。

(6) 加热浴槽：放一种合适的液体在浴槽中，使试验装置浸入液体中，试样至少在介质表面 35mm 以下。浴槽中应具有搅拌器及加热装置，使液体可按每小时 (50±5)℃等速升温。检测过程中，每 6min 间隔内温度变化应在 (5±0.5)℃范围内。

注：1. 液体石蜡、变压器油、甘油和硅油可用作传热介质，也可用其他介质。但无论选用哪种介质都应确定其在测试温度下是稳定的，并且在测试中对试样不产生影响，如软化、膨胀、破裂。如果没有合适的传热介质，也可使用带有空气环流的加热箱。

2. 检测结果与传热介质的热传导率有关。

3. 通过手动或自动控制加热都可达到等速升温，推荐使用后者给定从最初测试温度开始所要达到的升温速率，通过调节一个电阻器或可调变压器增大或减少加热功率。

4. 为减少连续的两次检测间的冷却时间，建议在加热浴槽中装一个冷却盘管。由于冷却剂的存在会影响其升温速率，因此，冷却盘管应在下次检测前拆除或排空。

(7) 水银温度计：局部浸入式水银温度计（或其他合适的测温装置），分度值为0.5℃。

(8) 加热箱：加热箱内需具有空气环流装置且温度应控制在标准规定的范围之中。

2. 具体检测步骤

(1) 将加热浴槽温度调至约低于试样软化温度50℃并保持恒温。

(2) 将试样凹面向上，水平放置在无负载金属杆的压针下面，试样和仪器底座的接触面应是平的。对于壁厚小于2.4mm的试样，压针端部应置于未压平试样的凹面上，下面放置压平的试样压针端部距试样边缘不小于3mm。

(3) 将试验装置放在加热浴槽中。温度计的水银球或测温装置的传感器与试样在同一水平面，并尽可能靠近试样。

(4) 压针定位5min后，在载荷盘上加所要求的质量，以使试样所承受的总轴向压力为（50±1）N，记录下千分表（或其他测量仪器）的读数或将其调至零点。

(5) 以每小时（50±5)℃的速度等速升温，提高浴槽温度。在整个检测过程中应开动搅拌器。

(6) 当压针压入试样内（1±0.01）mm时，迅速记录下此时的温度，此温度即为该试样的维卡软化温度（*VST*）。

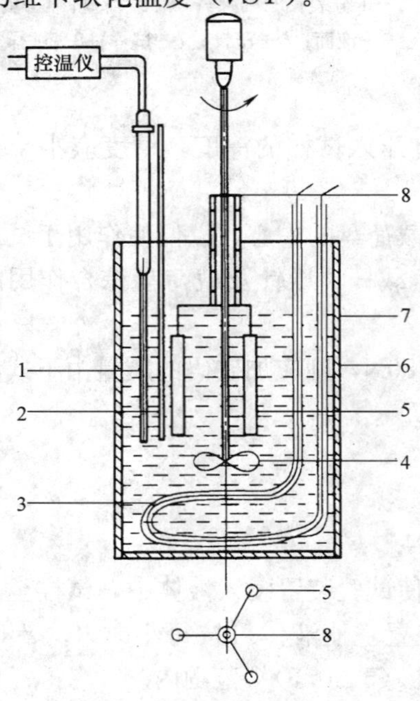

图21-2 液浴检测装置图

1—电接点温度计；2—温度计；3—加热器；4—搅拌器；5—试样；6—容器；7—加热介质；8—夹持器

3. 检测结果评定

两个试样的维卡软化温度的算术平均值，即为所测试管材或管件的维卡软化温度（*VST*），单位以℃表示。若两个试样结果相差大于2℃时，应重新取不少于两个的试样进行检测。

21.2.3 热塑性塑料纵向回缩率检测

热塑性塑料纵向回缩率检测方法有两种：一种是液浴检测；另一种是烘箱检测。

1. 方法A——液浴检测

(1) 主要检测设备仪器

1) 热浴槽：除另有规定外，热浴槽应恒温控制在本章附录A中规定的温度 T_R 内。

热浴槽的容积和搅拌装置应保证当试样浸入时，槽内介质温度变化保持在检测温度范围内。所选用的介质应在检测温度下性能稳定，并对塑性材料无不良影响（见图21-2）。

注：甘油、乙二醇、无芳烃矿物油和氯化钙溶液

均是适宜的加热介质，其他满足上述要求的介质也可使用。

2）夹持器：悬挂试样的装置，把试样固定在加热介质中（见图 21-2）。

3）画线器：保证两标线间距为 100mm。

4）温度计：精度为 0.5℃。

（2）具体检测步骤

1）在（23±2)℃下，测量标线间距 L_0，精确至 0.25mm。

2）将液浴温度调节到本章附录 A 中的规定值 T_R。

3）把试样完全浸入液浴槽中，使试样既不触槽壁也不触槽底，保证试样的上端距液面至少 30mm。

4）试样浸入液浴保持本章附录 A 中规定的时间。

5）从液浴槽中取出试样，将其垂直悬挂，待完全冷却到（23±2)℃时，在试样表面沿母线测量标线间最大或最小距离 L_1，精确至 0.25mm。

注：切片试样，每一管段所切的 4 片应作为一个试样，测得 L_1，且切片在测量时，应避开切口边缘的影响。

（3）检测结果计算与评定

1）按下式计算每一试样的纵向回缩率 R_{L1} 以百分率表示。

$$R_{L1}=\frac{L_0-L_1}{L_0}\times 100\%$$

式中 R_{L1}——每一试样的纵向回缩率，%；

L_0——浸入前两标线间距离，mm；

L_1——检测后沿母线测定的两标线间距离，mm。

选择 L_1 使 L_0-L_1 的值最大。

2）计算出 3 个试样 R_{L1} 的算术平均值，其结果作为管材的纵向回缩率 R_L。

2. 方法 B——烘箱检测

（1）主要检测设备仪器

1）烘箱：除另有规定外，烘箱应恒温控制在本章附录 B 中规定的温度 T_R 内，并保证当试样置入后，烘箱内温度应在 15min 内重新回升到检测温度范围。

2）画线器：保证两标线间距为 100mm。

3）温度计：精度为 0.5℃。

（2）具体检测步骤

1）在（23±2)℃下，测量标线间距 L_0，精确至 0.25mm。

2）将烘箱温度调节到本章附录 B 中的规定值 T_R。

3）把试样放入烘箱，使试样既不触烘箱壁和底。若悬挂试样，则悬挂点应在距标线最远的一端。若把试样平放，则应放于垫有一层滑石粉的平板上，切片试样，应使凸面朝下放置。

4）把试样放入烘箱内保持本章附录 B 中规定的时间，这个时间应从烘箱温度回升到规定温度时算起。

5）从烘箱中取出试样，将其垂直悬挂，待完全冷却到（23±2)℃时，在试样表面沿母线测量标线间最大或最小距离 L_1，精确至 0.25mm。

注：切片试样，每一管段所切的4片应作为一个试样，测得 L_1，且切片在测量时，应避开切口边缘的影响。

(3) 检测结果计算与评定

1) 按下式计算每一试样的纵向回缩率 R_{L1} 以百分率表示。

$$R_{L1}=\frac{L_0-L_1}{L_0}\times 100\%$$

式中 R_{L1}——每一试样的纵向回缩率，%；

L_0——放入烘箱前两标线间距离，mm；

L_1——检测后沿母线测定的两标线间距离，mm。

选择 L_1 使 L_0-L_1 的值最大。

2) 计算出3个试样 R_{L1} 的算术平均值，其结果作为管材的纵向回缩率 R_L。

21.2.4 硬聚氯乙烯（PVC-U）管件的坠落检测

1. 主要检测设备仪器

(1) 秒表：分度值为0.1s。

(2) 温度计：分度值为1℃。

(3) 恒温水浴（内盛冰水混合物）或低温箱［温度为（0±1)℃］

2. 具体检测步骤

(1) 将水浴放入（0±1)℃的恒温水浴或低温箱中进行预处理，最短时间见表21-4。异型管件按最大壁厚确定预处理时间。

试样最短预处理时间 **表21-4**

壁厚 δ(mm)	最短预处理时间(min)	
	恒温水浴	低温箱
$\delta\leqslant 8.6$	15	60
$8.6<\delta\leqslant 14.1$	30	120
$\delta>14.1$	60	240

(2) 恒温时间达到后，从恒温水浴或低温箱中取出试样，迅速从规定高度自由坠落于混凝土地面，坠落时应使5个试样在5个不同位置接触地面。

(3) 试样从离开恒温状态到完全坠落，应在10s之内完毕，检查检测后试样表面状况。

3. 检测结果评定

检查试样破损情况，如其中一个或多个试样在任何部位产生裂纹或破裂，则该组试样为不合格。

21.2.5 流体输送用热塑性塑料管材耐内压检测

1. 主要检测设备仪器

(1) 密封接头

密封接头装在试样两端。通过适当的方法，密封接头应密封试样并与压力装置相连。密封接头应采用以下类型中的一种：

1) A型：与试样刚性连接的密封接头，但两个密封接头彼此不相连接，因此静液压端部推力可以传递到试样中，如图 21-3 所示。对于大口径管材，可根据实际情况在试样与密封接头间连接法兰盘，当法兰、接头、堵头及法兰盘的材料与试样相匹配时可以把它们焊接在一起。

2）B 型：用金属材料制造的承口接头，能确保与试样外表面密封，且密封接头通过连接件与另一密封接头相连，因此静液压端部推力不会作用在试样上，如图 21-4 所示。这种封头可由一根或多根金属拉杆组成，且试样两端在纵向能自由移动，以免试样由于受热膨胀而引起弯曲变形。

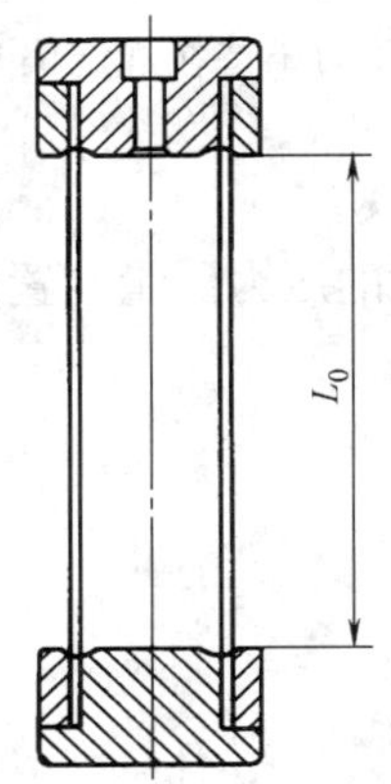

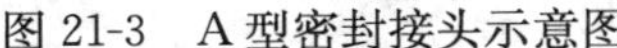
图 21-3　A 型密封接头示意图

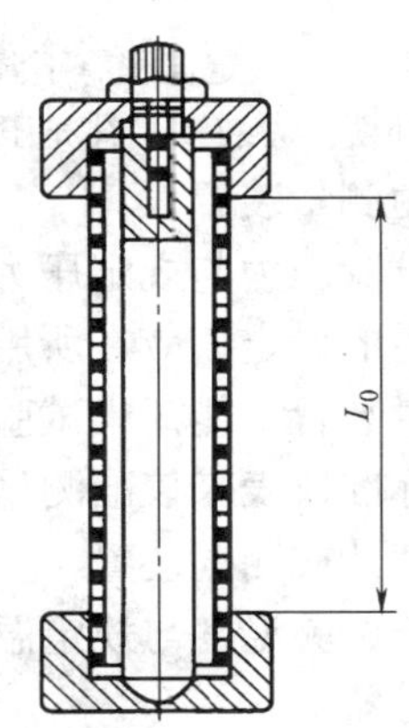

图 21-4　B 型密封接头示意图

密封接头除夹紧试样的齿纹外，任何与试样表面接触的锐边都需修整。密封接头的组成材料不能对试样产生不良影响。

注：1. 一般来说，由于管材的形变应力的不同，采用 B 型封头的破坏时间比采用 A 型封头的短。

2. 如无一定的预防措施，当试样在低于试验温度的环境下组装，B 型封头易使试样弯曲变形。

根据《塑料管道系统　用外推法确定热塑性塑料材料以管材形式的长期静液压强度》(GB/T 18252—2000）评价管材或管件材料性能的试验中，除非在相关标准中有特殊规定，否则应选用 A 型封头。

仲裁试验采用 A 型密封接头。

(2）恒温箱

根据相关标准规定，恒温箱内充满水或其他液体，保持恒定的温度，其平均温差为±1℃，最大偏差为±2℃。恒温箱为烘箱时，保持在规定温度，其平均温差为$^{+3}_{-1}$℃，最大偏差为$^{+4}_{-2}$℃。

当检测在水以外的介质中进行时，特别是涉及安全及所用液体与试样材料之间的相互作用，都应采取必要的防护措施。

当检测在水以外的介质中进行时，用于相互对比检测应在相同环境下进行。

由于温度对检测结果影响很大，应使检测温度偏差控制在规定范围内，并尽可能小。例如采用流体强制循环系统。若检测介质为空气时，除测量空气的温度外还建议测量试样表面温度。

水中不得含有对检测结果有影响的杂质。

(3）支承或吊架

当试样置于恒温箱中时能保持试样之间及试样与恒温箱的任何部分不相接触。

(4) 加压装置

加压装置应能持续均匀地向试样施加试验所需的压力，在试验过程中，压力偏差应保持在要求值的$^{+2}_{-1}$%范围内。

由于压力对试验结果影响很大，压力偏差应尽可能控制在规定范围内的最小值。

注：1. 压力最好能单独作用在每个试样上，但在一个试样发生破坏时不会对其他试样产生干扰，允许运用装置将压力同时作用到各个试样上（例如：使用隔离阀或在一个批次中根据第一个破坏而得出结果的测试）。

2. 当压力较规定值稍有下降时（如由于试样的膨胀），为保证压力维持在规定偏差范围内，系统应具有自动补偿压力装置，补充压力到规定值。

(5) 压力测量装置

能检查试验压力与规定压力的一致性，对于压力表或类似的压力测量装置的测量范围是：要求压力的设定值应在所用测量装置的测量范围内。

压力测量装置不能污染试验液体。

建议用标准仪表来校准测量装置。

(6) 温度计或测温装置

用于检查试验温度与规定温度的一致性。

(7) 计时器

计时器应能记录试样加压后直至试样破坏或渗漏的时间。

注：建议使用对由于渗漏或破坏所引起的压力变化较敏感并能自动停止计时的设备，必要时能关闭与试样有关的压力循环系统。

(8) 测厚仪

符合《塑料管道系统 塑料部件尺寸的测定》(GB/T 8806—2008) 中有关测量管材壁厚的要求。

注：可以采用超声波测量仪。

(9) 管材平均外径尺

符合《塑料管道系统 塑料部件尺寸的测定》(GB/T 8806—2008) 中有关测量管材平均外径的要求，例如金属卷尺。

2. 具体检测步骤

(1) 按相关标准要求，选择试验类型如水-水检测、水-空气检测或水-其他液体检测。

将经过状态调节后的试样与加压设备连接起来，排净试样内的空气，然后根据试样的材料、规格尺寸和加压设备情况，在30s～1h之间用尽可能短的时间，均匀平稳地施加检测压力至根据下列公式计算出的压力值，压力偏差为$^{+2}_{-1}$%。

$$P=\sigma\frac{2e_{\min}}{d_{\mathrm{em}}-e_{\min}}$$

式中 σ——由试验压力引起的环应力，MPa；

d_{em}——测量得到的试样平均外径，mm；

$e_{\min}$——测量得到的试样自由长度部分壁厚的最小值，mm。

当达到检测压力时开始计时。

(2) 把试样悬放在恒温控制的环境中，整个试验过程中检测介质都应保持恒温，具体温度见相关标准，恒温环境为液体时，保持其平均温差为±1℃，最大偏差为±2℃，恒温环境为烘箱时，保持其平均温差为$^{+3}_{-1}$℃，最大偏差为$^{+4}_{-2}$℃。

按下面步骤（3）或检测评定直至检测结束。

（3）当达到规定时间或试样发生破坏、渗漏时，停止检测，记录时间（检测评定除外）。

如果试样发生破坏，则应记录其破坏类型，是脆性破坏还是韧性破坏。

注：在破坏区域内，不出现塑性变形破坏的为“脆性破坏”；在破坏区域内，出现明显塑性变形的为“韧性破坏”。

如检测已经进行1000h以上，试验过程中设备出现故障，若设备在3d内能恢复，则检测可继续进行；如检测已超过5000h，设备在5d内能恢复，则检测可继续进行。如果设备出现故障，试样通过电磁阀或其他方法保持检测压力，即使设备故障时间超过上述规定，检测还可继续进行；但在这种情况下，由于试样的持续蠕变，检测压力会逐渐下降。设备出现故障的这段时间不应计入检测时间内。

3. 检测结果评定

如果试样在距离密封接头小于$0.1L_0$处出现破坏，则检测结果无效，应另取试样重新检测（L_0为试样的自由长度）。

21.2.6 热塑性塑料管材耐外冲击性能检测（时针旋转法）

1. 主要检测设备仪器

落锤冲击试验机

（1）主机架和导轨：垂直固定，可以调节并垂直、自由释放落锤。校准时，落锤冲击管材的速度不能小于理论速度的95%。

（2）落锤：落锤应符合图21-5和有关的规定，锤头应为钢的，最小壁厚为5mm，锤头的表面不应有凹痕、划伤等影响测试结果的可见缺陷。质量为0.5kg和0.8kg的落锤应具有d25型的锤头，质量大于或等于1kg的落锤应具有d90型的锤头。

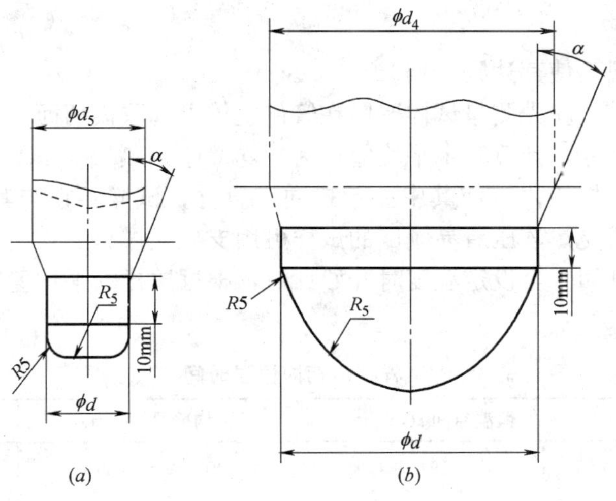

图21-5 落锤的锤头

（a）d25型（质量为0.5kg和0.8kg的落锤）；（b）d90型（质量为大于或等于1kg的落锤）

(3) 试样支架：包括一个120°角的V形托板，其长度不应小于200mm，其固定位置应使落锤冲击点的垂直投影在距V形托板中心线的2.5mm以内。仲裁检验时，采用丝杠上顶式支架。

(4) 释放装置：可使落锤从至少2m高的任何高度落下，此高度指距离试样表面的高度，精确到±10mm。

(5) 应具有防止落锤二次冲击的装置：落锤回跳捕捉率应保证100%。

2. 具体检测步骤

(1) 按照产品标准的规定确定落锤质量和冲击高度。

(2) 外径小于或等于40mm的试样，每个试样只承受一次冲击。

(3) 外径大于40mm的试样在进行冲击检测时，首先使落锤冲击在1号标线上，若试样未破坏，则按规定，再对2号标线进行冲击，直至试样破坏或全部标线都冲击一次。

注：当波纹管或加筋管的波纹间距或筋间距超过管材外径的0.25倍时，要保证被冲击点为波纹或筋顶部。

(4) 逐个对试样进行冲击，直至取得判定结果。

3. 检测结果评定

根据检测结果，批量或连续生产管材的TIR值可表示为A，B，C，其意义如下：

A：TIR值小于或等于10%；

B：根据现有冲击试样数不能作出判定；

C：TIR值大于10%。

21.2.7 注射成型硬质聚氯乙烯(PVC-U)，氯化聚氯乙烯(PVC-C)、丙烯腈-丁二烯-苯乙烯三元共聚物(ABS)和丙烯腈-苯乙烯-丙烯酸盐三元共聚物(ASA)管件热烘箱检测

1. 主要检测设备仪器

(1) 带温控器的温控空气循环烘箱，能使试验过程中工作温度保持在(150±2)℃，并有足够的加热功率，试样放入烘箱后，能使温度在15min内重新达到设定的试验温度。

(2) 温度计精度为0.5℃。

2. 具体检测步骤

(1) 将烘箱升温，使其达到(150±2)℃。

(2) 检测试验前，应先测量试样壁厚在管件主体上选取横切面，在圆周面上测量间隔均匀的至少6点的壁厚，计算算术平均值作为平均壁厚e，精确到0.1mm。

(3) 将试样放入烘箱内，使其中一承口向下直立，试样不得与其他试样和烘箱壁接触，不易放置平稳或受热软压后易倾倒的试样可用支架支撑。

(4) 待烘箱温度回升至设定温度时开始计时，根据试样的平均壁厚确定试样在烘箱内恒温时间（见表21-5）。

试样在烘箱内恒温时间 **表21-5**

平均壁厚e(mm)	恒温时间t(min)	平均壁厚e(mm)	恒温时间t(min)
$e \leqslant 3.0$	15	$20.0 < e \leqslant 30.0$	140
$3.0 < e \leqslant 10.0$	30	$30.0 < e \leqslant 40.0$	220
$10.0 < e \leqslant 20.0$	60	$e > 40.0$	240

(5) 恒温时间达到后，从烘箱中取出试样小心不要损伤试样或使其变形。

(6) 待试样在空气中冷却至室温，检查试样出现的缺陷，例如：试样的开裂、脱层、壁内变化（如气泡等）和熔接缝开裂，并确定这些缺陷的尺寸是否在结果评定规定的最小范围内。

3. 检测结果评定

(1) 试样的开裂、脱层、气泡和熔接缝开裂等缺陷，应满足下面要求：

1) 在注射点周围：在以 15 倍壁厚为半径的范围内，开裂、脱层或气泡的深度应不大于该处壁厚的 50%。

2) 对于隔膜式浇口注射试样：任一开裂、脱层或气泡应在距隔膜区域 10 倍壁厚的范围内，且深度应不大于该处壁厚的 50%。

3) 对于环形浇口注射试样：试样壁内任一开裂应在距离浇口 10 倍壁厚的范围内，如果开裂深入环形浇口的整个壁厚，其长度应不大于壁厚的 50%。

4) 对于有熔接缝的试样：任一熔接处部分开裂深度应不大于壁厚的 50%。

5) 对于注射试样的所有其他外表面，开裂与脱层深度应不大于壁厚的 30%，试样壁内气泡长度应不大于壁厚的 10 倍。

(2) 判定时，需将试样缺陷处剖开进行测量，3 个试样均通过判定为合格。

21.2.8 建筑塑料性能检测报告

建筑塑料性能检测报告见表 21-6。

建筑塑料性能检测报告 **表 21-6**

工程名称： 报告编号： 工程编号：

委托单位		委托编号		委托日期	
施工单位		样品编号		检验日期	
结构部位		出厂合格证编号		报告日期	
厂　别		检验性质		代表数量	
发证单位		见证人		证书编号	

1. 热塑性塑料管材拉伸性能检测			
拉伸屈服应力 σ(MPa)		断裂伸长率 ε(%)	
屈服点的拉力 F(N)	试样的原始截面积 A(mm^2)	断裂时标线间的长度 L(mm)	标线间的原始长度 L_0(mm)
拉伸屈服应力的平均值 σ(MPa)：		断裂伸长率的平均值 ε(%)：	
拉伸屈服应力的标准偏差 σ(MPa)：		断裂伸长率的标准偏差 ε(%)：	
结　　论：			
执行标准：			

续表

2. 热塑性塑料管材、管件维卡软化温度检测			
维卡软化温度（VST）（℃）			
试样 1	试样 2	算术平均值	结论：

执行标准：

3. 热塑性塑料纵向回缩率检测				
试样	浸入前两标线间距离 L_0（mm）	检测后两标线间距离 L_1（mm）	纵向回缩率 R_{L1}（%）	平均值
试样 1				
试样 2				
试样 3				

结　论：

执行标准：

主要仪器设备				
主要仪器设备	检测仪器		管理编号	
	型号规格		有效期	
	检测仪器		管理编号	
	型号规格		有效期	
	检测仪器		管理编号	
	型号规格		有效期	
	检测仪器		管理编号	
	型号规格		有效期	
备注				
声明				
地址	地址： 邮编： 电话：			

审批（签字）：__________ 审核（签字）：__________ 校核（签字）：__________ 检测（签字）：__________

检测单位（盖章）：__________

报　告　日　期：　　　年　月　日

注：本表一式四份（建设单位、施工单位、检测试验室、城建档案馆存档各一份）。

21.3 防水涂料性能检测

21.3.1 主要检测设备仪器

(1) 拉伸试验机：测量范围为 0～500N，最小分度值为 0.5N。拉伸速度为 0～500mm/min；试件标线间距离可拉伸至 8 倍以上。

(2) 电热鼓风干燥箱：温度范围为 0～300℃，精度为±2℃。

(3) 紫外线老化箱：500W 直管形高压汞灯、灯管与箱底平行，与试件的中心距离为 470～500mm，工作温度 (45±2)℃。

(4) 冰箱：温度范围为 0～－40℃，精度为±2℃。

(5) 不透水检测试验仪：测试压力 0.1～0.3MPa，试座直径 ϕ93mm。

(6) 切片机：符合《硫化橡胶或热塑性橡胶拉伸应力应变性能的测定》(GB 528—1998) 的规定。

(7) 定伸保持器：能保持试件的标线间延伸率达 100%的夹钳，且检测时不产生腐蚀，其尺寸如图 21-6 所示。

(8) 涂膜模具。其尺寸如图 21-7 所示。

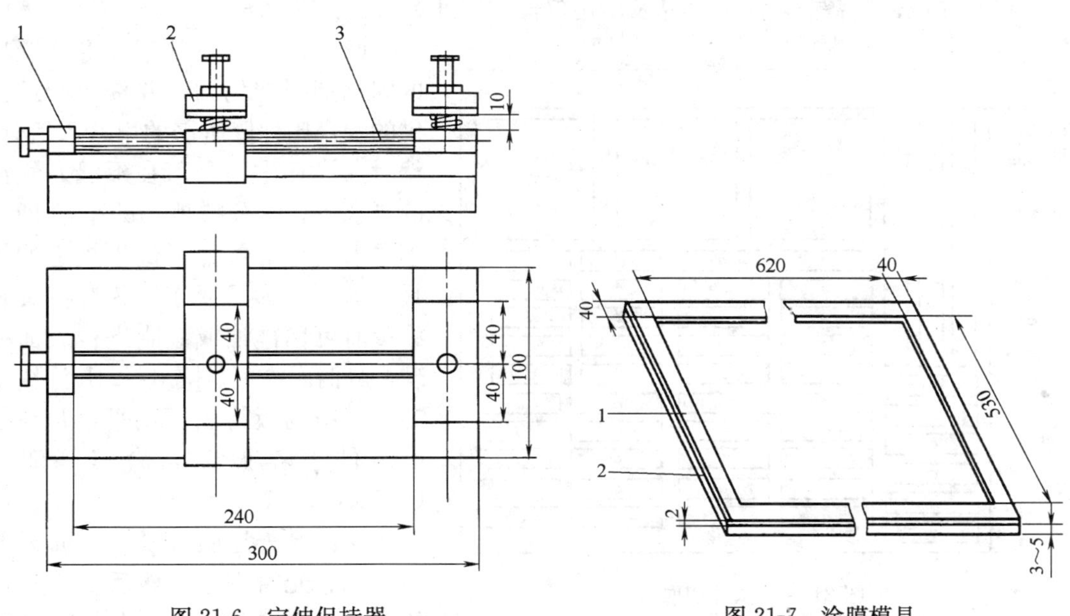

图 21-6 定伸保持器

1—滑动轴承座；2—滑动夹具；3—丝杆

图 21-7 涂膜模具

1—模型不锈钢板；2—普通平板玻璃

(9) 加热伸缩测定器。其材料及尺寸如图 21-8 所示。

(10) 弯折器。如图 21-9 所示。

(11) 秒表：分度为 0.2s。

(12) 旋转黏度计：测定范围为 1×10^6 MPa·s。

(13) 分析天平：感量为 0.01g。

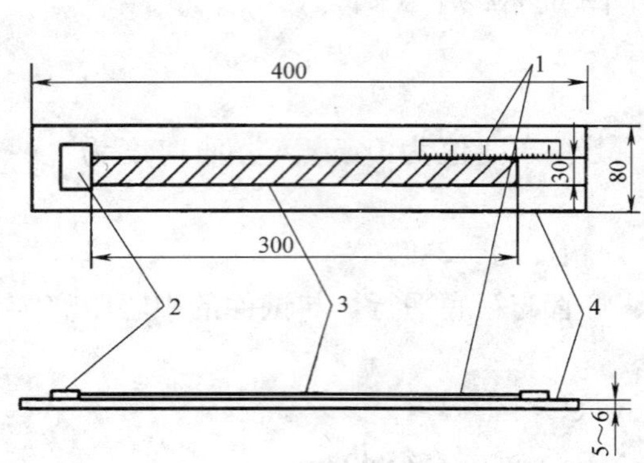

图 21-8 加热伸缩测定器

1—精度为 0.5mm 的直尺；2—挡块；3—试件；4—平整光洁无凹凸挠曲的铜板

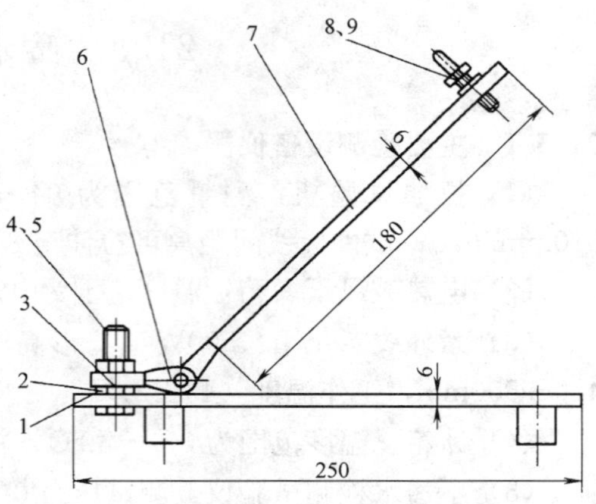

图 21-9 弯折器

1—下压板；2—调节螺母；3—连接板；4—螺栓；5—螺母；6—销轴；7—上压板；8—螺栓；9—螺母

21.3.2 检测试件的制备

（1）在试件制备前，所取样品及所用仪器在标准条件下放置 24h。

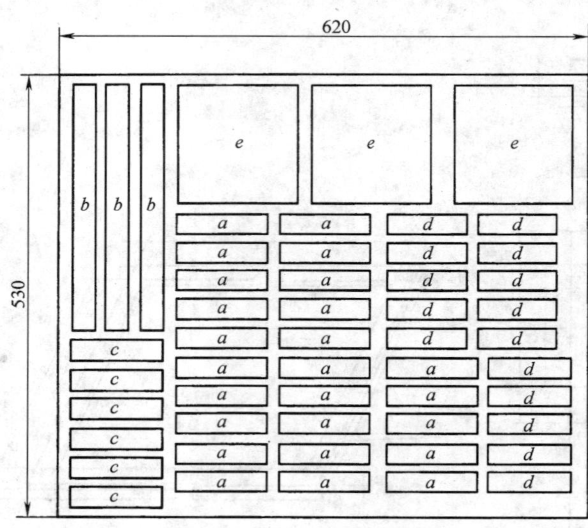

图 21-10 试件切取图

（2）在标准条件下，将静置后的固化剂搅拌均匀，并按生产厂提供的配合比称取所需的甲、乙组分，然后在烧杯中用刮刀在不混入气泡的要求下，充分搅拌 5min，立即在不卷入气泡的条件下倒入规定的模具中涂覆，为了便于脱模，模具在涂覆前可用硅油或硅脂进行表面处理，分两次涂覆。隔 8～24h 涂覆第二次，用刮板将表面刮平，并在标准条件下养护 7d，涂膜厚度为 (2.0±0.2) mm。

（3）检查涂膜外观，表面无明显气泡、光滑平整。然后从养护后的涂膜上，按图 21-10 及表 21-7 的要求裁取试件，并注明编号。

裁取的试件边缘与涂膜的边缘之间的距离不得少于 10mm。裁取时试件与另一试件的边缘之间距离不得少于 10mm。

21.3.3 拉伸检测

1. 具体检测步骤

（1）无处理时拉伸检测

将试件在标准条件下静置 24h 以上，然后用精度为 0.5mm 的直尺在试件上划好两条间距为 25mm 的平行标线，并用符合《硫化橡胶试验用试片和制品尺寸测量的一般规定》(GB 5723—1985）要求的测厚仪测定厚度 d。

试件形状尺寸和数量 **表 21-7**

<table>
<tr><th>编号</th><th colspan="2">检测项目</th><th>试件形状</th><th>数量(件)</th></tr>
<tr><td rowspan="6">1</td><td rowspan="6">拉伸强度和断裂伸长率</td><td>无处理</td><td rowspan="6">符合《硫化橡胶或热塑性橡胶拉伸应力应变性能的测定》(GB 528—1998)中规定的哑铃形 1 型形状</td><td>5</td></tr>
<tr><td>加热处理</td><td>5</td></tr>
<tr><td>紫外线处理</td><td>5</td></tr>
<tr><td>碱处理</td><td>5</td></tr>
<tr><td>酸处理</td><td>5</td></tr>
<tr><td></td><td>5</td></tr>
<tr><td>2</td><td colspan="2">加热伸缩检测</td><td>300mm×30mm</td><td>3</td></tr>
<tr><td rowspan="2">3</td><td rowspan="2">拉伸时老化检测</td><td>加热老化</td><td rowspan="2">符合《硫化橡胶或热塑性橡胶拉伸应力应变性能的测定》(GB 528—1998)中规定的哑铃形 1 型形状</td><td>3</td></tr>
<tr><td>紫外线老化</td><td>3</td></tr>
<tr><td rowspan="5">4</td><td rowspan="5">低温柔韧性检测</td><td>无处理</td><td rowspan="5">100mm×25mm</td><td>3</td></tr>
<tr><td>加热处理</td><td>3</td></tr>
<tr><td>紫外线处理</td><td>3</td></tr>
<tr><td>碱处理</td><td>3</td></tr>
<tr><td>酸处理</td><td>3</td></tr>
<tr><td>5</td><td colspan="2">不透水性检测</td><td>150mm×150mm</td><td>3</td></tr>
</table>

注：试件形状为：总长 115mm，端头宽度（25±1）mm，狭小平行部分长（33±2）mm，狭小平行部分宽 $6^{+0.4}_{0.0}$mm，过渡边外径（14±1）mm，过渡边内径（25±2）mm，厚度（2.5±1）mm。

将试件在标准条件下静置 1h，然后安装在规定的拉伸检测试验机夹具之间，不得歪扭。拉伸速度调整为 500mm/min，夹具间标距为 70mm。开动拉伸检测试验机拉伸至试件断裂。记录试件断裂时的最大荷载（Pa)，并用精度为 1mm 的标尺量取并记录试件破坏时标线间距离（L)。

(2) 加热处理时拉伸检测

将试件平放在釉面砖上，放入规定的电热鼓风干燥箱中。加热温度为（80±2)℃，试件与箱壁间距不得少于 50mm。试件的中心应与温度计水银球在同一位置上，恒温 7d 后取出，然后按无处理拉伸检测的方法进行检测。

(3) 紫外线处理时拉伸检测

将试件平放在釉面砖上，放入规定的紫外线照射箱中，使距试件表面 50mm 左右的空间温度为 45～50℃，恒温照射 250h 后取出，然后按无处理拉伸检测的方法进行检测。

(4) 碱处理时拉伸检测

在（20±2)℃时，在符合《化学试剂 氢氧化钠》(GB/T 629—1997）规定的化学纯 0.1%水溶液中，加入氢氧化钙试剂，使之达到饱和状态。在 600mL 该溶液中放入 5 个试件，液面应高出试件表面 10mm 以上。连续浸泡 7d 后取出，充分用水冲洗，并用干布擦干，然后按无处理拉伸检测的方法进行检测。

(5) 酸处理时拉伸试验

在(20±2)℃时，在《化学试剂　硫酸》(GB/T 625—2007) 中规定的 600mL 化学纯 2%溶液中，放入 5 个试件，液面应高出试件表面 10mm 以上，连续浸泡 7d 后取出，充分用水冲洗，并用干布擦干，然后按无处理拉伸检测的方法进行检测。

2. 检测结果计算与评定

(1) 拉伸强度

拉伸强度按下式计算：

$$T_B=\frac{P_B}{A}$$

式中　T_B——拉伸强度，MPa；

P_B——最大荷载，N；

A——试件断面面积，mm^2。

其中：

$$A=bd$$

式中　b——试件中间宽度，mm；

d——试件实测厚度，mm。

(2) 断裂时的延伸率

断裂时的延伸率按下式计算：

$$E=\frac{L-25}{25}\times 100\%$$

式中　E——断裂时的延伸率，%；

25——拉伸前标线间距离，mm；

L——断裂时标线间的距离，mm。

(3) 结果的评定

检测结果以 5 个试件的有效结果的算术平均值表示，取 3 位有效数字。

21.3.4 加热伸缩检测

1. 具体检测步骤

将试件在标准条件下放置 24h 以上，然后用规定的加热伸缩测定器量取试件的长度。

将试件平放在撒有滑石粉的平板玻璃上，放置于规定的电热鼓风干燥箱中。温度为(80±2)℃，恒温 7d 后取出，在标准条件下放置 4h，然后再次测定试件长度。

2. 检测结果计算与评定

(1) 加热伸缩率按下式计算：

$$S=\frac{L_1-L_0}{L_0}\times 100\%$$

式中　S——加热伸缩率，%；

L_0——加热处理前的试件长度，mm；

L_1——加热处理后的试件长度，mm。

(2) 检测结果的评定

试件经加热处理后，若有挠曲现象，可用适当质量压平，再进行测定，加热伸缩率以 3 个试件结果的算术平均值表示，取 2 位有效数字。

21.3.5 拉伸时的老化检测

1. 具体检测步骤

(1) 加热老化检测

将试件安装在规定的定伸保持器上，并使试件的标线间距拉伸至 50mm，在标准条件下放置 24h。

将安装有试件的定伸保持器放入规定的电热鼓风干燥箱中，加热温度为 (80±2)℃。垂直放置 7d 后取出。再在标准条件下放置 4h，然后观察定伸保持器上的试件有无变形，并用 8 倍放大镜检查试件有无裂缝。

(2) 紫外线老化检测

将试件安装在规定的定伸保持器上，并使试件的标线间距离拉伸至 37.5mm，在标准条件下放置 24h。

将安装有试件的定伸保持器平放在规定的紫外线照射箱中，使距试件表面 50mm 左右的空间温度为 45～50℃，恒温照射 250h 后取出，在标准条件下放置 4h，然后观察定伸保持器上的试件有无变形，并用 8 倍放大镜检查试件有无裂缝。

2. 检测结果评定

分别记录每个试件有无变形裂纹。

21.3.6 低温柔韧性检测

1. 具体检测步骤

(1) 无处理时柔韧性检测

将试件在标准条件下放置 24h 以上，用最小分度值为 0.01mm 的厚度测量计在试件长度方向上测量 3 点。取其算术平均值。同一试件厚度测量值的最大差值为 0.2mm。3 个试件的算术平均值的最大差值为 0.2mm。

将试件弯曲 180°，使 25mm 宽的边缘齐平，用订书机将边缘处固定，调整弯折机的上平板与下平板间的距离为试件厚度的 3 倍。然后将 3 个试件分别平放在弯折机下平板上，试件重合的一边朝向弯折机轴，距转轴中心约 25mm。将放有试件的弯折机放入规定的冰箱中，在规定的冷却温度下保持 2h 后，打开冰箱。在 1s 内将弯折机的上平板压下，达到所调的距离的平行位置后，保持 1s 取出试件，并用 8 倍的放大镜观察试件弯曲处的表面有无裂缝。

(2) 加热处理时柔韧性检测

将试件按拉伸检测中的加热处理时拉伸检测方法进行处理，然后按无处理时柔韧性检测的方法检测。

(3) 紫外线处理时柔韧性检测

将试件按拉伸检测中的紫外线处理时拉伸检测方法进行处理，然后按无处理时柔韧性检测的方法检测。

(4) 碱处理时柔韧性检测

将试件按拉伸检测中的碱处理时拉伸检测方法进行处理，然后按无处理时柔韧性检测的方法检测。

(5) 酸处理时柔韧性检测

将试件按拉伸检测中的酸处理时拉伸检测方法进行处理，然后按无处理时柔韧性检测的方法检测。

2. 检测结果评定

分别记录每个试件有无裂纹、断裂。

21.3.7 不透水性检测

1. 具体检测步骤

在标准条件下，将试件放置1h，用洁净的（20±2)℃的水注入规定的不透水仪中至溢满。开启进水阀，使水与透水盘口齐平，关闭进水阀，开启总水阀，接着加水压，使注水罐的水流出，清除空气。

将3块试件分别放置于不透水仪的3个圆盘上。再在每块试件上各加一块相同尺寸、孔径为0.2mm铜丝网布。启动压紧，开启进水阀，施加压力至0.3MPa，随时观察试件有无渗水现象。到规定时间为止。

2. 检测结果评定

分别记录每个试件有无渗水现象。

21.3.8 固体含量检测

1. 具体检测步骤

将干燥洁净的培养皿放入规定的电热鼓风干燥箱中，加热温度为（105±2)℃，烘30min。取出放到干燥箱中，冷却到室温后称量。

按生产厂提供的配合比混合甲、乙组分，充分搅拌5min，准确称取1.5～2g刚搅拌好的试样。置于已称重的培养皿中，使试样均匀涂布于容器的底部，在标准条件下，放置24h。

然后将样品放入（120±2)℃的烘箱中烘30min，取出放入干燥器中冷却至室温后，称量，至前后两次称量的质量差不大于0.01g为止（全部称量精确至0.01g)。检测平行测定两个试样。

2. 检测结果计算与评定

(1) 固体含量X（%）按下列计算：

$$X=\frac{W_1-W}{G}\times100\%$$

式中 W——容器质量，g；

W_1——烘后试样和容器质量，g；

G——烘后试样，g。

(2) 检测结果评定

检测结果取两次平行检测的平均值，两次平行检测的相对误差不大于3%。

21.3.9 适用时间检测

1. 具体检测步骤

在标准条件下，按产品的配合比混合甲、乙组分，在不混入气泡的条件下，充分搅拌5min。

经过规定的适用时间后取试样150～200mL置于250mL烧杯中，烧杯口径大于70mm，移至校正好的旋转黏度计下方，按旋转黏度计的使用方法测试，使转子在试样中旋转20s，读取试样的黏度，平行检测两次。

2. 检测结果评定

记录黏度达到10^5MPa·s时的时间。两次平行检测的黏度，测量误差不大于5%，以最大的黏度值计。

21.3.10 干燥时间检测

1. 表干时间检测

(1) 具体检测步骤

在标准条件下，按产品的配合比混合甲、乙组分，在不混入气泡的条件下，充分搅拌5min，即涂刷于玻璃板［50mm×50mm×(3～5)mm］上制备涂膜，涂料用量为（8±1）g，记录涂刷结束的时间。

经过标准规定的涂膜表干时间，在距膜面边缘不小于10mm的范围内，以手指轻触涂膜表面，观察有无涂料黏在手上的现象。

(2) 检测结果评定

记录不粘手的时间。

2. 实干时间检测

(1) 具体检测步骤

1) 按表干时间的测定规定制备试件，记录涂刷结束的时间。

2) A法：在表干后的试件涂层上放一张定性滤纸（光滑面接触涂面），滤纸上再轻轻放置干燥检测试验器（底面积为100mm^2，重200g），每若干时间后移去干燥检测试验器，将试件翻转滤纸能自由落下，或在背面用握板之手的食指轻轻敲几下滤纸能自由落下而滤纸纤维不粘在涂膜上则认为涂膜实干，记下涂膜实干所用的时间，即为实干的时间。

3) B法：用单面保险刀切割涂膜，若底层与膜内均无粘着现象，则认为实干，记下涂膜达到实干所用的时间，即为实干时间。

(2) 检测结果评定

记录无粘着的时间。

21.3.11 建筑防水材料性能检测报告

建筑防水材料性能检测报告见表21-8。

建筑防水材料性能检测报告 **表21-8**

工程名称： 报告编号： 工程编号：

委托单位		委托编号		委托日期	
施工单位		样品编号		检验日期	
结构部位		出厂合格证编号		报告日期	
厂别		检验性质		代表数量	
发证单位		见证人		证书编号	

建筑防水涂料检测

项目	单组分		双组分	
	Ⅰ	Ⅱ	Ⅰ	Ⅱ
拉伸强度(MPa)，≥				
断裂伸长率(%)，≥				

续表

撕裂强度(N/mm),⩾					
低温弯折性(℃)					
不透水性(0.3MPa,30min)					
固体含量(%),⩾					
表干时间(h),⩽					
实干时间(h),⩽					
加热伸缩率(%)	⩽				
	⩾				
潮湿基面粘结强度(MPa),⩾					
定伸时老化	加热老化				
	人工气候老化				
热处理	拉伸强度保持率(%),⩾				
	断裂伸长率(%),⩾				
	低温弯折性(℃),⩽				
碱处理	拉伸强度保持率(%),⩾				
	断裂伸长率(%),⩾				
	低温弯折性(℃),⩽				
酸处理	拉伸强度保持率(%),⩾				
	断裂伸长率(%),⩾				
	低温弯折性(℃),⩽				
人工气候老化	拉伸强度保持率(%),⩾				
	断裂伸长率(%),⩾				
	低温弯折性(℃),⩽				
结　论:					
执行标准:					

主要仪器设备	检测仪器		管理编号	
	型号规格		有效期	
	检测仪器		管理编号	
	型号规格		有效期	
	检测仪器		管理编号	
	型号规格		有效期	
	检测仪器		管理编号	
	型号规格		有效期	
备注				
声明				
地址	地址: 邮编: 电话:			

审批(签字):________ 审核(签字):________ 校核(签字):________ 检测(签字):________

检测单位(盖章):________

报 告 日 期:　　年　月　日

注:本表一式四份(建设单位、施工单位、检测试验室、城建档案馆存档各一份)。

21.4 建筑密封材料性能检测

21.4.1 建筑密封材料流动性检测

1. 主要检测设备仪器

(1) 下垂度模具：无气孔且光滑的槽形模具，宜用阳极氧化或非阳极氧化铝合金制成（见图 21-11）。长度为（150±0.2）mm，两端开口，其中一端底面延伸（50±0.5）mm，槽的横截面内部尺寸为：宽（20±0.2）mm，深（10±0.2）mm。其他尺寸的模具也可使用，例如宽（10±0.2）mm，深（10±0.2）mm。

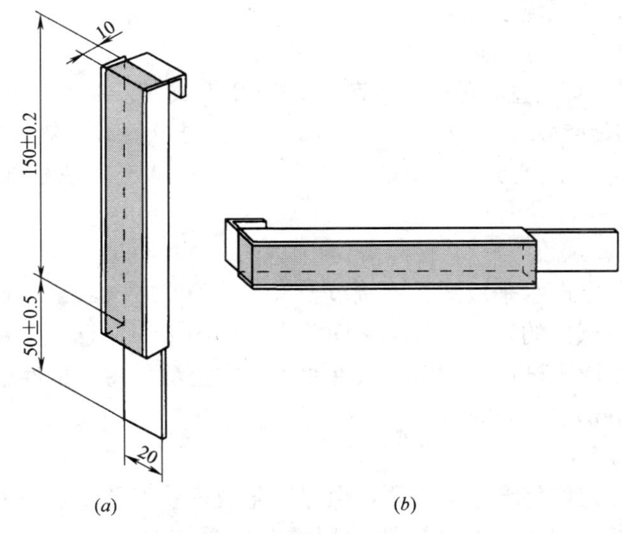

图 21-11 下垂度模具

(2) 流平性模具：两端封闭的槽形模具，用 1mm 厚耐蚀金属制成（见图 21-12），槽的内部尺寸为 150mm×20mm×15mm。

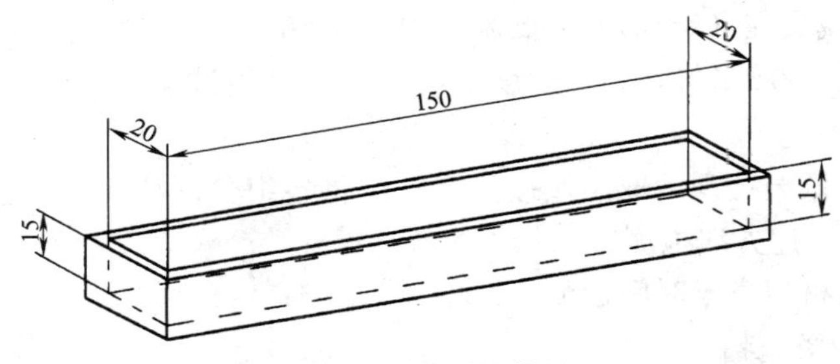

图 21-12 流平性模具

(3) 鼓风干燥箱：温度能控制在（50±2)℃，(70±2)℃。

(4) 低温恒温箱：温度能控制在（5±2)℃。

(5) 钢板尺：刻度单位为 0.5mm。

(6) 聚乙烯条：厚度不大于 0.5mm，宽度能遮盖下垂度模具槽内侧底面的边缘。在检测试验条件下，长度变化不大于 1mm。

2. 试件的制备

将下垂度模具用丙酮等溶剂清洗干净并干燥之。把聚乙烯条衬在模具底部，使其盖住模具上部边并固定在外侧，然后把已在（23±2)℃下放置24h的密封材料用刮刀填入模具内，制备试件时应注意：

(1) 避免形成气泡；

(2) 在模具内表面上将密封材料压实；

(3) 修整密封材料的表面，使其与模具的表面和末端齐平；

(4) 放松模具背面的聚乙烯条。

3. 具体检测步骤

(1) 下垂度的具体检测步骤

1) 检测步骤 A

将制备好的试件立即垂直放置在已调节至（70±2)℃或（50±2)℃的干燥箱，或（5±2)℃的低温箱内，模具的延伸端向下，如图21-11（*a*）所示，放置24h。然后从干燥箱或低温箱中取出试件。用钢板尺在垂直方向上测量每一试件中试样从底面往延伸端向下移动的距离(mm)。

2) 检测步骤 B

将制备好的试件立即水平放置在已调节至（70±2)℃或（50±2)℃的干燥箱，或(5±2)℃的低温箱内。使试样的外露面与水平面垂直，如图21-11（*b*）所示，放置24h。然后从干燥箱或低温箱中取出试件。用钢板尺在水平方向上测量每一试件中试样超出槽形模具前端的最大距离（mm)。

3) 检测结果评定

如果检测失败，允许重复一次检测，但只能重复一次。当试样从槽形模具中滑脱时，模具内表面可按生产方的建议进行处理，然后重复进行检测。

(2) 流平性的具体检测步骤

1) 将流平性模具用丙酮溶剂清洗干净并干燥之。然后将试样和模具在（23±2)℃下放置至少24h，每组制备一个试件。

2) 将试样和模具在（5±2)℃的低温箱中处理16～24h。然后沿水平放置的模具的一端到另一端注入约100g试样，在此温度下放置4h。观察试样表面是否光滑平整。

3) 检测结果评定

多组分试样在低温处理后取出，按规定配比将各组分混合5min，然后放入低温箱内静置30min，再按上述方法检测。

21.4.2 建筑密封材料表干时间检测

1. 主要检测设备仪器

(1) 黄铜板：尺寸为19mm×38mm，厚度约6.4mm。

(2) 模框：矩形，用钢或铜制成，内部尺寸为25mm×95mm，外形尺寸为50mm×120mm，厚度为3mm。

(3) 玻璃板：尺寸为80mm×130mm，厚度为5mm。

(4) 聚乙烯薄膜：2张，尺寸为25mm×130mm，厚度约0.1mm。

(5) 刮刀。

（6）无水乙醇。

2. 试件的制备

用丙酮等溶剂清洗模框和玻璃板。将模框居中放置在玻璃板上，用在（23±2)℃下至少放置过24h的试样小心填满模框，勿混入空气。多组分试样在填充前应按生产厂的要求将各组分混合均匀。用刮刀刮平试样，使之厚度均匀。同时制备两个试件。

3. 具体检测步骤

（1）A法

将制备好的试件在标准条件下静置一定的时间，然后在试样表面纵向1/2处放置聚乙烯薄膜，薄膜上中心位置加放黄铜板。30s后移去黄铜板，将薄膜以90°角从试样表面在15s内匀速揭下。相隔适当时间在另外部位重复上述操作，直至无试样粘附在聚乙烯条上为止。记录试件成型后至试样不再粘附在聚乙烯条上所经历的时间。

（2）B法

将制备好的试件在标准条件下静置一定的时间，然后用无水乙醇擦净手指端部，轻轻接触试件上三个不同部位的试样。相隔适当时间重复上述操作，直至无试样粘附在手指上为止。记录试件成型后至试样不粘附在手指上所经历的时间。

4. 检测结果评定

（1）表干时间少于30min时，精确至5min；

（2）表干时间在30min～1h之间时，精确至10min；

（3）表干时间在1～3h之间时，精确至30min；

（4）表干时间超过3h时，精确至1h。

21.4.3 建筑密封材料使用标准器具检测密封材料挤出性的方法

1. 主要检测设备仪器

（1）挤出器：挤出器的试验体积约为250mL或400ml（见图21-13和图21-14)，根据有关产品标准的规定或各方的商定选用喷口，喷口挤出孔直径为2mm，4mm，6mm或10mm，采用气动进行操作。

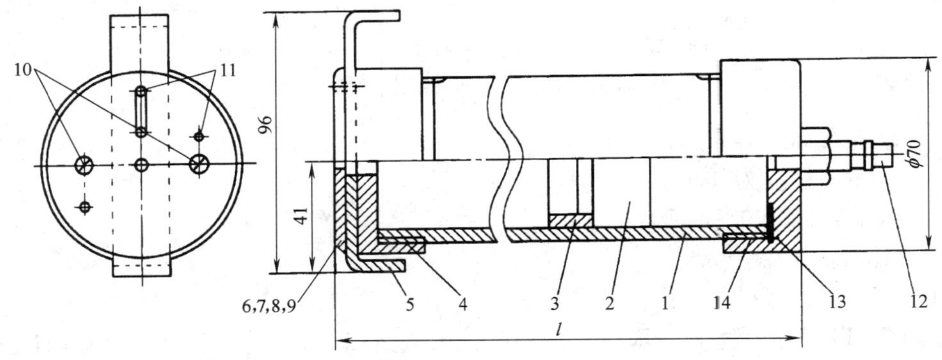

图21-13 标准挤出器

1—挤出筒；2—活塞；3—活塞环；4—前盖；5—滑板；6,7,8,9—孔板；10—螺钉；11—销；12—插入式管接头；13—垫圈；14—后盖

（2）空气压缩机：配有阀门和压力表，以便将压缩空气源的压力保持在（200±2.5）kPa；配有与挤出器适当的连接装置。

（3）恒温箱：温度可调节至（5±2)℃

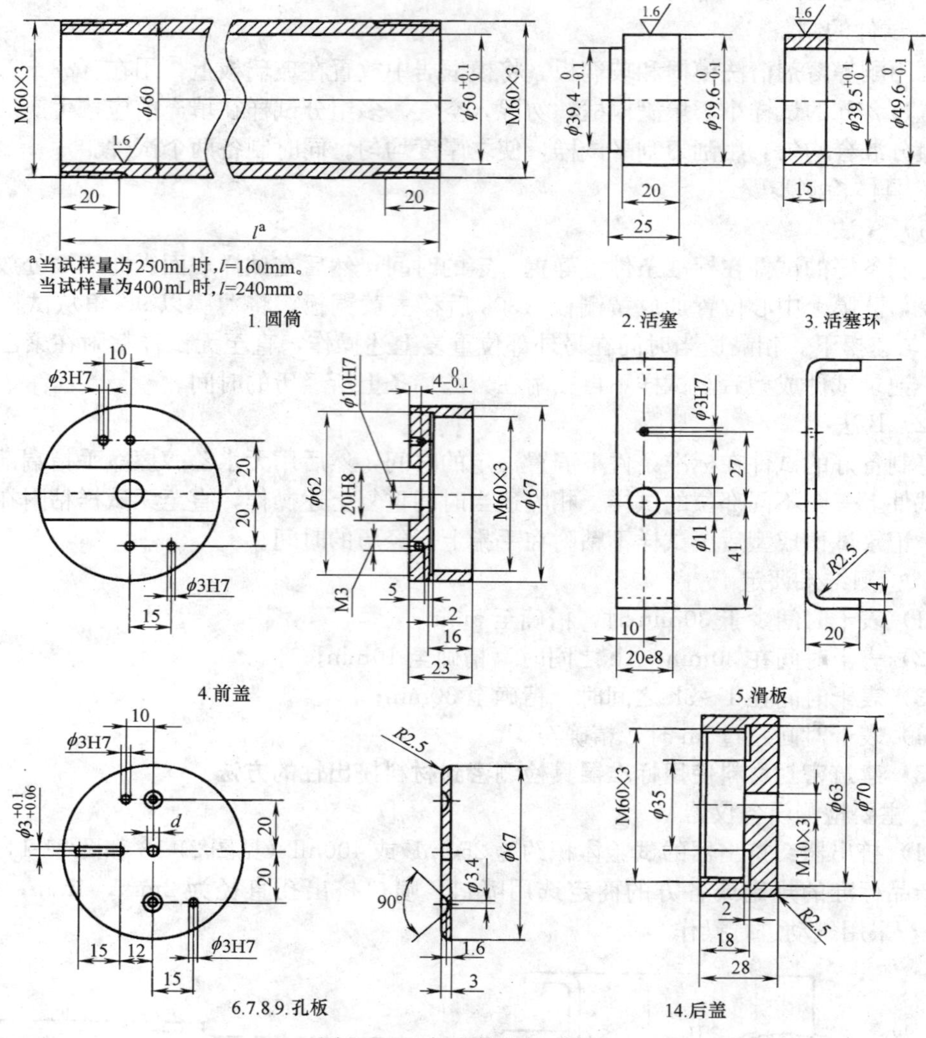

图 21-14 标准挤出器零件

(4) 玻璃量筒：容积为 1000ml。

(5) 秒表：精度为 0.1s。

(6) 天平：感量 0.1g。

2. 具体检测步骤

(1) 单组分密封材料挤出性检测

将图 21-14 所示活塞和活塞环装在一起，放入挤出筒中，活塞环的一侧朝向挤出孔。将试样填入挤出筒中，注意勿混入空气，将填满的试样表面修平，然后将前盖、滑板、孔板及后盖装在挤出筒上。

使滑板处于关闭状态，将组装好的挤出器与空压机相连接。使挤出器置于 (200±2.5) kPa 的空气压力之下，在整个检测过程中保持压力稳定。

测试之前先挤出 2～3cm 长的试样，使试样充满挤出器的挤出孔。

以(200±2.5)kPa 的压缩空气一次挤完挤出器中的试样，同时用秒表记录所需时间。

根据挤出筒的体积和所用的挤出时间计算试样的挤出率（mL/min），精确至1mL/min。

（2）多组分密封材料挤出性的测定

将试样各组分按生产厂的要求混合均匀后立即填入挤出筒，并按单组分密封材料挤出性检测的规定组装挤出器。

1）A法

将蒸馏水倒入带刻度的量筒中，读出水的体积，以（200±2.5）kPa的压缩空气从挤出筒中往盛有水的量筒中挤入大约50ml试样，记下所用的时间。同时读出量筒内水的体积增量，记作试样第一次挤出的体积（mL）。第一次挤出应在各组分开始混合后15min时进行。

上述操作至少应重复三次，即每隔适当时间挤出大约50mL试样。记录每次挤出时间和挤出试样的体积，计算各次挤出率（mL/min）。描绘出混合各次挤出时间间隔与挤出率的关系曲线，读取产品标准规定或各方商定的挤出率所对应的时间，即为适用期（h）。

2）B法

以（200±2.5）kPa的压缩空气从挤出筒中挤出试样至天平上，挤出50～100g，记录挤出时间。称取挤出试样的质量，精确至0.1g。然后每隔适当时间重复一次，第一次挤出应在各组分开始混合后15min时进行。

上述操作至少应重复三次，计算各次的挤出量（g/min），根据试样的密度计算各次挤出率（mL/min）。按A法规定求得适用期（h）。

21.4.4 建筑密封材料的弹性恢复率检测

1. 主要检测设备仪器

（1）粘结基材：符合《建筑密封材料试验方法 第1部分：试验基材的规定》（GB/T 13477.1—2002）规定的水泥砂浆板、玻璃板或铝板，用于制备试件（每个试件用个基材）。基材的形状及尺寸如图21-15和图21-16所示。按各方商定，也可选用其他材质和尺寸的基材，但密封材料试样粘结尺寸及面积应与图21-15和图21-16所示相同。

（2）隔离垫块：表面应防粘，用于制备密封材料截面为12mm×12mm的试件，如图21-15和图21-16所示。

注：如隔离垫块的材质与密封材料相粘结，其表面应进行防粘处理，如薄涂蜡层。

（3）定位垫块：宽度为15.0mm，19.2mm或24.0mm，用于控制被拉伸试件的宽度，使试件保持绝对伸长率为25%，60%或100%（见表21-9）。

试件的拉伸宽度（初始宽度12mm） **表21-9**

伸长百分率(%)	拉伸后的宽度(mm)	伸长百分率(%)	拉伸后的宽度(mm)
25	15.0	100	24.0
60	19.2		

（4）防粘材料：防粘薄膜或防粘纸，如聚乙烯薄膜等，宜按密封材料生产厂的建议选用，用于制试件。

（5）玻璃板：上面撒有滑石粉。

（6）鼓风干燥箱：温度可调至（70±2)℃，用于B法处理试件。

（7）拉伸试验机：可以5～6mm/min的速度拉伸试件。

（8）游标卡尺：精确度为0.1mm。

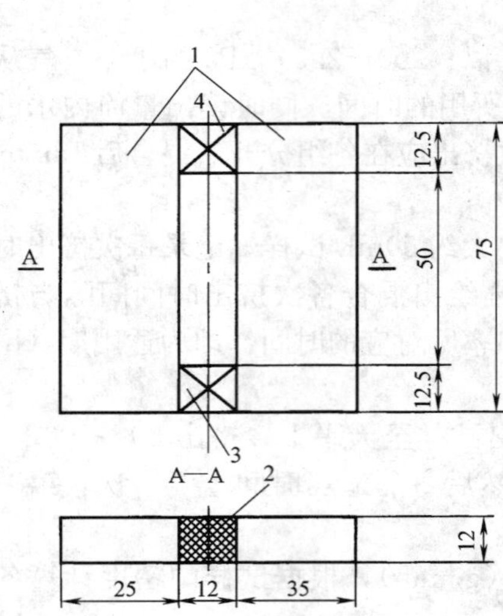

图 21-15 弹性恢复率用试件（水泥砂浆板）
1—水泥砂浆板；2—试样；3、4—隔离垫块

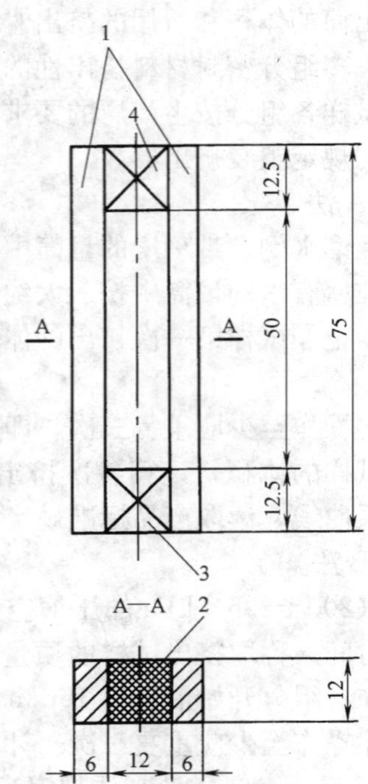

图 21-16 弹性恢复率用试件（铝板或玻璃板）
1—铝板或玻璃板；2—试样；3、4—隔离垫块

(9) 容器：用于B法处理时浸泡试件。

2. 试件的制备与处理

(1) 试件的制备

用脱脂纱布清除水泥砂浆板表面浮灰。用丙酮等溶剂清洗铝板和玻璃板，并干燥之。

按密封材料生产方的说明制备试件，如是否使用底涂料及多组分密封材料的混合程序。每种基材同时制备三个试件。

按图21-15和图21-16所示，在防粘材料上将两块粘结基材与两块隔离垫块组装成空腔。然后将在(23±2)℃下预先处理24h的密封材料样品嵌填在空腔内，制成试件。嵌填试样时必须注意：

1) 避免形成气泡；

2) 将试样挤压在基材的粘结面上，粘结密实；

3) 修整试样表面，使之与基材和垫块的上表面齐平。

将试件侧放，尽早去除防粘材料，以使试样充分固化。在固化期内，应使隔离垫块保持原位。

(2) 试件的处理

按各方商定，试件可选用A法或B法处理。

1) A法

将制备好的试件于标准检测条件下放置28d。

2）B法

先按照A法处理试件，接着再将试件按下述程序处理三个循环：

① 在（70±2）℃的干燥箱内存放3d；

② 在（23±2）℃的蒸馏水中存放1d；

③ 在（70±2）℃的干燥箱内存放2d；

④ 在（23±2）℃的蒸馏水中存放1d。

上述程序也可以改为③—④—①—②。

按B法处理后的试件，在检测之前应在标准条件下放置24h。

注：B法是利用热和水的影响的一般处理程序，不宜给出有关密封材料耐久性的信息。

3. 具体检测步骤

在标准条件下进行弹性恢复率检测。

除去隔离垫块，用游标卡尺量出每一试件两端的初始宽度 W_0。然后将试件装入拉伸试验机上，以5～6mm/min的速度拉伸试件至初始宽度的25％，60％，100％，或各方商定的其他百分比。用 W_1 表示试件拉伸后的宽度。

表21-9给出了初始宽度为12mm的试件拉伸的百分比，以及对应的拉伸宽度（mm）。

利用合适的定位垫块使试件保持拉伸状态24h。然后去掉定位垫块，将试件以长轴向垂直放置在平坦的低摩擦表面上，如撒有滑石粉的玻璃板上，静置1h。在每一试件两端同一位置测量弹性恢复后的宽度 W_2，精确到0.1mm。

分别计算在试件两端测得的 W_0、W_1 和 W_2 的算术平均值。

4. 检测结果的计算与评定

（1）弹性恢复率 R_e 按下式计算：

$$R_e=\frac{W_0-W_2}{W_1-W_0}\times 100\%$$

式中 R_e——弹性恢复率，％；

W_0——试件的初始宽度，mm；

W_1——试件拉伸后的宽度，mm；

W_2——试件弹性恢复后的宽度，mm。

（2）记录每个试件的弹性恢复率和三个试件弹性恢复率的算术平均值，精确到1％。

21.4.5 建筑密封材料的定伸粘结性检测

1. 主要检测设备仪器

（1）粘结基材：符合《建筑密封材料试验方法　第1部分：试验基材的规定》（GB/T 13477.1—2002）规定的水泥砂浆板、玻璃板或铝板，用于制备试件（每个试件用个基材）。基材的形状及尺寸如图21-15和图21-16所示。按各方商定，也可选用其他材质和尺寸的基材，但封材料试样粘结尺寸及面积应与图21-15和图21-16所示相同。

（2）隔离垫块：表面应防粘，用于制备密封材料截面为12mm×12mm的试件，如图21-15和图21-16所示。

注：如隔离垫块的材质与密封材料相粘结，其表面应进行防粘处理，如薄涂蜡层。

（3）定位垫块：用于控制被拉伸试件的宽度，使试件保持绝对伸长率为25％，60％或100％（见表21-10）。

试件的接缝宽度 表 21-10

拉伸宽度与初始宽度之比(%)	最终缝宽(mm)	拉伸宽度与初始宽度之比(%)	最终缝宽(mm)
25	15.0	100	24.0
60	19.2		

(4) 防粘材料：防粘薄膜或防粘纸，如聚乙烯薄膜等，宜按密封材料生产厂的建议选用，用于制试件。

(5) 拉伸试验机：配有记录装置，可以 5～6mm/min 的速度拉伸试件。

(6) 制冷箱：容积能容纳拉力试验机拉伸装置，温度可调至（−20±2)℃。

(7) 鼓风干燥箱：温度可调至（70±2)℃，用于 B 法处理试件。

(8) 量具：精确度为 0.5mm。

(9) 容器：用于 B 法处理时浸泡试件。

2. 试件的制备与处理

参见建筑密封材料的弹性恢复率检测关于“试件的制备与处理”部分。

3. 具体检测步骤

分别在（23±2)℃和（−20±2)℃的温度下进行定伸检测。每一温度条件下测试三个试件。在−20℃测量时，试件事先要在（−20±2)℃温度下放置 4h。

将试件除去隔离垫块，置入拉力机夹具内，以 5～6mm/min 的拉伸速度将试件拉伸至原宽度的 25%，60%或 100%，记录应力-应变曲线。然后用相应尺寸的定位垫块插入已拉伸至规定宽度的试件中并在相应试验温度下保持 24h。

检查试件粘结或内聚破坏情况，并用精度为 0.5mm 的量具测量粘结或内聚破坏的深度（mm）。

在−20℃检测时，应将试件从制冷箱中取出并待其融化后方能检查、测量其粘结或内聚破坏情况。

21.4.6 建筑密封材料的浸水后定伸粘结性检测

1. 主要检测设备仪器

(1) 粘结基材：符合《建筑密封材料试验方法 第 1 部分：试验基材的规定》(GB/T 13477.1—2002）规定的水泥砂浆板、玻璃板或铝板，用于制备试件（每个试件用个基材)。基材的形状及尺寸如图 21-15 和图 21-16 所示。按各方商定，也可选用其他材质和尺寸的基材，但封材料试样粘结尺寸及面积应与图 21-15 和图 21-16 所示相同。

(2) 隔离垫块：表面应防粘，用于制备密封材料截面为 12mm×12mm 的试件，如图 21-15 和图 21-16 所示。

注：如隔离垫块的材质与密封材料相粘结，其表面应进行防粘处理，如薄涂蜡层。

(3) 定位垫块：用于控制被拉伸试件的宽度，使试件保持绝对伸长率为 60%或 100%(见表 21-11)。

(4) 防粘材料：防粘薄膜或防粘纸，如聚乙烯薄膜等，宜按密封材料生产厂的建议选用，用于制试件。

(5) 拉伸试验机：配有记录装置，可以 5～6mm/min 的速度拉伸试件。

(6) 鼓风干燥箱：温度可调至（70±2)℃，用于 B 法处理试件。

试件的接缝宽度 **表 21-11**

拉伸宽度与初始宽度之比 $(W_1-W_0)/W_0$,(%)	最终缝宽 W_1(mm)
60	19.2
100	24.0

(7) 量具：精确度为 0.5mm。

(8) 容器：用于 B 法处理时浸泡试件。

2. 试件的制备与处理

参见建筑密封材料的弹性恢复率检测关于“试件的制备与处理”部分。

3. 具体检测步骤

(1) 浸水

将处理后的试件放入（23±2)℃的蒸馏水中浸泡 4d，接着将试验试件于标准检测条件下放置 1d。

(2) 拉伸检测

拉伸检测在（23±2)℃的温度下进行。

将检测试件和参比试件除去隔离垫块，置入拉力机夹具内，以 5～6mm/min 的拉伸速度将试件拉伸至原宽度的 60%或 100%或各方商定的其他宽度，然后用相应尺寸的定位垫块插入已拉伸至规定宽度的试件中并保持 24h。

检查试件粘结或内聚破坏情况，并用精度为 0.5mm 的量具测量粘结或内聚破坏的深度（mm)。

21.4.7 建筑密封材料的冷拉-热压后粘结性检测

1. 主要检测设备仪器

(1) 粘结基材：符合《建筑密封材料试验方法 第 1 部分：试验基材的规定》(GB/T 13477.1—2002）规定的水泥砂浆板、玻璃板或铝板，用于制备试件（每个试件用个基材)。基材的形状及尺寸如图 21-15 和图 21-16 所示。按各方商定，也可选用其他材质和尺寸的基材，但封材料试样粘结尺寸及面积应与图 21-15 和图 21-16 所示相同。

(2) 隔离垫块：表面应防粘，用于制备密封材料截面为 12mm×12mm 的试件，如图 21-15 和图 21-16 所示。

注：如隔离垫块的材质与密封材料相粘结，其表面应进行防粘处理，如薄涂蜡层。

(3) 防粘材料：防粘薄膜或防粘纸，如聚乙烯薄膜等，宜按密封材料生产厂的建议选用，用于制试件。

(4) 检测试验机：配有记录装置，可以 5～6mm/min 的速度拉伸或压缩试件。

(5) 制冷箱：容积能容纳检测拉伸试验机拉伸装置，温度可调至（−20±2)℃。

(6) 鼓风干燥箱：温度可调至（70±2)℃，用于 B 法处理试件。

(7) 量具：精确度为 0.5mm。

(8) 容器：用于 B 法处理时浸泡试件。

2. 试件的制备与处理

参见建筑密封材料的弹性恢复率检测关于“试件的制备与处理”部分。

3. 具体检测步骤

试验所用的拉伸和压缩速度为5～6mm/min，拉伸压缩幅度为±12.5%、±20%或±25%（见表21-12），或各方商定的其他值。

试件冷拉-热压时的拉伸压缩幅度和相对宽度（初始宽度为12mm） 表21-12

拉伸-压缩幅度(%)	拉伸时宽度(mm)	压缩时宽度(mm)
±25	15.0	9.0
±20	14.4	9.6
±12.5	13.5	10.5

除去试件上的隔离垫块，按选定的拉伸压缩幅度对试件进行下述检测：

第一周：

第1天：将试件放入（－20±2)℃的低温箱内，3h后在检测试验机上于相同温度下拉伸试件至所要求宽度，并在（－20±2)℃下保持拉伸状态21h。

第2天：解除拉伸，将试件放入（70±2)℃的干燥箱内，3h后在检测检测试验机上于相同温度下压缩试件要求的宽度。并在（70±2)℃下保持压缩状态21h。

第3天：解除压缩，重复第1天步骤。

第4天：同第2天的步骤。

第5～7天：解除压缩，将试件以不受力状态于标准检测条件下放置。

第二周：重复第一周的步骤。

检测结束后，用精度为0.5mm的量具测量每个试件粘结或内聚破坏深度。

21.4.8 建筑密封材料的拉伸粘结性检测

1. 主要检测设备仪器

（1）粘结基材：符合《建筑密封材料试验方法 第1部分 试验基材的规定》(GB/T 13477.1—2002）规定的水泥砂浆板、玻璃板或铝板，用于制备试件（每个试件用个基材）。基材的形状及尺寸如图21-15和图21-16所示。按各方商定，也可选用其他材质和尺寸的基材，但封材料试样粘结尺寸及面积应与图21-15和图21-16所示相同。

（2）隔离垫块：表面应防粘，用于制备密封材料截面为12mm×12mm的试件，如图21-15和图21-16所示。

注：如隔离垫块的材质与密封材料相粘结，其表面应进行防粘处理，如薄涂蜡层。

（3）防粘材料：防粘薄膜或防粘纸，如聚乙烯薄膜等，宜按密封材料生产厂的建议选用，用于制试件。

（4）拉力检测试验机：配有记录装置，可以5～6mm/min的速度拉伸或压缩试件。

（5）制冷箱：容积能容纳检测拉伸试验机拉伸装置，温度可调至（－20±2)℃。

（6）鼓风干燥箱：温度可调至（70±2)℃。

（7）容器：用于B法处理时浸泡试件。

2. 试件的制备与处理

参见建筑密封材料的弹性恢复率检测关于“试件的制备与处理”部分。

3. 具体检测步骤

检测在（23±2)℃和（－20±2)℃两个温度下进行。每个测试温度测三个试件。

当试件在－20℃温度下进行测试时，试件需预先在（－20±2)℃的温度下至少放置4h。

除去试件上的隔离垫块，将试件装入拉力检测试验机，以5～6mm/min的速度将试件拉伸至破坏。记录应力-应变曲线。

4. 检测结果的计算与评定

(1) 拉伸强度 T_s 按下式计算，取三个试件的算术平均值：

$$T_s=\frac{P}{S}$$

式中 T_s——拉伸强度，MPa；

P——最大拉力值，N；

S——试件截面积，mm^2。

(2) 断裂伸长率 E 按下式计算，取三个试件的算术平均值：

$$E=\frac{W_1-W_0}{W_0}\times 100\%$$

式中 E——断裂伸长率，%；

W_0——试件的原始宽度，mm；

W_1——试件破坏时的拉伸宽度，mm。

21.4.9 建筑密封材料低温柔性检测

1. 主要检测设备仪器

(1) 铝片：尺寸为130mm×76mm，厚度为0.3mm。

(2) 刮刀：钢制、具薄刃。

(3) 模框：矩形，用钢或铜制成，内部尺寸为25mm×95mm，外形尺寸为50mm×120mm，厚度为3mm。

(4) 鼓风式干燥箱：温度可调至（70±2)℃。

(5) 低温箱：温度可调至（－10±3)℃，（－20±3)℃或（－30±3)℃。

(6) 圆棒：直径为6mm或25mm，配有合适支架。

2. 试件的制备与处理

(1) 试件的制备

1）将试样在未开口的包装容器中于标准条件下至少放置5h。

2）用丙酮等溶剂彻底清洗模框和铝片。将模框置于铝片中部，然后将试样填入模框内，防止出现气孔。将试样表面刮平，使其厚度均匀达3mm。

3）沿试样外缘用薄刃刮刀切割一周，垂直提起模框，使成型的密封材料粘牢在铝片上。同时制备三个试件。

(2) 试件的处理

1）将试件在标准试验条件下至少放置24h。其他类型密封材料试件在标准试验条件下放置的时间应与其固化时间相当。

2）将试件按下面的温度周期处理三个循环：

① 于（70±2)℃下处理16h；

② 于（－10±3)℃，（－20±3)℃或（－30±3)℃下处理8h。

3. 具体检测步骤

在第三个循环处理周期结束时，使低温箱里的试件和圆棒同时处于规定检测温度下，用手将试件绕规定直径的圆棒弯曲，弯曲时试件粘有试样的一面朝外，弯曲操作在1～2s内完成。弯曲之后立即检查试样开裂、部分分层及粘结损坏情况。微小的表面裂纹、毛细裂纹或边缘裂纹可忽略不计。

21.4.10 建筑密封材料质量与体积变化检测

1. 主要检测设备仪器

(1) 耐腐蚀的金属环：尺寸约为：外径34mm，内径30mm，高10mm。每个环上设有吊钩或弹簧，以便称量时用丝线悬挂。

(2) 防粘材料：成型试件用，如潮湿的纸。

(3) 养护箱：能控制温度 (23±2)℃，相对湿度50%±5%。

(4) 鼓风式干燥箱：温度能控制在 (70±2)℃。

(5) 天平：精度为0.01g。

(6) 密度天平：精度为0.01g。

(7) 检测液体：由温度为 (23±2)℃的水和外加不多于0.25%（质量比）的低泡沫表面活性剂组成。对于水敏感性密封材料，采用沸点为99℃，密度0.7g/mL的异辛烷（2，2，4-三甲基戊烷）。

(8) 容器：用于在检测液体中浸泡试件。

2. 试件的制备

(1) 每组检测准备三个金属环试件。

(2) 用天平称量每个金属环质量（m_1）。对于体积测定，还应在检测液体中用密度天平称量质量（m_2）。把金属环放在防粘材料上，然后将已在温度为 (23±2)℃和相对湿度为50%±5%的条件下放置24h的被测密封材料试样填满金属环。嵌填时必须注意：

1) 避免形成气泡；

2) 将密封材料在金属环的内表面上压实；

3) 修整密封材料表面，使之与金属环的上缘齐平。

(3) 从防粘材料上立即移去试件并称量（m_3，m_4）。

3. 具体检测步骤

将已称量的试件悬挂并在下述条件下养护：

(1) 在养护箱内于温度为 (23±2)℃和相对湿度为 (50±5)%的条件下放置28d；

(2) 在 (70±2)℃的干燥箱中放置7d；

(3) 在温度为 (23±2)℃和相对湿度为50%±5%的条件下放置1d；

然后立即称量试件（m_5，m_6）。

4. 检测结果的计算与评定

(1) 质量变化

每个试件的质量变化率 Δm 应用下式计算：

$$\Delta m=\frac{m_5-m_3}{m_3-m_1}\times 100\%$$

式中 Δm——质量变化率，%；

m_1——填充密封材料前金属环在空气中时质量，g；

m_3——试件制备后立即在空气中称量的质量，g；

m_5——试件处理后立即在空气中称量的质量，g。

检测结果以三个试件质量变化率的算术平均值表示。

(2) 体积变化

每个试件的体积变化率 ΔV 应用下式计算：

$$\Delta V=\frac{(m_5-m_6)-(m_3-m_4)}{(m_3-m_4)-(m_1-m_2)}\times 100\%$$

式中 ΔV——体积变化率,%；

m_2——填充密封材料前金属环在试验液体中时质量，g；

m_4——试件制备后立即在试验液体中称量的质量，g；

m_6——试件处理后立即在试验液体中称量的质量，g。

检测结果以三个试件体积变化率的算术平均值表示。

21.4.11 建筑密封材料性能检测报告

建筑密封材料性能检测报告见表 21-13。

建筑密封材料性能检测报告 **表 21-13**

工程名称： 报告编号： 工程编号：

委托单位		委托编号		委托日期	
施工单位		样品编号		检验日期	
结构部位		出厂合 格证编号		报告日期	
厂别		检验性质		代表数量	
发证单位		见证人		证书编号	

检测指标	建筑密封材料种类
下垂度(mm),≤	
表干时间(h),≤	
挤出性(mL/min),≥	
弹性恢复率(%),≥	
定伸粘结性	
浸水后定伸粘结性	
冷拉-热压后粘结性	
断裂伸长率(%),≥	
浸水后断裂伸长率(%),≥	
同一温度下拉伸-压缩循环后的定伸粘结性	
低温柔性(℃)	
体积变化率(%),≤	

结　论

执行标准：

续表

<table>
<tr><td rowspan="8">主要仪器设备</td><td>检测仪器</td><td></td><td>管理编号</td><td></td></tr>
<tr><td>型号规格</td><td></td><td>有效期</td><td></td></tr>
<tr><td>检测仪器</td><td></td><td>管理编号</td><td></td></tr>
<tr><td>型号规格</td><td></td><td>有效期</td><td></td></tr>
<tr><td>检测仪器</td><td></td><td>管理编号</td><td></td></tr>
<tr><td>型号规格</td><td></td><td>有效期</td><td></td></tr>
<tr><td>检测仪器</td><td></td><td>管理编号</td><td></td></tr>
<tr><td>型号规格</td><td></td><td>有效期</td><td></td></tr>
<tr><td>备注</td><td colspan="4"></td></tr>
<tr><td>声明</td><td colspan="4"></td></tr>
<tr><td>地址</td><td colspan="4">地址：
邮编：
电话：</td></tr>
</table>

审批(签字)：________ 审核(签字)：________ 校核(签字)：________ 检测(签字)：________

检测单位(盖章)：________

报 告 日 期： 年 月 日

注：本表一式四份（建设单位、施工单位、检测试验室、城建档案馆存档各一份）。

21.5 建筑涂料性能检测

21.5.1 合成树脂乳液内墙涂料检测

1. 检测样板的制备

(1) 所检产品未明示稀释比例时，搅拌均匀后制板。

(2) 所检产品明示了稀释比例时，除对比率外，其余需要制板进行检验的项目，均应按规定的稀释比例加水搅匀后制板，若所检产品规定了稀释比例的范围时，应取其中间值。

(3) 检验用试板除对比率使用聚酯膜（或卡片纸）外，均为石棉水泥平板（加压板，厚度为4mm～6mm)，其表面处理按《色漆和清漆 标准试板》(GB/T 9271—2008)中的规定进行。

(4) 采用由不锈钢材料制成的线棒涂布器制板。线棒涂布器是由几种不同直径的不锈钢丝分别紧密缠绕在不锈钢棒上制成，其规格为 80、100、120 三种，线棒规格与缠绕钢丝之间的关系见表 21-14。

(5) 各检验项目的试板尺寸、采用的涂布器规格、涂布道数和养护时间应符合表

21-15的规定。涂布两道时，两道间隔6h。

线棒规格 表21-14

规格	80	100	120
缠绕钢丝直径(mm)	0.80	1.00	1.20

注：以其他规格形式表示的线棒涂布器也可使用，但应符合表21-5的技术要求。

试板 表21-15

检验项目	制板要求			
	尺寸(mm×mm×mm)	线棒涂布器规格		养护期(d)
		第一道	第二道	
干燥时间	150×70×(4～6)	100		
耐碱性	150×70×(4～6)	120	80	7
耐洗刷性	430×150×(4～6)	120	80	7
施工性、涂膜外观	430×150×(4～6)			
对比率		100		1①

注：①根据涂料干燥性能不同，干燥条件和养护时间可以商定，但仲裁检验时为1d。

2. 检测项目和要求

(1) 容器中状态

打开包装容器，用搅棒搅拌时无硬块，易于混合均匀，则可视为合格。

(2) 施工性

用刷子在试板平滑面上刷涂试样，涂布量为湿膜厚约100μm。使试板的长边呈水平方向，短边与水平面成约85°角竖放。放置6h后再用同样方法涂刷第二道试样，在第二道涂刷时，刷子运行无困难，则可视为“刷涂二道无障碍”。

(3) 低温稳定性

将试样装入约1L的塑料或玻璃容器（高约130mm，直径约112mm，壁厚约0.23～0.27mm）内，大致装满，密封，放入(−5±2)℃的低温箱中，18h后取出容器，再于一定条件下放置6h。如此反复三次后，打开容器，搅拌试样，观察有无硬块、凝聚及分离现象，如无则认为“不变质”。

(4) 干燥时间

按《漆膜、腻子膜干燥时间测定法》(GB/T 1728—1979)中的表干乙法规定进行。

(5) 涂膜外观

将干燥时间检测结束后的试板放置24h。目视观察涂膜，若无针孔和流挂，涂膜均匀，则认为“正常”。

(6) 对比率

1) 在厚度为30～50μm无色透明聚酯薄膜上，或者在底色黑白各半的卡片纸上按检测样板的制备的规定均匀地涂布被测涂料，在一定规定的条件下至少放置24h。

2) 用反射仪测定涂膜在黑白底面上的反射率：

① 如用聚酯薄膜为底材制备涂膜，则将涂漆聚酯膜贴在滴有几滴200号溶剂油（或其他适合的溶剂）的仪器所附的黑白工作板上，使之保证无气隙，然后在至少四个位置上

测量每张涂漆聚酯膜的反射率，并分别计算平均反射率 R_B（黑板上）和 R_w（白板上）。

② 如用底色为黑白各半的卡片纸制备涂膜，则直接在黑白底色涂膜上各至少四个位置测量反射率，并分别计算平均反射率 R_B（黑板上）和 R_w（白板上）。

3）对比率计算：

$$对比率=\frac{R_B}{R_W}$$

4）平行测定两次。如两次测定结果之差不大于0.02，则取两次测定结果的平均值。

5）黑白工作板和卡片纸的反射率为：

黑色：不大于1%；白色：80%±2%。

6）仲裁检验用聚酯膜法。

（7）耐碱性

按《建筑涂料 涂层耐碱性的测定》（GB/T 9265—2009）的规定进行。如三块试板中有两块未出现起泡、掉粉、明显变色等涂膜病态现象，可评定为"无异常"，如出现以上涂膜病态现象，按《色漆和清漆 涂层老化的评级方法》（GB/T 1766—2008）进行描述。

（8）耐洗刷性

除试板的制备外，按《建筑涂料 涂层耐洗刷性的测定》（GB/T 9266—2009）规定进行。同一试样制备两块试板进行平行检测。洗刷至规定的次数时，两块试板中有一块试板未露出底材，则认为其耐洗刷性合格。

3. 检测结果评定

（1）单项检验结果的判定按《数值修约规则与极限数值的表示和判定》（GB/T 8170—2008）中的修约值比较法进行。

（2）产品检验结果的判定按《涂料产品检验、运输和贮存通则》（HG/T 2458—1993）中的规定进行。

21.5.2 合成树脂乳液外墙涂料检测

1. 检测样板的制备

（1）所检产品未明示稀释比例时，搅拌均匀后制板。

（2）所检产品明示了稀释比例时，除对比率外，其余需要制板进行检验的项目，均应按规定的稀释比例加水搅匀后制板，若所检产品规定了稀释比例的范围时，应取其中间值。

（3）检验用试板的底材除对比率使用聚酯膜（或卡片纸）外，均为石棉水泥平板（加压板，厚度为4mm～6mm），其表面处理按《色漆和清漆 标准试板》（GB/T 9271—2008）中的规定进行。

（4）采用由不锈钢材料制成的线棒涂布器制板。线棒涂布器是由几种不同直径的不锈钢丝分别紧密缠绕在不锈钢棒上制成，其规格为80、100、120三种，线棒规格与缠绕钢丝之间的关系见表21-14。

（5）各检验项目的试板尺寸、采用的涂布器规格、涂布道数和养护时间应符合表21-16的规定。涂布两道时，两道间隔6h。

2. 检测项目和要求

(1) 容器中状态

打开包装容器，用搅棒搅拌时无硬块，易于混合均匀，则可视为合格。

试板 表 21-16

检验项目	制板要求			
	尺寸(mm×mm×mm)	线棒涂布器规格		养护期(d)
		第一道	第二道	
干燥时间	150×70×(4～6)	100		
耐水性、耐碱性、耐人工气候老化性、耐沾污性、涂层耐温变性	150×70×(4～6)	120	80	7
耐洗刷性	430×150×(4～6)	120	80	7
施工性、涂膜外观	430×150×(4～6)			
对比率		100		1①

注：①根据涂料干燥性能不同，干燥条件和养护时间可以商定，但仲裁检验时为1c。

(2) 施工性

用刷子在试板平滑面上刷涂试样，涂布量为湿膜厚约100μm。使试板的长边呈水平方向，短边与水平面成约85°角竖放。放置6h后再用同样方法涂刷第二道试样，在第二道涂刷时，刷子运行无困难，则可视为"刷涂两道无障碍"。

(3) 低温稳定性

将试样装入约1L的塑料或玻璃容器（高约130mm，直径约112mm，壁厚约0.23～0.27mm内），大致装满，密封，放入（−5±2)℃的低温箱中，18h后取出容器，再于一定条件下放置6h。如此反复三次后，打开容器，搅拌试样，观察有无硬块、凝聚及分离现象，如无则认为"不变质"。

(4) 干燥时间

按《漆膜、腻子膜干燥时间测定法》(GB/T 1728—1979）中的表干乙法规定进行。

(5) 涂膜外观

将干燥时间检测结束后的试板放置24h。目视观察涂膜，若无针孔和流挂，涂膜均匀，则认为"正常"。

(6) 对比率

1）在厚度为30～50μm无色透明聚酯薄膜上，或者在底色黑白各半的卡片纸上按检测样板的制备的规定均匀地涂布被测涂料，在一定规定的条件下至少放置24h。

2）用反射仪测定涂膜在黑白底面上的反射率：

① 如用聚酯薄膜为底材制备涂膜，则将涂漆聚酯膜贴在滴有几滴200号溶剂油（或其他适合的溶剂）的仪器所附的黑白工作板上，使之保证无气隙，然后在至少四个位置上测量每张涂漆聚酯膜的反射率，并分别计算平均反射率 R_B（黑板上）和 R_w（白板上）。

② 如用底色为黑白各半的卡片纸制备涂膜，则直接在黑白底色涂膜上各至少四个位置测量反射率，并分别计算平均反射率 R_B（黑板上）和 R_w（白板上）。

3）对比率计算：

$$\text{对比率}=\frac{R_B}{R_W}$$

4）平行测定两次。如两次测定结果之差不大于0.02，则取两次测定结果的平均值。

5）黑白工作板和卡片纸的反射率为：

黑色：不大于1%；白色：80%±2%。

6）仲裁检验用聚酯膜法。

（7）耐碱性

按《建筑涂料 涂层耐碱性的测定》（GB/T 9265—2009）的规定进行。如三块试板中有两块未出现起泡、掉粉、明显变色等涂膜病态现象，可评定为“无异常”。如出现以上涂膜病态现象，按《色漆和清漆 涂层老化的评级方法》（GB/T 1766—2008）进行描述。

（8）耐洗刷性

除试板的制备外，按《建筑涂料 涂层耐碱性的测定》（GB/T 9265—2009）的规定进行。同一试样制备两块试板进行平行检测。洗刷至规定的次数时，两块试板中有一块试板未露出底材，则认为其耐洗刷性合格。

（9）耐水性

按《漆膜耐水性测定法》（GB/T 1733—1993）的规定进行。试板投试前除封边外，还需封背。将三块试板浸入《分析实验室用水规格和试验方法》（GB/T 6682－2008）规定的三级水中，如三块试板中有两块未出现起泡、掉粉、明显变色等涂膜病态现象，可评定为“无异常”。如出现以上涂膜病态现象，按《色漆和清漆 涂层老化的评级方法》（GB/T 1766—2008）进行描述。

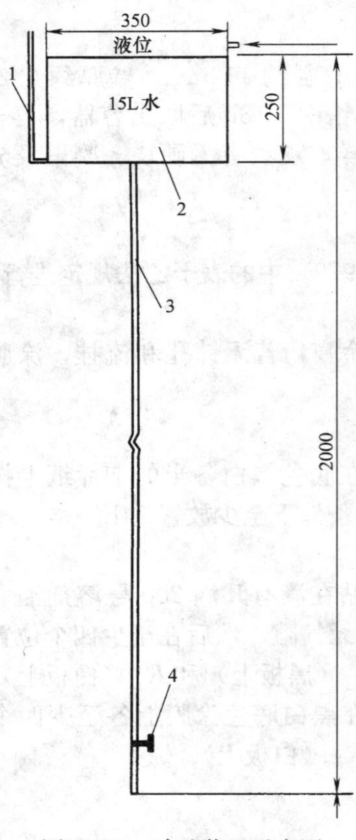

图21-17 冲洗装置示意图

1—液位计；2—水箱；3—内径8mm的水管；4—阀门

（10）耐人工气候老化性

试验按《色漆和清漆 人工气候老化和人工辐射曝露 滤过的氙弧辐射》（GB/T 1865—2009）的规定进行。结果的评定按《色漆和清漆 涂层老化的评级方法》（GB/T 1766—2008）进行。其中变色等级的评定按《色漆和清漆 涂层老化的评级方法》（GB/T 1766—2008）中进行。

（11）耐玷污性

耐玷污性试验方法按《合成树脂乳液内墙涂料》（GB/T 9756—2009）的规定进行。

1）主要检测装置仪器和材料：

① 反射率仪。

② 天平：感量0.1g。

③ 软毛刷：宽度为25～50mm。

④ 冲洗装置：如图21-17所示，水箱、水管和样板架用防锈硬质材料制成。

⑤ 粉煤灰，粉煤灰由《合成树脂乳液内墙涂料》（GB/T 9756—2009）归口单位统一供应。

2）具体检测步骤

① 粉煤灰水的配制：

称取适量粉煤灰于混合用容器中，与水以1∶1（质量）的比例混合均匀。

② 检测操作：

在至少三个位置上测定经养护后的涂层试板的原始反射系数，取其平均值，记为 A。用软毛刷将（0.7±0.1）g 粉煤灰水横向纵向交错均匀地涂刷在涂层表面上，在温度为 (23±2)℃、相对湿度为 50%±5%的条件下干燥 2h 后，放在样板架上。将冲洗装置水箱中加入 15L 水，打开阀门至最大冲洗样板。冲洗时应不断移动样板，使样板各部位都能经过水流点。冲洗 1min，关闭阀门，将样板在温度为（23±2)℃、相对湿度 50%±5%的条件下干燥至第二天，此为一个循环，约 24h。按上述涂刷和冲洗方法继续试验至循环 5 次后，在至少三个位置上测定涂层样板的反射系数，取其平均值，记为 B。每次冲洗试板前均应将水箱中的水添加至 15L。

③ 主要检测计算：

涂层的耐玷污性由反射系数下降率表示：

$$X=\frac{A-B}{A}\times 100\%$$

式中 X——涂层反射系数下降率，%；

A——涂层起始平均反射系数；

B——涂层经玷污试验后的平均反射系数。

结果取三块样板的算术平均值，平行测定之相对误差应不大于 10%。

（12）涂层耐温变性

按《建筑涂料涂层耐冻融循环性测定法》（JG/T 25—1999）的规定进行，做 5 次循环［(23±2)℃的水中浸泡 18h，(−20±2)℃下冷冻 3h，(50±2)℃下热烘 3h 为一次循环］。三块试板中至少应有两块未出现粉化、开裂、起泡、剥落、明显变色等涂膜病态现象，可评定为“无异常”。如出现以上涂膜病态现象，按《色漆和清漆 涂层老化的评级方法》（GB/T 1766—2008）进行描述。

3. 检测结果评定

（1）单项检验结果的判定按《数值修约规则与极限数值的表示和判定》（GB/T 8170—2008）中的修约值比较法进行。

（2）产品检验结果的判定按《涂料产品检验、运输和贮存通则》（HG/T 2458—1993）中的规定进行。

液浴检测测定参数 **附录 A**

热塑性材料	液浴温度 T_R(℃)	浸入时间 (mm)	试样长度 (mm)
硬质聚氯乙烯(PVC-U)	150±2	$e\leqslant 8$①,15	200±20
氯化聚氯乙烯(PVC-C)	150±2	$e>8$,30	
聚乙烯(PE32/40)	100±2	30	
聚乙烯(PE50/63)	110±2		
聚乙烯(PE80/100)			
交联聚乙烯(PE-X)	120±2		
聚丁烯(PB)	110±2		
聚丙烯的均聚物和嵌段共聚物(PP-H,PP-B)	150±2		
聚丙烯无规共聚物(PP-R)	135±2		
丙烯腈-丁二烯-苯乙烯三元共聚物(ABS) 丙烯腈-丁乙烯-丙烯酸盐三元共聚物(ASA)	150±2	$e\leqslant 8$,15 $8<e\geqslant 16$,30 $e>16$,60	

① e 指壁厚，单位为 mm。

附录 B

烘箱检测测定参数

热塑性材料	烘箱温度 T_R(℃)	试样在烘箱中放置时间/(mm)	试样长度(mm)
硬质聚氯乙烯(PVC-U)	150±2	e≤8①,60 8<e≥16,120 e>16,240	200±20
氯化聚氯乙烯(PVC-C)	150±2	e≤8,60 8<e≥16,60 e>16,120	
聚乙烯(PE32/40)	100±2	e≤8①,60 8<e≥16,120	
聚乙烯(PE50/63)	110±2		
聚乙烯(PE80/100)			
交联聚乙烯(PE-X)	120±2	e≤8,15 8<e≥16,30 e>16,60	
聚丁烯(PB)	110±2		
聚丙烯的均聚物和嵌段共聚物(PP-H,PP-B)	150±2		
聚丙烯无规共聚物(PP-R)	135±2		
丙烯腈-丁二烯-苯乙烯三元共聚物(ABS) 丙烯腈-丁乙烯-丙烯酸盐三元共聚物(ASA)	150±2		

① e指壁厚，单位为mm。

第 22 章　建筑功能材料性能检测

22.1　建筑功能材料性能检测的基本规定

22.1.1　执行标准

《陶瓷砖试验方法　第 2 部分：尺寸和表面质量的检验》(GB/T 3810.2—2006)；

《陶瓷砖试验方法　第 3 部分：吸水率、显气孔率、表观相对密度和体积密度的测定》(GB/T 3810.3—2006)；

《陶瓷砖试验方法　第 4 部分：断裂模数和破坏强度的测定》(GB/T 3810.4—2006)；

《陶瓷砖试验方法　第 6 部分：无釉砖耐磨深度的测定》(GB/T 3810.6—2006)；

《陶瓷砖试验方法　第 8 部分：线性热膨胀的测定》(GB/T 3810.8—2006)；

《陶瓷砖试验方法　第 9 部分：抗热震性的测定》(GB/T 3810.9—2006)；

《陶瓷砖试验方法　第 11 部分：有釉砖抗釉裂性的测定》(GB/T 3810.11—2006)；

《陶瓷砖试验方法　第 12 部分：抗冻性的测定》(GB/T 3810.12—2006)；

《陶瓷砖试验方法　第 13 部分：耐化学腐蚀性的测定》(GB/T 3810.13—2006)；

《陶瓷砖试验方法　第 14 部分：耐污染性的测定》(GB/T 3810.14—2006)；

《浮法玻璃》(GB 11614—2009)；

《中空玻璃》(GBT 11944—2002)；

《夹层玻璃》(GB 9962—1999)；

《建筑用安全玻璃　第 2 部分：钢化玻璃》(GB 15763.2—2005)；

《建筑用轻钢龙骨》(GB/T 11981－2008)；

《建筑外门窗建筑外门窗气密、水密、抗风性能分级及检测方法》(GB/T 7106—2008)；

《建筑外门窗建筑外门窗保温性能分级及检测方法》(GB/T 8484—2008)。

22.1.2　建筑功能材料性能检测项目

建筑功能材料性能检测项目、组批原则及抽样规定，见表 22-1。

建筑功能材料检测项目、组批原则及抽样规定　　表 22-1

序号	材料名称及标准规范	检测项目	组批原则及取样规定
1	陶瓷砖 GB/T 3810.2—2006 GB/T 3810.3—2006 GB/T 3810.4—2006 GB/T 3810.6—2006 GB/T 3810.8—2006 GB/T 3810.14—2006 GB/T 3810.11—2006 GB/T 3810.12—2006 GB/T 3810.13—2006 GB/T 3810.9—2006	尺寸和表面质量；吸水率、显气孔率、表观相对密度和体积密度；断裂模数和破坏强度；无釉砖耐磨深度；线性热膨胀；有釉砖抗釉裂性；抗冻性；耐化学腐蚀性；耐污染性等	1. 由同一生产厂生产的同品种同规格同质量的产品组批。 2. 由同一生产厂生产的同品种同规格的产品批中提交检验批。 3. 抽取方法： (1)抽取样品的地点由供需双方商定。 (2)可同时从现场每一部分抽取一个或多个具有代表性的样本。 样本应从检验批中随机抽取。 抽取两个样本，第二个样本不一定要检验。 每组样本应分别包装和加封，并做出经有关方面认可的标记。 (3)对每项性能试验所需的砖的数量可分别在表 22-2 中的第 2 列“样本量”栏内查出

续表

序号	材料名称及标准规范	检测项目	组批原则及取样规定
2	建筑玻璃 GB 11614—2009 GBT 11944—2002 GB 9962—1999 GB 15763.2—2005	尺寸偏差；外观；密封；露点；耐紫外线辐照；气候循环耐久性；高温高湿耐久性；落球冲击剥离；霰弹袋冲击；表面应力等	1. 以500块为一批，不足500块以一批计。 2. 根据批量大小确定抽样数量（浮法玻璃见表22-3；中空玻璃见表22-4；夹层玻璃见表22-5；建筑安全玻璃见表22-6）。 3. 抽样方法为随机抽样
3	建筑用轻钢龙骨 GB/T 11981—2008	外观；尺寸；平直度；弯曲内角半径；角度偏差；表面防锈；力学性能等	班产量大于或等于2000m者，以2000m同型号、同规格的轻钢龙骨为一批，班产量小于2000m者，以实际产量为一批。从批中随机抽取表22-7～表22-9规定数量的双份试样，一份检测用，一份备用
4	建筑外门窗 GB/T 7106—2008 GB/T 8484—2008	气密、水密、抗风压变形 P_1、抗风压反复受压 P_2、安全检测 P_3 和保温性能等	1. 试件应为按所提供图样生产的合格产品或研制的试件，不得附有任何多余的零配件或采用特殊的组装工艺或改善措施。 2. 试件必须按照设计要求组合、装配完好，并保持清洁、干燥。 3. 相同类型、结构及规格尺寸的试件，应至少检测三樘

抽样方案 **表22-2**

性能	样本量		计数检验				计量检验			
			第一样本		第一样本＋第二样本		第一样本		第一样本＋第二样本	
	第一次	第二次	接收数 Ac_1	拒收数 Re_1	接收数 Ac_2	拒收数 Re_2	接收	第二次抽样	接收	拒收
尺寸[①]	10	10	0	2	1	2	—	—	—	—
表面质量[②]	10	10	0	2	1	2	—	—	—	—
	30	30	1	3	3	4	—	—	—	—
	40	40	1	4	4	5	—	—	—	—
	50	50	2	5	5	6	—	—	—	—
	60	60	2	5	6	7	—	—	—	—
	70	70	2	6	7	8	—	—	—	—
	80	80	3	7	8	9	—	—	—	—
	90	90	4	8	9	10	—	—	—	—
	100	100	4	9	10	11	—	—	—	—
	$1m^2$	$1m^2$	4%	9%	5%	＞5%	—	—	—	—
吸水率[③]	5[④]	5[④]	0	2	1	2	$\overline{X}_1>L$[⑤]	$\overline{X}_1>L$[⑤]	$\overline{X}_2>L$[⑤]	$\overline{X}_2>L$[⑤]
	10	10	0	2	1	2	$\overline{X}_1>U$[⑥]	$\overline{X}_1>U$[⑥]	$\overline{X}_2>U$[⑥]	$\overline{X}_2>U$[⑥]
断裂模数[③]	7[⑦]	7[⑦]	0	2	1	2	$\overline{X}_1>L$	$\overline{X}_1<L$	$\overline{X}_2>L$	$\overline{X}_2<L$
	10	10	0	2	1	2				
破坏强度[③]	7[⑦]	7[⑦]	0	2	1	2	$\overline{X}_1>L$	$\overline{X}_1<L$	$\overline{X}_2>L$	$\overline{X}_2<L$
	10	10	0	2	1	2				
无釉砖耐磨深度	5	5	0	2[②]	1[⑧]	2[⑧]	—	—	—	—

续表

性能	样本量		计数检验				计量检验			
			第一样本		第一样本+第二样本		第一样本		第一样本+第二样本	
	第一次	第二次	接收数 Ac_1	拒收数 Re_1	接收数 Ac_2	拒收数 Re_2	接收	第二次抽样	接收	拒收
线性热膨胀系数	2	2	0	2⑨	1⑨	2⑨	—	—	—	—
抗釉裂性	5	5	0	2	1	2	—	—	—	—
耐化学腐蚀性⑩	5	5	0	2	1	2	—	—	—	—
耐污染性⑩	5	5	0	2	1	2	—	—	—	—
抗冻性⑪	10	—	0	1	—	—	—	—	—	—
抗热震性	5	5	0	2	1	2	—	—	—	—

① 仅指单块面积≥$4cm^2$ 的砖。

② 对于边长小于 600mm 的砖，样本量至少 30 块，且面积不小于 $1m^2$。对于边长不小于 600mm 的砖，样本量至少 10 块，且面积不小于 $1m^2$。

③ 样本量由砖的尺寸决定。

④ 仅指单块砖表面积≥$0.04m^2$。每块砖质量<50g 时应取足够数量的砖构成 5 组试样，使每组试样质量在 50～100g 之间。

⑤ L=下规格限

⑥ U=上规格限。

⑦ 仅适用于边长≥48mm 的砖。

⑧ 测量数。

⑨ 样本量。

⑩ 每一种试验溶液。

⑪该性能无二次抽样检验。

浮法玻璃抽样方案 **表 22-3**

批量范围	样本大小	合格判定数	不合格判定数
≤50	8	1	2
51～90	13	2	3
91～150	20	3	4
151～280	32	5	6
281～500	50	7	8
501～1000	80	10	11

中空玻璃抽样方案 **表 22-4**

批量范围	样本数	合格判定数	不合格判定数
1～8	2	1	2
9～15	3	1	2
16～25	5	1	2
26～50	8	2	3
51～90	13	3	4
91～150	20	5	6
151～280	32	7	8
281～500	50	10	11

夹层玻璃尺寸允许偏差、外观质量、弯曲度检测的抽样规则 表 22-5

批量范围	抽样数	合格判定数	不合格判定数
2～8	2	0	—
9～15	3	0	—
16～25	5	1	2
26～50	8	2	3
51～90	13	3	4
91～150	20	5	6
151～280	32	7	8
281～500	50	10	11

建筑安全玻璃——钢化玻璃尺寸允许偏差、外观质量、弯曲度检测的抽样规则 表 22-6

批量范围	抽样数	合格判定数	不合格判定数
1～8	2	1	2
9～15	3	1	2
16～25	5	1	2
26～50	8	2	3
51～90	13	3	4
91～150	20	5	6
151～280	32	7	8
281～500	50	10	11
501～1000	80	14	15

吊顶 U、C、V、L 型龙骨力学性能检测用试件和配套材料的数量和尺寸 表 22-7

品 种		数量	长度(mm)
试 件	承载龙骨	2根	1200
	覆面龙骨	2根	1200
配套材料	吊件	4件	—
	挂件	4件	—

注：V、L型直卡式吊顶龙骨力学性能检测不需要配套材料。

吊顶 T 型龙骨力学性能检测用试件和配套材料的数量和尺寸 表 22-8

品 种		数量	长度(mm)
试件	主龙骨	2根	1200
配套材料	次龙骨	1200mm长主龙骨上安装次龙骨的孔数	600
	吊件或挂件	4件	—

吊顶 H 型龙骨力学性能检测用试件和配套材料的数量和尺寸 表 22-9

品 种		数量	长度(mm)
试 件	H型龙骨	2根	1200
配套材料	吊件	4件	—
	挂件	4件	—

22.2 建筑饰面陶瓷性能检测

22.2.1 陶瓷砖尺寸与表面质量检测

1. 长度和宽度检测

（1）主要检测设备仪器：游标卡尺或其他适合检测长度的仪器。

（2）试样：每种类型取10块整砖进行检测。

（3）具体检测步骤：在离砖角点5mm处测量砖的每条边，检测值精确到0.1mm。

（4）检测结果的评定：

1）正方形砖的平均尺寸是四条边检测值的平均值。试样的平均尺寸是40次检测值的平均值。

2）长方形砖尺寸以对边两次检测值的平均值作为相应的平均尺寸，试样长度和宽度的平均尺寸分别为20次检测值的平均值。

2. 厚度检测

（1）主要检测设备仪器：测头直径为5～10mm的螺旋测微器或其他合适的仪器。

（2）试样：每种类型取10块整砖进行检测。

（3）具体检测步骤：

1）对表面平整的砖，在砖面上画两条对角线，检测四条线段每段上最厚的点，每块试样检测4点，检测值精确到0.1mm；

2）对表面不平整的砖，垂直于一边在砖面上画四条直线，四条直线距砖边的距离分别为边长的0.125倍，0.375倍，0.625倍和0.875倍，在每条直线上的最厚处检测厚度。

（4）检测结果的评定：

对每块砖以4次检测值的平均值作为单块砖的平均厚度，试样的平均厚度是40次检测值的平均值。

3. 边直度检测

（1）主要检测设备仪器：

1）图22-1所示的仪器或其他合适的仪器，其中分度表（D_F）用于检测边直度。

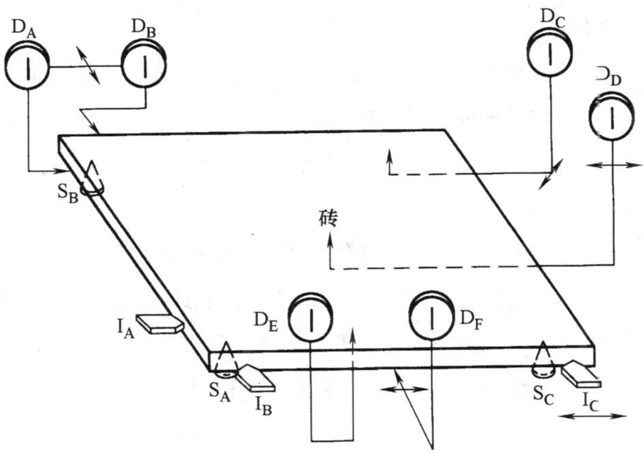

图22-1 检测边直度、直角度和平整度的仪器

2）标准板，有精确的尺寸和平直的边。

（2）试样：每种类型取10块整砖进行测量。

（3）具体检测步骤：

1）选择尺寸合适的仪器，当砖放在仪器的支承销（S_A、S_B、S_C）上时，使定位销（I_A、I_B、I_C）离被测边每一角点的距离为5mm（如图22-1）；

2）将合适的标准板准确地置于仪器的测量位置上，调整分度表的读数至合适的初始值。

3）取出标准板，将砖的正面恰当的放在仪器的定位销上，记录边中央处的分度表读数。如果是正方形砖，转动砖的位置得到4次测量值。每块砖都重复上述步骤。如果是长方形砖，分别使用合适尺寸的仪器来测量其长边和宽边的边直度。测量值精确到0.1mm。

（4）检测结果计算与评定：

1）在砖的平面内，边的中央偏离直线的偏差。

2）这种测量只适用于砖的直边（见图22-2），结果用百分比表示。

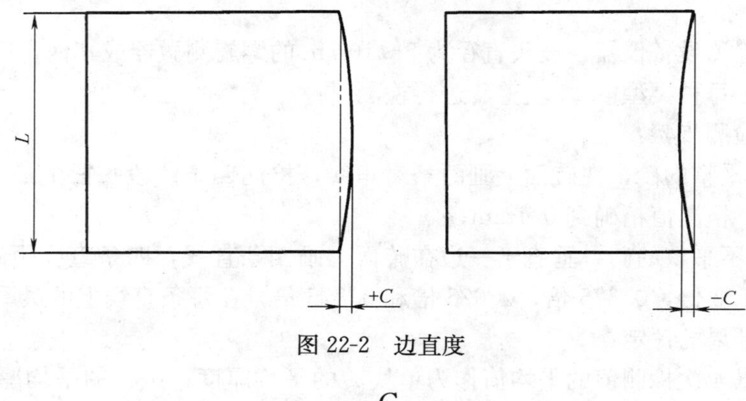

图22-2　边直度

$$边直度=\frac{C}{L}\times 100\%$$

式中　C——检测边的中央偏离直线的偏差；

　　　L——检测边长度。

4. 直角度检测

（1）主要检测设备仪器：

1）图22-1所示的仪器或其他合适的仪器，其中分度表（D_A）用于检测边直度。

2）标准板，有精确的尺寸和平直的边。

（2）试样：每种类型取10块整砖进行检测。

（3）具体检测步骤：

1）选择尺寸合适的仪器，当砖放在仪器的支承销（S_A、S_B、S_C）上时，使定位销（I_A、I_B、I_C）离被测边每一角点的距离为5mm（见图22-1）；分度表（D_A）的测杆也应在离被测边的一个角点5mm处（见图22-1）。

2）将合适的标准板准确地置于仪器的测量位置上，调整分度表的读数至合适的初始值。

3）取出标准板，将砖的正面恰当地放在仪器的定位销上，记录边中央处的分度表读数。如果是正方形砖，转动砖的位置得到 4 次测量值。每块砖都重复上述步骤。如果是长方形砖，分别使用合适尺寸的仪器来测量其长边和宽边的边直度。测量值精确到 0.1mm。

(4) 检测结果计算与评定：

1) 将砖的一个角紧靠着放在用标准板校正过的直角上（见图 22-3），该角与标准直角的偏差。

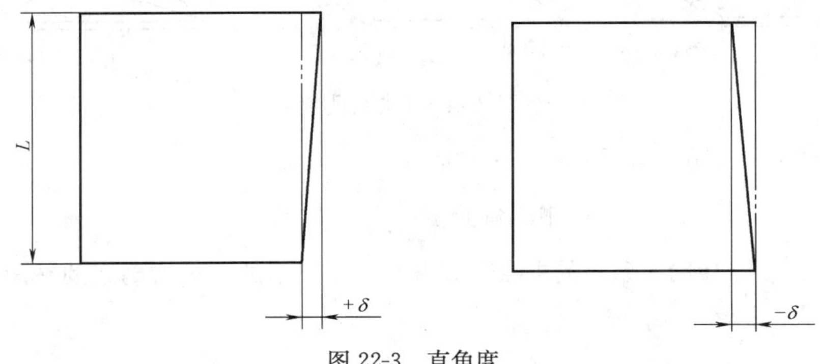

图 22-3 直角度

2) 直角度用百分比表示：

$$直角度=\frac{\delta}{L}\times100\%$$

式中 δ——在距角点 5mm 处测得砖的测量边与标准板相应边的偏差；

L——砖对应边的长度。

5. 平整度检测（弯曲度和翘曲度）

(1) 主要检测设备仪器：

1) 图 22-1 所示的仪器或其他合适的仪器。测量表面平滑的砖，采用直径为 5mm 的支撑销（S_A、S_B、S_C）。对其他表面的砖，为得到有意义的结果，应采用其他合适的支撑销。

2) 使用一块理想平整的金属或玻璃标准板，其厚度至少为 10mm。

(2) 试样：每种类型取 10 块整砖进行检测。

(3) 具体检测步骤：

1) 选择尺寸合适的仪器，将相应的标准板准确的放在 3 个定位支承销（S_A、S_B、S_C）上，每个支撑销的中心到砖边的距离为 10mm，外部的两个分度表（D_E、D_C）到砖边的距离也为 10mm；

2) 调节 3 个分度表（D_D、D_E、D_C）的读数至合适的初始值（见图 22-1）；

3) 取出标准板，将砖的釉面或合适的正面朝下置于仪器上，记录 3 个分度表的读数。如果是正方形砖，转动试样，每块试样得到 4 个测量值，每块砖重复上述步骤。如果是长方形砖，分别使用合适尺寸的仪器来测量。记录每块砖最大的中心弯曲度（D_D），边弯曲度（D_E）和翘曲度（D_C），测量值精确到 0.1mm。

(4) 检测结果计算与评定：

1) 表面平整度：由砖的表面上三点的测量值来定义。有凸纹浮雕的砖，如果表面无法测量，可能时应在其背面测量。

2）中心弯曲度：砖面的中心点偏离由四个角点中的三点所确定的平面的距离（见图22-4）。

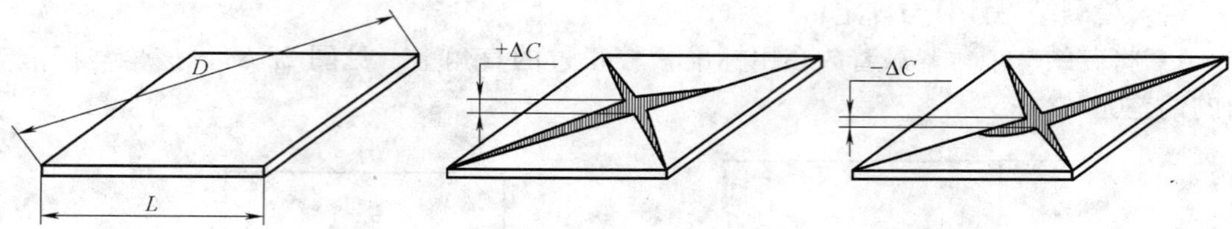

图 22-4 中心弯曲度

中心弯曲度用百分比表示：

$$中心弯曲度=\frac{\Delta C}{D}\times 100\%$$

3）边弯曲度：砖的一条边的中点偏离由四个角点中的三点所确定的平面的距离（见图22-5）。

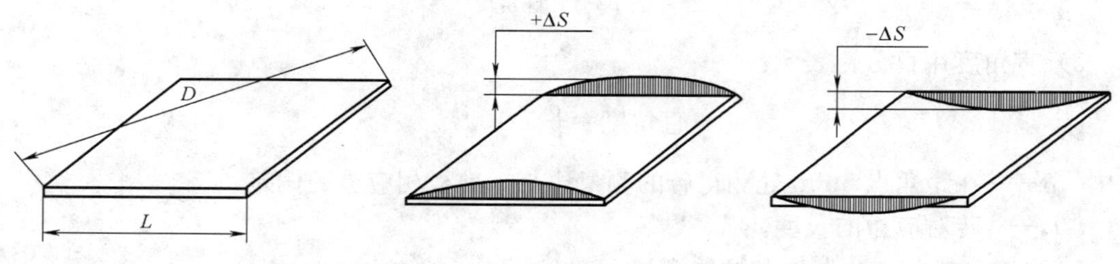

图 22-5 边弯曲度

边弯曲度用百分比表示：

$$边弯曲度=\frac{\Delta S}{L}\times 100\%$$

4）翘曲度：由砖的三个角点确定一个平面，第四角点偏离该平面的距离（见图22-6）。

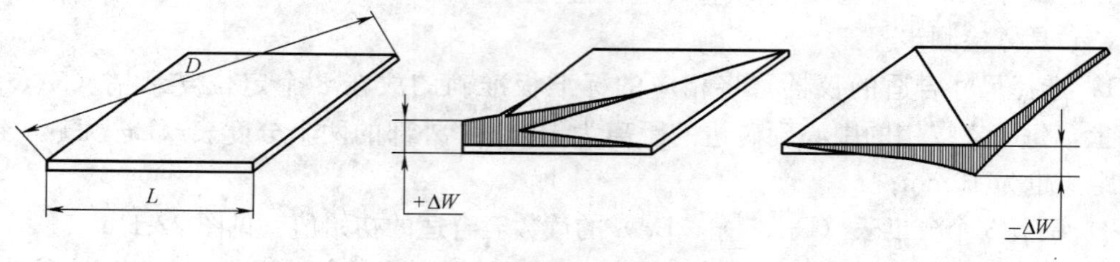

图 22-6 翘曲度

翘曲度用百分比表示：

$$翘曲度=\frac{\Delta W}{D}\times 100\%$$

6．表面缺陷和人为效果——裂纹、釉裂、缺釉、不平整、针孔、桔釉、斑点、釉下缺陷、装饰缺陷、磕碰、釉泡、毛边和釉缕检测

（1）主要检测设备仪器：

1）色温为 6000～6500K 的荧光灯。

2）1m 长的直尺或其他合适测量距离的器具。

3）照度计。

（2）试样：对于边长小于 600mm 的砖，每种类型至少取 30 块整砖进行检验，且面积不小于 $1m^2$；对于边长不小于 600mm 的砖，每种类型至少取 10 块整砖进行检验，且面积不小于 $1m^2$。

（3）具体检测步骤：

1）将砖的正面表面用照度为 300lx 的灯光均匀照射，检查被检表面的中心部分和每个角上的照度。

2）在垂直距离为 1m 处用肉眼观察被检砖组表面的可见缺陷（平时戴眼镜者可戴上眼镜）。

3）检验的准备和检验不应是同一个人。

4）砖表面的人为装饰效果不能算作缺陷。

（4）检测结果计算与评定

表面质量以表面无可见缺陷砖的百分比表示。

22.2.2 陶瓷砖吸水率、显气孔率、表观相对密度和表观密度检测

1. 主要检测设备仪器

（1）干燥箱：工作温度为（110±5)℃；也可使用能获得相同检测结果的微波、红外或其他干燥系统。

（2）加热装置：用惰性材料制成的用于煮沸的加热装置。

（3）热源。

（4）天平：天平的称量精度为所测试样质量的 0.01%。

（5）去离子水或蒸馏水。

（6）干燥器。

（7）鹿皮。

（8）吊环、绳索或篮子：能将试样放入水中悬吊称其质量。

（9）玻璃烧杯，或者大小和形状与其类似的容器。将试样用吊环吊在天平的一端，使试样完全浸入水中，试样和吊环不与容器的任何部分接触。

（10）真空容器和真空系统：能容纳所要求数量试样的足够大容积的真空容器和抽真空能达到（10±1）kPa 并保持 30min 的真空系统。

2. 试样

（1）每种类型取 10 块整砖进行测试。

（2）当每块砖的表面积大于 $0.04m^2$ 时，只需用 5 块整砖进行测试。

（3）如每块砖的质量小于 50g，则需足够数量的砖使每个试样质量达到 50～100g。

（4）砖的边长大于 200mm 且小于 400mm 时，可切割成小块，但切割下的每一块应计入测量值内，多边形和其他非矩形砖，其长和宽均按外接矩形计算。若砖的边长大于 400mm 时，至少在 3 块整砖的中间部位切取最小边长为 100mm 的 5 块试样。

3. 具体检测步骤

将砖放在（110±5)℃的烘箱中干燥至恒重，即每隔 24h 的两次连续质量之差小于 0.1%，砖放在有硅胶或其他干燥器剂的干燥器内冷却至室温，不能使用酸性干燥剂，每

块砖按表22-10的测量精度称量和记录。

砖的质量和检测精度 表22-10

砖的质量(g)	检测精度	砖的质量(g)	检测精度
$50 \leqslant m \leqslant 100$	0.02	$1000 < m \leqslant 3000$	0.50
$100 < m \leqslant 500$	0.05	$M > 3000$	1.00
$500 < m \leqslant 1000$	0.25		

(1) 煮沸法

将砖竖直地放在盛有去离子水的加热器中，使砖互不接触。砖的上部和下部应保持有5cm深度的水。在整个试验中都应保持高于砖5cm的水面。将水加热至沸腾并保持煮沸2h。然后切断热源，使砖完全浸泡在水中冷却至室温，并保持（4±0.25）h。也可用常温下的水或制冷器将样品冷却至室温。将一块浸湿过的鹿皮用手拧干，并将鹿皮放在平台上轻轻地依次擦干每块砖的表面，对于凹凸或有浮雕的表面应用鹿皮轻快地擦去表面水分，然后称重，记录每块试样的称量结果。

保持与干燥状态下的相同精度（见表22-10）。

(2) 真空法

将砖竖直放入真空容器中，使砖互不接触，加入足够的水将砖覆盖并高出5cm。抽真空至（10±1）kPa，并保持30min后停止抽真空，让砖浸泡15min后取出。将一块浸湿过的鹿皮用手拧干。将鹿皮放在平台上依次轻轻擦干每块砖的表面，对于凹凸或有浮雕的表面应用鹿皮轻轻地擦去表面水分，然后立即称重并记录，与干砖的称量精度相同（见表22-10）。

(3) 悬挂称量

试样在真空下吸水后，称量试样悬挂在水中的质量（m_2），精确至0.01g。称量时，将样品挂在天平一臂的吊环、绳索或篮子上。实际称量前，将安装好并浸入水中的吊环、绳索或篮子放在天平上，使天平处于平衡位置。吊环、绳索或篮子在水中的深度与放试样称量时相同。

4. 检测结果计算与评定

在下面的计算中，假设$1cm^3$水重1g，此假设室温下误差在0.3%以内。

(1) 吸水率

计算每一块砖的吸水率$E_{(b,v)}$，用干砖的质量分数（%）表示，计算公式如下：

$$E_{(b,v)}=\frac{m_{2(b,v)}-m_1}{m_1}\times 100\%$$

式中 m_1——干砖的质量，g；

m_2——湿砖的质量，g；

m_{2b}——砖在沸水中吸水饱和的质量，g；

m_{2v}——砖在真空下吸水饱和的质量，g。

E_b表示用m_{2b}测定的吸水率，E_v表示用m_{2v}测定的吸水率。E_b代表水仅注入容易进入的气孔，而E_v代表水最大可能地注入所有气孔。

(2) 显气孔率

1）用下列公式计算表观体积 V（cm^3）：

$$V=m_{2v}-m_3$$

式中 m_3——真空法吸水饱和后悬挂在水中的砖的质量，g。

2）用下列公式计算开口气孔部分体积 V_0 和不透水部分 V_1 的体积（cm^3）：

$$V_0=m_{2v}-m_1$$

$$V_1=m_1-m_3$$

3）显气孔率 P 用试样的开口气孔体积与表观体积的关系式的百分数表示，计算公式如下：

$$P=\frac{m_{2v}-m_1}{V}\times 100\%$$

（3）表观相对密度

计算试样不透水部分的表观相对密度 T，计算公式如下：

$$T=\frac{m_1}{m_1-m_3}$$

（4）表观密度

试样的表观密度 B（g/cm^3）用试样的干重除以表观体积（包括气孔）所得的值表示，计算公式如下：

$$B=\frac{m_1}{V}$$

22.2.3 陶瓷砖断裂模数和破坏强度检测

1. 主要检测设备仪器

（1）干燥箱：能在（110±5）℃温度下工作，也可使用能获得相同检测结果的微波、红外或其他干燥系统。

（2）压力表：精确到2.0%。

（3）两根圆柱形支撑棒：用金属制成，与试样接触部分用硬度为（50±5）IRHD的橡胶包裹，橡胶的硬度按《硫化橡胶或热塑性橡胶硬度的规定》（GB/T 6031—1998）测定，一根棒能稍微摆动（见图22-7），另一根棒能绕其轴稍作旋转（相应尺寸见表22-11）。

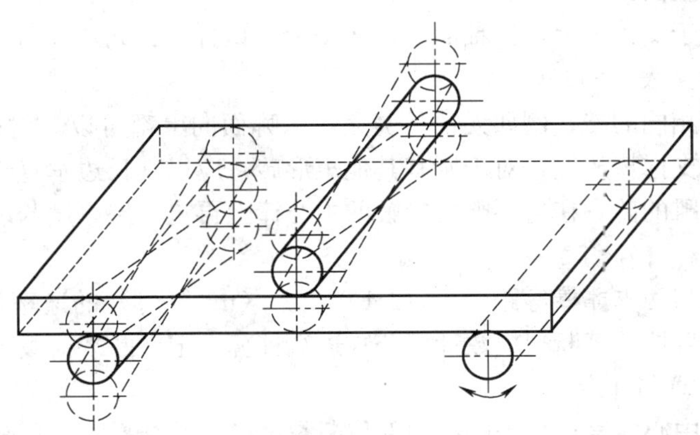

图22-7 圆柱形支撑棒与中心棒

（4）圆柱形中心棒：一根与支撑棒直径相同且用相同橡胶包裹的圆柱形中心棒，用来传递荷载 F，此棒也可稍作摆动（见图22-7，相应尺寸见表22-11）。

棒的直径 d、橡胶厚度 t 和长度 l（见图 22-8） **表 22-11**

砖的尺寸 K(mm)	棒的直径 d(mm)	橡胶厚度 t(mm)	砖伸出支撑棒外的长度 l(mm)
$K \geqslant 95$	20	5±1	10
$48 \leqslant K < 95$	10	2.5±0.5	5
$18 \leqslant K < 48$	5	1±0.2	2

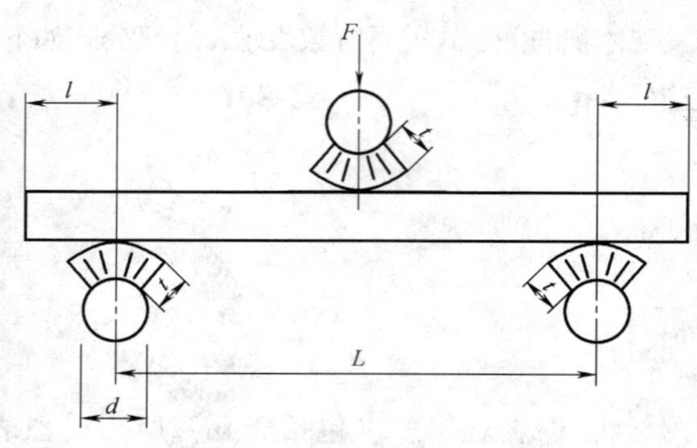

图 22-8 棒的直径 d、橡胶厚度 t 和长度 l

2. 试样

(1) 应用整砖检验，但是对超大的砖（即边长大于 300mm 的砖）和一些非矩形的砖，有必要时可进行切割，切割成可能最大尺寸的矩形试样，以便安装在仪器上检验。其中心应与切割前砖的中心一致。在有疑问时，用整砖比用切割过的砖测得的结果准确。

(2) 每种样品的最小试样数量见表 22-12。

最小试样量 **表 22-12**

砖的尺寸 K(mm)	最小试样数量
$K \geqslant 48$	7
$18 \leqslant K < 48$	10

3. 具体检测步骤

(1) 用硬刷刷去试样背面松散的粘结颗粒。将试样放入 (110±5)℃的干燥箱中干燥至恒重，即间隔 24h 的连续两次称量的差值不大于 0.1%。然后将试样放在密闭的干燥箱或干燥器中冷却至室温，干燥器中放有硅胶或其他合适的干燥剂，但不可放入酸性干燥剂。需在试样达到室温至少 3h 后才能进行试验。

(2) 将试样置于支撑棒上，使釉面或正面朝上，试样伸出每根支撑棒的长度为 l（见图 22-8，相应尺寸见表 22-11）。

(3) 对于两面相同的砖，例如无釉马赛克，以哪面向上都可以。对于挤压成型的砖，应将其背肋垂直于支撑棒放置，对于所有其他矩形砖，应以其长边垂直于支撑棒放置。

(4) 对凸纹浮雕的砖，在与浮雕面接触的中心棒上再垫一层厚度与表 22-11 相对应的橡胶层。

(5) 中心棒应与两支撑棒等距，以 (1±0.2)N/(mm^2 · s) 的速率均匀地增加荷载，每秒的实际增加率可按计算断裂模数计算公式进行计算，记录断裂荷载 F。

4. 检测结果计算与评定

只有在宽度与中心棒直径相等的中间部位断裂试样，其结果才能用来计算平均破坏强度和平均断裂模数，计算平均值至少需要 5 个有效的结果。

如果有效结果少于 5 个，应取加倍数量的砖再做第二组试验，此时至少需要 10 个有效结果来计算平均值。

（1）破坏强度（S）以牛顿（N）表示，按下式计算：

$$S=\frac{FL}{b}$$

式中 F——破坏荷载，N；

L——两根支撑棒之间的跨距，mm，（见图 22-8）；

b——试样的宽度，mm。

（2）断裂模数（R）以（N/mm²）表示，按下式计算：

$$R=\frac{3FL}{2bh^2}=\frac{3S}{2h^2}$$

式中 F——破坏荷载，N；

L——两根支撑棒之间的跨距，mm，（见图 22-8）；

b——试样的宽度，mm；

h——试验后沿断裂边测得的试样断裂面的最小厚度，mm。

注：断裂模数的计算是根据矩形的横断面，如断面的厚度有变化，只能得到近似的结果，浮雕凸起越浅，近似值越准确。

（3）记录所有结果，以有效结果计算试样的平均破坏强度和平均断裂模数。

22.2.4 陶瓷砖用恢复系数确定砖的抗冲击性检测

1. 主要检测设备仪器

（1）落球设备（见图 22-9），由装有水平调节旋钮的钢座和一个悬挂着电磁铁、导管和试验部件支架的竖直钢架组成。

试验部件被紧固在能使落下的钢球正好碰撞在水平瓷砖表面中心的位置。固定装置如图 22-9 所示，其他合适的系统也可以使用。

（2）铬钢球，直径为（19±0.05）mm。

（3）电子计时器（可选择的），用麦克风测定钢球落到试样上的第一次碰撞和第二次碰撞之间的时间间隔。

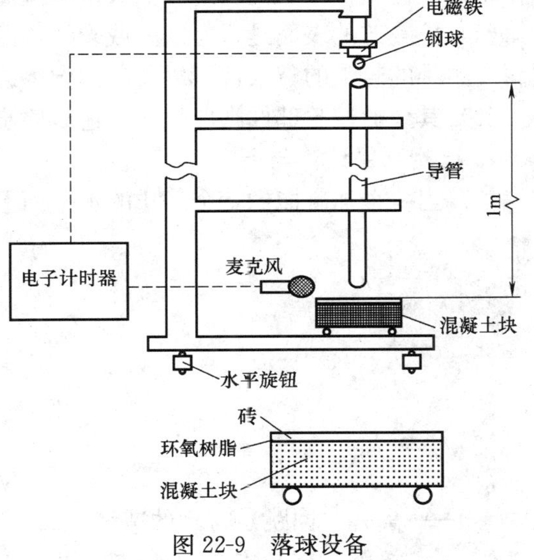

图 22-9 落球设备

2. 试样

（1）试样的数且分别从 5 块砖上至少切下 5 片 75mm×75mm 的试样。实际尺寸小于 75mm 的砖也可以使用。

（2）试验部件的简要说明

试验部件是用环氧树脂黏合剂将试样粘在制好的混凝土块上制成。

（3）混凝土块

混凝土块的体积约为 75mm×75mm×50mm，用这个尺寸的模具制备混凝土块或从一个大的混凝土板上切取。

（4）环氧树脂黏合剂

这种黏合剂应不含增韧成分。

一种合适的黏合剂是由表氯醇和二苯酚基丙烷反应生成的环氧树脂2份（按质量计）和作为硬化剂的活化了的胺1份（按质量计）组成。用粒子计数器或其他类似方法测定的平均粒度为5.5μm的纯二氧化硅填充物同其他成分以合适的比例充分混合后形成一种不流动的混合物。

（5）试验部件的安装

在制成的混凝土块表面上均匀地涂上一层2mm厚的环氧树脂黏合剂。在三个侧面的中间分别放三个直径为1.5mm钢质或塑料制成的间隔标记，以便于以后将每个标记移走将规定的试样正面朝上压紧到黏合剂上，同时在轻轻移动三个间隔标记之前将多余的黏合剂刮掉。试验前使其在温度为（23±2）℃和湿度为（50±5）%RH的条件下放3d。如果瓷砖的面积小于75mm×75mm也可以用来测试。放一块瓷砖使它的中心与混凝土的表面相一致，然后用瓷砖将其补成75mm×75mm的面积。

3. 具体检测步骤

（1）用水平旋钮调节落球设备以使钢架垂直。将试验部件放到电磁铁的下面，使从电磁铁中落下的钢球落到被紧固定位的试验部件的中心。

（2）将试验部件放到支架上，将试样的正面向上水平放置。使钢球从1m高处落下并回跳。通过合适的探测装置测出回跳高度（精确至±1mm）进而计算出恢复系数（e）。

（3）另一种方法是让钢球回跳两次，记下两次回跳之间的时间间隔（精确到毫秒级）。算出回跳高度，从而计算出恢复系数。

（4）任何测试回跳高度的方法或两次碰撞的时间间隔的合适的方法都可应用。

（5）检查砖的表面是否有缺陷或裂纹，所有在距1m远处未能用肉眼或平时戴眼镜的眼睛观察到的轻微的裂纹都可以忽略。记下边缘的磕碰，但在瓷砖分类时可予忽略。

（6）其余的试验部件则应重复上述试验步骤。

4. 检测结果计算与评定

（1）当一个球碰撞到一个静止的水平面上时，它的恢复系数用下列公式进行计算：

$$e=\frac{v}{u}$$

$$\frac{mv^2}{2}=mgh_2$$

$$v=\sqrt{2gh_2}$$

$$e=\sqrt{\frac{h_2}{h_1}}$$

式中 v——离开（回跳）时刻的速度，cm/s；

u——接触时刻的速度，cm/s；

h_2——回跳的高度，cm；

g——重力加速度，cm/s^2；

h_1——落球的高度，cm。

（2）如果回跳高度确定，则允许回跳两次从而测定这回跳两次之间的时间间隔，那么运动公式为：

$$h_2 = u_0 + \frac{gt^2}{2}$$

$$t = \frac{T}{2}$$

$$h_2 = 122.6T^2$$

式中 u_0——回跳到最高点时的速度，(=0)；

T——两次的时间间隔，s。

(3) 用厚度为（8±0.5）mm 未上釉且表面光滑的瓷质砖（吸水率<0.5%），安装成 5 个试验部件，按照具体步骤进行试验。回跳平均高度（h_2）应是（72.5±1.5）cm，因此恢复系数为 0.85±0.01。

22.2.5 陶瓷砖无釉砖耐磨深度检测

1. 主要检测设备仪器

(1) 耐磨试验机

主要包括一个摩擦钢轮，一个带有磨料给料装置的贮料斗，一个试样夹具和一个平衡锤（见图 22-10）。摩擦钢轮是用符合《结构钢第 1 部分：板材、宽带材、棒材、截面和剖面》（ISO 630—1）的 E235A 制造的，直径为（200±0.2）mm，边缘厚度为（10±0.1）mm，转速为 75r/min。

试样受到摩擦钢轮的反向压力作用，并通过刚玉调节试验机。压力调校用 F80《固结磨具用磨料 粒度组成的检测和标记 第 1 部分：粗磨粒 F4～F220》（GB/T 2481.1—1998）刚玉磨料 150 转后，产生弦长为（24±0.5）mm 的磨坑。石英玻璃作为基本的标准物，也可用浮法玻璃或其他适用的材料。

当摩擦钢轮损耗至最初直径的 0.5%时，必须更换磨轮。

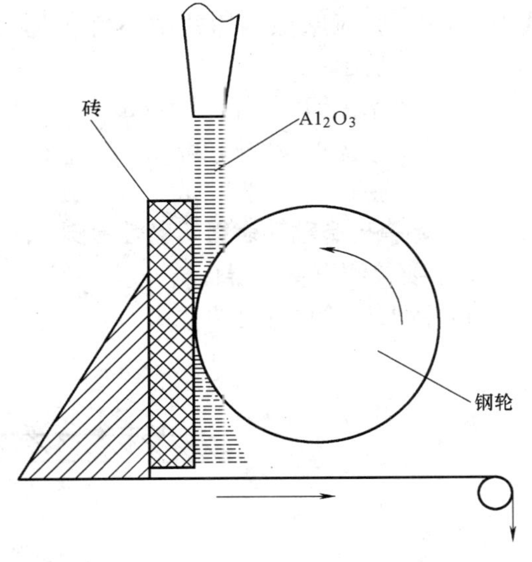

图 22-10 耐深度磨损试验机

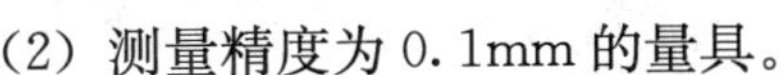

(2) 测量精度为 0.1mm 的量具。

(3) 磨料：符合 ISO 8684—1 中规定的粒度为 F80 的刚玉磨料。

2. 试样

(1) 试样类型

采用整砖或合适尺寸的试样做试验。如果是小试样，试验前，要将小试样用黏结剂无缝地粘在一块较大的模板上。

(2) 试样准备

使用干净、干燥的试样。

(3) 试样数量

至少用 5 块试样。

3. 具体检测步骤

(1) 将试样夹入夹具，样品与摩擦钢轮成正切，保证磨料均匀地进入研磨区。磨料给入速度为 (100±10) g/100r。

(2) 摩擦钢轮转150转后，从夹具上取出试样，测量磨坑的弦长 L，精确到0.5mm。每块试样应在其正面至少两处成正交的位置进行试验。

(3) 如果砖面为凹凸浮雕时，对耐磨性的测定就有影响，可将凸出部分磨平，但所得结果与类似砖的测量结果不同。

(4) 磨料不能重复使用。

4. 检测结果计算与评定

耐深度磨损以磨料磨下的体积 V (mm^3) 表示，它可根据磨坑的弦长 L 按下列公式计算：

$$V=\left(\frac{\pi \cdot \alpha}{180}-\sin\alpha\right)\frac{h \cdot d^2}{8}$$

$$\sin\frac{\alpha}{2}=\frac{L}{d}$$

式中 α——弦对摩擦钢轮的中心角 (°)，如图22-11所示；

d——摩擦钢轮的直径，mm；

h——摩擦钢轮的厚度，mm；

L——弦长，mm。

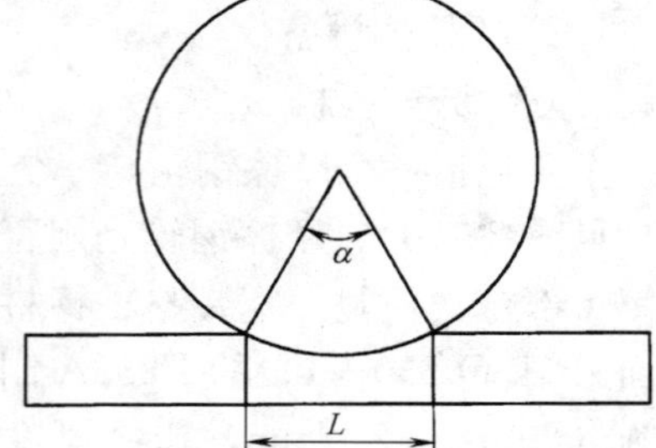

图 22-11 弦的定义

22.2.6 陶瓷砖有釉砖表面耐磨性检测

1. 主要检测设备仪器

(1) 耐磨试验机（见图 22-12）

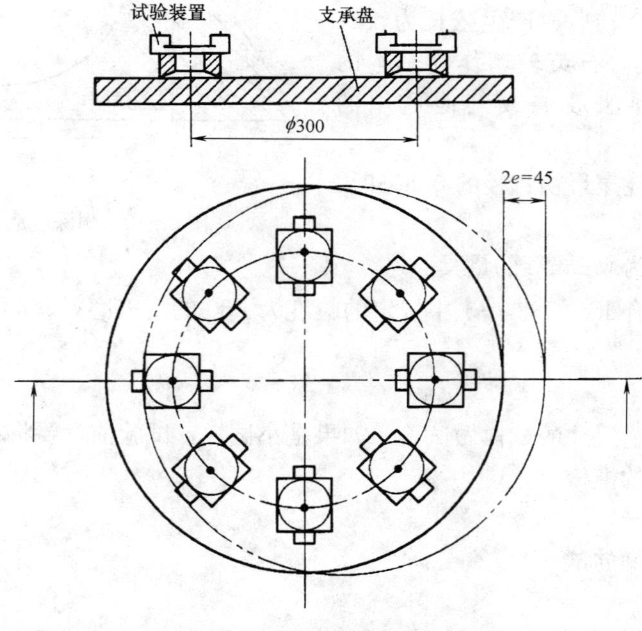

图 22-12 耐磨试验机

耐磨试验机由内装电机驱动水平支承盘的钢壳组成，试样最小尺寸为 100mm×100mm。支承盘中心与每个试样中心距离为 195mm。相邻两个试样夹具的间距相等，支承盘以 300r/min 的转速运转，随之产生 22.5mm 的偏心距（e）。因此，每块试样做直径为 45mm 的圆周运动，试样由带橡胶密封的金属夹具固定（见图 22-13）。夹具的内径是 83mm，提供的试验面积约为 54cm²。橡胶的厚度是 9mm，夹具内空间高度是 25.5mm。试验机达到预调转数后，自动停机。支承试样的夹具在工作时用盖子盖上。与该试验机试验结果相同的其他设备也可使用。

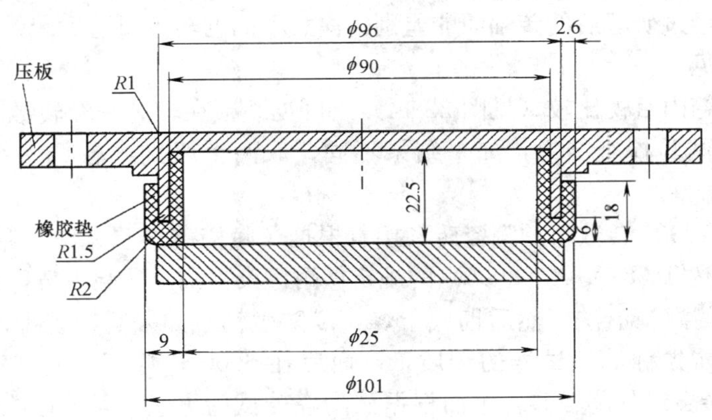

图 22-13 试样夹具

（2）目视评价用装置（见图 22-14）

箱内用色温为 6000～6500K 的荧光灯垂直置于观察砖的表面上，照度约为 300lx，箱体尺寸为 61mm×61mm，箱内刷有自然灰色，观察时应避免光源直接照射。

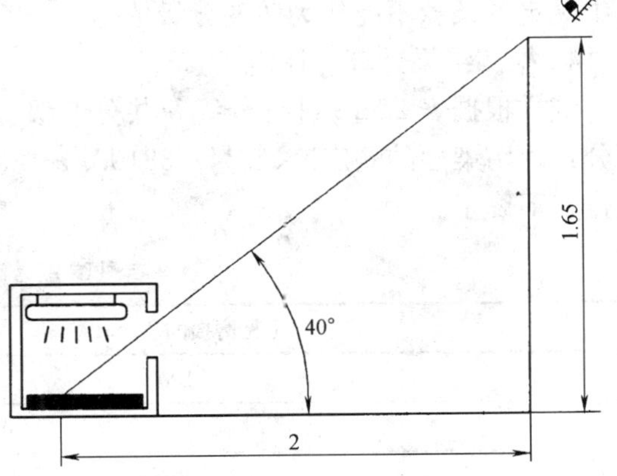

图 22-14 目视评价用装置（尺寸 m）

（3）干燥箱：工作温度为（110±5）℃。

（4）天平（要求做磨耗时使用）。

2. 试样

（1）试样的种类

试样应具有代表性，对于不同颜色或表面有装饰效果的陶瓷砖，取样时应注意能包括所有特色的部分。

试样的尺寸一般为 100mm×100mm，使用较小尺寸的试样封，要先把它们粘紧固定在一适宜的支承材料上，窄小接缝的边界影响可忽略不计。

（2）试样的数量

试验要求用 11 块试样，其中 8 块试样经试验供目视评价用。每个研磨阶段要求取下一块试样，然后用 3 块试样与已磨损的样品对比，观察可见磨损痕迹。

（3）准备

样品釉面应清洗并干燥。

3. 具体检测步骤

(1) 将试样釉面朝上夹紧在金属夹具下，从夹具上方的加料孔中加入研磨介质，盖上盖子防止研磨介质损失，试样的预调转数为100转，150转，600转，750转，1500转，2100转，6000转和12000转，达到预调转数后，取下试样，在流动水下冲洗，并在(110±5)℃的烘箱内烘干。如果试样被铁锈污染，可用体积分数为10%的盐酸擦洗，然后立即用流动水冲洗、干燥。将试样放入观察箱中，用一块已磨试样，周围放置三块同型号未磨试样，在300lx的照度下，距离2m，高1.65m，用眼睛（平时戴眼镜的可戴眼镜）观察对比未磨和经过研磨后的砖釉面的差别。注意不同的转数研磨后砖釉面的差别，至少需要三种观察意见。

(2) 在观察箱内目视比较（见图22-14）当可见磨损在较高一级转数和低一级转数比较靠近时，重复试验检查结果，如果结果不同，取两个级别中较低一级作为结果进行分级。

(3) 已通过12000转数级的陶瓷砖紧接着根据《陶瓷砖试验方法 第14部分：耐污染性的测定》(GB/T 3810.14—2006) 的规定做耐污染检测。试验完毕，钢球用流动水冲洗，再用含甲醇的酒精清洗，然后彻底干燥，以防生锈。如果有协议要求做釉面磨耗试验，则应在试验前先称3块试样的干质量，而后在6000转数下研磨。已通过1500转，2100转和6000转数级的陶瓷砖，进而根据《陶瓷砖试验方法 第14部分：耐污染性的测定》(GB/T 3810.14—2006) 的规定做耐污染性试验。

(4) 其他有关的性能测试可根据协议在试验过程中实施。例如颜色和光泽的变化，协议中规定的条款不能作为砖的分级依据。

4. 检测结果计算与评定

试样根据表22-13进行分级，共分5级。陶瓷砖也要通过《陶瓷砖试验方法 第14部分：耐污染性的测定》(GB/T 3810.14—2006) 做磨损釉面的耐污染试验，但对此标准进行如下修正。

有釉陶瓷砖耐磨性分级 **表22-13**

可见磨损的研磨转数	级 别
100	0
150	1
600	2
750,1500	3
2100,6000,12000	4
>12000	5
通过12000转试验后必须根据《陶瓷砖试验方法 第14部分:耐污染性的测定》(GB/T 3810.14—2006)做耐污染性检测	—

22.2.7 陶瓷砖线性热膨胀检测

1. 主要检测设备仪器

(1) 热膨胀仪：加热速率为 (5±1)℃/min，以便使试样均匀受热，且能在100℃下保持一定的时间。

（2）游标卡尺或其他合适的测量器具。

（3）干燥箱：能在（110±5）℃的温度下工作；也可使用能获得相同检测结果的微波、红外或其他干燥系统。

（4）干燥器。

2. 试样

（1）从一块砖的中心部位相互垂直地切取两块试样，使试样长度适合于测试仪器。试样的两端应磨平并互相平行。

（2）如果有必要，试样横断面的任一边长应磨到小于 6mm，横断面的面积应大于 $10mm^2$。试样的最小长度为 50mm。对施釉砖不必磨掉试样上的釉。

3. 具体检测步骤

（1）试样在（110±5）℃的干燥箱中干燥至恒重，既相隔 24h 先后两次称量之差小于 0.1%。然后将试样放入干燥器内冷却至室温。

（2）用游标卡尺测量试样长度，精确到 0.1mm。

（3）将试样放入热膨胀仪内并记录此时的室温。

（4）在最初和全部加热过程中，测定试样的长度，精确到 0.01mm，测量并记录在不超过 15℃间隔的温度和长度值。加热速率为（5±1）℃/min。

4. 检测结果计算与评定

线性热膨胀系数 α_1 用每摄氏度表示（10^{-6}/℃），精确到小数点后第一位，按下式表示：

$$\alpha_1=\frac{1}{L_0}\times\frac{\Delta L}{\Delta t}$$

式中 L_0——室温下试样的长度，mm；

ΔL——试样在室温和 100℃之间的增长，mm；

Δt——温度的升高值，℃。

22.2.8 陶瓷砖抗热震性检测

1. 主要检测设备仪器

（1）低温水槽：可保持（15±5）℃的流动水的低温水槽。例如水槽长 55cm，宽 35cm，深 20cm。水流量为 4L/min。也可使用其他适宜的装置。

1）浸没试验：用于按《陶瓷砖试验方法　第 3 部分：吸水率、显气孔率、表观相对密度和体积密度的测定》（GB/T 3810.3—2006）的规定检验吸水率不大于 10%（质量分数）的陶瓷砖。水槽不用加盖，但水需有足够的深度，使砖垂直放置后能完全浸没。

2）非浸没试验：用于按《陶瓷砖试验方法　第 3 部分：吸水率、显气孔率、表观相对密度和体积密度的测定》（GB/T 3810.3—2006）的规定检验吸水率大于 10%（质量分数）的陶瓷砖。在水槽上盖上一块 5mm 厚的铝槽，并与水面接触。然后将粒径为 0.3～0.6mm 的铝粒覆盖在铝槽底板上，铝粒层厚度约为 5mm。

（2）干燥箱：工作温度为 145～150℃。

2. 试样

至少用 5 块整砖进行试验。

注：对于超大的砖（即边长大于 400mm 的砖），有必要进行切割，切割尽可能大的尺寸，其中心应

与原中心一致。在有疑问时，用整砖比用切割过的砖测定的结果准确。

3. 具体检测步骤

(1) 试样的初检

首先用肉眼（平常带眼镜的可戴上眼镜）在离砖 25～30cm，光源照度约 300lx 的光照条件下观察试样表面。所有试样在试验前应没有缺陷，可用亚甲基蓝溶液对待测试样进行测定前的检验。

(2) 浸没试验

吸水率不大于 10%（质量分数）的陶瓷砖，垂直浸没在 (15±5)℃的冷水中，并使它们互不接触。

(3) 非浸没试验

吸水率大于 10%（质量分数）的有釉砖，使其釉面朝下与 (15±5)℃的低温水槽上的铝粒接触。

(4) 对上述两项步骤，在低温下保持 5min 后，立即将试样移至 (145±5)℃的烘箱内重新达到此温度后保持 20min 后，立即将试样移回低温环境中。

4. 检测结果评定

(1) 重复进行 10 次上述过程。

(2) 然后用肉眼（平常戴眼镜的可戴上眼镜），在离试样 25～30cm，光源照度约 300lx 的条件下观察试样的可见缺陷。为帮助检查，可将合适的染色溶液（如含有少量湿润剂的 1%亚甲基蓝溶液）刷在试样的釉面上，1min 后，用湿布抹去染色液体。

22.2.9 陶瓷砖湿膨胀检测

1. 主要检测设备仪器

(1) 测量装置，带有刻度盘的千分表测微器或类似装置，至少精确到 0.01mm。

(2) 镍钢（镍铁合金）标准块，长度与试样长度近似，与隔热夹具配套使用。

(3) 焙烧炉，能以 150℃/h 的升温速率升到 600℃，且控制温度偏差不超过±15℃。

(4) 游标卡尺或其他合适的用于长度测量的装置，精确到 0.5mm。

(5) 煮沸装置，使所测试样在煮沸的去离子水或蒸馏水中保持 24h。

2. 试样

试样由 5 块整砖组成，如果测量装置没有整砖长，应从每块砖的中心部位切割试样，最小长度为 100mm，最小宽度为 35mm，厚度为砖的厚度。

对挤压砖来说，试样长度应沿挤压方向。

按照测量装置的要求准备试样。

3. 具体检测步骤

(1) 重烧

将试样放入焙烧炉中，以 150℃/h 的升温速率重新焙烧，升至 (550±15)℃，在 (550±15)℃下保温 2h。让试样在炉内冷却。当温度降至 (70±10)℃时，将试样放入干燥器中，在室温下保持 24～32h。如果试样在重烧后出现开裂，另取试样以更慢的加热和冷却速率重新焙烧。

测量每块试样相对镍钢标准块的初始长度，精确到 0.5mm，3h 后再测量试样一次。

(2) 沸水处理

将装有去离子水或蒸馏水的容器加热至沸，将试样浸入沸水中，应保持水位高度超过试样至少5cm，使试样之间互不接触，且不接触容器的底和壁，连续煮沸24h。

从沸水中取出试样并冷却至室温，1h后测量试样长度，过3h后再测量一次。按重烧要求记录测量结果。

对于每个试样，计算沸水处理前的两次测量值的平均数，沸水处理后两次测量的平均数，然后计算二个平均值之差。

4. 检测结果计算与评定

(1) 湿膨胀用mm/m表示时，由下式计算：

$$湿膨胀=\frac{\Delta L}{L}\times1000$$

式中 ΔL——是沸水处理前后两个平均值之差，mm；

L——是试样的平均初始长度，mm。

(2) 湿膨胀以百分比表示时，可由下式计算：

$$湿膨胀=\frac{\Delta L}{L}\times100\%$$

22.2.10 陶瓷砖（有釉砖）抗釉裂性检测

1. 主要检测设备仪器

蒸压釜：具有足够大的容积，以便使试验用的5块砖之间有充分的间隔。蒸汽由外部汽源提供，以保持釜内（500±20）kPa的压力，即蒸汽温度为（159±1)℃，保持2h。

也可以使用直接加热式蒸压釜。

2. 试样

(1) 至少取5块整砖进行试验。

(2) 对于大尺寸砖，为能装入蒸压釜中，可进行切割，但对所有切割片都应进行试验。切割片应尽可能的大。

3. 具体检测步骤

(1) 首先用肉眼（平常戴眼镜的可戴上眼镜），在300lx的光照条件下距试样25～30cm处观察砖面的可见缺陷，所有试样在试验前都不应有釉裂。可用亚甲基蓝溶液作釉裂检验。除了刚出窑的砖，作为质量保证的常规检验外，其他试验用砖应在（500±15)℃的温度下重烧，但升温速率不得大于150℃/h，保温时间不少于2h。

(2) 将试样放在蒸压釜内，试样之间应有空隙。使蒸压釜中的压力逐渐升高，1h内达到（500±20）kPa，（159±1)℃，并保持压力2h。然后关闭汽源，对于直接加热式蒸压釜则停止加热，使压力尽可能快地降低到试验室大气压，在蒸压釜中冷却试样0.5h。将试样移出到试验室大气中，单独放在平台上，继续冷却0.5h。

(3) 在试样釉面上涂刷适宜的染色液，如含有少量润湿剂的1%亚甲基蓝溶液。1min后用湿布擦去染色液。

(4) 检查试样的釉裂情况，注意区分釉裂与划痕及可忽略的裂纹。

4. 检测结果评定

(1) 记录釉裂的试样数量；

(2) 对釉裂的描述（书面描述、绘图或照片见图22-15)。

图 22-15 釉裂的图例

(*a*) 单色砖；(*b*) 图案砖；(*c*) 表面浮雕砖

22.2.11 陶瓷砖抗冻性检测

1. 主要检测设备仪器

(1) 干燥箱：能在(110±5)℃的温度下工作；也可使用能获得相同检测结果的微波、红外或其他干燥系统。

(2) 天平：精确到试样质量的0.01%。

(3) 抽真空装置：是抽真空后注入水使砖吸水饱和的装置，通过真空泵抽真空能使该装置内压力至(40±2.6) kPa。

(4) 冷冻机：能冷冻至少10块砖，其最小面积为0.25mm²，并使砖互相不接触。

(5) 鹿皮。

(6) 水：温度保持在(20±5)℃。

(7) 热电偶或其他合适的测温装置。

2. 试样

(1) 样品

使用不少于10块整砖，并且其最小面积为0.25m²，对于大规格的砖，为能装入冷冻机，可进行切割，切割试样应尽可能大。砖应没有裂纹、釉裂、针孔、磕碰等缺陷。如果必须用有缺陷的砖进行检验，在试验前应用永久性的染色剂对缺陷做记号，试验后检查这些缺陷。

(2) 试样制备

砖在 (110±5)℃的干燥箱内烘干至恒重，即每隔 24h 的两次连续称量之差小于 0.1%。记录每块干砖的质量 (m_1)。

3. 浸水饱和

(1) 砖冷却至环境温度后，将砖垂直地放在抽真空装置内，使砖与砖、砖与该装置内壁互不接触。

抽真空装置接通真空泵，抽真空至 (40±2.6) kPa。在该压力下将水引入装有砖的抽真空装置中浸没，并至少高出 50mm。在相同压力下至少保持 15min，然后恢复到大气压力。

用手把浸湿过的鹿皮拧干，然后将鹿皮放在一个平面上。依次将每块砖的各个面轻轻擦干，称量并记录每块湿砖的质量 m_2。

(2) 初始吸水率 E_1 用质量分数（%）表示，由下式求得：

$$E_1=\frac{m_2-m_1}{m_1}\times100\%$$

式中 m_2——每块湿砖的质量，g；

m_1——每块干砖的质量，g。

4. 具体检测步骤

(1) 在试验时选择一块最厚的砖，该砖应视为对试样具有代表性。在砖一边的中心钻一个直径为 3mm 的孔，该孔离边最大距离为 40mm，在孔中插一支热电偶，并用一小片隔热材料（例如多孔聚苯乙烯）将该孔密封。如果用这种方法不能钻孔，可把一支热电偶放在一块砖的一个面的中心，用另一块砖附在这个面上。将冷冻机内欲测的砖垂直地放在支撑架上，用这一方法使得空气通过每块砖之间的空隙流过所有表面。把装有热电偶的砖放在试样中间，热电偶的温度定为试验时所有砖的温度，只有在用相同试样重复试验的情况下这点可省略。此外，应偶尔用砖中的热电偶作核对。每次测量温度应精确到±0.5℃。

(2) 以不超过 20℃/h 的速率使砖降温到−5℃以下。砖在该温度下保持 15min。砖浸没于水中或喷水直到温度达到 5℃以上。砖在该温度下保持 15min。

5. 检测结果计算与评定

(1) 重复上述循环至少 100 次。如果将砖保持浸没在 5℃以上的水中，则此循环可中断称量试验后的砖质量 (m_3)，再将其烘干至恒重，称量试验后砖的干质量 (m_4)。最终吸水率 E_2 用质量分数（%）表示，由下式求得：

$$E_2=\frac{m_3-m_4}{m_4}\times100\%$$

式中 m_3——检测后每块湿砖的质量，g；

m_4——检测后每块干砖的质量，g。

(2) 100 次循环后，在距离 25～30cm 处、大约 300lx 的光照条件下，用肉眼检查砖的釉面、正面和边缘。对通常戴眼镜者，可以戴眼镜检查。在试验早期，如果有理由确信砖已遭到损坏，可在试验中间阶段检查并及时作记录。记录所有观察到砖的釉面、正面和边缘损坏的情况。

22.2.12 陶瓷砖耐化学腐蚀性检测

1. 主要检测设备仪器

(1) 带盖容器：用硅硼玻璃《3.3 硼硅酸盐玻璃 特性》(ISO 3585—1998) 或其他合适材料制成。

(2) 圆筒：用硅硼玻璃《3.3 硼硅酸盐玻璃 特性》(ISO 3585—1998) 或其他合适材料制成的带盖圆筒。

(3) 干燥箱：工作温度为 (110±5)℃也可使用能获得相同检测结果的微波、红外或其他干燥系统。

(4) 鹿皮。

(5) 由棉纤维或亚麻纤维纺织的白布。

(6) 密封材料 (如橡皮泥)。

(7) 天平：精度为0.05g。

(8) 铅笔：硬度为HB (或同等硬度) 的铅笔。

(9) 灯泡：40W，内面为白色 (如硅化的)。

2. 试样

(1) 试样的数量

每种试液使用5块试样。试样必须具有代表性。试样正面局部可能具有不同色彩或装饰效果，试验时必须注意应尽可能把这些不同部位包含在内。

(2) 试样的尺寸

1) 无釉砖：试样尺寸为50mm×50mm，由砖切割而成，并至少保持一个边为非切割边。

2) 有釉砖：必须使用无损伤的试样，试样可以是整砖或砖的一部分。

(3) 试样的准备

用适当的溶剂 (如甲醇)，彻底清洗砖的正面。有表面缺陷的试样不能用于检测试验。

3. 具体检测步骤

(1) 无釉砖具体检测步骤

1) 试液的应用

将试样放入干燥箱在 (110±5)℃下烘干至恒重，即连续两次称量的差值小于0.1g，然后使试样冷却至室温。

将试样垂直浸入盛有试液的容器中，试样浸深25mm。试样的非切割边必须完全浸入溶液中。盖上盖子，在 (20±2)℃的温度下保持12d。

12d后，将试样用流动水冲洗5d，再完全浸泡在水中煮30min后从水中取出，用拧干但还带湿的鹿皮轻轻擦拭，随即在 (110±5)℃的干燥箱中烘干。

2) 试验后的分级

在日光或人工光源约300lx的光照条件下 (但应避免直接照射)，离试样25～30cm，用肉眼 (平时戴眼镜的可戴上眼镜) 观察试样表面非切割边和切割边浸没部分的变化。砖可划分为几个等级。

(2) 有釉砖试验步骤

1) 试液的应用

在圆筒的边缘上涂一层3mm厚的密封材料，然后将圆筒倒置在有釉表面的干净部分，并使其周边密封。

从开口处注入试液，液面高为（20±1）mm，试液必须是检测所列溶液中的任何一种；将试验装置放于（20±2)℃的温度下保存。

试验耐家庭用化学药品、游泳池盐类和柠檬酸的腐蚀性时，使试液与试样接触 24h，移开圆筒并用合适的溶剂彻底清洗釉面上的密封材料。

试验耐盐酸和氢氧化钾腐蚀性时，使试液与试样接触 4d，每天轻轻摇动装置一次，并保证试液的液面不变。2d 后更换溶液，再过 2d 后移开圆筒并用合适的溶剂彻底清洗釉面上的密封材料。

2）检测后的分级。

22.2.13 陶瓷砖耐污染性检测

1. 清洗程序和设备

（1）程序 A

用流动热水清洗砖面 5min，然后用湿布擦净砖面。

（2）程序 B

用普通的不含磨料的海绵或布在弱清洗剂中人工擦洗砖面，然后用流动水冲洗，用湿布擦净。

（3）程序 C

用机械方法在强清洗剂中清洗砖面，例如可用下述装置清洗：用硬鬃毛制成直径为 8cm 的旋转刷，刷子的旋转速度大约为 500r/min，盛清洗剂的罐带有一个合适的喂料器与刷子相连。将砖面与旋转刷子相接触，然后从喂料器加入清洗剂进行清洗，清洗时间为 2min。清洗结束后用流动水冲洗并用湿布擦净砖面。

（4）程序 D

试样在合适的溶剂中浸泡 24h，然后使砖面在流动水下冲洗，并用湿布擦净砖面。

若使用任何一种溶剂能将污染物除去，则认为完成清洗步骤。

（5）辅助设备

干燥箱：工作温度为（110±5)℃；也可使用能获得相同检测结果的微波、红外或其他干燥系统。

2. 具体检测步骤

（1）污染剂的使用

在被试验的砖面上涂 3～4 滴轻油中的绿色或红色污染剂中的膏状物，在砖面上相应的区域各滴 3～4 滴质量浓度为 13g/L 的碘酒和橄榄油中的试剂，并保持 24h。为使试验区域接近圆形，放一个直径约为 30mm 的中凸透明玻璃筒在试验区域的污染剂上。

（2）清除污染剂

把按上一步骤处理的试样按清洗程序（程序 A、程序 B、程序 C 和程序 D）进行清洗。

试样每次清洗后在（110±5)℃的干燥箱中烘干，然后用眼睛观察砖面的变化（通常戴眼镜的可戴眼镜观察），眼睛距离砖面 25～30cm，光线大约为 300lx 的日光或人造光源，但避免阳光的直接照射。如果砖面未见变化，即污染能去掉，根据图 22-16 记录可清洗级别。如果污染不能去掉，则进行下一个清洗程序。

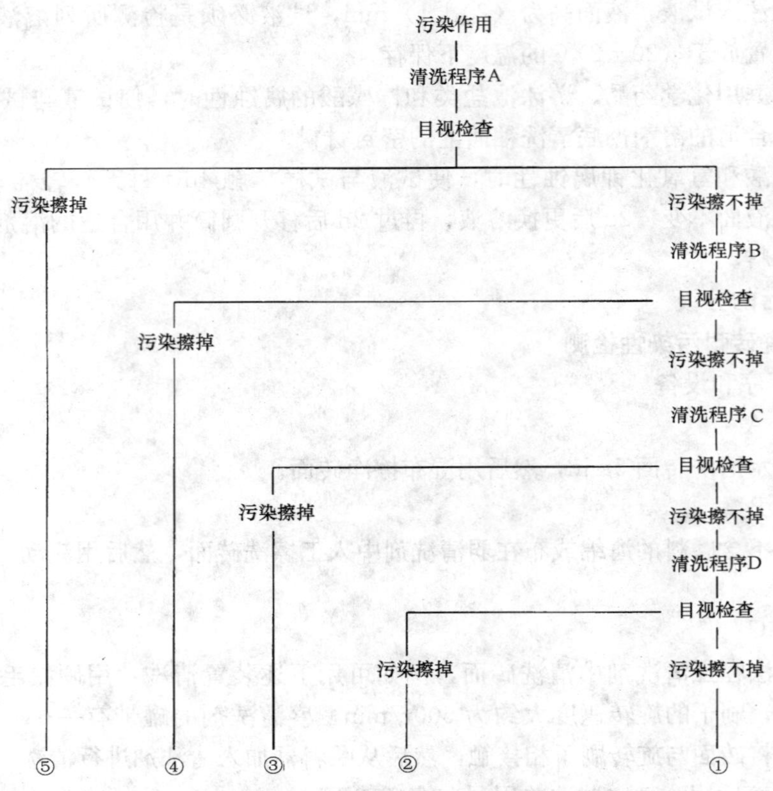

图 22-16 耐污染性试验结果的分级

22.2.14 陶瓷砖性能检测报告

陶瓷砖性能检测报告见表 22-14。

陶瓷砖性能检测报告 **表 22-14**

工程名称： 报告编号： 工程编号：

委托单位		委托编号		委托日期	
施工单位		样品编号		检验日期	
结构部位		出厂合格证编号		报告日期	
厂别		检验性质		代表数量	
发证单位		见证人		证书编号	

1. 尺寸和表面质量的检验

长度、宽度和厚度(mm)				边直度(%)			表面质量
	长度	宽度	厚度	边长度 L(mm)	偏差 C(mm)	边直度	以表面无可见缺陷砖百分比(%)
偏差(%)							

结　　论：

执行标准：

续表

2. 吸水率、显气孔率、表观相对密度和表观密度的检测

吸水率(%)		显气孔率(%)		表观相对密度(g/cm^3)		表观密度(g/cm^3)	
每块砖	平均值	每块砖	平均值	每块砖	平均值	每块砖	平均值

结　论：

执行标准：

3. 断裂模数和破坏强度的检测

棒的直径、橡胶厚度和长度(mm)			破坏荷载 F(N)		破坏强度 S(N)		断裂模数 R(N/mm^2)	
直径	厚度	长度	各试样	平均值	各试样	平均值	各试样	平均值

结　论：

执行标准：

4. 线性热膨胀的检测

室温下试样的长度 L_0(mm)	试样在室温和 100℃之间的增长 ΔL(mm)	温度的升高值 Δt(℃)	线性热膨胀系数 $a(10^{-6}/℃)$

结　论：

执行标准：

主要仪器设备	检测仪器		管理编号	
	型号规格		有效期	
	检测仪器		管理编号	
	型号规格		有效期	
	检测仪器		管理编号	
	型号规格		有效期	
	检测仪器		管理编号	
	型号规格		有效期	
备注				
声明				
地址	地址： 邮编： 电话：			

审批(签字)：________审核(签字)：________校核(签字)：________检测(签字)：________

检测单位(盖章)：________

报 告 日 期： 年 月 日

注：本表一式四份（建设单位、施工单位、检测试验室、城建档案馆存档各一份）。

22.3 建筑饰面玻璃性能检测

22.3.1 浮法玻璃检测

1. 浮法玻璃的检测方法

(1) 尺寸测定

用最小刻度为1mm的钢卷尺，测量两条平行边的距离。

(2) 厚度测定

用符合《外径千分尺》(GB/T 1216—2004) 规定的精度为0.01mm的外径千分尺或具有相同精度的仪器，在离玻璃板边15mm内的四边中点测量。同一片玻璃厚薄差为四个测量值中最大值与最小值之差。

(3) 外观质量测定

1) 气泡、夹杂物、线道、划伤及表面裂纹测定

在不受外界光线的影响下，如图22-17所示，将试样玻璃垂直放置在离屏幕(安装有数支40W、间距为300mm的平行荧光灯，并且是黑色无光泽屏幕) 600mm的位置，打开荧光灯，离试样玻璃600mm处正面进行观察。

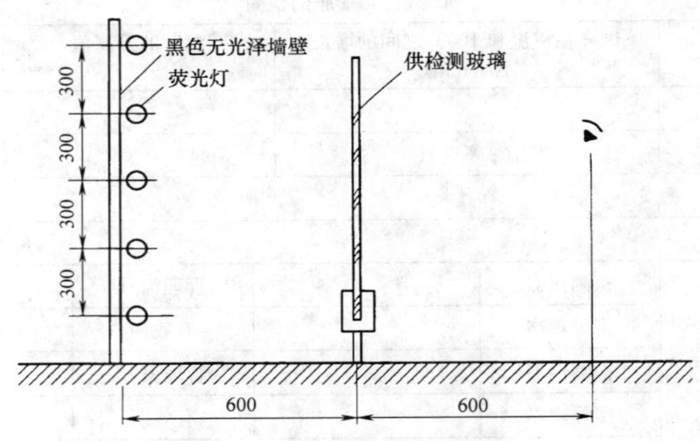

图22-17 检查缺陷的布置图

气泡、夹杂物的长度测定用放大10倍、精度为0.1mm的读数显微镜测定。

2) 光学变形测定

如图22-18所示，试样按拉引方向垂直放置，视线透过试样观察屏幕条纹，首先让条纹明显变形，然后慢慢转动试样直到变形消失。记录此时的入射角度。

3) 断面缺陷测定

用钢直尺测定爆边、凹凸最大部位与板边之间的距离。缺角沿原角等分线向内测量，如图22-19所示。

(4) 对角线差测定

用最小刻度为1mm的钢卷尺，测量玻璃板对应角顶点之间的距离。

(5) 可见光透射比测定

浮法玻璃的可见光透射比按《建筑玻璃 可见光透射比、太阳光直接透射比、太阳

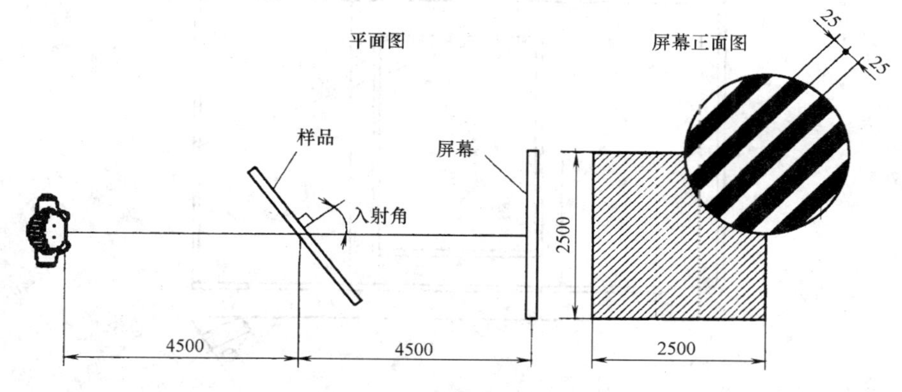

图 22-18 光学变形的测定

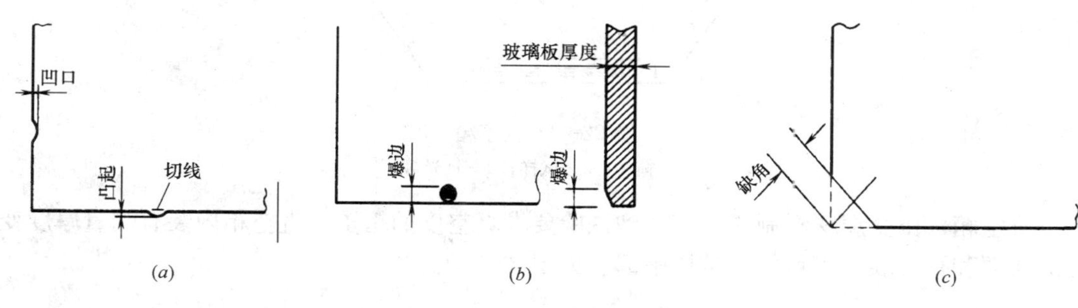

图 22-19 断面缺陷的测定
(a) 凹凸；(b) 爆边；(c) 缺角

能总透射比、紫外线透射比及有关玻璃参数测定》(GB/T 2680—1994) 的规定进行测定。

(6) 弯曲度测定

将玻璃垂直放置，不施加外力，沿玻璃表面任意放置长 10C0mm 的钢直尺，用符合《塞尺》(JB/T 8788—1998) 规定的塞尺测量直尺边与玻璃板之间的最大间隙。

2. 检测结果评定

(1) 一片玻璃检验结果，各项指标均达到该等级的要求为合格。

(2) 一批玻璃检验结果，若不合格片数大于或等于表 22-3 不合格判定数，则认为该批产品不合格。

22.3.2 中空玻璃检测

1. 尺寸偏差测定

中空玻璃长、宽、对角线和胶层厚度用钢卷尺测量中空玻璃厚度用符合《外径千分尺》(GB/T 1216—2004) 规定的精度为 0.01mm 的外径千分尺或具有相同精度的仪器，在离玻璃板边 15mm 内的四边中点检测。检测结果的算术平均值即为厚度值。

2. 外观质量测定

以制品或样品为试样，在较好的自然光线或散射光照条件下 (见图 22-20)，距中空玻璃正面 1m，用肉眼进行检查。

3. 密封检测

(1) 主要检测设备仪器

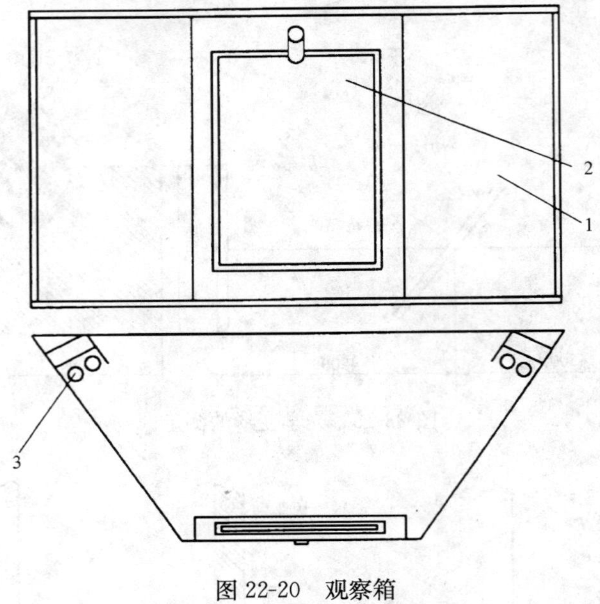

图 22-20 观察箱

1—箱体；2—试样；3—日光灯

真空箱：由金属材料制成的能达到试验要求真空度的箱子。直空箱内装有测量厚度变化的支架和百分表，支点位于试样中部（见图 22-21）。

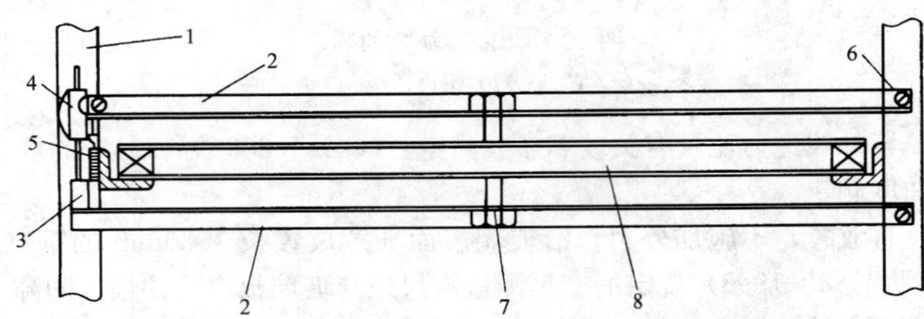

图 22-21 密封试验装置

1—主框架；2—试样支架；3—触点；4—百分表；5—弹簧；6—枢轴；7—支点；8—试样

（2）具体检测步骤

1）将试样分批放入真空箱内，安装在装有百分表的支架中。

2）把百分表调整到零点或记下百分表初始读数。

3）试验时把真空箱内压力降到低于环境气压（10±0.5）kPa。在达到低压后 5～10min 内记下百分表读数，计算出厚度初始偏差。

4）保持低压 2.5h 后，在 5min 内再记下百分表的读数，计算出厚度偏差。

4. 露点检测

（1）主要检测设备仪器

1）露点仪：测量管的高度为 300mm，测量表面直径为 ϕ50mm，如图 22-22 所示。

2）温度计：测最范围为－80～±30℃，精度为 1℃。

（2）具体检测步骤

1）向露点仪的容器中注入深约25mm的乙醇或丙酮，再加入干冰，使其温度冷却到等于或低于−40℃并在试验中保持该温度。

2）将试样水平放置，在上表面涂一层乙醇或丙酮，使露点仪与该表面紧密接触，停留时间见表22-15。

停留时间 **表22-15**

原片玻璃厚度(mm)	接触时间(min)
≤4	3
5	4
6	5
8	7
≥10	10

3）移开露点仪，立刻观察玻璃试样的内表面上有无结露或结霜。

5. 耐紫外线辐照检测

（1）主要检测设备仪器

1）紫外线试验箱：箱体尺寸为560mm×560mm×560mm，内装由紫铜板制成的ϕ150mm的冷却盘2个（见图22-23）。

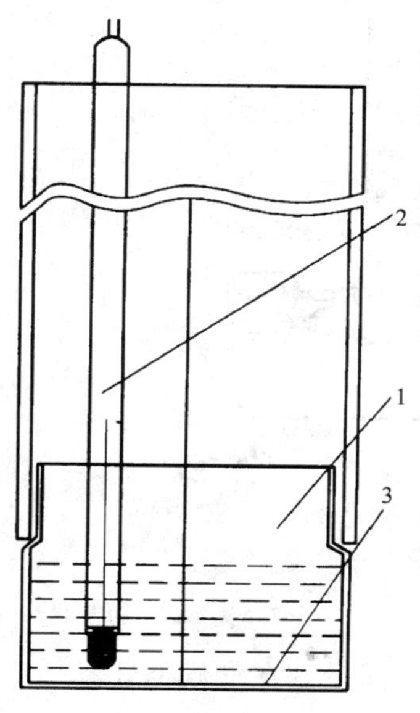

图22-22 露点仪

1—槽钢；2—温度计；3—检测面

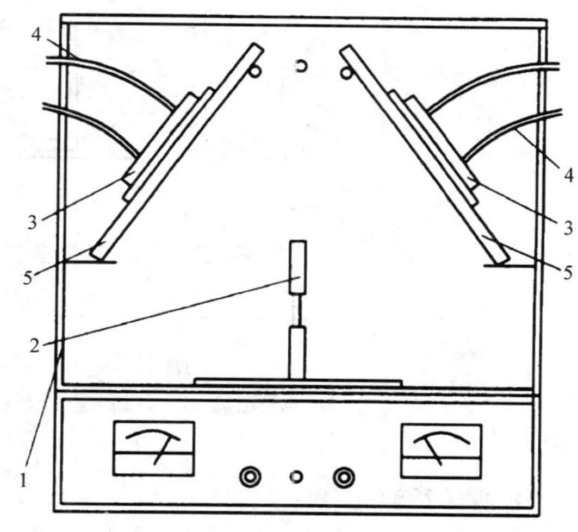

图22-23 紫外线试验箱

1—箱体；2—光源；3—冷却盘；4—冷却水管；5—试样

2）光源为MLU型300W紫外线灯，电压为（220±15）V，其输出功率不低于40W/m^2，每次试验前必须用照度计检查光源输出功率。

3）检测试验箱内温度为（50±3）℃。

（2）具体检测步骤

1）在试验箱内放2块试样，试样放置如图22-23所示试样中心与光源相距300mm，在每块试样中心表面各放置冷却板，然后连续通水冷却，进口水温保持在（16±2)℃，冷却板进出口水温相差不得超过2℃。

2）紫外线连续照射7d后，把试样移出放到（23±2)℃温度下存放一周，然后擦净表面。

3）按照外观观察试样的内表面有无雾状、油状或其他污物，玻璃是否有明显错位、胶条有无蠕变。

6. 气候循环耐久性检测

(1) 主要检测设备仪器

气候循环试验装置：由加热、冷却、喷水、吹风等能够达到模拟气候变化要求的部件构成（见图22-24)。

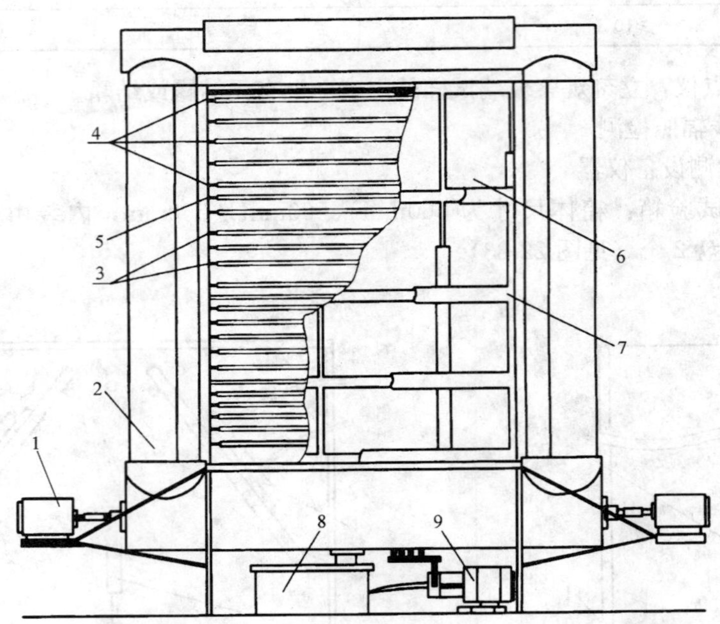

图22-24 气候循环试验装置

1—风扇电机；2—风道；3—加热器；4—冷却管；5—喷水管；6—试样；7—试样框架；8—水槽；9—水泵

(2) 具体检测步骤

1）将4块试样装在气候循环装置的框架上试样的一个表面暴露在气候循环条件下，另一表面暴露在环境温度下。安装时注意不要使试样产生机械应力。

2）气候循环试验进行320个连续循环。每个循环周期分为三个阶段：

加热阶段：时间为（90±1) min，在（60±30) min内加热到（52±2)℃，其余时间保温；

冷却阶段：时间为（90±1) min，冷却25min后用（24±3)℃的水向试样表面喷5min，其余时间通风冷却；

制冷阶段：时间为（90±1) min，在（60±30) min内将温度降低到（−15±2)℃，其余时间保温。

最初50个循环里最多允许2块试样破裂，可用备用试样更换，更换后继续检测。更换后的试样再进行320次循环检测。

3）完成320次循环后，移出试样，在温度为（23±2)℃和相对湿度为30%～75%的条件下放置一周，然后按露点检测测量露点。

7. 高温高湿耐久性检测

（1）主要检测设备仪器

高温高湿试验箱（见图22-25)：由加热、喷水装置构成。

（2）具体检测步骤

1）试验进行224次循环，每个循环分为两个阶段：

加热阶段：时间为（140±1）min，在（90±1）min内将箱内温度升高到(55±3)℃，其余时间保温；

冷却阶段：时间为（40±1）min，在（30±1）min内将箱内温度降低到(25±3)℃，其余时间保温。

2）试验最初50个循环里最多允许有2块试样破裂，可以更换后继续试验。更换后的试样再进行224次循环试验。

3）完成224次循环后移出试样，在温度为（23±2)℃，相对湿度为30%～75%的条件下放置一周，然后按露点检测测量露点。

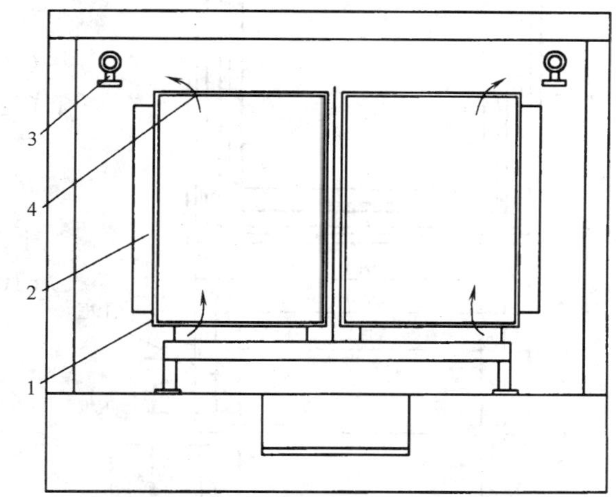

图22-25 高温高湿试验箱
1—试样；2—隔板；3—喷水嘴；4—喷射产生的气流

8. 检测结果判定规则

（1）若不合格品数大于或等于《中空玻璃》（GBT 11944—2002）所规定的不合格判定数则认为该批产品外观质量、尺寸偏差不合格。

（2）其他性能也应符合相应条款的规定，否则认为该项不合格。

（3）若上述各项中，有一项不合格，则认为该批产品不合格。

22.3.3 夹层玻璃检测

1. 外观质量测定

以制品为试样。在良好的自然光及散射光照条件下，在距试样正面约600mm处进行目视检查。缺陷大小用最小刻度为0.5mm的钢直尺测量。

2. 尺寸测定

以制品为试样。夹层玻璃的长度、宽度及对角线长度使用最小刻度为1mm的钢直尺或钢卷尺测量。厚度使用符合《外径千分尺》（GB/T 1216—2004）规定的外径千分尺或具有同等以上精度的量具在玻璃板四边中心进行测量，取其平均值，数值修约至小数点后一位。

3. 弯曲度的测定

以平夹层玻璃制品为试样。将试样垂直立放，用钢直尺或线紧贴试样，用塞尺或相当精度的量具测定玻璃与钢直尺之间的缝隙。

弓形时用弧的高度与弦的长度之比的百分率来表示弯曲度。波形时用波谷到波峰的高度与波峰到波峰（或波谷到波谷）的距离之比的百分率表示弯曲度。

4. 落球冲击剥离检测

(1) 具体检测设备仪器

1) 能使钢球从规定高度自由落下的装置或能使钢球产生相当自由落下的投球装置，对试样支架的规定如图22-26所示。

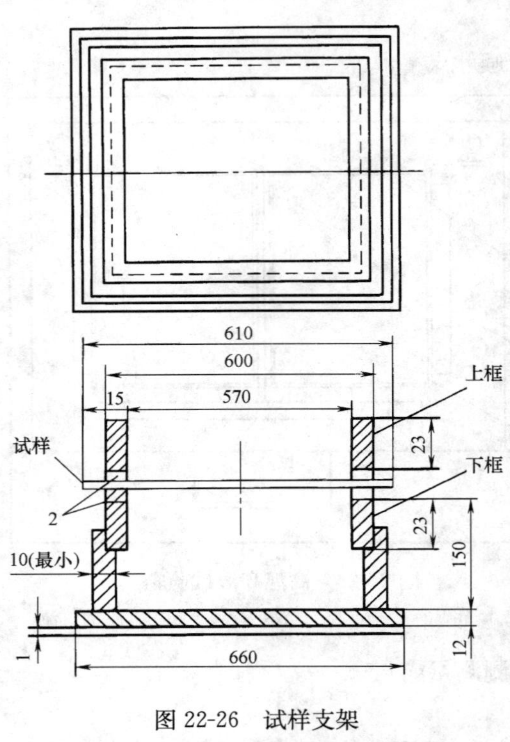

图22-26 试样支架

1—橡胶板（厚3mm）；2—橡胶板（宽15mm，硬度为A50）

2) 淬火钢球：符合《滚动轴承 钢球》（GB/T 308—2002）的规定，质量为（1040±10）g，直径为63.5mm；质量为（2260±20）g，直径为82.5mm。

(2) 试样

与制品相同材料，在相同的工艺条件下制作，或直接从制品上切取的610mm×610mm试验片。

(3) 具体检测步骤

试样在试验前应保存在检测规定的条件下至少4h，取出后立即进行试验。

将试样放在试样支架上，试样的冲击面与钢球入射方向应垂直，允许偏差在3°以内。

由不同厚度玻璃制成的平型夹层玻璃，取较薄的一面为冲击面，对曲面夹层玻璃进行试验时需要采用与曲面形状相吻合的辅助框架支承，曲面夹层玻璃冲击面根据使用情况决定。但压花夹层玻璃、夹丝网夹层玻璃和夹线夹层玻璃，原则上冲击面为非压花面。

将质量为1040g钢球放置于离试样表面1200mm高度的位置，自由下落后冲击点应位于以试样几何中心为圆心，半径为25mm的圆内，观察构成的玻璃有1块或1块以上破坏时的状态。

如果玻璃没有破坏时，按下落高度1200mm，1500mm，1900mm，2400mm，3000mm，3800mm，4800mm的顺序，依次提升高度冲击，并观察每次玻璃破坏时的状态。

若玻璃仍未破坏，用2260g钢球按相同程序进行冲击，并观察每次玻璃破坏时的状态。

若玻璃还未破坏，按《滚动轴承 钢球》（GB/T 308—2002）的规定选取质量适当增大的钢球，按相同的程序冲击，观察玻璃破坏时的状态。

5. 霰弹袋冲击的检测

(1) 具体检测设备仪器

对试样装置的规定，如图 22-27～图 22-29 所示。

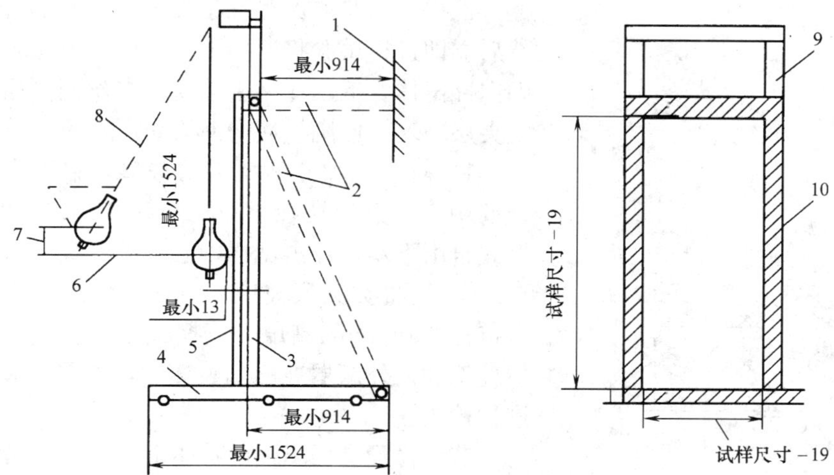

图 22-27 试样框架

1—固定壁；2—增强支架，可用任何方式支撑；3,9—试验框；4—用螺栓固定的底座；5,10—木制紧固框；6—试样的中心线；7—下落高度；8—直径 3mm 左右的钢丝绳

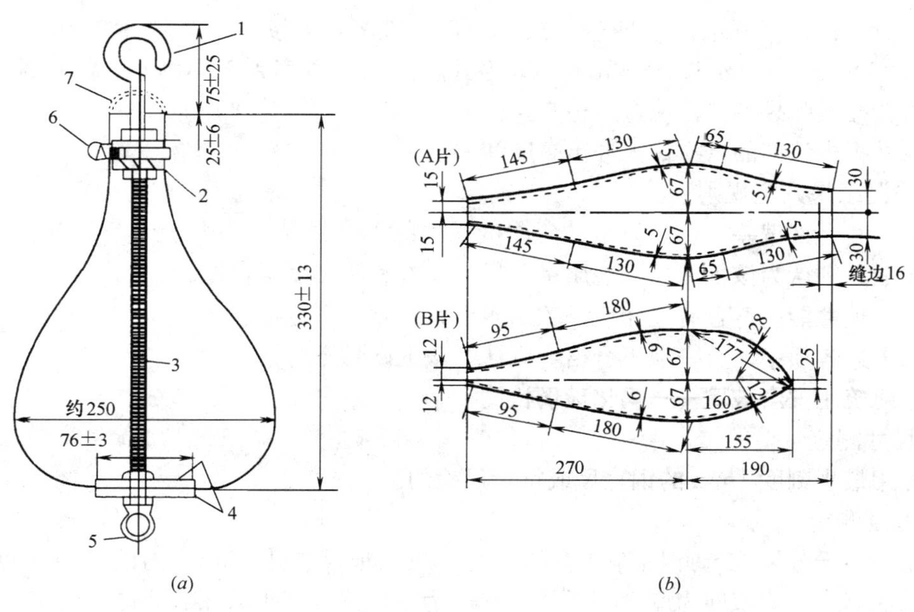

图 22-28 霰弹袋

(*a*) 冲击体；(*b*) 人造革

1—弯杆或附有吊环螺母的杆；2—套筒螺母，长 25mm，直径为 32mm；3—螺杆，直径为 9.5mm；4—金属垫圈，厚（4.8±1.6）mm；5—吊起铁丝用的吊环螺母；6—蜗杆传动软管夹；7—吊绳（卸下）

（2）试样

与制品相同材料，在相同的工艺条件下制作，或直接从制品上切取的 1930mm×864mm 的试验片。

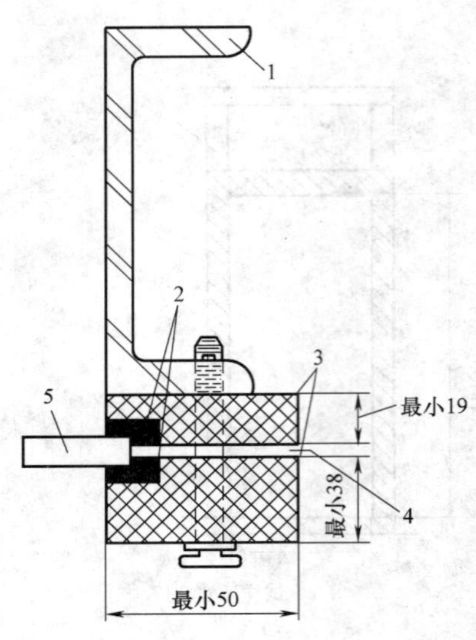

图 22-29 试验框架
1—试验框；2—橡胶板；3—木制紧固框；4—限位块；5—试样

(3) 具体检测步骤

试样在试验前保存在检测规定的条件下至少 4h，然后立即进行试验将试样装在试验框架上，薄的一层朝向冲击体。但压花夹层玻璃、夹丝网夹层玻璃和夹线夹层玻璃，原则上冲击面为非压花面。

1) 对Ⅱ-1 和Ⅱ-2 类夹层玻璃，将冲击体最大直径的中心分别保持在 1200mm 和 750mm 的高度，以摆式自由下落，冲击试样中心附近一次。

2) 对Ⅲ类夹层玻璃，将冲击体最大直径的中心保持在 300mm 的高度，以摆式自由下落，当构成夹层玻璃的内外两层玻璃都破坏时，按霰弹袋冲击性能进行检查。

若试样没有因上述的冲击而破坏，按一定的顺序改变冲击高度，并继续用上述的方法进行冲击，当构成夹层玻璃的两块都破坏时，按霰弹袋冲击性能进行检查。

在上两个冲击过程中，当构成夹层玻璃中的一块玻璃破坏时，再以同样的高度冲击一次，若仍未破坏，再按冲击高度 300mm，450mm，600mm，750mm，900mm，1200mm 的顺序升高高度冲击直到破坏为止。用前面的方法进行冲击并按霰弹袋冲击性能进行检查。

记录并报告该产品试样最大冲击高度和冲击历程。

6. 检测结果判定规则

(1) 尺寸允许偏差、外观质量、弯曲度三项的不合格品数如大于或等于表 22-5 的不合格判定数，则认为该批产品外观质量、尺寸偏差和弯曲度不合格。

(2) 其他性能应符合有关相应条款的规定，否则为不合格。

(3) 上述各项中，有一项不合格，则认为该批产品不合格。

22.3.4 建筑用安全玻璃——钢化玻璃检测

1. 尺寸测定

尺寸用最小刻度 1mm 的钢直尺或钢卷尺检测。

2. 厚度测定

使用外径千分尺或与此同等精度的器具，在离玻璃板边 15mm 内的四边中点检测。检测结果的算术平均值即为厚度值，并以 mm 为单位修约到小数点后 2 位。

3. 弯曲度的检测

将试样在室温下放置 4h 以上，检测时把试样垂直立放，并在其长边下方的 1/4 处垫上 2 块垫块。用一直尺或金属线水平紧贴制品的两边或对角线方向，用塞尺检测直线边与玻璃之间的间隙，并以弧的高度与弦的长度之比的百分率来表示弓形时的弯曲度。进行局部波形检测时，用一直尺或金属线沿平行玻璃边缘 25mm 方向进行检测，检测长度为 300mm。用塞尺测得波谷或波峰的高，并除以 300mm 后的百分率表示波形的弯曲度，如图 22-30 所示。

4. 抗冲击性的检测

(1) 试样为与制品同厚度、同种类的，且与制品在同一工艺条件下制造的尺寸为 610mm（－0，＋5mm）×610mm（－0，＋5mm）的平面钢化玻璃。

(2) 检测装置应符合图 22-26 的规定。使冲击面保持水平。检测曲面钢化玻璃时，需要使用相应的辅助框架支承。

(3) 使用直径为 63.5mm（质量约为 1040g）表面光滑的钢球放在距离试样表面 1000mm 的高度，使其自由落下。冲击点应在离试样中心 25mm 的范围内。

对每块试样的冲击仅限 1 次，以观察其是否破坏。检测在常温下进行。

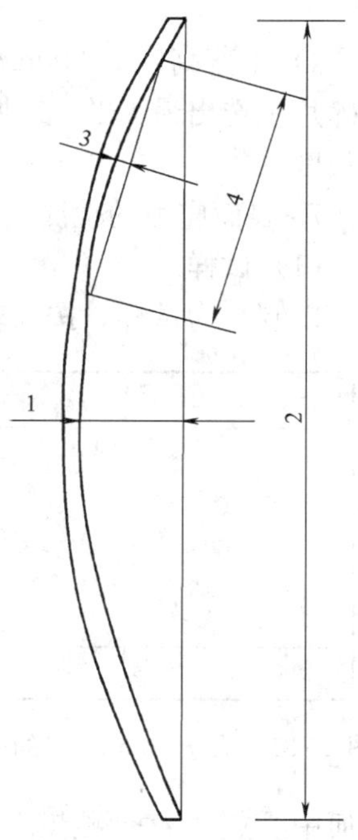

图 22-30 弓形和波形的弯曲度示意图
1—弓形变形；2—玻璃边长或对角线长；3—波形变形；4—300mm

5. 碎片状态的检测

(1) 主要检测设备仪器

可保留碎片图案的任何装置。

(2) 试样

以制品为试样。

(3) 具体检测步骤

1) 将钢化玻璃试样自由平放在检测台上，并用透明胶带纸或其他方式约束玻璃周边，以防玻璃碎片溅开。

2) 在试样的最长边中心线上距离周边 20mm 左右的位置，用尖端曲率半径为（0.2±0.05）mm 的小锤或冲头进行冲击，使试样破碎。

3) 保留碎片图案的措施应在冲击后 10s 后开始并且在冲击后 3min 内结束。

4) 碎片计数时，应除去距离冲击点半径 80mm 以及离玻璃边缘 25mm 范围内的部分。从图案中选择碎片最大的部分，在这部分中用 50mm×50mm 的计算框内的碎片数，每个碎片内不能有贯穿的裂纹存在，横跨计数框边缘的碎片按 1/2 个碎片计算。

6. 霰弹袋冲击性能的检测

(1) 主要检测设备仪器

检测装置应符合图 22-27～图 22-29 的规定。

(2) 试样

试样为与制品相同的厚度，且与制品在同一工艺条件下制造的尺寸为 1930mm（－0，＋5mm）×864mm（－0，＋5mm）的长方形平面钢化玻璃。

(3) 具体检测步骤

1) 用直径为 3mm 的挠性钢丝绳把冲击体吊起，使冲击体横截面最大直径部分的外周距离试样表面小于 13mm，距离试样的中心在 50mm 以内。

2) 使冲击体最大直径的中心位置保持在 300mm 的下落高度，自由摆动落下，冲击试样中心点附近 1 次。若试样没有破坏，升高到 750mm，在同一试样的中心点附近再冲击 1 次。

3) 试样仍未破坏时，再升高到 1200mm 的高度，在同一块试样的中心点附近冲击

1次。

4）下落高度为300mm，750mm或1200mm，试样破坏时，在破坏后5min内，从玻璃碎片中选出最大的10块，称其质量。并检测保留在框内最长的无贯穿裂纹的玻璃碎片的长度。

7. 表面应力的检测

（1）试样

以制品为试样，按《玻璃应力测试方法》（GB/T 18144—2008）规定的方法进行。

（2）测量点的规定

如图22-31所示，在离长边100mm的距离上，引平行于长边的2条平行线，并与对角线相交于4点，这4点以及制品的几何中心点即为检测点。

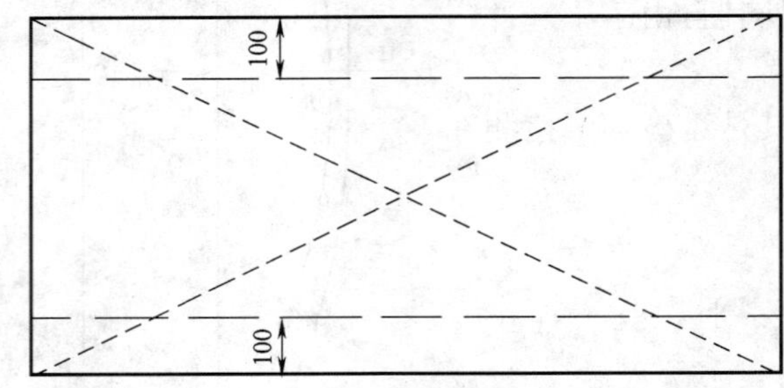

图22-31 大于300mm时的检测点示意图（单位：mm）

若制品短边长度不足300mm时，如图22-32所示，则在距短边100mm的距离上引平行于短边的两条平行线与中心线相交于2点，这两点以及制品的几何中心点即为检测点。

不规则形状的制品，其应力检测点由供需双方商定。

图22-32 不足300mm时的检测点示意图（单位：mm）

（3）检测结果评定

检测结果为各检测点的检测值的算术平均值。

8. 耐热冲击性能的检测

将300mm×300mm的钢化玻璃试样置于（200±2）℃的烘箱中，保留4h以上，取出后立即将试样浸入0℃的冰水混合物中，应保证试样高度的1/3以上能浸入水中，5min后观察是否破坏。

玻璃表面和边部的鱼鳞状剥离不应视作破坏。

9. 检测结果评定

若不合格数大于或等于表22-6的不合格数，则认为该批产品外观质量、尺寸偏差、弯曲度不合格。

其他性能也符合相应条款的规定，否则，认为该项不合格。

若上述各项中，有 1 项不合格，则认为该批产品不合格。

22.3.5 建筑饰面玻璃性能检测报告

建筑饰面玻璃性能检测报告见表 22-16。

建筑饰面玻璃性能检测报告 **表 22-16**

工程名称： 报告编号： 工程编号：

委托单位		委托编号		委托日期	
施工单位		样品编号		检验日期	
结构部位		出厂合格证编号		报告日期	
厂别		检验性质		代表数量	
发证单位		见证人		证书编号	

1. 尺寸允许偏差

厚度(mm)	尺寸偏差(mm)
2,3,4,5,6	
8,10	
12	
15	
19	
结　论：	
执行标准：	

2. 外观质量和力学性能检测

气泡	长度(mm)	
	个数(个)	
夹杂物	长度(mm)	
	个数(个)	
点状缺陷密集度		
线道		
划伤	长度(mm)	
	宽度(mm)	
	条数(条)	
光学变形		
表面裂纹		
断面缺陷		
可见光透射比	厚度(mm)	
	可见光透射比(%)	
霰弹袋冲击性能	冲击高度(mm)	
结　论：		
执行标准：		

续表

主要仪器设备	检测仪器		管理编号	
	型号规格		有效期	
	检测仪器		管理编号	
	型号规格		有效期	
	检测仪器		管理编号	
	型号规格		有效期	
备注				
声明				
地址	地址： 邮编： 电话：			

审批(签字)：____________ 审核(签字)：____________ 校核(签字)：____________ 检测(签字)：____________

检测单位(盖章)：____________

报 告 日 期： 年 月 日

注：本表一式四份（建设单位、施工单位、检测试验室、城建档案馆存档各一份）。

22.4 建筑用轻钢龙骨检测

22.4.1 主要检测设备仪器

(1) 1000mm×2000mm检测平台或长度为1000mm的平台：精度为Ⅱ级。

(2) 百分表：量程为0～30mm，分度值为0.01mm。

(3) 游标卡尺：量程为0～300mm，分度值为0.02mm。

(4) 钢卷尺：量程为10m，分度值为1mm。

(5) 塞尺：分度值为0.01mm。

(6) 半径样板：检测范围为1～6.5mm，精度为Ⅰ级。

(7) 万能角度尺：量程为0°～360°，分度值为5′。

(8) 千分尺：量程为0～25mm，分度值为0.01mm。

(9) 天平：感量为0.0001g。

(10) 磁性测厚仪：精度值为1μm。

(11) 铅笔硬度检测测定仪。

(12) 盐雾检测试验仪。

22.4.2 具体检测步骤

1. 外观

在距试件500mm处光照明亮的条件下，按标准对试件进行目测检查，记录缺陷情况。

2. 尺寸

(1) 长度

检测时，钢卷尺应与龙骨纵向侧边平行，每根龙骨在底面和两侧面检测三个长度值，并以三个值中的最大偏差作为该试件的实际偏差值，精确至 1mm。T 型龙骨检测企口尺寸。

（2）断面尺寸

在离龙骨两端 200mm 及龙骨长度方向的中间点共三处，用游标卡尺分别检测龙骨的断面尺寸 A、B、C、D、E、F 值。计算 A 偏差绝对值的平均值作为 A 值的偏差值；分别计算两边 B、F 偏差绝对值的平均值，取单边平均值的最大值作为 B、F 值的偏差值；分别计算两边 C、D、F 的平均检测值，取单边平均值的最小值作为 C、D、E 值，精确至 0.1mm。

（3）厚度

在离龙骨两端 200mm 及龙骨长度方向的中间点共三处，用千分尺测厚度，取平均值，精确至 0.01mm。

3. 平直度

（1）侧面平直度

将龙骨侧面平放在平台或平尺上，用塞尺检测两边侧面变形，取最大值作为试件的侧面平直度，精确至 0.1mm。

（2）底面平直度

将龙骨底面平放在平台或平尺上，用塞尺检测底面变形，取最大值作为试件的底面平直度，精确至 0.1mm。

4. 弯曲内角半径 R

在离龙骨两端 200mm 及龙骨长度方向的中间点共三处，用半径样板检测内角半径 R，分别计算每侧内角半径的平均值，取其中最大值作为试件的 R 值。

5. 角度偏差

在离龙骨两端 200mm 及龙骨长度方向的中间点共三处，用万能角度尺进行检测。对于断面标准角度为 90°的试件，检测龙骨两侧的角度偏差绝对值；对于断面标准角度不是 90°的试件，检测龙骨两侧实际角度后，计算出角度偏差绝对值。分别计算每侧角度偏差绝对值的平均值，取其中最大值作为试件的角度偏差值，精确至 $5'$。

6. 表面防锈

（1）双面镀锌量

按《钢产品镀锌层质量试验方法》（GB/T 1839—2003）检测双面镀锌量。计算三个试件的平均值作为试样的测定值，精确至 1g/m^2。

（2）双面镀锌层厚度

在离龙骨两端 200mm 及龙骨长度方向的中间点共三处，用磁性测厚仪分别测定正面及背面各三个点的镀锌层厚度，分别计算正面平均检测值和背面平均检测值，两面平均检测值之和即为该试件的双面镀锌层厚度。取三根试件检测结果的平均值，精确至 1μm。

（3）镀锌层厚度

在离龙骨两端 200mm 及龙骨长度方向的中间点共三处，用磁性测厚仪测定正面三个点的镀锌层厚度，计算三个点平均检测值作为该试件的镀锌层厚度。取三根试件检测结果的平均值，精确至 1μm。

（4）涂层铅笔硬度

按《色漆和清漆 铅笔发测定漆膜硬度》(GB/T 6739—2006) 进行检测。

(5) 耐盐雾性能

1) 将试件边部用耐蚀性不低于试样涂、镀层的涂料或胶带封闭保护。

2) 配制盐水，调整检测试验箱，使其达到规定的检测条件。

3) 将试件与垂直方向成15°～30°角放置在盐雾箱内。

4) 连续喷雾检测至供需双方商定的时间后，取出试件，在清水中洗净。

5) 立即观察龙骨涂、镀层气泡或生锈等腐蚀的情况。

7. 力学性能

(1) 墙体静载检测试验

按图22-33用钢质材料组成坚固的测试台架。将横龙骨固定在测试台架相对的两个边长，将竖龙骨按规定间距450mm装入横龙骨，并在竖龙骨上每隔600mm安装一个支撑卡，且支撑卡和两端横龙骨间隙为20～25mm。然后在两面用自攻螺钉各装一层符合《纸面石膏板》(GB/T 9775—2008) 标准要求的12mm厚的普通纸面石膏板，要求上下两层纸面石膏板互相错缝，试件组装后，不应有松动和偏斜。自攻螺钉四周边部间距应为150～200mm，中间间距应为250～300mm，螺钉与石膏板边距离应为10～15mm，钉头略埋入板内且不应损坏纸面。

加载点在石膏板中线距A端1500mm处，在加载点处放置350mm×350mm×15mm、质量为(9±2) N的木质垫板，将(160±2) N的荷载放在垫板上，持续5min，卸载，3min后检测加载点背面石膏板的最大残余变形量，精确至0.1mm。

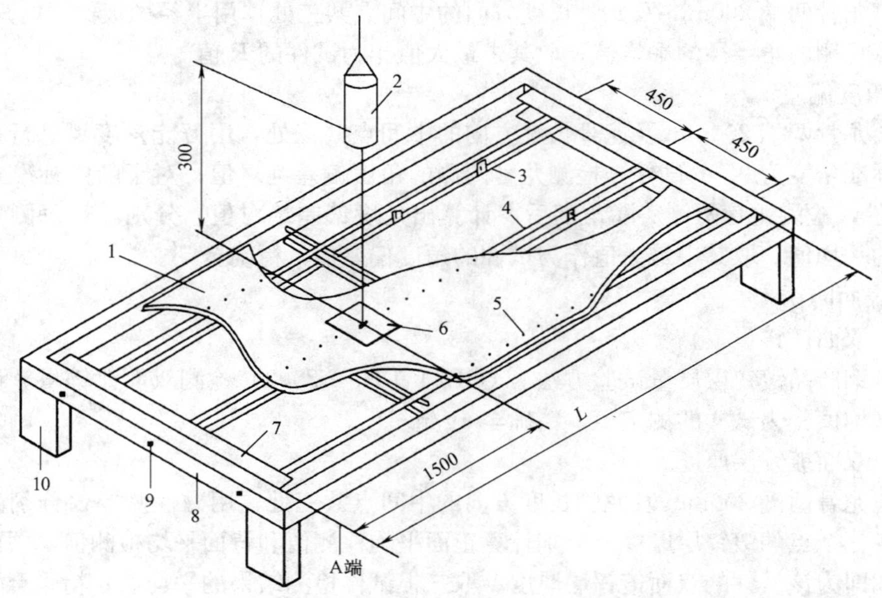

图22-33 墙体龙骨的测试装置(单位：mm)

1—普通纸面石膏板；2—砂袋；3—支撑卡；4—竖龙骨；5—自攻螺钉M4×25mm；
6—垫板；7—横龙骨；8—测试台架；9—横龙骨固定螺钉M6；10—支座；

(2) 墙体抗冲击性检测

按图22-33所示装置，将质量为(300±3) N的砂袋，从300mm高处自由落到垫板上，持续 5s，将砂袋取下，3min 后检测石膏板的最大残余变形量，精确至 0.1mm。

（3）吊顶 C 型覆面龙骨静载检测

按图 22-34 组装吊顶龙骨，试件组装后，不应有松动和偏斜。在中间两根覆面龙骨上，放置 450mm×450mm×24mm、质量为（30±3）N 的木质层压垫板，在上面加载（300±3）N，5min 后分别检测两根龙骨的最大挠度值；卸载 3min 后，分别测定两根龙骨的残余变形量，取其平均值为检测值，精确至 0.1mm。

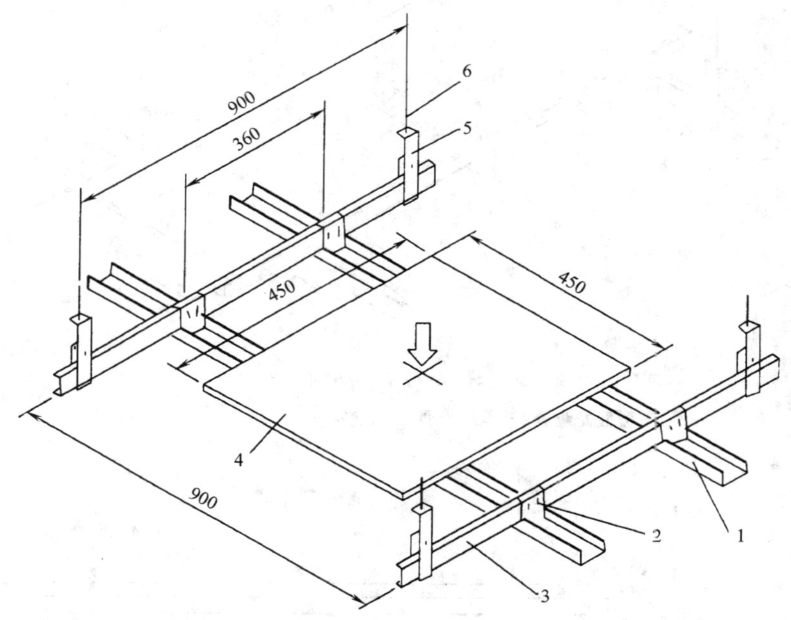

图 22-34 覆面龙骨的测试装配（吊顶 V 型覆面龙骨间距为 400mm）

1—覆面龙骨；2—承载龙骨；3—龙骨挂件；4—垫板；5—吊件；6—吊杆

（4）吊顶 U、C 型承载龙骨静载检测

如图 22-35 所示，在两根承载龙骨上放置 1200mm×400mm×24mm、质量为（30±3）N 的木质层压垫板，D60 龙骨加载（1000±10）N，D50 龙骨加载（800±8）N，D38 龙骨加载（500±5）N，5min 后分别检测两根龙骨的最大挠度值；卸载 3min 后，分别测定两根龙骨的残余变形量，取其平均值为检测值，精确至 0.1mm。

（5）吊顶 V 型、L 型龙骨静载检测

将图 22-34 和图 22-35 的 C 型覆面龙骨和 U 型承载龙骨换成 V 型覆面龙骨和 V 型、L 型承载龙骨。检测要求与吊顶 C 型覆面龙骨静载检测和吊顶 U、C 型承载龙骨静载检测相同，承载龙骨加载（500±5）N。

（6）吊顶 T 型、H 型龙骨静载检测

将图 22-36 所示组装，在两根主龙骨上平行放置四块 700mm×60mm×27mm 和垂直放置一块 1200mm×60mm×30mm 的木质层压加载板，H 型龙骨和 T 型龙骨的轻型承载能力（145±1）N（包括加载板质量），中型承载能力的 T 型龙骨加载（350±4）N（包括加载板质量），5min 后分别检测两根主龙骨的挠度值，取其平均值为检测值，精确至 0.1mm。

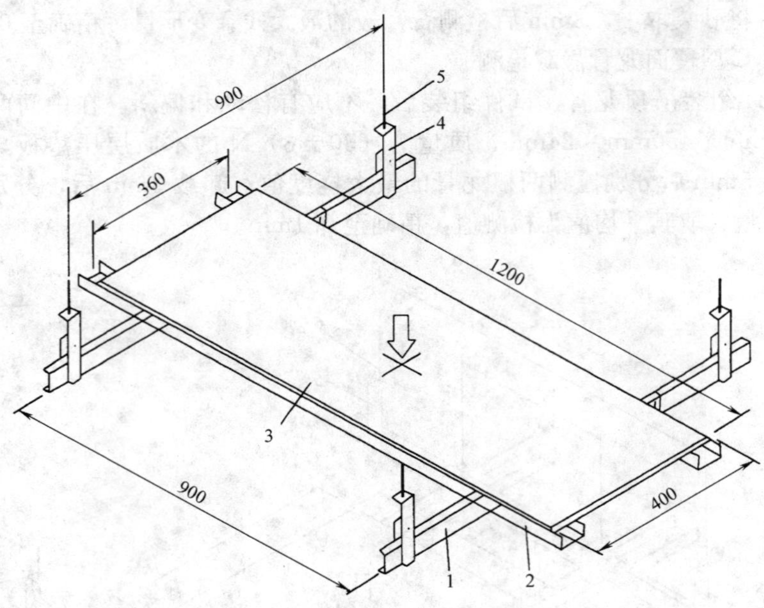

图 22-35 承载龙骨的测试装配

1—覆面龙骨；2—承载龙骨；3—垫板；4—吊件；5—吊杆

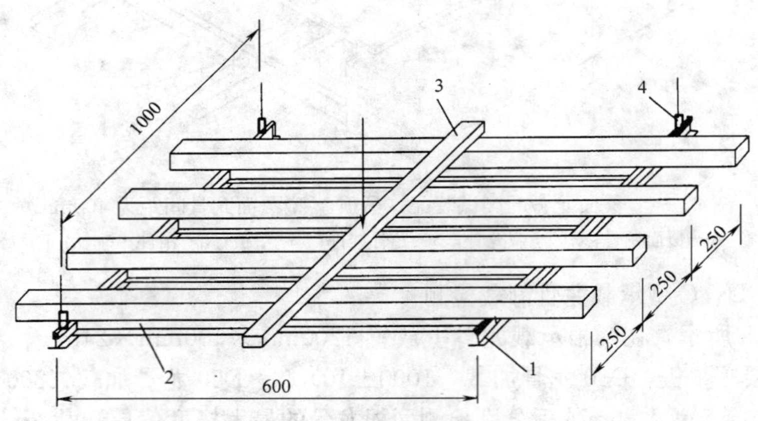

图 22-36 T型主龙骨、H型龙骨的检测装配

1—主龙骨；2—次龙骨；3—吊件；4—加载板

22.4.3 检测结果评定

(1) 单项检测结果的判断按《数值修约规则与极限数值的表示和判定》(GB/T 8170—2008) 中的修约值比较法进行。

(2) 对于龙骨的外观、断面尺寸 A、B、E、F、长度、弯曲内角半径、角度偏差、侧面平直度和底面平直度指标，在一根试件上其中有两项及两项以上指标不合格，即为不合格试件。三根龙骨中不合格试件多于一根，则判为该批不合格。

(3) 对于龙骨的厚度、尺寸 C 和 D，三根龙骨均为合格，否则判为该批不合格。

(4) 对于龙骨的力学性能和表面防锈性能，均应合格，否则判为该批不合格。

(5) 不符合上面要求的批，可用备用样对不合格进行复检，若仍不合格，则判为批不合格；若复检合格，则判该批合格。

22.4.4 建筑用轻钢龙骨性能检测报告

建筑用轻钢龙骨性能检测报告见表 22-17。

建筑用轻钢龙骨性能检测报告 **表 22-17**

工程名称： 报告编号： 工程编号：

委托单位		委托编号		委托日期	
施工单位		样品编号		检验日期	
结构部位		出厂合格证编号		报告日期	
厂别		检验性质		代表数量	
发证单位		见证人		证书编号	

1. 尺寸

项　　目		偏　　差
长度 L	U、C、H、V、L、CH 型	
	T 型孔距	
覆面龙骨断面尺寸	尺寸 A	
	尺寸 B	
其他龙骨断面尺寸	尺寸 A	
	尺寸 B	
	尺寸 F(内部净空)	
厚度 t、t_1、t_2		

结　　论：

执行标准：

2. 尺寸 C、D、E

项目	品　　种	检测数据
尺寸 C	CH 型墙体竖龙骨、C 型吊顶覆面龙骨、L 型承载龙骨	
	C 型型墙体竖龙骨	
尺寸 D	覆面龙骨	
	L 型承载龙骨	
尺寸 E	L 型承载龙骨	

结　　论：

执行标准：

3. 侧面和底面平直度

类别	品　　种		平直度(mm/1000mm)
	横龙骨和竖龙骨	侧面	
		底面	
	通贯龙骨	侧面和底面	
	承载龙骨和覆面龙骨	侧面和底面	
	T 型和 H 型龙骨	底面	

结　　论：

执行标准：

续表

4. 弯曲内角半径 R(不包括T型、H型和V型龙骨)

钢板厚度 t	$t \leqslant 0.70$	$0.70 < t \leqslant 1.00$	$1.00 < t \leqslant 1.20$	$t > 1.20$
弯曲内角半径 R				

结　论：

执行标准：

5. 角度允许偏差(不包括T型、H型龙骨)

成型角较短边尺寸 B(mm)	角度允许偏差(°)
$B \leqslant 18$	
$B > 18$	

结　论：

执行标准：

6. 表面防锈

双面镀锌量和双面镀锌层厚度		彩色涂层钢板(带)的性能	
双面镀锌量(g/m^2)	双面镀锌层厚度(μm)	涂镀层厚度(μm)	涂层铅笔硬度(HB)

结　论：

执行标准：

7. 龙骨组件的力学性能

类　别		项　目		残余变形量(mm),≯	加载挠度(mm),≯
墙体		抗冲击性检测			—
		静载检测			—
吊顶	U、C、V、L型(不包括造型用V型龙骨)	静载检测	覆面龙骨		
			承载龙骨		
	T、H型		主龙骨	—	

结　论：

执行标准：

主要仪器设备	检测仪器		管理编号	
	型号规格		有效期	
	检测仪器		管理编号	
	型号规格		有效期	
备注				
声明				
地址	地址： 邮编： 电话：			

审批(签字)：__________ 审核(签字)：__________ 校核(签字)：__________ 检测(签字)：__________

检测单位(盖章)：__________

报 告 日 期： 年 月 日

注：本表一式四份（建设单位、施工单位、检测试验室、城建档案馆存档各一份）。

22.5 建筑外门窗性能检测

22.5.1 建筑外门窗气密、水密、抗风压性能分级与检测

1. 主要检测设备仪器

检测装置由压力箱、试件安装系统、供压系统、淋水系统及测量系统（包括空气流量、压力差及位移测量装置）组成。

（1）压力箱：压力箱的开口尺寸应能满足试件安装的要求，箱体开口部位的构件在承受检测过程中可能出现的最大压力差作用下开口部位的最大挠度值不应超过 5mm 或 l/1000，同时应具有良好的密封性能且以不影响观察试件的水密性为最低要求。

（2）试件安装系统：试件安装系统包括试件安装框及夹紧装置。应保证试件安装牢固，不应产生倾斜及变形，同时保证试件可开启部分的正常开启。

（3）供压系统：供压系统应具备施加正负双向的压力差的能力，静态压力控制装置应能调节出稳定的气流，动态压力控制装置应能稳定的提供 3～5s 周期的波动风压，波动风压的波峰值、波谷值应满足检测要求。

（4）淋水系统：淋水系统的喷淋装置应满足在窗试件的全部面积上形成连续水膜并达到规定淋水量的要求。喷嘴布置应均匀，各喷嘴与试件的距离宜相等且不小于 500mm；装置的喷水量应能调节，并有措施保证喷水量的均匀性。

（5）测量系统：测量系统包括空气流量、压力差及位移测量装置，并应满足以下要求：

1）差压计的两个探测点应在试件两侧就近布置，差压计的误差应小于示值的 2%。

2）空气流量测量系统的测量误差应小于示值的 5%，响应速度应满足波动风压测量的要求。

3）位移计的精度应达到满量程的 0.25%，位移测量仪表的安装支架在测试过程中应牢固，并保证位移的测量不受试件及其支承设施的变形、移动所影响。

2. 气密性能检测

（1）具体检测步骤

检测加压顺序如图 22-37 所示。

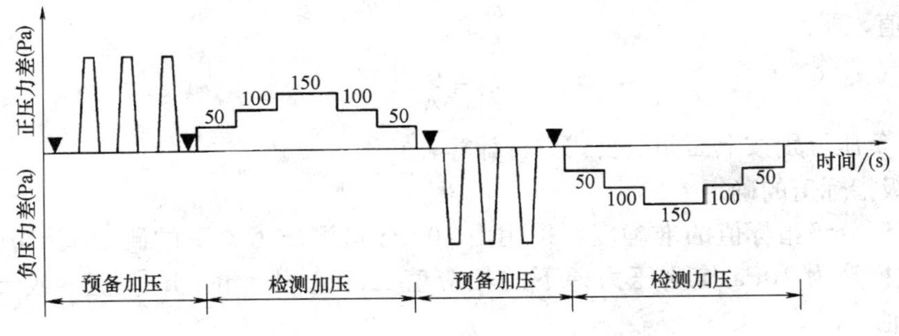

图 22-37 气密检测加压顺序示意图

注：图中符号▼表示将试件的可开启部分开关不少于 5 次。

（2）预备加压

在正、负压检测前分别施加三个压力脉冲。压力差绝对值为500Pa，加载速度约为100Pa/s。压力稳定作用时间为3s，泄压时间不少于1s。待压力差回零后，将试件上所有可开启部分开关5次，最后关紧。

（3）渗透量检测

1）附加空气渗透量检测

检测前应采取密封措施，充分密封试件上的可开启部分缝隙和镶嵌缝隙，或用不透气的盖板将箱体开口部盖严，然后按照图22-37检测加压部分逐级加压，每级压力作用时间约为10s，先逐级正压，后逐级负压。记录各级测量值。

2）总渗透量检测

去除试件上所加密封措施或打开密封盖板后进行检测，检测程序相同于附加空气渗透量检测。

（4）检测结果计算与评定

1）检测结果计算

分别计算出升压和降压过程中在100Pa压力差下的两个附加空气渗透量测定值的平均值$\bar{q}_f$和两个总渗透量测定值的平均值$\bar{q}_z$，则窗试件本身100Pa压力差下的空气渗透量q_t（m^3/h）即可按下式计算：

$$q_t=\bar{q}_z-\bar{q}_f$$

然后，再利用下式将q_t换算成标准状态下的渗透量q'值。

$$q'=\frac{293}{101.3}\times\frac{q_t\cdot P}{T}$$

式中 q'——标准状态下通过试件空气渗透量值，m^3/h；

P——试验室气压值，kPa；

T——试验室空气温度值，K；

q_t——试件渗透量测定值，m^3/h。

将q'值除以试件开启缝长度l，即可得出在100Pa压力差下，单位开启缝长空气渗透量q_1'［$m^3/(m\cdot h)$］值，即：

$$q_1'=\frac{q'}{l}$$

或将q'值除以试件面积A，得到在100Pa压力差下，单位面积的空气渗透量q_2'［$m^3/(m^2\cdot h)$］值，即：

$$q_2'=\frac{q'}{A}$$

正压、负压分别按上面四个公式进行计算。

2）分级指标值的确定

为了保证分级指标值的准确度，采用由100Pa检测压力差下的测定值$\pm q_1'$值或$\pm q_2'$值，按下式换算为10Pa检测压力差下的相应值$\pm q_1$［$m^3/(m\cdot h)$］值，或$\pm q_2$［$m^3/(m^2\cdot h)$］值。

$$\pm q_1=\frac{\pm q_1'}{4.65}$$

$$\pm q_2=\frac{\pm q_2'}{4.65}$$

式中 q_1'——100Pa 作用压力差下单位缝长空气渗透量值，$m^3/(m \cdot h)$；

q_1——10Pa 作用压力差下单位缝长空气渗透量值，$m^3/(m \cdot h)$；

q_2'——100Pa 作用压力差下单位面积空气渗透量值，$m^3/(m^2 \cdot h)$；

q_2——10Pa 作用压力差下单位面积空气渗透量值，$m^3/(m^2 \cdot h)$。

将三樘试件的$\pm q_1$ 值或$\pm q_2$ 值分别平均后对照表 22-18 确定按照缝长和按面积各自所属等级。最后取两者中的不利级别为该组试件所属等级。正、负压测值分别定级。

建筑外门窗气密性能分级表 **表 22-18**

分　级	1	2	3	4	5	6	7	8
单位缝长分级指标值 $q_1[m^3/(m \cdot h)]$	$4.0 \geqslant q_1 > 3.5$	$3.5 \geqslant q_1 > 3.0$	$3.0 \geqslant q_1 > 2.5$	$2.5 \geqslant q_1 > 2.0$	$2.0 \geqslant q_1 > 1.5$	$1.5 \geqslant q_1 > 1.0$	$1.0 \geqslant q_1 > 0.5$	$q_1 \leqslant 0.5$
单位面积分级指标值 $q_2[m^3/(m^2 \cdot h)]$	$12 \geqslant q_2 > 10.5$	$10.5 \geqslant q_2 > 9.0$	$9.0 \geqslant q_2 > 7.5$	$7.5 \geqslant q_2 > 6.0$	$6.0 \geqslant q_2 > 4.5$	$4.5 \geqslant q_2 > 3.0$	$3.0 \geqslant q_2 > 1.5$	$q_2 \leqslant 1.5$

3. 水密性能检测

(1) 具体检测步骤

检测分为稳定加压法和波动加压法，检测加压顺序分别如图 22-38 和图 22-39 所示。工程所在地为热带风暴和台风地区的工程检测，应采用波动加压法；定级检测和工程所在地为非热带风暴和台风地区的工程检测，可采用稳定加压法。已进行波动加压法检测可不再进行稳定加压法检测。水密性能最大检测压力峰值应小于抗风压定级检测压力差值 P_3。热带风暴和台风地区的划分按照《建筑气候区划标准》(GB 50178—1993) 的规定执行。

(2) 预备加压

检测加压前施加三个压力脉冲，压力差绝对值为 500Pa，加载速度约为 100Pa/s。压力稳定作用时间为 3s，泄压时间不少于 1s。待压力差回零后，将试件上所有可开启部分开关 5 次，最后关紧。

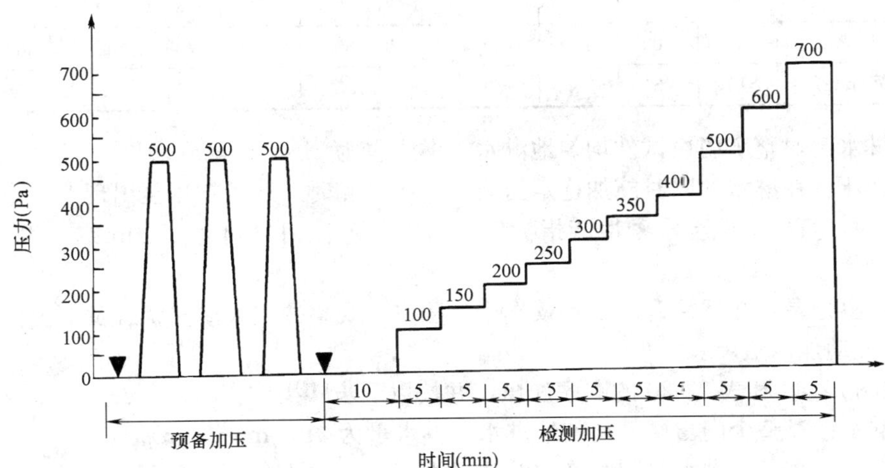

图 22-38 稳定加压顺序示意图

注：图中符号▼表示将试件的可开启部分开关不少于 5 次。

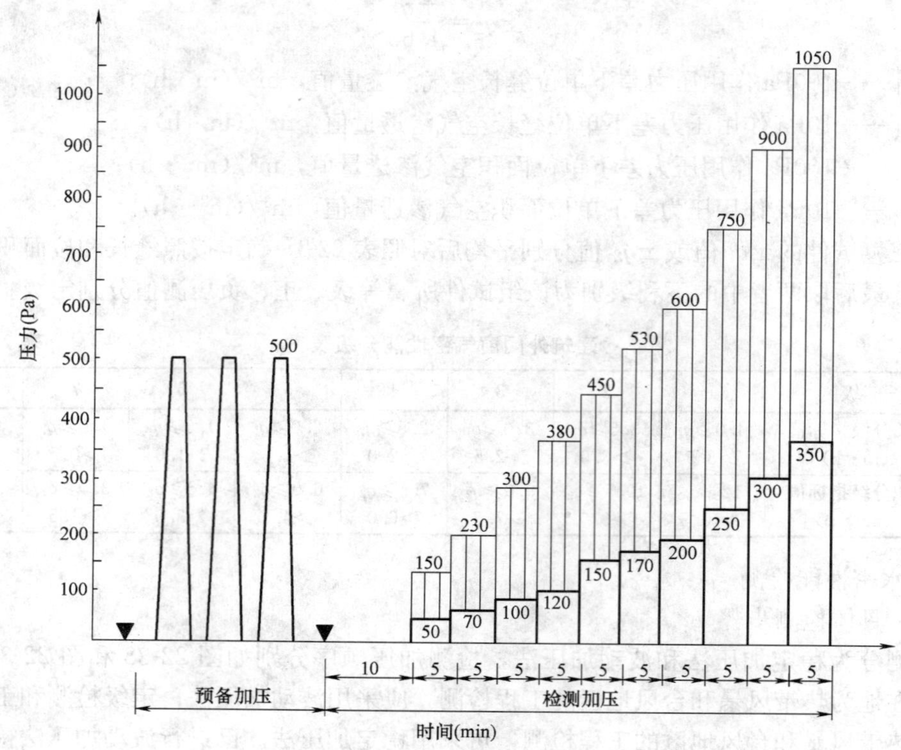

图 22-39 波动加压示意图

注：图中符号▼表示将试件的可开启部分开关不少于5次。

（3）稳定加压法

按照图 22-38 和表 22-19 的顺序加压，并按以下步骤操作：

稳定加压顺序表　　表 22-19

加压顺序	1	2	3	4	5	6	7	8	9	10	11
检测压力(Pa)	0	100	150	200	250	300	350	400	500	600	700
持续时间(min)	10	5	5	5	5	5	5	5	5	5	5

1）淋水：对整个门窗试件均匀地淋水，淋水量为 $2L/(m^2 \cdot min)$。

2）加压：在淋水的同时施加稳定压力。定级检测时，逐级加压至出现严重渗漏为止。工程检测时，直接加压至水密性能指标值，压力稳定作用时间为 15min 或产生严重渗漏为止。

3）观察记录：在逐级升压及持续作用过程中，观察并记录渗漏状态及部位。

（4）波动加压法

按照图 22-39 和表 22-20 的顺序加压，并按以下步骤操作：

1）淋水：对整个门窗试件均匀地淋水，淋水量为 $3L/(m^2 \cdot min)$。

2）加压：在稳定淋水的同时施加波动压力，波动压力的大小用平均值表示，波幅为平均值的 0.5 倍。定级检测时，逐级加压至出现严重渗漏。工程检测时，直接加压至水密性能指标值，加压速度约 100Pa/s，波动压力作用时间为 15min 或产生严重渗漏为止。

波动加压顺序表　　　　**表 22-20**

加压顺序		1	2	3	4	5	6	7	8	9	10	11
波动压力值(Pa)	上限值	0	150	230	300	380	450	530	600	750	900	1050
	平均值	0	100	150	200	250	300	350	400	500	600	700
	下限值	0	50	70	100	120	150	170	200	250	300	350
波动周期(s)		3～5										
每级加压时间(min)		5										

3）观察记录：在逐级升压及持续作用过程中，观察并记录渗漏状态及部位。

（5）分级指标值的确定

记录每个试件的严重渗漏压力差值。以严重渗漏压力差值的前一级检测压力差值作为该试件水密性能检测值。如果工程水密性能指标值对应的压力差值作用下未发生渗漏，则此值作为该试件的检测值。

三试件水密性能检测值综合方法为：一般取三樘检测值的算术平均值。如果三樘检测值中最高值和中间值相差两个检测压力等级以上时，将该最高值降至比中间值高两个检测压力等级后，再进行算术平均。如果 3 个检测值中较小的两值相等时，其中任意一值可视为中间值。

4. 抗风压性能检测

（1）具体检测步骤

1）检测加压顺序

检测加压顺序如图 22-40 所示。

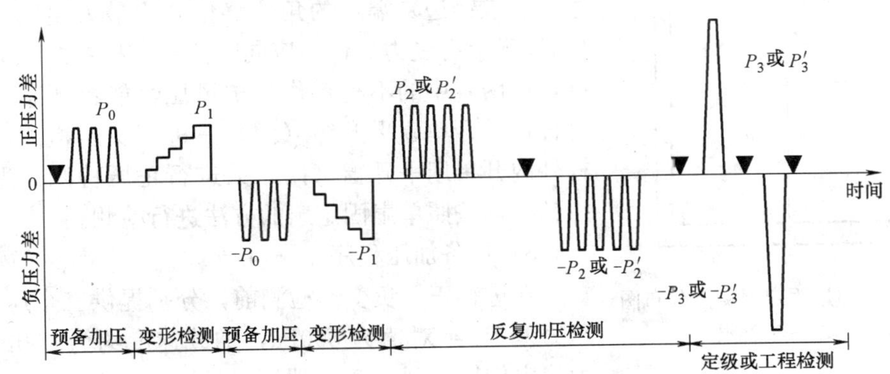

图 22-40　检测加压顺序示意图

注：图中符号▼表示将试件的可开启部分开关不少于 5 次。

2）确定测点和安装位移计

将位移计安装在规定位置上，测点位置规定如下：

① 对于测试杆件：测点布置如图 22-41 所示。中间测点在测试杆件中点位置，两端测点在离该杆件端点向中点方向 10mm 处。当试件的相对挠度最大的杆件难以判定时，也可选取两根或多根测试杆件（见图 22-42），分别布点测量。

② 对于单扇固定扇：测点布置如图 22-43 所示。

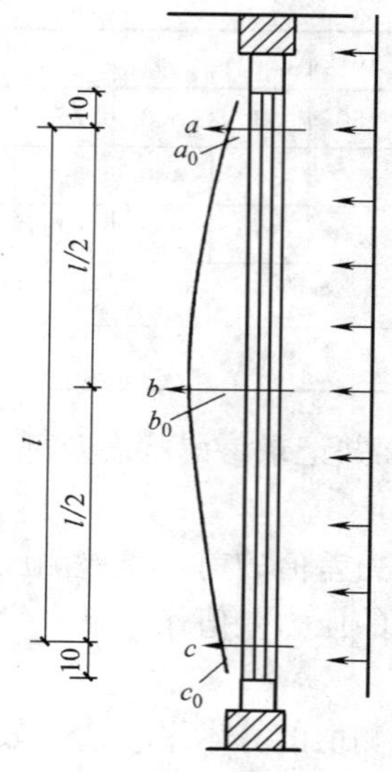

图 22-41 测试杆件测点分布图

a_0、b_0、c_0—三测点初始读数值，(mm)；

a、b、c—三测点在压力差作用过程中的稳定读数值，(mm)；l—测试杆件两端测点 a、c 之间的长度，(mm)

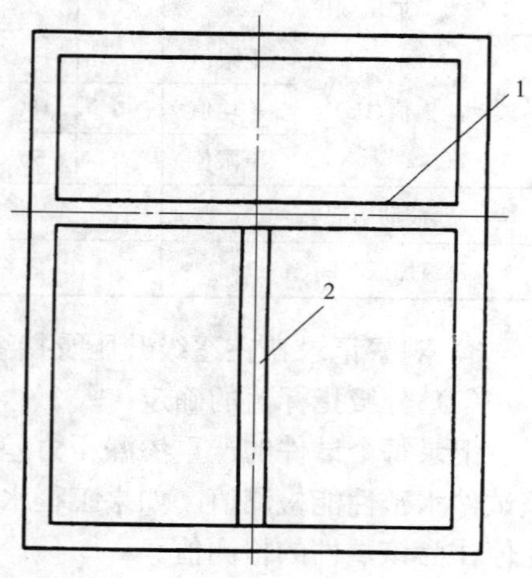

图 22-42 多测试杆件分布图

1、2—检测杆件

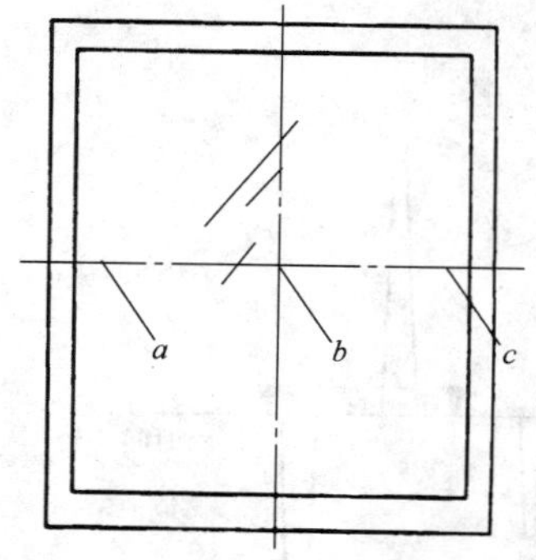

图 22-43 单扇固定扇测点分布图

a,b,c——三测点

③ 对于单扇平开窗（门）：当采用单锁点时，测点布置如图 22-44 所示，取离锁点最远的窗（门）扇自由边（非铰链边）端点的角位移值 δ 为最大挠度值，当窗（门）扇上有受力杆件时应同时测量该杆件的最大相对挠度，取两者中的不利者作为抗风压性能检测结果；无受力杆件外开单扇平开窗（门）只进行负压检测，无受力杆件内开单扇平开窗（门）只进行正压检测；当采用多点锁时，按照单扇固定扇的方法进行检测。

3）预备加压程序

在进行正、负变形检测前，分别提供三个压力脉冲，压力差 P_0 绝对值为 500Pa，加载速度约为 100Pa/s，压力稳定作用时间为 3s，泄压时间不少于 1s。

4）变形检测

① 先进行正压检测，后进行负压检测，并符合以下要求：

A. 检测压力逐级升、降。每级升降压力差值不超过 250Pa，每级检测压力差稳定作用时间约为 10s。不同类型试件变形检测时对应的最大面法线挠度（角位移值）应符合表 22-21 的要求。检测压力绝对值最大不宜超过 2000Pa。

B. 记录每级压力差作用下的面法线挠度值（角位移值），利用压力差和变形之间的相对线性关系求出变形检测时最大面法线挠度（角位移）对应的压力差值，作为变形检测压力差值，标以 $\pm P_1$。

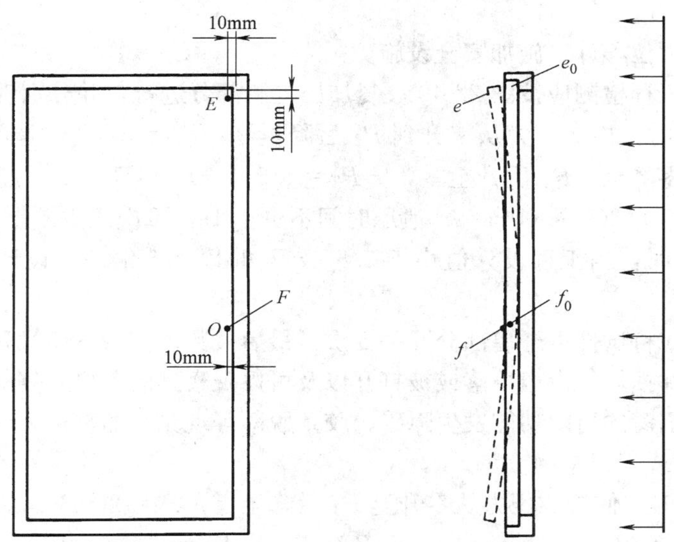

图 22-44 单扇单锁点平开窗（门）位移计布置图

e_0、f_0—测点初始读数值，(mm)；e、f—测点在压力作用过程中的稳定读数值，(mm)

不同类型试件变形检测对应的最大面法线挠度（角位移值） **表 22-21**

试件类型	主要构件(面板)允许挠度	变形检测最大面法线挠度(角位移值)
窗(门)面板为单层玻璃或夹层玻璃	$\pm l/120$	$\pm l/300$
窗(门)面板为中空玻璃	$\pm l/180$	$\pm l/450$
单扇固定扇	$\pm l/60$	$\pm l/150$
单扇单锁点平开窗(门)	20mm	10mm

C. 工程检测中，变形检测最大面法线挠度所对应的压力差已超过 $P'_3/2.5$ 时，检测至 $P'_3/2.5$ 为止；对于单扇单锁点平开窗（门），当 10mm 自由角位移值所对应的压力差超过 $P'_3/2$ 时；检测至 $P'_3/2$ 为止。

D. 当检测中试件出现功能障碍或损坏时；以相应压力差值的前一级压力差分级指标值为 P_3。

② 求取杆件或面板的面法线挠度可按下列公式进行：

$$B=(b-b_0)-\frac{(a-a_0)+(c-c_0)}{2}$$

式中 a_0、b_0、c_0——各测点在预备加压后的稳定初始读数值，mm；

a、b、c——某级检测压力差作用过程中的稳定读数值，mm；

B——杆件中间测点的面法线挠度。

③ 单扇单锁点平开窗（门）的角位移值 δ 为 E 测点和 F 测点位移值之差，可按下式计算：

$$\delta=(e-e_0)-(f-f_0)$$

式中 e_0、f_0——为测点 E 和 F 在预备加压后的稳定初始读数值，mm；

e、f——某级检测压力差作用过程中的稳定读数值，mm。

5）反复加压检测

检测前可取下位移计，施加安全设施。

定级检测和工程检测应按图22-40反复加压检测部分进行，并分别满足以下要求：

① 定级检测时，检测压力从零升到 P_2 后降至零，$P_2=1.5P_1$，且不宜超过3000Pa。反复5次。再由零降至 $-P_2$ 后升至零，$-P_2=1.5$（$-P_1$）且，不宜超过－3000Pa，反复5次。加压速度为300～500Pa/s，泄压时间不少于1s，每次压力差作用时间为3s。

② 工程检测时，当工程设计值小于2.5倍 P_1 时以0.6倍工程设计值进行反复加压检测。

反复加压后，将试件可开启部分开关5次，最后关紧。记录试验过程中发生损坏（指玻璃破裂、五金件损坏、窗扇掉落或被打开以及可以观察到的不可恢复的变形等现象）和功能障碍（指外门窗的启闭功能发生障碍、胶条脱落等现象）的部位。

6）定级检测或工程检测

① 定级检测时，使检测压力从零升至 P_3 后降至零，$P_3=2.5P_1$，对于单扇单锁点平开窗（门），$P_3=2.0P_1$；再降至 $-P_3$ 后升至零，$-P_3=2.5$（$-P_1$），对于单扇单锁点平开窗（门），$-P_3=2$（$-P_1$）。加压速度为300～500Pa/s，泄压时间不少于1s，持续时间为3s。正、负加压后各将试件可开关部分开关5次，最后关紧。试验过程中发生损坏和功能障碍时，记录发生损坏和功能障碍的部位，并记录试件破坏时的压力差值。

② 工程检测时，当工程设计值 P_3' 大于或等于 $2.5P_1$（对于单扇平开窗或门，P_3' 小于或等于 $2.0P_1$）时，才按工程检测进行。压力加至工程设计值以后降至零，再降至 $-P_3'$ 后升至零。加压速度为300～500Pa/s，泄压时间不少于1s，持续时间为3s。加正、负压后各将试件可开关部分开关5次，最后关紧。试验过程中发生损坏和功能障碍时，记录发生损坏和功能障碍的部位，并记录试件破坏时的压力差值。当工程设计值 P_3' 大于 $2.5P_1$（对于单扇平开窗或门，P_3' 大于 $2.0P_1$）时，以定级检测取代工程检测。

22.5.2 建筑外门窗保温性能检测

1. 主要检测设备仪器

（1）检测装备的组成

检测装备主要由热箱、冷箱、试件框、控温系统和环境空间五部分组成的，如图22-45所示。

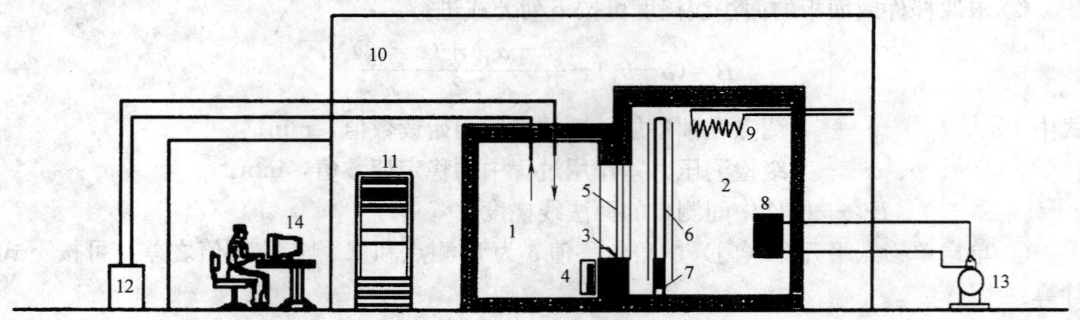

图22-45 检测装置构成

1—热箱；2—冷箱；3—试件框；4—电加热器；5—试件；6—隔风板；7—风机；8—蒸发器；9—加热器；10—环境空间；11—空调器；12—控湿装置；13—冷冻器；14—温度控制与数据采集系统

（2）热箱

1）热箱内净尺寸不宜小于 2100mm×2400mm（宽×高），进深不宜小于 2000mm。

2）热箱外壁结构应有均质材料组成，其热阻值不得小于 3.5m^2 · K/W。

3）热箱内表面的总的半球发射率 ε 值应大于 0.85。

（3）冷箱

1）冷箱内净尺寸应与试件框外边缘尺寸相同，进深以能容纳制冷、加热及气流组织设备为宜。

2）冷箱外壁应采用不吸湿的保温材料，其热阻值不得小于 3.5m^2 · K/W，内表面应采用不吸水、耐腐蚀的材料。

3）冷箱通过安装在冷箱内的蒸发器或引入冷空气进行降温。

4）利用隔风板和风机进行强迫对流，形成沿试件表面自上而下的均匀气流，隔风板与试件框冷侧表面距离宜能调节。

5）隔风板应采用热阻值不小于 1.0m^2 · K/W 的挤塑板聚苯板，隔风板面向试件的表面，其总的半球发射率 ε 值应大于 0.85。隔风板的宽度与冷箱内的净宽度相同。

6）蒸发器下部应设置排水孔或盛水盘。

（4）试件框

1）试件框外缘尺寸不应小于热箱开口部处的内缘尺寸。

2）试件框应采用不吸湿、均质的保温材料，热阻值不小于 7.0m^2 · K/W，其密度应为 20～40kg/m^3。

（5）控湿装置

1）采用除湿系统控制热箱空气湿度。保证在整个检测过程中，热箱内相对湿度小于 20%。

2）设置一个湿度计检测热箱内空气相对湿度，湿度计的测量精度不应低于 3%。

（6）环境空间

1）检测装置应放在装有空调设备的检测试验室内，保证热箱外壁内、外表面面积加权平均温差小于 1.0K。检测实验室空气温度波动不应大于 0.5K。

2）检测试验室围护结构应有良好的保温性能和热稳定性，应避免太阳光透过窗户进入室内。检测试验室墙体及顶棚内表面应进行绝热处理。

3）热箱外壁与周边壁面之间至少应留有 500mm 的空间。

2. 具体检测步骤

（1）传热系统检测

1）检查热电偶是否完好。

2）启动检测装置，设定冷、热箱和环境空气温度。

3）当冷、热箱和环境空气温度达到设定值后，监控各控温点温度，使冷、热箱和环境空气温度维持稳定。达到稳定状态后，如果逐时检测得到热箱和冷箱的空气平均温度 t_b 和 t_c 每小时变化的绝对值分别不大于 0.1℃和 0.3℃；温差 $\Delta\theta_1$ 和 $\Delta\theta_2$ 每小时变化的绝对值分别不大于 0.1K 和 0.3K，且上述温度和温差的变化不是单向变化，则表示传热过程已达到稳定过程。

4）传热过程稳定后，每隔 30min 检测一次参数 t_b、t_c、$\Delta\theta_1$、$\Delta\theta_2$、$\Delta\theta_3$、Q，共测

6 次。

5）检测结束后，记录热箱内空气相对湿度 ψ，试件热侧表面及玻璃夹层结露或结霜状况。

（2）抗结露因子检测

1）检查热电偶是否完好。

2）启动检测设备和冷、热箱的温度自控系统，设定冷、热箱和环境空气温度。

3）调节压力控制装置，使热箱净压力和冷箱总压力之间的净压差在（0±10）Pa 范围内。

4）当冷热箱空气温度达到设定值后，每隔 30min 检测各控温点温度，检查是否稳定。如果逐时检测得到热箱和冷箱的空气平均温度 t_b 和 t_c 每小时变化的绝对值与标准条件相比不超过±0.3℃，总热量输入变化不超过±2%，则表示抗结露因子检测已经处于稳定状态。

5）当冷、热箱空气温度达到稳定后，启动热箱控湿装置，保证热箱内的空气相对湿度 ψ 不大于 20%。

6）热箱内的空气相对湿度 ψ 满足要求后，每隔 5min 检测一次参数 t_b、t_c、t_1、t_2、…、t_{20}、ψ，共测 6 次。

7）检测结束后，记录试件热侧表面结露或结霜状况。

3. 检测结果计算与评定

（1）传热系数

1）各参数取 6 次检测的平均值。

2）试件传热系数 K 值按下式计算：

$$K=\frac{Q-M_1\cdot\Delta\theta_1-M_2\cdot\Delta\theta_2-S\cdot\lambda\cdot\Delta\theta_3}{A\cdot(t_b-t_c)}$$

式中 Q——加热器加热功率，W；

M_1——由标定检测确定的热箱外壁热流系数，W/K；

M_2——由标定检测确定的试件框热流系数，W/K；

$\Delta\theta_1$——热箱外壁内、外表面面积加权平均温度之差，K；

$\Delta\theta_2$——试件框热侧与冷侧表面面积加权平均温度之差，K；

S——填充板的面积，m^2；

λ——填充板的热导率，W/(m·K)；

$\Delta\theta_3$——填充板热侧表面与冷侧表面平均温差，K；

A——试件面积，m^2；按试件外缘尺寸计算，如试件为采光罩，其面积按采光罩水平投影面积计算；

t_b——热箱空气平均温度，℃；

t_c——冷箱空气平均温度，℃。

$\Delta\theta_1$、$\Delta\theta_2$ 按下列公式进行计算。如果试件面积小于试件洞口面积时，上一公式中的分子 $S\cdot\lambda\cdot\Delta\theta_3$ 项为聚苯乙烯泡沫塑料填充板的热损失。

热箱外壁内、外表面面积加权平均温度之差 $\Delta\theta_1$ 及试件框热侧与冷侧表面面积加权平均温度之差 $\Delta\theta_2$，按下面公式进行计算：

$$\Delta\theta_1 = \tau_i - \tau_o$$

$$\Delta\theta_2 = \tau_h - \tau_c$$

$$\tau_i = \frac{\tau_{i1} \cdot S_1 + \tau_{i2} + S_2 + \tau_{i3} \cdot S_3 + \tau_{i4} \cdot S_4 + \tau_{i5} \cdot S_5}{S_1 + S_2 + S_3 + S_4 + S_5}$$

$$\tau_o = \frac{\tau_{o1} \cdot S_6 + \tau_{o2} \cdot S_7 + \tau_{o3} \cdot S_8 + \tau_{o4} \cdot S_9 + \tau_{o5} \cdot S_{10}}{S_6 + S_7 + S_8 + S_9 + S_{10}}$$

$$\tau_h = \frac{\tau_{h1} \cdot S_{11} + \tau_{h2} \cdot S_{12} + \tau_{h3} \cdot S_{13} + \tau_{h4} \cdot S_{14}}{S_{11} + S_{12} + S_{13} + S_{14}}$$

$$\tau_c = \frac{\tau_{c1} \cdot S_{11} + \tau_{c2} \cdot S_{12} + \tau_{c3} \cdot S_{13} + \tau_{c4} \cdot S_{14}}{S_{11} + S_{12} + S_{13} + S_{14}}$$

式中 τ_i、τ_o——热箱外壁内、外表面加权平均温度，℃；

τ_h、τ_c——试件框热侧表面与冷侧表面加权平均温度，℃；

τ_{i1}，τ_{i2}，τ_{i3}，τ_{i4}，τ_{i5}——分别为热箱五个外壁的内表面平均温度，℃；

S_1，S_2，S_3，S_4，S_5——分别为热箱五个外壁的内表面面积，m^2；

τ_{o1}，τ_{o2}，τ_{o3}，τ_{o4}，τ_{o5}——分别为热箱五个外壁的外表面平均温度，℃；

S_6，S_7，S_8，S_9，S_{10}——分别为热箱五个外壁的外表面面积，m^2；

τ_{h1}，τ_{h2}，τ_{h3}，τ_{h4}——分别为试件框热侧表面平均温度，℃；

τ_{c1}，τ_{c2}，τ_{c3}，τ_{c4}——分别为试件框冷侧表面平均温度，℃；

S_{11}，S_{12}，S_{13}，S_{14}——垂直于热流方向划分的试件框面积（见图 22-46），m^2。

3）试件传热系数 K 值取两位有效数字。

（2）抗结露因子

1）各参数取 6 次检测的平均值。

2）试件抗结露因子 CRF 值按下列公式计算：

$$CRF_g = \frac{t_g - t_c}{t_h - t_c} \times 100\%$$

$$CRF_f = \frac{t_f - t_c}{t_h - t_c} \times 100\%$$

式中 CRF_g——试件玻璃的抗结露因子，%；

CRF_f——试件框的抗结露因子，%；

t_h——热箱空气平均温度，℃；

t_c——冷箱空气平均温度，℃；

t_g——试件玻璃热侧表面平均温度，℃；

t_f——试件的框热侧表面平均温度的加权值，℃。

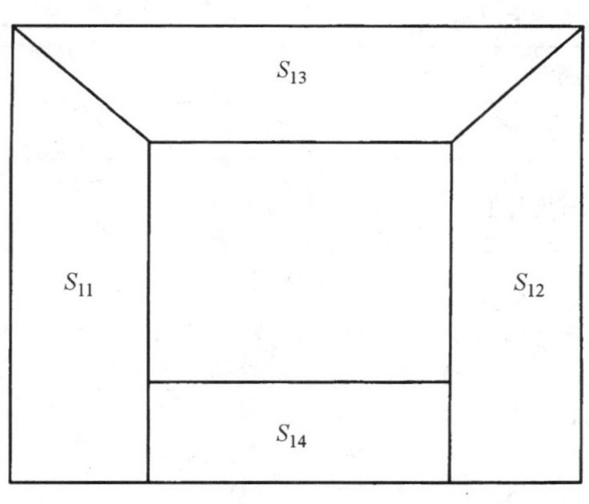

图 22-46 试件框面积划分示意图

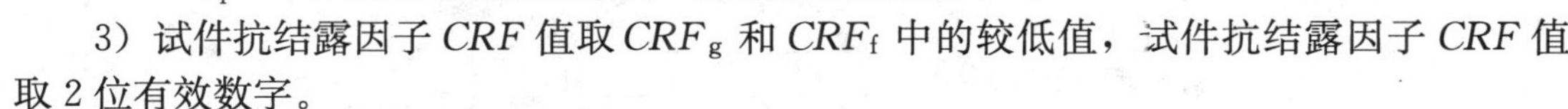

3）试件抗结露因子 CRF 值取 CRF_g 和 CRF_f 中的较低值，试件抗结露因子 CRF 值取 2 位有效数字。

4）试件的框热侧表面平均温度的加权值 t_f 由 14 个规定位置的内表面温度平均值（t_{fp}）和 4 个位置非确定的、相对较低的框温度平均值（t_{fr}）计算得到。

t_f 可通过下面公式计算得到：

$$t_f = t_{fp}(1 - W) + W \cdot t_{fr}$$

式中 W——加权系数，由 t_{fp} 和 t_{fr} 之间的比例关系确定，其按下式计算：

$$W=\frac{t_{fp}-t_{fr}}{t_{fp}-(t_c+10)}\times 0.4$$

式中 t_c——冷箱的空气平均温度，℃；

10——温度的修正系数；

0.4——温度修正系数取10时的加权因子。

22.5.3 建筑外门窗性能检测报告

建筑外门窗性能检测报告见表22-22。

建筑外门窗性能检测报告 表22-22

工程名称： 报告编号： 工程编号：

委托单位		委托编号		委托日期	
施工单位		样品编号		检验日期	
结构部位		出厂合格证编号		报告日期	
厂别		检验性质		代表数量	
发证单位		见证人		证书编号	

可开启部分缝长(m)		面积(m^2)	
面板品种		安装方式	
面板镶嵌材料		框扇密封材料	
检测室温度(℃)		检测室气压(kPa)	
面板最大尺寸(mm)	宽：	长：	厚：
工程设计值	气密： $m^3/(h\cdot m)$ $m^3/(h\cdot m^2)$	水密静压： Pa 水密动压： Pa	抗风压(正压)： kPa 抗风压(正压)： kPa

检测结果

气密性能：单位缝长每小时渗透量为正压＿＿＿＿ 负压＿＿＿＿ $m^3/(h\cdot m)$

单位面积每小时渗透量为正压＿＿＿＿ 负压＿＿＿＿ $m^3/(h\cdot m^2)$

稳定加压法：发生严重渗漏的最高压力为＿＿＿＿Pa

未发生渗漏的最高压力为＿＿＿＿Pa

波动加压法：发生严重渗漏的最高压力为＿＿＿＿Pa

未发生渗漏的最高压力为＿＿＿＿Pa

抗风压性能：变形检测结果为： 正压＿＿＿＿kPa

(单玻1/300，双玻1/450) 负压＿＿＿＿kPa

反复加压检测结果为： 正压＿＿＿＿kPa

负压＿＿＿＿kPa

安全检测结果为：(单玻1/120，双玻1/180)

正压＿＿＿＿kPa

(3s阵风风压) 负压＿＿＿＿kPa

工程检验结果：正压＿＿＿＿kPa

负压＿＿＿＿kPa

结 论：

执行标准：

续表

主要仪器设备	检测仪器		管理编号	
	型号规格		有效期	
	检测仪器		管理编号	
	型号规格		有效期	
	检测仪器		管理编号	
	型号规格		有效期	
备注				
声明				
地址	地址： 邮编： 电话：			

审批(签字)：__________审核(签字)：__________校核(签字)：__________检测(签字)：__________

检测单位(盖章)：__________

报 告 日 期： 年 月 日

注：本表一式四份（建设单位、施工单位、检测试验室、城建档案馆存档各一份）。

参 考 文 献

[1] 湖南大学等. 土木工程材料 [M]. 北京：中国建筑工业出版社，2002.

[2] 黄晓明，赵永利，高英编著. 土木工程材料（第二版）[M]. 南京：东南大学出版社，2007.

[3] 陈宝璠. 土木工程材料 [M]. 北京：中国建材工业出版社，2008.

[4] 郭正兴. 土木工程施工 [M]. 南京：东南大学出版社，2007.

[5] 杨嗣信. 建筑业重点推广新技术应用手册 [M]. 北京：中国建筑工业出版社，2003.

[6] 陈宝璠. 土木工程材料检测实训 [M]. 北京：中国建材工业出版社，2009.

[7] 中国建筑工业出版社. 现行建筑材料规范大全 [M]. 北京：中国建筑工业出版社，2000.

[8] 吕伟民主编. 沥青混合料设计原理与方法 [M]. 上海：同济大学出版社，2001.

[9] 陈宝璠. 建筑装饰材料 [M]. 北京：中国建材工业出版社，2009.

[10] 杨天佑. 建筑装饰工程施工（第 3 版）[M]. 北京：中国建筑工业出版社，2003.

[11] 董少峰等. 室内装饰工程手册（第 3 版）[M]. 北京：中国建筑工业出版社，1998.

[12]《建筑施工手册（第四版）》编写组. 建筑施工手册 [M]. 第 4 版，北京：中国建筑工业出版社，2008.

[13] 陈宝璠. 建筑水电工程材料 [M]. 北京：中国建材工业出版社，2010.

[14] 陈宝璠. 建筑水电工程材料安装操作实训 [M]. 北京：中国建材工业出版社，2010.

[15] 杨青. 道路工程材料 [M]. 重庆：重庆大学出版社，2007.

[16] 柯国军主编. 土木工程材料 [M]. 北京：北京大学出版社，2006.

[17] 向才旺主编. 建筑装饰材料 [M]. 北京：中国建筑工业出版社，2004.

[18] 冯乃谦主编. 高性能混凝土 [M]. 北京：中国建筑工业出版社，1996.

[19] 邓云详等主编. 高分子化学 [M]. 北京：高等教育出版社，1997.

[20] 姜继圣，杨慧玲主编. 建筑功能材料及应用技术 [M]. 北京：中国建筑工业出版社，1998.